天气预报技术文集

（2017）

国家气象中心　编

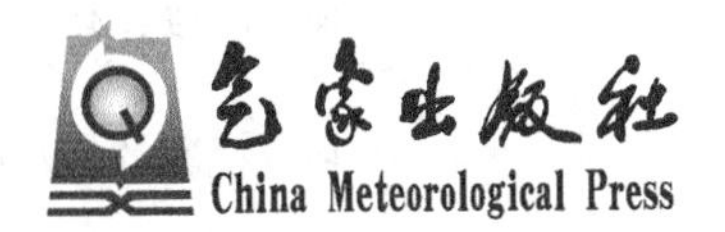

内容简介

本书收录了2017年3月在湖北省武汉市召开的“2017年全国重大天气过程总结和预报技术经验交流会”上交流的文章60篇，内容涉及暴雨、暴雪、台风、海洋、环境、水文气象、强对流、灾害性天气及预报技术方法等方面。

本书可供气象、水文、航空气象等部门从事天气预报、预测业务、科研与管理的人员参考。

图书在版编目(CIP)数据

天气预报技术文集. 2017 / 国家气象中心编. — 北京：气象出版社，2019.7

ISBN 978-7-5029-6994-3

Ⅰ.①天… Ⅱ.①国… Ⅲ.①天气预报-文集 Ⅳ.①P45-53

中国版本图书馆CIP数据核字(2019)第138207号

天气预报技术文集(2017)

出版发行：气象出版社

地　　址：北京市海淀区中关村南大街46号　　**邮政编码**：100081

电　　话：010-68407112(总编室)　010-68408042(发行部)

网　　址：http://www.qxcbs.com　　**E-mail**：qxcbs@cma.gov.cn

责任编辑：张锐锐　刘瑞婷　　**终　　审**：吴晓鹏

责任校对：王丽梅　　**责任技编**：赵相宁

封面设计：王　伟

印　　刷：北京中石油彩色印刷有限责任公司

开　　本：787 mm×1092 mm　1/16　　**印　　张**：34.75

字　　数：900千字

版　　次：2019年7月第1版　　**印　　次**：2019年7月第1次印刷

定　　价：180.00元

编者的话

“全国重大天气过程总结和预报技术经验交流会”自 1997 年首次召开以来，2017 年已经是第 21 个年头了。经过 20 多年的发展，报告论文整体水平不断提高，总结分析以及交流的深度和广度不断加强，特别是在预报员的能力培养以及专业化预报业务技术体系建设方面发挥了重要作用，有力地促进了预报业务水平的提高和预报员能力的提升。

本次会议主要针对 2016 年重大天气事件，重点围绕 2016 年度台风、暴雨、强对流、雾、霾等重大灾害性天气和疑难天气过程，数值预报解释应用等技术发展，系统平台，以及新资料和新方法的应用等方面进行了深入交流和研讨。会议得到了各级气象预报业务单位预报员们和科研人员的积极响应，大会共收到来自全国各省（区、市）气象部门、相关科研院（所）以及气象部门外单位的论文 215 篇，其中国家级业务单位与各省（区、市）气象局论文 197 篇，民航部门 10 篇，部队 8 篇。内容涉及 2016 年灾害性天气及其次生灾害发生发展的成因、预报业务的技术难点、重大社会活动气象保障、数值预报技术、业务平台技术以及应用等多个方面。谨此将经过专家推荐的 60 篇论文全文纳入《天气预报技术文集（2017）》，与读者共同分享我国天气预报技术总结与发展成果。

本文集的出版，得到了中国气象局有关职能司、省（区、市）气象局及气象出版社的大力支持。借此机会对各单位及所有论文的作者的支持一并表示感谢。

由于水平有限，编辑过程中肯定存在许多不足之处，殷切希望读者指出并提出宝贵意见。

目　录

第一部分　大会报告

第二部分　暴雨、暴雪分会报告

第三部分　台风、海洋、环境、水文气象分会报告

第四部分　强对流天气分会报告

第五部分　灾害性天气及预报技术法分会报告

第一部分
大会报告

“8·12”北京密云大暴雨落区的中尺度特征分析

郭金兰　何　娜　刘　卓　雷　蕾　曾　剑　时少英

（北京市气象台，北京 100089）

摘　要

应用多元资料对 2016 年 8 月 12 日北京市密云区大暴雨过程中密云区东南部雷暴发生、发展及西路雷暴进入密云区后发展并维持的原因进行了详细分析。分析发现，强降水首先在冷锋前暖区内沿副热带高压外围上升气流区域发展，随后锋面过境，锋区降水叠加。密云局地大暴雨是由周边强降水引发局地边界层环境场气象要素突变，导致中尺度辐合系统形成并维持，从而触发或加强局地对流；密云三面环山，由于其东北部强雷暴发展，形成中尺度高压，使得偏北—东北风在山前建立并维持，小地形增幅作用明显；后期，西路偏北风的加入使地面中尺度辐合线维持、加强，从而使强降水在大暴雨落区两次出现；研究发现，辐合线两侧风场（偏北—偏东风建立、维持和西北风加强）的变化，超前于强降水 1～2 h，对临近预报有明显的指示意义；分析 FY-2E 云图发现，北京东、西中尺度对流复合体的 *TBB*（辐射亮温）高梯度区两次经过密云平原地区（东南部），与强降水出现时段有很好的对应关系，提前量 1～2 h。

关键词：大暴雨落区　地面中尺度辐合线　东风　*TBB* 大梯度区

引言

北京地区夏季由强对流导致的局地暴雨过程频发，局地暴雨落区主要分布在以山区至平原的过渡区域及城区。强对流暴雨落区往往对应短时强降水，据王国荣等（2013）统计分析发现，密云区由于兼具地形和水源两大有利因素，一方面更容易出现持续时间更短（约 20 min）的短时强降水过程，另一方面又有利于长持续短时强降水（约 50 min）的形成。位于北京东北部的密云区为短时强降水高发区，同时也是北京气候统计年降水量的大值中心。密云地处北京市东北部，属燕山山地与华北平原的交界地；密云水库位于密云区中部。因此，每一次暴雨天气都可能诱发山区地质灾害或水库警戒水位的临近，威胁人民的生命财产。2016 年 8 月 12 日密云区出现局地大暴雨，位于水库附近的穆家峪气象站降水量超过 200 mm，4 个测站超过 100 mm，造成局部地区道路、桥梁中断，护村坝、护地坝损毁，房屋、耕地、农业设施损坏，粮食作物和经济作物损失较重。此次过程的临近预报预警及时，为防汛及国土部门的应急措施赢得了时间，避免了人员的伤亡。但在短期—短时的预报中，暴雨落区的预报偏差较大。因此，有必要对此类天气开展深入研究，加强机理认识，提升预报能力。

对于北方暴雨的研究，气象学家们从暴雨发生的天气尺度背景（陶诗言等，1980）、中尺度系统（毕宝贵等，2004）、中尺度对流（吕艳彬等，2002）以及特殊地形（徐国强等，1999）进行了诊断分析和数值模拟，取得了许多的研究成果。

对于北京地区的局地暴雨，也做了大量的研究。孙明生等（2012）发现，北京地区的特殊地形、城市热岛及城市冠层的分布对强对流的发展、强降水落区的影响至关重要。孙继松(2005)研究了北京地区强降水落区与地形的关系,指出地形和下垫面也会对雷暴发生、发展产生复杂影响,进而影响暴雨落区和强度。张朝林等(2005)利用 MM5/WRF 三维变分系统同化本地探测资料,对北京一次大暴雨过程进行了不同地形分辨率资料对降水影响的数值对比试验,发现北京独特的地形和地势变化对降水强度和落区有重要影响。王迎春等(2003)对一次局地暴雨的分析诊断表明,中尺度低压和辐合线是对流的触发系统。国际上,Wilson 等(1993)对美国东部雷暴统计和个例分析表明,由雷暴出流边界或海陆锋等作用形成的边界层辐合线是促使雷暴发生、发展的重要因素,大多数雷暴是在雷达所探测到的辐合线附近生成,两条辐合线交汇处极有可能生成新的雷暴。

上述研究成果为北京局地暴雨落区的深入研究提供了依据。但多源资料的综合分析较少。本研究将利用大尺度常规探测资料、NCEP 再分析资料(1.0°×1.0°)、京津冀地面加密自动站、GPS 水汽、卫星和雷达资料等,针对 2016 年 8 月 12 日发生在北京市密云区大暴雨落区的中尺度系统演变特征进行分析研究。重点研究大暴雨落区的中尺度触发机制,主要围绕以下两个方面:(1)密云东南部雷暴新生、发展的原因。(2)西路雷暴进入密云后发展并维持的机制。

1 降水实况及大尺度影响系统分析

1.1 降水实况

2016 年 8 月 12 日早晨至下午北京大部分地区出现强对流天气,降雨量分布极不均匀,全市平均降雨量为中雨,部分地区达暴雨,密云局地出现大暴雨。12 日 06 时至 16 时(北京时间,下同),全市平均降雨量 22.4 mm,5 站超过 100 mm,最大降雨出现在密云区穆家峪,降雨量 208.3 mm。从密云穆家峪、大城子、北庄、黑龙潭、溪翁庄及怀柔区椴树岭村测站的逐小时降雨演变可见(图略),强降水主要集中在 08—12 时,且分为两个时段,08—10 时密云东部穆家峪降水量已超过 100 mm、大城子超过 50 mm;10—11 时,密云区降水明显减弱,西北部的延庆、怀柔降水开始增强;11—12 时,密云区降水再次加强,5 站小时雨量超过 40 mm。

1.2 大尺度影响系统分析

由强对流导致的局地暴雨或大暴雨天气都是在一定的环流背景下受天气尺度系统的影响由中尺度系统直接影响产生的,天气尺度系统为其提供了能量和水汽条件,中尺度系统提供了动力触发条件(杨晓霞等,2013)。此次过程的大尺度环流形势分析发现(图略),2016 年 8 月 11—12 日高空 200 hPa 东亚中高纬度为平直西风气流,冷空气势力偏北,高空 500 hPa 冷涡主体位于东北地区北部,华北地区中部京津冀一带位于低槽底部的西北偏西气流中;副热带高压(副高)北抬,588 dagpm 等值线已至 41°N,并呈带状分布;高空槽主体偏北,并呈现明显的后倾特征,12 日 08 时 850 hPa 切变线及地面冷锋位于山西北部—河北及北京北部—内蒙古东北部。分析大尺度动力及水汽条件的分布发现(图略),上升运动区及水汽通量散度负值中心位于北京东北部至河北北部,与正、负垂直速度中心对相伴的垂直动力环流沿副高外围分布,强降水首先在冷锋前暖区内沿副高外围上升气流区域(河北东北部)发展,随后,锋面过境,锋区降水叠加。

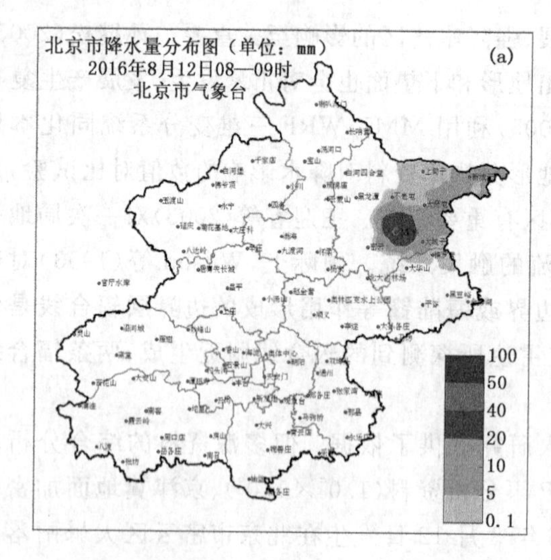

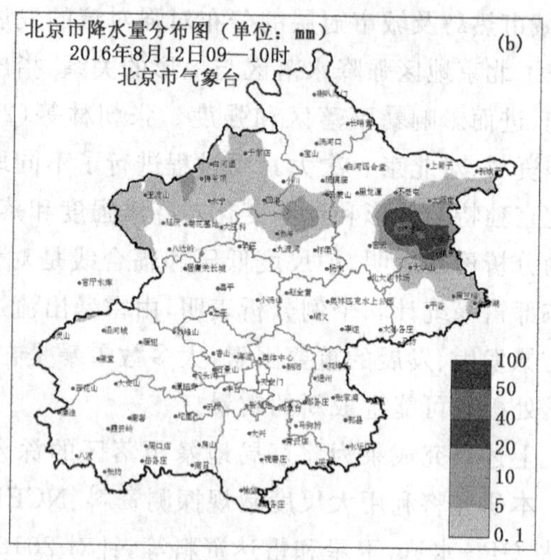

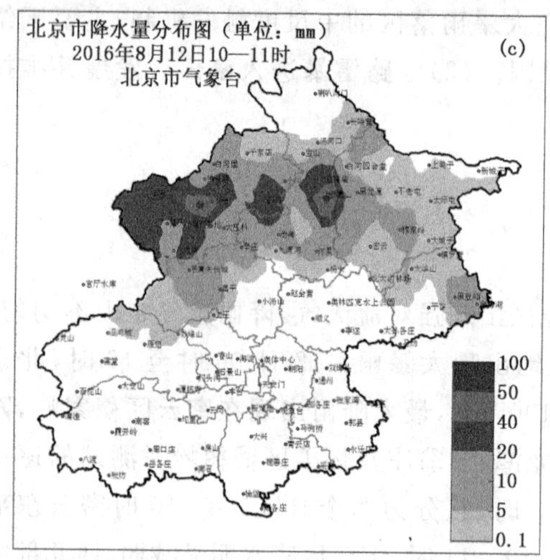

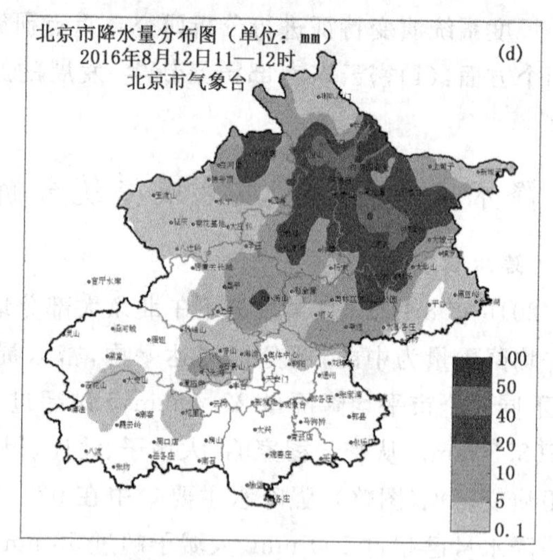

图 1　2016 年 8 月 12 日 08—12 时北京市逐小时降水量(a～d)

从北京 54511 站探空曲线特征分析发现，北京上空湿层深厚，500 hPa 以下 $T-T_d<3$ ℃，低空(850 hPa 以下)比湿 15～21 g/kg；湿对流有效位能($CAPE$)2900 J/kg，最大垂直速度 $W_{max}=(2CAPE)^{1/2}$ 达到 76 m/s，$\Delta\theta_{se(500-850\ hPa)}=-17$ ℃，能量条件理想，且具备明显的不稳定层结特征，但干冷空气层偏高(位于 500 hPa 以上)，湿对流特征明显，强对流天气种类以强降水特征为主。

可见，此次局地大暴雨并不是大尺度系统直接触发，动力条件明显偏东，但本站能量及水汽条件俱佳，周边强降水引发局地边界层环境场气象要素突变，导致中尺度辐合系统形成并加强，从而触发或加强局地强对流天气，是本次局地大暴雨过程的关键点。

2　中尺度对流云团及雷暴演变特征

2.1　中尺度对流云团 *TBB* 大梯度区两次影响密云大暴雨区

局地暴雨主要是由低槽层状云系中镶嵌的中尺度对流系统造成的，因此，中尺度对流系统形成的热力动力机制十分关键(赵玉春等，2008)。中尺度对流云团在切变暖区一侧边界一般比较整齐和清晰，并且 *TBB* 值梯度比较大，短时强降水一般就出现在中小尺度对流系统暖区一侧且 *TBB* 值梯度大的区域。此次过程中，大尺度系统过境触发暖区中尺度对流云团发展，而中尺度对流云团的发展过程中，其外围 *TBB* 大梯度区，在局地有利的热动力及水汽条件下，对流云团快速发展，引发该地局地暴雨天气。

从 12 日 FY-2E 卫星可见光云图可见（图 2），07—08 时在北京东北、西部有两个 β 中尺度对流系统发展，云团发展为密实、接近点圆状的 β 中尺度对流系统。初期，东部 β 中尺度对流系统发展更为强盛。08 时 200 hPa 等压面（图略）上河北东北部至渤海湾为反气旋环流，β 中尺度对流系统发生区对应强辐散区（$>10\times10^{-5}s^{-1}$），850～700 hPa 等压面上，对应辐合区（$<10\times10^{-5}s^{-1}$），东侧 β 中尺度对流系统区对应水汽通量散度$<-2\times10^{-7}g/(cm^{-2}\cdot hPa\cdot s)$的辐合中心。同时，从 850 hPa θ_{se} 场可看到，β 中尺度对流系统发生区西南侧为 $\theta_{se}>80$ ℃的高能区，满足了 β 中尺度对流系统发生、发展所需的能量条件；β 中尺度对流系统发生区北侧有明显锋生，为 β 中尺度对流系统的发生、发展提供了触发机制。12 日 08 时经过东、西两个 β 中尺度对流系统的 *TBB*，冷中心做剖面分析发现，密云东部大城子附近位于大梯度区（117.1°E，40.45°N 红线所示）（图 3），对应 θ_{se} 高值中心，且高垂直递减率位于 950 hPa 以下，表明此处边界层存在强烈的不稳定及高能量，但低值中心明显偏高，位于 500 hPa 以上，且较弱，表明高空干冷空气不明显，也说明以暖区对流特征为主；西部 *TBB* 冷中心对应的 θ_{se} 垂直递减率稍弱，但 800—700 hPa 对应有 θ_{se} 低值冷中心，锋区特征明显，其前部可见 θ_{se} 高值区位于锋区前上方，暖湿空气被抬升，表明西 β 中尺度对流系统的发展是由冷锋触发。

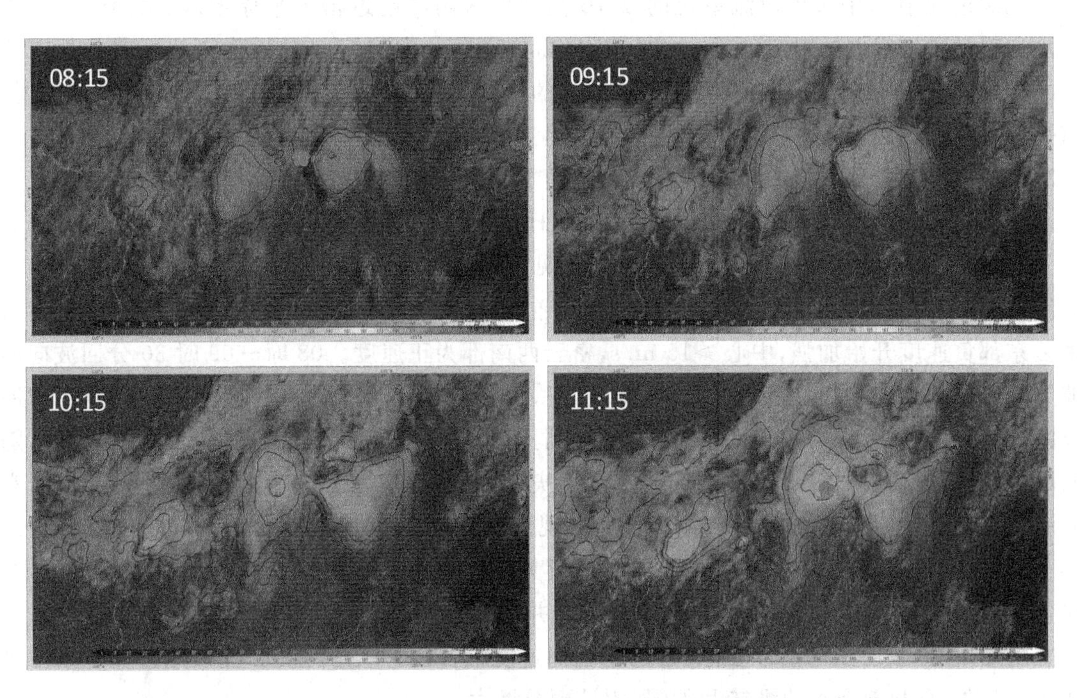

图 2　2016 年 8 月 12 日 08 时 15 分—11 时 15 分逐小时 FY-2E 卫星可见光云图及 *TBB* 等值线

从东、西两个 β 中尺度对流系统的 *TBB* 分布可见，东 β 中尺度对流系统的 *TBB* 中心达 −59 ℃，$TBB\leqslant-40$ ℃的冷云盖面积约为 17×10^{3} km^{2}；西 β 中尺度对流系统的 *TBB* 中心达

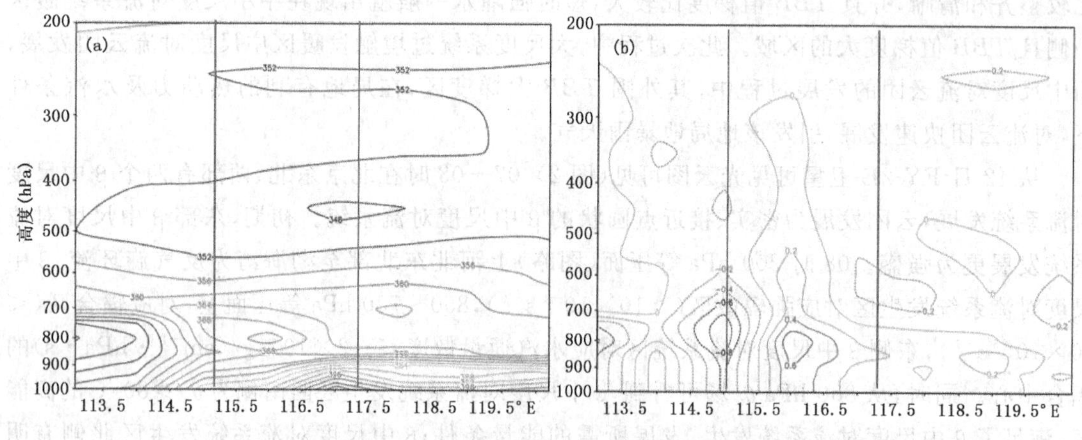

图 3　2016 年 8 月 12 日 08 时经东、西 *TBB* 冷中心沿纬向 40.5°N 的 θ_{se}(a)和垂直速度(b)剖面

−43 ℃，*TBB*≤−40 ℃的冷云盖面积约为 13×10^3 km²，在高空偏西气流引导下，向东移动，07—09 时密云区位于东 β 中尺度对流系统的西侧 *TBB* 高梯度区，密云东部 ΔT=36 ℃，08—10 时对应该区域出现降水峰值，穆家峪 2 h 雨量达 110 mm；10 时后东 β 中尺度对流系统减弱东移，*TBB* 高梯度区也随之减弱移出，降水短时间减弱；同时，西 β 中尺度对流复合体加强并东移，*TBB* 中心达−59 ℃，密云东南至怀柔中部 ΔT=36 ℃，降水再次增强，11—12 时密云区 6 站出现 20 mm 降水，穆家峪、溪翁庄、黑龙潭达 50 mm 左右(图 1)。

此次过程中，β 中尺度对流系统的 *TBB* 高梯度区两次经过密云平原地区(东南部)，与强降水出现时段有很好的对应关系，关注 *TBB* 高梯度区的发展演变对强降水的短时预报有明显的指示意义，本次个例中 β 中尺度对流系统的 *TBB* 高梯度区在 07 时 15 分已明显加强，提前强降水约 2 h，东路 β 中尺度对流系统发展迅速，*TBB* 高梯度区提前量约 1 h。

2.2　密云中部东、西路雷暴新生、发展、合并的雷达回波演变特征

与东路 β 中尺度对流系统相对应，8 月 12 日雷达回波可见(图略)07—08 时河北东北部兴隆一带雷暴强烈发展，1.5°反射率因子图上可见回波中心强度>50 dBZ，同时，密云东部局地回波新生，径向速度图可见密云东部有明显的逆风区(负速度)，该地区出现强降水；08 时前后密云东部负速度开始加强，中心>15 m/s，密云西南部为正速度。08 时—09 时 30 分回波向西伸展并发展加强，径向速度可见负速度加强，正、负速度辐合区发展。10 时前后随兴隆一带回波的减弱东移，密云东部局地回波强度也呈减弱态势，但正、负速度辐合区仍然存在，此时，随西路中尺度对流复合体东移，西部回波进入延庆，怀柔中部与密云交界处回波新生，并不断有回波东移合并、加强，10 时后密云西部开始出现负速度区，并不断加强、向东推进，在密云中南部又形成一个辐合区，从 10—11 时径向速度可见密云东部辐合区维持，西路辐合区形成并东移，10 时 45 分在密云平原地区东、西辐合区合并，11 时回波加强，强降水再次出现。

可见，在密云区中南部存在东、西两个径向速度辐合区，并合并加强，使该地区辐合条件维持 4 h 左右，有利于降水的维持和加强，累计雨量增大。

3 局地大暴雨落区的形成机制

3.1 地面中尺度辐合系统及小地形作用

研究发现，当降水发生后所形成的水平出流，恰好与其前部环境风构成明显切变或甚至有相向而来的环境风时，就有可能会在近地面层内形成中尺度风切变或辐合，直接触发对流的发生、发展，甚至使其组织化（孙靖等，2010）。由于水平温度梯度产生的水平加速度如果是不均匀的，也会产生垂直运动和相应的垂直环流。因此，可以通过分析水平温度梯度的不均匀（温度锋区的变化）状况，揭示局地动力条件的变化（张玉玲，1999）。Wilson 等（1986）指出，79%的风暴（96%的强风暴）发生在辐合线附近。因此，在一定的大尺度环流背景下，诊断分析对流层低层和近地面层流场有助于预报强对流天气的发生、发展（翟国庆等，1992）。

因此，研究北京局地暴雨过程中边界层气象要素的演变，探寻边界层风场与北京地区局地强对流的关系对暴雨落区预报至关重要。

本研究在京津冀自动站气压场客观分析中发现（图略），20 日 08—11 时中尺度低压从河北中西部自南向北伸展至北京平原地区，密云东北部由降水产生的中尺度高压不断加强，密云中部平原地区位于高压后部，加变压明显，此处出现 2～4 m/s 的偏北风转偏东风（图 4），这支气流一方面与北京西部高压前西北风形成中尺度辐合线，另一方面偏北风延伸至密云穆家峪站东北侧四棱山的西部山前，穆家峪测站海拔 91 m，四棱山海拔 781 m，地形高度差近 700 m，迎风坡地形抬升作用明显。据华北暴雨研究，地形对降水的增幅作用，燕山大地形增幅 20%，小地形增幅达 260%。计算北京逐时地面自动站风场散度分布（图 4）发现，09—11 时在穆家峪附近为散度负值中心，表明山前辐合加强，与地形抬升作用一致。另外，07—08 时，雷暴进入河北东北部加强，由于降水加强，下沉气流的冷却蒸发作用，温度场（图略）可见明显的冷池出现。冷池的出现使其周边温度梯度加大，中尺度锋区增强，锋区两侧偏北及偏南风维持并加强。10—11 时，随冷锋东移南压，西路雷暴加强，同理，使得北京北部西北风增大，由 2 m/s 增至 4 m/s，从风场分布（图 4）可见，中尺度辐合线在密云中南部加强。

此次局地大暴雨过程中（08—12 时）经历了中尺度辐合线建立、减弱、加强的过程，对应降水的强、弱变化，但降水始终维持，建立和加强时段与强降水出现时段一致（图略）；密云东部中尺度高压形成并加强，使偏东风在 07 时 50 分前后建立并维持，随冷空气南下，西路偏北风 10 时 30 分开始建立加强；地面中尺度辐合线两侧风场的演变，使其维持和加强，风场的演变，超前于强降水 1～2 h，对临近预报有明显的指示意义。

3.2 局地大暴雨落区的充沛水汽条件

充沛的水汽是暴雨发生的重要条件，大气水汽是产生各种天气的重要影响因子，它的时、空分布以及由于其相变所产生的巨大潜热，严重影响着大气的垂直稳定度和天气系统的结构和演变，会造成强烈的对流天气或暴雨天气。曹云昌等（2005）研究了 GPS（全球定位系统）遥感大气可降水量与局地降水的关系，发现降水量与本站的大气可降水量的激增存在较好的联系。李青春等（2007）研究 GPS 遥感大气可降水量在暴雨天气过程分析中的应用中发现，当 *PWV*（可降水量）大于阈值（56 mm）后出现较强降水。苗爱梅等（2012，2014）研究发现，暴雨常发生在气柱水汽总量水平梯度大值区。气柱水汽总量对“8・12”暴雨过程有 36 h 的提前量，对暴雨的落区有很好的指示意义。

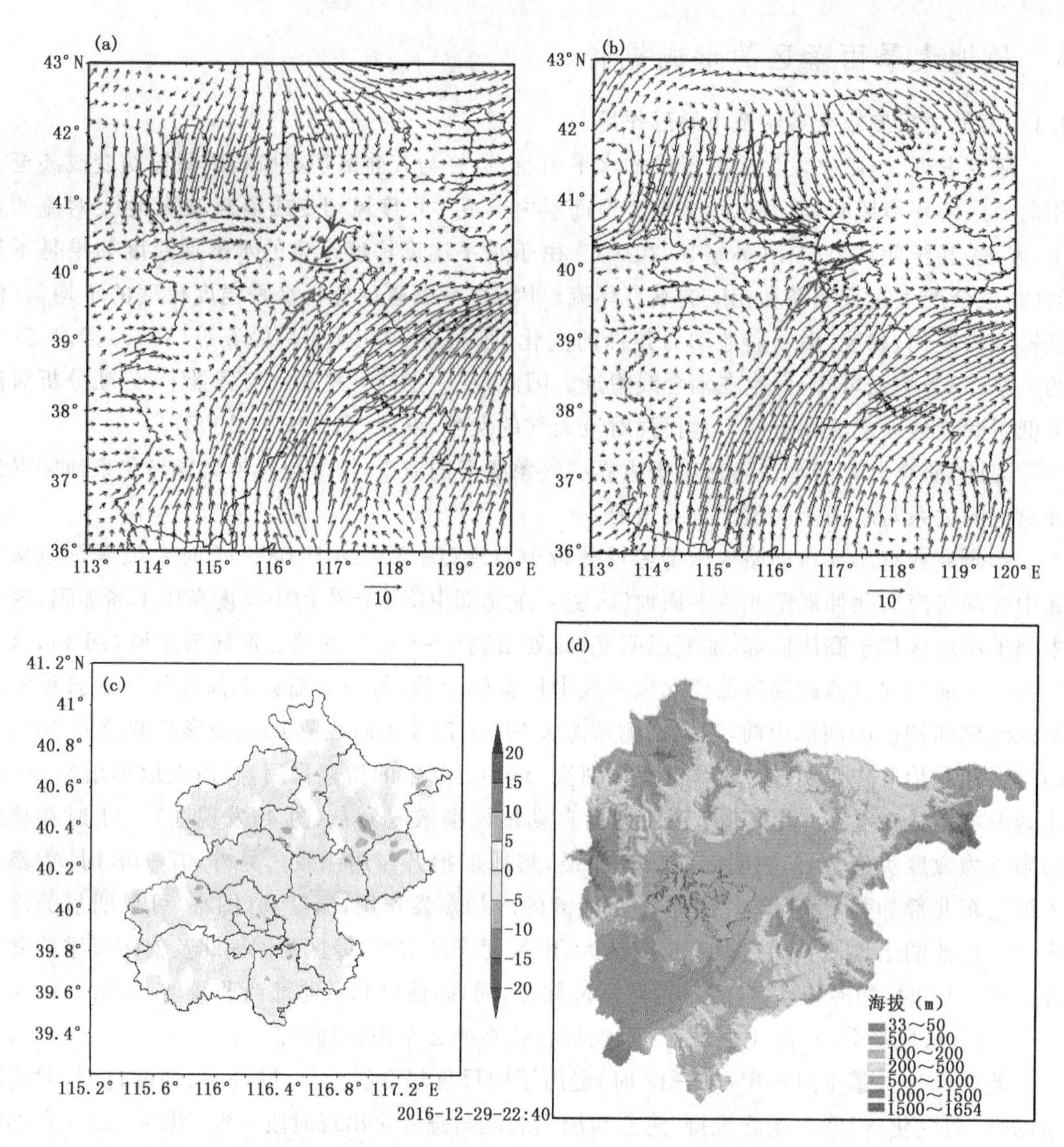

图 4　京津冀地面自动站 09 时(a)、10 时风场(b)

10 时地面散度分布(c)及密云地形(d)

此次大暴雨落区发生在密云水库附近,下垫面的水汽条件充沛。从 12 日 06—11 时的 *PWV* 分布(图 5)可见,北京平原地区均处于 *PWV* 的高值区(＞60 mm),且已连续 2～3 d 明显增长。在此次局地暴雨前(07 时前后),密云南部出现 74 mm 以上的中心,同时在大暴雨区穆家峪至大城子一带 *PWV* 梯度开始增大;08 时密云南部的中心增至 80 mm,*PWV* 梯度进一步加大。此时,08—10 时穆家峪站逐时降水＞50 mm;10 时 *PWV* 中心减弱,梯度下降,对应降水也呈现减弱态势;11 时 *PWV* 中心再次增强,梯度上升,11 时 30 分再次出现局地暴雨中心。从穆家峪站逐时降水量与 *PWV* 演变对比分析发现(图 5a),08 和 11 时出现两次 *PWV* 峰值,与该站降水量峰值有很好的对应关系,约超前 1 h 出现(图 5a)。

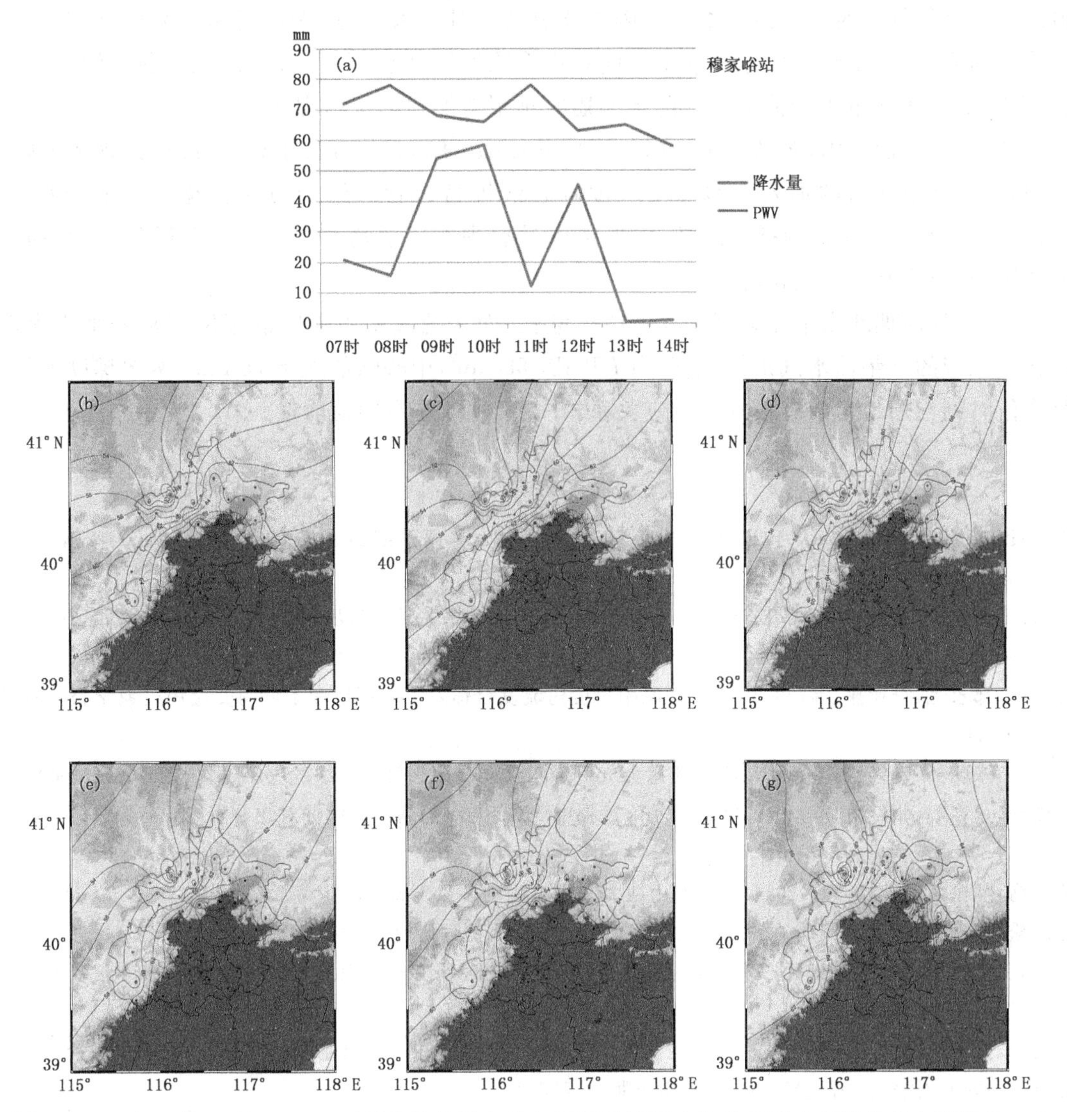

图 5　2016 年 8 月 12 日 06—11 时穆家峪站降水量＋PWV 时序(a)北京 GPS 水汽图分布＋地形(b～g)

分析表明，过程前期北京平原地区 PWV 持续增长，而局地大暴雨落区恰好位于密云水库附近，提供了充沛的下垫面水汽条件，落区内 $PWV>65$ mm，中心峰值大于 75 mm，两次梯度区加强及峰值与局地暴雨有很好的对应关系，并具有 1 h 左右的提前量。

5　小　结

应用多源资料对 2016 年 8 月 12 日北京密云区大暴雨过程中密云东南部雷暴新生、发展及西路雷暴进入密云后发展并维持的原因从中尺度系统演变特征及中尺度触发机制上进行了详细分析。主要得到以下结论：

(1)此次密云局地暴雨并不是大尺度系统直接触发，本站能量及水汽条件俱佳，局地暴雨是由于周边强降水引发局地边界层环境场气象要素突变，导致中尺度辐合系统形成、维持而触发。

(2)东、西 β 中尺度对流系统的 TBB 高梯度区两次经过密云平原地区(东南部)，与强降水出现时段有很好的对应关系。本次个例中β中尺度对流系统的 *TBB* 高梯度区在 08 时 15 分已明显加强，提前量约 2 h，东路β中尺度对流系统发展迅速，*TBB* 高梯度区提前量约 1 h。关注 *TBB* 高梯度区的发展演变对强降水的短时预报有明显的指示意义。

（3）密云三面环山，东部中尺度高压形成并加强，使偏东风在山前建立并维持，地形增幅作用明显；西路偏北风的加入使地面中尺度辐合线维持、加强；风场的演变超前于强降水 1～2 h，对临近预报有明显的指示意义；局地暴雨过程中经历了地面中尺度辐合线建立、减弱、加强的过程，与降水强弱变化时段一致。

（4）过程前期北京平原地区 *PWV* 持续增长，而局地大暴雨落区恰好位于密云水库附近，具备了充沛的下垫面水汽条件，落区内 *PWV*＞65 mm，中心峰值大于 75 mm，两次梯度区加强及峰值时刻与局地暴雨有很好的对应关系，并具有 1 h 左右的提前量。

参考文献

毕宝贵，刘月巍，李泽椿，2004. 2002 年 6 月 8—9 日陕南大暴雨系统的中尺度分析[J]. 大气科学，**28**(5)：747-763.

曹云昌，方宗义，夏青，2005. GPS 遥感大气可降水量与局地降水关系的初步分析[J]. 应用气象学报，**16**(1)，2，54-59.

吕艳彬，郑永光，李亚萍，等，2002. 华北平原中尺度对流复合体发生的环境和条件[J]. 应用气象学报，**13**(4)：406-412.

李青春，张朝林，楚艳丽，等，2007. GPS 遥感大气可降水量在暴雨天气过程中的应用[J]. 气象(06)：53-60.

苗爱梅，董春卿，张红雨，等，2012. "0811"暴雨过程中 MCC 与一般暴雨云团的对比分析[J]. 高原气象，**31**(3)：731-744.

苗爱梅，郝振荣，贾利冬，等，2014. "0702"山西大暴雨过程的多尺度特征[J]. 高原气象，**33**(3)：786-800.

孙继松，2005. 北京地区夏季边界层急流的基本特征及形成机理研究[J]. 大气科学，**29**(3)：445-451.

孙靖，王建捷，2010. 北京地区一次引发强降水的中尺度对流系统的组织发展特征及成因探讨[J]. 气象，**36**(12)：19-27.

孙明生，高守亭，孙继松，等，2012. 北京地区暴雨及强对流天气分析与预报技术[J]. 北京：气象出版社：54-55.

陶诗言，1980. 中国之暴雨[M]. 北京：科学出版社：225.

王国荣，王令，2013. 北京地区夏季短时强降水时空分布特征[J]. 暴雨灾害，**32**(3)：276-279.

王迎春，钱婷婷，郑永光，等，2003. 对引发密云泥石流的局地暴雨的分析诊断[J]. 应用气象学报[J]. **14**(3)：277-286.

徐国强，胡欣，苏华，1999. 太行山地形对"96・8"暴雨影响的数值试验研究[J]. 气象，**25**(7)：3-7.

杨晓霞，吴炜，姜鹏，等，2013. 山东省三次暖切变线极强降水的对比分析[J]. 气象，**39**(12)：1550-1560.

翟国庆，俞樟孝，1992. 强对流天气发生前期地面风场特征[J]. 大气科学，**16**(5)：522-52.

张朝林，季崇萍，Ying-Hwa Kuo，等，2005. 地形对"00・7"北京特大暴雨过程影响的数值研究[J]. 自然科学进展，**15**(5)：572-578.

张玉玲，1999. 中尺度大气动力学引论[M]. 北京：气象出版社：78-79.

赵玉春，王叶红，2008. 2008 年 8 月 10 日北京地区暴雨过程的诊断分析和数值研究[J]. 气象，**34**(s1)：16-25.

Wilson J W，Mueller C K，1993. Nowcast of thunderstorm initiation and evolution[J]. Weather and Forecasing，**8**：113-131.

Wilson J W，Schreibei W E，1986. Initiation of convective storms at radar-observedboundary- layer convergence lines [J]. Mon Wea Rev，**114**(12)：2516-2536.

区域数值预报系统在北京地区的降水日变化预报偏差特征及成因分析

卢 冰[1] 孙继松[2] 仲跻芹[1] 王在文[1] 范水勇[1]

(1. 中国气象局北京城市气象研究所,北京 100089;2. 中国气象科学研究院灾害天气国家重点实验室,北京 100081)

摘 要

为了研究北京快速更新循环同化预报系统(BJ-RUCv2.0)在北京地区降水日变化的预报偏差特征及其成因,利用2012—2015年夏季BJ-RUCv2.0系统第二重区域(3 km分辨率)预报结果和北京地区122个自动气象站逐时观测数据以及观象台探空观测资料,分析模式对北京地区降水日变化预报偏差的区域性特征和传播特征,研究模式局地环流预报偏差特征及其对降水预报偏差的可能反馈机制。研究结果表明,BJ-RUCv2.0系统多个更新循环的预报在北京平原地区都存在夜间降水漏报问题,降水预报偏差表现为:模式预报降水在西部山区降水偏多,预报降水雨带难以在平原地区增强发展,造成了模式降水在傍晚山区偏多而夜间平原地区降水明显偏少。

关键词:降水日变化 局地环流 温度梯度 地形辐合线 土壤湿度

引言

北京复杂地形及下垫面、城市热岛效应以及城市环流等导致降水形成机理复杂、夏季降水分布极不均匀(孙继松等,2007;丁青兰等,2009),增大了北京地区降水在时间、落区、量值等精细化要素上的预报难度。当前,随着探测技术、同化技术及数值模式技术水平的发展,高水平分辨率区域数值预报模式已经能够对24 h以内对流天气显示出一定的预报能力,对降水的定点、定量预报服务起到明显的支撑作用(陈敏等,2011;雷蕾等,2012)。由北京城市气象研究所日常业务运行的高分辨率WRF快速更新循环同化和预报系统BJ-RUC(范水勇等,2009)能够为北京及华北地区提供高分辨(3 km)预报产品,是当前北京城市精细化预报的重要支撑,但模式降水预报的准确性还有待提高。降水日变化特征是研究和理解降水形成和演变过程的重要途径,同时也是检验数值模式、确定模拟预报不确定性的重要标准(宇如聪等,2014)。降水是模式热动力、多物理过程耦合的产物,降水的日变化特征预报好坏也直接反映模式对天气过程物理、热动力的真实再现能力,能够帮助理解模式预报存在的问题,从降水日变化去认识高分辨率数值模式预报存在的问题是提高模式降水预报准确性的一种新方式。

1 BJ-RUCv2.0系统对北京地区的降水日变化预报偏差特征

1.1 降水日变化的预报偏差

图1a给出2012—2015年北京地区所有观测站点(122个)夏季逐时降水(≥1 mm/h)发生频次的实况,与前人对北京地区降水日变化的研究结果(李建等,2008;刘伟东等,2014)一致,

北京地区在20时到02时有一个明显的降水峰值，并且北京地区降水以短时降水(降水持续时间小于6 h)为主，短时降水平均发生频率约占70%以上(图1b)。

将BJ-RUCv2.0系统每天8次的24 h预报结果(图1c)与实况进行对比，即预报频次减去实况频次后除以实况发生频次，可以看到，由于同化雷达资料，BJ-RUCv2.0系统7个暖启动(11/14/17/20/23/02/05时起报)预报在前7 h预报时效内明显空报，系统08时的冷启动并未在这段预报时效内空报，反而在1 h预报内明显漏报，这是由冷启动的起转过程造成的。同时可以看到，多个预报(除了临近预报时次外)在夜晚20时至前半夜都有明显的漏报，经过多次更新循环同化(23/02/05时起报)的预报在夜间漏报更为明显。北京地区大部分降水事件的持续时间在6 h以内，暖启动预报在夜间的漏报与其在启动初始时效内的空报并没有太大关系。从每天8个不同循环时次的预报结果看，不断把局地资料同化到模式中并不能减少夜间降水的漏报(临近时次的预报例外)，系统在北京地区夜间降水的漏报更多是与WRF模式的预报性能和物理过程紧密相关。为了方便研究及表现系统的预报偏差，以下研究皆是对08时冷启动预报做出的分析。

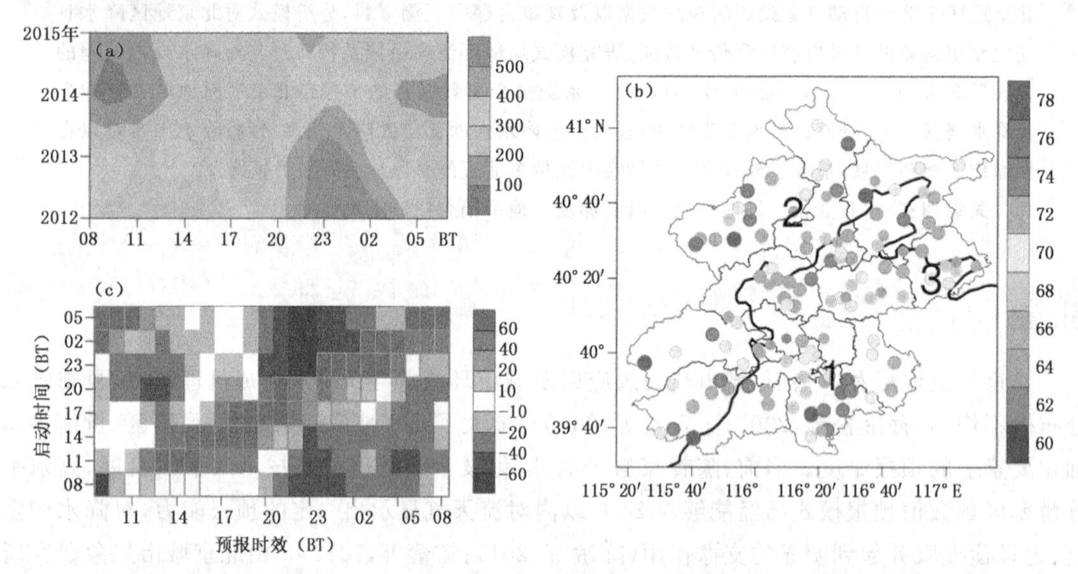

图1 (a)北京地区122个站点降水(≥1 mm/h)发生频次的日变化，(b)2012—2015年夏季北京短时降水(持续时间小于6 h)发生频率(单位：%)，黑粗线为200 m地形高度线，图中1表示54511站点位置，2表示A1452站，3表示54424站；(c)BJ-RUCv2.0系统预报的降水频次与实况之差的幅度(单位：%)，纵坐标表示8次循环更新的启动时间

1.2 降水预报偏差的时、空分布

由于燕山—太行山山脉的地形作用，华北平原地区的降水具有自西北向东南传播的特征，2012—2015年夏季北京地区降水亦具有此类特征(图2a～e)，14时，西部山区对流开始活跃并缓慢向东南方向移动，20时传播到平原地区，23时在平原和城区增强，之后开始减弱移出北京。BJ-RUCv2.0系统08时冷启动预报情况及偏差特征如图2f～j所示，系统对于午后山区降水有较好的预报效果，但降水预报偏多且降水出现时间比实况偏早；模式也报出了雨带自西向东的传播特征，但是模式未能报出降水雨带在平原地区加强的特征，出现夜间降水在平原地区漏报问题。通过图2k～o可以看到，BJ-RUCv2.0系统在北京地区的降水预报有以下时空

偏差特征：(1)模式预报降水在西部山区偏多；(2)模式预报降水雨带在自西向东传播过程中并没有在平原地区增强发展反而减弱消散；(3)傍晚模式降水预报在山区偏多而前半夜在平原地区明显偏少。

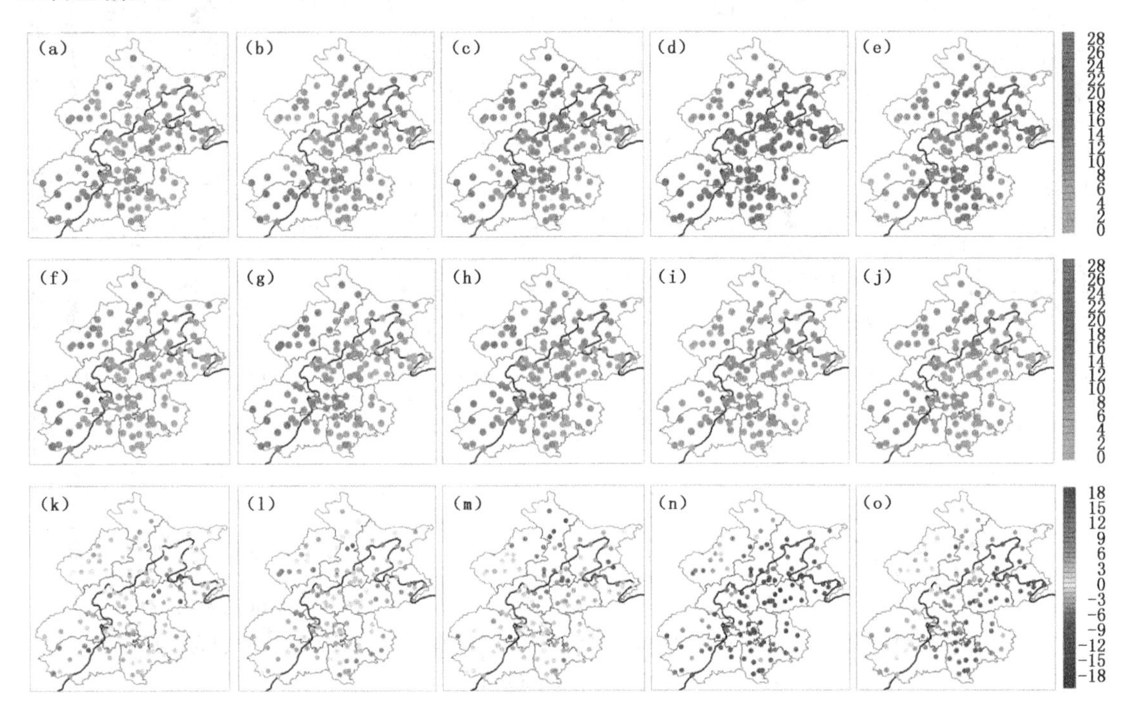

图 2　(a)～(e)分别为 2012—2015 年夏季 14、17、20、23、02 时降水次数(≥1 mm/h)的实况观测；(f)～(j)分别为对应的 BJ-RUCv2.0 预报次数；(k)～(o)分别为预报减去实况的差值

2　局地环流的气候态预报偏差特征

2.1　地面温度预报偏差特征

温度梯度主导着山区—平原间环流的变化，图 3 给出地面 2 m 气温的实况观测和 BJ-RUCv2.0 系统 08 时冷启动预报结果。为了便于比较不同区域、不同地形高度之间的温度梯度，统一将所有站点的观测和预报按照 0.6 ℃/100 m 的温度垂直递减率统一订正到海平面高度再进行比较。从高度订正后的实况可以看到，平原地区与山区之间的温度梯度在 17 时开始出现，并随着时间的推移增强，20 时较为明显，23 时达到最大。山区-平原的温度梯度的日变化趋势与实况中北京地区降水的日变化是一致的，最大温度梯度出现的时段正是夜间城区降水爆发的时段，两者之间的对应关系也反映了地形作用和城市化效应对北京地区降水日变化的影响。

进一步分析模式系统的预报偏差。白天，模式在平原城区的 2 m 气温预报有正偏差而同时在山区有负偏差，并且平原地区的正偏差在午后逐渐加大，17 时正偏差达到 1.5 ℃，20 时城区的正偏差达到 2 ℃。20 时之后，不论平原地区还是山区，地面温度都表现出正偏差。由于模式对不同区域的预报偏差相反，使得模式预报的山区-平原地区的温度梯度的强度和出现时间都与实况有差异，模式预报温度梯度的强度在 17 时就达到了 23 时的实况强度。模式预报中，山区-平原温度梯度提前出现，在午后山区不稳定能量的配合下模式预报在山区提前出现

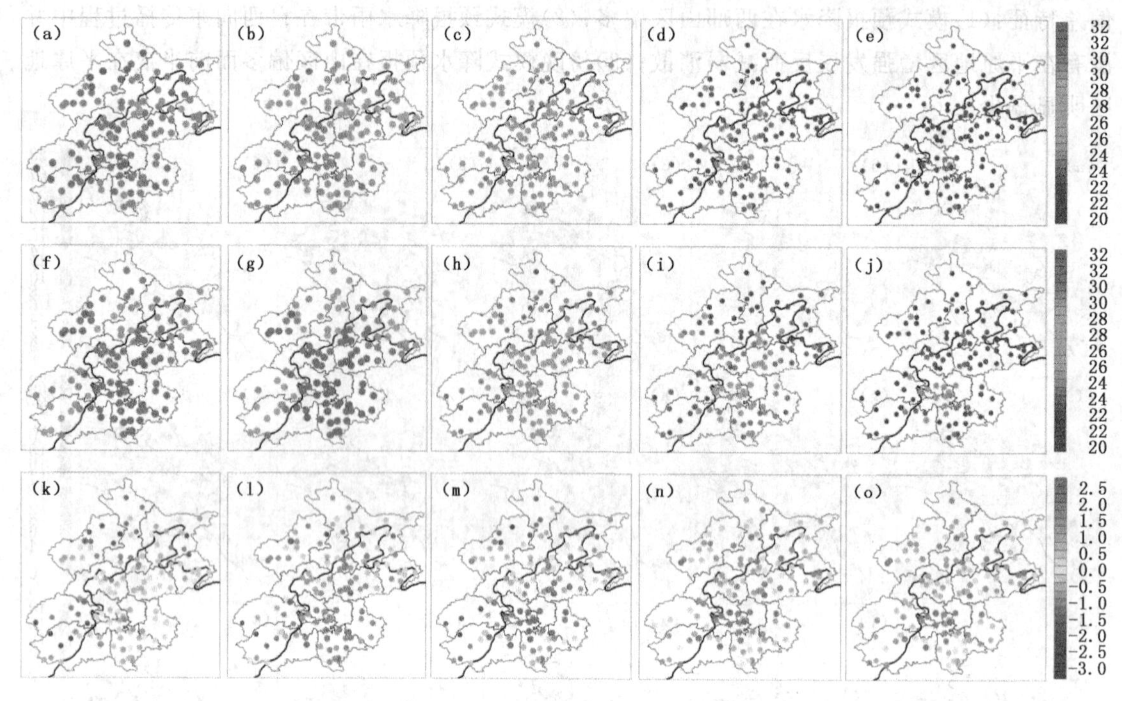

图 3　(a)～(e)分别为 2012—2015 年夏季 14、17、20、23、02 时地面 2 m 气温的实况(单位:℃);(f)～(j)分别为对应的 BJ-RUCv2.0 预报(单位:℃);(k)～(o)分别为预报减去实况的差值(单位:℃)

降水。值得注意的是,模式预报的夜间温度正偏差在城区三环内最大,这可能是与模式过多考虑城市效应引起的。

3　降水日变化预报偏差成因分析

BJ-RUCv2.0 系统对北京地区基本要素量的预报存在系统性偏差,山区、平原地区不同区域的预报偏差特征一定程度上会影响模式系统对降水日变化的预报能力。午后至傍晚,由于模式的地面温度预报在平原地区偏高而在山区偏低,使得山区-平原地区的温度梯度出现偏早且强度偏大,同时模式预报地面湿度迅速降低,水汽集中到 850 hPa 附近,由于山区的高地形使得山区低层更容易达到饱和,且在强的温度梯度以及模式地面辐合线偏北的配合下,雨带在山区得到维持,造成山区降水预报偏多。

入夜后,实际大气中由于温度梯度的加强以及地形辐合线的形成,同时平原地区低层湿度不断增大,平原地区充足的水汽能够在迎风坡爬升中凝结降水,进一步促进雨带的维持与加强,有利于平原地区对流的发展以及降水的增强。相对比,模式预报的山区-平原地区的温度梯度与实况相当,但是由于整个平原地区底层偏暖,使得北京地区山谷风环流中的偏北风难以到达平原地区,平原地区底层南风和东风偏强,不利于山区降水雨带向东南方向的平原地区移动,并且由于山区部分地区已经转为偏北风,使得地形辐合线的位置较实况偏北,未能与温度梯度相配合。北京山区平均地形高度约为 1 km,而 BJ-RUCv2.0 系统在平原地区 900 hPa 以下湿度偏干 20%左右,难以让气流在迎风坡爬升中达到饱和,因此,降水雨带在东移过程中未能得到加强,从而使模式在平原地区夜间降水出现漏报。

参考文献

陈敏,范水勇,郑祚芳,等,2011. 基于 BJ-RUC 系统的临近探空及其对强对流发生潜势预报的指示性能初探[J]. 气象学报,**69**(1):181-194.

丁青兰,王令,卞素芬,2009. 北京局地降水中地形和边界层辐合线的作用[J]. 气象科技,**37**(2):152-155.

范水勇,陈敏,仲跻芹,等,2009. 北京地区高分辨率快速循环同化预报系统性能检验和评估[J]. 暴雨灾害,**28**(2):119-125.

雷蕾,孙继松,王国荣,等,2012. 基于中尺度数值模式快速循环系统的强对流天气分类概率预报试验[J]. 气象学报,**70**(4):752-765.

李建,宇如聪,王建捷,2008. 北京市夏季降水的日变化特征[J]. 科学通报(7):829-832.

刘伟东,尤焕苓,任国玉,等. 2014. 北京地区精细化的降水变化特征[J]. 气候与环境研究,**19**(1):61-68.

孙继松,舒文军,2007. 北京城市热岛效应对冬夏季降水的影响研究[J]. 大气科学,**31**(2):311-320.

宇如聪,李建,陈昊明,等. 2014. 中国大陆降水日变化研究进展[J]. 气象学报,**72**(5):948-968.

2016年7月7—9日鄂尔多斯局地暴雨成因分析

孟雪峰　孙永刚　仲　夏　马素艳　邸　强

(内蒙古自治区气象台,呼和浩特市 010051)

摘　要

利用常规气象观测资料、NCEP资料、卫星、雷达、地面加密自动站等资料,对2016年7月7—9日鄂尔多斯局地性暴雨成因进行了分析。结果表明:(1)局地暴雨发生在500 hPa副热带高压脊控制内蒙古中西部地区的稳定形势下,小槽引导冷空气侵入内蒙古河套地区,具有范围较小,短时强降水持续时间长,降水总量大的特征。(2)高空急流入口区右侧强辐散区在鄂尔多斯暴雨区上空形成强烈的抽吸作用,是本次暴雨形成的主要动力条件,对流层低层没有明显的辐合系统形成。(3)暴雨的上升运动出现在750 hPa以上直至300 hPa,最强中心在600 hPa层,在750 hPa以下表现为较弱的下沉气流,与典型的内蒙古暴雨有所不同。(4)暴雨区整层水汽条件充沛,水汽输送条件好,具备高能量,200 hPa至850 hPa风垂直切变50～60 m/s,有利于对流发展。(5)强降水集中出现在云系左侧,与对流进入高层后云系向高空急流一测扩展相关。雷达反射率回波呈现块状,移动缓慢,强度维持,持续性降水特征明显。

关键词:鄂尔多斯　局地暴雨　高空急流　风垂直切变　云图　雷达

引言

鄂尔多斯高原地处内蒙古西部河套地区,是内蒙古的暴雨中心之一,其暴雨具有突发性、对流性强的特征,预报难度较大,多与河套气旋的发生、发展关系密切。许多学者对北方暴雨极为关注,研究成果很多。慕建利等(2012)对短历时暴雨水汽条件进行了详细分析,强降水的发生、加强、减弱及消亡与水汽的局地变化和水汽平流的变化关系更加紧密;苗爱梅等(2012)通过暴雨过程中中尺度对流复合体(MCC)与一般暴雨云团的对比分析,在西太平洋副热带高压西进北抬的背景下,同一次暴雨过程中,MCC发生在5880 gpm边缘弱的斜压环境中,高层则出现在高压北侧的反气旋环流中。一般暴雨云团发生在5840 gpm边缘较强的斜压环境中,高层则出现在急流入口区的右侧。MCC不但对低层高温、高湿能量的需求比一般暴雨云团更多,而且在垂直方向上,要求湿层、高能舌及暖温结构更深厚;李青春等(2011)通过北京局地暴雨过程中近地层辐合线的形成与作用,分析造成局地暴雨的诱发系统主要是近地层切变线,探讨了近地面层辐合线与降雨强度及落区的关系,对探测资料如何运用于预报业务做了有益的尝试;张智(2014)对于河套地区暴雨的地域性特点及灾情做了分析,采用线性趋势分析、Mann-Kendall检验以及合成分析等方法,分析了河套地区暴雨日数的时空分布特征及其气候变化规律。

2016年7月7—9日内蒙古鄂尔多斯出现一次在副热带高压控制下的局地暴雨天气过程,具有暴雨落区范围小、相对稳定少动,而短时强降水持续时间长的特征,对流层低层没有明显的河套气旋等低值辐合系统，较为少见，本文重点分析其强降水持续的成因，为暴雨预报提供参考和依据。

1 天气实况和特点

7月7—9日，鄂尔多斯市中东部出现一次暴雨过程，有15个站48 h累计降水量超过100 mm(图1)，最大降水量出现在乌兰什巴台(219.3 mm)。鄂尔多斯市乌审召站7月7日08时—7月8日08时降水量超过极端日降水量阈值，出现极端事件。本次暴雨强降水主要出现在8日01—17时。共10个站出现短时强降水，最大雨强出现在查干希布图(8日02—03时，31.8 mm/h)。主要特征表现为：强降水落区范围较小，相对稳定少动，短时强降水持续时间长，8日01—17时，小时雨量在20～30 mm，降水总量大，有15个站超过100 mm。暴雨导致鄂尔多斯市道路被淹，平均水深在30 cm以上，内涝严重，房屋倒塌，牲畜死亡，农田被淹，猪、羊圈倒塌，路基被冲。受灾面积5.3 km^2，涉及5000多户居民。

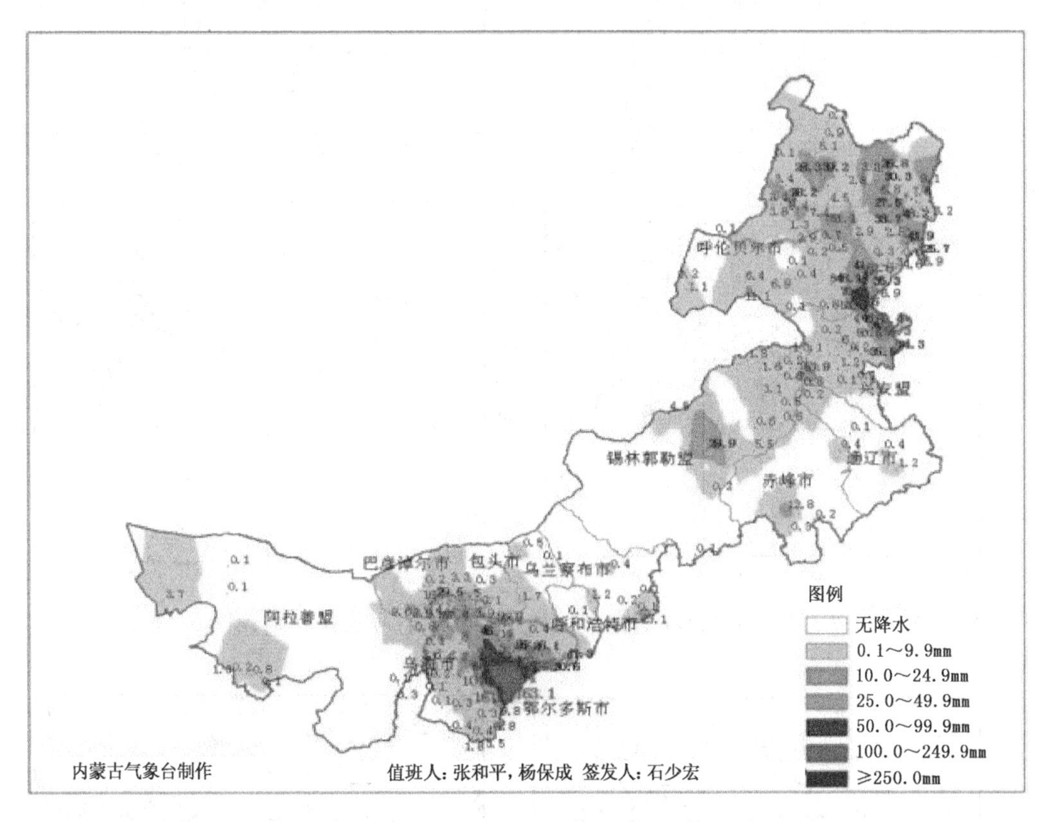

图1 2016年7月7日08时—9日08时降水量分布

2 环流形势特征

从500 hPa高空形势场演变可见(图2)，7月7日08时，东亚中高纬度呈一槽一脊，65°E至85°E从巴尔喀什湖到贝加尔湖是一宽广的槽区，85°E至135°E副热带高压与大陆高压打通，发展强盛，为一宽广的脊区。这一形势稳定少动，至8日20时强降雨结束仍维持一槽一脊形势。内蒙古中、西部地区受稳定的高压脊控制，只是在8日08时，在高压脊中有一小槽引导冷空气侵入内蒙古河套地区逐步消散，形成暴雨天气。7日08时至8日20时，700和850 hPa形势场同样维持稳定少动(图3)，青海低压维持强盛，其东部副热带高压与大陆高压打通，形成下游的阻挡形势，形成旺盛的西南暖湿气流，副热带高压南侧，台湾岛有台风登陆，进一步增强了水汽的北上。内蒙古鄂尔多斯暴雨区始终受到西南暖湿气流控制，未形成明显的河套气旋或切变线等低值辐合系统。地面图具有同样稳定少动特性，内蒙古鄂尔多斯暴雨区，始终受到青海气旋与副热带高压之间的西南暖湿气流控制，呈现东南风，无明显的辐合系

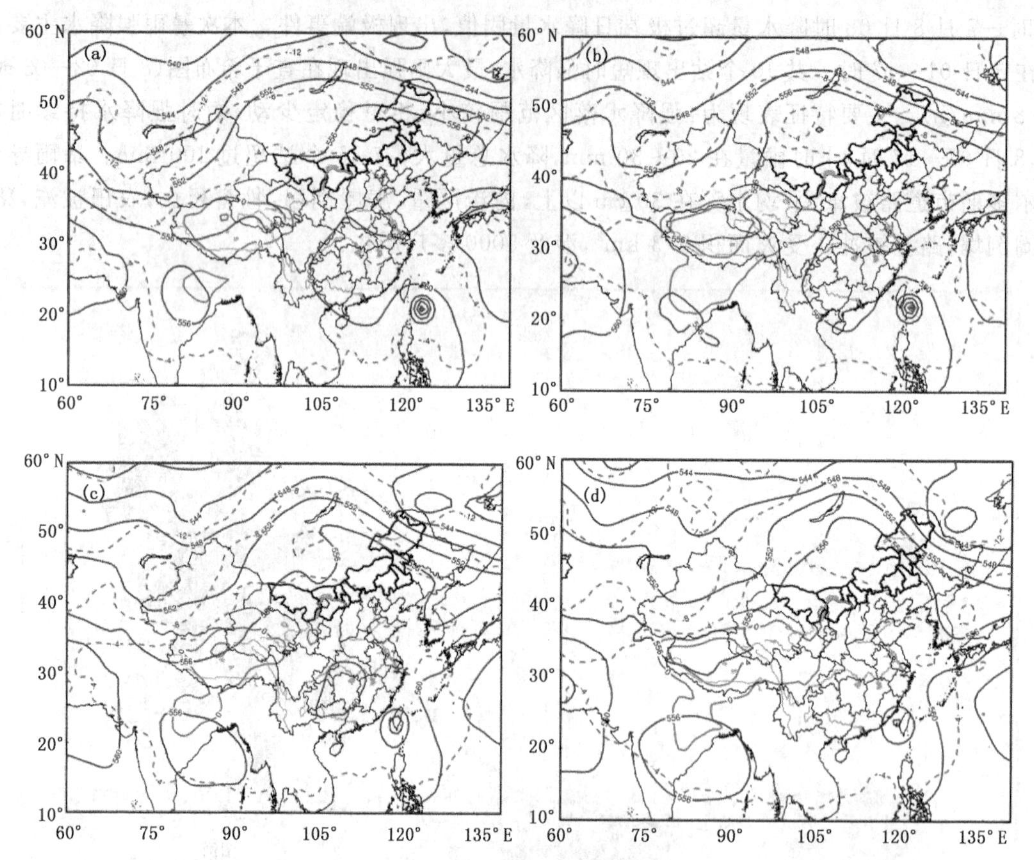

图2　2016年7月7日08时(a)、7日20时(b)、8日08时(c)、8日20时(d)500 hPa形势场

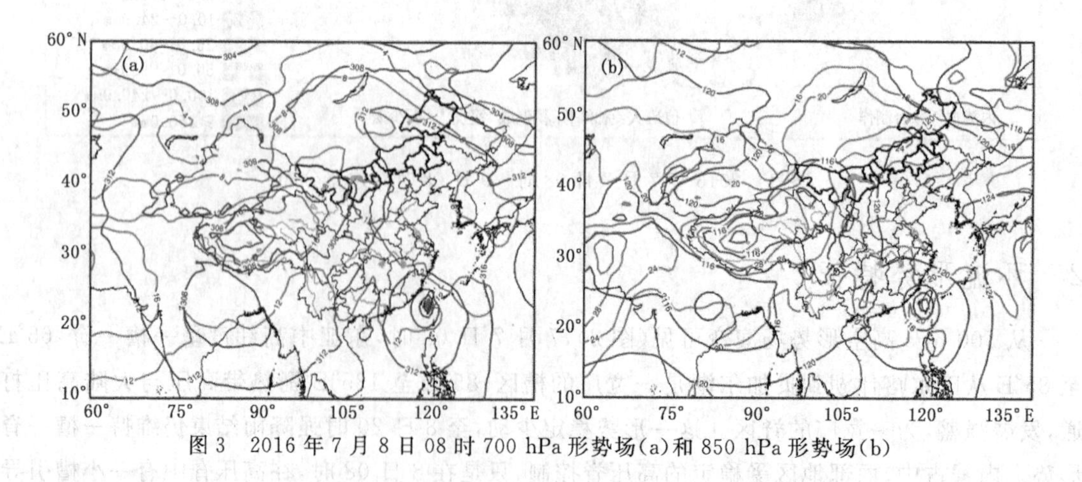

图3　2016年7月8日08时700 hPa形势场(a)和850 hPa形势场(b)

统。可见该暴雨过程大尺度环流背景场稳定少动，鄂尔多斯暴雨区受副热带高压脊控制，低层西南气流旺盛，具有充沛的水汽条件，高层有弱冷空气侵入。该类暴雨形势在内蒙古较为少见。

3 暴雨成因分析

3.1 动力条件

从 200 hPa 全风速和散度场可见(图 4)，7 日 08 时，暴雨发生前夕，内蒙古鄂尔多斯市东边开始有北风高空急流生成，风速为 26 m/s，鄂尔多斯有辐散区形成。到 8 日 08 时，暴雨加强，西北风高空急流明显加强，中心风速达到 40 m/s，鄂尔多斯暴雨区处于高空急流入口区右侧，高空辐散区的散度达到 $100\times10^{-6}s^{-1}$。高空急流稳定少动，直到 8 日 20 时。9 日 02 时，高空急流减弱东移，高空辐散区减弱，降水趋于结束。可见高空急流的生成、维持配合其入口

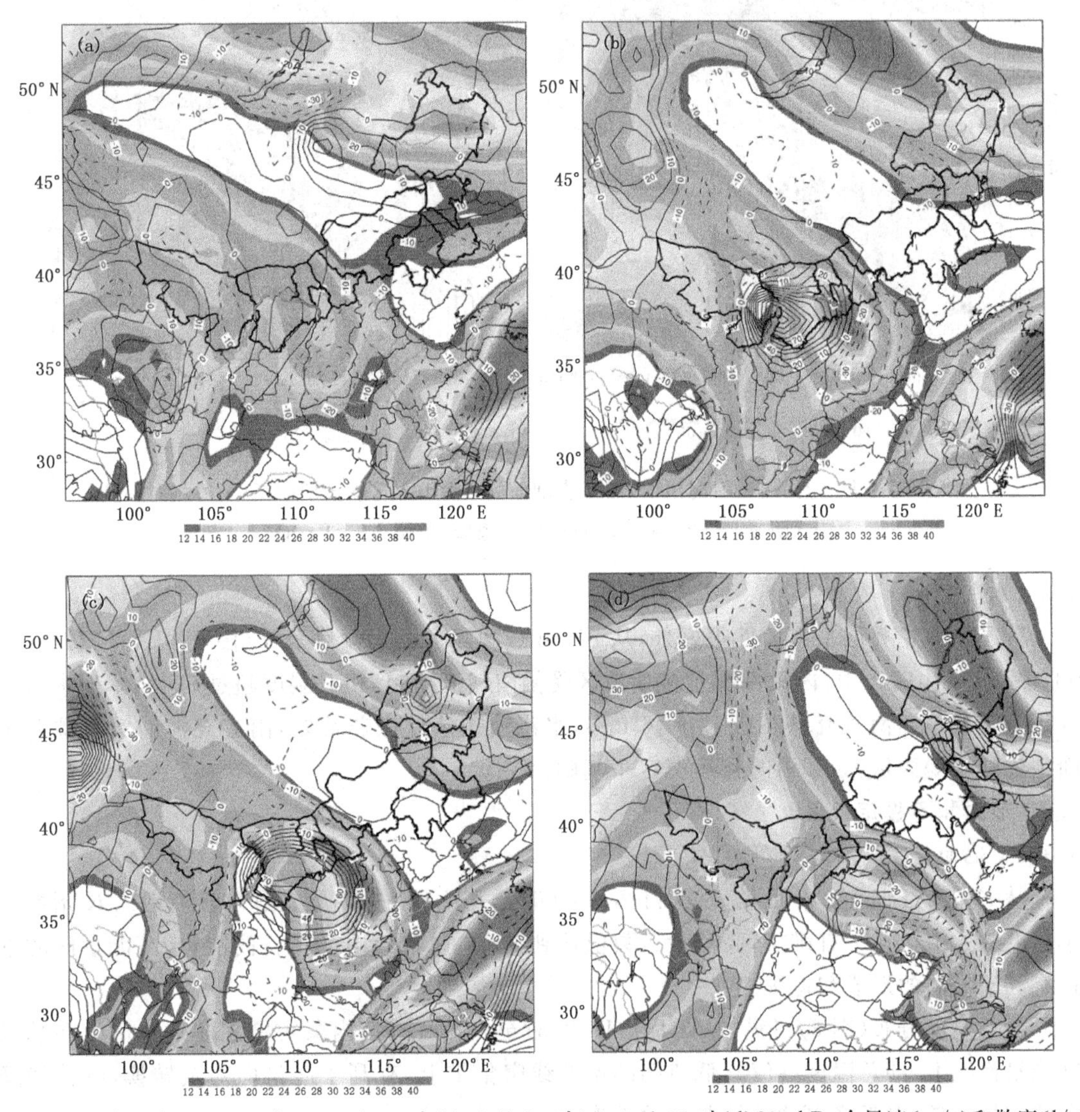

图 4　2016 年 7 月 7 日 20 时(a)、8 日 08 时(b)、8 日 20 时(c)、9 日 02 时(d)200 hPa 全风速(m/s)和散度(1/s)

区右侧强辐散区，在鄂尔多斯暴雨区上空形成强烈的抽吸作用，是本次暴雨的主要动力条件，暴雨区的稳定和较长时间的持续与高空急流相关。

从 2016 年 7 月 8 日 08 时暴雨强中心的相对湿度与垂直速度沿 39°N 和 108°E 垂直剖面图可见(图 5)，一方面，强降水发生时，整层水汽接近饱和，水汽条件很好。另一方面，较强的上升运动出现在 750 hPa 以上直至 300 hPa，最强中心在 600 hPa 层，在 750 hPa 以下表现为较弱的下沉气流，这与通常的低层辐合、高空辐散，整层上升运动的内蒙古暴雨模型有所不同。可见，这与在对流层低层没有形成明显的辐合系统相关。因此，该持续强降水过程中，强降水主要产生在 750 hPa 至 500 hPa 层次，较内蒙古典型暴雨的高度要高。

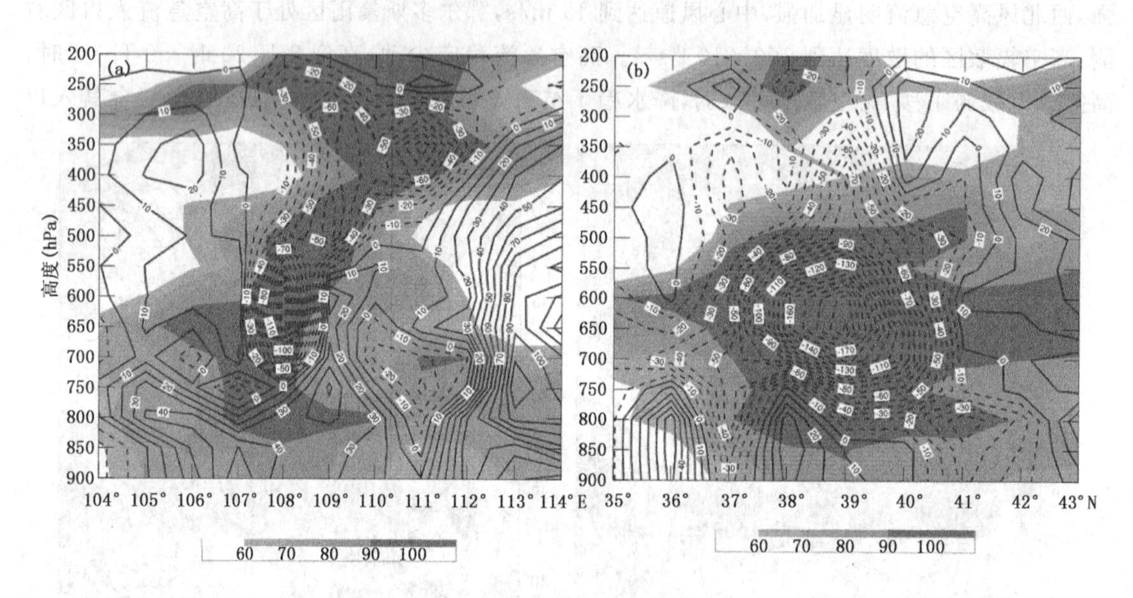

图 5　2016 年 7 月 8 日 08 时沿 39°N 垂直剖面(a)、沿 108°E 垂直剖面图(b)的相对湿度（阴影，单位：%)、垂直速度(等值线，单位：10^{-3} Pa/s)

3.2　水汽条件

除了图 5 中整层水汽条件很好外，从 850 hPa 风场和相对湿度分布(图 6)可见，8 日 02 和 08 时暴雨发生时段中，内蒙古鄂尔多斯地区受偏南气流控制，相对湿度超过 90%，本地水汽条件很好，同时，西南急流增强到 12～16 m/s，水汽输送条件也非常好，南方充沛的水汽源源不断地输送至暴雨区，为暴雨的持续奠定了基础。

3.3　热力和不稳定条件

3.3.1　地面能量

从 K 指数分布(图 7)可见，从 7 月 7 日 20 时至 8 日 20 时，内蒙古鄂尔多斯地区 K 指数从小值变为大值区且一直维持，高能量舌数值达到 40℃，说明暴雨区具备高能量，高能量区的维持有利于暴雨的形成和持续。

从总温度分布(图 8)可见，从 7 月 7 日 20 时至 8 日 20 时，内蒙古鄂尔多斯地区处在总温度能量锋区上，即总温度高值与低值间的温度线密集带上，有利于能量向对流转换，维持强降水的能量消耗，对强降水的维持起到关键作用。

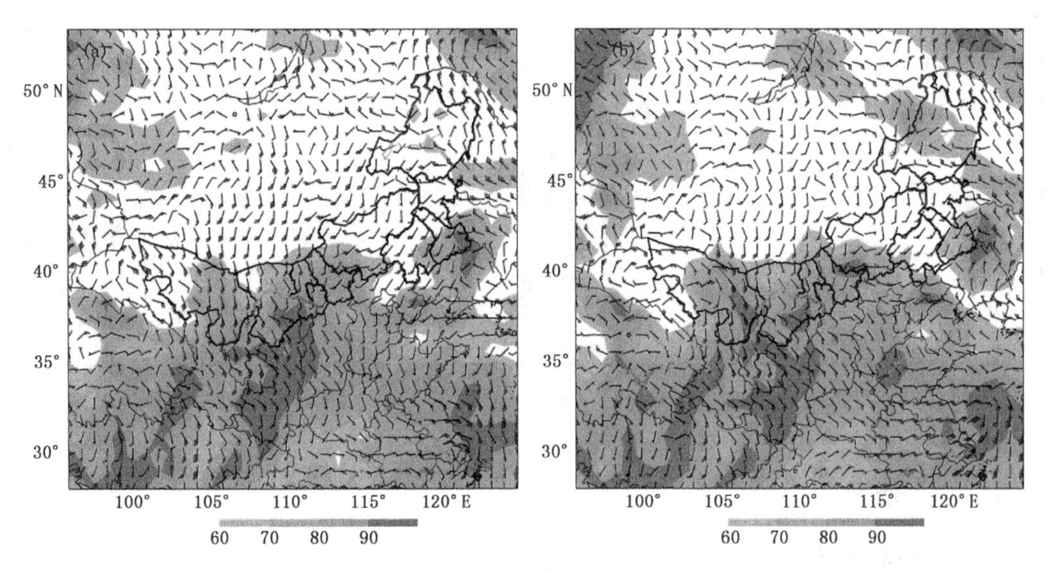

图 6　2016 年 7 月 8 日 02 时(a)、08 时(b)850 hPa 时风场和相对湿度场

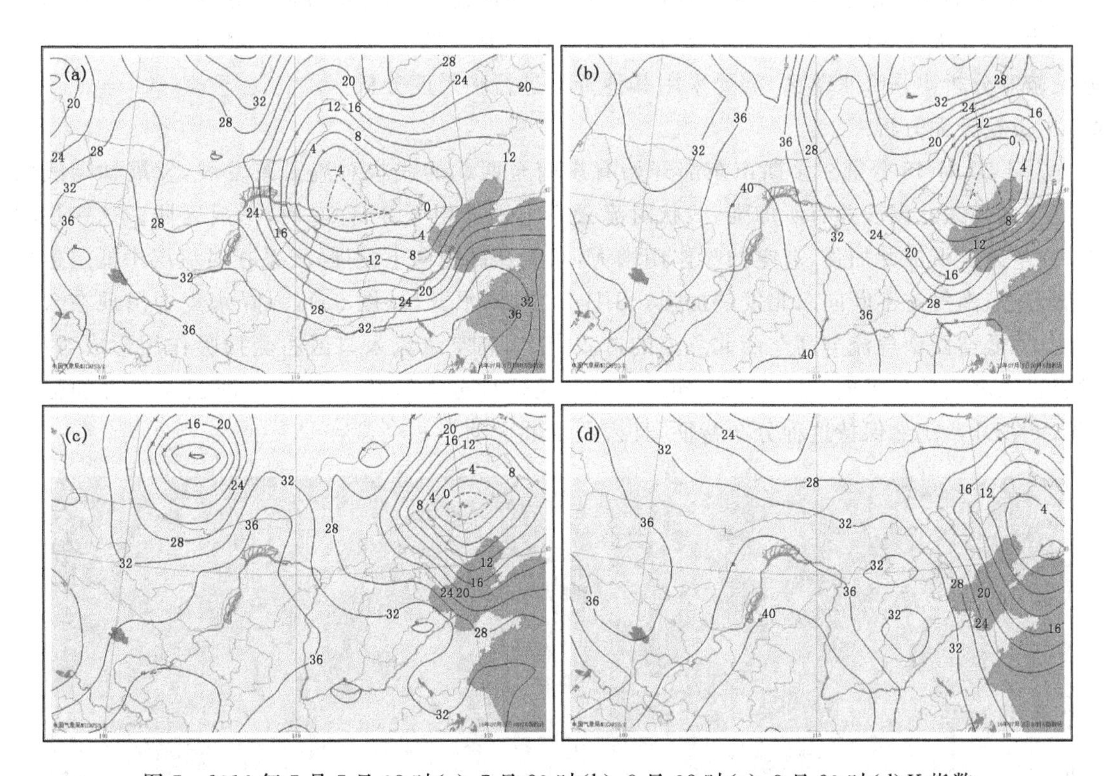

图 7　2016 年 7 月 7 日 08 时(a)、7 日 20 时(b)、8 日 08 时(c)、8 日 20 时(d)K 指数

3.3.2　对流不稳定条件

7 日 20 时和 8 日 20 时，东胜站的 $CAPE$ 值较小、沙氏指数为 0.04 的小值，局地对流条件并不好。但从图 4 对流层高层西北高空急流与图 6 对流层低层东南低空急流的分布来看，高、低空风对吹，风切变很大，200 hPa 至 850 hPa 风切变 50～60 m/s，有利于对流发展。另外，存在潜在不稳定能量，具备一定的对流不稳定条件。

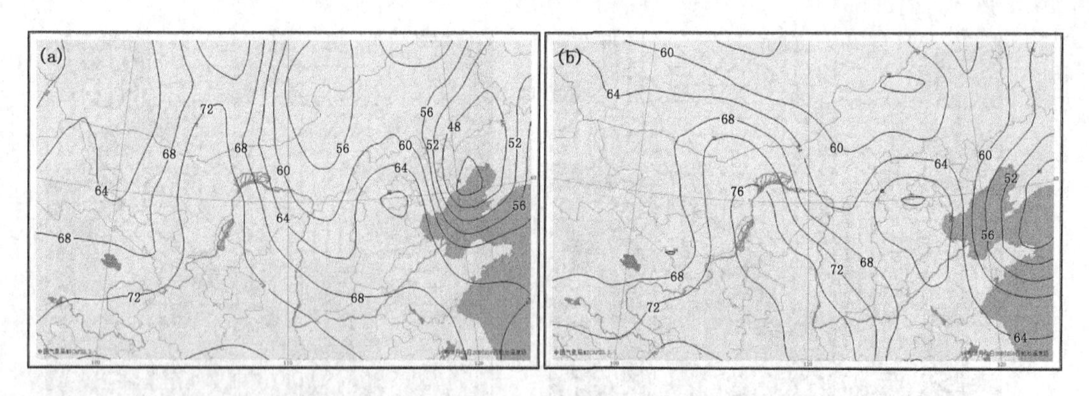

图 8　2016 年 7 月 7 日 20 时(a)、8 日 20(b)总温度

4　中尺度分析

4.1　自动站观测分析

从降水的小时雨强发生区域和地面自动站叠加情况来看，短时强降水发生区域，风场以东南风为主，并无明显的辐合系统形成，这与上述分析是一致的。可见本次暴雨过程，从地面区域站较难分析出强降水落区，需要采用其他资料进行中尺度分析。

4.2　卫星云图分析

7 日 20 时 45 分鄂尔多斯市东部开始有东南至西北的线状对流云系发展，发展初期线状对流云系向东北发展并有所加强，线状对流云系不断加粗至 8 日 00 时，形成云团。这一过程中，高空急流形成并加强，高空抽吸作用增大，对流从高空向下发展，云系在对流层中低层生成发展，随东南气流不断向东北发展加强。8 日 02 时降水开始(图 9a)，强降水集中出现在云系左侧，即低空西南急流与高空西北急流的过渡带上，高空急流入口区右侧抽吸作用形成对流，对流进入高层后云系向高空急流一侧扩展，形成这种分布特征。8 日 06 时云系已经加强为 MCC(图 9b)，仍然保持这种分布特征，且云系发展少动。

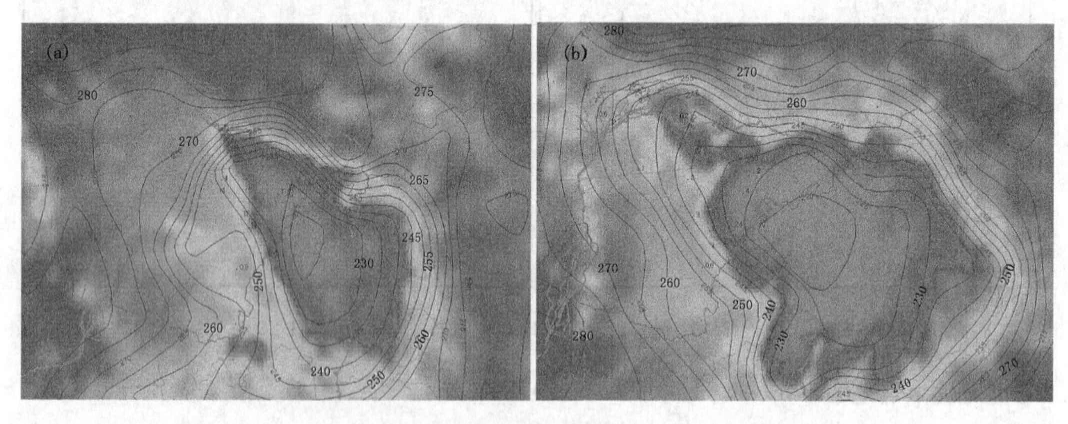

图 9　8 日 02 时 15 分云图、相当黑体亮温与 8 日 02—03 时降水量(a)、
8 日 06 时 15 分云图、相当黑体亮温与 8 日 06—07 时降水量(b)

4.3　雷达回波

鄂尔多斯新一代天气雷达强回波显示，8 日 02 时强降水发生，最大反射率因子为 50 dBZ，

回波顶高度不大于 12 km。移动缓慢，强度维持，持续性降水与云图特征一致。乌审召大暴雨发生处不是反射率因子最大及降水回波持续时间最长处，但径向速度图上辐合明显，在辐合带上出现短时强降水，辐合带维持，辐合带处出现大暴雨。可见中尺度辐合在雷达回波中才有所显示，整体辐合和天气系统仍然不明显。在暴雨发生过程中，雷达回波移动少，强度一直维持在 35 dBZ 以上，有许多 50 dBZ 的强回波出现，但是范围较小。

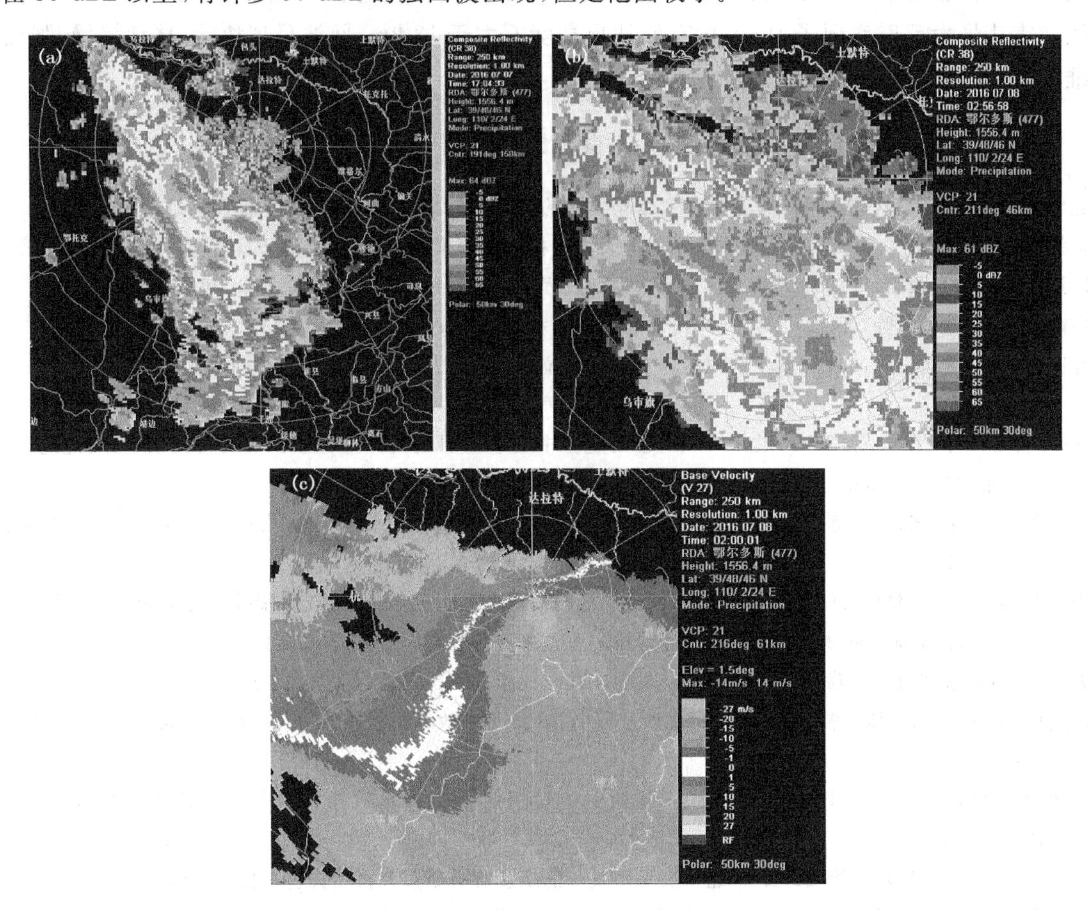

图 10　8 日 01 时 04 分(a)、8 日 10 时 56 分(b)雷达反射率，8 日 10 时(c)径向速度

5　结　论

(1)本次鄂尔多斯地区暴雨，是在 500 hPa 副热带高压与大陆高压打通的稳定高压脊控制内蒙古中西部地区，高压脊中有一小槽引导冷空气侵入内蒙古河套地区逐步消散，形成暴雨天气。具有强降水落区范围较小，稳定少动，短时强降水持续时间长，降水总量大的特征。

(2)高空急流入口区右侧强辐散区，在鄂尔多斯暴雨区上空形成强烈的抽吸作用，是本次暴雨形成的主要动力条件。高空急流的生成、维持少动决定了暴雨区的稳定和强降水的长时间持续。对流层低层没有明显的辐合系统形成。

(3)本次暴雨的上升运动出现在 750 hPa 以上直至 300 hPa，最强中心在 600 hPa 层，750 hPa以下表现为较弱的下沉气流，强降水主要产生在 750 hPa 至 500 hPa 层次，与典型的内蒙古暴雨有所不同。

(4)整层水汽条件充沛,同时,西南急流为12～16 m/s,水汽输送条件也非常好,南方充沛的水汽源源不断的输送至暴雨区。暴雨区具备高能量。*CAPE* 值和沙氏指数小,局地对流条件并不好,但200 hPa至850 hPa风切变为50～60 m/s,有利于对流发展。

(5)强降水集中出现在云系左侧,即低空西南急流与高空西北急流的过渡带上,高空急流入口区右侧抽吸作用形成对流,对流进入高层后云系向高空急流一侧扩展,形成这种分布特征。雷达最大反射率因子为50 dBZ,回波顶高度不大于12 km,回波呈现块状,移动缓慢,强度维持,持续性降水。

参考文献

陈明轩,王迎春,肖现,等,2013. 北京"7.21"暴雨雨团的发生和传播机理[J]. 气象学报,**71**(4),3-26.

陈艳,宿海良,寿绍文,2006. 华北秋季大暴雨的天气分析与数值模拟[J]. 气象,**32**(5):88-94.

段海霞,李耀辉,张强,等,2011. 西北区域几次暴雨过程中的自组织现象[J]. 高原气象,**30**(4):50-60.

高霞,王宏,于成文,等,2009. 近45年来河北省极端降水事件的变化研究[J]. 气象,**35**(7):12-17.

井宇,井喜,屠妮妮,等,2010. 黄土高原低值对流有效位能区β中尺度大暴雨综合分析[J]. 高原气象,**29**(1):80-91.

李娜,冉令坤,周玉淑,等,2013. 北京"7.21"暴雨过程中变形场引起的锋生与倾斜涡度发展诊断分析[J]. 气象学报,**71**(4)27-39.

李青春,苗世光,郑祚芳,等,2011. 北京局地暴雨过程中近地层辐合线的形成与作用[J]. 高原气象,**30**(5):1232-1242.

李小莉,惠小英,程麟生,1995. 黄河中游一次中层低涡暴雨的中尺度数值模拟[J]. 高原气象,**14**(3):51-59.

梁萍,何金海,陈隆勋,等,2007. 华北夏季强降水的水汽来源[J]. 高原气象,**26**(3):28-33.

孟雪峰,孙永刚,萨日娜,等,2013. 河套气旋发展东移与北京暴雨的关系[J]. 气象,**39**(12):1542-1549.

苗爱梅,董春卿,张红雨,等,2012."0811"暴雨过程中MCC与一般暴雨云团的对比分析[J]. 高原气象,**31**(3):731-744.

慕建利,李泽椿,赵琳娜,等,2012."07.08"陕西关中短历时强暴雨水汽条件分析[J]. 高原气象,**31**(4):1042-1052.

史小康,李耀东,刘健文,等,2012. 华北一次暴雨过程的螺旋度分析[J]. 自然灾害学报,**20**(4):50-58.

孙建华,齐琳琳,赵思雄,2006."9608"号台风登陆北上引发北方特大暴雨的中尺度对流系统研究[J]. 气象学报,**64**(1):59-73.

孙建华,赵思雄,傅慎明,等,2013.2012年7月21日北京特大暴雨的多尺度特征[J]. 大气科学,**37**(3):113-123.

孙永刚,孟雪峰,仲夏,等,2014. 河套气旋发展东移对一次北京特大暴雨的触发作用[J]. 高原气象,**12**(6):1665-1673.

孙永刚,吴学宏,孟雪峰,2006. 一次河套地区突发性暴雨成因分析[J]. 气象,**32**(s):16-20.

陶诗言,1980. 中国之暴雨[M]. 北京:气象出版社.

张守保,张迎新,郭品文,2009. 华北回流强降水天气过程的中尺度分析[J]. 高原气象,**28**(5):125-132.

张智,2014. 河套地区暴雨的地域性特点及灾情分析[J]. 灾害学,**29**(1):81-86.

赵宇,崔晓鹏,高守亭,2011. 引发华北特大暴雨过程的中尺度对流系统结构特征研究[J]. 大气科学,**35**(5):157-174.

北上黄海、渤海的爆发性气旋极端性成因

孙 欣 杨 青 聂安祺 孙虹雨 王太微 曲荣强 赵 明

（沈阳中心气象台，沈阳 110166）

摘 要

针对2016年5月2—3日的一次北上黄海、渤海的爆发性江淮气旋过程，利用常规观测资料和NCEP再分析资料对其极端性的成因进行了诊断分析，并与历史同期一次过程做对比。结果表明：(1)爆发性气旋爆发阶段位于正涡度平流最大的高低急流出口区，对应低空位于低空急流左前方辐合区。(2)锋区与次级环流相互作用下，次级环流范围扩大、强度加强，陡立深厚的强锋区上的有效位能释放，促发内陆的地面气旋爆发性发展。(3)气旋的爆发阶段在合适的时间途经了能量消耗小的海面，额外得到了促使气旋爆发的感热、辐射、潜热能量。(4)极强的大风由气压梯度风、变压风及变压梯度同时作用产生，低空急流和超低空急流重合的范围基本上就有地面大风发生。(5)暴雨相关物理量极强强度出现的概率小于1%，使日降水量创造了同期历史极值。

关键词：爆发性气旋 极端性天气 诊断对比分析

引言

爆发性气旋的概念最初由Sanders和Gyakum(1980)提出，他们对发生在130°－10°E的北太平洋和北大西洋上的爆发性气旋进行了统计研究，并定义了爆发性气旋的标准。董立清和李德辉(1989)对中国东部沿海的爆发性气旋进行了统计研究，指出爆发性气旋多发生在春、冬两季，气旋的初始位置多集中在30°－40°N，春季多发生在30°－35°N，夏、秋两季多发生在35°－40°N。渤海、黄海、东海平均每年有50个左右气旋出现，仅有一个爆发性气旋。仪清菊和丁一汇(1993)对东亚和西太平洋地区爆发性气旋的气候特征进行了分析。结果表明，发生在西太平洋上的爆发性气旋远多于大陆和近海；在强度上亚洲大陆85%的气旋属于弱型，而近海和西太平洋地区多中等强度。中国很多学者对爆发性气旋的成因和形成机制进行了研究，取得了不少成果。李长青和丁一汇(1989)对26个西北太平洋爆发性气旋进行的研究表明，海洋上空大气层结的不稳定、高空急流出口区北侧的动力辐散、冬季副高位置偏北时其西侧的强暖平流以及中、低层的强斜压区等都是气旋急剧发展的有利因素。仪清菊和丁一汇(1996)对黄海、渤海地区的一个爆发性气旋个例进行了研究。结果表明，温度平流和涡度平流、沿岸锋生以及高空急流的动力作用对气旋爆发性发展有重要贡献。徐祥德等(1996)则指出，海洋气旋上空与潜热释放相关的最大加热层次位置是诱发气旋爆发性发展的关键因子，而潜热释放总量居次要地位，海洋气旋最大加热层次偏低有利于气旋爆发性发展。孙淑清和高守亭(1993)分析了东亚寒潮过程与下游爆发性气旋的关系。结果表明，大多数爆发性气旋过程均伴有上游的强冷高压活动。丁治英等(2001)对太平洋和大西洋的气旋进行合成分析，认为非纬向性高空急流为爆发性气旋提供了强辐散和斜压不稳定场。针对黄海、渤海地区爆发

性气旋引起的大风天气也有一些研究（尹尽勇，2011；朱男男，2015），结果表明气压梯度和变压梯度是造成地面大风的主要原因，动力下传也对大风有一定的贡献。另外，对于爆发性气旋引起的大暴雪和强沙尘暴等天气也有一些研究成果（任丽等，2015；王伏村等，2012；查贲等，2014）。

2016 年 5 月 2—4 日途经黄海、渤海的超强爆发性气旋历史上罕见，造成的风雨具有极端性。对其成因与影响因子进行分析，从完善预报着眼点基础上为提高预报准确率提供技术支撑。

1 资料和方法

Sanders 和 Gyakum（1980）定义：当气旋中心海平面气压 24 h 内下降 24 hPa 或 12 h 内下降 12 hPa（sinφ/sin60°）时为爆发性气旋（φ 为气旋中心纬度）。

利用 NCEP1°×1°和常规气象高空、地面观测、辽宁省气象自动气象站观测资料，统计黄、渤海地区爆发性气旋的基本特征，对比分析极端爆发性气旋及其风雨的成因和影响因子。

2 2016 年 5 月 2 日江淮爆发性气旋及风雨影响的极端性特征

普查出 2000 年 1 月至 2016 年 6 月进入（30°—50°N、110°—130°E）的范围，爆发性气旋共出现 4 次，其中 3 次是江淮爆发性气旋，1 次为东北低压爆发性气旋。

3 次江淮爆发性气旋，初始位置在江苏，向东北方向移动。但 2016 年 5 月 2—3 日爆发性江淮气旋（简称“20160502”爆发性气旋，下同）路径初始爆发位置最偏北、偏西，最强中心位置最偏南。“20160502”爆发性气旋还表现出强度、发展速度、维持时间、风雨影响等极端性特征。

表 1 2000 年 1 月至 2016 年 6 月东北部沿海爆发性气旋的特征值

开始、结束时间（年月日）	开始、结束经纬度（°E/°N）	影响系统	气压初始值（hPa）	气压最低值（hPa）	24 h 最大降压（hPa）	12 h 最大降压（hPa）	3 h 最大降压（hPa）	最大气压梯度（Pa/km）	爆发最短及持续时间（h）	降水量（mm）/风速（m/s）
2005041923—2005042011	119.2/49.8 118.6/44.5	东北低压	1002.0	985.2	16.8	14.7	5.5	3.2	12/15	33/31
2013112405—2013112420	119.5/34.1 123.6/37.8	江淮气旋	1014.7	987.6	22.2	15.3	5.6	5.3	12/15	47/24
2015051105—2015051211	119/32.3 124.5/44.1	江淮气旋	1008.1	979.3	25.7	16.8	5.6	4.2	9/30	72/26
2016050217—201600314	118.9/34.9 124/40.4	江淮气旋	1003.0	975.7	27.3	17.4	6.5	5.6	9/21	126/34

“20160502”爆发性气旋中心在 2 日 02 时—4 日 08 时自河南经安徽、江苏、山东移动到东北地区，由气压缓慢下降、快速下降到迅速升高历时 54 h，为 3 次爆发性江淮气旋中历时最长。其中 2 日 17 时—3 日 14 时气旋在胶东半岛南部入海经黄海北上到辽宁东部一直保持爆发性气旋标准。气旋中心气压由 1003.0 hPa 下降到最低的 975.7 hPa，气旋中心气压≤980 hPa

维持时间 9 h，期间 24 h、12 h、3 h 气压降幅最大分别为 27.3、17.4 和 6.5 hPa，最大气压梯度为 5.6 hPa/100 km，从初始气压达到爆发性气旋标准仅用 9 h，气旋爆发阶段平均移动速度 67 km/h(2 日 23 时—3 日 11 时快速降压阶段移速 39 km/h)。3 次爆发性江淮气旋中，"20160502"爆发性气旋维持时间最长，强度、变压、气压梯度最强，且形成时间最短、移速最慢；同时降水中心丹东日降水量达 126 mm 和北镇县最大瞬时风速达 34.4 m/s 都突破了 1951 年以来 5 月上旬历史同期极值(表 1)。

3 爆发性江淮气旋极端性成因

选取 2016 年 5 月 2—3 日、2015 年 5 月 11—12 日两次强度较强爆发性江淮气旋进行对比研究，按照爆发性气旋标准，气旋演变分为 3 个阶段，气旋中心气压缓慢下降为气旋爆发前阶段，中心气压爆发性发展阶段为气旋爆发阶段，气旋中心气压维持或缓慢上升为气旋爆发后阶段。2016 年 5 月 2—3 日爆发性气旋爆发阶段为 2 日 17 时—3 日 14 时，2015 年 5 月 11—12 日爆发性江淮气旋(简称"20150511"爆发性气旋)爆发阶段时间 11 日 5 时—12 日 11 时。

3.1 北上黄海、渤海的爆发性江淮气旋天气形势

3.1.1 "20160502"爆发性气旋天气形势

500 hPa 上，2016 年 5 月 2 日爆发性江淮气旋发生前，东亚地区极涡位于西西伯利亚地区，亚州东部为南北两槽，北槽从极涡底伸向贝加尔湖东部到蒙古高原，南槽为西南地区的横向短波槽。在亚洲东部沿海高脊加强形成阻塞形势和槽后冷平流大气较强斜压性的共同作用下，2 日 08 时形成一槽一脊，此时南、北两槽"厂"字形相接，跨度达 25 个纬距。气旋爆发阶段(2 日 20 时—3 日 08 时)，维持较强的斜压性低槽加深发展，在渤海西北岸形成低涡，同时地面气旋中心前部 300 km 内 500 hPa 的槽前西南引导气流最大达 44 m/s。气旋爆发后，3 日 20 时位于东北南部的高空低涡快速减弱，东北向移动经黑龙江东部移出中国。

850 hPa 上，5 月 1 日 08 时低层西北涡在甘肃南部形成，2 日 08 时西北涡东移北上到山东，西北涡中心西部 5 个经度范围内温度梯度最大、斜压性最强，中心及其以东气流同时具有风向和风速的辐合，一支低空急流由中国南海延伸到胶东半岛，将南方的水汽源源不断地向西北涡前部输送和堆积。在有利的温、湿和风场的配置下，气旋爆发阶段西北涡迅速发展，2 日 20 时经渤海北上。

地面形势场上，2 日 08 时江淮气旋在山东西部形成，冷锋由气旋中心延伸到安徽北部，暖锋延伸到胶东半岛。17 时气旋进入爆发阶段，气旋中心位于 850 hPa 低涡正下方、500 hPa 低槽前 5 个经距，在稳定的入海高压后部沿引导气流北上。2 日 20 时至 3 日 14 时在高空槽、西北涡及斜压的共同作用下江淮气旋快速发展。14 时，位于辽宁东部的江淮气旋中心气压降到最低(975 hPa)，3 日 20 时之后高空低涡及斜压性减弱，地面气旋迅速减弱东移。

3.1.2 "20150511"爆发性气旋天气形势

2015 年 5 月 11 日爆发性江淮气旋发生前(2015 年 5 月 10 日 08—20 时)，东亚地区极涡位于鄂霍次克地区，亚州东部 500 hPa 东亚大槽稳定，贝加尔湖地区为高压脊，以南地区为切断低涡。这种低涡后部稳定的阻塞形势，加之冷中心和冷槽滞后大气斜压性强，低涡低槽缓慢南下。气旋爆发阶段初期(11 日 08—20 时)，其与中国南部低槽同位相叠加，低涡、低槽南北跨度达 20 个纬距。气旋爆发阶段后期(12 日 08 时)，低涡进入辽宁境内，东北东部高压脊发

展与贝加尔湖地区高压脊过渡形成低涡前部阻塞形势，低涡维持强度，转向东北移动，气旋爆发后(12 日 20 时—13 日 08 时)，东北东部高压脊断裂，同时大气斜压性减弱，低涡减弱迅速。期间，11 日 08 时至 13 日 08 时，500 hPa 的槽前西南引导气流最大达到 24 m/s。

850 hPa 上，5 月 10 日 08 时低层低涡位于高空切断低涡南部的内蒙古中部，气旋爆发阶段(11 日 08 时到 12 日 08 时)，低涡东移，低涡中心南部 5 个经度范围内温度梯度最大、斜压性最强，中心及其以东气流同时具有风向和风速的辐合，在位于华北东部低空急流输送的暖湿气流作用下，低涡迅速发展东移到辽宁上空。

地面形势场上，11 日 08 时相应 500 hPa 南槽前 10 个经距、850 hPa 低涡南部 10 个纬距的低空锋区北部，江淮气旋在江苏北部生成，11 日 14 时至 12 日 17 时，江淮气旋沿槽前引导气流向东北方向移动并快速发展，低压经海上到辽宁境内，气旋获得爆发性发展，到 12 日 08 时，气压缓慢下降，在吉林和黑龙江交界处达到最低(979.3 hPa)，12 日 20 时开始少动减弱，此后在黑龙江填塞(图 1)。

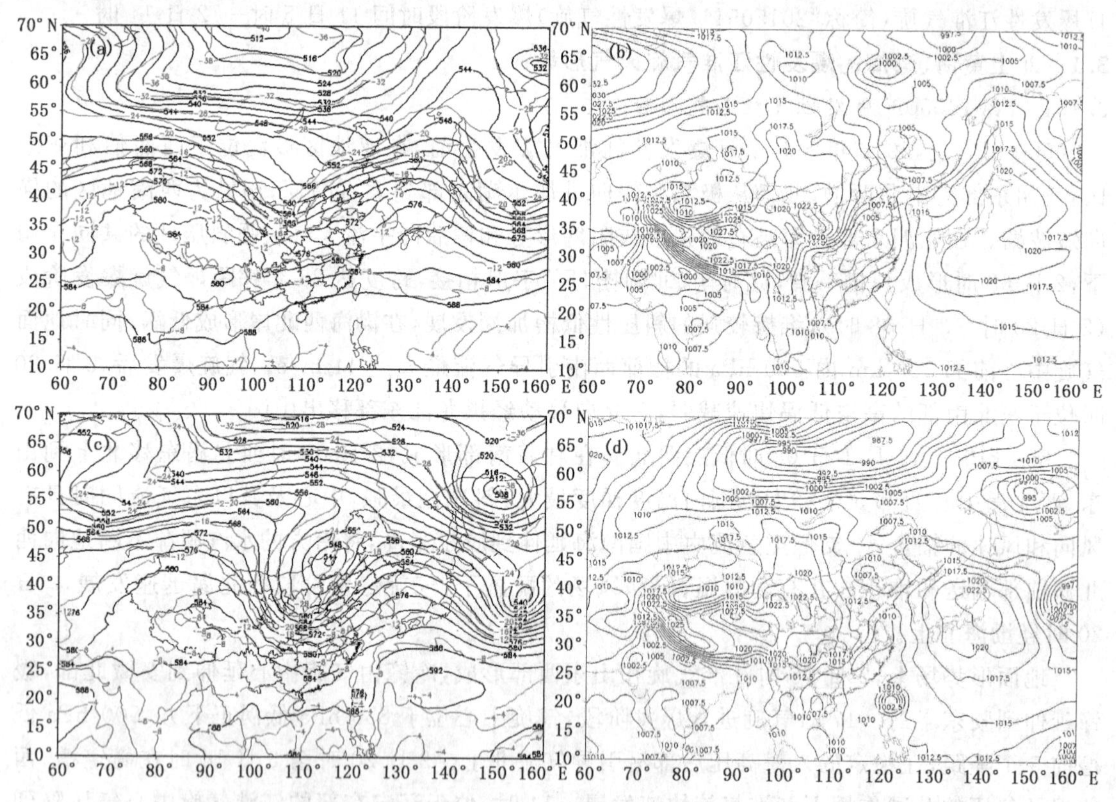

图 1　“20160502”(2016 年 5 月 2 日 08 时，a、b)和“20150511”(2015 年 5 月 11 日 08 时，c、d)爆发性气旋影响期间 500 hPa 高空(a、c)和地面(b、d)

上述分析表明，东亚地区高空阻塞形势，大气具有强的斜压性形势下，南、北低槽同位相接近叠加在中国东部沿岸地区，形成南北跨度超过 20 个纬距的低槽，是江淮气旋爆发性发展的高空基本环流形势。高空中、低纬度低槽合并加深，引导低层低涡加强东移，在深厚斜压的高空低涡形成和发展过程中，加上海区的水汽、热力的效应，诱发地面江淮气旋爆发发展。当高空低涡斜压型破坏，地面气旋减弱。与一般气旋产生在低层锋区前不同，爆发性气旋发展开始偏北 5～10 个纬度，在 500 hPa 南槽前 9～10 个经距附近。

“20160502”爆发性气旋极端的特征在天气形势上体现为，其发展过程中，500 hPa 上中国东部沿海到日本的高压脊加强和持续稳定，极涡偏西，西部宽广槽南下的冷空气不断补充，在辽宁上空形成低涡且影响低槽跨度大；底层的初始扰动为 α 中尺度西北涡，与其相配合的干冷、暖湿急流更强，在高空动力、热力及海区效应的共同作用下，生成在内陆的地面气旋爆发性发展，短时间快速降压、小时降压强度大，在辽宁东部沿海地区中心强度达到最强。在稳定的阻塞形势下，超强的爆发性气旋移动缓慢，在短距离内实现气压最低中心最偏南，且维持超低气压值持续时间长。

3.2 极端性爆发气旋生成的主要影响因子

3.2.1 高低空急流及次级环流

从“20160502”爆发性气旋爆发阶段(2016 年 5 月 2 日 20 时)高度场、涡度场及地面气旋中心位置可以直观地解释涡度平流的作用(图略)。300 hPa、500 hPa 图上，随着低槽加深转竖东移，正涡度区位于低槽。西南急流作用下低槽前部是正涡度平流最强区，处于其下方的 850 hPa 低涡涡度增大，从而促使地面气旋发展。2 日 20 时至 3 日 20 时，地面气旋爆发性发展，气旋中心位于 850 hPa 低涡右侧，850 hPa 涡度中心附近；3 日 08 时达到最强，300、500、850 hPa 正涡度中心分别为 208×10^{-5}、148×10^{-5}、$157\times10^{-5}\,s^{-1}$。从高空涡度中心、地面气旋中心移动路径示意图上看，爆发气旋爆发阶段高、低层涡度中心呈现后倾结构，上层的正涡度平流依次向下传递，为下层的涡旋加强提供有利条件，地面、850 hPa 涡度中心沿中高层平均引导气流方向先西南再东北向移动。3 日 20 时之后，高、低层涡度中心逐渐趋于垂直重合，正涡度平流的减压效应消失，地面气旋停止发展，并逐渐减弱。

与涡度平流密切相关的高、低空急流，以及导致的高、低空散度场和垂直运动构成的气旋所伴随的强大次级环流，是气旋爆发性发展的主要原因之一。

“20160502”爆发气旋发生前(2016 年 5 月 2 日 08 时)，200 hPa 北支急流呈波动状、南支偏西高空急流接近合并，110E°以东两支急流分支；低空 850 hPa 偏南气流加强出现大风速核，与南下的西北气流在东部沿海地区形成辐合带。气旋出现在高空偏西急流出口区左侧、两支急流高空分支处，以及低空西南急流核的左前侧、两支低空急流辐合带上。气旋爆发期间(2 日 20 时至 3 日 08 时)，高空南、北急流出口区合并加强为西南急流，流线仍呈明显疏散；低空南北急流辐合带的区域形成涡旋，西北和西南急流相接增强，尤其西南急流增强到 32 m/s，气旋出现在高空急流出口区前部或左侧，低空西南急流左前侧、加速发展的涡旋中心附近。爆发气旋发生后(3 日 20 时)，高空西南急流核右后侧减弱断裂，低空涡旋西北急流增强达到 34 m/s，西南急流减弱到 22 m/s，气旋逐渐减弱。

“20150511”爆发气旋发生前(2015 年 5 月 10 日 08 时—20 时)，200 hPa 上同样存在北支呈不同振幅的波动状、南支为偏西急流的两支高空急流；850 hPa 上，低空西北和偏东急流的辐合区加强为低涡，位置在 43°N 以北。爆发性气旋爆发阶段(11 日 08 时至 12 日 08 时)，高空涡形成南下，其底部两支高空急流合并加强；低空西北和偏南气流加强为急流，在东部沿海地区辐合带上形成涡旋，爆发气旋在南方高空西南急流核左侧和北方高空西南急流核右后侧快速发展移动到合并的高空急流核前方，位于最大风速(28 m/s)的低空东南急流中心左前方。12 日 20 时至 13 日 08 时，高空西南急流核右后侧减弱断裂时，低空涡旋周围东南急流减弱明显，偏西急流维持达到 22 m/s，气旋逐渐减弱(图 2)。

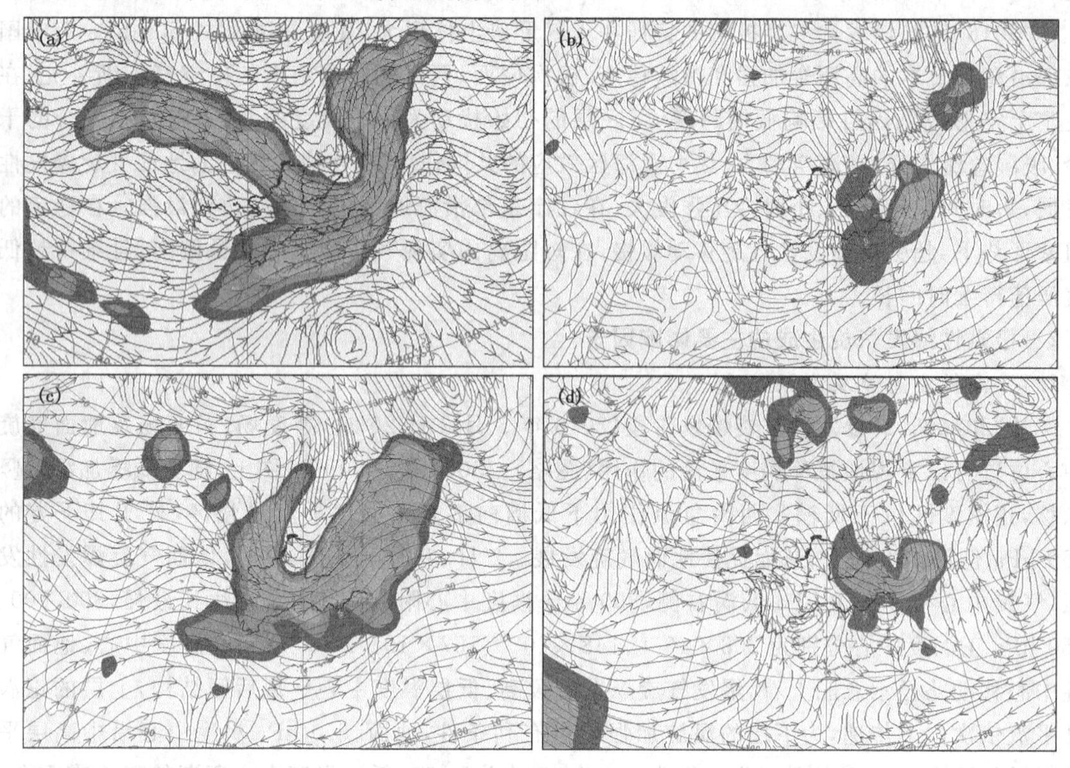

图 2 “20160502”(2016 年 5 月 2 日 20 时，a、b)和“20150511”(2015 年 5 月 11 日 20 时，c、d)爆发性气旋影响期间 200 hPa(a、c)(填色≥30 m/s)、850 hPa(b、d)(填色≥12 m/s)流场图

当处于高空辐散和低空辐合的强垂直上升气流中时，有利于气旋发展。爆发性气旋少数发展在高空急流入口区右侧外，绝大多数发展在急流出口区左侧(董立清，1989)。急流的左侧是正涡度区，急流中心左侧气流由流入转为流出的地区正涡度值最大，其下游即为正涡度平流最大的区域。“20160502”“20150511”爆发性气旋爆发阶段位于正涡度平流最大的高、低急流出口区，对应低空位于低空急流左前方辐合区，高空正涡度的下传、低空强烈的辐合有利于气旋强烈发展。“20160502”爆发性气旋发展更有利的条件是，高空配合有长时间维持的强烈气流辐散，低空急流强度略胜一筹，可见气旋爆发性发展的动力条件更好。

沿气旋中心经向的流场、θ_{se}、比湿剖面(图 3a、b)上可以清楚地看到，“20160502”爆发气旋发生时段(2 日 20 时至 3 日 08 时)，地面气旋由 38°N 北推到 41°N，其北侧 300 hPa 以下一大片 θ_{se}≤30 ℃低值区，即形成的冷堆低层随之北退、高层却向南推进，在冷堆前缘，地面向上延伸到 300 hPa 的高空锋区由自地面 38°—40°N 以 45°角转为 38°—40°N 以 70°角向北倾斜，锋区上反映为 θ_{se} 随高度升高的层结不稳定区。2 日 20 时气旋及南侧低层有一大片 θ_{se}≥50 ℃及比湿≥8 g/kg 高值区。到 3 日 08 时，位于 41°N 附近的维持高湿的气旋上空，上升气流支 500～300 hPa 形成 θ_{se}≥60 ℃高值中心，次级环流扩展为 250 hPa 以下，气旋上空 θ_{se} 高值区上升，高空锋区北侧 θ_{se} 低值区下降。冷堆上空向南推动，气旋上空 θ_{se} 高值中心形成，高空锋区的坡度、温度水平梯度同时增大，加上层结不稳定的作用，加强了一直堆积底层的暖湿空气爬升速度。锋区的加强以及不稳定层结，是上升运动的产生、加强的重要机制。

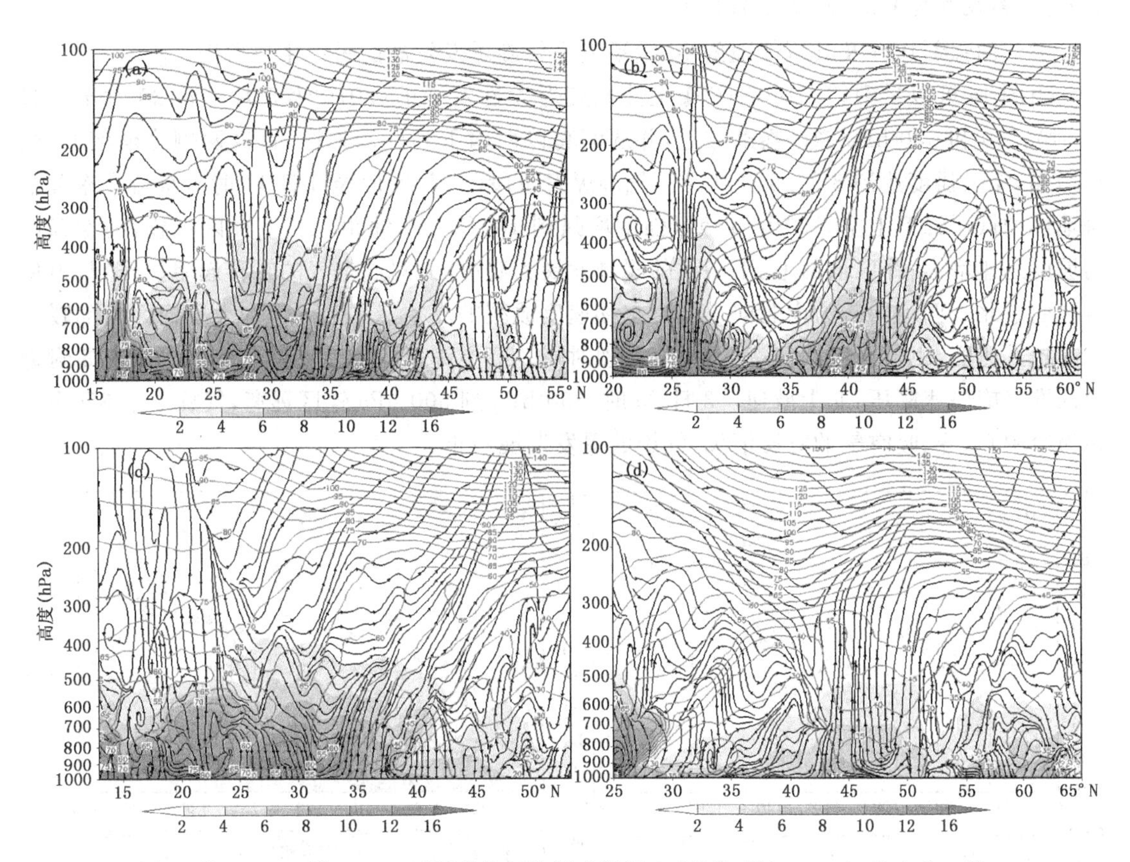

图 3 “20160502”“20150511”爆发性气旋影响期间 θ_{se}（单位：℃）、$v-\omega$（ω 放大 100 倍，单位：m/s）、比湿（单位：g/kg）沿气旋中心经向剖面（a，2016 年 5 月 2 日 20 时，b，2016 年 5 月 3 日 08 时，c，2015 年 5 月 11 日 08 时，d，2015 年 5 月 12 日 08 时）

从图 3 中还可以看到，“20160502”爆发性气旋发生时段，对流层锋区底层始终维持，中层为 2 个锋区逐渐合并的过程。2 日 20 时，500 hPa 极锋锋区位于 40°—45°N，副热带锋区位于 30°—35°N。700 hPa 以下，北侧为偏北气流、南侧为偏南气流整层辐合，上升气流分别在 500 hPa、300 hPa 对流层中、高层折向偏北，并在 47°、55°N 附近下沉再度卷入上升支，在对流层中高层锋区的北侧形成 2 个次级环流。显然，由于次级环流的存在，进一步加强了中、低层偏南气流向锋区的辐合通量。3 日 08 时，副热带锋区、极锋锋区合并，锋区南侧偏南气流分量增大，说明辐合强度明显加强，导致风场流线密集，上升、下沉运动强度加强，2 个次级环流圈扩大到 700～550 和 1000～450 hPa。

“20150511”爆发气旋发生时段（11 日 08 时至 12 日 08 时），虽然也有上升气流和深厚锋区以及锋区上的不稳定层结，11 日 08 时，只有 700 hPa 以下的次级环流，12 日 08 时，上下锋区分裂，次级环流破坏（图 3c、3d）。

由此可见，“20160502”爆发性气旋的爆发出现极端，是锋区与次级环流相互作用下，锋区合并加强，次级环流范围扩大、强度加强。而逐渐陡立深厚的强锋区上的有效位能释放，垂直上升运动得以维持发展造成的。

3.2.2 斜压锋区和冷、暖空气的作用

大气的强斜压性及其所伴随的冷、暖平流是气旋爆发发展的另一主要原因。

由图 4a 可以看到,"20160502"爆发性气旋爆发性发展前(2016 年 5 月 1 日 20 时至 2 日 08 时),850 和 500 hPa 锋区逐渐靠近,并从河套以西南下到江淮地区,锋区两侧冷槽南伸、暖脊增强,锋区强度达到 8 ℃/5 个纬距。气旋爆发阶段(2 日 20 时至 3 日 11 时),维持在东部沿海地区的低层锋区上空,500 hPa 锋区强度增强到 10 ℃/5 个纬距,上、下锋区重叠,高空锋区的坡度迅速增大;锋区前部上、下一致的暖脊发展为暖中心,对冷空气的东移起阻挡作用,迫使锋区由东北—西南向转为南北向。此时东移速度放缓的高空锋区上不但加大了锋区前部暖空气的抬升速度,也使锋区两侧冷、暖空气激烈对峙。高空锋区的演变促使其前部山东半岛附近的江淮气旋快速降压,北上减速。3 日 20 时,850 hPa 到 500 hPa 锋区远离,气旋上空 850 hPa 转为冷中心,冷、暖空气的对峙消失,气旋的爆发发展停止。

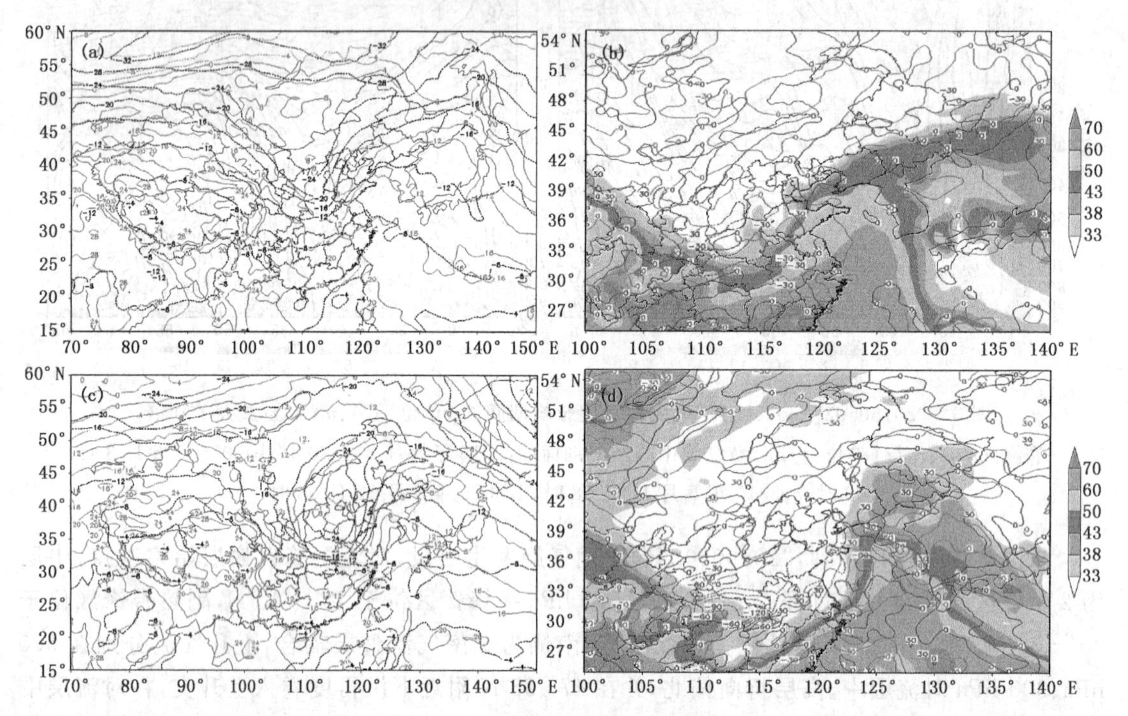

图 4 "20160502"(2016 年 5 月 2 日 20 时,a、b)"20150511"(2015 年 5 月 11 日 20 时,c、d)爆发性气旋影响期间 500 hPa、850 hPa 温度(单位:℃)(a、c)和 500 hPa、850 hPa 温度平流(单位:10^{-6} · K · s^{-1})、850 hPa 假相当位温(阴影,单位:℃)(b、d)图

从温度平流和假相当位温(图 4b)可以进一步看到,在气旋爆发性发展前(5 月 1 日 20 时),气旋中心上空位于 850 hPa 假相当位温 50 ℃高能舌的前部,在 500 hPa 温度平流 0 线附近、850 hPa 弱暖平流区内,上空处于弱不稳定层结。在快速发展阶段最强(2 日 20 时至 3 日 08 时),气旋中心仍然处于假相当位温高能舌 50 ℃的下方,500、850 hPa 温度平流分别为-30×10^{-6} K/s 和 30×10^{-6} K/s,上空处于强不稳定层结,同时气旋西部 850 hPa 和 500 hPa 冷平流东南下过程中向中心靠近,前沿达到辽宁南部,暖平流北伸到辽宁中部,期间冷暖平流加强,850 hPa 冷、暖平流变化分别为$(-126\sim-92)\times10^{-6}$ K/s 和$(43\sim69)\times10^{-6}$ K/s,500 hPa

冷、暖平流变化区间分别为$(-65\sim-61)\times10^{-6}$ K/s 和$(29\sim48)\times10^{-6}$ K/s，势力加强的冷、暖空气在辽宁上空对峙。当地面气旋上空转为冷平流及假相当位温舌南收，气旋的爆发性发展结束。

"20150511"爆发性气旋爆发发展阶段，同样存在锋区强度加强、坡度增大的现象，锋区强度也达到 8 ℃/5 个纬距。但 850 hPa 冷暖平流加强变化分别为$(-96\sim-82)\times10^{-6}$ K/s、$(57\sim69)\times10^{-6}$ K/s，500 hPa 冷变化区间分别为$(-60\sim-58)\times10^{-6}$ K/s、$(48\sim60)\times10^{-6}$ K/s，同时假相当位温高能舌北伸，40 ℃线在气旋上空（图 4）。

综上所述，"20160502""20150511"爆发性气旋产生都需要锋区强度加强达到 8 ℃/5 个纬距、锋区坡度接近垂直的强锋区条件，高空锋区前部暖空气的抬升速度增大，锋区两侧冷、暖空气激烈对峙加剧，促使其前部江淮气旋爆发。相对来说，"20160502"爆发性气旋的极端特征在锋区和冷、暖空气强度上表现为，有强烈的不稳定层结，底层假相当位温高（10 ℃），500 hPa 冷平流势力高$(-30\sim-10)\times10^{-6}$ K/s。另外，起阻挡作用的锋区前部暖脊发展为暖中心。表明冷空气率先锲入暖空气底层后，中空冷空气更强更快形成陡立的高空强锋区，迫使其前方较高位温的暖空气加速上升释放不稳定能量，使地面急速减压形成爆发性气旋，由于强暖空气的阻挡作用，冷空气东移速度缓慢，爆发气旋得以维持少动。

3.2.3 沿海地区非绝热加热的作用

非绝热加热由视热源、水汽汇组成，它包括感热加热、辐射加热、潜热释放、水汽凝结加热，大小由局地变化项、水平平流项、垂直输送项决定。暴雨期间地面感热、蒸发较小。

"20160502"从气旋爆发前到爆发期间，气旋上空 850 hPa 比湿都大于 8 g/kg，850、925 hPa 水汽通量散度图上爆发气旋上空低层水汽强烈辐合区集中在沿海地区，低层水汽辐合程度高于上层，925、850 hPa 分别达到-44×10^{-5}g/(cm^2·hPa·s)、-36×10^{-5}g/(cm^2·hPa·s)，水汽含量及水汽辐合条件非常充沛。2 日 08 时到 3 日 08 时，爆发性气旋发展阶段，经东海、渤海、再到黄海，气旋经历了从白天的陆地到夜晚的海面，24 h 气旋地面气温由 24 ℃下降到 14 ℃，其顶部云系同样实现了云顶亮温由 240 K 下降到 220 K，气旋暖湿空气降温，水汽凝结得到了感热、辐射加热；气旋爆发前（2 日 08 时—2 日 20 时），500 hPa 以下 θ_{se} 随高度上升降低，层结对流不稳定；气旋爆发阶段，500 hPa 以下 θ_{se} 随高度变化较小，层结基本为中性，气旋爆发后（3 日 14 时之后），θ_{se} 随高度升高而升高，1000～300 hPa θ_{se} 差值在 100 K 以上（图 5），也就是说，气旋上空的层结由对流不稳定到绝对稳定，动力的抬升将气旋爆发前大量不稳定能量释放，促使暖湿空气加速上升，将气旋上空的不断辐合的充沛水汽凝结，释放潜热。上述三项的非绝热加热，加上气旋上空强降水的潜热反馈，同时海面上摩擦系数小，减少了气旋旋转的能量消耗。

"20150511"爆发性气旋的爆发阶段，爆发气旋上空低层（850 hPa），水汽强烈辐合区集中在朝鲜半岛，比湿达 6 g/kg，11 日 20 时到 12 日 08 时（爆发性气旋发展阶段），在东北地区东部穿行，24 h 气旋地面气温由 20 ℃下降到 12 ℃，从云中水汽凝结中得到了感热加热。这期间，θ_{se}随高度升高而增大，大气层结基本上处于对流稳定状态（图 5）。

可见，"20160502"爆发性气旋的爆发阶段，气旋上空绝对水汽含量及其辐合都强于"20150511"，"20160502"爆发性气旋的爆发阶段在合适的时间途经了能量消耗小的海面，额外得到了促使气旋爆发的感热、辐射、潜热能量。更重要的是不稳定能量的释放使上升运动加

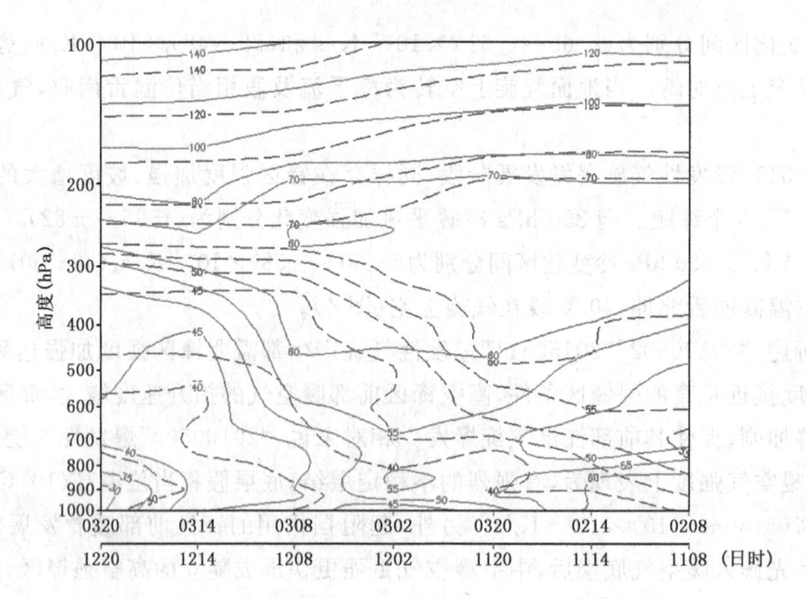

图 5 “20160502”“20150511”爆发性气旋中心 θ_{se}（单位：℃）随时间变化；2016 年 5 月 2 日 08 时至 3 日 20 时（实线）、2015 年 5 月 11 日 08 时至 12 日 20 时（虚线）

强，气旋上空水汽凝结加热加剧，非绝热加热使得暖湿空气上升，有利于地面快速降压。

4 “20160502”爆发性气旋风雨影响的极端性特征

“20160502”爆发性气旋极端性还体现在影响的风雨范围大、强度强。整个气旋爆发的过程，东部沿海和东北地区出现了大范围的暴雨到大暴雨天气，同时引起东海、黄海、渤海海上和东北上地强烈的大风天气。

4.1 大风

4.1.1 大风实况

受“20160502”爆发性气旋影响，辽宁省 62 个国家气象站中 61 个出现 6 级以上大风天气，占总站数 81%的测站出现 8 级以上大风，风速极值出现在北镇，达 34.4 m/s。8 级大风圈呈南北向分布，位于锦州、盘锦、营口以及大连北部一线，中心两侧的风力梯次减弱。过程分为三个阶段：第一阶段（2016 年 5 月 3 日 02 时），发生在气旋爆发的前半段，大风首先出现在气旋东侧，朝鲜半岛陆地及沿海出现 8～10 级偏南风；第二阶段（2016 年 5 月 3 日 14 时），发生在气旋完成爆发达到最强时，气旋北上，辽宁地区大风达到最强，在气旋的各个象限均出现大风天气，东北地区以偏北风和东北风为主，风力 8～9 级；第三阶段（2016 年 5 月 4 日 02 时），发生在气旋爆发后减弱阶段，气旋东移，内陆地区大风明显减弱，在气旋底部仍然有 8～9 级的偏西风。黑山的大风持续时间最长为 33 h（5 月 2 日 15 时—5 月 3 日 23 时）（图 6a）。

“20150511”爆发性气旋过程中，62 个国家级观测站中有 46 个出现 6 级以上大风，11 个测站出现 7 级以上大风。大风发生在两个阶段：第一阶段（2015 年 5 月 12 日 02 时），发生在气旋爆发阶段，大风区出现在气旋底部，朝鲜半岛及其沿海地区，海上最大风力达 10 级，陆地最大风力 8 级；第二阶段（2015 年 5 月 12 日 14 时），发生在气旋爆发后减弱阶段，随着气旋进一步北上加强，东北地区内陆也出现大风，但是大风的范围较小，强度也不大（6～7 级）；朝鲜半岛的大风仍然维持，风力有所减弱。昌图的大风持续时间最长达 13 h（5 月 12 日 07—19 时）。

(图 6b)。

从大风出现范围、大风极值、总体平均风力、大风持续时间这几方面来看,2016 年过程都远强于 2015 年,风力等级已经达到台风级别。

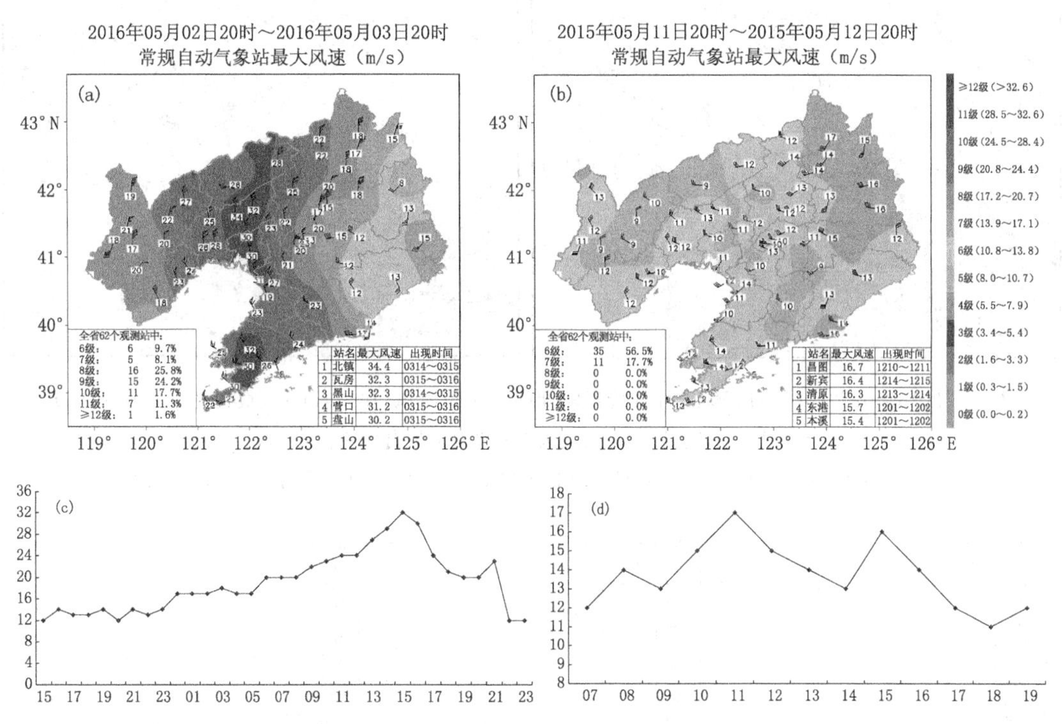

图 6 (a)“20160502”和(b)“20150511”爆发性气旋影响期间辽宁自动气象站瞬间最大风分布及其代表站风速(单位:m/s)的时间序列图(c. 北镇,d. 昌图)

4.1.2 大风成因分析

4.1.2.1 强气压梯度、3 h 变压的作用

由“20160502”“20150511”爆发性气旋影响期间最大瞬时风、最大海平面气压梯度及最小 3 h 变压分布(图 7)可以看到,与≥6 级大风区对应的气旋中心周围 5°～7°的范围内,气压梯度≥3 hPa/(100 km),最大气压梯度超过 5 hPa/(100 km),3 h 变压≥3 hPa 的超强负变压持续。虽然两个爆发气旋最低气压值仅相差 3.6 hPa,但是气压梯度≥4 hPa/(100 km)范围“20160502”是“20150511”的 5 倍以上。可见“20160502”过程期间大风是气压梯度风、变压风及变压梯度同时作用产生,而“20150511”过程期间大风主要是变压风及变压梯度起作用。从产生的风力量级看,气压梯度风的作用更大。

4.1.2.2 强锋区上空气质量(强高空风)传导作用

从“20160502”“20150511”沿气旋中心 θ_{se} 剖面(图 3)上可以看到,由地面向高空等 θ_{se} 线较大坡度向北倾斜,表明能量是沿着位温面向下向南传播的。动量下传使高空的强能量向地面传播时的地面风速进一步增大,是产生大风的有利条件。从图 8 可以看到,“20160502”爆发气旋爆发期间,2 日 20 时—3 日 08 时最大风速中心在北镇上空,30°—34°N 偏南急流向地面延伸的同时,40°—44°N 的偏北急流也从 850 hPa 向地面发展。到 3 日 20 时偏北急流扩展到 30°N,加强为 36 m/s 的中心在(850 hPa、42°N)。“20150511”爆发气旋爆发期间,最大风速中

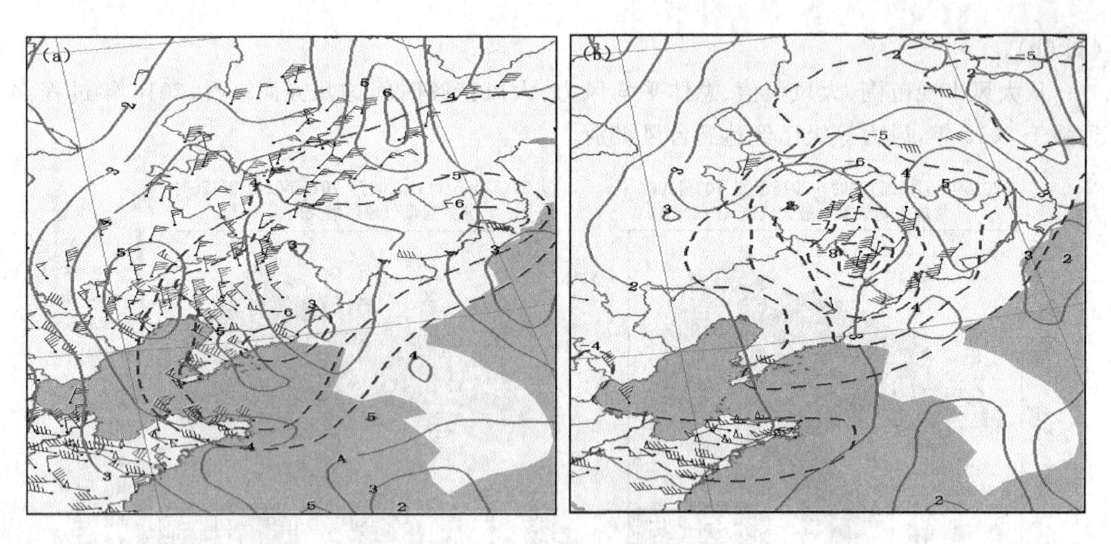

图 7 “20160502”“20150511”爆发性气旋影响期间最大瞬时风(单位:m/s)、最大海平面气压梯度(实线)(单位:Pa/km)、最大 3 h 变压(虚线)(单位:Pa);

(a. 2016 年 5 月 3 日 02 时—4 日 02 时, b. 2015 年 5 月 11 日 02 时—12 日 14 时)

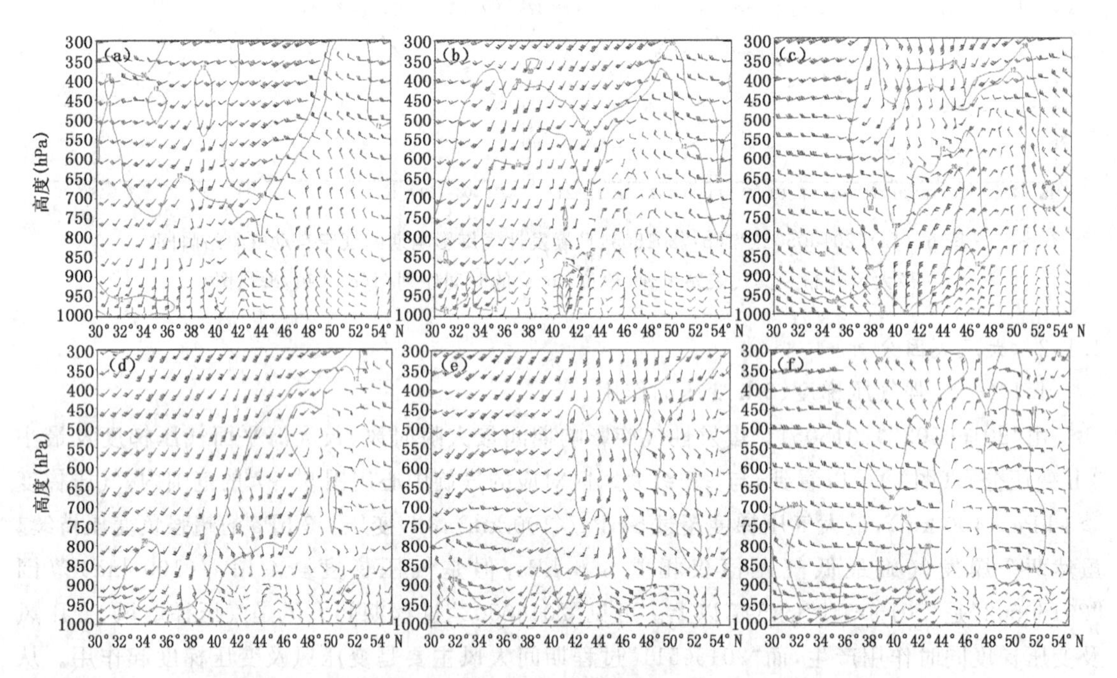

图 8 “20160502”“20150511”爆发性气旋影响期间风场沿大风中心经向剖面(a. 2016 年 5 月 2 日 08 时 b. 2016 年 5 月 2 日 20 时, c. 2016 年 5 月 3 日 08 时, d. 2015 年 5 月 11 日 20 时, e. 2015 年 5 月 12 日 08 时, d. 2015 年 5 月 12 日 20 时)

心在昌图上空,主要表现为偏南急流向下向南的扩展加强的过程。11 日 20 时—13 日 08 时,先是 40°N 以南地区 700 hPa 以下为西南风与东南风的辐合区扩展加强,然后偏西风向下发展,在 38°N、750 hPa 强度达 34 m/s。

从两次过程 850 和 925 hPa 的风场分布上看(图略),850 和 925 hPa 低空急流与超低空急流重合的范围地面大风同时发生,低空急流和超低空急流中心位置重合的位置,地面最大风速出现。“20160502”爆发气旋爆发期间，3 日 08—20 时低空急流和超低空南北向急流轴与中心位置重合少变，一直维持在辽宁中部上空，并且 850、925 hPa 最大风速分别为 40 m/s 和 30 m/s。“20150511”爆发气旋爆发期间，12 日 08—20 时，850 和 925 hPa 低空急流与超低空急流重合在吉林中部到日本岛，辽宁的最大风速点距急流轴 200 km，850 和 925 hPa 风速分别为 20 m/s 与 16 m/s。

两次爆发气旋爆发期间都有动量中心强度相当的下传过程，“20160502”爆发气旋爆发期间，在辽宁中部上空动量中心造成超强的低空急流和超低空急流，持续时间长达 12 h。

4.1.2.3　地形狭管效应

辽宁特殊的地形是造成大风加强的局地因素。辽宁南邻渤海、黄海，西部为丘陵地带，东部为长白山系的余脉，中部为辽河平原，东西两侧地势较高，中部地势较低，当南北风过境时，有利的地势会引起狭管效应，有利于系统性大风进一步加速。“20160502”爆发性气旋影响期间，风向主要是偏北风和东北风，东北—西南向的地形对大风有增强的效应，“20150511”爆发性气旋影响期间，风向以偏西风和西北风为主，与地形的走向不一致。

“20160502”爆发气旋爆发期间出现的大风天气，是由于气旋爆发发展出现超强气旋与周围气压场形成强气压梯度、强 3 h 变压及变压梯度，在强高空风动力传导、地形狭管助力下形成的。6 级以上大风区对应的气压梯度≥3 hPa/(100 km)、3 h 变压≥3 hPa。8～12 级大风位置出现在最大气压梯度 3～6 hPa/km 及最强 3 h 变压≥3 hPa 叠加的范围内，最大风速出现地点上气压梯度最大、3 h 变压梯度最大或 3 h 变压最强。

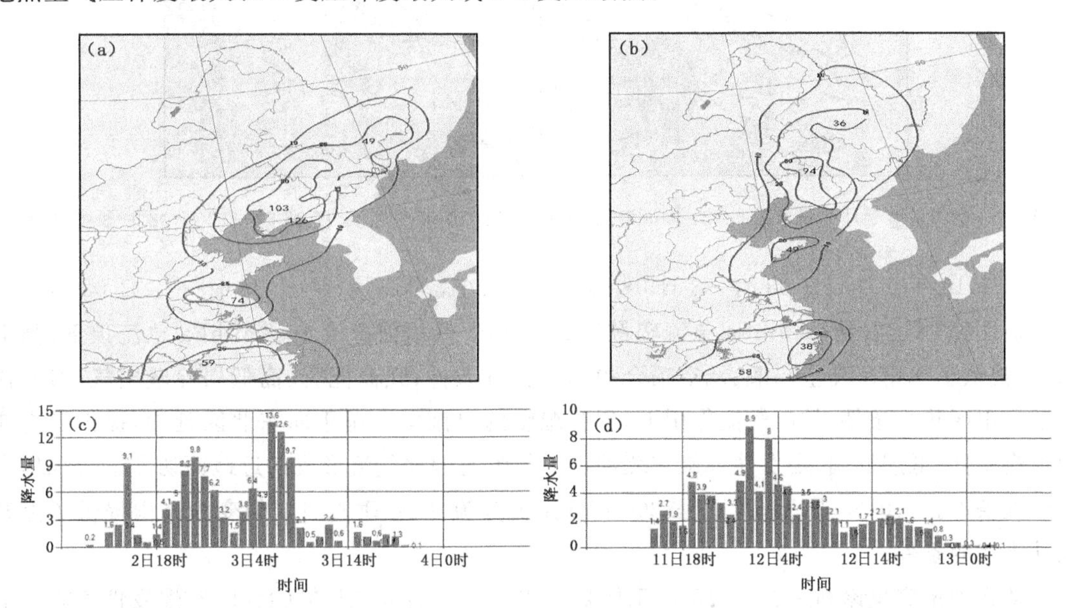

图 9　(a)“20160502”和(b)“20150511”爆发性气旋影响期间降水(单位:mm)分布及代表站降水(单位:mm)时间序列;(c. 2016 年 5 月 2 日 08 时—4 日 20 时、d. 2015 年 5 月 11 日 08 时—13 日 08 时)

4.2　暴雨

4.2.1　暴雨实况

“20160502”爆发性气旋影响的强降水出现在 2 日 20 时—4 日 02 时，辽宁、吉林大部分测站达到暴雨量级,最大降水量 126 mm 出现在丹东,主要降水时段在 3 日 02—20 时。"20150511"爆发性气旋影响的强降水出现在 2015 年 5 月 11 日 02 时—12 日 20 时,辽宁东部、吉林南部地区出现暴雨,最大降水量 94 mm 出现在康平,主要降水时段在 11 日 14 时—12 日 08 时(图 9)。

两次暴雨过程均以稳定性降水为主,从两次过程的最大降水量出现测站的降水时间序列来看,丹东降水有 3 个峰值、历时 25 h、最大雨强 13.6 mm/h,康平降水分布均匀、历时 33 h、最大雨强 8.9 mm/h。

4.2.2 暴雨成因分析

从气旋的爆发影响因子分析已知,天气尺度的阻塞形势、高低空急流耦合、次级环流建立、高空锋区斜压、冷暖空气交汇,都使气旋强度加强的同时为暴雨的产生创造了充分条件。它们的相互作用产生暴雨必备 3 要素,强烈的上升运动、充沛的水汽条件以及足够的持续时间,也决定了暴雨的落区。

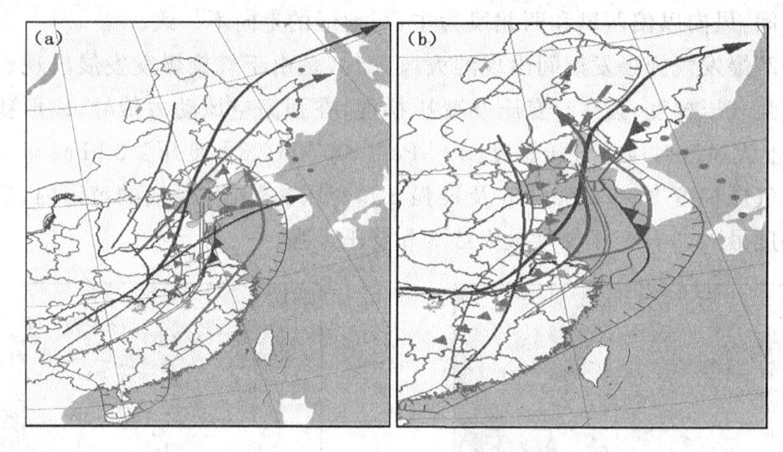

图 10 (a)2016 年 5 月 2 日 08 时—3 日 08 时暴雨区、(b)2015 年 5 月 11 日 08 时—12 日 08 时暴雨区分析

从 2016 年 5 月 2 日 08 时—3 日 08 时暴雨区、2015 年 5 月 11 日 08 时—12 日 08 时暴雨区分析图(图 10)看到,200 hPa 急流辐散区、500 hPa 低槽前急流上、850 hPa 急流顶部、高空锋区,提供了暴雨区高空辐散、低空辐合的动力抬升条件;强高能舌、高低层冷暖空气对峙,提供了暴雨区热力条件;偏南气流作用下,配合湿轴的自南向北湿舌向东北区延伸,提供了充沛的水汽条件;低层低涡、爆发性气旋东北部偏南气流与偏北气流形成的近地面切变辐合线提供了触发条件。"20160502"暴雨过程,200 hPa 急流分流区、强垂直风向切变为暴雨提供了上升运动维持的条件。

从物理量定量诊断来看,2016 年 5 月 2 日 20 时—3 日 08 时,"20160502"爆发性气旋上空上升运动强度由 50×10 Pa/s 增大到 80×10 Pa/s,水汽辐合区维持在辽宁东部地区,量值由 20×10^{-5} g/(cm^2 · hPa · s)增强到 30×10^{-5} g/(cm^2 · hPa · s);2015 年 5 月 11 日 08 时到 12 日 08 时,"20150511"爆发性气旋上空上升运动由 40×10 Pa/s 增大到 80×10 Pa/s,水汽辐合中心从朝鲜半岛北上到吉林东北部,中心值由 50×10^{-5} g/(cm^2 · hPa · s)减弱为 20×10^{-5} g/(cm^2 · hPa · s)。虽然两次过程为降水提供的垂直上升速度相近,但从偏南气流从中国南海到东北地区的大片湿区源源不断水汽供应条件来看,"20160502"比"20150511"过程水汽通道偏西1～2个经距(水汽通道之间面对降水区)、降水区的平均比湿大1～2 g/kg、水汽通量散度值高10×10^{-5} g/(cm^2 · hPa · s)。说明两次过程动力条件相当,但“20160502”过程低层水汽的储备和输送条件以及水汽的汇集作用更强。加上前述的“20160502”暴雨过程低空急流、锋区、气旋强度、次级环流、不稳定能量释放、中层冷平流更强,并且高压脊的阻挡和强降水动力、热力、水汽条件更佳,使得暴雨的强度更强。

4.3 “20160502”爆发性气旋风雨影响的极端性分析

此次大风过程爆发性气旋最强时刻,最大的平均风、瞬时大风突破了5月上旬历史同期极值。

此次降水过程爆发性气旋发展最强盛阶段(5月3日02—14时),气旋顶部倒槽经过的区域大部分观测站(辽宁19个国家观测站)日降水量突破了5月上旬历史同期极值。

从有利于大风产生的物理量与历史标准差比较来看,“20160502”过程中,850 hPa温度平流、850和700 hPa垂直速度是标准差的2.92、7.87和6.39倍。也就是在大风出现时,上述物理量极强强度出现的概率≤1%。所以,可以推测在强有利的冷空气作用下,气旋中心后部超强下沉运动的冲击下,突破历史大风的极值(表2)。

从有利于暴雨产生的物理量与历史标准差比较来看,此次过程系统深厚,低层850 hPa的辐合、急流和水汽辐合以及700 hPa垂直速度分别是标准差的2.45、3.15、6.32和8.24倍。也就是在暴雨出现时,上述物理量极强强度出现的概率≤1%。所以,可以推测虽然低层水汽含量偏低,但是超强的低空急流产生了超强水汽辐合弥补了本地水汽的不足,气旋中心超强垂直速度整体抬升了产生稳定降水的层云,提高了降水效率(表3)。

表2 “20160502”爆发性气旋影响期间大风相关物理量表

		24 h气压梯度	3 h变压	24 h地面变温	850 hPa温度平流	700 hPa温度平流	850 hPa垂直速度	700 hPa垂直速度
平均值	北风	11.5	4.18	−12.67	−40.96	−54.10	5.74	48.3
标准差σ	北风	5.65	1.88	4.47	16.64	28.13	3.57	3.48
20160502	北风	10	4.3	−11	−89.7	−81.3	33.7	28.2
倍数	北风	0.27	0.06	0.35	−2.92	−0.96	7.87	6.39

表3 “20160502”爆发性气旋影响期间暴雨相关物理量统计表

	200 hPa散度	850 hPa散度	200 hPa急流	850 hPa急流	850 hPa比湿	850 hPa水汽通量散度	ΔT(850−500)	850 hPa假相当位温	500 hPa涡度	700 hPa垂直速度
20160502	83.9	−154.52	58.1	40	11.37	−34	35.8	334.22	130	−80
平均值	113.9	−92.9	52.4	25.8	15.5	−12.76	32.7	352.9	156	−22.68
标准差σ	36.9	25.1	7.5	4.5	1.4	3.36	3	6.4	59	6.96
σ倍数	−0.81	−2.45	0.76	3.15	−3	−6.32	1.03	−2.9	−0.44	−8.24

5 结 论

(1)东亚地区高空阻塞形势,大气具有强的斜压性的形势下,中国东部沿海地区形成南北跨度超过 20 个纬距低槽，是江淮气旋爆发性发展的高空基本环流形势。在深厚斜压的高空低涡形成和发展过程中，与产生在低层锋区前的一般气旋不同，爆发性气旋开始发展紧邻锋区，比一般气旋偏北 5～10 个纬度，在 500 hPa 槽前 9～10 个经距附近。爆发性气旋爆发阶段位于正涡度平流最大的高低急流出口区，对应低空位于低空急流左前方辐合。

(2)“20160502”爆发性气旋体现了极端的特征，主要因为是锋区与次级环流相互作用下，次级环流范围扩大、强度加强，陡立深厚的强锋区上的有效位能释放，垂直上升运动得以维持发展，引导底层 α 中尺度的西北涡发展北上，在海区效应的共同作用下，促发内陆的地面气旋爆发性发展，短时间快速降压。在稳定的阻塞形势下，最偏南、最强的气旋中心，超低气压值长时间持续。

(3)“20160502”爆发性气旋的爆发阶段，在合适的时间途经了能量消耗小的海面，额外得到了促使气旋爆发的感热、辐射、潜热能量，在江淮爆发性气旋中是独一无二的。

(4)“20160502”过程期间大风是气压梯度风、变压风及变压梯度同时作用产生，低空急流和超低空急流重合的范围基本上就有地面大风发生。850 hPa 温度平流、850 和 700 hPa 垂直速度是标准差的 2.92、7.87 和 6.39 倍，使得风速创造了同期历史极值。

(5)此次过程系统深厚，低层 850 hPa 的辐合、急流和水汽辐合以及 700 hPa 垂直速度分别是标准差的 2.45、3.15、6.32 和 8.24 倍，也就是在暴雨出现时这些物理量极强强度出现的几率小于 1%，使得日降水量创造了同期历史极值。

参考文献

丁治英，王劲松，翟兆锋，2001. 爆发性气旋的合成诊断及形成机制研究[J]. 应用气象学报，**12**(1)：30-40.

董立清，李德辉，1989. 中国东部的爆发性海岸气旋[J]. 气象学报，**47**(3)：371-375.

李长青，丁一汇，1989. 西北太平洋爆发性气旋的诊断分析[J]. 气象学报，**47**(2)：180-190.

任丽，杨娃娃，唐熠，等，2015. 一次温带爆发性气旋引发的大暴雪过程诊断分析[J]. 气象与环境学报，**31**(5)：45-52.

孙淑清，高守亭，1993. 东亚寒潮活动对下游爆发性气旋的诊断分析[J]. 气象学报，**51**(3)：304-314.

王伏村，许东蓓，王宝鉴，等，2012. 河西走廊一次特强沙尘暴的热力动力特征分析[J]. 气象，**38**(8)：950-959.

徐祥德，丁一汇，解以扬，等，1996. 不同垂直加热率对爆发性气旋发展的影响[J]. 气象学报，**54**(1)：73-82.

仪清菊，丁一汇，1993. 东亚和西太平洋爆发性温带气旋发生的气候学研究[J]. 大气科学，**17**(3)：302-309.

仪清菊，丁一汇，1996. 黄、渤海气旋爆发性发展的个例分析[J]. 应用气象学报，**7**(4)：483-490.

尹尽勇，曹越男，赵伟，2011. 2010 年 4 月 27 日莱州湾大风过程诊断分析[J]. 气象，**37**(7)：897-905.

查贲，沈杭锋，郭文政，等，2014. 一次爆发性气旋及其诱发的大风天气分析[J]. 高原气象，**33**(6)：1697-1704.

朱男男，刘彬贤，2015. 一次引发黄渤海大风的爆发性气旋过程诊断分析[J]. 气象与环境学报，**31**(6)：59-67.

Sanders F, Gyakum J R, 1980. Synoptic-dynamic climatology of the “bomb”[J]. Mon Wea Rev, **108**：1589-1606.

两例相似路径台风降水差异的成因及预报分析

施春红　吴君婧

（上海中心气象台，上海 200030）

摘　要

2016 年超强台风“尼伯特”和“莫兰蒂”的路径极为相似，登陆福建北上途经太湖流域后入海的路径也几乎重合，但造成的太湖流域的降水却迥然不同，前者仅个别测站达暴雨，后者则出现大范围暴雨。对比分析结果表明：台风“莫兰蒂”登陆后的低压结构仍保持良好，北上过程中与其外围冷空气的相互作用明显，海上水汽输送通道畅通，冷空气与台风倒槽相互作用是引发华东（含太湖流域）大范围暴雨的重要原因；台风“尼伯特”登陆后迅速减弱，结构出现“空心化”，且水汽输送通道被截断，浅层也无冷空气南下与台风倒槽结合。此外，由不同时次“尼伯特”的数值预报结果可见，弱环流背景下的弱系统（台风登陆后迅速减弱）的降水，可预报时效相对较短。

关键词：台风　降水　预报　对比分析

引言

由于地形下垫面及夏秋季节东亚地区多尺度系统相互作用等的复杂性，登陆台风降水的关键影响因子存在明显的个体差异，其成因和机制仍不十分清楚，登陆台风的降水预报（包括落区和雨量）至今仍是业务预报中的难点。当前数值模式对于台风降水的预报能力仍十分有限。因此，基于相似（路径）台风的降水预报仍是业务预报中常用的方法之一。

然而，路径相似的台风，其降水并不相似的情况时有发生，导致预报失误。超强台风“尼伯特”和“莫兰蒂”就是路径相似但降水并不相似的一对个例，主客观预报对“尼伯特”在太湖流域的面雨量预报普遍偏大。本研究旨在通过对比分析这对台风路径相似但降水存在明显差异的可能原因，以期为此类台风降水预报提供一些借鉴和思路。

1　台风路径及降水概况

1601 号超强台风“尼伯特”于 2016 年 7 月 3 日在关岛以南洋面生成后向西北方向移动，8—9 日先后登陆台湾台东和福建石狮，11 日经太湖西侧北上进入黄海。1614 号超强台风“莫兰蒂”于 2016 年 9 月 10 日在关岛以西洋面生成后向西北方向移动，于 15 日登陆厦门，16 日经太湖西部北上进入黄海。

图 1a 给出了超强台风“尼伯特”和“莫兰蒂”的移动路径。可见，台风的路径非常相似，生成后均向西北向移动，均在闽南登陆且登陆点相距不远，登陆后均在福建西部山区减弱为热带低压且均取道太湖流域并再度入海，登陆北上入海的路径接近重合，但台风影响期间华东地区（特别是在太湖流域）的降水强度和分布却差异显著（图 1b、c）。

“尼伯特”在北上过程中的降水总体不强且分布很不均匀，太湖流域最明显降水时段出现

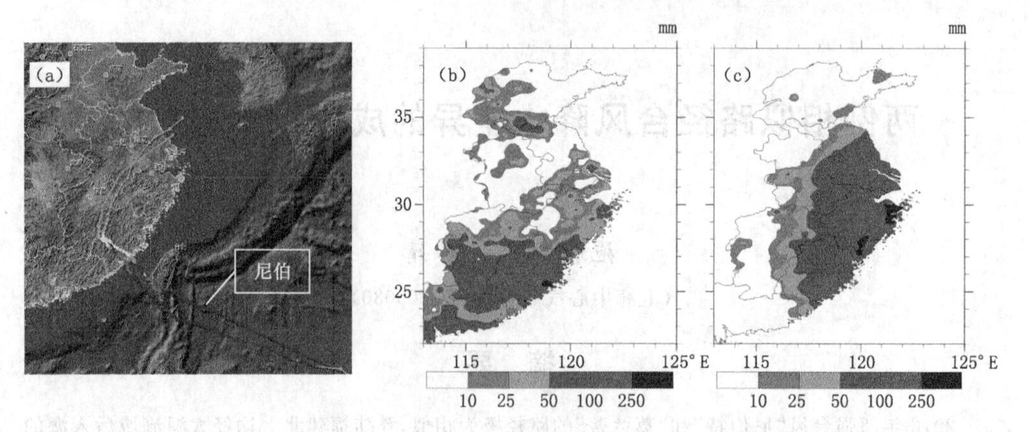

图 1 超强台风“尼伯特”(1601)和“莫兰蒂”(1614)的移动路径(a)及台风影响期间华东地区的过程累计雨量分布(单位:mm,b.“尼伯特”7 月 9 日 08 时—13 日 08 时,c.“莫兰蒂”9 月 14 日 08 时—17 日 08 时)

在 7 月 11 日(残余低压途经太湖流域时),仅个别站点出现了大到暴雨;“莫兰蒂”则造成了华东大范围暴雨和大暴雨,太湖流域过程累计雨量普遍超过 100 mm,最强降水时段出现在 9 月 15 日下午到夜间。

2 台风降水预报概况

“尼伯特”生成之初,欧洲中期数值预报中心(EC)和美国全球预报系统(GFS)均预报其将近海北上,之后不断南调,直至 7 月 6 日起,才较稳定地预报登陆福建后继续北上并经太湖流域再度入海。然而,不同模式对“尼伯特”登陆后北上的移速、残余低压的结构及强度的预报存在明显差异,且同一模式不同时刻的预报也不连续。

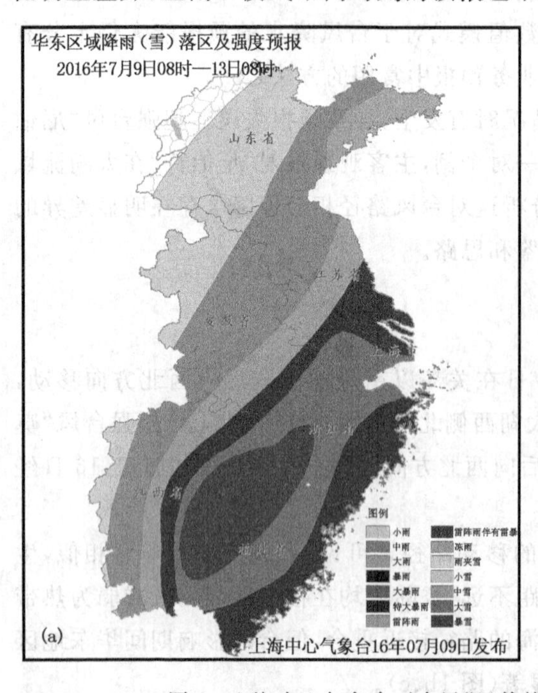

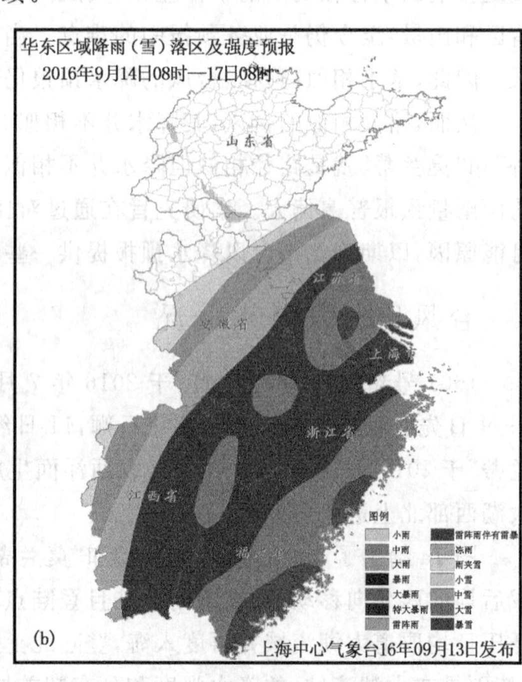

图 2 上海中心气象台对台风“尼伯特”(a)、“莫兰蒂”(b)过程雨量的主观预报

6日20时起报的EC模式，预报台风“尼伯特”北上过程中，低压结构将保持良好、东部海上的水汽输送通道畅通并持续不断地卷入台风环流，500 hPa位于黄海的切断低涡后部有弱冷空气南下，10—11日太湖流域的大气层结不稳定，流域东部(包括上海)有暴雨到大暴雨。EC集合预报51个成员中雨量预报最大的10%成员预报9—12日太湖流域累计雨量为50～100 mm;GFS虽略小于EC，但也预报太湖流域有大到暴雨，流域南部雨量50～100 mm。

2016年7月上旬，正值梅雨期，长江中下游遭遇连续强降水，太湖水位不断攀升，逼近历史极值。台风“尼伯特”登陆时，太湖最高水位已达4.87 m，超过保证水位0.22 m，国家防总宣布启动太湖防汛Ⅱ级应急响应。面对严峻的防汛形势，预报员更加关注的是出现极端降水的可能性，经与中央气象台及太湖流域相关气象台会商，上海中心气象台发布10—12日太湖流域有暴雨到大暴雨的预报(图2a)。虽然此后的几天，对大暴雨的落区、雨量极值等略有调整，但总体而言，太湖流域雨量预报(图2a)较实况(图1b)明显偏大。

与台风“尼伯特”不同，台风“莫兰蒂”影响期间华东出现了大范围的暴雨到大暴雨，上海中心气象台发布的过程雨量预报(图2b)与实况(图1c)基本吻合，预报的太湖流域大范围暴雨如期而至。

3 台风北上降水差异原因分析

3.1 环流背景对比

分别对“尼伯特”和“莫兰蒂”登陆前1天至入海期间的500 hPa环流、850 hPa温度和海平面气压场取平均，发现500 hPa的中低纬度环流特征相似，副高脊线均在27°—28°N，中纬度均有短波槽活动;不同的是“尼伯特”登陆前副高便东撤，台风处在副高和大陆高压之间的鞍形场内、移速缓慢，从登陆福建到再入黄海耗时约66 h，而“莫兰蒂”却始终在副高的引导下移速稳定，从登陆到再度入海耗时约40 h。

对比850 hPa温度和海平面气压，不难发现台风登陆前后冷空气的势力差异显著:“尼伯特”登陆前后边界层和地面在暖低压控制下(图3c)，近地层无冷空气活动迹象;而“莫兰蒂”登陆前冷空气势力已开始增强，且北方不断有弱冷空气从东路扩散南下并已渗透至近地层，850 hPa上长江下游存在温度锋区，地面上被台风倒槽所控制(图3d)，残余低压北上过程中，倒槽不断北顶，倒槽顶端与冷空气结合处出现了暴雨—大暴雨。

3.2 冷空气和辐合抬升条件对比

选取太湖流域降水最明显时段作θ_{se}、风、垂直速度沿121°E经向垂直剖面(图略)。发现，“尼伯特”北上时(7月11日08时)，太湖流域(30°—32°N)处在向上伸展的高θ_{se}舌控制下，冷空气(θ_{se}锋区)出现在600 hPa以上，“上干冷、下暖湿”的特征明显，低层无明显风场辐合，也无明显上升运动;“莫兰蒂”北上时(9月15日20时)，30°—32°N处在高能舌顶端θ_{se}锋区内，925 hPa以下有明显的北风和南风辐合，冷、暖交汇特征明显，冷空气出现在700 hPa以下，边界层有一支大于14 m/s的东风急流，低空锋区和边界层倒槽顶端东南风和东风急流的辐合导致上升运动发展，而这支上升气流又恰好位于高空急流入口区右侧的辐散区内，高、低空急流耦合有利于上升运动的进一步加强。

3.3 水汽条件对比

对比“尼伯特”和“莫兰蒂”登陆北上期间的大气整层水汽通量的平均场(图略)，发现:台风登陆北上期间海上均存在一支强的水汽输送通道，但“尼伯特”北上期间这支水汽通道偏东，并

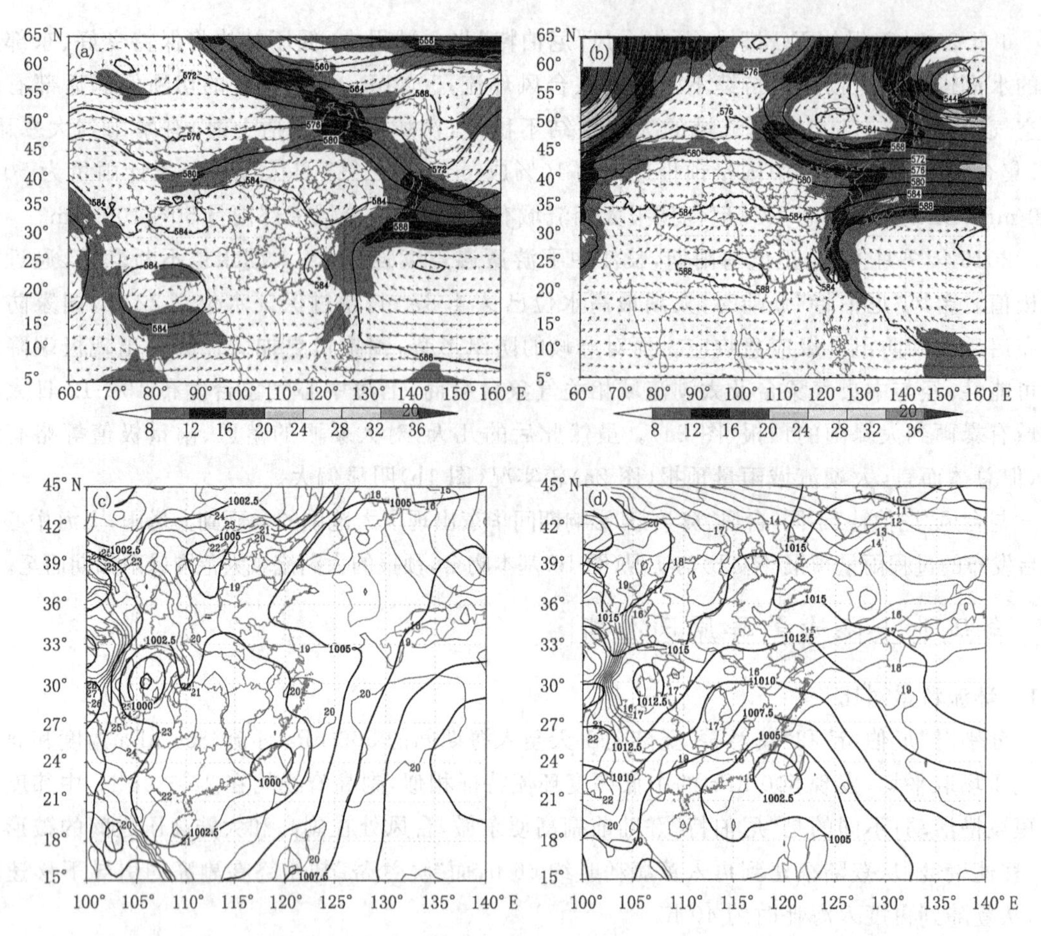

图 3　台风登陆前 1 天到北上再度入海期间 500 hPa(高度、风)、850 hPa 温度、海平面气压场平均
(a. 7 月 8 日 08 时—12 日 08 时 500 hPa 高度和风场平均,b. 9 月 14 日 08 时—17 日 08 时 500 hPa 高度和风场平均,c. 7 月 8 日 08 时—12 日 08 时 850 hPa 温度和海平面气压平均,d. 9 月 14 日 08 时—17 日 08 时 850 hPa 温度和海平面气压平均)

没有汇入“尼伯特”残余低压环流内,太湖流域整层水汽通量在 500 kg/(m·s)以下;而“莫兰蒂”北上期间,2016 年第 16 号强台风“马勒卡”正在台湾东南洋面向西北行,导致台湾东部洋面有一支大于 1000 kg/(m·s)的水汽通量大值带向长三角地区输送并汇入“莫兰蒂”残余低压。

3.4　台风残余低压结构对比

“尼伯特”虽然巅峰时强风速 68 m/s,可是在登陆台东后受到台湾岛中央山脉地形影响,强度迅速减弱,结构也遭遇破坏,加之在台湾海峡内徘徊时间长,二次登陆福建时仅为强热带风暴级。登陆后,由于受到地形摩擦、水汽输送通道被截断以及北上过程中遭遇高空辐合下沉等因素影响,迅速填塞,出现空心化结构。由图 4 给出的 7 月 10 日 20 时 850 hPa 风场的客观分析及欧洲天气中心前 72～24 h 起报的预报场可见:时效为 72 h 的预报(图 4a),对残余低压的强度和结构预报明显偏强,低压位置也差异显著,但随着预报时效的临近,台风移速预报趋慢、残余低压附近的风场预报趋弱,至 24 h 时效,对残余低压的位置及空心化结构的预报均已较接近分析场了(图 4c)。

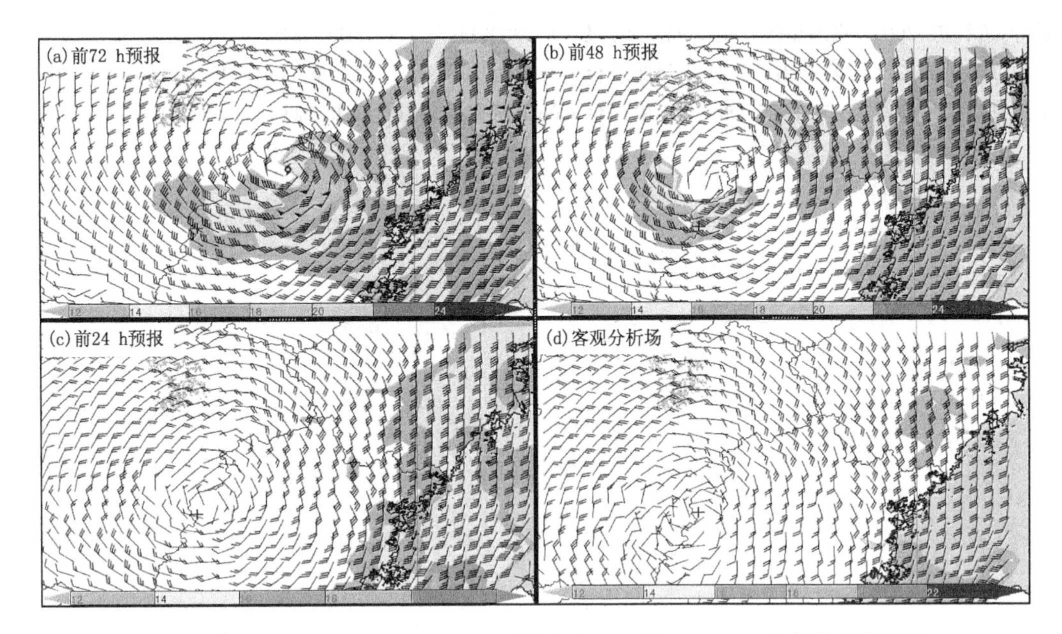

图 4　10 日 20 时 850 hPa 风场客观分析场与 EC 前 72—24 h 起报的预报对比
（阴影区为全风速）(a. 7 日 20 时起报，b. 8 日 20 时起报，c. 9 日 20 时起报，d. 10 日 20 时分析场)

"莫兰蒂"巅峰时风速最强达 70 m/s，加之其直接登陆厦门，台湾岛地形的影响有限。登陆后，虽然遭到地形摩擦等因素影响，强度减弱，但残余低压北上过程中始终处在高空槽前辐散场中，加之海上水汽输送通道畅通，没有出现"空心化"结构。

4　结论与讨论

超强台风"尼伯特"与"莫兰蒂"路径极为相似，登陆后北上途经太湖流域再度入海的路径几乎重合，但降水却迥然不同。受"莫兰蒂"影响，太湖流域普降暴雨至大暴雨，"尼伯特"虽然在陆上的持续时间较长，但降水却明显偏弱，预报的太湖流域区域性暴雨成为空报。对比分析发现：

(1)"莫兰蒂"登陆北上期间低压结构保持良好，海上水汽输送通道畅通且卷入低压环流，北上过程中台风外围低空有明显冷空气活动，冷空气和台风倒槽相互作用是华东中北部地区（含太湖流域）大范围暴雨发生的重要原因；而"尼伯特"登陆后结构出现"空心化"，水汽输送通道被截断，且近地层无明显冷空气活动，是未引发太湖流域性暴雨的主要原因。

(2)"莫兰蒂"台风登陆后有倒槽相伴，边界层存在一支东北或偏东急流，850 hPa 上则有一假相当位温的高能舌，台风倒槽与中纬度冷空气的相互作用相对稳定且较持久，因此其降水的可预报时效相对较长。而"尼伯特"北上过程中无明显的倒槽和低层冷空气，多种尺度的影响系统及其相互作用均较弱，台风本体也在登陆后快速减弱且结构松散，其降水的可预报时效也相对较短，实际预报业务中需多加注意。

参考文献

陈联寿，2006. 热带气旋研究和业务预报技术的发展[J]. 应用气象学报，**17**(6)：672-681.

陈联寿，丁一汇，1979. 西太平洋台风概论[J]. 北京：科学出版社.

陈联寿,孟智勇,2001. 我国热带气旋研究十年进展[J]. 大气科学,**25**(3):420-432.
陈红专,2016. 2013 年影响湖南的两次相似路径台风暴雨对比分析[J]. 气象科学,**36**(4):537-546.
程正泉,陈联寿,徐祥德,等,2005. 近 10 年中国台风暴雨研究进展[J]. 气象,**31**(12):3-9.

“6·23”盐城强龙卷天气过程分析

蒋义芳[1] 吴海英[1] 郑媛媛[2] 王啸华[1] 王 易[1]

(1.江苏省气象台,南京 210008; 2.江苏省气象科学研究所,南京 210008)

摘 要

利用常规天气资料和多普勒雷达探测资料分析了2016年6月23日盐城强龙卷过程。研究表明:这次盐城阜宁、射阳EF4级龙卷发生于副热带高压北侧西南暖湿气流与东北低涡后部南下的冷空气交汇的形势背景下;龙卷发生前,中低层西南气流急剧加强,促进了大气层结不稳定的发展;低层切变低涡发展、地面气旋建立为龙卷天气的发生提供了有利的动力条件;地面风场中,阜宁至射阳一线地面风向转变以及偏东风的增大,促进地面涡度的局地发展和集中,有利于龙卷发生。强龙卷天气由发展强盛的超级单体风暴所导致,该超级单体风暴具有显著的有界弱回波区、前侧入流缺口、低层钩状回波,风暴内长时间伴有强的中气旋,并间或探测到龙卷涡旋特征。龙卷产生的临近时刻,雷达反射率因子骤增到75 dBZ,垂直累积液态水含量快速增长到80 kg/m^2,中气旋向下向上伸展,最大伸展高度和最大气旋切变分别达8 km和(61-79)$\times 10^{-3} s^{-1}$,超强风暴及其深厚持久中气旋特征导致了此次EF4级龙卷发生。

关键词:EF4级龙卷 超级单体 前侧入流缺口 钩状回波 中气旋

引言

龙卷是从雷暴云向下伸展并接触下垫面的高速旋转的漏斗状云柱,常与雷雨大风、短时强降水或冰雹等相伴出现,常造成重大人员伤亡和财产损失。龙卷属小尺度涡旋,具有突发性强、变化迅速、生命史短、尺度小等重要特征,利用常规资料难以捕捉到,预报难度大,对龙卷预报一直是世界难题,即使在龙卷多发的美国,他们对龙卷预报的提前量也只有13 min左右,而且空报率也比较高。龙卷天气因预报难度大、致灾严重,一直以来广受关注。

统计表明,江苏属于龙卷多发地(范雯杰等,2015)。6月下旬至7月上旬正值江淮梅雨季节,强降水过程频繁,伴生于梅雨期强降水中的龙卷时有发生。据不完全统计,这类龙卷约占江苏龙卷的30%,梅汛期成为龙卷高发时段(曾明剑等,2016)。2016年6月23日下午盐城市阜宁县和射阳县发生了历史罕见的龙卷、雷暴大风、冰雹及短时强降水等极端天气,造成99人遇难,800余人受伤,损毁房屋8893户(30104间),2所小学校舍受损,损毁厂房8幢,通信电力设备受损.220座通信基站退服,倒杆2800根,部分地区通信中断。灾害发生区域仅限于一长25 km、宽10 km的带状区域内(图1a)。该日自动气象站测到的最大风速为阜宁新沟镇34.6 m/s(12级以上,时间为14时29分)(图1b),是自阜宁1959年建站以来观测到的最大风速。由中国气象局组成的江苏省阜宁县天气灾情实地调查专家组调查的结论为,23日下午阜宁灾害由龙卷天气导致,龙卷强度最强为EF4级,最大风力超过17级,为江苏省有气象观测记录以来第2个EF4级龙卷。

本文基于常规天气资料和多普勒雷达探测资料对这次龙卷过程发生的环境背景和龙卷雷达回波特征进行全面分析，为今后对龙卷的及时监测和及早预报、预警提供参考，以期在一定程度上改善龙卷的临近预警能力，减轻龙卷灾害造成的损失。

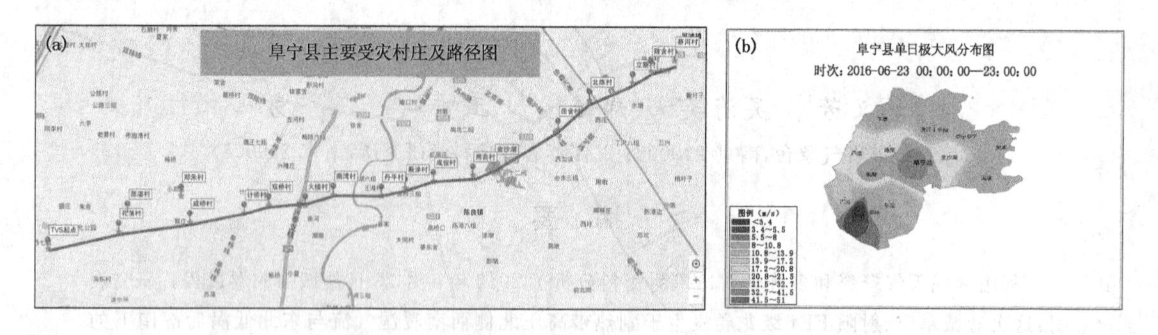

图 1　6 月 23 日受灾路径(a)和阜宁日极大风分布(b)

1　大气环流背景

1.1　“6·23”强龙卷形成于低层低涡与地面中尺度气旋发展期间

此次强龙卷发生在江淮梅雨期龙卷常见环流背景下，伴生有低层低涡及地面中尺度气旋发生、发展。

23 日 08 时，500 hPa 上，东亚中高纬度呈两槽一脊型(图略)，高压脊位于贝加尔湖地区，其两侧低槽分别位于巴尔喀什湖及中国东北地区，其中东北地区已形成一个切断低涡，涡后有明显的冷平流配合，从低涡中心伸展出的低槽底部位于黄淮北部。之后，低槽东移南压，20 时移至淮北地区(图 2a)，槽后有冷空气相伴随。与此同时，副高强盛，120°E 高压脊线维持在 25°—26°N，暖湿气流沿副高北侧输送至淮北地区，与随低槽南下的冷空气交绥于淮北地区。黄淮地区，对流层低层 850 hPa 风场上则对应一低涡发展东移。20 时(图 2a)，低涡中心移至江苏西北部与山东南部交界处，低涡前部的暖式切变线伸展至江苏淮北境内，切变线南侧对应一支强盛的西南暖湿气流，高、低层的有利配置构成典型对流型暴雨形势。龙卷于 14—15 时发生在低层低涡发展东移过程中，出现在低层低涡前部的暖湿气流中。

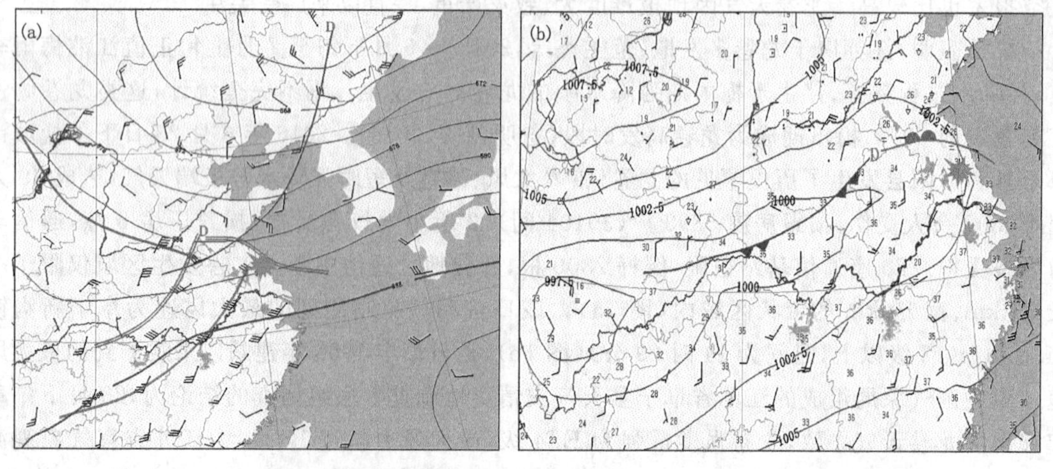

图 2　23 日 20 时 500 hPa 高度场及 850 hPa 风场(a)和 14 时地面气压场及风场(b)

这期间地面上可追踪到一个中尺度气旋的发展。江苏处于狭长的低压区内，08 时，豫西地区形成一个中尺度气旋，14 时(图 2b)移至苏豫皖交界处，气旋后部开始有冷空气渗入，与其前部的暖、湿气流之间形成清晰的中尺度冷暖锋结构，江苏淮北地区处于其前部的暖锋附近，有利于该处辐合抬升作用增强。23 日午后开始，地面暖锋附近对流明显发展，引发强龙卷的超级单体风暴正是从暖锋附近的辐合区中形成和发展起来的。

综上所述，梅雨期大气环流背景为龙卷发生提供了水汽不稳定环境条件，龙卷发生前伴随有地面及对流层低层气旋性涡度的发展，而对流层低层辐合有利于初始对流的触发。引发龙卷的对流风暴起源于地面气旋前部的暖锋附近，地面辐合及中尺度锋区的增强，有利于对流风暴的快速形成、发展。

1.2 强龙卷风暴在潮湿不稳定环境中迅速发展

利用 6 月 23 日 14 时射阳站(距阜宁 36 km)探空资料分析阜宁龙卷发生临近时刻的对流环境(图 3a)。图中显示，14 时阜宁附近大气整层盛行偏南风，近地面为东南风，并随高度升高逐渐顺转为西南风，对流层低层水平风顺转的趋势更为显著。这意味着大气低层伴有明显暖平流，促进了层结不稳定的发展，此时阜宁附近大气低层水汽非常充沛，850 hPa 露点温度由 08 时的 9 ℃升高到 13 ℃，抬升凝结高度很低，仅位于 984.6 hPa 处，湿环境中低抬升凝结高度有利于龙卷发生，另外，0～1 km 和 0～6 km 风切垂直变分别为 8 m/s 和 27 m/s，强风切垂直变有利于对流风暴的发展及维持。之后，随着涡后冷空气的南下，20 时射阳站探空图显示(图 3b)400 hPa 及以上都转为偏北风，且此时中低层的西南风明显发展，形成中高层冷平流叠置于低层暖平流之上的垂直结构，有利于大气层结不稳定的进一步发展。龙卷天气发生于大气不稳定层结发展过程中。

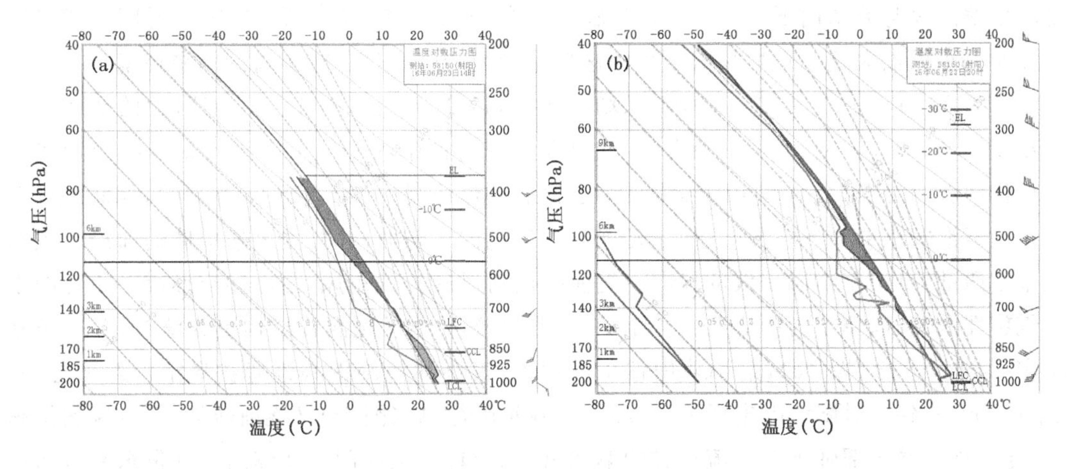

图 3　23 日 14 时(a)和 20 时(b)射阳探空

1.3 龙卷环境参数特征

龙卷这种极端强天气的发生需要一定的温、湿度环境及一定的动力条件(李耀东等，2004)，表 1 为“6・23”龙卷发生前期表征环境的温、湿度及动力特征的部分对流参数与这一季节的气候均值对比，可以看出，此次龙卷发生在水汽极为充沛的环境中，无论是整层水汽含量抑或 925 hPa 比湿，均远超该季节的气候平均值；表征热力环境的参数，如 *LI* 指数反映大气层结的不稳定特征，925 hPa 涡度($Vor_{925\ hPa}$)和散度($Div_{925\ hPa}$)也表明龙卷产生的动力环境非常有利，龙卷发生于地面气旋及低层低涡发展过程中，龙卷发生地附近 925 hPa 上的涡散度分布及演变特征（图略）表明，这期间大尺度环境为龙卷的产生提供了较为丰富的涡源和低层辐合抬升条件。值得注意的是，此次龙卷对流能量的蓄积没有明显特征，甚至低于气候平均值，说明龙卷的发生对对流不稳定能量蓄积条件要求则相对较低，其可能原因是龙卷的发生是一个突发过程，在较短时间内，对流能量还没来得及积累，而能促使龙卷产生的其他条件已经满足。

表 1　6 月 23 日龙卷、江苏梅雨期龙卷平均及气候平均对流参数特征值

指数	23 日	气候值
PWV(mm)	75	43.9
$q_{925\ \mathrm{hPa}}$(g/kg)	19	13.2
K(℃)	29	24.7
LI(℃)	−4.38	0.1
$Vor_{925\ \mathrm{hPa}}$($\times10^{-5}\mathrm{s}^{-1}$)	5.8	2.6
$Div_{925\ \mathrm{hPa}}$($\times10^{-5}\mathrm{s}^{-1}$)	−2.2	0.8
$Shr_{850\_地面}$(m/s)	8	3.5
$CAPE$(J/kg)	542.9	1000.5

2　地面风场中尺度分析

对该日龙卷过程地面风场的中尺度分析可以看出，地面风场的扰动与回波的发展正相关，环境场中偏南风与风暴内下沉气流形成的辐合有利于回波进一步发展，阜宁至射阳一线风向转变以及偏东风加大这一环境场的变化为这次龙卷的产生提供了较丰富的涡源环境。

图 4 为 23 日江苏自动气象站地面风场的演变，12 时 58 分（图 4a），淮安附近的地面风场开始出现扰动，形成一南、北风的辐合带，此时在淮安雷达站的北偏东方向约 50 km 处形成一较强单体回波，移经辐合区时进一步发展为强盛的对流风暴。13 时 28 分（图 4b），偏北风扰动向东扩展至淮安东部边界，且继续向东延展至阜宁境内。与此同时，强风暴单体的前沿也逐渐进入阜宁西部，阜宁至射阳一线的风向由之前的偏南风转为偏东风，由此逐渐形成一闭合的中尺度气旋性涡旋（以阜宁为中心）。14 时 18 分（图 4c），γ 中尺度涡旋结构更为清晰，并向东移经阜宁，14 时 48 分（图 4d），射阳境内偏东风加大，气旋性涡旋中心维持在阜宁与射阳之间。15 时 18 分（图 4e），射阳境内出现了 14 m/s 的偏西风，之后（图 4f）又逐渐转为 10 m/s 的偏东风，恰与对流风暴内部强下沉气流形成的偏北风，配合阜宁至射阳一线偏南风到东东南风向的转变以及偏东风的加大，使得该处地面流场中涡度的局地发展和集中，有利于龙卷发生。

3　多普勒雷达探测分析

龙卷的识别、短临预报和预警最终还是要依靠多普勒雷达探测，在这次特大灾害性龙卷过程的发生、发展中，多普勒雷达产品不仅表现出了经典超级单体龙卷所具有的共同特征：有界弱回波、前侧入流缺口、钩状回波、中气旋和龙卷涡旋特征，而且气旋切变值比一般龙卷大很多。回波强度的骤增、钩状回波的形成、持续强中气旋及中气旋底高的骤降这些特征都是这次

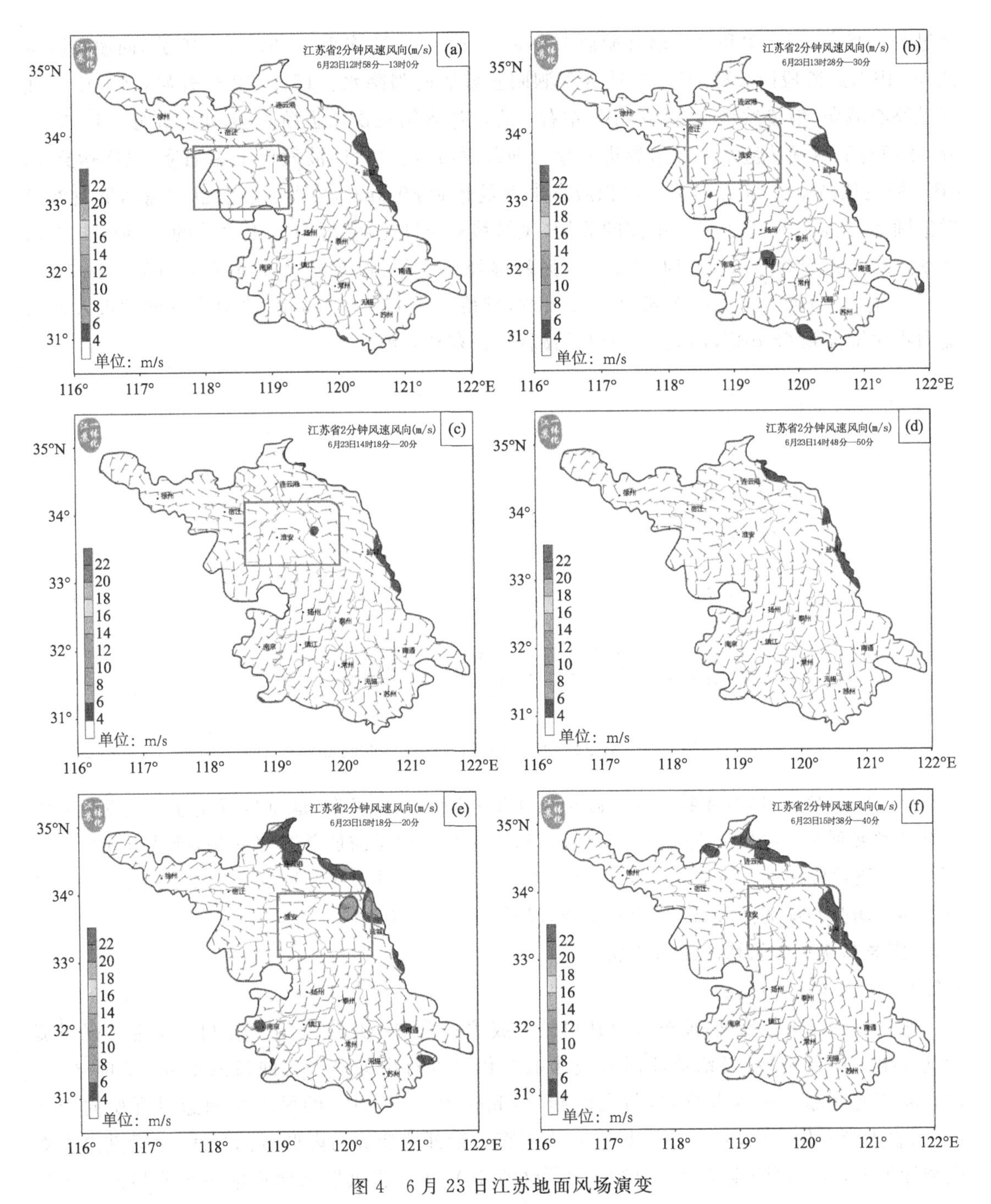

图 4　6 月 23 日江苏地面风场演变

（a. 12 时 58 分，b. 13 时 28 分，c. 14 时 18 分，d. 14 时 48 分，e. 15 时 18 分，f. 15 时 38 分）

龙卷预报的显著依据。

3.1　龙卷超级单体风暴的强度演变特征

从雷达探测资料可以追踪龙卷超级单体风暴发生、发展过程中其中心强度的演变（图 5）。11 时 30 分，初始单体形成于泗阳附近，之后，迅速发展，12 时 13 分，对流风暴形态呈椭圆形，其强回波中心位于对流风暴南侧，在对流风暴东移过程中，风暴强度经历了 4 次增强与减弱交替过程。其中,第一次和第二增强阶段分别是12时01—13分和12时25—36分,回波强度达到69 dBZ,此阶段回波移动缓慢,造成了泗阳县城短时强降水。12时42分开始,回波中心强度虽略有减弱,但依然维持在60 dBZ左右。之后进入第三次增强阶段:13时58分—14时21分,正值对流风暴从涟水东部边界进入阜宁西部时段,此阶段回波发展最为强盛,强度达到75 dBZ,回波顶高14～17 km,垂直累积液态水含量达到80 kg/m²,回波形态也由椭圆形发展成近似圆形,其强中心位于风暴单体的后侧,风暴移动速度也明显加快,由之前的35 km/h平均移动速度增大到60 km/h。14时27分,风暴移经阜宁县,强度再次减弱到60 dBZ。14时50分—15时01分回波再次增强到70～72 dBZ,维持长达17 min,15时42分东移回波进入射阳境内再次增强到68 dBZ,16时05分开始减弱,并东移入海。

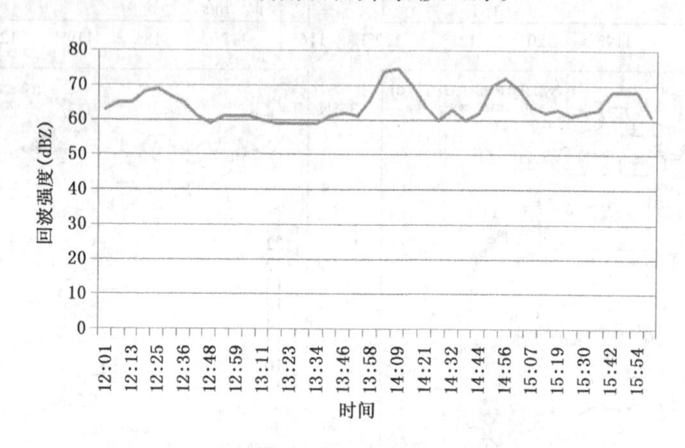

图5　风暴单体中心最大回波强度随时间演变

结合实况分析可知,龙卷天气紧随第三次增强阶段之后发生,这意味着龙卷天气发生对流风暴已发展到成熟阶段。上述分析表明,对流风暴从初生至减弱并东移入海,维持时间长超过5 h,该超级单体风暴具有较长的生命史。值得关注的是,虽然在对流风暴发生、发展过程中经历了多次增强与减弱阶段,但龙卷发生前,风暴的发展最为强烈。

3.2　龙卷超级单体风暴的结构特征

3.2.1　钩状回波的形成

对流风暴发展强盛期,前侧入流缺口的形成预示着中小尺度环境场有利于龙卷等强对流天气发生。从图6a～c超级单体回波边缘的变化可以看出前侧入流缺口的形成,13时34分(图6a)对流风暴位于涟水境内,与之前相比,此时大于45 dBZ的风暴东南边界开始向内凹进,回波边缘变化甚小,6 min后,风暴东南平直边缘开始变成向内凹进的弧线,之后其边缘弧度继续加大,东南侧强度梯度大;13时40分(图6b),在对流风暴南侧形成一个明显前侧入流缺口,13时58分(图6c),在入流缺口顶端及其南段(也就是在距离阜宁县城西南方向20 km处)回波迅速发展,首先表现为高仰角反射率因子由前一个体扫的66 dBZ迅速增强到74 dBZ,2个体扫之后,低仰角的反射率因子探测到70 dBZ,此时冰雹开始发生,之后,前侧入流缺口变窄,并于14时27分逐渐演变成钩状回波(图6d),在钩状回波的弱回波处产生了龙卷。前侧入流缺口的形成到钩状回波的演变,表明低层偏南气流的加强以及风暴内部小尺度涡旋的发展,从而激发了龙卷的发生。

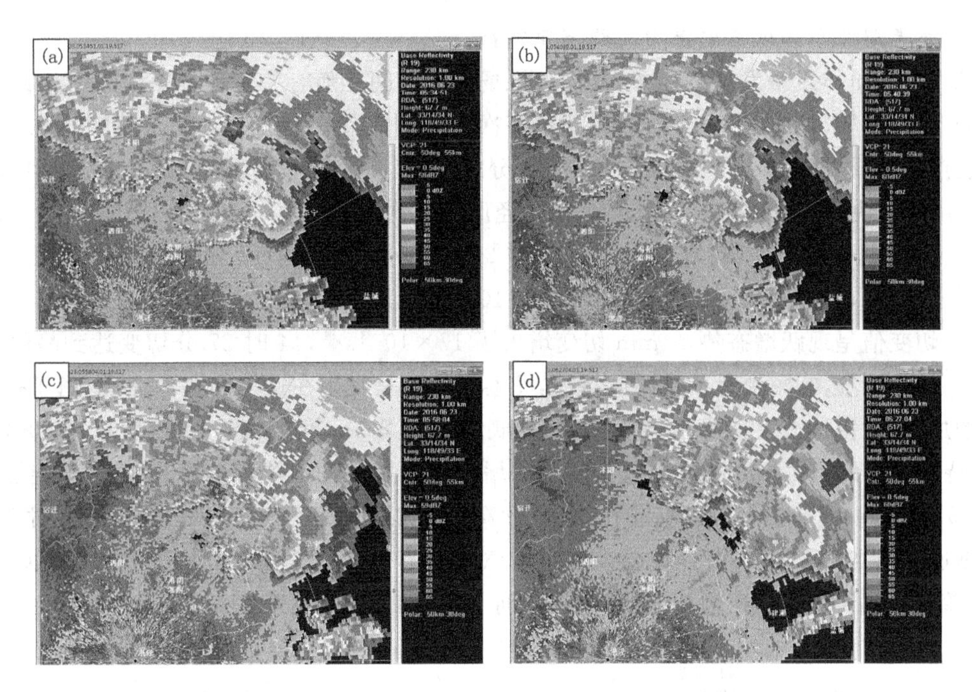

图 6 淮安雷达站 0.5°仰角反射率因子

（a. 13 时 34 分，b. 13 时 40 分，c. 13 时 58 分，d. 14 时 27 分）

3.2.2 有界弱回波

持续时间较长的有界弱回波区表明了强烈的上升气流旋转，易于产生龙卷。在此次龙卷过程中，13 时 40 分—15 时 30 分回波发展最为强盛，盐城雷达在此期间观测到的回波垂直结构都呈现了有界弱回波区特征。图 7 是盐城雷达站 14 时 31 分沿龙卷回波入流缺口方向的垂直剖面，可以看到，由于强上升气流，回波发展强烈，回波顶高达 15 km，大于 50 dBZ 的强回波位于 2～7 km，而其下方为小于 30 dBZ 的弱回波，且这种有界弱回波区始终位于回波前沿（东侧），意味着龙卷回波将向东发展。因持久的强上升气流旋转产生的有界弱回波区结构是判断龙卷等强天气产生的很好指标（俞小鼎等，2008）。

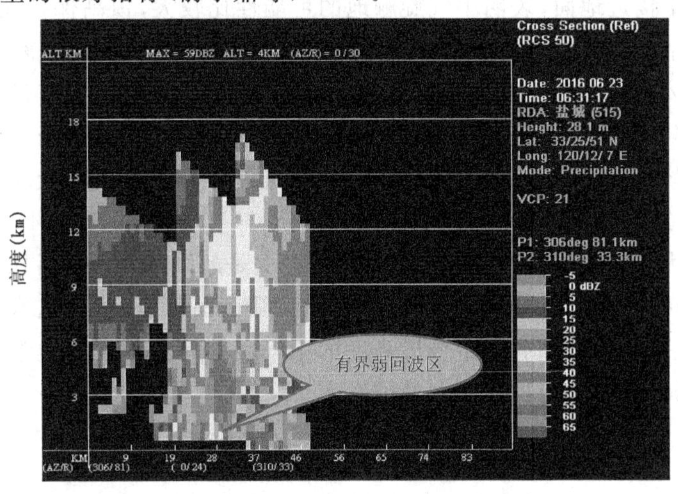

图 7 盐城雷达站 14 时 31 分反射率因子剖面

3.2.3 龙卷超级单体风暴中强中气旋演变特征

龙卷超级单体风暴发展过程中，其内部风场较长时间伴随有一定伸展厚度的中气旋，且中气旋切变较强，同时在龙卷发生阶段雷达也多次探测到龙卷涡旋特征。从淮安雷达探测到的中气旋产品来看(图 8)，最早时间是 11 时 56 分，此时底高为 2.1 km，顶高为 2.8 km，切变仅 8 $\times 10^{-3}s^{-1}$，很快，中气旋底高发生变化，主要经历了 6 次下降：12 时 42 分、12 时 54 分—13 时 05 分、14 时 21—44 分、15 时 07—13 分、15 时 25—30 分，在 14 时 15 分之前，虽然有几个时次底高低于 1 km，但由于切变值都在(8－15)$\times 10^{-3}s^{-1}$，并没有发生龙卷天气，只有在 14 时 15 分之后，切变值呈现跃增态势，6 min 切变增大了 $17\times 10^{-3}s^{-1}$，14 时 27 分切变达到峰值 36$\times 10^{-3}s^{-1}$，此时雷达也探测到龙卷涡旋特征，龙卷天气正是发生在这期间。而之后，由于探测距离的增加，导致雷达波束被展宽，使得中气旋底高高于 2 km，但气旋切变依然超过 20$\times 10^{-3}s^{-1}$。特别注意的是，龙卷发生前，气旋切变的增加先于底高的下降，14 时 15 分当气旋切变增加到 $29\times 10^{-3}s^{-1}$时，中气旋底高还在 2.9 km 高度，在之后短短 6 min 内，也就是 14 时 21 分，底高迅速下降到 1.3 km，同时，龙卷发生前中气旋具有一个压缩阶段，导致气旋柱厚度减小，随后，随着气旋切变的迅速增加，中气旋迅速向上伸展，促发龙卷发生。

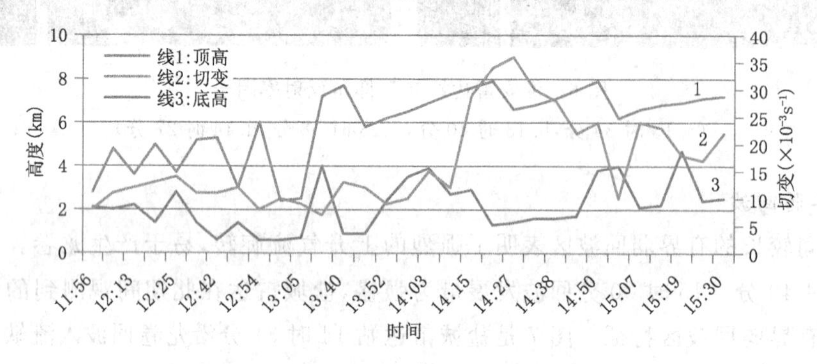

图 8 淮安雷达探测到的中气旋产品参数随时间演变

龙卷发生在阜宁和射阳境内，距离盐城雷达站距离较近，从盐城雷达探测到的中气旋产品参数随时间演变(图略)可以看出，与淮安雷达具有相似的演变特征，14 时 19—36 分，中气旋底高低于 1 km，几乎接近地面，表明中气旋触地的可能性比较大，顶高保持在 6～8 km，14 时 19—31 分底高和顶高均不断下降，14 时 25 分降至最低。由于盐城雷达距离风暴单体回波 40～60 km，波束展宽小，雷达探测到小尺度涡旋的内在结构更为真实，尤其是雷达探测到的中气旋切变值更大，14 时 14—36 分气旋切变为(44－80)$\times 10^{-3}s^{-1}$，远大于淮安雷达探测到的数据。在切变达到峰值并下降后，切变值维持高值呈现有节奏的波动。盐城雷达在此次龙卷发生期间，6 次探测到龙卷涡旋特征，其中 14 时 25 分、14 时 36 分、14 时 48 分、15 时 22 分 4 次特征参数显示最大切变值(61－79)$\times 10^{-3}s^{-1}$，后两次是超级单体入海后探测到的。

从淮安和盐城雷达探测到的中气旋和龙卷涡旋特征产品可以看出，这次龙卷发生时间大约在 14 时 25 分前后。持续的、有一定伸展高度的中气旋结构预示着有龙卷发生的极大可能性，中气旋强度骤增及底高骤降提示强龙卷的发生。

4 结 论

利用常规天气资料和多普勒雷达探测资料对 2016 年 6 月 23 日盐城 EF4 级强龙卷过程

进行了分析，得出如下主要结论：

(1)这次盐城阜宁、射阳 EF4 级龙卷发生于副热带高压北侧西南暖湿气流与东北低涡后部南下的冷空气相交汇的形势背景下，同时伴随有地面及对流层低层气旋性涡度的发展，引发龙卷的对流风暴起源于地面气旋前部的暖锋附近。

(2)龙卷发生于强风垂直切变、低抬升凝结高度和水汽丰富的湿环境中，龙卷发生前，对流层中低层有一个西南暖湿气流和风垂直切变急剧增强的过程，深厚强风垂直切变有利于对流风暴的发展及维持。

(3)表征热力、水汽和动力特征的对流参数显示了非常丰富的水汽和很强的动力抬升环境，非常有利于强对流天气的发生，但是对流有效位能并没有明显特征，甚至低于气候平均值，说明龙卷的发生对对流不稳定能量蓄积条件要求则相对较低。

(4)盐城强龙卷产生于经典超级单体，它具有显著的有界弱回波区、前侧入流缺口、钩状回波、中气旋和龙卷涡旋等特征。龙卷产生的临近时刻，雷达反射率因子和垂直累积液态水含量骤增，中气旋向下、向上伸展，最大伸展高度和最大气旋切变分别达 8 km 和(61－79)$\times 10^{-3}$ s^{-1}，超强风暴及其深厚持久中气旋特征导致了此次 EF4 级龙卷发生。

(5)在实际短临业务中，要特别关注风暴单体的参数和结构急剧变化，前侧入流缺口、钩状回波的形成、深厚中气旋维持和龙卷涡旋特征、中气旋切变急剧增大，低高急剧下降是很好的龙卷短临预报预警指标。

参考文献

范雯杰，俞小鼎，2015. 中国龙卷的时空分布特征[J]. 气象，**41**(7)：793-805.

蒋义芳，吴海英，沈树勤，等，2009. 0808 号台风凤凰前部龙卷的环境场和雷达回波分析[J]. 气象，**35**(4)：68-75.

李耀东，刘健文，高守亭，2004. 动力和能量参数在强对流天气预报中的应用研究[J]. 气象学报，**62**(4)：401-409.

俞小鼎，郑媛媛，廖玉芳，等，2008. 一次伴随强烈龙卷的强降水超级单体风暴研究[J]. 大气科学，**32**(3)：508-522.

曾明剑，吴海英，王晓峰，等，2016. 梅雨期龙卷环境条件与典型龙卷对流风暴结构特征分析[J]. 气象，**42**(3)：280-293.

台风“莫兰蒂”(2016)致灾大风成因分析及模拟研究

陈德花[1,2] 张 玲[1,2] 张 伟[1,2] 赵玉春[1]

(1.海峡气象开放实验室,厦门 361000;2.厦门市气象台,厦门 361000)

摘 要

基于多源观测资料和数值模拟分析 1614 号台风“莫兰蒂”致灾大风的风场结构特征及成因。“莫兰蒂”台风是继 5903 号台风以来影响厦门地区最强的台风,其强度低于台风“威马逊”,和台风“桑美”接近。“莫兰蒂”影响的强风范围相对较小,强风主要集中在台风本体附近。登陆前台风环流内的局地强风呈现阶段性波动特征,局地强风相对台风方位角的变化随着台风靠近先出现顺转,后逆转。基于台风风压关系的强度估计分析,“莫兰蒂”强度估计和实测吻合。台风登陆后受地形摩擦作用,强风的涡管效应使得台风左侧的风速大于右侧。通过数值模拟分析,在影响局地强风过程的主要物理因子中,风矢量的水平平流和气压梯度项的影响最重主要。“莫兰蒂”台风的强风区呈现明显的中小尺度特征,通过较高动量的空气垂直输送和动量下传作用,导致眼壁周围风力增强。

关键词:“莫兰蒂” 致灾大风 局地强风 风压关系 影响因子

引言

台风致灾大风是引发损失的重要天气,研究台风风场结构是台风研究的重点内容之一。Chen 等(1995)、徐祥德等(1998)的研究表明,台风结构的变化不仅影响台风的强度变化,而且还会影响到台风的路径、大风影响、暴雨的落区和雨强。陈联寿等(1979)、刘式适等(1980)、罗哲贤(1994)和 Meng 等(1996)研究了各种尺度系统环境和不同物理因子对台风结构和结构变化的影响,获得了许多有意义的结果。罗哲贤(2003)利用一个高分辨率的准地转正压模式,研究了台风轴对称环流和非轴对称扰动的非线性相互作用,并得出非轴对称扰动衰减台风中心气压上升,非轴对称扰动发展,台风中心气压下降,这对于台风强度预报和大风预报具有实用意义。谢红琴等(2001)通过对全球模式的客观分析场进行耦合,得到了台风近岸和河口区的海面风场资料。李洪海等(2008)利用 10 min 实测风数据,研究了台风风力分布对建筑物的风效应。利用 T-TREC 方法反演雷达风场更接近实际风场。丘坤中(1978)根据梯度风的关系,分别推导出了圆形和椭圆形台风风场的计算模型。吴迪生(1991)对 8816 号台风风场的不对称进行分析,发现气旋性最大切向风位于台风右前象限,魏应植等(2001)在“0418”号台风“艾利”的雷达风场分析中也再次论证此现象。朱首贤等(2002)针对近岸台风风场不对称性非常明显的特征,建立了基于特征等压线的不对称气压场和风场模型。蒋国荣等(2003)利用对称性台风风场模型和基于特征等压线的非对称型台风风场,同时采用背景风场和台风模型进行合成的方法,研究了影响湛江的台风气压场和风场。Reasor 等(2000)通过空基双多普勒雷达导出的 30 min 分辨率的合成风场,分析正在衰弱的风暴 Olivia 的结构变化,指出离风暴中心 20 km 左右的回波带可能与径向波长为 5～10 km 的涡度带变化有关。从众多学者的研究发现，人们对台风的风场结构的研究主要来源于大西洋飓风密集的飞机侦察资料以及数值模式结果分析、理想的理论模型和数值模拟。受观测资料的限制，上述大部分工作偏重于理论研究，特别是基于观测资料对中国近岸影响的台风的分析研究相对较少，无法使用更多的观测事实去揭示近岸影响台风的风场结构特征。随着气象现代化的建设，多源观测设备逐渐增多，使得进一步剖析近岸影响台风的结构成为可能。

2016 年 9 月 15 日 03 时 05 分，“莫兰蒂”台风在厦门登陆，重创闽南地区，导致城市受淹、房屋倒塌、基础设施损坏，水、电、路、讯中断，特别是厦门全城电力供应基本瘫痪、全面停水，泉州、漳州大面积停电，经济损失极为严重。据福建省民政厅统计，受台风“莫兰蒂”影响，受灾人口 263.89 万，因灾死亡 26 人、失踪 3 人、紧急转移安置 46.43 万人，倒塌房屋 9243 间，严重损毁 1.61 万间，一般损毁 5.91 万间，农作物受灾面积 72.72 千 hm^2，绝收 9.99 千 hm^2，全省直接经济损失 261.93 亿元。“莫兰蒂”是 2016 年登陆中国大陆的最强台风，也是中华人民共和国成立以来登陆闽南的最强台风。登陆点厦门主要受严重的风灾影响，本文拟基于多源观测资料和数值模拟，分析“莫兰蒂”(2016)致灾大风的风场结构特征及成因，为今后致灾大风的预报积累经验。

2 台风“莫兰蒂”概况及风雨影响

2.1 台风“莫兰蒂”概况

2016 年第 14 号台风“莫兰蒂”于 9 月 10 日 14 时生成，其路径及强度演变如图 1 所示。“莫兰蒂”生成后稳定向西偏北方向移动，12 日凌晨发展为超强台风，9 月 14 日下午绕过台湾进入巴士海峡，穿过海峡后于 15 日 03 时 05 分在福建省厦门市翔安区沿海登陆，登陆时中心最大风力为 15 级(48 m/s)。“莫兰蒂”登陆后继续向西偏北方向移动，横穿福建省，然后转向东北方向，强度逐渐减弱，并于 15 日 17 时减弱为热带低压，15 日 23 时前后进入江西境内，17

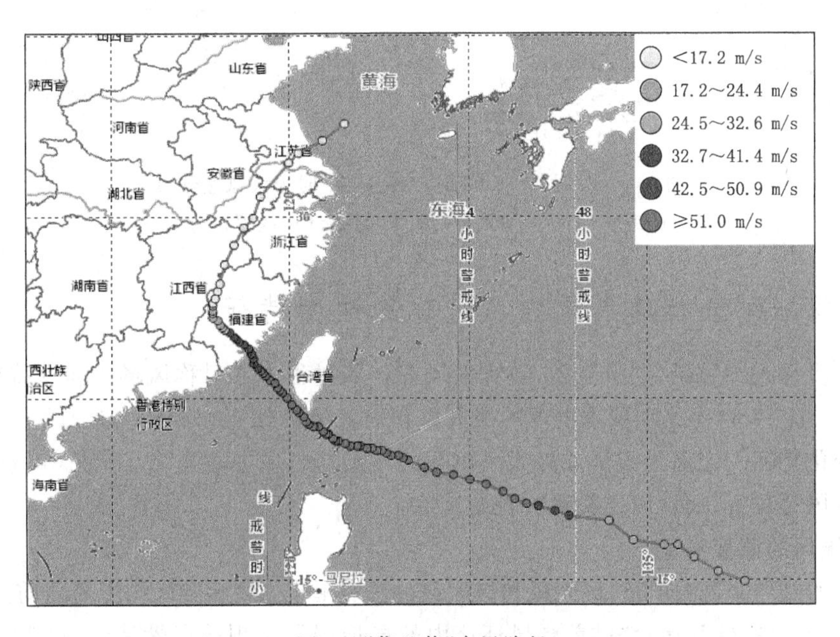

图 1 “莫兰蒂”台风路径

日凌晨移入黄海南部海域。"莫兰蒂"生成以来具有以下特点:(1)强度强、发展快:10日14时生成,12日凌晨强度连跳三级,发展为超强台风,其近中心最大风力一度达到70 m/s,并且强度达到超强台风的时间持续了近61 h;(2)路径稳定:生成以来稳定向西北移动,并且移速较快;(3)登陆强度强,影响严重。

2.2 风雨影响

14日夜间至15日白天受台风逼近和登陆影响,在厦门附近出现超过17级的阵风,最大值出现在五缘大桥(64.2 m/s),厦门本站最大阵风达到16级(54.9 m/s),仅次于5903号台风(厦门阵风17级,60 m/s)。沿海各地、市普遍出现8级以上大风(图2a)。从图2a可知,这次强风的影响范围非常集中,主要分布在登陆点附近。

受"莫兰蒂"影响,福建全省出现大范围暴雨—大暴雨,局部特大暴雨,实测区域站最大过程雨量为南安向阳乡的500.2 mm,国家站以柘荣368.4 mm为最大(图2b)。南安(201.9 mm)、仙游(185.2 mm)、德化(158.8 mm)日降水量突破当地9月同期最大日降水量极值。

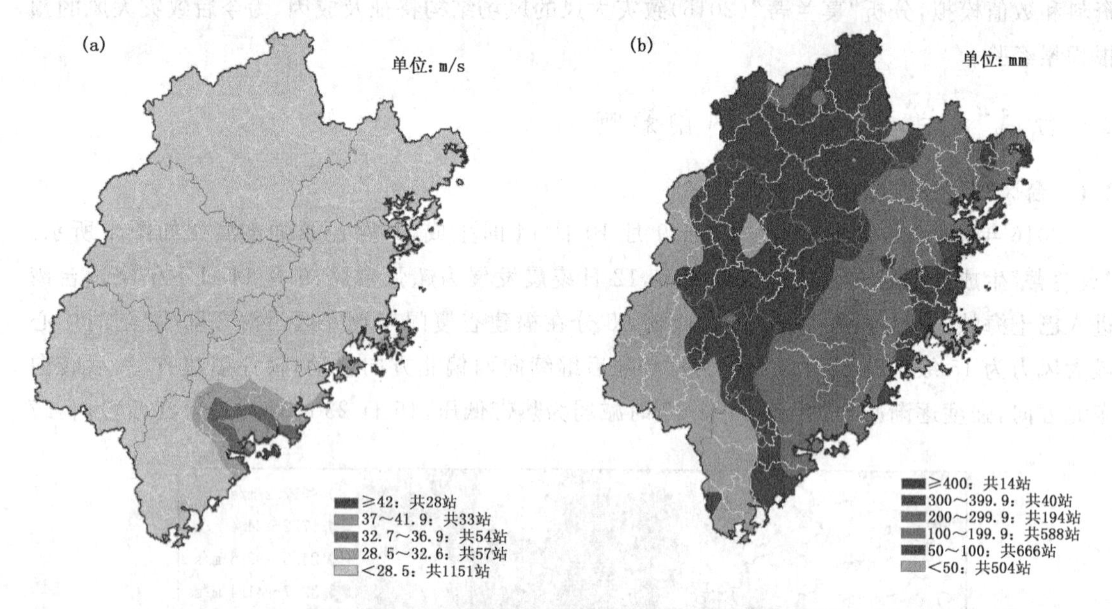

图2 (a)9月14日08时—15日20时极大风速分布
(b)9月14日08时—17日20时累计过程雨量分布

3 台风登陆过程福建局地强风过程的演变特征

为进一步深入细致研究"莫兰蒂"致灾大风在登陆过程中非对称风场的演变特征,选取14日13时—15日12时福建区域内出现的最大风和极大风的站点,分析其与台风中心的方位角和距离的变化特征。定义最大风或极大风出现的站点与台风中心连线与0°角(正东方向)的夹角为局地强风过程方位角(以下简称方位角)。

3.1 局地强风的演变特征

从总体的趋势来看(图3),最大风和极大风的演变趋势较为一致,均为登陆前先增加后略有减小再增加。图3a显示,登陆前台风环流内的局地强风呈现阶段性波动,在14日20时平均风呈现明显减弱，由 27.9 m/s 减弱到 23.6 m/s，而局地阵风却是增强，由 33.3 m/s 增强到 36.6 m/s，说明登陆前阵风和平均风变化不一定同步，呈现阶段性波动。图 3b 显示，登陆后平均风和阵风变化出现了同步。

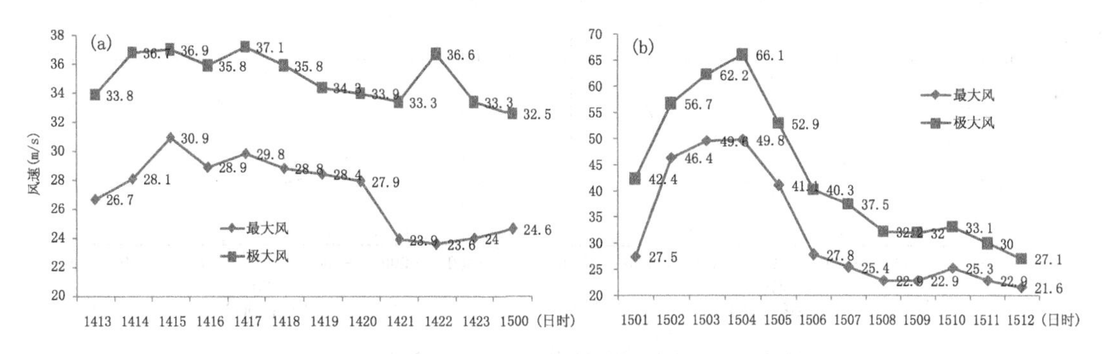

图 3　14 日 13 时—15 日 00 时(a)，15 日 01—12 时(b)福建省最大风和极大风的演变

登陆前 12 h 之前强风区位于 140°～180°(台风环流第二象限偏西位置)(图 4)；登陆前后从第二象限顺转到第一象限偏北的位置；台风登陆后 2 h 从第一象限逆转到第二象限，登陆 3 h后继续顺转第一象限，之后在第二象限摆动。此次局地强风相对台风方位角的变化随着台风靠近先出现顺转后逆转。登陆前局地强风出现在第二和第三象限之间，登陆时出现明显顺转(至第一象限)，登陆后局地大风逆转出现在第一和第二象限之间。

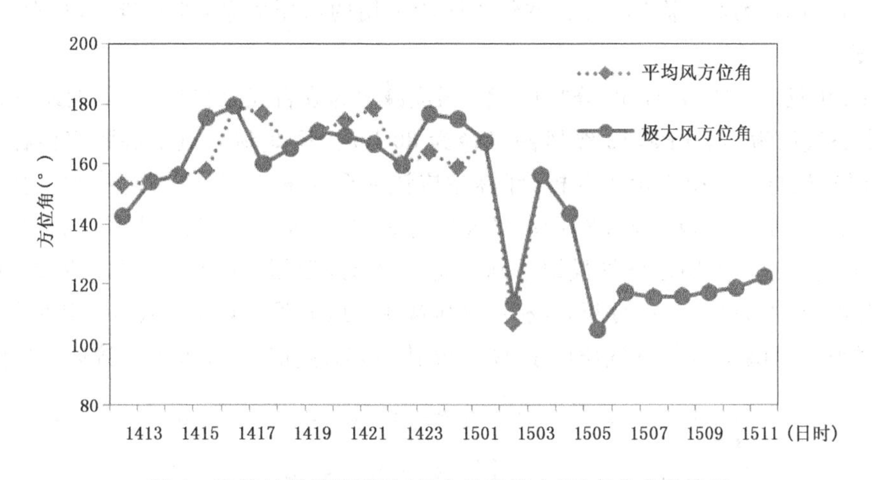

图 4　登陆过程局地强风(最大风和极大风)方位角的演变

图 5 为台风“莫兰蒂”登陆过程中台风环流区域内局地强风出现的位置相对于台风中心的距离和方位角的变化。台风登陆期间，局地强风大部分出现在第二象限，从最大风(图 5a)来看，43％出现在距离 100～200 km 的范围内，极大风(图 5b)的分布相对均衡些，在 300 km 范围内，每 100 km 距离范围内各占 30％，说明本次台风的强风范围非常集中。这种大风分布与台风的路径和结构有关。需要多个类似路径台风进一步验证。

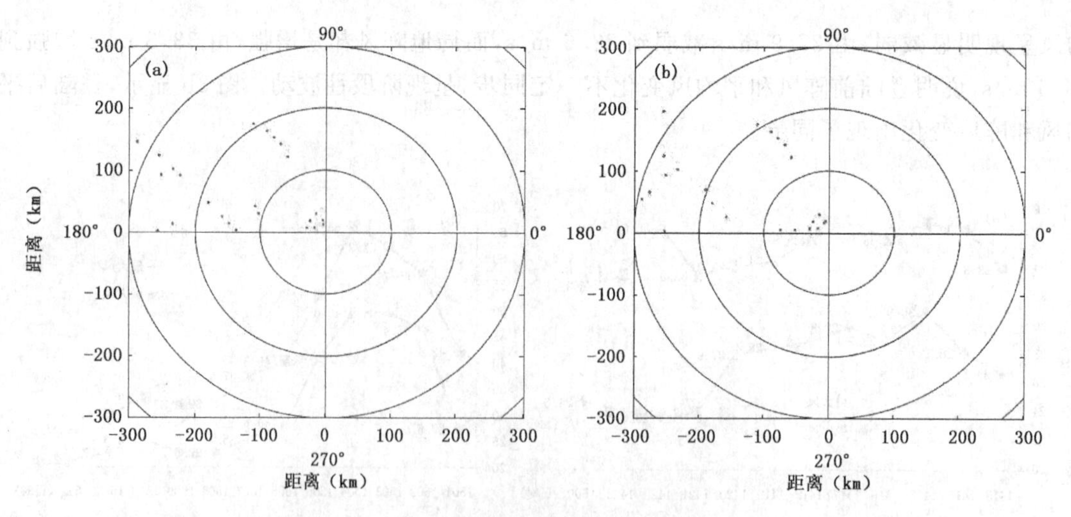

图 5　局地强风与台风中心的距离和方位角变化

（a. 最大风，b. 极大风）

4　"莫兰蒂"强风及成因分析

4.1　"莫兰蒂"强度分析

4.1.1　基于台风风压关系的强度估计分析

基于美国联合台风警报中心和日本气象厅所采用的风压关系，进一步探讨"莫兰蒂"登陆前后的强度。

从图 6a 可见，14 日 22 时 50 分"莫兰蒂"强度减弱为强台风，台风中心最大风速为 50 m/s（15 级），中心气压为 935 hPa，12 级风圈半径为 80 km。而此刻台风中心距离浮标站中心约 40 km，从浮标站与台风中心距离分析，浮标站应该在台风的 12 级风圈范围内。从实际的浮标站观测数据可见，平均风为 30.2 m/s，极大风为 37.9 m/s，极大风达到了 12 级，此刻并伴有 8.4～8.6 m 的大浪。说明浮标站虽记录到了完整的风速数据，其测得的风速应较实际的风速偏小。从浮标站的海平面气压分析，浮标站气压观测气压值明显偏高。从 NCEP 再分析的地面气压场资料来看（图略），浮标站气压位于 990 hPa 附近，与浮标站气压又比较接近。分析其原因，

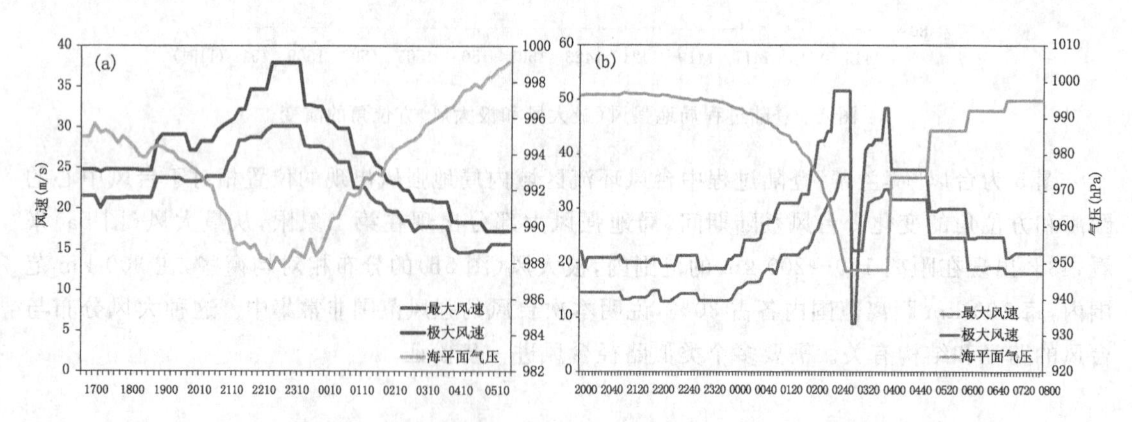

图 6　(a)14 日 17 时—15 日 06 时厦门浮标站逐 10 min 的最大风速、极大风速、海平面气压
(b)登陆点附近翔安区张埭桥水库 14 日 20 时—15 日 08 时逐 5 min 的最大风速、极大风速、海平面气压

从浮标站的气压分布可以看出可能与“莫兰蒂”台风的不对称结构、中心低压区比较紧密相关。

图 6b 为“莫兰蒂”登陆点附近的翔安区张埭桥水库站点的风、压分布。台风在 15 日 1 时即登陆前 2 h 风力迅速增强，气压骤降，02 时 55 分最低海平面气压为 947.6 hPa，极大风为 51.6 m/s，最大风 36.2 m/s，并且从图 6b 可见，3 时 05 分台风登陆后，台风中心附近极大风由 51.6 m/s 迅速减弱到 8.8 m/s，说明台风眼区覆盖了该站，而距离张埭桥水库北侧仅 6 km 的海洋学院站，其最大风速仅 26.2 m/s，再次说明了台风强中心的范围非常小，仅在 10 km 以内。登陆时台风强度为 935 hPa，最大风速为 50 m/s，02 时 55 分到 03 时观测到张埭桥水库站出现最大风速 36.2 m/s(12 级)，极大风 51.6 m/s(16 级)，最低海平面气压 947.6 hPa。基于美国联合台风警报中心和日本气象厅所采用的风压关系，进一步探讨“莫兰蒂”登陆前后的强度，台风中心气压 941 hPa 对应最大风速为 52 m/s(美国联合台风警报中心)，台风中心气压 947 hPa 对应最大风速为 44 m/s(日本气象厅)。从张埭桥水库站的观测数据分析，借助于台风风压关系，得到 15 日 03 时“莫兰蒂”的强度(风速)信息为 46～52 m/s，和登陆时台风中心最大风速为 50 m/s 基本吻合。

4.1.2 登陆过程中雷达径向速度演变特征

从厦门的双偏振雷达的速度图显示，15 日 01 时 36 分即台风登陆前 1.5 h，0°仰角径向速度(图 7a)出现二次速度模糊，最大径向速度约为 54 m/s，0.5°以上仰角(图 7b)均出现了一次速度模糊，并且强风中心出现在台风中心的右前方。从 02 时 38 分的 0°仰角径向速度(图 7c)可见，0°仰角径向速度略有减弱，出现了一次模糊，最大径向速度约为 50 m/s，而 1.5°仰角径向速度(图 7d)上看也只是出现了一次模糊，对比 01 时 36 分的速度分布，发现在登陆前半小时，台风中心附近的强风中心出现了明显的逆转，并且在台风中心右前方的径向速度减弱明显。登陆时刻(03 时 05 分)，0°仰角径向速度(图 7e)上可以看出，强风中心继续逆转，出现在台风中心的左前方，强风中心速度呈现明显不对称性，台风北侧的速度较强，出现了双重模糊，最大径向速度约为 65 m/s，0.5°以上仰角径向速度(图 7f)仍存在，对应该时刻，地面观测资料显示五缘大桥站出现了极大风 66.1 m/s，和雷达径向速度接近。台风登陆后，雷达径向速度明显减弱(图略)。台风登陆后左前方的风速大于右前方，可能的原因是厦门大帽山位于台风中心的右侧，该山山体高度 300 多米，受地形摩擦作用等原因，风速迅速变小，由于涡管效应，强风中心开始出现逆转，位于台风的左侧和北侧眼壁处。从雷达径向速度图也可以看出，台风的强风(14 级以上)中心范围非常小，仅 10 km 左右。

4.2 “莫兰蒂”强风影响因子分析

利用 WRF 数值模式模拟“莫兰蒂”台风影响过程，重点讨论气压梯度力项、平流项及物理量因子对致灾大风的作用，从而进一步剖析台风致灾大风的影响因子。影响台风登陆过程中的局地强风的影响因子有：(1)局地平流项，台风环流内风矢量的平流作用；(2)气压梯度力项；(3)与温度平流相关的重力位势项；(4)下垫面摩擦项。

4.2.1 气压梯度项

登陆前 24 h 气压梯度强，强中心分布在第一和第三象限，随着台风靠近中国台湾，最大气压梯度区变小，气压梯度的大值中心围绕台风中心逆时针旋转，强风区出现在台风的第一和第四象限(图略)。登陆时，气压梯度的大值区和范围进一步减小，围绕台风中心做小角度逆时针旋转，强风区出现在第一象限。登陆后，主要集中在第一和第二象限偏北的位置，而此时强风

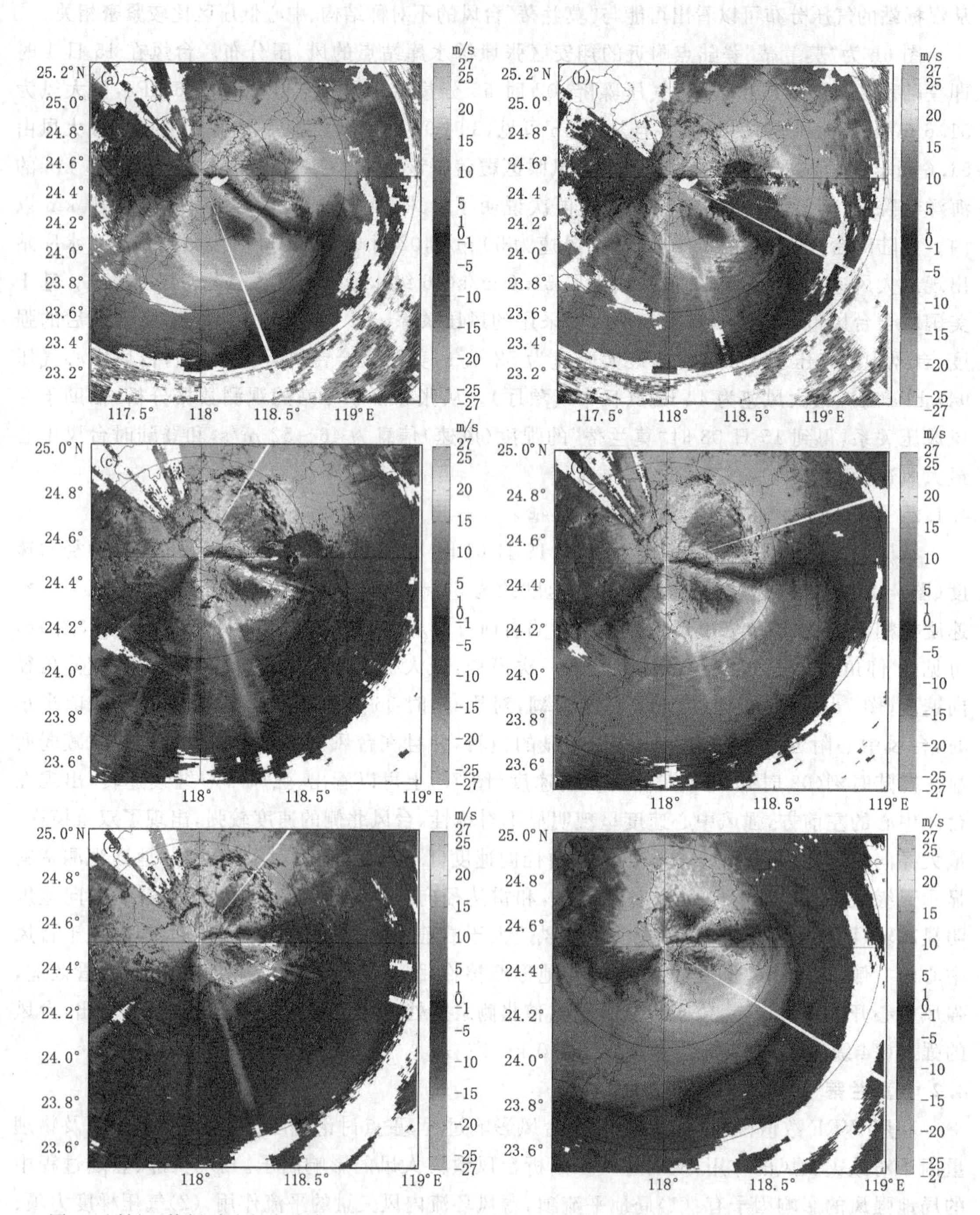

图 7　厦门双偏振雷达径向速度(a.01 时 36 分 0°仰角,b.01 时 36 分 1.5°仰角,c.02 时 28 分 0°仰角,d.02 时 28 分 1.5°仰角,e.03 时 05 分 0°仰角,f.03 时 05 分 1.5°仰角)

出现在泉州沿海。登陆前气压梯度变化与台风强度变化一致,并且气压梯度大值区与强风区对应,登陆后对局地强风无影响。

14 日 20 时前,台风强气压梯度区还未影响厦门,之前的风力明显偏小,20 时以后,气压梯度略有增强(图 8a),风力逐渐增大,在 15 日 1 时前后,气压梯度突增(图 8b),风力也进一步增

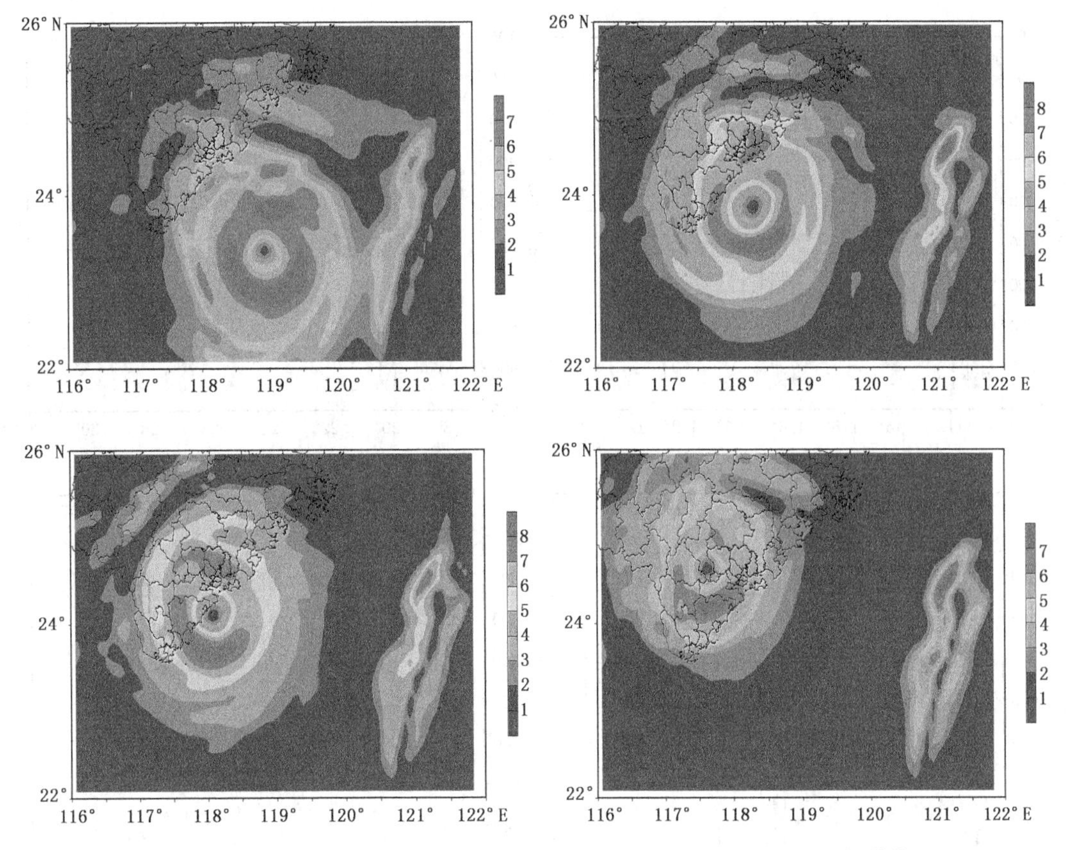

图 8 气压梯度项(a. 14 日 20 时,b. 15 日 01 时,c. 15 日 03 时,d. 15 日 07 时;单位:Pa/m)

强。气压梯度最强时刻出现在 15 日 3 时前后(图 8c),并且位于翔安和同安的南侧,和实况出现的最强风区对应。大值区位于台风的北侧,并且持续到 05 时,从 06 时开始,气压梯度明显减弱(图 8d),对应地面厦门风力也趋于减弱。

从 WRF 模拟的气压梯度场,可以发现气压梯度的变化与地面大风的变化有很好的一致性,气压梯度大值区对于本体强风的分布对应较好。

4.2.2 平流项对局地大风的影响

从 WRF 模拟的 10 m 风场也可以看到,大风区的分布基本和气压梯度的分布类似,位于西北—东南象限,登陆后,北侧的大风区范围整体是减弱的,但大风强区仍集中在眼壁附近,说明台风整体的结构非常密实(图略)。从台风的风场平流项来看,台风环流风矢量的平流作用是大风的主要影响因子。从登陆点附近的风速的垂直分布可知,"莫兰蒂"的大风区非常集中,15 日 03 时(图 9a、b),低层大风区主要位于登陆点附近,800～600 hPa 的高度大风区比低层略大些,范围接近 100 km。15 日 04 时(图 9c、d),随着"莫兰蒂"登陆,高层风动量下传,下层风明显增强,导致低层出现强风。

4.2.3 台风眼壁区中尺度特征分析

从"莫兰蒂"登陆前后的垂直速度剖面可以看到,台风眼壁区具有典型的中尺度特征。15 日 01 时(图 10a),台风最大垂直上升运动出现在 700～500 hPa,正、负垂直速度对位于 25°N 附近。15 日 02 时(图 10b),在 24.5°N 附近 950～350 hPa 出现了强的下沉运动,强中心位于

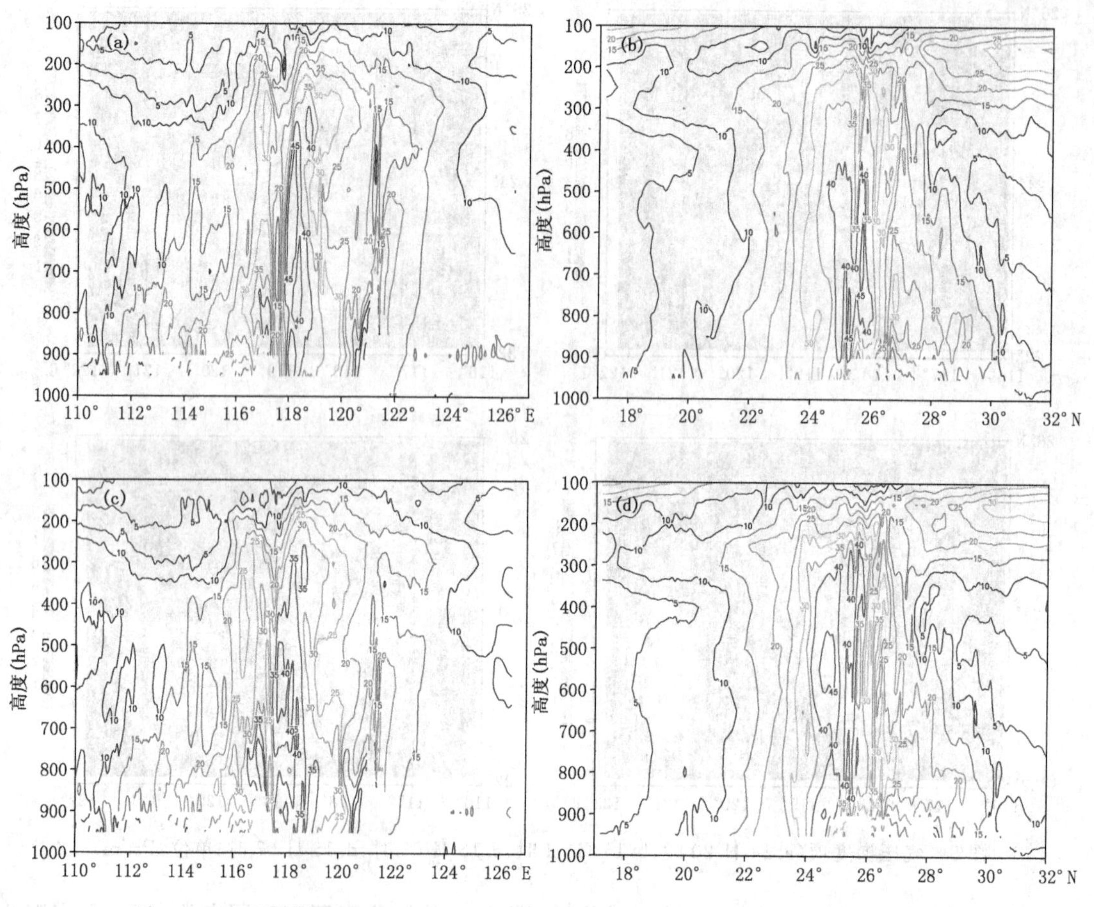

图 9　风的垂直剖面(a.15 日 03 时(沿着 24.5°N),b.15 日 03 时(沿着 118.3°E),
c.15 日 04 时(沿着 24.5°N,d.15 日 04 时(沿着 118.3°E);单位:m/s)

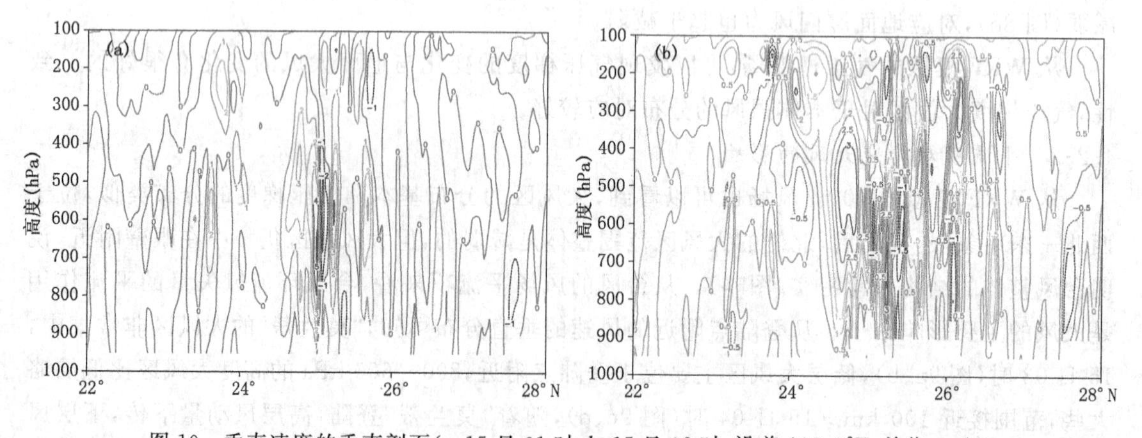

图 10　垂直速度的垂直剖面(a.15 日 01 时,b.15 日 02 时;沿着 118.3°E,单位:m/s)

650～400 hPa,24－26°N 出现了上升-下沉运动交替的分布结构,此刻下沉运动明显强于上升运动,从垂直速度的分布可见"莫兰蒂"的强风区呈现明显的中、小尺度特征,通过较高动量的空气垂直输送,这些上升气流增大了风速的最大值,并且在台风中心 950～700 hPa 以下通过动量下传出现强下沉运动,导致眼壁周围风力增强。

5 结论与讨论

(1)“莫兰蒂”具有以下特点:路径稳定,生成以来稳定向西北移动;强度发展快,影响范围广。“莫兰蒂”是继 5903 号台风以来影响厦门地区最强的台风,“莫兰蒂”强度低于 1409 号台风“威马逊”,和 0608 号台风“桑美”接近。

(2)“莫兰蒂”影响的强风范围相对较小,这次强风主要集中在台风本体附近。研究此次台风过程局地强风和台风位置的相关性可知:登陆前,台风环流内的局地强风呈现阶段性波动,阵风的变化和平均风变化不同步,登陆后平均风和阵风变化出现了同步。局地强风相对台风方位角的变化随着台风靠近先出现顺转,后逆转。登陆前局地强风出现在第二和第三象限,登陆时出现明显顺转(至第一象限),登陆后局地大风逆转出现在第一和第二象限。在台风登陆期间,局地强风大部分出现在第二象限。

(3)基于台风风压关系的强度估计,“莫兰蒂”强度估计和实测风力吻合。台风登陆后受地形摩擦作用,强风的涡管效应使得左前方的风速大于右前方,并且强风中心范围非常小,仅 10 km 左右。

(4)通过数值模拟分析,在影响局地强风过程的主要物理因子中,本次台风风矢量的水平平流和气压梯度的影响最重要。从垂直速度的分布可见,“莫兰蒂”台风的强风区呈现明显的中、小尺度特征,通过较高动量的空气垂直输送,这些上升气流增大了风速的最大值,通过动量下传出现强下沉运动,导致眼壁周围风力增强。

参考文献

陈联寿,丁一汇,1979. 西太平洋台风概论[M]. 北京:科学出版社:420-423.

蒋国荣,吴咏明,朱首贤,等,2003. 影响湛江的台风风场数值模拟[J]. 海洋预报(02):43-50.

李洪海,欧进萍,2008. 基于实测数据的台风风场特性分析[J]. 防灾,**12**(1):54-58.

刘式适,杨大升,1980. 台风的螺旋结构[J]. 气象学报,**38**(2):193-204.

罗哲贤,1994. 边缘区域扰动演变对台风结构的影响[J]. 大气科学,**18**(5):1-8.

罗哲贤,2003. 台风轴对称环流和非轴对称扰动非线性相互作用的而研究[J]. 中国科学(D 辑),**33**(7):686-694.

丘坤中,1978. 台风风场模式[J]. 海洋科技资料,**7**:17-18.

魏应植,汤达章,许健民,等,2007. 探测“艾利”台风风场不对称结构[J]. 应用气象学报,**18**(3):285-294.

吴迪生,1991. 8816 号台风风场非对称研究[J]. 大气科学,**15**(5):98-105.

谢红琴,高山洪,盛立芳,等,2001. 近岸区域及河口区台风风场动力诊断模型[J]. 青岛海洋大学学报,**31**(9):653-658.

徐祥德,陈联寿,解以扬,等,1998. 环境大尺度锋面系统与变性台风结构特征及其暴雨的形成[J]. 大气科学,**22**(5):744-752.

朱首贤,沙文钰,平兴,等,2002. 近岸非对称型台风风场模型[J]. 华东师范大学学报,**3**:66-71.

Chen L, Luo Z, 1995. Some relations between asymmetric structure andmotion of typhoons[J]. Acta Meteor. Sinica, **9**(4): 412-419.

Meng Z, Masashi N, Chen Lianshou, 1996. A numerical study on the formation and development of island-induced cyclone and its impact on typhoon structure change and motion[J]. Acta Meteo Sinica, **10**(4): 430-443.

Reasor P D, Montgomery M T, 2000. Low-wavenumber structure and evolution of the hurricane inner core observed by airborne[J]. Mon Wea Rev, **128**:1653-1680.

2016年7月河南两次特大暴雨过程观测分析及思考

张　霞　王新敏　徐文明　吕林宜

（河南省气象台，郑州 450003）

摘　要

2016年7月9日和19日，河南省北部出现了两次罕见特大暴雨过程，给人民生活及各行各业造成重大影响和财产损失。本文利用常规和非常规观测资料及NCEP再分析资料，对这两次过程的降水特点、引发特大暴雨的中尺度对流系统的环境场条件及其发生、发展过程进行了全面的分析。观测分析发现：这两次特大暴雨过程共同具有降水强度大，日雨量大，强降水持续时间长，强对流特征明显等特征，且两次过程中均有测站日降水量突破历史极值；不同之处在于7月9日过程暴雨局地而7月19日过程暴雨范围广。两次特大暴雨过程影响系统不同，7月9日过程由暖切变线影响，系统弱，但降水效率高，而7月19日暴雨则由西南低涡和西北低涡相向移动过程中，诱发河套低涡，并与地面气旋共同作用，在华北暴雨东高西低的典型形势下，西南和东南急流提供充沛水汽，低涡切变线和边界层辐合线在高湿区触发对流。两次过程的中尺度对流系统的环境条件和中尺度对流特征具有许多共性：二者共同具有来源于热带和副热带的暖湿空气在暴雨区辐合，持续输送充沛的水汽，具有极高的整层可降水量、强低层水汽辐合等极端水汽条件。两次过程中太行山地形阻挡使得山前有中尺度辐合线和中尺度涡旋生成、发展、维持，地形的强迫抬升和中小尺度系统触发对流单体迅速生成，中层冷空气的侵入使对流单体发展加强并高度组织化，形成类似中尺度对流复合体结构，对流云团都具有低质心暖云降水特征，且伴有明显的后向传播和“列车效应”特征。对7月19日过程中的中尺度涡旋产生机制分析认为：高层位涡下传有利于天气尺度低涡的发展，低涡切变强迫高温、高湿区的对流发展，形成中尺度涡旋；对流释放潜热又促使天气尺度低涡发展。这一正反馈机制有利于对流系统长时间维持，形成极端降水。通过对这两次罕见暴雨事件观测资料的综合分析和思考，提出北方暖区暴雨的形成机制、极端水汽条件的形成原因及与气候态的异常对比，对流单体的“列车效应”和后向传播的机制等问题尚需进一步深入研究。

关键词：特大暴雨　暖区降水　中尺度辐合线　列车效应

引言

河南位于中国中东部的中纬度内陆地区。境内地形复杂多样，地势西高东低，是全国气象灾害严重的省份之一。每年的6—8月随着副热带高压的季节性北抬和南落，河南处于暴雨频发时段。近40年来，先后出现“75·8”“82·8”“96·8”等著名的特大暴雨天气过程，持续性的暴雨及其带来的次生灾害如山洪、泥石流、城市内涝等给许多行业和人民生命财产造成极为严重的损失。据统计，2000年夏季全省暴雨洪涝灾害造成的各种经济损失高达185亿元。著名的河南“75.8”特大暴雨造成的降水历史罕见；2013年5月24—26日的河南区域大暴雨过程降水强度大，持续时间长，造成河南省黄淮地区大范围受灾，严重威胁着人民生产、生活安全。

中国许多学者运用统计诊断方法对特大暴雨事件进行了广泛研究，得到了许多有意义的结论(丁一汇,2005,1994;杨克明等,2004;李泽椿等,2015;毕宝贵等,2006;周小兰等,2014)。北京"7·21"特大暴雨过程发生后,谌芸等(2012)通过多种观测资料对引发该极端暴雨过程的中尺度对流系统的环境场条件及其发生、发展过程进行了全面分析;孙军等(2012)从影响降水的因子(降水效率、水汽、上升运动、持续时间等方面)进一步探讨极端性降水的成因。另外,在暴雨雨团的发生和传播机理(陈明轩等,2013)、多尺度特征(孙建华等,2013)、中尺度对流系统的环境场特征(方翀等,2012)、高分辨率模式分析场及预报分析(姜晓曼等,2014)、水汽异常(廖晓农等,2013)、暴雨成因(孙明生等,2013)等方面也有不少研究。对于 2012 年 7 月 8—9 日北方大暴雨过程,徐珺等(2014)通过研究指出整层高湿环境有利于降低暖区暴雨对抬升条件的要求、提高降水效率,并且次天气及以下尺度的抬升条件可导致强降水;喻谦花等(2016)研究表明,地面中尺度辐合系统的发生、发展触发了中小尺度对流系统的发生、发展,导致了本次过程局部大暴雨的产生。

2016 年 7 月 9 和 19 日,河南省出现了两次特大暴雨过程,两次暴雨过程均具有暖区暴雨特征,给人民生命和财产安全造成了巨大损失。对这两次极端暴雨事件,虽然各级台站均有提前预报和服务,但由于数值模式对暖区暴雨的模拟能力有限,加上两次过程均为小概率的极端暴雨过程,预报业务人员对降水的极端性估计不足,暴雨强度预报与实况相比明显偏小。两次过程均出现在豫北,影响系统不同,但地形及中尺度辐合线和中尺度涡旋在两次过程中对雨强均有重要贡献,且两次过程无论从降水特征和中尺度对流系统的有组织化及"列车效应"等均有许多共性,是两次非常值得总结和深入分析的过程。本文利用常规和非常规观测资料及 NCEP 再分析资料,对这两次过程的降水特征、天气尺度影响系统、中尺度影响系统的环境场条件等进行分析,并对极端暴雨的可预报性进行思考,提炼科学问题,以加深对北方暖区暴雨,尤其是极端暴雨的理解,期望提高业务预报能力。

1 过程概况

2016 年 7 月 8 日 20 时至 9 日 20 时,河南省北部出现了大暴雨,局部特大暴雨天气过程,50 mm 以上有 175 个乡镇,100 mm 以上有 102 个乡镇,250 mm 以上有 13 个乡镇,其中有 4 个乡镇超过 400 mm,最大降水量为新乡平原乡(450 mm)。有两站降水破历史日降水极值,分别为辉县 439.9 mm(历史极值:232.6 mm,1970 年 8 月 1 日)、新乡 414 mm(极值 200.5 mm,1963 年 8 月 8 日),小时最大雨量出现在新乡关堤(132.7 mm),其次为新乡洪门镇(124 mm),共有 6 个乡镇小时雨量在 100 mm 以上。

新乡和辉县 9 日 03—10 时 7 h 雨强均超过 20 mm/h,其中 04—06 和 08—09 时共 4 h 雨强超过 50 mm/h,强降水持续时间长,降水效率高,国家级气象站辉县和新乡最大小时雨强分别达到 111.1 和 101.1 mm/h(图 1c),致使该两站日雨量破历史极值。

降水特征:雨量分布极不均匀、降水强度大、日雨量大、局地强降水持续时间长、强对流特征明显等特征。

7 月 18—20 日,河南省出现区域性大暴雨,局地特大暴雨(图 2a)。强降水区集中在 3 个区域,一是豫北,一是南阳到商丘一线,一是信阳。最大降水出现在林州东马鞍,达 732 mm,历史罕见。最大小时雨量出现在安阳马家村(137.8 mm)(图 2b)。此次特大暴雨过程日降水量有多个国家基本站接近或超过建站以来历史极值,其中安阳、信阳历史排序第 1,林州、汤

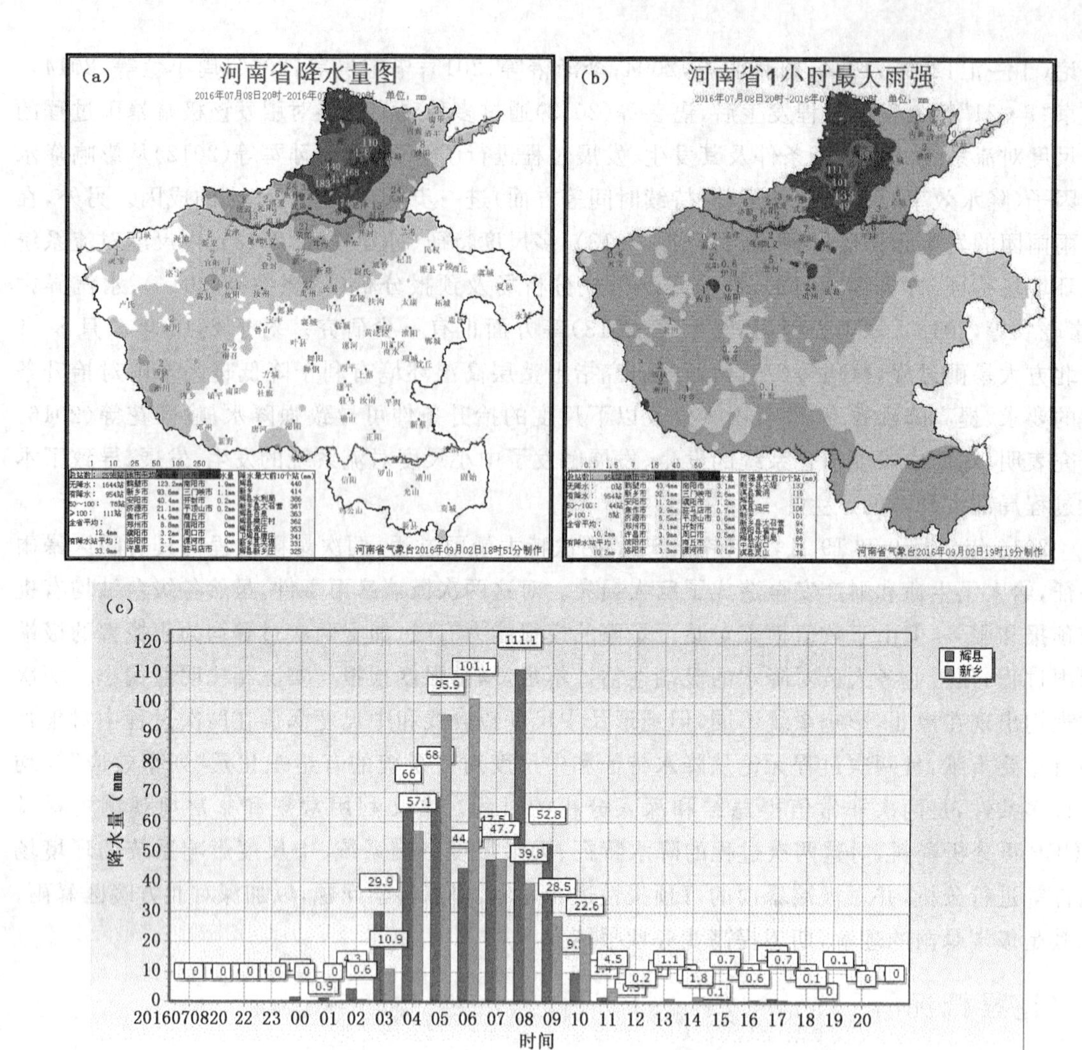

图 1　2016 年 7 月 8 日 20 时—9 日 20 时降水实况(单位:mm)

(a. 24 h 累积降水量,b. 最大小时雨强分布,c. 辉县和新乡逐时雨量)

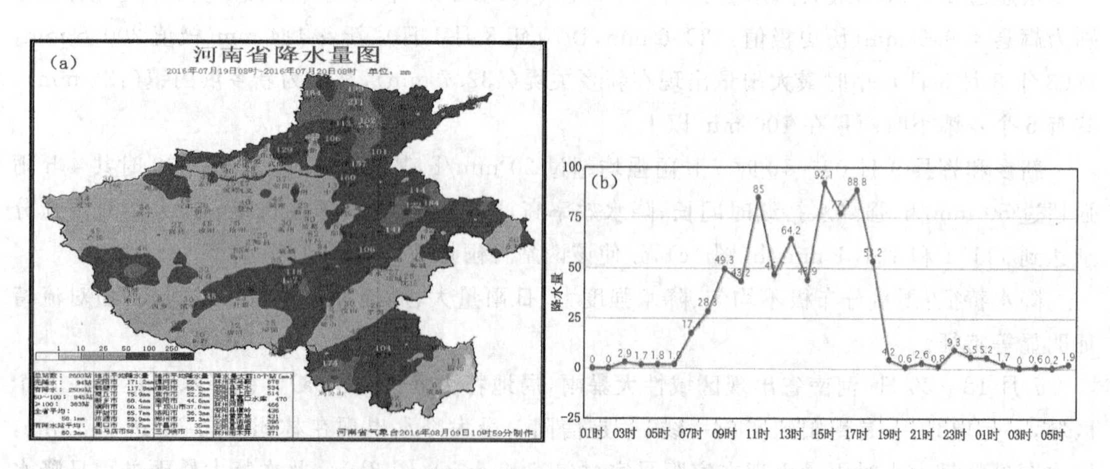

图 2　2016 年 7 月 19 日 08 时—20 日 08 时降水实况(单位:mm)

(a. 24 h 累积降水量,b. 东马鞍站 1 h 雨量序列)

阴、罗山历史排序第2。河南63%的站点达到暴雨，特大暴雨区主要在安阳和林州，该区域普遍小时雨量大于50 mm。东马鞍站的小时雨量序列(图2b)显示：降水分为19日07—14时的暖区降水和14—18时气旋降水等两个阶段，小时雨强>40 mm/h，共持续了11 h，在东马鞍造成了732 mm的特大暴雨。

降水特征：雨量大、范围广、降水时段集中、小时雨强大、致灾严重。

2　特大暴雨的环境场特点

2.1　两次过程的环流背景

2.2.1　“7·09”暴雨过程

2016年7月8日20时500 hPa上，中高纬度为“两槽一脊”环流形势，高压脊位于贝加尔湖到华北北部地区。东亚大陆受高压脊控制，河套地区有切断低涡生成并配合有低槽，槽后有弱冷平流促使低槽发展。副热带高压主体在海上，1601号台风“尼伯特”穿过台湾岛向福建沿海靠近。700 hPa上，在高压脊南侧有一反气旋存在，且稳定维持。低涡位于河套西侧，有暖切变经河套南部伸向河南西部。9日08时，500 hPa河套低涡东移至河北石家庄附近，低槽快速扫过河南大部分地区，豫北地区处在低涡南侧及低槽后部；700 hPa低涡稳定维持在河套附近，暖切变东段北抬至豫北地区(图3)。低涡、低槽东移及暖切变北抬为本次暴雨发生、发展提供了有利的大尺度上升条件。暴雨发生前后，200 hPa上河南北部一直处于高空气流的分流区，为本次降水系统的发生、发展提供了有利的高层气流辐散条件。

低层925 hPa至850 hPa，受台风外围风场影响，华东到华北南部为一致的东南气流，将海上水汽源源不断地输送至河南境内，为本次暴雨提供了充沛水汽和不稳定能量。9日08时，850 hPa豫北地区风场有气旋性切变，且925 hPa上华北南部到豫北地区有切变线存在，使得水汽输送在豫北地区产生辐合，并通过上升运动被抬升到更高层次。

河套低涡、低槽东移和低层暖切变北抬及高空分流区为本次暴雨的发生、发展提供了有利的大尺度环境背景场，底层东南气流为暴雨的发展和维持提供了充沛水汽和不稳定能量，底层切变线使水汽输送在暴雨区附近汇合，也为暴雨系统的发生、发展提供了抬升条件。

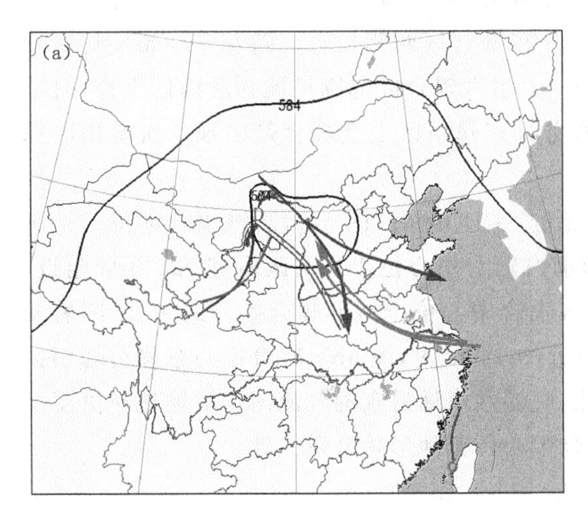

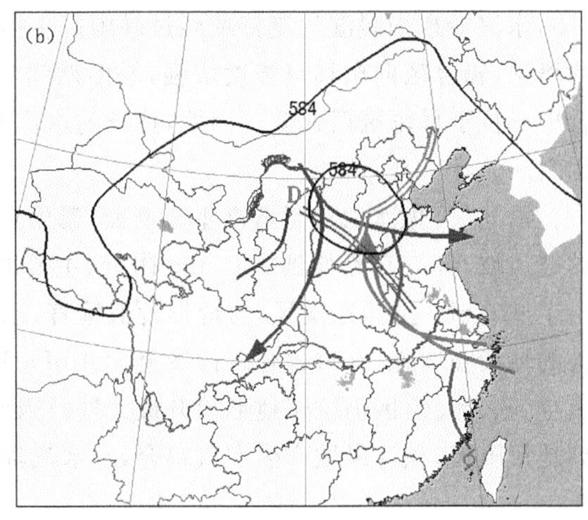

图3　2016年7月8日20时(a)和9日08时(b)高空中尺度天气分析综合图

2.2.2 “7·19”暴雨过程

“7·19”特大暴雨过程具有典型的华北暴雨形势,环流经向度大,东高西低。19日08时(图略),高空200 hPa南亚高压为东部型,中心在90°E以东,对应西太平洋副热带高压西伸,5880 gpm等值线西伸至110°E附近,高空槽位于河套东部和四川盆地。在高空槽前,高空分流区和高空急流入口处有强烈的抽吸作用。同时,副热带高压和西风槽对峙,其间的气压梯度增大,中、低空西南气流加强。低层,河套南部和四川盆地分别有一低涡,以后称为北涡和南涡。北涡和南涡均在西南气流引导下向东北移动。北涡首先影响河南的西部、北部地区,其东北象限有东南急流,一方面,向暴雨区输送水汽和不稳定能量,另一方面,沿西部、西北部的山地地形和东北风形成东风切变线。在河南西部、北部触发对流能量释放,形成暴雨。19日20时(图略),500 hPa切断出低涡,系统深厚且稳定,北涡移至河南北部,低层西南急流和东南急流同时向暴雨区输送水汽,同时二者形成切变线,此切变线从河南南部北抬至东北部,低空急流也不断向北扩展增强。暴雨区也沿着急流轴,呈南北带状分布,并逐渐东移影响河南大部分地区。南涡仍位于四川盆地。20日08时两涡合并,低涡的螺旋雨带影响河南的东部、南部。

在稳定的东高西低的环流形势下,特大暴雨是由中小尺度系统所造成的。中尺度分析结果表明,19日在偏东及偏南持续强低空急流共同作用下,河南及周边为显著水汽辐合区,大气整层可降水量增多。850 hPa露点温度达到19 ℃,不稳定度加大,河南西部、北部位于多层风切变区和地面风速辐合线附近,最先出现强降水。其后,随着低空急流向北伸展,水汽辐合更强,在豫北降水显著增强。

2.3 水汽特点

2.3.1 水汽条件

2.3.1.1 “7·09”过程

“7·09”暴雨发生前和整个过程中,有两条明显的水汽通道,一条为自孟加拉湾经西南地区一直伸向华北南部的西南水汽通道,一条为东部沿海经华东一直伸展到华北南部的东南水汽通道,两条水汽通道在山西南部到河南西北部一带交汇,为暴雨的产生和维持提供了充沛的水汽。

由850 hPa的水汽通量和水汽通量散度演变可见,降水前(图4a)及暴雨开始初期(图4b),水汽沿东南暖湿气流持续经过暴雨区上空,并在暴雨区西侧辐合。随着850 hPa切变线的增强,辐合区向东移且强度增强,暴雨期间(图4c)水汽辐合区范围扩展到暴雨区上空,且辐合中心位于暴雨区西北侧。因此,持续的水汽输送且在暴雨区上空辐合是出现本次暴雨的原因之一。

沿35°N做水汽通量散度垂直剖面,暴雨开始时(9日02时,图5a),水汽辐合区位于山脉的迎风坡,且一直延伸到800 hPa附近,主要的水汽辐合中心位于暴雨区西侧925 hPa附近,由于925 hPa上为东南风,与地形近似垂直,水汽辐合中心位于地形辐合抬升最大处;随着暴雨的持续和增强,水汽辐合区伸展至300 hPa附近(9日08时,图5b),辐合中心东移至暴雨区上空,辐合大值区仍位于地形抬升最大处。因此,底层水汽通过东南气流向内陆输送时由于受到地形阻挡,在迎风坡产生水汽辐合,且水汽辐合中心位于地形抬升最大处。

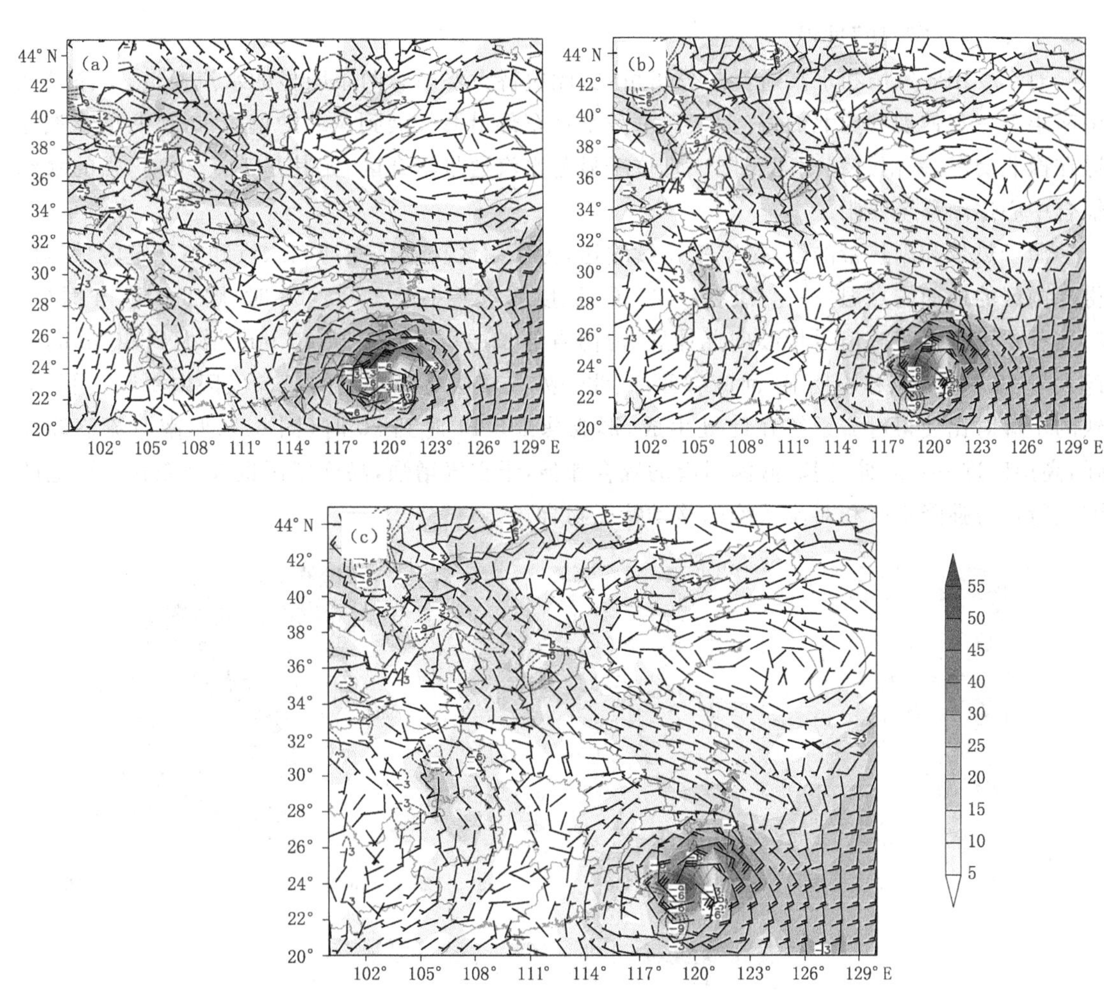

图 4　2016 年 7 月 8 日 20 时(a)、9 日 02 时(b)和 08 时(c)850 hPa 风场(虚线为水汽通量散度，单位：10^{-7} g/(cm^2・hPa・s)；色阶为水汽通量≥5，$\times 10^{-3}$ g/(cm・hPa・s))

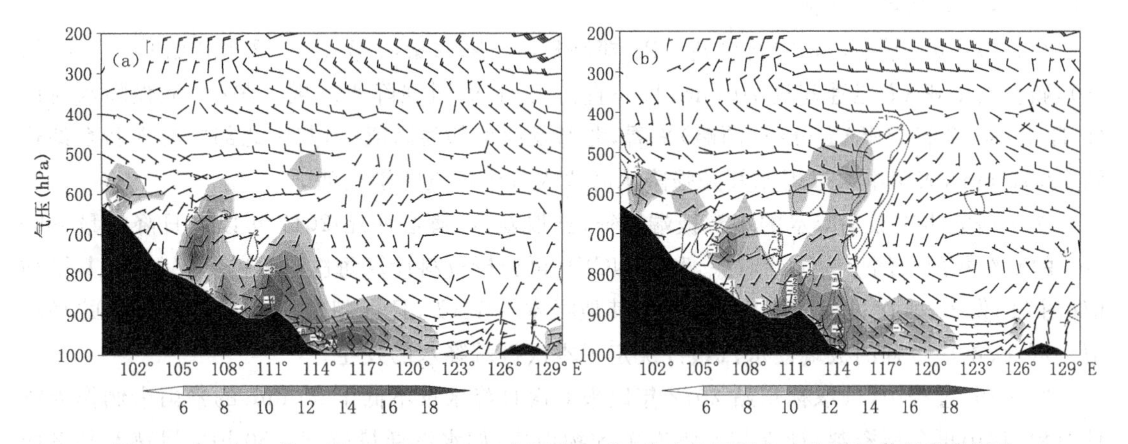

图 5　2016 年 7 月 9 日 02 时(a)和 08 时(b)沿 35°N 的水汽通量和水汽通量散度垂直剖面(虚线为水汽通量散度，单位：10^{-7} g/(cm^2・hPa・s)；填色为水汽通量≥5 $\times 10^{-3}$ g/(cm・hPa・s)，黑色为地形)

2.3.1.2 “7.19”过程

对 850 hPa 风场和水汽通量的分析可见，此次特大暴雨有两条明显的水汽通道，一条是从中南半岛一直伸展到豫北的偏南水汽，一条是从东部沿海伸展到豫北的偏东水汽，两条水汽通道在豫北交汇，暴雨过程期间安阳一直位于显著水汽通量辐合区，尤其是 14—20 时，强的水汽辐合中心逐渐移至安阳。

源于热带和副热带的暖、湿空气持续输送，为暴雨区提供了充沛的水汽和不稳定能量。使得暴雨区的地面露点温度一直维持在 24 ℃，温度露点差小于 2 ℃。08 时(图 6a)到 14 时(图 6b)，整层可降水量高值舌持续向北伸展，河南省的整层可降水量从 60 mm 增大到 66 mm，局部大于 72 mm。东移不明显，河南省西部、北部处在整层可降水量的高梯度区内湿区一侧，强烈的干湿对比使得对流系统在此处生成，形成暴雨。14 时到 20 时(图 6c)，西南急流逐渐加强，高湿区进一步北伸，同时低涡引起的辐合加强，干空气增强，高梯度区也快速东移。以上的演变特点与强降水区和对流系统的移动特征吻合。

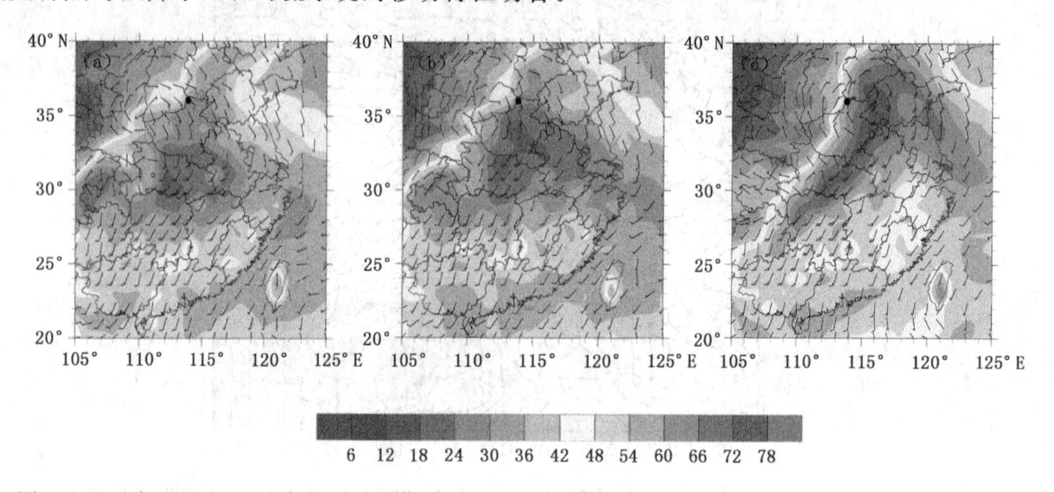

图 6　2016 年 7 月 19 日大气整层可降水量和 850 hPa 风场(黑点为东马鞍；a. 08 时，b. 14 时，c. 20 时)

2.3.2　水汽的极端性特征

分析“7・09”暴雨过程中新乡站 GPS 探测整层可降水量(*PWAT*)，降水开始时(02 时，图 7a)，新乡站 *PWAT* 迅速超过 70 mm，且一直持续到 08 时强降水减弱。另外，从强降水时段(9 日 05 时)全省 *PWAT* 分布(图略)来看，北部及西南部为高值区，其中北部中心在新乡站达到 72.75 mm，表明本次过程尤其是强降水时段大气中水汽特别充沛。

为了研究本次极端降水的水汽极端特征，选取新乡、辉县两站 2012 年以来日降水量≥50 mm 的 6 次暴雨个例作为统计对象，利用 NCEP 再分析资料计算每次过程的 *PWAT* 及其平均值(图 7b)发现，本次过程的 *PWAT* 超过其他样本 *PWAT*，且远超过了 6 次暴雨样本的平均值。因此，本次过程的极端性水汽条件决定了本次极端降水的发生。

“7・19”过程中，选取林州站 2012 年以来 6 次日降水量不低于 50 mm 的暴雨个例作为统计对象，利用再分析资料，计算与水汽有关的物理量，如水汽通量散度、850 hPa 风速及其平均值图(图 8)，可见水汽通量散度和 850 hPa 风速都远超过 6 次暴雨样本的平均值，而且均为极值，表明了水汽输送和辐合均很强，是这次降水过程的极端性水汽特点。

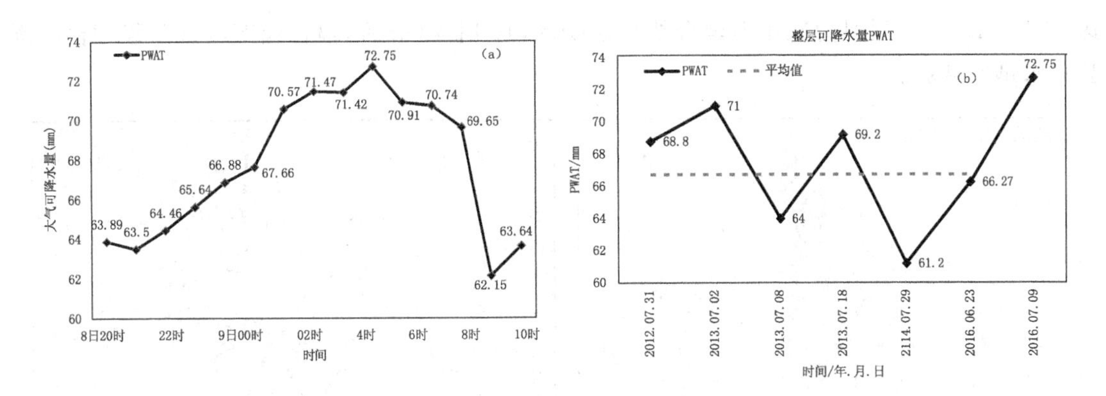

图 7 新乡站 8 日 20 时—9 日 10 时 GPS 探测整层可降水量时间演变(a,单位:mm)和 2012 年以来 6 次新乡站日降水量≥50 mm 过程 PWAT 及其平均值(b,单位:mm)(虚线为平均线)

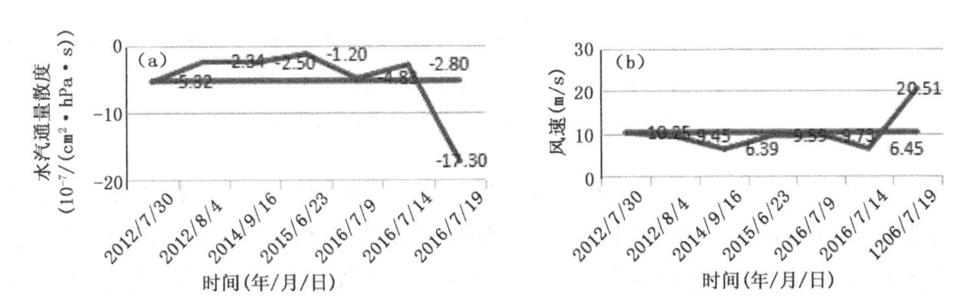

图 8 林州站 2012 年以来 7 次日降水量≥50 mm 的过程中,850 hPa 水汽通量散度(a)和风速(b)及其平均值

3 中尺度对流系统分析

3.1 地面中尺度辐合线和中尺度低涡

两次过程中,太行山东侧迎风坡有中尺度辐合线或中尺度低涡生成,过程前期,存在利于中尺度对流系统发生、发展的环境条件。“7·09”过程中,9 日 02 时,在东南气流持续作用下,冀南到豫南为高湿区,且 T_d≥25 ℃的湿舌伸向新乡地区,新乡上空大气整层可降水量超过 70 mm;925 hPa 上冀南到豫北地区有切变线存在,有利于边界层东南暖湿气流在此处汇合。在新乡地区南部,低层切变线与地面辐合线近乎重叠,在此处有对流单体的生成和发展(图略)。从自动气象站观测地面风场来看,8 日 20—23 时地面辐合线位于安阳地区东部。另外,在焦作地区存在一条偏东风和东南风的地形辐合线。23 时起,焦作附近地形辐合线向东北延伸,辉县附近风场辐合增强并出现降水。9 日 02 时 30 分地形辐合线与安阳东部地面辐合线相连,中段北抬至新乡、辉县一带。随着风向转变及风力增大,04 时 30 分—06 时 10 分在新乡附近有气流辐合中心存在(图 9a)。辐合中心西南侧有明显的温度和露点温度梯度大值区及高温区,不断有对流单体在此区域内生成,并沿地面辐合线并入到回波带中,从而形成“列车效应”造成此期间新乡、辉县两站强降水。06 时 10 分后,辐合中心演变为辐合线,但仍维持在新乡、辉县上空。07—08 时辉县本站风力增大至 8～12 m/s,辐合增强,在此期间辉县小时雨量

达 111.1 mm。之后风力减小但辐合线稳定少动，10 时 40 分后，辐合线南压且西移，新乡、辉县降水迅速减弱。

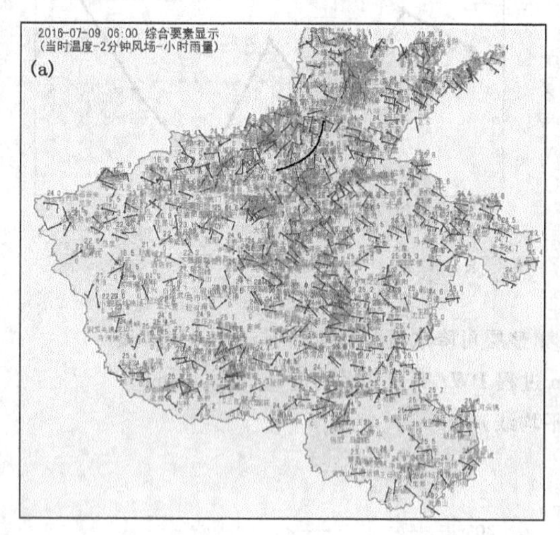

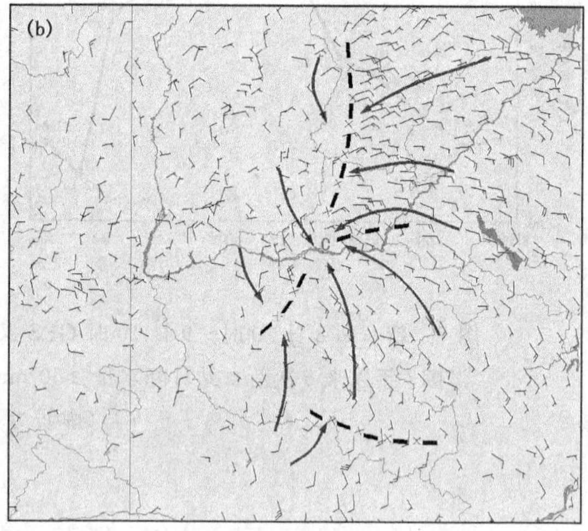

图 9　两次过程地面中尺度低涡和中尺度辐合线

（a. 7 月 9 日 06 时，b. 7 月 19 日 15 时 30 分）

“7・19”过程中，19 日 02 时，地形辐合线形成，05 时开始西退，07 时辐合线西移至暴雨区上空并在此处维持，09 时，辐合线东侧，偏东风增强，12 时 30 分辐合线西侧偏北风增强，14 时 10 分地面气旋向东北移，并与地面辐合线结合，18 时 30 分地面辐合线逐渐消失，暴雨区受地面气旋环流影响。这次过程中，地面辐合线生成后维持了近 16 h，其间，辐合线附近不断有对流单体生成、合并，并造成“列车效应”。

3.2　雷达回波特征

分析“7.09”暴雨过程中郑州雷达的回波演变，8 日 21—22 时（图 10a），层状云降水回波主要位于河北南部到安阳一带，焦作一带有地形辐合线触发的局地对流单体 A 发展。23 时后（图 10b），由于地形辐合线向东北延伸与安阳地面辐合线相连，辉县出现风向辐合，触发局地对流单体 C 发展并与焦作局地对流单体 A 及安阳东部对流单体 B 合并。合并后的回波带持续发展，在其南侧有对流单体 D 局地生成并东北移，逐渐并入回波带中，形成 β 中尺度对流系统（图 10c），辉县、新乡上空回波中心强度＞45 dBZ。03 时（图 10d）新乡、辉县上空强度＞45 dBZ 的强回波区范围扩大，且中心强度≥50 dBZ，新乡、辉县开始出现暴雨（小时雨量＞50 mm）。此后强回波区（中心强度 45～55 dBZ）持续经过新乡市区和辉县上空，形成“列车效应”，并一直持续到 06 时（图 10e）以后。这和地面气流辐合中心在新乡附近维持时间较一致。08 时（图 10f）以后，强降水回波区缓慢移出暴雨区上空，新乡、辉县降水趋于减弱。

过强回波中心做剖面（图略）可以看到，在降水开始时，回波顶高在 9 km 以下，强降水开始时，最大回波强度为 50 dBZ，45 dBZ 以上的强回波位于 6 km 以下，探空显示暴雨发生前及暴雨过程中，−20 ℃层高度接近 9 km，回波质心低，具有热带暖区降水回波性质。随后强回波维持，在暴雨区上空嵌有 γ 中尺度对流系统发展，最大回波强度达 55 dBZ，大于 45 dBZ 的强回波高度仍在 6 km 以下，且大于 55 dBZ 的强回波中心维持近 2 h，造成了新乡、辉县 04—06 时的强降水。

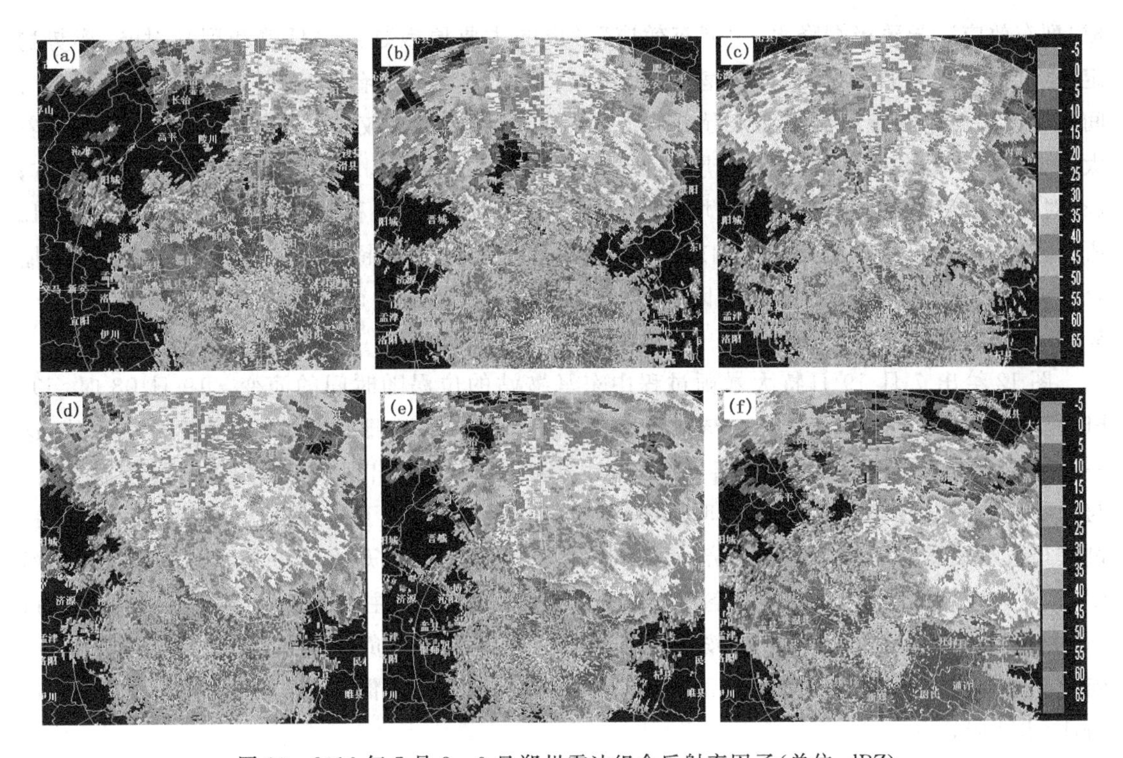

图 10　2016 年 7 月 8—9 日郑州雷达组合反射率因子(单位:dBZ)

(a. 8 日 21 时 44 分, b. 8 日 23 时 55 分, c. 9 日 02 时 02 分, d. 9 日 03 时, e. 9 日 04 时 27 分, f. 9 日 08 时 42 分)

"7·19"暴雨过程中的雷达回波垂直剖面(图 11)同样显示,该过程具有典型的热带降水型回波特征。−20 ℃等温线高度高达 8.5 km,而 40 dBZ 反射率因子只扩展到大约 6 km 高度,在 0 ℃层以下。因此,降水以暖云为主,回波质心在 3 km 左右,此种典型的热带海洋型降水具有较高的降水效率。15 时回波剖面显示强回波均位于 4 km 以下,质心达到 1.5 km,降水效率进一步增大。

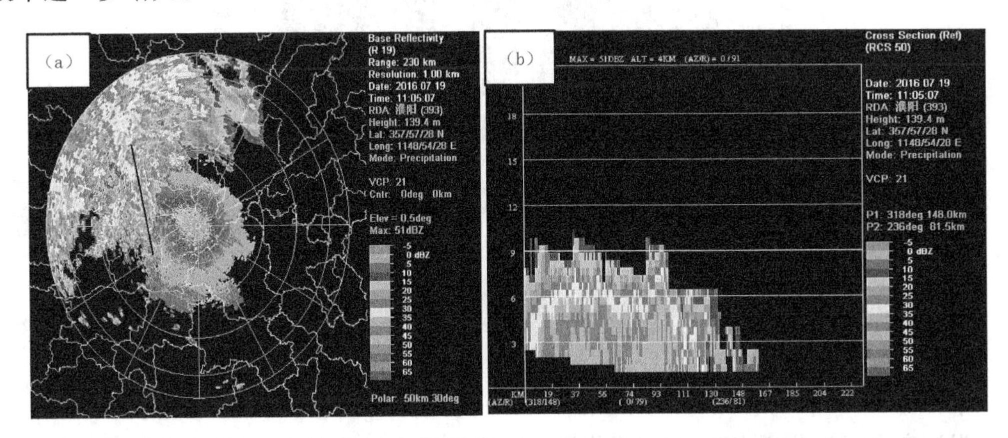

图 11　2016 年 7 月 19 日 11 时 06 分濮阳雷达基本反射率因子(a)和回波剖面(b)(过图 5a 中黑线)

19 日 08 时到 17 时间隔 3 h 的雷达拼图上可见(图略),40～50 dBZ 的强回波沿太行山呈带状排列,其上不断有小尺度的对流系统生消。西边有大片对流回波东移,与沿山的回波合并加强;南部也有螺旋带状回波不断北上,与之合并加强。整个沿山的对流系统是准静止的,形成“列车效应”，导致极端降水。“列车效应”形成的主要原因是：(1)低槽和副高对峙，形势稳定，且低槽东移时加深为低涡，移速进一步减慢，从而使暖区内降水东移缓慢，降水维持较长时间；(2)低层偏东暖湿急流遇到太行山东坡导致地形抬升，形成较强上升气流触发对流，且沿着太行山地形不断触发新的对流，低层风顺着地形偏转为东北风。因此，传播的方向为西南方；(3)对流生成后沿着风暴承载层平均风(偏东风)向西西北移动，移动过程中有所加强，如图 12 所示，850～300 hPa 的平均风为偏东风；(4)传播和平流的夹角超过 90°，形成明显的后向传播合成的移动方向恰好是沿山向北，因此，对流雨带沿着太行山分布，在此处形成特大暴雨。

3.3 位涡演变特征

图 12 给出 7 月 19 日特大暴雨过程中东马鞍站的位涡随时间的演变。19 日 08 时，500 hPa 开始出现正位涡区，与 500 hPa 的低槽相对应；08 时到 20 日 02 时，正位涡区逐渐下传，这一时段与暴雨的发展相对应；20 日 02—08 时，700—850 hPa 出现大于＋2PVU 的位涡中心，与低层低涡的发展移动相对应，表明位涡从高层向对流层低层下传，促使低层低值系统发展。过东马鞍站做涡度场的纬度-高度剖面，08 时(图 13a)强降水刚开始，850 hPa 附近有弱的正涡度区，这应该是北涡切变涡度，上空 700 hPa 也有负涡度中心，主要的正涡度柱在 113°E 以西；14 时(图 13b)正涡度柱移至东马鞍上空，400 hPa 以上为强的负涡度区，说明高层强烈辐散，同时降水再次发展；20 时(图 13c)正涡度柱伸展到 350 hPa，为准正压结构，但上空的辐散区减弱，降水减弱。

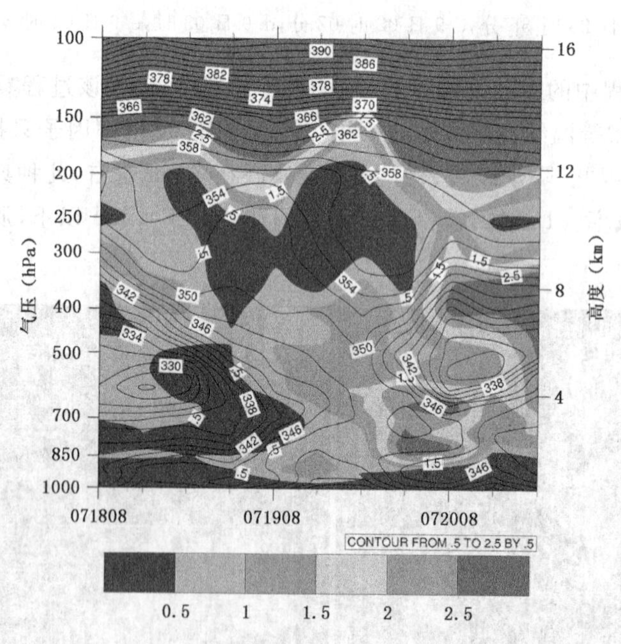

图 12　过东马鞍站的位涡(色阶，单位：PVU)和位温(单位：K)的时间-高度剖面

位涡演变和天气分析表明，高层干位涡向对流层低层扰动下传，促使低层低涡的发展。形成伸展到对流层中上层的正涡度柱和高空强反气旋，系统内有强的上升运动，对应多个次级环流圈，但锋区附近系统最强。同时对流层中下层有中尺度能量锋区。系统具有湿心结构，有深厚的饱和层。干空气在暖湿层之上越过，形成明显的位势不稳定。在天气尺度强迫在近地面

为边界层辐合线。19日西南和东南急流加强，次级环流发展，中低层切变线和边界层辐合线抬升，中尺度锋区强迫抬升，使得对流强烈发展，形成了多个中尺度涡旋。而对流释放凝结潜热又对中低层低涡的发展起到了正反馈作用。使得此次强降水维持如此之长的时间，形成了极端特大暴雨。

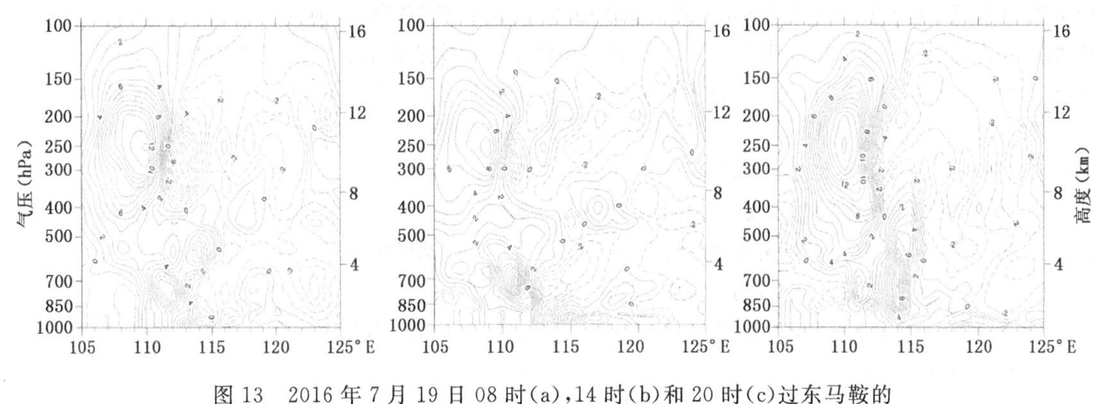

图13　2016年7月19日08时(a),14时(b)和20时(c)过东马鞍的涡度高度——经度剖面(单位:$10^{-5}s^{-1}$)

4　结论和思考

利用常规和非常规观测资料及NCEP再分析资料，对2016年7月发生在河南北部海河流域的两次罕见特大暴雨过程进行了观测事实分析，得到两次过程在降水特征及中尺度对流系统环境条件等方面的异同点如下：

(1)"7・09"和"7・19"两次特大暴雨过程降水特征具有降水强度大、日雨量大、强降水持续时间长、强对流特征明显等特征，两次过程均有测站日降水量突破历史极值；但由于两次过程影响系统不同，致使其降水范围差异较大，"7・09"过程无急流，影响系统弱，降水范围小，而"7・19"过程暴雨则由西南低涡和西北低涡相向移动过程中，诱发河套低涡，并与地面气旋共同作用所致，暴雨范围广、强度更强。

(2)两次过程的中尺度对流系统的环境条件和中尺度对流特征具有许多共性：二者共同具有来源于热带和副热带的暖、湿空气在暴雨区辐合，持续输送充沛的水汽，具有极高的整层可降水量、强低层水汽辐合等极端水汽条件。

(3)两次过程中太行山地形阻挡使得山前有中尺度辐合线和中尺度涡旋生成、发展、维持，地形的强迫抬升和中小尺度系统触发对流单体迅速生成，中层冷空气的侵入使对流单体发展加强并高度组织化，对流云团都具有低质心暖云降水特征，且伴有明显的后向传播和"列车效应"特征。

(4)对"7・19"过程中的中尺度涡旋产生机制分析认为：高层位涡下传有利于天气尺度低涡的发展，低涡切变强迫高温、高湿区的对流发展，形成中尺度涡旋；对流释放潜热又促使天气尺度低涡发展。这一正反馈机制有利于对流系统长时间维持，形成极端降水。

数值模式和集合预报产品对这两次特大暴雨过程中的暖区暴雨落区和强度预报能力有限，难以满足预报业务和服务需求，而预报员对于暴雨的极端性预报缺乏技术支撑，对于极端暴雨的产生机理还不太了解。鉴于此，对北方暖区暴雨的形成机制、极端水汽条件的形成原因及与气候态的异常性对比、对流单体的列车效应和后向传播的机制等问题的进一步深入研究迫在眉睫。

参考文献

毕宝贵，鲍媛媛，李泽椿，2006. “02·6”陕南大暴雨的结构及成因分析[J]. 高原气象，**25**(1)：34-44.

陈明轩，王迎春，肖现，等，2013. 北京“7·21”暴雨雨团的发生和传播机理[J]. 气象学报，**71**(4)：569-592.

谌芸，孙军，徐珺，等，2012. 北京721特大暴雨极端性分析及思考：(一)观测分析及思考[J]. 气象，**38**(10)：1255-1266.

丁一汇，1994. 暴雨和中尺度气象学问题[J]. 气象学报(3)：274-284.

丁一汇，2005. 高等天气学[M]. 北京：气象出版社：309-315.

丁一汇，2015. 论河南“75·8”特大暴雨的研究：回顾与评述[J]. 气象学报，**73**(3)：411-424.

丁一汇，张建云，2009. 暴雨[M]. 北京：气象出版社：139-142.

方翀，毛冬艳，张小雯，等，2012. 2012年7月21日北京地区特大暴雨中尺度对流条件和特征初步分析[J]. 气象，**38**(10)：1278-1287.

姜晓曼，袁慧玲，薛明，等，2014. 北京“7·21”特大暴雨高分辨率模式分析场及预报分析[J]. 气象学报，**72**(2)：207-219.

李泽春，谌芸，张芳华，等，2015. 由河南“75·8”特大暴雨引发的思考[J]. 气象与环境科学，**38**(3)：1-12.

廖晓农，倪允琪，何娜，等，2013. 导致“7·21”特大暴雨过程中水汽异常充沛的天气尺度动力过程分析研究[J]. 气象学报，**71**(6)：997-1011.

孙建华，赵思雄，傅慎明，等，2013. 2012年7月21日北京特大暴雨的多尺度特征[J]. 大气科学，**37**(3)：750-718.

孙军，谌芸，杨舒楠，等，2012. 北京721特大暴雨极端性分析及思考：(二)极端性降水成因初探及思考[J]. 气象，**38**(10)：1267-1277.

孙明生，李国旺，尹青，等，2013. “7·21”北京特大暴雨成因分析(Ⅰ)：天气特征、层结与水汽条件[J]. 暴雨灾害，**32**(3)：210-217.

孙明生，杨力强，尹青，等，2013. “7·21”北京特大暴雨成因分析(Ⅱ)：垂直运动、风垂直切变与地形影响[J]. 暴雨灾害，**32**(3)：218-223.

徐珺，杨舒楠，孙军，等，2014. 北方一次暖区大暴雨强降水成因探讨[J]. 气象，**40**(12)：1455-1463.

杨克明，张守峰，张建忠，等，2004. “0185”上海特大暴雨成因分析[J]. 气象，**30**(3)：25-30.

喻谦花，郑士林，吴蓁，等，2016. 局部大暴雨形成的机理与中尺度分析[J]. 气象，**42**(6)：686-695.

周小兰，王登炎，2014. 区域性特大暴雨形成机理探讨[C]. 北京：中国气象学会年会S2灾害天气监测、分析与预报：1-9.

湖北三种地形下空气质量特征及气象因子影响分析

王晓玲[1]　岳岩裕[1]　陈赛男[1]　陈　楠[2]

(1. 武汉中心气象台,武汉 430074;2. 湖北省环境监测中心站,武汉 430072)

摘　要

基于2015年湖北省环境监测数据和气象要素资料,分析了3种地形下空气质量特征及其与气象条件的关系。结果表明,湖北省空气质量总体呈现两边低中间高、山区低平原高的特点,污染中心位于襄阳地区;时间分布显示1月、2月和12月处于*AQI*的高值,7月*AQI*值最低,日变化各个城市不同,襄阳的日最高值出现在中午,武汉和宜昌最高值出现在23—24时;排除季节因素,对空气质量影响较明显的气象因子包括相对湿度、变温、变压、风、降水等,受不同地形影响,3个城市中,武汉的污染湿增长比较明显,宜昌和襄阳的污染增长受外来输入或者污染物堆积等其他因素影响比较大;武汉、襄阳、宜昌的主要污染风向分别为偏西风、偏北风和偏东风,且污染天气下襄阳地区大风速出现的频数明显高于其他两个城市;随着污染程度的增大,降水的清除作用减弱,当降水量在微量降水级别(1 mm以下)时,3个城市*AQI*均出现不同程度的增长,在轻度以上污染情况下,清洁空气的降水量阈值达到9 mm。

关键词:AQI　气象条件　湖北　地形

引言

清洁的空气是人类赖以生存的重要环境要素之一,随着中国工业化进程不断的推进,环境问题也日益凸显,特别是空气污染问题的日益严重,近年来引起人们的广泛关注(黄晓璐,2010),空气污染与气象条件关系密切,气象要素制约着空气污染物的稀释扩散、传输和转化过程(吴兑等,2001),众多研究(Zhang et al,2009;张志刚等,2009;康娜等,2009)指出,大气污染不仅受到排放源的影响,同时还与气象条件、气候要素有关。因此,研究气象条件对污染物的影响,利用气象条件来指导人们的生产、生活和工作,对改善城市空气质量有重要意义。许多学者已对中国不同城市空气污染与气象条件关系进行研究,冯建军等(2009)定量分析了PM_{10}与降水量、相对湿度、平均温度和气压的关系。邓利群等(2012)研究表明,降水及风速对颗粒物浓度影响较大,主要是湿清除和促进扩散作用。许建明(2006))研究指出,气象条件尤其水平风速是决定污染源同化计算效果的主要因子。张建忠等(2014)分析了北京地区2013年空气质量指数(*AQI*)的时、空分布特征。研究结果表明,北京地区*AQI*呈现出自东南向西北递减的分布趋势。

1　资料来源与方法

1.1　资料来源

本文使用的资料包括:(1) 2015年1月1日—12月26日湖北省13个国家环境空气质量

监测点 AQI 逐时浓度数据，该数据由湖北省环境监测中心站提供；(2)2015 年 1 月 1 日—12 月 31 日湖北主要城市站自动气象站逐时气象要素观测数据和地面填图资料，该资料由湖北省气象信息与技术保障中心提供，其中，气象要素包括相对湿度(RH)、能见度(Vis)、2 min 风向风速、海平面气压(p_0)、3 h 变压(p_{03})、24 h 变压(p_{24})、气温(T)、24 h 变温(T_{24})等。

1.2 研究方法

目前，国内通常采用空气质量指数(AQI)评价某一地区或城市的空气质量。AQI 综合考虑了大气中 6 种(O_3、SO_2、NO_2、PM_{10}、$PM_{2.5}$、CO)主要污染物，可以反映出一定地域范围内的污染物浓度高低。利用 6 种污染物浓度数据计算不同污染物的空气质量分指数(I_{AQI})，其中最大值为空气质量指数 AQI。分指数计算方法如下(环境保护部，2012)。

$$I_{AQI_P} = \frac{I_{AQI_H} - I_{AQI_{L_0}}}{BP_H - BP_{L_0}}(C_P - BP_{L_0}) + I_{AQI_{L_0}}$$

式中，C_P 为污染物 P 的浓度值；BP_H 是与 C_P 相近的污染物浓度限值的高位值；BP_{L0} 是与 C_P 相近的污染物浓度限值的低位值；I_{AQI_H} 是与 BP_H 对应的空气质量分指数，$I_{AQI_{L0}}$ 是与 BP_{L0} 对应的空气质量分指数。高位值、低位值、空气质量分指数等数据均摘自中国环保部网站(http://kjs.mep.gov.cn/hjbhbz/bzwb/dqhjbh/)。

2 分析与结果

2.1 空气质量分布特征

2.1.1 湖北省空气质量空间分布

图 1a 为 2015 年湖北 13 个地、市空气质量分布，图中显示，湖北省空气质量总体呈现两边低中间高、山区低平原高的特点，其中恩施、十堰地区空气质量较好，平均 AQI 在 85 以下，襄阳、宜昌及其以东地区空气质量相对较差，尤其是襄阳、宜昌、武汉合围的三角地带，平均空气质量都在 100 以上，污染中心位于襄阳地区，其年平均 AQI 达 110，该区域也是北方冷空气的主要输送通道。文中选取污染较严重的襄阳、宜昌和武汉 3 地作为代表站，研究空气质量特征及气象因子对其的影响。同时，从图 1b 可以看出，以上 3 个地区分别位于江汉河谷、平原山区过度以及平原地带，结合其地理位置，可进一步探讨不同地形条件下的空气质量分布特征。

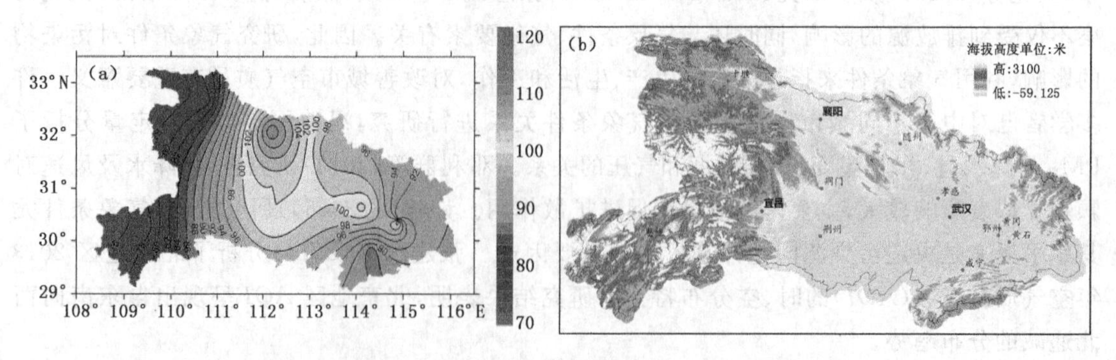

图 1 2015 年湖北主要城市平均 AQI(a)以及站点(b)分布

2.1.2 代表城市空气质量时间分布

图 2a 为 2015 年 3 个主要城市 AQI 逐月变化分布，从中可以看出 3 个站的 AQI 月分布比

较一致，均呈“U”形分布，其中1月、2月和12月处于 *AQI* 的高值，7月 *AQI* 值最低，5月相较4月 *AQI* 值有所回升，可能与秸秆焚烧有关。3个城市相比，襄阳的年平均 *AQI* 值最高，为108，其次是武汉100，最后是宜昌98。根据空气质量等级划分，0～50为优、51～100为良、101～150为轻度污染、151～200为中度污染、201～300为重度污染、大于300为严重污染。从空气污染等级逐月分布来看(图2b)，3个城市的空气质量优和良均在夏季占比最高，其他4个污染等级季节分布则与 *AQI* 相近，重度污染主要出现在冬季，其中严重污染在1月多发。从空气污染等级划分的具体占比情况来看(表1)，3个城市均以良占比最高，达到50%左右，其次是轻度污染，占比为17%～24%；对比3个城市的空气质量状况，可以发现武汉比较中庸，中等强度污染状况最多，而宜昌优良空气状况最多，另外，襄阳和宜昌的重度以上污染分别占比10.88%和8.35%，要明显高于武汉市的5.65%，可见这两个城市的重度污染事件多，这可能与其地形特征有关，襄阳处于鄂西北地形缺口处，北方冷空气输送的污染物会经由此通道进入湖北省中西部，而宜昌西部的山区在偏东风的输送下，易累积污染物，因此两个城市污染物浓度易出现峰值。

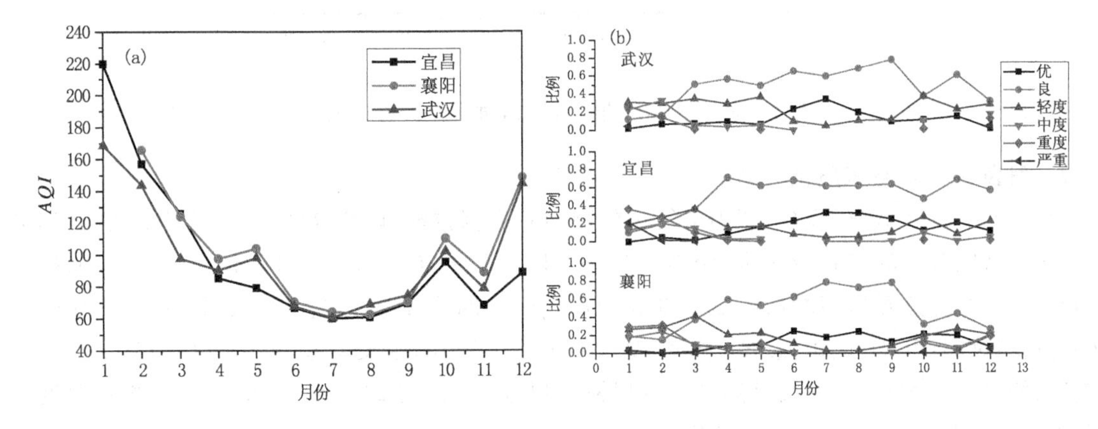

图2　2015年3个代表城市的 *AQI*(a)和不同污染等级占比(b)的逐月变化

表1　武汉、襄阳、宜昌3个城市不同污染等级占比(%)

	优	良	良以下	轻度	中度	轻到中度	重度	严重	重度以上
武汉	12.45	49.47	61.92	24.23	8.21	32.44	4.79	0.86	5.65
襄阳	13.00	49.83	62.83	18.45	7.84	26.29	9.99	0.89	10.88
宜昌	15.80	52.99	68.79	17.00	5.84	22.84	6.42	1.93	8.35

图3给出了2015年3个代表城市的 *AQI* 日变化，武汉和襄阳的变化趋势相近，呈现出双峰结构，峰值出现的时间分别是11和23时前后。整体变化趋势分为以下4个阶段：00时开始 *AQI* 值缓慢下降，06时达到相对低点；07时以后 *AQI* 值逐渐上升，其中襄阳的上升趋势更为明显，且达到一天的峰值，主要考虑人为生产、生活的增加，各类工业源、生活源、移动源排放增多，会促使大气中悬浮气溶胶粒子增加，从而加剧污染，尤其是襄阳为工业城市，其排放作用可能更明显；午后开始逐渐下降，随着太阳辐射的加强，温度升高，大气的不稳定度有所增加，湍流交换明显，污染物浓度下降，在17时前后达到日最低点；19时以后进入夜间模式，*AQI* 值再次快速上升，主要是夜间没有太阳辐射，近地面向外的长波辐射加强，辐射冷却会促使中低

层形成逆温，加强了大气的稳定状态，因此，污染物不易扩散。宜昌和其他两个城市的变化规律不同，主要表现为在后半夜至清晨 *AQI* 值没有高位保持，而是出现了明显下降，这一现象比较特别，具体原因需要进一步探究。但总体看来，襄阳的日最高值出现在中午，武汉和宜昌最高值出现在 23—24 时。

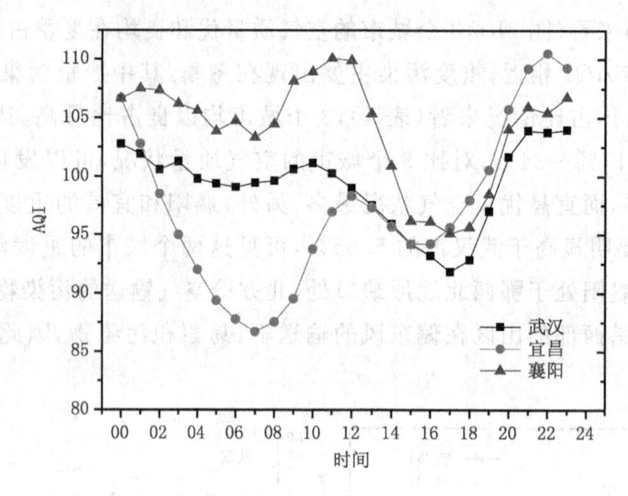

图 3　湖北省 2015 年 3 个代表城市的 *AQI* 日变化

2.2　气象因子对空气质量的影响

基于 2015 年武汉、宜昌、襄阳空气污染物逐时观测数据，计算得到 *AQI* 逐时值，将其划分为 25 个区间(0～50、51～250 每 10 为一区间、251～300、301～350、351～400、401～500)探讨 *AQI* 与不同气象要素，如气压(p_0)、3 h 变压(p_{03})、24 h 时变压(p_{24})、气温(T)、24 h 变温(T_{24})、相对湿度(RH)、雨强(R)、风速(V)、能见度(Vis)的相关关系，可以看出 *AQI* 与气压、气温、能见度相关最强，尤其是能见度负相关均超过 0.7。与 24 h 变压、变温以及相对湿度也存在较的相关，但不同站点有所差别。

表 2　3 个代表城市 *AQI* 与气象要素的相关系数

	p_0	p_{03}	p_{24}	T	T_{24}	RH	R	V	Vis
武汉	0.85	0.52	0.68	−0.86	−0.55	0.71	−0.32	0.17	−0.87
宜昌	0.77	−0.29	0.09	−0.84	0.65	−0.61	−0.55	0.06	−0.76
襄阳	0.74	0.11	0.65	−0.71	−0.43	−0.24	−0.53	0.24	−0.78

2.1　相对湿度

高湿度的环境下气溶胶粒子吸湿增长，相对湿度超过 80%时，$PM_{2.5}$ 粒子浓度出现明显增长。由图 4 中相对湿度随 *AQI* 的变化可以看出，武汉市的变化规律与 2013 年针对细粒子的研究规律(岳岩裕等，2016)基本一致，当 *AQI* 超过 250 时，相对湿度增长明显，而在 *AQI* 低值端也出现了相对湿度的高值，可能与降水天气有关。宜昌空气质量在优良状态时，其相对湿度随 *AQI* 增长下降明显，随后波动变化，襄阳与之类似，但当其 *AQI* 超过 200 时，相对湿度略有增大，超过 250 以后，相对湿度急剧下降，这可能与北方干冷空气南下带来的输入性污染有关。综上，3 个城市中，武汉的污染湿增长比较明显，宜昌和襄阳的污染增长可能受外来输入或者污染物堆积等其他因素影响比较大。

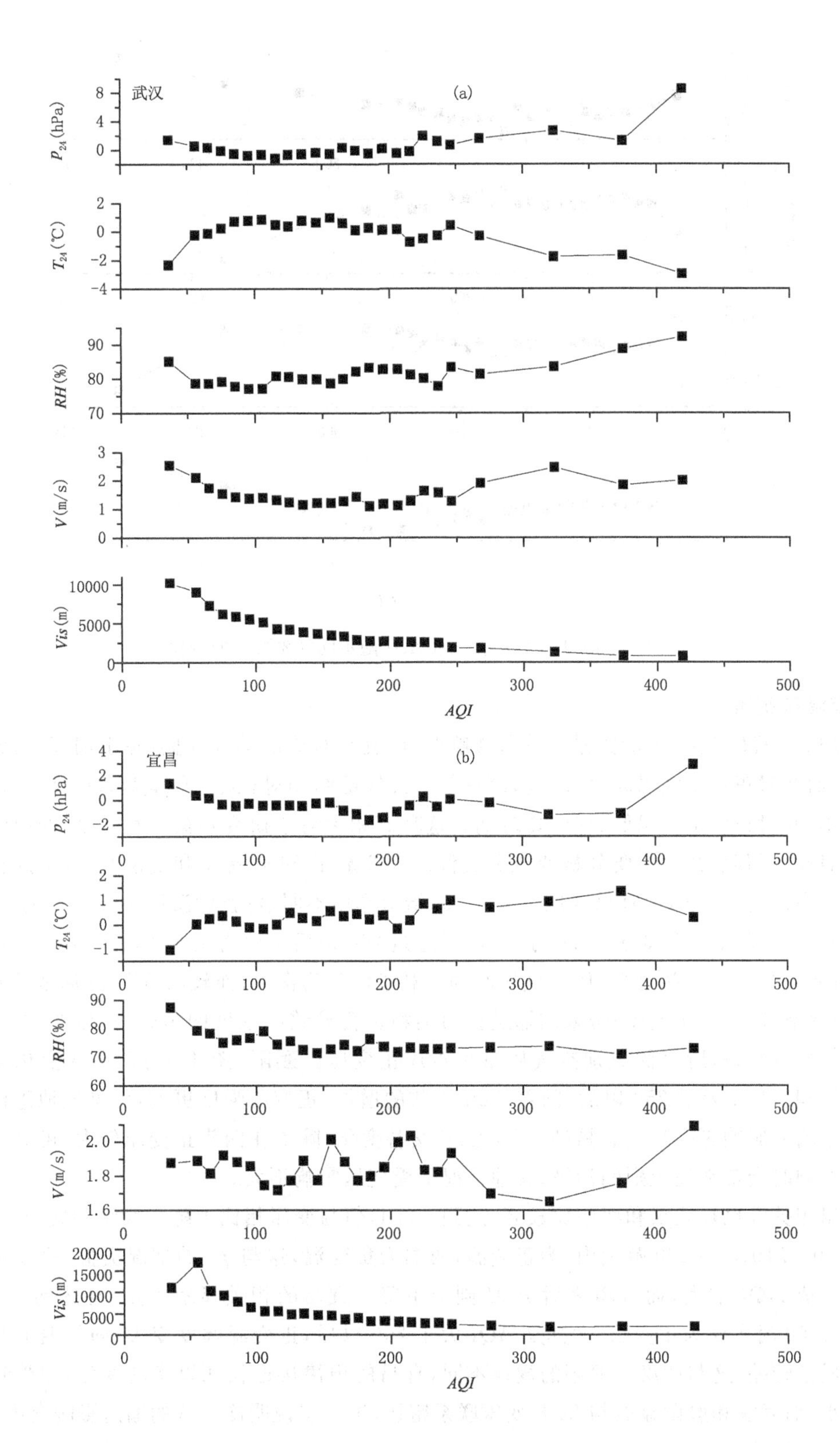
武汉
(a)
P_{24}(hPa)
T_{24}(℃)
RH(%)
V(m/s)
Vis(m)
AQI
宜昌
(b)
P_{24}(hPa)
T_{24}(℃)
RH(%)
V(m/s)
Vis(m)
AQI

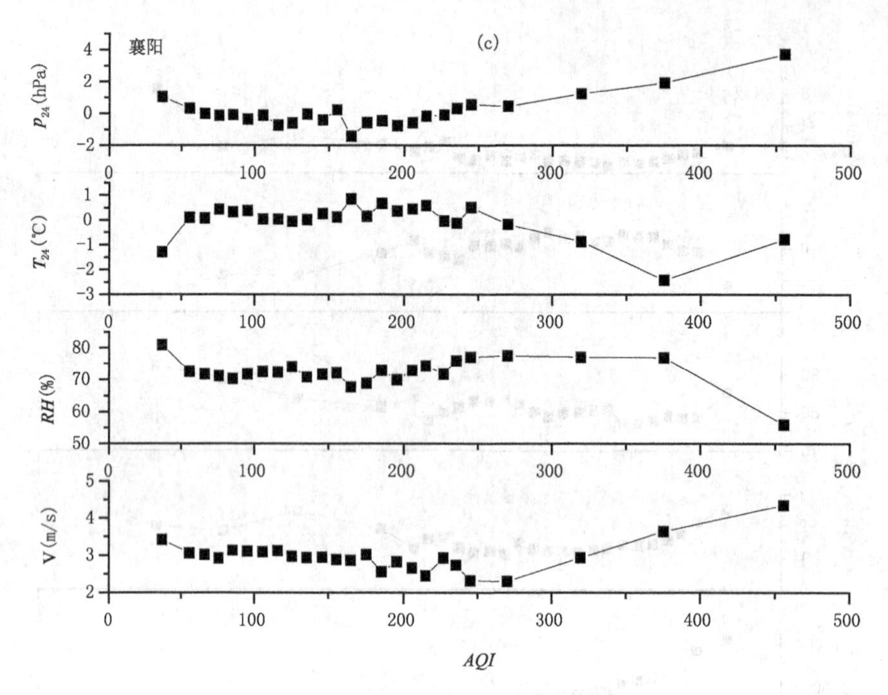

图 4　2015 年 3 个代表城市 AQI 随不同气象要素的变化

2.2　变温和变压

考虑到 AQI 与 p_0、T 的关系受季节影响明显，夏季对流活动较旺盛，降水偏多，污染物容易扩散，而此时正处于气温高、气压低时期；冬季大气层结相对稳定，连续无降水日多，污染物容易富集，此时正处于气温低、气压高时期。这种高相关对于研究污染过程 AQI 的影响因子不具代表性。因此，文中主要分析变压和变温。表 2 显示 24 h 变压和变温与 AQI 的相关系数武汉和襄阳超过 0.6，而宜昌变压只有 0.09，指示作用不明显；就武汉地区(图 4a)而言，AQI 处于 100～200 基本为负变压，AQI 小于 50 或超过 200 以后主要为正变压，尤其是严重污染等级，24 h 正变压一般都超过 2 hPa。气压减弱有利于污染物富集；而较高 AQI 除局地长时间累积外，由冷空气过境(正变压)带来的输送型污染物也会导致高浓度的污染物，另外，冷空气过境后空气质量转好，所以优级别空气质量也对应正变压。襄阳(图 4c)与武汉的变化规律类似，但是当其 AQI 超过 250 以后，随着 AQI 指数的增长，正变压强度更大，可见该地重污染天气受外来输入影响更明显。宜昌(图 4b)正、负交替变化，除了在两头正变压较大，可见其除受冷空气影响时会带来高级别的污染，其他情况下受变压影响不大。

变温相关性也是武汉和襄阳比较高，达到−0.4，但与变压相比下降。武汉和襄阳 AQI 分别处于 70～210、50～220 范围内，为正变温，两端为负变温，这与 p_{24} 的情况类似，冷锋过境过程中会造成 AQI 增大，而过境之后 AQI 则会下降。宜昌的相关显示为正，且达到 0.65，当 AQI 大于 60 时主要为正变温，尤其是 AQI 大于 200 以后，正变温幅度变大，即气温上升更易于空气质量转差，这与武汉和襄阳的规律不同，宜昌的规律接近长江以南的变化，即受到冷空气影响小，而武汉和襄阳显然与 24 h 变压联系密切，进一步说明冷空气的输送影响突出。

2.3　风向、风速

通过图 5 可以看出，污染最重的襄阳以西北风、北风和南风频次最多，AQI 高值区集中在北偏东和偏西方向最大，0°左右是襄阳主风向也是污染最重的方向。宜昌风向分布呈斜对称，东南方向和西北方向占比最大，而污染主要集中在偏东和偏北方向，综合来看，宜昌污染的主风向是偏东风；武汉市风向偏北方向最多，污染最重的风向为偏西风，两者不一致，污染主风向不明显。

进一步对风速进行分析，发现3个城市襄阳地区大风速出现的频数明显高于其他两个城市，风速最大集中在1～3 m/s，达到30%，超过4 m/s的占比23%。武汉市静风占比大于其他两个城市，达到8%，主要风速集中在0～2 m/s，达到58%，超过4 m/s的仅占6%。宜昌市风速相对集中在1～2 m/s，占比最大达到50%，超过4 m/s的也只有4%。由此可见武汉和宜昌静风、小风的影响占主导，局地累积效应明显，输送影响也主要考虑弱冷空气的扩散或者大范围霾过程爆发后配合不利的风向条件，如宜昌偏东风，小风输送作用。襄阳地区主要考虑偏北

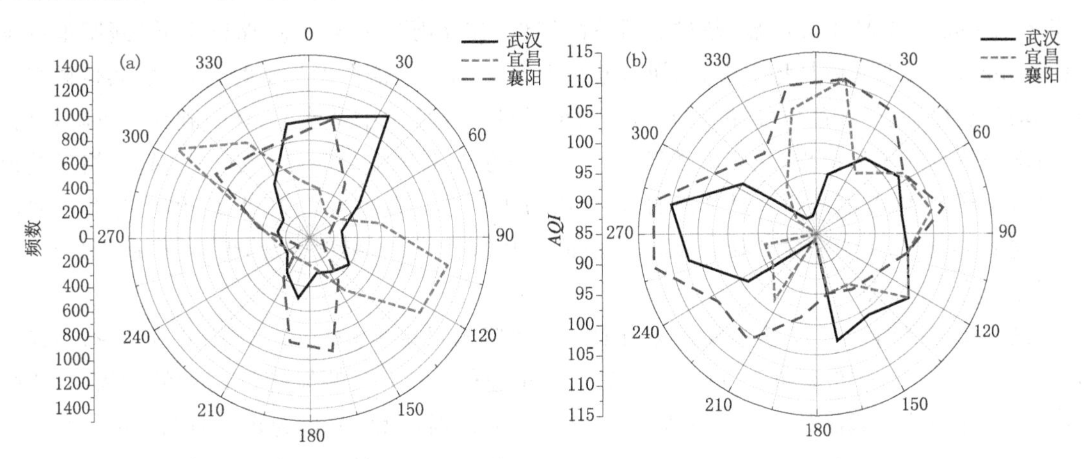

图5 2015年3个代表城市风向频次(a)和不同风向下*AQI*(b)的分布特征

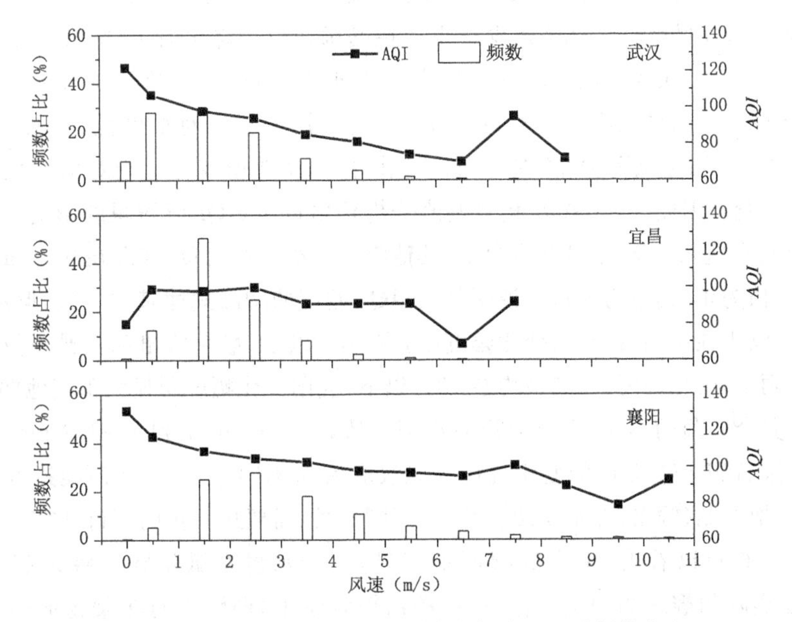

图6 2015年3个代表城市不同风速下*AQI*及频数占比

风的输送效应明显。同时结合不同风速下的 *AQI* 分布可以看出，武汉和襄阳的趋势相近，在静风端最大，随着风速的加强 *AQI* 增大，在高风速端又出现了 *AQI* 值再次上升。而宜昌地区在风速 6 m/s 以下 *AQI* 值波动变化，且相较于静风端 *AQI* 值有一定增大，说明静风累积的效应不如小风输送对 *AQI* 贡献突出，而 *AQI* 值变化不大，与宜昌地区的地形有关，宜昌西部高海拔的山区，促使其在主导风向偏东风下污染物易于堆积，而向外输出弱，所以 *AQI* 处于高值的范围较广（图 6）。

2.4 雨强、雨量

将雨强分为 0、0.1、0.2～0.4、0.5～0.9、1.0～1.4、1.5～1.9、2～2.4、2.5～2.9、3～9、10～15、15～25 mm/h 区间，研究 *AQI*、*AQI* 差值（当前时刻与前一小时 *AQI* 之差）、*AQI* 相对差值（*AQI* 差值与前 1 h *AQI* 的比值）在不同雨强范围内的变化。武汉和宜昌在雨强 2.5 mm/h以下 *AQI* 下降明显，超过之后下降缓慢，在高雨强出现 *AQI* 略微上升；襄阳地区雨强 2.5 mm/h 以下整体趋势下降，期间有起伏上升。*AQI* 差值在无降水时为正值，其他雨强下武汉均为负值，宜昌在高雨强端也为正值，说明即使是小雨强下基本上 *AQI* 值都会下降，反而在高雨强下会有正值出现，与高雨强下空气中污染物绝对浓度处于低值有关。*AQI* 相对差值主要考虑到 *AQI* 差值是两个时刻值的差，没有考虑到前一时次的 *AQI* 背景，因此与前一时次 *AQI* 进行相比。*AQI* 相对差值与 *AQI* 差值的变化规律类似，幅度变缓，但雨强在 0.4 mm/h 以下也均为下降（图 7）。

进一步对降雨量与 *AQI* 的关系进行研究。将降雨量分为 0～0.1、0.2～0.9、1～4.9、5～9.9、10～24.9、25～49.9 和 50 mm 以上 7 个区间进行分析。发现随着降雨量的增大 *AQI* 整体上呈下降趋势。武汉和宜昌在降雨量为 0～0.1 mm 时，*AQI* 差值为正；襄阳市在 0.2～0.9 mm，*AQI* 为正值，说明当降雨量小于 1 mm 时，*AQI* 值会出现增大，而超过 1 mm 后，*AQI* 差值为负。武汉市和宜昌市在中雨和大雨量级下 *AQI* 下降不明显，但从 *AQI* 差值来看中雨量级下绝对值更大，大雨量级下 *AQI* 减少量小。在暴雨及以上降水时 *AQI* 值最低，但宜昌 *AQI* 差值高，其减少量小。襄阳 *AQI* 减少量最大也出现在中雨量级，在大雨量级下也出现了低 *AQI* 值、高差值的特征，说明在大量级降水下，空气中污染物绝对浓度低，但其浓度的下降并不一定是最大的；中雨量级下 *AQI* 差值较高。由于 *AQI* 差值变化是绝对值，没有考虑到 *AQI* 背景值大小的影响。因此，结合 *AQI* 相对差值分析降雨量对 *AQI* 值增减的影响。可以看出，在 1 mm 以下，宜昌和襄阳 *AQI* 相对差值为正，其他降水量级下均为负；武汉在 0.1 mm 以下和大雨量级下，相对差值为正，其他均为负。说明其与 *AQI* 差值的增减规律基本一致，但从相对差值变化幅度来看，武汉市在小雨量级下，变化幅度小，在 10%以下，最大值出现在暴雨及以上；宜昌在微量降水和暴雨下，变化幅度大，其余均在 10%以下；襄阳变化幅度明显大于其他两个城市，且从图中可以看出其余襄阳的 *AQI* 值变化趋势相当一致，仅在 0～0.1 和 1～4.9 mm 量级下，低于 10%。襄阳地区 *AQI* 相对差值的变化规律与武汉和宜昌不同，是否与其污染过程形成机制（输入和累积）和消散机制（输出、降水及两者叠加）不同有关，需要进一步的探讨（图 8）。

通过上述分析可以看出，雨强的阈值不明显，而降水量在微量降水级别（1 mm）下出现 *AQI* 增大。在实际的霾观测预报工作中，在高污染背景下，弱降水对污染物的清除作用有限。因此，对高污染物背景下（*AQI* 大于 100 和 *AQI* 大于 150）的 3 个城市的样本数据进行分析，通过图 9 可以看出，当 *AQI* 大于 150 时基本上差值呈现增长趋势，在中度污染以上，雨强的影

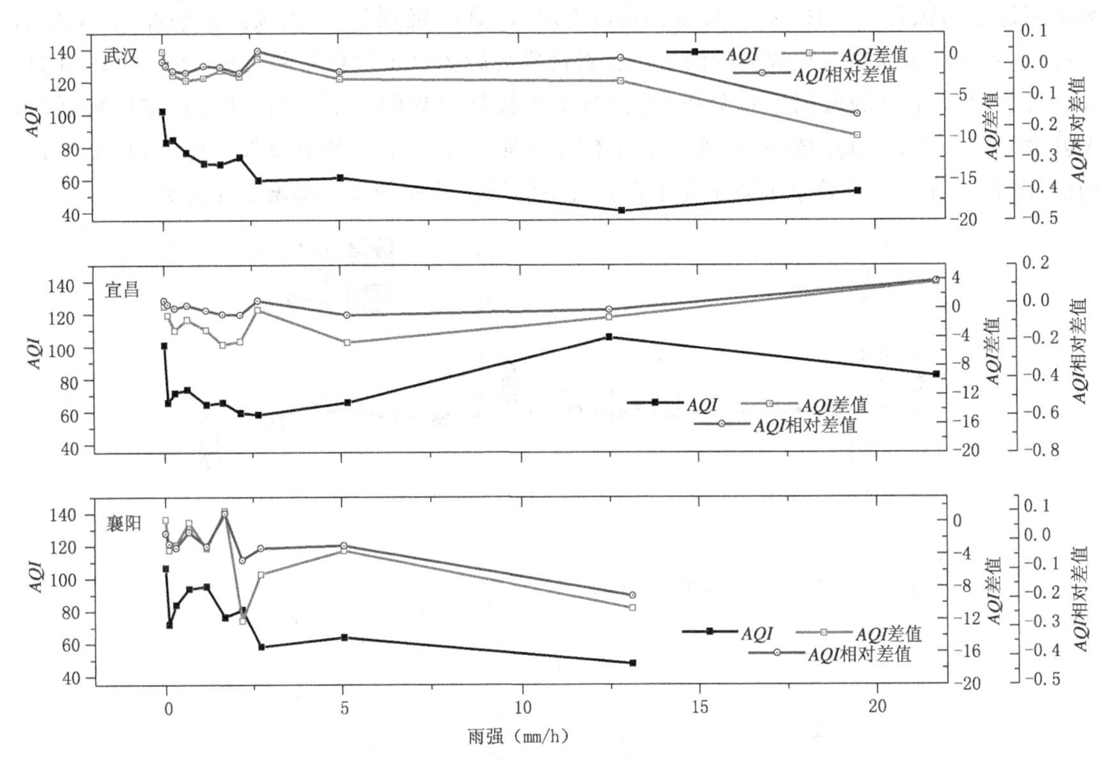

图 7　3 个代表城市不同雨强下 *AQI*、*AQI* 差值和 *AQI* 相对差值

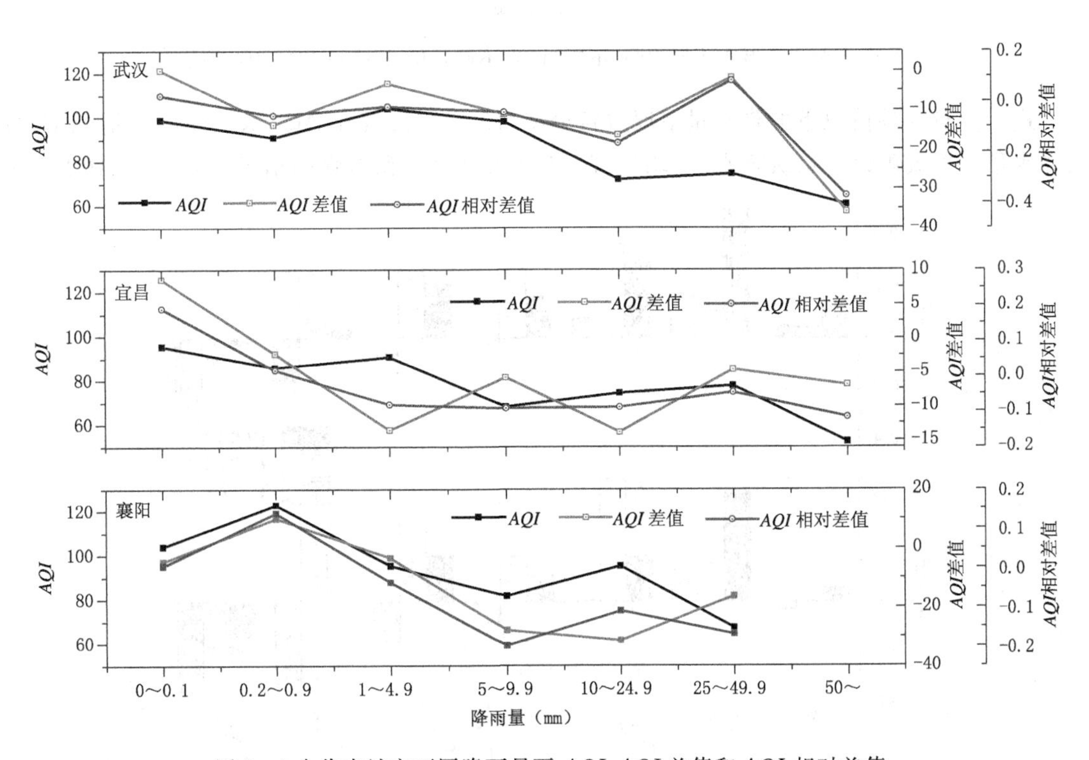

图 8　3 个代表城市不同降雨量下 *AQI*、*AQI* 差值和 *AQI* 相对差值

响不明显；当 AQI 大于 100 处于轻度污染以上时，污染的级别下降，雨强的影响加强，AQI 有增有减，但没有表现出清除效应的阈值。针对污染物较为严重的秋冬和初春，挑选了 1—3 月、10—12 月共 6 个月的数据进行分析，看出与全年数据呈现的特征一致，即无论在何雨强下，AQI 均下降。配合 AQI 值来看，该 6 个月不同雨强区间下 AQI 的值也都要比 AQI 大于 100 的低(图 9)。在高污染背景下降水粒子在大气中的增湿效应带来的湿增长才会更显著。

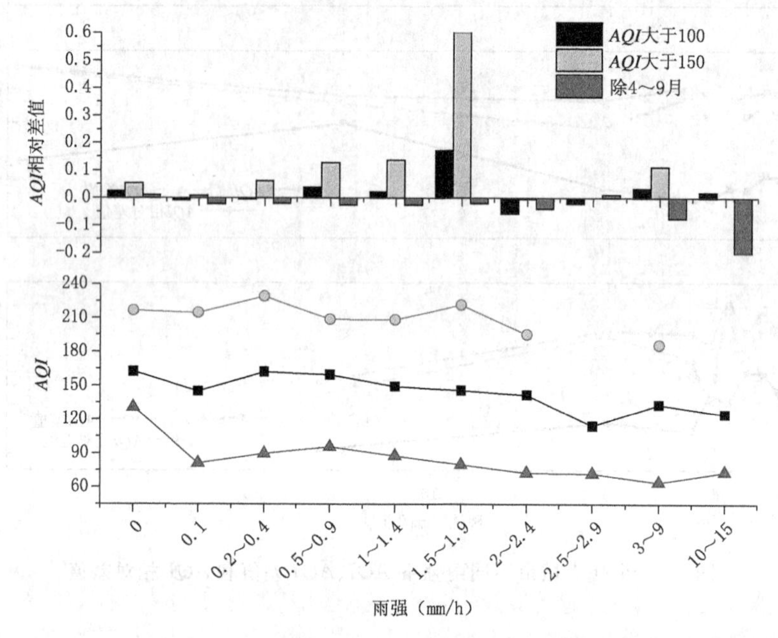

图 9　3 个代表城市不同雨强、不同 AQI、不同月份 AQI 和 AQI 相对差值

进一步对 3 种情况下的降水量情况进行分析(图 10)，发现在 AQI 大于 150 的情况下，各级降水量除了大雨以上量级降水外，均出现了增长的趋势，和雨强的结果一致。当 AQI 大于

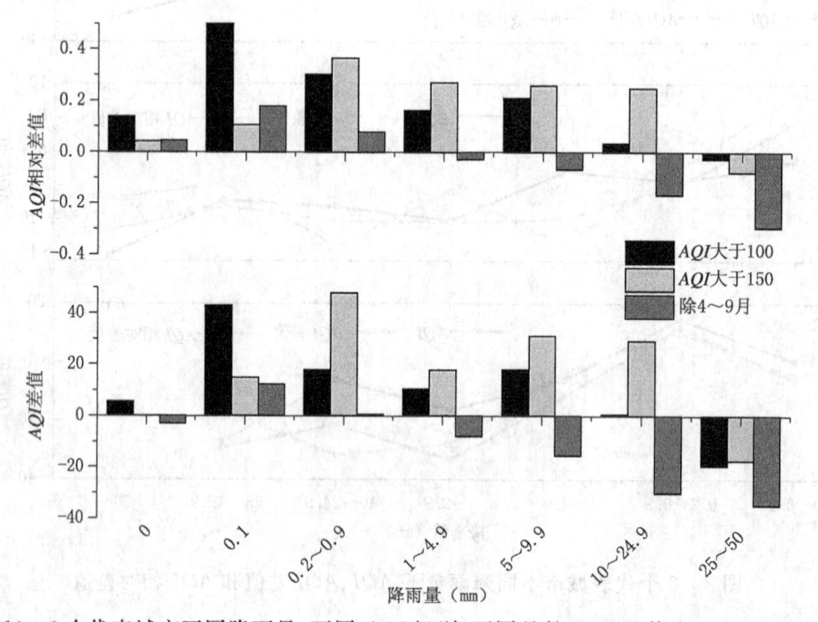

图 10　3 个代表城市不同降雨量、不同 AQI 级别、不同月份 AQI 差值和 AQI 相对差值

100 时，*AQI* 差值在中雨量级出现了转折，由正值转向负值。对 5～25 mm 区间 *AQI* 的差值正负进行分析，小于 18 mm 的 *AQI* 下降占 33%，小于 12 mm 下降占 26%，小于 9 mm 下降占 18%，在轻度污染级别，小雨以下降水 *AQI* 基本均呈上升趋势，随后随着降水量的增大，*AQI* 下降的占比增加。在秋冬季的 *AQI* 样本中，与全年样本呈现的特征也一致，1 mm 是分界线。

全年整体情况和秋冬季情况特征一致，随着雨强增大 *AQI* 下降，降雨量的阈值是 1 mm；而高污染背景下特征出现变化，中度污染以上，降水的清除作用很弱，*AQI* 差值均为正；轻度污染以上时，*AQI* 随着雨强增大，出现增减变化，清洁空气的降水量阈值达到 9 mm。污染物浓度的增大，促使霾滴凝结核的增多，降水促使大气中相对湿度的增大，进而加速霾滴生成；而同时降水也起到了清除作用，这一作用带来的 *AQI* 下降随着 *AQI* 背景浓度的升高，降水量清除作用的阈值提高。

3　结论与讨论

利用 2015 年空气质量指数数据和气象要素资料，分析了湖北省 *AQI* 时、空分布特征，并结合地形条件，探讨了主要气象因子对武汉、襄阳、宜昌这 3 个城市的空气质量的影响。主要结论如下：

(1)湖北省空气质量分布总体呈现两边低中间高、山区低平原高的特点，尤其是襄阳、宜昌、武汉合围的三角地带，平均空气质量指数在 100，污染中心位于襄阳地区，其年平均 *AQI* 达 110。

(2)*AQI* 月分布呈“U”形分布，其中，1 月、2 月和 12 月处于 *AQI* 的高值，7 月 *AQI* 值最低，日变化各个城市不同，襄阳的日最高值出现在中午，武汉和宜昌最高值出现在 23—24 时，另外，襄阳和宜昌的重度以上污染分别占 10.88%和 8.35%，要明显高于武汉市。

(3)排除季节因素，对空气质量影响较明显的气象因子包括相对湿度、变温、变压、风、降水等。受不同地形影响，3 个城市中，武汉的污染湿增长比较明显，宜昌和襄阳的污染增长受外来输入或者污染物堆积等其他因素影响比较大。

(4)武汉、襄阳、宜昌的主要污染风向分别为偏西风、偏北风和偏东风，且污染天气下襄阳地区大风速出现的频数明显高于其他两个城市，武汉和宜昌静风、小风的影响占主要地位，局地累积效应明显，其中宜昌小风输送对 *AQI* 贡献尤其突出，这与宜昌的地形有关。

(5)随着污染程度的升高，降水的清除作用减弱，当降水量在微量降水级别(1 mm 以下)时，3 个城市 *AQI* 均出现不同程度的增大，在轻度以上污染情况下，清洁空气的降水量阈值达到 9 mm。

参考文献

邓利群，钱骏，廖瑞雪，等，2012. 2009 年 8—9 月成都市颗粒物污染及其与气象条件的关系[J]. 中国环境科学，**32**(8)：1433-1438.

冯建军，沈家芬，梁任重，等，2009. 广州市 PM10 与气象要素的关系[J]. 中国环境监测，**25**(1)：78-81.

环境保护部，2012. 环境空气质量指数(AQI)技术规定(试行)[S]. 北京：中国环境科学出版社.

黄晓璐，2010. 浅谈大气污染的危害及防治措施[J]. 环境科技，**23**(2)：136-137.

康娜，高庆先，王跃思，等，2009. 典型时段区域污染过程分析及系统聚类法的应用[J]. 环境科学研究，**22**(10)：1120-1127.

吴兑，邓雪娇，2001. 环境气象学与特种气象预报[M]. 北京：气象出版社.

许建明，2006. 城市大气环境数值技术的集成改进和应用研究[D]. 南京：南京信息工程大学.

岳岩裕，王晓玲，张蒙晰，等，2016. 武汉市空气质量状况与气象条件的关系[J]. 暴雨灾害，**35**(3)：271-278.

张建忠，孙瑾，王冠岚，等，2014. 北京地区空气质量指数时空分布特征及其与气象条件的关系[J]. 气象与环境科学，**37**(1)：33-39.

张志刚，矫梅燕，毕宝贵，等，2009. 沙尘天气对北京大气重污染影响特征分析[J]. 环境科学研究，**22**(3)：309-314.

Zhang Qiang, Streets D, Carmichael G R, et al, 2009. Asianemissions in 2006 for the NASA INTEX-B mission [J]. Atmos Chemi Phys, **14**(9)：5131-5153.

基于粒子滤波融合算法的临近预报方法研究

陈元昭[1,2]　兰红平[1,2]　陈训来[1,2]　张文海[3]

(1. 深圳市气象局，深圳 518040；2. 深圳南方强天气研究重点实验室，深圳 518040；3. 深圳市强风暴科学研究院，深圳 518040)

摘　要

为改善目前临近预报方面的不足，研究设计了一种基于粒子滤波融合算法的外推临近预报技术，并进行了试验应用。该技术利用广东 12 部 S 波段多普勒天气雷达 2.5 km 高度的拼图资料进行回波外推。首先用双边滤波对雷达基数据进行质量控制，然后分别用基于 Lucas-Kanade 约束法的光流法和基于 Harris 角点算法追踪计算得到回波运动矢量场，再用粒子滤波算法对运动矢量场进行融合得到逼近回波真实运动的最优运动矢量估计，最后利用获得的运动矢量场采用半拉格朗日外推方法进行回波的外推预报。通过对广东地区 2016 年 4 个降水过程对比试验表明，粒子滤波融合算法预报的 30、60 min 雷达回波的形状、强度、位置和对应时次实况较接近，预报结果具有业务指示意义。对预报结果定量对比评价表明：粒子滤波融合法总体预报效果优于交叉相关法和光流法，粒子滤波融合法可以弥补传统临近预报方法的缺陷，提升临近预报能力。

关键词：雷达回波　粒子滤波融合法　双边滤波　半拉格朗日外推　临近预报

引言

临近预报一般是指 0～6 h 对雷暴及其产生的灾害性对流天气的预报。目前业务上使用的 0～1 h 临近预报主要是基于多普勒雷达的雷暴识别和自动外推临近预报技术。客观外推预报 30、60 min 或更长时间的雷暴单体位置往往比主观外推预报更有效。对流临近预报外推方法主要有单体质心法、交叉相关法和光流法。单体质心法是将雷暴看作一个三维单体进行识别、追踪、外推做临近预报。交叉相关法是计算连续时次雷达回波的相关系数，建立雷达回波的最佳拟合关系，来确定回波在过去时次的移动矢量，以此追踪该回波的移动特征，通过得到的回波移动矢量来对回波的位置和形状进行外推。单体质心外推法主要用于对流降水的外推预报。而交叉相关法既可以对对流降水进行预报，也可以追踪层状云降水，在气象业务部门得到比较广泛的使用。但交叉相关法对局地生成的回波及强度和形状变化较快的回波外推失败的情况会显著增加。近年来光流法逐渐应用在短临预报中，取得较好的应用效果。

对华南地区降水检验表明，光流法对移动型局地生成的回波及强度和形状随时间变化很快的雷暴效果优于交叉相关预报方法，而对热带系统降水，交叉相关法预报效果优于光流法，表明光流法仍存在一定的局限性。在未来几年把高时空、分辨率的数值预报产品应用在临近预报的实际业务中的可能性依然较低，2020 年之前临近预报仍然主要以雷达回波外推技术为主。如何将各种临近预报方法结合起来，取长补短，得到最优化的预报结果，是目前临近预报的一个难题。为了克服临近预报的不足，弥补基于雷达回波外推的临近预报技术在 0～1 h 的预报能力方面的缺陷，在对光流法研究的基础上，研制了粒子滤波融合算法，以期获得逼近回波真实运动的最优运动估计来进行临近预报，以提高 0～1 h 客观临近预报能力。

1 资料和方法

1.1 资料

研究使用了广东省 12 部 S 波段天气雷达(广州、深圳、韶关、珠海、清远、阳江、河源、汕尾、汕头、梅州、湛江、肇庆)2.5 km 高度的反射率因子拼图资料。为计算方便，雷达资料从极坐标格式利用最近邻居法和垂直方向的线性内插法相结合的插值法插值到三维直角坐标系中。

1.2 雷达探测数据质量控制

所获取的雷达基数据中包含了降水回波的真实信息和各种外部噪声的虚假信息。需对回波噪声进行更严格的质量控制。

1.2.1 雷达回波噪声质量控制—双边滤波

滤波的目的是要尽可能地去除噪声污染，把回波的真实细节信息得到有效的保留。和高斯滤波相比，双边滤波多了一个基于空间分布的高斯方差 σ_s。双边滤波是基于其他像素与中心像素的亮度差的加权，对相似的像素赋予较高权重，不相似的像素赋予较小的权重。双边滤波信号保持优异，降噪能力强，并且能够完整保持回波的边缘。

1.2.2 双边滤波效果对比

对 2016 年 4 月 13 日(北京时，下同)回波进行滤波试验。从滤波前的回波(图 1a)可以看出，强回波的边界、强回波区的对流回波及部分层状云回波比较零碎、杂乱，部分回波呈锯齿状。滤波后回波对比可以看出，中值滤波(图 1b)和双边滤波(图 1c)后，回波的形状、强回波中心以及强回波后的层状云回波和实况大致一样，强回波的边缘、强回波中心，后部的层状云回波变得更平滑、有序。对比滤波后飑线前沿回波，中值滤波后飑线前沿的回波被削弱，而双边滤波较好地保留了前沿回波。中值滤波可以改善回波的质量，但是会削弱回波的边沿，尤其是飑线的边沿，在进行回波运动矢量场计算时，边沿的风矢量场只能估计分析得来，从而影响运动估计的质量。而双边滤波在提高回波质量的同时，也很好地保留了回波边沿，在进行运动矢量计算时可以直接获得该处的风矢量场，质量相对来说更可靠。可知，双边滤波效果好于中值

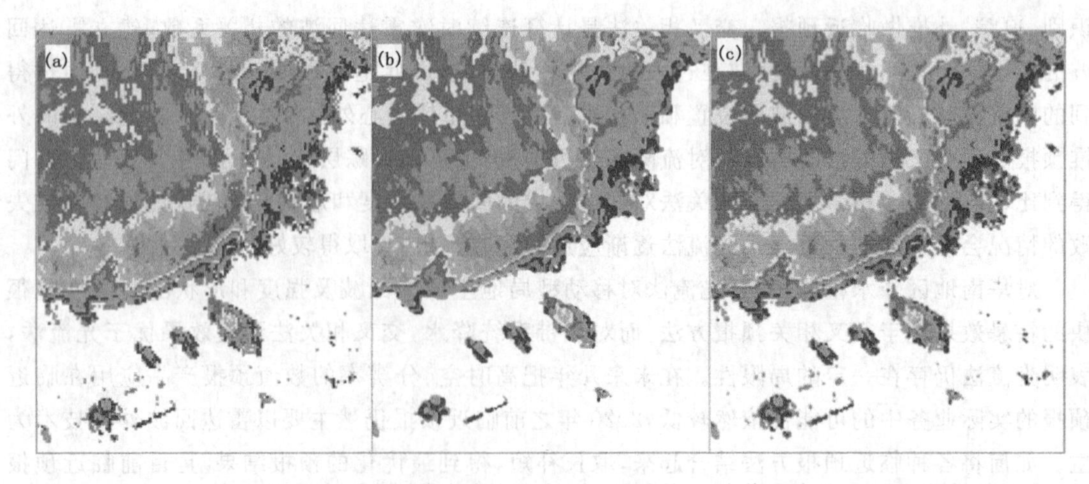

图 1　2016 年 4 月 13 日雷达回波滤波前后对比(a. 滤波前，b. 中值滤波后，c. 双边滤波后)

滤波，滤波后回波没有出现明显失真，回波变得更平滑，边沿清晰，去噪效果好，达到了较理想的滤波效果。

1.3 粒子滤波融合算法介绍

粒子滤波由 Carpenter 等（1997）首次提出，主要是通过非参数化的蒙特卡洛（Monte Carlo）模拟来实现递推贝叶斯滤波（Bayes 滤波）估计。贝叶斯估计是粒子滤波的理论基础，其核心是使用一个具有相应权值的随机样本集合（粒子集）来表示需要的后验概率密度。在进行雷达外推预报前需获得雷达回波的运动矢量场。和获得唯一运动矢量场不同，粒子滤波算法是利用同一时次的雷达回波采用两种不同的估测方法得到的相同时次的两组回波运动矢量场，然后采用粒子滤波算法对运动矢量场进行融合，再利用得到的运动矢量场来进行回波的外推预报。粒子滤波具体算法如下。

在粒子滤波算法中，回波矢量场可表示为：

$$\begin{cases} x_t = f(x_{t-1}) + m_{t-1} \\ y_t = h(x_t) + n_t \end{cases} \tag{1}$$

式(1)中，$f(x)$、$h(x)$分别为状态方程和观测方程。x_t、y_t、m_t、n_t 分别表示系统的状态、观测值、过程噪声和观测噪声。本研究中，$f(x)$为采用 Lucas-Kanade 约束的光流法，而 $h(x)$采用基于 Harris 角点算法追踪回波得到运动矢量场。

在得到观测值后，估计状态变量的条件概率密度函数 $\Omega(x_t|y_t)$。在进行雷达回波状态跟踪时，假定回波当前时刻的状态 x_t 只与上一时刻的状态有关，同时假定观测值只与 t 时刻的状态 x_t 有关，即观测值之间互相独立。

粒子滤波计算方法在进行求解时引入了优化算法对粒子滤波参数进行寻优，使算法对整个参数空间进行高效搜索以获得最优解。通过对各参数时间更新与量测更新的反复迭代估计出 $\Omega(x_t|y_t)$的最优解。粒子滤波利用一系列带权值的空间随机采样，来逼近后验概率密度函数。后验概率密度函数采用一组加权的粒子 $x_k=\{x_k^i, \varpi_k^i\}_{i=1}^N$ 近似表示：

$$\Omega(x_t \mid y_t) \approx \Omega_N(x_t \mid y_t) = \sum_{i=1}^N \varpi_k^i \delta(x_k - x_k^i) \tag{2}$$

式(2)中，ϖ_k^i 为归一化权重，满足 $\sum_{i=1}^N \varpi_k^i = 1$，$N$ 为粒子数。

采用粒子滤波算法估计后验概率密度函数主要分 3 步：首先从先验分布中抽取粒子进行采样，再计算粒子的权重进行定权，最后为避免粒子退化进行重采样。计算方法如下：

第一步，初始化：$k=0$

在先验密度函数 $\Omega(x_0)$中采集样本 x_0^i，该粒子权重取为 $\omega^0=1/N, i=1,\cdots,N$。

第二步，$k\geqslant 1$ 时，按照如下步骤迭代计算：

(1)粒子重要性采样

粒子 $x_k^i \sim q(x_k \mid x_{k-1}^i)$ 被采样后，根据 $\omega_k^i = \omega_{k-1}^i p(z_k \mid x_k^i)$ 分别计算相应的权重，并对其进行归一化处理，$\varpi_k^i = \omega_k^i \sum_{i=1}^N \omega_k^i, i = 1,\cdots,N$。粒子滤波算法中的关键问题是粒子重要性分布函数的选择和再采集，本研究中选择先验密度作为重要性分布函数。重要性分布函数中 $q(\cdot|\cdot)$ 表示较易采集的概率密度函数，$p(\cdot|\cdot)$ 表示较难采集的概率密度函数。

(2)重采样

如果有效采样粒子数 N 小于阈值 N_{th}（$N = 1/\sum_{I=1}^{N}(\varpi_k^i)^2$，$N_{th}$ 为事前给定的阈值，本研究取值为 $3N/4$），那么对粒子样本 $(x_k^i)_i^N = 1$ 进行重新采样。重采样的样本形成新的粒子集 $(X_k^i)_{i=1}^N$。新的粒子集满足 $P(X_k^i = x_k^i) = \omega_k^i$（$P(\cdot)$ 为概率）。权重值重新定义为 $\omega_k^i = 1/N, i = 1, \cdots, N$。否则由(1) 转到下一步。

(3)状态更新

$$x_k = \sum_{i=1}^{N} X_k^i \omega_k^i \tag{3}$$

贝叶斯滤波以递推的形式对两种回波运动矢量场进行寻优融合，给出后验概率密度函数的最优解，从而可计算出回波运动的最优轨迹。

1.3.1 运动矢量场对比

对分别用交叉相关法、光流法和粒子滤波融合法三种方法追踪的 2016 年 4 月 13 日飑线过程 06 时 30 分的回波运动矢量场(图 2)进行对比。交叉相关法和光流法均采用中值滤波法对雷达基数据进行质量控制。

在 06 时 30 分—07 时 30 分的 1 h 内，飑线大致呈西北—东南方向移动(图略)，粒子滤波融合法预报的移动路径与实况大致一样。飑线南段向偏东南方向移动，北段向偏东移方向移动，东南段介于两者之间。粒子滤波融合算法追踪的飑线运动矢量风场(图 2a)中，飑线南段大致受西北气流控制，北段以偏西气流控制为主，东南段为西北气流控制，与飑线相应位置的移动方向基本一致，对矢量场的刻画也更精细。交叉相关法追踪的矢量场大致为偏西风(图 2b)，预报了飑线在 1 h 内朝偏东方向移动。而光流法追踪的飑线南段为偏西风，北段为西南风(图 2c)，预报飑线在 1 h 内朝偏东北方向移动。由此可知，粒子滤波融合法获得了更接近实况、更真实的、更精细的回波运动矢量。粒子滤波融合采用寻优的方法，把不同的运动矢量场结合起来，取长补短，得到最优化的预报结果，所以能够获得更好的运动矢量。

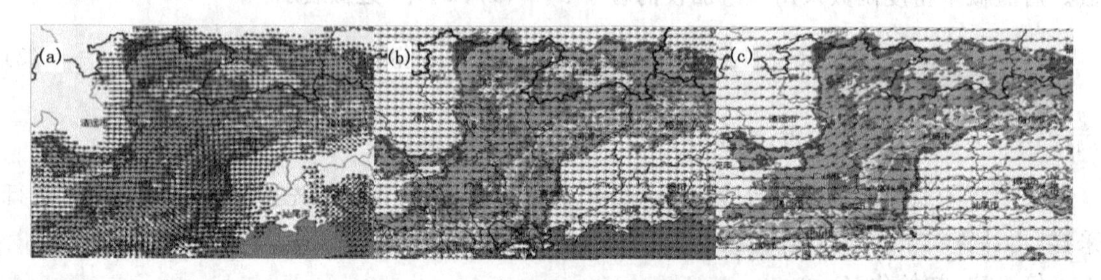

图 2 2016 年 4 月 13 日 06 时 30 分运动矢量场对比(a. 粒子滤波融合法，b. 交叉相关法，c. 光流法)

1.4 半拉格朗日外推方法

通过粒子滤波融合算法获得雷达回波的运动矢量场后，就可以对回波进行临近外推预报。

2 外推预报个例对比试验

对粒子滤波融合法、交叉相关法及光流法的临近预报进行对比试验。

2.1 2016 年 4 月 13 日飑线天气过程

2016 年 4 月 13 日凌晨到上午，一条强飑线自西北向东南移动影响广东。粒子滤波融合法、交叉相关法和光流法对本次飑线过程进行了 60 min 每隔 6 min 一次的外推预报。选取当日 06 时 30 分起报的回波进行 60 min 的外推预报，对这次强飑线过程的强度、形状、速度等进行外推临近预报对比试验。

通过对比可知，粒子滤波融合法 06 时 30 分起报的 60 min 的飑线（图 3c）形状、位置、强回波范围与 07 时 30 分飑线实况（图 3b）比较一致，也较好地预报出了飑线东南段的弓形回波、北段的线状对流回波以及南段的强回波区，且南段回波的位置和实况基本一致。交叉相关预报的 07 时 30 分的飑线（图 3d）强回波范围明显偏大，南段回波位置略偏北。而光流法（图 3e）与实况比强回波的范围偏小，北段、南段的回波强度明显偏弱，南段回波位置也偏北。对比实况也可以看出，粒子滤波融合法预报飑线的移动速度略微偏慢。这主要是由于粒子滤波算法得到的回波移动矢量偏小的缘故，需对融合参数继续进行调整。

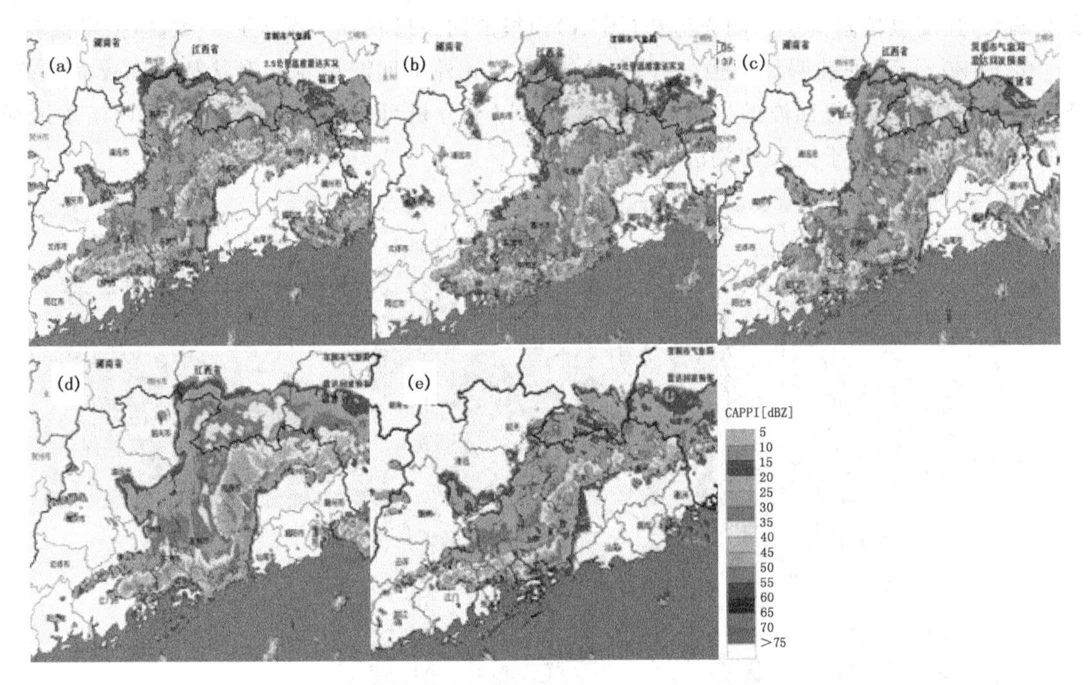

图 3　2016 年 4 月 13 日广东强飑线过程（a. 起始时间 06 时 30 分雷达的实况，b. 60 min 后 07 时 30 分的回波实况，c. 粒子滤波融合法预报 07 时 30 分回波，d. 交叉相关法预报 07 时 30 分回波，e. 光流法预报 07 时 30 分回波）

对比图 3b、3c，粒子滤波融合法基本预报出了飑线最大反射率因子特征位置，强回波主要位于飑线的北段、东南段和南段。但不同位置预报的强度仍有偏差。南段回波预报和实况较接近，强度大致 35～50 dBZ；预报的东南段回波最强为 53 dBZ 左右，和实况相当，长度较长，几乎覆盖了珠江口两侧的沿海地区，达到 150 km 左右，实况强回波主要在珠江口东侧的深圳沿海，长度较短，预报的范围偏大；北段的回波强度比实况略微偏强 10 dBZ 左右。交叉相关法预报飑线强度偏强，光流法预报北段回波强度和实况大致相当，东南段偏强，南段偏弱。不同的算法都比较好地预报了飑线后部的层状云回波。由于外推算法中没有考虑回波强度的变化机理，几乎很难预报回波的增强或减弱消散。

从这次飑线过程 30 min 预报和实况（图略）的对比可知，粒子滤波预报的 30 min 飑线位置与回波形状、强度、移速和实况都比较接近。粒子滤波对组织性比较强的对流系统如飑线的

30 min 外推预报有参考价值。

2.2 2016 年 5 月 21 日西南季风降水过程

2016 年 5 月 21 日，受加强的西南季风影响，广东沿海出现大暴雨局部特大暴雨降水，降水主要出现在 21 日凌晨到早晨。

选取当日 02 时的回波进行 30 min 的外推预报试验。对比这次季风降水过程雷达反射率因子拼图 02 时 30 分的实况(图 4b)和粒子滤波融合法在 02 时起报的 02 时 30 分外推预报(图 4c)，粒子滤波融合法预报出了珠江口西侧海面上的呈斜“人”字形的回波，珠江口附近的两块强回波以及珠江口东侧深圳东南侧的线状强回波，预报的回波位置、形状、强度与实况大致相当。但预报的东侧回波形状比实况偏细。由图 4d 可知，交叉相关法对对流回波的预报范围比实况偏大，强度也稍微偏强。而光流法(图 4e)预报的回波形状和实况大致一致，但强度偏弱。

02 时 30 分后，回波明显增强，三种方法的 60 min 外推回波位置和形状都出现较大偏差。外推系统仍然很难预报回波的生消演变过程。由以上分析可知，粒子滤波对本次西南季风降水的外推预报表现好于交叉相关法和光流法。

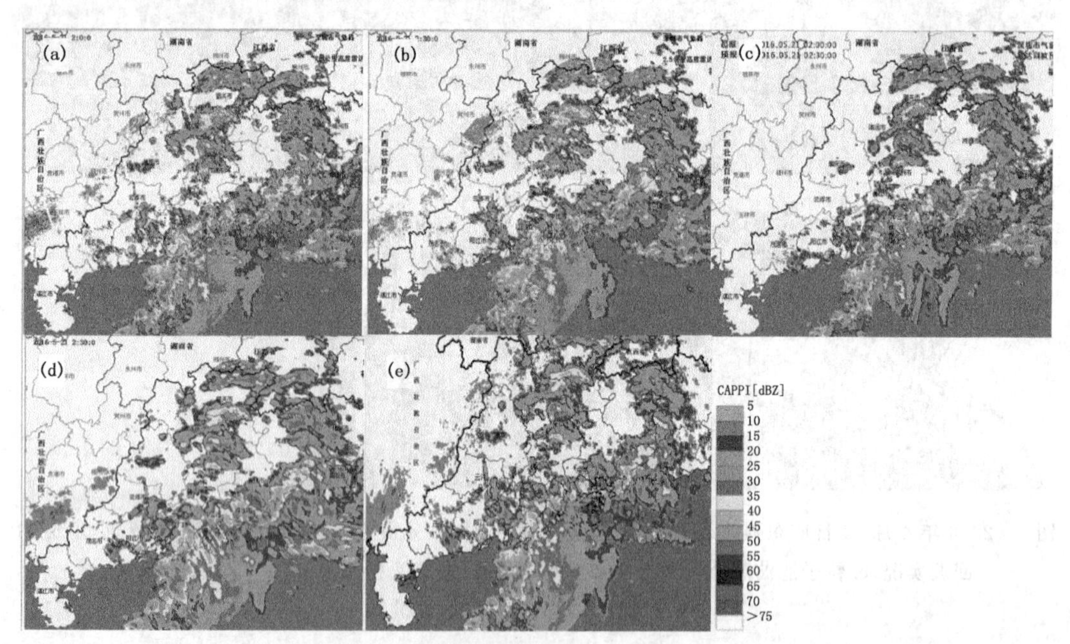

图 4 2016 年 5 月 21 日广东季风降水过程雷达回波(a. 起报时间 02 时雷达实况，b. 为 02 时 30 分的雷达实况，c. 粒子滤波融合法预报 02 时 30 分回波，d. 交叉相关法预报 02 时 30 分回波，e. 光流法预报 02 时 30 分回波)

2.3 2016 年 4 月 14 日局地对流降水天气过程

2016 年 4 月 14 日上午，珠江三角洲地区出现一次局地对流天气。对这次移动缓慢的回波从 10 时 54 分开始起报，进行 60 min 外推预报对比试验。

图 5 为三种外推方法对本次局地强降水过程 60 min 的反射率因子外推预报，起报时间为 10 时 54 分。粒子滤波融合法预报的 11 时 54 分的回波(图 5c)和实况对比(图 5b)可知，预报出了北段的弧形回波，南侧的大致呈东北—西南向的回波，强度略偏强。预报回波的位置、形状和实况(图 5b)较为接近。交叉相关法预报的 11 时 54 分回波(图 5d)、光流法预报的 11 时

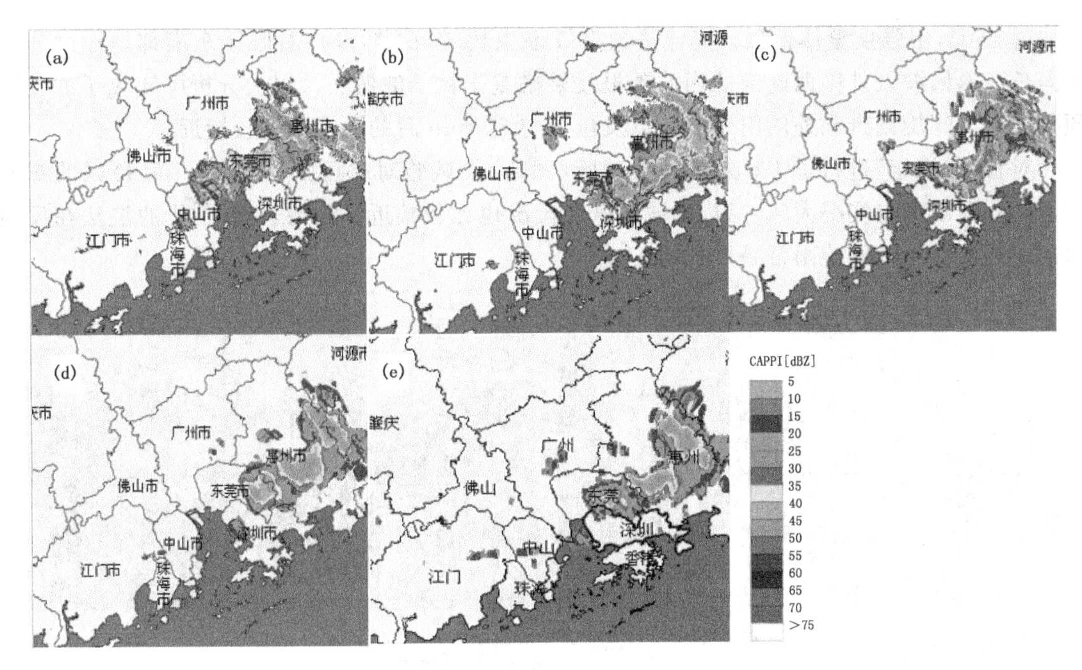

图 5　2016 年 4 月 14 日雷达拼图(a. 起报时间 10 时 54 分雷达实况，b. 11 时 54 发的雷达实况，c. 粒子滤波融合法预报的 11 时 54 分回波，d. 交叉相关法预报的 11 时 54 分回波，e. 光流法预报的 11 时 54 分回波)

54 分回波(图 5e)的位置和形状与实况有一定偏差，强度偏弱。

对 30 min 外推试验(图略)表明，粒子滤波法、交叉相关法和光流法对回波的位置、强度的预报实况大致相符。结果表明，粒子滤波法对局地生成的回波的预报大致是可行的。

2.4　2016 年 8 月 2 日"妮妲"台风降水天气过程

2016 年第 4 号台风"妮妲"于 8 月 2 日 04 时前后在深圳登陆，后穿过深圳向西北方向移动。图 6 为本次台风过程 30 min 的回波外推预报，起报时间为 04 时 30 分。

图 6b 为 8 月 2 日 05 时雷达观测的回波实况。台风眼区位于东莞境内，眼区明显，呈长条形的西北—东南向。眼区外是大范围的螺旋雨带，回波高值区主要位于台风中心的东侧、南侧和西北侧。其中，东侧的强回波覆盖了第一象限东北东区域，南侧的强回波区覆盖了第三象限和第四象限，西北侧的强回波区覆盖了部分第二象限的西北偏西区域，第一象限的东北偏北侧和第四象限的西北偏北侧回波较弱，它们共同构成了台风的螺旋雨带。螺旋雨带强回波强度都在 35 dBZ 以上，最大值超过 40 dBZ。在螺旋雨带外围，距离台风眼约 400 km 的西南部，有一块大致呈西北—东南向的回波，最强回波强度在 40 dBZ 以上，这个区域较强的积云对流主要与台风外围云系有关。

从 04 时 30 分(图 6a)起报的 30 min 粒子滤波外推预报(图 6c)可以看出，台风眼也很清晰，大小和实况相当，眼区也位于东莞境内，眼墙区域螺旋雨带与雷达观测螺旋雨带实况接近。与实况相似，预报的台风眼壁较强的对流发生在台风眼区的南侧、东侧和西北侧。预报的螺旋雨带内强回波的位置和实况较接近，强回波强度也在 35 dBZ 以上。同样预报出了台风外围西南部距台风眼约 400 km 的西北—东南走向的强回波。粒子滤波算法预报的回波和实况相比，强度大致相当，但范围稍显偏大。交叉相关法也大致预报出了 30 min 后螺旋雨带上的强回波(图 6d),但强度整体偏强。光流法预报效果也比较好(图 6e),对眼区东南部呈东北—西南向长条形回波及外围西南部的回波预报效果略差于粒子滤波法。以上分析可知粒子滤波法预报的台风螺旋雨带和外围雨带分布以及位置与 30 min 后的实况均比较接近。

对台风“妮妲”进行了 1 h 外推预报试验(图略)。试验对比可知,预报 1 h 后台风的螺旋雨带和外围雨带与实况大致一致,回波强度和实况也比较接近。结果表明,粒子滤波法在反演和追踪热带气旋的螺旋雨带是可行的。

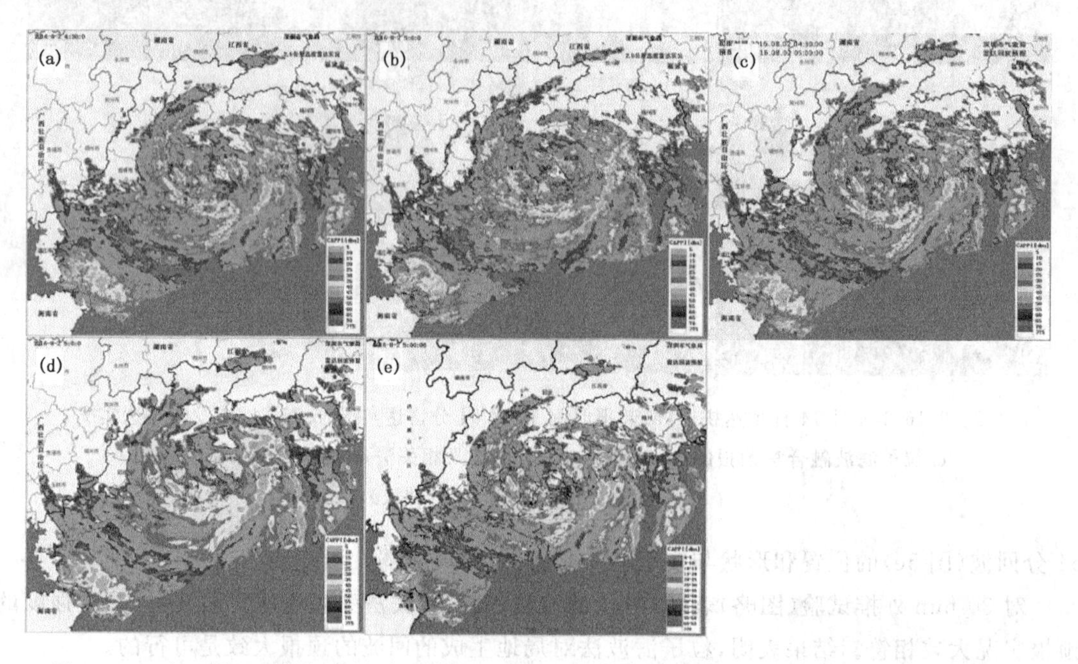

图 6　2016 年 8 月 2 日妮妲台风雷达拼图(a. 起报时间 04 时 30 分雷达实况,b. 05 时的雷达实况,c. 粒子滤波融合法预报的 05 时回波,d. 交叉相关法预报的 05 时回波,e. 光流法预报的 05 时回波)

3　个例试验结果检验分析

为了对预报效果进行定量对比,文中对相同的天气过程,采用相同的数据处理方法,相同的地理范围,相同的评分标准,对三种预报方法进行定量评分。通过利用击中率(*POD*)、空报率(*FAR*)、临界成功指数(*CSI*)来评价预报效果。将预报的回波位置和对应时刻的回波实况位置投影标绘到 1 km×1 km 的格点上,然后进行逐个格点的对比。规定如果某格点上预报出现回波,实况也出现回波,判断为该点成功;如果预报格点上没有回波,实况出现回波,判断该点漏报;如果格点上预报出现回波,实况没有出现回波,判断该点空报。击中率(*POD*)、空报率(*FAR*)和临界成功指数(*CSI*)分别按以下公式计算:

$$POD = \frac{n_{成功}}{n_{成功} + n_{漏报}} \tag{4}$$

$$FAR = \frac{n_{虚警}}{n_{成功} + n_{空报}} \tag{5}$$

$$CSI = \frac{n_{成功}}{n_{成功} + n_{漏报} + n_{空报}} \tag{6}$$

式中，$n_{成功}$、$n_{空报}$、$n_{漏报}$分别为预报成功、空报和漏报的格点数。

试验选取了14个天气个例，所选个例见表1，分别对粒子滤波融合法、交叉相关法和光流法进行30、60 min回波位置外推预报。

表1　试验的2016年广东14个天气过程个例

个例日期	天气过程描述
2016年4月10日	西风带系统降水
2016年4月13日	西风带系统降水
2016年5月3日	西风带系统降水
2016年5月20日	西南季风降水
2016年5月21日	西南季风降水
2016年5月27日	西南季风降水
2016年6月4日	西南季风降水
2016年7月9日	东风系统降水
2016年6月8日	局地生成移动缓慢回波
2016年4月14日	局地生成移动缓慢回波
2016年7月13日	局地生成移动缓慢回波
2016年5月29日	局地生成移动较快回波
2016年6月14日	局地生成移动较快回波
2016年8月2日	台风降水

图7为三种外推预报方法对西风带系统降水、西南季风降水、局地生成回波和东风带系统降水的击中率（*POD*）、空报率（*FAR*）和临界成功指数（*CSI*）试验结果的平均值。从图7a中5种系统降水的平均值看，30 min预报粒子滤波融合法的击中率为77%，交叉相关法和光流法均为72%，60 min预报粒子滤波融合法击中率为74%，交叉相关法为69%，光流法为70%，粒子滤波融合法的击中率提高了5%左右，临界成功指数和空报率粒子滤波融合法均优于交叉相关法和光流法。由此可见，粒子滤波融合法总体效果优于交叉相关法和光流法。

对于西风带系统带来的降水天气过程（图7b），粒子滤波融合法30 min的击中率82%，比交叉相关法和光流法均高5个百分点，临界成功指数高12个百分点以上，空报率（*FAR*）粒子滤波融合法均较低，60 min的*POD*也达到78%。粒子滤波融合法对西风带系统30、60 min的预报效果均优于交叉相关算法和光流法。对西南季风系统带来的降水天气个例（图7c），粒子滤波融合法30、60 min击中率为75%和73%，比另外两种方法高2%左右，说明三者的预报效果差别不大。东风带系统降水过程（图7d），粒子滤波融合法的击中率高4～5个百分点。对于局地生成移动较慢的回波（图7e），粒子滤波融合法30、60 min的预报效果优于交叉相关法和光流法。而移动快的局地生成的对流降水过程（图7f），粒子滤波融合法击中率为66%，交叉相关法和光流法的击中率30、60 min的击中率都在65%左右，分别比上述4种类型低9～12个百分点，说明外推算法还是存在一定局限性。

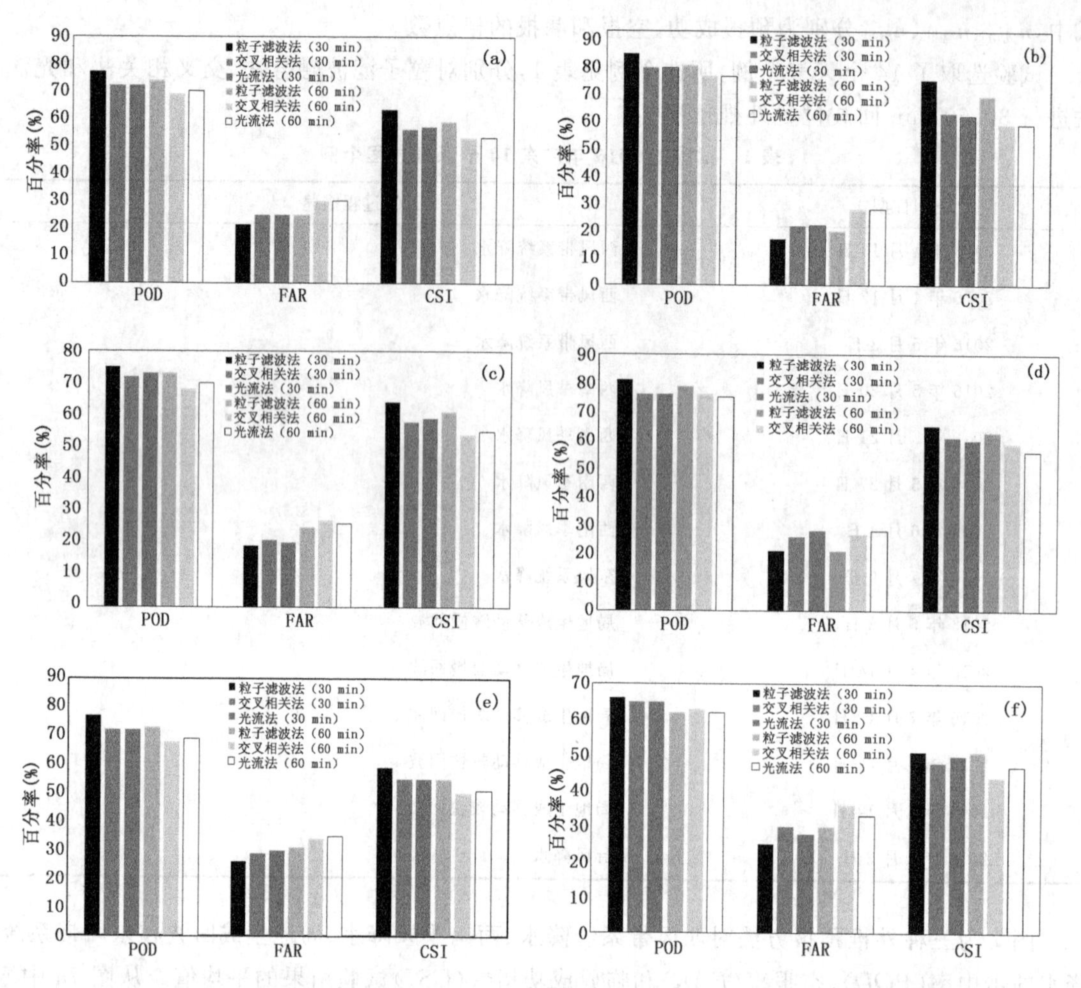

图 7　粒子滤波融合法、交叉相关法和光流法预报试验结果的击中率、虚警率和临界成功指数对比(a. 5 种系统降水平均，b. 西风带系统降水，c. 西南季风降水，d. 东风系统降水，e. 局地生成移动缓慢回波，f. 局地生成移动较快回波)

4　结论与讨论

文中介绍了粒子滤波融合算法的基本原理，对雷达基数据采用双边滤波等进行质量控制，对两种回波运动矢量场采用粒子滤波融合法得到较逼近真实的回波运动矢量场，采用半拉格朗日外推方法来外推雷达回波进行临近预报。粒子滤波融合算法采用寻优的方法，把不同的运动矢量场结合起来，取长补短，能够获得更好的运动矢量，得到更优的预报结果。对 4 种不同的天气过程，对粒子滤波融合法、交叉相关法及光流法的对流临近预报效果进行了对比实验。还对三种方法预报效果进行了定量对比检验分析，主要结论如下：

(1)利用双边滤波方法对雷达基数据进行质量控制，能较好地去除噪声回波的影响，可得到和实况更接近真实的、较平滑的雷达回波，滤波效果好。对 2016 年 4 月 10 日的雷达数据采用双边滤波后可以看出，回波的边缘特征保留得很好，没有出现明显失真，回波边沿清晰，去噪效果好，达到了较理想的滤波效果，获得了比较真实的雷达回波。

(2)获得真实、平滑的运动矢量场是进行外推预报的关键。利用粒子滤波融合方法进行贝叶斯滤波迭代后可以得到更逼近回波真实运动的最优矢量估计。通过对 2016 年 4 月 13 日飑线过程的运动矢量场对比，表明经过双边滤波质量控制后，粒子滤波融合法获得了更接近实况、更真实、更精细的回波运动矢量场。

(3)利用获得的运动矢量场，采用半拉格朗日外推方法可以做回波的外推临近预报。通过对 2016 年春、夏季发生在广东地区的 4 个个例的外推临近预报对比试验表明，粒子滤波算法能够较好预报 30、60 min 雷达回波，且预报的回波位置、形状、强度在大多数情况下好于交叉相关法和光流法。粒子滤波融合法可用于回波的临近预报，预报结果具有较好的业务指示意义。

(4)通过对西风带系统降水、西南季风降水、东风带系统降水、局地生成回波降水的粒子滤波发、交叉相关法和光流法预报个例试验结果检验分析：粒子滤波融合法总体预报效果优于交叉相关法和光流法，击中率提高了 5%以上；西风带系统降水和东风带系统降水及移动较慢的局地生成回波降水，粒子滤波融合法效果优于交叉相关法和光流法，西南季风降水三者效果相当，而对局地生成移动较快的回波，三种方法效果均较差。三种方法外推预报的可用性随着时间的变长而降低。

参考文献

曹春燕，陈元昭，刘东华等，2015. 光流法及其在临近预报中的应用[J]. 气象学报，**73**(3)：471-480.

陈明轩，王迎春，俞小鼎，2007. 交叉相关外推算法的改进及其在对流临近预报中的应用[J]. 应用气象学报，**18**(5)：690-701.

陈震，高满屯，沈允文，2003. 基于角点跟踪的光流场计算[J]. 计算机工程，**29**(13)：76-78.

高庆吉，徐萍，杨璐，2012. 基于改进 Harris 角点提取算法的网格图像破损检测[J]. 计算机应用，**32**(3)：766-769.

宫轶松，2010. 粒子滤波算法研究及其在 GPS/DR 组合导航中的应用[D]. 郑州：解放军信息工程大学：27-28.

韩雷，王洪庆，林隐静，2008. 光流法在强对流天气临近预报中的应用[J]. 北京大学学报(自然科学版)，**44**(5)：751-755.

胡树煜，2011. 传染病预测的建模与计算机仿真研究[J]. 计算机仿真，**28**(12)：184-187.

兰红平，孙向明，梁碧玲，等，2009. 雷暴云团自动识别和边界相关追踪技术研究[J]. 气象，**35**(7)：101-111.

李天成，范红旗，孙树栋，2015. 粒子滤波理论、方法及其在多目标跟踪中的应用[J]. 自动化学报，**41**(12)：1981-2002.

吕德潮，范江涛，韩刚瓮，等，2013. 粒子滤波综述[J]. 天文研究与技术，**10**(4)：397-409.

姒绍辉，胡伏原，顾亚军，等，2014. 一种基于不规则区域的高斯滤波去噪算法[J]. 计算机科学，**41**(11)：313-316.

田华，卞建春，颜宏，2004. 浅水波模式半拉格朗日方法的并行研究[J]. 应用气象学报，**15**(4)：417-426.

王尔申，庞涛，曲萍萍，等，2015. 基于粒子滤波和似然比的接收机自主完好性监测算法[J]. 南京航空航天大学学报，**47**(1)：46-51.

王改利，赵翠光，刘黎平，等，2013. 雷达回波外推预报的误差分析[J]. 高原气象，**32**(3)：874-883.

王耕，王嘉丽，苏柏灵，2013. 基于 ARIMA 模型的辽河流域生态足迹动态模拟与预测[J]. 生态环境学报，**22**(4)：632- 638.

肖艳姣，刘黎平，2006. 新一代天气雷达网资料的三维格点化及拼图方法研究[J]. 气象学报，**64**(5)：647-657.

俞小鼎,周小刚,王秀明,2012. 雷暴与强对流临近天气预报技术进展[J]. 气象学报,**70**(3):311-337.

曾小团,梁巧倩,农孟松,等,2010. 交叉相关算法在强对流天气临近预报中的应用[J]. 气象,**36**(1):31-40.

张蕾,魏鸣,李南,等,2014. 改进的光流法在回波外推预报中的应用[J]. 科学技术与工程, **14**(32):133-137.

张旭,黄伟,陈葆德,2015. 二阶精度半隐式半拉格朗日轨迹计算和时间积分方案在 GRAPES 区域模式中的应用[J]. 气象学报,**73**(3):557-565.

赵悦,陈家华,章建军,等,2007. 基于中值滤波和小波变换的天气雷达回波图像处理[J]. 气象科学,**27**(1):63-68.

郑永光,周康辉,盛杰,等,2015. 强对流天气监测预报预警技术进展[J]. 应用气象学报,**26**(6):641-657.

周雨薇,陈强,孙权森,等,2014. 结合暗通道原理和双边滤波的遥感图像增强[J]. 中国图象图形学报,**19**(2):313-321.

Carpenter J R, Clifford P, Fearnhead P,1997. Efficient implementation of particle filters for non-linear systems[R]. The 4th Interim Report, DRA contract WSS/U1172, Department of statistics, Oxford University.

Cheung P, Yeung H Y, 2012. Application of Optical-flow Technipue to Significant Convection Nowcast for) Terminal Areas in HongKong[C]// The 3rd WMO International Symposium on Nowcasting and Very Short-Range Forecasting(WSN12):6-10.

Crane R K,1979. Automatic cell detection and tracking[J]. IEEE Trans Geosci Electron,GE-17: 250-262.

Dixon M, Wiener G,1993. TITAN: Thunderstorm identification,tracking, analysis, and nowcasting: A radar-based methodology[J]. J Atmos Oceanic Technol,**10**: 785-797.

Johnson J T, MacKeen P L, Witt A, et al, 1998. The Storm Cell Identification and Tracking algorithm: An enhanced WSR88D algorithm[J]. Wea Forec,**13**: 263-276.

Ligda M A,1953. The horizontal motion of small precipitation areas as observed by radar[C]// Technical Report 21,Department of Meteorology. MIT,Cambridge Massachusetts:60.

Mueller C, Saxen T, Roberts R, et al,2003. NCAR auto-nowcasting system[J]. Wea Foreca, **18**: 545-561.

Overton K I,Weymouth T E,1979. A noise reducing reprocessing algorithm[C]// Proceedings of IEEE Computer Science Conference on Pattern Recognition and Image Processing. Chicago,USE: 498-507.

Rasmussen R, Dixon M, Hage F, et al, 2001. Weather Support to Deicing Decision Making (WSDDM): Awinter weather nowcasting system[J]. Bull Amer Met Soc, **82**: 579-595.

Reich S,2007. An explicit and conservative remapping strategy for semi-Lagrangian advection[J]. Atmos Sci Lett,**8**: 58-60.

Rinehart R E, Garvey ET,1978. Three-dimensionalstorm motion detection by conventional weather radar[J]. Nature,**273**: 287-289

Wilson J W, Crook N A, Mueller C K, et al, 1998. Nowcasting thunderstorms: A status report[J]. Bull Amer Meteo Soc,**79**: 2079-2099.

Wilson J W,Feng Y,Chen M,et al,2010. Nowcasting challenges during the Beijing Olympics:Successes,failures,and implications for future nowcasting systems[J]. Wea forcasting,**25**:1691-1714.

静力稳定条件下的重庆大暴雨天气成因分析

邓承之　何　跃

（重庆市气象台，重庆 401147）

摘　要

采用常规观测、地面自动观测、多普勒雷达及 NCEP/NCAR 1°×1°资料等，对 2016 年 6 月 27—28 日重庆南部地区的大暴雨过程的成因进行了研究。结果表明：(1)此次暴雨过程雨强偏弱，中心雨强一般在 10～20 mm/h，最大雨强为 34.1 mm/h，但持续时间较长，大暴雨过程由持续性降水累计形成。(2)暴雨发生在东西走向的带状副热带高压北侧的锋区之中。高空不断东移的高空槽、低空缓慢移动的切变线及云贵准静止锋为连续性的暴雨天气提供了充足的抬升条件。副热带高压西侧的偏南风急流输送了充足的水汽，暴雨区 850 hPa 比湿超过 12 g/kg。(3)暴雨过程中垂直方向的大气层结是静力稳定，但在倾斜方向存在对称不稳定机制，对称不稳定层结位于暴雨区上空 850～700 hPa。云贵准静止锋维持在 28°N 左右，锋区两侧 850～500 hPa 维持南侧上升、北侧下沉的经向次级环流，且暴雨区上空 700～500 hPa 维持的锋生效应有利于锋区维持并增强，维持的锋区及锋区次级环流为对称不稳定的形成和释放提供了有利的动力条件。

关键词：大暴雨　对称不稳定　次级环流

引言

夏季(6—8 月)为重庆地区的主汛期，降水量占全年降水量的 4～5 成，是全年暴雨最为频发的时段。重庆夏季发生的暴雨多以对流性暴雨为主，静力稳定条件下发生的暴雨天气较少，大暴雨天气则更少，对于此类暴雨天气的动、热力机制的了解并不足够，有必要对其发生、发展的成因及动、热力机制开展进一步的分析。

1　实况及天气形势

1.1　暴雨实况

2016 年 6 月 26 日 20 时至 28 日 20 时(北京时，下同)，重庆南部地区连续 2 d 出现暴雨和大暴雨天气，其中 26 日 20 时至 27 日 20 时累计降雨达到暴雨量级(图 1a)，27 日 20 时至 28 日 20 时累计降雨达到大暴雨量级(图 1b)。2 d 暴雨的雨带位置近乎一致，雨带均呈东西带状，过程最大累计雨量出现在酉阳区花田镇，达 302.7 mm。此次暴雨天气的雨强在重庆地区暴雨天气中偏弱，以持续性降雨为主，中心雨强一般为 10～20 mm/h，最大雨强出现在万盛区双坝镇，为 34.1 mm/h。持续性的暴雨天气引起了重庆南部的綦江、彭水等多地出现暴雨洪涝灾害。

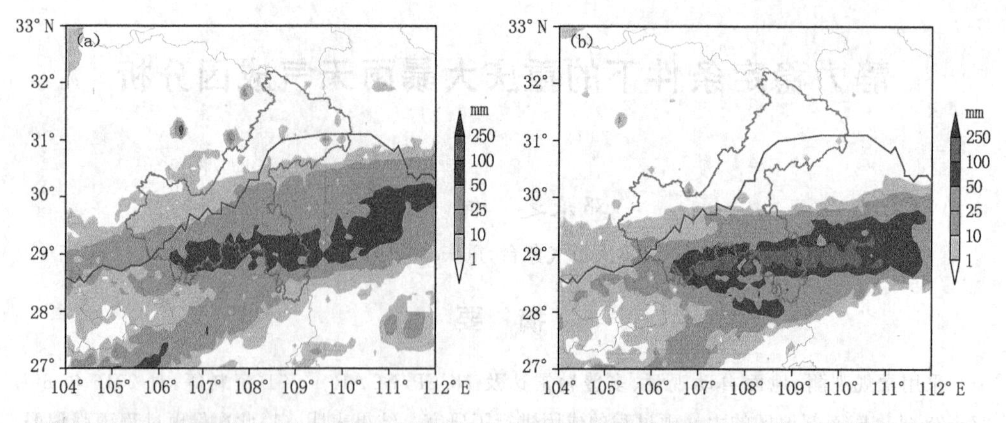

图 1　2016 年 6 月 26 日 20 时至 27 日 20 时(a)和 27 日 20 时至 28 日 20 时(b)累计雨量

1.2　天气形势

暴雨天气发生在有利的天气形势下。6 月 26 日 20 时 200 hPa 高空急流位于 40°N 附近，南亚高压脊线自青藏高原南部经渝黔交界地区伸至两湖地区上空，为重庆南部提供了有利的高空辐散条件。500 hP 副热带高压控制华南地区，呈东西走向的带状，588 dagpm 等值线位于重庆南部、湖南及江西北部，588 dagpm 等值线北侧有东北—西南走向的高空槽逐渐移近重庆，高空槽与副热带高压之间 700 hPa 切变线南移至长江沿线附近维持，呈东北东—西南西走向。云贵准静止锋位于贵州及云南北部，850 hPa 假相当位温的密集带位于重庆中部地区(图 2a)。6 月 27 日 20 时天气系统配置与 26 日 20 时相近，500 hPa 有新的高空槽移近，副热带高压 588 dagpm 等值线略南移至贵州中部，700 hPa 切变线略南移至重庆南部，云贵准静止锋位于云南北部、贵州中部，而 850 hPa 假相当位温的密集带移至重庆南部地区(图 2b)。

可见，带状副高北侧不断东移的高空槽、低空缓慢移动的切变线及云贵准静止锋为连续性的暴雨天气提供了充足的抬升条件。

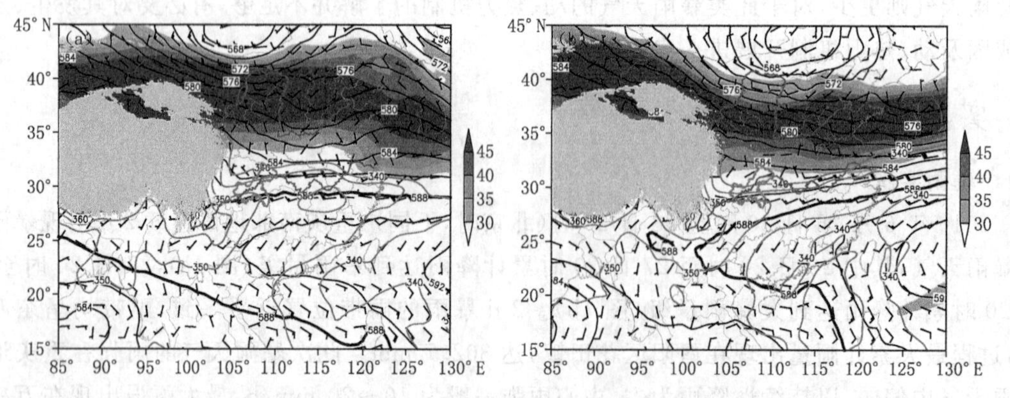

图 2　200 hPa 急流(单位:m/s)、500 hPa 高度场(单位:dagpm)、
700 hPa 风场(风向杆)及 850 hPa 假相当位温场(单位:K)
(a. 2016 年 6 月 26 日 20 时，b. 27 日 20 时)

1.3 水汽条件

由图 3a 和 b 可以看出，副热带高压控制华南地区，副热带高压西侧的偏南风急流将南海水汽向暴雨区输送，暴雨过程中重庆南部 850 hPa 的比湿均超过 12 g/kg，水汽条件充足，暴雨产生在高比湿梯度区北侧的锋区之中。

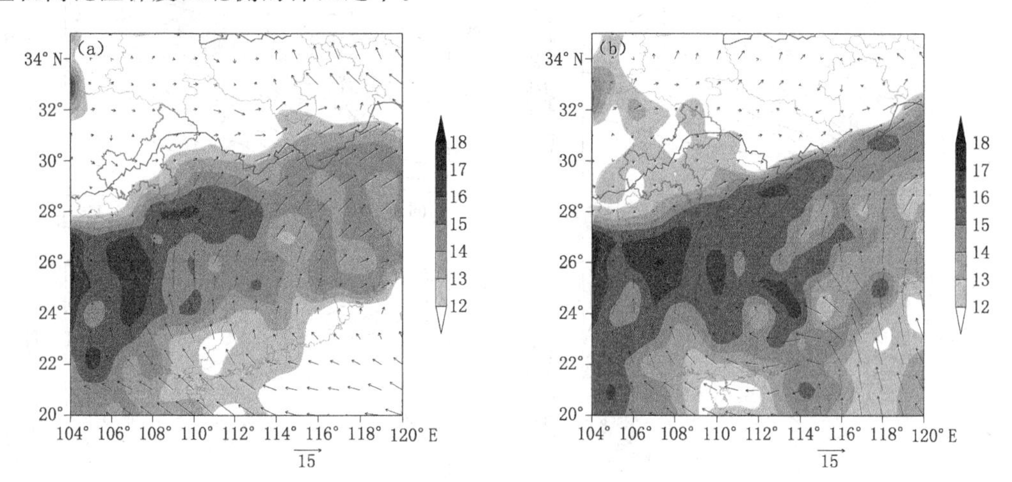

图 3　850 hPa 比湿(单位:g/kg)及风场(矢线)

(a. 2016 年 6 月 27 日 02 时，b. 28 日 02 时)

2　雨带演变

图 4 为 $\theta_{se500-850}$ 和组合反射率因子的叠加，图 3a～f 中的等值线显示，2016 年 6 月 26 日 20 时至 28 日 08 时，重庆地区垂直方向基本为稳定层结，500 hPa 与 850 hPa 的 θ_{se} 差值(以下均以 $\theta_{se500-850}$ 代表)均大于 0，重庆南部地区 $\theta_{se500-850}$ 甚至超过 12 K，层结稳定性较显著。但图 3a～f中组合反射率因子的演变显示，6 月 26 日 20 时回波开始在重庆西南部生成，回波生成处的 $\theta_{se500-850}$ 超过 15 K，之后回波逐渐发展，至 27 日 02 时组织成东北—西南走向的回波带，回波带所在位置 $\theta_{se500-850}$ 超过 12 K，27 日 08 时回波带有所南移，但仍位于 $\theta_{se500-850}$ 超过 9 K 的区域内，之后回波带减弱东移。27 日 20 时，回波再次在重庆西南部 $\theta_{se500-850}$ 大于 9 K 的区域中发展并逐渐东移，28 日 02 时东移至重庆东南部，但重庆西南部再次有回波发展并逐渐组织成东西向的带状，至 28 日 08 时，重庆南部地区存在两条东西向的回波带，之后回波带逐渐向南移出重庆。可见，6 月 26 日 20 时至 28 日 20 时持续 2 d 的暴雨过程中，降雨回波均在垂直方向静力稳定的区域中发展演变，回波于夜间在重庆西南部开始发展，并逐渐沿着切变线组织成准东西向的回波带，回波带的移向与回波带的走向基本一致，形成持续性的强降水，以致形成暴雨。

3　对称不稳定及锋面抬升

此次暴雨发生在垂直方向静力稳定的区域中，但雨带中心仍观测到 10～20 mm/h 的雨强，最大小时雨量达到 34.1 mm，是否存在其他的不稳定机制？图 5 为沿 107°E 的 θ_{se} 和地转绝对角动量 M 的垂直剖面，图中显示暴雨区域 26 日 20 时和 27 日 20 时 θ_{se} 在对流层中低层随高度升高而增加，地转绝对角动量 M 在经向上随纬度增加而减小，表明暴雨区域垂直方向是

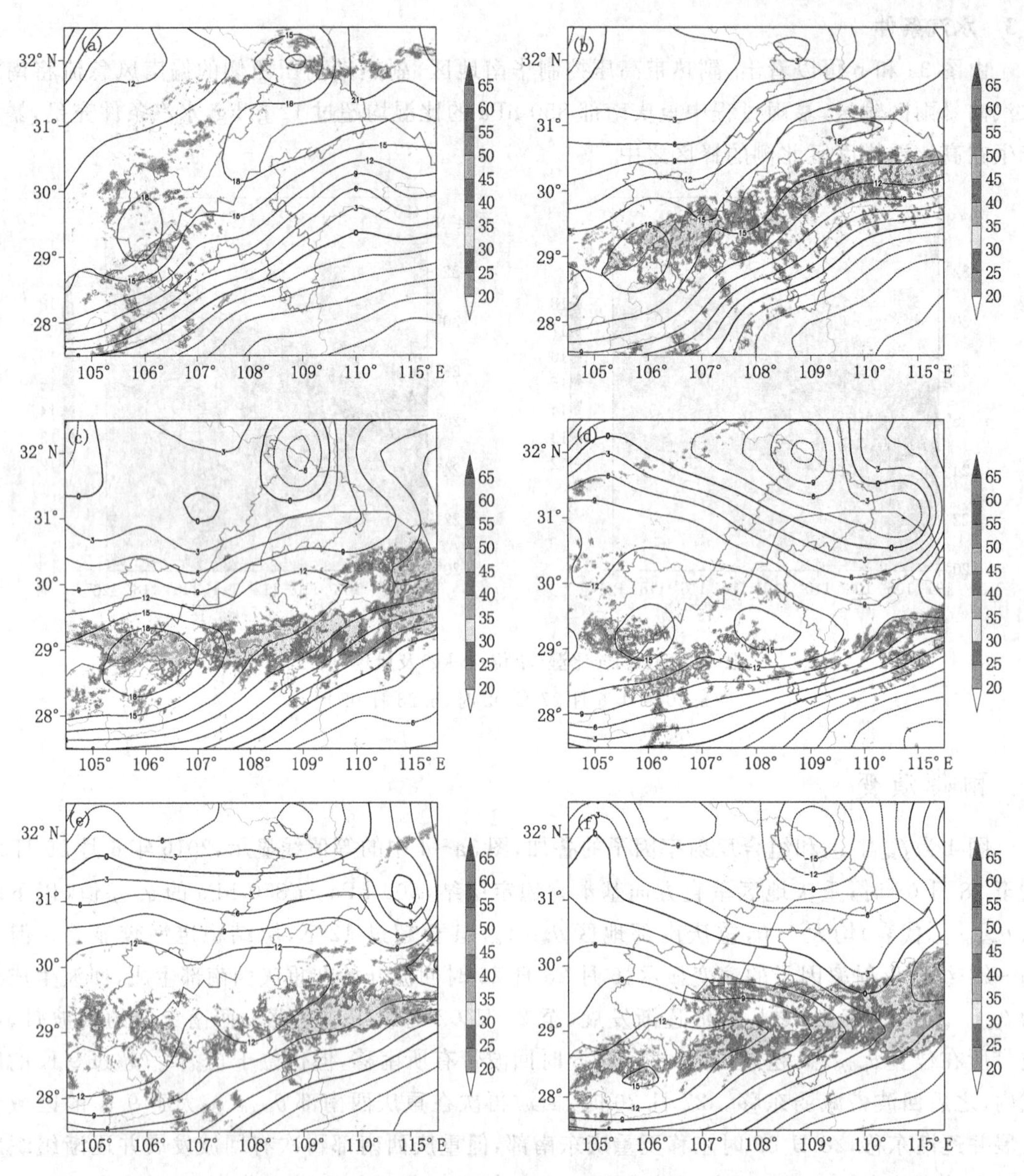

图 4　(a～c)6 月 26 日 20 时—27 日 08 时及(d～f)6 月 27 日 20 时—28 日 08 时(间隔 6 h)
$\theta_{se500-850}$(单位:K)和组合反射率因子(单位:dBZ)叠加

静力稳定的,水平方向为惯性稳定的。但在经向 28°—29°N 与垂直 850～700 hPa 存在倾斜方向的对称不稳定机制。可见,对称不稳定机制可能是此次暴雨过程中降水发展的重要不稳定机制。

对称不稳定的触发需要倾斜抬升作用,因而有必要分析暴雨区的锋面及流线特征。由图 6a 中 θ_{se} 密集带的分布可以看出,26 日 20 时地面锋线位于 28°N 附近,锋区随高度向北倾斜,在锋区南侧流线沿着锋区向北侧延伸,锋区南侧流线沿着锋区向南侧下沉,形成 850～500 hPa 的沿着锋区的经向次级环流,图 6b 显示,至 27 日 20 时锋区及次级环流一直维持。可见,次级环流上升支沿着锋区倾斜抬升,是对称不稳定能量触发的重要机制。

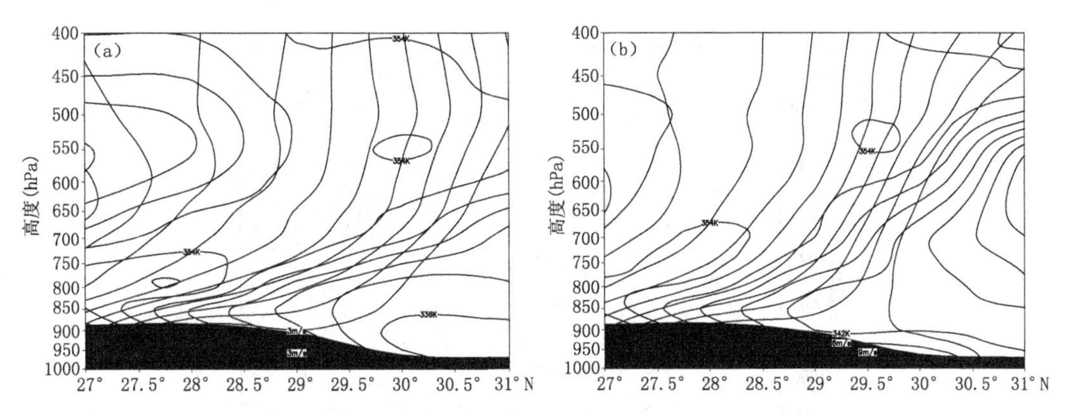

图 5 θ_{se}(单位:K)和地转绝对角动量 M(单位:dBZ)叠加

(a. 6 月 26 日 20 时,b. 6 月 27 日 20 时)

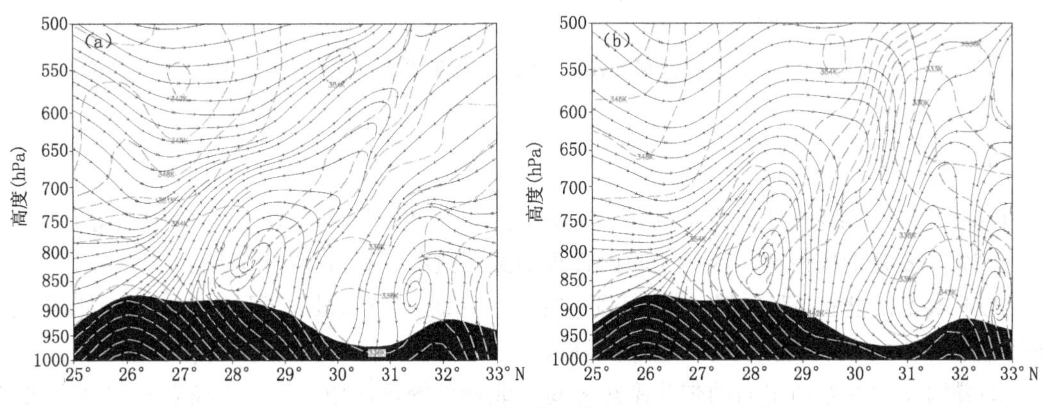

图 6 θ_{se}(单位:K)和风流线(v 与 $\omega*10$ 合成)叠加

(a. 6 月 26 日 20 时,b. 6 月 27 日 20 时)

锋生函数可以从定量的角度来分析锋生效应的变化状况(朱乾根等,2000)。在仅考虑水平与垂直锋生而忽略非绝热加热作用时,湿绝热过程中的锋生函数表述如下(郭英莲等,2014):

$$F=-\frac{1}{|\nabla\theta_{se}|}\left[\left(\frac{\partial\theta_{se}}{\partial x}\right)^2\frac{\partial u}{\partial x}+\left(\frac{\partial\theta_{se}}{\partial y}\right)^2\frac{\partial v}{\partial y}+\frac{\partial\theta_{se}}{\partial x}\frac{\partial\theta_{se}}{\partial y}\left(\frac{\partial u}{\partial x}+\frac{\partial v}{\partial y}\right)\right]-\frac{1}{|\nabla\theta_{se}|}\left(\frac{\partial\theta_{se}}{\partial x}\frac{\partial\omega}{\partial x}+\frac{\partial\theta_{se}}{\partial y}\frac{\partial\omega}{\partial y}\right)\frac{\partial\theta_{se}}{\partial p}$$

由万盛双坝站上空的锋生函数(图 7)可以看出,6 月 26 日 20 时至 28 日 20 时,700 hPa 以下无显著的锋生,27 日 08 时和 28 日 08 时前后甚至存在一定的锋消条件,而 700 hPa 以上则一直维持锋生,锋生函数在 26 日 23 时前后开始增强,27 日 02 时增至 1×10^{-9} K/(m·s),至 27 日 08 时 700～650 hPa 锋生函数超过 2×10^{-9} K/(m·s)。27 日 11 时开始减弱至 1×10^{-9} K/(m·s),27 日 20 时前后再次增强,至 28 日 08 时双坝站上空 650 hPa 高度附近出现 4×10^{-9} K/(m·s)的锋生,28 日 14 时 600～500 hPa 锋生函数超过 10×10^{-9} K/(m·s)以上。可见,700～500 hPa 维持的锋生效应有利于锋区的维持,为对称不稳定的释放提供了有利的动力条件。

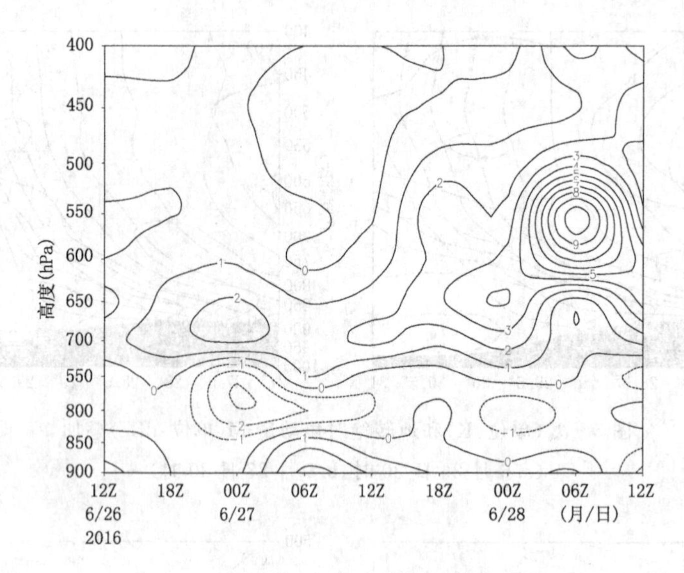

图 7　2016 年 6 月 26—28 日万盛双坝站锋生函数(等值线,单位:10^{-9} K/m·s)的时间—高度剖面

4　结论与讨论

本文采用常规观测、地面自动观测、多普勒雷达及 NCEP/NCAR 1°×1°资料等,对 2016 年 6 月 27—28 日重庆南部地区的大暴雨过程的成因进行了研究,结果表明:

(1)此次暴雨过程雨强偏弱,中心雨强一般在 10～20 mm/h,最大雨强为 34.1 mm/h,但持续时间较长,大暴雨过程由持续性降水累计形成。

(2)暴雨发生在东西走向的带状副热带高压北侧的锋区之中。高空不断东移的高空槽、低空缓慢移动的切变线及云贵准静止锋为连续性的暴雨天气提供了充足的抬升条件。副高西侧的偏南风急流输送了充足的水汽,暴雨区 850 hPa 比湿超过 12 g/kg。南亚高压脊线经过暴雨区上空,为暴雨天气提供了有利的高空辐散条件。

(3)降雨回波均于夜间在重庆西南部开始发展,并逐渐组织成准东西向的回波带,回波带的移向与回波带的走向基本一致,形成“列车效应”,使得降水得以长时间持续。

(4)暴雨过程中垂直方向的大气层结是静力稳定,但在倾斜方向存在对称不稳定机制,对称不稳定层结位于暴雨区上空的 850～700 hPa。

(5)云贵准静止锋维持在 28°N 左右,锋区两侧 850～500 hPa 维持南侧上升、北侧下沉的经向次级环流,且暴雨区上空 700～500 hPa 维持的锋生效应有利于锋区维持并增强,维持的锋区及锋区次级环流为对称不稳定的形成和释放提供了有利的动力条件。

参考文献

郭英莲,王继竹,李才媛,2014. 锋生作用对 2011 年梅汛期湖北暴雨的影响[J]. 气象,**40**(1):86-93.

朱乾根,林锦瑞,寿绍文,等,2000. 天气学原理与方法[M]. 北京:气象出版社:50-460.

“16·7”华北极端强降水特征及天气学成因分析

符娇兰　马学款　孙　军　张　芳　张夕迪　权婉晴　杨舒楠　沈晓琳

（国家气象中心，北京 100081）

摘　要

2016 年 7 月 19—20 日华北出现了入汛以来最强降水过程。此次降水过程为一次影响范围广、累计雨量大、持续时间长的极端强降水过程，其强度较“96·8”暴雨过程强，仅次于“63·8”暴雨过程。此次暴雨过程以暖云降水为主，短时强降水特征明显，局地小时雨强强且具有明显的地形降水特征。此次强降水发生在南亚高压东伸加强、副热带高压西伸北抬、中高纬度西风带低涡系统发展的环流背景下，黄淮气旋、西南和东南低空急流的异常发展以及水汽的异常充沛表明此次强降水过程对应的天气尺度强迫异常偏强。强降水过程表现出明显的阶段特征，主要分为两个阶段：19 日凌晨至白天高空槽前偏东风导致的地形强降水、19 日夜间至 20 日为黄淮气旋系统北侧螺旋雨带造成的强降水。第一阶段的降水主要与高空槽前偏东风/东南风急流的发展有直接关系。这一阶段降水表现为对流旺盛，中层弱干冷平流以及低层强暖平流是对流不稳定能量的维持机制，强降水形成的冷堆与局地地形作用产生的中尺度锋生过程为对流持续新生提供了有利条件。第二阶段的降水主要与低涡切断和黄淮气旋的强烈发展有关。该阶段降水对流相对较弱，黄淮气旋进入华北以后移动缓慢，从而造成降水持续时间较长。

关键词：极端降水事件　切断低涡　异常发展　移动缓慢　地形增幅

引言

华北地处中纬度地区，不仅冷空气活动频繁，而且夏季暖湿气流北上也可以达到该地区，冷、暖空气交绥常造成异常强降水。据统计，华北夏季（6—8 月）的降水量占年降水量的 50% 以上，而这种集中的降水量又往往是由几场暴雨造成。其特点为降水强度大、出现时间集中、局地性强、其空间分布受地形影响明显（华北暴雨编写组，1992）。如海河流域的“63·8”特大暴雨，过程总降水量高达 2051 mm，其 24 h 强降水发生在 8 月 4 日河北省邢台地区的獐貘乡高达 950 mm（章淹，1990），河北“96·8”大暴雨，邢台县野沟门水库和井陉县吴家窑水文站观测到日降水量超过 600 mm（胡欣等，1998），北京“7·21”特大暴雨过程暴雨中心在房山区河北镇，日降水量达 460 mm（谌芸等，2012；孙继松等，2012）。

华北区域性大暴雨，总是在有利的大尺度环流背景下发生、发展的。当东亚高、中纬度环流纬向型向经向型调整，并与低纬度环流相互作用时，冷、暖空气在华北地区交绥，引起天气尺度和中尺度系统不稳定发展，最终导致强降水的产生（华北暴雨编写组，1992）。周鸣盛等（1993）认为北方大范围暴雨分型应主要以西北太平洋副热带高压为主导系统，按照副高活动特点，华北暴雨 500 hPa 环流型可分为四种：槽脊东移型、西北太平洋副热带高压西进与低槽东移型、西北太平洋副高南侧辐合系统型、台风北上行。丁一汇等（1980）进一步研究了华北暴雨天气尺度环流，提出三种基本环流型：一是华北位于长波槽前，下游有高压脊或阻塞高压，可使上游槽移动减慢或停滞，这种东高西低的形势是华北暴雨最基本的环流形势；二是当下游有阻塞形势维持，同时在贝加尔湖一带有长波脊发展，这是可形成东西两高对峙的环流形势，之间是深厚的低压槽或切变线，这是造成华北持续性大暴雨的环流形势，"63·8"特大暴雨就是出现在这样的环流形势下；此外，第三种华北暴雨形势是，华北北面有高压坝存在的条件下，北上台风深入内陆受阻稳定少动而造成强降水，如"96·8"特大暴雨等。

华北暴雨是在有利的大尺度背景下，由中尺度天气直接产生的。常见的中尺度系统有6种：暖区中尺度切变线、冷式切变线和辐合线、β中尺度干线、东风切变线、低层中尺度浅薄冷空气活动、边界层急流（华北暴雨编写组，1992）。吕艳彬等（2002）分析了华北平原上三个典型个例合成的MCC发生前的环境场，指出华北平原发生的MCC是发生在移动性冷锋前的暖区中。王迎春等（2003）研究2002年8月1日晚发生在北京东北部密云县局地特大暴雨指出，中尺度低压和辐合线是对流的触发系统，北京地区北部处于中尺度低压东部暖湿气流的辐合区内，在有利地形条件下中尺度低压和辐合线使密云县西部山区产生特大暴雨。此外，华北主体位于阴山以南，黄河以北，西接陇中高原，东临渤海和黄海，其华北西部为海拔1000～2000 m的黄土高原，个别山峰高度达2000～3000 m，东部是广阔平原地区，海拔高度在200 m以下。范广州等（1999）利用数值模拟研究了地形对华北地区夏季降水的影响，指出华北地区西部和北部的山脉对该地区夏季降水的影响至关重要。孙继松（2005）从大气运动的基本方程出发，讨论了华北地区太行山东侧低空东风气流背景下，气流的不同垂直分布特征对降水落区的影响，指出当垂直于山体的气流随高度减小时，地形作用表现为迎风坡上水平辐合，造成气旋式涡度增加，因此对迎风坡降水产生增幅作用。陈双等（2011）通过个例研究指出，地形的强迫作用，一方面是雷暴冷池出流下山加速与稳定维持的偏南暖湿气流更强烈上升，从而加强对流发展，与此同时，通过强迫抬高冷池出流高度，使出流与近地面偏南气流构成随高度顺转的边界层风垂直切变，低层暖空气之上有冷平流叠加，使对流不稳定增强。

2016年7月19—20日，华北等地发生了"63·8"特大暴雨以来影响范围最广、强度最大的一次强降雨过程。受强降雨影响河北部分地区受灾严重，邢台洪涝灾害造成47人死亡或失踪。尽管业务预报对强降水落区把握较好，但对降水强度及极端性仍估计不足。为进一步提高对此类极端天气的认识，有必要对其天气学成因进行深入分析。文中利用地面自动气象站、探空、雷达及NCEP-GFS分析资料对此次降水过程的降水特点、阶段特征以及不同阶段降水的天气学成因以及地形影响等方面进行分析，总结了此次降水过程的特点，以及极端降水形成的关键影响因子。

1 概况

2016年7月19日至20日，华北出现了2016年最强降雨过程（简称为"16·7"），主要降雨时段出现在19日00时至21日08时，河南北部、山西中东部、河北大部分地区、北京、天津、内蒙古东南部等地出现了大范围暴雨或大暴雨，河北西部沿山和东北部、河南北部、北京西部沿山和城区部分地区特大暴雨，其中19日河北石家庄、河南林州地区局地24 h累计降水超过600 mm。北京、天津、河北、河南等省（直辖市）过程降雨强度均达特强（Ⅰ级）等级（王莉萍等，2015）。

受强降雨影响，河北、山西等省发生山洪、城市内涝等灾害，据不完全统计，河北邢台地区因山洪灾害已致 47 人死亡或失踪，给经济社会、人民生命和财产造成了严重损失。

2 降水特征分析

2.1 降水极端特征

19 日 00 时至 21 日 08 时过程累计降水量显示（图 1a），山西中东部、河南、河北、北京、天津、山东中西部等地部分地区降雨 100～250 mm，北京西部沿山和中南部、河北东北部和西部沿山、河南北部、天津南部、辽宁西南部等地雨量为 250～400 mm，河南林州和安阳、河北石家庄、邯郸、邢台和秦皇岛等局地 400～690 mm。此次暴雨天气过程影响到河南、山东、河北、山西、北京、天津、内蒙古、辽宁等 14 省（区、市）；累计雨量 50 mm 以上面积约 90.6 万 km^2，其中 100 mm 以上面积约 36.9 万 km^2，250 mm 以上面积 3.6 万 km^2。大暴雨影响面积是 2016 年以来第二大（仅次于 6 月 30 日至 7 月 6 日）。

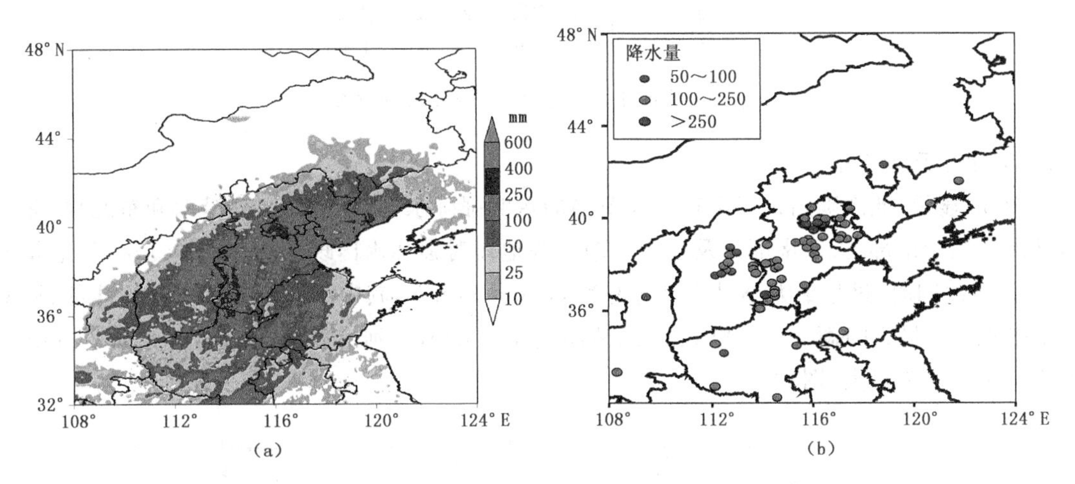

图 1　2016 年 7 月 19 日 00 时至 21 日 08 时过程累积降水量（a，单位：mm）、7 月 19—20 日 24 h 累积降水量突破 7 月历史极值站点分布（b）

此次降水为一次极端强降水过程，北京大兴（242 mm）、河北井陉（379.7 mm）、武安（374.3 mm）、山西平定（192 mm）、辽宁建昌（184.4 mm）等县（市）日雨量突破有气象记录以来历史极值，北京、天津、河北、山西、河南北部共 60 个站・次 24 h 雨量突破 7 月历史极值（图 1b）。

"16・7"强降水过程与"63・8"和"96・8"暴雨过程都是在相似的环流背景和有利的地形影响下产生的（章淹，1990；胡欣等，1998）。"63・8"强降水主要分布在太行山东麓，过程累计降水普遍达到 400～600 mm，局地超过 1000 mm，其中河北内丘县獐貘乡水文站 8 月 4 日录得 24 h 累计降水为 950 mm，过程累计降水量达 2051 mm，是中华人民共和国成立以来海河流域最严重的特大暴雨过程。"96・8"降水过程主要雨区也是沿太行山呈南北带状分布，石家庄、邢台等地的太行山迎风坡附近过程降雨量普遍超过 400 mm，邢台县野沟门水库和井陉县吴家窑水文站分别观测到 616 和 670 mm。此次强降水过程从过程累计降水量和影响范围来看较"96・8"暴雨过程强，仅次于"63・8"暴雨过程。

此次降水过程主要集中在19日00时至21日08时，降雨持续时间普遍在12～36 h，其中山西中部、河北西部、北京中西部持续时间为36～48 h，河北石家庄、山西忻州和阳泉等地的部分地区持续时间超过48 h。可见，此次降水过程集中降水持续时间长(图2)，但较“63·8”和“96·8”过程要短(章淹，1990；胡欣等，1998)。

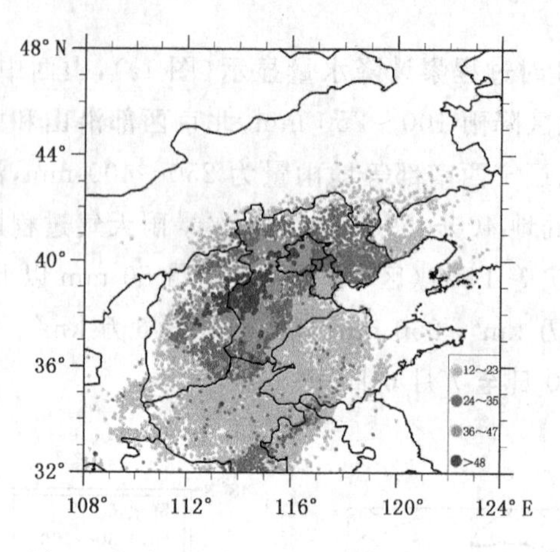

图2 小时雨强大于0.1 mm出现的时次

2.2 降水中尺度特征

图3a显示，此次降雨过程出现了大范围的短时强降水，其中河北西部沿山和东北部、北京西部沿山和中南部、天津南部以及辽宁西南部等地短时强降水出现频次达5～10次，局地超过10次。与此同时，过程最大小时雨量普遍达到30～50 mm，其中河北西部沿山和东北部、河南北部等地1 h最大降雨50～100 mm，局地超过100 mm，以河北赞皇县嶂石岩139.7 mm(19日16—17时)为最大(图3b)。

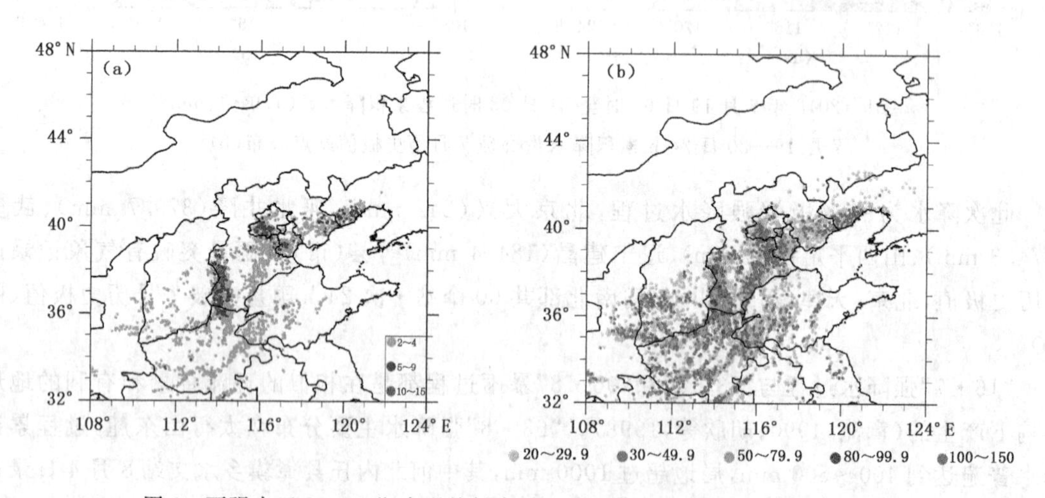

图3 雨强大于20 mm/h出现的频次(a)、过程最大小时雨量(单位：mm)(b)

尽管此次降水局地小时雨强强，但从闪电分布来看，总体闪电密度较低，尤其是20日的降水，仅山区局地伴有闪电(图略)。从19、20日强降水云团对应的雷达剖面来看(图4)，此次降水回波顶高不高，约7～9 km，且质心较低，以暖云降水为主。

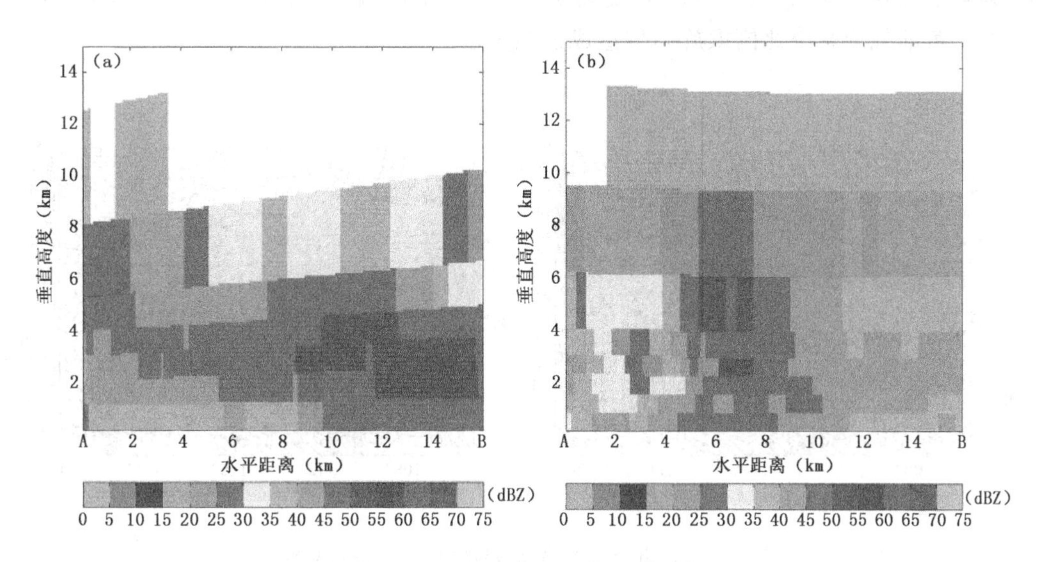

图 4　(a)19 日 19 时 28 分石家庄雷达剖面、(b)20 日 11 时 12 分北京 SA 雷达剖面

此次强降水过程地形对降水的增幅作用明显。过程累积降水量超过 250 mm 主要沿太行山东麓、燕山南麓分布(图 5a)，其中大于 500 mm 强降水中心位于河北井陉、赞皇一带以及河南林州地区，这可能与上述地区喇叭口地形有关(侯瑞钦等，2009)；此外，短时强降水频次(小时雨强大于 20 mm/h)大于 5 也主要位于在上述区域(图 2b)。徐国强等(1998)通过数值模拟研究指出太行山地形对“96・8”降水强度具有 60%的增幅作用。从河北强降水中心至周边区域降水变化和地形分布可以看出，太行山迎风坡处降水强度约为西部高原和平原地区的 3～4 倍，可见此次降水地形增幅作用远大于“96・8”暴雨过程。

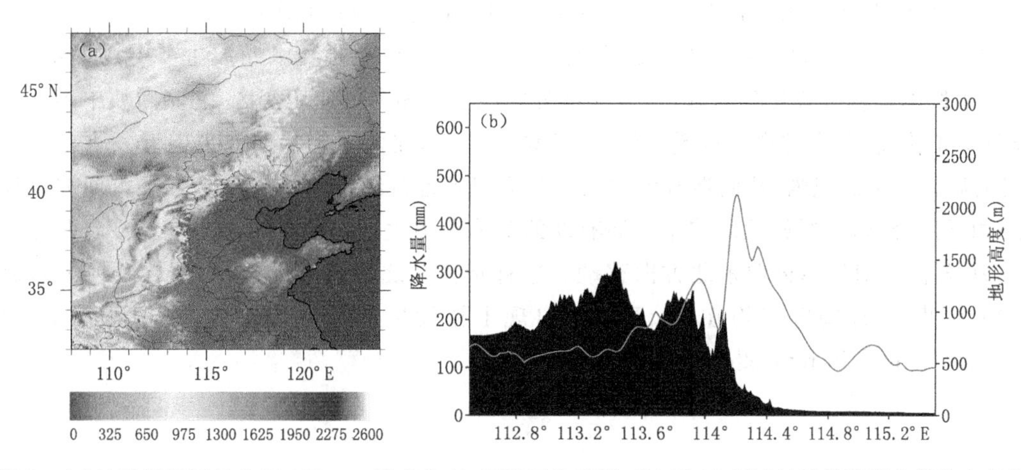

图 5　(a)过程累积雨量大于 250 mm 站点分布，阴影区为地形；(b)经 37.7°N 过程累计降水量纬向变化

3　强降水的阶段特点

此次强降水过程表现出明显的阶段特征。从影响系统以及雷达回波演变特征(图 6)可以

看出，强降水主要分为两个阶段:19 日凌晨至白天高空槽前偏东风导致的地形强降水，19 日夜间至 20 日黄淮气旋系统北侧螺旋雨带造成的强降水。

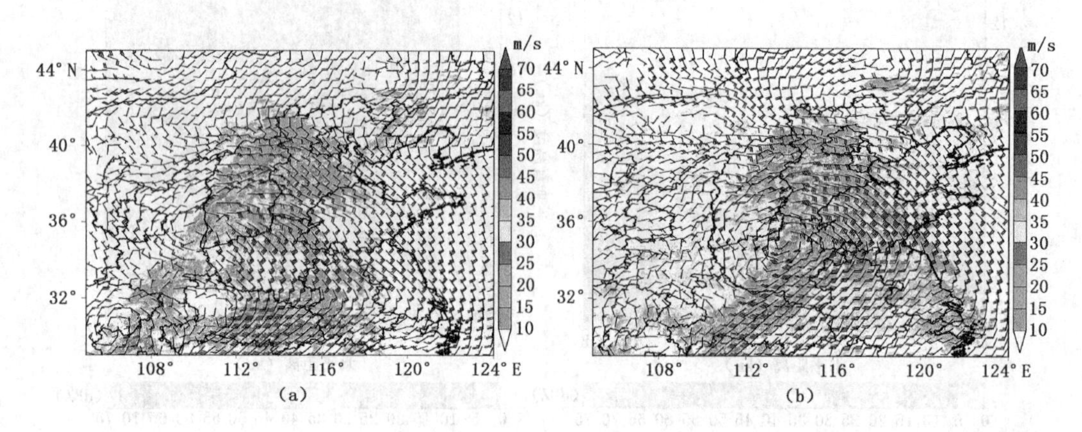

图 6　雷达组合反射率及最近时段 850 hPa 风场

(a. 19 日 07 时 48 分雷达及 08 时风场，b. 19 日 23 时 00 分雷达及 20 时风场)

19 日 00 时前后，河南北部至河北南部境内的太行山东麓出现一些分散性的对流，对流系统受槽前偏南风的影响，不断向北移动并发展。04 时前后沿太行山东麓逐渐发展为准南北向的带状回波，此时与高空槽对应的回波带位于陕西与山西交界处。随着高空系统东移发展，与高空槽对应的回波逐渐东移，于 14 时前后两个带状回波合并，并一直维持到 19 日 20 时前后。在此阶段的带状回波为层状-积云混合型降水回波，回波中不断有新的对流单体生成，并沿太行山东麓北上形成“列车效应”，从而导致河南安阳至河北石家庄一带较强的持续性降水。从河南林州和河北石家庄局地 1 h 自动站雨量序列可以看出，19 日白天上述地区出现了持续性的短时强降水，且小时雨量在 30～80 mm，部分时段超过 80 mm(图 7a、7b)。

19 日 20 时前后，高空低涡及气旋在河南中北部生成，此时降水回波主要分为两部分，一部分位于低涡南侧冷式切变线附近，另一部分则位于北侧强风速切变区，北侧回波中不断有螺旋状回波带出现，并向北向西旋转，随着气旋缓慢北上，北侧螺旋状回波也向北发展，于 21 日 03 时前后移出华北境内，从而造成河北、北京、天津等地持续降水。第二阶段降水回波同样为层状-积云混合型，在螺旋状回波中不断有新的对流单体生成，19 日夜间单体主要向西北风向移动，20 日白天对流单体向东北方向移动。这种特征在北京南部、天津中部以及河东东北部表现较为明显，这些区域均在 20 日白天出现了持续性的短时强降水，小时雨量为 30～50 mm，局地超过 50 mm(图 7c～7e)。

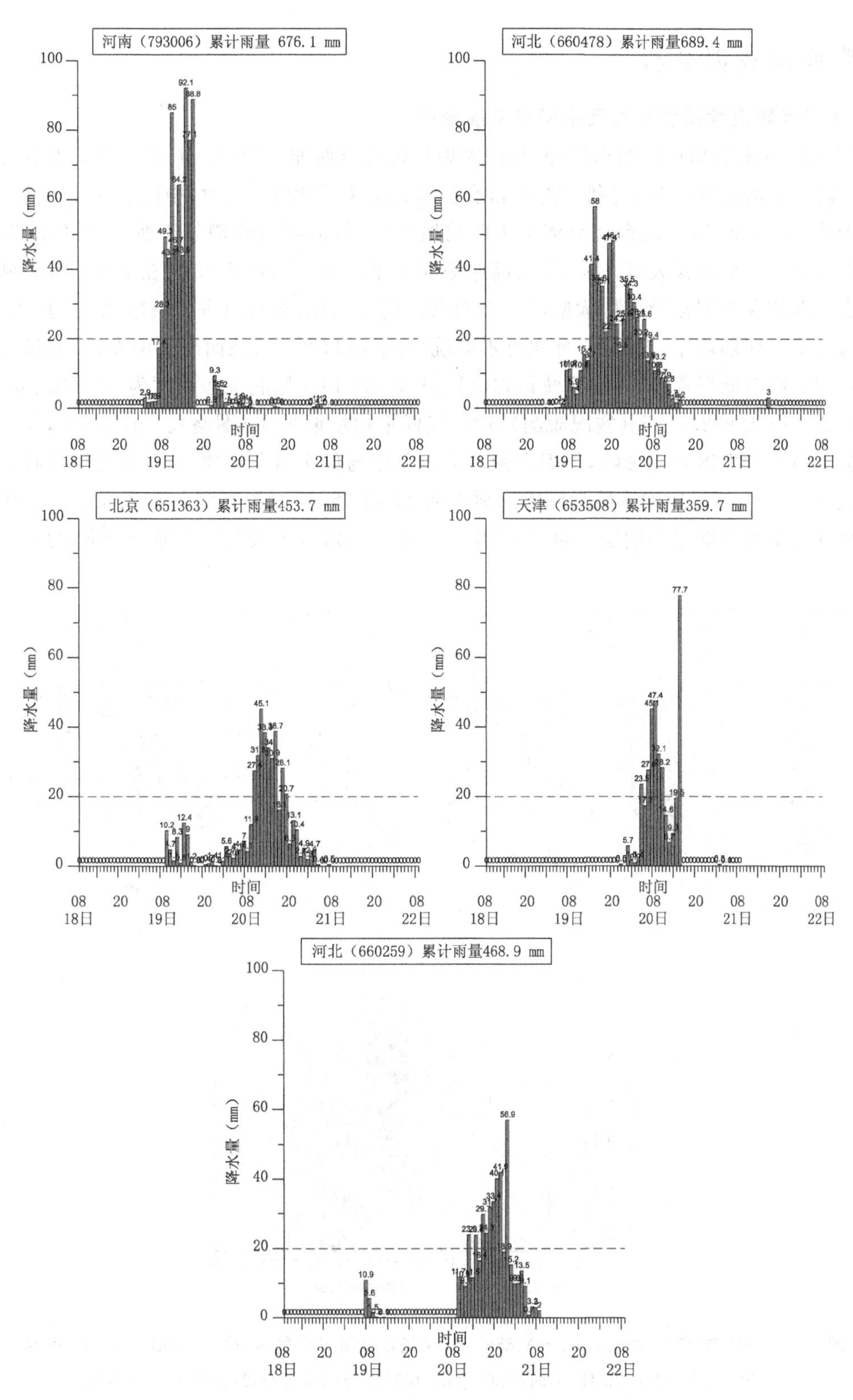

图 7　逐时自动站雨量时间序列(单位:mm)

(a.河南林州,b.河北石家庄,c.北京,d.天津城区,e.河北秦皇岛)

4　强降水成因分析

4.1　大尺度环流背景和天气尺度影响系统概况

17—21 日南亚高压逐渐东伸加强，同时副热带高压西伸北抬，21 日 08 时副高北界位于长江中下游至黄海北部一带，有利于雨带北抬至华北地区(图略)。同时，中国北方地区为一槽两脊的形势，18 日 08 时西风带高空槽位于西北地区东部，同时高原槽位于西南地区东部，之后西风带高空槽不断加深发展东移，并与高原槽同位相叠加，于 20 日 02 时在华北南部切断为低涡。受低涡切断发展以及东侧大陆高压和副高阻挡，低涡沿太行山东麓缓慢北上，于 21 日 20 时在河北境内减弱填塞(图略)。此次低涡系统发展深厚(图 8)，地面有气旋发展，对流层低层至 200 hPa 均有低涡存在，低涡系统最强时段对应 500 hPa 低涡位势高度为 575 dapgm，地面气旋中心气压为 992.7 hPa(实况观测)，均较气候平均场偏强 3σ(图略)。与此同时，受副高西伸加强与高空槽发展共同影响，低涡东侧西南风急流与偏东风急流建立，且边界层内存在超低空急流，925、850 hPa 急流核最大风速分别达到 24 和 26 m/s(探空资料)，为强降水提供了有利的水汽和不稳定能量的输送。可见，此次强降水过程对应的天气尺度强迫异常偏强。

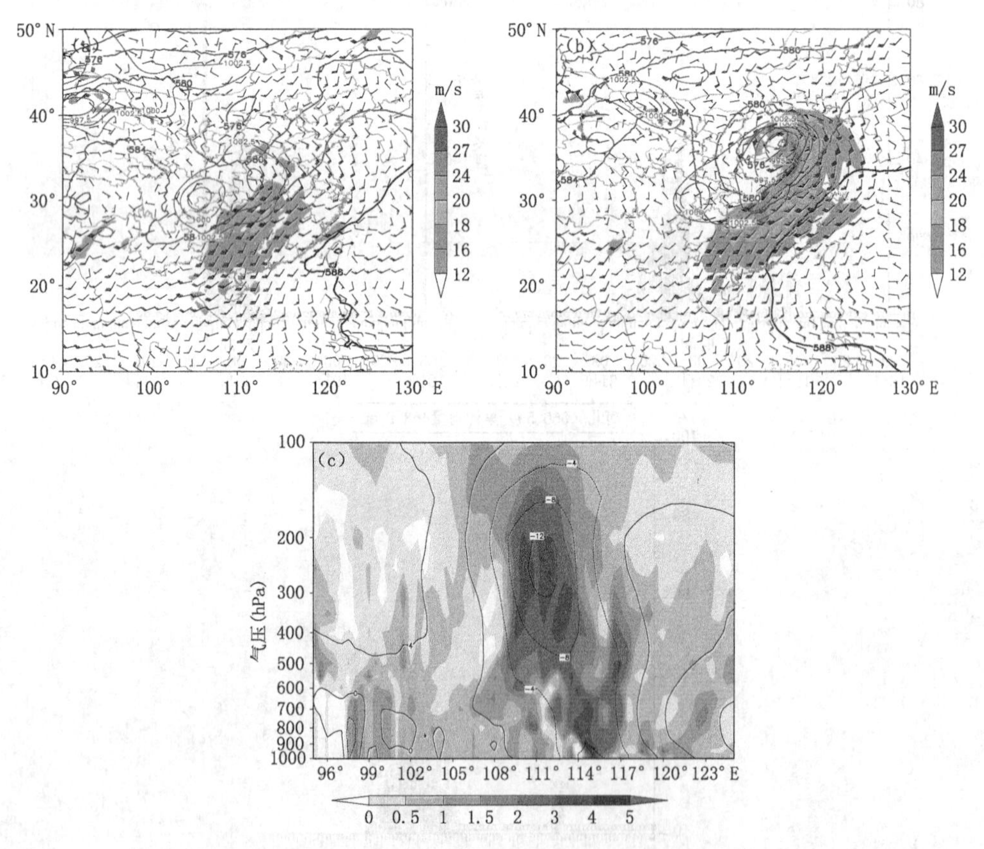

图 8　500 hPa 高度场(单位：dagpm)、850 hPa 风场以及海平面气压(单位：hPa)(a. 19 日 08 时、b. 20 日 08 时)(c. 20 日 08 时涡度(单位：$10^{-5}\,s^{-1}$)和位势高度纬带(95°—125°E)距平(单位：dagpm)纬向垂直剖面)

受低空西南急流与偏东风急流的共同影响，此次降水过程建立了两条水汽通道，其中一条为副高外围西南风将水汽从南海向华北地区输送，另一条则是由低涡东北侧东南风将水汽从黄海渤海输向华北地区(图略)，为强降水提供了充沛的水汽来源。此次降水过程整层可降水量达到了 60～70 mm，局地超过 70 mm(图 9a)，相对气候场具有显著的正异常(大于 4σ)(图略)。与此同时，低层低空急流暖湿输送有利于对流不稳定能量的建立，19 日 02 时显示华北中部和南部具有一定的对流不稳定能量，对流有效位能为 100～500 J/kg(图 9b)，从而有利于太行山东麓对流性降水的产生。

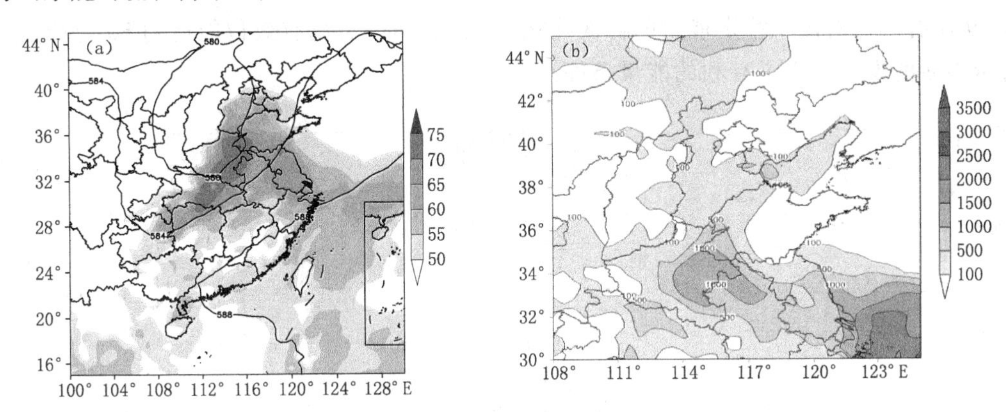

图 9 (a)19 日 20 时 500 hPa 高度场(单位：dagpm)与整层可降水量(单位：mm)、(b)19 日 02 时对流有效位能(单位：J/kg)

4.2 高空槽前地形降水成因分析

18 日夜间，高空槽及低空切变系统位于陕西与山西交界处，地面低压控制西南地区东部至黄淮西部地区，黄淮至华北南部受槽前低压东北侧东南风影响。随着高空槽系统逐渐向东移动，其东侧为副高与东侧大陆高压，受其影响 19 日 02 时华北至黄淮一带气压梯度增大，导致低层东南风逐渐加大，并逐渐向北扩展，期间东南风中存在多个波动，20 日 08 时前后太行山东麓才转为东北风(图 10a)。从 19 日 14 时 850 hPa 风场及散度(图 10b)可以看出，太行山东麓存在东南风与偏东风辐合，同时偏东风或东南风与南北向的地形正交，加之河北井陉、赞皇一带以及河南林州地区存在多个喇叭口地形，可见风场自身的气旋式辐合以及地形的动力

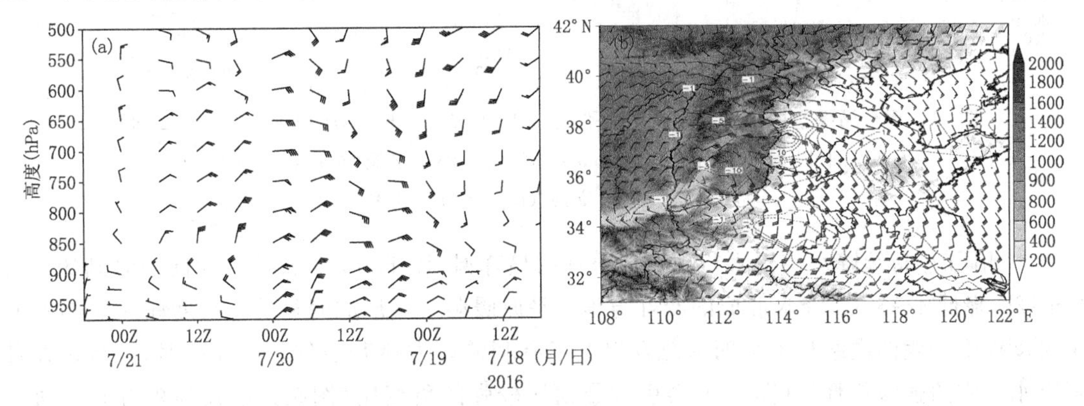

图 10 (a)经点(114°E，38°N)上空风场廓线、(b)19 日 14 时 850 hPa 风场及散度分布(等值线，单位：$10^{-5}\,s^{-1}$)(阴影区为海拔高度大于 200 m 的地形)

抬升及辐合作用为第一阶段降水提供了有利的动力条件。

19 日凌晨至夜间太行山东麓不断有对流单体发展，并沿太行山北上形成“列车效应”，从而导致部分地区出现持续对流性降水。从邢台站探空曲线可以看出，随着中低层风速和暖平流的加大，18 日 20 时对流不稳定能量明显增加，达到 1362 J/kg，从而有利于 19 日凌晨河南北部至河北南部对流的发展。随着对流发展，不稳定能量得到释放，19 日 08 时对流有效位能仅为 6 J/kg。19 日白天，高空槽及地面低压进一步发展东移，低层东南风急流被扩展至华北南部地区，19 日 14 时 700 hPa 以下存在较强的暖湿平流，而中层(700～600 hPa)为弱的冷干平流，从而有利于对流不稳定能量的再次建立，19 日 20 时，对流有效位能达到 501 J/kg，为对流持续不断的发展提供了有利的能量条件。

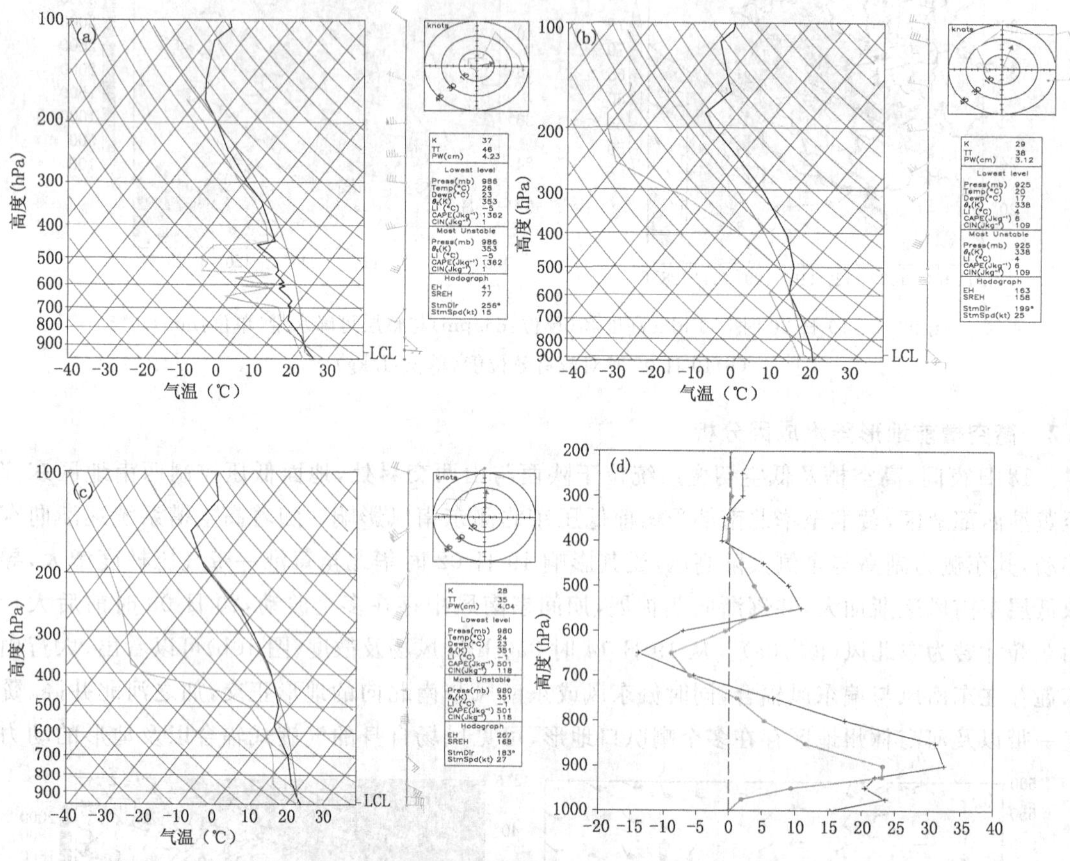

图 11 邢台站探空曲线及温度及湿度平流(a. 18 日 20 时，b. 19 日 08 时，c. 19 日 20 时)
(d)19 日 14 时经邢台附近(114.5°E，37°N)的温度平流(单位：℃/24 h)及
湿度平流(单位：g/(kg · 24 h))廓线

与此同时，持续降水使得太行山东麓出现明显降温，19 日 14 时较前一天同一时刻的温度(图 12a)降低 4～6 ℃，降水形成的冷堆与华北平原暖湿空气形成明显的中尺度锋区(图 12b)，中尺度锋生产生的次级环流为对流触发提供了有利的动力抬升条件。与此同时，太行山东麓强降水造成的强潜热释放(图 12c)会引起暴雨区较强的负变压(图略)，变压风的存在将进一步加强华北南部超低空及低空偏东风急流(高守亭和孙淑清，1984)，从而为对流持续不断的发展提供较好的环境条件。

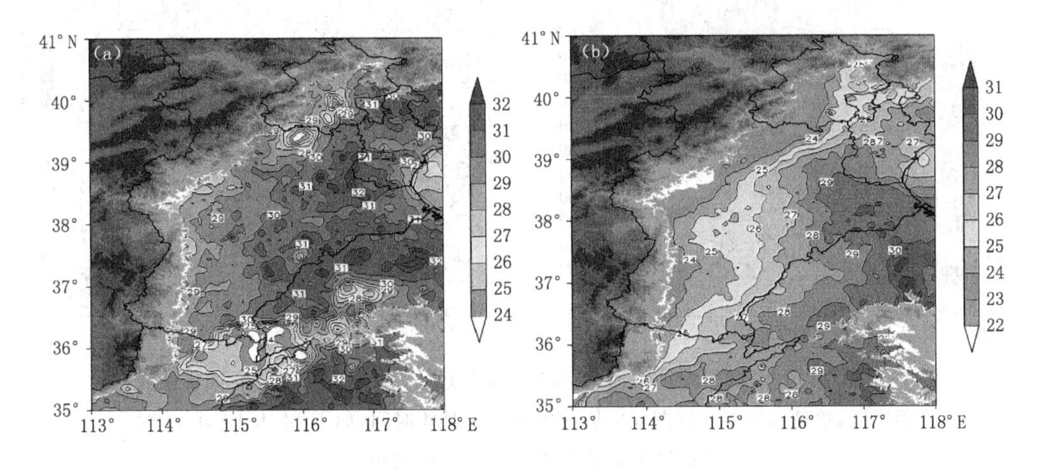

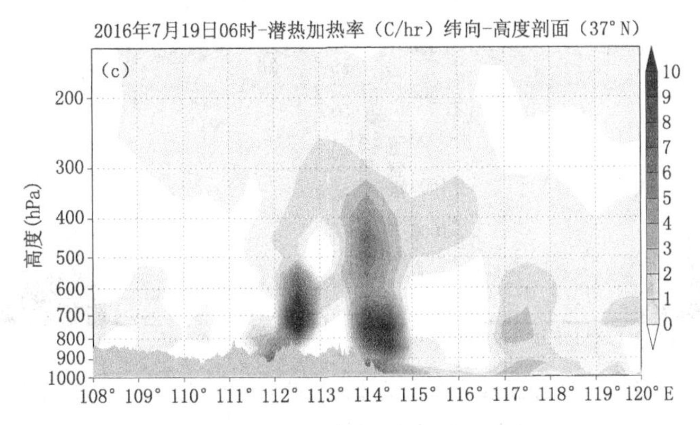

图 12 (a)18 日 14 时、(b)19 日 14 时地面自动站温度(单位:℃)分布,(c) 19 日 14 时潜热加热率(℃/h)纬向-高度剖面(图 a、b 灰色阴影区为海拔高度大于 200 m 的地形,图 c 灰色区域为地形)

4.3 气旋北侧强切变降水成因分析

20 日 02 时,高空槽发展加强为切断低涡,同时副高西伸北抬,与日本海附近大陆高压叠加形成高压坝,导致低涡总体移动缓慢。图 13a 显示低涡 19 日 20 时进入河南北部,之后缓慢进入河北境内,并于 20 日 14 时在石家庄附近徘徊少动,于 21 日 08 时减弱填塞。与此同时,受东侧及北侧高压坝影响,低涡东侧及北侧气压梯度及风速明显较其他方位大,从而导致低涡系统存在明显的不对称结构,受其影响,20 日 02 时至 21 日 08 时,河北中东部至北京一带维持多个气旋式切变,且该气旋式切变随时间逐渐向偏西北方向旋转,这与回波主要在低涡北侧发展对应较好。可见,低涡系统移动缓慢以及非对称结构为上述地区提供了持续有利的动力抬升条件。

此外,低涡北侧偏东风、东南风受太行山东麓东北—西南走向的地形以及燕山东西走向的地形抬升,对 20 日北京西部沿山以及河北东北部地区降水有明显的增幅作用,图 14 显示山地与平原交界处降水量较东侧两侧降水量明显偏大。可见第二阶段降水除了低涡系统本身的动力抬升以外,地形抬升作用也发挥了重要作用。

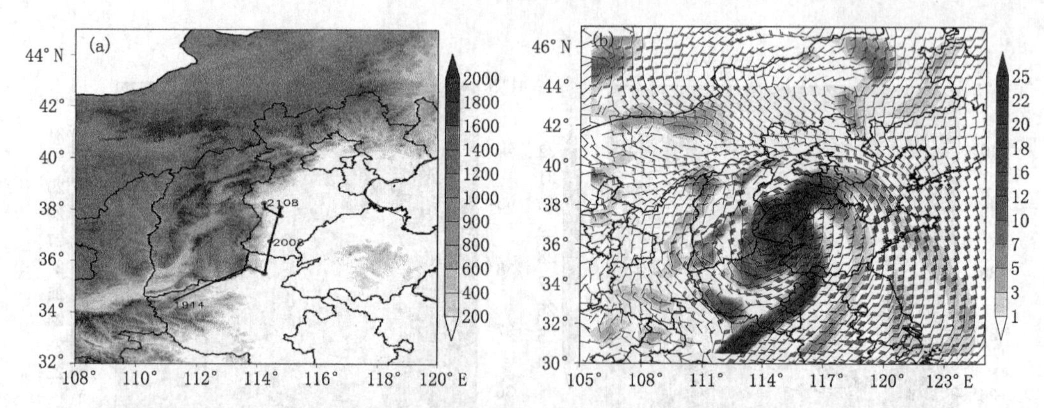

图 13　(a)850 hPa 低涡移动路径、(b)2016 年 7 月 20 日 08 时 850 hPa 风场及涡度（阴影区，单位：$10^{-5}s^{-1}$）(图 a 中标注的数字为具体时间，如 1914 为 19 日 14 时，阴影区为海拔高度大于 200 m 的地形)

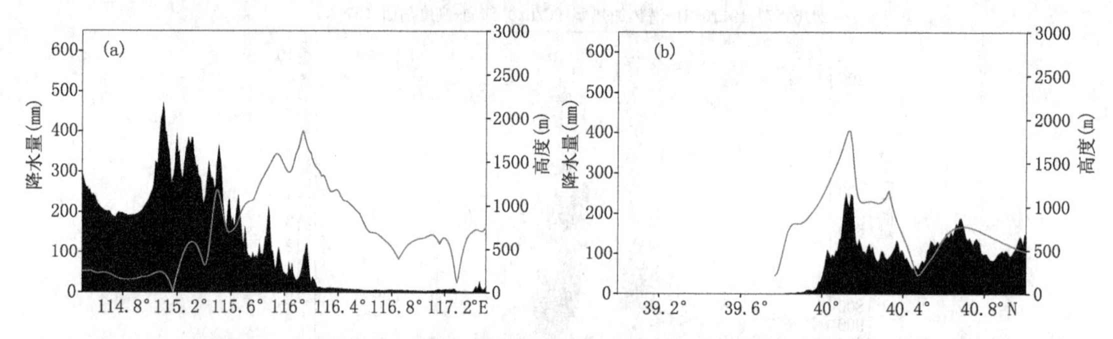

图 14　(a)经 40°N 过程累计降水量纬向变化，(b)经 119.4°E 过程累计降水量经向变化(阴影区为地形)

5　总结与讨论

2016 年 7 月 19 日至 20 日，华北出现了 2016 年以来最强降雨过程，北京、天津、河北、河南等省(直辖市)过程降雨强度均达特强(Ⅰ级)等级。利用地面自动气象站、探空、雷达以及 NCEP-GFS 等资料对此次过程的降水特点及其天气学成因进行了深入分析，得到如下结论：

(1)此次降水过程是一次影响范围广、累计雨量大、持续时间长的极端强降水过程，其强度较“96·8”暴雨过程强，仅次于“63·8”暴雨过程。以暖云降水为主，短时强降水特征明显，局地小时雨强强且具有明显的地形降水特征。

(2)强降水表现出明显的阶段特征，可分为两个阶段，第一阶段为 19 日凌晨至白天高空槽前偏东风导致的地形强降水；第二阶段为 19 日夜间至 20 日黄淮气旋系统北侧螺旋雨带造成的强降水。两个阶段降水回波均为层状云-积云混合型降水回波，第一个阶段有明显的“列车效应”，其对流特征及小时雨强较第二阶段强。

(3)副高西伸北抬以及高空槽东移发展为此次降水提供了有利的环流背景。高空槽/低涡、黄淮气旋、西南风与东南风低空急流是造成此次极端强降水的天气尺度系统，上述系统均较气候平均场异常偏强，表明此次强降水对应的天气尺度强迫强。此外，西南风与东南风低空急流为强降水提供了有利的水汽、不稳定能量的输送条件，整层大气可降水量相对气候场具有显著的正异常。

(4)第一阶段降水与高空槽前东南风急流的发展以及太行山东麓地形抬升和辐合有关。对流层低层强暖湿平流和中层弱的冷干平流有利于对流不稳定能量的维持。降水形成的冷堆在太行山东麓造成中尺度锋生过程为对流触发与低空急流的发展提供了有利的抬升条件。

(5)第二阶段降水与低涡切断有直接关系。受高压阻挡及低涡切断影响,低涡系统移动缓慢,且低涡系统表现出明显的不对称结构,导致华北东部持续受强风形成的气旋式切变影响,造成降水持续时间较长。此外,太行山东麓与燕山南麓地形对偏东风以及东南风辐合抬升进一步增强了降水。

此次强降水过程与高空槽发展为切断低涡有直接关系,低涡的发展与高层冷空气活动以及降水潜热释放等有关,深入分析此次低涡发展的物理机制是理解此次极端降水形成的关键。此外,地形对降水的增幅作用也至关重要,相比“96·8”过程此次地形增幅作用明显偏大,如何评估不同风场影响下地形对降水的增量也是需要进一步探讨的问题。

致谢:国家气象中心朱文剑、张小雯、方翀等同志在本文撰写过程中提供了部分数据及图形绘制程序,谨致感谢!

参考文献

陈双,王迎春,张文龙,等,2011. 复杂地形下雷暴增强过程的个例研究[J]. 气象,**37**(7):802-813.

谌芸,孙军,徐珺,等,2012. 北京721特大暴雨极端性分析及思考(一)观测分析及思考[J]. 气象,**38**(10):1255-1266.

丁一汇,李吉顺,孙淑清,等,1980. 影响华北暴雨的几类天气尺度系统分析[C]//中国科学院大气物理研究所集刊(第9号)暴雨及强对流天气的研究. 北京:科学出版社:119-134.

范广州,吕世华,1999. 地形对华北地区夏季降水影响的数值模拟演究[J]. 高原气象,**18**(4):659-666.

高守亭,孙淑清,1984. 次天气尺度低空急流的形成[J]. 大气科学,**8**(2):178-188.

胡欣、马瑞隽,1998. 海河南系“96·8”特大暴雨的天气剖析[J]. 气象,**24**(5):8-14.

《华北暴雨》编写组,1992. 华北暴雨[M]. 北京:气象出版社.

侯瑞钦,景华,王丛梅,等,2009. 太行山地形对一次河北暴雨过程影响的数值研究[J]. 气象科学,**29**(5):687-693.

吕艳彬,郑永光,李亚萍,等,2002. 华北平原中尺度对流复合体发生的环境和条件[J]. 应用气象学报,**13**(4):406-412.

孙继松,2005. 气流的垂直分布对地形雨落区的影响[J]. 高原气象,**24**(1):62-69.

孙继松,何娜,王国荣,等,2012.“7·21”北京大暴雨系统的结构演变特征及成因初探[J]. 暴雨灾害,**31**(3):218-225.

王莉萍,王秀荣,王维国,2015. 中国区域降水过程综合强度评估方法研究及应用[J]. 自然灾害学报,**24**(2):186-194.

王迎春,钱婷婷,郑永光,等,2003. 对引发密云泥石流的局地暴雨的分析和诊断[J]. 应用气象学报,**14**(3):277-286.

徐国强,胡欣,苏华,1999. 太行山地形对“96·8”暴雨影响的数值试验研究[J]. 气象,**25**(7):3-7.

章淹,1990. 高压“东阻”对特大暴雨形成的作用[J]. 气象学报,**48**(4):469-479.

周盛鸣,1993. 北方区域性特大暴雨的环流分型[J]. 气象,**19**(7):14-18.

第二部分
暴雨、暴雪分会报告

太行山地形在“16・7”特大暴雨过程中的作用

张迎新　张　南　李宗涛　孙　云　张　叶　金晓青

（河北省气象台，石家庄 050000）

摘　要

利用地面加密自动气象站、雷达、卫星、NCEP 再分析资料、北京城市气象研究所提供的 VDRAS、RMAPS-IN 资料等对 2016 年 7 月 19—20 日华北特大暴雨过程中地形作用进行了分析和总结。结果表明：(1)地形对降水的增幅作用明显。过程累计降水量超过 250 mm 主要沿太行山东麓分布；短时强降水(≥20 mm/h)的频次大于 10 次的位于太行山东麓；太行山东麓明显较山区以及平原地区降水量大，降水量多出 4 倍之多。(2)此过程的天气尺度和 α 中尺度的影响系统为高空槽、低涡。太行山东麓降水过程主要分两时段：高空槽降水（槽前暖区偏东风造成的地形降水和高空槽降水）、低涡北侧螺旋雨带降水。(3)分析地形造成的上升速度的结果可见：高空槽降水期间由于偏东风急流强盛，与太行山走向近乎垂直，地形抬升和辐合的共同影响，太行山东麓垂直上升运动强盛。(4)偏东风低空急流（边界层急流）暖湿输送有利于水汽积聚、对流不稳定能量的建立，从而有利于太行山东麓对流性降水的产生。

引言

受低涡和副热带高压外围暖湿气流共同影响，2016 年 7 月 18—21 日华北出现了特大暴雨天气过程（简称“16・7”）。河北省平均降水量 154.2 mm，强降水主要集中在南部太行山沿线以及保定东北部、廊坊中部、秦皇岛北部等地区，井陉、武安、邯郸、沙河、内丘、邢台、石家庄 7 个县（市）过程降水量超过 300 mm，井陉、武安超过 400 mm，井陉最大达 449.7 mm。本次强降水过程共有 127 个县（市）出现暴雨，84 个县（市）出现大暴雨，仅 7 月 20 日就有 119 个县（市）出现暴雨，为历史单日暴雨范围最大。20 日，伴随强降水天气，河北省中南部以及唐山南部等地区的 32 个县（市）出现大风天气。据民政部门统计，截至 23 日 18 时，受强降水影响，河北省 11 个设区市的 149 县（市、区）和定州市、辛集市受灾，受灾人口 904 万，因灾死亡 114 人，失踪 111 人，紧急转移安置 30.89 万人，倒塌房屋 5.29 万间、损坏房屋 15.5 万间，农作物受灾面积 723.5 千 hm^2，绝收面积 30 千 hm^2，因灾造成直接经济损失已达 163.68 亿元。

1　降水特征

受高空槽和低涡的先后影响，配合副热带高压外围强盛的暖湿气流，7 月 18—22 日华北地区出现了大范围的强降雨过程，此次降雨过程累计雨量大、覆盖范围广、短时降雨强。强降雨造成部分地区出现严重洪涝、山洪、滑坡等灾害，给人民生活和生命财产造成重大损失。

本次过程具有累计雨量大、强降水范围广、雨强大（图略）、持续时间长、强降水沿太行山地形分布特征明显等特点。

此次强降水过程地形对降水的增幅作用明显。太行山东麓过程累计降水量超过250 mm;短时强降水(1 h 降雨大于 20 mm)频次大于 10 次;太行山东麓明显较山区以及平原地区降水量大,降水量多出 4 倍之多(图 1)。

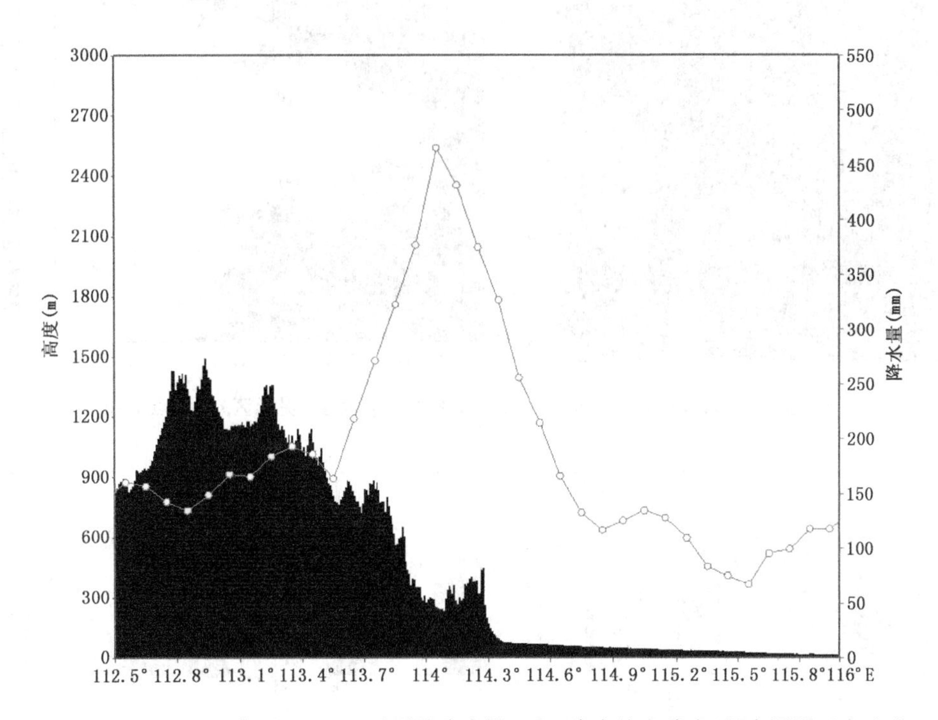

图 1　7 月 18 日 08 时至 20 日 14 时累计降水沿 38°N 降水纬向分布(图中阴影区为地形)

2　太行山地形作用

太行山位于山西省与华北平原之间,西接山西高原,东邻华北平原,近南北走向,绵延超过400 km。太行山大部分海拔在 1200 m 以上,呈北高南低、东陡峭西徐缓的形态,北端最高峰为小五台山,海拔高 2882 m;太行山多横谷,当地称为“陉”。

图 2 为地形图,研究区域主要集中在出现强降水的石家庄西部山区。此处山区为喇叭口地形,多“陉”。

2.1　观测分析

分析石家庄风廓线资料,依据边界层内风的大小及其垂直分布,将降水时段分为三阶段(19:00—05:00、19:07—13:00、19:23—20:02 UTC),分别对应东南风、偏东风—东北风、东北—偏北风。

第一阶段(19:00—05:00 UTC):盛行风主要为东南风,因此,对石家庄西部山区的喇叭口地形来说,其北坡为迎风坡。在北坡及山前平原挑选了海拔高度不同的三站为对比站。

由图 3 可见:三站上空的回波顶高、最大组合反射率基本相近,最大 5 min 降水量接近(6 mm),主要是位于半山坡的 26 号站降水持续时间较山脚(21 号)、山前平原(66 号)长,是造成累计降水量较大的原因。从 3 个对比站雨量看,地形迎风坡的抬升作用造成大约 1 倍左右的增幅。

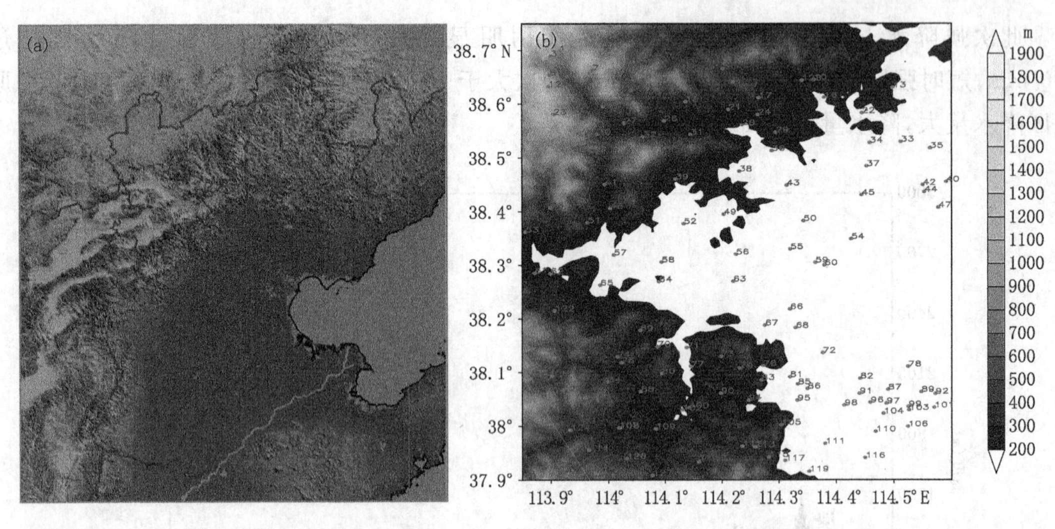

图 2　地形图(a,方框区域:研究区域)、方框内地形高度(阴影区)和站点分布 b

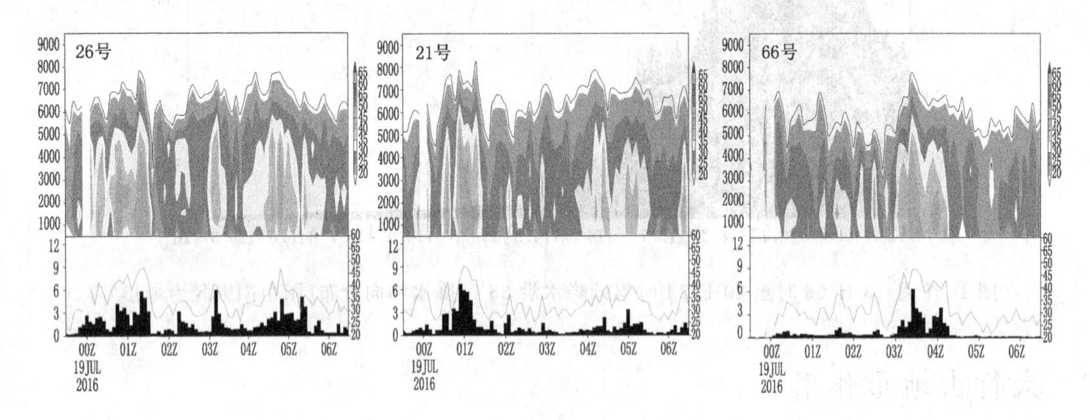

图 3　不同地形高度站点的逐 5 分钟降水量(柱状)、组合反射率(折线)和垂直剖面

第二阶段(19:07—13:00 UTC):受地面倒槽和低压北部东到东北风影响,19 日 07—13 时石家庄西部山区南坡出现极端降水。1.5 km 以上高空受东南风控制,风的垂直切变大。石家庄风廓线表现为东到东北风,风速随高度升高而增大。通过分析可知,与第一阶段的北坡相似,迎风坡的降水最大。那么山谷“陉”的不同部位的降水分布如何?为此挑选南坡一山谷“陉”中的三站。

分析可知:三站上空的回波顶高、最大组合反射率基本相似(图略),主要是位于“陉”的前段 69 号站强降水持续时间较长,山谷的狭管作用是造成累计降水量较大的原因。由于此阶段风速大于第一阶段,在平坦地区自由流动的空气,进入峡谷后,因地形的限制被迫抬升,从而加强了上升运动。此阶段中山谷地形的辐合抬升造成的增幅在 2 倍左右。

第三阶段(19:23—20:02 UTC),在偏北风影响下,地形作用不明显。选取与山走向垂直分布的三个站,降水无论从时序分布还是降水量级上都没有明显差异(图略)。

2.2　地形强迫产生的垂直运动

使用计算公式(1),结合地面自动站观测风场、RAMP-IN 格点资料计算了因地形引起的上升速度。

$$W_t = \vec{V} \cdot \nabla h$$

或 $$W_t(x,y,z) = u(h,t)\frac{\partial h(x,y)}{\partial x} + v(h,t)\frac{\partial h(x,y)}{\partial y} \tag{1}$$

第一阶段的计算结果，此时由于盛行东南风，上升运动主要出现在石家庄西部山区的喇叭口地形的北坡，但因地面风速小，上升速度较小(图略)。

第二阶段的计算结果，此时盛行偏东风到东北风，上升运动主要出现在石家庄西部山区喇叭口地形的南坡。由于风速比第一时段大，上升运动较大(图略)。

2.3 地形对水汽的积聚作用

使用 NCEP 再分析资料，计算了比湿、水汽通量散度(图略)，无论比湿还是水汽通量散度，在山坡处均为大值区，且与同纬度的雨量分布对应较好。降水过程中大气可降水量沿太行山东麓达 60～70 mm(图略)。使用自动站观测资料计算的地面水汽通量散度辐合大值区同样沿太行山东麓分布(图略)。说明暖湿气流遇山阻挡，水汽积聚。

2.4 不稳定机制

闪电定位仪监测资料显示，19 日太行山东麓、华北南部有闪电(负闪多于正闪，图略)。但19 日 00 时位于太行山东麓的邢台(53798)的探空显示，对流有效位能(CAPE)为 0。使用NCEP 再分析资料，计算了假相当位温水平及其垂直分布(图 4)，可见，沿山是假相当位温的大值区。垂直剖面(图 4b)上看，山前边界层存在假相当位温大值区，其上为小值，存在位势不稳定层结。地形抬升作用使得整层抬升不稳定能量释放。

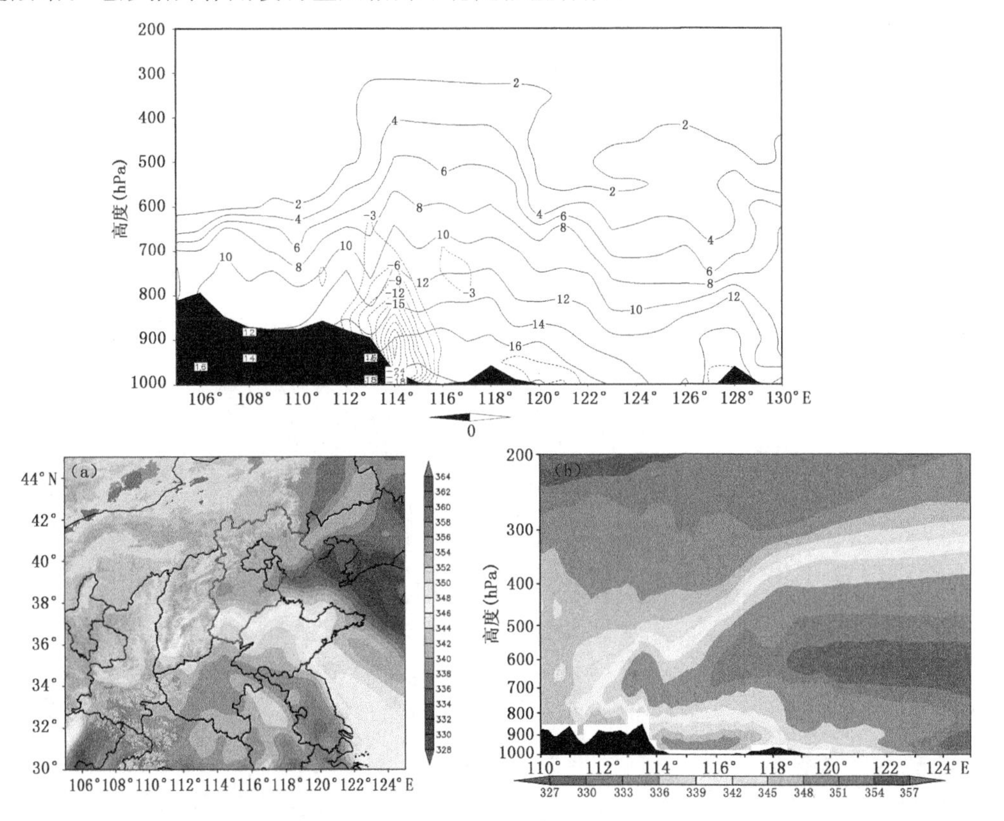

图 4 假相当位温的(a)水平分布和(b)沿 36°N 纬向-高度剖面

3 结　论

(1)地形对降水的增幅作用明显。过程累计降水量超过 250 mm 区主要沿太行山东麓分布;短时强降水(≥20 mm/h)的频次大于 10 次的区域位于太行山东麓;从过程雨量看,太行山东麓明显较山区以及平原地区降水量大,降水量多出 4 倍之多。

(2)此过程的天气尺度和 α 中尺度的影响系统为高空槽、低涡。太行山东麓降水过程主要分两个时段:高空槽降水(槽前暖区偏东风造成的地形性降水和高空槽降水)与低涡北侧螺旋雨带降水。

(3)分析地形造成的上升速度的结果可见:高空槽降水期间由于偏东风急流强盛,与太行山走向近乎垂直,地形抬升和辐合的共同影响,太行山东麓垂直上升运动强盛。

(4)偏东风低空急流(边界层急流)对暖湿气流输送有利于水汽积聚、对流不稳定能量的建立,从而有利于太行山东麓对流性降水的产生。

中高纬度地区一场罕见隆冬季节雨转暴雪天气分析

胡中明[1]　王昆鹏[2]

(1.吉林省气象台，长春 130062；2.松原市气象台，松原 138000)

摘　要

本文试图利用常规气象观测资料、NCEP再分析资料、自动气象站逐时观测资料及FY-2E卫星云图和*TBB*产品、GPS-MET等资料对吉林省2016年2月出现的一场大范围区域性雨转暴雪天气从大尺度环流背景场、高低空影响系统、物理量场的配置、卫星云图等方面进行分析。结果表明：吉林省2016年隆冬发生的雨转暴雪天气过程中，影响系统是高空槽和地面气旋；低空和超低空急流的输送作用和触发机制不容忽视；急流携带的水汽为降水提供了良好的水汽条件，暖平流输送导致前期降水以雨为主，后期冷平流入侵是暴雪发生的关键；卫星云图上，在急流云带中有*TBB*≤−32 ℃的云团发展，后部配合*TBB*大值区可看出与槽后西北气流相伴的干侵入；GPS-MET特征表明，总体上前期PWV值的增加及其变化趋势对强降雪的发生、发展有很好的指示意义。

关键词：暴雪　低涡　低空急流　物理量场　FY-2E卫星云图

引言

吉林省地处中高纬度的东北地区中部，是重要的重工业基地和商品粮产区，冬季漫长而寒冷，强降雪天气往往给设施农业和交通造成严重影响。进入2016年以来，从1月1日到2月10日，吉林省天气特点为低温少雪，而2月11日恰逢春节，出现了一场转折性天气。在前期干冷的情况下，这场明显降水对吉林省的影响有利也有弊。不利的方面是雨转雪伴随强降温妨碍交通，中、东部和南部地区道路积雪结冰，机场和高速公路运行不畅，普通公路和城市交通受阻，给人们节日出行带来不便；大雪和降温抑制温室大棚蔬菜生长，加大了设施农业的管理成本。另外，雨水淋湿露天堆放的粮食，影响粮食存储安全。而有利的方面是降雪形成地表积雪覆盖，有利于增加春季土壤水分，也可增加春季桃花水量，利于水库蓄水和农田灌溉。明显降雪也有利于改善陆地环境条件，降低森林火险气象等级。

本研究对这次降水过程的环流特征和天气概念模型进行了分析，并重点围绕隆冬异常变暖导致的降雨及后期暴雪落区、量级等从物理量诊断、卫星云图、GPS-MET等特征方面进行分析，试图发现其中的内在机理和发生规律，找出预报着眼点，并为今后该类天气的预报提供一定参考。

1　雪情和特点分析

受高空槽和地面低压倒槽影响，2月11日傍晚开始吉林省出现雨转雪天气，东南部的通化、白山、延边、长白山保护区18站出现暴雪。2月11日08时—14日08时，上述区域累计降水量超过 20 mm,最大在通化市,32.8 mm,全省过程平均降水量 10.3 mm,最大的白山地区 23.2 mm。

这场降水的特点为:

(1)累计降雪量大。3 d 降雪量较常年同期多近 3 倍,远超过常年 2 月的降雪总量。梯度分布明显,中东部明显偏多而西北部却基本没有降雪。

(2)降雪地区降雪强度大。暴雪主要集中出现在 13 日白天到夜间,其中长白站 13 日 19—21 时 3 h 降雪量就达 10.3 mm,为暴雪量级。

(3)暴雪范围广,历史罕见。此次过程出现暴雪站数多,居 1951 年以来 2 月暴雪过程的第 3 位,为进入 2016 年以来最明显的一次降雪过程,过程降水量超过 10 mm 的有 26 站,最大降水量超过 30 mm。

(4)降水相态先是雨,后转为雪。11—12 日主要以降雨为主,13 日开始以降雪为主。

(5)积雪深度厚,积雪维持时间长。新增积雪深度大于 20 cm 的有 12 站,雪后积雪深度最大的为二道,达 46 cm。

2 环流形势分析

2.1 高空形势分析

利用 NCEP 再分析资料,从求得的 2016 年 2 月 11—14 日 500 hPa 的平均场和距平场来看,该时段形势场符合典型东北降雪量大的大形势。

欧亚大陆呈两低一高型,在乌拉尔山一带维持一个强大的高压脊,东西伯利亚为一庞大低涡,吉林省处于涡底部深槽中,冷空气沿脊前西北气流南下。从与 30 a 平均的距平场来看,从俄罗斯远东向南再向西伸到蒙古国是一大片正距平区,说明这一带高压势力较常年明显偏强,而与低涡对应的是大片负距平区,说明低涡势力偏强,从低涡不断有冷空气分裂南下与槽前暖湿空气汇合,导致吉林省降雪持续时间较长、强度较强。

2.2 中、低层形势

从这次过程的中低层形势看,降水均发生于低层风切变附近或风速辐合区内,暴雪过程中均存在 850 hPa 低空急流或 925 hPa 上的超低空急流,在这次暴雪过程中它们都充当了水汽热量传输与触发机制的角色。

低空西南或偏南急流是一股暖湿气流输送带,它能将暖湿能量和南方及渤海湾的水汽输送到吉林省,是造成吉林省暴雪的一个重要条件。从图(略)中可看到,降雪前期吉林省东部 850 和 925 hPa 上是一致的西南风,急流长度超过 300 km,但宽度仅有 100 km,最大风速分别达到 18 和 12 m/s,暴雪区位于低空急流轴的左前侧,影响的范围也主要集中在吉林省中东部。另外,该次暴雪过程后期还有一支东风急流,它将日本海的冷湿空气输入到吉林省东部,同时在高空槽后伴有强劲的西北风急流,与负涡度平流相伴的强大冷高压对应,其前部干(冷)暖(湿)空气交绥区即为暴雪区。

3 地面形势分析

在该次降水过程中,吉林省所处的中高纬度均有一个东北—西南向的强锋区,它从对流层中上层一直向下伸展到地面,从大气适应过程的观点出发,当有高空槽叠加其上时,将有地面气旋发展。当西南急流进入锋区时，从强锋区中得到能量补充又可以诱发中尺度对流系统的生成和发展。利用自动气象站逐时气压场资料可以分析出这场暴雪的地面气压场，发现暴雪是地面气旋造成的，前期降雨时受蒙古气旋暖区影响，后期暴雪为江淮气旋北上所致。

4 物理量诊断

主要分析了强降水发生的三个条件即充沛的水汽、不稳定抬升条件和大中尺度的上升运动。

4.1 水汽通量

从本次过程的700 hPa水汽通量配置看，暴雪发生前或发生时吉林省东部均有≥4 g/kg的比湿和水汽通量≥4 g/(s·cm·hPa)大值区。且大值区与低空急流走向基本一致并随低空急流自西南向东北输送，经过了渤海，东风急流携带的日本海水汽自东向西输送，两支水汽通道源源不断的水汽供应保证了暴雪发生的水汽条件；且暴雪区位于水汽通量散度场的辐合区等值线密集区。

4.2 垂直速度场

有了充沛的水汽，还必须有使水汽冷却凝结的条件，那就是上升绝热冷却，使空气中的水汽在较短时间内产生大量冷却凝结，形成降水。本次过程降水前，高空槽前有上升速度区，700 hPa上均有≤40 Pa/s的上升速度区沿西南急流东北上，且从各层垂直上升速度场来看，垂直上升运动一直向上伸展到对流层(500 hPa)，暴雪区与最大上升速度区对应较好，暴雪中心也位于上升速度中心区附近(图略)。

4.3 温度平流

有文献表明，中层暖平流的活动在降雪过程中起至关重要的作用，温度的冷暖平流是大气斜压性的一个度量。

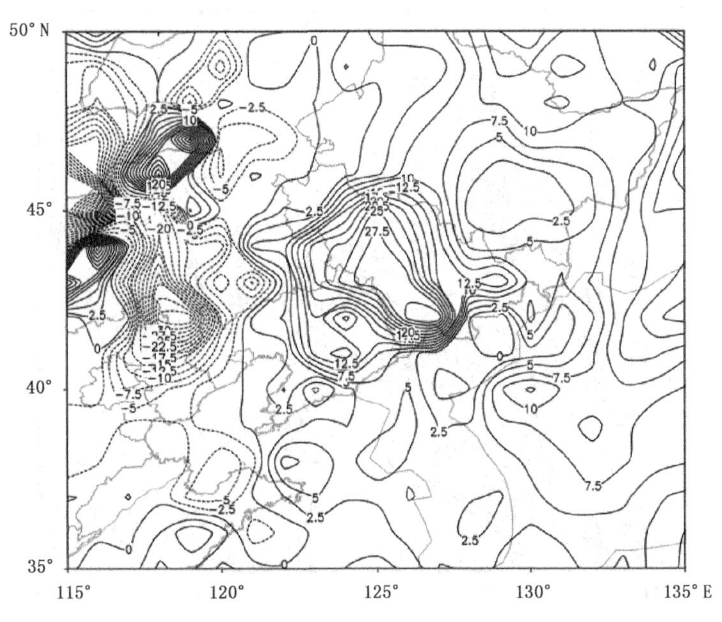

图1 2016年2月11日08时850 hPa温度平流(单位：10^{-5} K/s)

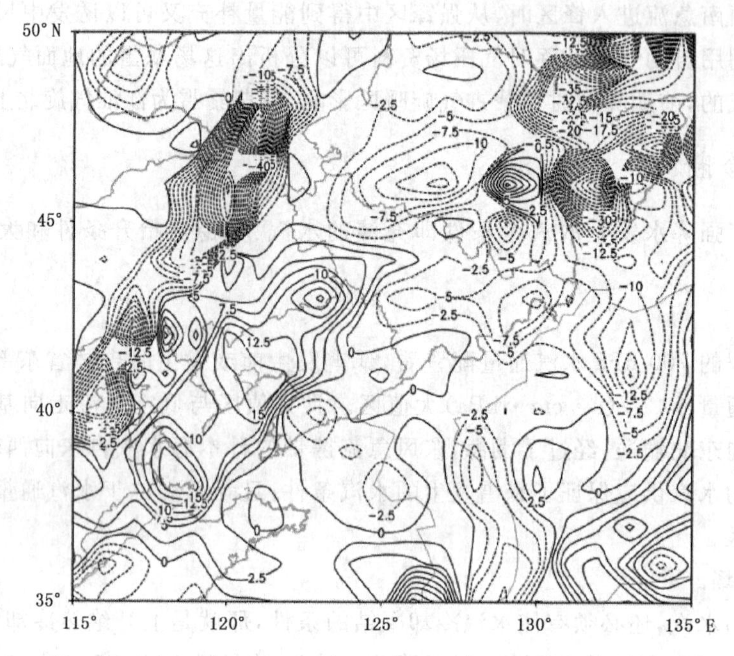

图 2　2016 年 2 月 13 日 02 时 850 hPa 温度平流(单位：10^{-5} K/s)

从 2 月 11 日 08 时 850 hPa 温度平流(图 1)来看，配合暖脊北扩，吉林省中部低层位于 0 ℃线以南，为强暖平流控制，同时垂直方向上大气层结趋于不稳定。从当天长春市地面气温来看，08 时在 0 ℃上，后继续攀升，14 时高达 9.3 ℃，此时降水相态为雨。到 13 日 08 时(图 2～3)，吉林省大部分地区转为冷平流，850 hPa 0 ℃线压过吉林省，地面气温降到 −5 ℃以下，此时降水相态为纯雪。

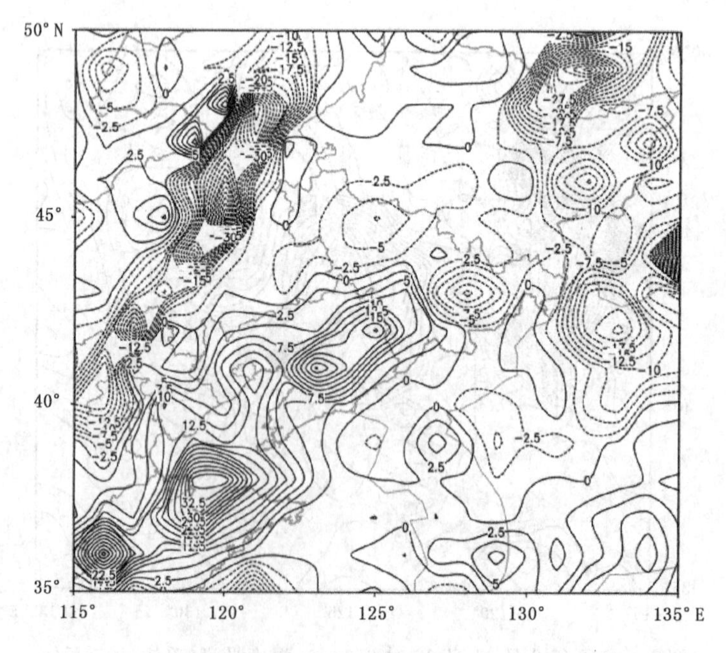

图 3　2016 年 2 月 13 日 08 时 850 hPa 温度平流(单位：10^{-5} K · s^{-1})

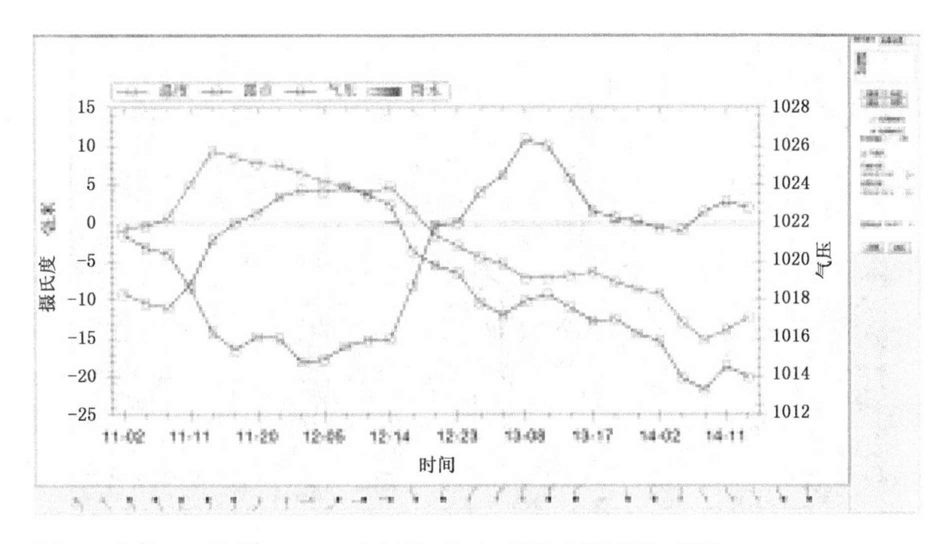

图 4　2016 年 2 月 11—14 日长春站地面三线图

分析本次过程的温度平流分布(图 4)可以看出,暴雪区位于温度平流负值区梯度密集线南部区域内,且与低空西南急流走向一致。

5　卫星云图分析

本次暴雪过程中,东北地区东部为一西南—东北向急流云带,云带走向与低空急流吻合,配合次天气尺度涡旋云系,内部有 $TBB \leqslant -32$ ℃的云团,且有一 850 hPa 高能舌(θ_{se}大值区)相伴。该高能舌保证了云团能量和水汽的供应,使云团发展维持,从而导致暴雪的发生。另外,云团后部配合 TBB 大值区(图 5～8)可看出与槽后西北气流相伴的干侵入。

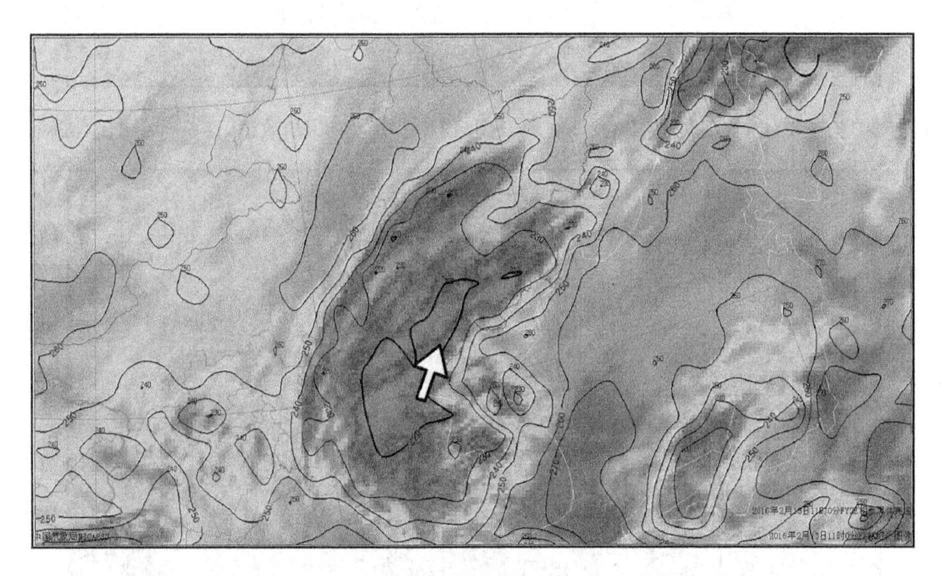

图 5　2016 年 2 月 13 日 11 时 FY-2E 红外云图(图中实线为 TBB 数值,箭头为低空急流轴线)

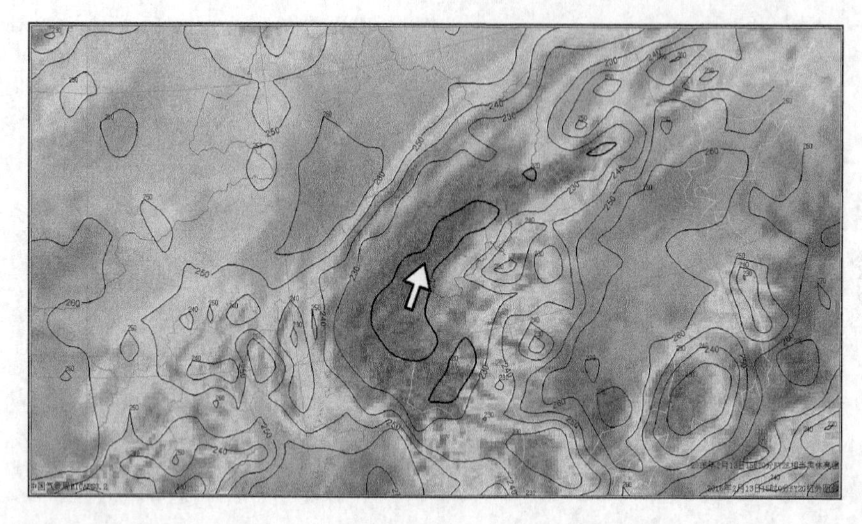

图 6　2016 年 2 月 13 日 15 时 FY-2E 红外云图(图中实线为 *TBB* 数值,箭头为低空急流轴线)

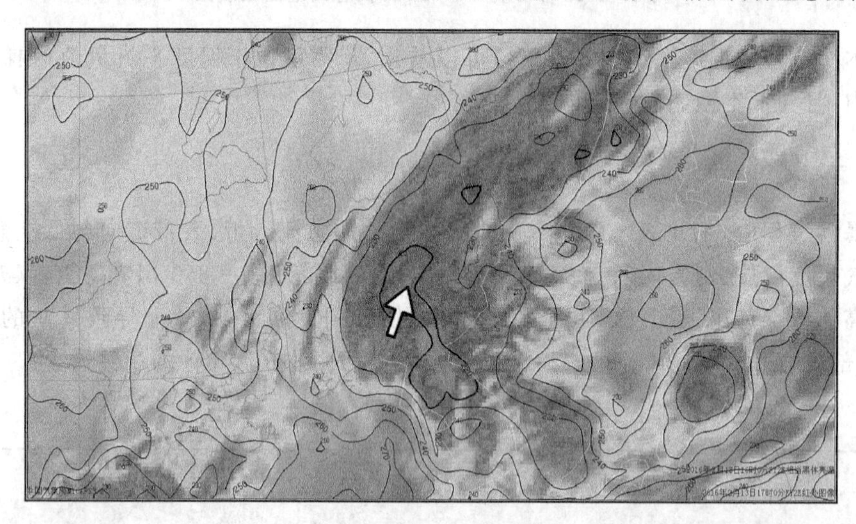

图 7　2016 年 2 月 13 日 17 时 FY-2E 红外云图(图中实线为 *TBB* 数值,箭头为低空急流轴线)

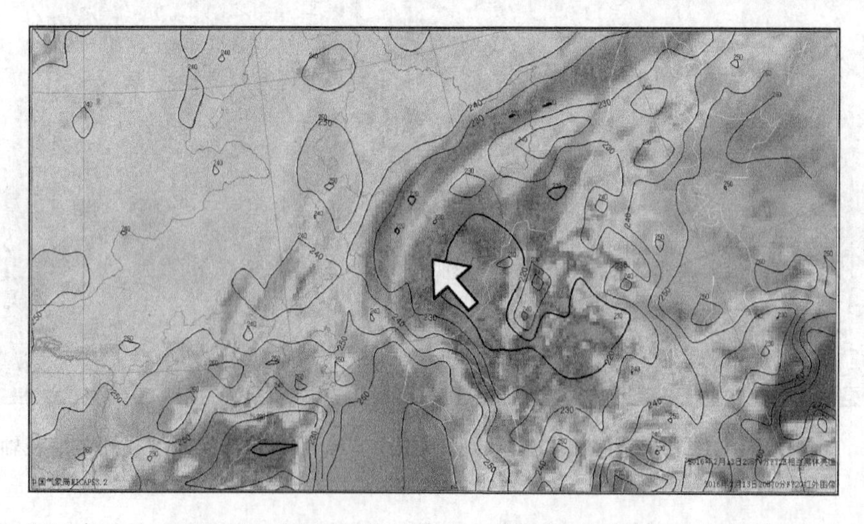

图 8　2016 年 2 月 13 日 20 时 FY-2E 红外云图(图中实线为 *TBB* 数值,箭头为低空急流轴线)

6　GPS-MET 分析

地基 GPS-MET 大气水汽监测是通过测量 GPS 卫星信号在大气中的湿延迟量来反演大气中的水汽信息。利用地基 GPS 大气水汽监测网提供的水汽监测反演资料，对强降雪过程中吉林省东南部 GPS 站大气柱水汽含量与逐时降水变化情况的分析表明(图 9～12)，前期从 2 月 11 日开始整层大气柱水汽含量一直处于不断的累积增加趋势中，到了 13 日 14 时，上升至 6 mm 以上并稳定少变，其后由于大气动力与热力条件成熟，触发并加强了降水。从降雪强度最大的长白站的 17 时的 3 h 大气可降水量变量(图 13～14)来看，该站逐时降雨量与变量值对应较好，总体上前期 *PWV* 值的增加及其变化趋势对强降雪的发生、发展有很好指示意义。

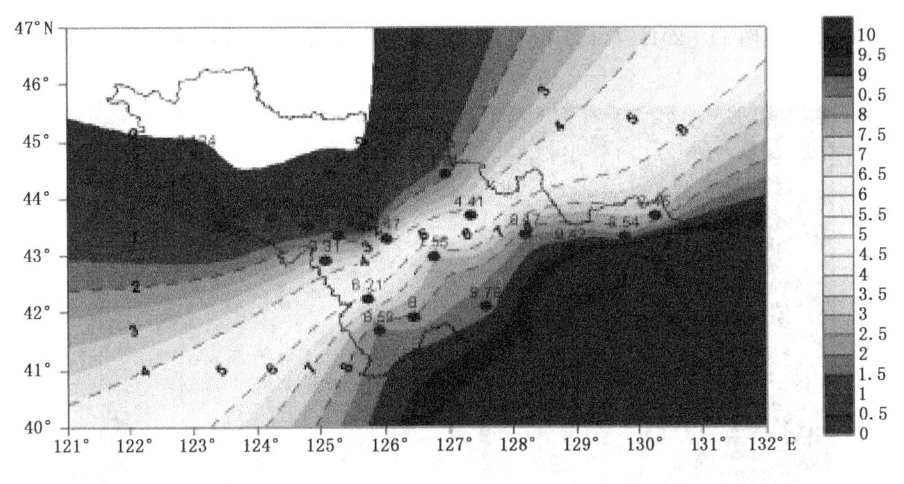

图 9　2016 年 2 月 13 日 11 时 GPS-MET 分布(单位:mm)

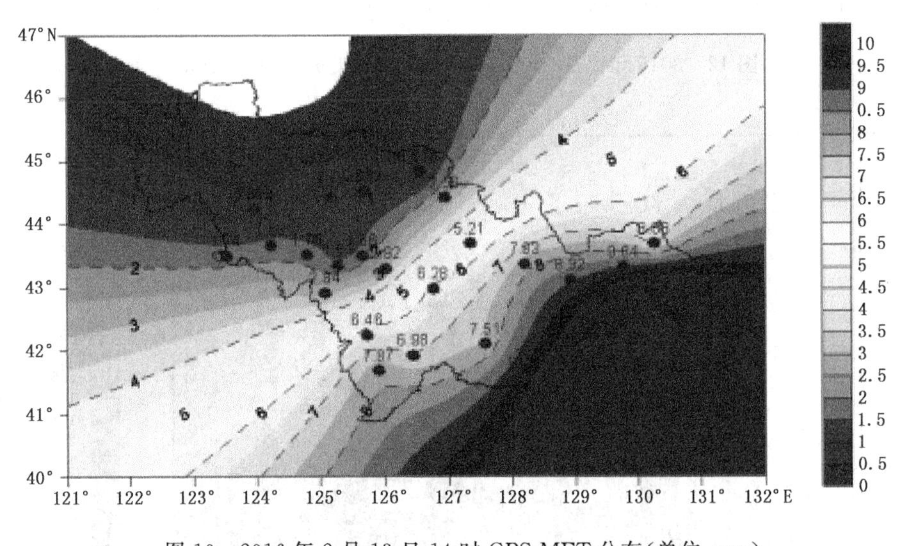

图 10　2016 年 2 月 13 日 14 时 GPS-MET 分布(单位:mm)

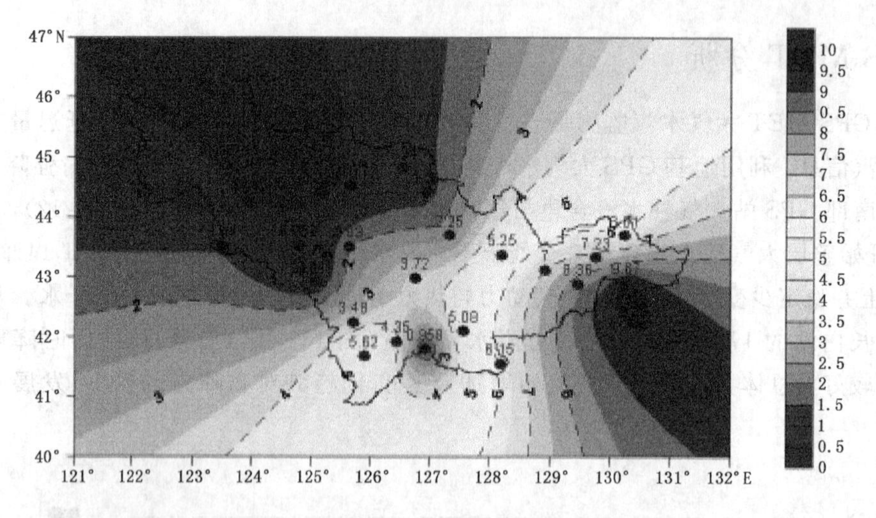

图 11　2016 年 2 月 13 日 17 时 GPS-MET 分布(单位:mm)

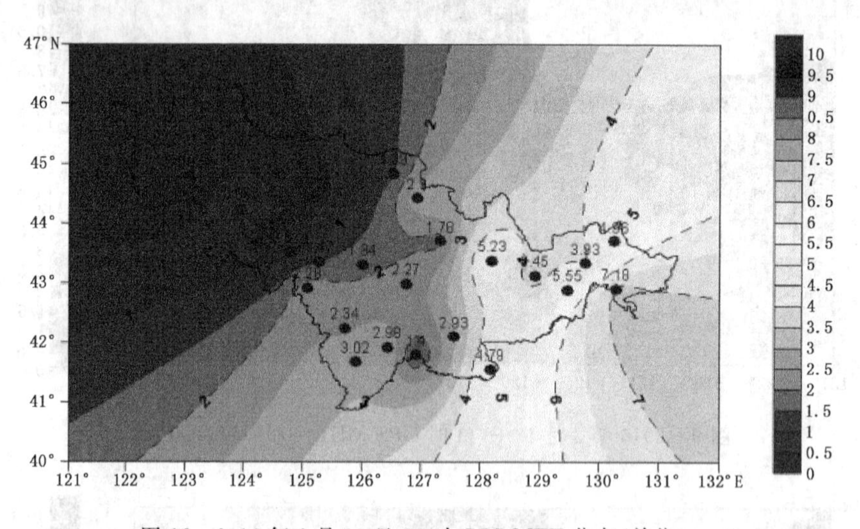

图 12　2016 年 2 月 13 日 20 时 GPS-MET 分布(单位:mm)

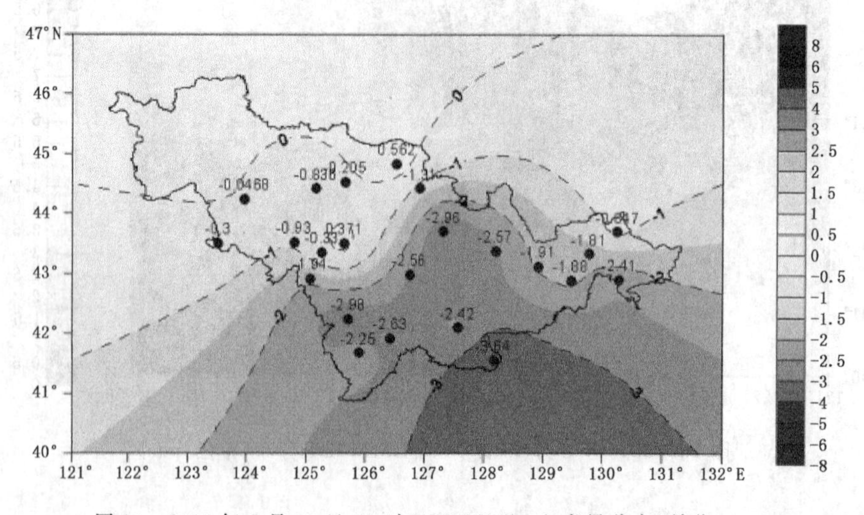

图 13　2016 年 2 月 13 日 17 时 GPS-MET 3 h 变量分布(单位:mm)

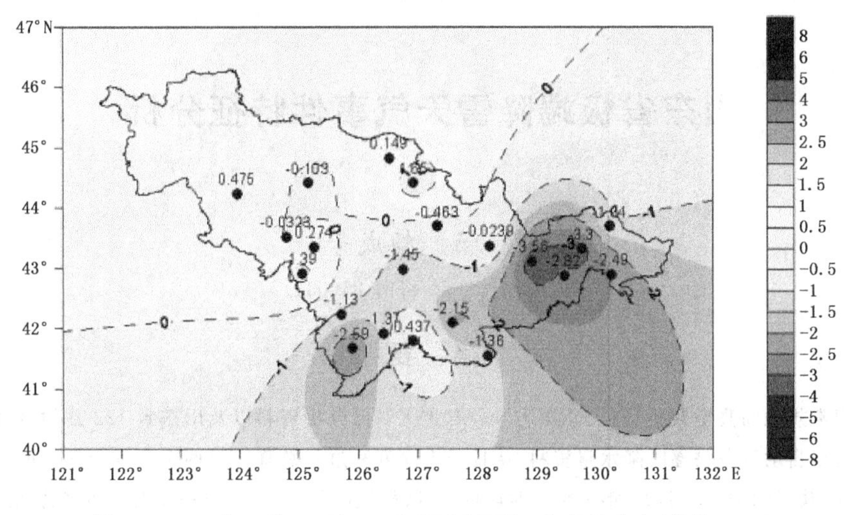

图 14　2016 年 2 月 13 日 20 时 GPS-MET 3 h 变量分布(单位:mm)

7　小　结

针对 2016 年隆冬季节发生在吉林省的一次大范围区域性雨转暴雪过程从高低空形势场、物理量诊断场、卫星云图、GPS-MET 等方面进行了分析，总结了这场降水成因及特殊之处。

当然仅就一个例进行分析还缺乏广泛性，今后还需要对大量暴雪个例加以总结和分析，以提高对区域性暴雪天气的认识，进而提高预报能力和水平。

参考文献

龙利民，黄治勇，苏磊，等，2010. 2008 年初湖北省低温雨雪冰冻天气温度平流配置[J]. 大气科学学报，**3**(6)：746-750.

谢璞，张朝林，王迎春，等，2006. 北京地区单双频地基 GPS 大气水汽遥测试验与研究[J]. 应用气象学报，**17**(s1)：28-33.

山东省极端降雪天气事件特征分析

刘 畅 杨成芳

（山东省气象台，济南 250031）

摘 要

应用常规地面高空观测资料、NCEP/NCAR 1°×1°再分析资料以及山东省 122 站的日降水量资料及近年自动气象站逐时降水量资料，从日积雪深度和过程总降水量两个角度定义了两类极端降雪事件，共得到 1999—2016 年上半年时段内 12 次极端降雪事件，并进一步对其诸多特征进行了分析总结。结论如下：山东省极端降雪事件主要发生在江淮气旋和回流天气形势之下，出现在 11 月（初冬）和 2 月（早春）的可能性最大。极端降雪事件中鲁南、鲁西北的西部和鲁中的北部地区降雪量大且出现极端降雪次数多。江淮气旋和回流天气形势下的极端降雪天气具有不同的降水量分布型，前者降水量大值中心出现在鲁东南、鲁中的北部和半岛地区，而后者的降水量分布呈现出“南多北少”特征。相比江淮气旋极端降雪过程，回流天气形势下的极端降雪过程最大降水量更大，且大雪以上量级降水范围更广。极端降雪事件降雪强度强，1 h 即可出现中雪量级降水。通常极端降雪过程中，降水量至多可为 50.0～59.9 mm，多数站点过程降水量为 10.0～29.9 mm。回流天气形势下的极端降雪过程，水汽辐合层次深厚，700 与 850 hPa 均有明显的水汽辐合，江淮气旋极端降雪过程中水汽辐合层次较低，主要位于 850 hPa 附近。对于过程降水量超过 50.0 mm 的极端降雪事件，700 和 850 hPa 比湿(Q)均不低于 5 g/kg。

关键词：极端降雪　江淮气旋　降水分布型　水汽特征

引言

2015 年 11 月 24—26 日，鲁南、鲁中南部和山东半岛地区出现暴雪，鲁南大部分地区积雪深度超过 20 cm，宁阳、汶上等 21 站的最低气温突破当地 11 月历史极值。被列为 2015 年山东省十大气候事件之一。此外，2009 年 11 月 9—12 日，北京、河北、山西、河南和山东等地先后出现暴雪天气，这次降雪持续时间之长、雪量之大，是 1954 年有气象记录以来的历史最高纪录，山东省多个台站降雪量和积雪深度突破有气象资料以来历史同期（11 月中旬）最大记录（王业宏等，2009）。暴雪天气导致高速公路封闭、航班和列车晚点，蔬菜和养殖大棚、工矿企业厂房、居民房屋倒塌或损坏，造成了严重的经济损失。暴雪天气（尤其是极端降雪）是冬季高影响天气，特别是暴雪过后，通常随之而来的是强降温（甚至是寒潮）和大雾天气。因此，极端降雪天气影响时间长、范围广、公众关注度高，是气象部门冬季防灾、减灾工作的重中之重。目前，对极端降雪的研究多从气候角度着眼，研究的范围大、时间尺度长（王冀等，2012；孙建奇等，2013），另有对于极端降雪的研究多就个例进行多尺度成因分析（裴宇杰等，2012；张云惠等，2016），缺乏对极端降雪事件从短期预报角度的整体认识和预报着眼点的归纳。且目前极端降雪预报业务的现状是，无论是数值模式还是预报员主观判断，对于极端降雪事件的预报能力均有限。通常是低估降雪量，对极端性估计不足。因此，本研究旨在通过对近年山东省极端降雪事件从短期预报思路出发进行多个切入角度的统计分析，建立对极端降雪事件诸多特征的整体认识，从而完善极端降雪事件预报思路和预报着眼点。

1 极端降雪天气事件的选取

山东地处中纬度地区，冬半年降水过程多为雨、雪相态混杂，即通常一次降水过程以降雨开始，后期部分地区由降雨转为降雪，若某站在降水过程出现此种降水相态转变情况，则该站当日的降水量由降雨和降雪共同产生，而不能严格区分降雨产生的降水量与降雪产生的降水量。因此，本研究在筛选极端降雪天气事件时，鉴于此类特殊情况，分别从日积雪深度和日降水量这两个角度来考察。

政府间气候变化专门委员会（IPCC，Intergovernmental Panel on Climate Change）第三次评估报告（Houghton, et al.，2001）与第四次评估报告（Susan Solomon, et al.，2007）对极端天气事件给出明确定义：极端天气事件是指其发生概率小于观测记录概率密度函数第 10 百分位或超过第 90 百分位数的天气事件。对 1986—2015 年某站日积雪深度资料采用国际上通用的百分位法，将有积雪日的日积雪深度资料按升序排列，取第 90 个百分位值定义为该测站的日极端积雪阈值，在一次降雪过程当中，该站某日的积雪深度超过阈值时，即定义为该站的一个极端降雪事件。在一次降雪过程中，某日全省 122 个测站中至少 5 个站发生了极端积雪事件时，即界定此次降雪过程为一次极端降雪天气过程，本文称之为“第一类极端降雪事件”。由此共筛选得到 7 次第一类极端降雪天气事件（表 1）。

此外，另有一种情况，即降雪过程中，降雪量小，积雪深度小，但过程降水量大。针对此类降雪，本文规定，某站某个降雪日的日降水量超过 25 mm，即定义为该站的一个极端降雪事件，在一次降雪过程中，某日全省 122 个测站中至少有 15 个降雪站的日降水量超过 25 mm，即界定此次降雪过程为一次极端降雪天气过程，本文称之为“第二类极端降雪事件”。由此共筛选得到 5 次第二类极端降雪事件（表 2）。

表 1 山东省 1999—2016 年上半年第一类极端降雪事件

	影响系统	极端降雪站数	最大积雪深度(cm)	10 cm 以上积雪站数	最大过程降水量(mm)	急流(m/s)			
						700 hPa		850 hPa	
						西南	东南	西南	东南
2001 年 1 月 6—7 日	江淮气旋 (1012.5 hPa)	13	19 (聊城)	28	40.2 (临沂)	26	—	18	26
2005 年 2 月 14—15 日	江淮气旋 (1015.0 hPa)	9	19 (临朐)	17	34.4 (青州)	26	—	20	16
2009 年 11 月 11—12 日	回流形势	8	20 (冠县)	20	45.7 (荣成)	—	—	—	—
2010 年 2 月 28 日—3 月 1 日	江淮气旋 (1010.0 hPa)	9	22 (栖霞)	25	34.0 (青州)	30	—	26	16
2011 年 11 月 28—30 日	回流形势	6	15 (德州、临邑、夏津)	9	59.1 (金乡)	18	—	—	—
2013 年 2 月 3—4 日	切变线	16	14 (临邑)	18	17.3 (寿光)	26	—	28	—
2015 年 11 月 23—24 日	回流形势	7	24 (济宁)	24	41.2 (成武)	22	—	—	—

由于1999年以后地面、高空等气象观测资料的完整性好。因此,本文做统计时,关注1999—2015年的降雪过程,另增加2016年2月12—13日降雪过程和2013年4月19—20日降雪过程,其中2013年4月19—20日降雪过程极端性体现在其发生时间之晚。此外,需说明的是,山东半岛冷流降雪不在本文讨论范围内。

表2 山东省1999—2016年上半年第二类极端降雪事件

	影响系统	24 h降水量超过25 mm站数	最大过程降水量(mm)	积雪站数	最大积雪深度(cm)	急流(m/s) 700 hPa		850 hPa	
						西南	东南	西南	东南
2003年11月7—8日	回流形势	22	80.9(蒙阴)	19	4	16?	—	—	—
2004年11月24—25日	回流形势	18	37.5(淄川)	77	18	18	—	—	—
2007年3月3—4日	江淮气旋(1007.5 hPa)	53	66.7(鄄城)	19	4	26	20	24	22
2013年4月19—20日	回流形势	—	26.1(乐陵)	41	11	—	22	—	—
2016年2月13—14日	江淮气旋(1007.5 hPa)	42	50.0(淄川)	39	7	30	—	18	—

2 极端降雪事件天气形势特征

2.1 影响系统

由表1、2可见,12例极端降雪事件中,6次降雪事件发生在回流天气形势之下,5次降雪事件的影响系统为江淮气旋,1次为切变线影响下的极端暴雪天气。可知,回流天气形势和江淮气旋是极端暴雪天气发生的主要环流背景。这可能与此类天气形势下大范围持续的水汽输送和较长的降水持续时间有关。

2.2 地面形势特征

对于第一类和第二类极端降雪过程,其划分的主要依据是实际降雪量的多寡,而研究中发现无论对于回流天气形势极端降雪或是江淮气旋极端降雪,第一类极端降雪发生时的地面天气形势特征与第二类极端降雪发生时有所不同。具体特征可总结如下。

当江淮气旋影响时,如表1和2,第一类极端降雪过程(即积雪深度大)气旋初生时强度为1010.0～1015.0 hPa,而第二类极端降雪过程(即过程降水量大)的气旋初生强度均为1007.5 hPa,即由冷高压强度可反映出前者的冷空气强度要强于后者。因此,前者可出现较大降雪量。

在回流天气形势下,第一类与第二类极端降雪过程的地面天气形势也有所不同。5次回流天气形势下的冷高压中心位置(冷高压中心取回流天气形势影响下山东开始产生降雪时的冷高压风场环流的中心位置),如图1所示,第一类极端降雪事件(3次)冷高压中心位于110°E以东,第二类极端降雪事件(2次)冷高压中心位于110°E以西。由此可见,积雪深度大的极端降雪过程通常冷空气路径偏北，即冷高压中心偏东；而降雪量不大，过程降水量大的极端降雪事件的冷空气路径倾向于偏西，即冷高压中心偏西，在本文所列极端降雪事件中，110°E 为分界线。

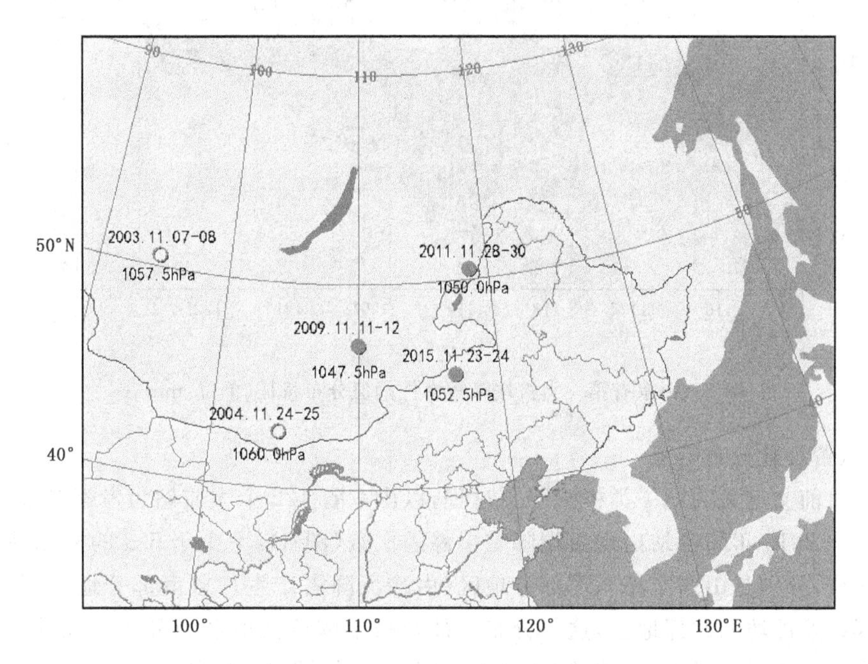

图 1　回流天气形势下极端降雪事件冷高压中心强度位置

（图中圆点为第一类极端降雪事件冷高压中心位置，圆圈为第二类极端降雪事件冷高压中心位置，圆点与圆圈上方标注为极端降雪过程的发生时间，下方标注为冷高压中心强度）

3　极端降雪天气事件时、空分布特征

3.1　时间特征

由表 1、2 可见，1999—2016 年上半年共 12 次极端降雪事件，有 5 次极端事件发生在 11 月，4 次极端事件发生在 2 月，而 1、3 和 4 月各出现了 1 次极端降雪事件。由此可知，山东极端暴雪天气发生在 11 月和 2 月的可能性最大。

3.2　极端暴雪天气事件阈值分布特征

针对第一类极端降雪事件，依据前文对于极端降雪事件积雪深度阈值的定义，统计分析了山东省 122 个测站阈值分布特征（图 2）。全省日积雪深度阈值范围为 6～38 cm，其中最大极端阈值出现在山东半岛的东部地区为 38 cm（为山东半岛地区冷流降雪，不在本文讨论范围内）。此外，鲁西北的西部（聊城地区）、鲁西南（菏泽地区）、鲁东南（临沂地区）和鲁中的北部（淄博地区和潍坊地区西部）也为极端阈值相对大值区，最大为 16 cm。鲁西北的东部（东营地区）和山东半岛南部部分地区的极端阈值为 6～8 cm，为阈值相对小值区。可见，山东省内地理纬度偏南的地区即鲁南和鲁西北的西部地区易出现较大的积雪深度，分析其原因，这一特点应与水汽条件密切相关。另外，鲁中的北部地区（淄博地区和潍坊地区西部）也为极端阈值大值区（16 cm），这表明此区域是降雪过程的另一个降水中心，需引起注意。

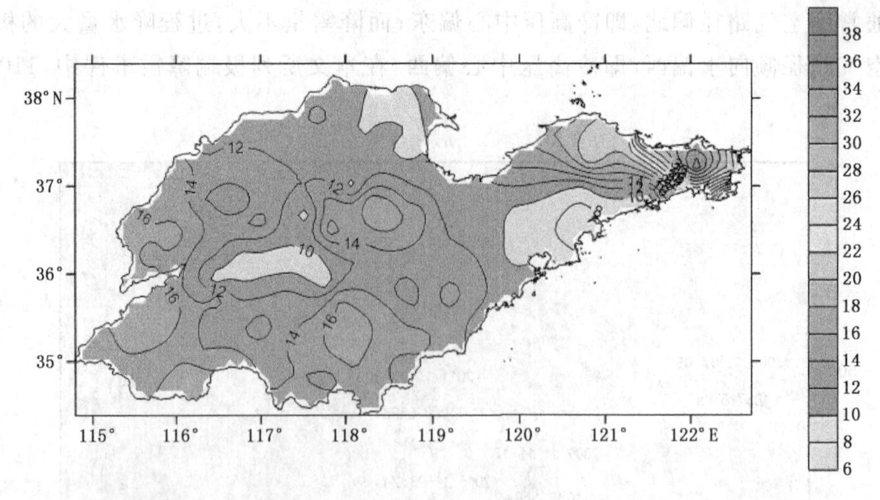

图 2　山东省第一类极端降雪事件阈值分布特征(单位:mm)

3.3　极端积雪日数分布特征

同样针对前文定义的第一类极端降雪过程,以山东省 122 个大监站为考察对象,本文统计分析了 1999—2015 年间各站出现极端降雪事件的次数(图 3),不少于 5 d 的极端降雪事件频发区域有 4 个,分别是山东半岛东部部分地区(由冷流降雪产生)、鲁南部分地区、鲁西北的西部部分地区以及潍坊的北部地区,这一分布特征与极端阈值大值区域分布特征基本一致。这表明山东省极端降雪过程中,上述地区降雪量大且出现极端降雪次数多。

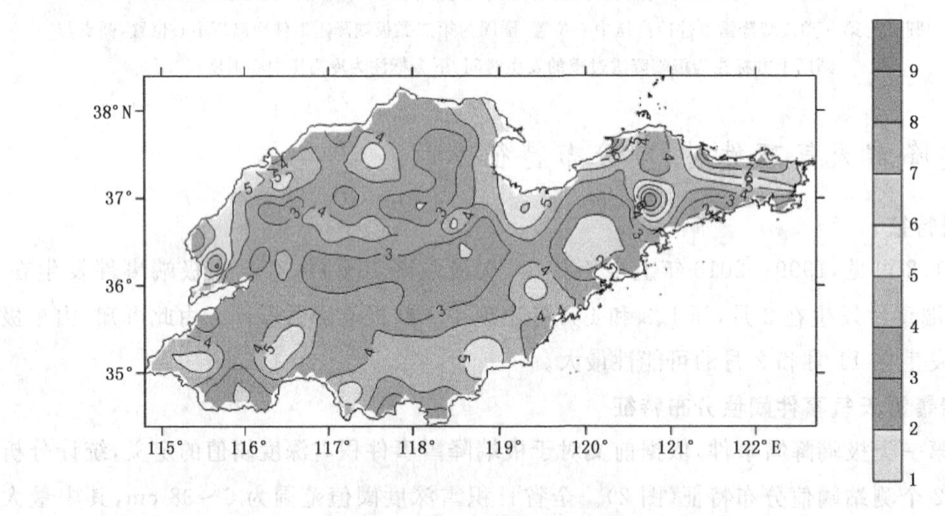

图 3　1999—2015 年山东省极端积雪日数分布特征(单位:d)

4 极端降雪事件的降水量特征

4.1　降水量空间分布

由上文结论可知,回流天气形势和江淮气旋是产生极端降雪天气的两类主要的影响系统。在普查天气图过程中发现,两类影响系统下产生的降水量具有不同分布型。这是由于这两类天气系统产生降雪的不同物理过程决定的。为此,分别针对回流天气形势下 6 次极端降雪过程和江淮气旋影响下产生的5次极端降雪过程，做了降水型分布特征研究。采用的方法是，分别统计分析山东省122个大监站在6次回流极端降雪过程中的平均过程降水量和5次江淮气旋极端降雪过程中的平均过程降水量(图4a和b)。回流极端降雪过程降水量分布表现出了明显的"南多北少"特征。即在回流天气形势下产生的极端降雪天气，鲁南和鲁中地区过程总降水量大，平均过程降水量为24～40 mm，而鲁西北和山东半岛地区降水量小，平均过程降水量为8～22 mm。这与回流天气形势产生降雪的物理过程有关。回流天气形势下产生降雪时，对流层中高层(一般位于700～500 hPa)，南支槽前西南气流携带大量水汽在东北风冷垫上大举爬升，此过程中，暖湿气流率先到鲁南。由此，在回流形势下，偏南地区水汽条件相对较好。

而江淮气旋影响下的5次极端降雪天气的平均过程降水量分布型表现出了不同于回流形势下极端降雪的特征(图4b)：降水量大于25 mm的大值中心有三个，分别位于鲁东南、鲁中的北部和山东半岛地区，最大平均过程降水量为29～31 mm。对于鲁东南和山东半岛地区的降水量大值中心，可能与江淮气旋相伴的急流有关。通常结构发展较好的江淮气旋伴有较强的东南急流和西南急流(表1和表2)，江淮气旋影响山东产生降水时，鲁东南和山东半岛地区

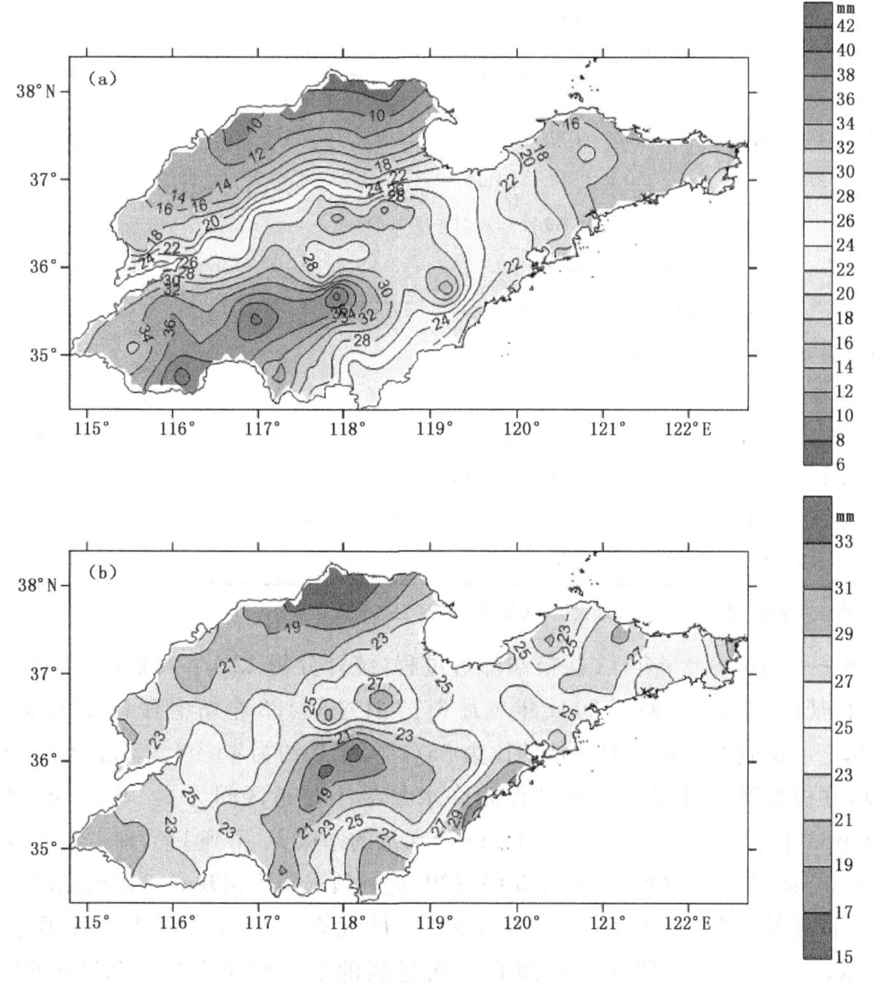

图4 回流形势(a)、江淮气旋(b)极端降雪事件降水量空间分布

通常位于气旋右侧的东南和东北象限，即西南和东南急流的前端直指鲁东南和半岛地区，造成了以上两个地区的降水量大值中心。而对于鲁中的北部的降水量大值中心，其产生的可能机制目前未见有学者进行相关研究，尚无明确结论。

对比回流天气形势下和江淮气旋影响下的极端降雪过程降水量分布特征可见，前者更易于产生大范围的大雪及以上量级降水，且回流天气形势下的极端降雪过程可出现的最大过程降水量(本文统计的结果为 40 mm)倾向于大于江淮气旋极端降雪过程中可出现的最大过程降水量(本文统计的结果为 31 mm)。即在实际极端降雪预报业务中，当预报极端降雪过程发在回流天气形势之下，相比于江淮气旋极端降雪过程，可酌情考虑其过程最大降水量较大，且大雪以上量级降水范围较广。

4.2 降水量区间分布特征

那么，在山东极端降雪天气过程中，可出现的最大和最小的过程降水量分别是多少，多数站点降水量集中在哪个降水量区间，弄清这些问题有助于极端降雪天气过程降水量的具体量化预报，从而提升预报服务能力。

表 3 1999—2016 年上半年山东省极端降雪事件过程降水量区间分布(%)

降水量区间(mm)	0～9.9	10.0～19.9	20.0～29.9	30.0～39.9	40.0～49.9	50.0～59.9	60.0～69.9	70.0～79.9	80.0～89.9
2001 年 1 月 6—7 日		45.08	44.26	9.84	0.82				
2005 年 2 月 14—15 日	13.11	62.30	22.13	2.46					
2007 年 3 月 3—4 日		2.46	13.93	30.33	25.41	24.59			
2010 年 2 月 28 日—3 月 1 日	32.79	48.36	17.21	1.64					
2016 年 2 月 12—13 日	3.28	36.07	41.80	13.11	4.10	1.64			
2011 年 11 月 28—30 日	6.56	16.39	18.03	17.21	27.05	12.30			
2013 年 4 月 19—20 日	54.10	36.89	9.02						
2009 年 11 月 11—12 日	2.46	48.36	45.08	2.46	1.64				
2003 年 11 月 6—7 日	8.20	20.49	22.13	10.66	22.13	10.66	4.10	0.82	0.82
2004 年 11 月 24—25 日	20.49	41.80	31.15	7.38					
2015 年 11 月 23—24 日	60.66	9.84	9.02	19.67	0.82				
2013 年 2 月 3—4 日	72.13	27.87							

注：深灰色阴影区为各次过程中百分比数最大值，浅灰色阴影区为次大值。

针对 1999—2016 年上半年 12 次极端降雪过程，统计分析 122 个大监站过程降水量的降水区间分布特征(表 3)，例如对于 2001 年 1 月 6—7 日过程 122 个站中有 55 站过程总降水量在 10.0～19.9 mm，这个站数占总站数的比为 55/122，结果约为 45.08%。综合表 3 中数据分布特征可见，在极端降雪过程中单站过程总降水量最小分布区间为 0～9.9 mm，最大可达 80.0～89.9 mm，但是可出现 70.0～89.9 mm 降水量的站极少，不到 1%，即 122 站最多可有 1 各站出现 70.0 mm 以上降水量，且从表 3 中可知，此种情况集中出现在一次极端降雪过程中，属于极端中的极端，对于一般极端降雪过程中，最大降水量最多可考虑出现在 50.0～59.9 mm。10.0～19.9 mm 降水量区间有 5 次过程的最多数站点(41.80%～62.30%，即 51～76 个站)，有 4 次过程的次多数站点(20.49%～36.89%，即 25～45 个站)位于此区间，可见在极端降雪事件预报中，一般情况下，应考虑绝大多数站点过程降水量为 10.0～19.9 mm，其次为 20.0～29.9 mm(表 3)，即绝大多数站点过程降水量在 10.0～29.9 mm。

4.3 降水强度特征

极端降雪过程的极端性一方面体现在过程降水量大，另一方面体现在过程降雪量大，即积雪深度大，另有特别的，体现在暴雪出现时间晚(如 2013 年 4 月 19 日)。那么在极端降雪过程中，降水或降雪的强度如何，是否仅在几个小时内暴雪就产生了？为此，分析了极端降雪过程中降水强度特征，选择近年出现的回流天气形势极端降雪过程 2015 年 11 月 23—24 日和江淮气旋降雪过程 2016 年 2 月 12—13 日(有逐时降水资料)，选取过程降水量最大的成武站(总降水量 41.2 mm，积雪 16 cm)和淄川站(总降水量 50.0 mm，积雪 6 cm)进行考察(图 5)。

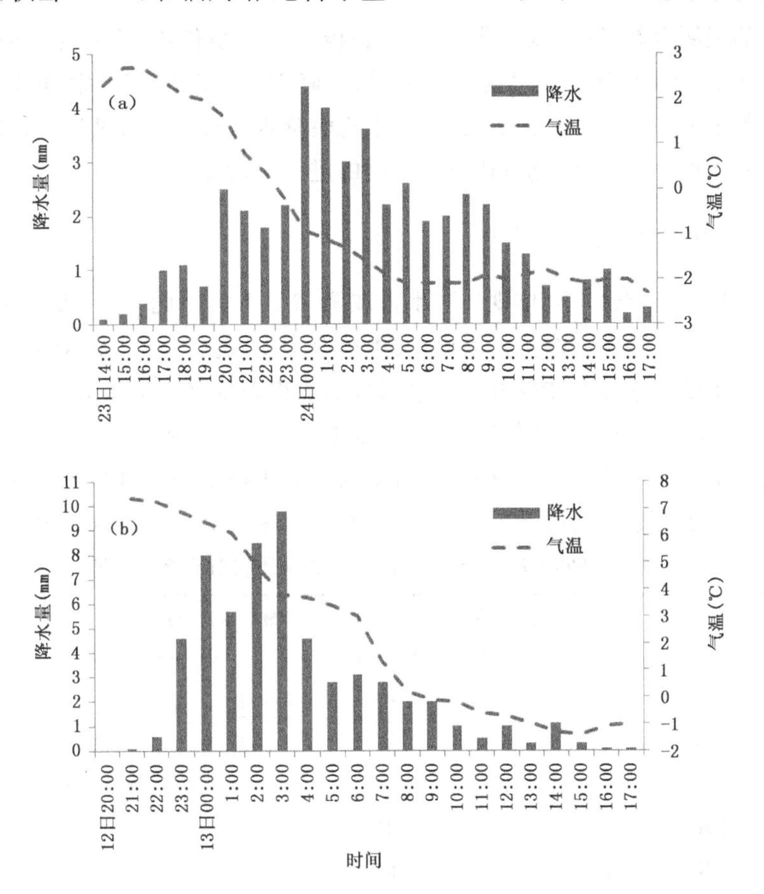

图 5 2015 年 11 月 23—24 日降雪过程成武(a)、2016 年 2 月 12—13 日降雪过程淄川(b)逐时降水和气温演变特征

对于成武站的降水相态，根据地面观测记录，23 日 20 时为降雨(由于观测业务调整，23 日夜间无天气现象观测资料)，此时地面 2 m 温度为 1.6 ℃，而 23 日 21 时—24 日 03 时地面 2 m 气温为 1.6～－0.9 ℃，仅从地面 2 m 气温无法确定其降水相态具体为降雨或是降雪。24 日 08 时为降雪，地面 2 m 气温为－2.1 ℃，05—08 时，地面 2 m 气温一直维持在－2.0 ℃左右，在没有降水相态观测记录的情况下，有理由认为 05—08 时这一时段内降水相态为雪，之后一直为降雪，直到降水全部结束。由逐时降水量柱状图可见，降雪时段降水强度均小于 3.0

mm/h，最大为 2.4 mm/h(出现在 08 时)，即在此次回流形势下的极端降雪过程中，从已有的观测记录可知，最强的降雪强度，在 1 h 内即可出现近乎中雪量级的降雪。

对于江淮气旋影响下的极端降雪过程 2016 年 2 月 12—13 日，淄川站降水和气温逐时演变曲线如图 5b。其降水自 12 日 22 时开始，但降水相态不详，12 日 22 时至 13 日 08 时，地面 2 m气温均在 0 ℃以上，其中 12 日 22 时至 13 日 02 时地面 2 m 气温均在 4 ℃以上，据杨成芳等(2013)研究结论，地面 2 m 气温 4 ℃是降雪出现的消空温度，所以有理由认为在此时段内为降雨，最强降雨强度约为 9.0 mm/h，而 03—07 时降水相态无法判断。13 日 08 时，从地面观测记录可知此时为降雪，降雪强度为 2.0 mm/h，直至降水全部结束均为降雪，降雪强度均小于 2.0 mm/h。

利用已有的观测资料，综合以上分析可知，在极端降雪事件中，降雪时段的降水强度最强接近 2.5 mm/h，即中雪量级。利用这一结论，结合降雪持续时间等因素，可以作为极端降雪过程中降雪量预报的参考。值得注意的是，由于逐时降水量资料在近两年才得能获取到，这一结论的得出仅基于两个个例，因此有待更多个例的进一步验证。

5 极端降雪事件的水汽特征

极端降雪事件的极端性主要体现在降水量或降雪量上。因此，极端天气具有怎样的水汽特征是预报此类天气的根本着眼点。为此，文中结合常规观测资料以及 NCEP/NCAR 再分析资料对预报业务中常用的几个能较好表征水汽特征的物理量进行了分析。

如表 4 所示，表征水汽特征的物理量中，比湿由一天两次的高空探测得到，大气可降水量和水汽通量散度由 NCEP/NCAR 再分析资料得到。对于极端降雪过程的水汽特征，文中重点关注降雪过程中出现的最大可降水量、最大水汽通量散度和最大比湿(700 与 850 hPa)。

表 4 1999—2016 年上半年 12 次极端降雪过程水汽特征

降雪过程		最大过程降水量(mm)	最大大气可降水量(mm)	最大水汽通量散度(10^{-6}g/(cm^2·hPa·s)		最大比湿(g/kg)	
				700 hPa	850 hPa	700 hPa	850 hPa
回流形势	2003 年 11 月 6—7 日	80.9	34	−35	−25	6	8
	2011 年 11 月 28—30 日	59.1	28	−30	−40	6	6
	2009 年 11 月 11—12 日	45.7	22	−15	−20	4	6
	2015 年 11 月 23—24 日	41.2	20	−25	−10	3	5
	2004 年 11 月 24—25 日	37.5	22	−12	−15	3	5
	2013 年 4 月 19—20 日	26.1	24	−40	—	5	2
江淮气旋	2007 年 3 月 3—4 日	66.7	32	−10	−65	6	9
	2016 年 2 月 12—13 日	50.0	28	−10	−35	5	7
	2001 年 1 月 6—7 日	40.2	20	−10	−20	3	3
	2005 年 2 月 14—15 日	34.4	24	—	−25	4	4
	2010 年 2 月 28 日—3 月 1 日	34.0	26	−40	−40	4	5
切变线	2013 年 2 月 3—4 日	17.3	22	−40	−35	5	3

5.1 大气可降水量

如表 4，对于最大大气可降水量（P_{wat}，单位：mm），在 12 次极端降雪过程中出现的最小值为 20.0 mm，最大值为 34.0 mm。在 2003 年 11 月 6—7 日、2011 年 11 月 28—30 日、2007 年 3 月 3—4 日和 2016 年 2 月 12—13 日最大总降水量在 50.0 mm 以上的降雪过程中，出现的最大 P_{wat} 为 28.0～34.0 mm，可见高的 P_{wat} 是产生大降水量的必要条件。过程总降水量小于 50.0 mm 的极端降雪过程中，最大 P_{wat} 为 20.0～26.0 mm，其中 2015 年 11 月 23—24 日降雪过程的最大 P_{wat} 为 20.0 mm，其出现的最大过程降水量为 41.2 mm，而 2010 年 2 月 28 日—3 月 1 日降雪过程，最大 P_{wat} 为 26.0 mm，其出现的最大过程降水量 34.0 mm，可见高的 P_{wat} 不是产生大降水量的充分条件，还应考虑影响系统的动力条件等。

5.2 比湿

比湿（Q）作为一种绝对湿度，是日常预报业务中常用的湿度参量。因此，也考察了极端降雪过程中比湿的特征。6 次回流形势下的极端降雪过程中，700 hPa 平均 Q 为 4.5 g/kg，850 hPa平均 Q 为 5.3 g/kg。5 次江淮气旋极端降雪过程中，700 hPa 平均 Q 为 4.4 g/kg，850 hPa平均 Q 为 5.6 g/kg。对于山东省暴雪天气出现时比湿指标，有研究指出一般 850 或 700 hPa 比湿要达到 4 g/kg，可见在极端降雪事件中，850 和 700 hPa 的平均比湿均超过了 4 g/kg。12 次极端降雪事件中，有 11 次（除 2001 年 1 月 6—7 日外）事件，850 或 700 hPa 至少有一层的比湿不低于 4 g/kg。对于 2003 年 11 月 6—7 日、2011 年 11 月 28—30 日、2007 年 3 月 3—4 日和 2016 年 2 月 12—13 日这 4 次过程，最大过程降水量均超过了 50.0 mm，其 850 和 700 hPa 比湿均超过 5 g/kg，最大达到 9 g/kg。

5.3 水汽通量散度

水汽通量散度（Q_{fdiv}，单位：10^{-6} g/(cm^{2} · hPa · s)，下同）是可以综合表征水汽条件和动力条件的物理量，揭示了水汽辐合辐散的强度。文中选取 700 和 850 hPa 作为水汽辐合辐散强弱程度的研究层次（表 4）。

对于回流天气形势下的 6 次极端降雪过程，700 hPa 上平均的 Q_{fdiv} 为 26，850 hPa 上平均的 Q_{fdiv} 为 18，这与常规的回流天气形势概念模型吻合，即在回流天气形势之下主要的水汽以及水汽辐合在 700 hPa 附近。对于这 6 次回流形势下的极端降雪天气，除 2013 年 4 月 19—20 日过程的水汽辐合位于 700 hPa 附近，其他 5 次过程水汽辐合的层次均较为深厚，即 700 和 850 hPa 均有明显的水汽通量散度大值区，此种情况即为郑丽娜等（2016）研究中提出的冬季山东回流天气形势的一种环流特征——“冷层浅薄回流型”。另外，由表 4 可见，除 2004 年 11 月 24—25 日过程外，其他 5 次极端降雪过程中，700 或 850 hPa 至少有一个层次 Q_{fdiv} 大于 20，而对于过程降水量超过 50.0 mm 的 2 次降雪过程（2003 年 11 月 6—7 日和 2011 年 11 月 28—30 日），其 700 或 850 hPa 至少有一个层次 Q_{fdiv} 大于 30。

江淮气旋影响下的 5 次极端降雪过程中，2010 年 2 月 28 日—3 月 1 日过程情况特殊，“雷打雪”即此次降雪过程中伴有雷暴的发生，是一次对流性质的降雪过程。因此，700 和 850 hPa 水汽通量散度出现了异常高值 40。其他 4 次过程中 700 hPa 平均 Q_{fdiv} 为 8，850 hPa 的 Q_{fdiv} 最大值为 65，最小值为 20，可见相比于回流天气形势而言，江淮气旋极端降雪过程中水汽辐合层次较低，主要位于 850 hPa 附近。2007 年 3 月 3—4 日和 2016 年 2 月 12—13 日两次过程的最大总降水量均超过 50.0 mm，其最大 Q_{fdiv} 超过了 35。

6 结 论

应用常规气象观测资料，针对1999—2016年上半年山东省降雪天气，定义了两类极端降雪事件，共得到了12次极端降雪事件，在此基础上，对极端降雪事件从影响系统特征、极端降雪阈值分布特征、极端降雪事件降水量和降水强度特征以及极端降雪天气的水汽特征等方面进行了研究，得到如下结论：

(1)对于山东省极端降雪事件，可从日积雪深度和过程总降水量两个角度划分为两类，即文中定义的第一类极端降雪事件与第二类极端降雪事件。极端降雪事件发生时，影响系统为江淮气旋、回流天气形势和切变线，以江淮气旋和回流天气形势为主。极端降雪事件发生在11月和2月的可能性最大。

(2)不论是江淮气旋或是回流天气形势影响下的极端降雪事件，第一类极端降雪与第二类极端降雪发生时，地面天气形势均有所不同。第一类极端降雪事件发生时江淮气旋初生强度要强于第二类极端降雪事件。在回流天气形势下，第一类极端降雪事件较第二类极端降雪事件冷空气路径偏东。

(3)对于第一类极端降雪事件(除山东半岛冷流降雪外)，其日积雪深度阈值分布特征为：鲁西北的西部(聊城地区)、鲁西南(菏泽地区)、鲁东南(临沂地区)和鲁中的北部(淄博地区和潍坊西部地区)也为极端阈值相对大值区，最大为16 cm。鲁西北的东部(东营地区)和山东半岛南部部分地区的极端阈值为6～8 cm，为阈值相对小值区。山东半岛东部部分地区(由冷流产生降雪)、鲁南部分地区、鲁西北的西部部分地区以及潍坊北部地区极端积雪日数较多，可超过5 d。

(4)江淮气旋和回流天气形势下的极端降雪过程具有不同的降水量分布。江淮气旋极端降雪过程的降水量大值中心倾向于出现在鲁东南、鲁中的北部和山东半岛地区；回流天气形势下的极端降雪过程的降水量分布呈现“南多北少”，相比于江淮气旋影响下的极端降雪过程，回流天气形势下的极端降雪过程出现可酌情考虑其过程最大降水量更大，且大雨以上量级降水范围更广。

(5)归纳了极端降雪事件发生时的水汽特征。最大大气可降水量(P_{wat})一般大于20 mm，700或850 hPa至少有一个层次的比湿不低于4 g/kg。回流天气形势下的极端降雪过程，水汽辐合层次深厚，700与850 hPa均有明显的水汽通量散度大值区，至少有一个层次Q_{fdiv}大于20×10^{-6}g/(cm^2·hPa·s)；江淮气旋极端降雪过程中水汽辐合层次较低，主要位于850 hPa附近，Q_{fdiv}至少要达到20×10^{-6}g/(cm^2·hPa·s)。对于过程降水量超过50.0 mm的极端降雪过程，最大P_{wat}要接近30 mm，700和850 hPa比湿要求不低于5 g/kg，700或850 hPa至少有一个层次Q_{fdiv}要达到30×10^{-6}g/(cm^2·hPa·s)。

参考文献

裴宇杰，王福侠，张迎新，等，2012. 2009年晚秋河北特大暴雪多普勒雷达特征分析[J]. 高原气象，**4**：027.

孙建奇，敖娟，2013. 中国冬季降水和极端降水对变暖的响应[J]. 科学通报，**58**(8)：674-679.

王冀，蒋大凯，张英娟，2012. 华北地区极端气候事件的时空变化规律分析[J]. 中国农业气象，**33**(2)：

166-173.
王业宏，高慧君，任颖，等，2009. 2009年秋季（9—11月）山东天气评述[J]. 山东气象(4)：65-67.
杨成芳，姜鹏，张少林，等，2013. 山东冬半年降水相态的温度特征统计分析[J]. 气象，**39**(3)：355-361.
张云惠，于碧馨，谭艳梅，等，2016. 乌鲁木齐一次极端暴雪事件中尺度分析[J]. 气象科技，**44**(3)：430-438.
郑丽娜，杨成芳，刘畅，2016. 山东冬半年回流降雪形势特征及相关降水相态[J]. 高原气象，**35**：520-527.
Houghton J T，Ding Y，Griggs D J，et al，2001. Climate change 2001：The science of climate change//
Susan Solomon，Qin Dahe，Martin Manning，et al，2007. Climate change 2007：The physical science basis[C]//Contribution of Working Group I to the Fourth Assessment Report of the Intergovernmental Panel on Climate Change. Cambridge，United Kingdom and New York，USA：Cambridge University Press.

相态逆转降雪天气的特征与预报

杨成芳　刘　畅　郭俊建　孟宪贵

（山东省气象台，济南 250031）

摘　要

采用高空和地面观测资料，对山东1999—2013年24次有相态逆转的降雪过程进行了统计分析。结果表明：(1)低槽冷锋、江淮气旋、黄河气旋和暖切变线可在山东产生降水相态逆转，而回流形势降雪不会产生逆转。(2)山东降水相态逆转发生在11月—次年4月，以12月和1月居多，12月频率最高；有明显的日变化，14时前后最容易发生逆转，而23时—次日05时最少。(3)雪转雨时最显著的特征为地面2 m气温升高，升温幅度多在1～2 ℃；850 hPa以下至地面的温度至少有1～2个层次升温。(4)地面2 m气温对逆转的指示性最好，降雪时在0 ℃左右，最低为−1 ℃；其次为1000 hPa，降雪时接近于0 ℃。(5)对流层低层暖平流升温或温度日变化升温导致雪转雨，温度平流弱时温度日变化起主要作用。需综合考虑低层温度平流和日变化两个因素，重点关注地面2 m气温能否升温，午后为关键时段。

关键词：降水相态　逆转　温度平流　日变化

引言

在近年来的实际预报业务和降水相态研究中发现，相态逆转降雪过程在华北、黄淮等地普遍存在，同样值得关注。由于后期转雨使得整个降雪过程纯雪量相对减小，降水相态是否逆转将影响到降雪预警的发布以及社会对交通安全的不同防范。例如，2012年11月3—4日发生了一次由黄河气旋引起的大范围雨转雪、雪转雨过程，逆转出现在北京、天津、河北至山东西北部地区。如果按照24 h降水量级划分标准，在同一天气系统影响下，北京先后经历了大雨(34 mm)转大暴雪(25 mm)再转中雨(10.1 mm)的过程。2012年12月13—14日，济南市出现了一次雨雪过程，雪转雨后的降水量达到了6.2 mm。降水相态逆转是一个复杂的问题。本文旨在通过山东123个地面观测站1999—2013年的降水量、降水相态等地面观测资料及有关探空资料寻找相态逆转降雪过程的共性特征和发生、发展规律，为降水相态的精细化预报提供科学依据。

1　降水相态逆转天气过程的温度特征

1.1　影响系统

24次降水相态逆转过程中，低槽冷锋有9次，江淮气旋6次，暖切变线6次，黄河气旋3次。可见，除了回流形势以外，其他各类天气系统均可以发生降水相态逆转，但以低槽冷锋天气过程中相态发生逆转的次数最多，其次是江淮气旋和暖切变线系统。

1.2 月变化

从发生概率来看，相态逆转过程年平均日数为1.6 d。11月—次年4月山东均可产生降水相态逆转天气，但逆转主要发生在12月和1月，逆转日数12月最多，15 a间共8 d，其次是1月。2月、3月、11月日数基本相当，为2～4 d(图略)。

1.3 日变化

从相态逆转发生的时间来看(表略)，降水相态逆转在一天24 h内均可发生。其中，14时最容易发生逆转，占逆转总次数的39%，远大于其他时次，而23时—次日05时最少，只是偶尔发生，每个时次仅占总次数的3%或6%。这说明降水相态逆转有明显的日变化，受气温日变化的影响较大。

1.4 相态逆转前后的温度特征

为了分析降水相态逆转前后各层的温度及其变化情况，从24次有相态逆转降雪过程中选取了各层温度资料齐全的16次过程，分别统计每次过程降雪及转雨后的850、925、1000 hPa和地面2 m气温及温差(降雨时的温度减降雪时的温度)。

1.4.1 各层温度

850 hPa降雪时气温在－8～－1 ℃，转雨时在－9～0 ℃，二者的中位数(指50%分位)均为－3 ℃，区别不显著，说明在雪转雨过程中，850 hPa的温度的区分效果不好，没有明显的指示意义。

与850 hPa相比，925 hPa的指示性略明显一些，降雪时温度在－7～2 ℃，中位数为－2 ℃；转雨时在－5～3 ℃，中位数为－1 ℃，但25%～75%分位的区间仍然较大，且雪和雨的温度区间重叠较大，区分效果仍然不理想。

1000 hPa降雪时温度为－5～4 ℃，转雨时为－1～4 ℃。降雪的中位数接近于0 ℃，转雨的中位数为1 ℃，90%的个例转雨时的温度在0～2 ℃，说明降雨的温度跨度更短，指示意义更为明显。

箱须图显示，降雨时2 m温度的中位数为2 ℃，降雪和降雨时25%～75%的区间没有交叉，降雪为0～1 ℃，而降雨为1～3 ℃。与850～1000 hPa相比，地面2 m气温25%～75%的区间更为集中。降雪时2 m温度在－1～3 ℃，81%的个例在0 ℃左右(－1～1 ℃)，因此，对于有相态逆转过程转雨前降雪时地面2 m最低温度阈值为－1 ℃，低于该温度雪转雨的次数极少。转雨时地面2 m气温在0～4 ℃，94%的个例2 m温度≥1 ℃，其中62%的个例2 m温度在2～4 ℃(图1)。

1.4.2 温度变化

分析发现，所有的个例在逆转过程中地面2 m至850 hPa至少有1个层次升温，69%的个例有2个层次以上升温(表略)。只有1个层次升温的个例，升温层次为地面。唯一一次地面降温的逆转个例是2000年1月4日，地面降温1 ℃，但其1000 hPa升温2 ℃，850 hPa升温1 ℃，925 hPa温度不变。这表明，只要地面2 m气温升高，就可能发生降水相态逆转，如果地面气温略有下降，但同时1000 hPa温度升高，则也可能产生降水相态逆转。

相态逆转降雪过程高空的升温不如地面2 m明显，绝大多数个例逆转时地面2 m的升温幅度为1～2 ℃。

1.5 雪转雨与雨转雪过程的温度对比

通过1999—2013年16次雪转雨过程和31次雨转雪过程各层的温度对比分析发现(图

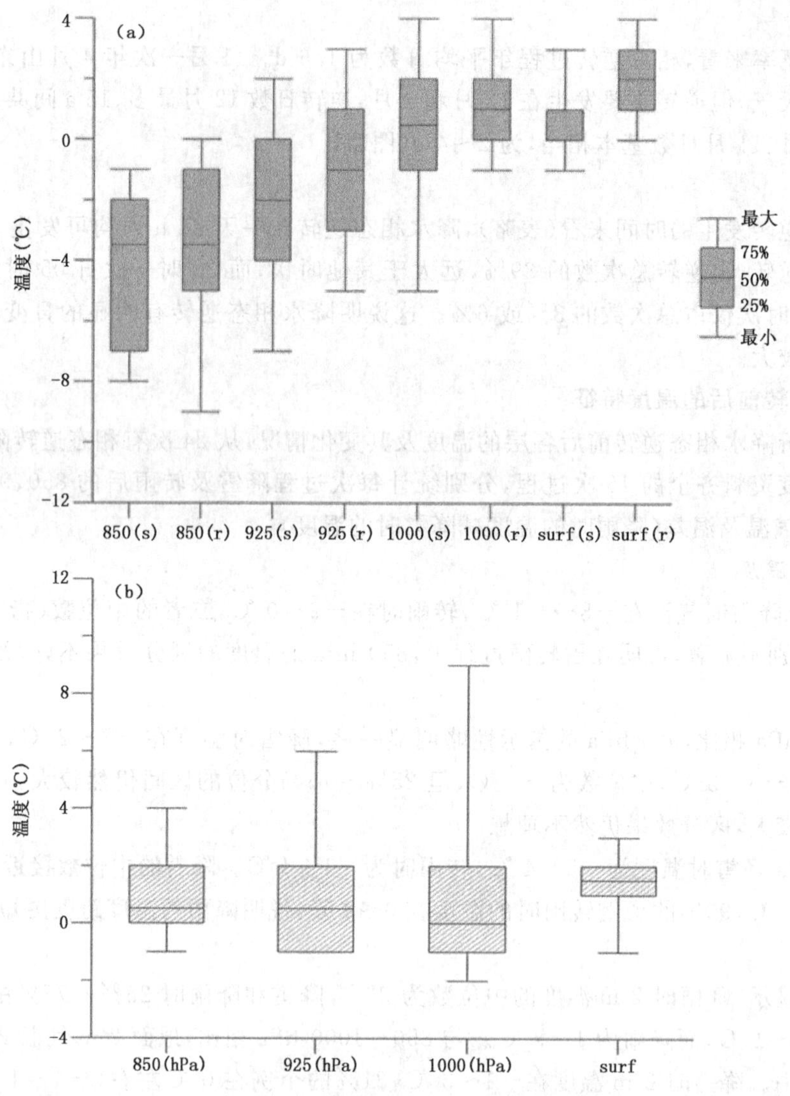

图 1 16 次降雪过程相态逆转前后各层温度

(a,括号内 s 表示降雪,r 表示降雨)及温差(b)

1),就平均状况而言,两种雨雪转换过程的降雪时和降雨时的温度有明显差异,降雪过程中相态逆转要求对流层低层的温度更高一些,易于向降雨转换,如果温度太低则不利于向降雨转换。

2 各类系统相态逆转的天气形势特征

2.1 低槽冷锋

分析低槽冷锋降水相态逆转过程的雨、雪特点,发现多为局地逆转,每次过程通常只有一个或几个测站。转换有两种情况:一种情况是两次转换,先降雨,雨转雪,雪再转雨;另一种情况是过程开始直接降雪,降雪持续一段时间以后转雨。

其环流形势的共性特征为:雨雪均发生在低槽前部,低槽前有西南气流,冷空气弱,对流层低层暖平流升温导致雪转雨。

(1)雨—雪—雨。此类降水过程以降雨为主。雨转雪通常发生在夜间,降雪持续时间短。通常前期气温较高,降水过程开始时产生降雨。在夜间,气温降低导致转雪,当有暖平流影响时,低层温度升高导致雪转雨。

(2)雪—雨。先雪后雨的过程均是由于在降雪过程开始前的几天内有冷空气影响,导致气温较低,过程开始时直接降雪,当受低槽前暖平流影响或者日变化升温使得雪转雨。日变化引起的逆转,在天气图上表现为温度平流和冷空气弱,850～1000 hPa 一般温度不变或没有升温,下午地面 2 m 气温略有升高导致雪转雨。

2005 年 12 月 31 日降雪是较为典型的低槽冷锋逆转过程(图 2)。雨雪转换发生在鲁南地区,包括苍山、莒南、临沭、邹城等地,30 日 20 时降雨,31 日 02 时开始转雪,降雪持续至 31 日 08 时,11 时以后陆续转为降雨。

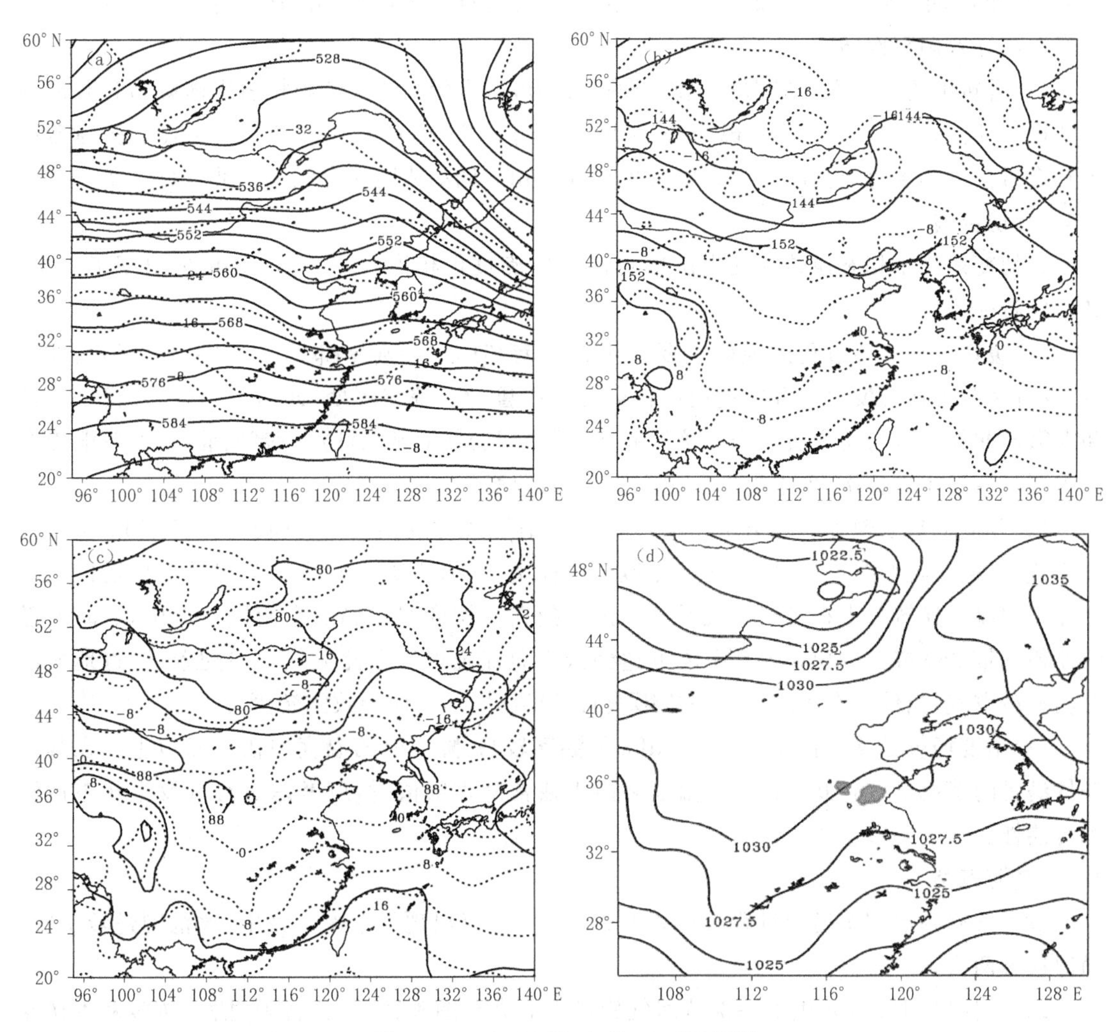

图 2　2005 年 12 月 31 日 08 时天气图

(a. 500 hPa,b. 850 hPa,c. 925 hPa,实线为等高线,虚线为等温线;d:地面图,阴影为相态逆转区域)

2.2 江淮气旋

1999—2013 年共出现了 6 次江淮气旋相态逆转过程，分析这些个例，可归纳出江淮气旋降水相态逆转过程有以下特点：

(1)可产生较大范围的逆转，有的过程可超过 10 站。如 2012 年 12 月 13 日的降雪过程，包括济南、淄博、乐陵等在内的 11 个测站产生了相态逆转，集中于鲁西北和鲁中的北部地区。

(2)逆转时间不固定，在白天和夜间均可发生。这主要是由于江淮气旋过程在对流层低层有明显暖平流，低层升温，导致雪转雨。故此类逆转的主要影响因子是温度平流，其次是温度日变化。

(3)相态转换可为雨转雪再转雨，也可能为雪转雨，有的过程后期可再次转雪。降水过程开始降水相态是雪或是雨，主要取决于前期的温度，如果在降水过程开始前几天内有冷空气影响，造成温度低，或者降水开始时正好处在夜间气温最低的时段，可直接产生降雪。如果 500 hPa 低槽明显后倾，在气旋移出之后，降水仍可持续一段时间，由于低层冷空气或者日变化降温会导致雨再次转雪。

(4)雪转雨均发生在气旋即将形成前的 3 h 内，这是所有江淮气旋相态逆转降雪过程的显著共性特征。在环流形势上表现为，850 hPa 有明显暖脊，以东南风为主(少数个例为西南风)，有时候可达到急流强度。雪转雨发生在 850 hPa 低涡或暖切变线的东北部(图 3)。

2.3 暖切变线

暖切变线降水相态逆转的发生次数与江淮气旋过程相当，1999—2013 年也出现了 6 次。其逆转特征为：

(1)暖切变线降雪过程的逆转主要发生在鲁南和山东半岛南部地区，在山东多为局部逆转，少有大范围逆转发生。有的过程逆转会发生在鲁、豫、皖交界处，即山东西南部、河南东部和安徽西北部。这与切变线的降雪落区有关，因暖切变线通常从江淮一带向北移动，影响山东时主要降雪发生在鲁南、鲁中南部和山东半岛南部地区。

(2)环流形势表现为 500 hPa 一般为中支槽影响，无北支槽，冷空气较弱。850 hPa 上有暖切变线，前期暖切变线明显，位于江淮流域或更偏南位置，当暖切变线向北移动至接近山东时已经不明显。逆转发生在暖切变线后期。山东处在暖切变线北侧的东南风气流中，有时安徽的徐州一带 850 或 925 hPa 的东南风可达到低空急流强度。在此天气形势配置下，近地面没有明显冷空气，当低层有东南风暖平流影响时，温度升高，从而导致雪转雨。

(3)温度场较显著的特征为：1000 hPa 的温度较高，降雪时的温度均在 0 ℃以上。在其他条件满足的情况下，当 1000 hPa 的温度略高于通常降雪阈值时，应考虑是否有发生相态逆转的可能性。

2.4 黄河气旋

黄河气旋降水相态逆转过程较少，1999—2013 年仅出现了 3 次。其中，大范围逆转 1 次，局部逆转两次。

2012 年 11 月 4 日发生了一次黄河气旋产生的大范围雨转雪、雪转雨过程，逆转发生在北京、天津、河北至山东西北部(图略)。3 日白天降雨，4 日 02—08 时北京、河北大部分地区、山东西北部地区转为降雪，11 时起上述地区又陆续转为降雨。北京 3 日 11 时至 4 日 02 时降雨，降雨量为 34 mm，4 日 02—08 时降雪，降雪量 25 mm，08 时以后转雨，至 4 日 20 时降雨量为

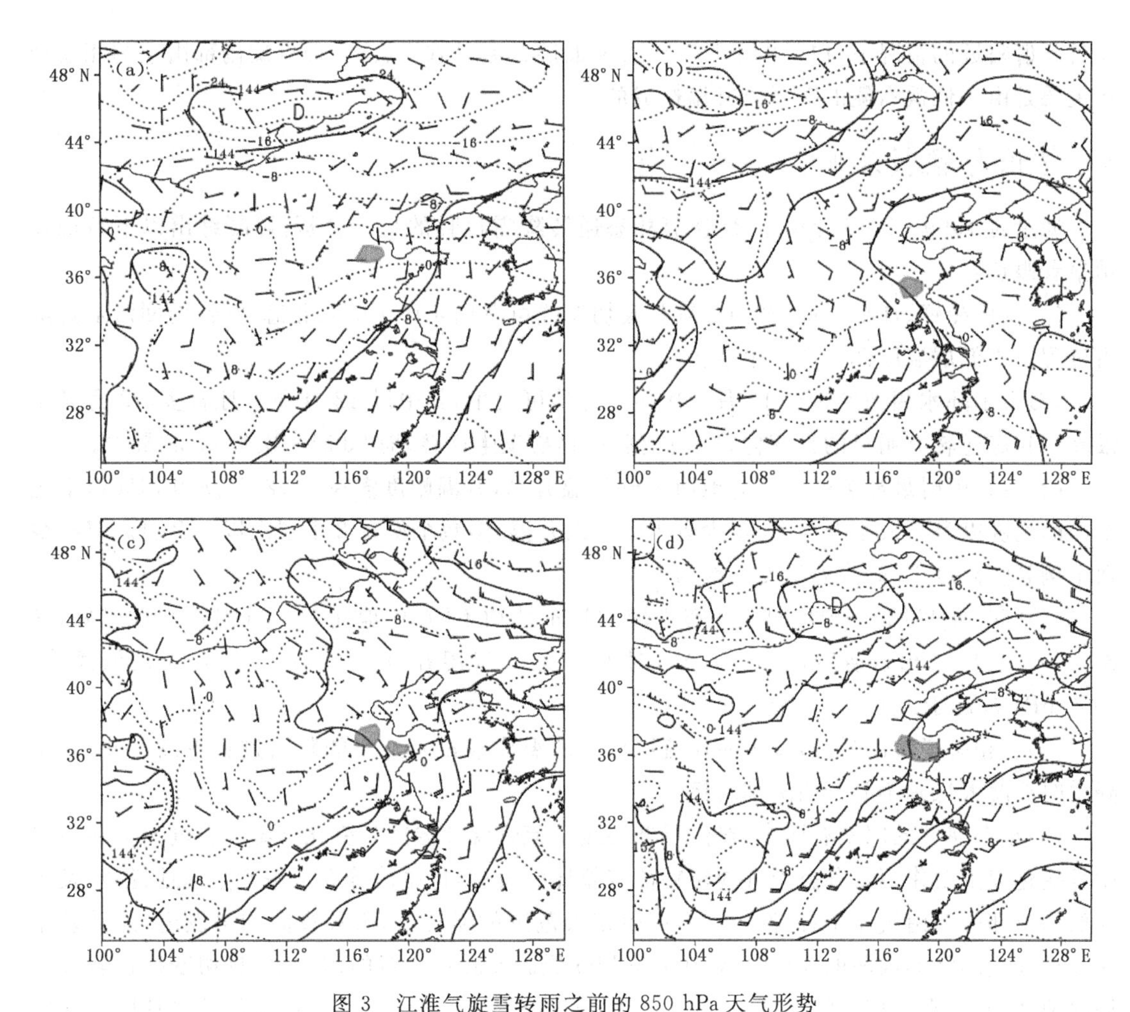

图 3　江淮气旋雪转雨之前的 850 hPa 天气形势

(a. 2000 年 1 月 4 日 20 时，b. 2001 年 1 月 6 日 08 时，c. 2012 年 12 月 13 日 20 时，d. 2013 年 2 月 3 日 08 时，阴影为雪转雨区域，实线为等高线，虚线为等温线)

10.1 mm。如果按照 24 h 降水量量级划分标准，北京先后经历了大雨转大暴雪再转中雨的过程。此次过程山东惠民站 4 日 08 时之前降雨，08—11 时转为降雪，14 时又转雨。

分析各地相态逆转时的高、低空天气形势，可以看出，冷空气自 3 日 14 时开始影响北京，17 时北京已转为气旋后部的西北风，气温逐渐下降，4 日 02 时 2 m 气温最低为 1 ℃。4 日 08—20 时，850 和 925 hPa 的温度分别维持为 −2 和 0 ℃。4 日 08 时地面为 2 ℃，北京由夜间的降雪转为雨夹雪，4 日 11 时地面仍然为北风，但风力已减弱，由之前 6 m/s 减弱为 4 m/s，地面 2 m 气温升为 3 ℃，14 时进一步升至 4 ℃。这说明，在 4 日白天，虽然 850～925 hPa 的温度平流没有变化，但近地面层温度升高，导致雪转雨。

再来分析山东的情况。与北京不同的而是，山东处在黄河气旋的南侧，各站相态逆转时冷空气尚未开始影响，近地面仍为偏南风。4 日 08—20 时，山东西北部对流层中低层在低涡右侧的西南风控制之下，章丘探空站 500～700 hPa 均升温 3 ℃，850 hPa 升温 2 ℃，925 hPa 升温 1 ℃，因而雪转雨。

可见，在此次大范围降水相态逆转过程中，位于气旋北侧的北京主要是对流层低层温度在降雪阈值附近的情况下，白天由于日变化近地面层升温导致雪转雨，而气旋南部山东的相态逆转主要是由于低涡右侧的暖平流升温造成的。

3 结论与预报着眼点

通过对 1999—2013 年山东 24 次有相态逆转降雪过程的统计分析，可凝练出以下特征及预报着眼点：

(1)低槽冷锋、江淮气旋、黄河气旋和暖切变线可在山东产生降水相态逆转，而回流形势降雪过程由于低层温度低不会产生逆转。

(2)山东降水相态逆转在 11 月—次年 4 月均可发生，其中以 12 月和 1 月居多，12 月频率最高。相态逆转有明显的日变化，14 时前后最容易发生逆转，而 23 时—次日 05 时最少。

(3)雪转雨时最显著的特征为地面 2 m 气温升高，升温幅度多在 1～2 ℃；850 hPa 以下至地面的温度以升高或不变为主，至少有 1 个层次升温，多数个例有 2 个层次以上升温。只有少数个例高空温度下降，降温幅度一般为 1 ℃。

(4)850 和 925 hPa 温度对于相态逆转的指示性均不明显，地面 2 m 气温指示性最好，其次为 1000 hPa。相态逆转过程中，降雪时地面 2 m 气温在 0 ℃左右，－1 ℃为最低阈值；1000 hPa 接近于 0 ℃。

(5)有相态逆转的过程，降雪时对流层低层的温度较没有逆转的降雪过程更高一些，如果降雪时温度太低则不利于向降雨转换。

(6)相态逆转的因素有两个：对流层低层暖平流升温或温度日变化升温。温度平流弱时温度日变化起主要作用。各类天气逆转特征有差异。其中，低槽冷锋在下午产生局地逆转，发生在低槽前部的西南气流中；江淮气旋可产生较大范围的逆转，白天和夜间均可发生，逆转发生在江淮气旋即将形成前的 3 h 内，处在 850 hPa 低涡或暖切变线的东北部；暖切变线逆转多为局部地区，发生在暖切变线后期，1000 hPa 的温度略高于于通常降雪阈值，即降雪时均在 0 ℃以上；黄河气旋的相态逆转发生在低涡前部的偏南风气流中，当暖平流强时，可导致大范围逆转，当暖平流弱时，在午后产生局地逆转。

由此可以凝炼出降水相态逆转的预报着眼点。在降雪过程的相态预报中，需综合考虑温度平流和日变化的影响。当对流层低层的温度在通常的降雪阈值附近或略高时，如果后期有明显的暖平流或日变化导致近地面至 1000 hPa 升温，则有发生雪转雨的可能性，午后为关键时段。

2016年7月19日河南特大暴雨极端性分析

徐文明　王　迪　王新敏　吕林宜

（河南省气象台，郑州 450000）

摘　要

2016年7月18—19日，河南省出现区域性大暴雨，局地特大暴雨，林州东马鞍24 h降水达732 mm，历史罕见。极端强降水主要由较长时间的暖区降水和气旋降水构成。在华北暴雨东高西低的典型形势下，西南和东南急流提供充沛水汽，低涡切变线和边界层辐合线在高湿区触发对流。极端性是由于具有热带海洋型降水特征，有较高的降水效率，极端强的水汽输送和辐合；大气热力不稳定和动力不稳定有利于上升运动发展，地形具有增幅作用；"列车效应"使降水持续较长时间。高层位涡下传有利于天气尺度低涡的发展，低涡切变强迫高温、高湿区的对流发展，形成中尺度涡旋；对流释放潜热又促使天气尺度低涡发展。这一正反馈机制有利于对流系统长时间维持，形成极端降水。

关键词：极端性　暖区暴雨　中尺度涡旋

引言

河南地处黄淮海腹地，干旱和洪涝灾害的危害极为严重。暴雨是造成河南省洪涝的主要原因。以往对河南暴雨的机制有过很多研究。如王新敏等(2015)对西南涡暴雨的研究和吴蓁等(2008)对台风暴雨的研究，均指出位涡分析有着重要指示意义。对于大暴雨，往往具有范围小，局地性强的特点，必须分析中小尺度系统(赵培娟等，2009，2012)。2016年7月18—19日，河南省出现区域性大暴雨，局地特大暴雨，过程前期为暖区暴雨。这次过程预报难点是暴雨极端的强度，落区的局地性强。已有研究指出，暖区暴雨以降水强度强、局地性明显为特征，对这类大气斜压性和天气尺度强迫弱的对流性降水，其触发机制及对流系统的组织化发展和移动演变等物理过程还有待深入研究(廖晓农等，2013；孙继松等，2012)。本文利用多种观测资料和NCEP再分析资料，重点对极端性成因进行了分析，并探讨了中尺度涡旋发生发展的物理机制。

1　过程概况和特点

2016年7月18—19日，河南省出现区域性大暴雨，局地特大暴雨(图1)。强降水区集中在三个区域，豫北、南阳到商丘一线和信阳。河南63%的站点达到暴雨，特大暴雨区主要在安阳林州，该区域普遍小时雨量大于50 mm。最大降水出现在林州东马鞍，24 h雨量达732 mm，历史罕见。东马鞍站的小时雨量序列显示过程可分为2个阶段。19日07—14时的第一阶段暖区降水和19日14—18时第二阶段低涡降水。第一阶段小时雨量大都在40 mm左右，只有11时的小时雨量达到85 mm，降水时间长达7 h，累计降水量达252.5 mm，占过程雨量的 34.5%。降水开始时间早，持续时间长。第二阶段降水强度大，15 时小时雨量达 92.1 mm，强降水持续 4 h，累积降水量达 311.2 mm，占过程雨量的 42.5%。2 个阶段共持续了 11 h。

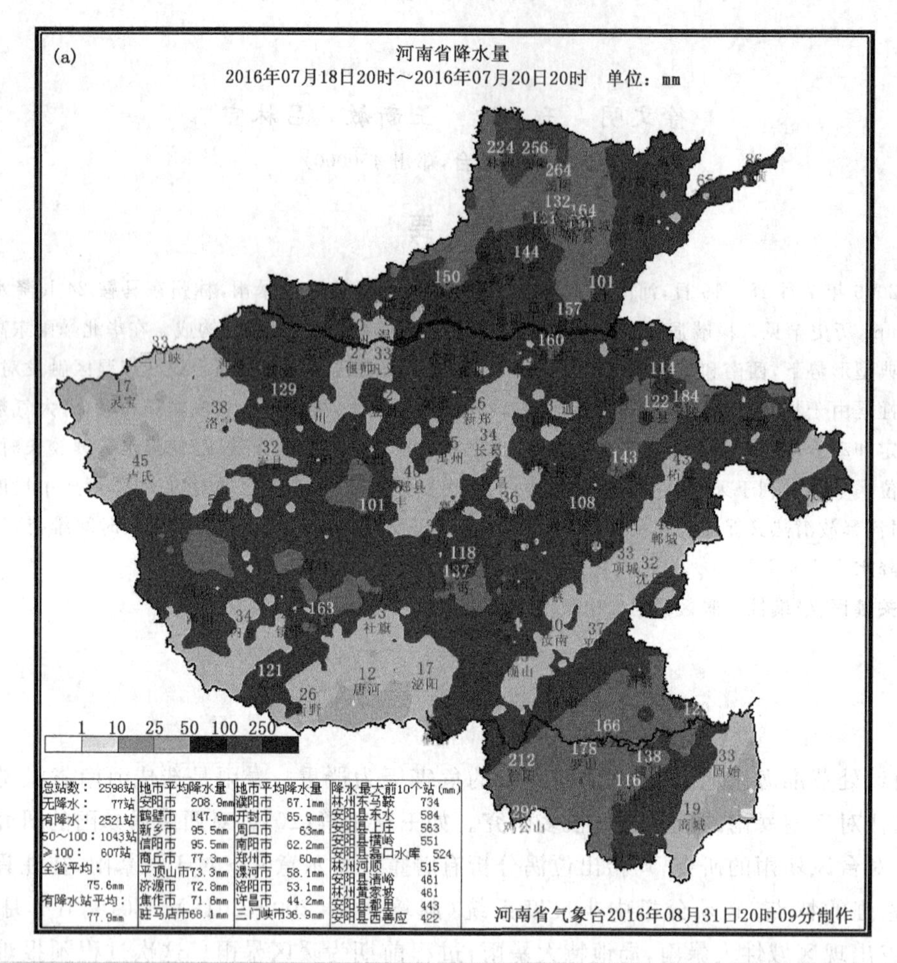

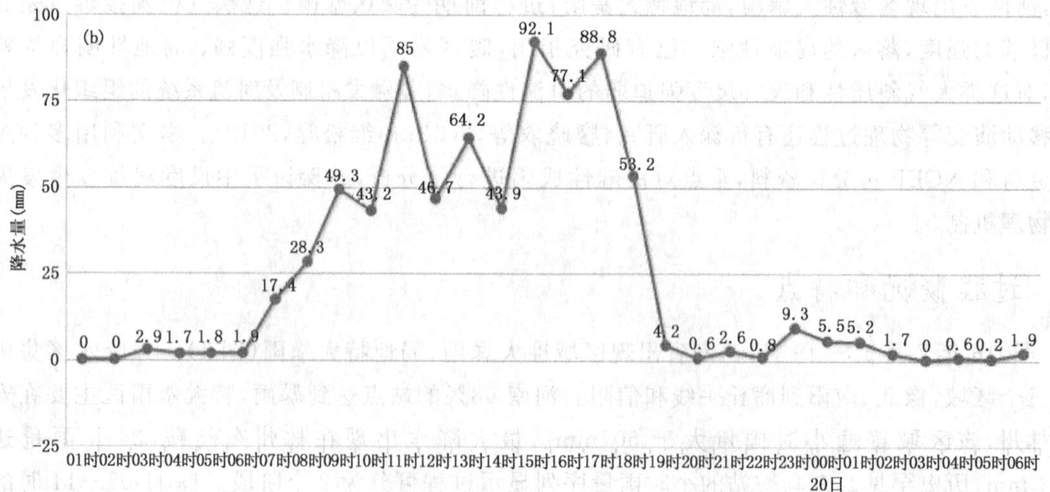

图 1　2016 年 7 月 18 日 20 时至 20 日 20 时河南降水量实况(a)和东马鞍站 19 日 00 时—20 日 06 时逐时雨量序列(单位：mm)

2 环流背景

此次特大暴雨过程具有典型的华北暴雨形势，东高西低。19 日 08 时 200 hPa 南亚高压为东部型，西太副高西伸，5880 gpm 等值线西伸至 110°E 附近，高空槽位于河套东部和四川盆地。在槽前的分流区和高空急流入口处有强烈的抽吸作用。副高和西风槽对峙，其间的气压梯度增大，中、低空西南气流加强。低层，河套南部和四川盆地分别有一低涡，以后称北涡和南涡。北涡和南涡均在西南气流引导下向东北移动。北涡在河南上游就开始影响豫北、豫西，其东北象限有东南急流，向暴雨区输送水汽和不稳定能量，并沿西部、西北部的山地和东北风形成东风切变线。在西部、北部触发对流能量释放，形成第一阶段暴雨。19 日 20 时，500 hPa 切断出低涡，北涡移至河南北部，低层西南急流和东南急流同时向暴雨区输送水汽，同时二者形成切变线，随低空急流向北扩展切变线北抬，暴雨区也沿着急流轴呈南北带状分布，并逐渐东移影响河南大部分地区。南涡仍位于四川盆地。20 日 08 时两涡合并，低涡的螺旋雨带影响河南的东部、南部。

3 极端降水成因

产生极端降水要求有高的降水效率，强烈垂直运动，充沛水汽和较长的持续时间。

3.1 降水效率

从东马鞍站 19 日 08 时探空来看(图 2)，*CAPE* 呈狭长形，环境相对湿度大，近乎饱和，且饱和层从地面一直伸展到 200 hPa，风垂直切变小，环境夹卷率低，不利于蒸发而有利于高降水效率。对流凝结高度 982 hPa，0 ℃层在 550 hPa 左右，暖云层厚度大约 5 km。

雷达回波垂直剖面显示典型的热带降水型回波特征。40 dBZ 反射率因子只扩展到大约 6 km高度，在 0 ℃层以下，回波质心在 3 km 左右，15 时回波剖面显示强回波均位于 4 km 以下，质心达到 1.5 km，降水效率进一步增大。

3.2 水汽条件

暴雨地面露点温度维持在 24 ℃，温度露点差小于 2 ℃。08—14 时整层可降水量高值舌持续向北伸展，河南省的整层可降水量从 60 mm 增加到 66 mm，局部大于 72 mm。河南省西部、北部处在整层可降水量的高梯度区内湿区一侧，强烈的干湿对比使得对流系统在此处生成。

3.3 上升运动

具有有利的大气热力、动力不稳定条件。东马鞍 19 日 08 时的探空显示，700 hPa 以下为条件性不稳定层结，以上为湿中性层结，*CAPE* 值为 714 J/kg(图 2)。850 hPa 的假相当位温显示河南处在高能舌中。850 hPa 河套东部和湖北有两个正涡度区。14—20 时两块正涡度区完全合并增强。

存在多种尺度的抬升运动。天气尺度的触发系统就是低层的切变线，08 时，沿河南西部、西北部的太行山脉，东南急流和东北风形成东风切变线；20 时在豫北为低涡切变线。中小尺度的触发系统是地面辐合线和地面中尺度低压。08—14 时，太行山东麓维持地形辐合线，地面开始是偏东风，受太行山阻挡，向左侧偏，沿山转为东北风，气旋式涡度增强；17 时，正涡度合并加强叠加地形造成的正涡度区，在沿山和豫西一带生成多个地面中尺度低压(图 3)。迎风坡的抬升作用，使得降水进一步增幅。

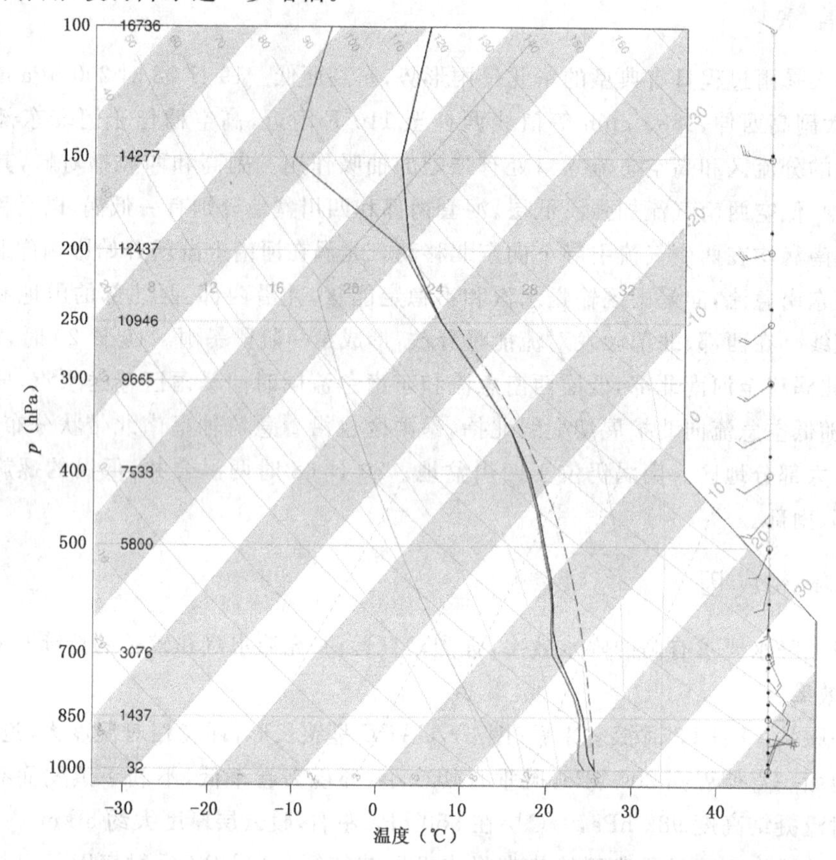

图 2　东马鞍 2016 年 7 月 19 日 08 时探空

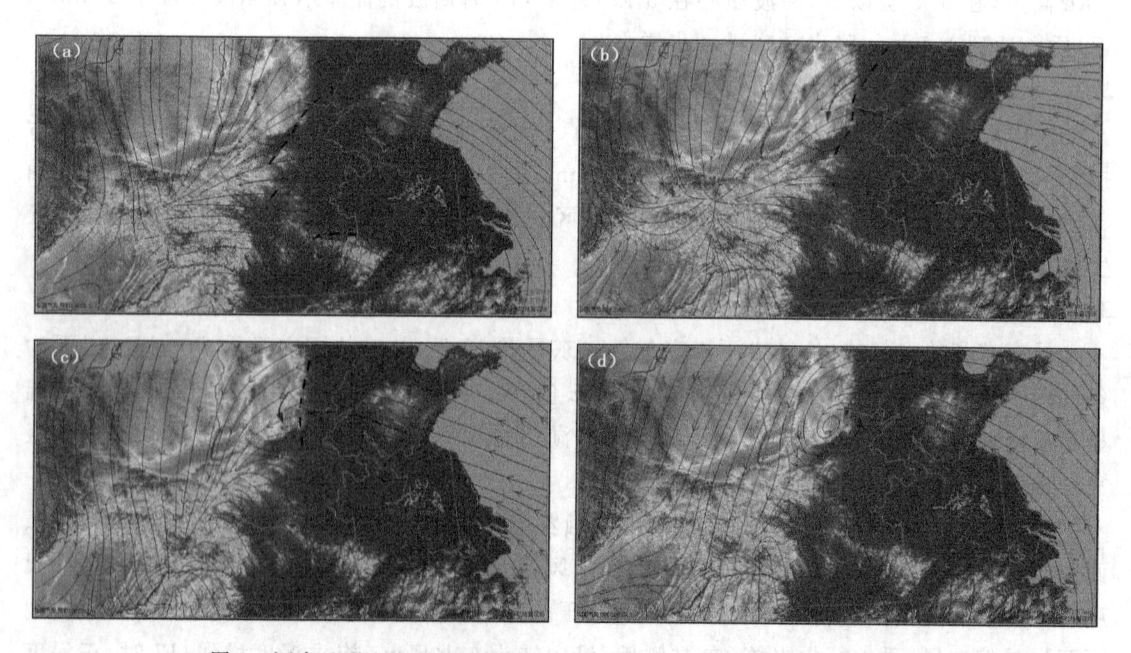

图 3　河南地形和海平面风场叠加（a. 08 时，b. 11 时，c. 14 时，d. 17 时）

3.4 持续时间

19 日 08—17 时的雷达拼图显示，40～50 dBZ 的强回波沿太行山呈带状排列，其上不断有小尺度的对流系统生消，呈准静止，形成“列车效应”。“列车效应”形成的主要原因是：(1)低槽和副高对峙，形势稳定，且低槽东移时加深为低涡，移速进一步变慢，使暖区内降水东移缓慢，维持较长时间；(2)低层偏东暖湿急流遇到太行山东坡受到地形抬升，形成较强上升气流触发对流，低层风顺着地形偏转为东北风；(3)对流生成后沿着风暴承载层平均风(偏西风)移动；(4)传播和平流的夹角超过 90°，合成的移动方向恰好是沿山向北。

4 中尺度对流系统分析

中尺度对流系统是暴雨的直接生成者。对此次过程中的中尺度系统的热力、动力结构进行分析，初步探讨中尺度系统的发生、发展机制。

4.1 热、动力结构

东马鞍站的位涡随时间的演变图中，19 日 08 时 500 hPa 开始出现正位涡区，与 500 hPa 低槽相对应；19 日 08 时到 20 日 02 时，正位涡区逐渐下传，与暴雨发展相对应；20 日 02—08 时 700 hPa 到 850 hPa 出现大于 2PVU 的位涡中心，与低层低涡的发展移动相对应，表明了位涡从高层向对流层低层下传，促使低层低值系统发展。过东马鞍站做涡度的纬度-高度剖面，08 时强降水开始，850 hPa 附近有弱的正涡度区，这应该是北涡切变涡度，上空 700 hPa 也有负涡度中心，主要的正涡度柱在 113°E 以西；14 时正涡度柱移至东马鞍上空，400 hPa 以上为强的负涡度区，说明高层强烈辐散，同时降水再次发展；20 时正涡度柱伸展到 350 hPa，为准正压结构，上空的辐散区减弱，降水减弱(图 4)。

东马鞍站的垂直环流和相对湿度的纬向和经向垂直剖面显示，高湿区有多个垂直环流圈，对应多个对流单体；在湿度高梯度区附近的垂直环流最强，随着 500 hPa 干区自西向东移，强上升运动区逐渐向东北移至东马鞍上空；20 时之后逐渐有下沉运动，降水减弱。

东马鞍站的假相当位温剖面显示，中层的干空气越过低层暖湿区。东马鞍位于很强的温湿梯度区，其西部、南部低层为暖湿舌，而东部、北部为伸向西南方向的干冷槽，西部、南部中层也为干冷槽，冷中心在 600 hPa 附近，暖心贴近地面，在西南部。锋区之上有强温湿度对比，位势不稳定，当不稳定能量释放时，对流产生，降水在暖湿一侧开始。14—20 时，东马鞍附近的锋区变陡峭和密集，对应垂直运动和降水的增强。

4.2 机制初探

位涡演变和天气分析表明，高层干位涡向对流层低层扰动下传，促使低层低涡的发展。形成伸展到对流层中上层的正涡度柱和高空强反气旋，系统内有强的上升运动，对应多个次级环流圈，但锋区附近系统最强。同时对流层中下层有中尺度能量锋区。系统具有湿心结构，有深厚的饱和层。干空气在暖湿层之上越过，形成明显的位势不稳定。受天气尺度强迫，近地面为边界层辐合线。19 日西南和东南急流加强，次级环流发展，中低层切变线和边界层辐合线抬升，中尺度锋区强迫抬升，使得对流强烈发展，形成了多个中尺度涡旋。而对流释放凝结潜热又对中低层低涡的发展起到了正反馈作用(王新敏等，2015)。使得降水维持，形成极端特大暴雨。

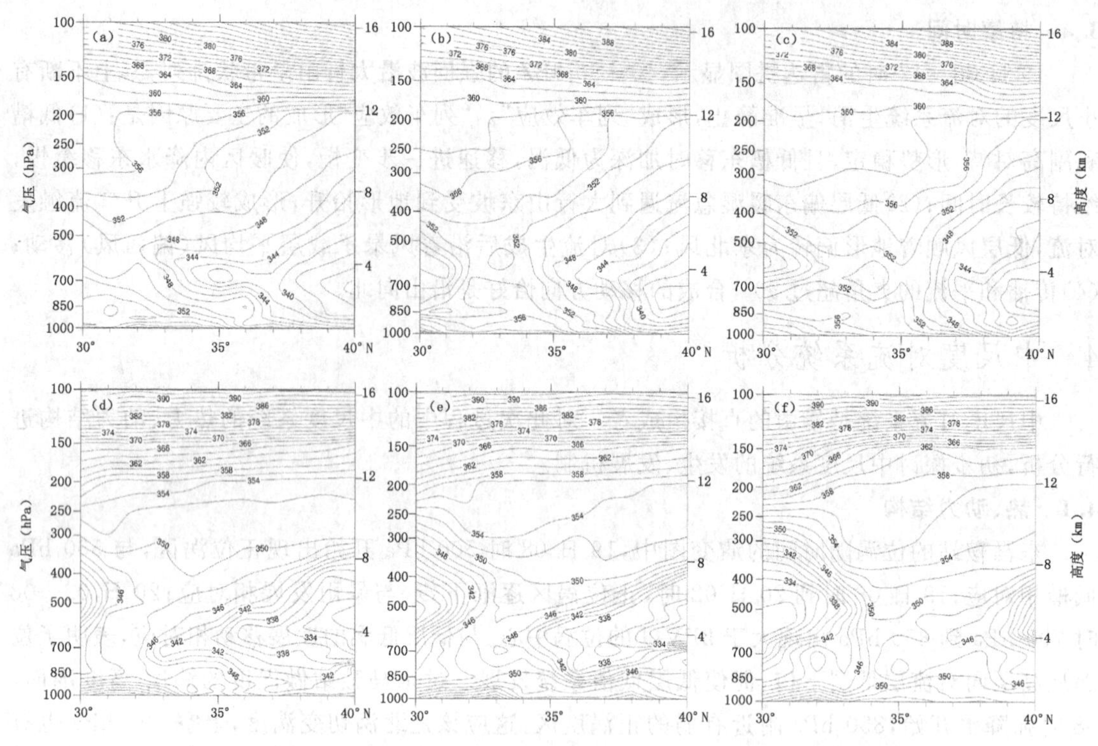

图 4　2016 年 7 月 19 日 08 时(a、d)，14 时(b、e)和 20 时(c、f)过东马鞍的假相当位温的高度纬向/经向垂直剖面

5　结论和讨论

利用多种观测资料和 NCEP 再分析资料，对河南 2016 年 7 月 19 日的特大暴雨进行初步分析，结论如下：

(1)此次暴雨范围广，局地降水性强。降水主要由较长时间的暖区降水和气旋降水构成。在华北暴雨东高西低的典型形势下，西南和东南急流提供充沛水汽，低涡切变线和边界层辐合线首先在高湿区触发对流。

(2)具有热带海洋型降水特征，降水效率高；水汽输送和辐合均很强；大气热力不稳定和动力不稳定都很强，地形起到增幅作用；列车效应导致极端降水。

(3)高层位涡下传有利于天气尺度低涡的发展，低涡切变强迫高温、高湿区的对流发展，形成中尺度涡旋；对流释放潜热又促使天气尺度低涡发展。这一正反馈机制有利于对流系统长时间维持，形成极端降水。

本次过程模式和预报员对暖区降水的预报能力都不足。强降水落区偏差，而且降水量级预报偏小。这次过程豫北降水发生在暖区时，主要影响系统——暖区切变线还是比较清楚的，但中尺度系统持续时间之长、造成降水强度之强还是出乎意料。模式对整个低涡系统降水都预报出来了，但对暖区降水预报明显偏弱。因此，对暖区暴雨发生、发展机理还需深入研究。此外，对极端降水的预报方法也必须加以研究，尤其是对极端降水的各因子及其直接成因——中尺度涡旋的演变特点及机制仍需要进一步认识。

参考文献

廖晓农,倪允琪,何娜,等,2013. 导致“7·21”特大暴雨过程中水汽异常充沛的天气尺度动力过程分析研究[J]. 气象学报,**71**(6):997-1011.

孙继松,何娜,王国荣,等,2012.“7·21”北京大暴雨系统的结构演变特征及成因初探[J]. 暴雨灾害,**31**(3):218-225.

孙军,谌芸,杨舒楠,等,2012. 北京721特大暴雨极端性分析及思考(二)极端性降水成因初探及思考[J]. 气象,**38**(10):1267-1277.

王新敏,张霞,孙景兰,等,2015. 2008年7月黄淮暴雨过程中西南涡结构特征分析[J]. 暴雨灾害,**34**(1):54-63.

吴蓁,范学峰,郑世林等,2008. 台风外围偏东气流中的暴雨及其等熵位涡特征[J]. 高原气象,**27**(3):584-595.

徐珺,杨舒楠,孙军,等,2014. 北方一次暖区大暴雨强降水成因探讨[J]. 气象,**40**(12):1455-1463.

俞小鼎,2013. 短时强降水临近预报的思路与方法[J]. 暴雨灾害,**32**(3):202-209.

谌芸,孙军,徐珺,等,2012. 北京721特大暴雨极端性分析及思考(一)观测分析及思考[J]. 气象,**38**(10):1255-1266.

赵培娟,吴蓁,职旭,等,2012. 2010年9月上旬河南一次大暴雨过程诊断与预报分析[J]. 暴雨灾害,**31**(1):44-51.

赵培娟,张霞,吴蓁,等,2009.“7·13”郑州大暴雨成因与可预报性分析[J]. 气象与环境科学,**32**(4):1-7.

2016年7月5—6日湖北省暖区极端降水成因及预报情况分析

张萍萍[1]　孙　军[2]　钟　敏[1]　车　钦[1]　陈　璇[1]
董良鹏[1]　张蒙蒙[1]　张　宁[3]
(1. 武汉中心气象台,武汉 430074; 2. 国家气象中心,北京 100081;
3. 湖北省气象局科技与预报处,武汉 430074)

摘　要

利用NCEP/NCAR再分析逐日资料和其他常规观测资料,对2016年7月5—6日湖北省极端降水过程天气成因及预报情况进行分析,结果表明:此次极端降水发生过程中,500 hPa副热带高压外围西南暖湿气流与北侧偏北气流形成气流汇合,为极端降水产生准备了有利的大尺度背景,边界层中尺度低涡切变触发初始对流产生,促进充沛的水汽上升凝结,较低的抬升凝结高度和自由对流高度,配合细长型*CAPE*正值区的形成,导致较高降水效率产生,TL/AS型中尺度对流系统的演变特征使得强降水持续时间较长,导致极端降水天气的发生;此次极端降水的预报与实况相比有一定偏差,出现偏差主要有2个原因:一是大尺度模式、集合预报模式、中尺度模式均表现欠佳,无法给预报员提供有效的参考,二是预报员对于暖区极端降水的预报信心不够,预报能力和经验欠缺。

关键词:极端降水　降水效率　中尺度对流系统　预报服务

引言

近些年来,极端降水天气事件频发,带来的灾害非常严重。因此,及时准确的极端降水气象预报服务变得非常重要。2016年7月5—6日,湖北省出现一次极端降水事件,导致武汉市及周边地区发生了严重的城市内涝,造成了很大的社会影响。在这次极端降水事件的预报服务过程中,预报员72和48 h都未能做出准确的预报,24 h强降水的落区预报较为准确,但是量级偏弱。总体来看,对于极端降水的预报存在很多不足之处。文中将对这次极端降水的天气成因以及预报情况进行分析,以期为湖北省极端降水的预报服务提供一定的参考。

中外关于极端降水的研究多属于气候方面(钱维宏等,2007;杨金虎等,2008;袁文德等,2014),对于极端降水的天气成因及预报服务研究并不多。有一些学者针对2012年7月21日北京极端降水事件做了一些分析,如方翀等(2012)分析了此次极端降水过程的中尺度对流条件和对流特征,孙继松等(2012)分析了此次极端降水过程中太行山山脉的地形增幅作用,谌芸等(2012)分析了此次极端降水的中尺度环境条件,孙军等(2012)则从降水效率、水汽、上升运动等方面进一步探讨了此次极端降水的成因。而对于湖北省极端降水天气成因的研究则非常罕见,基于此,本研究对2016年7月5—6日湖北省极端降水天气成因及预报服务进行分析,有助于加深对极端降水事件的理解,提高此类极端降水过程的预报能力。

1 天气过程概述及预报情况

2016 年 7 月 5—6 日，湖北省江汉平原至鄂东北一线出现大到暴雨、部分地区大暴雨天气（图 1a、b），据 7 月 5 日 08 时—7 日 08 时乡镇雨量统计：全省有 34 个乡镇降水量突破 250 mm，258 个乡镇降水量突破 100 mm。从降水的极端性来看，7 月 5 日 20 时—6 日 20 时全省有 5 个国家级气象站达到 7 月极端降水标准（Bonsal, et al., 2001），其中蔡甸降水量达到 264.7 mm，突破 7 月历史极值；此次过程中还伴随出现了短时强降水和 6～7 级雷暴大风等强对流天气，其中加密站 1 小时最大雨量达到 87 mm；从蔡甸单站逐时雨量演变可看出（图 1c），主要降水时段从 7 月 5 日 20 时开始一直持续到 7 月 6 日 10 时，持续时间长是此次极端天气最显著的特征。

由图 1a 和 b 对比可看出，这次过程中较强降水主要发生在 7 月 5 日，7 月 5 日强降水的预报成为此次极端降水过程的预报关键所在。图 1d～f 给出了 7 月 5 日 24、48 和 72 h 预报员主观预报和实况对比，可以看出，72 和 48 h 时效内预报员仅报出了大雨量级，与实况相比量级偏小，雨带或偏北或偏西，24 h 预报员在武汉及西南部报出暴雨量级，范围与实况较为接近，但暴雨范围偏小，未报出大暴雨天气。总体来看，对于这样一次极端性降水过程，预报员在短时

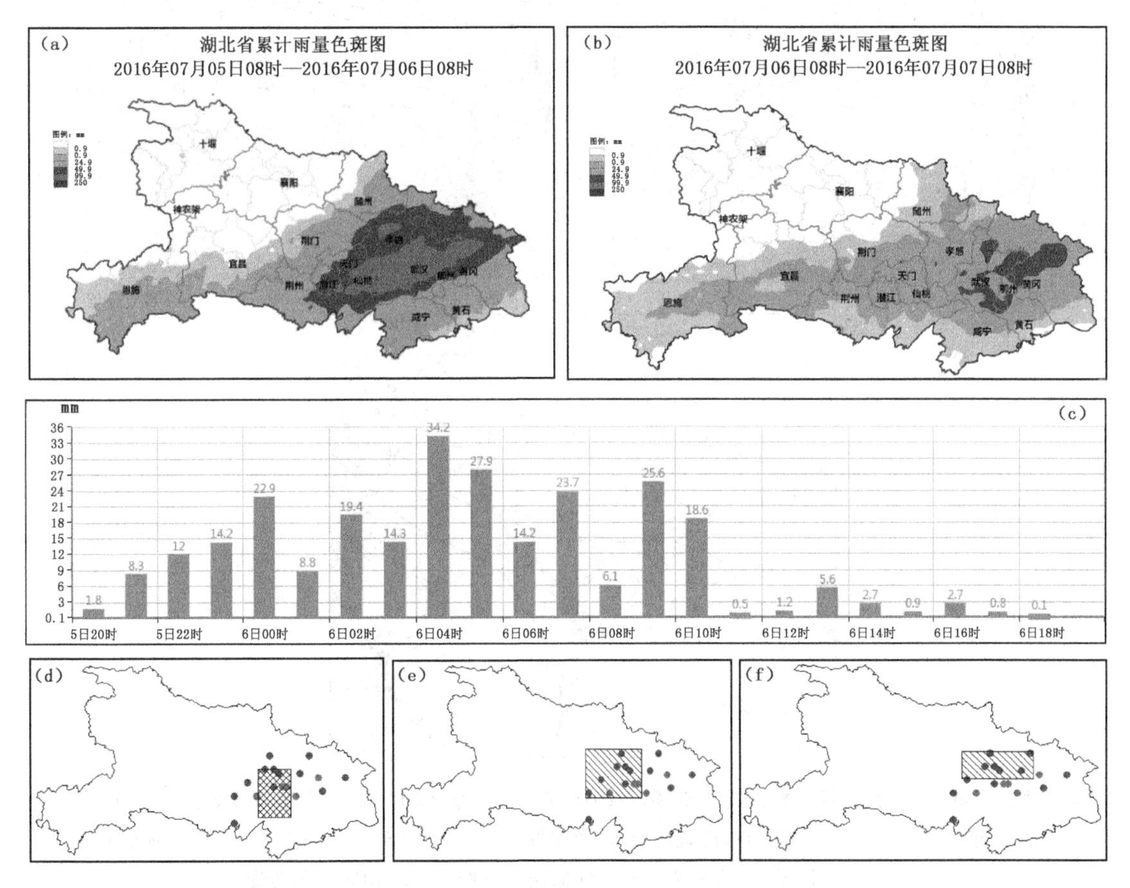

图 1 (a)2016 年 7 月 5 日加密雨量图，(b)2016 年 7 月 6 日加密雨量图，(c)蔡甸逐时雨量分布，7 月 5 日过程 24、48、72 h 预报落区与实况对比图

效内并没有充分意识到过程降水量可能达到的极端性，而什么原因导致预报员没有事先做出准确的判断，从这次过程预报不足之中我们将得到什么启发，这是希望探究和解决的问题。

2 大尺度环流背景及天气系统

此次极端降水发生在副热带高压西伸北进的大尺度环流背景下，从7月5日20时500 hPa高度及标准化距平（图2a，标准化距平计算（杜钧等，2014）过程中，利用的气候场为1981—2012年NCEP 2.5°×2.5°再分析场）可以看出，副热带高压和内蒙古地区为两个高压控制，高度场偏出气候平均值1σ以上，表明两个高压发展较气候平均值偏强，两高之间自华北至华中北部形成狭长的辐合带，辐合带后部的偏北气流与副热带高压外围的西南暖湿气流交汇在湖北省上空，为这次极端降水天气的发生准备了有利的动力、水汽和不稳定条件；7月5日20时—6日08时，随着副热带高压逐渐西伸北进（图2b），华北至华中北部的冷槽北收，这一阶段降水强烈发展。从7月6日02时天气系统的相互配置（图2c）可看出，极端降水发生的区域位于500 hPa高度场588 dagpm等值线的边缘，并且位于850 hPa低涡右侧的急流轴上，从地面上看，极端降水落区位于暖倒槽中（图略）。综合来看，这次极端降水主要发生在副热带

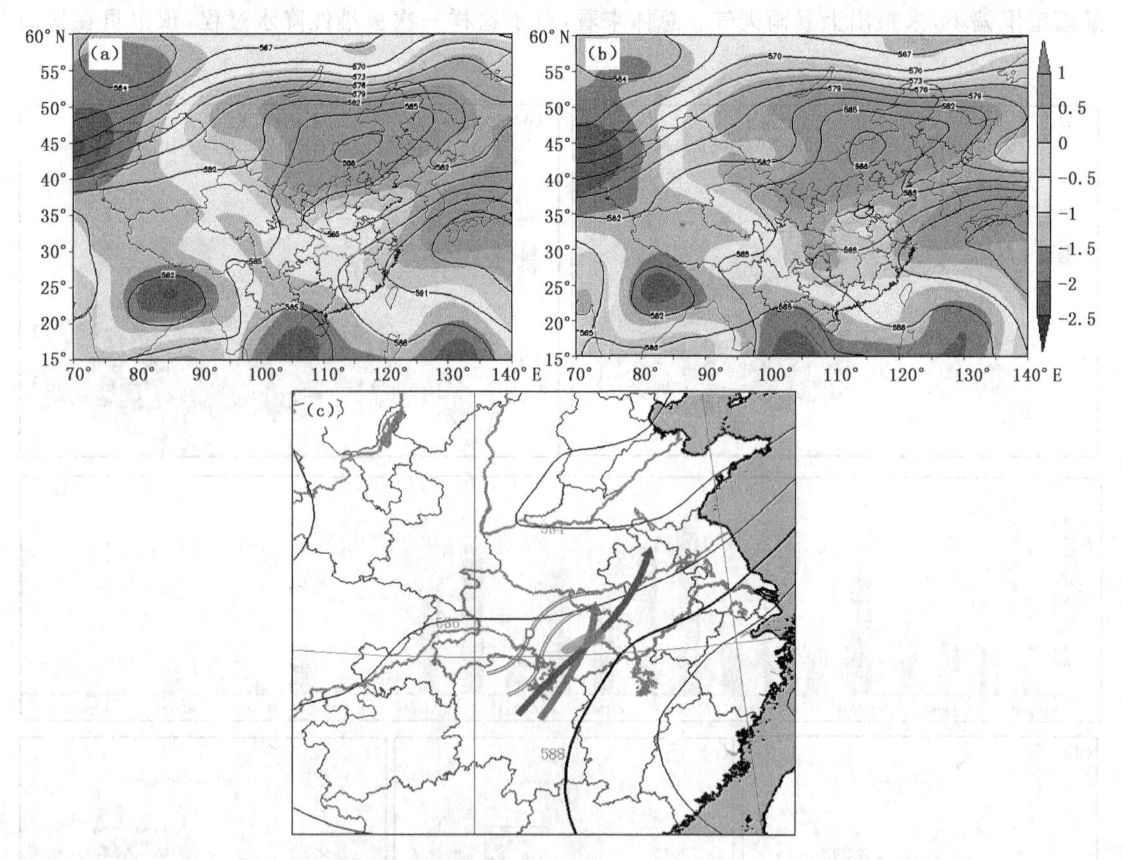

图2 500 hPa高度场和标准化距平场（a.2016年7月5日20时，b.2016年7月6日08时），2016年7月6日02时天气形势配置图（c.黑色实线为500 hPa流线，箭头为850 hPa急流轴和700 hPa急流轴，双实线为850 hPa低涡切变线和925 hPa低涡切变线，阴影为极端降水落区）

高压边缘急流轴上，冷空气并不显著，属于典型的暖区降水，而暖区降水的形成机理复杂，预报难度较大，是导致预报员无法提前准确做出强降水预报的原因之一。

3 极端降水成因

根据孙军等(2012)研究，极端降水的形成与2个因子密切相关：雨强和持续时间，其中雨强又与水汽、上升运动、降水效率有关，其中充足的水汽、强的上升运动和高的降水效率能够产生较大的降水强度，持续时间则通常与直接造成降水的中尺度对流系统演变特征有关。

3.1 水汽

在极端降水产生的过程中，水汽往往是一个非常重要的因子，从850 hPa风场和相对湿度的分析可见(图略)，此次极端降水过程有两条明显的水汽输送通道：一条来自西南季风，一条来自台风外围的东南暖湿气流，两条水汽通道在湖北上空交汇，为极端降水产生提供了充足的水汽，从整层可降水量的演变可看出，随着降水加强整层可降水量(PW)有一个迅速增加的过程(图略)，从7月6日02时PW及PW标准化距平的叠加图可看出(图3a)，蔡甸附近出现了大于65 mm的水汽大值区，对应PW标准化距平值范围为1.45σ。为统计此次过程极端降水站点上空距平值在历史上的排位特征，分4个统计量(图3b)计算了蔡甸站标准化距平的气候值分布情况，发现该值超过了特大暴雨的平均值(1.41σ)。显然，蔡甸上空的水汽具有一定的极端性。

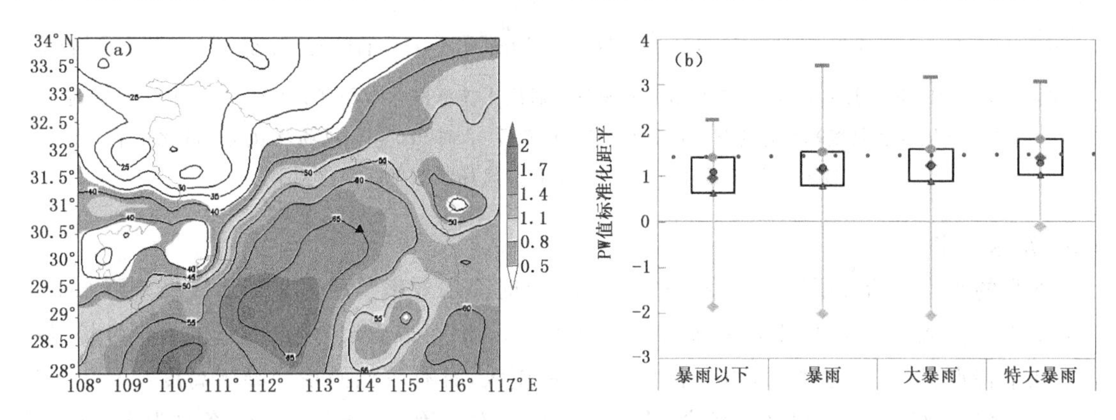

图3 (a)2016年7月6日02时PW及PW标准化距平，(b)此次过程中蔡甸站可降水量标准化距平值与气候可降水量标准化距平对比

3.2 上升运动

水汽在水平方向聚集以后，若要抬升凝结致雨，则需要上升运动。此次过程发生在副热带高压西伸北进的过程中，从500 hPa及其正涡度平流标准化距平的分布(图4a)看，500 hPa蔡甸附近处在南、北两支气流的汇合处，从东西走向看环流较为平直，但是平直的环流上面多小槽波动，造成正涡度平流较气候平均值偏强，中层正涡度平流的存在有利于低层系统的发展加强。从低层850 hPa风场演变(图4b)看，低层切变线位置偏西，蔡甸附近为一致南风控制，南风气流里面出现风速辐合，并向极端降水站点上空移动，从7月6日08时散度标准化距平来看，比气候平均值低出2σ以上，从925 hPa系统的演变(图4c～4d)看，6日02时开始，自江汉平原有暖切变发展向东北方向移动，并在6日08时在江夏上空形成了弱中尺度低涡切变，总体看，低层南风上风速辐合和边界层弱中尺度低涡切变为极端降水产生提供了动力触发条件。

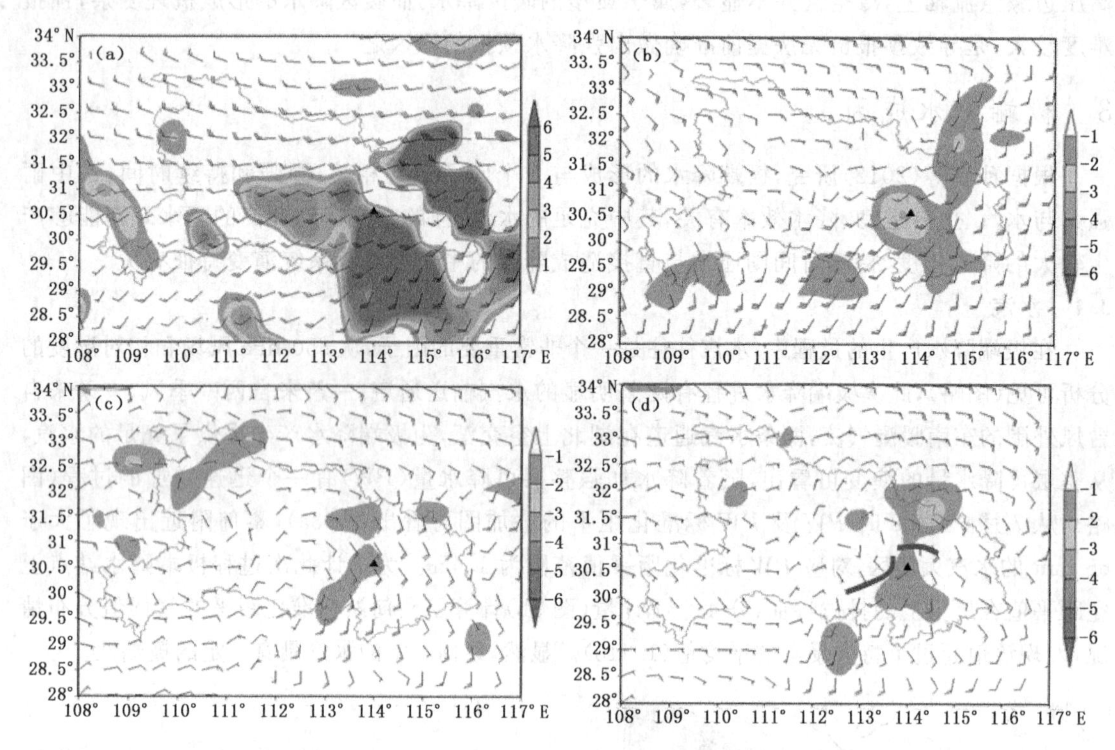

图 4 (a)2016 年 7 月 6 日 02 时 500 hPa 风场及正涡度平流标准化距平,(b)2016 年 7 月 6 日 08 时 850 hPa 风场及散度标准化距平,(c)2016 年 7 月 6 日 02 时 925 hPa 风场及散度标准化距平,(d)2016 年 7 月 6 日 08 时 925 hPa 风场及散度标准化距平

3.3 降水效率

充足的水汽被抬升凝结之后便会产生降水,此时降水效率则成为是否形成极端降水的一个关键因子。从 7 月 5 日 14 和 20 时武汉探空(图 5a,b)可以看出,武汉附近的大气环境具有以下几个特点:具有较高的环境相对湿度,湿层厚度大,具有较低的抬升凝结高度和自由对流高度,云底高度较低,0 ℃层高度较高(在 600 hPa 左右),因此,降水以暖云降水为主,这些都有利于形成较高的降水效率。*CAPE* 值数值并不大,5 日 20 时仅有 3537 J/kg,但 *CAPE* 值正值区域呈现一个细长型,使得上升气流的速度较慢,从而雷暴云顶部蒸发的水汽量变少,从而使得降水效率进一步增加。

3.4 持续时间

较高的降水效率,持续较长的时间,更加有利于极端降水的产生,当初始对流产生之后,是否持续较长时间与该中尺度系统的演变密切相关。从此次过程卫星云图和雷达回波演变特征来看(图 5),该极端降水过程具备了典型的 TL/AS(training line-adjoining stratiform)类型中尺度对流系统演变特征(王晓芳等,2012)。初始对流系统在蔡甸附近产生,整个对流线呈现东北—西南走向,新单体在江汉平原南部重复不断地产生,并沿着平行于对流线方向移动至东北—西南走向的对流线中,导致对流线上强回波单体排成一列,类似于"列车效应",从而使得对流系统移动缓慢,降水持续时间长,使得湖北省中东部的东北—西南带状回波稳定维持超过 12 h,导致武汉市 5 日 20 时到 6 日 14 时累计雨量超过 300 mm,从而导致极端降水事件。因

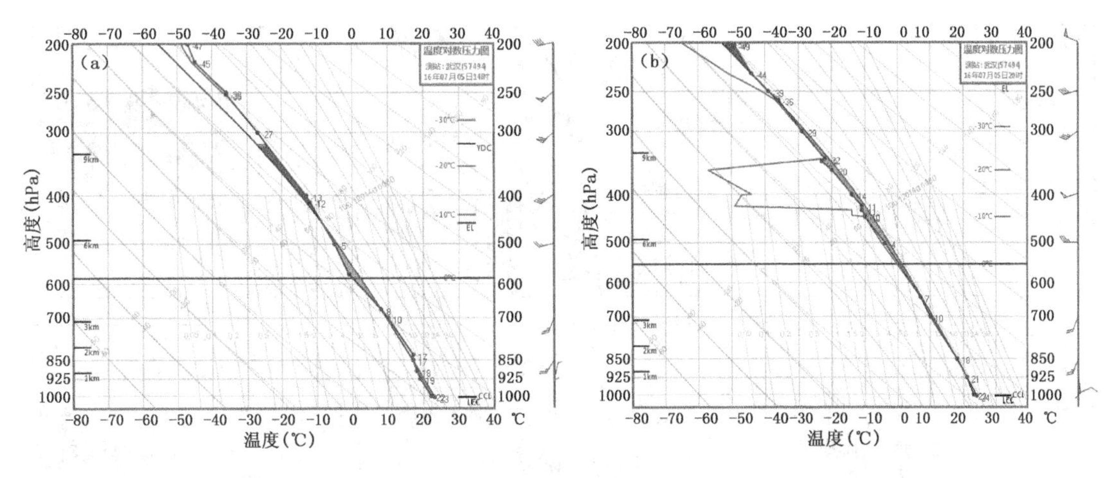

图 4 (a)2016 年 7 月 5 日 14 时和(b)2016 年 7 月 5 日 20 时武汉站探空

此，在对流初始阶段，是否能正确判断出中尺度对流系统的演变类型，以及是否会持续较长时间是极端降水预报中的最为关键的一步。

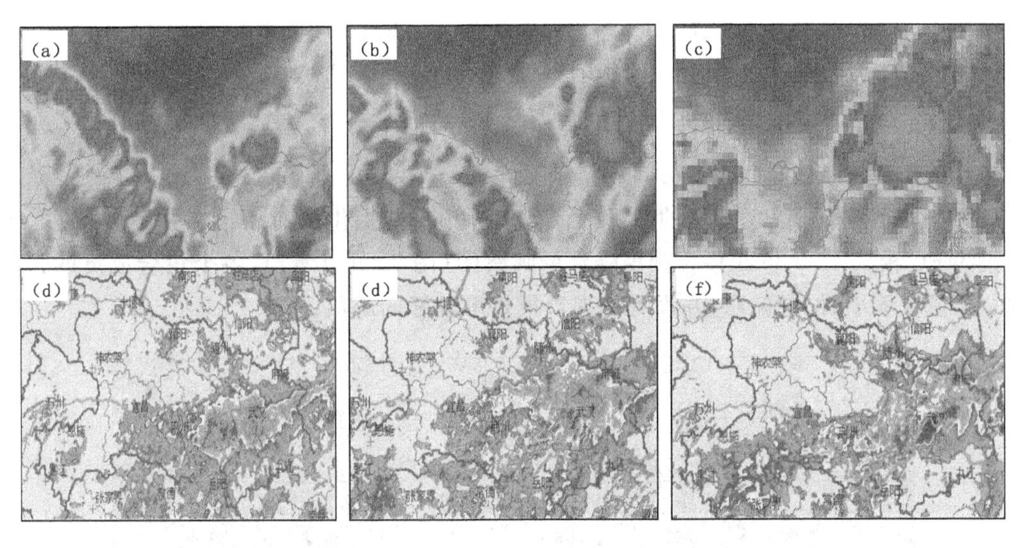

图 5 中尺度对流系统演变特征(a. 5 日 23 时红外云图，b. 6 日 02 时红外云图，c. 6 日 06 时红外云图，d. 5 日 23 时雷达组合反射率，e. 6 日 02 时雷达组合反射率，f. 6 日 06 时雷达组合反射率)

4 数值模式降水预报情况

4.1 大尺度模式

以 5 日 08 时—6 日 08 时较强 24 h 降水时段的降水预报为例，EC 模式对于这次过程的低层风场预报与实况差别不大(图 6a)，但是降水量预报则与实况相比有很大偏差(图 6b～6f)。4 日 20 时起报的短期 72 h 预报量级总体偏小。从降水位置看，60～84 和 36～60 h 的预报位置总体偏西，12～36 h 的降水预报位置与实况比较接近，但是由于强降水时段主要发生在 5 日晚上，进一步分析 EC 模式 20 时起报 12～24 和 24～36 h 预报发现，EC 模式对于 5 日晚上的降水与实况相比位置偏西、量级偏小，与实况存在较大偏差。

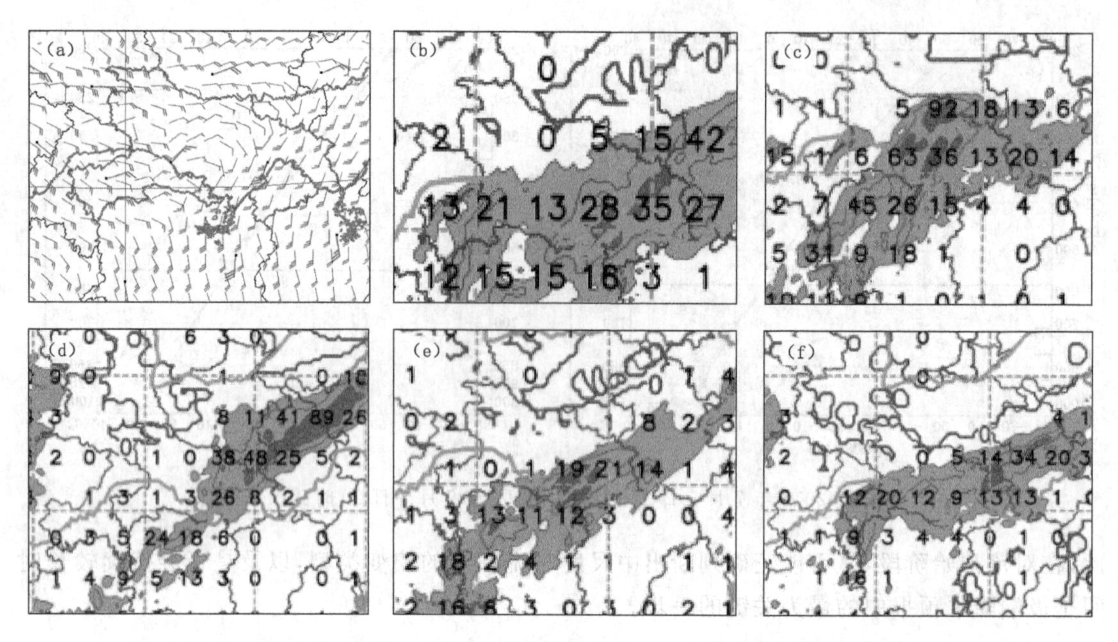

图 6 (a)2016 年 7 月 5 日 20 时 EC 模式 850 hPa 风场与实况，EC 降水预报场
(b. 4 日 20 时起报 12～36 h 预报，c. 4 日 20 时起报 36～60 h 预报，d. 4 日 20 时起报 60～84 h 预报，
e. 4 日 20 时起报 12～24 h 预报，f. 4 日 20 时起报 24～36 h 预报)

4.2 EC 集合预报模式

在 EC 大尺度模式表现不佳的情况下，EC 集合预报能提供的有用信息并不多，从 4 日 20 时起报的 EC 模式 12～36 h 集合预报降水量邮票图（图 7）可以看出，各个集合成员的强降水位置总体量级偏小、位置偏西，并没有出现预报效果较好的成员。

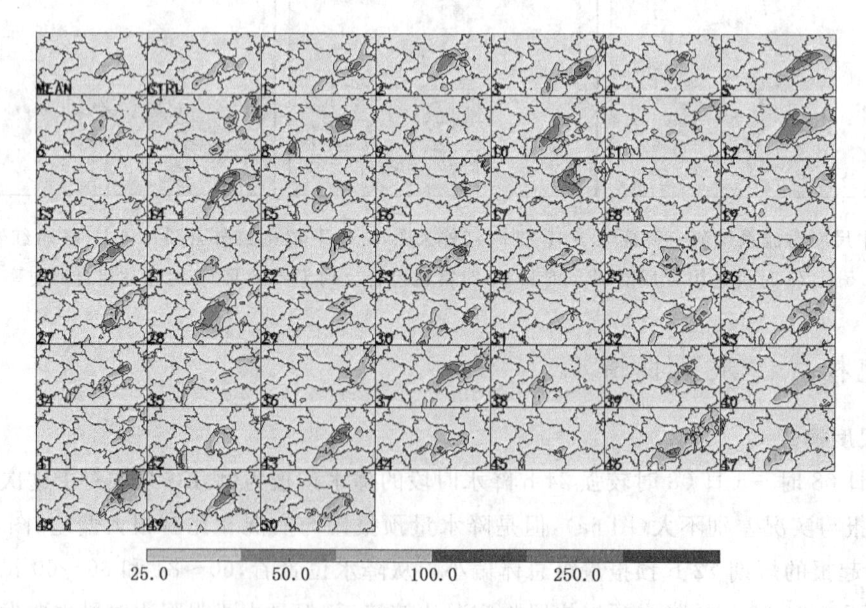

图 7 4 日 20 时起报 12～36 h 降水量集合邮票图

4.3 中尺度模式

选取华东 SMS-WARMS(2nd)作为主要参考中尺度模式，发现 4 月 4 日 20 时起报的短期 3 d 降水量级虽然与实况较为接近，但是强降水位置与实况相比总体偏西(图 8)。

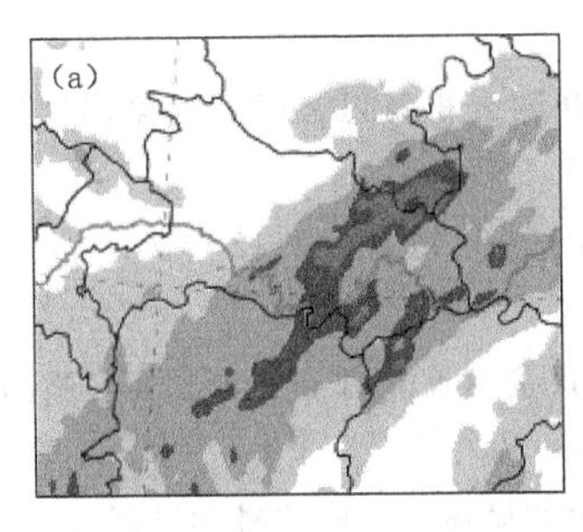

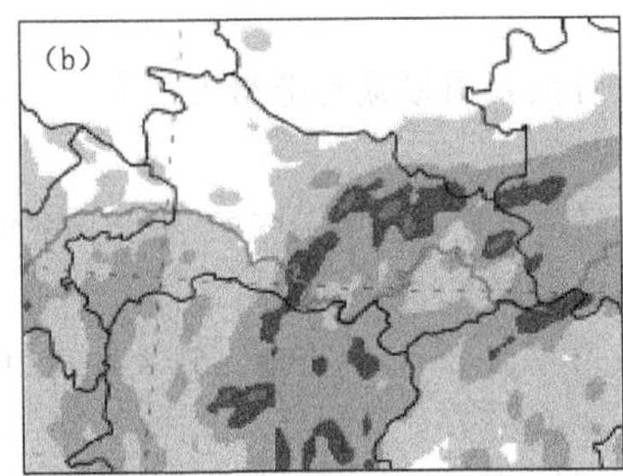

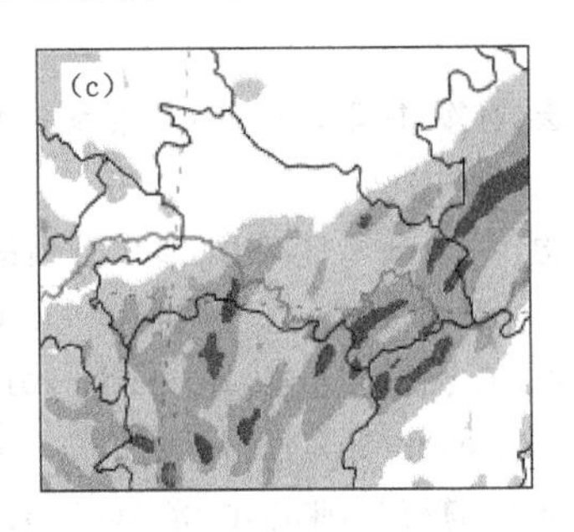

图 8　华东中尺度模式降水预报场(b. 4 日 20 时起报 12～36 h 预报，c. 4 日 20 时起报 36～60 h 预报，d. 4 日 20 时起报 60～84 h 预报)

综上可以看出，对于这次极端降水过程，各家数值模式均表现不佳，表明此次过程预报具有很大的难度，在数值模式没有给出有效参考的基础上，预报员对于暖区降水的经验和预报能力就起到非常重要的作用。预报员在预报的过程中，主要关注到副热带高压西伸北进和低层切变线西移的趋势，认为雨带必会随着切变线西推至湖北省中部，却忽略了南风气流中的风速辐合和水汽快速增加的现象，并对初始中尺度对流系统，触发后快速增强和维持的机制没有做出事先判断。此外，缺乏相应的大尺度和中尺度概念模型进行参考，从而导致预报与实况相比存在误差。

5　结　语

通过对 2016 年 7 月 5—6 日湖北省极端降水成因及预报情况进行了分析，得出了如下结论：

(1)这是一次副热带高压西伸北进过程中在副热带高压边缘形成的极端降水过程。500 hPa 副热带高压外围西南暖湿气流与其北侧的偏北气流形成气流汇合，为极端降水产生提供了有利的大尺度环境背景。西南、东南两支水汽输送通道的建立为极端降水的产生准备了充分的水汽条件，其中 *PW* 标准化距平超过了历史上特大暴雨距平的平均值；低层南风气流中风速辐合和边界层中尺度低涡切变的形成触发了初始对流，配合较低的抬升凝结高度和自由对流高度，以及细长型 *CAPE* 正值区的形成，导致较高降水效率的强降水产生；TL/AS 型中尺度对流系统的演变特征使得强降水持续时间较长，并集中发生，从而导致极端降水天气的发生。

(2)在此次极端降水的预报过程中，主观预报 48～72 h 强降水预报位置偏西，量级偏小，24 h 预报位置接近实况，量级仍比实况偏小，出现偏差主要有 2 个原因，一是大尺度模式、集合预报模式、中尺度模式均表现欠佳，无法给预报员提供有效的参考；二是预报员对于暖区极端降水的预报能力和经验不足，以后急需加强。

通过以上分析可见，在模式降水参考性不强的情况下，预报员在暖区极端降水的预报服务中仍存在很多挑战，在今后的极端降水预报业务中，短期时段可根据气象因子异常度的相关特征对极端降水可能发生的区域做出事先预判，临近时段，可通过判断中尺度系统的演变特征来确定具体确定极端降水可能发生的区域。然而，在实际预报中，极端降水的落区和可能达到的量级，仍然是个难题，需要更加深入的研究。

参考文献

谌芸，孙军，徐珺，等，2012. 北京721特大暴雨极端性分析及思考(一)观测分析及思考[J]. 气象，**38**(10)：1255-1266.

杜钧，Grumm R H，邓国，2014. 预报异常极端高影响天气的"集合异常预报法"：以北京2012年7月21日特大暴雨为例[J]. 大气科学，**38**(4)：685-699.

方翀，毛冬艳，张小雯，等，2012. 2012年7月21日北京地区特大暴雨中尺度对流条件和特征初步分析[J]. 气象，**38**(10)：1278-1287.

钱维宏，符娇兰，张玮玮，等，2007. 近40年中国平均气候与极值气候变化的概述[J]. 地球科学进展，**22**(7)：673-684.

孙继松，何娜，王国荣，等，2012. "7·21"北京大暴雨系统的结构演变特征及成因初探[J]. 暴雨灾害，**31**(3)：218-225.

孙军，谌芸，杨舒楠，等，2012. 北京721特大暴雨极端性分析及思考(二)极端性降水成因初探及思考[J]. 气象，**38**(10)：1267-1277.

王晓芳，崔春光，2012. 长江中下游地区梅雨期线状中尺度对流系统分析Ⅰ：组织类型特征[J]. 气象学报，**70**(5)：909-923.

杨金虎，江志红，王鹏祥，等，2008. 中国年极端降水事件的时空分布特征[J]. 气候与环境研究，**13**(1)：75-83.

袁文德，郑江坤，董奎，2014. 1962—2012年西南地区极端降水事件的时空变化特征[J]. 资源科学，**36**(4)：766-772.

Bonsal B R，Zhang X，Vincent L A，et al，2001. Characteristics of daily and extreme temperatures over Canada [J]. Journal of Climate，**14**(9)：1959-1976.

2016年5月初两例暖区降水过程分析及可预报性探讨

姚　蓉　唐　佳　田　莹　许　霖　王青霞

（湖南省气象台，长沙 410118）

摘　要

利用多种气象资料对2016年5月1日和5月4日暖区降水进行了分析，并对可预报性进行了探讨。结果表明：(1)4日晚湘东南强降水是由于500 hPa冷槽、850 hPa暖脊及中低层强盛的西南急流与地面中尺度辐合线共同作用的结果；(2)4日深厚的南支低槽带来强正涡度平流，同时，强风垂直切变配合高不稳定能量有利于对流风暴的发展加强及长时间维持；(3)中尺度滤波流场显示4日湘东南从地面至850 hPa存在明显的中尺度辐合线，是暖区暴雨的主要触发系统；(4)总结暖区暴雨预报着眼点：对于暖区降水的强度和落区预报需重点加强冷槽及地面辐合线等影响和触发系统及不稳定能量的分析，加强精细的中尺度系统分析与模式的检验应用。

关键词：暖区降水　暴雨　中尺度辐合线　高空冷槽　中尺度滤波

引言

暖区暴雨最早是针对华南前汛期提出的，定义为位于锋前暖空气一侧的暴雨。暖区暴雨具有强度大、降水集中、对流性质明显的特点，众多学者已开展了广泛的研究（丁治英等，2011；王淑莉等，2015；文丹青等，2011；黄士松，1986）。陈翔翔等（2012）对5—6月华南暖区暴雨形成系统分析中，将影响暖区暴雨的环流系统划分为切变线型、低涡型和偏南风风速切变辐合型（简称偏南风型）。陈玥等（2016）对长江中下游地区暖区暴雨特征分析中，将长江中下游暖区暴雨按天气形势划分为冷锋前暖区暴雨、暖切变暖区暴雨及副热带高压边缘暖区暴雨三种类型。

2016年汛期湖南省内降水量偏多，共经历了26次强降雨天气过程。主汛期湖南暖区暴雨时有发生，因其具有突发性和对流性特点，致灾性强，一直是研究的难点。汛期暴雨预报中，暖区暴雨的预报相比冷空气影响暴雨过程难度更大，易造成空、漏报。然而，目前针对湖南暖区暴雨的分析研究，尤其是对于此类失误个例的分析相对较少。因此，本文将主要以2016年5月初两次暖区暴雨空报和漏报为例，利用加密自动站地面观测资料、探空资料、卫星资料与NCEP再分析资料及EC、T639模式资料重点分析暖区暴雨特点，探讨其预报难点与着眼点，为暖区暴雨预报提供思路和参考。

1　天气实况与环流背景

2016年4月30日20时，欧亚中高纬度为纬向环流，500 hPa青藏高原东部有小波动东移影响湖南，低层处于西南气流下。5月1日08时（图略），随着高空槽和南支槽的进一步东移，低层切变也逐渐向湘西逼近，500 hPa前倾槽超前于温度槽，中低层急流建立并加强，850 hPa

湖南上空处于相对湿度大值区,同时,850 hPa 有暖脊发展,在湘中一带有地面辐合线配合,湘中以北对流性降水扩展,湘中局地出现中雨。20 时,低槽北缩东移,湖南处于上、下一致南风气流下,以多云天气为主。2016 年 5 月 1 日 08 时—2 日 05 时(图 1a),湖南境内出现了分散性阵雨,主要出现在怀化中部、娄底西部,湘中局地中雨,该次降水范围小、时间短,属于一般性降水。

2016 年 5 月 4 日 20 时(图略)欧亚中高纬度为一脊一槽型,500 hPa 高原槽分裂东移,700、850 hPa 处于西南急流控制下,925 hPa 切变线位于湘北,5 日 08 时高空槽与低层切变线均呈东北—西南向,位于湖南上空,中、低层湘南西南风急流强盛。4 日 08 时—5 日 08 时(图 1b),主要降水时段是 4 日 20 时—5 日 08 时,湖南永州、郴州共 150 个乡镇出现暴雨,30 个乡镇出现大暴雨,永州道县降雨量达 193.7 mm,并伴随 17 m/s 的大风。

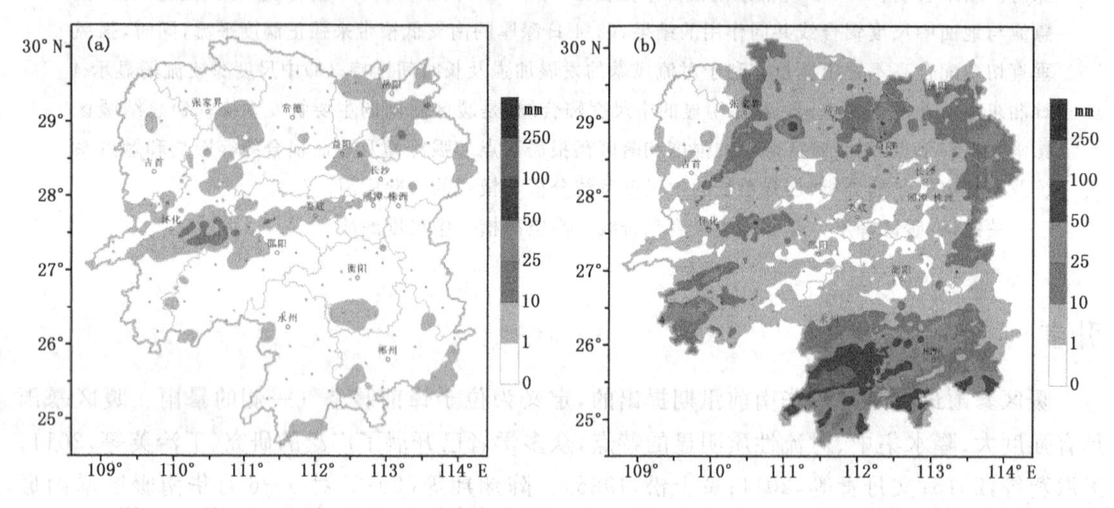

图 1　5 月 1 日 08 时—2 日 08 时降水实况(a)和 5 月 4 日 08 时—5 日 08 时降水实况(b)

2　物理量环境条件差异分析

2.1　水汽条件

分析两次过程比湿和风场表明(图略),5 月 1 日 08 时湘西、湘南西南风速大于 12 m/s 且比湿达 12 g/kg,具有充足的水汽条件,4 日 20 时湘南比湿达 14.5 g/kg,满足湖南暴雨需要的水汽条件,并处于高湿舌的水汽输送方向,有利于降水发生和持续。从水汽通量散度垂直剖面图来看(图略),1 日湘中整层辐合,最大辐合位于 700 hPa,为 -11×10^{-5} g/(hPa·cm^2·s),水汽辐合不强,降水较弱,湘南在中、低层出现较强水汽辐散区域,不利于降水发生。4 日湘中以南 700 hPa 以下存在 -20×10^{-5} g/(hPa·cm^2·s)强水汽辐合中心,而 500—700 hPa 为水汽辐散区,形成低层辐合、高层辐散的垂直环流,有利于降水持续发展。

2.2　动力条件

1 日湖南省大部分为正变高,不利于高空槽加深发展,4 日湖南省处于强负变高区域,有利于高空槽东移过程中加深发展(图略)。1 日 08 时沿降水区域做垂直剖面,200 hPa 以下为正涡度平流,但强度较弱。从 2 日 20 时—5 日 20 时大暴雨中心道县涡度平流演变看(图略),4 日 20 时整层涡度平流增大,尤其 250 hPa 存在 30×10^{-5} s^{-1} 的正涡度中心,有利于涡旋发展,增强上升运动。

2.3 热力不稳定条件

沿112°E温度平流经向垂直剖面表明(图略),1日08时在28°N左右500 hPa以下均为冷平流,500 hPa存在-10×10^{-4}(K·m)/s的冷平流中心,4日20时在26°N整层均为冷平流控制,500 hPa存在-20×10^{-4}(K·m)/s的冷平流中心。另外,分析500 hPa温度平流表明(图略),1日08时湘中以北地区中层受弱冷空气影响,而4日20时湘中及以北地区出现冷平流中心,最大值为-15×10^{-4}(K·m)/s,随时间演变,下一时刻影响湘南地区,中层冷平流使热力不稳定层结加大,有利于短时暴雨的出现。4日热力不稳定条件优于1日。

850 hPa与500 hPa假相当位温差显示(图略),1日08时湖南省大部分地区处于热力不稳定层结条件下,湘西、湘南假相当位温之差超过12 K,而4日20时湘南假相当位温之差达14 K,局地16 K,4日更优于1日。*K*指数1和4日分别在湘中和湘南高达38 ℃,*CAPE*值均达1000 J/kg,4日湘南超过2000 J/kg,总而言之,1和4日热力条件都很好,4日热力不稳定条件优于1日。

为了更好地分析各特征值对降水的指示意义,表1给出2次过程长沙、怀化、郴州及桂林4站的热力学特征指数来进行详细分析。分析结果表明:1日08时位于湘西的怀化站*K*指数为38 ℃,*SI*指数为−1.6 ℃,热力不稳定条件优于湘东的长沙和郴州两站,而*CAPE*值和*CIN*均为0;1日20时,湘东和湘南*K*指数增大,*SI*指数减小,*CAPE*和*CIN*均有所发展。其中,长沙的*CAPE*达到1401 J/kg,不稳定性有所加强,而湘西由于1日白天局地降水的发生,能量有所释放,*K*指数减小,*SI*指数增大,热力不稳定条件减弱,导致次日湘东降水明显加强,湘西降水较弱。

4日的热力不稳定条件更加有利强降水的发生。4日08时,怀化和长沙的*K*指数较郴州大,超过40 ℃,*SI*指数均小于−3.0 ℃,达到了湖南强降水发生的阈值,实况在4日白天,确实出现了范围较广的降水,随着降水的发生,到了20时这两站*K*指数略有下降,*SI*指数增大,热力不稳定条件有所减弱;相反郴州站的*K*指数则从35 ℃增大到40 ℃,*SI*指数由−2.55 ℃减小到−3.31 ℃,同时*CAPE*,达到1823.3 J/kg,*CIN*也由248.8降低到26.5 J/kg,这些指数的变化对于4日夜间湘南地区强降水的发生、发展均有较强的指示作用,是预报员做出预报的关键参考因子。

综合来看,在两次过程中,*K*指数均较大,基本都达到湖南省发生强降水的阈值($K>35$ ℃),如果仅从*K*指数来分析预报可能难以把握强降水的落区;相对而言,*SI*指数对强降水的指示意义更强;*CAPE*和*CIN*的计算受抬升高度的影响较大,直接利用08时实况去判断午后强降水是否发生可能有一定误差。因此,在使用时应对探空曲线进行订正。无论是何种指数,预报员除了关注其自身数值大小外,还应该对其变化特别敏感,有利的变化趋势往往预示着强降水的发生。

表1 2次过程长沙、怀化、郴州及桂林4站的特征指数

站点	时间	*K*指数(℃)	*SI*指数(℃)	*CAPE*(J/kg)	*CIN*(J/kg)
长沙	1日08时	34	−0.08	0	0
	1日20时	38	−1.02	1401	50.8

续表

站点	时间	*K* 指数(℃)	*SI* 指数(℃)	*CAPE*(J/kg)	*CIN*(J/kg)
怀化	1日08时	38	−1.61	0	0
	1日20时	35	0.98	318.8	54.7
郴州	1日08时	36	0.92	0	0
	1日20时	38	−0.37	152.3	170.3
长沙	4日08时	41	−5.02	0	0
	4日20时	39	−3.78	83	306.6
	5日08时	33	−1.08	30.3	212.6
怀化	4日08时	40	−3.31	0	0
	4日20时	36	−4.02	1482.4	134.2
	5日08时	38	−1.31	123.9	118.6
郴州	4日08时	35	−2.55	237.3	248.8
	4日20时	40	−3.31	1823.3	26.5
	5日08时	37	−1.02	137.7	105.1
桂林	4日08时	41	−5.31	3.9	435.9
	4日20时	29	−3.71	529.7	214.7
	5日08时	36	−0.31	86.5	155.4

2.4 动力不稳定条件

1日08时,湖南省0～3 km风垂直切变均较小,在12 m/s以下,4日湘西南到湘中的0～3 km风垂直切变大于20 m/s,有助于对流风暴有组织地发展,也是导致道县出现“列车效应”的原因之一。4日动力不稳定条件更优。

3 中尺度对流系统发生、发展差异

3.1 中尺度触发条件

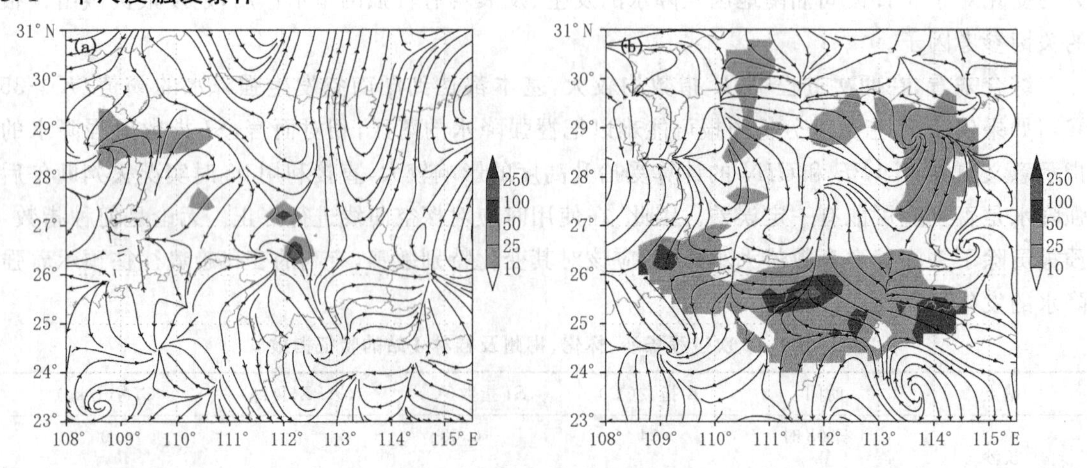

图2 1日08时(a)和4日20时(b)Barness带通滤波后的10 m风场中尺度流场与24 h降水量(色阶,单位:mm)

通过对1日08时和4日20时流场进行滤波分析来揭示中尺度雨团发展触发条件和维持机制，1日主要的降水区域在怀化和娄底，1日08时滤波后的地面流场(图2a)，湘中处于辐散气流中，并且1000～850 hPa均为下沉辐散气流，下沉气流不利于降水发展。因此，降水分散，表现为小到中雨。4日20时从10 m流场滤波分布来看(图2b)，永州地区地面边界层辐合线非常明显，并且850 hPa以下滤波场表现为辐合气流，说明永州地区辐合气流发展较深厚，触发强降水的产生。

3.2 *TBB* 演变特征

5月1日10时(图略)，怀化溆浦地区出现一弱对流云团，其 *TBB* 值为－40 ℃，至11时，

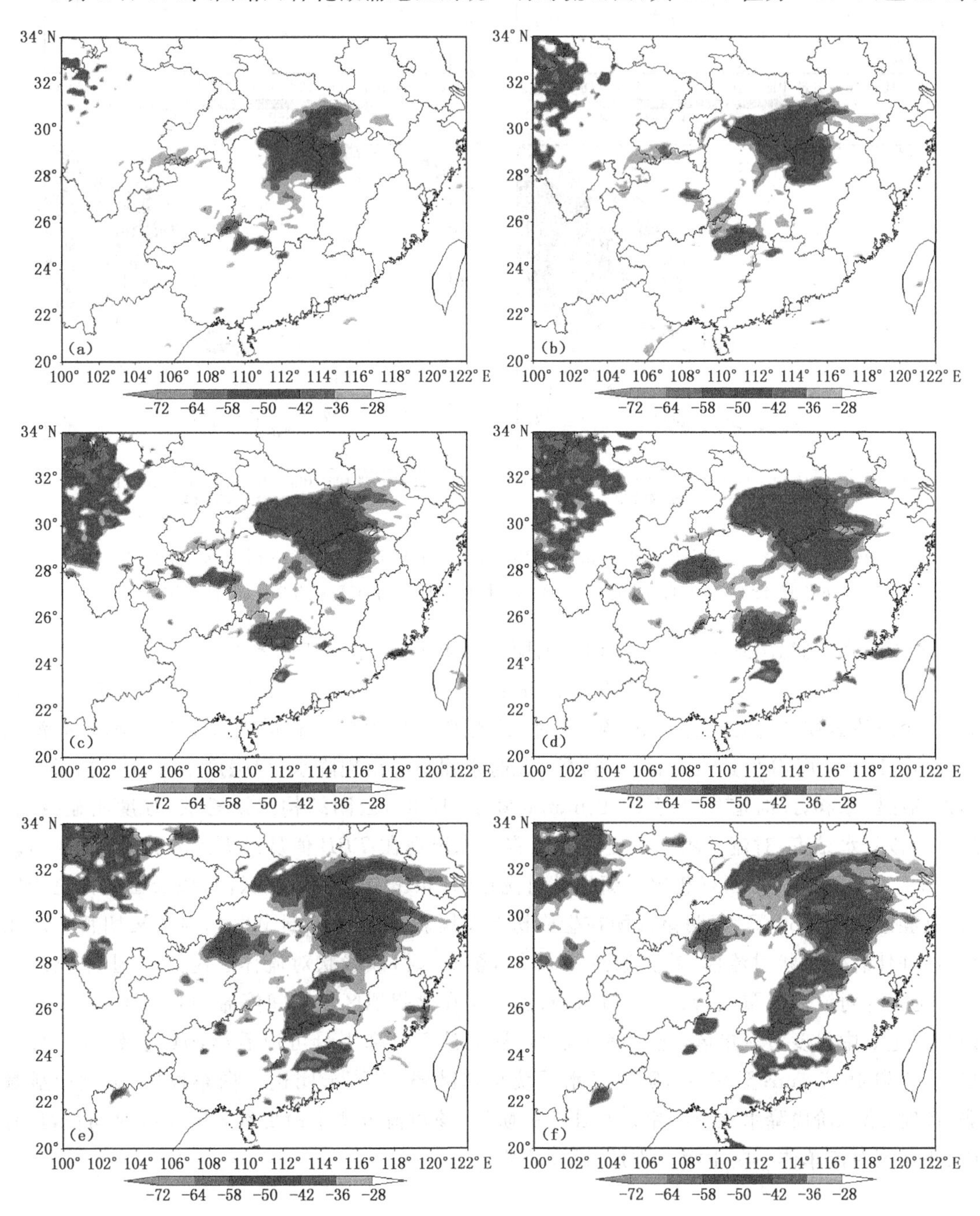

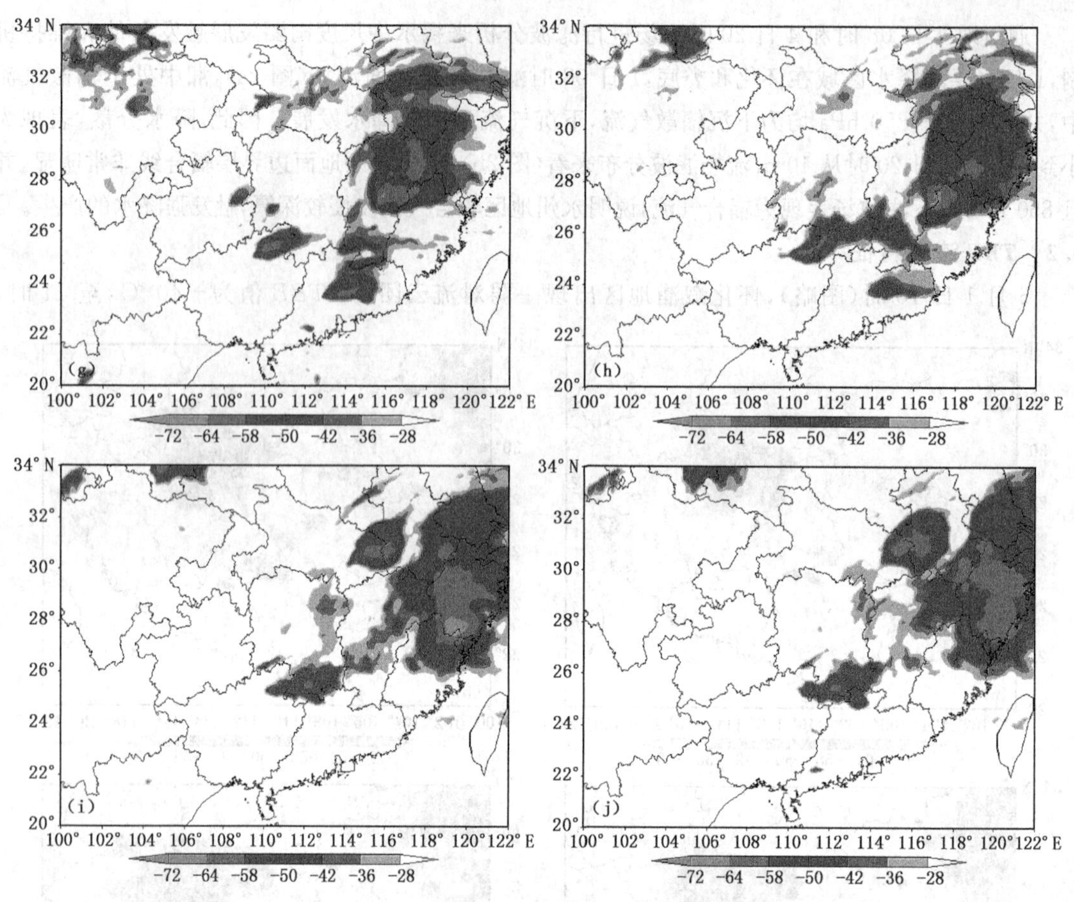

图 3　5 月 4—5 日 *TBB* 演变(a. 4 日 13 时,b. 4 日 14 时,c. 4 日 15 时,d. 4 日 16 时,e. 4 日 18 时,f. 4 日 19 时,g. 5 日 22 时,h. 5 日 0 时,i. 5 日 3 时,j. 5 日 4 时)

云团发展增强,亮温增强至－50 ℃,但该云团生命史极短,至 12 时,云团迅速减弱消亡。

5 月 4 日 13 时,两个对流云团在广西东北部产生,其黑体亮温约－45 ℃,强度较弱,14 时,两个对流云团合并且迅速发展,至 15 时,云团进一步增强,东移进入永州南部地区,亮温达－58 ℃,16 时,*TBB* 值达最大,为－64 ℃,此时永州南部出现降水,但强度不大,18 时,云团开始逐渐减弱东移,此时道县出现 19.9 mm/h 降水,19 时,云团结构逐渐松散,强度明显减弱,第一阶段降水结束,对流云团生命史约 6 h,强降水出现在 *TBB* 值从最大到减弱阶段(图 3)。

5 月 4 日 22 时,广西东北部又新生一对流云团,相比白天的对流云团,该云团结构更为紧密,其亮温达到－60 ℃,说明该云团在生成初期发展较为强烈,5 日 00 时,对流云团移入永州地区,并伴有一线状对流体,其亮温达－64 ℃,至 01 时,该线状对流体迅速消亡,但永州地区上空为大片对流云团覆盖,02—06 时,该对流云团在永州地区长时间停滞,03、04 时,对流云团内部产生 α 中尺度对流单体,此时降水增强,从道县逐时降雨量可以看出,04 时及 05 时分别出现 45 和 49.7 mm;至 07 时,随着降水系统东移减弱,对流云团逐渐向东发展,强度明显减弱,此时,第二阶段降水逐渐结束。相比第一阶段,该对流云团生命史约 8 h,持续时间长,且有中、小尺度对流单体不断生消。因此,降水更强。

4 可预报性分析与探讨

4.1 5月1日天气过程空报原因分析

预报员对5月1日降水过程的预报出现了较大偏差，从当时的主观分析来看，湖南处于青藏高原槽前的一致南风气流当中，即便冷空气没有开始影响湖南，西南风气流的风速辐合仍然可以造成较强的辐合抬升，同时配合较好的能量条件，进而造成强的降水。业务预报指出，湖南省将出现全省性的降雨，其中湘西和湘东部分地区将出现暴雨。实况则是省内大部分地区以多云天气为主，仅湘中偏西和湘东南局地出现了小雨，预报服务效果不好。

从EC和T639模式不同起报时间对其的降水落区预报来看（图4a），模式预报均出现了大范围的空报，尤其是湘东一带，预报了中到大雨量级降水，实际上为多云，而湘中偏西一带的降水量级预报明显偏大（报了大到暴雨，实际只有小雨）。从最近3天EC模式形势场和风场

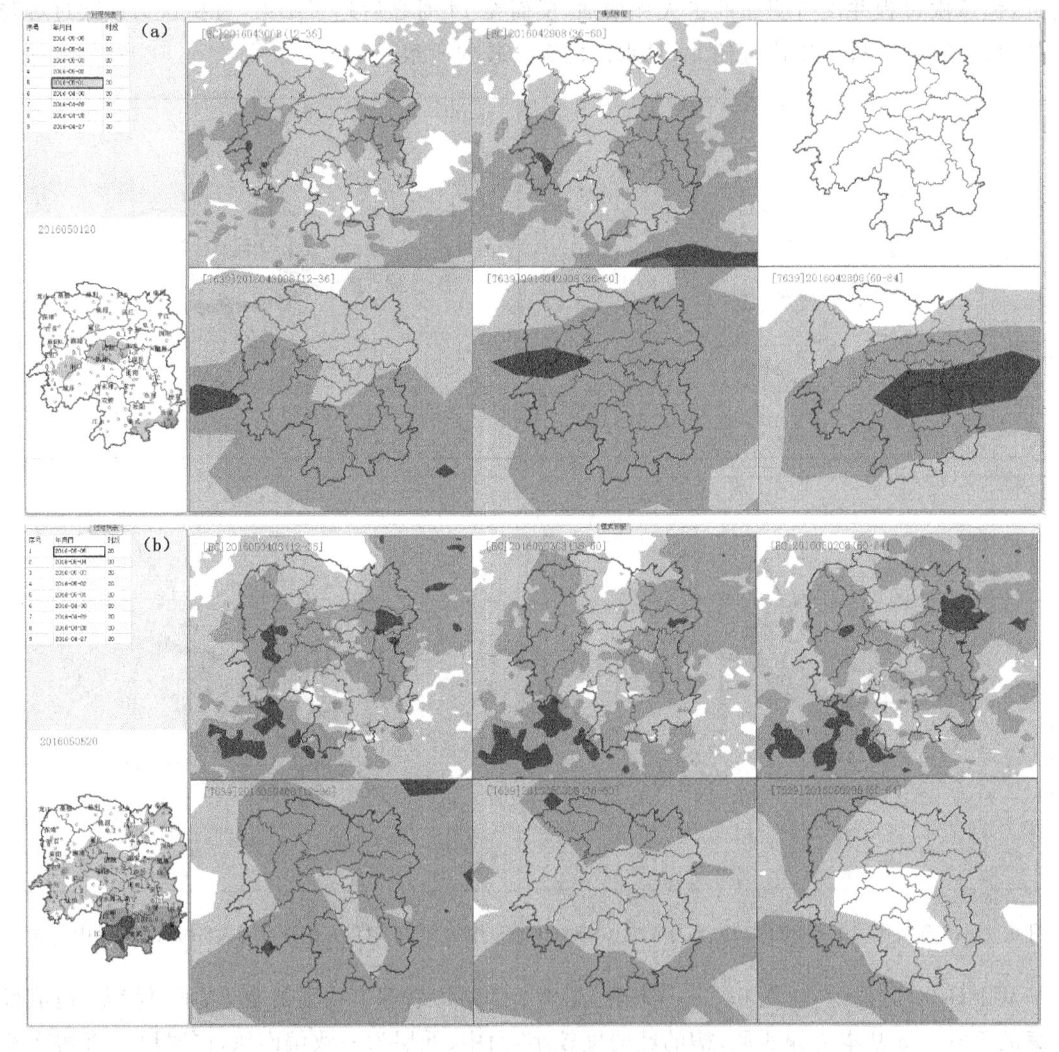

图4 2016年5月1日(a)和4日(b)降水实况与不同模式不同起报时间的降水落区预报（第一排为EC模式，第二排为T639模式）

模拟来看，形势场的预报稳定，调整不大(图略)；而风向预报基本正确，但风速报得偏大，特别是南岭一带，模式风速比实况偏大 2～4 m/s(图略)，这可能是导致模式降水量级预报偏大的原因。分析 EC 模式对于对流有效位能预报能力，可知随着预报时效的临近，省内 CAPE 是逐步调小，并且其更加趋近于实况(表 1)。

从目前天气形势分析上来看，在 4 月 30 日 20 时(图 5a)，高空槽、中低层切变均处于重庆一带；低层西南急流位于广东北部，且偏西分量较大，不利于水汽向湖南输送，虽然在湘西南局地存在地面辐合线，但缺少中高层系统的配合，不利于降水的发生和发展。整体来看，系统偏西、偏南。5 月 1 日 08 时(图 5b)，随着高空槽和南支槽的进一步东移，低层切变也逐渐向湘西逼近，高空槽有前倾趋势，也超前于温度槽，中、低层急流建立并加强，850 hPa 湖南上空处于相对湿度大值区，同时，850 hPa 有弱的暖脊发展，在湘中一带有地面辐合线配合，整体形势有利于降水发展。对比实况来看，降水正是出现在低层急流出口左前侧、冷槽暖脊之间，辐合线附近，但该次过程并没有明显的扩大和增强，反而在 14 时之后趋于结束，分析认为该次过程降水的触发条件较弱，低槽位置偏北，且水汽的辐合较弱所致。

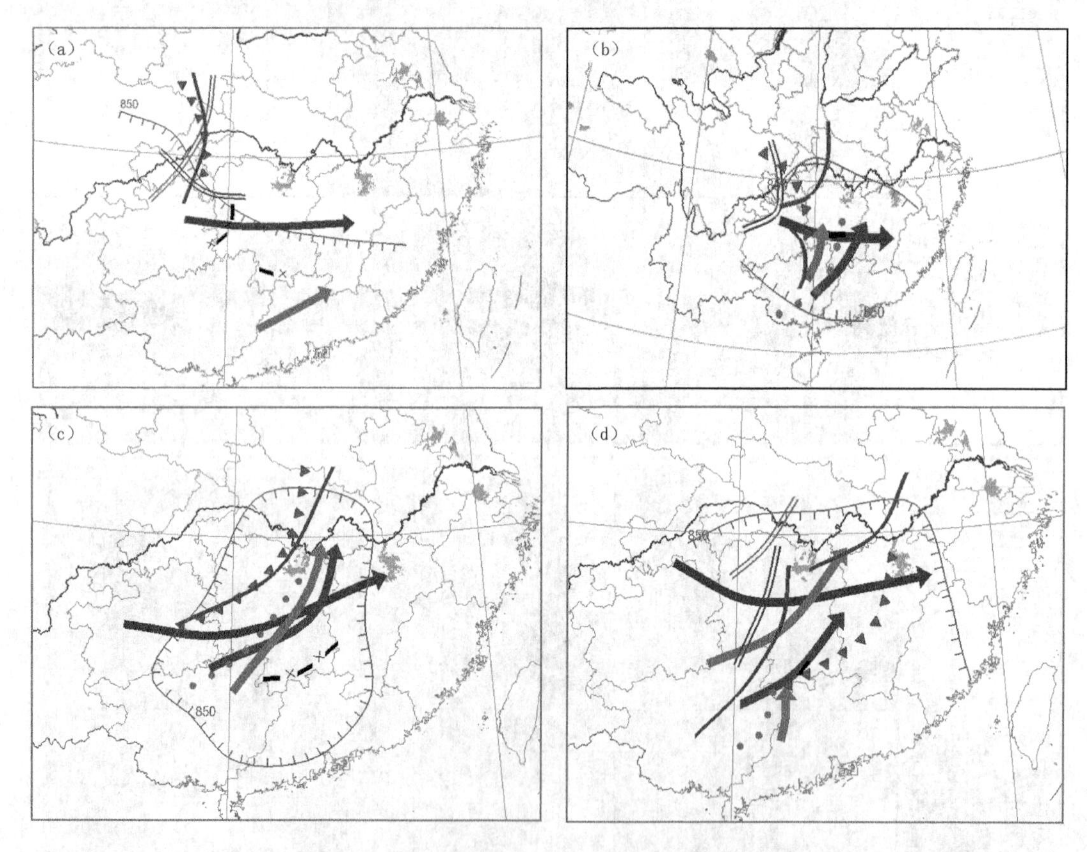

图 5　2016 年 4 月 30 日 20 时(a)、5 月 1 日 08 时(b)、5 月 4 日 20 时(c)、5 月 5 日 08 时(d)实况中分析

从 1 日 08 时的探空(图 6a、b、c)来看，湖南 3 个站均表现出明显的上干、下湿特点，但值得注意的 500 hPa 基本为偏西风，槽的经向度较小，而中、低层为一致偏南风，同时风垂直切变和 *CAPE* 值均较小，没有明显的动力和热力抬升条件，这也是该次过程没有得以发展的原因之一。

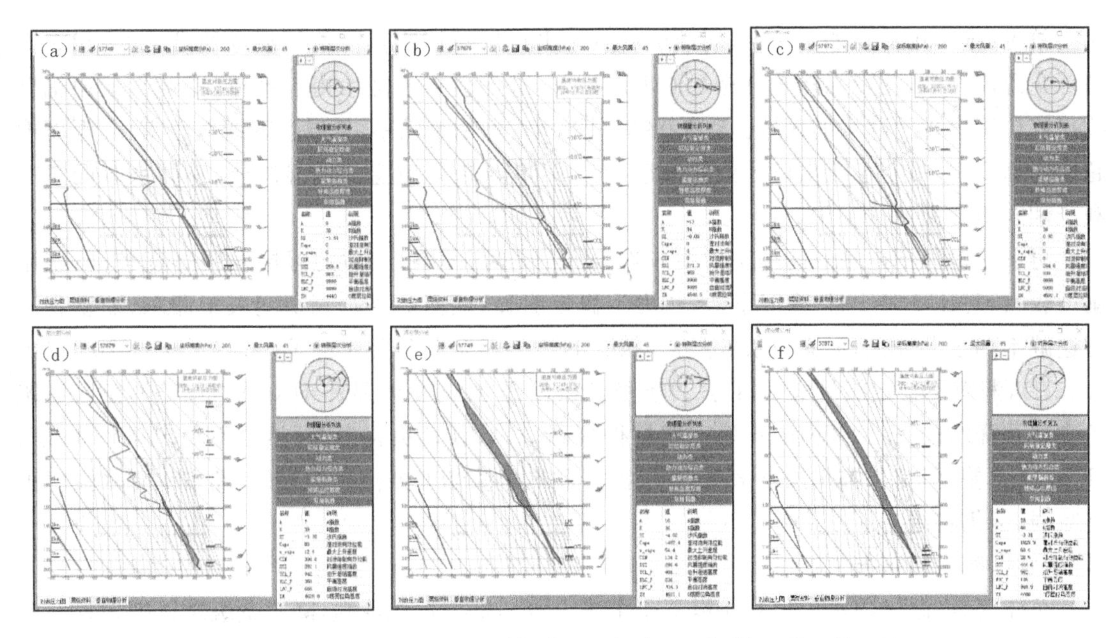

图 6　2016 年 5 月 1 日 08 时怀化(a)、长沙(b)、郴州(c)及 5 月 4 日
20 时怀化(d)、长沙(e)、郴州(f)探空曲线

4.2　5 月 4 日天气过程漏报原因分析

预报员对 5 月 4 日降水过程的预报同样出现了较大偏差，从当时的主观分析来看，湖南处于深厚高原槽前的一致南风气流当中，低层冷空气没有开始影响，西南风气流的风速辐合仍然可以造成较强的辐合抬升，同时配合较好的能量条件，进而造成强的降水，但是考虑到形势与 5 月 1 日较为接近和 1 日的空报的空报影响，将降水量级调小。业务预报指出将出现全省性的降雨，其中湘西和湘南部分地区将出现中到大雨。实况则是省内大部分地区出现了小到中雨，其中湘东南地区部分大到暴雨，局地大暴雨，出现了空报和漏报的情况。

5 月 4 日夜间降水主要发生在湘东南地区，以暴雨为主，局地大暴雨；预报场出现了大范围的空报和漏报，EC 预报强降水发生在湘西和湘东北，局地暴雨，省内其他地区小雨，而南部地区降水主要报在广西境内，没有进入湘东南；T639 预报在湘北报了大雨量级降水，其他地区为小到中雨(图 4b)，检验本次湘东南暖区暴雨、大暴雨模式的预报能力表明，落区存在较大偏差，且强度预报也偏弱。从最近 3 天 EC 模式形势场和风场预报来看，20 时的形势场预报同样偏弱，实际低槽的经向度大、位置偏南(图略)。从风场来看，南岭一带风速偏弱 2 m/s(图略)。从 EC 模式对流有效位能的预报来看，随着预报时效的临近，*CAPE* 的模拟并没有明显变化，即使是最近时次，与实况的偏差仍然较大。模式预报的 *CAPE* 大值区位于湘北，而实况的大值区则位于湘南(表 1)。因此，在此次过程中，模式模拟的 *CAPE* 的参考意义不大(图略)。

从目前高、低空各层的天气形势配置来看，4 日 08 时整体系统偏西，850 和 925 hPa 的切变线位于湘西地区，同时湘西处于 700 和 850 hPa 低空急流出口区，再配合地面辐合线，综合各层形势有利于湘西降雨，但冷槽、暖脊偏东不利于暴雨发生(图略)。4 日 20 时，低槽位置移至湘西地区，低层西南急流加强，且整体湿度条件增强，冷槽、暖脊及地面辐合线位置较接近，从整体天气形势配置来看，有利于湘东暴雨发生，但强降水实况却出现在湘东南地区靠近地面辐合线的区域(图 5c)。再细致分析降水较强时段的形势(5 日 05 时前后)，可以发现槽线移动速度较慢，基本维持在湘西一带，而低层的急流出口区有所南落。值得注意的是，925 hPa 有超低空急流发展，使得强降水有充足的水汽补充，进而使得强降水得以维持(图略)，地面辐合线正好位于出现强降水的区域。5 日 08 时(图 5d)，低槽带动中、低层切变线东移南压，温度槽超前于高度槽，低空急流出口区位置偏东，而 925 hPa 超低空急流明显减弱，整个系统配置有利于湘东南暴雨的发生。

再从各时段不同站点的探空曲线来看，4 日 08 时(图略)三站的湿层发展高度较高，整层湿度较大，对比 5 月 1 日 08 时形势，热力不稳定明显，湘西的风垂直切变大于湘东，而垂直温度递减率湘东北较大，但其他条件配合不好，不利于湘东北强降水的发生；到了 4 日 20 时(图 6d、e、f)，湘东不稳定能量增大，且热力不稳定条件比 08 时更明显；5 日 08 时(图略)，随着系统的东移及降水的发生，湘南的不稳定能量得到释放，CAPE 快速下降，热力不稳定条件也比 4 日 20 时要差，但是从郴州探空来看，整层湿度和风垂直切变条件仍然较好，湘东南降水强度虽有减弱，但仍将维持。

4.3 暖区降水可预报性探讨

总体而言，暖区降水预报存在以下 4 个难点：(1)降雨局地性强，降雨量级难以把握；(2)暖区降雨、强降雨的预报各家数值预报模式预报能力弱；(3)暖区暴雨的主要影响系统与触发系统及其气象要素的特征，相关研究较少；(4)江南暖区暴雨与华南暖区暴雨的发生、发展机制是否存在差异，目前仍值得深入研究和探讨。

虽然暖区降水预报存在着较大的不确定性，但通过以上分析可知，暖区降水的发生、发展还是有迹可循的，初步总结可以从以下几个着眼点来对暖区降水进行预报、预警：

(1)当本地处于一致南风下，且天气形势无明显影响系统和触发条件，只考虑地面辐合线、中低层切变线或低槽经过地相对湿度较大地区的阵性降雨。

(2)当影响系统明显，可考虑对主要影响时段开展对于数值预报模式的中尺度分析，同时关注各家模式的降雨落区和强度，重点关注是否有冷槽、干线等重要触发系统，且 500 hPa 高度槽落后温度冷槽。

(3)关注能量及各物理量条件，如 SI 指数、水汽通量散度、负变高等，用于订正判断强降雨落区。

(4)关注各家模式的降雨预报及其稳定性，关注影响系统或风场等误差，作好有无降雨、降雨的落区、强度订正。

5 小 结

利用多种气象资料对 2016 年 5 月 1 和 4 日的暖区降水过程影响系统、中尺度环境条件及暖区降水的可预报性进行了探讨，结果表明：

(1)4 日晚湘东南强降水是由于 500 hPa 冷槽、850 hPa 暖脊及中低层强盛的西南急流与地面中尺度辐合线共同作用的结果。相对于 1 日，4 日深厚的南支低槽带来强正涡度平流，同时，强低层风垂直切变配合高不稳定能量有利于对流风暴的发展加强及长时间维持。1 日虽然中低层急流强盛，并配合地面辐合线，但高空低槽位置偏西，槽移动过程迅速北缩，这次过程高空槽的动力作用较弱。

(2)两次过程水汽充沛，比湿均超过 12 g/kg，4 日湘南比湿达 14.5 g/kg，水汽条件更好，并处于高湿舌的水汽输送方向，有利于降水发生和持续。1 日高空槽偏北，迅速北缩，因此高空低槽正涡度平流作用较弱，500 hPa 24 h 大部分地区为正变高，4 日湖南省处于强负变高区域，有利于高空槽东移过程中加深发展。道县涡度平流显示，4 日 20 时整层涡度平流加大，尤其 250 hPa 存在 $30\times10^{-5}\,s^{-1}$ 的正涡度中心，有利于涡旋发展，增强上升运动。4 日热力条件比 1 日更好，中层冷平流的侵入使热力不稳定层结增强，4 日中层冷平流更强，850 与 500 hPa 假相当位温之差显示，1 日湘西、湘南假相当位温之差为 12 K 以上，而 4 日湘南假相当位温之差达 14 K，局地 16 K。

(3)中尺度滤波流场显示，4 日湘东南从地面至 850 hPa 存在明显的中尺度辐合线，是暖区暴雨的主要触发系统，而 1 日湘中地区从地面至 850 hPa 显示为下沉辐散气流，不利于降水发展维持。

(4)4 日湘东南暴雨是由线状对流体强烈发展，且持续时间长达 8 h 而成；1 日湘西南出现一弱对流云团，其 *TBB* 值为－40 ℃，但该云团生命史极短，至 12 时云团迅速减弱消亡。

(5)2 次过程多家主流模式降水预报结果都出现了较大偏差，1 日大范围暴雨空报与 4 日湘东南暴雨漏报的结果，导致主观预报也出现了失误，究其原因，暖区降水预报存在以下四个难点：①降雨局地性强，降雨量级难以把握；②暖区降雨、强降雨的预报各家数值预报模式预报能力弱；③暖区暴雨的主要影响系统与触发系统及其气象要素的特征，相关研究较少；④江南暖区暴雨与华南暖区暴雨的发生、发展机制是否存在差异，目前仍值得深入研究和探讨；

(6)总结暖区暴雨预报着眼点：对于暖区降水的强度和落区预报需重点加强冷槽及地面辐合线等影响和触发系统及不稳定能量的分析，加强精细的中尺度系统分析与模式的检验应用。

参考文献

陈翔翔，丁治英，刘彩虹，等，2012. 2000—2009 年 5、6 月华南暖区暴雨形成系统统计分析[J]. 热带气象学报，**28**(5)：707-718.

陈玥，谌芸，陈涛，等，2016. 长江中下游地区暖区暴雨特征分析[J]. 气象，**42**(6)：724-731.

丁治英，刘彩虹，沈新勇，2011. 2005—2008 年 5、6 月华南暖区暴雨与高、低空急流和南亚高压关系的统计分析[J]. 热带气象学报，**27**(3)：307-316.

黄士松，1986. 华南前汛期暴雨[M]. 广州：广东科技出版社：244.

王淑莉，康红文，谷湘潜，等，2015. 北京 7·21 暴雨暖区中尺度对流系统的数值模拟[J]. 气象，**41**(5)：544-553.

文丹青，黄波，刘峰，2011. 一次华南前汛期锋前暖区暴雨的分析[J]. 广东气象，**33**(2)：9-15.

2016年1月聂拉木强降雪天气分析

德吉白珍

(西藏日喀则地区气象局,日喀则 857000)

摘　要

利用500 hPa高度场和风场、物理量场以及卫星云图、200 hPa高空急流和地面观测资料,对2016年1月19—20日日喀则市聂拉木县出现的暴雪过程进行天气学诊断分析。结果表明:南支槽的东移北上青藏高原并配合阿拉伯海充足的水汽是本次强降水过程形成的主要原因。在强降水过程发生时聂拉木位于高空急流的入口处;负散度和正涡度的物理量配置提供强烈的上升运动,再配合充足的水汽以及地形的抬升作用,导致此次强降水天气发生。

关键词:强降雪　南支槽　阿拉伯海　水汽　物理量

引言

西藏主要的气象灾害有干旱、洪涝、雪灾、冰雹、霜冻、雷电、大风等,其中雪灾是牧业区最常见的气象灾害。近年来的研究发现,雪灾的多发区有两个,其中一个就是南部边缘喜马拉雅山脉南坡一带(假拉等,2008)。另外,从雪灾发生的频率来看,西藏地区的聂拉木县最高,平均每两年一遇(宋善允等,2013)。因此,研究南部边缘一带强降雪天气形成的机制,对减少雪灾对牧业生产及人们日常生活的影响非常有利。不少学者从不同角度对南部边缘一带的强降水天气进行了分析,得出西藏南部特殊的地形抬升是强降水产生的重要因素(代华光等,2015);雨雪天气的发生与水汽条件密切相关,特别是冬季,青藏高原上降水天气过程中水汽条件具有重要的作用(次旦巴桑等,2014)。本文通过分析聂拉木县一次强降雪天气发生时的环流形势、云图动态以及物理量场的分布和气象要素的变化等方面进行较全面的分析,进一步认识南部边缘地区强降雪天气发生的机制,为下一步准确预报强降雪天气提供科学依据,从而达到提高防灾、减灾能力的目的。

1　实况回顾

受南部暖湿气流和北部冷空气的共同影响,2016年1月19—20日,日喀则市西部和南部边缘地区出现了强降雪天气。南部聂拉木一带出现了大暴雪(图1),截至20日08时,聂拉木过程降水总量达20.3 mm,积雪深度达18 cm(各乡镇出现阵雪);帕里8.1 mm,积雪深度22 cm;亚东9.6 mm,平均积雪深度为11 cm,上亚东乡平均积雪深度8 cm,下亚东乡平均积雪深度10 cm,康布乡平均积雪深度7 cm,堆纳乡平均积雪深度20 cm;仲巴2.6 mm;樟木3.1 mm;定日0.2 mm;南木林0.1 mm;吉隆县城平均积雪深度为8 cm,贡当乡平均积雪深度为13 cm,吉隆镇积雪深度为5 cm,萨勒乡积雪深度为4 cm,差那乡和指巴乡平均积雪深度为1 cm。雪后日喀则市各地出现了3~8 ℃降温,个别地方降温幅度达10 ℃。同时,西部和南部边缘大部分地区出现了 8 级左右的大风天气，局地最大风力超 10 级，其中 20 日绒布寺日极大风速为 38.7 m/s。

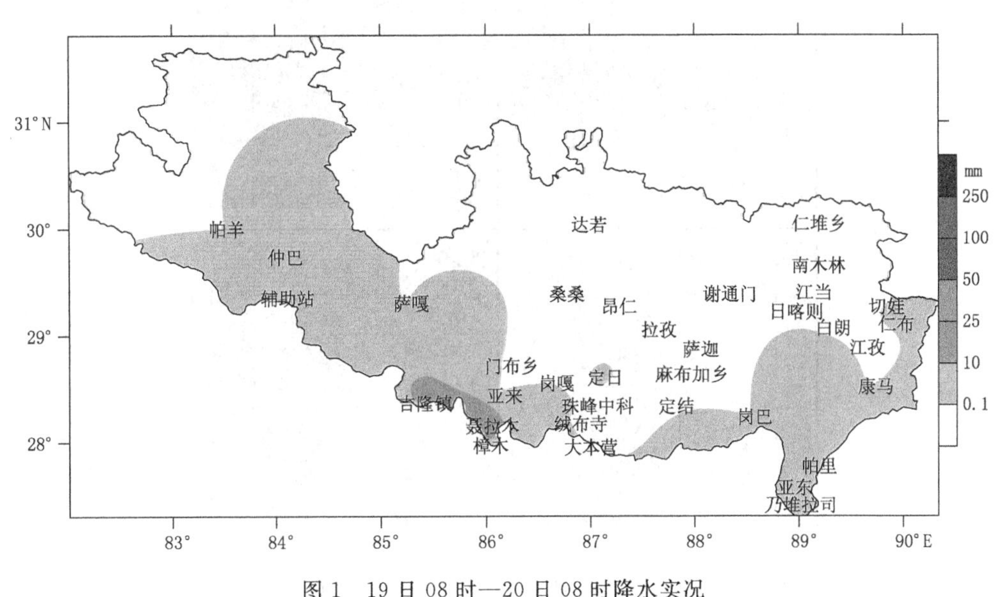

图 1　19 日 08 时—20 日 08 时降水实况

2　环流背景

从 2016 年 1 月 19 日 08 时 500 hPa 环流场可以看出，中高纬度大致为两槽一脊型，高空槽位于东北地区以东以及巴尔喀什湖附近，由巴尔喀什湖附近长波槽分裂出的南支槽此时位于日喀则市西部，但位置偏西，且受青藏高原地势影响，此时南支槽还未北上青藏高原，副热带高压外围 586 dagpm 等值线在 85°E 附近，位置略偏东；19 日 20 时至 20 日 08 时，南支槽不断加深东移并在高原西侧堆积加强，在日喀则市西部形成一个中心值为 564 dagpm 的低值中心，并且逐步移入青藏高原，此时整个日喀则市受槽前西南气流控制，副高外围 586 dagpm 线此时西伸至 75°E 附近，南部阿拉伯海的水汽不断向日喀则市西部和南部边缘地区输送，使日喀则市西部仲巴至南部边缘聂拉木一带出现强降雪天气；到了 20 日 20 时，南支槽继续东移并有所北抬，此前形成的低值中心消失，日喀则市南部边缘帕里一带依旧受槽前西南气流控制，而西部和西南部地区此时位于槽后的位置，因此，主要影响区域东移至南部边缘帕里一带，而随着 586 dagpm 等值线的北抬，降水强度随之减弱(图 2)。另外，从相对湿度也可以看出，在南支槽还未北上青藏高原时，南部边缘一带相对湿度在 60%～70%，而当南支槽上青藏高原后，水汽输送条件转好，南部边缘一带的相对湿度在 90%左右，且沿江一线的相对湿度也有所增大(图略)。

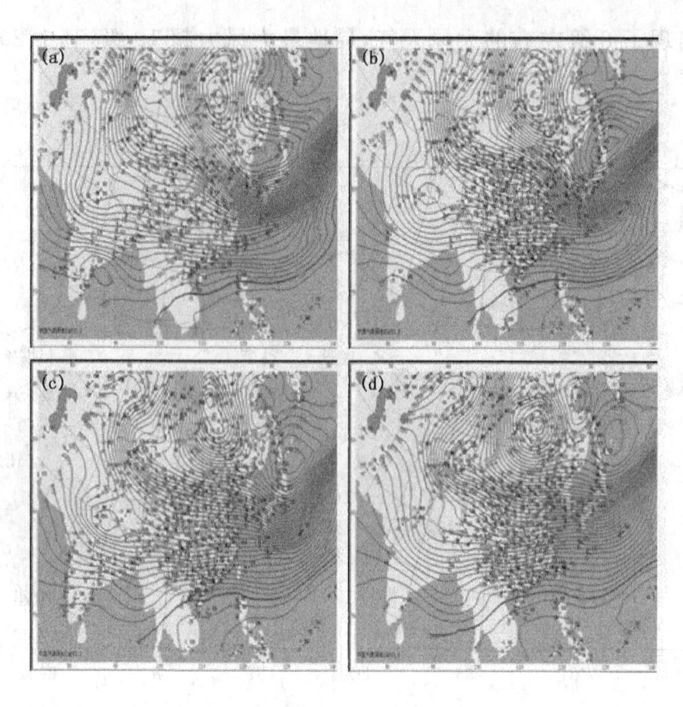

图 2　2016 年 1 月 19 日 08 时—20 日 20 时 500 hPa 形势

(a. 19 日 08 时，b. 19 日 20 时，c. 20 日 08 时，d. 20 日 20 时)

3　卫星云图分析

从 FY-2E 卫星云图(图 3)可以看出，在暴雪开始前期，阿拉伯海一带不断有云系加强发展，并越过伊朗高原延伸至 30°E 附近。在 19 日 17 时前后，南支槽东移，配合低槽有对流云系发展，南部阿拉伯海一带的水汽沿南支槽槽前西南气流向日喀则市西部仲巴至南部边缘聂拉

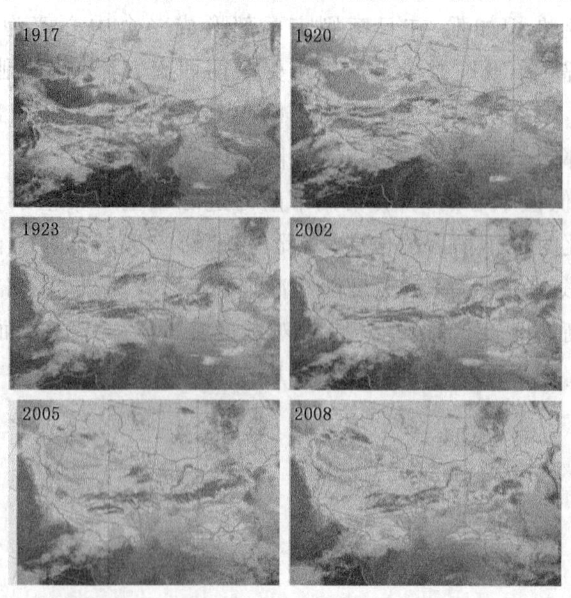

图 3　19 日 17 时至 20 日 08 时(间隔 3 h)卫星云图

木一带输送，配合北部冷空气，使这一区域出现了降雪天气。随着南支槽的加强，对流云系发展较强，加之南部水汽条件良好，又有冷空气相配合，使日喀则市南部聂拉木一带出现了暴雪天气过程。

4 200 hPa 高空急流

高、低空急流的配置对暴雪落区和强度预报有很好的指示意义，一般高空急流的右侧具有很强的辐散，有利于高、低空对流发展。从图 4 可以看出，在本次降雪过程开始时，200 hPa 高原上空存在明显的高空急流风速带，并且日喀则市南部正好处于高空急流的入口处，西南风向明显，急流移动方向与降水云系的移动方向一致；在过程结束时高空急流带东移至高原东部地区，日喀则市南部的西南风逐渐转为偏西风，风速明显减弱。

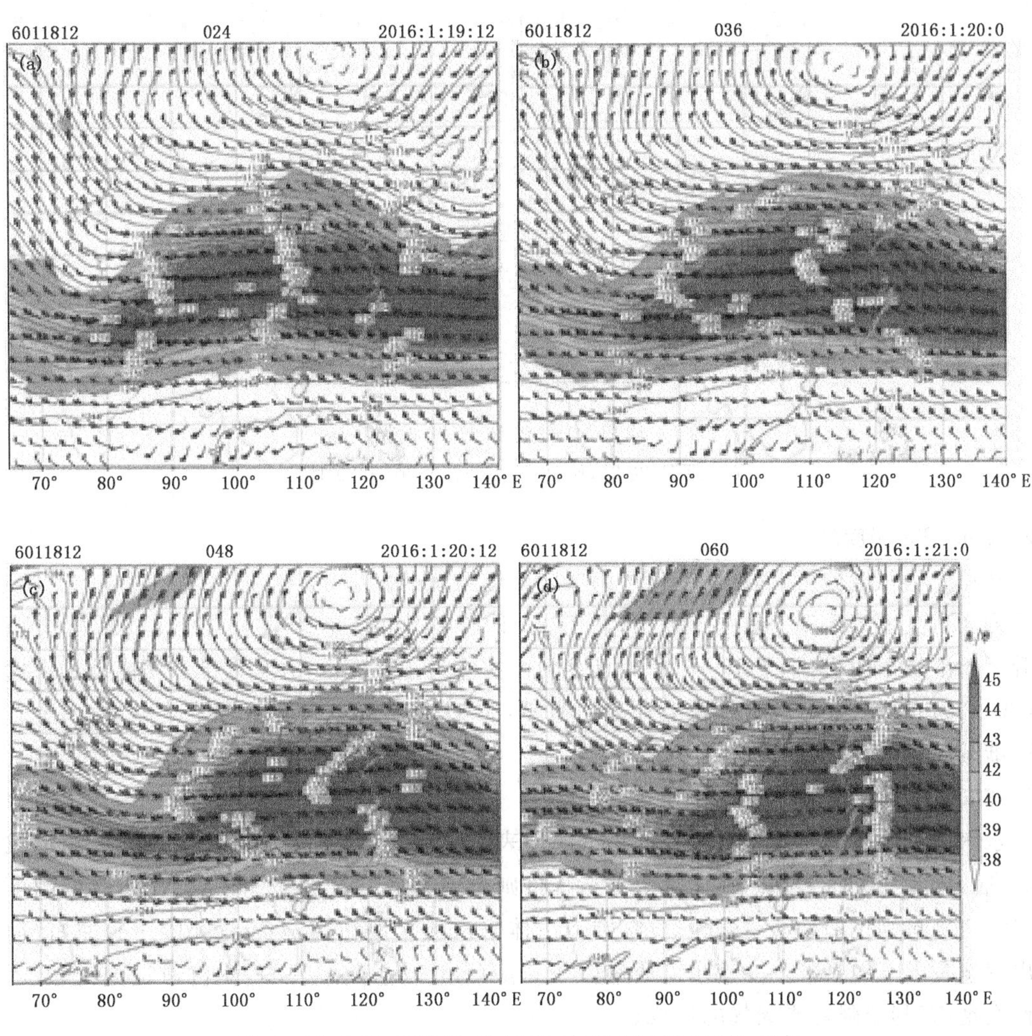

图 4 19 日 12 时至 21 日 00 时(每隔 12 h)200 hPa 风场

5　物理量分析

5.1　500 hPa 散度场

散度表征大气在运动过程中的辐合、辐散，正散度对应辐散，负散度对应辐合。从图 5 看出，过程开始前(18 日 20 时)日喀则市上空为正散度区，即辐散区，到了 19 日 20 时日喀则市上空为负散度区，即辐合区，中心位于西部和西南部地区，中心值达 $-6\times10^{-5}\,s^{-1}$，为强辐合区，与环流场配置较好。20 日 20 时，日喀则市上空虽依旧为辐散度区，但散度强度开始有所减弱。

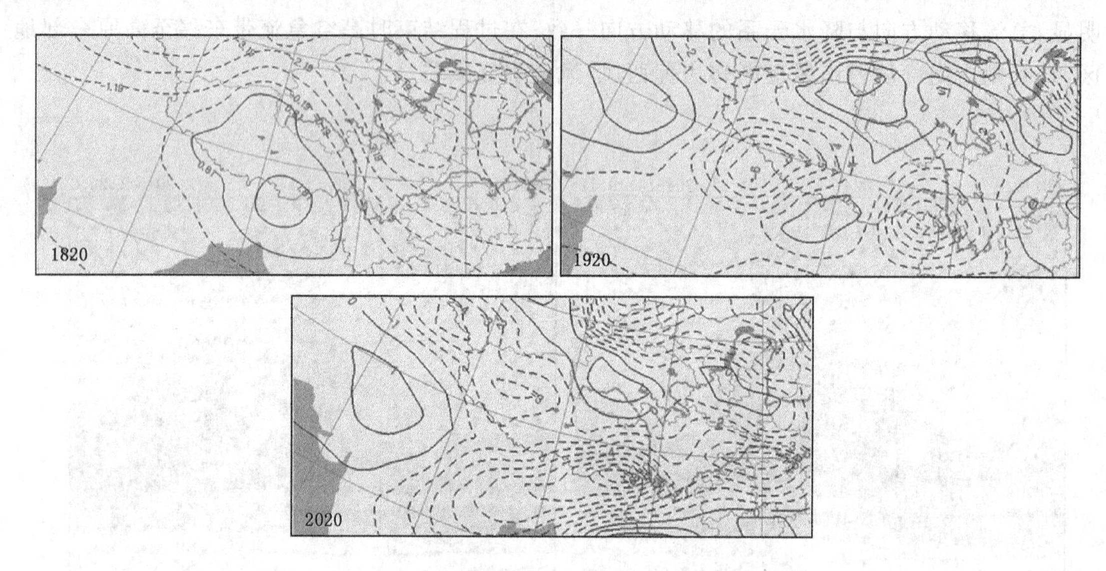

图 5　18 日 20 时至 20 日 20 时散度场

(a. 18 日 20 时，b. 19 日 20 时，c. 20 日 20 时)

5.2　500 hPa 涡度场

从动力学角度分析，涡度的变化可以反映天气系统的发生、发展，正涡度区对应上升运动，负涡度区对应下沉运动。从图 6 看出，18 日 20 时日喀则市处在 $0-10\times10^{-5}\,s^{-1}$ 的正涡度区，上升运动不是很明显，到了 19 日 20 时日喀则市主体为正涡度区，并且西部和西南部的涡度值为 $(20-30)\times10^{-5}\,s^{-1}$，说明此处上升运动明显，20 日 20 时，正涡度值开始减小，说明上升运动逐渐减弱。

5.3　500 hPa 水汽通量

水汽通量可以很直观地将某地的水汽条件表现出来，充足的水汽条件也对暴雪的形成非常有利。19 日 20 时(图 7)，在印度半岛至日喀则市南部有一个明显的水汽通道，这说明不断有水汽向日喀则市南部一带输送，日喀则市主体水汽通量值在 2 g/(cm・hPa・s)左右，而本次出现暴雪天气的聂拉木一带水汽通量值在 3 g/(cm・hPa・s)左右，水汽通量值较大，水汽条件充足，有利于强降雪天气的形成。

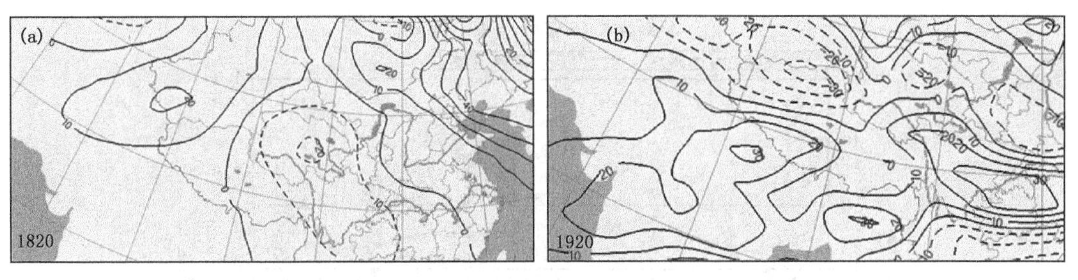

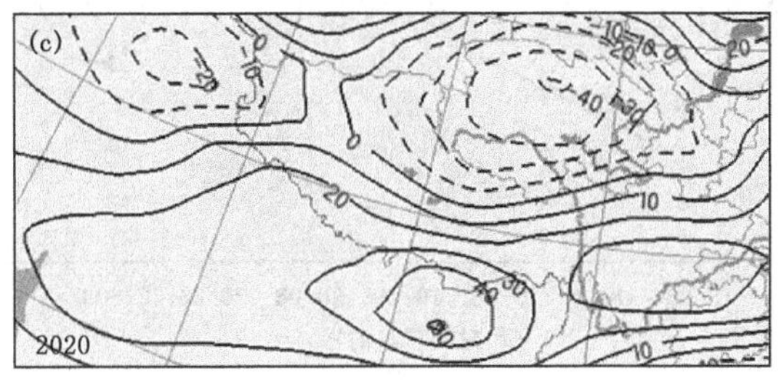

图 6　18 日 20 时至 20 日 20 时涡度场

（a. 18 日 20 时，b. 19 日 20 时，c. 20 日 20 时）

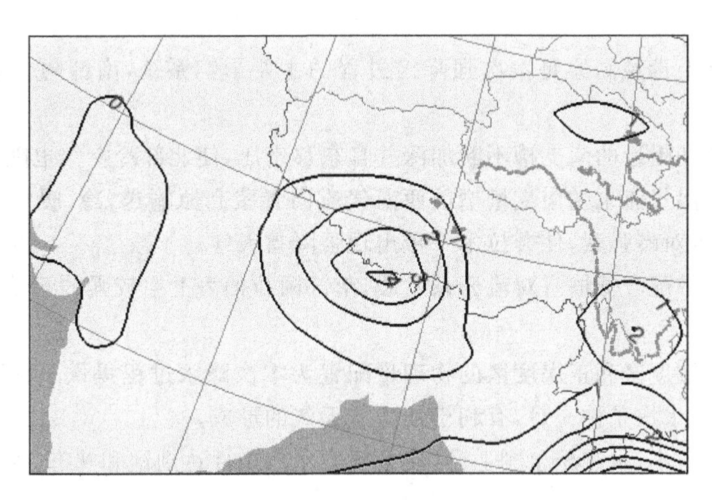

图 7　19 日 20 时水汽通量场（单位：g/(cm・hPa・s)）

6　单站要素分析

截至 20 日 08 时，聂拉木县降水最为明显，选择聂拉木站为代表站，分析在强降雪过程中温度、露点以及水汽压等气象要素的变化趋势。从图 8 中可以看出，在过程开始前（18 日 08 时），温度较高，露点较低，大气中的水汽含量较低，在过程开始时（19 日 08 时以后）露点温度迅速上升，而温度也越来越低，大气中的水汽开始饱和，到 19 日 20 时前后开始出现降雪天气，而由于温度露点差持续保持较小的范围，使降雪过程也进一步的持续。从水汽压也可以看出，在过程开始前（18 日 08 时）水汽压较低，而到了 19 日 08 时，水汽压开始上升，到了 19 日 20 时，水汽压急剧上升，说明大气中的水汽开始达到饱和状态（图略）。

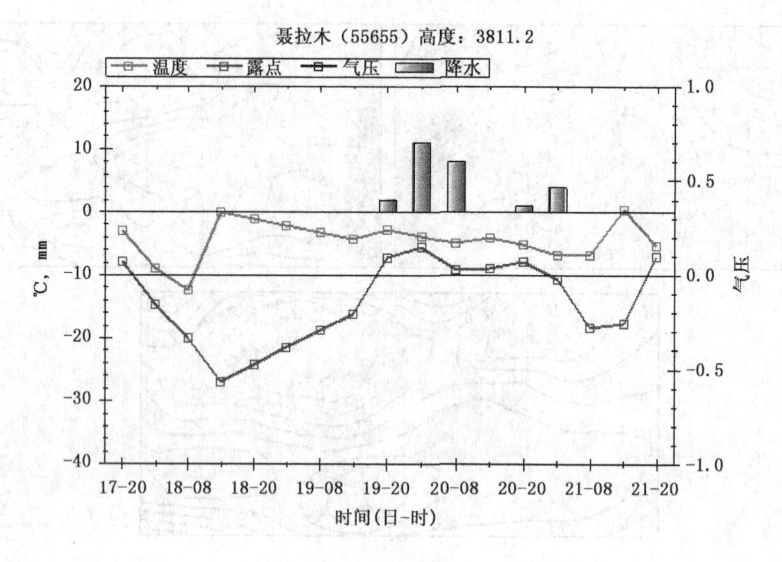

图 8　聂拉木单站地面三线图

7　结　语

(1)南支槽北上青藏高原是本次强降雪过程的主要影响系统，南部阿拉伯海是主要水汽来源。

(2)巴尔喀什湖附近的南支槽不断加深并且东移南压，使北部冷空气也随之南下至青藏高原上空，而南部暖湿气流也随南支槽槽前西南气流向青藏高原输送，冷、暖空气在日喀则市南部边缘聂拉木一带对峙强烈，使聂拉木一带出现强降雪天气。

(3)聂拉木一带配合低槽有对流云系发展，南部阿拉伯海上空较强的云系为对流云系提供充足的水汽条件。

(4)较强的负散度区和正涡度区的物理量配置为本次降水过程提供了强烈的上升运动区域，而水汽通量大，水汽条件充足，有利于强降雪天气的形成。

(5)温度露点差小，水汽压急剧上升，使大气中水汽条件达到饱和状态，为降水提供良好的水汽条件。

(6)本次强降雪天气的中心位于聂拉木，而聂拉木地处喜马拉雅山区，具有明显的地形抬升作用。

参考文献

次旦巴桑，穷达，德庆，2014.2014 年 2 月聂拉木降雪天气中水汽输送特征分析[J].安徽农业科学，**42**(32)：11420-11425.

代华光，李起绪，黄沛宇，2015.2014 年 12 月西藏聂拉木暴雪天气分析[J].安徽农业科学，**43**(15)：180-181,191.

假拉，杜军，边巴扎西，等，2008.2008 西藏气象灾害区划研究[J].北京：气象出版社.

宋善允，王鹏祥，2013.西藏气候[M].北京：气象出版社.

黄河中游一次暴雨预报失误的思考

井　宇[1]　陈　闯[2]　井　喜[3]　张　敏[4]

(1. 陕西省气象台,西安 710014; 2. 陕西省气象科学研究所,西安 710014;
3. 陕西榆林市气象局,榆林 719000; 4. 内蒙古自治区气象台,呼和浩特 010051)

摘　要

利用常规观测资料、NCEP1°×1°再分析资料及多种新型探测资料,对 2016 年 7 月 11 日发生在黄河中游(陕西北部)的一次暴雨漏报进行了分析。结果表明:(1)预报失败的主要原因是,实况不符合过去总结的榆林市暴雨概念模型;日本数值预报、T639 数值预报和欧洲细网格数值预报都预报强降水在暴雨区上游 1～3 个经距处,且最大降水量仅有 40 mm,同时 T639 风场预报暴雨区一直受 500 hPa 稳定少动的高脊影响;(2)欧洲细网格模式对影响榆林市 500 hPa 风场预报优于其他数值预报模式,在暴雨预报中应加大使用权重;(3)在对漏报暴雨分析总结的基础上,提出陕西北部一种新的暴雨概念模型。

关键词:黄河中游　暴雨　预报失误　思考

引言

黄河中游(陕西北部)地区北有阴山山脉,东有吕梁山脉和太行山脉,西有贺兰山脉,西南部有青藏高原,特殊的地理环境使这一地区 β 和 γ 中尺度致洪暴雨时有发生。研究(刘勇等,2006;井喜等,2005,2007,2008,2014;杜继稳等,2004;井宇等,2008)表明,黄河中游地区有很大部分暴雨突发性强、雨强大,洪涝灾害严重;此外,李晓莉等(1995)对黄河中游一次中、低层低涡暴雨做了数值模拟,井宇等(2010)对黄土高原低值对流有效位能区 β 中度尺度大暴雨做了综合分析,刘子臣等(1995,1997)对黄土高原上两次低空东北急流大暴雨做了诊断分析,对登陆台风对黄土高原东部暴雨的影响做了研究,得到一些对暴雨预报有益的结论。随着数值预报模式的发展,黄河中游暴雨预报也取得长足进步,但 β 和 γ 中尺度致洪暴雨的短期预报仍是预报工作的难点。本文对 2016 年 7 月 11 日黄河中游地区一次暴雨漏报进行分析总结,以期对今后黄河中游地区暴雨的预报有所帮助。

1　预报与实况对比

2016 年 7 月 10 日 20 时至 11 日 20 时,黄河中游(陕西北部)神木、府谷县境内有 25 个乡镇降暴雨,6 个乡镇降大暴雨(神木国家站观测到的降水量为 85.4 mm,图 1);其中栏杆堡降雨量达到 166.8 mm,田家寨降雨量达到 166.4 mm;强降水主要出现在 11 日 03—08 时,栏杆堡 03—07 时降水量达到 108.9 mm,田家寨 04—08 时降水量达到 108.1 mm,栏杆堡 06—07 时降水量达到 39.7 mm;由于降水集中、强度大,暴雨造成山洪暴发,房屋倒塌、道路被冲毁,农作物被淹,经济损失巨大。

2016 年 7 月 10 日 16 时，榆林市气象台只发布 24 h 有阵雨或雷阵雨，暴雨漏报。

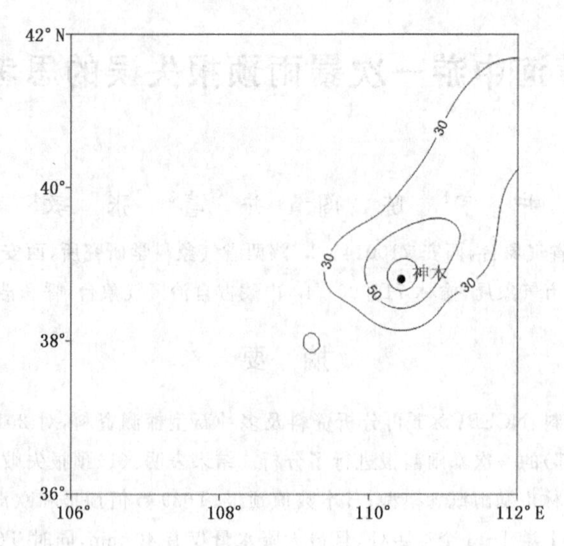

图 1　2016 年 7 月 10 日 20 时—11 日 20 时降水量(单位:mm)

2　预报思路

2.1　概念模型

2.1.1　环流背景及影响系统

7 月 10 日 08 时(图 2)：台风在华南登陆，副热带高压位于太平洋上；500 hPa 等压面上，40°N 以南从华北到华南形成一切变辐合区，银川—四川—贵州生成一反气旋环流区，延安西北风和东胜西南风在陕西北部(暴雨区)生成一切变弱辐合区；700 hPa 等压面上，河套西部生成一切变线，陕南—四川—云南也生成一反气旋环流区，银川为 4 m/s 的东南风，平凉为 4 m/s的西南风，暴雨区为辐散区；850 hPa 等压面上，宁夏—甘肃东部—西藏东部生成一辐合区，延安为 4 m/s 的东南风。上述环流形势及影响系统的配置不符合榆林气象台曾经总结的暴雨形势，看不到要下暴雨的迹象。

2.1.2　环境场物理量特征

2.1.2.1　单站要素特点

以神木站作为代表站，从表 1 可见暴雨前单站要素的特点：暴雨前暴雨区处在高压后部；本站气压 18—22 时升高 0.8 hPa，而 10 日 22 时—11 日 03 时本站气压下降 0.8 hPa；风向维持南风或东南风，风速在 0.7～2.0 m/s；水汽压维持在 24.0 hPa 以上，只有水汽压符合曾经总结的暴雨预报指标。

2.1.2.2　水汽条件

10 日 08 时(图略)，暴雨区 850 hPa 附近形成大于 6 g/(cm·hPa·s)水汽通量中心，700～500 hPa 水汽通量为 3 g/(cm·hPa·s)；但 500 hPa 以下为水汽通量辐散，850～700 hPa 形成大于 1.6×10^{-7} g/(cm^2·hPa·s)的水汽通量辐散中心；不符合暴雨形成的水汽条件。10 日 20 时(图略)，暴雨区整层水汽通量减小，700～500 hPa 水汽通量为 1 g/(cm·hPa·s)；500～300 hPa 形成小于 -0.6×10^{-7} g/(cm^2·hPa·s)水汽通量辐合中心；而 700～600

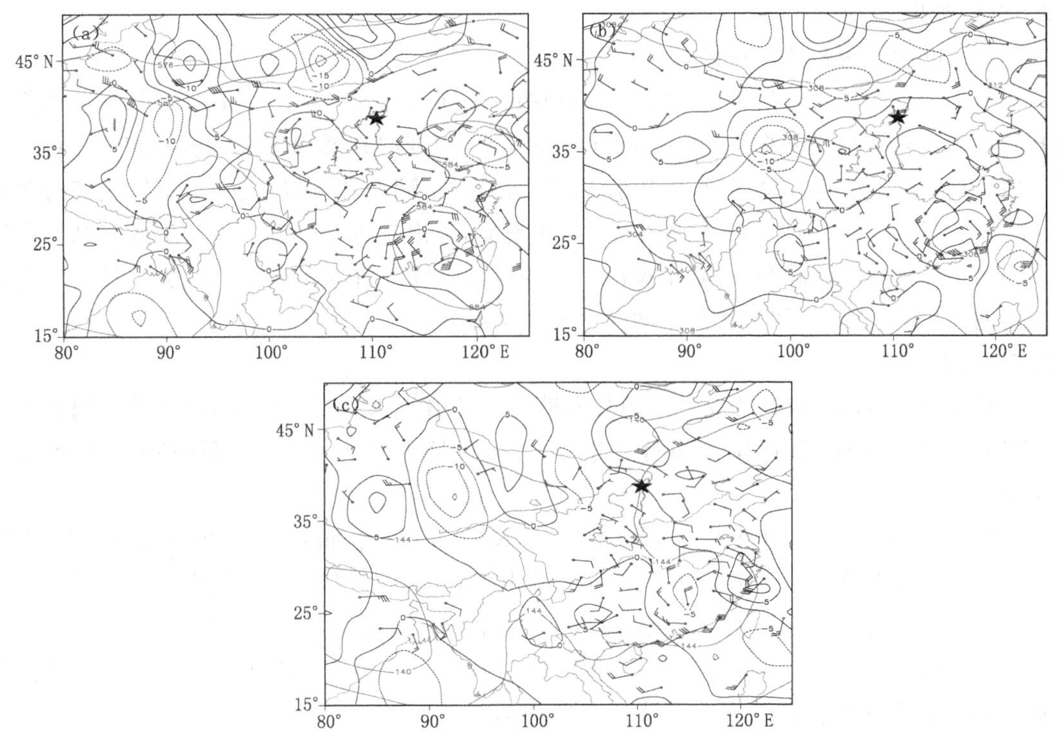

图 2　2016 年 7 月 10 日 08 时 500 hPa(a)、700 hPa(b)、850 hPa(c)风场和散度场

(★:暴雨区,下同)

hPa 形成大于 0.8×10^{-7} g/(cm^2・hPa・s)水汽通量辐散中心;不符合暴雨形成的水汽条件。

表 1　神木站气象要素和栏杆堡降水量随时间变化

	10 日					11 日							
	14	18	20	22	23	00	01	02	03	04	05	06	07
本站气压(10^{-1}hPa)	8831	8822	8832	8840	8839	8839	8838	8835	8834	8832	8831	8831	8832
水汽压(10^{-1}hPa)	254	242	249	250	249	249	246	246	247	247	250	250	245
风向(°)	163	215	202	213	130	153	124	184	120	112	131	133	133
风速(m/s)	1.7	1.9	2.0	1.3	1.6	1.7	1.6	0.7	1.9	1.7	1.4	1.1	1.2
降水量(mm)										35.5	30.4	3.3	39.7

2.1.2.3　能量条件

7 月 10 日 08 时,暴雨区 $SI>0$,大气层结是对流稳定的,湿对流有效位能仅为 33.3 J/kg,最大上升气流速度为 8.2 m/s。

2.1.2.4　动力条件

7 月 10 日 08 时(图略),散度场上,250 hPa 以上的对流层高层为辐合层,500 hPa 以下的对流层低层为辐散层,暴雨区为 $\omega>2.4\times10^{-3}$ hPa/s 为强下沉运动区,看不到下暴雨的迹象;7 月 10 日 20 时(图略),散度场上,暴雨区在 400 hPa 附近生成一 0.8×10^{-5} s^{-1} 辐合中心,在 600 hPa 以下的对流层低层仍为散度大于 0.4×10^{-5} s^{-1} 辐散层,暴雨区仍为 $\omega>2.4\times10^{-3}$ hPa/s 强下沉运动区,看不到下暴雨的迹象。

2.2 数值预报

2.2.1 T639 对影响系统的预报

分析10日08时为初始场的T639数值预报：11日02—08时，700 hPa等压面上，武都—鄂托克前旗—东胜生成并维持6～10 m/s西南气流，切变线在暴雨区上游杭锦旗—盐池—兰州一线；11日02—08时，500 hPa等压面上，台风"尼伯特"在江苏以东、并沿中国东部沿海北上，哈密—青海中部有高原槽生成并少动；高原槽前，青海东部—民勤—磴口生成并维持大于16 m/s西南气流；台风后部，河套东黄河沿线—吕梁山脉维持6～8 m/s偏北风，暴雨区受稳定少动的高压脊控制，按照过去总结的概念模型是不可能出现暴雨的。

2.2.2 雨量预报

分析7月10日08时作为初始场的日本模式24 h雨量预报：11日08时，远在暴雨区西北方（大约200 km以外）杭锦旗预报有大于30 mm的降水中心（暴雨区预报降水量为10～15 mm）。

分析7月10日08时作为初始场的T639模式36 h雨量预报：远在暴雨区的西南方（大约300 km处）鄂托克前旗附近预报有40 mm的降水中心（暴雨区预报降水量为10 mm左右）。

分析7月10日08时作为初始场的欧洲细网格数值预报24 h雨量预报：在暴雨区上游2～3个经距处（河套西黄河沿线东侧）预报有四个强降水中心（25、27、40和30 mm）呈经向排列达三个纬距的强降水带，暴雨区最大降水量为12.5 mm。

3 预报失误原因

3.1 影响系统综合分析

参见图3的10日08时，300 hPa等压面上，大于20 m/s强风带位于中国南疆—蒙古一线，暴雨区受强风带右侧高压脊控制；500 hPa等压面上，中国哈密—蒙古一线生成大于12 m/s西南风强风带，强风带右侧分支西北风（银川至延安）和太原至呼和浩特东南风之间生成一切变线；700 hPa等压面上，武都—平凉生成一支4～6 m/s弱偏南气流，延安偏西风和太原至呼和浩特东南风之间也在暴雨区生成一切变线；850 hPa等压面上，台风和副热带高原之间生成一支东南气流伸向暴雨区；10日20时，300 hPa等压面上，大于20 m/s强风带南压已逼近（或移入）内蒙古，暴雨区继续受强风带右侧高压脊控制；500 hPa等压面上，大于12 m/s西南风强风带逼近阴山山脉，强风带右侧切变线稳定在暴雨区上空；700 hPa等压面上，武都—平凉偏南气流消失，暴雨区转为受反气旋环流控制；850 hPa等压面上，影响暴雨区的东南气流维持，同时在东南气流的强生成一切变线；11日08时（正在降暴雨），300 hPa等压面上大于20 m/s强风带（蒙古国段）进一步南压逼近阴山山脉，强风带右侧高压脊向东移入河北和山西境内，暴雨区转为强风带右侧由于气流分支生成的强辐散区；500 hPa在民勤西部生成一小槽，暴雨区转为受小槽前高压脊影响；700 hPa等压面上，武都—平凉—延安建立起一支4～10 m/s西南气流（延安为4 m/s西南气流），西南气流左侧暴雨区生成一东北—西南向切变线；850 hPa等压面上，延安由东南风转为西南风，西南风和呼和浩特偏东风之间在暴雨区生成一横切变；850和700 hPa影响系统的配合以及700 hPa 4～10 m/s西南气流的建立和300 hPa大于20 m/s强风带的配置，为暴雨的发生创造了有利条件，而且有利于暴雨形成的条件和暴雨的发生几乎是同步的。

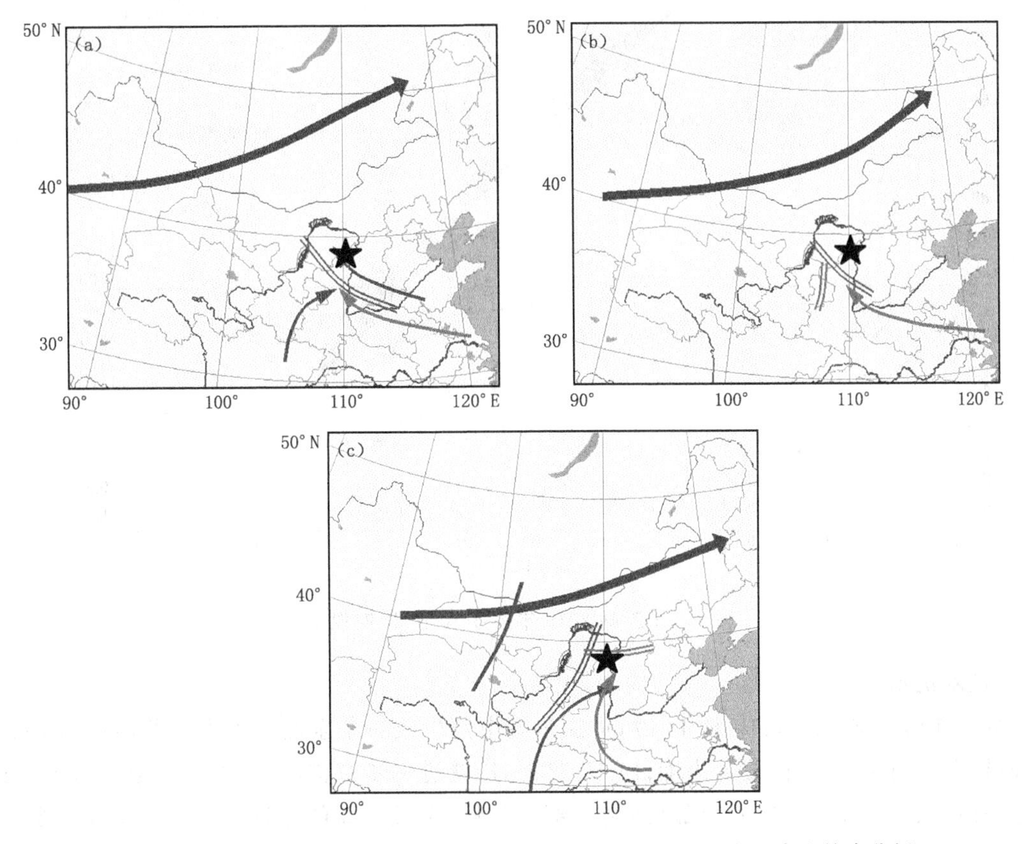

图 3　2016 年 7 月 10 日 08 时(a)、10 日 20 时(b)、11 日 08 时(c)高空综合分析

3.2　大气层结状况演变

把东胜测站作为分析暴雨区大气层结状况的代表站。10 日 20 时(图 4),大气层结演变成为对流不稳定,湿对流有效位能增至 1267.1 J/kg,最大上升气流速度增至 50.2 m/s。

3.3　水汽条件演变

从上述分析可知,10 日 20 时,影响暴雨区水汽通量有一个减小的过程,700～600 hPa 同时形成大于 0.8×10^{-7} g/(cm^2 · hPa · s)水汽通量辐散中心,不利于暴雨的形成;11 日 08 时(图略),暴雨区 700 hPa 以下水汽通量增大,850 hPa 附近形成大于 7 g/(cm · hPa · s)水汽通量高值中心;暴雨区从地面至 300 hPa 形成深厚的水汽通量辐合,850～700 hPa 形成小于 -2.0×10^{-7} g/(cm^2 · hPa · s)的水汽通量辐合中心;为暴雨的形成提供了源源不断的水汽输送和水汽辐合条件。

3.4　动力条件

11 日 02 时(图略):散度场上,暴雨区 800 hPa 以下的对流层低层有辐合发展,并形成小于 $-0.2\times10^{-5}\,s^{-1}$ 辐合层(800～550 hPa 仍为辐散层);ω 场上,暴雨区 500 hPa 以下的对流层低层仍为下沉运动区。11 日 08 时(图略):散度场上,暴雨区 600 hPa 以下的对流层低层形成辐合,800 hPa 以下形成小于 $-0.3\times10^{-5}\,s^{-1}$ 辐合层;ω 场上,800～700 hPa 只看到很弱的上升运动。

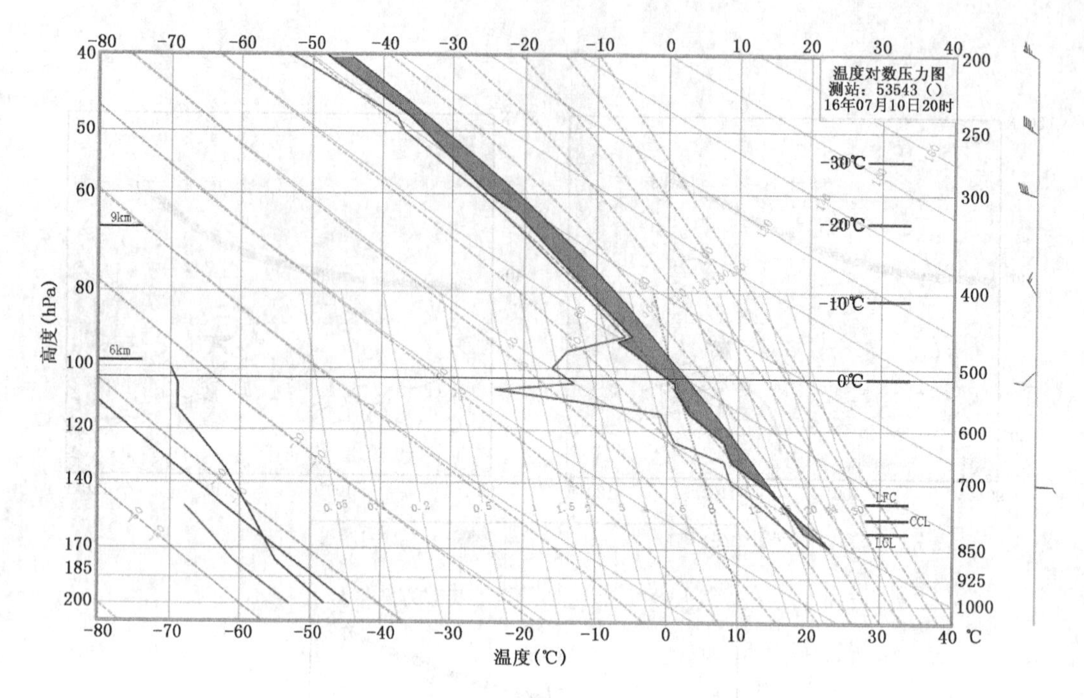

图 4　东胜站 2016 年 7 月 10 日 20 时探空

3.5　触发机制

分析地面无势(图 5)：10 日 14 时，贝加尔湖南部生成一条东北—西南向的冷锋；10 日 20 时，冷锋东移南压、逼近内蒙古边境；11 日 02 时，冷锋进一步东移南压，进入内蒙古境内，西段逼近阴山山脉，而在主冷锋的南部(河套北部—兰州)生成一新的冷锋；11 日 05 时，主冷锋进一步东移南压，西段已移至阴山山脉，而在主冷锋的南部新生的冷锋稳定少动，正是在新生冷锋的北端触发了暴雨的生成，新生冷锋是暴雨的触发机制之一。

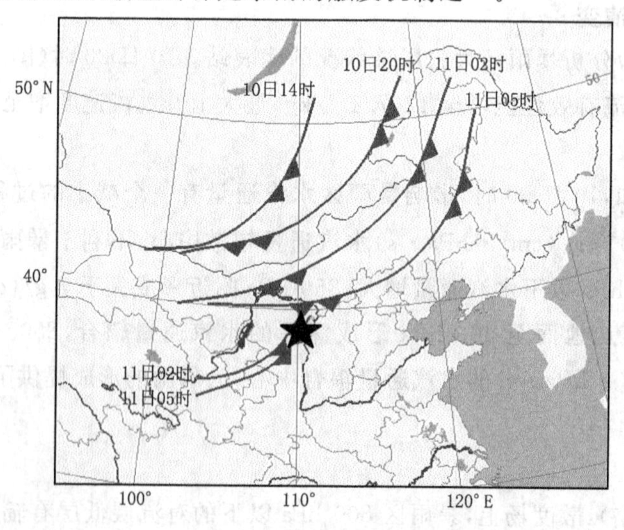

图 5　地面冷锋动态

分析 700 hPa 影响系统：10 日 08 时，贝加尔湖南部(蒙古国境内)存在一东北—西南向的横槽；10 日 20 时，横槽稳定少动；11 日 08 时，横槽南压逼近中蒙边境，横槽后部(临河、银川)

生成 4 m/s 西北气流，西北气流和平凉至延安西南气流在河套生成一东北—西南向的切变线。蒙古横槽南压是产生暴雨的另一触发机制。

3.6 T639 对影响系统的预报与实况对比分析

把 10 日 08 时为初始场的 T639 对影响系统 24 h 预报与 11 日 08 时的实况进行对比分析（图略）：T639 对 300 和 500 hPa 影响系统的预报与实况吻合；T639 准确预报出 700 hPa 影响暴雨区西南气流的生成，但对 700 hPa 河套切变线的预报比实况偏西 1～2 个经距；T639 预报 700 hPa 陕西北部和山西为高压脊区，实况 700 hPa 高压脊在河套东黄河沿线和山西境内；T639 预报 850 hPa 暴雨期间河套有一竖切变生成，没有预报出影响暴雨的中尺度横切变；T639 没有预报地面有蒙古冷锋南下逼近阴山山脉。

4 从数值预报（欧洲细网格）风场预报中获取暴雨信息

从上述分析可见，T639 数值预报暴雨期间暴雨区受稳定少动的高压脊控制。但分析 10 日 08 时为初始场的欧洲细网格 500 hPa 风场预报（图 6）：11 日 02 和 05 时，暴雨区有切变线生成。

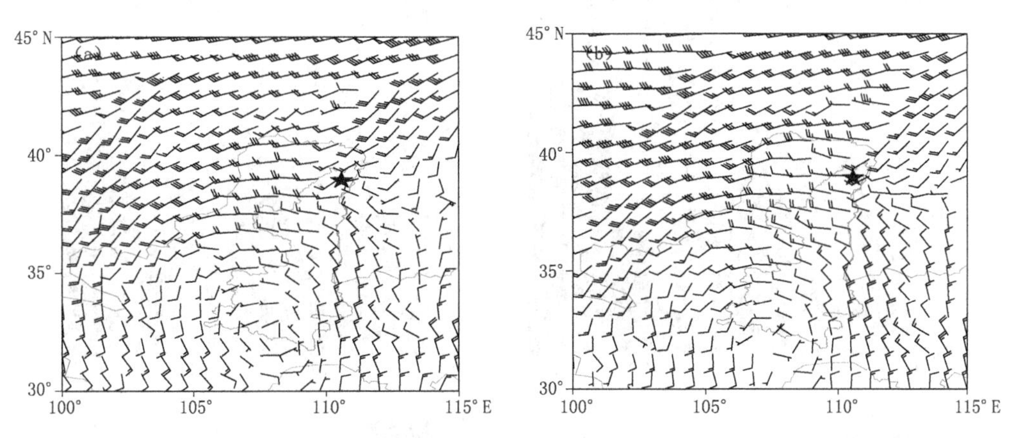

图 6 2016 年 7 月 10 日 08 时为初始场 EC 细网格预报 11 日 02 时(a)和 05 时(b)500 hPa 风场

5 暴雨落区的探讨

5.1 从云图获取暴雨落区信息

10 日 20 时，从图 7a 可看到云系 A 和云系 B，云系 A 北段和 700 hPa 贝加尔湖南部（阴山山脉北部）东北—西南向的切变线相对应，云系 B 和 850 hPa 河套内生成的竖切变相对应，并在云系 B 的北端（和云系 A 接近的地方）生成一强对流云团；至 11 日 04 时，强对流云团东移减弱消失，造成暴雨区一些小的阵雨天气。11 日 04 时 30 分，云系 A 北段东移转向南压、过河套北部，云系 A 和云系 B 的交汇点生成一尺度很小的强对流云团；图 7b～e 和表 1 进行对比分析，正是尺度很小强对流云团的发展、稳定少动，造成暴雨区持续 3 h 的强降水。11 日 08 时，影响暴雨区的云团减弱，暴雨区降水强度大幅度减弱，至 11 日 14 时暴雨区只出现雨强为 1 h 几毫米的降水。正是在云系 A 和云系 B 的交汇点附近触发了强对流云团的生成发展，形成暴雨区。

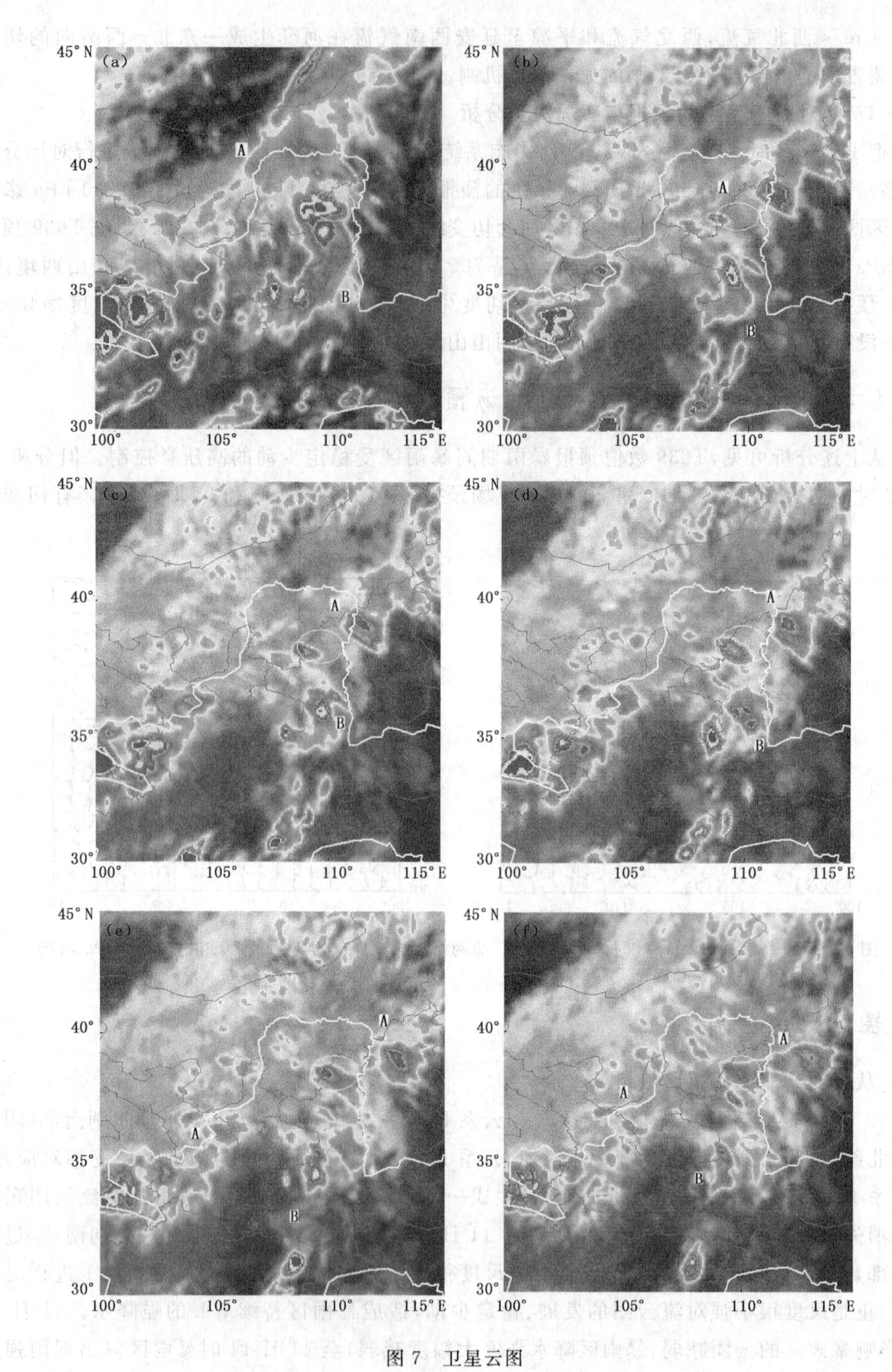

图 7　卫星云图

(a. 10 日 20 时, b. 11 日 04 时 30 分, c. 11 日 05 时, d. 11 日 06 时, e. 11 日 07 时, f. 11 日 08 时; 圆圈: 暴雨区)

5.2 从地面湿焓场获取暴雨落区信息

10 日 14、20 时(图略),陕西北部和山西交界地带存在一湿焓高值区,湿焓中心值≥68 ℃;11 日 02 时(图 8a),受到和地面冷锋相伴的湿焓低值舌、从山西东北部向西南部伸展的湿焓低值舌的夹挤,地面湿焓高值区变窄;11 日 03 时(图 8b),正是在和地面冷锋相伴的湿焓低值舌的前方(湿焓等值线密集区)触发了 β 中尺度强对流云团的生成;把图 8c、d 和表 1 进行对比分析,正是在地面湿焓高值舌和地面湿焓低值舌(和地面冷锋相伴)之间形成的湿焓等值线密集区 β 中尺度强对流云团得到发展和维持,并形成暴雨。

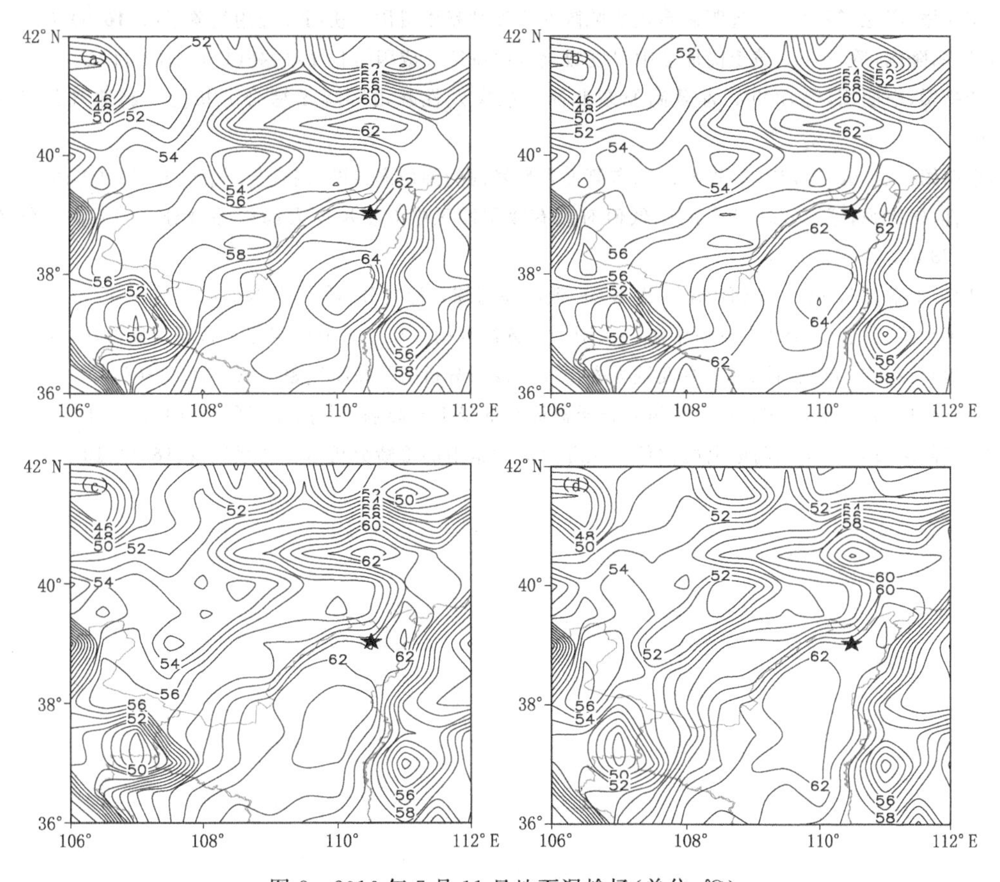

图 8　2016 年 7 月 11 日地面湿焓场(单位:℃)

6　小　结

(1)暴雨预报失败主要原因是:实况不符合过去总结的榆林市暴雨概念模型;日本数值预报、T639 数值预报和欧洲细网格数值预报都预报强降水在暴雨区上游 1~3 个经距处且最大降水量仅有 40 mm,同时 T639 风场预报暴雨区一直受 500 hPa 稳定少动的高压脊影响。

(2)欧洲细网格模式对影响榆林市 500 hPa 风场预报优于其他数值预报模式,在暴雨预报中应加大使用权重。

(3)提出黄河中游(陕西北部)一种新的暴雨概念模型。实况:台风在江苏以东洋面沿中国东部沿海北上,500 hPa 哈密至青海有高原槽发展,河套至青藏高原东部受高压脊控制;数值预报:预报(37-40°N,107.5-110.5°E)有≥30 mm 强降水;动态监测:地面有蒙古冷锋南下,地面冷锋的前方有湿焓等值线密集区的形成，卫星云图上和 700 hPa 蒙古横槽相伴的云系东移、转向、南压进入河套北部，河套内和低层切变线相伴的云系稳定少动，两云系的交汇点附近有β中尺度对流云团的生成、发展，促使强降水的产生。

参考文献

杜继稳，李明娟，张弘，等，2004. 青藏高原东北侧突发性暴雨地面能量场特征分析[J]. 高原气象，**23**(4)：453-457.

井喜，贺文彬，毕旭，等，2005. 远距离台风影响陕北突发性暴雨成因分析[J]. 应用气象学报，**16**(5)：655-662.

井喜，井宇，陈闯，等，2014. 黄土高原β中尺度致洪暴雨特征及成因[J]. 气象，**40**(10)：1183-1193.

井喜，李栋梁，李明娟，等，2008. 青藏高原东北侧一次突发性暴雨环境场综合分析[J]. 高原气象，**27**(1)：46-57.

井喜，李明娟，王淑云，等，2007. 青藏高原东侧突发性暴雨的湿位涡诊断分析[J]. 气象，**33**(1)：99-106.

井宇，井喜，屠妮妮，等，2010. 黄土高原低值对流有效位能区中β度尺度大暴雨综合分析[J]. 高原气象，**29**(1)：78-89.

井宇，井喜，王瑞，等，2008. 黄河中游一次 MCC 致洪暴雨综合诊断分析[J]. 气象，**34**(3)：56-62.

李晓莉，惠小英，程麟生，1995. 黄河中游一次中低层低涡暴雨中尺度数值模拟[J]. 高原气象，**14**(3)：305-312.

刘勇，杜川利，2006. 黄土高原一次突发性大暴雨过程诊断分析[J]. 高原气象，**25**(2)：302-308.

刘子臣，梁生俊，张健宏，1997. 登陆台风对黄土高原东部暴雨的影响[J]. 高原气象，**18**(4)：67-74.

刘子臣，张健宏，1995. 黄土高原上两次低空东北急流大暴雨的诊断分析[J]. 高原气象，**16**(1)：107-113.

2016 年夏季伊犁河谷极端暴雨水汽输送及动力机制分析

张云惠　于碧馨　许婷婷

（新疆气象台，乌鲁木齐 830002）

摘　要

利用 MICAPS4.0 系统常规资料、自动气象站逐时雨量资料、ECMWF 细网格 0.125°×0.125° 客观场、NCEP1°×1°及 GFS0.5°×0.5°的再分析资料，分析了 2016 年 6 月 16—17 日（简称“0617”）和 2016 年 7 月 31 日—8 月 1 日（简称“0801”）伊犁河谷两次极端暴雨的水汽输送、收支及动力机制的异同点。结果表明，两次暴雨均在两脊一槽环流经向度加大的环流形势下，中亚低槽南段均伸至 40°N 附近，且产生在大气异常潮湿的环境中。600 hPa 伊犁河谷南部至东部有明显的辐合及切变线、850 hPa 偏西急流的建立与维持、地形作用下的风切变与强迫抬升等均是伊犁河谷产生暴雨的动力因素，暴雨时段西边界整层、南边界中高层和北边界低层均为水汽净流入。但两者也有明显区别，主要体现在：“0617”热力条件明显好于“0801”；“0801”500 hPa 槽前偏南风、600 hPa 风辐合及切变明显更强，但 700 hPa 偏北风较弱；“0801”中低层青藏高原东侧—河西走廊—新疆的偏东急流水汽输送及动力辐合对暴雨的动力辐合和水汽有重要贡献。“0617”西、北边界水汽输入占 96%；“0801”西、南边界水汽输入占 85%，东边界水汽输入占 15%，且中层水汽输入随降水增强明显增大，比低层水汽输入多 2.3 倍，异常的水汽输送是面雨量破极值的原因。

关键词：伊犁河谷　极端暴雨　地形作用　水汽输送　动力辐合

1　暴雨概况及灾情

“0617”和“0801”两次极端暴雨过程的降水特征主要有：(1)暴雨落区集中，区域性明显，主要发生在伊犁河谷（图 1a、c），尤其“0801”过程面雨量大，国家级台站 10 站日平均降水 46.8 mm，破历史极值；(2)日降水量大，“0617”过程 7 站超过 96 mm，为特大暴雨，果子沟龙口雨量站和尼勒克气象站日降水分别为 126.4 和 68.4 mm，尼勒克突破历史日降水极值；“0801”过程 1 站超过 96 mm，巩留库尔德宁雨量站和尼勒克气象站日降水分别为 100.1 和 74.6 mm，尼勒克、新源、昭苏、特克斯 4 站均破历史日降水极值；(3)暴雨强度强（图 1b、d），“0617”过程 22 个雨量站 1 h 降水量超过 15 mm；强降雨时段分散，伊宁麻扎乡博尔博松站最强降水率为 44.3 mm/h，尼勒克降水主要集中在 17 日 00—14 时（北京时，下同）；而“0801”过程 17 个雨量站 1 h 降水量超过 10 mm，强降雨时段集中；霍城芦草沟镇小东沟站小时雨量 28 mm，尼勒克降水主要集中在 7 月 31 日 20 时—8 月 1 日 16 时，两次暴雨均引发了山洪泥石流、地质滑坡等灾害，对道路交通、基础设施、农牧业等生产造成严重影响。

2　极端暴雨产生的环流背景

2.1　天气形势特征

“0617”暴雨开始前 12 h，16 日 08 时 100 hPa 南亚高压呈带状东部脊偏强型，高压主体位

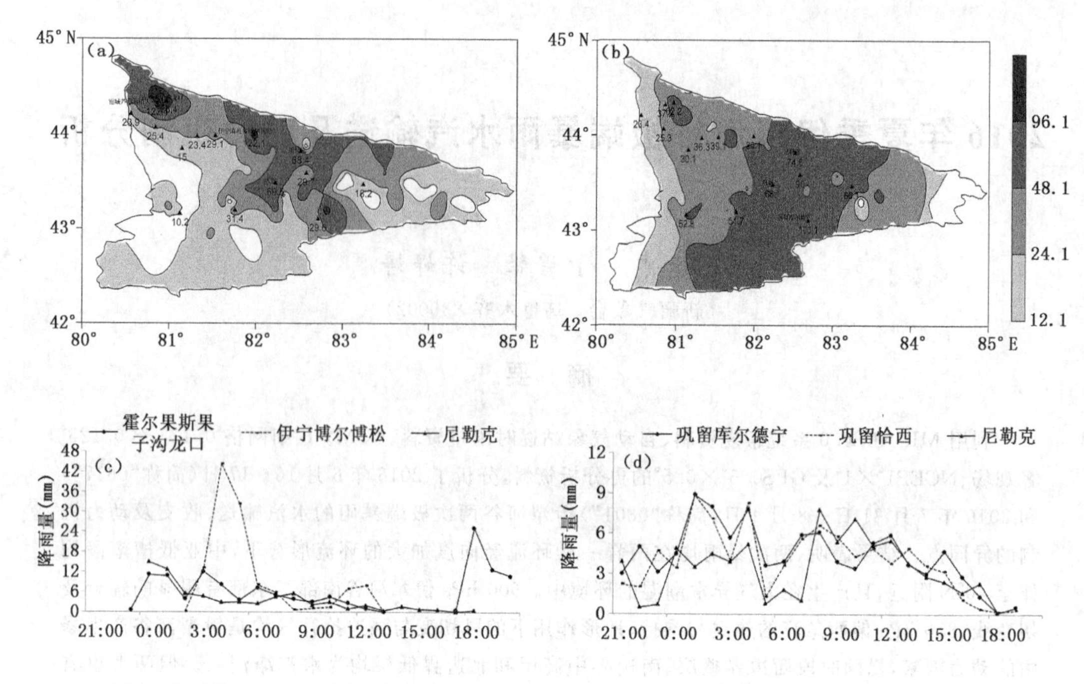

图1 伊犁河谷两次极端暴雨日降水量(a、b)和自动气象站逐时降水量(c、d)(单位:mm)
2016年6月16日20时—17日20时(a、c),2016年7月31日20—8月1日20时(b、d)

于青藏高原,长波槽位于中亚地区40°N附近,200 hPa西南急流轴位于新疆西部国境线外。欧亚范围500 hPa为两脊一槽的环流形势,上游里、咸海高压脊向北发展经向度加大,中亚低压槽位于咸海与巴尔喀什湖的南部,是此次暴雨过程的直接影响系统,而其北部西西伯利亚为低压活动区,新疆中东部为浅高压脊。700~850 hPa新疆为较强的温度脊,北疆西部国境线附近温度梯度增大,伊宁与上游同纬度距离5个经度的站温差7 ℃,有东南风与西风的切变,比湿在10~15 g/kg,伊犁河谷白天最高气温在30~33 ℃,冷、暖空气的交汇非常有利于伊犁河谷强对流的发展。16日20时,随着里、咸海高压脊继续向北发展,中亚低槽南段翻山进入南疆西部,阿克苏由6 m/s偏西风转为14 m/s偏南风,700 hPa伊宁由西风8 m/s转为西北风4 m/s,850 hPa伊宁由东南风转为西风,风速均为6 m/s,比湿增大到11 g/kg,伊犁河谷开始出现对流性降水。17日08时中亚低槽受到西西伯利亚低压外围冷空气南下的补充,主槽东移,伊犁河谷受槽前偏南气流控制,850 hPa有一支12~16 m/s偏西急流携带湿冷空气先进入河谷,700 hPa在4 h后由弱西南风也转为偏西急流,低层偏西急流与中高层西南气流共同作用,加之伊犁河谷特殊地形,造成暴雨,17日20时低压槽东移至新疆中东部,伊犁河谷暴雨结束。

“0801”暴雨过程中,7月31日20时—8月1日08时100 hPa南亚高压呈带状东部脊偏强型,高压主体位于河西走廊与蒙古交界处,较历年同期异常偏强偏北,长波槽位于中亚地区40°N附近,200 hPa西南急流轴位于新疆西部。500 hPa欧亚中高纬度也为两脊一槽的环流形势,环流经向度较大,东欧和贝加尔湖为高压脊,同时,中低纬度伊朗副热带高压和西太平洋副热带高压向北发展,并有与中高纬度高压脊叠加的趋势,在西伯利亚—中亚—青藏高原高中低纬度均为低压槽活动,环流形势稳定,受下游蒙古至贝加尔湖强高压脊阻挡,中亚低槽翻山进入我国南疆西部,槽前偏南气流北伸至伊犁河谷并移动缓慢,持续影响伊犁暴雨。与“0617”

明显不同的是,“0801”河西走廊至南疆盆地的偏东风 850 hPa 风速最大达 28 m/s 明显比 700 hPa 14 m/s 强,对应比湿 700 hPa 在 4～6 g/kg、850 hPa 在 6～8 g/kg,说明这支副热带高压西侧偏南风北上携带充沛的水汽,由偏东气流接力输送至南疆上空,并与北疆的西北风在伊犁东南部形成明显风切变。

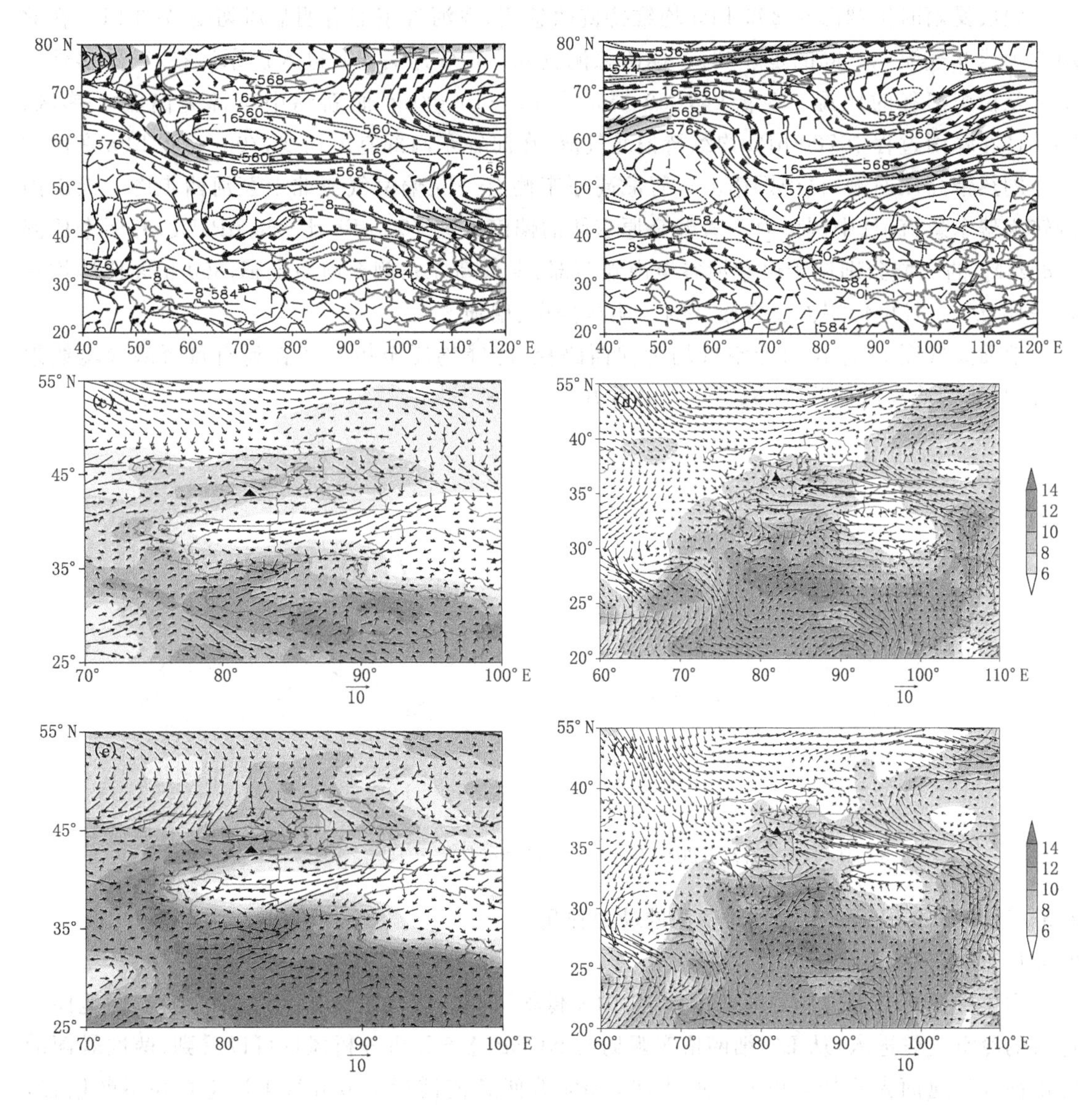

图 2 500 hPa 位势高度及风场(a. 2016 年 6 月 16 日 20 时,b. 2016 年 7 月 31 日 20 时)和 700 hPa 比湿及通量(c. 2016 年 6 月 16 日 20 时,d. 2016 年 7 月 31 日 20 时)及 850 hPa 比湿与通量(e. 2016 年 6 月 16 日 20 时,f. 2016 年 7 月 31 日 20 时)

2.2 高、低空配置

对比两次暴雨开始时的高、低空配置可以看到(图 3),200 hPa 中亚槽前西南急流均在新疆西部国境线附近,“0801”西南急流南风分量较“0617”明显偏大,急流轴风速均达 42 m/s,强西南急流的维持为暴雨产生提供了高空辐散抽气作用,暴雨均发生在西南急流出口区的右侧。

500 hPa 中亚低槽均翻山进入南疆西部,因伊犁河谷地形及下游高压脊强弱不同作用,低槽在河谷移动缓慢，两者明显区别在于："0617"槽前分两支气流影响伊犁河谷，一支为偏西气流，另一支为南疆西部翻山的西南气流（风速 16 m/s）；"0801"槽前为偏南气流（风速 18 m/s），且下游高压脊明显偏强维持，使得前期中亚低槽分裂，3 次短波影响伊犁河谷断续降水，热力条件较差。

两次暴雨时伊犁河谷 850 hPa 均维持偏西急流，在河谷东部有明显风切变，700 hPa 在北疆均为西北气流。不同的是，"0617"偏西急流较 850 hPa 滞后 4 h 进入伊犁河谷，巴尔喀什湖南部至伊犁河谷的比湿＞8 g/kg，850 hPa 达 12～15 g/kg，而新疆中东部为高温干热区；"0801"在暴雨过程中 700 hPa 均维持偏北气流，在河谷东南部有风切变，700～850 hPa 在西太平洋副热带高压西侧，自中国南海—青藏高原东侧有一支偏南气流北上至河西走廊—天山南侧转为偏东急流，且中国南海—青藏高原东侧的偏南风速 700 hPa 比 850 hPa 大，有两个比湿＞8 g/kg 的区域分别位于伊犁河谷至南疆西部、青藏高原东侧至河西走廊，850 hPa 比湿均达 10～15 g/kg，且中低层温度脊较"0617"明显偏东、偏强。

地面天气图上，暴雨时冷空气均为偏西路径，冷锋均压至伊犁河谷到南疆西部国境线附近，但"0801"冷高压偏强，"0617"热力条件好。

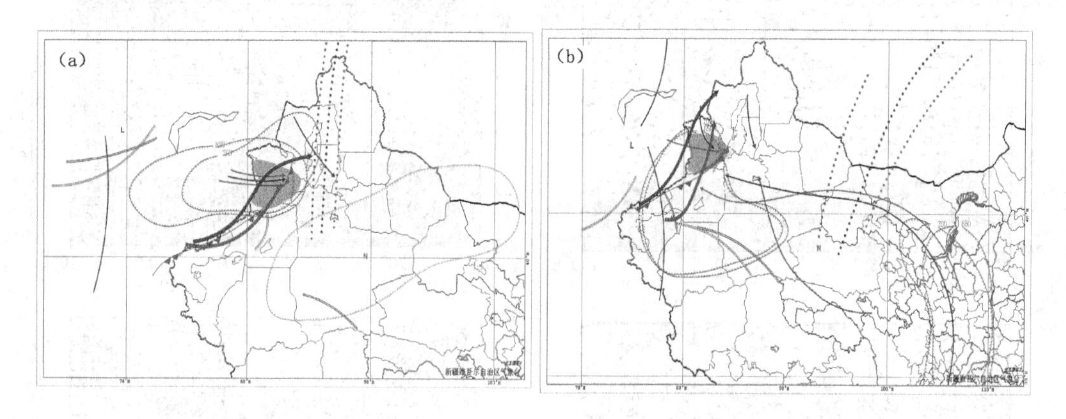

图 3　高、低空配置（a. 2016 年 6 月 16 日 20 时，b. 2016 年 7 月 31 日 20 时）

2.3　700～850 hPa 低空急流对暴雨的动力作用

2.3.1　低空偏西急流

由于中亚与新疆地形及海拔的差异，中亚低槽进入北疆均表现为"后倾槽"结构，即地面至低层的冷空气先进入，从 EC 细网格客观场及 NCEP 逐 6 h 再分析风场可以看到，两次暴雨前降雨前 3 h 地面先升压，"0617"过程 700 hPa 偏西急流滞后 850 hPa 4 h 建立并不断增强，"0801"过程 850 hPa 偏西急流先进入河谷并增强，而 700 hPa 为西北气流，两次过程在 700 hPa 风向及风速的差别，也是暴雨落区和中心不同的原因之一。可见，低空偏西急流在伊犁河谷暴雨中起到重要的动力作用。主要表现在：

(1)携带充分的湿冷空气进入河谷并堆积，起到冷垫作用，与中高层相对干暖的西南气流叠加，有利于冷暖交汇及垂直上升运动；(2)偏西急流与河谷东部山区地形近乎垂直，形成强的风速辐合和强的地形强迫抬升，这也是东部山区暴雨破极值的地形原因。因此，低空偏西急流和中高层西南急流的维持是暴雨持续的动力机制。

2.3.2 低空偏东急流

前述提到“0801”暴雨过程中，700～850 hPa 在西太平洋副热带高压西侧，低层自中国南海—青藏高原东侧有一支偏南气流北上至河西走廊—天山南侧转为偏东急流，在新疆南疆诸多暴雨及河西走廊暴雨研究中均有论述，而对于北疆西部伊犁河谷暴雨却少有发现，这支偏东急流止于天山南侧，主要作用在于：

一是将低纬度暖湿气流远距离接力输送至南疆上空，在天山南侧地形爬坡抬升，与中高层西南气流叠加，促进垂直运动发展；二是与伊犁河谷的低层偏西急流形成较强的风切变，也使低层大气冷暖交汇剧烈，有利于局地对流的发展；三是起到动力阻挡作用，由于西太平洋副热带高压及蒙古高压的强盛维持，使得偏东急流维持，致使中亚槽前偏南急流滞留于伊犁河谷，有利于极端暴雨的产生。

3 水汽输送及收支特征

3.1 水汽输送路径

为综合分析暴雨过程对流层中低层及总体水汽输送情况，利用 NCEP 再分析资料计算了各层及地面至 300 hPa 垂直积分水汽通量可以看到(图略)，两次暴雨过程均有 500 hPa 中亚低槽前西南(偏南)气流和 850 hPa 偏西急流的水汽输送，“0617” 700 hPa 偏西急流水汽输送明显，而“0801”700—850 hPa 有支自青藏高原东侧的偏南气流携带充沛的水汽北上，在河西走廊转为偏东急流，将水汽接力输送至伊犁河谷东南部，并与中亚槽前偏西气流及西南气流输送的水汽汇合，在伊犁河谷上空辐合集中并维持，造成极端暴雨，这支异常的偏东急流在南疆及河西走廊暴雨中常起到水汽辐合集中的作用，这对伊犁河谷暴雨的贡献是少见的。

3.2 特殊地形下的水汽辐合及垂直输送

分析两次暴雨时段各层水平散度和风速分布表明(图略)，伊犁河谷均位于 200 hPa 中亚槽前西南急流出口区的右侧，配合有辐散中心，“0617”为 $20\times10^{-5}\,s^{-1}$，“0801”为 $35\times10^{-5}\,s^{-1}$；700 hPa 伊犁河谷对应有强的的辐合中心，“0617”为 $-30\times10^{-5}\,s^{-1}$，“0801”为 $-50\times10^{-5}\,s^{-1}$，高空辐散中心与低层辐合中心几乎重合，形成了高、低空急流耦合，与强降水时段相对应，且“0801”明显偏强。

从暴雨过程中垂直速度沿 82.25°E 的经向剖面(即沿暴雨区)可以看到(图 4)，两次暴雨期间，伊犁河谷均有一个闭合的中尺度垂直环流圈，中心位于 700 hPa 附近，上升运动沿河谷的地形迎风坡增强，且中尺度垂直环流圈的建立及增强，与强降水落区、时段相对应，可见，地形对降水强度的影响。

沿伊犁河谷中部(43.5 °N，82°E)做水汽通量矢量和散度的时、空剖面可以看到(图略)，两次强降水过程期间，700～500 hPa 一直维持强的水汽辐合区，“0617”最大辐合中心在 750 hPa 附近为 -27×10^{-7} g/(cm·hPa·s)，“0801”最大辐合中心在 600 hPa 附近为 -54×10^{-7} g/(cm·hPa·s)，后者明显偏大 1 倍，这与前面分析的水汽输送路径及收支情况相对应。说明中、低层的水汽贡献最大，其将水汽持续不断地在伊犁河谷上空聚集并辐合，为暴雨的产生和维持提供了充足的水汽。

3.3 暴雨区的水汽收支特征

应用 NECP 一天 4 次 1°×1°再分析资料，计算分析两次暴雨不同层次水汽输送特征及暴

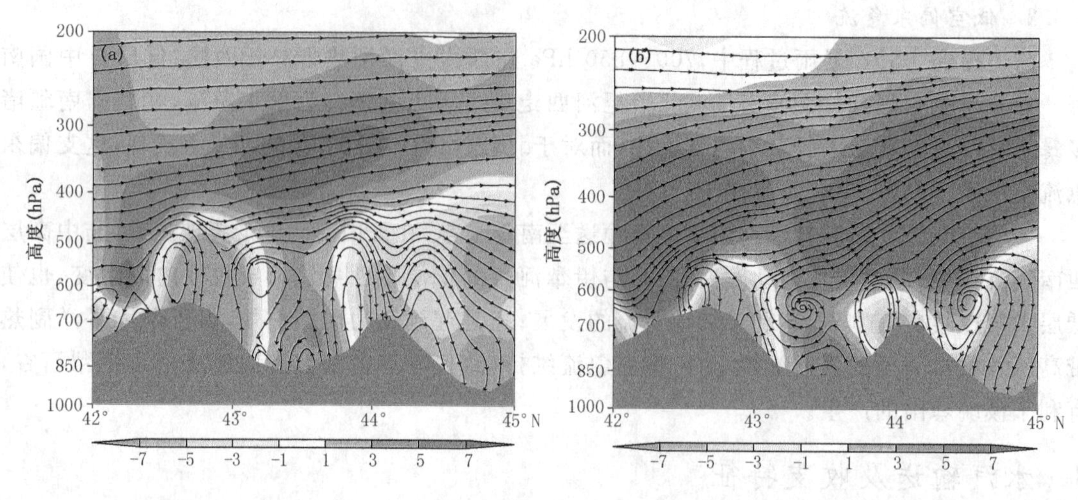

图 4　2016 年 6 月 17 日 08 时(a)、和 8 月 1 日 08 时(b)沿 82.5°E 的垂直剖面

(单位：10^{-2} m·s⁻)

雨过程的水汽收支情况，结果(图 5)表明，两次暴雨时段西边界整层均为水汽净输入，南边界 700 hPa 以上和北边界 700 hPa 以下均为水汽净输入，且南边界 700 hPa 以上水汽输入随降水的增强明显增大，南边界 700 hPa 以下、北边界 700 hPa 以上和东边界 500 hPa 以上均为水汽净输出。两者不同在于 500 hPa 以下东边界的水汽收支，"0617" 暴雨时，700 hPa 以下有弱的水汽输入，700～500 hPa 为水汽净输出；而"0801"暴雨前后，700 hPa 以下为水汽输出，暴雨时段 500 hPa 以下为水汽净输入，且 700～500 hPa 的水汽输入随降水增强明显增大，比 700 hPa 以下水汽输入多 2.3 倍，由此也说明"0801"中低层偏东急流的水汽输送贡献不可忽视。

计算两次暴雨时段即 16 日 20 时至 17 日 20 时和 31 日 20 时至 1 日 20 时整层水汽收支可见，"0617"西、北、南三个边界的水汽输入量分别为(73、14 和 2.6)$\times 10^8$ t/s，东边界的水汽输出量为 24×10^8 t/s，暴雨过程中西、北边界水汽输入贡献占 96%；"0801" 西、东、南三个边界的水汽输入量分别为(43、30 和 123)$\times 10^8$ t/s，北边界的水汽输出量 175×10^8 t/s，暴雨过程中南边界水汽输入贡献占 63%，西、南边界水汽输入贡献占 85%。可见，两次过程各边界水气输入量存在明显差异，"0801"水汽总流入比 "0617"多 62×10^8 t/s，异常的水汽输送是面雨量破极值的原因，尤其东、南边界水汽输入对暴雨起到了重要作用，也说明中亚槽前偏南气流和青藏高原东侧—河西走廊—新疆的偏东气流的水汽接力输送是非常充沛的，这和前面所分析的高、低层急流配置和水汽通量、比湿分布一致。

4　结　论

(1)两次暴雨过程均在两脊一槽环流经向度加大的环流形势下产生，中亚低槽南段均伸至 40°N 附近，并翻山进入南疆西部，槽前西南(偏南)气流北上至伊犁河谷；600 hPa 伊犁河谷南部至东部有明显的辐合及切变线、850 hPa 偏西急流的建立与维持、地形作用下的风切变与强迫抬升等均是伊犁河谷产生暴雨的重要因素。但两者高、低空配置有明显区别，主要体现在：一是"0617"热力条件明显好于"0801"；二是"0801"500 hPa 槽前偏南风、600 hPa 风辐合及切变明显偏强，但 700 hPa 偏北风较弱；三是"0801"由于下游蒙古高压强盛维持，中低层青藏高

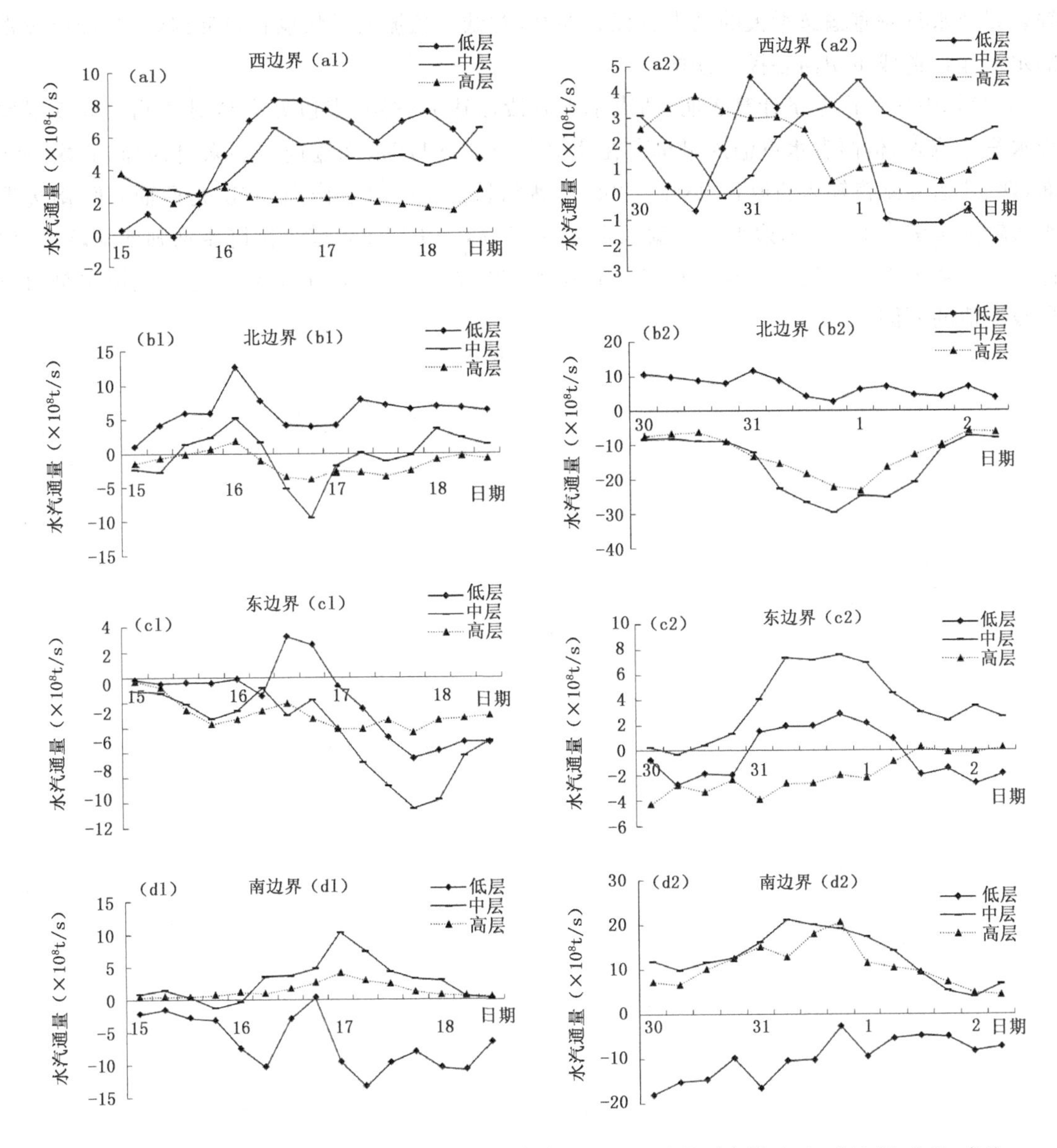

图5 对流层高、中、低层逐6 h各边界水汽收支演变“0617”过程西边界（a1），北边界（b1），东边界（c1），南边界（d1）；“0801”过程西边界（a2），北边界（b2），东边界（c2），南边界（d2），单位：$\times 10^8$ t/s

原东侧—河西走廊—新疆的偏东急流水汽输送及动力辐合对暴雨的贡献。

(2)两次暴雨均发生在异常潮湿的环境中，在强降水发展阶段，边界层内的比湿为10～15 g/kg。低空偏西急流携带湿冷空气起到垫高、地形辐合及抬升作用，与中高层西南急流叠加，使河谷迎风坡维持强的垂直上升运动和β中尺度次级环流圈，这是强降水持续的动力源泉，低层维持强的水汽辐合为暴雨提供了充足的水汽，伊犁河谷特殊地形助推暴雨增幅。

(3)造成伊犁河谷暴雨的水汽源地两次均有来自中亚低槽本身携带的水汽，“0801”还有一支青藏高原东侧—河西走廊—新疆的偏东急流异常水汽接力输送，这在伊犁河谷暴雨中是少见的，这支偏东急流与高层西南急流共同作用，在伊犁河谷上空形成了强的水汽辐合。此外，在暴雨发生期间增强的高低空耦合(高层强烈辐散与低层强烈辐合的耦合)也是使得低空水汽辐合以及水汽垂直输送增大的动力过程。同时，对低空急流的增强也有正反馈影响，如此异常的水汽输送造成伊犁河谷极端暴雨。

(4)暴雨区水汽通量计算表明，两次暴雨时段西边界整层、南边界中高层和北边界低层均为水汽净流入，但两者水汽输入量也存在明显差异，“0617”水汽输送主要来自西面，其次是北面，西、北边界水汽输入贡献占96%。“0801”水汽输送主要来自南面，其次是西面，西、南边界水汽输入贡献占85%，东边界水汽输入贡献占15%，且中层水汽输入随降水增强明显增大，比低层水汽输入多2.3倍。“0801”水汽总流入比“0617”多62×10^{8} t/s，异常的水汽输送是面雨量破极值的原因。

第三部分
台风、海洋、环境、水文气象分会报告

上海地区一次大雾过程分析

刘梦娟[1]　戴建华[1]　许晓林[2]　陈葆德[2]　薛　昊[3]　江　勤[4]

(1. 上海中心气象台,上海 200030；2. 中国气象局上海台风研究所,上海 200030；3. 上海市气象信息与技术支持中心,上海 200030；4. 上海市宝山区气象局,上海 200030)

摘　要

用常规气象资料、自动站观测资料、探空站秒级数据、葵花-8 卫星观测资料和边界层风廓线雷达探测资料等及中尺度模式数值模拟结果,从天气形势、地面观测、边界层精细化特征、数值模式模拟出发,分析了 2016 年 11 月 6 日上海地区的大雾天气过程。结果显示,上海在高空槽后西到西北风气流控制下,地面处于高压楔中,晴空风小,具备成雾所需的热力、动力及层结条件;6 日凌晨地面以东南风为主,有利于海上高露点空气向上海东南沿海地区及内陆输送,早晨前后北方弱冷空气南下使沿海地区风向转为东北风,推动锋前暖湿空气进入上海北部沿海地区,均提供了成雾所需水汽条件。在上海地区的大雾生消过程中,5 日半夜前以北部崇明地区的辐射雾为主,随着地面辐射冷却,近地面饱和水汽凝结成雾。6 日凌晨开始,随着东风不断输送海上暖湿气团至较冷的地面上凝结成雾,沿江沿海地区出现大片浓雾,并向自东向西向内陆缓慢扩展,呈现出平流作用下的“团雾”为主的特征。该次过程中雾层厚度约 200 m,边界层结构由稳定层结变为弱稳定、近中性层结。借助中尺度模式 SMB-WARMS 模拟结果可知,大雾期间,可反映雾滴浓度的水成物只形成于陆面一侧,在弱东风的平流下,水汽在较冷的陆面不断凝结成雾,呈现出海上的暖湿气流“平流”到“辐射”降温区域成雾的特征和机制。雾形成后雾顶长波辐射增强,且凝结释放潜热,使地面小幅回温;由于长波辐射导致雾顶降温明显,形成逆温,有利于水汽进一步凝结,使雾区向垂直方向延伸。

关键词:平流辐射雾　风廓线雷达　秒级探空　中尺度模式

引言

雾是贴地气层中大量悬浮水滴或冰晶微粒的集合体,因为其能见度差、空气污染物难以扩散等特点,对日常出行、交通运输及人体健康方面有重大影响,大雾相关研究已引起了人们极大的关注。中外对大雾天气的观测和预报研究工作很多(马翠平等,2014;马晓星,2012;Gultepe,et al,2007; Westcott, 2007;Lewis, et al,2004)。随着科技发展,新的观测技术不断涌现,数值模式预报的准确率愈发提高,为揭示大雾天气的形成机制与影响提供了有利条件。2016 年 11 月 6 日,上海、江苏及浙江北部沿江沿海地区出现了较强的大雾天气,上海多个区、县出现能见度低于 500 m 的浓雾,对高速公路带来了严重的影响。S32 申嘉湖高速发生两起多车追尾事故,9 人死亡,40 余人受伤。本研究运用常规气象资料、自动站、探空站秒级数据、葵花-8 卫星资料和边界层风廓线雷达等多种观测资料及中尺度模式 SMB-WARMS 数值模拟结果,从天气形势、地面观测、边界层特征、模式模拟的水成物及辐射资料出发,分析本次大雾在上海地区的形成机制和影响。

1 天气形势

2016 年 11 月 5 日 20 时(北京时，下同)，500 hPa 长江中下游地区处于入海槽后部西到西北风气流控制中，从红外云图可见浅薄云系经过上海上空，至 6 日 01 时 05 分移出，之后上空无云，利于近地层辐射降温。地面处于高压楔中，气压梯度小，水平风速较小。日落后地面温度显著降低，部分郊区 6 h 变温可达－10 ℃。随着温度下降，上海大部分地区相对湿度升至 80%，沿江沿海地区可超过 90%(图 1)。从 20 时的宝山站探空曲线(图略)来看，近地面已形成明显逆温，逆温层温度直减率达 0.267 ℃/hPa，层结稳定。综上可见，5 日 20 时的天气形势提供了大雾形成所需的动力、热力及层结条件。

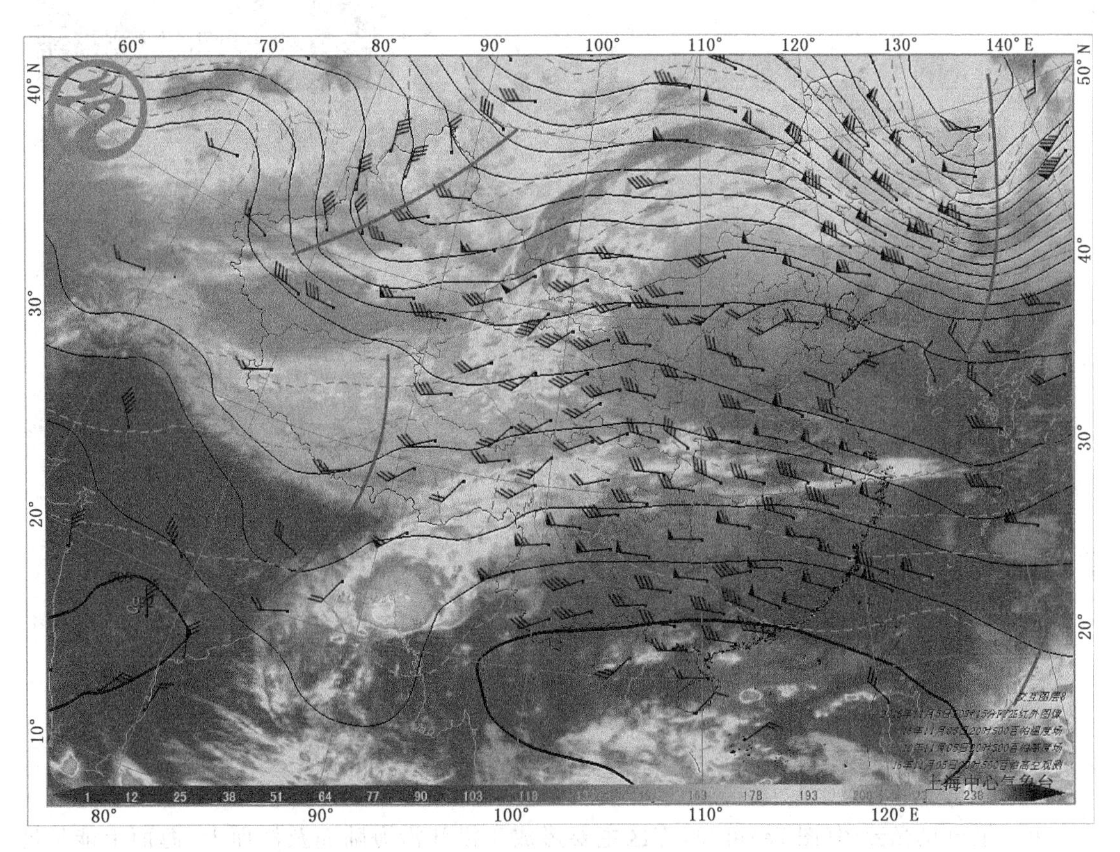

图 1 2016 年 11 月 5 日 20 时 500 hPa 天气形势

6 日凌晨，上海地面以东南风为主，有利于海上空气向上海东南沿海地区及内陆输送。早晨前后北方弱冷空气南下，05 时冷锋抵达江苏南部，上海宝山站风向仍为东南，不利于海上水汽向内陆的平流输送；08 时自北向南经过上海，宝山站转为东北风，推动锋前暖湿空气进入上海北部沿海地区(图 2)。合适的风向提供了成雾的水汽条件。

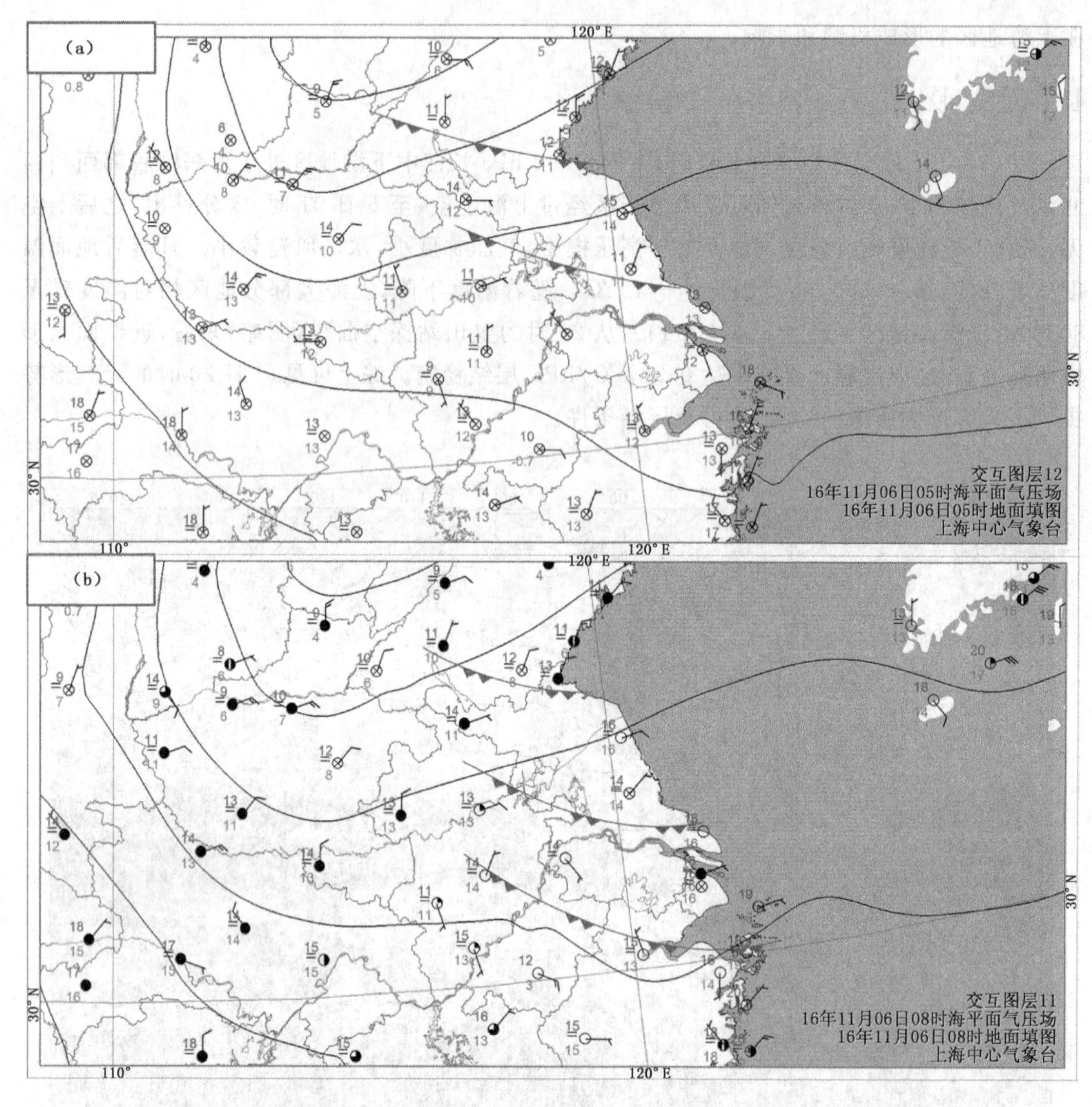

图 2　2016 年 11 月 6 日(a)05 时、(b)08 时地面(黑线表示气压场)天气形势

2　地面实况

由卫星可见光云图(图 7a)可知,雾区主要形成于沿江沿海陆面及江面上,海面上能见度良好。因此,利用自动气象站资料分析陆面上能见度的变化,以对此次大雾的生消演变过程有一全面认识。由图 3 可知,6 日 00 时,沿海地区能见度均在 500 m 以上,本市多个站点已低于 1000 m,达到大雾标准,少数站点如上海崇明站、青浦站能见度低于 500 m。01 时 15 分,江苏如东站及上海崇明站能见度首先降至 100 m 以下。03 时 05 分,江苏东南部、浙江东北部多站能见度低于 500 m,出现浓雾。上海南汇站能见度低于 100 m。至 04 时 05 分,浓雾范围扩大,江苏东部、上海东部地区能见度均已低于 500 m,江苏吕泗、上海崇明站出现强浓雾。05 时 05 分,江苏东南部大雾增强,浙江东北部沿海地区能见度降至 500 m 以下。06 时 20 分,浙江东北部及上海沿海地区均出现浓雾,上海宝山站能见度仅 7 m,上海内陆站如浦东、青浦、松江亦出

现浓雾。07时25分，沿海地区仍以能见度低于100 m的浓雾为主，上海南部、浙江东北部沿海地区能见度缓慢转好。至08时30分，沿海地区能见度均在100 m以上，长江口两岸部分站点能见度仍低于100 m。之后上海市能见度逐渐好转，大雾由南向北消散，09时30分上海能见度均在1000 m以上，仅江苏沿江地区部分站点能见度仍在500 m以下。至10时30分，沿海站点能见度均已高于5000 m，江苏东部长江两岸站点能见度也已高于1000 m。从雾的生消演变可以看到，不同地区的成雾时间、强度及消散时间各有不同。刘熙明等(2010)指出大雾具有显著的局地性，受地形影响较大，在不均匀地表上，夜间的局地风速会影响雾的形成时间和地点。

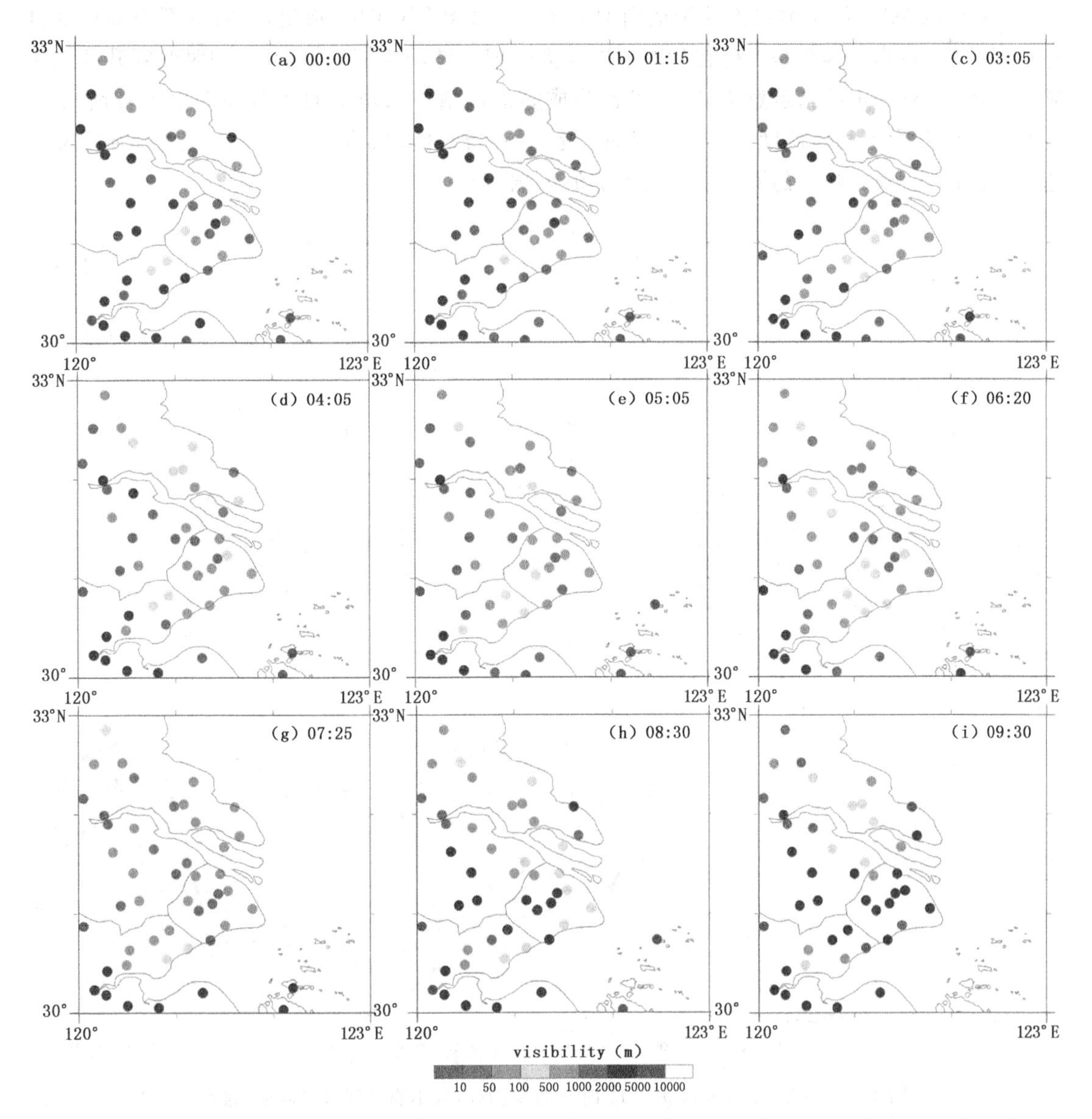

图3　2016年11月6日(a)00时05分，(b)01时15分，(c)03时05分，(d)04时05分，(e)05时05分，(f)06时20分，(g)07时25分，(h)08时30分，(i)10时30分自动站观测能见度分布

比较上海地区不同区、县站点地面观测的气象要素随时间的变化(图 4),自 5 日 20 时起,最小能见度迅速下降,多个站点下降到 200 m 以下并维持了较长时间。奉贤站在 23 时 00 分首先降至 200 m 以下,在 6 日 00 时回到 500 m 以上,之后在 07 时再次降至 200 m 以下;崇明站在 00 时降至 200 m 后,直至 10 时一直维持在 200 m 以下。浦东南汇站在 04 时降至 200 m 以下,直至 09 时能见度开始好转。宝山站自 06 时能见度迅速降至 50 m 以下,直至 09 时回升。松江能见度在 05 时降至 200 m 以下,07 时开始显著回升,金山最小能见度始终未降至 200 m 以下,但 00 时至 08 时能见度未超过 1000 m。与陆上站点相比,洋山站最小能见度除 08 时骤降,其余时刻均在 2000 m 以上。对照相对湿度可知,大雾主要发生在相对湿度接近或达到 100%的时段,即地面水汽几乎达到饱和时。陈永林等(2013)指出,相对湿度与能见度具有很好的反相关,大雾总是发生在相对湿度最大时段。沈阳等(2016)指出,相对湿度升高先于雾的形成,具有一定的指示意义,95%可作为成雾的阈值。从洋山的相对湿度也可看出,在 6 日 05 时之前,海上相对湿度明显低于陆面,最大相对湿度亦没有达到 100%,在 08 时后又迅速下降。因此,洋山附近的海面受此次大雾的影响较小。

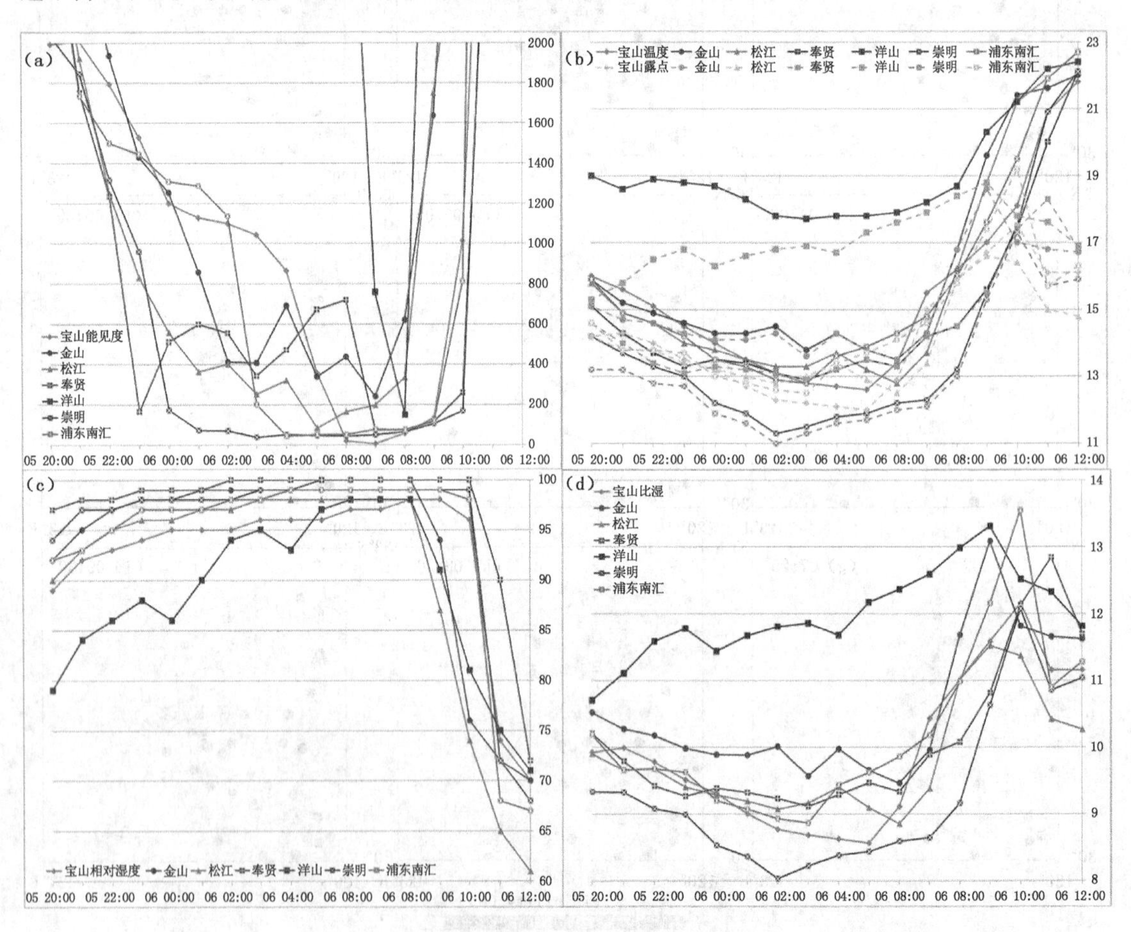

图 4　2016 年 11 月 6 日 00—12 时地面观测(a)最小能见度,(b)温度、露点,

(c)相对湿度,(d)比湿随时间演变

在上海区县站中,崇明被浓雾控制的时间最长。分析温度、露点曲线可知,该站自 5 日 20

时至6日09时的温度始终低于其他站点，且在6日02时前降温幅度明显，可见其辐射降温条件较好。且该站位于长江沿岸，水汽条件较好，5日21时后即超过95%。因此，该站点从5日23时开始起雾，以辐射雾为主，一直持续至6日09时。

其他陆面站降温幅度弱于崇明站，但温度与露点均显著低于洋山站。由风廓线雷达测得的水平风(图6)可知，6日00时至06时近地面以东南风为主，不断输送海面暖湿空气至陆面，为大雾形成提供了充沛的水汽条件。因陆面相对湿度在5日22时已接近饱和，当海面露点更高的空气输送至较冷的陆面时，水汽极易饱和，从而凝结成雾。因此，从比湿来看，陆面站在5日20时至6日07时并没有显著变化。

然而，与崇明邻近的宝山站出现雾的时间则晚数个小时，能见度在6日04时后迅速下降，在06时达到不到10 m的强浓雾。强浓雾一直持续至09时以后。这是由于宝山处于上海北部沿海地区，从图2中可知，05时之前宝山的风向为南到东南风，上游空气主要来自东南方向的陆面，而更远的海上暖湿气团在抵达宝山之前便已降温凝结。随着冷空气南下，风向转为东北风，宝山的水汽条件变好，能见度迅速下降。

6日07时后，受太阳辐射作用，地面开始迅速升温，边界层内湍流混合增强，逆温层结被打破，雾层内暖湿空气与上层干冷空气充分混合，相对湿度迅速下降，能见度回升，大雾逐渐消散。

3 边界层特征

由于大雾主要发生在稳定边界层内，此时边界层内缺少地面加热产生的浮力作用，湍流混合主要由机械作用完成，且一般风速较小，因此大雾发生时的边界层高度普遍较低。从图5可见，6日07时15分宝山边界层高度约200 m。为了细致分析大雾生消过程，需要边界层内高时空分辨率的垂直观测资料。本研究收集了宝山站探空的秒探空资料与三部边界层风廓线雷达测风资料。上海市宝山(31.4°N，121.45°E)探空站在2016年11月每日释放探空气球两次，分别在07与19时，观测站点上空的气压、温度、相对湿度、风向风速等气象要素。文中所用数据为探空秒级数据，按照400 m/min的升速计算，探空数据垂直采样间隔为8 m，探测高度可达10 hPa。上海金山、松江、奉贤边界层风廓线雷达均为TWP3型风廓线雷达，空间垂直分辨率60 m，最大探测高度可达5980 m，每5 min可提供一次风廓线。水平风资料质量与探空观测水平接近，有较高的可用性(刘梦娟等，2016)。下面通过这两种资料对此次大雾过程的边界层特征做精细化分析。

图5给出了5—6日不同时次的宝山站秒级探空曲线。从图中可知，在5日19时15分，500 m内位温随高度增高，呈典型的稳定层结，温度露点差较大，相对湿度在近地层随高度迅速递减，约150 m后稳定在70%以内。可见此时虽然层结条件较好，但低层湿度条件与温度条件均较差，因此，尚无大雾形成。至6日07时15分，可以看到200 m以下从原先位温随高度递增的稳定层结，变为位温几乎不变的中性或弱稳定层结。200 m内相对湿度接近100%。在100 m左右高度存在一明显折点，向上约20 m位温随高度增高而增高，在近地层上形成厚度约100 m的暖湿盖。该暖湿盖的比湿显著高于5日07时15分及19时15分时同高度的观测，表明其可能来自从海上平流输送的暖湿气团。200 m以上位温骤降，为一浅薄超绝热层，之后位温随高度持续上升，进入自由大气。可知此时雾层已发展至约200 m高度，雾层内混合较均匀。

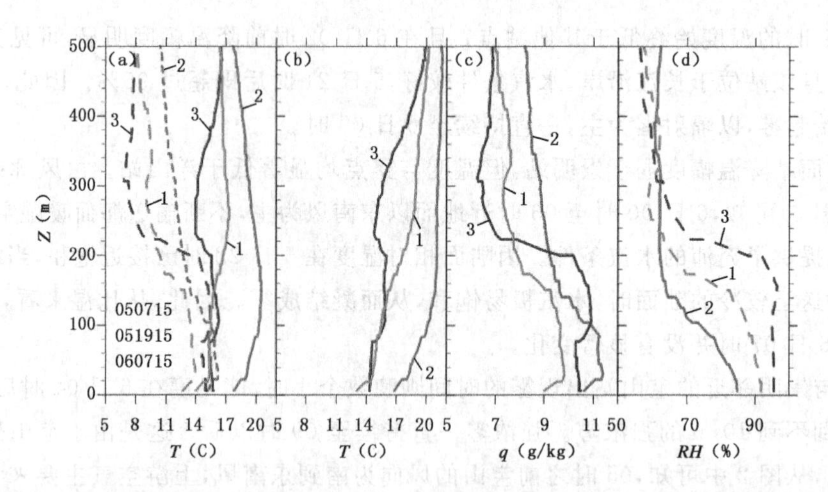

图 5　2016 年 11 月 5—6 日宝山秒级探空(a)温度(实线)、露点(虚线)，(b)位温，(c)比湿，(d)相对湿度垂直廓线(1 线：5 日 07 时 15 分，2 线：5 日 19 时 15 分，3 线：6 日 07 时 15 分)

分析金山、松江及奉贤站三部雷达水平风观测可知，从 6 日 00 时至 03 时，400 m 以下均为一致东南风，稳定的东南风为陆面持续输送海上暖湿空气，在大雾形成后，将雾区进一步向内陆推移；风速 1～4 m/s，为边界层内湍流混合提供了动力条件(图 6)。由此可以解释松江、青浦等内陆站在 06 时后也出现了 500 m 以下浓雾的成因。02 时左右松江站风向逐渐向逆时针方向旋转，至 06 时 500 m 以下转为一致偏东风，之后逐渐转为东北风，且自 280 m 处起风速显著提升，可达 6～8 m/s。之后风速增强区向上延伸，至 10 时已达 640 m 处。类似形状的风速增强区亦出现在金山与奉贤站的观测中，出现的时间稍有前后差异。对比图 5 亦可知该高度层对应较为干冷的空气，结合地面天气形势图，可认为这是由于北方冷空气扫过本市引起的。由于地面被雾层覆盖，风速变化及转风的响应均较缓慢，至 10 时左右，近地层风速也增大至 6 m/s 及以上，有利于大雾的消散。

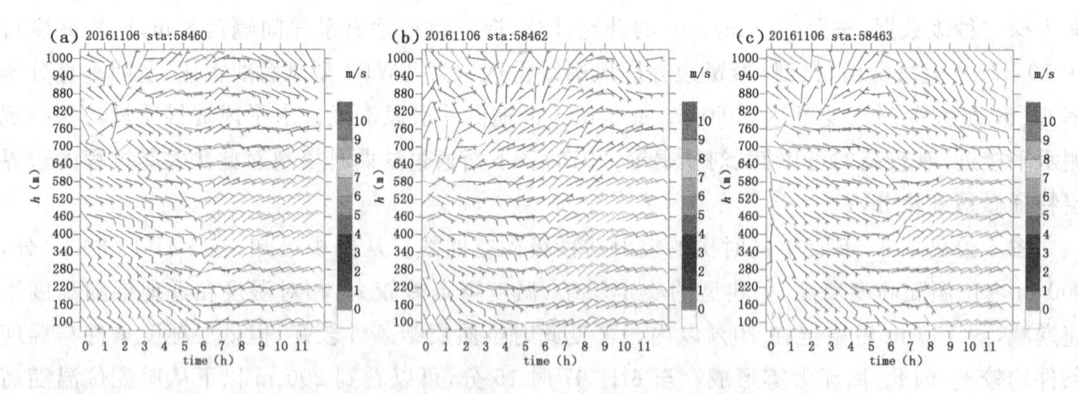

图 6　2016 年 11 月 6 日 00 时至 12 时间(a)金山，(b)松江，(c)奉贤边界层风廓线雷达观测水平风随时间演变

4　模式资料分析

由前文可知，常用的观测资料中仅秒级探空及风廓线雷达可给出边界层内温、湿、风的垂直分布，然而时间及空间分辨率十分有限。另外，缺乏针对雾中水成物三维结构的观测，难以

观测雾滴的分布从而分析雾的生消过程，对其形成和维持机制进行深入剖析。相比之下，高分辨率中尺度数值模式可以提供时间上相对连续的气象要素三维场信息，有助于揭示大雾过程中近地面大气的各种物理现象及其成因。华东区域中尺度模式系统 SMB-WARMS 是目前华东区域气象中心主要的数值预报业务模式系统。模式水平分辨率为 9 km。该模式以美国 GFS 分析场为初猜场，ADAS 同化后的分析场为初始场，分别在 02、08、14、20 时起报，预报时效为 72 h(徐同等，2011)。模式提供了基于综合消光系数计算得到的能见度产品，从 4 日 20 时起报的结果来看(图 7b)，6 日 08 时雾区主要分布在江苏东南、上海及浙江北部沿江沿海地区，对比葵花-8 卫星提供的可见光云图(图 7a)，可见大雾的覆盖范围与中尺度模式预报结果非常接近。因此，该时次结果可为大雾预报提供较好的参考。

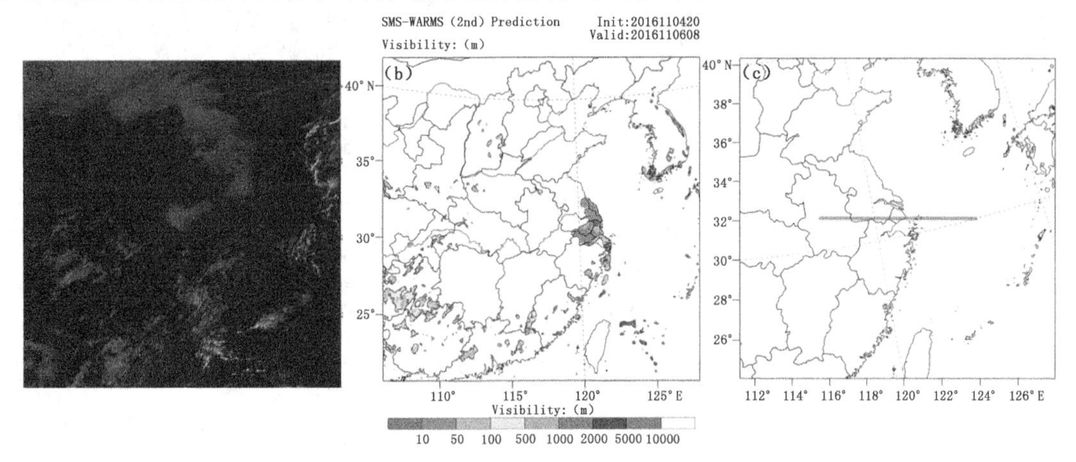

图 7　2016 年 11 月 6 日 08:00(a)葵花-8 可见光云图；(b)SMB-WARMS 中尺度模式模拟能见度分布图；(c)纵截面示意图

以该时次模式输出为例，对大雾期间水成物形成、维持与消散的过程进行了简要分析，取与奉贤站经纬度最为接近的格点为中心，作东西方向纵截面，如图 7(c)，得到各时次水成物及温度垂直分布，如图 8 所示。从图中可见水成物生成、发展及消散的过程。夜间海面温度较高，由等温线可以看到海陆下垫面分界处位于中心附近。6 日 03 时，模式最低层开始出现小范围水成物，随时间逐渐向上增长至 100 m 以上，并向西移动，至 06 时在 150 m 附近出现新的水成物大值区，新的大值区沿水平方向蔓延并不断向西移动，至 08 时强度及范围最大，之后逐渐缩小消散。

从图中可以观察到，水成物只出现在陆面一侧，并保持向西移动，结合风廓线资料可知，东南风不断输送海面温暖潮湿的水汽抵达较冷的陆面后更易饱和，从而凝结成雾滴。且 06 时出现的新的水成物大值区并非直接从局地陆面向上发展而来，更接近从东侧沿海地区平流输送而来的特征。因此，认为该区域附近初期以辐射雾为主，后期以平流雾为主。不同高度上的两层大值区也对应了秒探空曲线(图 5)200 m 下存在两层温度及湿度略有差异的气团特征。

另一值得注意之处是，随着水成物的形成，可以看到对应区域的温度也随之降低，产生了较弱的冷中心，为细致分析两者的对应关系，作红点位置廓线随时间演变图，并对比对应时刻地面向下长波辐射，如图 9 所示，可以清晰地看出，图中水成物大值区的形状与冷区形状接近，且冷区出现时间较水物质滞后。在水成物生成后，地面向下的长波辐射迅速升高，并维持在

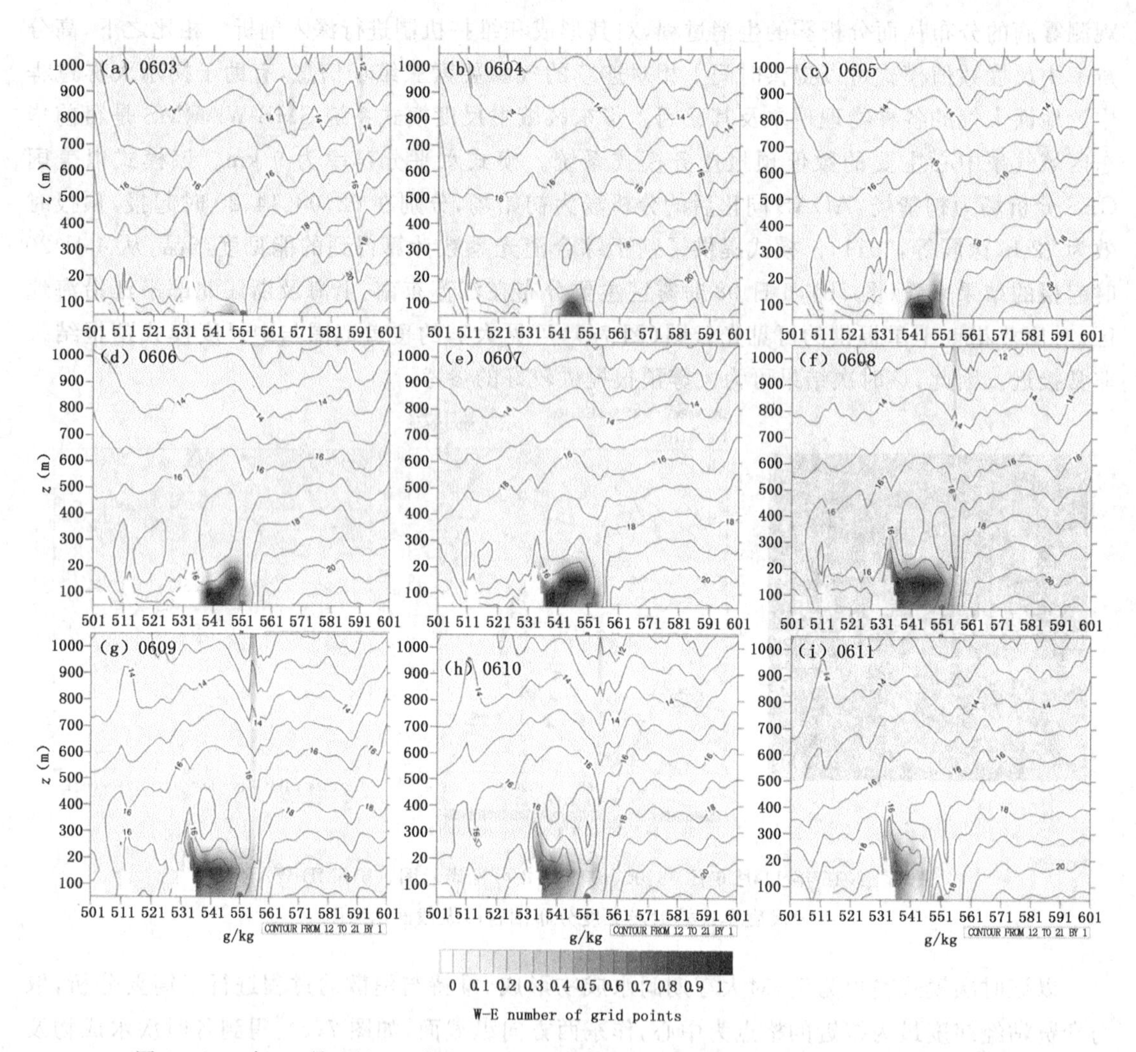

图 8　2016 年 11 月 6 日 03 时至 11 时 SMB-WARMS 中尺度模式模拟的温度及水成物东西方向截面(实线为等温线,填色为水物质)

400 W/m² 左右,直至 6 日 10 时,水成物近乎消散,才降至成雾前的水平。何晖等(2009)指出,雾形成后发出长波辐射,特别是在雾顶会存在较强的长波辐射,使得雾顶处出现最大降温。因此,在水成物附近,尤其是水成物浓度最大值层,温度明显下降,同时地面受到的长波辐射剧增。如图 5 所示,雾顶的降温使雾层以上再次出现逆温,有利于辐射冷却继续向上发展,导致水汽凝结,使雾继续生成、发展。

同理,由图 4b 可知崇明站的地面温度在 6 日 02 时后缓慢回升,而此时并不具备太阳辐射加热地面条件。此时崇明站已持续达到浓雾标准 2 h,参考上述分析,认为雾的出现增加了向下的长波辐射,同时水汽凝结成雾过程中释放潜热,使得地面温度升高。

6　结　论

运用多种观测资料及中尺度模式模拟,通过对 2016 年 11 月 6 日发生在江苏、上海及浙江北部沿江沿海地区的大雾天气过程的精细化分析,得到以下结论:

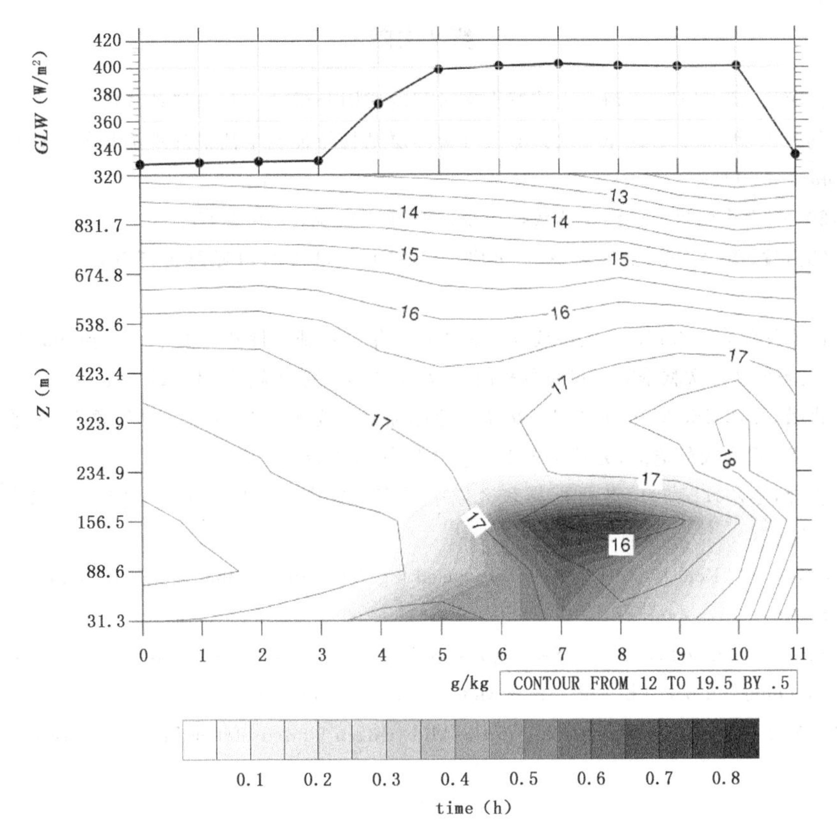

图 9　2016 年 11 月 6 日 00—11 时 SMB-WARMS 中尺度模式模拟的 1000 m 以下温度、水成物及地面向下长波辐射随时间演变

（点线为地面向下长波辐射，实线为等温线，色阶为水成物分布）

从天气形势来看，上海在高空槽后西到西北风气流控制下，地面处于高压楔中，晴空风小，具备成雾所需的热力、动力及层结条件；6 日凌晨地面以东南风为主，有利于海上高露点空气向上海东南沿海地区及内陆输送，早晨前后北方弱冷空气南下使沿海地区风向转为东北风，推动锋前暖湿空气进入上海北部沿海地区，均提供了成雾水汽条件。

分析多种观测资料可知，在上海地区的大雾生消过程中，5 日半夜前以北部崇明地区以辐射雾为主，随着地面辐射冷却，部分站点相对湿度接近 100%，近地面饱和水汽凝结成雾。6 日凌晨开始，随着东风不断输送海上暖湿气团至较冷的地面上凝结成雾，沿江沿海地区出现大片浓雾，并向自东向西向内陆缓慢扩展，呈现出平流作用下的“团雾”为主的特征。该次过程中雾层厚度约 200 m，边界层结构由稳定层结变为弱稳定、近中性层结。

结合中尺度模式模拟结果可知，大雾期间，可反映雾滴浓度的水物质只形成于陆面一侧，在弱东风的平流下，水汽在较冷的陆面不断凝结成雾，呈现出海上的暖湿气流“平流”到“辐射”降温区域成雾的特征和机制。雾形成后雾顶长波辐射增强，且凝结释放潜热，使地面小幅回温；由于长波辐射导致雾顶降温明显，形成逆温，有利于水汽进一步凝结，使雾区向垂直方向延伸。

参考文献

陈永林,刘晓波,茅懋,等,2013. 上海一次连续大雾过程的成因分析[J]. 气象科技,**01**:131-137.

何晖,郭学良,刘建忠,等,2009. 北京一次大雾天气边界层结构特征及生消机理观测与数值模拟研究[J]. 大气科学, **06**:1174-1186.

刘梦娟,刘舜,2016. 上海组网风廓线雷达数据质量评估[J]. 气象,**08**:962-970.

刘熙明,胡非,邹海波,等,2010. 北京地区一次典型大雾天气过程的边界层特征分析[J]. 高原气象,**05**: 1174-1182.

马翠平,吴彬贵,李江波,等,2014. 一次持续性大雾边界层结构特征及诊断分析[J]. 气象,**06**:715-722.

马晓星,2012. 上海地区一次秋季大雾过程分析[J]. 大气科学研究与应用,**01**:34-41.

沈阳,鲍婧,张盛曦,等,2016. 2016 年江苏一次全省范围强浓雾成因分析[A]. 中国气象学会. 第 33 届中国气象学会年会 S1 灾害天气监测、分析与预报[C]. 中国气象学会:15.

徐同,李佳,王晓峰,等,2011. 2010 年汛期华东区域中尺度数值模式预报效果检验[J]. 大气科学研究与应用,**02**:10-23.

Gultepe I, Pagowski M, Reid J, 2007. A satellite-based fog detection scheme using screen air temperature[J]. Wea Forecasting, **22**: 444-456.

Lewis J, Koračin D, Redmond K, 2004. Sea fog research in the United Kingdom and United States: A historical essay including outlook[J]. Bull Amer Meteor Soc, **85**: 395-408.

Westcott N, 2007. Some aspects of dense fog in the Midwestern United States[J]. Wea Forecasting, **22**, 457-465.

光流法在1614号台风“莫兰蒂”路径预报中的应用

朱智慧　王　琴　黄宁立

（上海海洋气象台，上海 201306）

摘　要

利用光流法，对2016年台风“莫兰蒂”ECMWF（简称EC）和T639两个数值天气预报模式的500 hPa高度场24 h预报进行了检验，并利用定量检验结果进行了台风“莫兰蒂”路径的订正预报。结果表明：9月11日20时—14日08时EC的24 h预报位移误差比T639要稳定且数值较小，12日20时—14日08时EC的角度误差一直稳定偏南到西南，因此EC的“莫兰蒂”台风路径预报可参考性更大。利用光流检验结果进行“莫兰蒂”台风路径订正，预报结果与实况基本吻合。

关键词：光流法　莫兰蒂　路径预报　订正

引言

光流是计算机视觉领域中的重要概念，在图像处理领域，光流的研究就是利用图像序列中的像素强度数据的时域变化和相关性来确定各个像素位置的“运动”（Barron, et al,1994；Camus,1997；Hwang, et al,1993）。通过对光流场进行分析，可以实现对目标的检测和跟踪。目前，光流场除了应用于图像分割、目标识别和追踪、运动估计等传统的计算机视觉领域外，还被应用于军事、医学、交通等多个领域。

在气象领域，韩雷等（2008）将光流法应用于强对流天气临近预报。数值天气预报模式产生的预报要素空间场在某一层上是二维的格点场，站点观测数据通过插值也可以处理为二维的格点场，因此，应用于图像处理领域的光流技术同样可以用来进行数值模式检验，光流场提供了数值模式预报误差方面非常有用的信息（Marzban, et al,2009）。Marzban等（2010）利用光流技术检验了华盛顿中尺度集合预报系统的海平面气压预报。

资料显示，台风“莫兰蒂”是1949年以来登陆闽南的最强台风。2016年9月15日03时，台风“莫兰蒂”正面登陆厦门翔安，给福建多地造成极为严重的损失，厦门市受灾尤为严重，直接经济损失102亿元。回顾“莫兰蒂”路径预报可以看到，9月14日，在“莫兰蒂”登陆前24 h，主要预报中心和新闻媒体对外公布的登陆点在福建厦门到广东汕尾一带沿海，范围准确，但是精细化水平不够，这也是日常预报工作中急需解决的问题。数值模式对台风路径的预报能力在逐年提高，但仍存在较大的误差，如果一个模式的预报误差相对稳定，那么它的预报结果就有较高的参考价值，有效分析和利用这些误差也是提高台风路径预报的一个重要手段。因此，本文利用光流法分析了台风“莫兰蒂”EC和T639的位移和角度误差，并利用这些量化的误差进行了数值预报的订正，很好地改进了台风“莫兰蒂”路径预报结果。

1 资料与方法

1.1 资料

所使用资料为：

(1)MICAPS系统中 EC 和 T639 的 500 hPa 位势高度 24 h 预报场及对应时次的分析场，时段为 2016 年 9 月 11 日 20 时至 15 日 08 时，间隔 12 h。其中 EC 空间分辨率为 0.25°× 0.25°，T639 为 1°× 1°。

(2)中央气象台台风“莫兰蒂”定位资料，时间为 2016 年 9 月 11 日 08 时至 15 日 08 时。

1.2 光流检验计算方法

光流场的计算方法主要有 Horn-Schunck 方法和 Lucas-Kanade 方法。本文中使用的为 Lucas-Kanade(LK)(Lucas，Kanade，1981)方法。

考虑一幅图像上的像素点(x,y)，在 t 时刻的强度为 $I(x,y,t)$，该点在图像平面上的位置移动到了$(x+\mathrm{d}x,y+\mathrm{d}y,t+\mathrm{d}t)$。假定它的强度不变，则：

$$I(x,y,t)=I(x+\mathrm{d}x,y+\mathrm{d}y,t+\mathrm{d}t) \tag{1}$$

对数值模式检验而言，用 I_o 和 I_f 代表同一时次$(\mathrm{d}t=0)$的气象要素 I 的观测场和预报场，则方程变为：

$$I_o(x,y)=I_f(x+\mathrm{d}x,y+\mathrm{d}y) \tag{2}$$

但是，数值预报结果相对于实况，不仅有位置的偏移，还有强度偏差，需要考虑强度的变化，根据 Marzban 等(2010)研究，LK 方程改进为：

$$I_o(x,y)=I_f(x+\mathrm{d}x,y+\mathrm{d}y)+A(x,y) \tag{3}$$

式中，$A(x,y)$代表(x,y)点上预报场相对观测场的附加强度误差。将 $I_f(x+\mathrm{d}x,y+\mathrm{d}y)$进行一阶泰勒展开，即

$$I_o(x,y)=A(x,y)+I_f(x,y)+\frac{\partial I_f}{\partial x}\mathrm{d}x+\frac{\partial I_f}{\partial y}\mathrm{d}y \tag{4}$$

令 $u=\mathrm{d}x$，$v=\mathrm{d}y$，则得到光流约束方程：

$$I_x u+I_y v+A=\mathrm{d}I \tag{5}$$

(u,v)称为光流，每个格点上(u,v)所构成的矢量场就是光流场。

即

$$[I_x I_y 1]\cdot\begin{bmatrix}u\\v\\A\end{bmatrix}=\mathrm{d}I \tag{6}$$

式中，I_x 和 I_y 分别代表 I_f 在 x 和 y 方向的梯度，$\mathrm{d}I=I_o-I_f$ 代表观测场与预报场的差值。

光流场需要求解的变量有三个：u、v 和 A，而光流约束方程只有一个，因此从基本光流方程出发求解光流场是一个不适定问题，必须引入附加的约束条件。根据 Lucas 和 Kanade(1981)的计算方法，选取以某一点为中心的一个小区域，可以得到：

$$\begin{bmatrix}I_{x1} & I_{y1} & 1\\I_{x2} & I_{y2} & 1\\\vdots & \vdots & \vdots\\I_{xn} & I_{yn} & 1\end{bmatrix}\cdot\begin{bmatrix}u\\v\\A\end{bmatrix}=\begin{bmatrix}\mathrm{d}I_1\\\mathrm{d}I_2\\\vdots\\\mathrm{d}I_n\end{bmatrix} \tag{7}$$

记

$$M=\begin{bmatrix} I_{x1} & I_{y1} & 1 \\ I_{x2} & I_{y2} & 1 \\ \vdots & \vdots & \vdots \\ I_{xn} & I_{yn} & 1 \end{bmatrix},\vec{U}=\begin{bmatrix} u \\ v \\ A \end{bmatrix},\vec{b}=\begin{bmatrix} \mathrm{d}I_1 \\ \mathrm{d}I_2 \\ \vdots \\ \mathrm{d}I_n \end{bmatrix} \tag{8}$$

则：

$$M\vec{U}=\vec{b} \tag{9}$$

只要求解 $\vec{U}$,就可以得到三个变量(u、v 和 A)的解。

使用最小二乘法计算 $\vec{U}$

$$\vec{U}=(M^{\mathrm{T}}M)^{-1}M^{\mathrm{T}}\vec{b} \tag{10}$$

在求得 u,v 之后,可以将 u,v 转化为极坐标系表示：

$$u=r\cos\theta$$
$$v=r\sin\theta \tag{11}$$

式中的极径(r)和角度(θ)就分别代表位移误差和角度误差,表征天气系统偏移的距离和方向。这样,对某一气象要素 I,利用光流法就求得了数值模式预报场相对于观测场的光流检验场和强度、位移、角度三种误差场,其中,角度误差指极坐标系下的角度。对台风路径预报而言,只需关注位移和角度误差。

1.3 光流法模拟应用详解

作为应用光流法进行数值预报检验的示例,首先考虑一种比较理想的状态,即预报场相对观测场的偏移方向具有一致性,为此,构造两个圆的方程：

$$I_{oi,j}=x_{i,j}^2+y_{i,j}^2$$
$$I_{fi,j}=(x_{i,j}-a)^2+(y_{i,j}-b)^2 \tag{12}$$

式中,I_o 代表观测场,I_f 代表预报场,$x\in[-20,20]$,$y\in[-10,10]$。取 x 和 y 方向的空间步长为 0.2,这样就构造了两个 201×101 格点数的二维空间场($i=1,2,\cdots201$,$j=1,2,\cdots101$)。

取 $a=2+(i-1)\times0.01$ 和 $b=2+(j-1)\times0.01$ 分别代表 I_f 相对于 I_o 在 x 和 y 方向上的偏移,a 和 b 的值随着 i 和 j 而变化。

理论上分析,对强度误差,由于 $\mathrm{d}I_{i,j}=I_{o\,i,j}-I_{f\,i,j}=2ax_{i,j}+2by_{i,j}+a^2+b^2$,越靠近 x 和 y 数值集合的两端,I_f 相对于 I_o 的误差越大。

对位移误差而言,由于在每个格点上 a 和 b 均为正值,I_f 相对 I_o 向右上方发生偏移,并且偏移的距离随 i、j 的增大逐渐增大,位移误差数值范围为$[\sqrt{a_{\min}^2+b_{\min}^2},\sqrt{a_{\max}^2+b_{\max}^2}]$,即[2,5]。

对角度误差而言,偏移的角度可以用下式求得：

$$\theta=k\pi+\operatorname{arctg}\frac{b}{a}\quad k=0,1,2 \tag{13}$$

$a\in[2,4]$,$b\in[2,3]$,因此,$\frac{b}{a}\in[\frac{1}{2},\frac{3}{2}]$,由于 I_f 相对于 I_o 都是向右上方偏移,这样偏移角度 $\theta\in[\operatorname{arctg}(\frac{1}{2}),\operatorname{arctg}(\frac{3}{2})]$,数值在 20°～60°。

图 1 给出了模拟场的光流检验计算结果。在图 1a 中,光流检验场上箭头的长短代表了偏

移距离(即位移误差)的大小,而箭头的方向则代表了偏移的方向(即角度误差)。从图1b看到,越靠近 x 和 y 数值集合的两端,强度误差越大。从图1c看到,位移误差随着 i、j 的增大而增大,最大的值出现在场的右上部,数值在2~6(无量纲量)。从图1d看到预报场相对于观测场的角度误差为20°~70°,即偏向东北方向。利用光流检验方法得到的强度、位移和角度误差结果与理论分析的结果基本吻合。

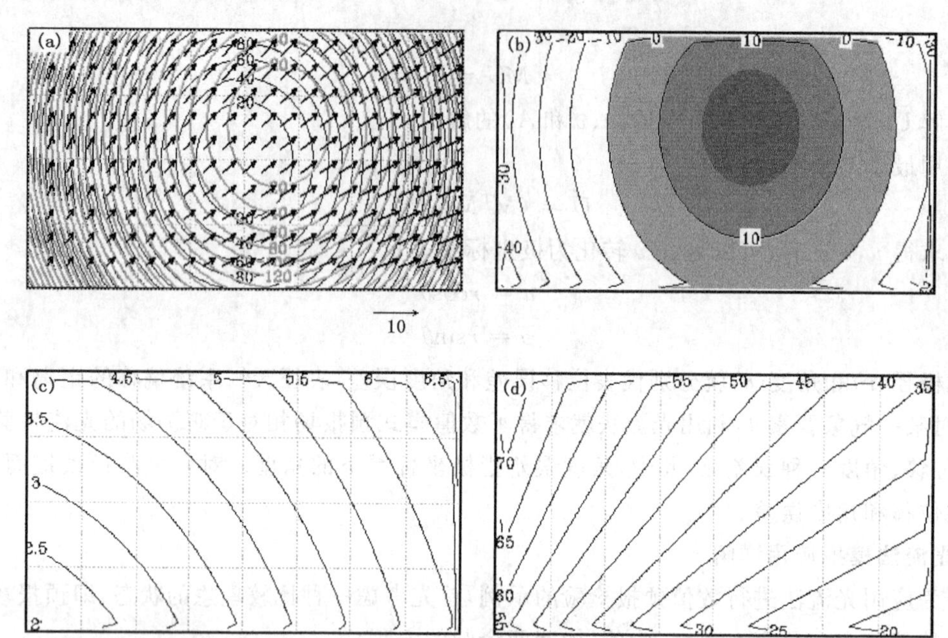

图1 模拟场的光流检验场以及强度、位移和角度误差场(a.为光流检验场(箭头表示光流场,灰线代表预报场,黑线代表观测场),b、c、d、强度、位移和角度误差场;b中阴影区代表预报比实况偏弱)

2 EC和T639一次24 h预报的光流检验对比分析

利用1.2节介绍的光流场计算方法,求解EC和T639的500 hPa位势高度预报的光流检验场、位移误差场和角度误差场。从图2中可以看到,对9月12日20时的预报而言,在位移误差方面,EC对台风"莫兰蒂"的预报位移误差为0.5个经纬距,对西风槽为0.4~1.0个经纬距,对西太平洋副热带高压为0.6~1.0个经纬距,而T639对台风"莫兰蒂"的预报位移误差约为1.0个经纬度,对西风槽的预报误差为0.6~2.8个经纬距,对西太平洋副热带高压为0.6~1.4个经纬距,从位移误差看,EC模式的预报效果要好于T639模式。在角度预报误差方面,这一时次的预报EC和T639对台风"莫兰蒂"的预报具有较大的差异,EC对"菲特"的预报偏西南,而T639对台风"莫兰蒂"的预报偏东北。仅仅依靠某个时次的预报检验无法判断哪个模式的预报结果更值得参考,还需要连续跟踪多个时次的预报误差,来分析两个模式的预报稳定性及其误差分布特点。

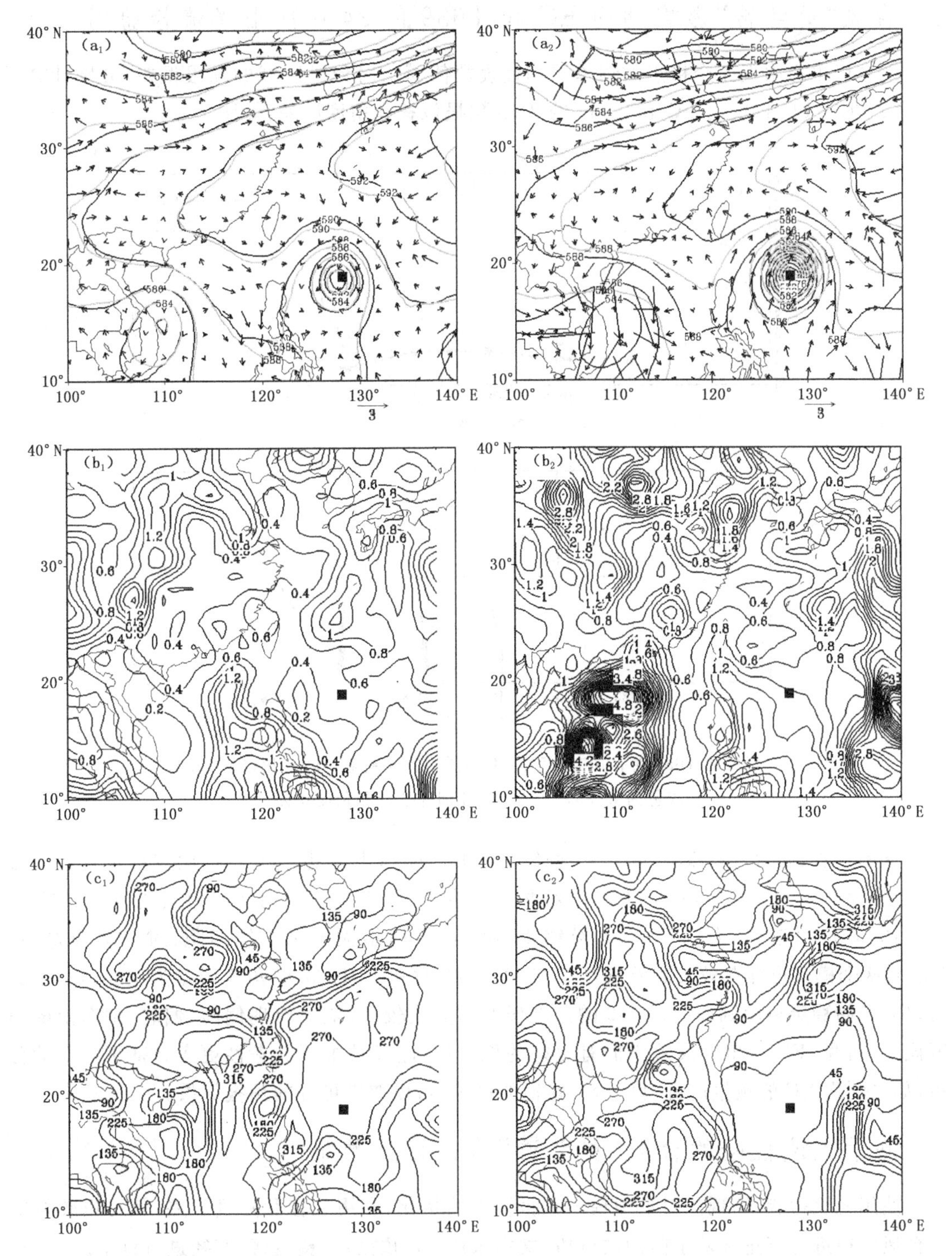

图 2　与图 1 类似，但为 EC(a_1，b_1，c_1)和 T639(a_2，b_2，c_2)2016 年 9 月 12 日 20 时 500 hPa 高度场 24 h 预报检验(a. 光流检验场，黑色为实况位势高度，灰色为预报；b. 位移误差场，单位：1 经纬距；c. 角度误差场，单位：°，黑色方块为 12 日 20 时台风中心位置)

3　台风“莫兰蒂”影响期间 EC 和 T639 的 24 h 预报光流检验对比

取台风中心附近 4 个格点的误差平均代表数值模式对台风区域的预报误差，分别计算了 11 日 20 时—14 日 08 时 EC 和 T639 的 24 h 预报位移和角度误差，如图 3。

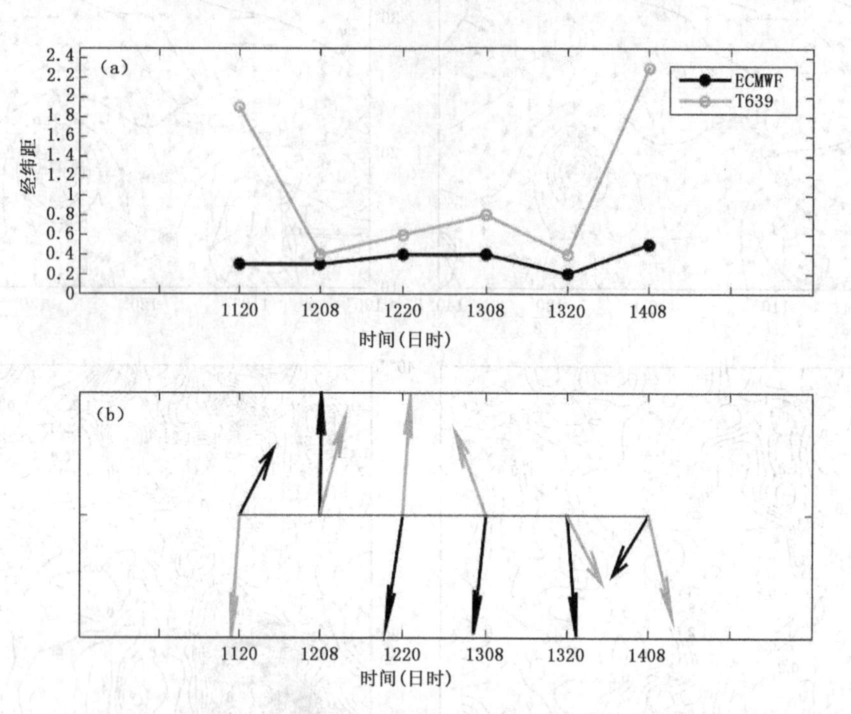

图 3　EC 和 T639 对台风“莫兰蒂”中心预报的误差随时间变化(黑色为 EC，灰色为 T639)，(a)、(b)分别为位移和角度误差

从图 3 看到，对位移误差(单位:1 经纬距)，EC 的 24 h 预报表现一直比较稳定且数值较小，基本为 0.3～0.4 经纬距，T639 位移偏差变化较大，11 日 20 时为 2.0 经纬距，12 日 08 时—13 日 20 时较小，为 0.4～0.8 经纬距，14 日 08 时增大至 2.4 经纬距；对角度误差(单位:°)，两个模式也存在较大的差别，EC 在 11 日 20 时和 12 日 08 时角度误差为偏北，12 日 20 时之后开始稳定偏南到西南，T639 的角度误差则变化较大，依次出现偏南、偏北、偏东南的角度误差，可见，EC 在角度误差方面有更好的稳定性，路径预报可参考性更大。基于以上的分析，如果利用 EC 的预报进行“莫兰蒂”路径的订正，可以取得更好的预报效果。

4　基于光流检验的台风“莫兰蒂”路径订正预报

使用光流检验，实现了对数值模式预报误差的量化，利用位移和角度误差，就可以较好的对台风路径进行订正。基于前面的分析，文中采用 EC 预报对“莫兰蒂”路径进行订正。

假设在 x(东西向)和 y(南北向)方向调整的距离为 $\mathrm{d}x$ 和 $\mathrm{d}y$(单位:经纬距)，取 13 日 20 时和 14 日 08 时的位移和角度误差的平均进行台风“莫兰蒂”24 h 预报中心位置的订正，得：

$$\mathrm{d}x = 0.14$$

$$\mathrm{d}y = 0.32$$

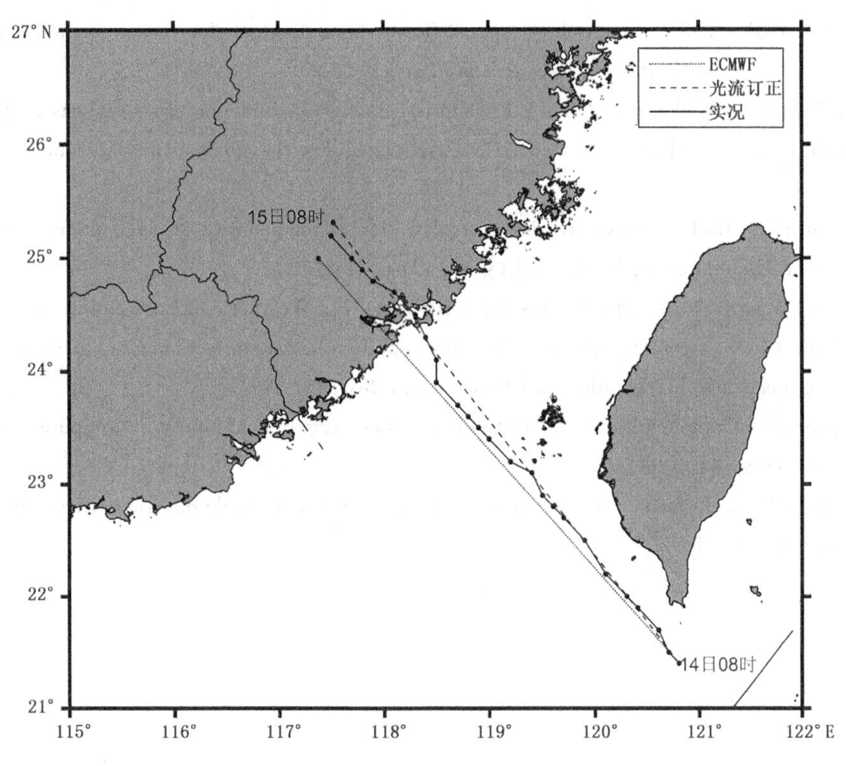

图 4　台风“莫兰蒂”模式预报、光流订正和实况路径(14 日 08 时起报)

图 4 给出了 14 日 08 时起报的台风“莫兰蒂”模式预报、光流订正和实况路径，可以看到，经过光流检验订正，台风“莫兰蒂”的登陆点预报在金门县及厦门市，与实况吻合，说明基于光流检验的定量分析，可以对台风路径起到很好的订正效果。

5　结　论

利用光流法对 2016 年 14 号台风“莫兰蒂”期间 EC 和 T639 模式的 500 hPa 高度场预报进行了检验，并利用检验结果进行了“莫兰蒂”路径订正预报，主要得出以下结论：

(1)利用光流法，可以将预报场相对于观测场的预报误差分解为强度、位移和角度三种误差场，有助于发现数值模式的预报误差在二维空间场上的分布特征。

(2)利用光流检验技术，可以连续跟踪数值模式的预报偏差，从 11 日 20 时—14 日 08 时 EC 的 24 h 预报位移误差都比 T639 要稳定且数值较小，12 日 20 时—14 日 08 时 EC 的角度误差一直稳定偏南到西南。因此，EC 模式的“莫兰蒂”路径预报可参考性更大。利用光流检验结果进行“莫兰蒂”路径订正，预报结果与实况基本吻合。

参考文献

韩雷，王洪庆，林隐静，2008. 光流法在强对流天气临近预报中的应用[J]. 北京大学学报(自然科学版)，**44**(5)：751-755.

Barron J L, Fleet D J, Beauchemin S S, 1994. Performance of optical flow technique[J]. International Journal of Computer Vision, **12**(1): 43-77.

Camus T, 1997. Real-time quantized optical flow[J]. Real-Time Imaging, **3**: 71-86.

Hwang S H, Lee U K, 1993. A hierarchical optical flow estimation algorithm based on the interlevel motion smoothness constraint[J]. Pattern Recognition, **26**: 939-952.

Kearney J K, Thompson W B, Boley D L, 1987. Optical flow estimation: An error analysis of gradient-based methods with local optimization[J]. IEEE Transactions on Pattern Analysis and Machine Intelligence, **9**: 229-244.

Lucas B D, Kanade T, 1981. An iterative image registration technique with an application to stereo vision. Proc. Imaging Understanding Workshop[J]. DARPA, 121-130.

Marzban C, Sandgathe S, 2010. Optical flow for verification[J]. Weather and Forecasting, **25**: 1479-1494.

Marzban C, Sandgathe S, Lyons H, et al, 2009. Three spatial verification techniques: cluster analysis, variogram, and optical flow[J]. Weather and Forecasting, **24**: 1457-1471.

McCane B, Novins K, Crannitch D, et al, 2001. On benchmarking optical flow[J]. Computer Vision and Image Understanding, **84**: 126-143.

Weber J, Malik J, 1995. Robust computation of optical flow in a multi-scale differential framework[J]. Int J Comput Vision, **14**: 67-81.

台风“尼伯特”(2016)特大暴雨中尺度系统特征和成因分析

林　毅[1]　陈思学[2]　吕思思[1]

(1. 福建省气象台，福州 350101；2. 福建省闽清县气象局，闽清 350800)

摘　要

利用常规观测资料、卫星云图、雷达及福建省自动气象站观测资料对台风“尼伯特”造成的特大暴雨中尺度系统进行了分析。结果表明：造成特大暴雨的中尺度系统是在地面中尺度辐合线触发、高低空辐散、辐合的耦合配置，大气中层有干空气侵入的不稳定层结、强的风垂直切变条件下发生的。台湾岛地形对形成台风的空心结构、外围的强风带影响以及台风东侧气流分流和在福建中部沿海的汇合有重要的作用。

关键词：台风　特大暴雨　中尺度系统　台湾岛地形作用　空心结构

引言

2016 年第 1 号台风“尼伯特”正面袭击福建，在台风登陆福建之前，福建中北部地区 7 月 9 日凌晨到中午出现大暴雨，部分乡镇特大暴雨，闽清县 24 h 累计雨量破 1956 年建站以来历史极值，引发百年一遇大洪水。台风“尼伯特”给福建造成重大人员伤亡和财产损失，全省 65.53 万人受灾，因灾死亡 83 人，失踪 22 人，直接经济损失 99.94 亿元，人员伤亡主要是台风特大暴雨引发的洪灾造成的。

“尼伯特”台风降水之强，灾情之重近年罕见。强降水发生在台风进入台湾海峡后，临登陆福建之前，降水具有明显的中尺度对流特征，且强降水影响到沿海的西部山区。本文通过高空环流形势、地面中尺度系统、卫星云图、雷达回波资料分析等方面重点对“尼伯特”台风造成特大暴雨的中尺度对流系统的特征和形成机制进行分析，探寻这种台风暴雨中尺度对流系统发展的特点和形成机制，为今后更好地进行此类台风暴雨的预报提供参考和指导。

1　降水的中尺度特征

2016 年第 1 号台风“尼伯特”7 月 8 日 05 时 50 分在中国台湾台东县登陆后，穿过台湾岛向西北移动。7 月 9 日 04 时，当台风“尼伯特”中心还位于台湾海峡向福建沿海逼近的过程中，在台风中心北偏西约 200 km 的福建中部沿海莆田出现强降水。强降水区雨强强，04—09 时雨强中心 90～120 mm/h，最大值出现在 9 日 06 时永泰(126 mm/h)。强降水区集中，大于 30 mm/h 的雨团呈东西向条状，面积约 70 km×30 km，雨团向北偏西方向移动，先后影响莆田、永泰和闽清(图 1)，从雨强＞30 mm/h 的雨团移动趋势可以看到，强雨团移动缓慢，9 日 04—14 时仅向北偏西移动约 140 km，逐时的强降水区重叠，出现大暴雨到特大暴雨。永泰红星乡 3 h 降水极值为 254.0 mm；6 h 降水极值为 293.6 mm；12 h 降水极值为 310.9 mm，尤其闽清县，08—12 时中南部各乡镇小时雨量普遍超过 40 mm，并持续大约 4 h，大部分乡镇 6 h

降水超过 200 mm,3 h 雨量超过 150 mm。此次过程的最强降水出现在台风登陆之前,14 时台风登陆后,降水强度明显减弱。

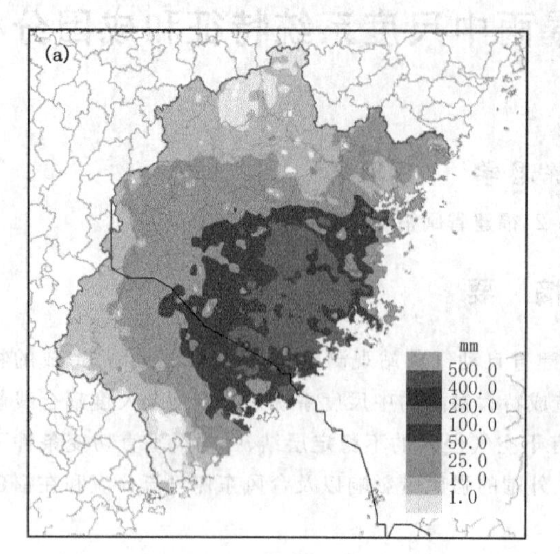

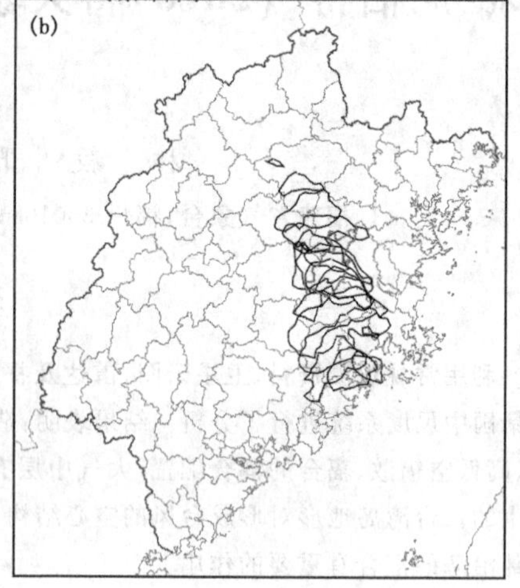

图 1　2016 年 7 月 9 日 02—14 时台风登陆前 12 h 累计降水量(a)和 9 日 04—16 时雨强＞30 mm/h 雨团的移动趋势(b)

台风“尼伯特”短时强降水的特征极为突出,为典型的对流性降水。强降水出现范围之广、持续时间之长极为罕见,又是出现在沿海的西部山区,导致严重的山洪地质灾害。

2　中尺度对流云团演变特征

通过卫星云图(图 2)分析台风“尼伯特”造成如此特大暴雨的强对流云团的演变特征。当台风“尼伯特”8 日从台湾南部穿过台湾岛,进入台湾海峡后,台风处在弱的引导气流下,移动缓慢,台风北侧的偏东气流受到台湾岛中央山脉的地形作用,为越过山脉的干热下沉气流,台风中心环流云系逐渐松散,台风强度减弱,“尼伯特”台风呈现出空心结构,主要的强对流云带位于台风外围的偏东和偏南象限。然而,9 日 04 时起,在距台风中心约 200 km 西北侧的莆田附近有对流云团发展,这一对流云团发展迅速,呈现爆发性发展,05—06 时发展为直径达约 100 km 的圆形、密实的对流云团,云顶亮温低于－80 ℃,呈现出典型的中尺度对流复合体(MCC)特征,07 时起云团逐渐由圆形变为椭圆,9 日 08—11 时,对流云砧向西北方向发展,云团的西北侧出现弧状云线,云团范围逐渐扩展并向北偏西方向移动,云顶温度梯度密集区在云团东侧,云顶亮温低于－80 ℃的最低亮温区位于福州西部的闽清一带,云图的特征表明,对流云团高层有很强的向西出流,有利垂直上升运动加强和对流云团发展,这段时间是对流云团发展的鼎盛时期,对应着最强降水时段,强降水区位于对流云团东南侧云顶温度梯度密集区一侧。12 时后,云顶亮温低于－80 ℃的区域消失,云团结构逐渐松散,云顶高度降低,显示对流逐渐减弱,13 时 45 分台风登陆后,云系进一步松散,进入衰亡阶段,降水明显减弱。

云团的发展变化表明,这是典型的台风外围螺旋云带上中尺度对流系统的发展过程,其生命史长达 9～10 h。正是台风环流中的中尺度强降水云团发展旺盛并持续影响,在福建中部沿海地区形成极端降水。

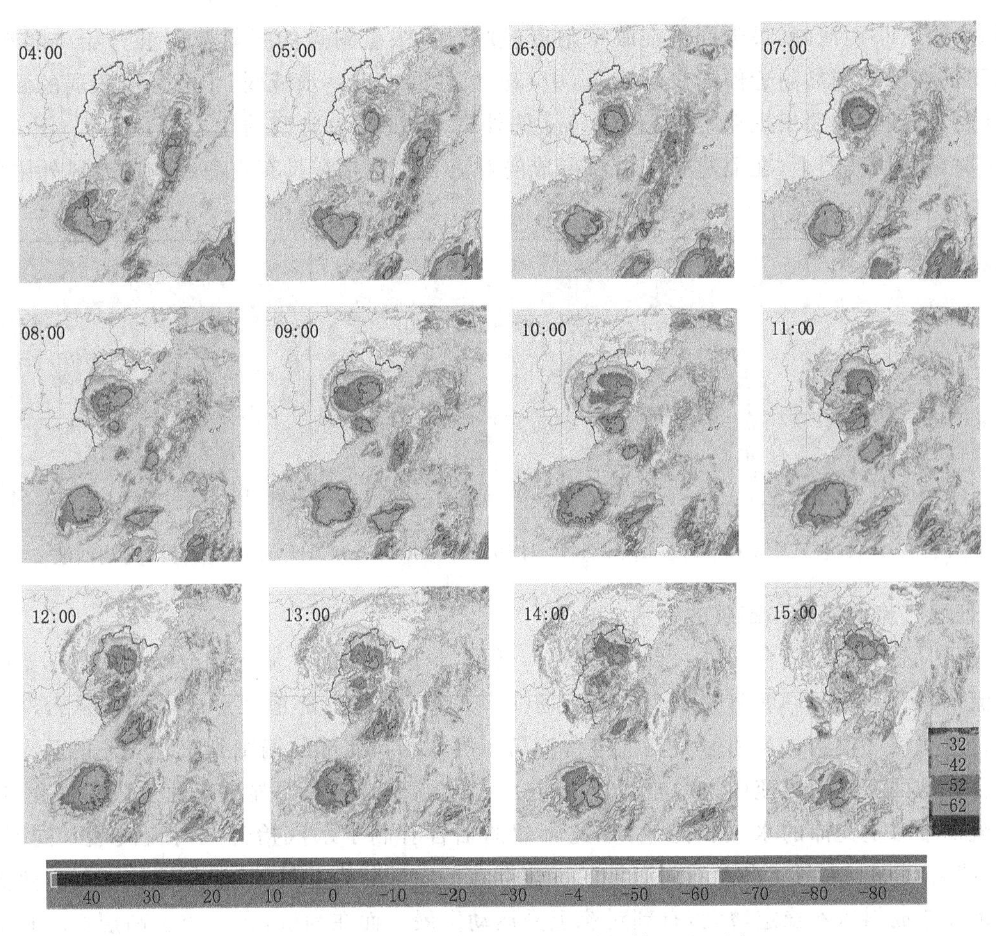

图 2　2016 年 7 月 9 日 04—15 时红外卫星云图

3　中尺度对流系统形成机制分析

云图分析注意到，导致“尼伯特”台风出现特大暴雨的中尺度对流云团并不是在台风中心环流附近形成，而是发生、发展在台风中心北侧距离约 200 km 的区域，呈现爆发性发展。文中重点分析形成这种现象的环境场特征和导致对流云团发生、发展的主要因素。

3.1　稳定的鞍形环境场和台风空心结构的形成

7 月 8—9 日 500 hPa 为两槽一脊环流形势（图略），深厚暖脊位于贝加尔湖附近。“尼伯特”台风处在大陆高压和西太平洋副热带高压间的鞍形场中。西侧大陆高压对台风西移存在阻碍作用，使其移速减慢。“尼伯特”台风历时近 9 h 穿过台湾岛南部，进入台湾海峡后在澎湖列岛东南侧回旋少动 12 h，再向西北方向移动近 11 h 后登陆福建石狮。台风从过岛到登陆福建总历时 32 h，是历史上相似路径台风移动平均历时（14 h）的 2 倍多。尤其是台风穿过台湾岛进入台湾海峡后在澎湖列岛东南侧回旋少动达 12 h 之久。由于台风从台湾南部过岛，台风环流中心北部眼壁区域长时间受到越过台湾山脉的下沉干气流影响，对流上升受到抑制，台风环流中心区域的对流明显减弱，但在东侧外围与西太平洋副热带高压之间的偏南气流维持强盛，台风环流出现外围风场强于中心风场的现象，呈现空心化的结构特征。台风结构空心化的演变特征在雷达回波图上表现得十分清楚（图 3），7 月 8 日登陆台湾岛时，回波表现为台风结构对称，眼区小而清晰，最强回波在眼壁附近；过岛后，眼壁附近的强对流回波开始减弱消散，台风下岛在澎湖列岛附近停滞少动阶段，中心区域的回波进一步减弱，中心只有很弱的回波，9日04时，回波带主要出现在距中心200 km的外围，出现极为典型的空心台风特征，图3中9日08时雷达回波图上，在福建中部沿海形成的对流云团就是在具有空心结构的台风外围的强风带上发展起来。

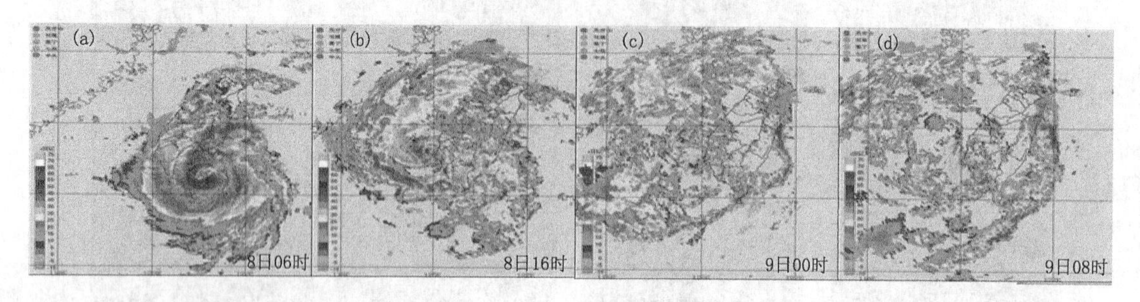

图3　2016年7月8日06时(a)、8日16时(b)、9日00时(c)、9日08时(d)台湾雷达回波

3.2　低层气流的辐合和高层的辐散

台风"尼伯特"登陆台湾进入台湾海峡后，低层，台风东侧的气流受到台湾岛的地形影响出现分流，分析7月9日08时的850 hPa流场(图4a)，在福建中部地区形成了一支从台湾岛西侧经台湾海峡的偏南气流和另一支绕过台湾岛东侧从海峡北部的偏东到东北气流的两支气流的汇合。这两支气流风速极大中心超过24 m/s的气流交汇区有明显的风速及风向辐合，这两支气流携带海上充沛的水汽和能量，如此剧烈的辐合有利于水汽抬升及对流发展。同时，从θ_{se}场(图略)分析，这两支来自不同海域的气流存在一定的热力差异，两股气流交汇处因热力的差异也会造成斜压不稳定增大，有利对流上升运动发展。而在高层，台风位于高层200 hPa高压的西南侧，7月8日20时—9日08时，台风过岛进入海峡过程中，受到台湾岛的地形影响，高层环流发生变化，从台湾海峡北部到福建中部为高压东侧的气流分流区(图4b)，高层气流的分流产生强辐散环境，通过抽吸作用引发上升运动。这种出现在台风北部地区低层辐合、高层辐散的耦合配置，为对流云团的剧烈发展创造了极为有利的大气环境。从高、低层辐散场的垂直配置来看(图4c、d)，高层的辐散中心略偏于低层辐合中心西北侧，配合对流系统高层向西北的出流，有利垂直上升运动向西北倾斜，使得对流云团向西北侧发展，是导致强降水影响到沿海的西部山区的原因之一。

3.3　地面中尺度辐合线的触发作用

云图和雷达资料分析均显示台风进入海峡后中心环流减弱，空心结构形成过程，地面自动气象站资料也反映了台风这种空心化过程中外围强风区的出现以及相伴随的中尺度辐合区的形成、移动和中尺度雨团的发展。从逐时的地面自动气象站2 min风场分析，福建沿海地区台风外围的最大风速带是在台风外围约200 km附近区域。这支强风速带与福建沿海的交汇辐合区也随着台风西北行进逐渐北抬。9日04时，这支强风带在福建中部的莆田沿海附近形成地面东北风和西北风的中尺度辐合线(图5a)，随后这条辐合线北抬，9日08时移到福州沿海地区。辐合线偏东侧的东北气流强盛，最强风速达20 m/s，地面中尺度辐合线上的强风速辐合有助于触发中尺度对流云团的发展，为强对流云团的发展提供了丰富的水汽汇集和辐合上升动力。从地面风场和其后1 h雨量场叠加(图5b、c)上看到，强降水区主要位于强偏东气流

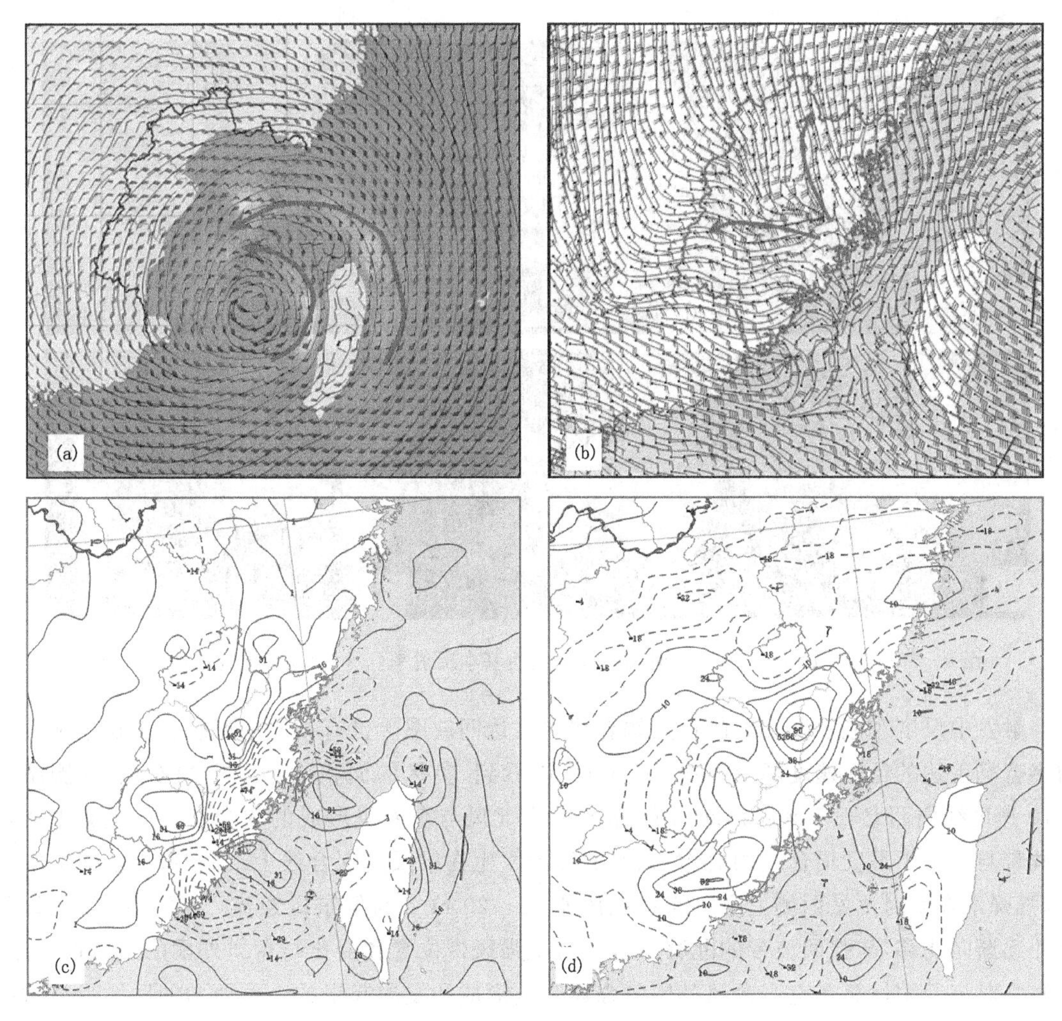

图 4　2016 年 7 月 9 日 08 时 850 hPa 水平流场(a)、200 hPa 水平流场(b)、850 hPa 散度场(c)和 200 hPa 散度场(d)，单位：$10^{-5}\,s^{-1}$

下风方的风速辐合区中。9 日 04 时地面的中尺度辐合区的形成触发中尺度对流云团的发展，伴随着台风西北行和其北侧强风速带的北推，所激发的中尺度对流云团也逐渐北移，由于台风移动缓慢，在外围强风带上发展起来的中尺度对流云团造成的强降水影响时间长，总降水量大。

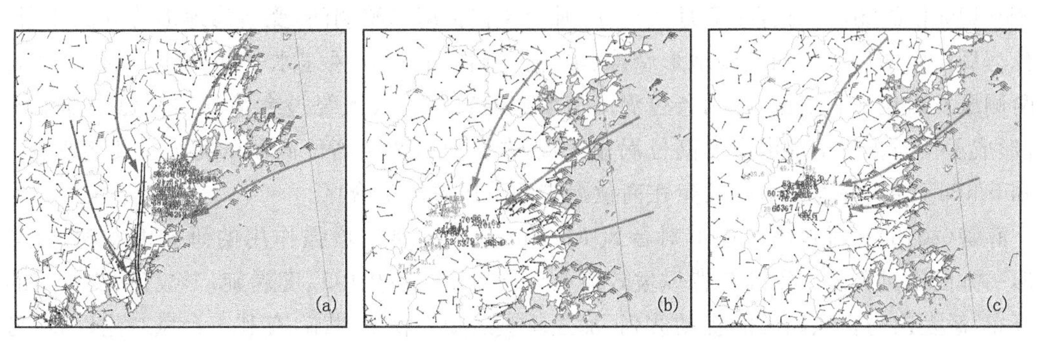

图 5　2016 年 7 月 9 日 04 时(a)、8 时(b)、10 时(c) 地面风场和其后 1 h≥30 mm 降水量

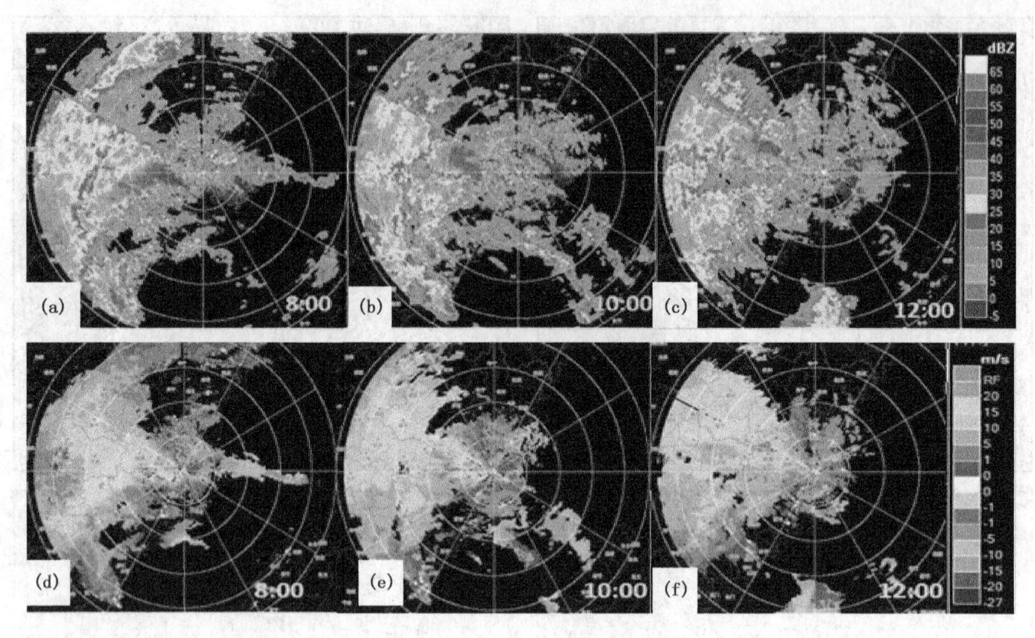

图 6　2016 年 7 日 9 日 08—12 时福建长乐雷达基本反射率(a、b、c)和径向速度图(d、e、f)

触发中尺度对流系统发展的低层辐合线在雷达回波图上也有相应的反映。从长乐雷达站的多普勒雷达的径向速度场(图 6d、6e、6f)可以看到,负区的面积大于正区的面积,在测站西面,0 速度线由西北—东南向折向西南,表现为东北风与东南风形成的辐合线。产生暴雨的强回波带与这条中尺度辐合线相对应,强对流云团发生在中尺度辐合线上。同时,在径向速度场上,强降水发生时测站西侧上空一直存在风速 15～20 m/s 的偏东风急流,且这支强偏东风急流并逐渐向北移,与强回波带的北移一致。这支强风带位置和变化与台风外围的强风带一致,表明强对流云团就是在空心台风外围的强风带上形成和发展起来的。东西向的回波带与对应时段强降水雨团吻合,强降水雨团也呈东西向的条状,伴随强风速带向偏北移动。

3.4　位涡分析

位涡是"位势涡度"的简称,是一个既与大气的涡度(旋转性)有关,又与大气的位势(厚度或高度)有关的物理量。可以综合描述大气动、热力学特征。在天气诊断分析和预报应用中,可以作为诊断量用于对暴雨和天气系统的诊断。大量研究发现暴雨区和高值位涡区相重合或靠得很近,暴雨区的形成和高位涡区的发展过程也比较一致。图 7 是"尼伯特"台风暴雨过程的 850 hPa 位涡场的变化,在 7 月 9 日 02 时台风在台湾海峡期间,受台湾地形的分流作用,流经台湾岛东西两侧气流的受到地形摩擦、辐合抬升作用,以及风速水平切变作用,在台湾岛东西两侧激发出位涡高值区,这两条位涡高值区伴随着绕岛气流绕过台湾岛向福建中部沿海伸展,形成了指向福建中部沿海的高位涡输送带,在台湾岛两侧高位涡场的特征主要表现在 925 和 850 hPa 低层,特大暴雨就发生在高位涡带的下风方的汇合区。

薛霖(2015)在对台湾岛地形对台风 Meranti(1010)迅速增强作用的研究中发现,台湾岛地形一方面通过分流作用及其背风坡效应在台湾海峡内诱生中尺度涡旋,形成正、负相间的涡度分布,激发出与台风相关的扰动波列,加强垂直运动和积云对流,有利于台风对流发展;另一方面通过改变环境气流形成有利于台风发展的环流背景。台风"尼伯特"暴雨的形成与发展与其有相似之处，表现在台湾岛地形激发出的两支高位涡带在福建中部沿海交汇，对中尺度对流云团有能量的输送作用，有利于对流云团的发展与维持。因此，从位涡高值带的形成和变化以及与台风暴雨区的对应关系，也从另一方面反映了台湾岛地形对福建台风特大暴雨形成的间接作用。

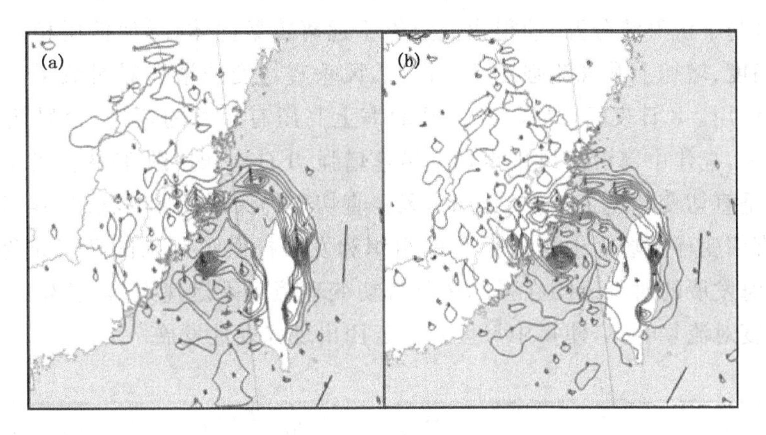

图7　2016年7月9日02时(a)和08时(b)850 hPa位涡场(PVU)

3.5　大气层结的不稳定结构分析

假相当位温(θ_{se})是一种表征大气温度、压力、湿度的综合特征量，能够反映大气中能量分布及层结稳定度状况，也可反映气团和锋区(面)的活动。图8给出了7月9日02时和08时暴雨发生前后沿25.4°N经暴雨中心的θ_{se}和垂直速度纬向剖面，从暴雨发生前后θ_{se}垂直剖面场及其变化可以发现，中尺度暴雨发生前期，低层为高温、高湿的相当位温(θ_{se})的高中心，θ_{se}达360 K，850 hPa以下低层为湿对流不稳定气层；其上850～400 hPa气层为湿中性；400 hPa以上大气层呈对流稳定状态。9日08时暴雨区东侧352 K线较02时在500～400 hPa高度明显向西扩展，使得暴雨区上空的θ_{se}垂直分布呈现$\Delta\theta_{se}/\Delta p>0$，表明大气对流不稳定性显著增大，出现深厚的对流不稳定层结；同时暴雨区两侧θ_{se}等值线更加陡峭和密集，随着θ_{se}等值线斜率增大，有利于低层暖湿空气由此通道向高层爬升；低层暖湿空气在垂直抬升作用下上升，冷、暖

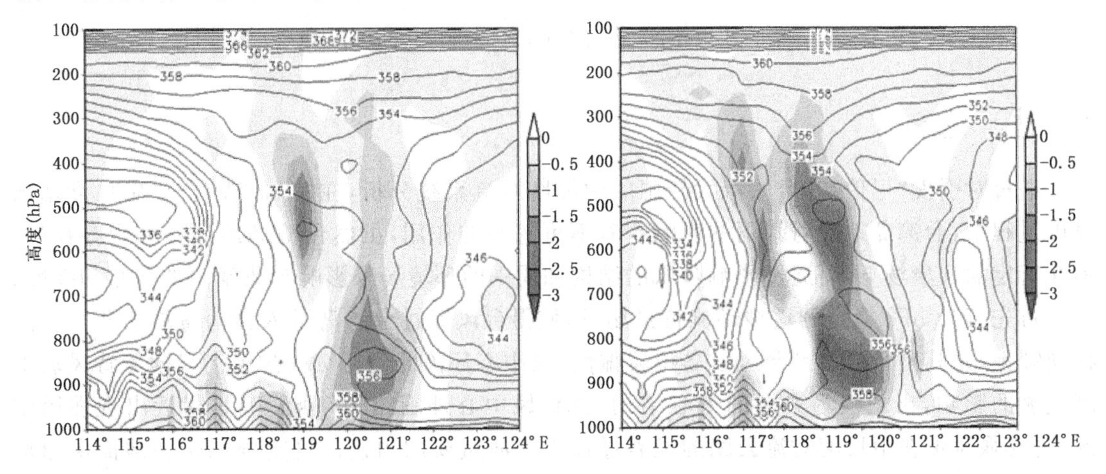

图8　2016年7月9日02时(a)和08时(b)沿25.4N的θ_{se}和垂直速度(阴影)垂直剖面

空气在对流层中层相遇，促使气旋性涡度剧烈发展，对应垂直上升运动迅速加强，构成了有利于台风中尺度雨团深对流发展的环境条件。

3.6 风垂直切变对对流云团的组织作用

已有研究表明，环境水平垂直切变的大小通常与形成风暴的强弱程度有密切关系，其主要作用有：将上升与下沉气流分开，使得出流边界不远离雷暴主体；增加低层相对风暴的气流入流、产生水平涡度、增加上升气流强度等。因此，风垂直切变的增强对对流系统的组织和发展有一定的促进作用。8日夜间，高层（200 hPa）海上高压有短暂的西进，台风西北侧的高层向西北的气流加强，福建中部沿海风垂直切变迅速增强，9日02时（图9）从台湾海峡中部到福建中北部沿海风垂直切变超过24 m/s，08时，风垂直切变仍保持较强的状态，强切变区向西北扩展，强的风垂直切变环境场为中尺度系统的组织和发展提供了有利的环境条件。9日04时，在福建中部沿海发展的对流云团在强的风垂直切变环境场下迅速发展，新生的对流系统迅速组织形成中尺度对流复合体，使得中尺度对流云团出现爆发性发展。

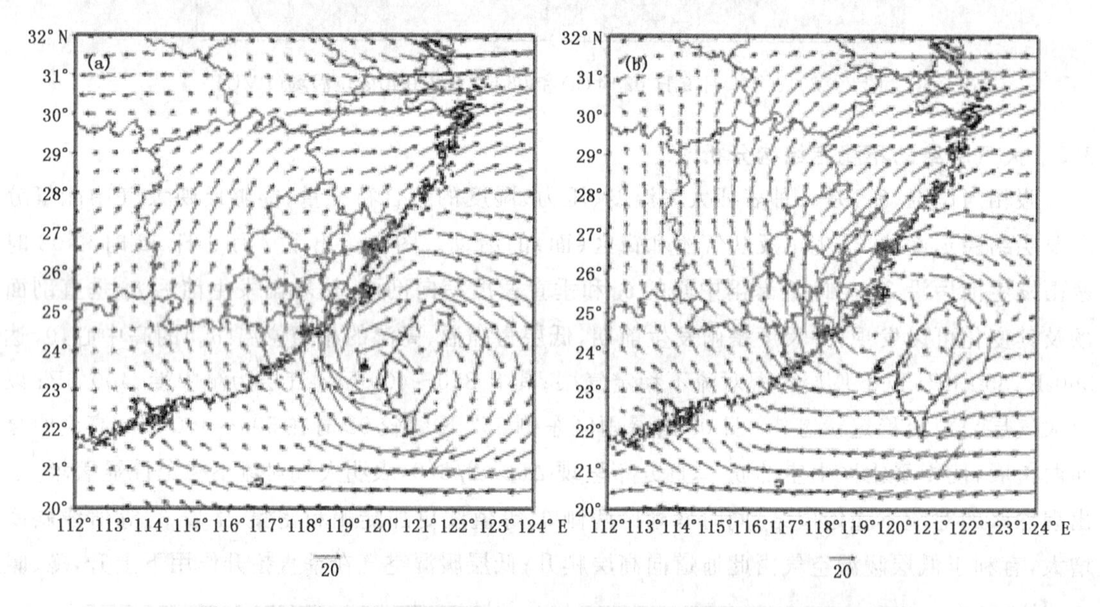

图9 2016年7月9日20时(a)和08时(b)200～850 hPa风垂直切变

4 结 论

通过对引发“尼伯特”台风特大暴雨的中尺度对流系统分析，在“尼伯特”台风中尺度暴雨发展过程中，台湾岛地形对暴雨的影响有着不可忽视的作用，虽然台湾岛地形是客观存在的，但在特定的环境场下，可通过影响台风的结构和周围的环境场来影响台风暴雨的分布和强度。

首先，500 hPa稳定的鞍型环流背景场下，使得台风穿过台湾岛进入台湾海峡西北行期间移动缓慢，尤其是“尼伯特”台风过岛位置偏南，其中心环流北侧持续受到台湾岛西侧背风坡下沉气流的影响，出现极为典型的空心结构，在台风中心外围约200 km范围附近出现强风带区；这支强风带在中尺度对流云团的发展过程中扮演重要的角色。这支强风带在地面层形成地面风场中尺度辐合线并加强辐合上升运动，触发对流云团的发展；925～850 hPa，受台湾岛地形作用使得低层气流的分流及在福建中部沿海的汇合，这两支气流交汇的辐合区恰与台风外围强风带相叠加，进一步加强了辐合区上发展的对流云团的水汽和能量输送。另外，台湾岛地形的摩擦作用，使得绕过台湾岛两侧的气流携带的位势涡度能量增大，在两支高位涡气流的汇合区有利对流上升运动发展。

台风过岛后，受地形影响高层流场发生改变，福建中部沿海上空出现的高空强辐散区与低层的强辐合区相耦合，形成强烈的抽吸作用，为中尺度对流系统的形成和发展提供了强的上升运动条件；暴雨区上空大气中层有干空气侵入，大气对流不稳定性显著增加，出现深厚的对流不稳定层结，构成了有利于台风中尺度雨团深对流发展的环境条件；高层流场的改变形成的强的风垂直切变促进对流系统的组织和发展。因此，这次"尼伯特"台风特大暴雨过程，是由于这些有利强对流发展诸多因素在福建中部沿海地区同步叠加，最终导致中尺度对流云团的爆发性发展和极端降水的出现。

参考文献

陈联寿，1977. 登陆台风特大暴雨成因分析[J]. 气象，**3**(11)：10-12.

陈联寿，丁一汇，1979. 西北太平洋台风概论[M]. 北京：科学出版社：440-488，31-58.

董美莹，陈联寿，程正泉，等，2011. 地形影响热带气旋"泰利"降水增幅的数值研究[J]. 高原气象，**30**(3)：700-710.

江敦春，党人庆，陈联寿，1994. 卫星资料在台风暴雨数值模拟中的应用[J]. 热带气象学报，**10**(4)：318-324.

林毅，刘铭，刘爱鸣，等，2007."龙王"台风中尺度暴雨成因分析[J]. 气象，**33**(2)：22-28.

薛霖，李英，许映龙，等，2015. 台湾地形对台风 Meranti(1010)经过海峡 地区时迅速增强的影响研究[J]. 大气科学，**39**(4)：789-801.

余贞寿，高守亭，任鸿翔，2007. 台风"海棠"特大暴雨数值模拟研究[J]. 气象学报，**65**(6)：864-876.

俞小鼎，姚秀萍，熊廷南，等，2006. 多普勒天气雷达原理与业务应用[M]. 北京：气象出版社：47-61.

曾欣欣，黄新晴，滕代高，2010."罗莎"台风造成浙江特大暴雨的过程分析[J]. 海洋学研究，**28**(1)：62-71.

朱乾根，林锦瑞，寿绍文，等，2010. 天气学原理和方法(第四版)[M]. 北京：气象出版社：508-555.

Chen S S, Knaff J A, Marks F D, 2006. Effect of vertical wind shear and storm motion on tropical cyclone rainfall asymmetries deduced from TRMM[J]. Monthly Weather Review, **134**(11): 193-208.

垂直运动对雾-霾及空气污染过程的影响分析

孙兴池　韩永清　李　静　康桂红　万明波

（山东省气象台，济南 250031）

摘　要

应用常规观测资料、NCEP1°×1°再分析资料分析 2013 年山东分别出现雾和霾的两次严重污染过程。结果表明：(1)大气静稳状态时 500 hPa 为高压脊前西西北气流，850 hPa 为暖脊，有弱暖平流，地面气压场弱，易出现逆温、混合层高度低、风速小，导致大气水平和垂直扩散能力差。850 hPa 弱上升和 700 hPa 弱下沉，造成高空干洁大气和地面“脏”空气对峙的局面，垂直交换停滞是雾-霾和污染持续的根本原因。(2)强冷空气驱散雾-霾的过程，正是打破了空气垂直交换停滞的状态，使得高空清洁大气能够下沉到地面。强冷空气过后，总会有一两个早晨，即便存在逆温、风速也很小，空气依然清新。空气质量的根本改善由垂直交换完成。(3)弱冷空气伴随的弱下沉运动和锋面附近整层上升运动能够减轻污染。(4)冷锋过后剧烈下降的地面露点温度即是高空干洁大气到达地面的标志。

关键词：雾-霾及污染　垂直交换　高空干洁大气下沉　地面露点温度

引言

近年来，雾-霾及空气污染等级成为公众关注的热点。在实际业务中，一直以来能见度小于 1 km 且相对湿度大于 90%应认为是雾或轻雾（吴兑，2006），相对湿度小于 80%为霾，相对湿度在 80%～90%时，主要成分是霾。雾和霾有明显区别但又互相依存，在一次污染过程中，由于相对湿度的起伏变化，雾和霾会互相转化。

对山东省 2008 年以来的重污染过程进行了统计，霾的能见度都在 1 km 以上，只有雾才会出现极低能见度的情况。例如：2013 年 1 月济南两次分别出现霾和雾的严重污染过程中，8 日 17 时霾，PM_{10}高达 832 $\mu g/m^3$，因相对湿度较低（61%），能见度为 7 km；30 日 23 时大雾，PM_{10}浓度 585 $\mu g/m^3$，相对湿度 98%，能见度仅为 0.4 km。可见，能见度和相对湿度密切相关，在相对湿度 95%以上时，相对少的颗粒物也会出现极低能见度。而相对湿度小于 90%时，山东省尚未有能见度低于 1 km 的记录。为了对可能产生极低能见度的大雾进行预警，天气预报应该区分雾和霾的预报。

关于雾-霾的研究兴起于经济发达的珠三角地区，吴兑（2008）强调雾和霾的宏观过程明显不同，并给出了雾和霾区分的概念模型，指出相对湿度 95%是区分雾或霾的阈值。吴兑等（2006，2008）对珠三角霾近地层输送条件及灰霾导致能见度下降的问题进行了研究，给出了污染物易于堆积或扩散的环流特点及能见度的恶化与细粒子关系较大。近年来，京津冀、长三角等多地的污染问题引起广泛关注，京津冀区域霾日数 30 a 呈增加趋势（赵普生等，2012）；对不同区域霾的气候特点也多有研究（吴珊珊等，2014；王建国等，2008；王业宏等，2009；邓学良等，

2015)。付桂琴等(2013)、李星敏等(2014)的研究表明,能见度与相对湿度、气溶胶密切相关。在个例分析方面,郭英莲等(2014)分析表明下沉气流触地有利于能见度好转;张恒德等(2011)认为,垂直上升运动弱是形成雾的动力条件;刘梅等(2014)对 2013 年 1 月江苏雾-霾过程的研究指出,近地面层弱上升运动和中高层弱下沉运动有利于雾的增强和维持,上述研究对垂直运动在雾-霾过程中的作用有了一定认识。但大气污染物的稀释扩散到底是以平流输送为主还是垂直交换、湍流输送为主,尚未解决(吴兑,2012)。廖碧婷等(2012)对广东省的灰霾天气进行了分析,提出了与 K 指数、SI 指数、LI 抬升指数等大气对流稳定度参数相关的垂直交换系数,利用其对大气垂直扩散能力进行评估,可见垂直交换的重要性。对于中高纬度地区的秋冬季,冷空气影响较为频繁,在冷空气过程中,层结往往是稳定的,利用以上 3 个指数难以奏效。对山东多次污染过程研究发现,冷空气过程中的垂直运动对雾-霾过程十分重要,不同强度的冷空气由于其对应不同程度的下沉运动,其对雾-霾及污染过程的影响也显著不同。

污染物过量排放及大气扩散能力差,使重污染过程频繁发生,大气扩散能力分析是环境气象预报的重要内容,而大气的扩散能力有水平和垂直两个方面。

大气的水平扩散能力与地面风速、风向密切相关,小风速是重污染发生和持续的必要条件,一般来说,风速与 AQI 成负相关。济南 78 次重污染过程地面风速与 AQI 分布分析(图略)可见,重污染时风速多小于 3 m/s,且这些个例中,风速与 AQI 成明显负相关。78 个个例中仅 8 个风速超过 4 m/s,是由于地面大风造成扬尘导致颗粒物超标。

对于区域性输入来说,风向影响较大。来自海上的风对沿海地区的空气质量有明显改善作用,小西北风则往往使鲁西北一带污染加剧。

大气的垂直扩散能力取决于两个重要因素,一是地面风速,当地面风速较大时,通风系数高,混合层高度增大,使得污染物能够扩散到更高的高度,从而使地面污染浓度减小。冷空气是驱散雾、霾的主力军,一般认为,当冷锋影响时,风力较大,有利于污染物扩散,雾-霾也就随之消散了。虽然锋面过境时伴随的地面大风有利于污染物扩散,但在地表裸露的冬季,大风也会造成扬尘,所以,冷锋过境、北风肆虐时,空气质量并不能达到彻底改观。同样,春季西南风较大时,会出现重污染,例如 2013 年 3 月 9 日,由于热低压前西南大风影响,山东出现大范围严重污染。可见,由于风力较大吹散雾-霾的说法并不准确。通常在冷锋过后,即便地面风速很小、存在逆温,总会有一两个风和日丽、碧空如洗的早晨,究其原因,是因为锋面经过时,通过垂直交换,高空清洁大气倾泻到地面的结果。因此,决定大气垂直扩散能力的另一个重要因素就是在一定的环流形势下,通过垂直交换,高空清洁大气置换地面"脏"空气,达到空气质量的根本转变。在冬季,一般由冷空气活动来实现,在夏季,强对流引起的垂直交换也可达到此目的,因此,雷阵雨过后,人们总能感到空气中清凉宜人的气息。

可见,冷空气过程,并不是简单地通过水平风速驱散雾-霾,而是通过冷锋后来自高空的干侵入气流到达地面形成上滑或下滑冷锋(姚秀萍等,2009),高空干冷空气在冷锋后呈扇状下沉到地面(于玉斌等,2003),达到空气质量的彻底改善。干侵入强度与冷平流强度密切相关,冷平流强,干侵入强,伴随强下沉运动,使高空干洁大气到达地面,因此,强冷空气能够清除雾-霾。

1 山东雾-霾及重污染过程风场特征

山东雾-霾及重污染过程季节性明显,主要发生在 11 月至次年 3 月,主要污染源为燃煤、区域传输、工业生产、扬尘及机动车尾气。5—9月，燃煤减少、降水增多、植被茂盛等有利因素能够大幅度减轻污染，夏季重污染日数少且持续时间短。因此，冬季雾-霾及污染等级预报尤为重要。

统计2008—2013年山东17市重污染总站·次风向玫瑰图可见（图1），静风占9.9%，东到东南风占38%，偏北风占36%，西南风频次最少，占11%。据统计，地面有持续性东南风时一般为雾和重污染，地面偏北风则以霾和重污染居多，这是因为山东濒临黄渤海，刮东南风时相对湿度较高的缘故。

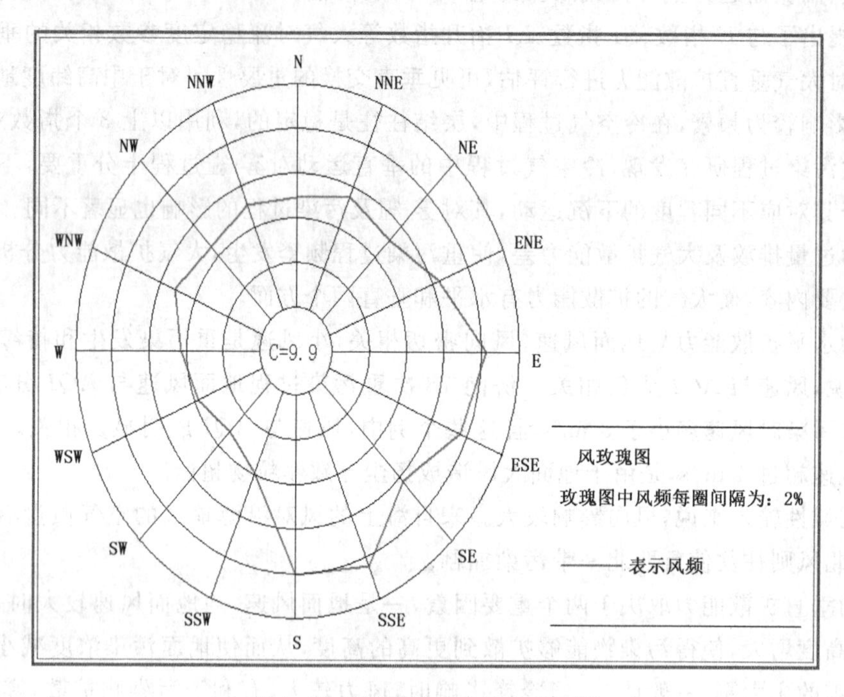

图1　山东重污染过程风向玫瑰图

2　山东2013年两次雾-霾过程分析

2013年冬季，中东部地区遭遇了多次大范围持续雾-霾天气，其影响范围、持续时间、污染强度为历史少见，引起社会广泛关注。尤其是2月20—28日，山东遭遇了历时9 d的严重污染过程。期间，由于相对湿度起伏较大，大雾和重度霾互相转换，有两次冷空气活动，26日的弱冷空气反而降低了能见度，2月27日早晨全省普遍出现大雾，部分地区能见度仅几十米，28日的强冷空气影响之后，雾及污染过程方得以结束。而1月6—8日，济南等全省多地PM_{10}爆表，出现重度霾，但全省大部分地区能见度大于1 km。以两次都出现严重污染的聊城为例，2月27日浓雾过程，*AQI*指数416，PM_{10}浓度为516 μg/m³，27日19时PM_{10}含量最大为659 μg/m³，27日早晨，聊城本站能见度200 m，茌平、阳谷能见度仅几十米。1月8日严重霾过程，*AQI*指数491，PM_{10}浓度为591 μg/m³，8日21时$PM_{2.5}$含量最大为847 μg/m³，8日08—22时连续16 h PM_{10}浓度大于600 μg/m³，处于爆表状态，但能见度在2 km以上。可见，雾和霾的能见度相差很大，天气分析应该区分雾或霾的预报。

本研究拟对这两次分别出现雾和霾的严重污染过程进行分析，研究雾和霾过程的异同点和消散机制，以期为实际业务提供参考。

2.1 雾和霾过程高空形势的共同特点

研究发现，济南78次重污染过程08时平均混合层高度在500 m以下，混合层高度以下污染物浓度是混合层以上的5～10倍，即雾-霾及污染物一般被禁锢在近地面数百米厚度层内，意味着至少850 hPa高度上空气是清洁的。大气静稳状态时，抑制了空气的垂直交换，使得过度排放的污染物积累在边界层内，杜川利等(2014)发现，城市边界层高度与颗粒物浓度成显著负相关。因此，环境气象预报应重点关注边界层大气的温湿度、动力条件及污染物的排放量等，但高空形势提供的环流背景不容忽视，图2a～d给出了两次过程的500、850 hPa平均形势具有代表性，即500 hPa一般为高压脊前西—西北气流、温度平流弱；850 hPa为暖脊、有弱暖平流；地面弱气压场、小风速以及弱气压场形势下风向不定是雾-霾发生的共同天气形势特征。

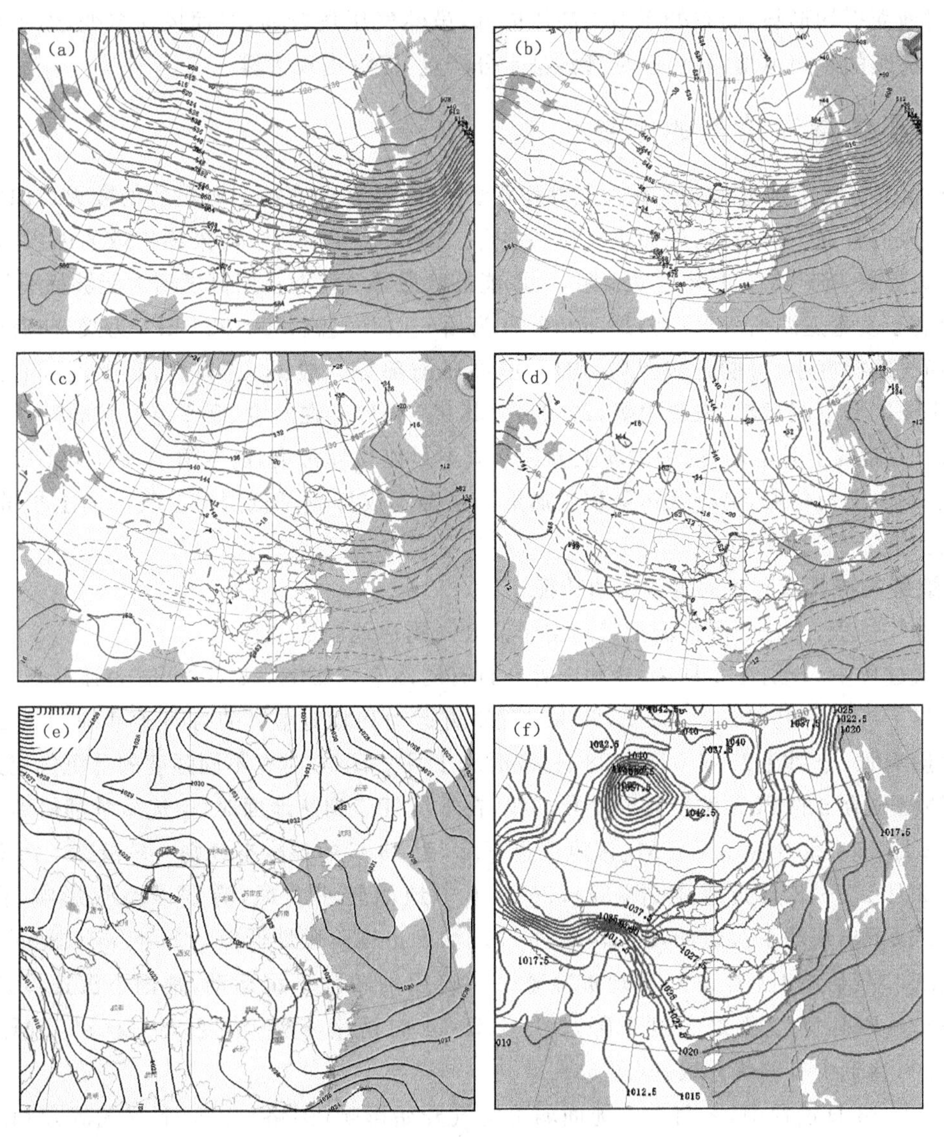

图2 2013年2月20—28日08时平均高度和温度场(a. 500 hPa，c. 850 hPa)
2013年1月6日08时—8日08时平均高度和温度场(b. 500 hPa，d. 850 hPa)及地面平均形势
(e. 2013年2月23日08时—25日08时，f. 2013年1月6日08时—8日08时)

2.2 山东雾-霾过程地面形势差异

在同样的环流背景下，出现霾还是雾，则取决于地面相对湿度是否在95%以上，需重点分析地面形势及风、温、湿等气象要素的演变。

山东濒临黄海、渤海，冬季，来自海上的东到东南风会输送暖湿空气使露点温度升高。2013年2月20—28日历时9 d的污染过程中，虽然风速小而风向多变，但由23日08时—25日08时地面平均形势（图2e）可见，24日高压入海之后，山东处于海上高压后部东南风控制下，尤其24—25日，受地面倒槽影响，持续东到东南风，使露点温度明显上升，全省大部分地区露点温度由23日08时−4～−10 ℃上升到25日08时−1～3 ℃，普遍上升5 ℃以上，导致26日早晨弱冷空气影响时，山东大部分地区出现大雾。图2f给出了2013年1月6日08时—8日08时地面平均形势，山东处于地面高压前部，虽然气压场较弱，时而风向多变，但主要是小北风，无持续的东南风增湿过程，尽管污染十分严重，但没出现大雾。

3 雾-霾维持和消散的重要机制

雾-霾及空气污染过程发生在大气静稳背景下，一般在前次冷空气过后的数天之内开始积累加重，人们普遍关注逆温、地面小风速和混合层高度低等不利于污染物扩散的因素，认为逆温导致边界层“脏”空气上升运动受阻，大风能够吹散雾-霾，混合层高度增大能够稀释污染。

有利于发生逆温的天气形势是：500 hPa为西—西北气流，850、925 hPa为暖脊，有弱暖平流，地面气压梯度小，可能是鞍型场、均压场、高压前部等。根据“ω”方程，暖平流区有上升运动，冷平流区有下沉运动（朱乾根等，2000），尤其850 hPa存在暖脊、暖平流又较弱时，使得850 hPa以下为微弱上升运动，这种微弱上升运动既不足以稀释污染，高空清洁大气又不能下沉到达地面，垂直交换停滞，易导致污染积累加重。逆温不仅抑制了低层脏空气的向上扩散，也抑制了高空清洁空气的下沉。

3.1 雾-霾维持及消散时的垂直运动特征

冷空气过程，正是下沉气流携带高空干洁大气到达地面的过程。

两次过程中，分别在2月26日和1月9日有弱冷空气影响，28日20时为强冷空气影响。图3给出了济南附近（36°N，117°E）两次过程垂直运动和相对湿度的时间-高度垂直剖面，3次冷空气影响时，分别在26日08时、28日20时和1月9日02时有不同强度的下沉气流到达地面，对照图5给出的PM_{10}浓度逐时变化曲线，在下沉气流到达地面时，空气质量都得到了明显改善。2月26日和1月9日PM_{10}浓度明显下降，而28日的强冷空气则一举清除了污染。

在2月25—28日过程中（图3a），26日上午地面转小北风，有弱冷空气影响（图略），850 hPa以下出现弱下沉运动，26日06时PM_{10}浓度出现阶段性低值222 $\mu g/m^3$（图5a）；28日20时强冷空气影响时（图3a），出现贯穿整个对流层的较强下沉运动，地面下沉速度达12×10^{-3} hPa/s，PM_{10}浓度随之急剧下降，3月1日14时济南PM_{10}浓度38 $\mu g/m^3$，$PM_{2.5}$浓度16 $\mu g/m^3$，达到少有的优秀级别（图5a）。

1月6—8日过程中，8日白天地面弱冷空气开始影响（图略），夜间下沉气流方到达地面（图3b），9日02时近地面下沉速度为1×10^{-3} hPa/s，济南PM_{10}浓度由8日17时832 $\mu g/m^3$，下降到9日14时的115 $\mu g/m^3$（图5b），由严重污染明显改善为良。

而其余时段，雾和霾及污染都较为严重，其垂直运动特征是800 hPa以下微弱上升和

700 hPa 微弱下沉运动(图 3),造成近地面污染空气和高空清新大气对峙,垂直交换停滞。

可见,冷空气对雾-霾及污染过程的影响是因为下沉运动使混合层以上的干洁大气到达地面而改善空气质量,强冷空气具有强下沉运动能够清除雾-霾及污染,弱冷空气具有弱下沉运动能明显减轻污染。

3.2 雾和霾过程的地面相对湿度差异

雾和霾过程的区别在于地面相对湿度。2013 年 2 月 25—28 日大雾过程中(图 3a),近地面相对湿度较高,28 日 20 时较强冷空气影响时,强下沉运动使得地面相对湿度急剧下降,大雾及污染过程结束。而 6—8 日霾过程中(图 3b),地面相对湿度始终较小,仅在 8 日弱冷锋影响时相对湿度短暂升高,这是因为高空干侵入及地之前,小幅度降温使地面温度接近露点,8 日夜间出现轻雾。

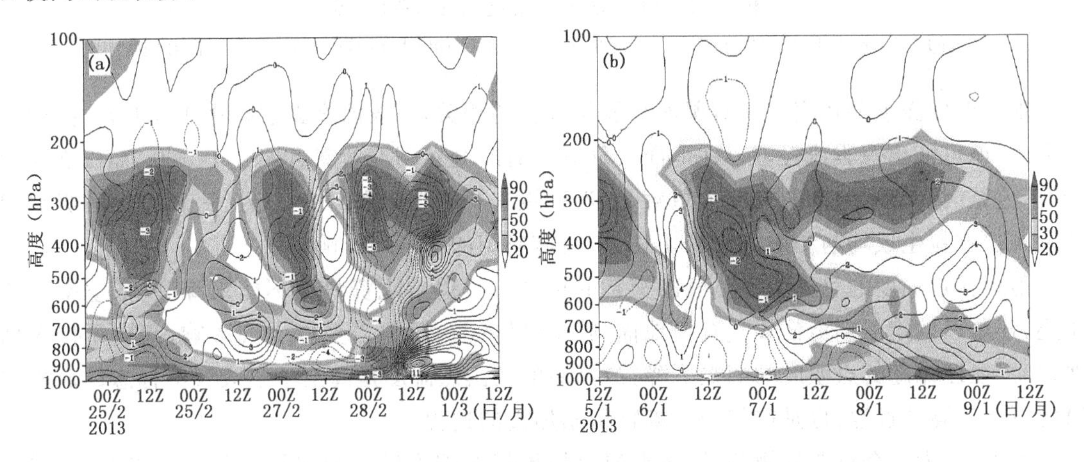

图 3 垂直速度和相对湿度时间垂直剖面(沿 36°N,117°E)

垂直速度(单位:10^{-3} hPa/s)和相对湿度(色阶)

(a. 2013 年 2 月 25 日—3 月 1 日,b. 2013 年 1 月 5—9 日)

3.3 不同强度冷空气的下沉运动特征

为了揭示不同强度冷空气的下沉运动特征,图 4 给出冷空气影响时济南(36.7°N)相当位温、垂直速度和相对湿度的经向(117°E)垂直剖面。θ_e 密集区是冷锋锋区的位置,下沉运动皆位于锋面后部。2013 年 28 日 20 时(图 4a),锋面位于 35°N 附近,36°～40°N 低层为较强下沉运动,800 hPa 以下为 θ_e<284 K 的干冷空气控制,这是强下沉气流带来的高空干洁大气的标志。26 日 08 时(图 4b),地面位于小高压前(图略),转为小北风,36°～38°N 950 hPa 以下 θ_e<284 K 浅薄的干冷空气堆,近地面垂直速度为 0,而边界层之上 θ_e 迅速增大,即浅薄冷空气侵入到边界层,而不是从高空干侵入到地面,地面露点温度未下降,而降温导致相对湿度增大到 90%以上,造成大雾。1 月 9 日弱冷空气影响(图 4c),地面有弱下沉气流,并不像强冷空气过后有庞大均匀的干冷空气团控制对流层低层。可见,强冷空气过程下沉气流强,冷锋过后有来自高空的干洁大气控制地面,能够驱散雾-霾。弱冷空气由于下沉气流弱,不能彻底置换地面脏空气,因而只能减轻污染。

3.4 露点温度剧烈下降是高空干洁大气到达地面的标志

露点温度是雾、霾预报中重要的物理量。

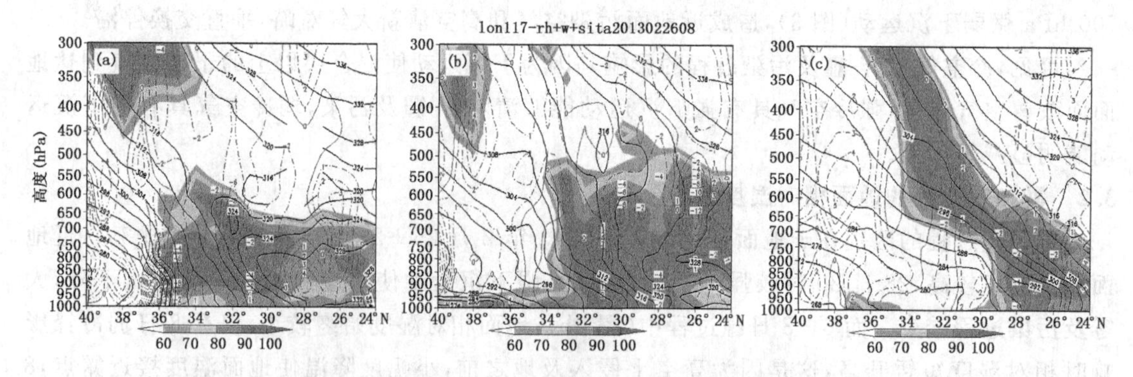

图 4　冷空气影响时济南经向垂直剖面图，θ_e(实线，单位：K)、垂直速度(虚线，单位：10^{-3} hPa/s)、相对湿度(影区，单位：%)

(a)2013 年 2 月 28 日 20 时，(b)2013 年 2 月 26 日 08 时，(c)2013 年 1 月 9 日 02 时

地面温度露点差代表的相对湿度与能见度密切相关，一般温度露点差小于 2 ℃且持续 2 h 以上时，就可能出现雾或轻雾。在地面天气图上有时会看到温度露点差等于 0 ℃，而没有雾的情况，这是因为达到饱和的时间太短暂，水汽还没来得及凝结的缘故。另外，颗粒物的吸湿增长及二次颗粒生成均与相对湿度密切相关，对雾或霾的能见度影响巨大。

地面露点温度的急剧变化是气团交替的标志。目前常规资料尚不能跟踪高、低空空气的轨迹，还难以认定高空清洁大气置换地面"脏空气"的过程，但当受冷空气影响，高空干侵入到地面时，往往伴随露点温度的明显下降，冷锋后的低露点温度是高空干洁大气的标志。而露点温度再次升高的过程，也是空气中污染物积累加重的过程。

然而，作为一个重要的物理量，露点温度的预报在理论研究和实际业务中尚未涉及，露点温度的变化细节尚不清楚。一般的说法是露点温度比较保守，日变化较小，但在冷空气影响时，往往露点温度比气温变化幅度更大，且地面露点温度的明显下降总是带来污染状况的改善。

图 5 给出了两次过程中济南露点温度和 PM_{10} 浓度的逐时变化曲线，对照图 3 给出的垂直运动的逐时变化，可见露点温度急剧下降与强下沉运动密切相关。

2 月 25—28 日的污染过程，经历了 26 日 08 时边界层弱冷空气影响、28 日 08 时冷锋前整层上升运动和 28 日 20 时的强冷空气影响时整层强下沉运动。由图 5a 可见，在强冷空气影响后露点温度剧烈下降，28 日 23 时露点温度下降到－12 ℃，3 月 1 日更是一路下降，15 时下降到－20 ℃，较 28 日 14 时的 8 ℃下降了 28 ℃，而两时刻温度变幅为 10 ℃，空气质量由 28 日的严重污染转变为 3 月 1 日优秀级别。

26 日边界层弱冷空气影响时，低层出现了弱的下沉，但近地面垂直速度为 0，高空干侵入未到达地面，露点温度没有变化，PM_{10} 浓度有所下降，之后一路升高，27 日 18 时达 749 μg/m³。可见，边界层浅薄冷空气不能降低露点温度，反而因为降温易造成大雾，低层弱下沉只能短暂改善空气质量。

值得关注的是，28 日白天冷锋前整层上升运动(图 3a)，低层水汽辐合，地面露点温度明显升高(图 5a)，由于低层空气向上扩散，PM_{10} 浓度明显下降，13 时出现 25 日以来的最小值(200 μg/m³)，可见，整层上升运动也只能稀释污染，只有强下沉运动带来的干洁大气才能根除雾、霾和污染。

1 月 8 日弱冷空气影响，夜间下沉气流到达地面，虽然因气象观测与空气质量观测点位置不一致，造成 9 日 02 时露点温度（气象观测）和 PM_{10} 浓度的快速下降（环境观测）不同步（图 5b），但冷空气过境之后 PM_{10} 浓度和露点温度同位相明显下降，9 日 14 时下降到 −17 ℃，较 8 日 23 时的 −7 ℃下降了 10 ℃，期间温度变幅为 5 ℃，空气质量也由严重污染转变为优良。

可见，冷空气过程中，露点温度的变化幅度比温度剧烈得多，这是气团更替的标志，是高空干洁大气取代地面脏空气的过程，冷空气越强，下沉气流越强，置换过程越彻底。强冷空气伴随露点温度的剧烈下降，必然造成空气质量的根本改善。弱冷空气露点温度下降小，整层弱下沉能减轻污染。而由于低层辐合造成整层上升运动时，“脏”空气向上扩散使污染减轻，但不会彻底消散，此时地面露点温度可能升高。

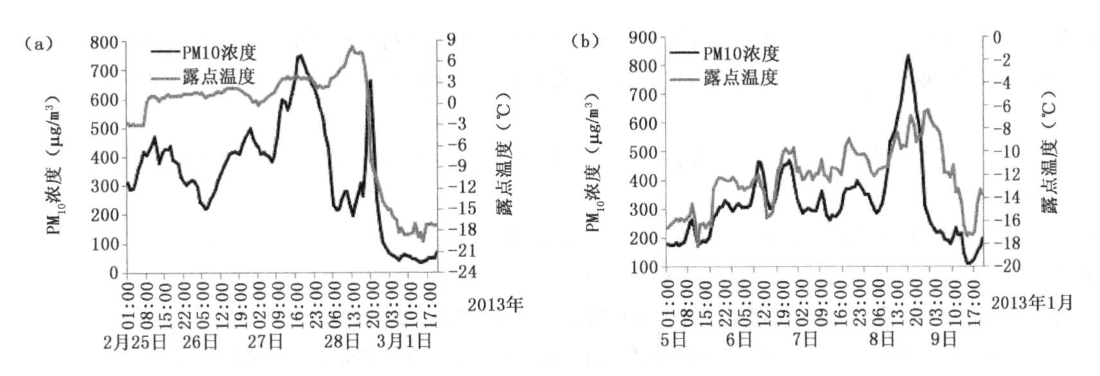

图 5 露点温度与 PM_{10} 浓度逐时曲线

（a. 2013 年 2 月 25 日—3 月 1 日，b. 2013 年 1 月 5—9 日）

4 结 论

（1）静稳大气的环流背景一般为 500 hPa 高空为脊前西—西北气流，温度平流弱，而 850 hPa 为暖脊，有弱暖平流，地面气压场弱，易造成逆温、地面小风速和混合层高度低等，导致大气扩散能力差，这几点已经得到广泛关注。但更重要的是，这样的环流背景下，垂直运动为 850 hPa 微弱上升和 700 hPa 微弱下沉，造成高空干洁大气和地面“脏”空气对峙的局面，垂直交换受到抑制导致混合层内污染物积累。

（2）强冷空气驱散雾-霾的过程，正是打破了空气垂直交换停滞的状态，使得高空清洁大气能够下沉到地面，空气质量的根本改善由垂直交换完成。

（3）弱冷空气伴随的弱下沉运动和锋面附近的整层上升运动能够减轻污染。

（4）地面露点温度明显下降时，往往伴随空气质量的明显改善，冷锋过后剧烈下降的露点温度即是高空干洁大气到达地面的标志。

（5）雾与天气形势密切相关，强浓雾时能见度仅几米、几十米，对交通安全影响巨大，是天气预报的重要内容。而霾是颗粒物多寡的标志，当重污染状况下相对湿度 80%～90%时，易出现能见度在 1～2 km 的重度霾。

参考文献

邓学良，石春娥，姚晨，等，2015. 安徽霾日重建和时空特征分析[J]. 高原气象，**34** (4)：1158-1166.

杜川利，唐晓，李星敏，等，2014. 城市边界层高度变化特征与颗粒物浓度影响分析[J]. 高原气象，**33** (5)：1383-1392.

付桂琴，张迎新，张庆红，等，2013. 河北低能见度事件特征分析[J]. 气象，**39**(8)：1042-1049.

郭英莲，王继竹，刘希文，2014. 武汉地区连续两次严重雾霾天气成因分析[J]. 高原气象，**V33**(5)：1411-1420.

李星敏，董自鹏，陈闯，等，2014. 陕西关中气溶胶对大气能见度的影响研究[J]. 高原气象，**33** (5)：1289-1296.

廖碧婷，吴兑，陈静，等，2012. 灰霾天气变化特征及垂直交换系数的预报应用[J]. 热带气象学报，**28**(3)：417-424.

刘梅，严文莲，张备，等，2014. 2013 年 1 月江苏雾霾天气持续和增强机制分析[J]. 气象，**40**(7)：835-843.

王建国，王业宏，盛春岩，等，2008. 济南市霾气候特征分析及其与地面形势的关系[J]. 热带气象学报，**24**(3)：303-306.

王业宏，盛春岩，杨晓霞，等，2009. 山东省霾日时空变化特征及其与气候要素的关系[J]. 气候变化研究进展，**5**(1)：24-28.

吴兑，2008. 大城市区域霾与雾的区别和灰霾天气预警信号的分布[J]. 环境科学与技术，**31**(9)：1-7.

吴兑，2006. 再论都市雾与霾的区别[J]. 气象，**32**(4)：9-15.

吴兑，2012. 近十年中国灰霾天气研究综述[J]. 环境科学学报，**32**(2)：257-269.

吴兑，毕雪岩，邓雪娇，等，2006. 珠江三角洲大气灰霾导致能见度下降的研究[J]. 气象学报，**64**(4)：511-518.

吴兑，廖国莲，邓雪娇，等，2008. 珠江三角洲霾天气的近地层输送条件研究[J]. 应用气象学报，**19**(1)：1-9.

吴珊珊，张毅之，胡菊芳，2014. 江西省霾天气气候特征及其与气象条件的关系[J]. 气象与环境学报，**30**(3)：70-77.

姚秀萍，彭广，于玉斌，2009. 干侵入强度指数的表征及物理意义[J]. 高原气象，**28**(3)：507-515.

于玉斌，姚秀萍，2003. 干侵入的研究及其应用进展[J]. 气象学报，**61**(6)：769-778.

张恒德，饶晓琴，乔林，2011. 一次华东地区大范围持续雾过程的诊断分析[J]. 高原气象，**V30**(5)：1255-1265.

赵普生，徐晓辉，孟伟，等，2012. 京津冀区域霾天气特征[J]. 中国环境科学，**32**(1)：31-36.

朱乾根，林锦瑞，寿绍文，等，2000. 天气学原理和方法[J]. 北京：气象出版社.

河南省 2015 年冬季三次重污染过程的对比分析

董贞花[1,2]　孔海江[1,2]

(1. 中国气象局农业气象保障重点实验室，北京 100081；2. 河南省气象科学研究所，郑州 450003)

摘　要

利用气象观测资料、EC-intrim 再分析资料以及河南省环保检测中心提供的污染监测资料，对比分析了河南省 2015 年 11 月 27 日—12 月 1 日、12 月 5—14 日、12 月 19—25 日的三次重污染过程。首先从范围、时间、强度、首要污染物上分别对比分析这三次过程的污染特征；其次对比分析了这三次过程的气象条件，表明西路冷空气是三次重污染过程结束的天气系统；风速、相对湿度与 $PM_{2.5}$ 浓度有一定的超前滞后相关，超前 4 h 的风速、超前 1 h 的相对湿度与 $PM_{2.5}$ 浓度的相关最强；三次过程平均的 500 hPa 高度场上，河南省都处在平直的西风环流中；第一次过程出现了逆温，且逆温区与污染范围相对应，而第二和第三次只在部分时段、部分地市出现逆温；第二、第三次污染过程有较明显的传输作用，由于过程时间的长短不同，本底污染源的累积和传输造成三次过程的污染程度和污染范围有较大差异。

关键词：*AQI*　首要污染物　气象条件　相关　传输

引言

重度及严重空气污染不仅能危害人们的正常生活，甚至能威胁人们的身心健康。连续多日重度及严重空气污染，导致空气污浊、光照减少、能见度下降，从而对呼吸道病人、农业生产、交通运输等带来不同程度的广泛影响，随着社会各界对大气污染问题的深刻认识，针对空气质量、空气污染的自然、气象条件等的研究已经成为许多部门重点研究的课题之一。目前，已有很多学者做了相关的研究，如刘丽丽等(2015)结合北京污染数据、地面气象要素、能见度、边界层温湿度和风廓线、后向轨迹，深入分析了天津冬季重霾污染过程及气象和边界特征分析。李国翠等(2009)对 2004—2008 年北京市空气持续重污染过程进行了统计，对非沙尘型持续重污染天气形势的特征进行了分析。谢付莹等(2010)研究了 2008 年奥运会期间北京地区 PM_{10} 污染天气形势和气象条件特征。王珊等(2015)分析了西安一次霾重污染过程的大气环境特征及气象条件。徐晓峰等(2005)分析了 2004 年 10 月北京一次局地重污染过程的气象条件，发现这次持续重污染过程是由本地的污染源和大尺度的天气形势共同造成的。目前，针对河南的重污染方面研究较少，本文主要对河南省 2015 冬季的三次连续重污染过程的污染范围、污染强度、持续时间和三次重污染过程的开始、持续、结束的气象条件差异及引起这些不同的原因所做的研究。

1　资料与重污染天气标准

空气污染资料为 2015 年 11—12 月河南省 18 个地市环境监测站的逐日及逐时 $PM_{2.5}$、

PM_{10}等主要空气污染物的空气质量监测数据。分析三次重污染气象条件的资料为地面气象要素常规观测资料和0.75°×0.75°的EC-intrim再分析资料。

根据《中华人民共和国国家环境保护标准HJ633-2012》及《中华人民共和国国家标准GB3095-2012》的规定，按照全市环境监测站点的日平均空气质量指数(AQI)，将200 $<AQI\leqslant$ 300定为5级空气重度污染日，$AQI>300$定为6级空气严重污染日，5和6级空气污染日均称为重污染天气日，并将连续不少于3 d的空气重污染天气定义为连续重污染天气过程(郭立平等，2015)。文中将河南省18个地市中连续不少于3 d及以上的至少有1个城市的空气污染为重污染天气定义为河南省连续重污染天气过程。

文中选取了河南省2015年11月27日—12月1日、12月5—14日、12月19—25日三次重污染过程，并对比分析这三次重污染过程的污染特征和气象条件。文中以第一次、第二次、第三次过程分别代表2015年11月27日—12月1日、12月5—14日、12月19—25日这三次重污染过程。

2　三次重污染过程污染特征的对比分析

文中首先从AQI指数、重污染的影响范围和时间、首要污染物及$PM_{2.5}/PM_{10}$比值的变化等方面对比分析三次重污染过程。

2.1　*AQI*情况

表1给出了三次重污染过程的AQI情况，对比分析可以看出，第一次AQI值最小，第二次和第三次都有城市AQI爆表，第三次有4个城市爆表，分别是安阳连续爆表3 d、新乡爆表连续2 d、濮阳和周口各爆表1 d。第一次达到重污染天气的城市数最少，第二次和第三次河南省18个地、市均不同程度出现了重污染天气。

表1　三次重污染过程的*AQI*日历表

城市名称	11月27日—12月1日(第一次)					12月5—14日(第二次)										12月19—25日(第三次)						
	27	28	29	30	1	5	6	7	8	9	10	11	12	13	14	19	20	21	22	23	24	25
安阳	152	208	302	280	200	223	226	381	364	500	431	148	144	144	98	210	239	278	500	500	500	139
鹤壁	155	206	192	232	147	137	195	332	345	396	328	203	183	155	128	266	290	251	319	412	392	108
新乡	149	163	198	315	206	113	266	329	328	308	408	150	176	224	147	234	312	354	291	500	500	92
焦作	128	150	148	241	240	124	178	317	294	277	407	168	147	231	117	242	293	274	366	452	276	68
濮阳	63	120	152	209	155	104	115	227	229	234	500	152	100	182	198	318	295	245	193	492	500	152
郑州	212	238	179	444	244	144	210	322	317	336	410	156	88	183	82	228	254	285	230	328	320	89
开封	109	98	122	375	189	101	114	271	282	222	446	202	99	202	80	263	215	267	186	297	496	78
许昌	77	179	120	150	110	159	212	262	293	296	320	220	76	156	97	192	264	217	170	254	428	75
漯河	127	185	149	132	99	159	175	158	262	292	269	334	130	198	117	198	253	236	214	239	446	74
商丘	90	155	297	232	186	158	125	166	110	114	285	237	144	258	262	214	259	256	234	296	495	236
周口	85	155	214	130	113	165	249	147	224	284	296	290	113	182	145	183	243	222	205	212	500	87
三门峡	178	180	198	129	170	94	123	248	266	238	263	227	130	150	51	149	202	262	391	414	288	100
洛阳	92	158	102	110	115	123	186	253	264	201	218	183	118	160	49	179	224	253	225	405	189	76
济源	139	201	117	147	102	92	119	262	293	182	238	206	110	207	84	173	202	214	282	388	220	78
平顶山	112	110	135	129	105	134	166	190	234	312	244	215	95	166	81	182	232	221	207	258	230	68
南阳	92	102	115	77	56	103	124	88	204	256	238	205	104	140	125	142	199	169	163	200	213	107
驻马店	123	134	143	86	109	125	180	138	310	327	310	318	133	166	112	152	180	192	202	209	351	84
信阳	74	88	98	119	92	84	99	93	231	226	287	341	212	159	117	158	159	129	212	180	309	139

从表 1 可以看出，三次重污染过程分别在 11 月 30 日、12 月 10 日和 12 月 24 日污染最严重。

2.2 影响范围和时间

从图 1 可以看出，河南省 2015 年 11 月 27 日—12 月 1 日、12 月 5—14 日、12 月 19—25 日三次重污染过程的影响范围。第一次过程的重污染影响范围最小，主要影响河南省北部、中部和东部；后两次范围更大，全省都受到了重污染的影响。

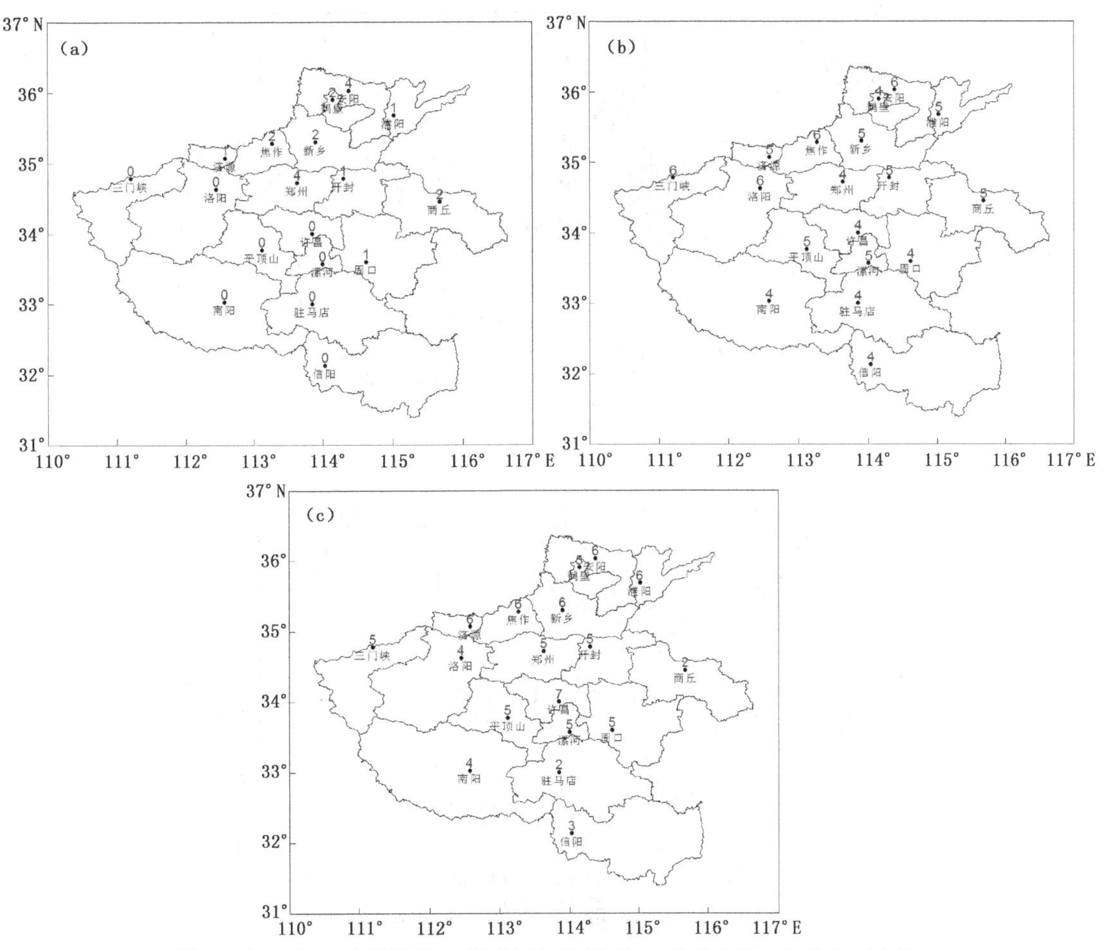

图 1　(a)、(b)、(c)分别为 2015 年 11 月 27 日—12 月 1 日、12 月 5—14 日、12 月 19—25 日三次重污染过程中河南省 18 地、市的重污染天气日数

从时间上看，第一次过程的影响时间为 5 d，第二次为 10 d，第三次为 6 d，因此，第二次过程受重污染影响时间最长。

从 18 地、市的重污染天气日数还可以看出，河南省北部城市达重污染日数要多与南部城市的重污染日数。

2.3 首要污染物及 $PM_{2.5}/PM_{10}$ 比值变化

从首要污染物看(表略)，三次过程首要污染物主要是 $PM_{2.5}$。但值得注意的是，在 $AQI>400$ 时，首要污染物是 PM_{10}。在第一次和第二次过程中，$AQI>400$ 时，首要污染物都为 PM_{10}。在第三次过程中，逐日的 AQI 表明，当 AQI 达到 500 时(爆表)，首要污染物都为 PM_{10}，当 $AQI>400$ 时，出现的次数为 16 次，其中有 10 次的首要污染物为 PM_{10}。可以看出，

当 $AQI>400$ 时，首要污染物是 PM_{10}。

图 2 给出了安阳、焦作、三门峡、郑州、商丘及漯河 6 个城市逐时的 AQI 及 $PM_{2.5}/PM_{10}$ 比值 11 月 24 日—12 月 27 日的变化，可以看出，当这 6 个城市 AQI 不低于 200 时，$PM_{2.5}/PM_{10}$ 比值大部分时间都大于 0.5，这说明 3 次重污染期间首要污染物均以 $PM_{2.5}$ 为主。

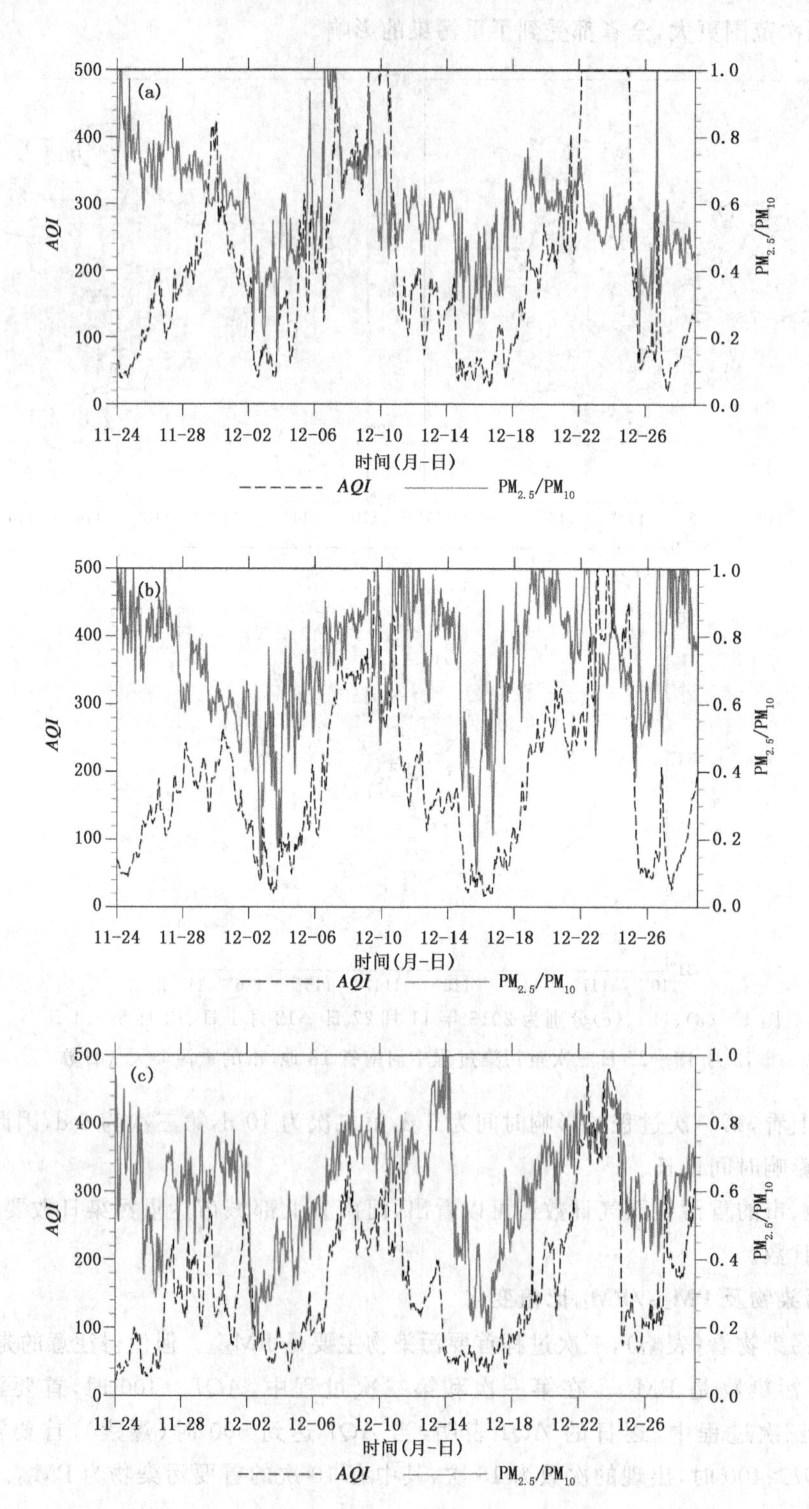

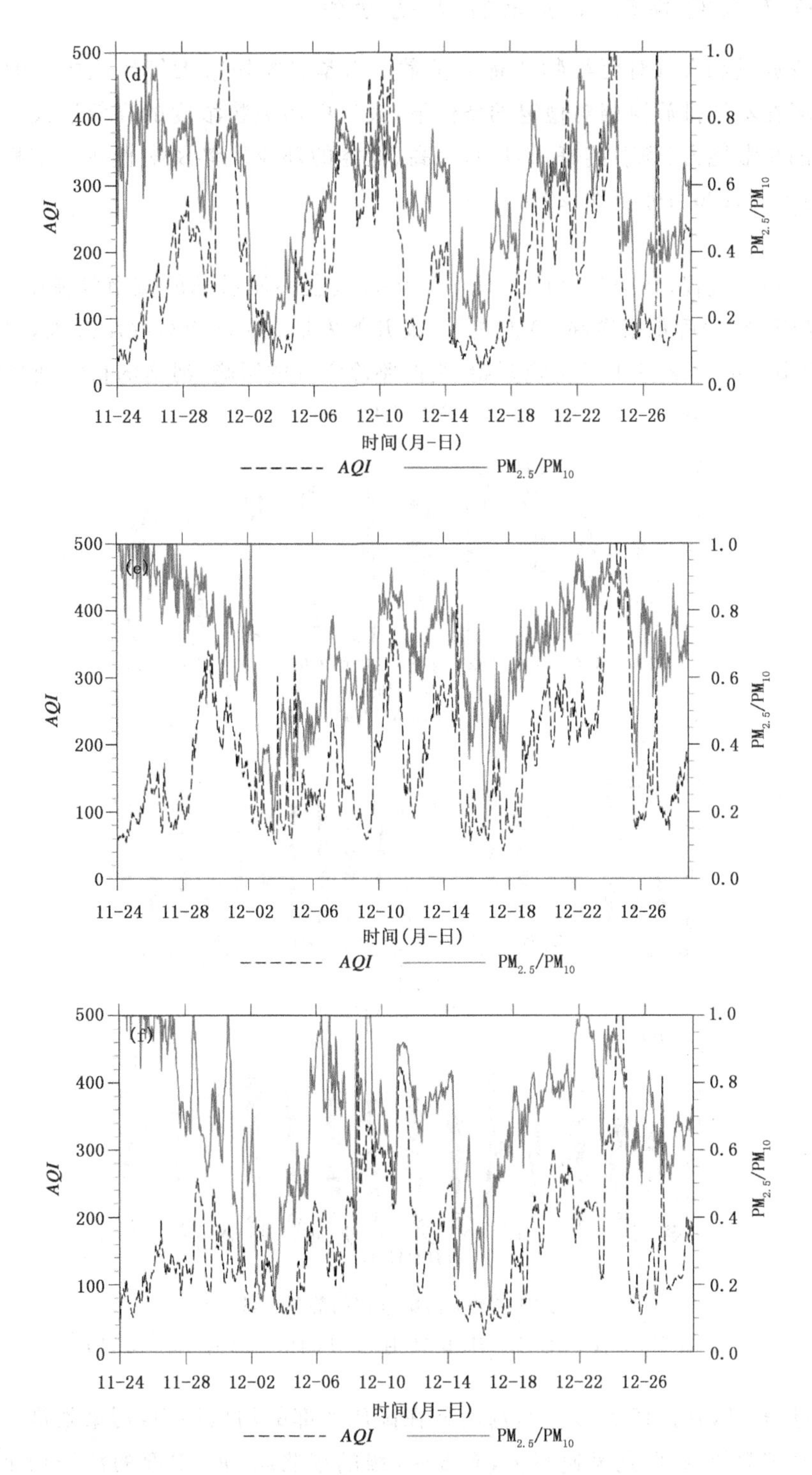

图 2　安阳、焦作、三门峡、郑州、商丘及漯河六个城市的 *AQI* 及 $PM_{2.5}/PM_{10}$ 比值在 11 月 24 日—12 月 27 日期间的变化

3 三次重污染过程的气象条件对比分析

污染物排放量和大气对污染物的稀释扩散能力是影响城市大气环境质量的两个主要因子。一个区域在本地排放源相对稳定的条件下，大气中污染物浓度的高低取决于大气的稳定程度与大气的扩散能力(杨素英等，2010)，而高、低空的环流形势及配置在一定程度上起决定性作用(饶晓琴等，2008；孙燕等，2010)。

3.1 实况

第一次重污染过程，开始时(11 月 27 日)，河南处在高压后部的偏南气流中，28—30 日天气静稳，如安阳(图 3)静稳指数在 20 左右，污染开始发展，30 日相对湿度最大，过程污染最严重，北中部污染最重。12 月 1 日傍晚开始，受西路冷空气的影响，河南的重污染减弱消散。

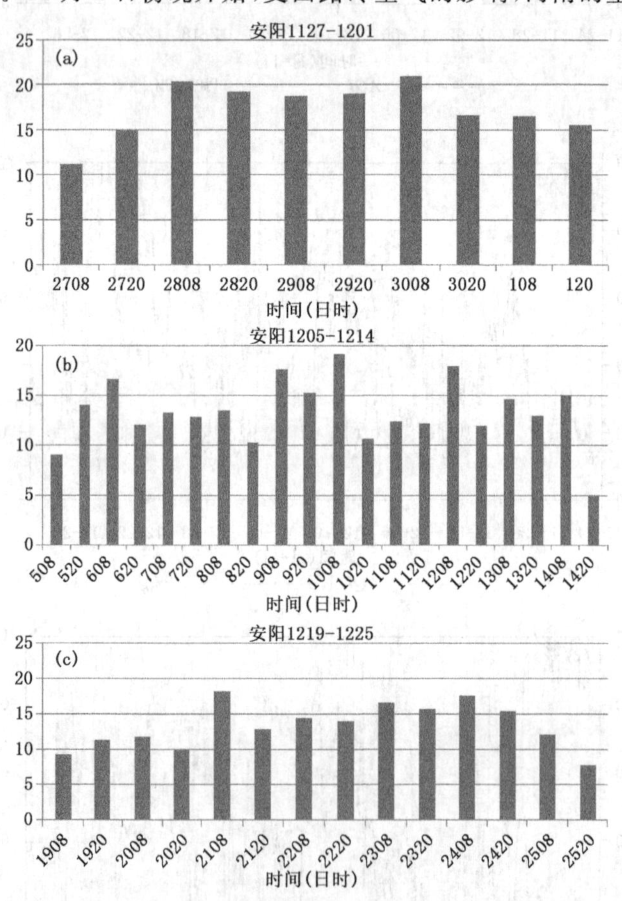

图 3 安阳三次重污染过程的静稳指数变化

(a. 11 月 27 日—12 月 1 日，b. 12 月 5—14 日，c. 12 月 19—25 日)

第二次过程，开始时(12 月 5 日)，河南处在高压底部的均压场中，污染发展。7 日有弱的东路弱冷空气扩散影响，但是风速不大，有 2～3 级的东北风，北、中部的污染加重。9 日天气静稳，安阳静稳指数开始增大，有利于污染的发展，安阳已出现爆表。10 日又一股中路冷空气影响河南，全省转为偏北风，污染程度先由北向南发展，然后自北向南改善。但是 12 日安阳静稳指数又开始增大，污染再次发展。14 日受西路冷空气的影响，河南的重污染彻底减弱消散。

第三次过程，开始时(12 月 19 日)，河南处在高压底部的弱气压场中，随后逐渐转为高压后部的偏东气流中，污染开始发展。23 日之前，河南一直处在弱的气压场或均压场中，安阳静稳指数过程最大，风向以偏东为主，加上偏东风的作用以及西北部、西部太行山的阻挡，23 日河南又转为东北风，河南的中西部、北部污染最重，*AQI* 都在 300 以上，有安阳、濮阳、新乡三个城市都出现了爆表。23 日傍晚开始，受西路冷空气的影响，河南西部盛行西北风，其他地区偏北风，西部的污染有所改善，东部、南部的污染明显加重。24 日全省转为偏西风，重污染减弱消散。

3.2 风场和相对湿度

图 4 给出了三次重污染过程中 11 月 29—30 日、12 月 9—10 日和 12 月 23—24 日的 *AQI*、10 m 风场及 2 m 相对湿度。从风场上看，第一次过程污染最重日 11 月 30 日和前一天的风速都很小，全省风速在 2 m/s 以下，风向以南风为主；第二次过程的风速污染最重日 12 月 10 日河南省西部风速小，在 2 m/s 以下，其他地区风速为 2～4 m/s，风向以北风为主，但是在前一天(12 月 9 日)风速在该过程中最小，全省风速在 2 m/s 以下，沿着京广铁路线有风向的辐合，且沿着京广铁路线附近的污染也最重；第三次过程的污染最重日(12 月 24 日)风速全省在 2～4 m/s，风向西部以西北风为主，其他地区以偏北风为主，北部、中东部的污染最重，西部的最轻，而前一天(12 月 23 日)河南省的西北部、北部的污染最重，从而说明污染有一定的传输作用，并且该过程也是在前一天(12 月 23 日)风速最小，全省在 2 m/s 以下，风向以偏北风为主。从第二和第三次过程可以看出，过程中的最小风速都出现在污染最重日的前一天，说明小风日和污染最重日有一定的超前关系。

从 2 m 的相对湿度场上看，三次重污染过程的污染最重日的湿度都比较大，其中第一次的最大，第三次的西部湿度最小，可见西部的西北风的清除作用比较明显。

分别计算风速、相对湿度与 $PM_{2.5}$ 的超前滞后相关发现，风速与 $PM_{2.5}$ 成负相关，相对湿度与 $PM_{2.5}$ 成正相关，且超前 4 h 的风速、超前 1 h 的相对湿度与 $PM_{2.5}$ 浓度的相关最强(表略)，并通过了显著性检验，从而说明小风速和高的相对湿度有利于污染物的堆积。

3.3 500 hPa 高度场

首先分别对这三次重污染期间的 500 hPa 高度场做了平均(图略)，发现这三次过程 500 hPa 平均高度场上，河南省都处在偏西气流中，第一次河南省处在槽底的偏西气流中，第二次和第三次都处在高压脊前的偏西气流中，中高纬度环流也都比较平直，从而说明平直的西风环流有利于连续重污染过程的发生。

对比分析这三次重污染过程，发现重污染开始之前河南省基本上受西北气流控制，过程的结束主要是由于有低压槽携带冷空气影响，河南省转受西北气流控制。重污染过程的持续或加重主要是由于河南省处在平直的西风环流中，或者河南省处在高压脊区，而浅槽的移过对污染物的清除作用不明显。

3.4 大气逆温层特征

盛裴轩等(2006)指出，大气中逆温层的出现，使大气稳定性增强，并能阻碍空气垂直运动的发展。逆温层下常常聚集着大量的烟、尘、水汽凝结物等，造成大气污染，同时影响天气变化。

分析这三次重污染期间大气逆温层特征发现，第一次过程中存在逆温，而且逆温范围与达

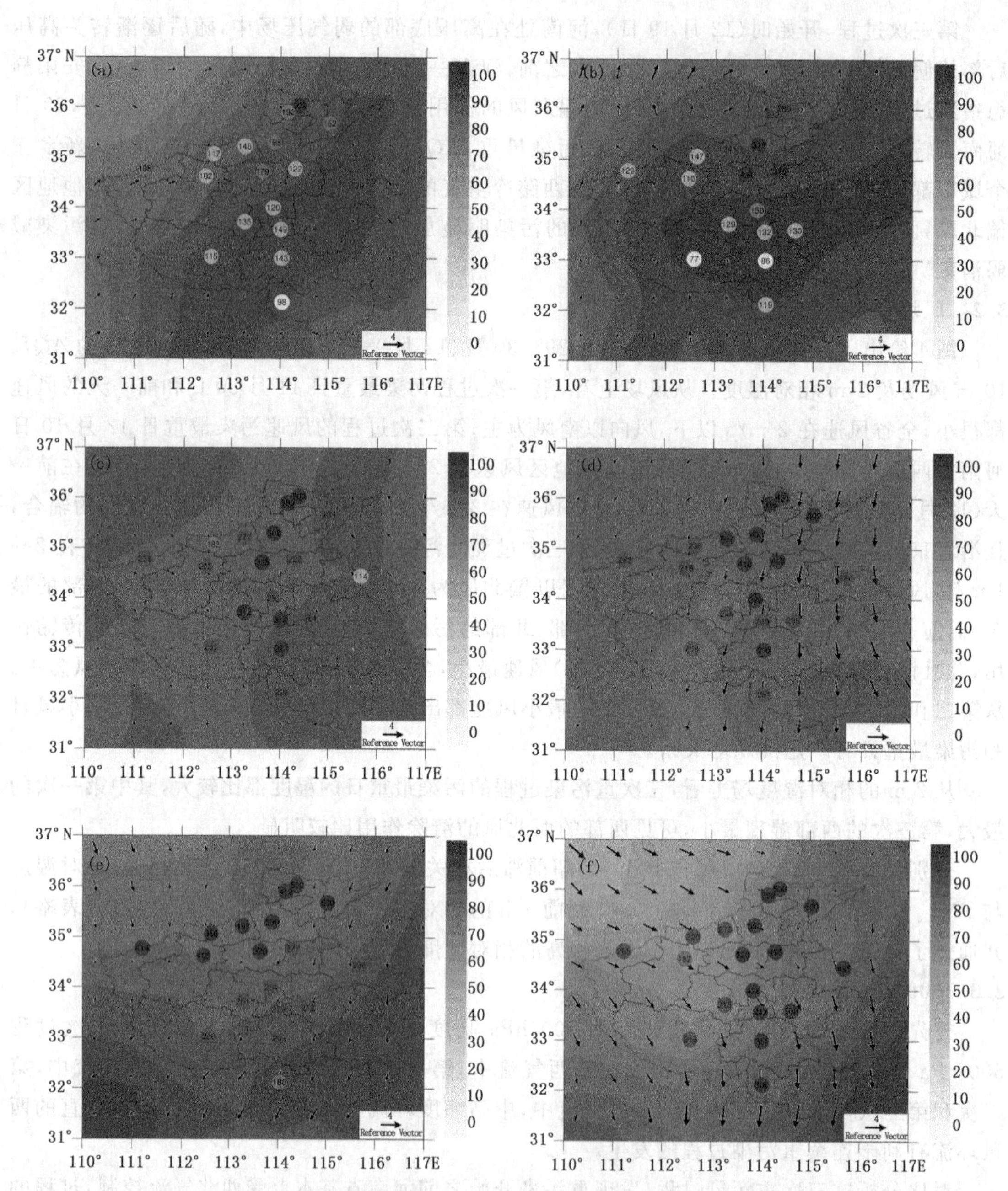

图 4　三次重污染过程中污染最重(a)11 月 29 日、(b)11 月 30 日、(c)12 月 9 日、(d)12 月 10 日、(e)12 月 23 日、(f)12 月 24 日的 AQI(图中数字)、10 m 风场(风矢)及 2 m 相对湿度(色阶)

到重污染的地区对应比较好(图略),后两次过程逆温不明显,只有部分时间内河南省部分地区中层出现过逆温。因此,逆温的存在不是连续重污染过程的必要条件,而逆温的存在是有利于连续重污染的发生。

分别计算第一次过程的河南省 18 地、市的逆温强度(表略),发现在 11 月 30 日 06 和 12 时(世界时)18 地、市的平均逆温最强,达 4 ℃左右,这与 11 月 30 日为第一次过程污染最重日刚好相对应。

3.5　10 m 风场和 2 m 相对湿度场分别沿经度和纬度随时间的剖面

当河南北部城市污染比较重时，风向转为偏北风时，污染由北向南有一定的传输作用。如图 5，在第二次过程中，安阳(36.03°N)*AQI* 在 12 月 9 日这一天爆表，安阳以北为西北风，但是以南以偏西风为主。到了 12 月 10 日，由北向南风向都转为一致的偏北风。从第二次过程由北向南的城市安阳、郑州、漯河、许昌、驻马店、信阳的 *AQI* 变化可以看出，12 月 10 日，安阳 *AQI* 开始下降，而郑州、漯河、许昌、信阳这 4 个城市 *AQI* 都呈上升趋势，从而说明，污染有一定的传输作用。

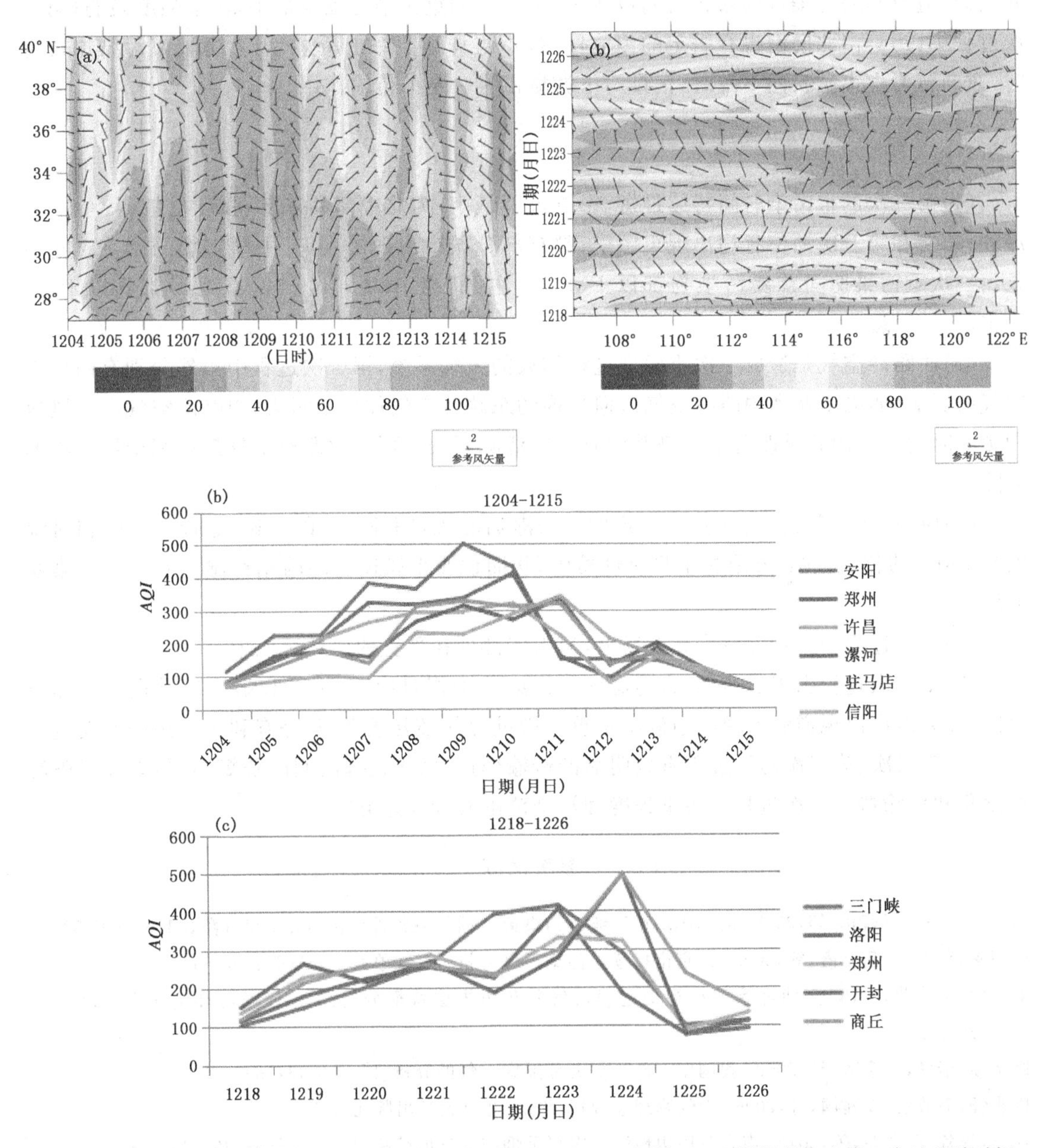

图 5　(a)沿安阳经度第二次过程随时间的 2 m 湿度和 10 m 风场剖面、(b)沿郑州纬度第三次过程随时间的 2 m 湿度和 10 m 风场剖面图以及(c)第二次和(d)第三次过程几个城市 *AQI* 的变化

当河南西部城市污染比较重时，风向转为偏西风时，污染由西到东也有传输作用。如图5，在第三次过程中，三门峡（111.20°E）和洛阳（112.45°E）*AQI*在12月23日最大分别为414和405，这天三门峡和洛阳为偏北风，三门峡和洛阳以东为北到东北风。到了12月24日，风向由西往东为西风—北风。从第三次由西往东的城市三门峡、洛阳、郑州、开封、商丘的*AQI*变化可以看出，12月24日，三门峡和洛阳的*AQI*开始下降，郑州变化不明显，开封和商丘*AQI*都呈明显上升趋势，从而也说明了污染有一定的传输作用。

第一次过程，河南北中部城市污染较重，但是过程中没有一致的偏北风，所以加上过程时间最短，造成本底污染源的累积时间也较短，第一次的重污染范围也最小，污染强度最弱；第三次过程中，污染由北向南也有一定的传输作用，不再详述。综上所述，当上游城市污染比较重时，风向转为由上游吹向下游时，污染对下游城市有一定的传输作用。

4 小 结

（1）第一次的重污染时间持续最短，影响范围最小，为北中部和东部，强度也最弱，*AQI*无爆表；第二和第三次河南省均出现重污染，都有部分城市出现爆表，其中第二次的影响时间最长。三次重污染期间首要污染物都以 $PM_{2.5}$ 为主，而当 $AQI>400$ 时，首要污染物以 PM_{10} 为主。

（2）西路冷空气是造成三次重污染过程结束的天气系统，第二次过程中虽然分别有两次冷空气的影响（弱的东路和中路冷空气），但是弱的东路冷空气加重了污染，中路冷空气由于风速和影响时间的原因只是改善了污染并没有彻底清除污染。可见西路冷空气最有利于污染物的清除。

（3）风速、相对湿度与 $PM_{2.5}$ 有一定的超前滞后相关，超前4 h的风速、超前1 h的相对湿度与 $PM_{2.5}$ 的相关最强，并通过了显著性检验，从而说明小风速和高的相对湿度有利于污染物的堆积。

（4）三次过程500 hPa平均高度场上，河南省都处在平直的西风环流中。

（5）第一次过程出现了逆温，且逆温区与污染范围相对应，而第二和第三次过程只在部分时段、部分地市出现逆温。说明逆温不是重污染过程的必要条件，只是有利于重污染的发生。

（6）第二次、第三次污染过程有较明显的传输作用，由于过程时间的长短不同，本底污染源的累积和传输造成三次过程的污染程度和污染范围有较大差异。

参考文献

郭立平，乔林，石茗化，等，2015. 河北廊坊市连续重污染天气的气象条件分析[J]. 干旱气象，**33**(3)：497-504.

李国翠，范引琪，岳艳霞，等，2009. 北京市持续重污染天气分析[J]. 气象科技，**37**(6)：656-659.

刘丽丽，王莉莉，2015. 天津冬季重霾污染过程及气象和边界层特征分析[J]. 气候与环境研究，**20**(2)：129-140.

饶晓琴，李峰，周宁芳，等，2008. 我国中东部一次大范围霾天气的分析[J]. 气象，**34**(6)：89-96.

盛裴轩，毛节泰，李建国，等，2006. 大气物理学[M]. 北京：北京大学出版社：165.

孙燕，张备，严文莲，等，2010. 南京及周边地区一次严重烟霾天气的分析[J]. 高原气象，**29**(3)：794-800.

王珊，廖婷婷，王莉莉，等，2015. 西安一次霾重污染过程大气环境特征及气象条件影响分析[J]. 环境科学学报，**35**(11)：3452-3462.

谢付莹,王自发,王喜全,2010. 2008年奥运会期间北京地区PM1 0污染天气形势和气象条件特征研究[J]. 气候与环境研究，**15**(5):584-594.
徐晓峰,李青春,张小玲,2005. 北京一次局地重污染过程气象条件分析[J]. 气象科技,**33**(6):543-547.
杨素英,赵秀勇,刘宁微,2010. 北京秋季一次重污染天气过程的成因分析[J]. 气象与环境学报,**26**(5):13-16.

基于水文气象耦合的清江流域大洪水预报
——以2016年7月洪水为例

彭　涛　王俊超　殷志远　沈铁元

（中国气象局武汉暴雨研究所 暴雨监测预警湖北省重点实验室，武汉 430062）

摘　要

短期洪水预见期内的降水量直接影响着洪水预报的精度，合理有效利用预见期降水开展水文预报越来越受广大水文气象学者的重视。2016年7月19日清江流域遭受大暴雨过程，流域24 h累计雨量大于100 mm，爆发大洪水。对此，文中利用建立的水文气象耦合预报模型，通过集成中尺度数值模式预报降雨信息，作为预见期内的降雨，输入新安江模型，对2次降水过程开展水文气象预报服务，取得了较好的效果。试验结果表明：考虑预见期内的降雨相对于未考虑预见期降雨对洪水预报结果提高具有明显的优势。

关键词：数值模式预报　预见期降水　新安江模型　水文气象耦合

引言

暴雨是影响中国的主要灾害性天气，暴雨引起的洪涝灾害常给人民生命财产和国民经济建设带来巨大损失。预见期内的降水量直接影响着洪水预报的精度，预见期愈长，预见期内的降雨对预报影响愈大。为此，预见期内的降雨与洪水预报耦合技术也逐步受到了广大水文和气象科技工作者的关注（李超群等，2006；崔春光等，2010；王莉莉等，2012；殷志远等，2010）。随着数值预报理论与方法的飞跃发展，数值预报正成为暴雨预报实现定点、定时和定量的科学手段，为水文模型预见期降水的预报提供了强有力的支撑。因此，通过建立水文、气象耦合预报模型，结合2016年汛期清江水布垭水库流域的暴雨洪水，开展基于水文、气象耦合的清江流域大洪水预报试验。

1　流域及暴雨洪水过程概况

1.1　流域概况及资料情况

由于沿清江河道分布有三级梯级水电站（包括水布垭、隔河岩、高坝洲），为尽可能减少人为调度因素对计算结果的影响，选取处于最上游的水布垭控制流域作为研究对象（图1）。其控制流域面积为10860 km^2，水库正常蓄400 m，库容43.12×10^8 m^3，是一座具有多年调节性能的水库，属于一等大型水电水利工程，工程以发电、防洪为主，兼顾旅游、养殖和灌溉等功能（殷志远等，2010）。

试验过程所用资料主要包括：清江梯调管理中心提供的2009—2016年水布垭逐时入库流量资料；湖北省气象信息与技术保障中心提供的2009—2016年研究流域内70个地面雨量站降水资料；武汉暴雨研究所区域数值模式提供的降水预报产品资料。

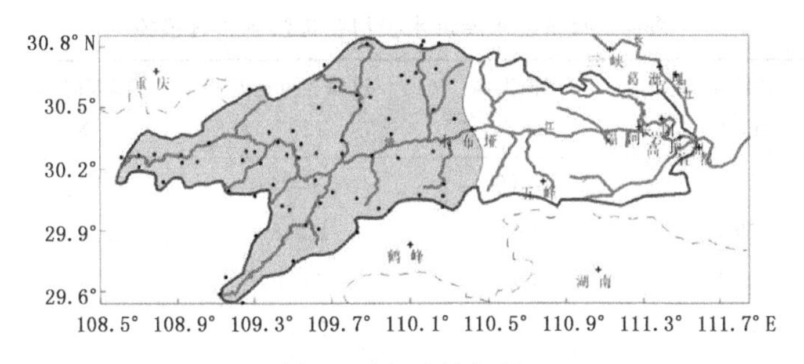

图 1　清江流域概况

1.2　暴雨洪水过程概况

2016 年 6 月底至 7 月清江流域两次强降水过程(图 2),7 月 18 日 08 时至 20 日 08 时,整个清江流域遭受特大暴雨袭击,导致河流、水库水位上涨迅猛,为清江流域百年一遇的大洪水。从 7 月 19 日 08 时至 20 日 08 时流域雨量站监测的降水情况来看,所有站点累计雨量几乎均大于 100 mm。

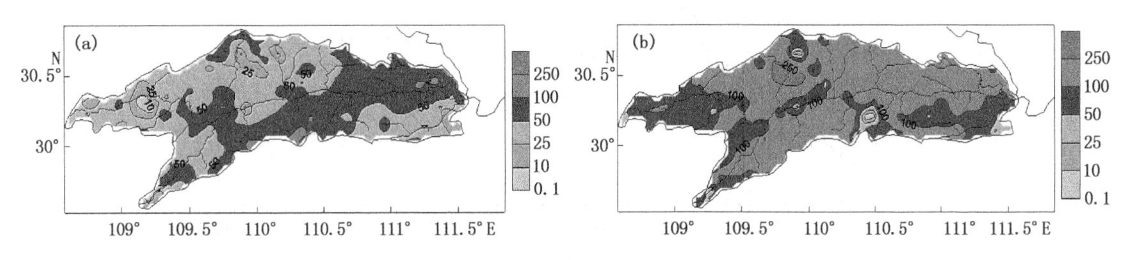

图 2　流域 2 次过程降水实况分布

(a. 2016 年 6 月 30 日—7 月 1 日,b. 2016 年 7 月 18—21 日)

2　流域水文预报模型建立

2.1　水文模型选择

根据试验流域湿润的气候特点,选择在中外水文预报工作中应用较好的新安江模型作为该流域水文模型(赵人俊和王佩兰,1988;朱求安和张万昌,2004)。该模型使用了蓄满产流与马斯京根汇流概念,有分单元、分水源、分汇流阶段的特点,其结构简单、参数较少,各参数具有明确的物理意义,计算精度较高。

2.2　模型参数率定

结合水布垭水库控制流域暴雨洪水过程,首先选取 30～40 场洪水过程开展水文模拟试验,将降水和流量等资料输入新安江水文模型,进行初步洪水预报计算,将计算结果与实际水文站监测结果进行对比分析,采取人工干预结合优化的方法对水文参数进行修正,直到计算结果与实际监测结果相近,最后确定水文模型参数。根据《水文情报预报规范》,采用模型的过程效率系数、洪峰相对误差、峰现时差等指标来评定所确定参数,并采用 2008—2012 年 7 场洪水过程对参数进行验证。试验结果表明(表 1,图 3):洪水过程验证模拟合格率达 100%,效率系数为 83.53%。由此可知,通过水文模型模拟试验所率定的参数可用于水文模拟试验。

表 1　水布垭水库洪水模拟验证洪水过程模拟

洪水过程 (年月日)	实测洪峰 (m^3/s)	模拟洪峰 (m^3/s)	洪峰相对误差 (%)	峰现时差 (h)	过程效率系数 (%)
20101012	1256	1260	0.3	2	86.3
20100708	1989	2206	10.88	3	78.9
20100928	502	589	17.4	3	76.8
20110803	2589	2086	19.43	1	85.9
20120410	1374	1120	18.49	3	85.6
20120525	1823	1505	17.5	1	81.91
20120707	2098	1923	11.83	2	89.3
洪峰合格率(%)		100	平均效率系数(%)		83.53

注:洪峰相对误差≤20%时,即认定该场洪水预报合格,洪峰合格率为合格场次占总场次的比

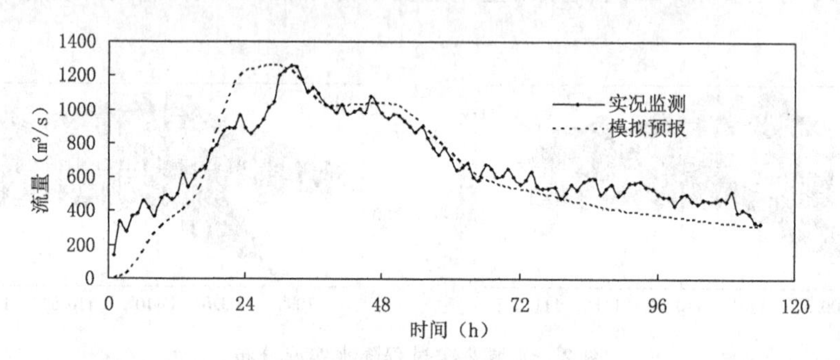

图 3　洪水过程(20101012)模拟与实况对比

3　数值模式与水文模型耦合方案

在不考虑预见期降雨的预报中,对于预报初始时刻之后的每一时刻雨量设置为 0,水文模型所输入的降水信息仅是初始预报时刻前 t 个时段的实况降水;在考虑预见期降雨的预报中,水文模型所输入的降水信息不仅含有初始预报时刻前 t 个时段的实况降水,而且还包含预报初始时刻之后预见期内的降水。

传统水文预报中对预见期降雨的处理多为通过人工假定干预或者不考虑,这种处理方式严重影响了水文预报精度,为了有效利用数值模式预报产品降水信息,拟采用耦合数值预报模式与水文预报模型的方法进行水文预报试验,具体实施方案如下:①使用地面雨量站或者雷达定量估算降雨技术得到初始预报时刻前 t 个时段的实况降雨信息;②利用数值模式得到初始预报时刻之后预见期内的降雨信息;③将所获取的实况降水及预见期降水信息输入水文模型对预见期洪水过程作提前预报。

4　水文、气象耦合预报试验及结果分析

针对 2 次暴雨洪水过程,利用建立的水文、气象耦合预报模型,通过集成前期降水监测以及数值模式预报降水对 2 次过程开展水文气象预报服务,均取得了较好的效果。

4.1 6月30日—7月1日洪水过程

模拟系统6月30日00时预报显示,7月1日12时水布垭水库将出现5853 m^3/s的洪峰,从宜昌市防汛抗旱指挥部通报中了解到,受强降雨影响,7月1日08时,水布垭水库入库洪峰流量6872 m^3/s。在此次过程中,洪峰预报结果偏小(约14.83%),入库时间滞后4 h(图4)。

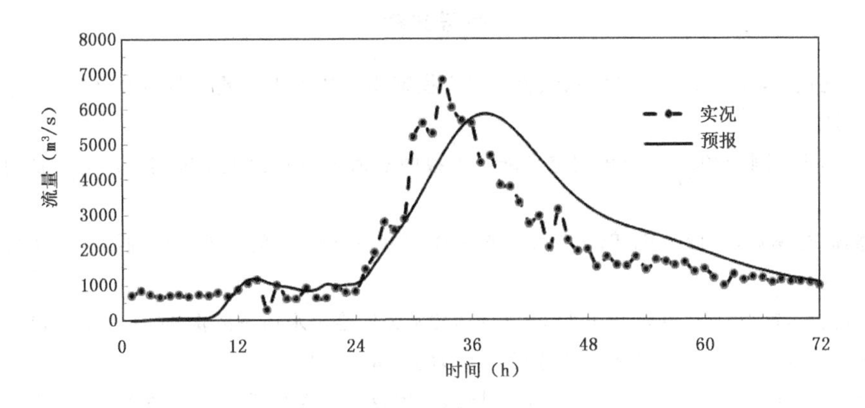

图4　2016年6月30日00时水布垭水文预报与实况

4.2 7月18—21日洪水过程

模拟系统7月18日00时预报显示,7月19日18时水布垭水库将出现12426 m^3/s的洪峰,从宜昌市防汛抗旱指挥部通报中了解到,19日18时水布垭水库入库洪峰流量13077 m^3/s。在此次过程中,系统预报的洪峰流量与实况基本一致,预报结果偏小约4.98%(图5)。

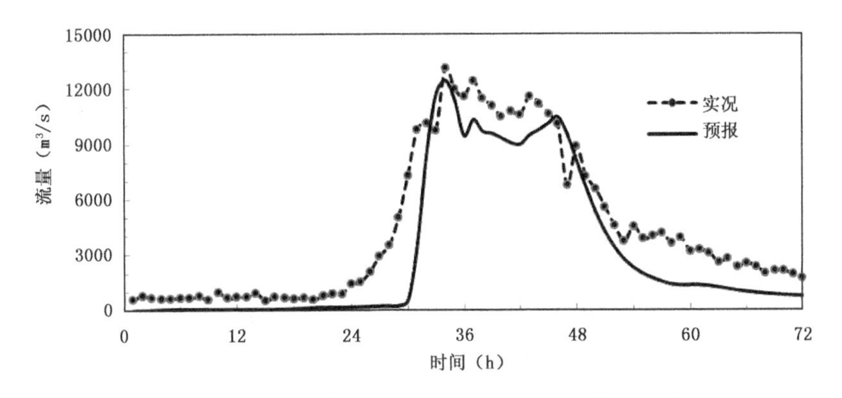

图5　2016年7月18日08时水布垭水文预报与实况

5　小　结

降雨量是洪水预报中最重要的信息之一,而预见期内的降水量直接影响着洪水预报的精度,预见期愈长,预见期内的降雨对预报影响愈大。为此,在前人研究的基础上,以水布垭水库2016年汛期洪水过程为例,将数值模式预报降水结果作为预见期内的降雨输入水文模型,对考虑预见期降雨的洪水进行预报试验,其结果如下:

(1)洪水预报过程中,在未来发生降雨的情况下,考虑预见期内的降雨相对于未考虑预见期降雨对洪水预报结果显示出一定的优势,能够对整场雨的过程做出提前的洪水预报,但是随着整个降雨过程的逐步发展，当流域降雨过程趋于结束时(主要降雨过程已结束)，考虑未来降雨对洪水预报结果影响不大。

(2)考虑预见期降雨的洪水预报结果与实际洪水过程仍存在一定的差距，这种差距在一定程度上表明预见期内降雨预报的准确率有待进一步提高。

参考文献

崔春光，彭涛，沈铁元，等，2010. 定量降水预报与水文模型耦合的中小流域汛期洪水预报试验[J]. 气象，**36**(12)：56-61.

李超群，郭生练，张洪刚，2006. 基于短期定量降水预报的隔河岩洪水预报研究[J]. 水电能源科学，**24**(4)：31-35.

王莉莉，陈德辉，赵琳娜，2012. GRAPES 气象—水文模式在一次洪水预报中的应用[J]. 应用气象学报，**23**(3)，274-284.

殷志远，彭涛，杨芳，等，2013. 基于 QPE 和 QPF 的遗传神经网络洪水预报试验[J]. 暴雨灾害，**32**(3)：1-6.

赵人俊，王佩兰，1988. 新安江模型参数的分析[J]. 水文，**8**(6)：2-9.

朱求安，张万昌，2004. 新安江模型在汉江江口流域的应用及适应性分析[J]. 水资源与水工程学报，**15**(3)：19-23.

山洪灾损预估方法研究

叶帮苹[1]　冯汉中[1,2]　周　威[1]

（1. 四川省气象台，成都 610072；2. 高原与盆地暴雨旱涝灾害四川省重点实验室，成都 610072）

摘　要

为了预估四川省的山洪灾害造成的人口和经济影响，基于四川省数字高程模型数据(DEM)，依据山洪沟的判别标准，使用GIS工具提取出全省范围的山洪沟，并结合坡度与降水耦合的关系建立了四川山洪危险性评价模型。以2011年1月至2013年12月发生的21次山洪灾害为样本，利用2013年四川省人口和经济数据，建立了山洪灾害对人口和经济影响的预估模型。结论如下：(1)提取出影响生命财产安全的山洪沟64346条；(2)建立了山洪危险性评估模型，评估结果能客观地预警四川范围内的山洪等级和影响范围；(3)建立了山洪灾害影响预估模型，模型对人口的影响预估结果比较可靠。

关键词：山洪　预警　影响评估　GIS

引言

山洪是指山区溪沟中发生的暴涨洪水，具有突发性(曲晓波等，2010)，水量集中流速大、冲刷破坏力强、水流中挟带泥沙甚至石块等特点(张志彤，2007)，易引发局部性洪灾，常见的有暴雨山洪、融雪山洪、冰川山洪等。四川省受青藏高原隆起的强烈影响，地形梯度大，河流下切强烈，暴雨频次多，强度大(邓国卫等，2013)。因此，山洪灾害频繁发生，滑坡和泥石流异常发育，暴雨山洪分布范围广泛(屈永平等，2016)。受东亚季风和南亚季风强烈影响，四川省干、湿季分明，降水充沛、雨季集中(吴莉娟等，2013)，且多暴雨(周长艳等，2011)，常诱发山体滑坡和泥石流等自然灾害(郁淑华和高文良，2008)。

文中，首先使用GIS工具提取出四川全省范围的山洪沟及其最大影响范围；其次，建立山洪危险性评价模型，根据预报降水预测可能发生山洪范围及其危险等级；最后，建立山洪灾害影响预估模型，预测山洪灾害对人口和经济的实际影响。

1　山洪沟的客观识别

形成泥石流的潜在能量主要由地貌条件构成，根据杨红娟等(2013)对西南地区泥石流的研究，泥石流流域面积$S_{流域}$有的小于1 km^2，有的大于100 km^2，但80%以上都小于10 km^2。可依据能量条件判断一个流域是否具备发生泥石流的基本条件，如果满足能量条件，则确定为潜势泥石流流域。

泥石流与山洪相伴而生，有泥石流一定有山洪相伴，有山洪不一定有泥石流。因此，可以通过提取泥石流沟的方法提取山洪沟。山洪沟的识别条件如下：

(1)$S_{流域}<10\ km^2$

(2) $p_{\max}>20°$

(3) $\overline{p}>7.5°$

(4) $\delta_p>7.5°$

条件中，条件(1)为流域面积条件。条件(2)～(4)为泥石流发生等级在二级以上的潜在能量条件，$p_{\max}$ 为 10 km² 范围内的最大坡度；$\overline{p}$ 为 10 km² 范围内的平均坡度；δ_p 为 10 km² 范围内的坡度标准差。

文中基于数字高程模型(DEM)，使用 GIS 工具，根据山洪沟识别条件，共提取出山洪沟 80555 条。并结合居民点空间位置信息进行分析，通过 GIS 空间分析提取居民点附近 5 km 范围内的山洪沟作为山洪预警与影响评价的对象，得到具有潜在危害的山洪沟 64346 条，其分布区域和影响区域如图 1 所示。

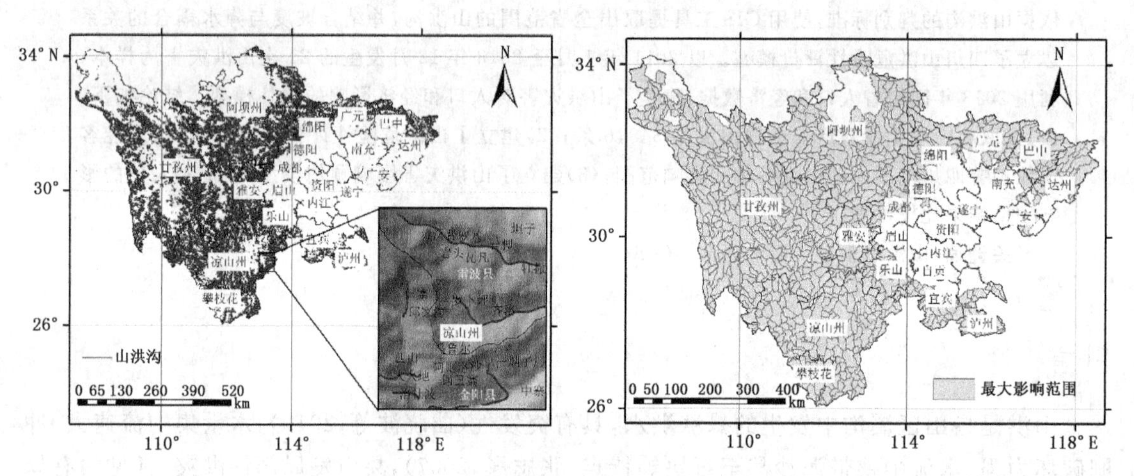

图 1　四川省山洪沟分布(a)及其最大影响区域(b)

2　山洪危险性评价模型建立

2.1　山洪危险性评价模型设计

据统计(冯汉中等，2011)，四川暴雨 6 h 累计降水量与日降水量之比大于 70%的日・次约占 62.5%，即短历时强降雨是四川暴雨的主要特征。由于山洪发生的主要因素是短历时强降雨，因此，文中以日降雨量的 70%作为导致山洪发生的有效降雨量。

山洪的发生既与雨量有关，也与坡度有关，且成非线性关系。对此，文中设计了降水－坡度对数模型，模型表达式如下：

$$S=\lg(R\cdot f)\lg(P) \tag{1}$$

式中，S 为山洪危险性指数，R 为日降水，f 为权重(即有效降雨)，P 为坡度。

山洪危险性评价模型以降水和坡度为计算因子，得到山洪危险指数，需要有效的等级划分，才可以在实际业务中应用。文中以山洪危险指数分段的方式结合多个历史个例进行阈值试验，最终将山洪危险性指数(S)分为五级。分级结果如表 1 所示。

表 1　山洪危险性指数分级

山洪危险等级	一级	二级	三级	四级	五级
危险性指数(S)	<6	6～10	10～14	14～18	>18

2.2　山洪沟危险等级和区域的优化

为使山洪预警结果充分发挥预警的作用，文中以存在山洪沟的小流域为单元进行山洪危险等级的统计，对模型进行优化。最终小流域危险等级将依次满足以下条件：

(1)危险面积大于 0.5 km^2 或大于所在小流域面积的 10%；

(2)危险等级最高。

2.3　山洪危险等级模拟预警案例

2013 年 7 月 8—10 日，四川盆地西部沿山区域发生了一次持续性暴雨天气过程。山洪等级模拟显示在绵阳、德阳、成都、阿坝的有关区域出现了山洪风险橙色预警和红色预警(图 2a、b)。

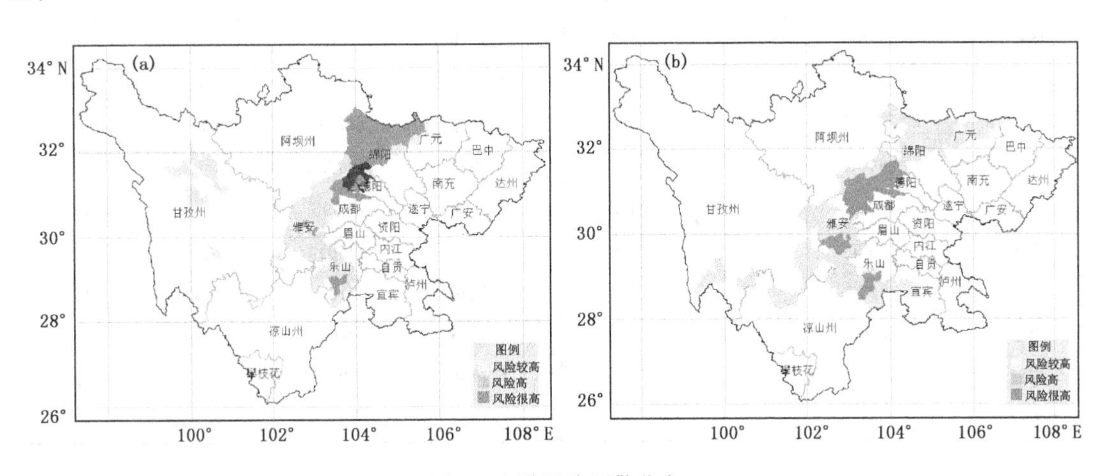

图 2　山洪风险预警分布

根据四川省决策服务中心统计的 8—10 日的灾情实况显示，发生山洪灾害的地区有成都、雅安、绵阳、甘孜州、阿坝州和凉山州等地区，受灾较严重的地区是雅安、绵阳和阿坝州的汶川境内，这与模型预警的高风险区基本一致。

3　山洪灾害影响预估模型建立

山洪灾害影响预估模型是在山洪危险性评价模型的基础上建立起来的。文中通过研究不同山洪危险等级对人口和经济的影响权重，建立山洪灾害对人口和经济的影响预评估模型，预估山洪对人口和经济的影响。

不同山洪危险等级的影响人口或经济损失计算模型如下：

$$D_{is} = \sum_{i=1}^{5} w_i \cdot s_i \tag{2}$$

式中，D_{is} 为总的影响人口或经济损失；i 为山洪危险等级，取值为 1～5；w_i 为山洪危险等级为 i 时，人口或经济所占的权重；s_i 为山洪危险等级为 i 时，最大影响人口或经济损失。

每个山洪危险等级的影响人口或经济损失所占的权重 w_i 的确定方法如下：

(1)研究四川省人口和经济数据，提取四川省居民点的人口和经济分布数据；

(2)模拟历史山洪过程，统计每个过程中模型预测的不同山洪危险等级的居民点信息，并分别统计不同等级的居民点包含的总人口和总经济(s_i)；

(3)根据灾害过程中实际影响的人口与经济损失，与不同山洪危险等级的总人口和总经济损失建立回归模型，得到每个等级的影响权重(w_i)。

3.1 人口与经济分布统计

以《四川省统计年鉴(2014年)》统计的2013年四川21个市(州)的常住人口和人均收入作为统计全省居民点最大影响人口和经济损失的原始数据。结合各地州、市的居民点个数，最后计算得到各市、州居民点平均人口和收入，见表2。

表2 各市州居民点个数、平均人口和平均收入

地区	居民点个数	平均人口(人)	平均收入(万元)	地区	居民点个数	平均人口(人)	平均收入(万元)
成都市	51940	275	214	眉山市	28019	106	80
自贡市	33993	81	64	宜宾市	71249	63	35
攀枝花市	5016	246	132	广安市	37272	87	71
泸州市	56495	75	58	达州市	64430	86	65
德阳市	26969	131	88	雅安市	8695	176	136
绵阳市	43300	108	78	巴中市	26014	128	105
广元市	35226	72	54	资阳市	31699	113	101
遂宁市	22940	143	161	阿坝州	5472	167	77
内江市	36102	103	90	甘孜州	6969	163	105
乐山市	33319	98	69	凉山州	24500	187	108

3.2 山洪灾害样本数据处理

使用四川省决策气象服务中心搜集的2011年1月至2013年12月发生的21次山洪灾害信息作为确定灾害影响权重的样本，建立山洪灾害对人口和经济的影响预评估模型。样本数据处理方法如下：

(1)根据山洪暴发的时间，使用山洪危险性评价模型预测出山洪灾害预警区域和预警等级；

(2)以区、市、县为统计单元，统计不同山洪灾害危险等级中居民点的人口和经济的总和，得到5个山洪危险等级所在区域内最大的影响人口与经济损失(s_i)。

3.3 灾害影响权重确定

分别以每个山洪灾害危险等级影响区域内的最大人口和经济损失(s_i)为自变量，以实际受影响的总人口和总经济 D_{is} 为因变量，建立多元线性回归模型。由于没有山洪，就不会有灾损，所以文中将回归模型的常数项取为0。最后分别得到5个山洪危险等级对影响人口和经济损失的权重(w_i)，回归结果如表3所示。

表 3 影响人口和经济损失权重估计值

影响人口权重估计值			经济损失权重估计值		
参数	权重值	95% 置信区间	参数	权重值	95% 置信区间
w_1	0	(−0.074,0.074)	w_1	0	(−0.02,0.02)
w_2	0.057	(−0.155,0.27)	w_2	0.021	(−0.037,0.079)
w_3	0.037	(−0.205,0.279)	w_3	0.022	(−0.034,0.078)
w_4	0.209	(0.124,0.294)	w_4	0.018	(0.001,0.036)
w_5	3.892	(−1.837,9.622)	w_5	0.618	(−0.616,1.852)
R^2	0.618		R^2	0.272	

结果表明，w_5 对人口和经济的影响权重最大，w_1 权重最小，这与灾害越大，影响越大，权重也越大的实际情况相符，且都在置信区间内。同时，回归结果反映出，实际灾害影响与受灾人口的相关比较高($R^2=0.618$)，与经济损失的相关性相对较小($R^2=0.272$)，主要原因是文中使用的人均收入代替家庭财产不够准确导致。

3.4 应用案例

2014 年 8 月 11 日 00 时 30 分—06 时，甘孜州九龙县魁多乡境内普降暴雨，降水量达 86.8 mm，引发山洪泥石流灾害，造成 2362 人受灾，直接经济损失 392.53 万元。山洪灾害影响预估模型预估的灾损影响结果为：九龙县可能受灾人口 2304 人，经济损失 566.9 万元，实际受影响的 2362 人和 392.53 万元，分别为预测值的 102.5%和 69.2%。

4 结论及讨论

(1)根据山洪沟判识技术，客观识别出四川省山洪沟 80555 条，其中 64346 条在影响生命财产安全的范围内(居民点附近 5 km 影响范围内)。

(2)根据坡度和雨量的对数耦合表达式，建立了山洪危险性评价模型，并在山洪沟的基础上实现对四川范围内的山洪危险性预警。预警模型能够较好的根据预报降水对山洪的危险范围和危险等级进行预警。

(3)以 2011 年 1 月至 2013 年 12 月发生的 21 次山洪灾害过程为样本，通过多元线性回归建立山洪灾害对人口和经济的影响预评估模型。模型实现对山洪灾害潜在影响(人口和经济)的预估。

根据历史案例分析可以看出，文中建立的山洪灾害影响预估模型，对影响人口的预估与实际受影响的人口基本一致，而对经济损失的预估与实际结果差异较大。分析其主要原因是，文中收集的经济信息不够完整，与灾情统计中的经济数据不太一致，导致结果差异较大。

参考文献

邓国卫，孙俊，郭海燕，等，2013. 四川绵竹山洪灾害风险区划[J]. 高原山地气象研究，**33**(2)：69-73.

冯汉中，徐琳娜，杨康全，等，2011. 基于小时雨量的泥石流滑坡降雨特征分析[J]. 高原山地气象研究，**31**(4)：18-23.

曲晓波，张涛，刘鑫华，等，2010. 舟曲"8.8"特大山洪泥石流灾害气象成因分析[J]. 气象，**36**(10)：102-105.

屈永平，唐川，卜祥航，等，2016. 石棉县熊家沟“7·04”泥石流堵江调查与分析[J]. 水利学报，(1)：44-53.
吴莉娟，江智全，肖天贵，等，2013. 凉山山地强降雨型泥石流灾害雷达短临预警技术研究[J]. 高原山地气象研究，**33**(1)：86-89.
杨红娟，胡凯衡，韦方强，2013. 泥石流浆体流变参数的计算方法及其扩展性研究[J]. 水利学报，**44**(11)：1338-1346.
郁淑华，高文良，2008. “5.12”汶川特大地震重灾区泥石流滑坡气候特征分析[J]. 高原山地气象研究，**28**(2)：62-67.
张志彤，2007. 我国山洪灾害特点及其防治思路[J]. 中国水利，(14)：14-15.
周长艳，岑思弦，李跃清，等，2011. 四川省近50年降水的变化特征及影响[J]. 地理学报，**66**(5)：619-630.

云南大姚“9·22”特大型滑坡灾害气象风险预警服务

许彦艳　闵　颖　胡　娟　李华宏　许迎杰

（云南省气象台，昆明 650034）

摘　要

通过对 2016 年 9 月 22 日云南省楚雄州大姚县发生的特大型滑坡灾害进行气象诊断分析，侧重对省级地质灾害气象风险客观预警产品进行评估检验，并对云南省地质灾害气象风险精细化预警模型进行了简要介绍，得到以下主要结论：南方副热带高压阻挡切变线南下，冷暖空气在楚雄地区长时间交汇辐合，持续性降水天气造成岩体饱和，最终引发滑坡灾害。云南省地质灾害气象风险预警模型中考虑了前期累计雨量、风险区划、雨强贡献和衰减等权重因子，虽然时效内定量降水预报明显减弱，但地质灾害气象风险预警客观产品仍然较为准确合理地反映出了相应风险等级。

关键词：强降水　特大型滑坡　地质灾害气象风险精细化预警模型　地质灾害气象风险客观预警产品

引言

云南省位于中国西南部，是一个低纬度、高海拔、以山地高原为主的边疆内陆省份，境内多山，山地面积约占全省总面积的 94%，群山之中交错分布着大小不一的断陷盆地和湖泊。云南地貌种类复杂多样，有褶皱地貌、断层地貌、河流地貌、喀斯特地貌等，境内山河及地貌分布受大断裂带控制，形成西北角向东、南、西南三面展开的扫帚状分布式样。山高坡陡、河流纵横、断陷盆地星罗棋布的地形和复杂多样、破碎松散的地貌为云南滑坡、泥石流等山洪地质灾害的频繁发生提供了必要的物源条件和内在因素。云南属于典型的低纬度高原季风气候，干湿季分明，夏半年受东亚季风和南亚季风交叉影响，降雨充沛、暴雨频发，5—10 月累计雨量占全年总降水量的 85%以上（秦剑等，1997）。在复杂的地理环境下，降雨气象因素是山洪、地质灾害发生的最关键诱因。

云南是山洪地质灾害发生最严重的省份之一，每年因灾死亡人数是全国各省平均的 5.4 倍、经济损失是全国各省平均的 1.7 倍，据民政部门统计，进入 21 世纪以来，平均每年因山洪地质灾害死亡（包括失踪）102 人，是导致人员死亡人数最多的自然灾害（李华宏等，2016）。

云南作为山洪地质灾害重灾区，在地质灾害气象预报预警技术研究方面有一定的成果积累，唐川等（1997）通过对云南地质灾害多年的调查、研究，在云南省滑坡、泥石流预期分布特征、风险评估、防治对策方面取得丰硕成果，并在澜沧江流域开展了滑坡、泥石流短期预报试验，针对全省雨季地质灾害开展了长期趋势分析。张红兵（2006）基于地质灾害危险度指数、降雨作用系数等建立了云南省地质灾害气象预警系统，并联合国土和气象业务部门开展了“云南地质灾害气象危险等级预报”。段旭等（2007）、彭贵芬（2006）对云南不同地质条件下滑坡、泥石流与降水的关系进行了统计分析，采用 PP-ES 模式，建立了以时间分辨率为 12 h、水平距离分辨率为 30 km 的滑坡、泥石流灾害气象等级预报产品为主要内容的云南省精细化滑坡泥石流灾害气象监测预警系统。胡娟等(2014)、闵颖等(2013)、万石云等(2013)针对云南地质灾害时、空分布特征,综合考虑地质灾害风险区划背景、累计雨量、雨强的贡献和衰减,基于高分辨率(3 km×3 km)的风险区划、前期降水实况、未来时效内定量降水预报信息,建立了云南省地质灾害气象风险精细化预警模型,并进行了有效业务实践。

由于云南省地质灾害分布区域广、隐患点多,除了针对特别严重的区域或是隐患点进行专项工程治理外,基于专业预警指导群众联防的办法无疑是防御地质灾害的有效途径之一。一般而言,区域性地质灾害时、空预报预警研究大致分为两类:一类是以泥石流、滑坡位移等监测数据为基础,结合地质灾害发生机理模型研究而开展地质灾害临近预警;一类是基于气象降雨观测和灾情统计,研究降雨过程与山洪地质灾害时、空分布的对应关系,开展地质灾害短期和短时风险预警。这两种预警方法各有侧重,前者强调地质灾害的启动、致灾机制研究,后者强调外界触发诱因的相关性研究。

本文通过对诱发 2016 年 9 月 22 日云南省楚雄州大姚县桂花镇发生的特大型滑坡灾害的天气过程进行诊断分析,侧重对地质灾害气象风险客观预警产品进行评估,为进一步完善云南省山洪地质灾害气象风险预警模型提供科学依据。

1 灾情及天气形势分析

2016 年 9 月 15—23 日,云南省楚雄州出现大雨局部暴雨、大暴雨天气过程(图 1a),此次降雨强度大、持续时间长,是 2016 年入汛以来最强降水天气过程,属历史同期罕见。据区域自动气象站数据统计(图 1b),9 月 15 日 08 时至 23 日 08 时,楚雄全州平均降雨 108.9 mm,其中 50～100 mm 83 站,100～250 mm 106 站,250 mm 以上 4 站(永仁县阿里地 374.9 mm,大姚

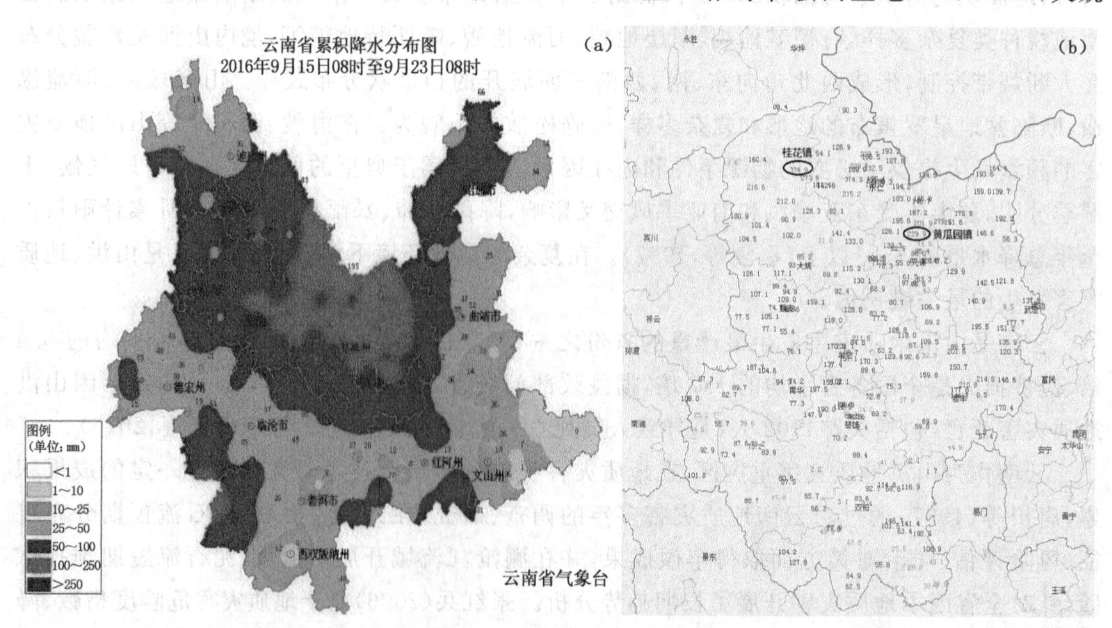

图 1 2016 年 9 月 15 日 08 时—23 日 08 时(a)全省累计雨量(大监站)、(b)楚雄州累计雨量(区域站)(单位:mm)

县桂花镇 334.9 mm，永仁县直苴乡 273.6 mm，武定县环州乡 273.1 mm）。

从高空形势场上看，9 月 15 日到 21 日，500 hPa 云南南部一直有副热带高压维持，中高纬度有“莫兰蒂”台风减弱后的低压北上并入西风槽，受低压倒槽和青藏高原东侧高压外围环流的共同影响，北方冷空气一直向云南渗透，在 700 hPa 形成切变线，压至楚雄地区。由于南方副热带高压的阻挡，切变线难以向南推进，过程期间一直维持在云南省中部以北地区，造成冷、暖空气在丽江—楚雄—昆明一带长时间交汇，楚雄州水汽通量散度达 -20×10^{-6} g/(s · cm^2 · hPa)左右，水汽辐合显著，形成此次强降水天气（图 2）。

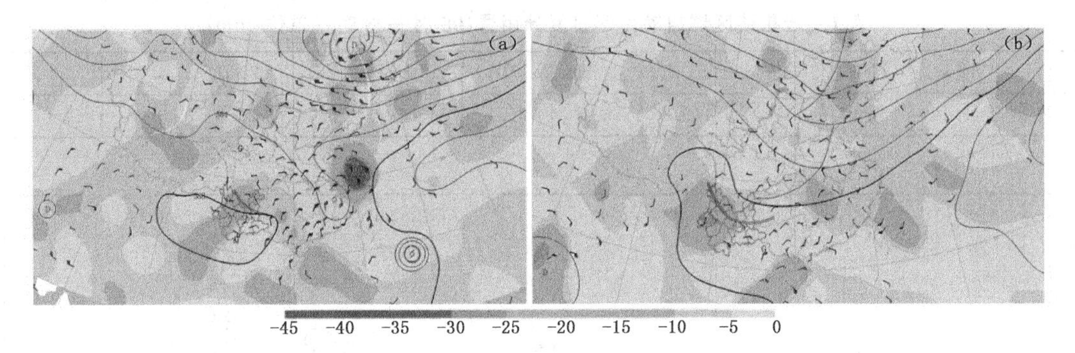

图 2　500 hPa 高度场（等值线，gpm）、700 hPa 风场（风向杆，m/s）
叠加 700 hPa 水汽通量散度场（阴影，10^{-6} g/(s · cm^2 · hPa)
（a. 2016 年 9 月 15 日 20 时，b. 2016 年 9 月 21 日 08 时）

图 3　2016 年 9 月 22 日大姚县桂花镇山体滑坡灾害(a)、2016 年 9 月 22 日
20 时—23 日 20 时云南省地质灾害气象风险预警(b)

受此次强降雨影响，2016 年 9 月 22 日夜至 23 日 08 时，楚雄州大姚县桂花镇马茨村委会、马茨小学背后出现山体滑坡灾害。灾害共造成近 44 户民房、1 所小学校舍、1 个村委会办公用房倒塌，县级公路瓦湾线下移约 8 m，属特大型滑坡灾害（图 3a）。

鉴于此次降水过程持续时间长且强度大，云南省气象局与云南省国土资源厅从 9 月 18 日起，通过电视、广播、短信、网站、APP 等渠道连续联合发布了 6 期“云南省地质灾害气象风险Ⅱ级预警”（图 3b）。由于预警信息发布及时，应对措施果断有效，地质灾害监测员履职到位，成功避让此次灾害，紧急转移 217 人，避免了 100 万元直接经济损失。

2 气象风险预警产品评估

大姚县桂花镇发生的滑坡灾害，是指斜坡上的岩体由于降雨饱和后在重力的作用下沿着一定的软弱面或软弱带整体向下滑动的现象。从桂花镇的降水时间分布(表 1 和图 4)上看，桂花镇 9 月 15—20 日一直有大到暴雨或大暴雨出现，前 10 d 的累计雨量高达 335.3 mm，21 日白天开始降水明显减弱，甚至停止，但到了 22 日夜间却发生了滑坡灾害，说明此次灾害的主要原因是前期累计雨量造成岩体饱和诱发滑坡。

表 1 桂花镇区域自动站逐日累计雨量(08 时—08 时)(单位:mm)

9 月	12 日	13 日	14 日	15 日	16 日	17 日	18 日	19 日	20 日	21 日	22 日
桂花镇	0.1	0.3	0	119.8	5.1	85.1	43.3	53.4	27.3	0.9	0

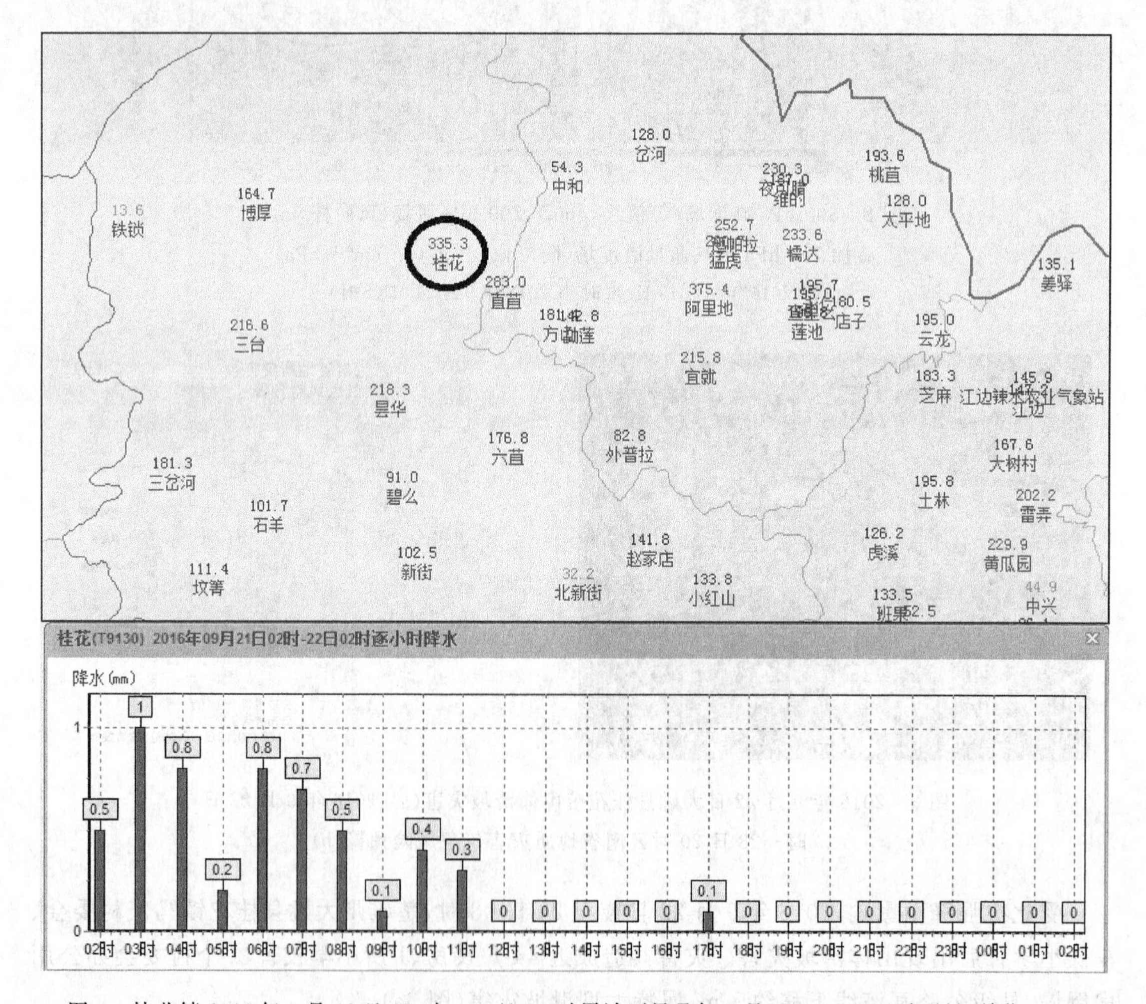

图 4 桂花镇 2016 年 9 月 12 日 20 时—22 日 20 时累计雨量叠加 9 月 21—22 日逐时雨量(单位:mm)

从滑坡当日的定量降水预报上看，24 h 累计降水仅报了小雨量级，但云南省气象台的地质灾害气象风险客观预报产品却显示楚雄北部地区(包括大姚县)有Ⅱ级风险，发生地质灾害的可能性大，说明已建立的预报模型比较成功地预报了此次滑坡灾害。

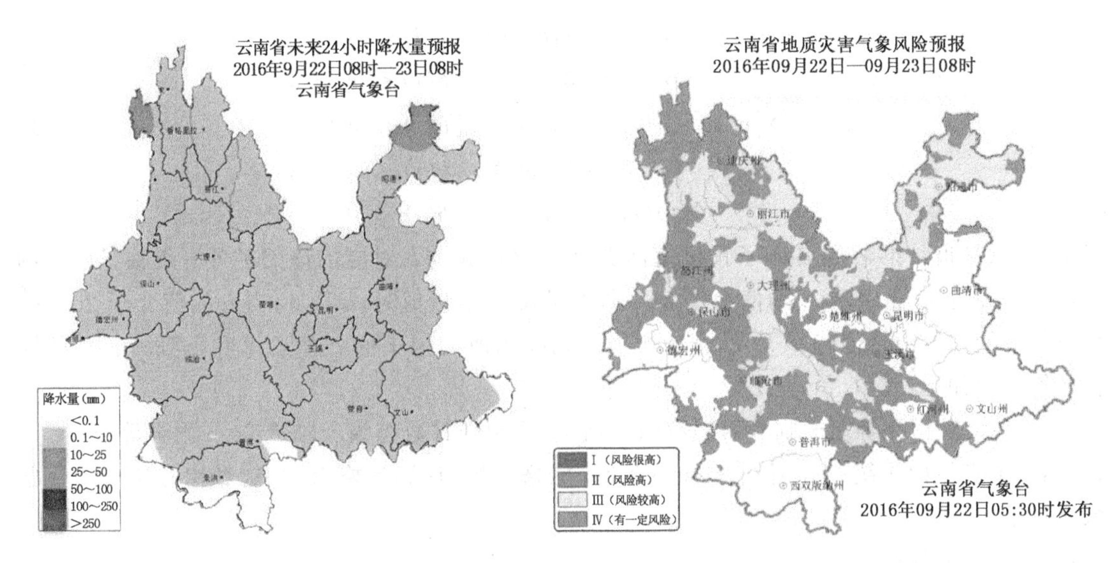

图 5　2016 年 9 月 22 日 08 时—23 日 08 时(a)24 h QPF、(b)地质灾害气象风险客观预报产品

滑坡泥石流的分布规律和暴发严格受地形地貌、地层岩性、岩石构造、地质环境、降雨、人类活动、地震活动等多种因素临界耦合条件累积效应的控制，云南地处低纬高原，海拔高差大，跨越许多不同类型的地质、地貌、气候带等单元，滑坡泥石流分布呈现出明显的地域分布特征。综合考虑影响滑坡泥石流发生、发育的内、外动力环境因素，基于滑坡泥石流风险区划研究和临界雨量、雨强研究结果建立滑坡泥石流灾害预报模型。

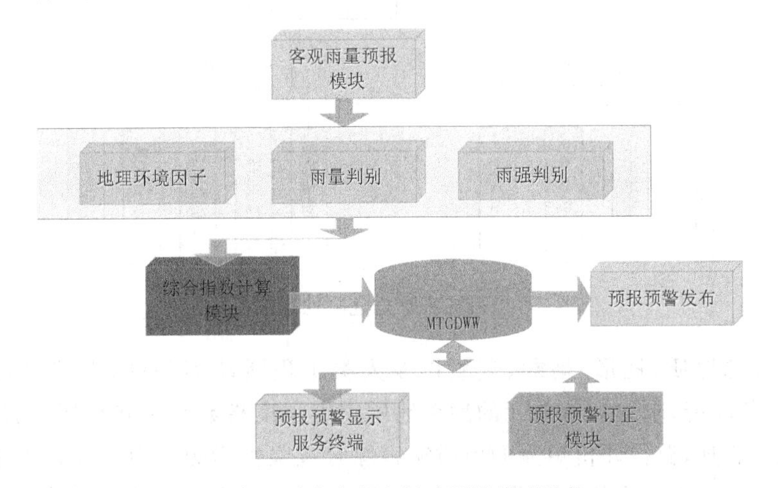

图 6　地质灾害气象风险预警模型结构

根据国土部门提供的云南省地质灾害易发程度分区成果，利用气象部门实时传输的气象观测资料，采用资料细网格插值，阈值自动判别等技术，构建了云南省地质灾害气象风险精细化预警模型(图 6)，并引入式(1)进行地质灾害气象风险等级预报。

$$A=\sum_{i=1}^{5}a(i),\begin{cases}a(i)=1,b(i)\leqslant c_1(i);\\a(i)=2,c_1(i)\leqslant b(i)\leqslant c_2(i);\\a(i)=3,c_2(i)\leqslant b(i)\leqslant c_3(i);\\a(i)=4,c_3(i)\leqslant b(i)\leqslant c_4(i);\\a(i)=5,c_4(i)\leqslant b(i)\end{cases} \tag{1}$$

式中，A 为预报结果，a 是各因子预报值，b 是因子值，c 是与 b 对应的该因子各等级临界值。例如，b 是日综合雨量，则当 b 的值小于20%等级的临界雨量值时，a 取1；当 b 的值介于20%～40%等级的临界雨量值时，a 取2，依此类推。判断出所有因子的 a 值后求和得到 A。A 的综合计算模型如下：

A＝风险区划等级＋临界雨量等级＋前10天雨强日数等级＋临近24 h雨强等级

式中，四个等级因子统一插值到3 km×3 km的格点场，计算各格点的 A，做相应格点的气象风险预报。

2.1　风险区划等级

采用Arcgis栅格处理方法，将研究区行政区划图划分成3 km×3 km的网格，通过对每一个网格，即评价单元格内的各类地质环境条件因子进行量化分析，采用地质灾害综合危险性指数模型，判断某一个评价单元或某一个小区域内地质灾害发生可能性的大小，最后合并相同属性的单元格，划定出地质灾害易发区。在整个分析过程中，涉及计算的各因子都会按照网格大小进行划分和计算(图7)。

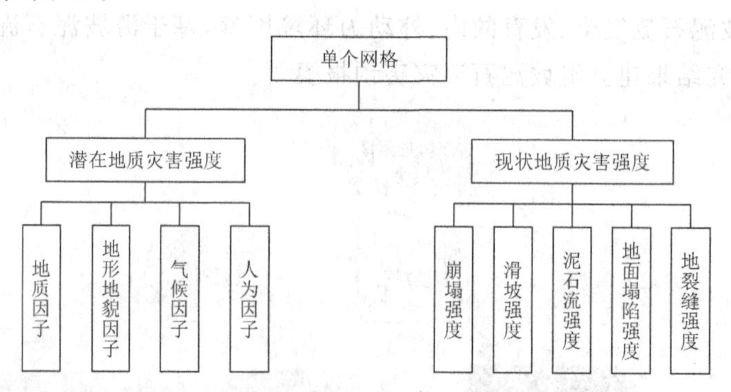

图7　地质灾害综合危险性影响因子

根据各单元的地质、地形、地貌、气候以及人类工程活动等条件(上述判别方法)，利用ArcGIS空间分析功能，求取评价单元的潜在地质灾害强度指数与现状地质灾害强度指数，分级赋值进行换算叠加，获得评价单元的地质灾害综合危险性指数。由于通过上述评价模型得到的地质灾害综合危险性指数的变化级差较小，不利于对地质灾害的空间分级区划进行深入分析。因此，还需对综合危险性指数进行标准化处理。

$$U'=\frac{U-U_{\min}}{U_{\max}-U_{\min}}\times100 \tag{2}$$

式中，U' 为地质灾害危险度综合评价指数的归一化值，U 为地质灾害危险度综合评价指数，$U_{\min}$ 为地质灾害危险度综合评价指数的最小值，$U_{\max}$ 为地质灾害危险度综合评价指数的最大值。

根据标准化后的生态环境质量综合评价指数，将云南省地质灾害危险度分为三级，即高易发区(Ⅰ级)、中易发区(Ⅱ级)、低易发区(Ⅲ级),见表 2。

表 2 地质灾害易发程度分级标准

级别	高易发区(Ⅰ级)	中易发区(Ⅱ级)	低易发区(Ⅲ级)
指数	≥75	45~75	<45
状态	对水电工程可能有直接危险,间接影响明显;对城镇建设有严重危害。影响水库的长期效益,公路交通破坏严重,易造成人员伤亡。	对水电工程有一定直接威胁,间接影响较小;对城镇建设存在明显危害;影响水库的长期效益;公路交通破坏较大,居民存在生命安全的威胁。	对水电工程无直接威胁危害,对城镇局部形成威胁;对水库效益影响较小;公路交通在雨季部分毁坏,对居民点基本无威胁。

最后利用 ArcGIS 软件,绘制云南省地质灾害易发区图(图 8)。从云南滑坡泥石流危险区分布上看,滇西危险等级高于滇东,滇北高于滇南,滇西北发生滑坡泥石流灾害的可能性最大,滇东南最小。滑坡泥石流风险区域的这一分布特点,与云南省东南向西北,海拔、高差、坡度逐渐增大的地形变化规律相对应。滑坡泥石流高危险区还与断裂活动高发区相对应。如金沙江—红河断裂带和小江断裂带,构造活动异常强烈,形成一系列断裂谷地和断陷盆地,这类地段岩层破碎、山坡陡峻,在降水等外界条件诱发下出现滑坡泥石流灾害的可能性非常大。

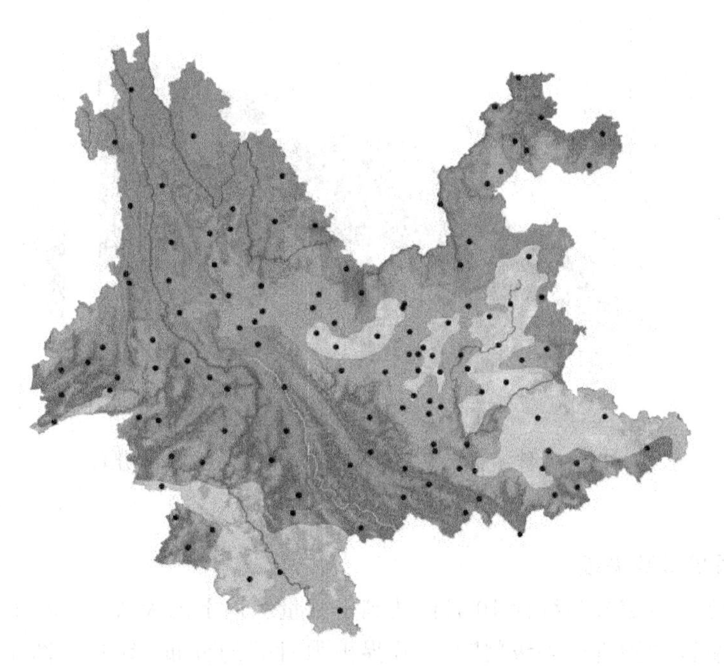

图 8 云南省地质灾害易发程度分区及云南省 125 个气象观测站

2.2 临界雨量等级

对前期累计雨量时段的选取:为了较全面地分析前期累计降水量(逐日向前累加)与滑坡泥石流的关系,计算了 1101 个滑坡泥石流样本前 30 天逐日累加的累计降水量,并统计了各样本在各降水等级中出现的次数,图 9 给出了计算统计结果分布。从样本分布情况看,大部分样本集中在前 3 天累计降水量 20 mm 以下的区域中,但是由于短期降水量空间分布差异较大,前期累计降水量情况也不相同,与滑坡泥石流的关系具有随机性,因此,该图中样本最集中区域表征的相互关系意义不大。

首先对每个县站计算每次灾情的日综合雨量，公式为：

$$R_{日综} = R_0 + R_1 + R_2 + \sum_{i=3}^{n} \alpha^{i-2} \cdot R_i \quad (3)$$

式中，α 为衰减系数，R_0 为灾情当日 24 h 降水量，R_1 为灾情发生前 1 天 24 h 降水量，R_2 为灾情发生前 2 日 24 h 降水量，R_i 为前 3 天至有效时段 n 日内的逐日降水量，$n=10$。

计算出每个县站每次个例的日综合雨量，根据《国土资源部和中国气象局关于联合开展地质灾害气象预报预警工作协议》的规定划分临界雨量为 5 个等级，分别为＜20%、20%～40%、40%～60%、60%～80%，＞80%。同时根据地质灾害区划图，计算每个地质灾害区的临界雨量，用于对每个县站的临界雨量进行订正。当某一县站 20%的临界雨量＜10 mm 时，就选取该县站所在的地质灾害区的临界雨量进行订正，若该地质灾害区的临界雨量也＜10 mm，则该县站的临界雨量选用距离该县站较近的另一县站的临界雨量替换。

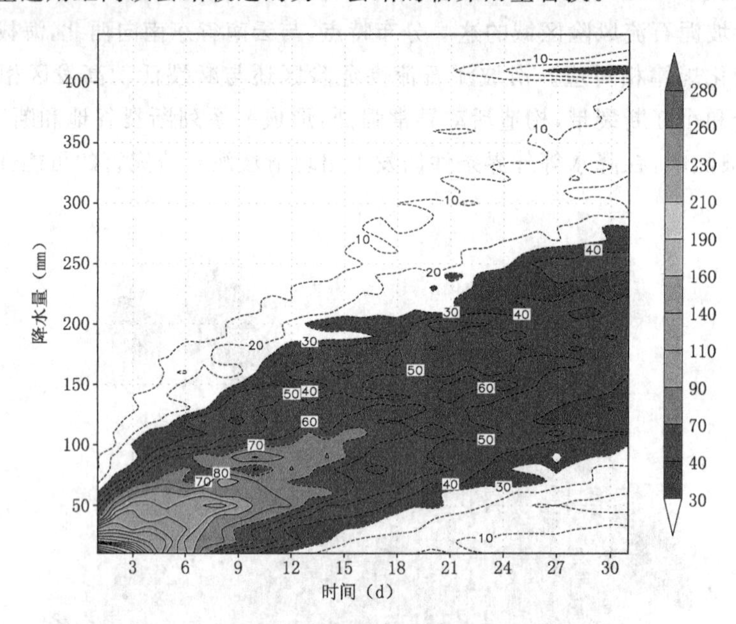

图 9　滑坡泥石流灾害样本前期滑动累积降水量分布

（色标：滑坡泥石流频次）

2.3　前 10 天雨强日数等级

前 10 天雨强日数定义为统计 10 日内达到中雨量级以上的天数（注意：不同级别中临界值相同的情况，以就高原则进行等级判断）。临界雨强日数的分布（图 10～图 13）与临界雨量的分布类似，滇西及滇西南边缘地区、滇南和滇东南的临界值较大。文山州的临界值较大，但灾情比较少，考虑主要是由于滇东南地势较为平坦，地质灾害危险区划属于中低危险区，因此需要较大的临界值才能诱发山洪灾害。滇西北、滇东北的临界值相对较小，主要是由于地势复杂，海拔高而多山地沟谷地形，在一定的累计降水下，容易达到发生山洪灾害的条件。

2.4　24 h 雨强等级

临近 24 h 雨强，根据无雨、小雨、中雨、大雨、暴雨以上降雨量级分别定制 5 个级别。

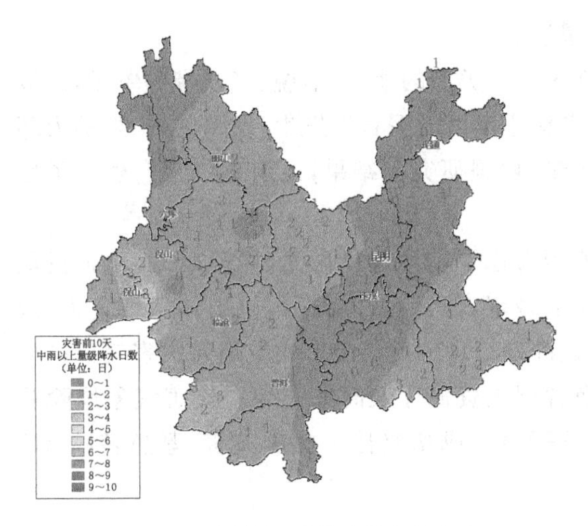

图 10　20％等级雨强日数空间分布

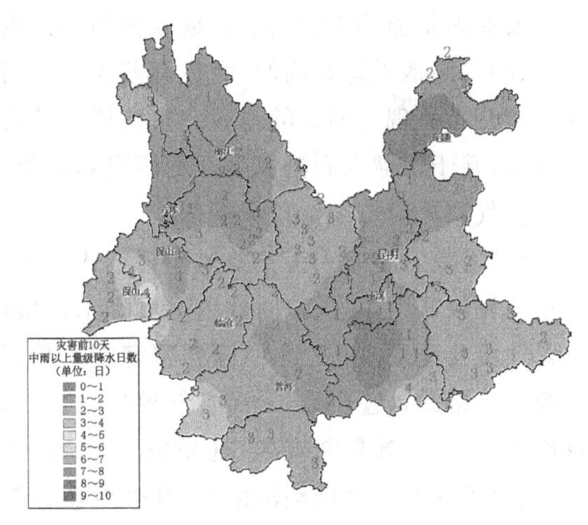

图 11　40％等级雨强日数空间分布

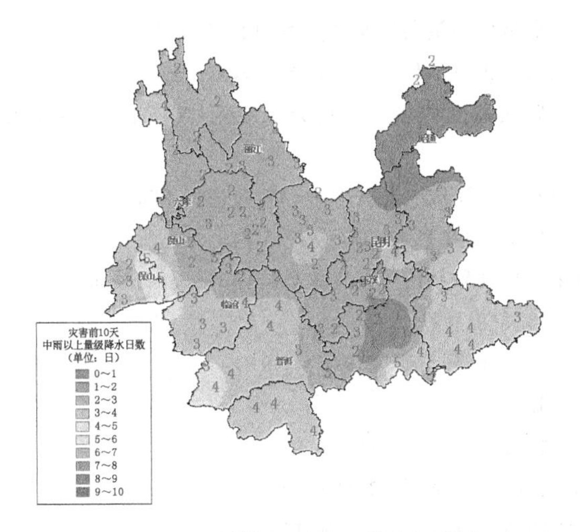

图 12　60％等级雨强日数空间分布

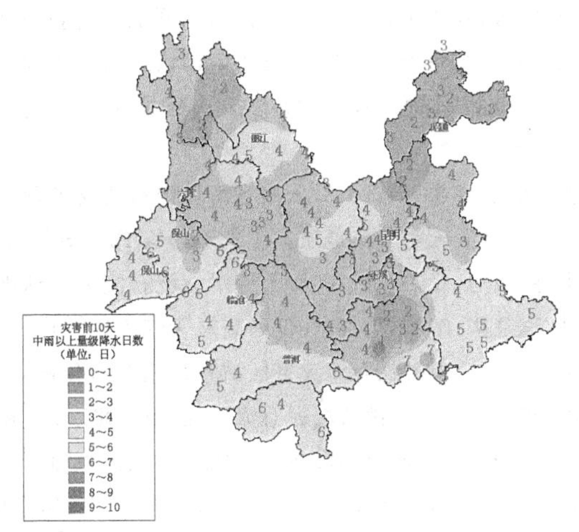

图 13　80％等级雨强日数空间分布

3　结论与讨论

通过对诱发 2016 年 9 月 22 日云南省楚雄州大姚县桂花镇发生的特大型滑坡灾害的天气过程进行诊断分析，侧重对省级地质灾害气象风险客观预警产品进行评估检验，并简要介绍了云南省地质灾害气象风险精细化预警模型，得到以下主要结论：

(1)500 hPa 云南南部地区一直有副热带高压维持，中高纬度有“莫兰蒂”台风减弱后的低压北上并入西风槽，受低压倒槽和青藏高原东侧高压外围环流的共同影响，北方冷空气一直向云南渗透；700 hPa 形成切变线压至楚雄地区。由于南方副热带高压的阻挡，切变线难以向南推进，过程期间冷暖空气在丽江—楚雄—昆明一带长时间交汇辐合，造成楚雄州 9 月 15—23 日出现 2016 年最强降水天气过程。

(2)桂花镇 9 月 15—20 日一直有大到暴雨或大暴雨出现，前 10 天的累计雨量高达 335.3 mm，21 日白天开始降水明显减弱，甚至停止，但到了 22 日夜间却发生了滑坡灾害，说明此次灾害的主要原因是前期累计雨量造成岩体饱和诱发滑坡。

(3)云南地处低纬高原，海拔高差大，跨越许多不同类型的地质、地貌、气候带等单元，滑坡泥石流分布呈现出明显的地域分布特征。综合考虑影响滑坡泥石流发生、发育的内、外动力环境因素，基于滑坡泥石流风险区划研究和临界雨量、雨强研究等结果，云南省气象台建立了地质灾害气象风险精细化预报模型。

(4)云南省地质灾害气象风险精细化预报模型考虑了前期累计雨量、风险区划、雨强贡献和衰减等权重因子，虽然时效内定量降水预报明显减弱，但针对“9.22”大姚山体滑坡灾害，云南省气象台地质灾害气象风险预警客观产品还是准确合理地反映出了相应地质灾害气象风险等级。根据此预警产品，云南省气象局联合云南省国土资源厅及时发布地质灾害气象风险Ⅱ级预警，应对措施果断有效，地质灾害监测员履职到位，成功避让了此次灾害，紧急转移217人，避免100万元直接经济损失，社会效益显著。

参考文献

段旭，陶云，刘建宇，等，2007. 云南省不同地质地貌条件下滑坡泥石流与降水的关系[J]. 气象，**33**(9)：33-39.

胡娟，闵颖，李华宏，等，2014. 云南省山洪地质灾害气象预报预警方法研究[J]. 灾害学，**29**(1)：62-66.

李华宏，胡娟，许迎杰，等，2016. 云南省地质灾害气象风险精细化预警技术研究及应用[M]. 北京：气象出版社.

闵颖，胡娟，李超，等，2013. 云南省滑坡泥石流灾害预报预警模型研究[J]. 灾害学，**28**(4)：216-220.

彭贵芬，2006. 云南气象地质灾害危险等级 PP-ES 预报方法[J]. 气象科技，**34**(6)：745-749.

彭贵芬，段旭，张杰，等，2008. 云南滑坡泥石流灾害精细化气象预警系统[J]. 气象科技，**36**(5)：627-630.

秦剑，琚建华，解明恩，1997. 低纬高原天气气候[M]. 北京：气象出版社.

唐川，1997. 云南省泥石流灾害区域特征调查与分析[J]. 云南地理环境研究，**9**(1)：1-9.

唐川，朱静，2003. 云南滑坡泥石流研究[M]. 北京：商务印书馆.

唐川，朱静，2005. 基于 GIS 的山洪灾害风险区划[J]. 地理学报，**60**(1)：87-94.

万石云，李华宏，胡娟，2013. 云南省滑坡泥石流灾害危险区划[J]. 灾害学，**28**(2)：60-64.

张红兵，2006. 云南省地质灾害预报预警模型方法[J]. 中国地质灾害与防治学报，**17**(1)：40-42.

2016年西太平洋热带气旋活动特征及成因分析

余丹丹　赵艳玲　万　雷　彭旭东

（中国人民解放军31010部队，北京 100081）

摘　要

利用NCEP/NCAR再分析和NOAA向外长波辐射(OLR)等资料，对2016年西太平洋热带气旋生成频数、登陆特点及其成因进行了初步分析。通过诊断分析ENSO事件及东亚夏季风环流异常与热带气旋活动异常的关系，给出2016年东亚夏季风系统部分成员影响热带气旋频数的天气学图像：由春入夏，赤道东太平洋海温异常偏高，西太平洋副热带高压异常强大，热带辐合带位置偏南，中国南海和菲律宾以东地区对流活动受到抑制，上半年热带气旋生成个数明显偏少；由夏入秋，中国南海—西北太平洋海温迅速升高，8月底中国南海夏季风北涌，副高北抬，热带辐合带对流活动发展增强是造成下半年热带气旋偏多的主要原因。副高异常强大、持续偏西是导致热带气旋集中西行登陆中国沿海地区的主要原因。

关键词：天气学　热带气旋　副热带高压

引言

中国濒临西北太平洋，每年热带气旋造成的损失高居其他自然灾害之首。随着全球变暖的持续发展，全球高影响热带气旋事件的频发，热带气旋造成的损失日趋严重(雷小途，2009)。1614号超强台风“莫兰蒂”登陆福建厦门，成为2016年登陆中国大陆最强台风，福建、浙江因灾死亡36人，直接经济损失160亿元。因此，研究热带气旋的生成条件和登陆异常对热带气旋趋势预测非常重要，对中国南海及华南沿岸减灾、防灾工作意义重大。

ENSO事件与西北太平洋热带气旋发生频数关系密切。赤道东太平洋海温异常可以通过影响太平洋低纬度地区的纬圈环流、热带辐合带、海温、对流、风切变强度等，进而影响西太平洋台风的活动频次、强度、位置(王会军等，2007；陶丽等，2013；朱伟军等，2014)。西北太平洋副热带高压(以下，简称副高)的位置和强度等的演变对热带气旋的生成、发展和移动都有重要影响(Camargo，et al，2005；龚振淞等，2010)，同时，它也是预测热带气旋频数的一个重要的气候因子(范可，2007)。2015年爆发了一次极强厄尔尼诺事件，全球诸多异常天气事实都与赤道中东太平洋海温持续偏高有关，2016年副高异常偏强、偏西，登陆中国热带气旋偏多、偏强，这无疑也与该年赤道太平洋海温的异常变化密切相关。

基于此，文中利用常规观测资料、NCEP1°×1°格点资料以及AVHRR卫星遥感海温资料，对2016年西北太平洋和中国南海热带气旋活动特点进行了回顾，分析了ENSO事件期间东亚夏季风活动异常与西北太平洋热带气旋活动异常的关系，解释了2016年热带气旋阶段性生成的可能原因，建立了东亚夏季风系统成员对热带气旋影响的天气学图像，为热带气旋活动的长期气候预测提供有益的参考。

1　2016年热带气旋活动概况

(1)“初台”偏晚

2016年第1号超强台风“尼伯特”于7月3日生成，比常年(3月20日)明显偏晚，仅早于1998年(7月9日)，位列历史第二晚。

(2)“秋台”活跃

2016年秋季(9—11月)，西北太平洋(含中国南海)共有14个热带气旋生成，占到总数的一半以上，较常年(11个)明显偏多，强度偏强，其中超强台风生成比例35.7%，高于常年(27.9%)，历史罕见(表1)。

表1　2016年西北太平洋(含中国南海)热带气旋各月生成个数(平均值:1949—2016年)

月份	1月	2月	3月	4月	5月	6月	7月	8月	9月	10月	11月	12月
2016年	0	0	0	0	0	0	4	7	7	4	3	1
平均值	0.5	0.2	0.4	0.7	1.1	2.0	4.1	5.7	5.1	3.8	2.3	1.2

(3)台风集中生成

2016年西北太平洋(含中国南海)共有26个热带气旋生成，与常年(1971—2000年平均27个)基本持平。热带气旋集中生成于下半年，上半年无热带气旋生成，尤其是在7月底到10月中旬不到3个月的时间里。热带气旋呈爆发式增长，共有21个热带气旋生成，占总数的84%，其中8月14—20日，一周时间内先后有5个热带气旋生成。

(4)登陆台风偏多、偏强、偏南

2016年西北太平洋(含中国南海)共有8个热带气旋登陆中国，登陆个数较常年多1个；整体强度偏强，达到强台风以上级别的有6个，影响范围覆盖江南、华南、江淮10多个省(区、市)；登陆位置偏南，均集中在福建南部及以南地区，其中登陆福建3个，广东3个，海南2个，在福建以北没有热带气旋登陆。

(5)西行台风偏多，北上台风偏少

2016年热带气旋以偏西路径影响中国的有10个，占总个数的38.5%；近海转向影响中国的热带气旋有2个，占总个数的7.7%。

2　成因分析

2.1　ENSO事件的影响

2016年热带气旋活动异常是大气环流异常的直接结果，而影响北半球大气环流最突出的海洋外强迫特征是开始于2014年9月的超强厄尔尼诺事件，2016年经历了ENSO循环的暖位相向冷位相过渡，赤道太平洋海温持续异常是造成热带气旋活动异常的根本原因。

自2014年9月形成的超强厄尔尼诺事件是1951年以来最强的厄尔尼诺事件之一，其持续时间(24个月)、累计强度(26.9 ℃)和峰值强度(2.9 ℃)均创新高。此次厄尔尼诺事件于2015年11月达到峰值后逐渐减弱，并于2016年5月结束，2016年7月赤道中东太平洋海温转为拉尼娜状态。

从2016年赤道太平洋地区各季海温距平分布(图1)可以看出：前冬，赤道中东太平洋大部分地区海温为正距平分布，暖海温中心强度超过 3 ℃，是典型的厄尔尼诺年海温分布形势；春季，赤道中东太平洋海温正距平范围和强度不断缩小，表明厄尔尼诺事件持续衰减；夏季，赤道东太平洋出现负的海温距平，而赤道西太平洋则出现大范围正海温距平，呈现与冬春季相反的距平分布，这种“西高东低”的海温分布是典型拉尼娜年海温分布形势；秋季，赤道中东太平洋海温持续下降，赤道西太平洋持续升高，高海温中心位于赤道太平洋中部(150°E)附近，中心强度超过 1 ℃，表明拉尼娜事件持续发展。

2016 年上半年“东高西低”的厄尔尼诺年海温分布，直接导致沃克环流发生异常，广阔的赤道西太平洋(120°－160°E)皆为下沉区，加上该海域海温持续偏低，对流活动受到抑制，导致该海域生成的热带气旋个数明显偏少；相反，2016 年下半年“东低西高”的拉尼娜年海温分布，赤道西太平洋异常暖水状态对热带气旋的发生和加强尤为有利，导致该海域生成的热带气旋明显偏多。

总的来说，2016 是从厄尔尼诺年的衰亡期进入到拉尼娜年的上升期，这样的海温分布异常与热带气旋活动频数密切相关：上半年没有热带气旋生成并影响中国，8—9 月热带气旋集中生成并频繁影响中国。密切关注前冬及当年春季的赤道中东太平洋海温变化，对预测当年热带气旋频数意义重大。

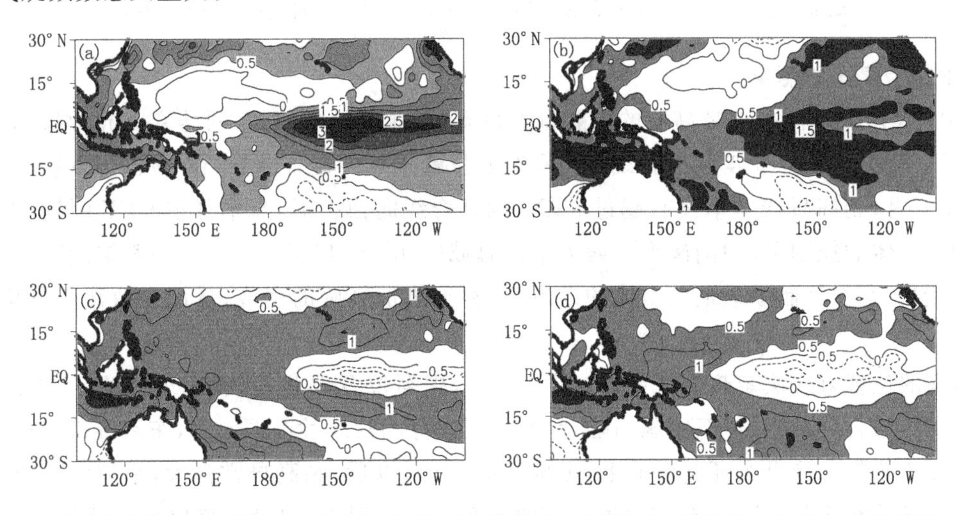

图 1　2016 年(a)前冬(2015 年 12—2016 年 2 月)、(b)春季(3—5 月)、(c)夏季(6—8 月)、(d)秋季(9—11 月)平均赤道太平洋海温距平分布(阴影区≥0.5 ℃)

2.2　东亚夏季风系统活动异常的影响

根据国家气候中心中国南海夏季风强度指数逐候监测数据可知，2016 年中国南海夏季风于 5 月第 5 候爆发，10 月第 6 候结束，爆发时间接近常年，结束显著偏晚，为 1951 年以来结束最晚年，强度呈波动性变化，总体较常年同期略偏弱。

以 4—10 月 850 hPa 纬向风沿 100°－150°E 平均的纬度-时间剖面(图 2)来看东亚夏季风的强弱变化。5 月下旬，伴随中国南海夏季风全面爆发，中国南海一带东风迅速转为西风，副高南撤东退。6 月下旬，低纬度地区出现了一次明显的季风北涌，西风向北扩展，副高第一次北抬，长江中下游地区和江淮地区于 6 月 19 和 20 日相继入梅。7 月下旬，季风再次北涌，副高第二次北抬，梅雨结束。7 月底到 10 月中旬，中国南海夏季风增强，5°－15°N 开始盛行西风，西风与副高南缘东南风形成的气旋性切变增强，有利于热带气旋的生成，直接导致这段时间内共有21个热带气旋在西北太平洋和中国南海地区活动。

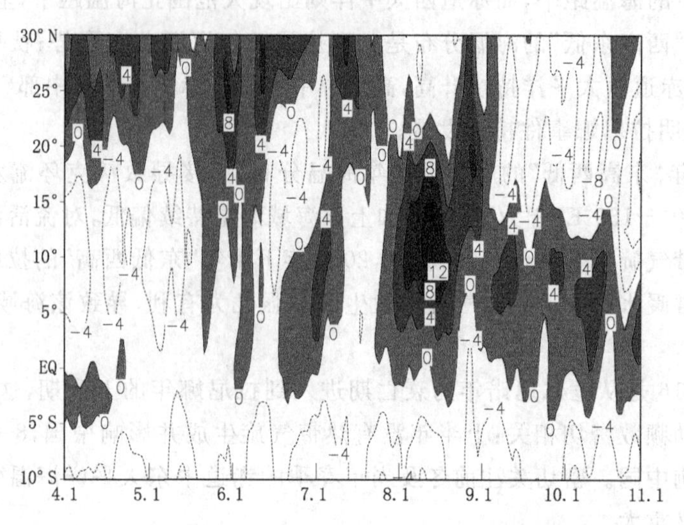

图2　沿100°－150°E平均的850 hPa纬向风纬度-时间剖面(单位:m/s)

2.3　副热带高压的影响

2016年西太平洋副热带高压的主要特点表现为:强度异常偏强、西伸脊点异常偏西、脊线在夏秋季偏北。从2016年副高脊线指数和东西位置指数的逐日演变(图3)也可以看出，整体上，除了8月，副高脊线基本没有越过30°N，副高脊线向西扩展，基本都在90°E附近，在这种强大的副高体的控制下，中国南海－西太平洋海域(100°－140°E,5°－25°N)都被副高所控制，以下沉气流为主，抑制了该地区对流的发展，不利于热带气旋的生成，从而导致热带气旋明显减少。

副高的位置直接决定热带气旋的走向。8月，副高位置偏北，断裂成东西两环，副高西环与大陆高压结合，西端脊伸至中国内陆，南方出现大范围持续性高温天气，东环维持在海上，此时接连4个热带气旋沿东环副高北上，影响日本。9月以后，副高异常强大，呈带状分布，副高脊线始终维持在25°N附近，在其南侧强盛的偏东气流牵引下，热带气旋以西行或转向路径为主，影响中国南部沿海。

进一步分析可知，由于赤道中东太平洋海温异常偏高，南北温度梯度进一步增强，促使赤道哈得来环流发展，副热带的下沉分支强烈发展，使得副高加强。副高的异常强大，热带辐合带偏弱，位置偏南，热带西太平洋上空的对流活动受到抑制，缺乏热带气旋生成必要的初始扰动条件，故生成个数偏少。为此下面将进一步探讨热带辐合带对热带气旋活动的影响。

2.4　热带辐合带的影响

从图4上可以清楚地看到，副高和热带辐合带的强弱及位置关系，上半年共同特征是副高异常强大，向西伸展，整个15°N以南广阔的西北太平洋完全在副高的控制下，中国南海和菲律宾以东为OLR高值区，对流不活跃，这与厄尔尼诺引起的沃克环流异常下沉支位置吻合，而赤道太平洋中东部为OLR低值区，对应沃克环流异常上升支，对流活动频繁。下半年赤道西风向东发展，它们与副高南侧的东风在赤道太平洋西部汇合，热带辐合带对流活动增强，使得这里生成的热带气旋增多。由此可见，2016 年热带气旋阶段性生成与热带辐合带活跃程度密不可分。

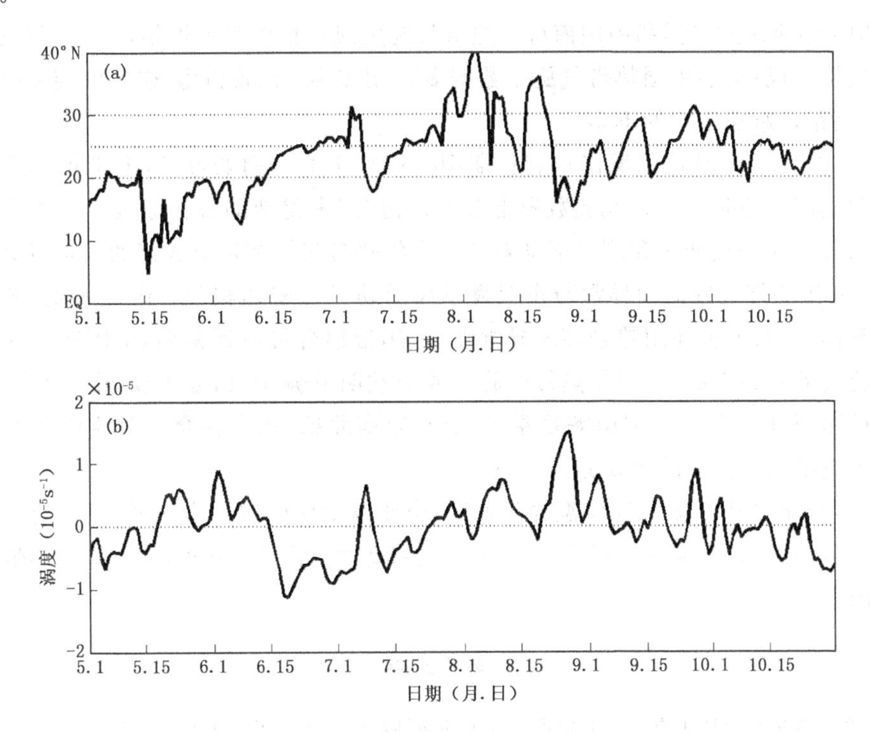

图 3　2016 年 5—10 月逐日(a)副高脊线指数和(b)副高东西位置指数的变化

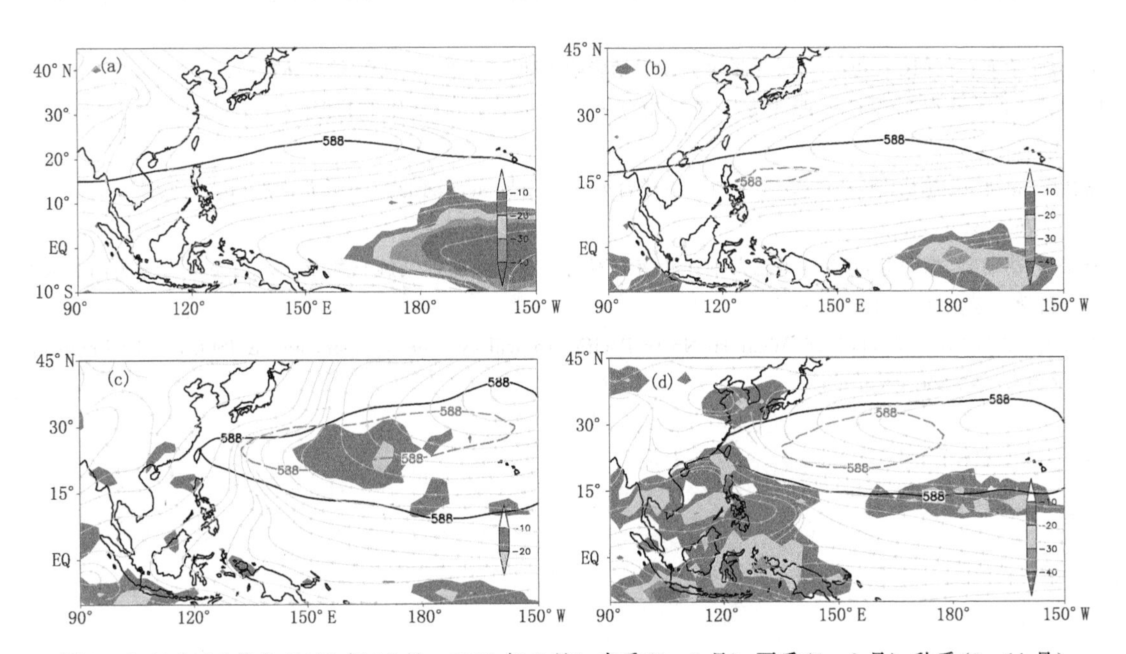

图 4　2016 年(a)前冬(2015 年 12 月—2016 年 2 月)、春季(3—5 月)、夏季(6—8 月)、秋季(9—11 月) 588 dagpm 特征线(实线)、850 hPa 流场及 OLR 距平(阴影≤−10 W/m²)分布

3 结 论

(1)2016 年西北太平洋和中国南海上热带气旋生成多集中于下半年,7 月之前没有影响中国的热带气旋生成;登陆中国热带气旋个数偏多、强度偏强、位置偏南,热带气旋多西行路径影响中国,北上路径影响中国的不多。

(2)2016 年经历了从厄尔尼诺年衰亡期到拉尼娜年上升期的过渡,上半年赤道中东太平洋海温异常偏高可能是导致台风频数异常偏少、“初台”来得晚的直接原因。前冬及当年春季的赤道中东太平洋海温变化和副高活动对预测当年热带气旋频数有较好的预报意义。

(3)2016 年热带气旋活动异常与东亚夏季风活动异常密切相关。由春入夏,赤道东太平洋海温异常偏高,西太平洋副热带高压异常强大,热带辐合带位置偏南,中国南海和菲律宾以东地区对流活动受到抑制,上半年热带气旋生成个数明显偏少;由夏入秋,中国南海—西北太平洋海温迅速回升,8 月底中国南海夏季风北涌,副高北抬、热带辐合带对流活动发展增强是造成下半年热带气旋偏多的主要原因。

(4)2016 年赤道中东太平洋海温异常偏高,南北温度梯度进一步增强,促使哈德来环流下沉支强烈发展,使得副高偏强。副高异常强大、持续偏西、呈带状分布,从而导致热带气旋多西行影响中国。

参考文献

范可,2007. 西北太平洋台风生成频次的新预测因子和新预测模型[J]. 中国科学(D 辑),**37**(9):1260-1266.

龚振淞,陈丽娟,2013. 2010 年西北太平洋与南海热带气旋活动异常的成因分析[J]. 气候与环境研究,**18**(3):342-352.

雷小途,徐明,任福民,2009. 全球变暖对台风活动影响的研究进展[J]. 大气科学,**67**(5):680-688.

陶丽,靳甜甜,濮海娟,2013. 西北太平洋热带气旋气候变化的若干研究进展[J]. 大气科学学报,**36**(4):504-512.

王会军,范可,孙建奇,等,2007. 关于西太平洋台风气候变异和预测的若干研究进展[J]. 大气科学,**31**(6):1076-1081.

朱伟军,胡瑞卿,徐明等,2014. 西北太平洋和南海不同时段生成热带气旋频数及其水汽条件的分类[J]. 大气科学学报,**37**(3):344-353.

Camargo S J, Sobel A H,2005. Western North Pacific tropical cyclone intensity and ENSO[J]. J Climate,**18**(15):2996-3006.

基于静止卫星云检测的 MWTS-2 资料同化及其台风模拟影响分析

袁　炳[1,2]　王廷芳[1]　马　刚[2]

（1. 空军气象中心，北京 100083；2. 国家卫星气象中心，北京 100081）

摘　要

远洋地区缺乏常规观测资源，远海台风的预报主要依托数值预报以及大量卫星资料的同化支持。国外气象卫星和中国风云三号卫星提供了大量海区微波观测资料，但目前中国业务主要基于国外卫星资料开展同化应用，国产卫星尤其 FY-3C 微波资料的应用还较初步，尚未发挥应有效能。文中立足国产卫星资料在数值预报业务中的应用需求，基于 WRF 模式及 GSI 技术框架，构建了 FY-3C 卫星微波温度计(MWTS-2)资料同化模块，并采用 FY-2E 静止气象星云图灰度数据进行云检测，然后同化晴空、薄云条件下的 MWTS2 资料，以剔除降水对辐射模拟精度的影响。采用 T511 全球分析场资料，对 1418 号台风进行同化和模拟试验，结果表明，MWTS-2 资料同化能较大程度地改善台风路径和强度的预报效果，具有较高同化应用价值和前景。

关键词：数值预报　MWTS-2　资料同化　台风模拟

引言

目前，众多的数值预报研究和业务单位都已将多种卫星观测资料应用到数值预报模式的同化分析系统中，并且卫星观测资料也已成为所用观测资料的主体(Kidder, et al,1978)。三维和四维资料变分同化技术的应用使卫星资料和雷达资料成了最主要的资料源，极大地改进了数值预报的初值质量(Kidder, et al,1980)。以 ECMWF(European Centre for Medium-Range Weather Forecasts)一个预报时次的统计为例(2003 年 6 月 18 日 00:00UTC)，经过筛选后的资料 99.07%是卫星资料，而进入同化系统的卫星资料占据了 91.41%(Velden, et al, 1983)。ECMWF 统计还表明，因受云和降水影响而不能被同化系统使用的卫星资料占全部丢弃资料的 75%以上(Velden, 1989)。而雷暴、冰雹、龙卷以及暴雨、梅雨、台风、连阴雨等大部分重要天气现象均与云和降水有关(Velden, et al,1991)，全球云区覆盖比也可达到 70%，且有 40%～60%的地区常年被云层覆盖，海洋上更是如此。云雨区观测往往包含大量与天气系统发生、发展密切相关的大气信息，这些资料的同化应用将会改善数值预报精度。但是，目前数值天气预报模式中的卫星观测同化仍然集中于晴空大气，因此，受云和降水影响卫星资料的同化成为数值预报中卫星资料同化应用的一个研究热点。近年来，为了得到更真实的大气初始状态，云和降水观测的同化取得了重大进展。微波观测仪器也有了更为广泛的地理分布，能更好地提供大气分析的关键补充数据，特别是 ATOVS 探测仪、微波成像仪等观测资料的应用达到了比较成熟的地步。

中国风云系列卫星上有微波温度计、微波湿度计、微波成像仪等，实现了全天候大气要素的垂直探测和表面特征观测，还能得到多种描述陆地、海洋、冰雪特征的地球物理参数，应用范围扩展到地球环境科学的多个领域，成为获取全球大气和地球物理参数的重要卫星之一(Spencer，1993)。但目前国内的研究和业务应用多是基于探测质量已被证实的国外卫星资料，国产卫星资料尤其 FY-3C 卫星微波资料的同化应用研究还较为初步，尚没有发挥应有效能。因此，研究风云极轨卫星微波资料同化是十分必要的，对拓展数值预报资料的使用范围，改进数值预报的性能具有极为重要的意义。其中，远海台风因缺乏常规观测支持而高度依赖卫星资料，如何把中国自主微波资料同化到远海区域，提高海区卫星微波资料时、空分辨率，提升远海台风路径预报水平，成为台风数值预报研究的重要课题之一(Kidder，et al.，2000)。

本文基于 WRF 模式及 GSI 技术框架，利用 FY-3C 卫星的 MWTS-2 微波资料，开展了卫星微波资料同化试验。考虑到在复杂云雨条件下，由于模拟技术的局限、背景场输入参数不完备或不准确、云和降水检测实施困难或不准确等原因，微波资料模拟误差较大，需进行降水检测剔除粗大误差导致的虚假调整，但 MWTS-2 资料缺少必要的窗区通道，无法采用现今成熟的方法进行有效降水检测。因此，采用 FY-2E 静止气象卫星云图灰度数据进行云检测和晴空识别，然后基于有降水必定有云的原理，仅对晴空、薄云条件下的 MWTS-2 资料的同化，保证了降水对模拟误差的影响最小。然后对 1418 号台风个例进行同化试验和分析，考察微波资料同化对台风路径和强度模拟的影响。

1 数值试验方案设计

以 2014 年第 18 号台风“巴蓬”为个例进行同化模拟试验。1418 号台风于 9 月 29 日在关岛以东的西北太平洋洋面上生成，向西偏北转西北方向移动，中途在远海区域转东北向，移向琉球群岛东南部一带海面，对中国无较大直接影响。

从 10 月 3 日 00 时(UTC)开始，对台风个例进行两组试验，分别为参照试验和同化试验(表 1)。同化方法为 GSI-3DVAR，同化方案中背景误差协方差使用 NMC 方法，下降法使用共轭梯度法(CG)。MWTS2 微波资料同化窗为 3 h，模式模拟预报 72 h。背景场资料为 0.5°×0.5° 的 T511 全球分析资料。

表 1 数值试验方案设计

序号	初值化方案
参照试验	直接以 T511 资料作初始场进行 72 h 模拟预报
同化试验	以 T511 资料作背景场同化 MWTS2 资料，得到优化初始场并模拟预报 72 h

模拟区域中心为(25.5°N，124.5°E)，格点分布(东西 163×南北 135)，格距 30 km，垂直分层为不均匀 51 层，模式顶高度 10 hPa。WRF 模式微物理方案为 WSM-6 方案，积云参数化方案为 Kain-Fritsch (new Eta)方案，陆面过程方案为热辐散方案，边界层方案为 YSU 方案。

2 MWTS-2 微波资料使用介绍

温度计(MWTS-2)的扫描周期为 8/3 s，每扫描线观测 90 个地球视场，提供星下点分辨率为 33 km 的大气温度垂直分布信息。微波温度计有 13 个地表和氧气探测通道，频率位于 50～60 GHz，可用于探测地表发射率和地面到 6 hPa 的大气温度状态，由此推导地表至大气顶不同层次的大气温度垂直分布，是综合垂直大气探测的重要组成部分。微波温度计具有穿透非降水云的能力，可得到全天候的大气温度分布特征。表 2 为通道参数技术指标，文中采用 3～9 通道。

表 2　温度计通道参数技术指标

序号	中心频率(GHz)	带宽(MHz)	动态范围(K)	灵敏度(K)	定标精度(K)	主波束效率
1	50.3	180	3～340	1.5	1.5	>90%
2	51.76	400	3～340	0.9	1.5	>90%
3	52.8	400	3～340	0.9	1.5	>90%
4	53.596	400	3～340	0.9	1.5	>90%
5	54.40	400	3～340	0.9	1.5	>90%
6	54.94	400	3～340	0.9	1.5	>90%
7	55.50	330	3～340	0.9	1.5	>90%
8	57.290344(fo)	330	3～340	0.9	1.5	>90%
9	$f_o \pm 0.217$	78	3～340	1.5	1.5	>90%
10	$f_o \pm 0.3222 \pm 0.048$	36	3～340	1.5	1.5	>90%
11	$f_o \pm 0.3222 \pm 0.022$	16	3～340	2.3	1.5	>90%
12	$f_o \pm 0.3222 \pm 0.010$	8	3～340	3.0	1.5	>90%
13	$f_o \pm 0.3222 \pm 0.0045$	3	3～340	4.5	1.5	>90%

图 1 中，(a)图为本试验中 MWTS-2 资料覆盖区域内 FY-2E 静止气象卫星云图灰度分布(灰度值小于 20 视为晴空)，(b)图为通道 3 亮温分布情况，可以看出，亮温分布与云图分布较吻合。图(c)～(e)分别为 1、4、9 通道 O-B 分布情况，通道 1 为窗区通道，较大误差出现在云图灰度大值区，图 1d 为中层通道(大气吸收贡献权重主要集中于 700 hPa 附近)，受云的影响较通道 1 有所减弱，而通道 9 为高层通道(大气吸收贡献权重主要集中于 50 hPa 附近，接近模式顶)，受云的影响则明显减弱。说明同化模块计算结果是正确的，但存在一个显著现象，即模拟偏差普遍为负值，这与背景场质量等因素有关。

变分同化理论(GSI-3DVAR)要求模式和观测误差是无偏的，且满足高斯分布，但观测辐射值与根据背景场廓线模拟的计算值具有系统性偏差，这些偏差可能比观测信号本身还要显著，这些偏差主要源自于以下方面：(1)卫星仪器本身(例如校准不充分，或受环境影响)；(2)辐射传输模式将大气状态映射到辐射量测值时的不准确(例如物理或光谱分析误差，或与数值模式无关的大气信息处理过程产生的误差等)；(3)数值天气预报模式提供的背景场大气状态(包括用于检测的量)本身存在系统性误差。因此，需要进行卫星辐射偏差订正，可分为两个部分：一是气团偏差订正(也称为变分偏差订正)，二是角度依赖偏差订正(也称扫描角偏差订正)。两部分偏差订正系数皆采用动态自适应更新统计方法得到，即由于观测偏差随季节、观测系统而变化，本研究拟选用动态的偏差订正方案，随着模式积分运行，进行动态统计，利用模式预报的大量经过质量控制的样本，通过拟合计算得到下次运行过程中需要的订正系数。图 2 为通道 3、4、6、8 资料偏差订正前后的结果对比，可以看到，订正后偏差更接近于正态分布。但由于通道 8 为高层通道，模式层大气对计算值的贡献比重较中低层通道小，因而订正效果不明显。

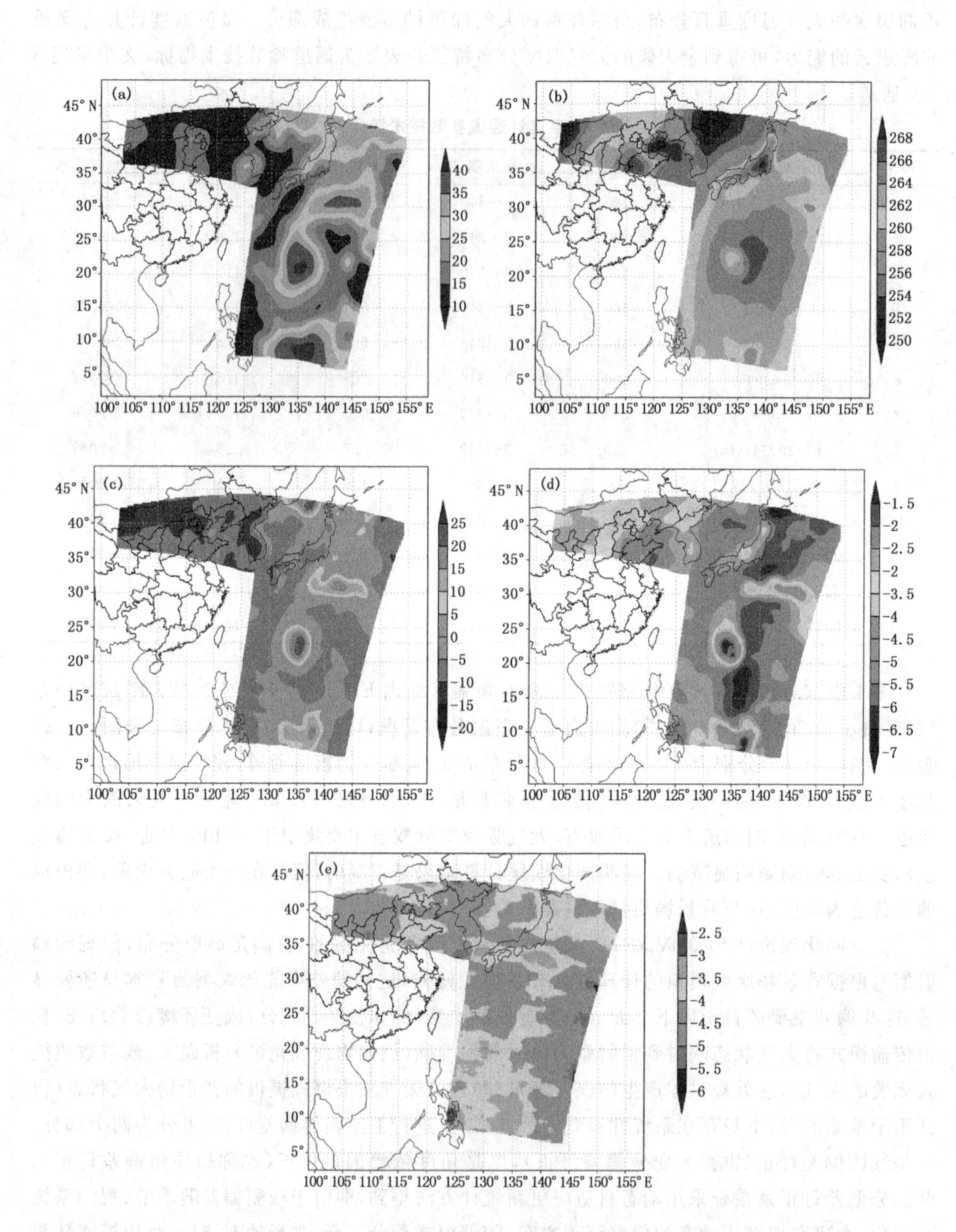

图 1　云图、MWTS-2 资料以及资料模拟误差(O-B)对比

(a. 云图灰度, b. 通道 3 亮温, c. 通道 1 的 O-B, d. 通道 4 的 O-B, e. 通道 9 的 O-B)

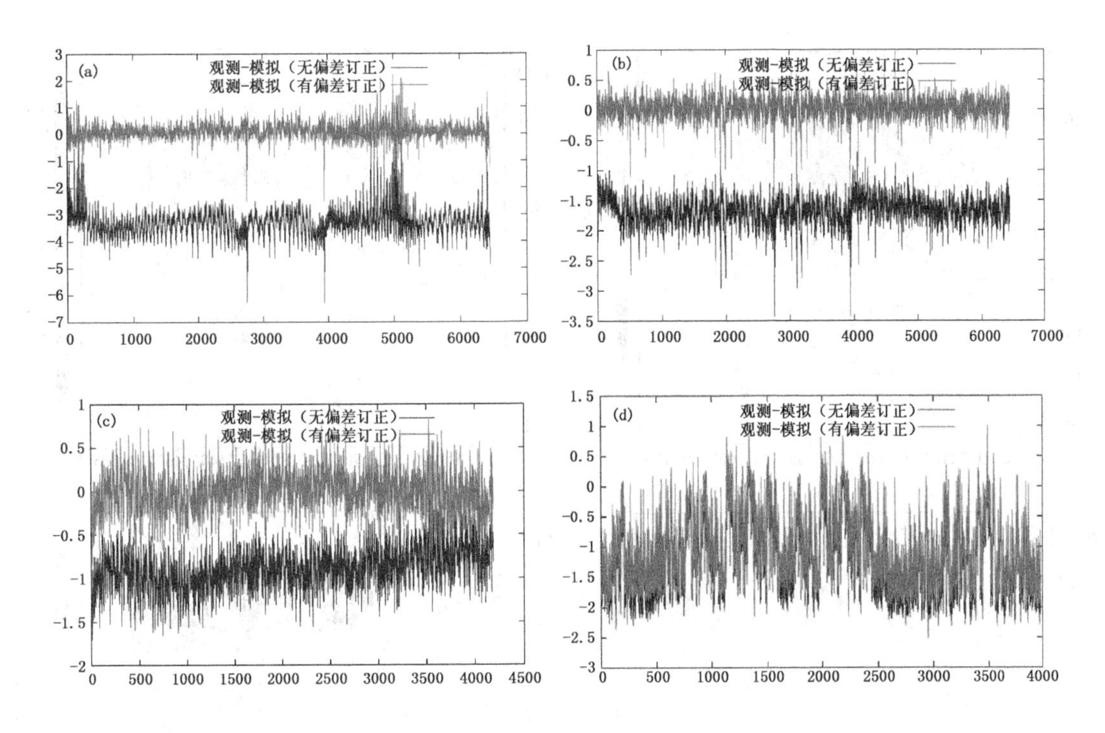

图 2　通道 3(a)、4(b)、6(c)、8(d)资料偏差订正前后的模拟结果对比

3　试验结果分析

图 3 是最终同化分析场中 3、4、6、8 通道资料模拟误差(O-A)结果。图中也体现了最终被吸收同化的资料量及资料分布。由于各通道采用的模拟偏差控制阈值不同(2～4 K)，所以各通道偏差分布稍有差异，但较图 1 中的 O-B 分布而言，较大误差已被基本剔除。同时，通道越高，正态分布余额不够理想，这与偏差订正结果一致。另外，试验中发现，当全部控制偏差截断阈值为 2 K 时，基本能够把有云区域资料剔除(即可以不进行云检测)，但可用资料尤其中低层资料骤减，中层引导气流未能得到较好改善，台风路径模拟结果不好；当全部控制偏差截断阈值为 3 K 时，不能去除所有云区资料，台风路径模拟结果稍好；当全部控制偏差截断阈值为 4 K 时，路径模拟效果转差，但若仅同化通道 4(主要作用于引导气流高度层)，路径模拟改进明显，因而，区分通道采用不同控制阈值的做法最佳。

图 4 为台风预报路径与实况的对比(实况路径来自中国气象局发布的台风实况数据，模拟台风中心位置采用最低海平面气压点与其周围四点进行曲面插值得到)。从模拟路径发现，同化后台风移动趋势与实况大为接近，误差计算结果显示(图 4b)，路径模拟误差大为减小，尤其在模拟中期最为明显。在强度模拟方面(图 4c)，同化 MWTS-2 资料后，台风中心海面气压随着积分时间下降，不断接近实况强度。

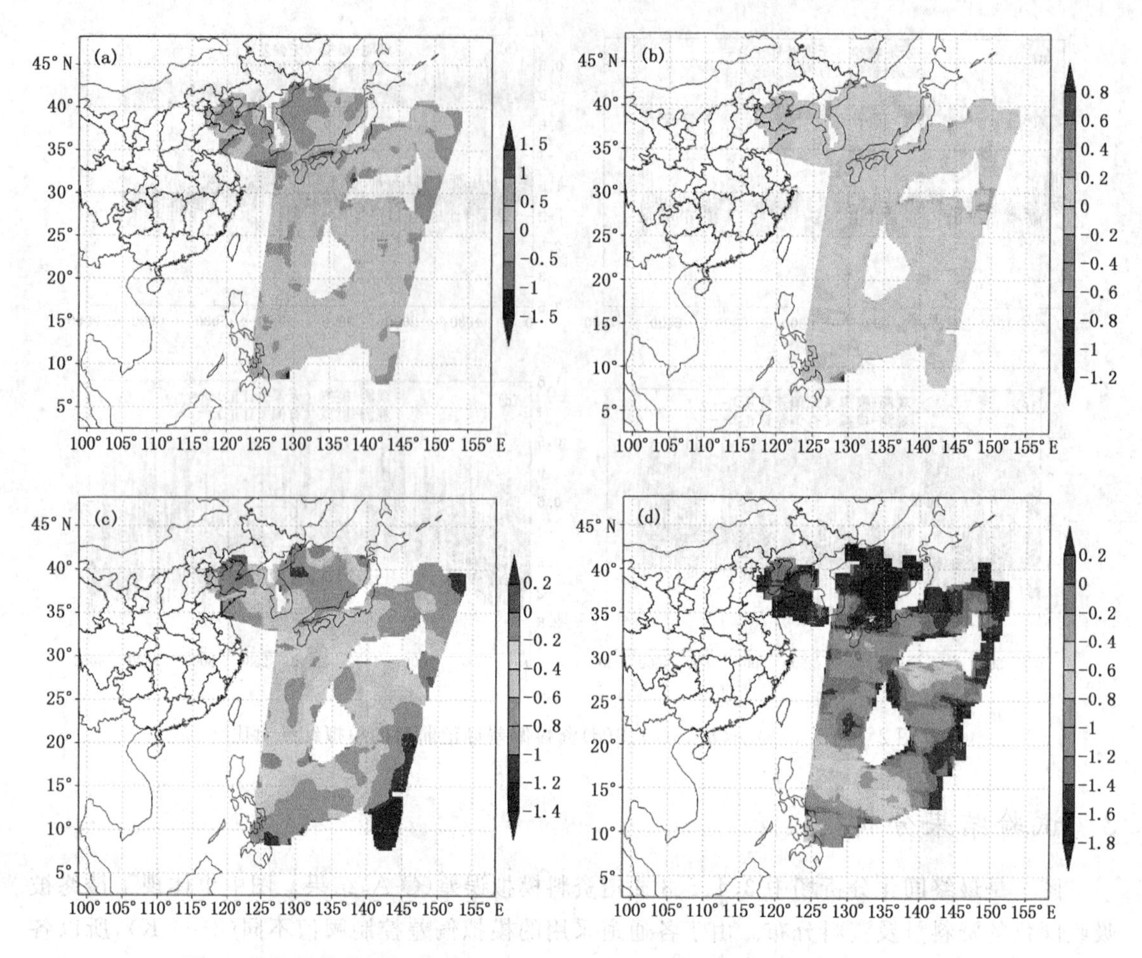

图 3 最终同化分析场中 3(a)、4(b)、6(c)、8(d)通道资料模拟误差(O-A)结果

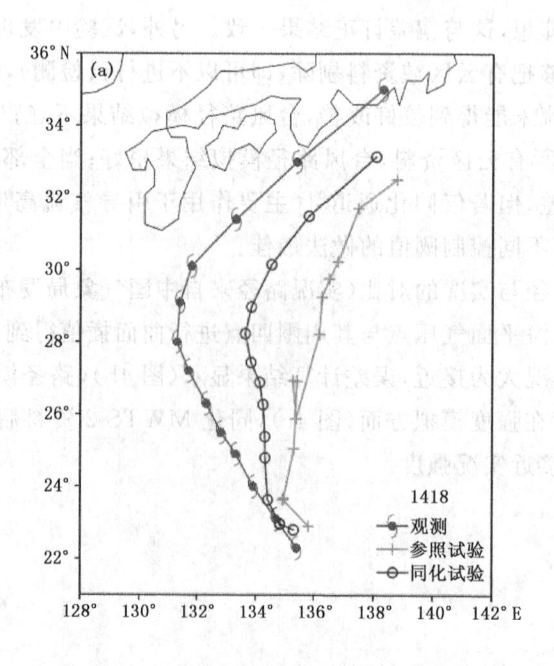

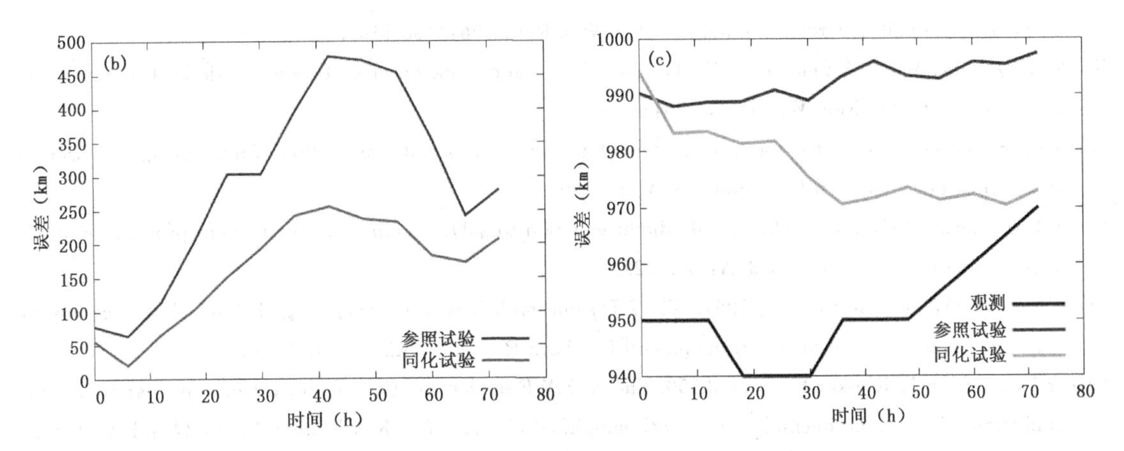

图4　台风路径和强度预报结果(a. 模拟路径对比，b. 模拟路径误差对比，c. 模拟强度对比)

(OBS-观测，CTL-参照试验，VAR/3DVAR1-同化试验)

4　结　论

基于WRF模式及GSI技术框架，采用FY-2E静止气象卫星云图灰度数据进行云检测和晴空识别，然后基于有降水必定有云的原理，仅对晴空、薄云条件下的MWTS-2资料同化，保证了降水对模拟误差的影响最小。采用T511全球分析场资料，对1418号台风进行同化预报试验，结果表明，MWTS-2微波资料同化能较大程度上改善台风路径和强度的预报效果。研究结果对MWTS-2资料在数值天气预报模式中的同化应用起到较大鼓舞意义和实际参考。

参考文献

马刚，方宗义，张凤英，2001. 云参数对RTTOV5模式模拟误差的影响分析[J]. 应用气象学报，**12**(4)：385-391.

张文建，许健民，方宗义，2004. 暴雨系统的卫星遥感理论和方法[M]. 北京：气象出版社.

Andersson E, Pailleux J, Thepaut J-N, et al, 1994. Use of cloud-clear radiances in three/four-dimensional variational data assimilation[J]. Q J Roy Meteorol Soc, **120**, 627-653.

BennartzR, Thoss A, Dybbroe A, 2002. Precipitation Analysis Using the Advanced Microwave Sounding Unit in Support of Nowcasting Applications[J]. Meteorological Applications, **9**: 177-189.

Bouttier F, Kelly G, 2001. Observing-system experiments in the ECMWF 4D-Var data assimilation system[J]. Q J Roy Meteorol Soc, **127**: 1469-1488.

English S J, Renshaw R J, 2000. A comparison of the impact of TOVS and ATOVS satellite sounding data on the accuracy of numerical weather forecasts[J]. Q J Roy Meteor Soc, **126**: 2911-2931.

Eyre J R, Kelly, 1993. Assimilation of TOVS radiance information through one-dimensional variational analysis [J]. Q J Roy Meteor Soc, **119**: 1427-1463.

Kelly G, 1997. Impact of observations on the operational ECMWF system[J]. Tech. Proc. 9th international TOVS study conference, Igls, Austria, Feb: 20-26.

Kidder S Q, Goldberg M D, 2000. Satellite analysis of tropical cyclones using the advanced microwave sounding unit (AMSU) [J]. Bull Amer Meteor Soc, **81**: 1241-1259.

Kidder S Q, Gray W M, Vonder Harr T H, 1978. Estimating tropical cyclone central pressure and outer winds from satellite microwave data[J]. Mon Wea Rev, **106**:1458-1464.

Kidder S Q, Gray W M, Vonder Harr T H, 1980. Tropical cyclone outer surface winds derived from satellite microwave data[J]. Mon Wea Rev, **108**:144-152.

Le Demit F, Talagrand O,1986. Variational algorithms for analysis and assimilation of meteorolagical observations: theoretical aspects[J]. Tellus, **38A**: 97-110.

Lewis J M, Derber J C, 1985. The use of adjoint equation to solve a variational adjustment problem with advective conetraints[J]. Tellus,**37A**: 309-322.

Li Y, Navon I M, Moorthi S, et al, 1991. The 2-D semi-implicit semi-Lagrangian global model: Direct slover, vectorization and adjoint model development[J]. Tech Rep, FSUSCRI-91-158: 56.

Rabier F, Jarvinen J, Klinker E, et al, 2000. The ECMWF implementation of four-dimensional variational assimilation[J]. I: Experimental results with simplified physics. Q J Roy Meteorol Soc, **126**: 1143-1170.

Raisanen P, 1998. Effective longwave cloud fraction and maximum random overlap clouds- a problem and a soluition[J]. Mon Wea Fev,**126**:3336-3340.

Spencer R W, 1993. Global oceanic pripcipta- tion from the MSU during 1979—91 and comparisions to other climatologies[J]. J Climate,**6**:1301-1326.

Talagrand O, Curtier P,1987. Variational assimilaion of meteorological observations with the adjoint vorticity equation[J]. I: Theory. Quart J Roy Meteor, Soc, **113**: 1311-1328.

Velden C S, Smith W L, 1983. Monitoring tropical cyclone evolution with NOAA satellite microwave observations[J]. J Climate Appl Meteor,**22**:714-724.

Velden C S,1989. Observational analysis of North Atlantic tropical cyclones from NOAA polar-orbiting satellite microwave data[J]. J Appl Meteor, **22**:714-724.

Velden,C S, Goodman B M, et al, 1991. Western North Pacific tropical cyclone intensity estimation from NOAA polar-orbiting satellite microwave data[J]. Mon Wea Rev, **119**:159-168.

Wang Bin, Zou Xiaolei, Zhu Jiang, 2000. Data assimilation and its applications[J]. Proc Natl Acad Sci USA, Vol. 97, Issue **21**: 11143-11144.

黄花机场冬季一次持续性大雾天气诊断分析

蒋 玥

（民航湖南空管分局气象台，长沙 410137）

摘 要

利用常规气象观测资料、机场自动气象站资料、NECP/NCAR 1°×1°再分析资料对长沙黄花机场 2015 年 1 月 14—16 日出现的一次持续性大雾天气的天气背景、各层气象要素和水汽动力特征进行研究和诊断分析。研究表明：本次过程为辐射雾，偏西北路径弱冷空气受地形影响带来下层逆温，利于大雾形成；边界层干湿对比越剧烈、地面小风速的小幅度震荡、强烈的晴空辐射和起雾后气温进一步降低以及高空处于干性短波槽后形势都对雾的维持和发展有利；逆温层有无及其强度影响大雾期间跑道视程变化特征；起雾前，边界层中低层的弱上升运动配合着其上层的弱辐散下沉运动引起本场水汽辐合和地面弱冷空气向上扩散促进逆温的形成，利于形成浓雾。雾后期，逆温层由高到低逐层被破坏，水汽由辐合转为辐散，加速雾消散。

关键词：持续性大雾　逆温层　跑道视程　水汽特征

引言

目前大雾的生消预报已经成为机场气象台冬半年的一项重要工作。中外诸多学者对大雾的多个方面都做了研究。王玮等(2009)通过研究一次中国东部大范围持续性大雾天气指出，逆温层的高度及强度与雾滴浓度关系密切，弱的冷暖平流均有利于产生雾。许多学者也对大雾的边界层特征或微物理结构进行了探讨(李子华等，1999；曹志强等，2007；陈元昭等，2008；麦健华等，2014；李萍等，2010；刘峰等，2007)。

本研究对长沙黄花机场一次持续性大雾天气的气象要素特征、天气形势背景、地形作用和逆温层特征等方面进行研究和诊断分析，探寻持续性大雾预报着眼点，以期在今后的业务工作中，提高对大雾的预警能力。

1　资料与方法

采用 2015 年 1 月 14—16 日长沙黄花机场(28.19°N，113.21°E)的常规气象观测资料、机场自动气象站观测资料和 NECP/NCAR1°×1°再分析资料。采用的气象要素有机场跑道两端的温度、风速、风向、相对湿度和能见度等。

采用跑道视程的变化情况来体现本次大雾过程的演变特征。随后对其大气环流形势和地形作用进行了分析，再利用影响系统合成分析的方法分析本次过程的物理场，最后通过计算本次过程的水汽通量散度和垂直速度等特征物理量对大雾过程的水汽和动力特征进行了探讨。

2　大雾过程跑道视程特征

图 1 为本次持续性大雾过程中黄花机场跑道视程(以下简称 RVR)的变化特征。由图 1a 可知,14 日 02 时在大雾形成阶段中机场跑道两端 RVR 值出现较大幅度波动，RVR 最低下降至 150 m。由图 1b 可知,15 日大雾 RVR 值呈现明显的“U”形结构,RVR 值在下降过程中呈现“悬崖式”急速下降特征,期间 RVR 最低降至 125 m。由图 1c 可知,16 日大雾形成阶段,RVR 呈现波动缓慢下降特征,RVR 最低值达到 100 m。这次持续性大雾天气过程,黄花机场跑道视程低于 550 m 的时间累计长达 19 h。14 和 15 日在起雾阶段 RVR 值呈现“悬崖式”的急速下降特征,16 日则呈现向下“剧烈震荡”的特征。大雾消散过程中,RVR 值都为“小幅度震荡上升”特征。

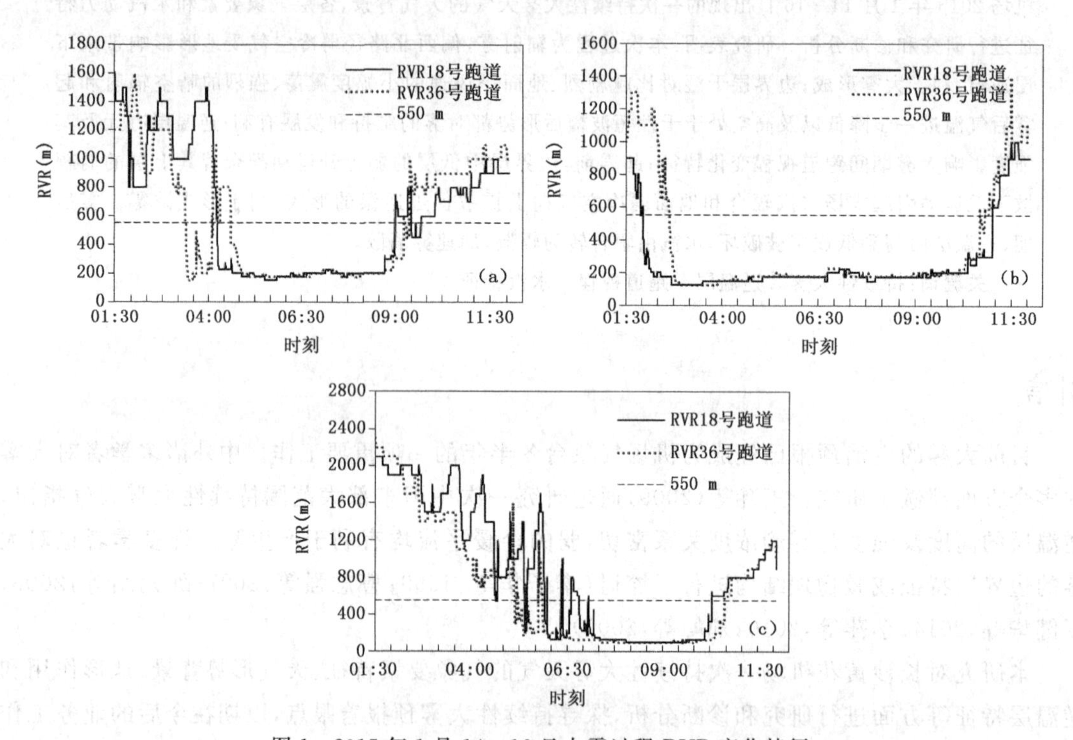

图 1　2015 年 1 月 14—16 日大雾过程 RVR 变化特征

(a—c 分别为 14、15、16 日;时间为北京时间)

(—表示 18 号跑道 RVR 值、……表示 36 号跑道 RVR 值、——表示 RVR 为 550 m)

3　大尺度环流背景场特征

本次持续性大雾天气过程是在有利的大尺度环流背景下产生的(图略)。本次过程中 500 hPa 由高空槽过境后的弱脊控制渐变为高空平直多波动形势并配合着弱的冷平流从西北方向输入本区。700 和 850 hPa 显示,在本次大雾过程中,湖南上空由反气旋环流形势渐变为切变线前部形势,16 日 08 时有较明显冷空气侵入,大气稳定层结破坏,维持 3 d 的大雾结束。

4 地面气象要素特征

图 2 是大雾过程中地面气象要素随时间变化特征。从图 2a 中可以看出，在这次过程中能见度出现 3 次明显的波动。图 2b 本次过程中，地面相对湿度都超过 93%，地面为一湿层。相对湿度的变化特征基本同能见度相反。图 2c 指出大雾都出现于低温时段内，15 日当能见度

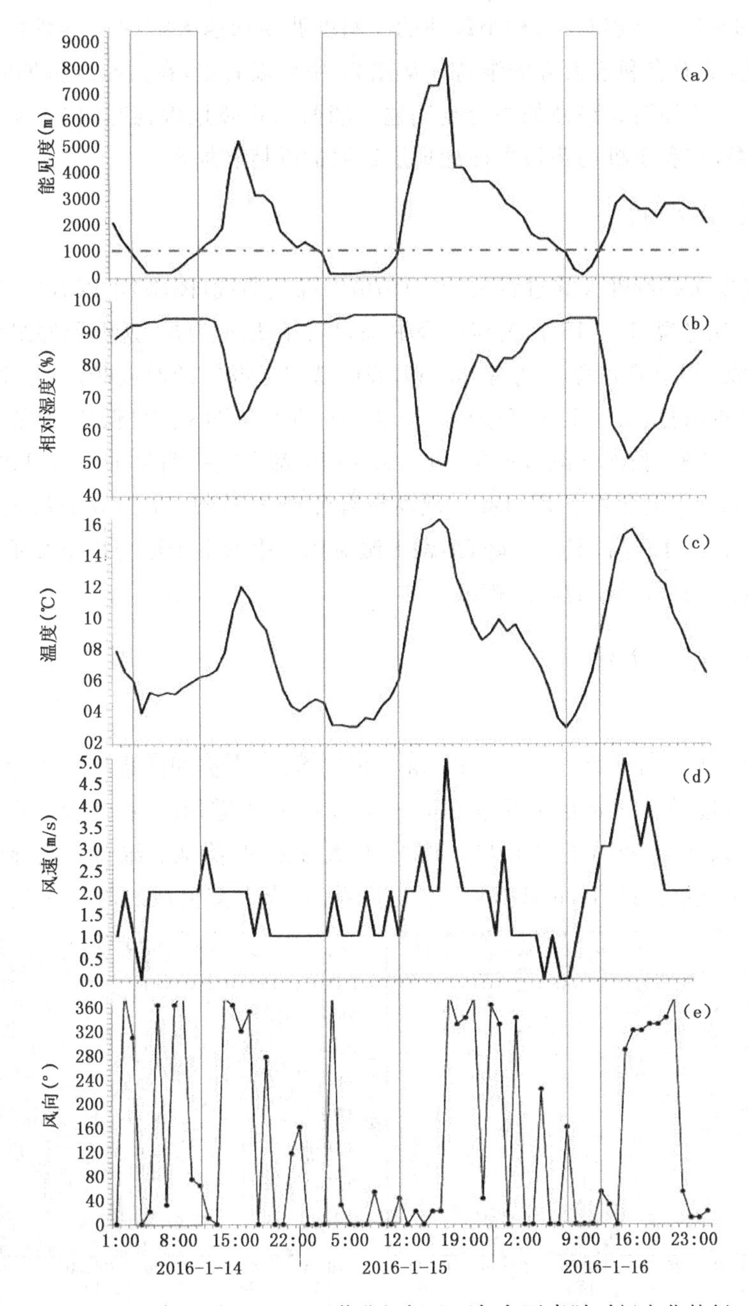

图 2 2015 年 1 月 14—16 日黄花机场地面气象要素随时间变化特征

(a～e 分别表示长沙机场能见度(单位:m)、相对湿度(单位:%)、温度(单位:℃)、风速(单位:m/s)、风向(单位:°);线框内为本场大雾发生时段)

低于1000 m时，温度还出现了进一步下降，这种在大雾形成后的温度继续下降，加剧空气中水汽的饱和状态，为大雾的维持和加强提供了更有利的冷却条件。此外，当温度上升速度越快，大雾维持时间越短，消散也越快。结合卫星云图(图略)可知，黄花机场这3 d夜间都为晴空少云形势，从而为夜间强烈的辐射降温提供了条件。因此，连续3 d气温都出现了较大的日较差。从图2d中可以看出，微风是大雾维持的必要条件，14和16日多为静风，而15日大雾期间，风速基本在1～2 m/s震荡，这种小风速的小幅度波动加速大雾中气溶胶粒子的混合和水汽辐合形成雾滴，从而有利于大雾的维持。从图2e中可以看出，在大雾维持期间，机场地面风场以西北风为主。这种西北路径的弱冷空气越过湘西的丘陵地貌，到达位于黄花镇腹地平原的机场，下层逆温，有利于机场跑道平面近地层逆温的维持和加强。

5 逆温层特征分析

从黄花机场本次持续性大雾过程长沙站(57679)探空曲线(图略)可以看出，1月14日大雾过程中，低空有三层逆温，1月15日大雾过程中，低空有两层逆温层，逆温层底最低，为1004 hPa(约210 m)高度处，厚度最深厚大约有800 m，表明低空逆温层的厚度越厚、层数越多，越能增强空气柱的稳定性，利于大雾维持和加强。1月16日大雾过程中，低空存在一个厚度约为700 m的等温层。此外，长沙连续3 d在700～850 hPa都存在一明显干层，3 d 925 hPa平均湿度却达到83%，水汽主要集中在近地面。从高空风可看出，连续3 d在逆温层上高空有弱的暖平流输送使得高空温度升高，湿度下降，加剧干湿对比。中低空干层与高空暖平流的输送有利于下层气流的输送，不利于雾的向上扩散。

6 大雾过程诊断分析

6.1 水汽特征

图3为本次大雾过程水汽特征。从图4a中可以看出，大雾期间边界层内相对湿度一直大于70%，但相对湿度随高度的变化不尽相同。14和15日大雾期间，相对湿度在850 hPa以上迅速减小至30%以下，最小时不足10%。而16日大雾期间，除地面维持着高湿状态，在800～600 hPa另有一个湿层。结合16日RVR变化可看出，当大雾消散之时也正是两个湿层结合

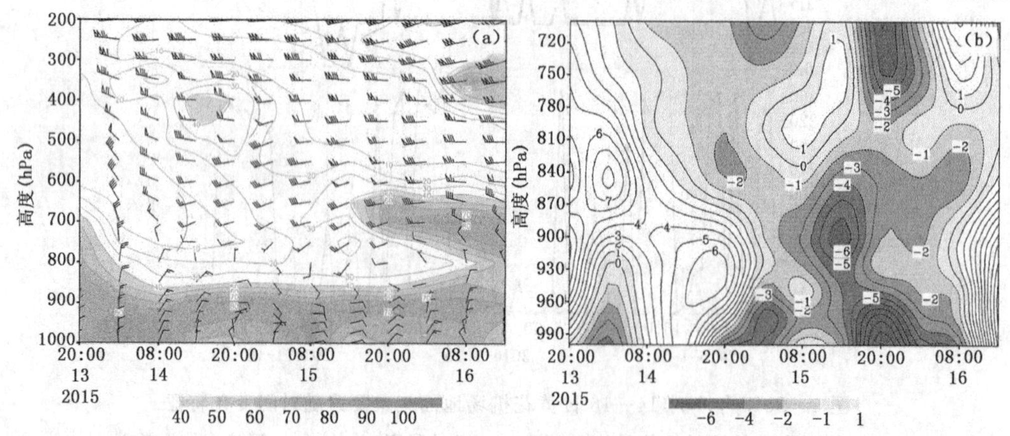

图3 长沙黄花机场一次持续性大雾过程水汽特征

(a.相对湿度与风随时间变化图；b.大雾中心水汽通量散度随时间变化特征，单位：10^{-6} g/(hPa·cm^2·s))

之时，说明太厚的湿层易分散水汽的汇聚，不利于大雾的维持。图 3b 显示出这次大雾过程中水汽通量输送的差异。在 14 和 16 日大雾消散期间，水汽通量散度都迅速由负值转为正值，表明水汽由辐合转为辐散，大雾缺少了水汽的汇聚和供给，迅速消散。而 15 日水汽通量散度的正、负转变没有 14 和 16 日剧烈，所以 15 日大雾消散的时间更晚。此外，从图 3a 14 日大雾出现时间对应的是高空 800～600 hPa 槽后，这种干性短波槽后的下沉气流，利于逆温层的维持。

6.2 动力特征

图 4 是本次大雾过程散度和垂直速度时间序列变化。由图 4a 可知，15 日持续时间最长的浓雾天气主要是由于从 14 日 20 时后 900 hPa 以下大气辐合日益加强而在其上空仍然有弱的辐散下沉，这种在近地面边界层低层的弱上升运动配合着其上层的弱辐射下沉运动在交界面形成逆温利于大雾维持。此外，从图 4b 还可得出，近地面(990～900 hPa)，在大雾发生前机场上空均出现了弱的上升气流，这种弱的上升，更有利于地面水汽向上扩散，增加湿层厚度，保证雾层也达到一定高度。而在此上空均有 0～0.2 Pa/s 不等的下沉气流，可见在大雾形成前，机场上空有弱的气流辐合，形成了稳定层结。在大雾维持阶段，底层基本维持十分微弱的 0～±0.1 Pa/s 的垂直速度，表明大雾期间，雾层的垂直运动十分微弱，而在大雾消散阶段，雾区上空逐渐转为上升气流，在高层的稳定层结首先遭到破坏，当边界层的上升运动冲破 900 hPa 时，稳定层结全部被破坏。由此说明，稳定层结在起雾前形成，在消散期间，由上层到底层逐渐被破坏。

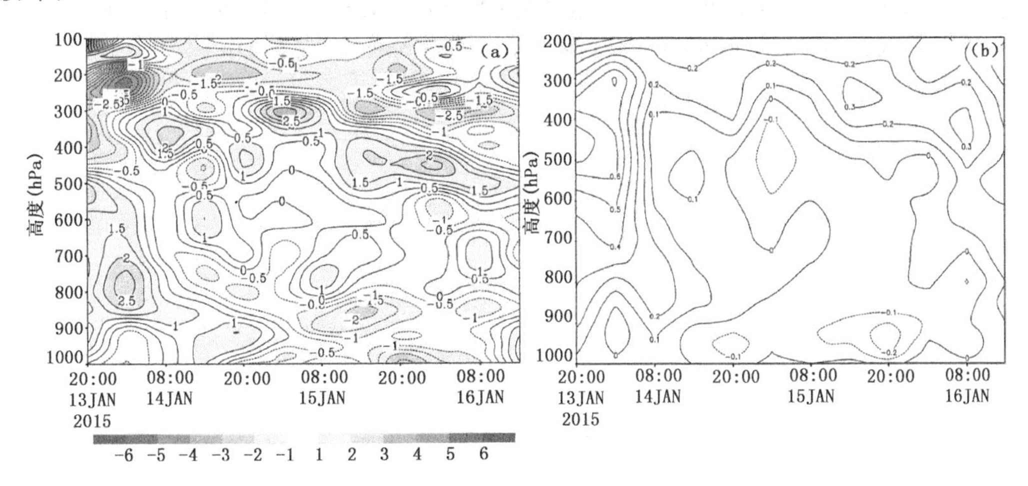

图 4 长沙黄花机场一次持续性大雾过程动力特征

(a. 散度时间序列，单位：$10^{-5}\,s^{-1}$；b. 垂直速度时间序列，单位：Pa/s)

7 小结与结论

应用常规气象观测资料、机场自动气象站观测资料、NECP/NCAR 1°×1°再分析资料对 2015 年 1 月 14—16 日黄花机场一次持续性大雾的天气特征进行研究和诊断分析，结果表明：

(1)逆温层特征与跑道视程变化存在一定关系。当空中有明显且多层逆温层出现时，能阻止湿层向上发展，增强空气柱的稳定性，起雾过程十分迅速，RVR 值呈现“悬崖式”急速下降特征；当空中为等温层或十分浅薄的逆温层时，RVR 值则在起雾过程中为“剧烈震荡”缓慢下降的特征，而在大雾消散阶段，伴随着逆温层自上而下被破坏，RVR 值都体现为“小幅度震荡上升”特征。

(2)本次持续性大雾过程大尺度背景为长沙处于地面冷锋过境后的高压缓慢变性过程中配合着高空由槽后转为脊区控制，夜间辐射降温剧烈配合近地面高湿与偏西北路径弱冷空气受地形影响带来下层逆温利于大雾发展。

(3)水汽在边界层积累越充沛形成的雾维持时间越长，起雾时间越早，起雾过程越快。近地面小风速的小幅度波动、起雾后气温进一步降低以及高空处于干性短波槽后形势等都对雾的维持和发展有利。

(4)起雾前，边界层中低层的弱上升运动伴随着水汽的辐合将地面弱冷空气向上扩散，配合其上层的弱辐射下沉运动，利于在其交界面形成逆温，从而导致水汽累积，利于形成浓雾。在雾消散阶段中，地面逐渐转为上升气流，水汽也开始辐散，大雾抬升为低云。

参考文献

曹志强，方翔，吴小京，等，2007. 2007年初一次雪后大雾天气过程分析[J]. 气象，**33**(9)：52-58.

陈元昭，彭勇刚，王明洁，等，2008. 深圳大雾的气候统计及特征分析[J]. 广东气象(5)：26-28.

李萍，刘峰，等，2010. 广州白云机场一次罕见浓雾的成因[J]. 广东气象(1)：22-24.

李子华，黄建平，周毓荃，等，1999. 1996年南京连续5天浓雾的物理结构特征[J]. 气象学报，**57**(5)：622-631.

刘峰，林智，钟加杰，等，2007. 广州白云机场一次低云低能见度天气过程的成因[J]. 广东气象(3)：21-23.

麦健华，方宇凌，饶生辉，等，2014. 中山市一次大雾天气过程的成因诊断[J]. 广东气象(5)：19-23.

王玮，黄玉芳，孔凡忠，等，2009. 中国东部一场持续性大雾的诊断分析[J]. 气象，**09**：84-90.

一次准静止锋影响下的昆明长水机场大雾过程分析

徐　海[1]　周　立[2]　张　潇[1]

(1. 民航西南空管局气象中心,成都 610202; 2. 民航西南空管局云南分局,昆明 650000)

摘　要

利用常规高空探测资料和长水机场自动探测资料,分析了2013年12月26—31日大雾天气过程出现的天气背景和气象要素特征,以找出昆明准静止锋影响下长水机场大雾天气的特征。分析表明,此次大雾过程出现了5次大雾天气,在冷空气西进加强、维持、减弱摆动阶段均可产生,其中冷空气维持阶段大雾持续时间最长。大雾时长水机场位于锋后或锋面附近冷空气区内。大雾发生时昆明上空多有双层逆温出现,逆温层底高度低,湿层较深厚,最大相对湿度在92%以上;大雾发生时长水机场为东北风,风速2～5 m/s,风向转为西南风,能见度将很快转好。

关键词:准静止锋　大雾　逆温　能见度

引言

雾造成严重的视程障碍,影响交通活动的正常和安全。为避免低能见度对飞行安全的影响,民航规定飞机只有在一定的能见度标准以上才能起降。大雾天气出现时,往往出现大面积航班延误,多架次航班取消或延误,大量旅客滞留机场,对航空运输带来巨大压力。昆明长水机场自2012年启用以来,多次遭遇大雾天气,黄盛军等(2013)的统计分析表明,长水机场2012年7月—2013年6月雾日数即达到23 d,持续时间多为4～6 h。这对长水机场的航空运输稳定造成了巨大影响,多次在长水机场引发群体事件(李鹏飞, 2015;马艳和黄俊齐,2015)。2013年,1月3—4日出现持续时间长达19 h的大雾,导致近500个航班取消、返航和备降,约7500名旅客滞留;1月13日大雾导致77架次航班取消;12月30日大雾导致138架次航班取消,影响7000人·次出行(李鹏飞, 2015)。

可见,准确预报雾的生消,对于提高航空运输效率有重要意义。国内对雾的研究主要集中在以下几个方面:大雾天气的气候统计特征及天气背景、成因等分析(陈朝平等,2015;李秀连等,2008;牛广山等,2014);对大雾过程的物理量、边界层结构等特征分析(黄彬等,2014;马翠平等,2014;刘熙明等,2010);雾的客观预报方法研究(陈贝等,2012;贺皓和罗慧,2009;吴兑等,2006)等。目前,对于长水机场雾的研究还较少。黄胜军等(2013)统计了2012年7月—2013年6月昆明长水机场大雾天气特征及天气背景,认为锋面是产生昆明机场大雾的主要原因;赵德显等(2013)、史丹妮等(2014)分别对2013年1月3日长水机场大雾天气过程进行了分析,均认为该次过程是在地面准静止锋和低层暖湿槽共同影响下形成的。

昆明准静止锋常出现在冬春季,较强时向西可达昆明以西,较弱时向东北收缩至贵州东北部。2013年12月下旬,昆明附近及以东一直有静止锋维持,较长时间和频繁的低能见度天气(能见度低于1000 m)出现在26—31日,其中27—28日低能见度天气持续达26.5 h,能见度最低至 100 m，导致 700 多架次航班取消（李鹏飞，2015）。文中利用常规高空探测资料和长水机场自动探测资料，分析 26—31 日大雾天气过程出现的天气背景和气象要素特征，以找出昆明准静止锋对长水机场大雾天气的影响，为提高长水机场雾的预警、预报水平提供参考。

1 过程介绍及大尺度天气背景

昆明长水机场位于(102.9°E, 25.1°N)，昆明城区东北方向约 24.5 km，海拔高度 2103.5 m。2013 年 12 月 26—31 日，长水机场出现大雾天气过程，过程内能见度低于 1000 m 的时段详见表 1。由表可见，此次过程出现了 5 次低能见度天气，按出现的时间顺序将其分为 5 个个例。其中个例 2(27 日 09 时—28 日 13 时 30 分)最强，大雾持续时间长达 26.5 h，最低能见度低至 100 m；个例 4(30 日 08 时 30 分—10 时 30 分)大雾天气最弱，持续时间 2 h，最低能见度 500 m。

表 1 雾的出现时段和能见度

日期/时间	26/08:30—20:00	27/09:00—28/13:30	28/20:00—29/00:00	30/08:30—10:30	30/20:30—31/10:00
持续时间(h)	11.5	26.5	12.0	2.0	13.5
最低能见度(m)	450	100	200	500	300

利用 MICAPS 分析资料，计算 500 hPa 平均高度场、850 hPa 平均流场分析此次过程的环流形势演变(图略)，此次大雾过程的环流背景为：亚洲中高纬度区的 500 hPa 环流经向度大，长江以南大部分地区的 850 hPa 为偏东北风，大陆为冷高压控制，机场位于冷高压西侧的等压线密集区，静止锋在昆明附近活动。

2 垂直情况分析

分析 26—31 日昆明探空站温、湿度的垂直分布。温度廓线显示，过程期间，昆明上空中低层均有逆温存在，逆温层在 500 hPa 以下。26 日 08 时，逆温层底部为 649 hPa，20 时，逆温层高度降低至 732 hPa，并出现了双层逆温，随后，第一层逆温高度不断降低，28 日 08 时降低至 771 hPa。从湿层特征来看，26—28 日 08 时，第二层逆温层以下湿度大，相对湿度在 90%以上。28 日 20 时双层逆温维持，但第一层逆温底高度为 809 hPa，为探空起始高度，逆温大小为 1 ℃，可以认为该时次的逆温为辐射逆温，该时次的第二逆温层底高度较低，为 723 hPa。29 日，昆明上空为单层逆温，逆温层底高度上升至 700 hPa 以上，湿度低于 80%。30—31 日，昆明上空温度层结早晚均出现了逆温层底在 811 hPa 以下的近地面辐射逆温。08 时次均出现了近地面辐射逆温和第二层逆温，第二层逆温层底高度均在 700 hPa 以下，逆温层以下最大相对湿度高于 90%。

分析表明，在单层逆温和双层逆温情况下，均可出现大雾天气；大雾天气出现时，逆温层底较低(不含近地面逆温)，较低的逆温层底伴随较长时间的大雾天气和低能见度值。

温、湿分布情况详见表 2。

表 2　昆明站上空温度和湿度垂直结构

	日期/时间	26/08	26/20	27/08	27/20	28/08	28/20	29/08	29/20	30/08	30/20	31/08	31/20
第一逆温层	逆温层底(hPa)	649	732	741	754	771	809	691	684	813	811	814	813
	逆温层顶(hPa)	552	719	711	746	763	803	647	650	801	808	810	807
	厚度(hPa)	97	13	31	8	8	6	44	34	12	3	4	6
	逆温(℃)	3	2	2	2	1	1	2	1	3	1	2	1
第二逆温层	逆温层底(hPa)	无	618	560	700	707	723	无	无	706	无	743	717
	逆温层顶(hPa)		564	528	660	695	703			667		717	705
	厚度(hPa)		54	32	40	12	23			39		26	12
	逆温(℃)		6	4	3	5	1			4		4	2
湿层	湿层底(hPa)	814	813	814	811	811	<80%	811	<80%	813	<80%	814	<80%
	湿层顶(hPa)	661	662	659	722	717		720		801		770	
	厚度(hPa)	153	151	155	89	94		91		12		44	
	最大湿度	85%	92%	92%	93%	93%		87%		93%		93%	

3　气象要素特征分析

长水机场有东、西两条平行跑道，跑道呈东北—西南向(40°～220°)，每条跑道一侧的两端均安装有维萨拉自动观测系统(以下简称自观)，测量风、气温、湿度、气压、能见度。东跑道北端与南端的自观距离约为 3320 m，西跑道北端与南端自观距离约为 3310 m。东跑道北端与西跑道北端自观的直线距离为 2200 m，垂直距离为 230 m；南端同北端。文中对 4 套自观的 10 min 平均风、气温、湿度、能见度进行平均，采用 30 min 的时间间隔，分析该过程期间的气象要素的变化特征。同时分别对东、西跑道北端两套自观和南端两套自观的风、温、湿、能见度进行平均，代表长水机场南、北端天气要素进行对比分析。

3.1　能见度

图 1 为过程期间的能见度逐日变化。与人工观测数据相比，能见度值差异不大，仅在 27 日中午，器测能见度平均值高于人工能见度观测值，大于 1000 m。

比较跑道北端和南端的能见度差(南端减去北端)。可见，个例 1 中，南端能见度明显高于北端，最多高 450 m；个例 2、3、4、5 期间，当能见度较低(低于 500 m)时，南端能见度与北端能见度差异小，多在 50 m 以内。在各个例的大雾消散时段，南端能见度多高于北端，意味着南端能见度先于北端好转。

3.2　风

图 2 为此次过程风向、风速的逐日变化。图中阴影为大雾出现时段(下同)。由图可见，大雾出现时段风向稳定在东北方向(多在 20°～40°)。风向由东北风转为西南风时，长水机场能见度迅速转好，转风向的时间和能见度好转时间间隔很短。当风向由西南风转为东北风时，能见度均迅速下降。起大雾的时间比风向转变的时间晚 1～2 h。

分析大雾过程中的风速(图 2)发现，除个例 1 外，其余 4 个个例平均风速均在 5 m/s 以下，其中 500 m 以下大雾持续期间，风速多在 3～4 m/s。个例 1 中，26 日早上随着风速降低至

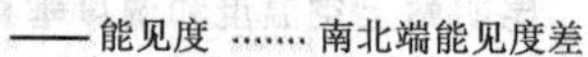

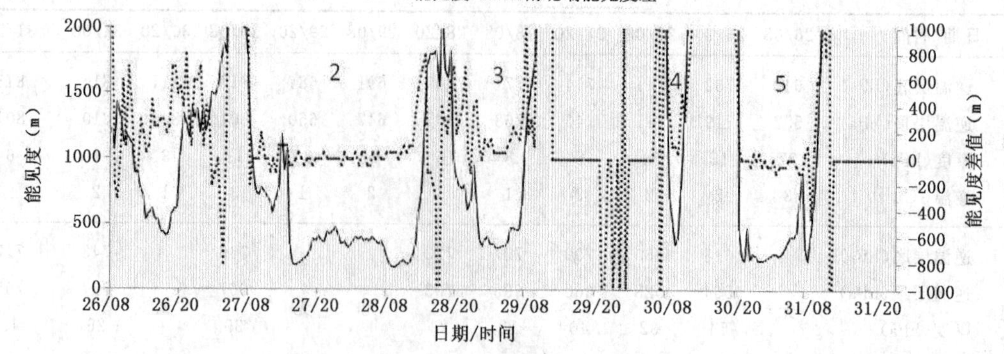

图 1　能见度逐日变化

6 m/s以下，能见度降至 1000 m 以下。午后风速逐渐加大，当风速加大到 6 m/s 以上时，能见度逐渐好转至 1000 m 以上。

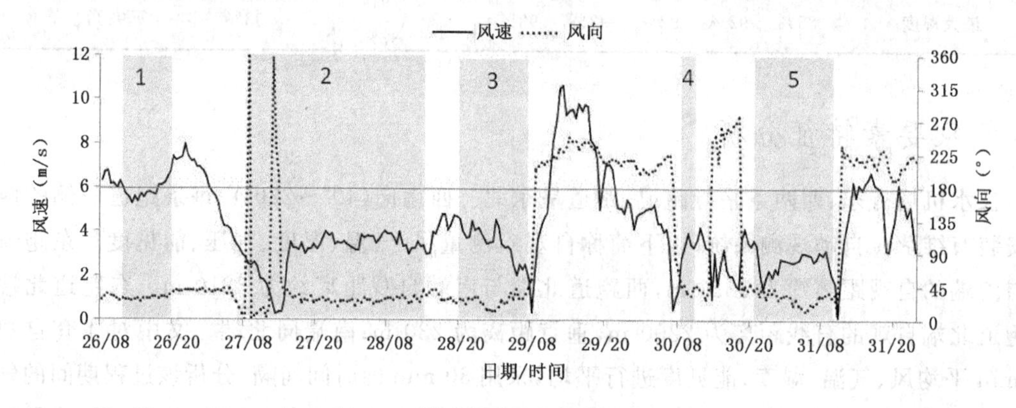

图 2　风逐日变化

对比分析南端和北端的风向(图 3)风速。在低能见度持续期间，南、北端风向为持续的东北风。当南、北端风向有一定差异时，能见度有较大波动。如 27 日中午前后，南端为西南到西风，北端为东北风，平均能见度上升到 1 km 以上。

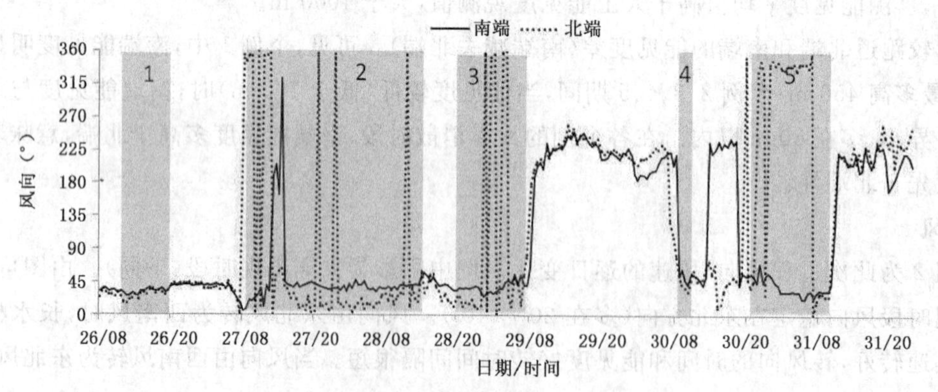

图 3　南、北端风向逐日变化

由上述分析可见，风向为东北，风速 2～5 m/s，有利于机场雾的生成和维持。风向转为西南风，能见度将很快好转。风速加大到 6 m/s 以上，有利于能见度的好转。

3.3 温、湿度

温、湿度逐日变化(图略)显示，大雾持续期间温度较低，多在 4 ℃以下，湿度较大(99%～100%)。当温度快速上升时，伴随着湿度的快速下降，能见度快速好转。比较南端和北端的温度差(图 4)，大雾期间温差较大的时段出现在 27 日中午，南端温度高于北端达 1.5 ℃，同时，该时段内南端为西南—西风，北端为北风。这反映了冷、暖空气势力在长水机场的对峙：中午时暖空气势力略有加强，影响跑道南端，北端仍为冷空气控制。

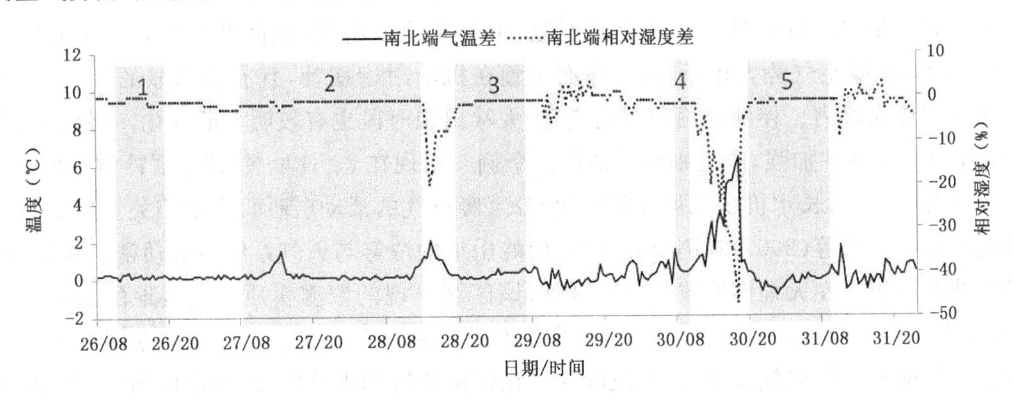

图 4　南、北端温度和湿度逐日变化

上述分析表明，当冷空气势力较强，静止锋推进到机场以西，整个机场位于锋后，跑道两端均为东北风，温差、湿度差较小，这种情况下易于雾的生成。在机场处于锋后时，当冷空气势力太强，表现在东北风速加大到 6 m/s 以上时，不利于雾的生成。当暖空气势力增强，长水机场位于锋前，长水机场能见度转好。当冷、暖空气势力相当时，长水机场跑道两端的风、温度、能见度均有较大差异。

4　讨　论

当南下冷气团减弱并受到云贵高原的阻挡滞留于云贵之间时，常在云贵高原上形成准静止锋，这次大雾过程中，静止锋在长水机场东西摆动，长水机场大雾的产生、延续和消散与静止锋的活动密切相关，风、温、湿也随静止锋的移动有较明显的变化。下面结合锋面位置和风、温等地面气象要素的变化，讨论静止锋的活动对长水机场大雾天气的影响。

综合考虑风、温的逐日变化，昆明准静止锋影响下长水机场能见度的变化大致分为以下几个时段。

(1)锋面西进时段(26 日 08 时—27 日 08 时)

长水机场 26 日 00 时开始转为东北风，风速稳定维持在 5 m/s 以上，26 日下午和夜间有风速加大再减弱的过程。逆温层底降低、加厚，转为双层逆温。个例 1 出现在该时段内，随着冷空气缓慢西进，风向转变，能见度逐渐降低，26 日 08 时 30 分—26 日 20 时能见度低于 1000 m；随着冷空气主体入侵，风速增大，能见度好转至 1000 m 以上。

(2)锋面维持阶段(27 日 08 时—28 日 20 时)

整体维持东北风，风速多在 4 m/s 左右；温度逐日缓慢上升，除 28 日下午略有上升外，日变化较小。逆温层底较低，28 日 20 时转为单层逆温，湿度降低。个例 2 出现在该时段内，长水机场位于静止锋后，维持东北风，湿度大，能见度低。注意到在28日下午，风向仍为东北风，但温度显著上升、湿度下降，且南、北端的温度和相对湿度有明显差异。可见该阶段后期，冷、暖空气势力已开始减弱。

(3)锋面减弱摆动阶段(28日20时—31日20时)

该时段内，冷锋在机场附近摆动，风向、风速有较明显的变化。28日夜间，风向为偏北风，风速逐渐减小，表明冷空气逐渐减弱；29日则全天维持西南风，风速可达11 m/s，表明冷空气进一步减弱，锋面东退；30日08时开始，转为东北风，伴随较强的24 h正变压，可以认为有弱冷气补充；30、31日风向、风速日变化较明显，中午后为偏南风，夜间及上午转为东北风。可见，28日后，冷、暖空气势力相互对峙，锋面位置在机场附近摆动，且有较明显的日变化，个例3～5出现在该时段内。伴随锋面位置的变化，大雾出现时段也有较明显的变化，个例3与个例5的雾在晚上出现并加强，早上则减弱消散。个例4出现在30日早晨，伴有弱冷空气的补充。

上述分析可见，长水机场能见度的变化与冷、暖空气的活动(锋面)密切相关。这类似于南岭山地的雾。吴兑等(2007)观测研究认为，南岭山地的浓雾与天气系统的活动密切相关，南岭山地的浓雾是出现在大瑶山海拔较高的区域，该区域出现的浓雾实质上是接地的低云。冬春季节，华南准静止锋(或冷锋)在南岭山地摆动、停滞，冷、暖气流的交汇形成复杂的云系，山峰、海拔较高的地方往往被低云笼罩，形成浓雾。在锋面西进和维持阶段，长水机场浓雾时段的探空资料(26日20时、27日20时、28日08时)显示，昆明上空逆温层底低，均低至730 hPa以下；湿度层由地面向上延伸至720 hPa以上，其中26日20时延伸至662 hPa。可以认为昆明上空有较深厚的云层，云底高度低，而机场的浓雾是接地的低云。

有研究(陆庠，1982)认为，昆明准静止锋的云系分为锋下云系和锋上云系。锋下云系是湿度较大的冷空气沿地形爬升生成，锋上云系为西南暖湿气流沿锋面爬升生成。主要云区在离地面锋线一定距离的冷区(锋下)锋区锋上暖空气里。分析表明，长水机场大雾可出现在冷空气活动的起始、维持和减弱摆动阶段，主要出现在维持阶段。起雾时，长水机场处于锋后冷气团内，维持东北风，风向转为西南风则能见度迅速好转。可认为此次过程中造成昆明长水机场大雾的云主要是锋下云系。

可见，长水机场准静止锋天气下的雾的预报，应主要考虑云底高度的预报。在此次过程中，逆温层底高度较低(均在700 hPa以下)。逆温层的存在使气流的垂直运动、水汽输送受到抑制，当逆温层较低时，水汽输送和气流的垂直运动被抑制在逆温层以下，可能使云底高度处于较低的位置，产生大雾。

5 结 论

昆明准静止锋是产生昆明长水机场大雾天气的主要原因，文中分析了2013年12月下旬，在昆明准静止锋影响下昆明长水机场的大雾天气过程，旨在深入了解静止锋影响下长水机场大雾的基本特征。得到如下结论：

(1)此次大雾过程的环流背景为：亚洲中高纬度区的500 hPa环流经向度大，长江以南大部分地区的850 hPa为偏东北气流，大陆为冷高压控制，机场位于冷高压西侧的等压线密集区，静止锋在昆明附近活动。

(2)此次大雾过程出现了5次大雾天气，在冷空气西进加强、维持、减弱摆动阶段均可产生，大雾时长水机场位于锋面附近冷空气区内。

(3)在冷空气西进阶段，随冷空气活动强度变化，长水机场能见度波动较大；在锋面维持阶段，长水机场大雾浓度大，持续时间长；在锋面摆动阶段，长水机场能见度维持时间相对较短，且有一定的日变化，夜间和上午能见度较低，下午能见度较高。

(4)大雾长时间发生时，昆明探空曲线显示上空多有双层逆温出现，逆温层底高度低；湿层较深厚，最大相对湿度在92%以上。

(5)大雾发生期间，长水机场为东北风，风速2～5 m/s。风向转为西南，能见度将很快转好；风速加大到6 m/s以上，有利于能见度的好转。

参考文献

陈贝，徐洪刚，王明天，等，2012. 成乐高速公路大雾预报方法研究[J]. 高原山地气象研究，**32**(2)：70-76.

陈朝平，杨康权，冯良敏，等，2015. 四川盆地一次持续性雾霾天气过程分析[J]. 高原山地气象研究，**35**(3)：73-77.

贺皓，罗慧，2009. 基于支持向量机模式识别的大雾预报方法[J]. 气象科技，**37**(2)：149-151.

黄彬，王晴，陆雪，2014. 黄渤海一次持续性大雾过程的边界层特征及生消机理分析[J]. 气象，**40**(11)：1324-1337.

黄盛军，王良发，年艾冰，等，2013. 昆明长水机场运行以来低能见度天气特点及预报思路的建立[J]. 科技视界，**26**：510-511.

李鹏飞，2015. 昆明长水国际机场航班延误综合治理研究[D]. 昆明：云南大学.

李秀连，陈克军，王科，等，2008. 首都机场大雾的分类特征和统计分析[J]. 气象科技，**36**(6)：717-723.

刘熙明，胡 非，邹海波，等，2010. 北京地区一次典型大雾天气过程的边界层特征分析[J]. 高原气象，**29**(5)：1174 -1182.

陆庠，1982. 对云贵静止锋云系的一些看法[J]. 气象(3)：43-45.

马翠平，吴彬贵，李江波，等，2014. 一次持续性大雾边界层结构特征及诊断分析[J]. 气象，**40**(6)：715-722.

马艳，黄俊齐，2015. 昆明长水国际机场的选址与雾天天气分析[J]. 交通科技与经济，**17**(4)：13-15.

牛广山，周长春，王大勇，等，2014. 豫北一次持续性大雾的成因分析[J]. 高原山地气象研究，**34**(3)：67-73.

史丹妮，梁升，张菊醒，2014. 昆明长水机场一次大雾天气过程分析及数值模拟[J]. 中国民用航空(9)：92-95.

吴兑，邓雪娇，游积平，等，2006. 南岭山地高速公路雾区能见度预报系统[J]. 热带气象学报，**22**(5)：417-422.

吴兑，赵博，邓雪娇，等，2007. 南岭山地高速公路雾区恶劣能见度研究[J]. 高原气象(3)：649-654.

赵德显，田子彦，窦体正，2013. 昆明机场2013年1月3日锋面雾和低云过程分析[C]//2013天气预报与气候预测技术文集. 北京：气象出版社.

一次海雾过程形变特征分析及可预报性思考

黄　彬

（国家气象中心，北京 100081）

摘　要

2016年3月3日至3月5日早，渤海、渤海海峡、黄海大部分及周边内陆地区出现了一次大范围持续性海雾天气，大雾持续时间长达54 h，成山头观测站能见度维持0 m有48 h。针对此次大雾过程中央气象台首次对外发布了海雾落区预报，有很好的指导意义，但是海雾落区预报范围较实况有一定的偏差。文中利用卫星监测，结合海岛、海上平台和高空观测数据、NCEP再分析资料（水平分辨率为0.1°×0.1°）、NEARGOOS的海表温度数据（水平分辨率为0.25°×0.25°）等多种资料，从卫星可见光监测上可以分析出海雾在演变过程经历了生成、发展成熟和消亡三个阶段。研究重点分析了海雾过程形态变化的原因以及山东半岛东南近海为何没有海雾。海雾的形成和低层的偏南暖湿气流有关，而这个偏南暖湿气流来源于太平洋，此次海雾过程海温低于海平面的气温。因此，属平流冷却雾，气海温差在0～1 ℃，露点温度接近海表温度是海面海雾形成的海气界面条件，而在0～1 ℃是海雾的形态变化区域，海面上的大气饱和度在小于1 ℃的范围和雾区吻合。925 hPa到1000 hPa弱的风垂直切变有利于海雾在近地层的维持和发展。低层的暖湿空气不易向上输送，聚集在低层，有利于雾的生成，同时弱的风垂直切变有利于海雾在垂直高度上发展，并形成有一定厚度的海雾。

关键词：海雾　形态变化　气海温差　逆温层　垂直风切变

引言

海雾是指在海洋的影响下，在海上、岛屿或沿海地区形成的雾（王彬华，1983）。海雾和陆地雾一样，也是通过一定的途径使空气达到饱和或过饱和而生成的。海雾的下垫面是海洋，因此，它是海洋大气边界层中的水汽凝结现象。王彬华（1983）首先对中国沿海海雾进行了研究。就整个中国近海范围来说，从南海、东海、黄海，自南向北雾区有明显逐渐增大。海雾变化从北向南呈“，”相态分布，黄海海雾的影响范围最广，在雾季，海雾影响整个黄海大范围的海域。一些学者开展了黄海海雾的研究，吴晓京等（2015）用卫星遥感资料分析了黄海、渤海海雾季节变化的特征，得出黄海海雾的多发期和罕见期分别为4—6月和8—11月。黄健（2008）在海雾天气、气候分析的研究中，指出水汽输送是海雾形成的物质基础，周发琇等（2004）、王鑫等（2006）分析黄海海雾形成的水汽是从低纬度大气输送过来，张苏平等（2008，2010）通过海雾低空气象水文条件分析认为黄海春季的海雾发生在冬季风环流背景下，大气环流提供了暖湿空气的输送条件，具有显著的季风特征，海面条件相对并不重要。夏季海雾是西风带系统与副热带系统的相互作用结果，夏季风强弱影响夏季海雾多寡，海温场对夏季海雾的形成很重要的。在海雾天气分析研究方面，周发琇等（1986）、黄彬等（2009）、Fu等（2012）认为，黄海海雾多属于平流冷却雾。杨悦等(2015)把黄海平流海雾划分为4种天气类型。任兆鹏(2011)指出了逆温层在海雾形成过程中的重要作用，春季逆温层是非常明显的季节性逆温，属于强稳定的层结。夏季温度层接近于等温或者较弱逆温，静力稳定度较春季下降，因此，利于湍流的发展，海雾向上发展，夏季海雾的厚度一般大于春季。张苏平等(2014)还指出黄海海雾过程与东海层云之间存在密切的联系，水汽从东海层云区向北输送，在黄海冷海面作用下逆温层内的下沉导致黄海海雾形成。海雾数值模拟研究为海雾机理分析提供了可能性，Gao等(2007)对2005年3月9日发生在黄海的一次海雾事件进行了研究，指出海雾在相对持久的暖湿偏南风和冷海表面上易于形成，由风切变引起的湍流混合是海洋上大气边界层降温和增湿的主要机制。用MM5模式研究了低空暖湿平流在海雾形成过程中的作用，并发现雾区对海表面温度(SST)的变化很敏感。并做了海温敏感性试验，适当升高海温有利于雾的发展，海雾的垂直高度也升高。当海温升高2.5 ℃时无海雾生成，过度升高的SST破坏了气-海温差条件，使下垫面不能起到有效的冷却作用。王帅等(2012)利用5种观测资料和RAMS模式对2009年5月2—5日发生在黄海海域的一次海雾过程进行了观测分析和数值模拟研究，分析得出黄海北部雾区形态演化与1～3 ℃气-海温差的变化吻合，气-海温差对海雾形成和演变起重要作用。

2016年3月2日夜间至3月5日早，渤海、渤海海峡、黄海大部分海区及周边内陆地区出现了一次大范围持续性海雾天气，沿岸数十个台站均观测到大雾出现，大雾持续时间长达54 h，成山头观测站能见度维持0 m有48 h。据估算，海雾鼎盛时期雾区面积超过10×10^4 km^2，大雾给上述地区的海上运输及航空等交通造成较大影响。针对此次大雾过程中央气象台首次对外发布了海雾落区预报，有很好的指导意义，但是海雾落区预报范围较实况有一定的偏差，预报范围大于实况监测范围。本研究利用时、空分辨率较高的葵花-8卫星数据和夜间风云卫星反演资料(可见光分辨率0.5 km、红外分辨率1.6 km)，结合海岛、海上平台和高空观测数据、NCEP再分析资料(水平分辨率为0.1°×0.1°)、NEARGOOS的海表温度数据(水平分辨率为0.25°×0.25°)等多种资料，对这次持续性海雾形态演变特征进行了分析，并探讨了海雾落区的可预报性，为黄、渤海大雾的预报提供参考。

1　海雾实况和天气学分析

1.1　海雾监测分析

2016年3月2日夜间至3月5日早上，渤海、渤海海峡、黄海大部海区及周边内陆地区出现了一次大范围持续性海雾天气，沿岸数十个台站均观测到大雾出现，因成山头位于山东半岛最东部伸入黄海，因此，以成山头站监测黄海中南部海域海雾具有代表性，成山头(54776)站从3月2日23时开始有轻雾，能见度3.7 km，风向西南风。到3月3日05时天气监测现象为大雾能见度降低至0 m，风向转为偏南风，之后能见度0 m几乎持续到5日08时，只是在4日11—17时因有弱降水即雾和降水混合能见度0.1 km，成山头能见度为0长达48 h，5日08时之后受冷空气影响，成山头站转为西北风，能见度大于1 km的轻雾，3月6日雾彻底消散(图1a)。长海位于辽东半岛东海岸，代表黄海北部海域，长海(54579)站从3月3日02时开始到5日08时均是能见度低于1 km的大雾，风向由偏东风转东南风，最低能见度为0.1 km，5日08时之后，风向西北风，雾消散，能见度迅速好转(大于20 km)，渤海雾形成较晚，从3日夜间20时开始，在渤海北部有轻雾，以辽东湾北部的营口(54771)监测站代表渤海北部，最低能见度约

1.1 km，风向为东南，在 5 日 08 时之后风向转为西北，海雾消散，转为弱降水。渤海西部 A 平台 4 日 08 时监测有雾，能见度为 0.2 km，偏东风，到 4 日晚上风向转为东北，海雾逐渐消散。总之，从沿海代表站监测可以看出，黄海的海雾起于 3 日，到 5 日结束，而渤海的雾起于 4 日，5 日结束，但是沿海代表站只能监测到能见度的变化，无法监测海雾的形态变化。

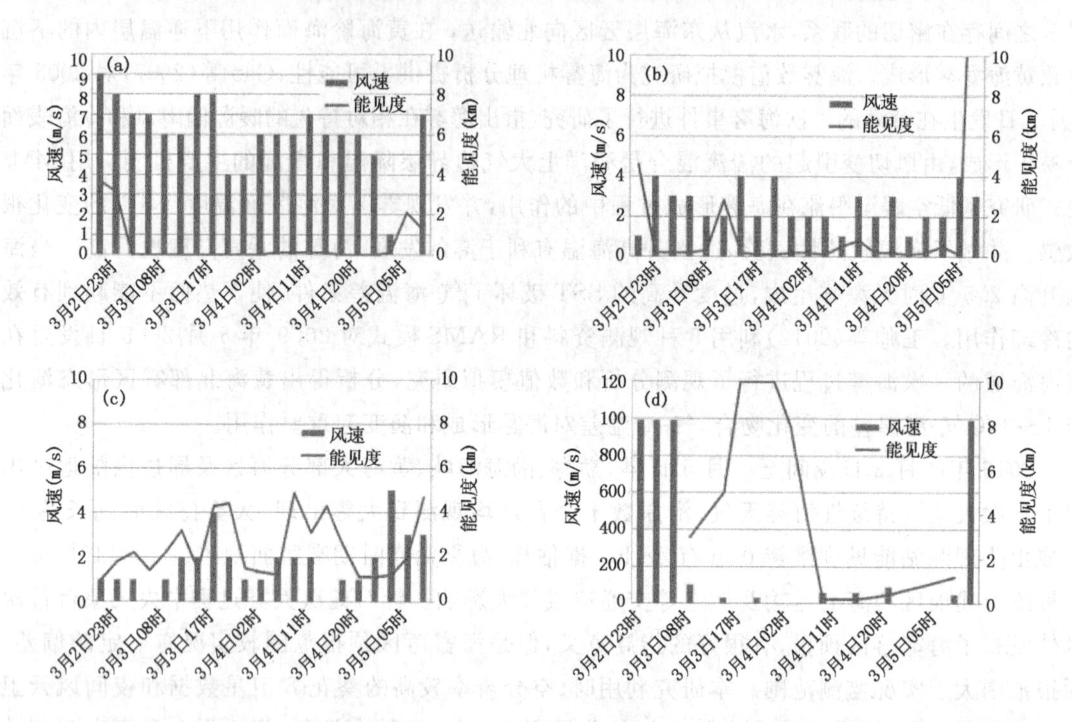

图 1　(a)成山头、(b)营口、(c)长海、(d)A 平台 2016 年 3 月 2 日 23 时—3 月 5 日 08 时能见度(折线)和风速(柱)合成

卫星监测具有良好的空间和时间分辨率。因此，卫星影像数据是弥补岸基监测不足，实现海雾监测的较为理想的数据源。这里，利用风云卫星数据，对大雾生消演变过程进行分析。白天可结合地面观测资料，从葵花-8 卫星可见光云图上辨识，海雾一般呈乳白色，纹理较为均匀，边界比较清晰，夜间则基于 FY-2G 卫星的 IR1、IR4 红外通道数据，采用红外双通道亮温差法，进行雾区检测识别。海雾整个过程的形态变化方面可以分为三个阶段：(1)生成阶段(3 月 3 日 02—12 时)(图 2a—c)。2016 年 3 月 3 日 07 时从卫星监测上已经可以清晰地辨别海雾(图 2a)，在海雾形成初期首先在黄海东部海域靠近朝鲜半岛海岸生成，形态是叶片形，雾区影响到山东半岛东部沿海，清晰分辨出成山头有雾，从卫星监测上可以看出雾区中有空心干区，露出下面的海面，海雾厚薄不均匀，说明海雾在形成初期结构相对松散。从 3 日 10 时至 13 时(图 2b、c)，海雾的边界越来越清晰，结构变得密实，基本上看不到空心干区，色调白亮，形态由初期的叶片形演变成飞鸟形。(2)发展成熟阶段(3 月 3 日 13 时—4 日 13 时)(图 2d—f)。从图 2d 可以看出，海雾南缩北推，到了夜间(3 日 22 时，图 2e)海雾向西向北伸展到渤海海域。此时渤海也有大范围海雾，而且在黄海东部海域新生成一片海雾，致使整个黄海几乎布满海雾，只在山东半岛东南外海没有海雾，同时也可以看出海雾的厚度为 400 m，在朝鲜半岛附近海域海雾厚度达 500 m。到了 4 日 08 时，从可见光云图可以看出，海雾发展到成熟期，中间收

缩，两端伸展，结构密实，色调柔和，边界非常清晰，形状演变成葫芦形类似“8”。(3)消亡期(3月4日14时—5日08时)(图2g～i)。从4日14时可见光监测(图2g)看出，渤海的雾消散，黄海的海雾厚度变薄，而且范围变窄，已经可以依稀辨出下面的海面，到了夜间(4日22时，图2h)，海雾范围进一步缩小，也可以看出从西北侧有一个锋面靠近，5日06时(图2i)锋面到达黄海、渤海，海雾几乎消散。

综合分析监测站点和卫星监测，海雾成熟期的影响范围和形态结构都较初期有了很大不同。可以看出整个过程海雾演变完成了从初期、发展成熟到消亡3个阶段，而且海雾形态结构也发生了变化，从初期先在黄海东部海域生成，形态是叶片，结构松散到成熟期海雾延伸到黄海和渤海大部分海域，结构密实，边界清晰，形态演变成葫芦形类似“8”。以成山头为代表站，地面能见度监测小于1 km的雾大于48 h，能见度为0 m长达48 h。这次海雾过程预报时效是较准确的，但是在海雾影响落区范围方向有偏差，本研究将重点讨论此次海雾过程落区预报的可行性。

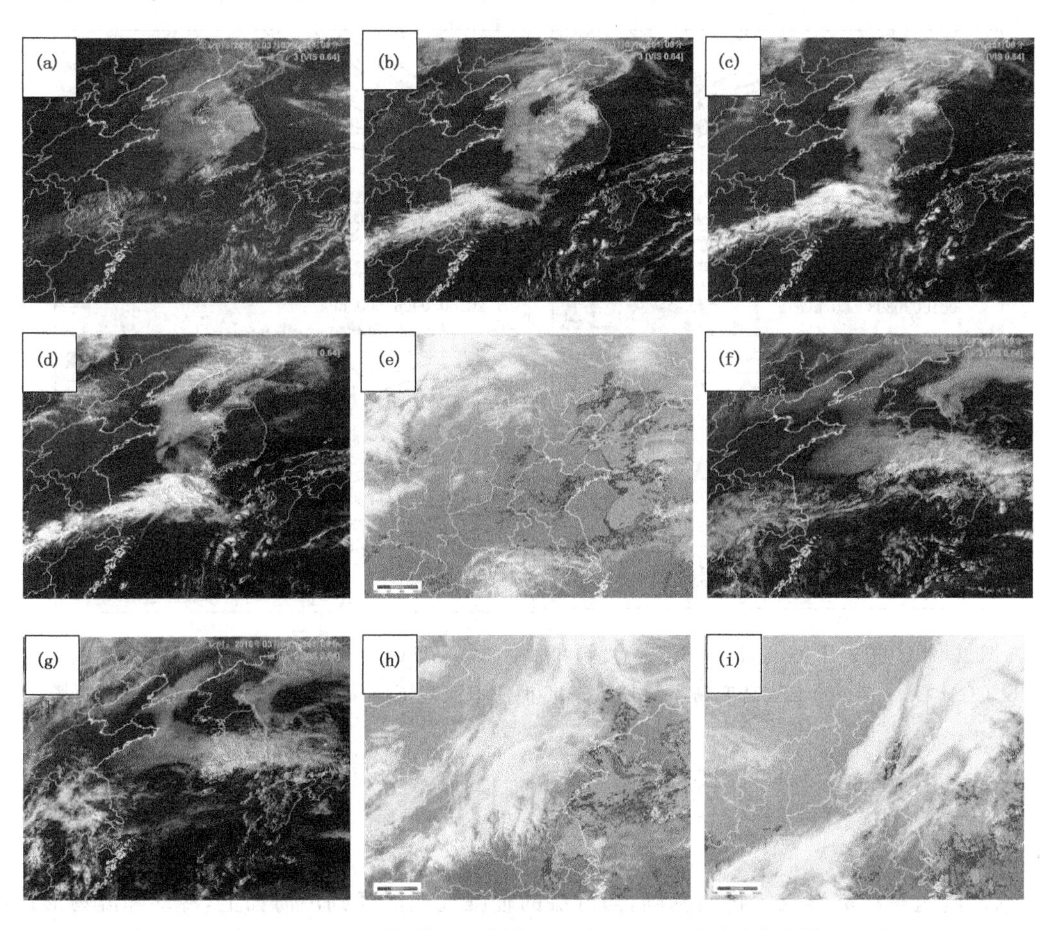

图2 2016年3月3—5日海雾卫星监测(a. 3月3日07时可见光监测，b. 3月3日10时可见光监测，c. 3月3日12时可见光监测，d. 3月3日14时可见光监测，e. 3月3日23时海雾夜间监测，f. 3月4日09时可见光监测图，g. 3月4日14时可见光监测图，h. 3月4日22时海雾夜间监测，i. 3月5日06时海雾夜间监测；单位：m)

1.2 天气形势演变

静稳天气是海雾形成的大气条件。2016 年 3 月 3 日 08 时至 4 日 20 时高空 500 hPa 渤海、黄海位于平稳的西风气流中,大气层结稳定,有利于海雾形成。3 日黄海处于弱脊区,整个海域大气层结稳定,只在渤海和山东半岛东南沿海有弱的短波槽活动,致使渤海及半岛东南沿海大气层结处于弱的不稳定,不利于海雾形成(图 3a),4 日弱高压脊东移,黄海、渤海为平直的西风气流控制(图 3b),天气形势稳定,有利于渤海和黄海海雾生成。地面形势场 3 月 3 日 08 时渤海和山东半岛东南沿海仍受地面低压区控制,近地层大气不稳定,黄海东部受入海变性高压影响,以海上高压西侧的西南气流为主(图 3c)。4 日渤海和黄海地面形势转为太平洋高压后部偏南气流控制,有大洋上的暖湿气流输送(图 3d),同时 3 日位于日本海的低压东移,到 4 日日本海转为高压区控制,太平洋高压带来大洋的暖湿气流,而且海雾在整个演变过程中受日变化影响小,因此是平流海雾。

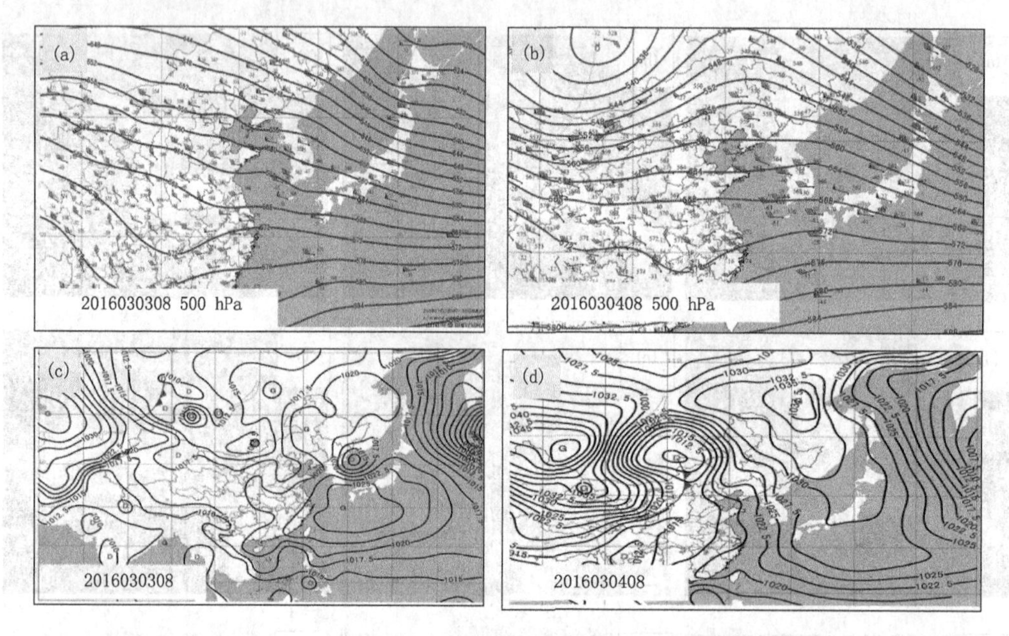

图 3　2016 年 3 月 3—4 日 500 hPa 高度场和海平面气压场(a. 3 月 3 日 08 时 500 hPa 高度场,b. 3 月 4 日 08 时 500 hPa 高度场,c. 3 月 3 日 08 时海平面气压场,d. 3 月 4 日 08 时海平面气压场)

2　海雾形态变化特征分析

2.1　水汽来源

水汽输送是海雾形成的物质基础,当低层的暖湿气流流经到冷海面上,冷却降温易形成海雾。以 10 m 流场分析海雾水汽来源,可以看出太平洋暖、湿气流为本次海雾过程提供了水汽输送。值得注意的是渤海和山东半岛东南部沿海 3 日以西南气流为主(图 4a),从 1000 hPa 水汽通量可以看出,3 日 08 时有经东海北上的偏南风带来的水汽流经黄海(图 4c),其中黄海东部海域的水汽通量达到 6 g/kg,在东海有一个水汽通量大值区达到 10 g/kg,水汽通量大值区配合地面有弱气旋在东海,也可以看出这个弱气旋为黄海提供了水汽输送。2 m 的相对湿度可以看出山东半岛东南外海相对湿度小于 70%(图 4e),主要因为 3 日渤海和山东半岛东南部沿海仍受陆地低压外围影响，虽然有西南气流，但是经过华东沿岸的陆地输送来的西南气流相对湿度低，黄海东部海域水汽直接来源是太平洋，其相对湿度高于黄海西部海域，同时可以看出，3 日 08 时大于 90％的湿度区域形状和雾区十分吻合。从湿度等值线上也可以看出，入海变性高压的偏南气流将水汽推送到黄海北部，而渤海和山东半岛东南沿海因受陆地低压控制，此时还未受到太平洋暖湿气流影响。4 日 08 时天气形势演变为太平洋高压，几乎整个黄海均为太平洋高压的暖湿东南气流，从 4 日 08 时的流线图上可以看出太平洋高压西侧的偏南到东南气流已经推送到渤海(图 4b)，同时渤海还有从日本海过来的偏东暖湿气流，有利于渤海海雾的生成。从 1000 hPa 水汽通量可以看出在 4 日 08 时有仍维持东海北上的东南风带来的水汽流经黄海(图 4d)，其中黄海东部海域的水汽通量达到 6 g/kg，高于黄海西部海域，在东海有

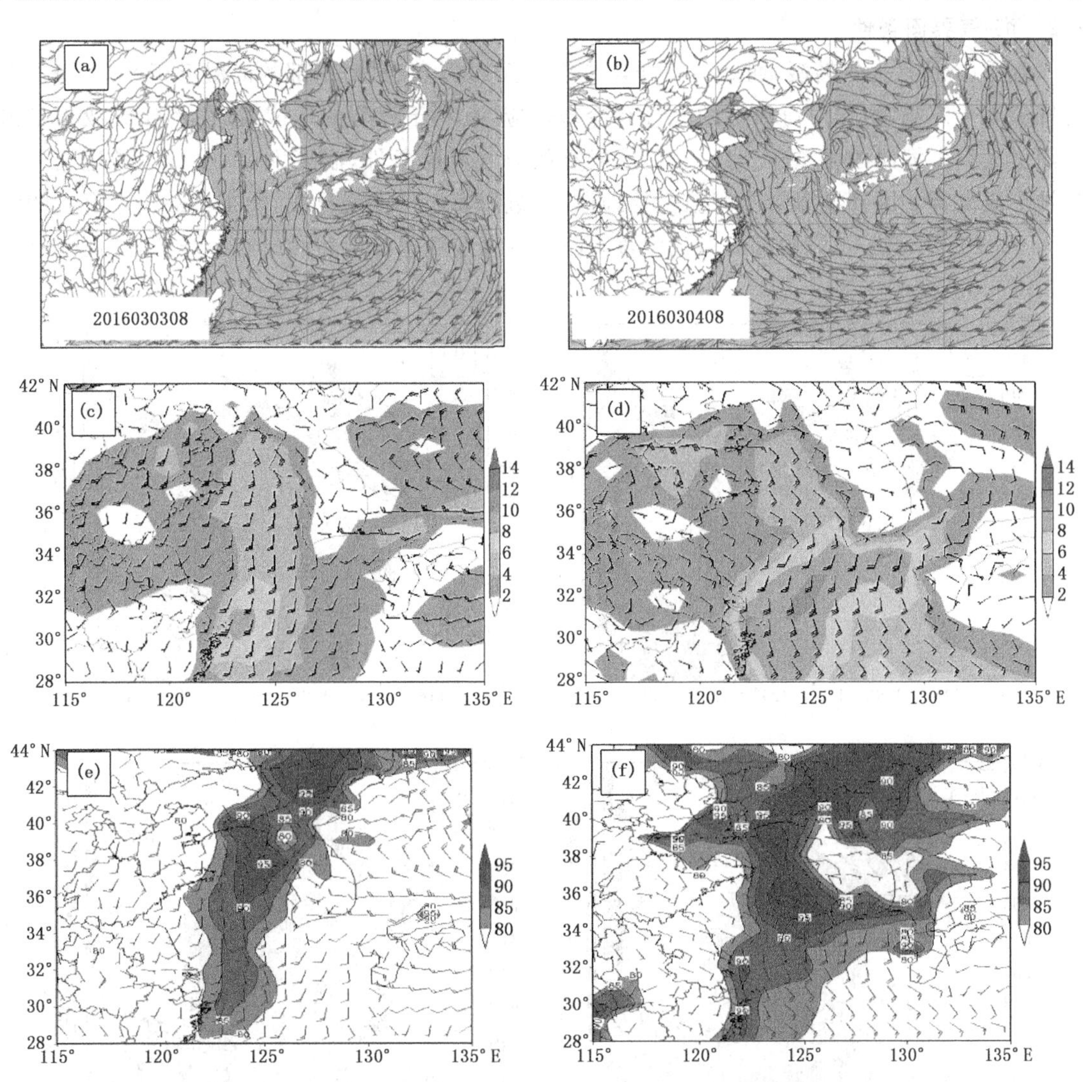

图 4　2016 年 3 月 3—4 日 10 m 流线分析场、1000 hPa 水汽通量、2 m 相对湿度
(a. 3 月 3 日 08 时 10 m 流场，b. 3 月 4 日 08 时 10 m 流场，c. 3 月 3 日 08 时 1000 hPa 水汽通量(g/kg)，d. 3 月 4 日 08 时 1000 hPa 水汽通量(g/kg)，e. 3 月 3 日 08 时 2 m 相对湿度(％)
f. 3 月 4 日 08 时 2 m 相对湿度(％))

一个水汽通量大值区相比于 3 日增大到 12 g/kg,水汽通量大值区配合地面有弱气旋在东海,弱气旋为黄海在提供了水汽输送。从 2 m 相对湿度分析场(图 4f)上也可以看出,大于 90%的湿度区域形状和卫星监测的海雾形状非常吻合。

以上分析表明,海雾的形成和低层的偏南暖湿气流有关,而这个偏南暖湿气流来源于太平洋,海雾形成初期风向虽为西南,渤海和山东半岛沿海因受陆地低压外围的影响,湿度小,因此,在渤海和山东半岛东南沿海初期没有海雾,当风向转为偏南或东南时,大洋上的暖湿气流使得渤海和黄海暖湿气流范围增大,暖湿气流向北输送到渤海海域,而且日本海的偏东气流也为渤海海雾提供了湿空气,海雾进入发展期和成熟期,海雾的形态和相对湿度大于 90%的湿度区吻合得很好。

2.2 海-气界面条件

春季(3 月),大气转暖,而此时海洋还是冷海面,3 月黄、渤海中部的海温低于 8 ℃,海面上的气温高于海温,海洋对海面上的大气有冷却效应,有利于海雾的形成,以往的研究成果指出海面上大气与海温的温差在 −1～3 ℃是成雾的海气界面条件,温度太高,水汽不易达到饱和凝结形成海雾。因环渤海沿岸海温受陆地影响,近岸海温梯度变化大,山东半岛沿岸海表的温度为 8～10 ℃,高于黄海中部海域的温度,而在黄海东部朝鲜半岛沿岸有冷洋流,受此冷流影

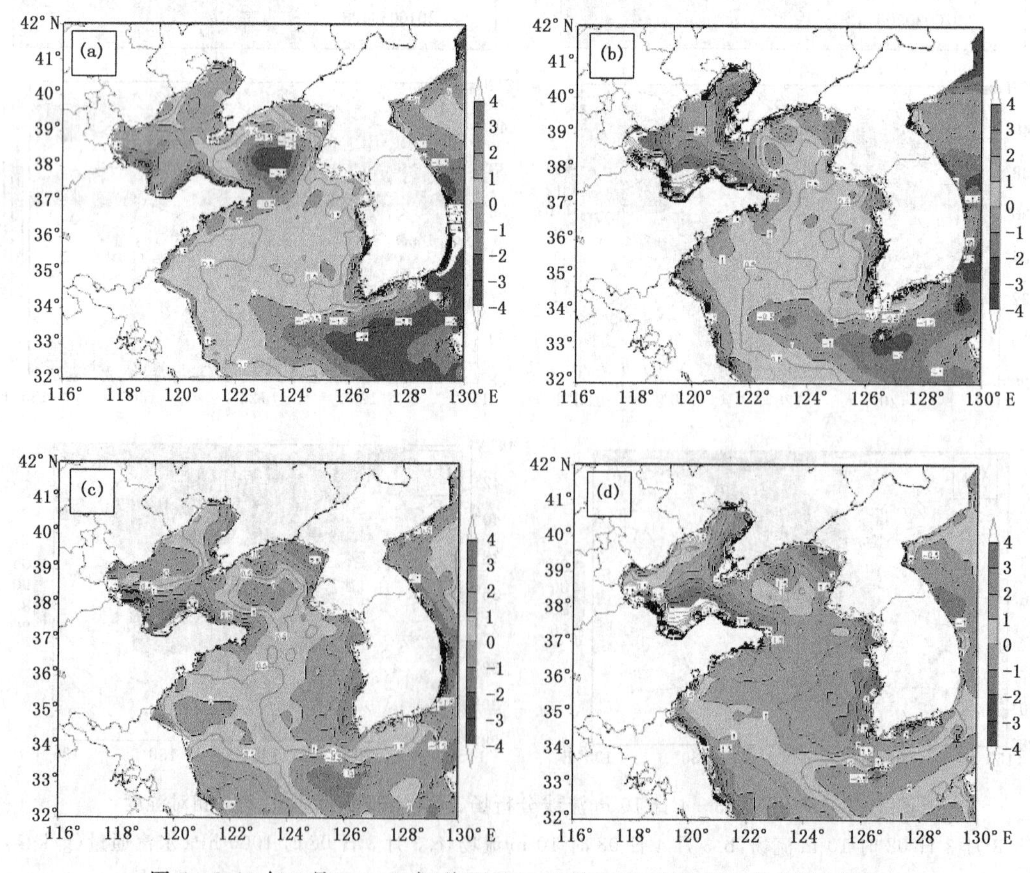

图 5 2016 年 3 月 3—4 日气-海温差(a. 3 月 3 日 08 时, b. 3 月 3 日 14 时, c. 3 月 4 日 08 时, d. 3 月 5 日 08 时;单位:℃)

响，当暖湿气流到达此处，冷洋流加速暖湿气流的降温冷却效应易形成雾，故黄海东部靠近朝鲜半岛容易先形成海雾，这与吴晓京等(2015)的卫星监测海雾分析结果一致。从图5a可以看出，在海雾形成初期成山头附近海域有气-海温差的低值区，黄海北部海域气温低于海温，达到−2.5 ℃，说明大洋上暖湿空气没有到达黄海北部海域，而渤海气-海温差大于2 ℃，渤海属于内陆海，受陆地低压前部西南气团影响，温度偏高。到了3日12时随着大洋暖湿气流北上(图5b)，海雾进入发展期，渤海、黄海气-海温差趋于接近，海面上的大气湿度接近饱和，可以看出气-海温差0.5 ℃的范围和卫星监测海雾的形态吻合得好。到了4日08时(图5c)，海雾进入成熟期，也可以看出气-海温差0.5 ℃时范围和海雾形成的区域一致。黄海北部海温低于0 ℃，可能和海雾内部的湍流交换，引起气-海温差降低有关。分析露点温度与海表温度的差值，可以看出露点温度略低于或等于海温，这样当大气温度受下垫面海洋的冷却效应降温到海表温度，露点温度和海温接近，非常有利于水汽凝结。露点温度和海温的差在0～1 ℃的区域与海雾的形态吻合。到了4日14时(图5d)，黄海、渤海海域的气-海温差大于2 ℃，海面上的空气饱和度减低，不利于海雾形成。

在分析了海洋界面条件的基础上，来看看海面上边界层大气的饱和度，3日海面大气的温度露点差 $T\text{-}T_d<2$ ℃的区域与海雾形状是吻合的，$T\text{-}T_d<2$ ℃在夜间范围逐渐扩展(图6a、b)，到了4日遍布黄海大部分区域，从黄海逐渐扩大到渤海北部，整个过程温度露点差小于1 ℃的范围与雾区非常吻合(图6c)。5日早晨 $T-T_d$ 接近0，天气转为降水(图6d)。

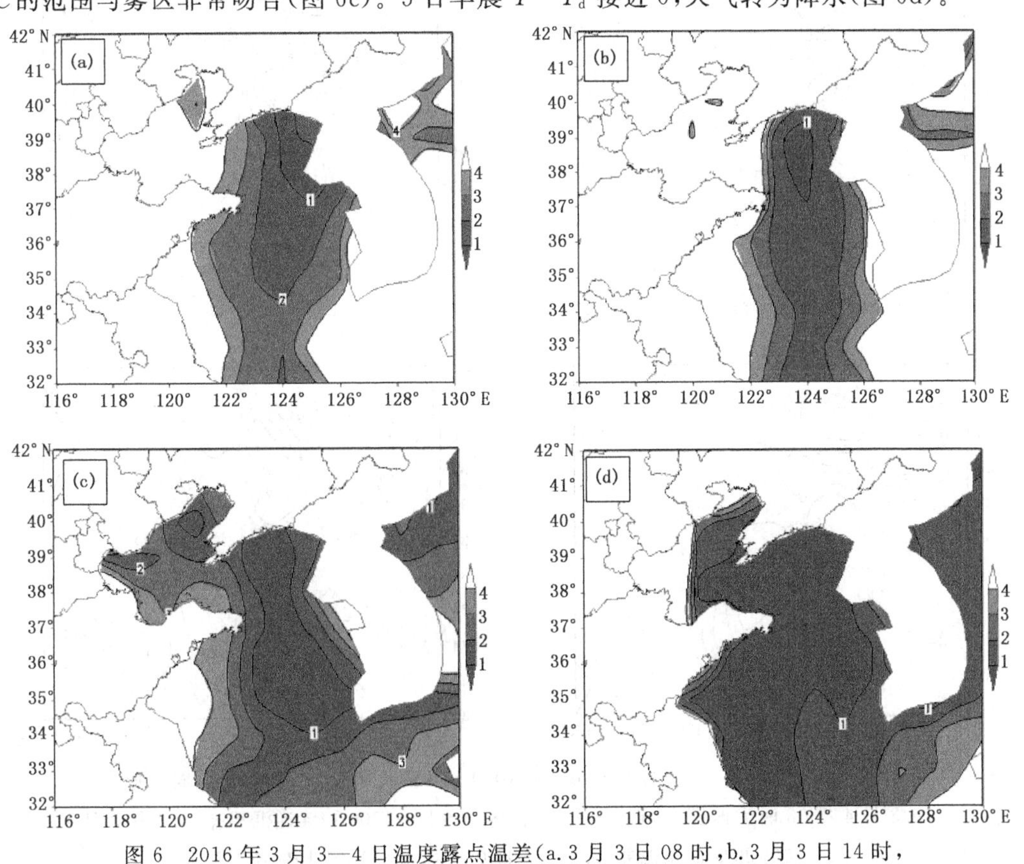

图6　2016年3月3—4日温度露点温差(a.3月3日08时，b.3月3日14时，c.3月4日08时，d.3月5日08时；单位：℃)

由上述分析可以看出，此次海雾过程海温低于海平面的气温，因此，属平流冷却雾，气-海温差在 0～1 ℃，露点温度接近海表温度是海面海雾形成的边界条件，而在 0～1 ℃是海雾的形态变化区域，海面上的 $T-T_d$ 小于 1 ℃的范围和雾区吻合。

2.3 边界层稳定度

边界层稳定是海雾形成的必要条件，沿海荣成探空站代表黄海海域（图 7a），大连探空站

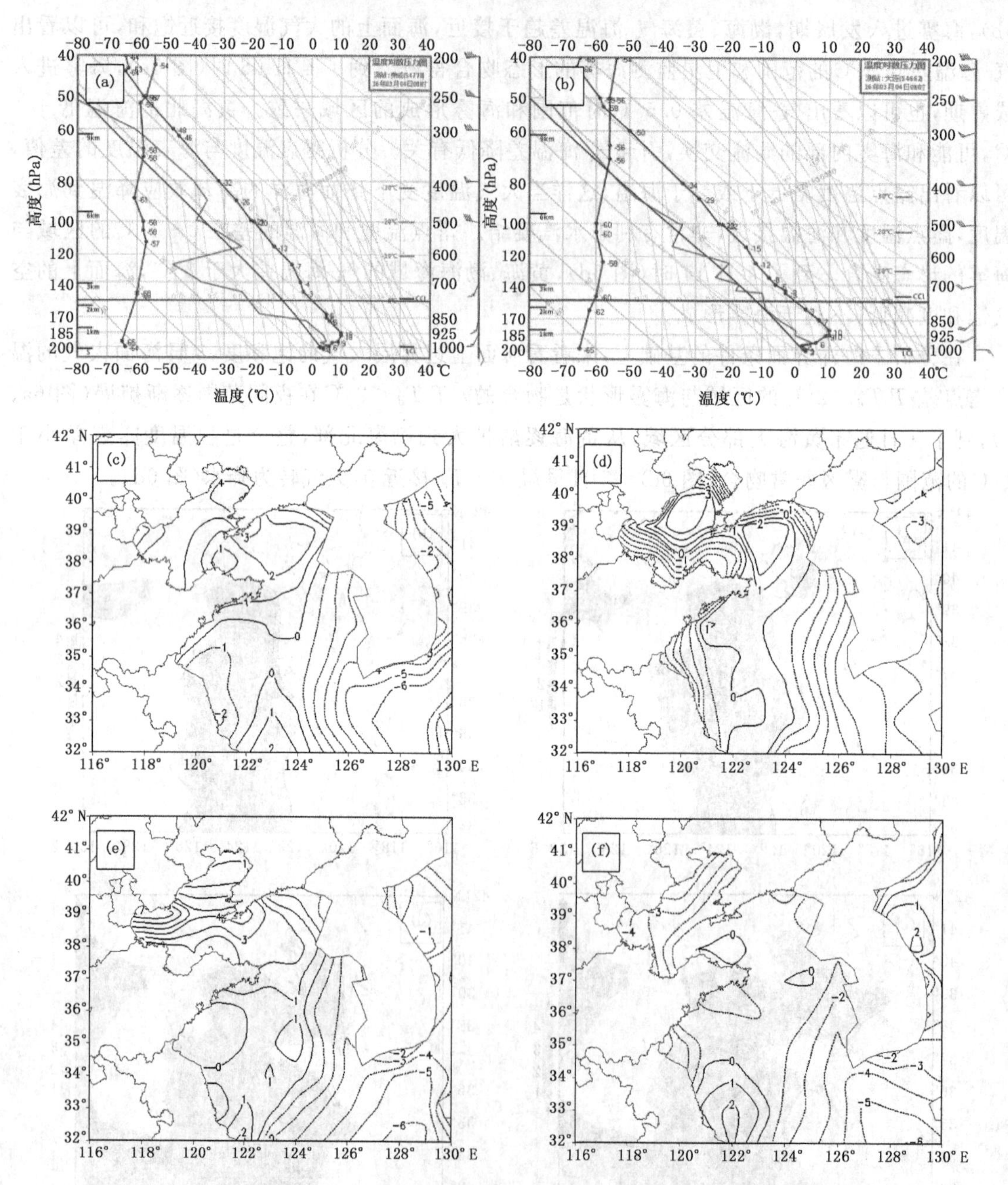

图 7　2016 年 3 月 3—4 日 925 hPa 和 1000 hPa 温度差（a. 3 月 4 日 08 时荣成探空图，b. 3 月 4 日 08 时大连探空图，c. 3 月 3 日 08 时 925～1000 hPa 逆温温差，d. 3 月 3 日 14 时 925～1000 hPa 逆温温差，e. 3 月 4 日 08 时 925～1000 hPa 逆温温差，f. 3 月 5 日 08 时 925～1000 hPa 逆温温差；单位：℃）

代表渤海附近海域(图 7b),从沿海的探空代表站可以看出,逆温层已经建立,逆温层的高度在 925 hPa 以下,说明海雾的厚度在 500 m 以下,逆温层内的温度差为 6 ℃。下面,根据前面探空站确定逆温层的高度在 925 hPa 以下,从黄渤海区域 1000～925 hPa 温度差图中可以看出,从 3 日开始 925 hPa 到 1000 hPa 有逆温层,逆温层内的温度差为 1～5 ℃(图 7c、d),黄海、渤海大气稳定度较好,而且 4 日边界层的稳定度更好,范围扩大,逆温层内的温差达到 6～8 ℃(图 7e),山东半岛南部外海边界层稳定性较差,这是由于前面天气形势在山东半岛上空 500 hPa 有弱的气旋弯曲,致使该海域的大气不稳定,这也从天气形势角度说明了山东半岛东南外海没有雾的原因,到了 5 日 08 时,边界层稳定度下降,逆温层基本不存在(图 7f),另外,从探空可以看出,风向为顺时针,表明边界层顶有暖平流,边界层顶的暖平流会抑制其下层内的海雾向高层扩散,会促进海雾在低层的发展。

2.4 弱的风垂直切变

低层弱的风垂直切变对海雾的生成和维持有重要作用。925 hPa 的风小于 1000 hPa 的风,低层的暖湿空气不易向上输送,聚集在低层,有利于雾的生成,同时弱的风垂直切变有利于海雾的维持和高度的发展,3 日弱的风垂直切变存在于黄海大部分海域,垂直切变小于 0,垂直

图 8　2016 年 3 月 3—4 日 925 和 1000 hPa 风切变(a. 3 月 3 日 08 时 925～1000 hPa 风切变, b. 3 月 3 日 14 时 925～1000 hPa 风切变, c. 3 月 4 日 08 时 925～1000 hPa 风切变, d. 3 月 5 日 08 时 925～1000 hPa 风切变;单位:m/s)

切变在－3～－4 m/s 的区域在黄海东部海域，和海雾落区吻合(图 8a、b)，也可以这样理解，弱的风垂直切变表明在海雾内部有湍流交换，湍流交换有利于海雾的发展，到了 4 日，弱的垂直切变范围扩展，整个黄、渤海区域均有弱的风垂直切变，风垂直切变小于－3 m/s 的区域和海雾的区域吻合得很好(图 8c、d)，也注意到，在 4 日海雾的区域内的垂直切变大于 3 日，表明海雾内部的湍流交换更强，海雾在垂直高度上发展，并形成有一定厚度的海雾，所以低层弱的风垂直切变和湍流交换有关，海雾的湍流交换随着海雾的发展而加强，形成海雾的垂直结构的发展。

3 结论和讨论

本次海雾 3 月 3—4 日影响渤海和黄海大部分海域，持续时间长达 48 h，沿海站能见度低于 200 m，黄海海域代表站成山头监测站能见度为 0 m 长达 42 h。从卫星可见光云图监测上可以分析出海雾在演变过程经历了生成、发展成熟和消亡 3 个阶段，海雾的结构和形态各个阶段都有变化。3 日 7 时的生成阶段海雾只在黄海东部即靠近朝鲜半岛出现，其形态是叶片形，海雾雾区出现了圆形空心干区，雾层浅薄，从可见光云图可以隐约辨出下面海面，说明海雾并不是结构密实。随着时间的推移，3 日 14 时之后，海雾进入发展阶段，海雾向北发展，但是黄海东部的雾区南边界向北收缩，其形态演变成飞鸟形，雾区下面的海面不可辨，结构变得密实，到 3 月 4 日 07 时，从可见光云图上可以看出，黄海的海雾由东部向西部扩展，不仅黄海大部分海域出现海雾，而且渤海也出现了大面积海雾，只是在山东半岛东南近海没有海雾。海雾结构密实，边界非常清晰，海雾的形态演变为“8”字葫芦形，海雾进入成熟期。4 日中午开始，渤海东部的雾区开始出现分裂；渤海西部雾区西缩，雾区逐渐减小，渤海海峡到黄海的雾区也收缩。3 月 5 日，黄渤海被深厚的云层覆盖，转为降水。

文中重点分析了海雾过程形态变化的原因以及山东半岛东南近海为何没有海雾：

(1)500 hPa 高空西风气流平直，黄、渤海上空大气形势稳定；但是在山东半岛东南海域有气旋性弯曲，表明该处大气不稳定。在地面这次过程形势分析，3 日是入海变性高压，4 日是太平洋高压，从太平洋带来大洋的偏南暖湿气流。

(2)水汽输送是海雾形成的物质基础，当低层的暖湿气流流到冷海面上，冷却降温易形成海雾。海雾的形成和低层的偏南暖湿气流有关，而这个偏南暖湿气流来源于太平洋，前期风向为西南，因受陆地的影响山东半岛湿度很低，因此，在山东半岛东南沿海没有雾，当风向转为偏南或东南，大洋上的暖湿气流使得渤海和黄海暖湿气流范围增大，暖湿气流向北输送到渤海海域，而且日本海的偏东气流也为渤海海雾提供了湿空气，海雾的形态和相对湿度大于 90% 的湿度区吻合得很好。

(3)此次海雾过程海温低于海平面的气温，因此属平流冷却雾，气-海温差 0～1 ℃，露点温度接近海表温度是海面海雾形成的海-气界面条件，而气-海温差 0～1 ℃是海雾的形态变化区域，海面上的大气饱和度在小于 1 ℃的范围和雾区吻合。

(4)925 hPa 到 1000 hPa 形成了逆温层，黄、渤海大气稳定度较高，山东半岛南部外海边界层稳定性较差，从前面天气形势可以看到，山东半岛高空 500 hPa 有弱的气旋弯曲，致使该海域的大气不稳定，这也从天气形势角度说明了山东半岛东南外海没有雾的原因，另外，从探空可以看出，风向为顺时针，表明边界层顶有暖平流，边界层顶的暖平流会抑制其下层内的海雾向高层扩散，会促进海雾在低层发展。

(5)弱的风垂直切变有利于海雾在近地层的维持和发展。低层的暖湿空气不易向上输送，聚集在低层，有利于雾的生成，同时弱的风垂直切变有利于海雾的维持和高度的发展，海雾在垂直高度上发展，并形成有一定厚度的海雾，所以低层弱的风垂直切变和湍流交换有关，海雾的湍流交换随着海雾的发展而加强，造成海雾垂直结构的发展。

参考文献

傅刚，王菁茜，张美根，等，2004. 一次黄海海雾事件的观测与数值模拟研究：以 2004 年 4 月 11 日为例[J]. 中国海洋大学学报(自然科学版)，**34**(5)：720-726.

黄彬，高山红，宋煜，等，2009. 黄海平流海雾的观测分析[J]. 海洋科学进展，**27**(1)：16-23.

黄健，2008. 海雾的天气气候特征与边界层观测研究[D]. 青岛：中国海洋大学海洋环境学院.

任兆鹏，2011. 黄海夏季海雾的边界层结构特征及其与春季海雾的对比[J]. 中国海洋大学学报：自然科学版，**41**(5)：23-30.

王彬华，1983. 海雾[M]. 北京：海洋出版社：352.

王帅，傅聃，陈德林，等，2012. 2009 年春季一次黄海海雾的观测分析及数值模拟[J]. 大气科学学报，**35**(3)：282-294.

王鑫，黄菲，周发琇，2006. 黄海沿海夏季海雾形成的气候特征[J]. 海洋学报，**28**(1)：26-34.

吴晓京，李三妹，廖蜜，等，2015. 基于 20 年卫星遥感资料的黄海、渤海海雾分布季节特征分析[J]. 海洋学报，**37**(1)：63-72.

杨悦，高山红，2015. 黄海海雾天气特征与逆温层成因分析[J]. 中国海洋大学学报，**5**(6)：19-30.

张苏平，鲍献文，2008. 近十年中国海雾研究进展[J]. 中国海洋大学学报：自然科学版，**38**(3)：359-366.

张苏平，刘飞，孔扬，2014. 一次春季黄海海雾和东海层云关系的研究[J]. 海洋与湖沼，**45**(2)：341-352.

张苏平，任兆鹏，2010. 下垫面热力作用对黄海春季海雾的影响：观测与数值试验[J]. 气象学报，**68**(4)：439-449.

周发琇，王鑫，鲍献文，2004. 黄海春季海雾形成的气候特征[J]. 海洋学报，**26**(3)：28-37.

周发琇，刘龙太，1986. 长江口及济州岛临近海域综合调查报告(第七节，海雾)[J]. 山东海洋学院报，**16**：114-131.

Fu Gang, Zhang Suping, Gao Shanhong, et al, 2012. Understanding of Sea Fog Over the China Seas[M]. Beijing: China Meteorological Press: 216.

Gao Shanhong, Lin Hang, Shen Biao, et al, 2007. A heavy sea fog event over the Yellow Sea in March 2005: Analysis and numerical modeling[J]. Adv Atmos Sci, **24**: 65-81.

[illegible]

（5）[illegible]

参考文献

[illegible]. 2014. [illegible]

[illegible]

[illegible]

[illegible]

王彬华. 1983. 海雾[M]. 北京:海洋出版社: [illegible]

[illegible]

[illegible]

[illegible]

[illegible]

张苏平, 鲍献文. 2008. 近十年中国海雾研究进展[J]. 中国海洋大学学报, 38(3): [illegible]

[illegible]

[illegible]

[illegible]

[illegible]

[illegible] Gang, Zhang Suping, Gao Shanhong, et al. 2012. Understanding of Sea Fog Over the China Seas[M]. Beijing: China Meteorological Press: 216.

Gao Shanhong, Lin Hang, Shen Biao, et al. 2007. A heavy sea fog event over the Yellow Sea in March 2005: Analysis and numerical modeling[J]. Adv Atmos Sci, 24: 65-81.

第四部分
强对流天气
分会报告

冷涡影响下冰雹强对流中尺度特征及形成机制

尉英华　何群英　陈　宏　张　楠

（天津市气象台，天津 300074）

摘　要

利用 NCEP 再分析高空资料和地面区域气象站资料融合，合成高密度探空资料场，计算 2016 年 6 月 10 日天津冰雹强对流天气过程中高密度时、空场的各种参数，并结合雷达变分 VDRAS 资料，研究了冰雹强对流天气的发生、发展机制。结果表明：此次降雹初始回波是在蒙古冷涡环流背景和大气层结不稳定环境条件下，由北京西部山区热力和动力强迫局地触发产生；进入平原区后，冷池与强风垂直切变共同作用使雹云得以发展维持；且渤海偏东水汽输送带导致边界层水汽积聚及上干下湿不稳定层结发展，其与中尺度辐合线的交叉区域更有利于冰雹强对流的发生。此外，降雹前 $CAPE$、LI、TT_{mod} 均呈现绝对值陡增，为冰雹的生成和增长提供了有利的环境条件，且考虑了地面温湿特征的 $CAPE$、LI、TT_{mod} 对雹云的发生、发展具有很好的指示意义。

关键词：冰雹　地形　冷池　中尺度辐合线　次级环流　垂直风切变

引言

雹暴是世界性的灾害性天气之一，由于其具有破坏力大、局地性强的特点，往往给经济和人民生命、财产造成较大损失。但因其时空尺度小、突发性强，冰雹的预报和预警是天气预报的难点。相关研究（廖晓农等，2008；连志鸾等，2009；王在文等，2010；李江波等，2011；闵晶晶等，2011）表明，华北地区冰雹大多发生在冷涡环流背景下，高层冷空气叠加在低层暖湿空气上导致不稳定层结发展。孙继松等（2006）进一步研究了地形热力和动力作用对冰雹等强对流天气的影响。王华和孙继松（2008）分析了下垫面物理过程在强对流天气中的作用，认为山区的地形、城市边界层对雹云发、生发展的不同阶段以至冰雹的落区、强度等都有相当大影响。上述研究成果对认识华北冰雹灾害的形成机理，寻找预报着眼点提供了较好的天气动力学基础。

在冰雹的研究中常采用探空资料分析环境参数特征（周后福等，2006；雷蕾等，2011），而天津本地没有探空站，预报员通常使用北京探空资料，但实际上京津两地的天气差异较大，且由于强对流天气的局地性较强，北京探空资料往往无法诊断天津中小尺度天气系统产生的背景和机制。刘一玮等（2011）尝试将天津地面自动观测站与 850 hPa 以上北京探空资料结合，组成新的探空分析资料，但由于其高空仅采用北京单站探空资料，仍有一定的局限性。本研究尝试将 NCEP 再分析的高空资料和地面区域气象站资料结合，组成高密度探空资料场，计算强对流天气条件下天津地区的相关物理参数，分析冰雹天气高密度时、空场的各种参数条件，并利用由北京城市气象研究所提供的 5 km 分辨率的雷达变分 VDRAS 资料（陈明轩等，2016）研究本次冰雹强对流天气的产生和发展机制。

1 天气实况和背景条件

1.1 天气实况

2016年6月10日下午，天津地区自西北向东南出现大范围强对流天气，武清、宁河、汉沽先后观测到冰雹(图1)，冰雹近似核桃大小，同时蓟县和塘沽多个乡镇观测站伴有雷暴大风或短时强降水。受冰雹和雷雨大风影响，武清、宁河和汉沽等区县的农作物大面积受灾，包括小麦、玉米、瓜菜、果树和大棚等，直接经济损失达数千万元。其中，武清区农作物受灾面积约2015.6 hm^2，经济损失约1900万元，宁河受灾面积约2623.2 hm^2，经济损失约1500万元。

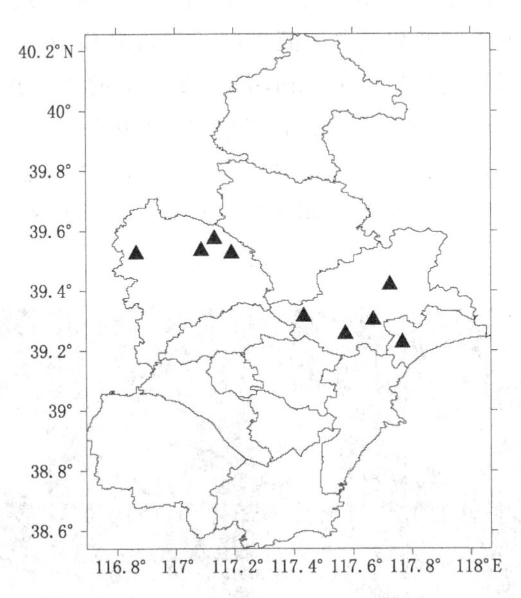

图1　2016年6月10日17—19时天津冰雹区

1.2 大尺度环流背景和环境条件

此次冰雹强对流天气过程发生在蒙古冷涡环流背景下。10日08时冷涡中心位于蒙古东部，北京西部山区处于700 hPa冷平流控制区，而850 hPa槽线位于河北省西北部，京津大气低层受槽前偏南暖湿气流控制，高层冷空气叠加在低层暖湿空气上导致不稳定层结发展。14时冷涡中心东移至内蒙东北部，700 hPa高空槽略有东移，但仍位于北京上空，850 hPa槽线则东移至北京西部山区，槽线仍呈前倾状态。大尺度分析表明，高空较强的冷平流叠置在低层暖湿气流上造成的不稳定为强对流天气在北京、天津等地出现提供了有利的环境条件。

此外，9日后半夜受涡前暖区急流出口风速辐合影响，天津出现大范围雷阵雨天气，10日晨雨停转晴，晴空升温及雨后蒸发使低层增温增湿，边界层能量再次积聚，大气层结不稳定性加强。假相当位温时间-高度剖面(图略)显示，10日14时边界层900 hPa以下假相当位温升至62 ℃，且随高度迅速减小，在对流层中层600 hPa降至41 ℃，大气中、低层假相当位温差超过20 ℃，边界层雨后升温及蒸发加剧了大气层结的不稳定。K指数、SI指数、总指数绝对值均呈明显增大，14时KI指数达到31 ℃，SI指数为－1.4 ℃，总指数为51 ℃，环境大气各项稳定度参数均达到强对流天气阈值。

2 冰雹强对流系统雷达回波特征

多普勒天气雷达探测资料可以直观地给出雹云发展演变，并提供雹云中气流的水平和垂直结构，便于对中小尺度对流系统组织结构特征的分析（俞小鼎等；2005）。2016 年 6 月 10 日 13 时 24 分—14 时北京西部的太行山前出现局地回波（图 2），此时回波强度明显较弱，并受蒙古冷涡底部偏西气流引导向东部的高能区移动，随着不稳定能量的触发，回波逐渐发展加强，16 时 12 分回波东移至通州地区，最强回波达 60 dBZ，期间在强回波西南象限有两个单体新生并快速发展，中心强度均超过 55 dBZ。17 时单体 1 向东南方向移动进入天津武清区，此后最强回波超过 65 dBZ，与之相应的风暴相对平均径向速度图上距雷达 60 km 处存在核区，直径约 5 km、转动速度（最大入流速度和最大出流速度绝对值之和的二分之一）大于 27 m/s 的强中气旋。垂直结构上，雹云回波顶高达 15 km，55 dBZ 以上的强回波向上扩展到 10 km高度，远超过 −20 ℃层所在高度，呈现典型的高悬回波特征，且中低层有弱回波区，位于其上方的回波悬垂非常明显（王秀明等，2009；王丛梅等，2011），且气流呈中低层辐合、风暴顶辐散。此外，降雹前垂直累计液态水含量（VIL）亦快速增大至 70 kg/m^2，垂直累计液态水含量的跃增是冰雹强对流天气识别的重要指标之一（晋立军等，2010）。

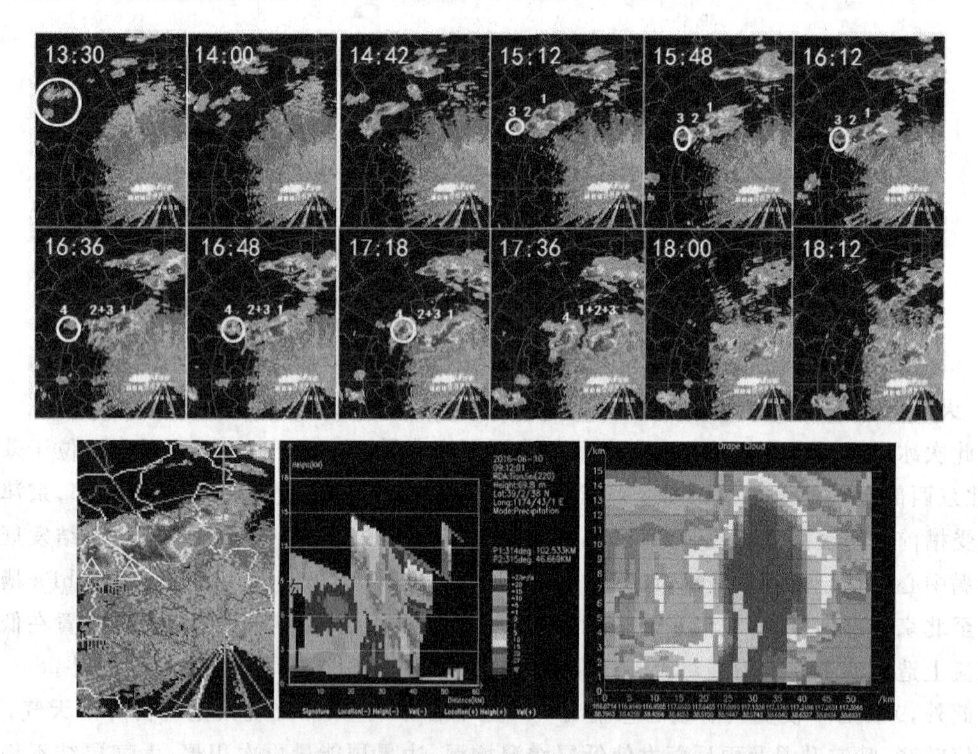

图 2　10 日 13 时 24 分—18 时 12 分塘沽多普勒天气雷达 0.5°仰角反射率因子，17 时 12 分径向速度和反射率因子垂直剖面

单体 2 和单体 3 在 16 时 30—48 分逐渐合并加强，并于此后的消亡阶段与单体 1 在天津武清区再次合并，17 时 54 分合并后的单体 1 再次加强，反射率再次超过 65 dBZ，回波随后继续向天津东南方向移动。对流回波在东移过程中，沿辐合线西段不断有单体新生，新生单体在移动中不断并入到前方的老单体中，使对流回波得以发展加强，并维持较长时间。

3　冰雹强对流中尺度诊断分析

3.1　*CAPE* 和 *LI* 的中尺度特征

冰雹常发生在较强不稳定条件下，对流有效位能(*CAPE*)是大气的浮力不稳定能，是可转化为对流上升运动的能量，常被用于分析雹云中上升气流的大小(王秀明等，2009)。抬升指数是表示条件性稳定度的指数，当抬升指数小于0时，大气层结不稳定，负值越大，不稳定的程度越大。

利用NCEP再分析的高空资料和地面区域气象站资料融合，合成高密度探空资料场，计算并分析强对流天气条件下京津地区 *CAPE* 和 *LI* 的中尺度特征。分析表明，由于高层冷平流降温、边界层内太阳辐射和雨后蒸发造成的增温增湿，10日08—14时京津地区对流有效位能数值陡增，北京东部及天津中北部 *CAPE* 均超过3200 J/kg，其中回波强烈发展的通州、武清等地达到4000 J/kg(图3)，*CAPE* 值越大，对流发展的潜能越大，在一定的触发条件下越有利于产生较强的上升气流，有利于冰雹的生成和增长。*LI* 的水平分布与同时刻的 *CAPE* 相似，在冰雹强对流天气发生前，*LI* 也呈现绝对值陡增(负值变小)的特点，且 *LI* 最小值与 *CAPE* 最大值中心重合，通州、武清等地区抬升指数达到－10 ℃，对流层中低层处于明显热力不稳定层结状态。利用资料融合成的高密度探空资料场，充分考虑了地面温湿要素，以此计算出的 *CAPE* 和 *LI* 具有中尺度分布特征，且强不稳定区与对流回波的发展有很好的对应关系，对雹云回波在北京东部及天津中北部的发展加强具有较好的指示意义，蓟县与宝坻交界处的强不稳定区虽未出现冰雹，但亦出现回波强度超过55 dBZ的对流天气。

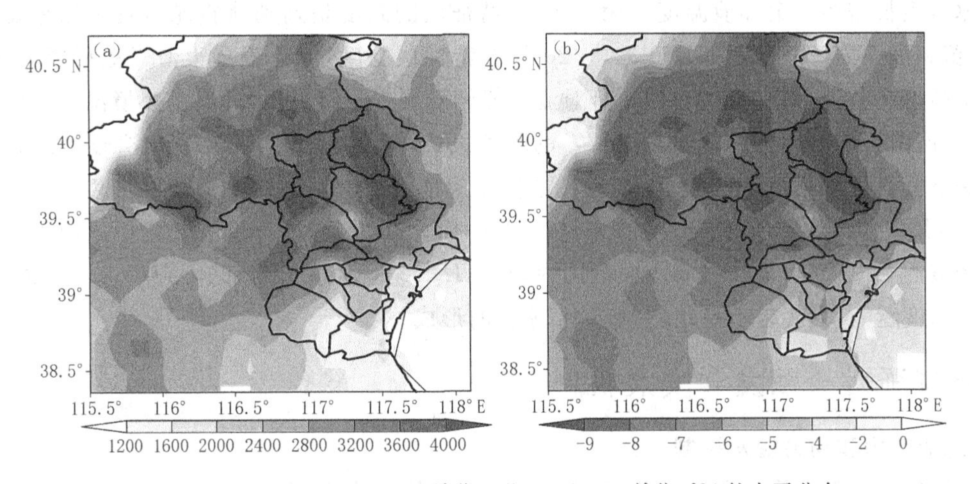

图3　10日14时(a)*CAPE*(单位:J/kg)、(b)*LI*(单位:℃)的水平分布

3.2　TT_{mod} 和 *mK* 中尺度特征

全总指数 *TT* 和 *K* 指数均是判断强对流潜势的重要参数，但其主要考虑850 hPa－500 hPa环境温湿状况，不能反映边界层中尺度的温湿差异。修正的全总指数 TT_{mod} 和修正的 *K* 指数 *mK* 分别是考虑了地面温湿状况后改进的指数，两者值越大，稳定度越小，越有利强对流天气产生。

利用NCEP再分析的高空资料和地面区域气象站资料结合计算的 TT_{mod} 和 *mK* 分析表

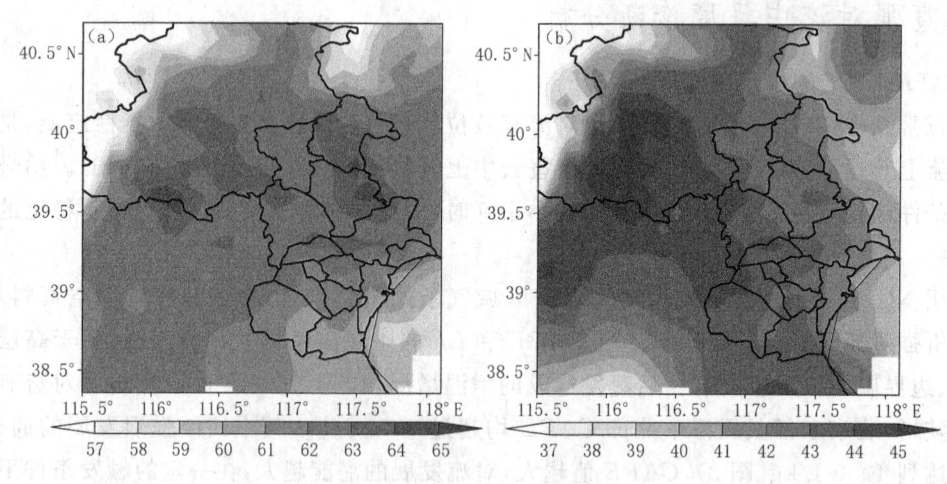

图 4　10 日 14 时(a)TT_{mod}(单位:℃)、(b)mK(单位:℃)的水平分布

明,北京及天津均达到 Ducrocp 等(1998)给出的强对流天气 TT_{mod} 阈值(57 ℃)和 mK 阈值(35 ℃),其中,TT_{mod} 与 $CAPE$、LI 分布相似(图 4),通州、武清、蓟县、宝坻等地区 TT_{mod} 达到 62 ℃,而 mK 对于冰雹强对流天气的指示意义则并不明显。可见,考虑了地面温湿特征的 TT_{mod}、$CAPE$、LI 分布是冰雹强天气发展潜势的重要参考指标,同时也是回波在北京山前触发却在天津发展的一个重要因素。

3.3　环境 0 ℃和−20 ℃特性层高度

冰雹生长需要一定环境温度,0 和−20 ℃特征层的高度是判别冰雹能否发生的重要判据(樊李苗和俞小鼎,2013)。如果 0 ℃、−20 ℃等特性层高度过低,暖层很薄无法形成大冰雹,高度太高也不利于冰雹的生长,即便是对流云能够发展到足够高度,即高空环境温度足以形成大冰雹,但由于下落过程中气温高于 0 ℃的距离很长,加上摩擦作用,冰雹也会逐渐融化。高密度探空资料分析表明,本次冰雹强天气过程发生前,京津地区−20 ℃所在高度均为 6.8～7.0 km,其中天津 0 ℃所在高度为 3.6～4.0 km,而北京低于 3.6 km,相比之下天津处于最有利于降雹的 0 ℃高度 3.6～4.5 km 范围内,且 $\Delta H_{0\sim-20℃}$ 值小于北京。$\Delta H_{0\sim-20℃}$ 值越小,垂直温度梯度越大,大气越不稳定,越有利于冰雹的形成。

4　冰雹强对流触发和发展机制

4.1　地形热力和动力触发机制

非均匀下垫面的热力和动力作用对强对流天气的形成有明显影响。在有地形的边界层内,由于受热不均匀,山区和平原地区间易形成较强的水平温度梯度。10 日 13 时地面观测站要素分析表明,北京西部山区温度明显高于中东部平原地区,水平温度梯度的存在,不仅造成边界层热力不稳定水平分布的不连续,同时形成一个穿过温度锋区、在暖区一侧(山区)上升、冷区一侧(平原地区)下沉的次级垂直环流(图 5)。与此同时,华北南部盛行的西南气流与北京平原地区来自渤海的东南气流形成中尺度气旋式切变,其中切变线北侧的东南气流受到西部太行山阻挡形成绕流和爬坡。爬坡所产生的地形抬升作用以及热力环流圈的上升气流触发不稳定能量的释放,启动了积云对流的发生,初始雹云回波于 13 时 24 分在太行山前图 1 圆形区域内形成，回波强度 20～30 dBZ。可见，本次降雹的初始回波是在北京西部山区的热力和动力强迫下局地触发产生的，由于山区地表受热不均形成的局地热力环流，与边界层东南气流因地形造成的动力强迫抬升共同作用使对流回波在西部山前形成。

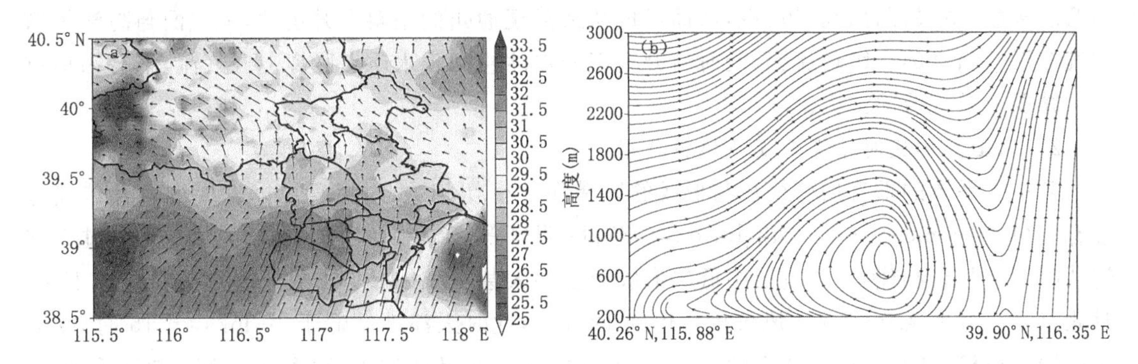

图 5 (a)13 时 06 分气温(单位:℃)及 VDRAS 流场分布(单位:m/s)、(b)山前沿东南气流的流线垂直剖面

4.2 冰雹云发展维持机制

4.2.1 冷池对冰雹云发展维持作用

近地面冷池是冰雹强对流天气发展维持的一个重要边界层特征(陈双等,2011)。16 时雹云回波东移至北京通州，由于具备充沛的能量，对流活动更加剧烈，回波快速发展加强，中心强度达 60 dBZ，强烈发展的对流云伴随下沉气流的蒸发冷却，吸收潜热使环境温度降低，在通州形成明显的冷池，冷池出流与南来的暖湿气流对峙，产生了强的扰动温度梯度，且强的冷池出流与偏南暖湿气流相互作用形成中尺度辐合线(图 6)。辐合线东段的西南与东南气流辐合强度相对较弱；西段为西南气流与东北气流的汇合，冷、暖空气的交汇有利于对流单体的新生，新生单体在移动中不断并入到前方的老单体中，使对流回波得以发展加强，并维持较长时间；中段的武清区上空则为西南、偏南、偏东和西北多股气流的汇合中心，其辐合强度明显强于西段和东段，尤其来自渤海偏东气流的加入，不仅加强了边界层水汽的积聚，同时有利于上干下湿的大气层结不稳定加强，有利于雹云单体的发展。17 时单体 1 向东南方向移动进入辐合线中段的武清区并发展加强至 65 dBZ，回波顶高 14～15 km。可见，强对流区对应风场辐散，强辐合区位于其前方的辐合线中段，对强对流的移动有很好的指示意义。

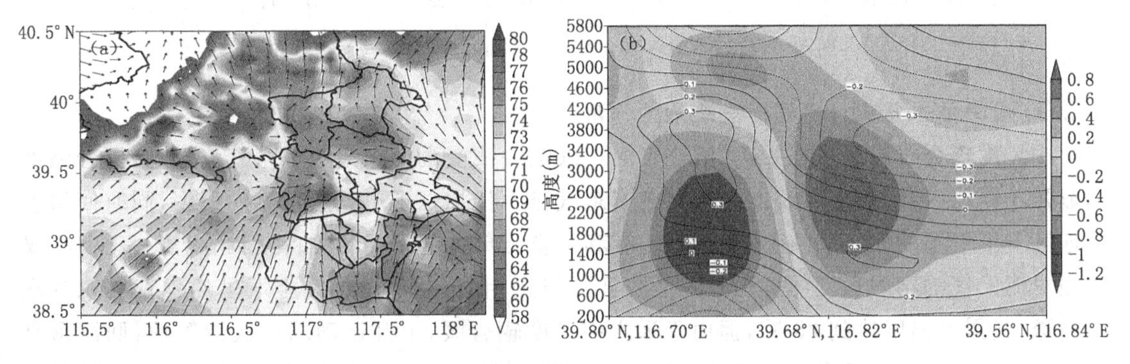

图 6 (a)16 时 12 分地面假相当位温(单位:℃)和 VDRAS 200 m 流场分布(单位:m/s)
(b)16 时 12 分通州—武清散度(单位:m/(s·km))和垂直速度(阴影,单位:m/s)剖面

此外，强烈发展的对流云下方形成的冷池与周边的高能区形成明显的中尺度能量锋，能量锋对强对流的进一步发展有直接的影响，有利于形成穿过能量锋区、高能区上升、低能区下沉的次级垂直环流。散度和垂直速度剖面上，武清区为低层辐合、高层辐散的上升运动区，而通州低层辐散、中层辐合、高层辐散，从而形成从武清至通州的倾斜上升运动，一方面与冷池辐散的气流形成闭合的次级环流圈，同时斜升气流使得冰雹和降水质点脱离上升气流，不会因拖曳作用减弱上升气流的浮力。

4.2.2 风垂直切变对冰雹云发展维持作用

环境水平风的垂直切变往往与形成的风暴强度密切相关，对风雹单体发展维持及传播非常有利(Droegemeier and Wilhelmson，1987；陈明轩等，2012)。本次冰雹强对流天气过程期间，"前倾槽"结构有利于对流层中低层形成角度很大甚至"对头风"方式的垂直切变。10 日 08 时北京大部分地区 0～3 km 风矢量差达到 12 m/s，此时天津地区低于 10 m/s，至 15 时 30 分受前倾槽东移影响，天津中北部地区 0～3 km 垂直切变迅速增大，有利于对流云在东移过程中发展加强。此后，17 时 06 分雹云回波进入武清区，雹云下方冷池出流与偏南暖湿气流使得边界层风垂直切变加强，同时冷池与暖湿空气形成强的温度水平梯度(图 7)，而水平温度梯度的加强，有利于中尺度风垂直切变加强，因此形成沿辐合线的强风垂直切变带，其 0～3 km 风矢量差达到 18 m/s，强的风垂直切变使得上升气流倾斜，并增强中层干冷空气的吸入，加强风暴的下沉气流和低层冷空气的外流，通过强迫抬升使流入的暖湿空气更强烈地上升，有利于雹暴单体进一步发展。

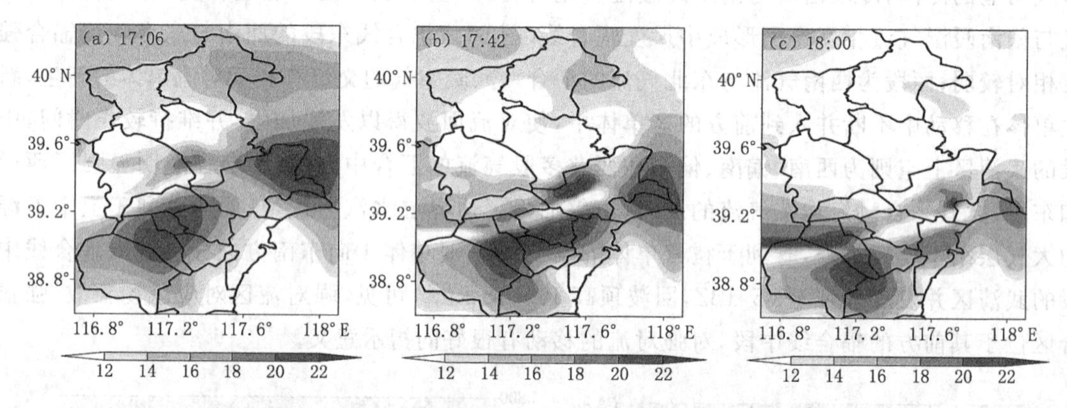

图 7 VDRAS 风垂直切变(0～3 km)分布(单位：m/s)

4.2.3 渤海偏东气流对冰雹云发展维持作用

中尺度辐合线南压过程中，武清—宁河—汉沽一线受渤海东南或偏东气流影响，辐合强度明显强于其他区县，且来自海上的东南或偏东气流不仅加强了边界层水汽的积聚，同时使得上述地区上干下湿的大气层结不稳定偏强，有利于雹云单体的发展和维持，因此武清—宁河—汉沽强对流天气的剧烈程度明显强于其他区县。与之相应，北部蓟县和宝坻虽然也存在东南水汽输送，其露点温度达到 23 ℃，但由于远离中尺度辐合线，上升运动弱于武清等地，回波顶高仅 9～11 km，远远低于武清—宁河—汉沽的回波顶高 14 km。可见，中尺度辐合线与渤海水汽输送带的交叉区域更有利于冰雹强对流的发生。

5 结　论

(1)降雹的初始回波是在北京西部山区的热力和动力强迫下局地触发产生的。由于山区地表受热不均形成的局地热力环流,与边界层东南气流因地形造成的动力抬升共同作用,使对流云在西部山区形成;

(2)对流云东移过程中,冷池与风垂直切变共同作用使雹云得以发展并维持。前者通过能量锋与中尺度辐合线共同作用产生次级环流,后者则通过斜升机制使雹云得以维持发展;

(3)渤海偏东气流导致边界层水汽积聚及上干下湿不稳定层结发展,中尺度辐合线与渤海水汽输送带的交叉区域更有利于冰雹强对流的发生;

(4)冰雹发生在有利的环境条件下,考虑了地面温、湿度特征的 $CAPE$、LI、TT_{mod} 对雹云的发生、发展具有很好的指示意义。降雹前对流有效位能增大至 4000 J/kg,抬升指数达到 −10 ℃,TT_{mod} 达到 62 ℃。

参考文献

陈明轩,高峰,孙娟珍,等,2016. 基于 VDRAS 的快速更新雷达四维变分分析系统[J]. 应用气象学报,**27**(3):257-272.

陈明轩,王迎春,2012. 低层垂直风切变和冷池相互作用影响华北地区一次飑线过程发展维持的数值模拟[J]. 气象学报,**70**(3):371-386.

陈双,王迎春,张文龙,等,2011. 复杂地形下雷暴增强过程的个例研究[J]. 气象,**37**(7):802-813.

樊李苗,俞小鼎,2013. 中国短时强对流天气的若干环境参数特征分析[J]. 高原气象,**32**(1):156-165.

晋立军,李培仁,李军霞,等,2010. 一次强降雹过程中垂直累积液态含水量的特征分析[J]. 高原气象,**29**(5):1297-1301.

雷蕾,孙继松,魏东,2011. 利用探空资料判别北京地区夏季强对流的天气类别[J]. 气象,**37**(2):136-141.

李江波,王宗敏,王福侠,等,2011. 华北冷涡连续降雹的特征与预报[J]. 高原气象,**30**(4):1119-1131.

连志鸾,高连山,李国翠,等,2009. 蒙古东部冷涡造成河北中南部雹暴过程的地闪特征[J]. 高原气象,**28**(1):186-194.

廖晓农,俞小鼎,于波,2008. 北京盛夏一次罕见的大雹事件分析[J]. 气象,**34**(2):10-17.

刘一玮,寿绍文,解以扬,等,2011. 热力不均匀场对一次冰雹天气影响的诊断分析[J]. 高原气象,**30**(1):226-234.

闵晶晶,刘还珠,曹晓钟,等,2011. 天津"6·25"大冰雹过程的中尺度特征及成因[J]. 应用气象学报,**2**(5):525-536.

孙继松,石增云,王令,2006. 地形对夏季冰雹事件时空分布的影响研究[J]. 气候与环境研究,**11**(1):39-46.

王丛梅,景华,王福侠,等,2011. 一次强烈雹暴的多普勒天气雷达资料分析[J]. 气象科学,**31**(5):659-665.

王华,孙继松,2008. 下垫面物理过程在一次北京地区强冰雹天气中的作用[J]. 气象,**34**(3):16-21.

王秀明,钟青,2009. 环境与强对流(雹)云相互作用的个例模拟[J]. 高原气象,**28**(2):366-373.

王秀明,钟青,韩慎友,2009. 一次冰雹天气强对流(雹)云演变及超级单体结构的个例模拟研究[J]. 高原气象,**28**(2):352-365.

王在文,郑永光,刘还珠,等,2010. 蒙古冷涡影响下的北京降雹天气特征分析[J]. 高原气象,**29**(3):763-777.

俞小鼎,王迎春,陈明轩,等,2005. 新一代天气雷达与强对流天气预警[J]. 高原气象,**24**(3):456-464.

周后福,邱明燕,张爱民,等,2006. 基于稳定度和能量指标作强对流天气的短时预报指标分析[J]. 高原气象,

25(4):716-722.
Droegemeier K K, Wilhelmson R B, 1987. Numerical simulation of thunderstorm outflow dynamics. Part Ⅰ: Outflow sensitivity experiments and turbulence dynamics[J]. J Atmos Sci, **44**(8):1180-1210.
Ducrocp V, Tzanos D, Senesi S, 1998. Diagnostic tools using a mesoscale NWP model for early warning of convertion[J]. Meteor Appl, 5:329-349.

一次分散性暴雨过程中尺度对流系统不同发展机制的分析

卢焕珍[1,2]　孙晓磊[1]　刘一玮[1]　孙建元[1]

（1. 天津市气象台，天津 300074；2. 河北省气象与生态环境重点实验室，石家庄 050021）

摘　要

应用常规观测与地面加密自动站观测资料、卫星云图、多普勒雷达、风廓线以及雷达变分同化分析系统(VDRAS)等多种资料对一次漏报的分散性暴雨过程中尺度对流系统演变、移动特征及其成因进行分析。结果表明：(1)副高边缘暖湿气流、低空弱倒槽切变、东南急流、湿舌、弱对流抑制、北部冷空气南下为强降雨提供了有利的条件。(2)渤海西南部发展加强的β中尺度对流系统北移，与其前侧触发的γ中尺度对流单体合并加强，造成东南部局地强降雨，河北东北部β中尺度对流系统南压造成东部局地强降雨，其前侧不断触发新的雷暴生成、发展加强，并排列成带状β中尺度对流系统，先稳定少动，后随移入北部蓟县的带状β中尺度对流系统南压造成天津中南部、北部地区的强降雨。(3) 渤海西南部、天津东北部沿海、中南部、东部形成的3条地面辐合线，是先后造成3个中尺度对流系统发展加强的辐合系统，海陆风辐合线及中尺度对流系统前侧的冷性水平出流(东北气流)与环境冷空气(西北气流)、海风(东南气流)形成的中尺度气旋性辐合中心及两条辐合线是地面3条辐合线先后形成的原因。(4)冷空气南压是从3000～4000 m高度转为偏北风开始的。

关键词：对流暴雨　VDRAS资料　中尺度对流系统

引言

2016年8月6日夜间天津普降中到大雨，13个国家站中4站出现暴雨，且暴雨点分散，全市平均降雨量26.6 mm，最大雨量出现在河西区的挂甲寺，为97.4 mm。强降雨集中在7日03—07时(北京时，下同)，最大雨强出现在塘沽区的海晶西，04—05时雨量为77.1 mm。历时短，雨强大，是一次分散性对流暴雨过程。此次过程主要影响系统由高空低槽东移带来冷空气，但从卫星云图演变看，冷锋云系东移过程中减弱，先是海上生成的对流云团西北进、加强，然后在其后侧有对流云团新生加强造成了天津不同地区的暴雨，数值预报和主观预报只是报出了此次冷空气带来的雷阵雨过程，分散性暴雨过程漏报。冷空气东移减弱情况下，造成不同地区不同时段中尺度对流系统的新生、发展加强、移动的机制是什么？带着这个疑问，应用常规观测资料与地面加密自动站、卫星云图、多普勒雷达、风廓线雷达等多种非常规观测资料以及雷达变分同化分析系统(VDRAS)分析场资料对这次过程的的中尺度对流系统的发生、发展、移动特征及其成因进行分析，以期提高对此类天气的认识。

1　降水过程概述

2016年8月7日01—09时(北京时，下同)，天津东部、中南部、北部地区先后出现对流性暴雨天气(图 1),全市 13 个国家站中 4 站出现暴雨,且暴雨点分散,全市降水量平均26.6 mm,最大雨量出现在河西区的挂甲寺(97.4 mm)。强降雨集中在 7 日 03—07 时,最大雨强出现在塘沽区的海晶西,04—05 时雨量为 77.1 mm,挂甲寺 05—06 时雨量为 75.1 mm。04 时 20—50 分逐 10 min 雨量持续在 18 mm 以上,其中,04 时 30—40 分 10 min 雨量高达 30 mm。

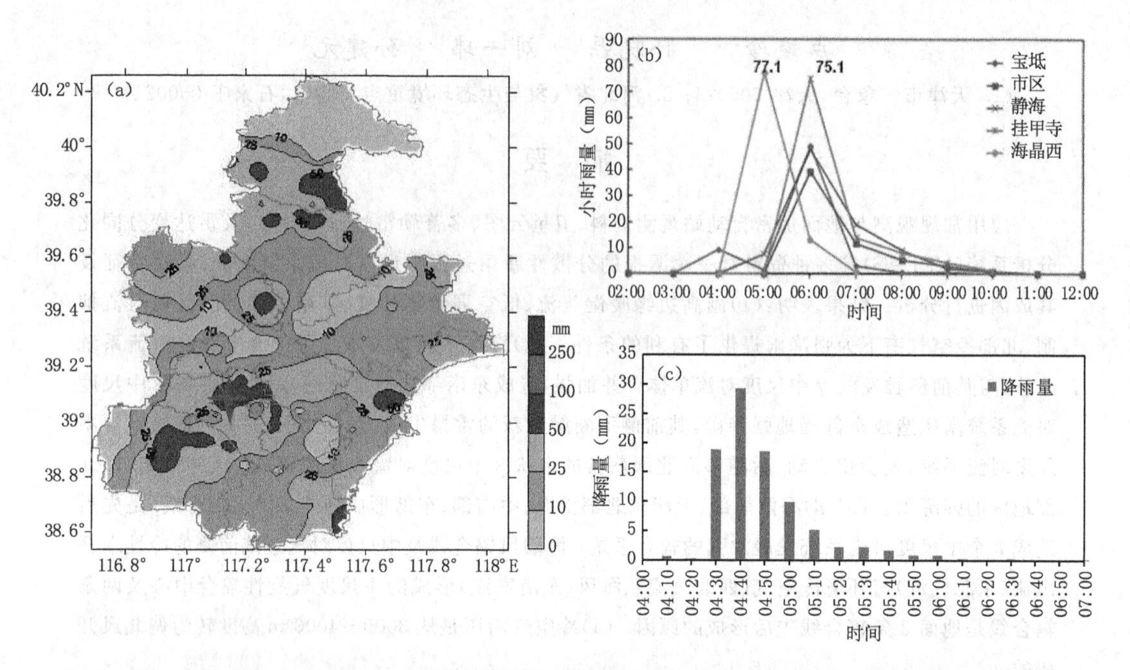

图 1 2016 年 8 月 6 日 08 时—7 日 20 时天津自动气象站累计降雨量分布(a)、暴雨点海晶西、市区、挂甲寺、宝坻、静海站逐时降水量变化(b)、海晶西 7 日 04—07 时 10 min 雨量变化(c)。

2 环流背景分析

暴雨发生前(8 月 6 日 20 时),500 hPa 中高纬度为稳定的两脊一槽型,副热带高压偏北、偏东,其东部与日本海暖高压脊连为一体,成为一强高压脊,使得东北低涡稳定少动,低涡中心至河北北部有一低槽,天津处于副高边缘,两高之间的弱切变处,低空 850 hPa 配合 500 hPa,从低涡中心至河北东北部为一冷槽,500 hPa 呈低槽后倾形势, 850～500 hPa 西南有低涡,并有倒槽切变线向北伸至山东半岛西部,低槽前和 38°N 以南存在比湿≥13 g/kg 的大湿区,天津附近乐亭站达到 13 g/kg,环东部高压东南气流较强,达 10 m/s,水汽输送条件好(图 2)。

从 6 日 20 时探空看,整层较湿,属于短时强降雨类型(图 3)。中低层为暖平流,探空指数 $CAPE$ 值达到了 2629.4 J/kg,K 值达到 32 ℃,对流抑制(CIN)非常小,仅为 1.1 J/kg,在强对流不稳定条件下,稍有辐合抬升即可克服对流抑制达到自由对流高度,形成对流,触发强对流天气。由于低层有东南水汽的输送,探空指数也达到副高边缘暖区对流暴雨预报指标(表 1)。

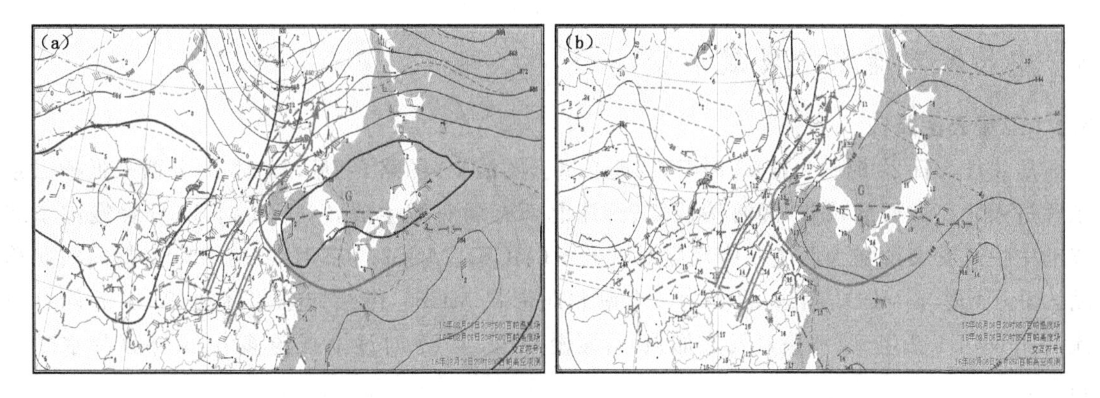

图 2　2016 年 8 月 6 日 20 时 500 hPa (a)、850 hPa (b)天气系统配置

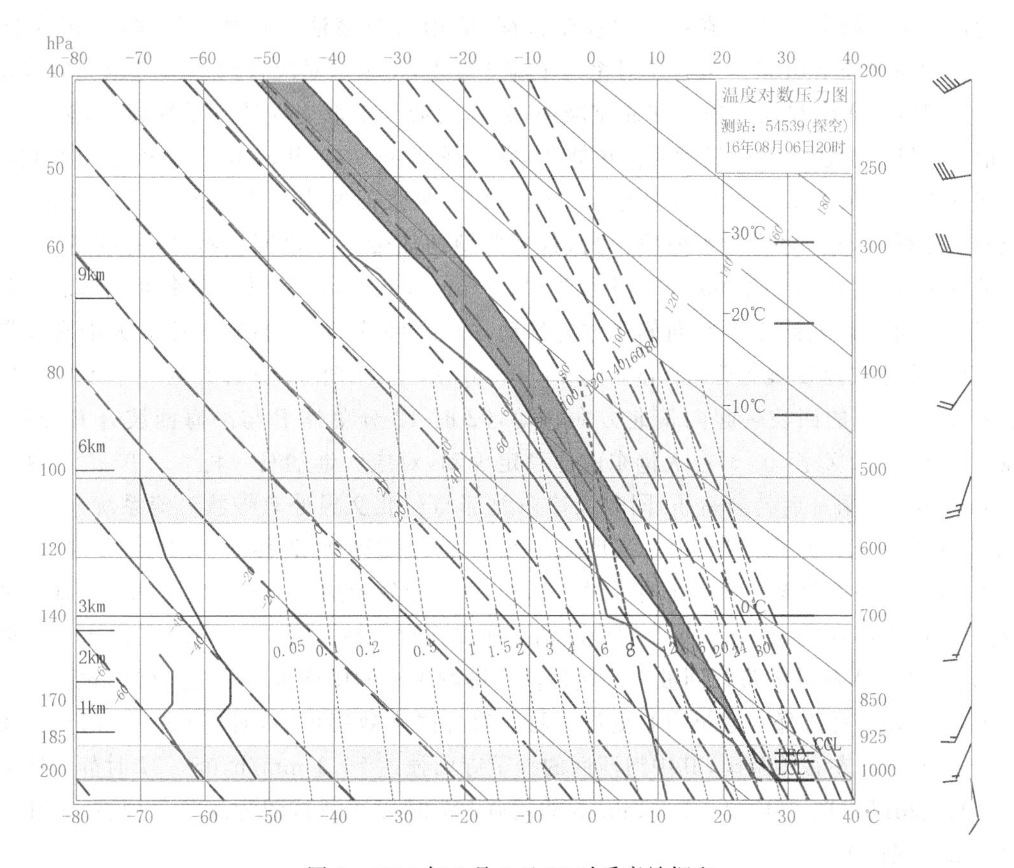

图 3　2016 年 8 月 6 日 20 时乐亭站探空

表 1　2016 年 8 月 6 日天津相关物理量参数及暴雨指标

时次	*CAPE*/(J/kg)	*K*/℃	q_{850}/(g/kg)	*CIN*/(J/kg)
20 时	2629.4	32	13	1.1
副高边缘暖区暴雨指标	800	36	14	36

注：*CAPE*、*K*、q_{850}、*CIN* 分别为对流有效位能、*K* 指数、850 hPa 比湿、对流抑制指数。

3　中尺度对流系统发展演变

3.1　卫星云图特征

从8月6日23时—7日08时FY-2E卫星云图演变(图略)可见,23时30分西来低槽云系东移进入北京中西部减弱,渤海湾西部、天津北部有弱对流生成,7日01时30分缓慢向东北移动中快速发展加强为两个β中尺度对流云团(MCS1、MCS2),02时30分MCS1折向西北移动,03—04时与MCS2相遇,合并为一个南北向带状MCS3,继续向东北移动,05时后侧有对流云团MCS4新生、原地快速发展加强,后缓慢南压,至07时逐渐减弱移出,天津强降水随之结束。

3.2　雷达回波特征

为进一步分析中尺度对流系统的演变特征,应用天津塘沽雷达观测资料,分析6日23时—7日08时逐6 min雷达组合反射率因子演变发现,与云图对应,23时12分西北方向层积混合降雨回波在东南移动过程中在北京减弱,天津武清与宝坻交界处有雷暴新生,至7日00时原地不动发展加强为γ中尺度对流单体A,中心强度55～60 dBZ,40 dBZ以上回波基本位于−20 ℃层高度(当日−20 ℃层高度为8 km)以下,最强回波中心位于2～5 km。对流降水系统质心较低,因此,对应降水效率很高,具有典型的热带型降水回波特征;持续至01时后逐渐减弱消失,对应自动站00—01时出现39.0 mm降水。同时,渤海西南部至河北黄骅不断有层积混合降雨回波新生并向偏北方向移动,01时18分在其前侧,天津的大港有零散的雷暴新生,原地快速发展加强,中心强度50～55 dBZ,至01时42分合并为一个γ中尺度对流单体B,与渤海的回波一起向偏北方向移动,02时12分单体B与渤海回波合并加强,中心强度55～60 dBZ,至03时在大港东南部稳定少动,对应大港的马一村02—03时出现雨强38.5 mm的强降雨。后转向南压,同时天津东北部与河北交界处有带状对流系统南压加强,03时42分移至天津东部一带,中心强度55～60 dBZ,后缓慢西北移动中加强,04时18分在其前侧,天津的中南部至宁河一带有零散雷暴新生,原地发展加强,至05时逐渐排列成东北—西南向带状,中心强度55～60 dBZ,对应塘沽区海晶西自动站04—05时出现77.1 mm的强降雨,05时后随移入蓟县的带状回波一起缓慢南压影响天津的中南部、西北部地区,最强回波中心位于2～4 km,对流降水系统质心更低,因此,对应降水效率更高,对应05—06时天津市区出现了60.0 mm左右的降雨,其中河西区的挂甲寺雨强达75.1 mm/h,05—07时静海国家站和自动站也相继出现了47.8、41.8 mm/h的雨强,07时后逐渐减弱为层状云回波,天津强降雨随之结束(图4)。

综上分析可知,此次分散的对流暴雨过程先是由渤海西南部的对流系统西北移,其前侧,触发新的γ中尺度对流单体生成,先东北移合并加强,造成东南部局地强降雨,后南压减弱,同时河北东北部带状β中尺度对流系统南压造成东部局地强降雨,东部的强降雨回波前侧不断触发新的雷暴生成、发展加强,并排列成东北—西南向带状β中尺度对流系统,先稳定少动,后随移入北部蓟县的带状β中尺度对流系统,南压造成天津东部局地、中南部、北部地区的的强降雨。

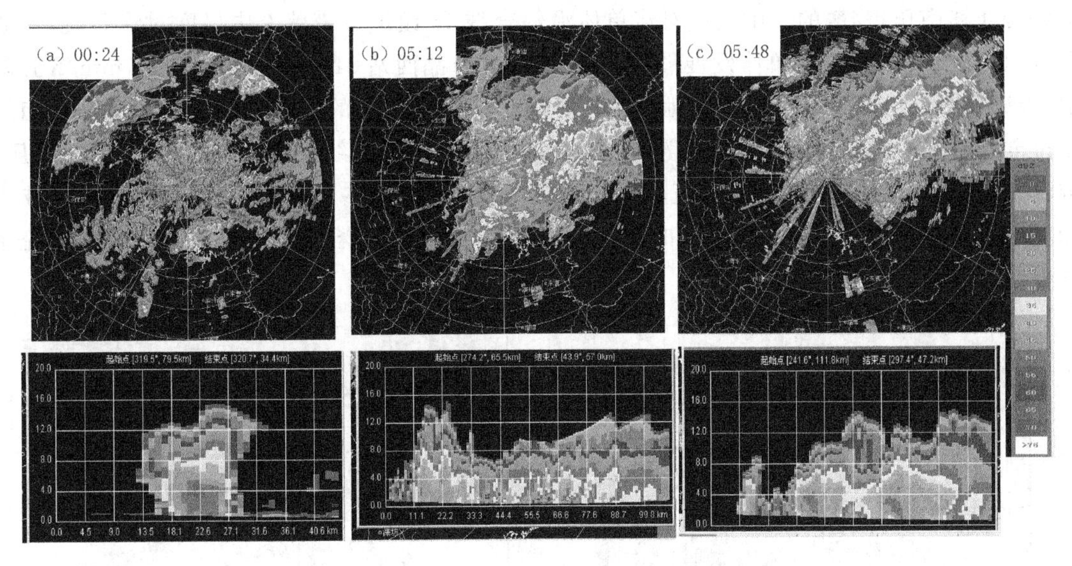

图 4　2016 年 8 月 7 日(a)00 时 24 分、(b)05 时 12 分、(c)05 时 48 分天津雷达组合反射率及沿图 4 中对应时刻垂直剖面

4　中尺度对流系统发展演变机制

由上节分析可知，此次分散性对流暴雨过程是由不同的 γ、β 中尺度对流单体发展加强为块状或带状，先是北移后转向南压造成的。文中通过高时、空分辨率资料就对流触发、组织、加强的条件及不同移动方向的机制作探讨。

4.1　热力不稳定条件

从 6 日 20 时探空分析可知，当日实况低层水汽水平输送明显，满足暖区对流暴雨指标，利用探空订正技术(采用天津地区的加密自动气象站资料与 850 hPa 以上的乐亭探空资料衔接，合成新的加密探空资料)计算天津加密探空，分析可知，6 日夜间天津东部、中南部、北部宝坻地区对流有效位能(*CAPE*)呈逐渐增加趋势(图略)，至 23 时，上述地区 *CAPE* 迅速增大，东部和中南部更大，超过 3200 J/kg，中心值达 4000 J/kg，对应整层可降雨量超过 60 mm，为中尺度对流系统的触发、发展加强积聚了很高的不稳定能量和充足的水汽条件。

4.2　地面中尺度辐合系统的分析

应用加密自动站资料与之后 6～12 min 雷达组合反射率叠加，分析对流单体触发、组织发展加强的地面中尺度辐合系统(图 5)可知：对应天津不同地区强降雨时段，7 日 00—02 时，渤海西南部至沿海一带维持东南风—西北风的辐合线 f1(图略)，并且大港一带湿度较大，T_d 达 27 ℃，使得渤海西南部至河北黄骅不断有层积混合降雨回波新生并向偏北方向移动，其前侧，天津的大港有零散的雷暴新生，原地快速发展加强、合并为一个 γ 中尺度对流单体 B，至 03 时在大港东南部稳定少动，对应大港的马一村 02—03 时出现雨强 38.5 mm/h 的强降雨。03 时(图 5a)天津东北部沿海维持一东北—西南向东南风与东北风的辐合线 f2，使得天津东北部与河北交界处的带状回波沿辐合线 f2 南压，并加强为带状 β 中尺度对流系统，中心强度55～60 dBZ。04 时(图 5b)，辐合线 f2 西移南压形成天津中南部东北—西南向辐合线 f3 和东部的东南风与东北风辐合线 f2，沿辐合线 f3、f2 有零散的雷暴新生、发展加强，至 05 时 (图 5c) 辐合线 f3 和

f2 缓慢西移南压，零散的 γ 中尺度对流单体沿辐合线 f3 组织成带状 β 中尺度对流系统，中心强度 55～60 dBZ，交点处单体发展最强，对应塘沽区海晶西站 04—05 时出现 77.1 mm/h 强降雨，天津挂甲寺出现 75.1 mm/h 的强降雨，同时北部移入蓟县的带状 β 中尺度对流系统南压扫过宝坻后减弱，06 时(图 5d)随着冷空气的南下，上述两辐合线演变为一条辐合线 f3 南压，带状 β 中尺度对流系统缓慢南压，中心强度一直维持 50～55 dBZ，给天津中南部带来 60.0 mm/h左右的强降雨。07—08 时(图略)随着辐合线 f3 的继续南压，带状 β 中尺度对流系统南压，逐渐移出天津。

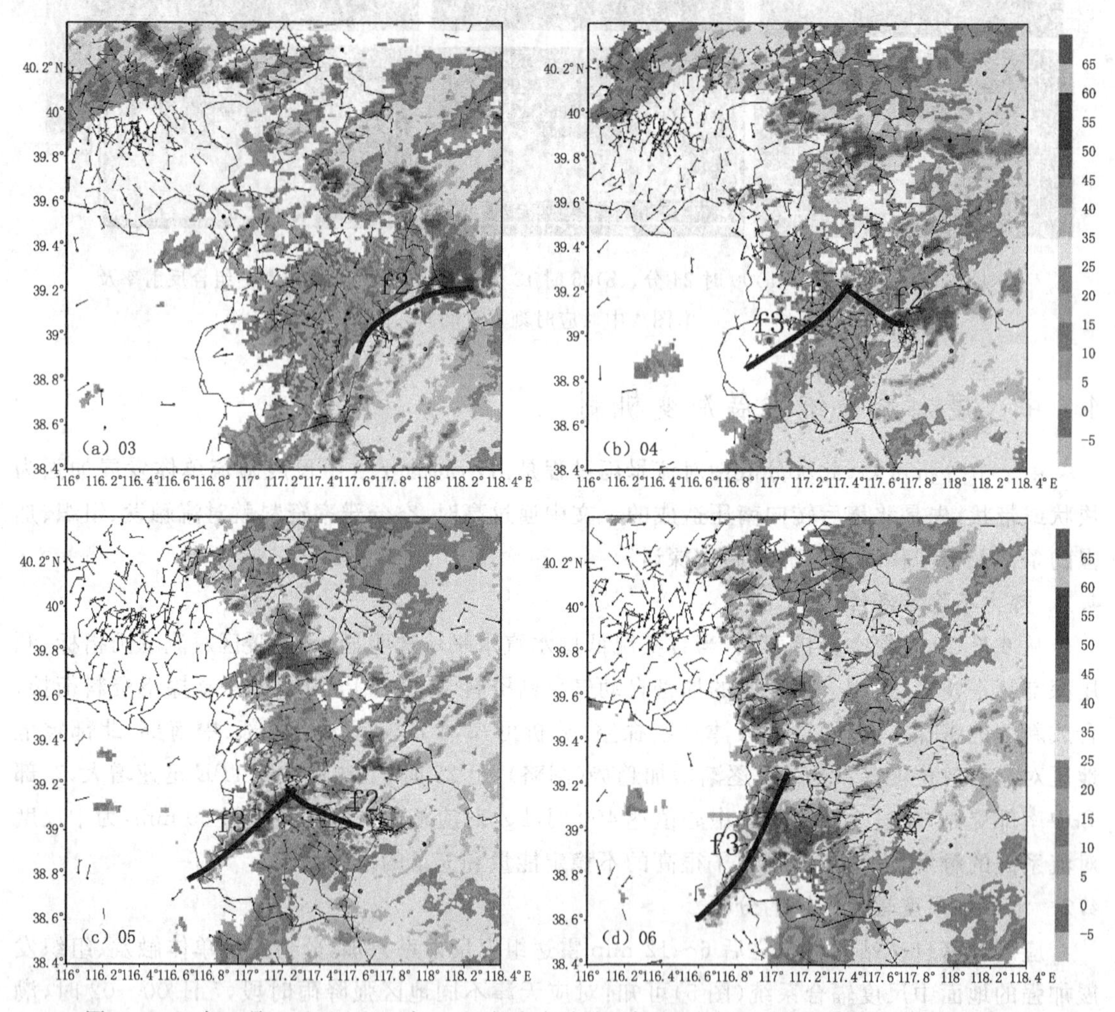

图 5　2016 年 8 月 7 日 03—06 时(a～d)加密自动站风场(风向杆)和组合反射率(阴影)的分布

因此，渤海西南部东南风—西北风辐合线，以及大港一带 T_d 达 27 ℃的大湿区，是造成前期大港南部对流单体触发、合并加强并稳定少动的带状 β 中尺度辐合系统，东北部沿海和天津中南部、东部形成的辐合线 f2、f3，是先后造成天津东部、中南部—宁河的两个带状 β 中尺度对流系统的辐合系统，地面东南风提供了充沛的水汽输送。

4.3　低层风场和温度场的诊断分析

由上节分析可知，不同时段、不同区域的 3 条地面中尺度辐合线是造成天津不同时段不同对流单体发展、加强的 3 个中尺度辐合系统，那么这 3 个中尺度系统又是如何形成的呢？应用北京市气象局的 VDRAS(雷达变分分析系统)提供的对流层低层高分辨率风和扰动温度分析场资料来做进一步的分析和探讨。分析近地面 200 m 高度风场和扰动温度场(图 6)与地面加密自动站(图 5)对比可知,天津东南部在强降雨之前(图 6a～b)23 时 12 分—02 时 54 分一直维持一西南风与东南风的海陆风辐合线 f1,夜间来自海面的暖湿空气在海陆风辐合线的抬升下不断触发雷暴、加强,大部分地区扰动气温先是上升后从北向南逐渐下降。辐合线 f1 的位置和出现时间与前面提到的地面辐合线 f1 相吻合、03 时 12 分天津宁河、汉沽与河北唐山交界处对应中尺度对流系统,存在一冷池,冷池前侧的东北气流与环境冷空气(西北)、海风(东南)在塘沽中北部形成中尺度气旋性辐合中心 C 及两条辐合线 f2、f3,其位置和出现时间与前面提到的地面辐合线 f2、f3 吻合,后随着东北、西北冷空气的南压,中尺度气旋性辐合中心 C 及两条辐合线 f2、f3 缓慢西南移动并演变成偏北风与东南风的辐合线 f3,其位置和出现时间与前面提到的地面辐合线 f3 吻合。

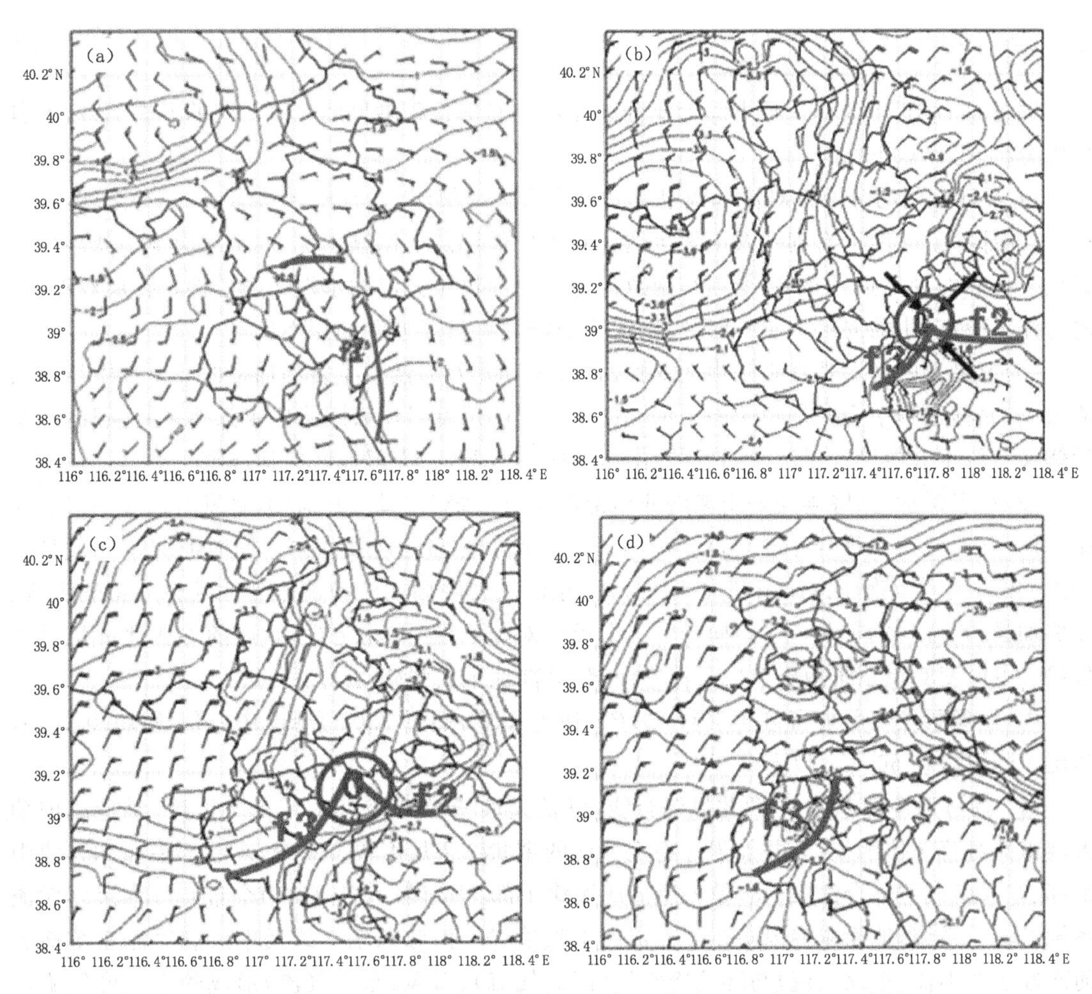

图 6　2016 年 8 月 6 日 23 时 12 分(a)、7 日 02 时 54 分(b)、04 时(c)、05 时(d) 200 m 高度风场(风向杆)和扰动温度场(等值线)的分布

综上,渤海西南部东南风-西北风辐合线是海陆风辐合线形成的,中尺度对流系统前侧的冷性水平出流(东北气流)与环境冷空气(西北气流)、海风(东南气流)形成的中尺度气旋性辐

合中心C及两条辐合线f2、f3是天津东北部沿海、天津中南部、东部两条地面辐合线f2、f3形成的原因。

4.4 风廓线雷达资料的分析

为了分析不同时段中尺度对流系统的发展、移动，分析西青风廓线雷达观测的垂直风演变(图略)可知：6日20时—7日05时，对流层中层5000～5500 m高空维持南-西南风，05时30分后转为西北风，中低层3000～4000 m高空在03时30分转为偏北风，对应雷暴单体03时前都是沿引导气流向偏北方向移动，03时后北部有带状对流系统南压，05时30分后随着5000～5500 m转为西北风，对流系统转向偏南方向移动，01时前低层1500 m以下，风随高度顺转，为暖平流，所以渤海西南部不断有层积混合降雨回波北移，在其前侧触发雷暴新生、发展加强。05时前后低层切变维持，05时30分后低层东北—东风加强至10 mm/s，低空、超低空急流形成，对应雨强加强。

5 结论

通过对2016年8月6日夜间天津分散性对流暴雨过程中尺度对流系统的发展、移动及其成因分析，得出以下结论：

(1)6日夜间的分散性对流暴雨是在副高边缘暖湿气流、低空弱倒槽切变、低空东南急流、湿舌、北部冷空气南下有利配置下发生的。对流层低层的弱倒槽切变、冷空气南下为暴雨发生提供了良好的动力抬升条件，低空东南急流为暴雨提供了充沛的水汽输送条件。整层较湿、高的对流不稳定、小的对流抑制、低层暖平流为强降雨提供了有利的探空环境。

(2)卫星云图显示强降雨是由渤海湾西部、天津北部突然新生发展加强的2个β中尺度对流云团，北移过程中合并加强为一个南北向带状β中尺度对流云团造成东部地区的强降雨，其后侧又有新生β中尺度对流云团发展、南压造成了北部、中南部地区的强降雨。

(3)对应雷达，强降雨先是由渤海西南部的对流系统西北移，其前侧，触发新的γ中尺度对流单体生成，先东北移合并加强，后南压减弱，造成东南部局地强降雨。同时河北东北部带状β中尺度对流系统南压造成东部局地强降雨，东部的强降雨回波前侧不断触发新的雷暴生成、发展加强，并排列成东北—西南向带状β中尺度对流系统，先稳定少动，后随移入北部蓟县的带状β中尺度对流系统南压造成天津中南部、北部地区的强降雨。

(4)强降雨发生前加密订正资料*CAPE*快速积累，超过3200 J/kg，中心值达4000 J/kg。整层可降雨量在60 mm以上。

(5) 渤海西南部东南风-西北风辐合线，以及大港一带T_d达27 ℃的大湿区，是造成前期大港南部对流单体触发、合并加强并稳定少动的带状β中尺度辐合系统，东北部沿海和天津中南部、东部形成的辐合线f2、f3，是先后造成天津东部、中南部—宁河的两个带状β中尺度对流系统的辐合系统，地面东南风提供了充沛的水汽输送。海陆风辐合线及中尺度对流系统前侧的冷性水平出流(东北气流)与环境冷空气(西北气流)、海风(东南气流)形成的中尺度气旋性辐合中心C及两条辐合线f2、f3是渤海西南部、天津东北部沿海、中南部、东部地面3条辐合线先后形成的原因。

(6)冷空气南压是从3000～4000 m高度转为偏北风开始的，雷暴沿5000 m高度风移动。

江西不同类型强对流天气的地闪统计特征及与回波的对比分析

支树林　李　婕

（江西省气象台，南昌 330096）

摘　要

将 2004—2014 年江西省的强对流天气分成短时强降水、有短时强降水伴随的风雹和无短时强降水伴随的风雹这三种主要类型，对它们发生前后的环境物理量、地闪活动特征及其与雷达回波的关系等进行了统计分析。结果发现，大风指数、抬升指数、整层比湿积分等能被用来较好地区分判识出风雹与短时强降水天气潜势；3—5 月冰雹和雷暴大风发生前 30 min 内的总地闪数差异不大，而 6—9 月发生雷暴大风前的总地闪数则为冰雹发生前的 2～4 倍。对强对流天气站点周边 10 km 范围内、40 dBZ 以上回波出现前 12 min 的地闪统计结果显示：出现超过 10 个正、负地闪数的次数分别占总次数的 8%和 59.8%。强对流天气发生前，45 dBZ 以上回波伸展得越高，伴随的地闪数也就越多，但其平均强度没有明显变化。

关键词：地闪　短时强降水　风雹　回波强度　识别

引言

闪电监测定位系统是开展强对流天气监测预警业务最常用的参考资料来源之一，不同类型强对流天气时的地闪活动特征，中外有一些研究成果，但大都是基于个例分析。在地闪活动规律与雷达回波的关系方面，也大都针对某次或几次强天气过程的研究结果而缺乏普遍性；强对流天气发生前后的地闪与回波强度和顶高等的统计关系也鲜有研究，更未见有江西省的相关研究成果。

为在一定程度上弥补这些不足，本文将强对流天气分成短时强降水、有短时强降水伴随的风雹和无短时强降水伴随的风雹这三种主要类型，统计分析了其生成前的环境条件、伴随发生的地闪数和强度分布及其与雷达回波的定量关系，研究了江西省内不同类型的强天气发生前后的地闪活动特征，尝试找到从地闪活动特征上识别、预报强天气主要类型的可能方法及指标。

1　资料来源

选取了 2004—2014 年江西省 11 个 ADTD 雷电探测定位组网系统所得云、地闪资料，将电流值小于 10 kA 的正地闪滤除；雷达资料取自江西省内的 WSR-98D 基数据；探空资料来自江西省内及周边的探空站；所用不同类型强天气的观测实况记录取自江西省各市、县气象台站（共 92 个）记录整理的重要天气报。

2　强对流天气的季节分布

依据主要表现形式，将江西省强对流天气分成短时强降水（雨强≥30 mm/h 且无大风或冰雹伴随)、雷暴大风或冰雹(简称风雹,下同,伴有雷暴发生且地面风速≥17.2 m/s或有冰雹出现),其中后者又分成有和无短时强降水伴随发生两类。统计结果显示,短时强降水天气集中于5—8月,尤以6月为最多,平均每年发生约56站·次。无论有、无短时强降水伴随,雷暴大风总是在8月发生最多,但相较6月而言,7—8月无短时强降水伴随的雷暴大风站次有明显的跃增,而有短时强降水伴随发生的雷暴大风站次则无明显增多特征。

3 环境物理量

收集了上述11 a间共993站·次伴有地闪活动的三类强对流天气时的探空资料,并将3—5月和6—8月分别作为春季和夏季,计算了这些强天气发生前周围最近探空站的部分物理量,结果显示:(1)就反映抬升条件的物理量而言,无论春季或夏季,风雹的抬升指数和最大抬升指数都小于短时强降水,大风指数则远大于短时强降水,这有利于将风雹与短时强降水天气区分开来;(2)就热力条件而言,春季,借助修正K指数、垂直温差、对流抑制能量、600 hPa起始$CAPE$及强天气威胁指数等可以较好地区分出是否可能出现无短时强降水伴随的风雹天气,利用沙氏指数则可较好地将短时强降水天气区分开来;夏季,可借助600 hPa起始$CAPE$与强天气威胁指数区分出无短时强降水伴随的风雹,用对流性稳定度指数可以区分出短时强降水;(3)就水汽条件而言,纯短时强降水的整层比湿积分都明显较风雹天气大,无强降水伴随的风雹最小,且都表现为夏季大于春季,因此,有助于判识出这三类强对流天气类型。

4 短时强降水的地闪特征

上述11 a间的1931站·次伴有地闪活动的短时强降水发生期间,正、负地闪的平均频次各为4.7和229.5次/h,而强度则分别为13.3 kA和−8.4 kA,表明伴随短时强降水发生的地闪活动以负闪占绝对多数,而其平均强度则略低于正闪。

4.1 区域分布特征

将江西省内28°N以北及26.5°N以南分别定义为赣北和赣南,介于二者之间的区域为赣中,分别统计这3个区域内发生短时强降水的站点上的地闪数与雨强的关系分布,结果如图1

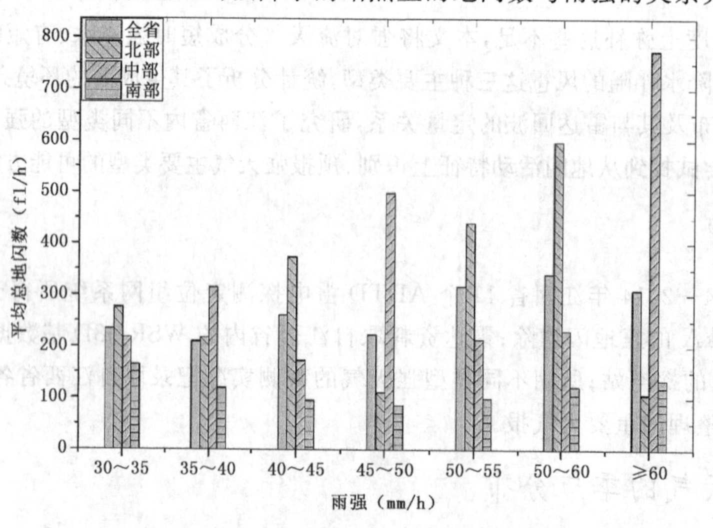

图1 不同区域和雨强时的平均总地闪数分布

所示。可以看到，由于发生短时强降水的站点所处位置不同，造成平均总地闪数也有较明显的差别：随着雨强的增大，赣北和赣中的总地闪数总体而言呈增多的趋势，而赣南则不明显；当发生了短时强降水的站点的地理位置越偏北且雨强越大时，相应的地闪活动也就越剧烈；相应地，当这些站点的地理位置越偏南且雨强越小时，相应的地闪活动也越强。

4.2 季节变化

统计了短时强降水发生前 1 h 内的地闪数，结果（表略）表明，雨强在 30～35 mm/h 时，正、负地闪的活动都最明显，其地闪数甚至为雨强在 35～40 mm/h 时的 17 倍之多；随着雨强的逐渐增大，上述各季节时段内的正、负地闪活动总体呈明显减弱的变化趋势。3—4 月，雨强为 50～55 mm/h 时站点的平均地闪数最多（168 次）；5—7 月，随着雨强的增大，地闪数总体而言也呈增多的趋势；7—9 月则是雨强小于 50 mm/h 时相应的地闪较多，尤其 40～45 mm/h 间的地闪活动最强。

5 风雹的地闪活动特征

5.1 无短时强降水伴随

选取了 2004—2014 年的风雹天气过程，得到无短时强降水发生的风雹天气共 444 站次。

5.1.1 季节及地域分布

在 11 a 间，江西北部、中部和南部地区的国家级气象站发生冰雹的平均分别为 1.5、1.4 和 1.0 站·次，即北部最多，南部最少。从季节分布来看，3 月发生冰雹最多，达 45 站·次，2、4 月次之（各 24 站·次）。就尺寸而言，直径超过 15 mm 的降雹有 16 站·次，占总站次的 12.4%，表明冰雹直径大都在 15 mm 以下。雷暴大风的最大风速超过 20 m/s 的有 90 站·次，占总数的 28.6%；北部、中部和南部区域内每个国家气象站发生雷暴大风的平均概率分别为 3.2、3.9 和 3.1 次，即中部最高。

5.1.2 地闪特征

就 281 站·次雷暴大风而言，其发生前 30 min 内的地闪分布显示，各站的平均正、负地闪数之比为 1∶53；正地闪的平均强度约为负地闪的 2 倍，且南部地区雷暴大风发生前的地闪数明显少于中、北部。就 105 站·次冰雹天气而言，地面降雹前 30 min 的正、负地闪数之比为 1∶40，总地闪数超过 200 次的降雹天气主要出现在中、北部（占总站数的 81.8%）；平均强度之比约 2.4∶1，即正闪数远低于负闪数，但其平均强度却大于后者，这与雷暴大风相同。

对上述 386 站·次的风雹天气发生前 30 min 的平均总地闪数和平均强度的月变化进行统计，所得结果如图 2 所示。可以看到，降雹前的总地闪数在 3 月最多（图 2a），同期雷暴大风时为其 58.3%。随着季节的推移，冰雹天气发生前的总地闪数基本呈现逐渐减少的趋势，但该变化过程较平缓；而雷暴大风发生前的地闪数则呈起伏变化特征，表现为 9 月的地闪数最多，6 月次之，且 6—9 月的平均总地闪数明显多于 3—5 月，表明江西省内雷暴大风伴随的地闪活动从 6 月开始进入明显的活跃期。就平均强度而言（图 2b），春季时冰雹的地闪平均强度高于雷暴大风时，夏季则相反。

5.1.3 与短时强降水的对比

对比发现，风雹伴随的地闪数明显多于短时强降水发生前，且风雹发生前的正地闪平均强度略强，而短时强降水发生前的负地闪平均强度略强，但相差不大。

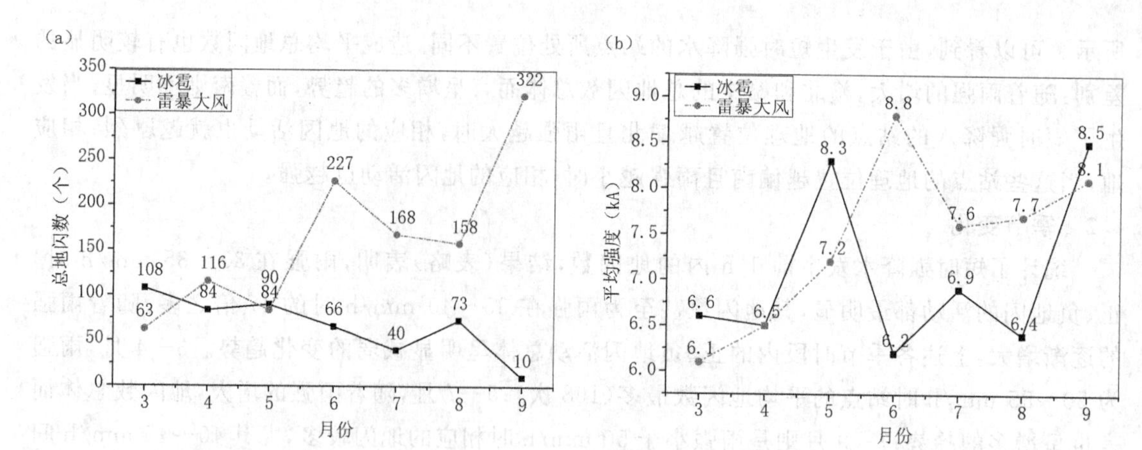

图 2　无短时强降水伴随的风雹发生前 30 min 的总地闪数随季节的变化(a. 总地闪数，b. 平均强度)

5.2　有短时强降水伴随

选取了 2004—2014 年国家级气象站上的风雹天气过程、并有短时强降水伴随发生的样本共 156 站・次。

5.2.1　季节与地域分布

统计结果显示，无论冰雹或雷暴大风都是南部明显较多，而北部和中部地区则几乎同样多，但都比无短时强降水伴随时的站次少得多。从其季节分布来看，伴有短时强降水发生的冰雹天气的站次在 3 月最多(有 6 站・次)，5 和 7 月次之，而雷暴大风天气在 3—8 月的发生站次则呈逐月增多的变化趋势。

5.2.2　地闪特征

统计有短时强降水伴随的风雹发生前 1 h 每个站点上的平均地闪数和强度，发现仍以负地闪居多；其中 8 月时风雹发生前的平均正地闪数最多，其他季节则相差不大，而负地闪数则在 6 月最多，且 6—9 月多于 3—5 月。就发生风雹的站点周围的地闪平均强度而言，正地闪明显大于负地闪；负地闪随季节的变化不大，而正地闪则在 4 和 8 月各有一个平均强度峰值。

5.2.3　与无短时强降水伴随风雹的对比

就风雹发生前 30 min 内的地闪数而言，3—8 月，无论冰雹或雷暴大风天气，有短时强降水伴随的都比无短时强降水伴随的多得多，最大时前者约为后者的 91 倍(8 月雷暴大风天气时)。6 月后，冰雹伴随的地闪数则均大体呈逐渐减少的变化特征，而雷暴大风伴随的地闪数则均明显增多。就风雹发生前 30 min 内的地闪平均强度而言，无论冰雹或雷暴大风天气，有短时强降水伴随时的地闪平均强度均大于无短时强降水伴随时。有短时强降水伴随的风雹天气发生前地闪平均强度随季节的波动变化具有明显的先增大后减小的特征，而无短时强降水伴随时则无此特点。

6　雷达回波与地闪的相关关系

针对江西省 15092 个雷达体扫样本，对其探测范围内 40 dBZ 以上回波出现前 12 min 周边 10 km 范围内的地闪进行统计，结果发现，出现超过 10 个正、负地闪数的次数分别占总次数的 8% 和 59.8%，即较强回波出现前的负地闪远比正地闪活动活跃。正、负地闪的平均强度分别为 21.4 kA 和 −8.8 kA，表明负地闪数虽较多，但其强度却相对较弱。

对 13835 个伴有地闪发生的对流回波的 45 dBZ 高度(用 H_{45} 表示)等进行统计,用 H_0 和 H_{n20} 分别表示 0 ℃和－20 ℃层所在高度,地闪取回波前后各 6 min 内的数据,从所得结果(表略)可以看到,H_{45} 大都在 H_0 和 H_{a20} 之间,低于 H_0 的比例最少,且偏低的幅度(为 0.3 km)也较小。对流性天气发生当天的 H_0 和 H_{n20} 为 4.7 和 8 km,且变化幅度不大。就地闪数而言,H_{45} 低于 H_{n20} 时的正(负)地闪数都少于 H_{45} 超过 H_{n20} 时,但其强度变化却不大;也就是说,45 dBZ回波伸展高度越高时,伴随的地闪数也越多,但其强度没有明显变化。还可以看到,正地闪数总是少于负地闪数(后者为前者的 12.4 倍),其平均强度却高于负地闪,即它们与 H_{45} 的位置无关。进一步计算得到 H_{45} 和总地闪数的相关系数为 0.2,因此有较低程度的相关。

7 结论和讨论

(1)冰雹、雷暴大风和短时强降水分别集中发生于 3 月、7—8 月和 5—8 月。

(2)大风指数和抬升指数有利于将风雹与短时强降水天气区分开来;纯短时强降水的整层比湿积分都明显较风雹天气大,无强降水伴随的风雹最小,有助于借此判识出这三类强对流天气类型。

(3)当发生短时强降水的站点的地理位置越偏北且雨强越大时,相应的地闪活动也就越剧烈;相应地,当这些站点的地理位置越偏南且雨强越小时,相应的地闪活动强度越强。雨强在 30～35 mm/h 时,正、负地闪的活动都最明显。

(4)江西春季(3—5 月)时冰雹和雷暴大风发生前的总地闪数差异不大,而夏季(6—9 月)雷暴大风前的总地闪数则为冰雹发生前的 2—4 倍。

(5)45 dBZ 回波伸展高度越高时,伴随的地闪数也越多,但其强度没有明显变化。

参考文献

陈哲彰,1995. 冰雹与雷暴大风的云对地闪电特征[J]. 气象学报,**53**(3):365-374.

范江琳,马力,青泉,2014. 四川盆地地闪与对流性降水和雷达回波的关系[J]. 气象科技,**42**(1):118-124.

冯真祯,曾金全,张烨方,等,2013. 福建省地闪时空分布特征分析[J]. 自然灾害学报,**22**(4):213-220.

苟阿宁,赵玉春,黄延刚,等,2013. 一次西南涡引发暴雨的地闪特征[J]. 气象与环境学报,**29**(4):59-63.

廖晓农,2009. 北京雷暴大风日环境特征分析[J]. 气候与环境研究,**14**(1):54-62.

罗树如,支树林,俞 炳,2005. 强对流天气雷电参数和雷达回波特征个例分析[J]. 气象科技,**33**(3):222-226.

孙凌,周筠珺,郭在华,2012. 雷暴持续时间与地闪活动的预报方法研究[J]. 气象科学,**32**(2):182-187.

吴学珂,袁铁,刘冬霞,等,2013. 山东半岛一次强飑线过程地闪与雷达回波关系的研究[J]. 高原气象,**32**(2):530-540.

郄秀书,刘冬霞,孙竹玲,2014. 闪电气象学研究进展[J]. 气象学报,**72**(5):1054-1068.

肖云,何金海,许爱华,等,2016. 江西省三类强对流天气环境物理量对比分析[J]. 科学技术与工程,**16**(14):107-114.

许迎杰,尹丽云,2013. 滇西南两次飑线过程的地闪演变特征分析[J]. 云南地理环境研究,**25**(4):1-9.

尹丽云,普贵明,张腾飞,等,2012. 滇东一次局地特大暴雨的中尺度特征和地闪特征分析[J]. 云南大学学报(自然科学版),**34**(4):425-431.

尹丽云,张杰,张腾飞,等,2012. 低纬高原一次飑线过程的地闪演变特征分析[J]. 高原气象,**31**(4):1100-1109.

张一平,王新敏,牛淑贞,等,2010. 河南省强雷暴地闪活动与雷达回波的关系探析[J]. 气象,**36**(2):54-61.

张义军,华贵义,言穆弘,等,1995. 对流和层状云系电活动、对流及降水特性的相关分析[J]. 高原气象,**14**(4):396-405.

郑栋,张义军,吕伟涛,等,2005. 大气不稳定度参数与闪电活动的预报[J]. 高原气象,**24**(2):196-203.

支树林,娄桂杰,2009. 江西冰雹天气期间的闪电活动特征[J]. 气象与减灾研究,**32**(3):36-41.

支树林,许爱华,李俊,等,2012. 江西省地闪气候特征及其活动强弱评价方法探讨[J]. 气象与减灾研究,**35**(2):37-44.

钟敏,吴翠红,张兵,2010. 湖北省两类强对流天气云地闪特征及其环境条件对比研究[J]. 暴雨灾害. **29**(2):181-185.

钟颖颖,冯民学,焦雪,等,2012. 两次雷暴过程的地闪及回波特征[J]. 气象科技,**40**(4):620-626.

周筠珺,瞿婞,李展,等,2010. 两次雷暴的地闪及降水宏微观特征[J]. 气象科学,**30**(6):791-800.

Chronis T, Carey L D, Schultz C J, et al,2015. Exploring lightning jump characteristics[J]. Weather Forecasting,**30**(1):23-37.

Liu Dongxia, Qie Xiushu,2014. Lightning characteristics related to radar morphology and hail distribution in linear convective systems,2014[C]//XV International Conference on Atmospheric Electricity. Norman, Oklahoma, U. S. A:1-6.

Schultz C J, Peterson W A, Carey L D,2011. Lightning and severe weather: a comparison between total and cloud-to-ground lightning trends[J]. Wea Forecasting,**26**(5):744-755.

2014—2016年江西强雷电天气形势场及雷达回波特征分析

何　文[1]　钟思奕[1]　马中元[2]　袁冬美[1]　钱宏超[1]

(1.宜春市气象局,宜春 336000；2.江西省气象科学研究所,南昌 330000)

摘　要

利用常规天气资料、常规地面观测资料、江西WebGIS雷达拼图资料和闪电资料对2014—2016年江西出现的22次强雷电天气过程进行统计分析,结果表明:江西强雷电天气易出现在赣北北部、南昌附近、上饶地区和吉安西部等区域,强天气出现的环境背景场可分为副高边缘型、副高控制型、低涡切变型和台风外围型,最显著的特征是中高空经常伴有干冷舌侵入低层高湿区。统计各项对流指数发现,$Tg>30$ ℃,$TT>40$ ℃,$SI<0$ ℃,$K>35$ ℃,$LI<-1$ ℃,$SSI>250$,$SWEAT>260$,$CAPE>1000$ J/kg,$CIN>0$ J/kg出现强雷电天气的可能性大,Z_H一般在6 km以下,H_{-20}在9 km以下。结合雷达回波和闪电强度及密度的分布情况,雷达回波类型以带状和块状为主,有少量絮状和"人"字形回波。雷电强度和雷达回波强度有很好的对应关系,但产生强雷电的回波条件包括强度一般需大于50 dBZ、回波强中心密实达到一定面积、而且回波边缘的强度梯度较大。强雷电一般也分布在梯度大值区附近。

关键词:江西　强雷电　天气形势　雷达回波　对流指数

引言

雷电是"联合国国际减灾十年"公布的最严重十种自然灾害之一,是一种常见天气现象,尤其是强雷电,强大的电流、炙热的高温、猛烈的冲击波以及强烈的电磁辐射等物理效应,使其在瞬间产生巨大的破坏力,危害人民生命财产安全。江西地处亚热带季风气候区,境内雷电活动频繁。据不完全统计,2013年江西省遭雷击死亡达28人,2014年32人,2015年26人,占气象灾害死亡人数的70%以上,每年直接经济损失在十亿元以上。

雷电一般产生于对流发展旺盛的积雨云中,常伴有雷雨大风和短时强降水,有时还伴有冰雹和龙卷。形成强雷电的积雨云在发展旺盛时,云的上下层之间形成电位差,当电位差大到一定程度时就会引起闪电。中外学者开展了强雷电灾害性天气监测预警和预报的技术研究。如许爱华和李玉塔(2008)研究表明,雷击死亡人数与闪电密度相关。当副高东退,短波槽携带弱冷空气东移,中层为负变温,$CAPE$、K指数、SI等不稳定度指数均达到强对流天气的阈值时最易发生强雷电天气;马中元和许爱华(2009)对江西灾害性强雷电天气的雷达回波特性分析得出,强雷电天气在雷达回波上具有强对流天气的特征,如窄而长的飑线、雷暴回波短带、弓状回波、风暴超级单体、指状回波等强对流天气雷达回波结构特征,都极易产生强雷电天气,甚至出现致灾强雷电天气,尤其是要注意回波的合并效应,几乎所有的雷暴回波带都是由单体不断发生、合并而产生的;傅文兵和肖云(2010)对新余2004—2008年雷电天气影响与雷达回波产品进行分析,总结出了有利于发生雷电的天气影响系统和南昌站单站有利于产生雷电天气的物理量参数；易笑园和宫全胜(2009)研究了地闪频数与雷达回波顶高的关系。沈永海和苏德斌(2010)对北京市强雷暴天气过程中雷达回波结构及闪电、时空特征进行了细致分析，结果表明回波强度越大，云闪在强回波中出现的概率越大。黄兰兰(2014)通过分析两次强雷电天气过程得出正地闪能很好地预示强回波未来移动发展方向，闪电密集区消失早于强雷达回波区消散。

本文利用常规天气预报资料、地面观测资料、江西 WebGIS 雷达拼图产品和闪电定位监测等资料，对 2014—2016 年 22 次江西强雷电天气过程进行统计分析研究，总结出天气形势场分类和概念模型，统计强雷电天气对流指数，分析雷达拼图回波的分类及与闪电强度和密度的关系。

1 资料及方法

所选择的 22 个强雷电过程为 2014—2016 年产生明显雷电灾害的天气过程，在闪电最强时段能够达到或超过 50 个/6 min(正、负闪总数)的密度。闪电密度最大出现在 2015 年 7 月 2 日 15 时—15 时 06 分，闪电次数达到 513 次。22 次过程基本特征如表 1 所示。

表 1 2014—2016 年强雷电个例出现区域、回波特征、天气背景和天气系统配置统计

序号	时间及区域(yyyymmddhhMM)	回波特征	天气背景	天气系统简介(地面、850、700 和 500 hPa 配置)
1	201406171800 广昌、石城	带状	低涡切变	500 hPa 槽前，700、850 hPa 上存在低涡，江西省位于低涡冷切变与弱的西南急流之间
2	201407020800 武宁、浮梁	带状	副高边缘 静止锋	500 hPa 高空槽进入江西，700、850 hPa 低涡位于江苏北部，江西省位于其南侧切变线和西南气流之间，地面静止锋上存在多个气旋
3	201407021500 南昌、进贤	“人”字形	副高边缘 静止锋	随着 500 hPa 高空槽东移，切变线南压影响江西省
4	201407131200 余干、万年	带状	副高边缘	东西伯利亚冷涡南侧大槽与北界稳定在 28°N 的副高相遇，700 和 850 hPa 上为冷式切变，并伴有 16 m/s 西南急流，地面为静止锋
5	201407171900 资溪、宜春	块状	副高边缘 台风外围 东风波	江西处副高边缘，500 hPa 河南一带存在切断低涡，850、925 hPa 在台湾海峡一带有东风波动
6	201407181500 修水、井冈山	块状	副高控制 台风外围 东风波	江西为副高控制，上空为一致东南风，热带气旋位于中国南海，地面为东北风
7	201407231600 会昌、铅山	块状	台风外围	江西位于副高南侧，台湾西南方向存在热带气旋，我市 500、700 hPa 为偏东风，850 hPa 及以下为东北风
8	201407241130 湖口、星子	带状	台风外围	台风环流较为垂直，各层中心均约位于江西—浙江—福建交界处
9	201408271510 铅山、上饶	块状	副高控制	渤海一带存在高压，与副高之间在 32°N 存在两高之间的切变，地面为倒槽、辐合线
10	201504021500 南昌、高安	块状	锋前暖区 西南急流	500 hPa 高空槽前各层西南气流强盛、700 hPa 干线、850 和 925 hPa 切变线伴有湿舌和暖脊，地面冷锋

续表

序号	时间及区域 (yyyymmddhhss)	回波特征	天气背景	天气系统简介 (地面、850 hPa、700 hPa、500 hPa 配置)
11	201504031800 新干	块状	低涡切变 静止锋	500 hPa 低槽将移进江西,低层西南涡,地面存在静止锋,各层急流交汇于江西中部
12	201505101900 芦溪、波阳	块状	锋前暖区 西南急流	东北冷涡影响中国大部分地区,槽前在四川、湖北一带有低涡、倒槽强烈发展,江西在 700 hPa 上为 14 m/s 的西南急流
13	201505140800 靖安、新建等	"人"字形	副高边缘 西南急流	东北冷涡移至 120°E,其南部低槽位于华东,江西上空为深厚西南气流
14	201506030000 南昌、德兴	带状	副高边缘 锋面	500 hPa 低槽东移,925～700 hPa 对应有冷式切变线,地面有冷锋活动。强降雨发生在暖湿区一侧,850 hPa 西南急流的左前方
15	201506151530 金溪、上饶	块状,短带	副高边缘 西南急流 倒槽	江西位于副高边缘,105°E 存在低槽,低层在 32°N 为两高之间的切变线,西南急流达 16 m/s,地面倒槽发展
16	201507161530 靖安、鹰潭、上饶	块状	低涡切变 气旋波	500 hPa 切断低压位于蒙古国,槽底伸至贵州,槽前在江西一带有小波动,700 和 850 hPa 河南、湖北一带有低涡缓慢东移,地面气旋波位于江西省北部
17	201604030900 湖口、都昌等	弓形短带状	低涡切变 静止锋	500 hPa 大径向度的低槽伸至云南,槽前西南急流强盛,超过 20 m/s,700、850 hPa 在长江中下游沿岸有多个气旋发展,地面为静止锋
18	201606190600 彭泽、波阳等	块状	副高控制 低涡切变 西南急流	500 hPa 短波槽东移,低层低涡南压配合副高北推,使西南气流加强
19	201607131800 武宁、安义、新建	絮状	副高边缘 低涡切变	500 hPa 高空槽东移北收,副高加强西进,850 hPa 存在冷切变
20	201607271330 靖安、武宁	块状	副高边缘 锋前暖区	河南一带存在深厚的冷涡系统,江西位于冷涡与副高之间,700 hPa 为冷式切变,850 hPa 及以下转为暖式切变
21	201608051330 安福、芦溪	块状	锋前暖区 副高控制 低涡切变	东北冷涡南部的低槽伸至 30°N(四川),将副高切断为两环,江西仍为副高控制,北侧有弱波动,地面位于低压底部
22	201608260000 永新、吉安	块状	副高控制 冷锋	500 hPa 为副高控制,海上低压与东西伯利亚冷涡共同将东北气流引入华东,造成较强冷平流

22 次过程中易出现强雷电天气的区域包括赣北北部(湖口、都昌一带)、南昌附近(靖安、新建、安义等)、上饶附近(铅山、上饶)和吉安西部(永新、井冈山等)等地,与地形和城市影响有关。回波类型以块状(12 次)和带状(7 次)为主,少量"人"字形和絮状。天气背景主要分为副高边缘型、副高控制型、低涡切变型和台风外围型,中低层经常伴有西南急流的发展,地面一般伴有倒槽或锋面系统活动,个别过程伴有东风波系统影响。

强雷电过程中,天气形势场分析以雷电产生时次之前的最接近的 08 或 20 时天气背景场为基础，利用中尺度分析技术，进行天气形势场分析。利用对应时次探空资料进行对流指数统计，利用江西 WebGIS 拼图叠加闪电的产品对强雷电天气雷达回波进行细致解析，有些过程利用了江西省气象局雷电中心的闪电历史资料查询系统进行强度分析，以了解雷电强度和回波的关系。

2 强雷电天气形势及雷达回波特征

2.1 强雷电天气形势场分类

从以上 22 次过程可以将强雷电天气的形势场大体分为副高边缘型、副高控制型、低涡切变型和台风外围型。副高边缘型主要由副高扰动、中层露点锋区和地面锋面或辐合线提供动力抬升条件，由中低层西南急流的发展提供水汽条件，由锋面或高空冷平流提供不稳定条件。副高控制型江西省处在副高的内边缘地区，588 dagpm 等值线上有时有短波系统活动，高空伴有低槽偏北东移至东海一带，槽后干冷空气南下侵入江西省，高压控制下一般中低层无明显切变急流特征，但中层 700 hPa 常有露点锋区，地面有暖脊或地面辐合线发展，形成上干下湿、上冷下暖的不稳定层结，产生强雷电天气。低涡切变型北支槽位于青藏高原东部，槽前有西南低涡系统生成并随低槽东移，一般 700 hPa 低涡可偏北至江苏省中部，但 850 和 925 hPa 经常伴有长达数百千米的东北—西南向的低涡切变线扫过江西省，有时受南支槽水汽输送影响，伴有低空西南急流的发展来提供水汽，地面一般为倒槽或静止锋。台风外围型则一般在第一和第二象限内由东北气流和东南气流辐合区产生中尺度天气系统（台前飑线）引发强雷电天气。另外，当有西风槽引导干冷空气从西北部入侵时，也能够引发局地强雷电天气发生。概念模型总结如图 1 所示。

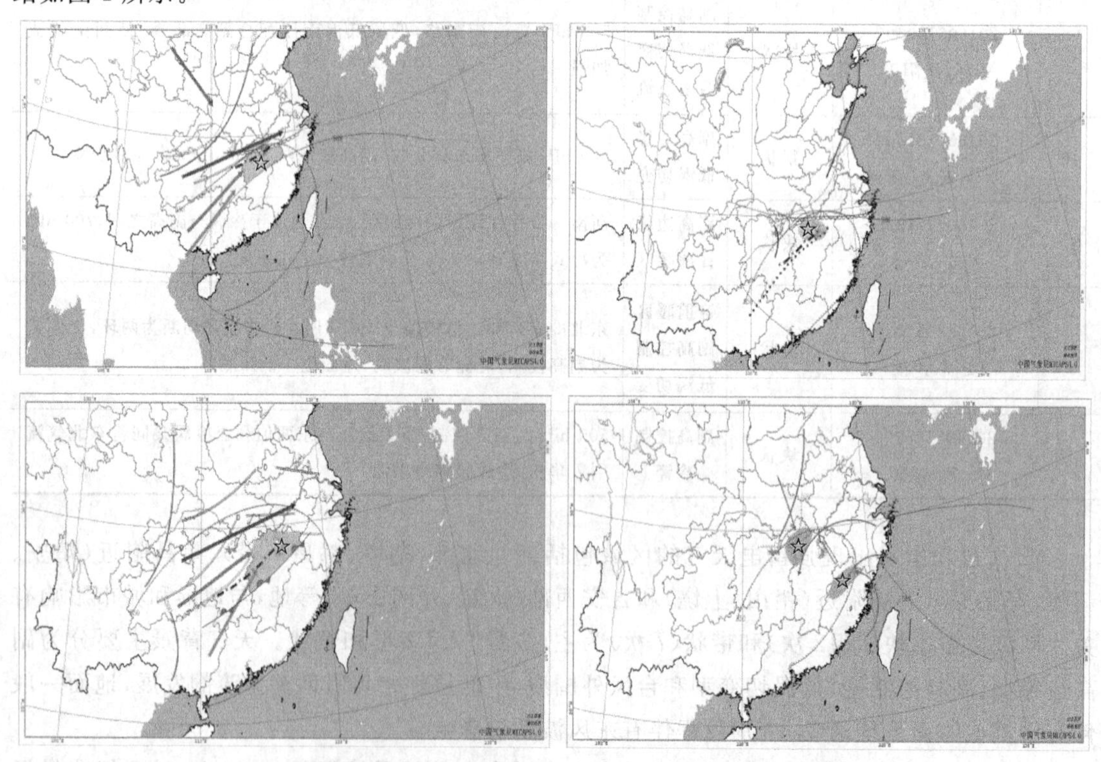

图 1 四种强雷电天气概念模型（☆块区为雷电发生区域）

2.2 强雷电天气对流指数特征

记录对应时次天气形势场探空资料，对比了各项对流指数与强对流天气的关系，发现 *Tg*(对流温度)、*TT*(总指数)、*SI*(沙氏指数)、*K* 指数、*LI*(抬升指数)、*SSI*(风暴强度指数)、*SWEAT*(强天气威胁指数)、*CAPE*(对流有效位能)、*CIN*(抑制有效位能)、H_0(0 ℃层高度)和 H_{-20}(−20 ℃层高度)与强雷电天气有密切关系。具体统计指标如表 2 所示(2014 年 7 月 2 日统计为 2 次过程，均取当日 08 时探空物理量场，供 21 组数据)。

表 2　22 个强雷电过程各对流指数统计表

时间(YYYYMMdd)	*Tg*	*TT*	*SI*	*K*	*LI*	*SSI*	*SWEAT*	*CAPE*	*CIN*	H_0	H_{-20}
20140617	33	41	0.69	37	3.63	274.3	385.2	0	0	5240.7	8625
20140702	31.2	45	−2.12	41	−2.81	301.9	340.8	1126.3	42.4	5282.9	8823.8
20140713	28.2	42	−0.18	39	−1.5	270.9	333.5	551.5	24.5	5448.5	8838.6
20140717	26	48	−2.6	26	−5.53	306.2	264.3	1889.1	0.1	5026.9	8670
20140718	36.2	49	−3.07	39	−5.05	294.3	240.9	1803.1	137.8	5094.1	8326.7
20140723	36	40	3.5	14	−5.68	253.8	184.5	2614.4	133.3	5420	8675
20140724	30.0	41	0.29	37	−1.71	261.4	284	485.8	25.4	5366.9	8922.1
20140827	27.9	44	−0.78	38	−2.13	235.4	239	978.4	0	5120	8468
20150402	30.8	48	−1.21	33	−1.47	277.5	294	292.3	231.2	4405	7180
20140403	33.9	48	−2.08	36	4.46	285.4	373.9	0	0	4405	7728.7
20150510	28.3	42	2.61	18	−0.49	252.9	170.9	48.2	0	4470	7680
20150514	31.9	52	−4.37	42	−2.23	289.9	435.4	70.1	332.4	4480	7962
20150603	33.3	47	−3.12	41	−4.68	292	307.7	1813	64.6	5192.5	8746
20150615	24.2	43	−0.31	37	−1.48	287.3	409.2	374.1	19	5132	8508.6
20150716	33	43	−1.41	40	−3.07	286.3	282.5	2192	43.4	5600.8	8962.1
20160403	32	51	−3.61	37	1.27	277.8	317.2	2.4	0	4311.1	7336.4
20160618	30.7	48	−3.18	42	−5.56	303.6	399	2406.9	20.2	5026.9	8458
20160713	29.8	39	1.18	38	−0.54	255.6	261	1323.1	31	6025.8	9012.1
20160727	36.1	47	−2.82	26	−4.36	311.2	253.3	2332.7	129.7	5396.3	8435
20160805	28.6	43	−0.25	37	−4.22	288.1	229.3	2312.9	3.9	5352	8634
20160825	37.8	41	1.23	40	−3.05	251.4	225.4	2496	167.5	5900	8946

由表 2 统计可知，在 21 组强雷电天气探空物理量统计中，*Tg*>30 ℃出现 14 次，最大 37.8 ℃。*TT*>40 ℃出现 21 次，最大 52 ℃。*SI*<0 ℃出现 15 次，最小−4.37 ℃。*K*>35 ℃出现 16 次，最大 42 ℃。*LI*<−1 ℃出现 16 次，最小−5.56 ℃。*SSI*>250 出现 20 次，最大 311.2。*SWEAT*>260 出现 14 次，最大 435.4。*CAPE*>1000 J/kg 出现 11 次，最大 2614.4 J/kg。*CIN*>0 J/kg 出现 15 次，最大 332.4 J/kg。H_0 夏季一般低于 6 km，4 月可低于 5 km，H_{-20} 一般低于 9 km，4 月可低于 7.5 km。

郑婧和许爱华(2009)对江西夏季雷电天气的研究表明，*CAPE*>632 J/kg，*K*>34 ℃，*SI*<0 ℃，*LI*<0 ℃，*TT*>43 ℃，*SSI*>43 可作为江西致灾雷电发生的阈值，文中统计结果基本符合这一要求。

2.3 强雷电天气雷达回波分类

强雷电一般对应强回波，利用江西省 WebGIS 雷达拼图叠加闪电资料发现，强雷电天气的雷达回波基本分为四种形态。块状回波一般为密实的块状结构，中心强度一般大于 50 dBZ，且强雷电一般出现在回波块边缘强度梯度大值区，移动相对较慢。絮状回波一般出现在积层混合降水回波中，分散的小块积云回波中产生雷电，其中小块的积云回波强度也要在 50 dBZ 以上。带状回波一般是飑线系统，由低涡切变或台风前系统触发，形成规整的带状结构，回波带上一些强度较大的区域产生强雷电。"人"字形回波带一般由两条带状回波合并而成，其合并区域雷电强度和密度显著增大，发生在 2014 年 7 月 2 日 15 时—15 时 06 分的 513 次/(6 min) 的强雷电过程就是由"人"字形回波产生。

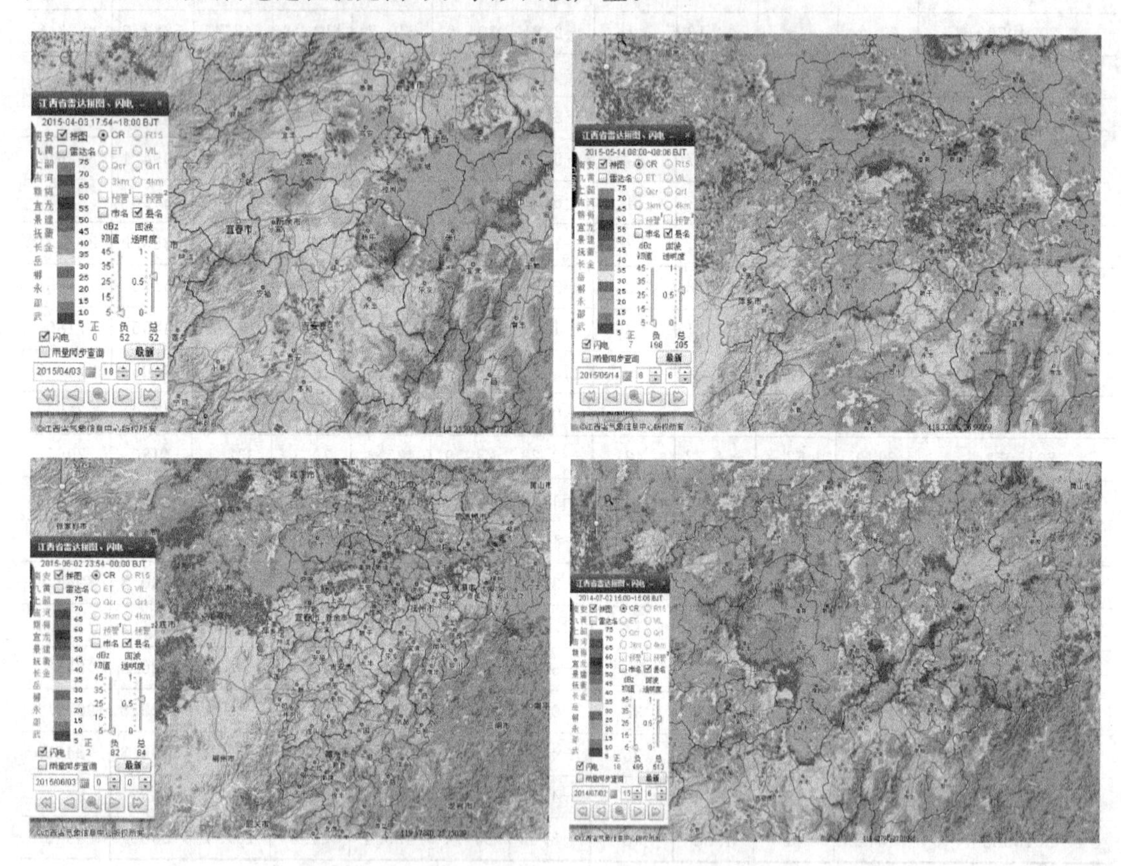

图 2　强雷电天气块状(a)、絮状(b)、带状(c)和人字形带状(d)回波特征

2.4 强雷电与雷达回波特征关系

2.4.1　雷电强度与雷达回波强度关系

雷电强度与雷达回波强度是否存在对应关系？从 2014 年 7 月 18 日 14 时 50 分—15 时闪电定位资料来看，有两块雷电区域(图 3)。赣西北偏北区域普遍有 －20～－30 kA 强度雷电出现，另一块则在赣西井冈山、遂川一带，强度 0～－10 kA，最大 －20 kA 左右。对比同时段雷达回波，雷电均由块状回波造成，西北部出现回波强度超过 60 dBZ 的区域，而赣西回波强度只有 45 dBZ 左右，闪电强度和雷达回波强度有较好的对应关系。

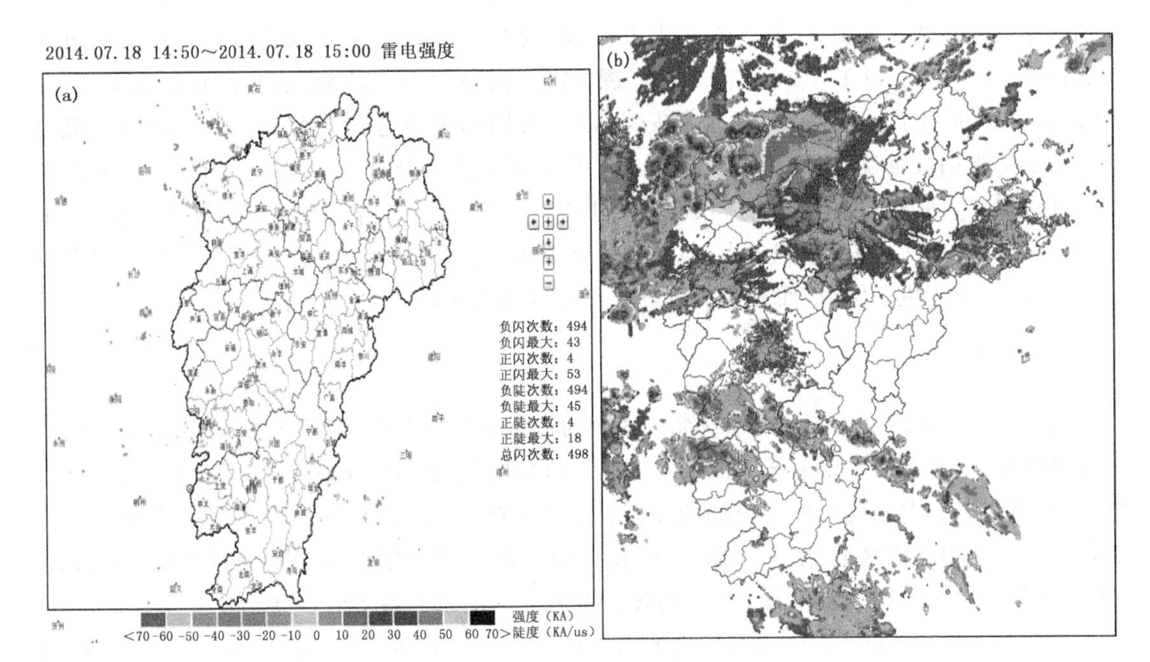

图 3　2014 年 7 月 18 日 14 时 50 分—15 时闪电分布(a)及雷达拼图(b)对比

2.4.2　雷电产生与雷达回波特征

强雷电对应强回波，但是否强回波一定能够出现强雷电？通过分析 22 次强雷电过程中雷

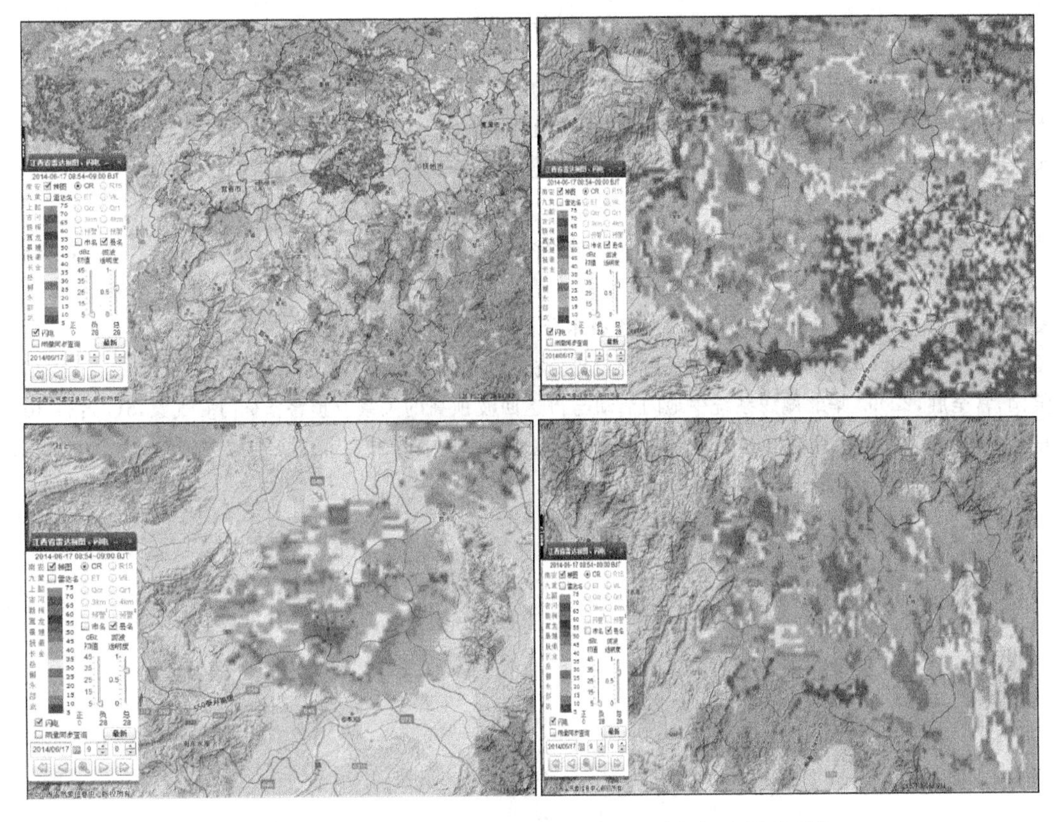

图 4　2014 年 6 月 17 日 09 时雷达拼图回波与闪电情况叠加

达回波逐 6 min 的演变情况，发现强回波(50 dBZ 以上)必须具备几个条件方能产生强雷电天气。以 2014 年 6 月 17 日 09 时情况为例(图 4)，江西境内有三块较强回波，中心值均在 50 dBZ 左右，奉新、上高一带无雷电，而吉安、于都一带则出现雷电。放大三地雷达回波情况发现。奉新一带回波强度达到 50 dBZ，但中心区域为零散点状分布，且中心周边 30－40 dBZ 的过渡区较宽广，回波梯度不大，对应没有产生雷电。吉安和于都附近均为一小尺度单体，其中心区域强度 50 dBZ 左右，面积虽小，但周边只有很少的过渡带，回波的梯度很大，也表明上升运动强烈，对应产生了雷电，而且雷电一般分布在雷达回波大梯度区附近。

3 小 结

统计分析 2014—2016 年 22 次强雷电天气过程的天气形势场、对流指数、雷达拼图和闪电分布等特征，得出江西强雷电天气的基本特征。(1)江西省强雷电经常出现在赣北北部、南昌附近、上饶附近和吉安附近地区，与地形、城市等因素有关；(2)形成强雷电天气的主要天气形势场可归纳为副高边缘型、副高控制型、低涡切变型和台风外围型；(3)对流指数中 Tg、TT、SI、K、LI、SSI、$SWEAT$、$CAPE$、CIN 与强雷电天气的出现关系密切，一般 H_0 在 6 km 以下，H_{-20} 在 9 km 以下；(4)造成强雷电天气的雷达回波可分为块状、带状、絮状和“人”字形状，且回波合并区域产生的强雷电天气更强；(5)强雷电对应强回波中心，但强回波需具备中心 50 dBZ区域密实，周边强度梯度大的特点才能产生强雷电，且强雷电分布在回波强度梯度大值区附近。

参考文献

傅文兵，肖云，2010. 新余雷电天气影响系统与雷达回波产品分析[J]. 气象水文海洋仪器，**27**(3)：51-55.

黄兰兰，2014. 强雷电天气过程闪电定位资料分析及预警服务[J]. 气象与环境科学，**37**(3)：88-93.

罗树如，支树林，2005. 强对流天气雷电参数和雷达回波特征个例分析[J]. 气象科技，**33**(3)：222-226.

马中元，许爱华，2009. 江西灾害性强雷电天气的雷达回波特征[J]. 自然灾害学报，**18**(5)：16-23.

沈永海，苏德斌，2010. 北京夏季强雷暴降水回波结构与闪电特征个例分析[J]. 大气科学学报，**33**(5)：582-592.

许爱华，郭艳，2003. “717”庐山强雷电天气过程技术分析[J]. 气象与减灾研究，**26**(z1)：21-24.

许爱华，李玉塔，2008. 两次致灾雷电天气过程对比分析[J]. 气象(4)：71-79.

易笑园，宫全胜，2009. 华北飑线系统中地闪活动与雷达回波顶高的关系及预警指标[J]. 气象，**5**(2)：34-40.

郑婧，许爱华，2009. 江西夏季雷电天气热力条件及不稳定指数对比分析[J]. 气象与减灾研究，**32**(2)：27-32.

湖北省干湿下击暴流对比分析

郭英莲　王继竹　张家国　王　珏　韦惠红

（武汉中心气象台，武汉 430074）

摘　要

通过对发生在湖北省的四次影响较大的干、湿下击暴流个例进行详细的对比分析，得出：干下击暴流对应环境场能量条件普遍较好，动力水汽条件较差，湿下击暴流则动力水汽条件较好，能量条件略差；干、湿下击暴流均存在干空气的影响，卫星云图上表现为移动方向后侧“V”形凹槽，但干空气进入回波的高度不同，干下击暴流从中层进入回波内，湿下击暴流从高层进入回波顶；强反射率因子强度的减弱可能有干下击暴流的出现；中层径向辐合中后侧入流高度和强度均高于前侧入流；弓形回波更适用于湿下击暴流。构建的概念模型在实际应用中有一定的参考价值。

关键词：干下击暴流　湿下击暴流　大风

引言

近年来，湖北省频繁出现由于下击暴流造成的人员伤亡和财产损失。例如，2015 年 6 月 1 日晚的湿下击暴流造成了“东方之星”客船翻沉，442 人死亡。

下击暴流（Weisman and Rotunno，2004）最初是 Fujita 在研究 1974 年纽约约翰肯尼迪机场的飞机失事事件中提出的。1978 年开始的第一次下击暴流的外场试验（NIMROD），基于对多普勒雷达的应用，观测到 50 余个下击暴流，在这次试验中 Fujita（张杏珍，1981）提出了弓形回波的概念。在紧接的 1982 年的 JAWS 第二次外场试验中发现了大量的干微下击暴流（Fujita，1985），并开始较广泛的干微下击暴流机制研究。此项目之后，Fujita（1985）提出了干微下击暴流和湿微下击暴流的定义。并在 1986 年的第三次外场试验 MIST 中将侧重点放在了潮湿环境下的下击暴流，在此后的研究中提出了不同于干微下击暴流的湿微下击暴流的形成机制。由于微下击暴流的灾害性和频繁性，20 世纪 70—90 年代集中做了大量的研究，而在进入 21 世纪后下击暴流的研究重点逐渐转向了宏下击暴流（Corfidi，et al，2016；Weisman and Rotunno，2004）。美国集中观测到大量干微下击暴流发生在高原上，而中国目前的观测研究还主要集中的人口密集的非高原地区，根据 Fujita（1985）对干、湿下击暴流的最初定义，干下击暴流为强风阶段地面不伴有降水的下击暴流，湿下击暴流为强风阶段地面伴有较强降水的下击暴流，且干、湿下击暴流的主要区别是干下击暴流发生在干旱地区，湿下击暴流发生在湿润地区。因此，目前中国纯粹的干下击暴流相对要少得多，而湖北省有记录的下击暴流几乎均伴有降水，只是降水多少不同，王秀明等（2013）曾指出，实际出现的下击暴流是介于干、湿下击暴流之间的混合型下击暴流。实际业务中对于灾害天气的预警，需要区分是以风灾为主，还是以暴雨灾害为主，尤其是风雨交加的情况下。因此，区分是强风先出现还是强降水先出现是精准化预报服务非常重要的一项工作。基于业务需求，研究中将下击暴流中灾害点先出现大风后出现降水的归为干下击暴流，先出现降水后出现大风的归为湿下击暴流，下文进行详细的对比分析，以期为精准化分类预报、预警服务提供参考。

本研究将利用常规观测资料、地面加密自动气象站观测资料、再分析资料、多普勒雷达探测资料和卫星遥感资料等，分析4次与下击暴流有关的大风灾害的环境场特征、卫星云图特征、雷达回波特征以及地面气象观测资料特征等，比较干、湿下击暴流的相同点和不同点，提取干、湿下击暴流的预报指标和概念模型。

1 灾情及实况

文中选取的4个下击暴流个例分别为2013年8月1日(以下简称130801)的黄陂干下击暴流、2013年8月11日(以下简称130811)的天河机场干下击暴流、2015年6月1日(以下简称150601)的“东方之星”下击暴流，以及2015年7月23日(以下简称150723)的罗田下击暴流(图1)。

2013年8月1日19时前后，黄陂区东南部部分地区突遭大风袭击，导致1人死亡、8人受伤、17间民房损毁、农业大棚损毁10余亩、树木倾覆数百株。据记者采访群众，大风持续约半个小时，风向主要为东风，很多成人腰粗的树木被吹倒。从19时前后的雨量实况看，出现大风时，灾害点附近仅伴有0.2 mm的降水，灾害强度类似龙卷风，而风向相对一致，树木倒伏方向基本为一个方向，可以判定此次大风灾害为典型的干下击暴流大风。

2013年8月11日18时前后，武汉天河机场遭遇雷雨大风袭击。据报道，当日18时15—30分，天河机场中心风力达12级，风速达到36 m/s，直接掀翻机场的屋顶，波音客机撞上廊桥，4 t重客梯车被掀“肚皮朝上”，230多吨重客机在风中转圈，机翼撞向登机廊桥，造成机翼受损。从此次灾害前后看，18时03分开始，灾害点附近已经出现16.7 m/s大风，无降水，18时28分灾害点出现了23.9 m/s的大风，18时20—30分出现8.3 mm的降水，从灾害情况看属于遭受下击暴流袭击。根据前文定义，将130811定义为干下击暴流。

2015年6月1日21时32分，重庆东方轮船公司所属“东方之星”号客轮由南京开往重庆，当航行至湖北省荆州市监利县长江大马洲水道时遭遇雷雨大风袭击，瞬间翻沉，造成442人死亡。21时—21时30分灾害点北侧约10 km远的监利自动气象站观测到58.4 mm/h的降水，大风发生前灾害点附近已经出现降水。该过程后有大量的灾害调查(郑永光等，2016；Meng, et al，2016)，均显示其为强降水伴随的湿微下击暴流，评估地面风速可能超过12级(32.6 m/s)。此次灾害前后灾害点附近自动气象站均未观测到17 m/s以上的大风。

2015年7月23日18时前后，湖北省罗田县境内普降暴雨，暴雨引发大风，白莲乡318国道两旁碗口粗的杨树被连根拔起，或被拦腰吹断，还有沿途许多居民房屋瓦片被风揭走，屋顶的太阳能热水器被风刮倒，整块稻禾倒伏，不少电线杆也被折断。据了解，这次大风共造成沿线近4000棵树木损毁，两百多间房屋受损。从灾后调查照片看，评估风速超过24.5 m/s，树木倒伏方向一致，大风出现前和大风过程中均有较强降水相伴，大风过程中累计降水达50 mm，属湿下击暴流。同样，此次灾害在过程前后的自动气象站观测均未出现17 m/s以上的大风，由于灾害点最近的两个自动气象站距离约为4 km，因此，该湿下击暴流可能为微下击暴流，与150601一样具有突发性。

图 1　4 个例灾情

（a. 130801 黄陂大风，b. 130811 天河机场大风，c. 150601 监利大风，d. 150723 罗田大风）

2　环境场特征

下面利用实况高空资料及再分析资料，对 4 个个例的背景形势场、环境指数场等进行详细的对比分析。

2.1　形势场对比

130801 黄陂干下击暴流发生在短波槽前到副热带高压的过渡区（图 2a），无明显的高低空急流。700 hPa 副热带高压（副高）外围偏南气流控制灾害区，850 hPa 以下存在弱暖切变影响灾区，属于副高外围的局地对流。在对流层中上层的 300 hPa 附近，高空槽和副高之间存在一个浅薄的气旋性涡旋，造成对流层上层的东北风和中下层的西南风在灾害点附近存在明显的水平风垂直切变，高度约 6 km，从武汉站的探空（图 3a）可以发现，6 km 附近温度露点差明显较低层要大，说明灾害区上空可能存在干空气的侵入。

130811 天河机场干下击暴流发生在高空短波槽底部，副高的断裂带（图 2b），无明显的高低空急流和辐合，同样属于局地对流。对流层中层的 500～300 hPa，相对 130801 在偏低的位置，副高断裂带之间同样存在一个浅薄的气旋性涡旋，该气旋造成对流层中上层的偏东风和中下层的偏南风，在灾害点附近存在较明显的水平风垂直切变，高度约 6 km（比 130801 略低），从武汉站的探空（图 3b）可以发现，6 km 附近只有极弱的干区，较干的一个浅薄干区在 7～8 km 高处，该个例卷入的干空气较少，整层偏湿，有利于对流大风后出现降水。

150601 监利湿下击暴流发生在对流层中上层为强劲的西风平直气流（图 2c），中低层为较为一致的槽前西南急流，850 hPa 存在强低涡暖切变，且灾害点位于低空急流左侧出口区位置，属于系统性大范围强对流。由于实况发生在 20 时后，因此用影响灾害点上游探空站（湖南马坡岭站）探空（图 3c）分析，在 700 hPa 以下 5 km 以上存在深厚的干层。

150723 罗田湿下击暴流受深厚的东移高空槽前沿影响（图 2d），位于副高的断裂带。整层几乎为一致的强西南风气流。对流层中上层为强劲的槽前西南风气流，700 hPa 为冷切变前沿，850 及 925 hPa 已表现为切断低涡，低涡正好位于灾害点附近，同样属于系统性大范围强对流。由于实况发生在 20 时前，因此，用影响灾害点下游探空站（安徽安庆站）探空（图 3d）分析，500 hPa 以下，2～6 km 存在较深厚的干层。

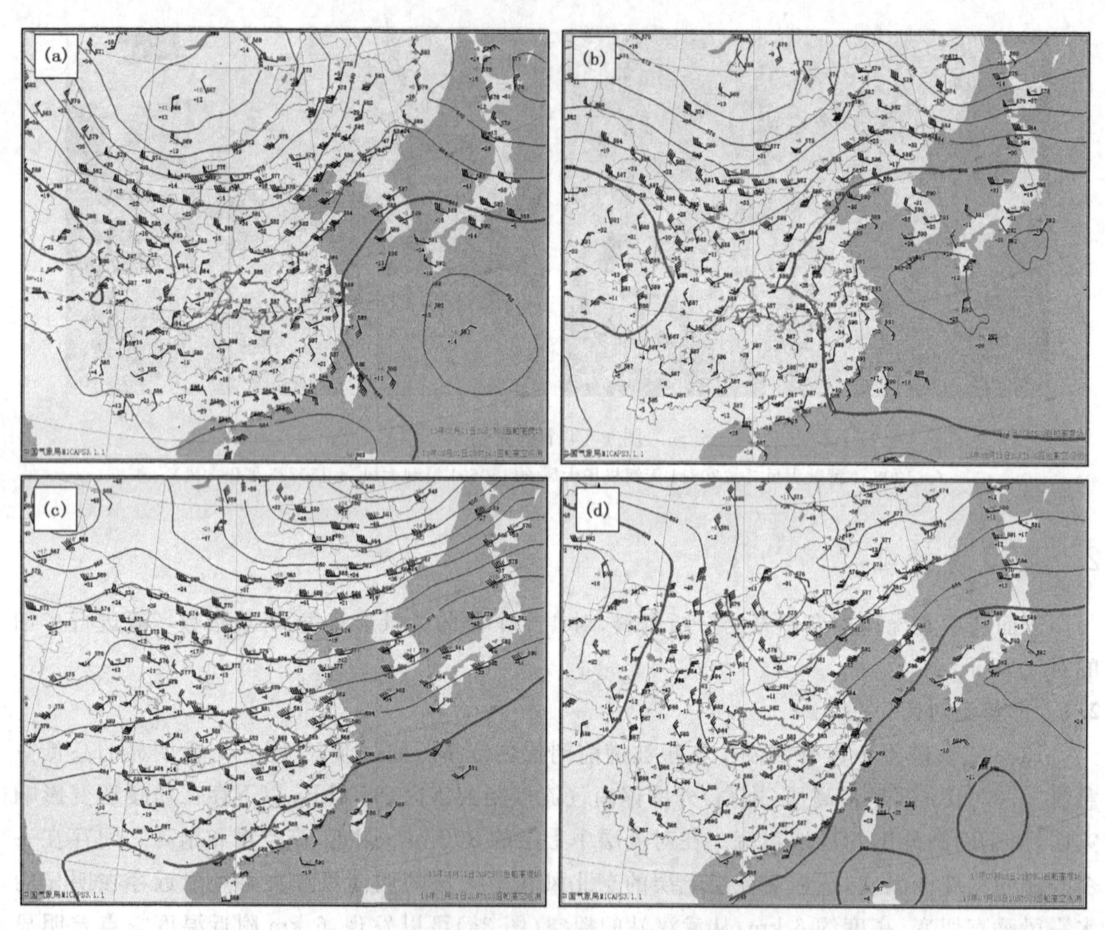

图 2　4 个个例 20 时 500 hPa 风场和高度场

（a. 130801，b. 130811，c. 150601，d. 150723）

2.2 指数场对比

基于 GFS 再分析资料计算以上 4 个灾害大风个例的各种物理量，对比灾害发生前后可以发现（表 1），不论干、湿下击暴流，整层湿度（温度露点差）在过程前后没有明显的变化，干下击暴流始终整层偏干，而湿下击暴流始终整层偏湿；湿下击暴流的整层风速均大于干下击暴流；除 *K* 指数、强天气威胁指数和 0 ℃到－20 ℃层高度三个指数外干、湿下击暴流没有区别，不稳定能量类指数（沙氏指数、抬升指数、*CAPE*、*CIN*、*DCAPE*）显示，干下击暴流的不稳定性均高

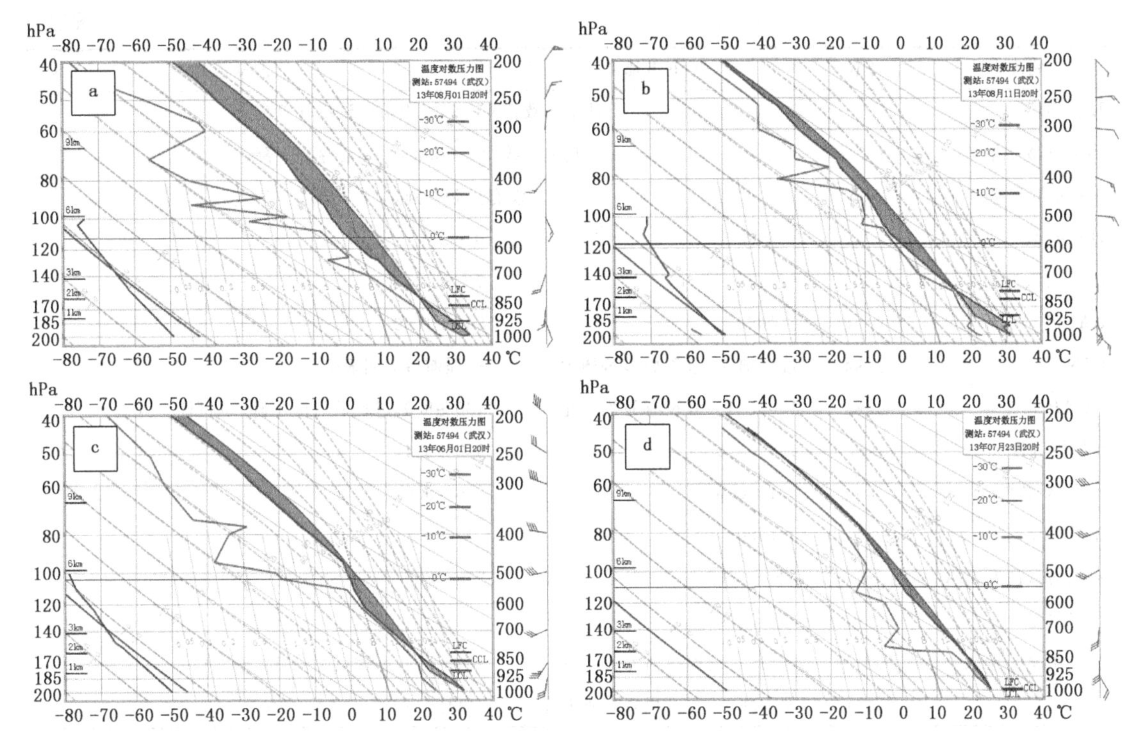

图 3　4 个个例 20 时探空

（a. 130801 武汉，b. 130811 武汉，c. 150601 马坡岭，d. 150723 安庆）

于湿下击暴流的特征值；高度类指数（0 ℃和－20 ℃层高度、抬升凝结高度、自由对流高度）显示干下击暴流中上层比湿下击暴流要偏低，由于干下击暴流环境偏干，其抬升凝结高度和自由对流高度均比湿下击暴流偏高，同时干下击暴流的可降水量也偏少；微下击暴流指数和大风指数是针对下击暴流提出的两个专用指数（刘健文等，2005），文中 4 个个例的统计显示其对干下击暴流有很好的指数作用，对湿下击暴流仍然有不足。

表 1　干、湿下击暴流过程前后物理量特征对比

物理量	单位	干下击暴流	湿下击暴流
500 hPa($T-T_d$)	℃	过程前后均在 4 以上，结束后升到 8 以上	过程前后普遍在 4 以下，个别 6 以下，结束后变小或不变
700 hPa($T-T_d$)	℃	过程前后均在 8 以上，结束后下降 2～4	过程前后均在 2 以下，结束后没有显著变化
850 hPa($T-T_d$)	℃	过程前后均在 4 以上	普遍在 4 以下，过程前后没有显著变化
u、v(500)	m/s	发生在东南偏南气流中，对应风速小于 8	发生在西南气流中，对应风速大于 10
u、v(700)	m/s	发生在西南偏南或西南偏西气流中，对应风速小于 8	发生在西南偏南或西南偏西气流中，对应风速大于 8
u、v(850)	m/s	发生在偏南气流中，对应风速小于 8	有较明显的低压发展影响，有气旋性环流经过，对应风速大于 8

续表

物理量	单位	干下击暴流	湿下击暴流
K 指数	℃	基本一致,35～40,过程前后没有显著变化	
强天气威胁指数	无量纲	基本一致,250～300,过程后存在下降	
0～20 ℃层高度	km	没有显著差别,3.4～3.8	
沙氏指数	℃	－3 到－6	0～3
抬升指数	℃	＜－3	0～3
CAPE	J/kg	＞1000	500～1000
CIN	J/kg	过程前无,过程后显著增大	过程前后无明显变化
DCAPE	J/kg	1000～1600,没有显著变化	400～800,过程后可能下降,也可能上升
0 ℃层高度	km	4.8～5.0	5.2～5.4
－20 ℃层高度	km	8.4～8.6	8.6～9.0
抬升凝结高度	m	＞1500	＜1000
自由对流高度 *LFC*	hPa	700～800	800～850
可降水量	mm	45～60	65～70
微下击暴流指数	无量纲	1～1.2,过程后增加或不变	0.4～0.6,过程后下降 0.2～0.4
大风指数	m/s	过程前＞30,过程后有所下降	过程前 14～20,过程后小于 10

综上,干下击暴流对应的动力、水汽条件均较差,但存在明显的不稳定,降水凝结高度偏高;湿下击暴流对应的动力辐合和水汽条件均较好,但能量条件略差,降水凝结高度偏低。多数指数对干下击暴流的指示较明显,尤其是微下击暴流指数和大风指数,湿下击暴流几乎没有显著指标。

3 卫星云图特征

基于环境场的分析,发现 4 个下击暴流均在中上层存在干空气的影响,而下击暴流的大量研究也指出下击暴流的出现可能与干空气的混入有关(俞小鼎等,2006),卫星云图是目前判断中上层空气温、湿状况的时、空分辨率最高的资料,另外,很多文献也曾指出可利用卫星观测资料预报下击暴流(Kenneth and Ellrod,2004; Kenneth,2015;曹艳华等,2010)。

分析发现,不论干下击暴流还是湿下击暴流,在大风灾害发生前,影响灾害点云团移动方向后侧均存在一个嵌入亮温低值区中的"V"形亮温高值区凹槽(简称:"V"形凹槽),表明灾害点云团附近中上层有干空气的影响。区别则表现在,干下击暴流的云顶亮温高于 220 K,且大风出现后继续下降,而湿下击暴流云顶亮温低于 200 K,灾害发生后上升;干下击暴流灾害点云团的移动方向为由南向北,高空风不显著,"V"形凹槽位于云团移动方向的侧后方,而湿下击暴流的灾害点云团移动方向为由西向东,高空有显著急流,云砧均位于移动方向前侧,"V"形凹槽位于移动方向后方,相对灾害点存在 50～60 km 的距离。

下面详细分析"V"形凹槽在下击暴流个例中的影响特征。

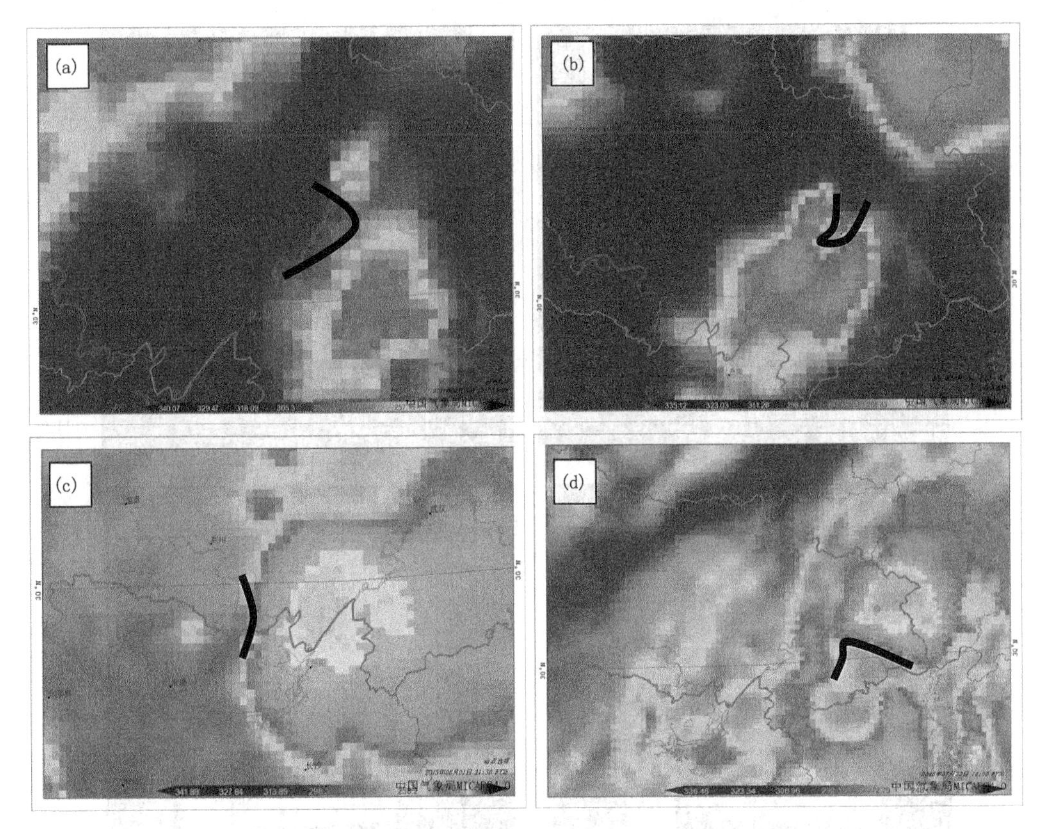

图 4　4 个例红外卫星云图

(a. 130801 19 时，b. 130811 18 时，c. 150601 21 时 30 分，d. 150723 18 时)

从 2013 年 8 月 1 日的红外云图看，灾害点的东侧，18 时 30 分前后开始有亮温为 285 K 的低云生成(图略)，从逐 6 min 的加密观测可以发现，灾害点云团的亮温值逐渐下降，到 18 时 54 分大风发生前降到 260 K 以下，19 时大风发生时继续降至 250 K 以下，大风发生后仍然在下降。从红外云图和雷达组合反射率的对应图则可以发现，18 时灾害点南侧较大对流云团向西南方向移动的同时，其西北方向有低云生成并向北扩展，说明此时温度已经在下降，但此时雷达回波，图上并无明显回波。18 时 15 分，组合反射率在武汉北部、灾害点东南侧出现弱回波，同时在灾害点南侧紧邻灾害点的位置出现尖端指向东的“V”形凹槽。19 时，“V”形凹槽逐渐向北移动，在大风灾害点南侧约 25 km 的地方出现“V”形凹槽加深，这是由于灾害点东侧雷达回波发展加强，云顶亮温快速下降，而周围大气温度变化缓慢，尤其是“V”形凹槽处的亮温几乎不变，造成温度梯度加大，“V”形凹槽加深。从实况高空图可以发现 300 hPa 以下灾害点南侧的武汉站附近均存在偏南的气流，有利于“V”形凹槽内的干空气进入灾害点上空，而从雷达回波剖面(图 5a)也可以发现灾害点南侧的 8 km 以下存在深厚的后侧入流。从卫星观测云区的湿度廓线产品(图 6)则可以发现，“V”形凹槽对应干区主要在 700 hPa 以上，因此，130801 个例中卫星云图后侧“V”形凹槽说明存在后侧干空气进入灾害点上空。

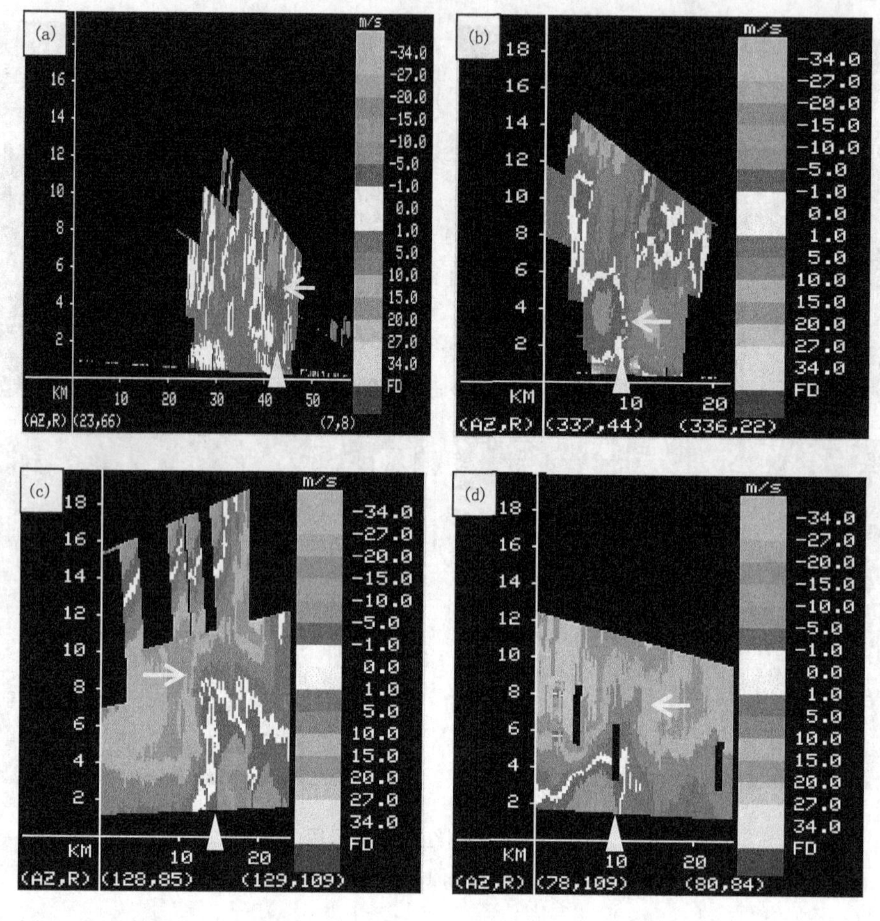

图 5　4 个个例雷达径向速度剖面(白色三角为强回波位置,白色箭头表示后侧入流)
(a. 130801 18 时 45 分,b. 130811 18 时 21 分,c. 150601 21 时 26 分,d. 150723 17 时 54 分)

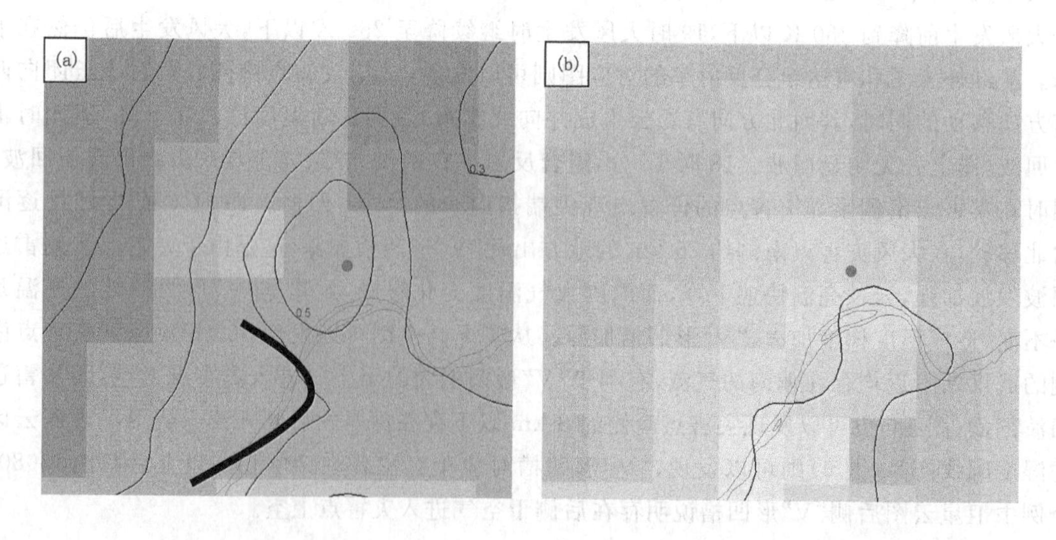

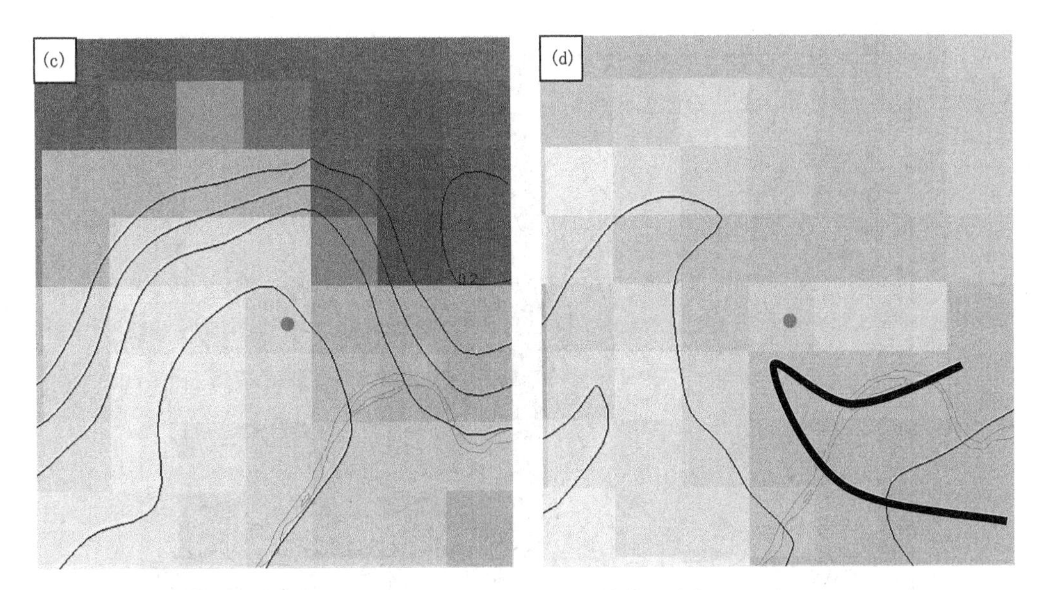

图 6　卫星云区湿度廓线(等值线为相对湿度,圆点为灾害点)
(a、c. 700 hPa，b、d. 850 hPa；a、b. 130801 19 时，c、d. 130811 18 时 30 分)

从 130811 的红外云图可以看出,灾害发生前的 17 时 30 分在云团东北侧就出现一个“V”形凹槽，18 时,随着云团向北发展,不断靠近灾害点,“V”形凹槽在灾害点东侧加强,并转向西弯曲进入对流云团中,灾害点的后侧,从整层的环境风场可以发现灾害点附近 500～300 hPa 为偏东风,700 hPa 以下均为偏南风,有利于从北侧进入的干空气向下转向为从东侧或南侧进入对流系统。雷达径向速度剖面(图 5b)则清晰地显示灾害点南侧中层(4 km 高左右)存在显著的后侧入流。同样,从卫星云区湿度廓线产品(图 6)可以得出 700 hPa 位于灾害点东侧的干空气,到 850 hPa 时转为位于灾害点东南侧。因此,130811 个例中卫星云图后侧 V 形凹槽同样说明有干空气进入灾害点上空。

150601 的红外云图表现出多个“V”形凹槽,但对灾害点影响最大的为云团前进方向正后方的浅“V”形凹槽,该凹槽在 20 时 30 分已经出现,后期逐渐加深。从 TBB 云图(图 7)可以更清晰地看到后侧“V”形凹槽的等值线梯度最大,说明此处干入流最显著。雷达回波则表现出“弓”形回波的特征,且出现后侧入流缺口(图 8),同时环境风场也为一致的偏西到西南风。但是 150601 的后侧“V”形凹槽距离灾害点 50～60 km,比前面两例干下击暴流明显偏远,从卫星云区湿度廓线可以发现(图略),400 hPa 以上和 700 hPa 的相对湿度较低,结合雷达径向速度剖面,干空气可能从中上层进入对流云团。干空气距离灾害点较远,而前期后侧入流不强可能也是此次过程前期并没有明显大风出现的原因之一。

150723 的红外云图同样在灾害发生前 1 h 的 17 时已经表现出云团移动方向的后侧有“V”形干区出现,且随后干区亮温有所升高,即灾害点南侧干暖区在加强,17 时 45 分水汽云图上出现明显的指向灾害点的干区(图 9),而从雷达径向速度剖面图上同样可以发现中上层的后侧入流较强,且灾害点距离“V”形凹槽尖端约 50 km,与 150601 一致。

综上,基于对两个干下击暴流和两个湿下击暴流的“V”形凹槽的分析发现,卫星云图上云团移动方向后侧“V”形凹槽的出现可能对下击暴流有一定的预测性,干下击暴流发生在“V”形凹槽附近,湿下击暴流则发生在“V”形凹槽前方约 50 km 处。

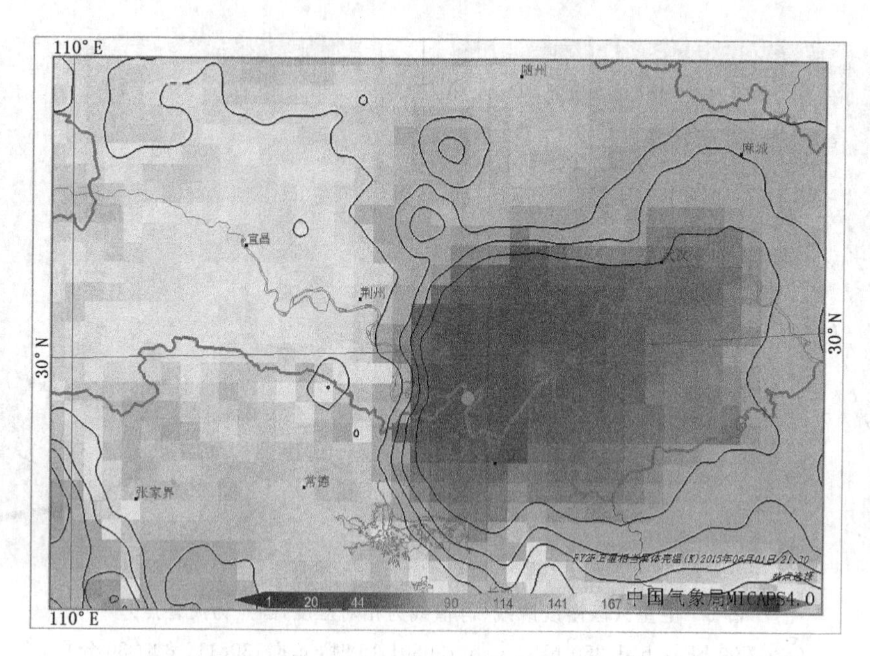

图 7　2015 年 6 月 1 日 21 时 30 分 *TBB*

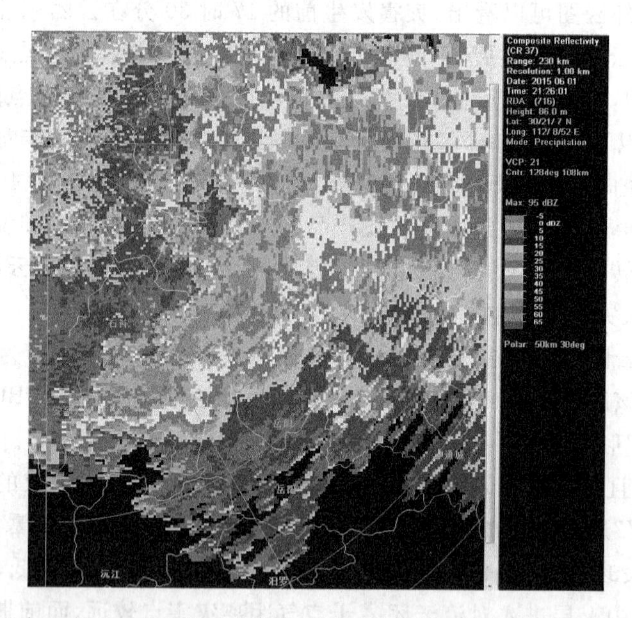

图 8　2015 年 6 月 1 日 21 时 26 分荆州雷达组合反射率(黑线表示后侧入流缺口)

4　雷达回波特征

雷达探测是目前短临预警的主要监测手段，其对中低层天气结构监测有较高的时、空分辨率。目前中国下击暴流类大风的预警主要集中在三个方面：强反射率因子的下降、中层径向辐合和弓形回波(后侧入流)。文中通过对以上 4 个下击暴流个例的分析发现：强反射率因子的下降在干下击暴流中不明显，或与干下击暴流同时出现，没有提前量；中层径向辐合在干下击暴流中未达到显著指标，在湿下击暴流中正、负速度中心则表现出不对称，存在一定高度差；弓

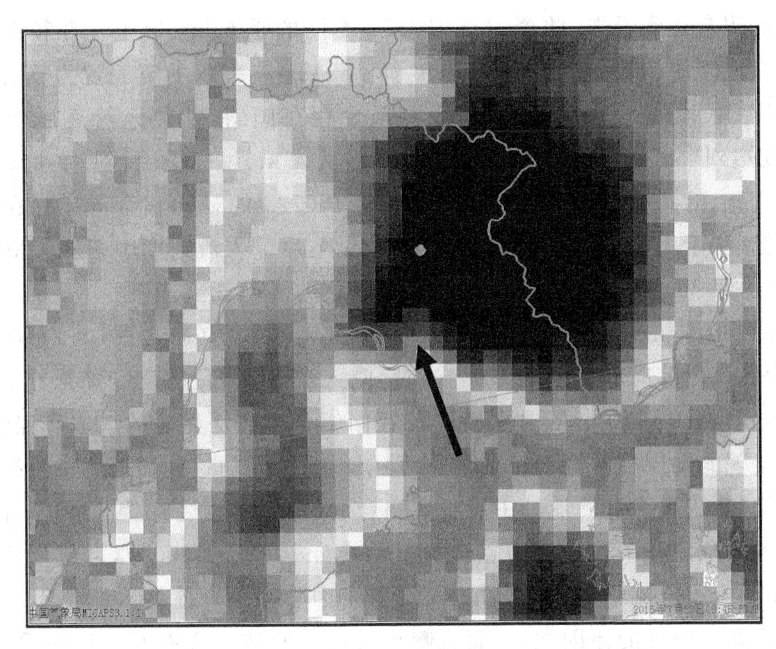

图 9　2015 年 7 月 23 日 17 时 45 分水汽图

形回波仅在湿下击暴流中出现，后侧入流的高度比国外后侧入流急流高度高。这些特征说明湖北省的下击暴流与国外研究已得出的下击暴流模型存在一定差别。下面详细分析文中 4 个下击暴流个例的预警特殊性。

4.1　强反射率因子的下降

130801 灾害发生前后的反射率剖面(图略)显示，反射率强度从过程发生前 15 min 的 60 dBZ 下降到过程发生后的 50 dBZ，强反射率中心高度则基本维持在 4 km 高度，没有明显的变化。130811 灾害发生前后的反射率剖面(图略)显示，反射率强度过程发生前后均有 60 dBZ 以上反射率存在，强反射率中心高度从过程发生前 12 min 的 6 km 降至发生后的 4 km，但从过程发生前 18 时 08 分到过程发生时的 18 时 21 分，反射率呈现为下降，而不是已经下降，说明反射率的下降与下击暴流的出现几乎是同时的。可见该方法在干下击暴流预警方面仍有很大的局限性。

150601 荆州雷达的反射率剖面(图略)显示，过程发生前后反射率强度没有明显变化，维持在 55 dBZ，反射率高度从 6 km 降至 5 km 左右。150723 的雷达反射率剖面(图略)显示，过程发生前后反射率强度没有明显变化，维持在 50 dBZ，反射率高度从 6 km 降至 3 km 左右，由此可见，两个湿下击暴流的强反射率强度均比干下击暴流的低 5～10 dBZ，湿下击暴流的强反射率高度下降速度为 1～3 km/(6 min)，干下击暴流的强反射率高度下降与下击暴流的出现几乎同时，或没有明显高度下降，仅表现为强度下降。

4.2　中层径向辐合

前面分析卫星云图特征时已给出雷达径向速度剖面(图 5)。130801 整层都存在径向辐合，最强在 7 km 高，达到－15～10 m/s，这个辐合发生在灾害发生前 15 min，灾害发生过程中仅在 2 km 附近存在弱的辐合(－5～5 m/s)，中层 3～7 km 均为一致的偏南气流(正速度)。130811 在 4 km 高存在一个－10～10 m/s 的中层径向辐合，且过程前后基本均在此高度，而在灾害发生时此辐合达到最强，此个例与 130801 不同的是 6 km 以上存在径向速度的辐散，12 km 以上存在显著的辐散出流（>15 m/s），而 130801 灾害点上空表现为辐合，10 km 以上存在显著的入流（>20 m/s）。150601 的径向辐合存在倾斜，前侧入流速度中心偏低，位于 2 km高度，速度达到－20 m/s，后侧入流速度中心从 4 km 一直扩展到 12 km 高，速度达到 20 m/s，12 km 以上的高层存在明显的速度辐散。150723 的径向辐合同样存在倾斜，前侧入流速度中心偏低，位于 2 km 高度，速度约为－15 m/s，后侧入流速度中心从 4 km 一直扩展到 10 km 高，速度达到 20 m/s，6 km 以上的高层是一致的西南气流。

俞小鼎等（2006）指出，中层径向辐合是一个对流风暴中层（通常 3～9 km）的集中径向辐合区，被假定为代表由前向后的强上升气流和后侧入流急流的过渡区，如果在 3～7 km 高度的范围内速度差值为 25～50 m/s，则认为中层径向辐合特征是显著的。本研究中两个干下击暴流都未达到显著的中层径向辐合特征，两个湿下击暴流则均达到显著的中层径向辐合特征。与定义不同的是，造成湿下击暴流的中层径向辐合的后侧入流急流位置均偏高，高于文献中通常认为的后侧入流急流在中层 500 hPa 以下（Smull and Houze，2006），且这个正、负速度中心呈倾斜对称，前侧入流急流中心在下，后侧入流急流中心在上。前侧入流位于回波下方，这可能是湿下击暴流降水较强的原因之一，而后侧干入流在回波上方有利于增强垂直不稳定。另外，随着对流的崩溃，较高处的强后侧入流会随着动量下传而使下沉气流增强。

4.3 弓形回波和后侧入流

大量文献（Klimowski，et al，2000；Weisman，1992，1993；Grim，et al，2009，Meng，et al，2012；Newton，1950；Houze，et al，1989；Przybylinski，1995）均指出弓形回波和后侧入流与下击暴流的出现密切相关，尤其是中等到强风垂直切变下的湿下击暴流。Klimoski 等（2000）将弓形回波分为 5 类：经典弓形回波、弓形回波复合体、单体弓形回波、飑线型或线状波形弓形回波。本研究 4 个个例中两个干下击暴流均表现为局地小范围回波，没有出现任何种类的弓形，两个湿下击暴流中的 150601 在 21 时 26 分开始出现小幅的弓形，可归为飑线型弓形回波。湿下击暴流 150723 从大尺度回波整体看，呈逗点状，同样表现出弓形，灾害点后侧回波表现出“列车效应”。两个湿下击暴流的灾害点均位于弓形凸起部。由于下击暴流的形成与弓形回波中的后侧入流缺口或后侧入流急流有密切的关系（Weisman，1992；Grim，et al，2009，Meng，et al，2012），分析两个湿下击暴流的雷达基本速度图可以发现，150601 的后侧入流速度为 5～20 m/s，中心高度在 8 km 左右，150723 的后侧入流速度为 5～15 m/s，中心高度同样在 8 km 左右，同时后侧入流由于高度偏高，均与高层的强出流连在一起，指向风暴移动方向。150601 在灾害点后侧雷达组合反射率图上存在后侧入流缺口，同时存在一个类似弓箭的箭的特征出现在弓形回波后侧，箭回波的两侧均存在弱回波区。150723 由于系统整层风向为西南风，后侧入流方向与弓形的南段重合，从而造成南段回波出现“列车效应”，而这个“列车效应”的回波与 150601 后侧的箭回波有着相似性，均指向弓形回波的突起部及下击暴流灾害点，同时箭回波两侧均有弱回波区，均为箭回波南侧的后侧入流缺口对应高空急流指向灾害点。与 Keene 和 Schumacher（2013）提出的弓箭型中尺度对流结构，其箭头所指的部分会造成较强降水相似，文中认为弓箭的共同指向点会出现暴雨大风（图 10）。本研究中两个湿下击暴流与此结构基本一致，且箭的位置确实出现暴雨，弓箭共同指向的位置出现了下击暴流。

综上，对雷达预警特征及雷达回波的分析得出，干湿下击暴流均存在后侧入流和中层径向

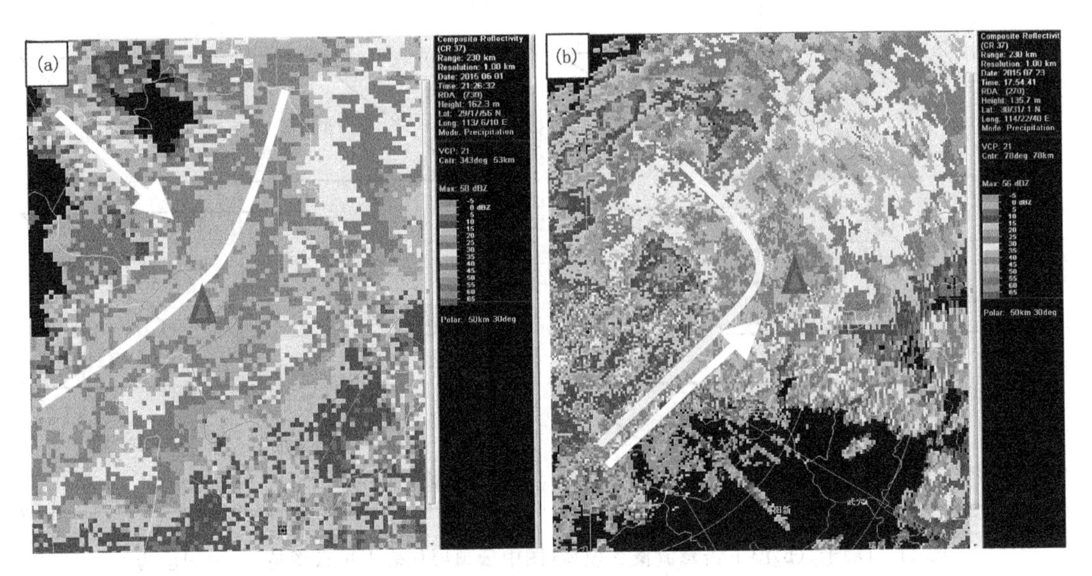

图 10　150601(a)和 150723(b)灾害发生时回波弓形特征(三角位灾害点位置)

辐合，干下击暴流的后侧入流位于中层，直接侵入回波内部，湿下击暴流的后侧入流位于高层，进入的是回波上方。干下击暴流对应回波为局地小回波，起始回波高度在 4 km 以上，反射率强度可超过 60 dBZ，强反射率高度可超过 8 km，大风灾害出现在回波前进方向左前侧，而湿下击暴流对应中尺度带状回波，回波始终接地，反射率强度不超过 55 dBZ，强反射率高度最高扩展到 6 km，大风灾害出现在回波前进方向右后侧。干下击暴流的中层径向辐合较对称，湿下击暴流的中层径向辐合倾斜。干下击暴流的反射率因子下降主要表现为强度下降，湿下击暴流的则主要表现为高度下降。

5　地面特征

对地面风场、雨量、温度、湿度、气压的分析可以发现，干下击暴流风场均表现出 10 km 左右的辐散场，湿下击暴流则不宜观测到辐散场，很难观测到灾害性大风，可见其尺度可能小于 10 km。4 个个例地面风场均由冷区吹向暖区，干下击暴流的冷区位于南侧或东侧，而湿下击暴流的冷区位于偏北侧。干下击暴流不论过程前后，地面始终偏干($T-T_d>8$ ℃)，而湿下击暴流始终偏湿($T-T_d<4$ ℃)。气压资料较少，干下击暴流的有限站点气压显示其气压过程前后变化不大，湿下击暴流则显示过程中确实伴有气压的涌升。

地形影响方面，两个干下击暴流均发生在武汉周边，为平原地区，地面温度场显示南侧为冷区，城市热岛效应表现不明显；150601 发生在监利长江段，同样为平原地区，可能长江河道会对风有加强作用；150723 发生在罗田南侧，位于鄂东北平原地区向山地过渡区，更接近平原地区，地形高度 400 m 左右，呈准南北向，从大风带略呈西南—东北向，低层气流也为西南风来看，可能存在一定的地形影响。

6　概念模型及应用

前文通过对干湿下击暴流环境场、卫星云图、雷达回波等三维立体特征的分析，综合得出如图 11 所示干、湿下击暴流概念模型。

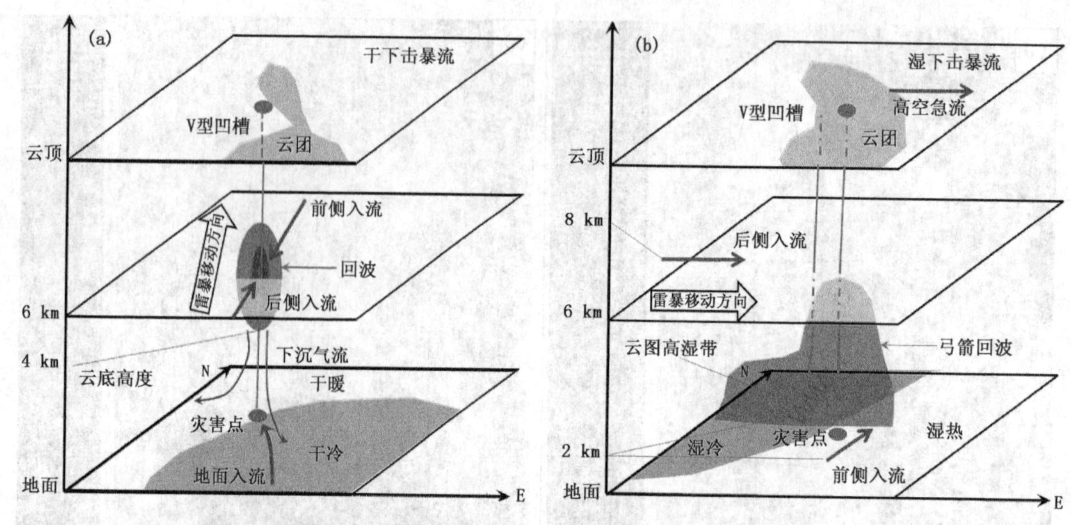

图 11 (a)干、(b)湿下击暴流概念模型(图中云顶层代表卫星云图特征,中间层为雷达回波特征,低层为地面特征,红色代表 55 dBZ 回波,紫色代表 60 dBZ)

基于以上研究成果和概念模型,对 2016 年的三次大风过程进行了业务应用检验。三次过程分别为 2016 年 6 月 5 日的飑线大风过程(160605)、2016 年 7 月 27 日大范围大风过程(160727)、2016 年 8 月 14 日局地大风过程(160814)。检验得出,卫星云图云团移动方向后侧的"V"形凹槽对 160605 和 160814 均有很好的指示,而 160727 由于卫星云图云砧方向在云团移动方向后侧,不利于后侧"V"形凹槽的观测,存在使用局限性。弓形回波特征在飑线大风 160605 和大范围大风 0727 中均有很好反映。局地大风 160814 与干下击暴流的概念模型几乎一样。应用检验说明,研究提出的概念模型和特征指标有一定的实用价值,但对某些复杂天气仍存在局限性,文中湿下击暴流的 2 个个例在自动气象站监测中未观测到明显的大风,因此提取的湿下击暴流概念模型难免存在不足或特殊性。

7 结论与讨论

通过对发生在湖北省的四次影响较大的干、湿下击暴流个例进行了详细的对比分析,得出了较为详细的环境场、卫星云图、雷达回波等方面的特征,构建了三维立体概念模型,并进行了初步的应用检验。

当环境场不稳定能量条件较好,而动力和水汽条件较差时,要考虑干下击暴流,即以大风为主的对流天气出现的潜势。尤其是微下击暴流指数达到 1 以上,大风指数达到 30 以上时。当环境场不稳定能量略偏低,但系统性动力和水汽条件较好,尤其是高层风速较大时,要考虑湿下击暴流,即以降水为主伴有大风的强对流天气出现的潜势。

卫星云图上云团移动方向后侧(包括旁边或旋转进入)出现"V"形凹槽,或者其他任何形式的干空气进入云团的特征,都意味着可能有下击暴流的出现,干下击暴流可能出现在云图"V"形凹槽附近,而湿下击暴流可能出现在距离"V"形凹槽 50 km 的地方。

目前常用的三个判断下击暴流的雷达回波特征应适当地进行本地化修正。强反射率因子的下降不仅表现在高度的下降,在干下击暴流中强度的下降同样意味着大风的出现。中层径向辐合不再是前侧入流偏高,后侧入流偏低,湖北省的 4 次灾害性下击暴流均是发生在后侧入流偏高偏强的情况下，前侧入流相对较低，且中层径向辐合强度（正、负速度差）不一定要达到显著指标。弓形回波更适用于回波面积较大的湿下击暴流。

文中的分析和概念模型均指出干下击暴流的后侧入流位于中层，直接侵入回波内部，有利于降水在下落之前就蒸发增强下沉气流，而湿下击暴流的后侧入流位于高层，进入的是回波上方，未影响到降水的凝结过程，因此，在降水出现后干空气及高空的急流才随着降水的下沉气流进入回波，从而造成降水先于大风出现。这种不同的后侧入流高度可能是干、湿下击暴流中风灾出现位置和时间不同的原因之一。

应用检验中发现，有些高空云砧方向和回波移动方向相反，这种情况下的干空气入流情况很难判断，其更类似典型飑线的剖面结构，但回波形态并不属于飑线。因此，文中的模型仍需要增加不同个例，改善局限性。

参考文献

曹艳华，马中元，叶小峰，等，2010. 江西外来飑线的常见卫星云图特征[J]. 自然灾害学报，**19**(4)：54-59.

刘健文，郭虎，李耀东，等，2005. 天气分析预报物理量计算基础[M]. 北京：气象出版社：1-253.

王秀明，周小刚，俞小鼎，2013. 雷暴大风环境特征及其对风暴结构影响的对比研究[J]. 气象学报，**71**(5)：839-852.

俞小鼎，姚秀萍，熊廷南，等，2006. 多普勒天气雷达原理与业务应用[M]. 北京：气象出版社：1-314.

张杏珍，1981. 下击暴流[M]. 北京：气象出版社：1-99.

郑永光，田付友，孟智勇，等，2016."东方之星"客轮翻沉事件周边区域风灾现场调查与多尺度特征分析[J]. 气象，**42**(1)：1-13.

Corfidi S F, Coniglio M C, Cohen A E, et al, 2016. A proposed revision to the definition of "derecho"[J]. Bull Amer Meteor Soc, **97**(6): 935-949.

Fujita T T, 1985. The downburst: Microburst and Macroburst[M]. Chicago: University of Chicago: 1-122.

Grim J A, Rauber R M, McFarquhar G M, et al, 2009. Development and forcing of the rear inflow jet in a rapidly developing and decaying squall line during BAMEX[J]. Mon Wea Rev, **137**: 1206-1229.

Houze, R A, Rutledge S A, Biggerstaff M I, et al, 1989. Interpretation of Doppler Weather Radar displays of midlatitude mesoscale congcective systems[J]. Bull Amer Meteor Soc, **70**: 608-619.

Keene K M, Schumacher R S, 2013. The bow and arrow mesoscale convective structure[J]. Mon Wea Rev, **141**: 1648-1672.

Kenneth P, Ellrod G P, 2004. Recent improvements to the GOES microburst products[J]. Wea Forecasting, **19**: 582-594.

Kenneth P, 2015. Progress and development of downburst prediction applications of GOES[J]. Wea Forcasting, **30**: 1182-1200.

Klimowski B A, Przybylinski R W, Schmocker G, et al, 2000. Observations of the formation and early evolution of bow echoes[C]//20th Conf on Severe Local Storms. Orlando, FL: Amer Meteor Soc: 44-47.

Meng Z Y, Yao D, Bai L Q, et al, 2016. Wind estimation around the shipwreck of oriental star based on field damage surveys and radar observations[J]. Sci Bull, **61**(4): 330-337.

Meng Z Y, Zhang F Q, Markowski P, et al, 2012. A modeling study on the development of a bowing structure and associated rear inflow within a squall line over South China[J]. J Atmos Sci, **69**(4): 1182-1207.

Newton C W, 1950. Structure and mechanisms of the prefrontal squall Line[J]. J Meteor, **7**: 210-222.

Przybylinski R W, 1995. The bow echo: Observations, numerical simulations, and severe wather detection methods[J]. Wea forecasting, **10**:203-218.

Smull B F, Houze R A, 1987. Rear inflow in squall lines with trailing stratiform precipitation[J]. Mon Wea Rev, **115**:2869-2889.

Weisman M L, 1993. The genesis of severe, long-lived bow echoes[J]. J Atmos Sci, **50**: 645-670.

Weisman M L, Rotunno R, 2004. "A theory for strong long-lived squall Lines" revisited. J Atmos Sci, **61**: 361-382.

Weisman M L, 1992. The role of convectively generated rear-inflow jets in the evolution of long-lived meso-convective systems[J]. J Atmos Sci, **49**:1826-1847.

一次中尺度对流低涡增强阶段的能量诊断分析

李　超[1,2]　王晓芳[1,2]　赖安伟[1,2]　崔春光[1,2]

(1. 中国气象局武汉暴雨研究所,武汉 430205；2. 暴雨监测预警湖北省重点实验室,武汉 430205)

摘　要

基于CFSR每天4个时次、水平分辨率为0.5°×0.5°全球预报场资料,美国NCEP的每天4个时次、水平分辨率为1°×1°FNL全球再分析格点资料,以及华中地区国家基准站逐时的加密降水资料,围绕2015年6月1日华中地区的一次中尺度对流低涡(MCV,Mesoscale Convective Vortex)天气过程,通过WRF模拟和能量诊断的方法,重点研究了低涡增强期内的能量分布特征及其对低涡发展的影响机制。研究结果表明:此次MCV初生于湖北中部地区,低涡生成后向湖北东北部大别山地区移动且不断发展加强,MCV增强阶段的降水带分布由早期的三中心分布(分别位于宜昌、荆州、随州)演变为后期的纬向型雨带分布。降水产生的凝结潜热释放、对流有效位能的增强、低层暖湿气流的输送以及中层干冷空气的侵入等有利的环境场条件对低涡的增强起到了重要的推动作用。低涡的增强对能量演变有重要影响,具体表现为:一方面,MCV外围辐合气流随低涡发展而增强,引起对流层低层扰动动能的增加;另一方面,MCV外围降水产生的凝结潜热,导致对流层中层扰动有效位能的增加,之后通过垂直气流作用使扰动有效位能向上输送,从而使对流层高层的扰动有效位能增加。另外,此次MCV增强阶段的能量制造项依次分别为:扰动有效位能向扰动动能的转换,不同高度层的基本气流粘性力作用,纬向平均有效位能向扰动有效位能的转换,以及来自系统外部扰动动能的输入。其中,扰动有效位能向扰动动能转换是对MCV发展增强的直接贡献项,对其空间分布特征进一步分析可知,对流层低层和顶层,扰动有效位能向扰动动能转换,使辐合、辐散气流增强,而对流层中高层,扰动动能向扰动有效位能转换,为低涡发展成熟后的继续维持储备了必要的能量。

关键词:中尺度对流低涡　增强　WRF模拟　能量诊断

引言

大气能量学研究和应用是大气科学领域的一个重要分支,Van Mieghem(1973)曾指出大气能量学的研究对推动大气科学的进步和发展具有重要的意义。地球大气作为一个完整的系统,其内部时刻存在着能量的演变和转换,其能量源、汇问题和转换机制一直是大气能量研究的难题。而且,在大气环流系统研究中,能量平衡研究是揭示大气环流规律的有效手段(谢义炳,1978)。此外,数值预报模式的动力学方程组必须遵守能量守恒性的约束,以及局地天气系统的发生、发展也伴随出现明显的大气能量收支、分布和转化特征。因此,从大气能量角度出发研究一些特定尺度的天气系统的发生、发展机理具有确切的可行性和必要性。

关于中尺度涡旋能量诊断分析方面的研究已取得了许多富有意义的研究成果,例如雷雨顺(1986)在其编著的《能量天气学》一书中曾指出,中纬度气旋是一个复合系统,可以将位能转换为动能,将能量从一个尺度输送到另一个尺度,不仅消耗动能,还可以输入和输出动能。在气旋生命周期不同阶段能量平衡有所差异。总的来说，风暴的有效位能制造可以补偿风暴内的大部分摩擦耗散。汪钟兴(1996)针对1991年7月长江中下游一次梅雨涡旋暴雨过程，基于尺度分离的方法，研究得出两种尺度流场和质量场之间的相互作用所制造的动能向两种尺度系统转换对促进系统的发展具有重要作用。毛贤敏和曲晓波(1997)通过对一次较典型的东北冷涡过程的能量诊断分析后指出，冷涡的涡动动能主要来源于涡动位能的转换。在低涡发展期，由外边界气流入侵所产生的动能输入也十分重要。涡动动能最终主要转换为纬向气流的动能，其次是消耗项和成熟期以后的边界动能输出。傅慎明(2009)选取了几次西南涡过程，通过能量诊断方法得出西南低涡的能量转换过程属于正压-斜压"混合型"，大尺度环境场是西南低涡生成的有利条件，其源源不断地将涡动动能输送到西南低涡关键区，从而有利于西南低涡的产生和维持。此外，动能制造是西南低涡动能的主要来源，次网格过程和摩擦耗散是动能主要的汇。

综合上述已有的研究成果，本文选取2015年6月1日初生于湖北中部地区的一次MCV天气过程作为主要研究对象，通过WRF模拟和能量诊断的方法，重点研究了该低涡增强阶段的能量分布变化及其对低涡发展的影响机制，主要是出于以下几个方面的考虑：第一，中尺度涡旋是夏季诱发长江流域大暴雨的主要天气系统，而湖北省大别山附近地区是长江流域两类主要低涡之一——大别山涡的主要源地(胡伯威和潘鄂芬，1996；张敬萍等，2015)，而目前关于初生于该地区的中尺度低涡的能量演变特征和影响机制方面的研究较少，也缺乏统一的认识；第二，2015年6月1日导致"东方之星"号游轮翻船的直接天气系统是飑线系统，而围绕该飑线系统的分析已有相关的研究成果。此外，飑线出现的时间正好处于该低涡发展增强阶段，对这个阶段内背景场中尺度低涡的能量诊断分析有助于加深对该次飑线过程生消机制的理解；第三，由于模式初始场误差引起的模拟误差以及模式模拟的空间分辨率的限制，无法满足小尺度的飑线系统研究的要求。因此，本文选取产生此次重大影响天气的背景场中的中尺度对流低涡系统作为主要研究对象，希望本研究成果能为今后业务上关于此类天气系统的预报提供有价值的参考。

2 资料和方法

选取的资料主要来源于湖北省气象局信息保障中心的华中地区国家基准站逐时加密降水资料、美国NCEP的每天4个时次、水平分辨率为1°×1°FNL全球再分析格点资料，以及每天4个时次、水平分辨率为0.5°×0.5°CFSR全球预报场格点资料。

WRF模拟时选取的主要参数如下：嵌套方案为单层嵌套，模式起始时间为2015年6月1日08时，终止时间(北京时)2015年6月2日08时，水平格距3 km，时间分辨率为1 h，微物理过程方案选取新Thompson冰雹方案，长波辐射方案选取RRTM方案，短波辐射方案选取Goddard方案，陆面过程方案选取Noah方案，边界层方案选取YSU方案，不采用积云参数化方案，侧边界为弹性侧边界。

3 实况天气分析以及模式评估

3.1 实况天气分析

图1是根据FNL再分析资料绘制的实况环流场的水平剖面和速度场的垂直剖面。从图中分析可知，一方面，从850 hPa高度层背景场环流和散度分布特征可以看出，低涡在6月1

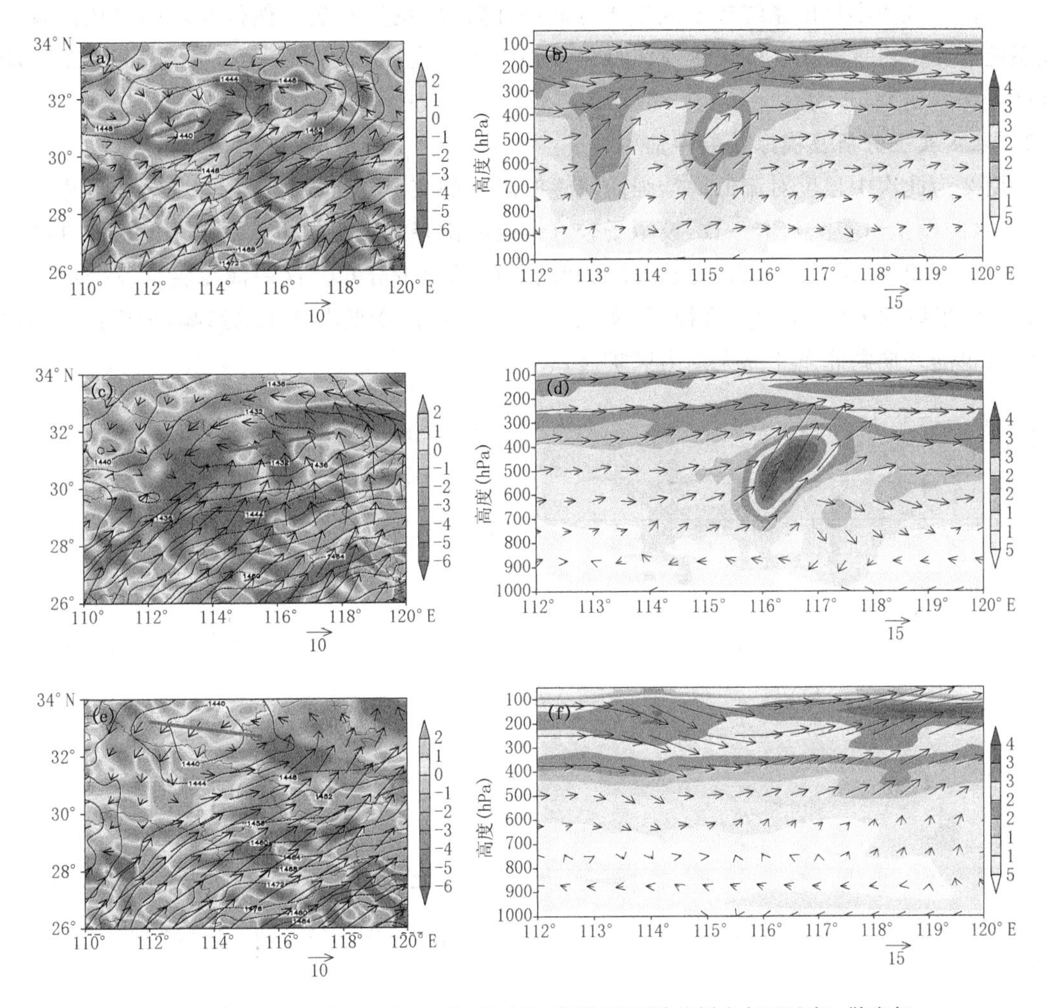

图1　6月1日20时—2日08时850 hPa高度层不同时刻大气环流场、散度场
(a.6月1日20时,b.6月2日02时,e.6月2日08时)以及沿低涡轴线作的速度场垂直剖面
(b.沿31°N,6月1日20时,d.沿31.5°N,6月2日02时,f.沿33°N,6月2日08时)
(a、c、e中箭头表示水平风场,单位:m/s;虚线表示位势高度,单位:m;
左侧填色表示涡度,单位:$10^5 s^{-1}$;粗线表示低涡轴线;b、d、f中填色表示全速度,单位:m/s;
箭头表示纬向和垂直的合成风场,单位:m/s)

日20时前后初生于湖北省中北部随州地区附近,此时低涡影响范围较小,与之对应的辐合区范围较小。此后,低涡持续发展增强,6月2日02时前后低涡移至湖北东北部的大别山区,低涡影响范围进一步扩大,辐合区范围较6月1日20时也明显扩大。6月2日08时低涡主体离开湖北省,进入河南,低涡中心区域出现强辐散。另一方面,从速度场的垂直剖面可以看出,6月1日20时低涡中心附近东侧出现强烈的上升气流,6月2日02时低涡移至大别山地区,中心附近东侧的上升气流有所减弱,仅在对流层中上层维持上升气流,6月2日08时低涡中心附近的上升气流减弱消失。综合上述已有特征,为了研究方便,分别将6月1日20时—6月2日02时低涡所处的阶段定义为低涡增强阶段,将6月2日02时—08时低涡所处的阶段定义为低涡成熟阶段,将6月2日08时之后低涡所处的阶段定义为低涡消亡阶段。此外,由于诱

发灾害性天气的小尺度系统较多发生于低涡增强阶段(例如本次个例低涡增强阶段出现的飑线系统),文中将重点围绕中尺度对流低涡增强阶段的能量演变特征及其对低涡发展的影响机制展开深入研究。

3.2 降水实况分析及模拟效果评估

图2为此次中尺度对流低涡增强阶段逐时降水的实况场与模拟场的对比。由图中可以看出,降水的模拟与实况基本一致,模拟场较好地反映出降水实况中由低涡增强阶段早期的三中心(宜昌、荆州、随州),演变为增强阶段后期的纬向型雨带分布。这一演变特征符合中尺度对流低涡诱发降水的时、空演变规律(谷文龙,2008)。此外,受低涡移动的影响,低涡诱发的主要降水区也随之向湖北东北部大别山区扩展。

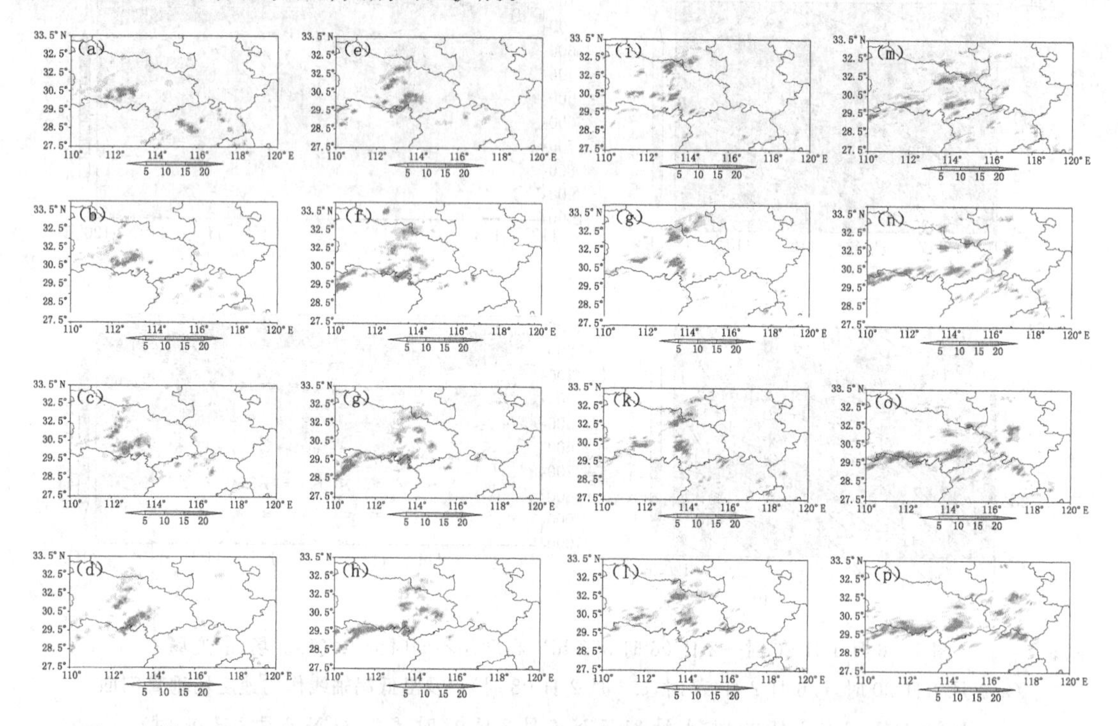

图2 6月1日19时—6月2日02时逐时降水的实况场(a~h)和模拟场(i~p)对比(单位:mm)

综上所述,根据此次低涡天气过程的垂直速度场特征以及低涡增强期的逐时降水量级和分布特征可以看出,此次低涡发展过程具有显著的中尺度对流系统特征。因此,可以认为诱发此次天气过程的中尺度涡旋系统为中尺度对流低涡(MCV),其作为中尺度涡旋(MV)的一类特殊系统,除了具有中尺度涡旋(MV)的典型特征之外,还具有中尺度对流系统(MCS)的部分特点,该类低涡主要特征表现为在任意方向产生直径至少100 km的连续降水,并且风场上具有直径长达数百千米的闭合气旋性环流。

4 MCV增强阶段的大气环境场特征

选取潜热能、水汽输送、温度、对流有效位能4类环境场参数(李耀东等,2004;董元昌和李国平,2015),重点分析了环境背景场条件对低涡产生和发展的影响,分布特征如图3。需要特别说明的是,文中涉及的潜热能参数具体是指大气在发生相变过程中吸收或放出的热量,这部分被吸收或放出的热量即被称作“潜热能”，其计算公式为 $E=Lq$，式中 L 代表凝结潜热系数，单位为 J/kg；q 代表比湿，单位为 kg/kg；E 代表潜热能，单位为 J/kg（盛裴轩等，2003）。

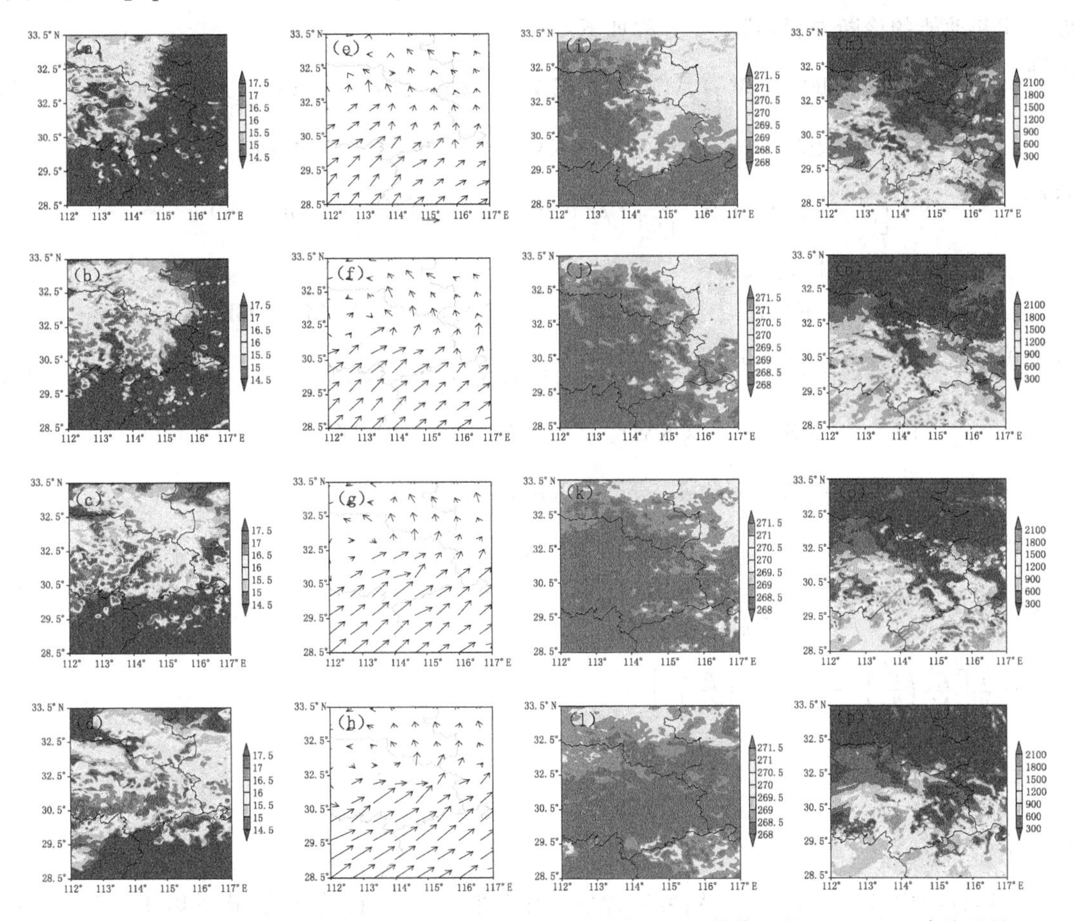

图 3　低涡增强阶段不同时刻大气环流场 500 hPa 潜热能（a～d，单位：J/kg）、850 hPa 水汽通量（e～h，单位：kg/(hPa・m・s)）、500 hPa 温度（i～l，单位：K）、850 hPa 对流有效位能（m～p，单位：J/kg）分布

由图 3 潜热能的分布可以看出，低涡发展初期（20 时）500 hPa 等压面低涡前侧有冷空气侵入（第 i 图），暖湿空气遇冷后，导致凝结潜热释放，对应在低涡前侧出现潜热能高值区（孙建华等，2015），之后，随着低涡移动增强，以及降水带的进一步变化，潜热能高值区进一步扩大和移动。从水汽输送分布和温度分布可以看出，低涡增强阶段，850 hPa 等压面水汽输送通量一直维持较大值，500 hPa 等压面低涡前侧东北方向有冷空气入侵。因此，在低层暖湿下垫面的前提下，中层干冷空气的入侵有利于此次中尺度对流低涡的发展增强（苗春生等，2014）。此外，对流有效位能的分布亦可以看出，*CAPE* 值与降水带分布有较好的对应关系，主要分布于低涡外围的降水区附近，同样随着低涡的移动向鄂东北方向移动。

5　MCV 增强阶段的能量分布特征

有研究（Lorenz，1955；Fred Kucharski and Alan，2000a，2000b）曾将局地有效位能概念应用于诊断理想、干绝热状态下气旋的发展，其研究结论认为有效位能和动能均可被分为背景场纬向平均部分和扰动部分，由此产生的局地能量演化方程扩展了著名的洛伦兹型有效位能方程。Fu 等(2015)将上述理念应用于诊断一次长江流域长生命史低涡发展过程的能量演变特征,并且取得了很好的效果。因此,为了研究需要,文中引用了上述文献(Fu,2015)中关于有效位能和动能的诊断方程,其主要方程如下:

$$\frac{\partial(\bar{\rho}k_m)}{\partial t}=-\nabla\cdot[\bar{\rho}[V]k_m+[V]\cdot\overline{\rho V''V''}+\bar{F}\cdot[V]]-C(\bar{\rho}k_m,\overline{\rho k_t})-C(\bar{\rho}k_m,\bar{\rho}e_m)-D(\bar{\rho}k_m) \tag{1}$$

MTKM　RSW　MSM　CKMT　BCM　MDM

$$\frac{\partial(\bar{\rho}e_m)}{\partial t}=-\nabla\cdot\left[\bar{\rho}[V]e_m+[T]\eta_m\frac{c_p}{[\theta]}\cdot\overline{\rho V''\theta''}+(\bar{p}-p_R)[V]\right]-C(\bar{\rho}e_m,\overline{\rho e_t})+ C(\bar{\rho}k_m,\bar{\rho}e_m)+G(\bar{\rho}e_m) \tag{2}$$

MTEM　ETH　WMP　CEMT　BCM　GEM

$$\frac{\partial(\overline{\rho k_t})}{\partial t}=-\nabla\cdot[\overline{\rho V k_t}+\overline{F\cdot V''}]+C(\bar{\rho}k_m,\overline{\rho k_t})+C(\overline{\rho e_t},\overline{\rho k_t})-D(\overline{\rho k_t}) \tag{3}$$

TKT　MSE　CKMT　BCE　MDE

$$\frac{\partial(\overline{\rho e_t})}{\partial t}=-\nabla\cdot[\overline{\rho V e_t}+\overline{p'V''}]+C(\bar{\rho}e_m,\overline{\rho e_t})-C(\overline{\rho e_t},\overline{\rho k_t})+G(\overline{\rho e_t}) \tag{4}$$

TET　WPP　CEMT　BCE　GET

$$e_m\approx\frac{1}{2}\left\{\frac{g^2}{N_R^2}\left(\frac{\Delta[\theta]}{\theta_R}\right)^2+RT_R\frac{c_v}{c_p}\left(\frac{\Delta[p]}{p_R}\right)^2\right\} \tag{5}$$

$$[e_t]\approx\frac{1}{2}\left[\frac{g^2}{N_R^2}\left(\frac{\theta'}{\theta_R}\right)^2+RT_R\frac{c_v}{c_p}\left(\frac{p'}{p_R}\right)^2\right] \tag{6}$$

$$k_m=\frac{1}{2}[V]\cdot[V] \tag{7}$$

$$k_t=\frac{1}{2}V''V'' \tag{8}$$

上述方程中,k_m、k_t、e_m、e_t 分别表征背景场纬向平均动能、扰动动能、背景场纬向平均有效位能、扰动有效位能,其中诊断方程(1)中 MTKM 表示 k_m 的平均输送项,RSW 表示雷诺应力作用项,MSM 表示平均流中粘滞力作用项,CKMT 表示正压情况下 k_m 与 k_t 的能量转换值,BCM 表示正压情况下 k_m 与 e_m 的能量转换值,MDM 表示作用于 k_m 的分子耗散项。诊断方程(2)中 MTEM 表示 e_m 的平均输送项,ETH 表示热量湍流输送项,WMP 表示平均气压作用项,CEMT 表示正压情况下 e_m 与 e_t 的能量转换值,GEM 表示作用于 e_m 的非绝热作用项。诊断方程(3)中 TKT 表示 k_t 的平均输送项,MSE 表示扰动流中黏滞力作用项,BCE 表示斜压情况下 k_t 与 e_t 的能量转换值,MDE 表示作用于 k_t 的分子耗散项。诊断方程(4)中 TET 表示 e_t 的平均输送项,WPP 表示扰动气压作用项,GET 表示作用于 e_t 非绝热作用项。

结合上述诊断方程,文中将低涡增强阶段的能量演变视为背景平均场下由低涡发展诱发扰动场的变化过程,其中背景平均场是指某一特定较大范围格点区域内能量的纬向平均场,而扰动场是指低涡所在较小范围格点区域内的能量场与背景平均场差值,这一差值的变化可以较好地反映环流背景场与低涡的相互作用过程。因此,文中分别计算了背景场纬向平均动能、背景场纬向平均有效位能、扰动动能和扰动有效位能,以及它们各自的收支项,根据相应计算结果,重点研究了低涡增强阶段中尺度对流低涡能量演变特征和影响机制。

根据诊断方程(6)、(8)分别计算得到了低涡增强阶段(6 月 1 日 19 时—6 月 2 日 02 时)扰动动能和扰动有效位能的水平分布，计算结果如图 4、图 5 所示：

从图 4 可以看出，对流层低层 850 hPa 尽管 6 月 1 日 19 时风场上无明显气旋式涡旋，但在湖北中部地区存在显著的风切变，湖北中南部地区风场零星分布着较弱的扰动动能高值区，6 月 1 日 20 时湖北中部地区风场气旋性辐合加强，根据前文实况场可知，此时低涡刚刚形成，湖北中南部地区风场扰动动能较低涡出现前呈现显著增强的趋势。此后低涡继续发展加强，中南部地区的扰动动能高值区范围继续扩大，主要向湖北北部地区及鄂东北方向扩展。直至低涡发展成熟时(6 月 2 日 02 时)，扰动动能达到最强。因此，低涡外围扰动动能的增强随 MCV 发展而增强，这与文献(Fu，et al，2015)得出长江流域长生命史低涡外围扰动动能的分布特征一致。

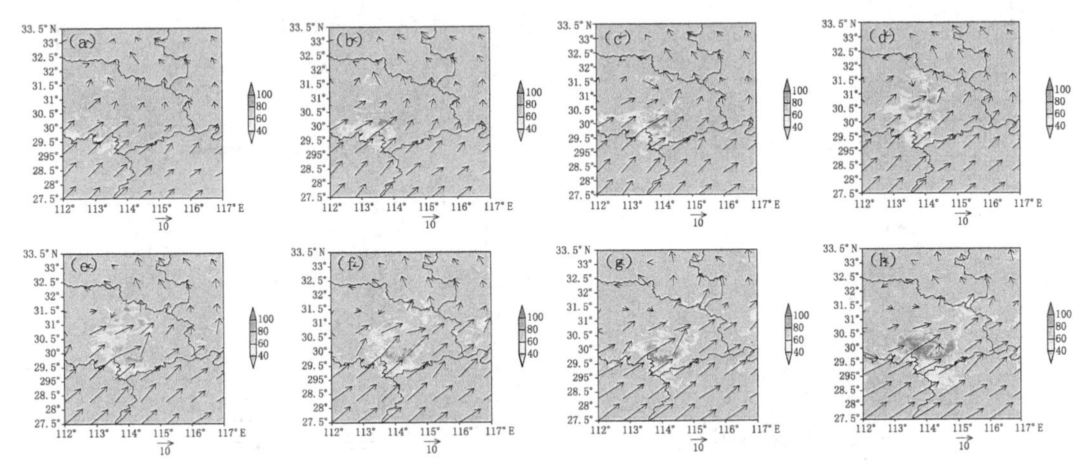

图 4　6 月 1 日 19 时—6 月 2 日 02 时逐时 850 hPa 扰动动能的分布(a～h)
(色阶分别表示扰动动能，单位：J/kg；箭头表示风场，单位：m/s)

从图 5 可以看出，对流层高层 200 hPa 扰动有效位能与降水分布有极好的对应关系，也是由早期的三中心分布演变为后期的纬向分布。此外，低涡外围的扰动有效位能伴随低涡移动

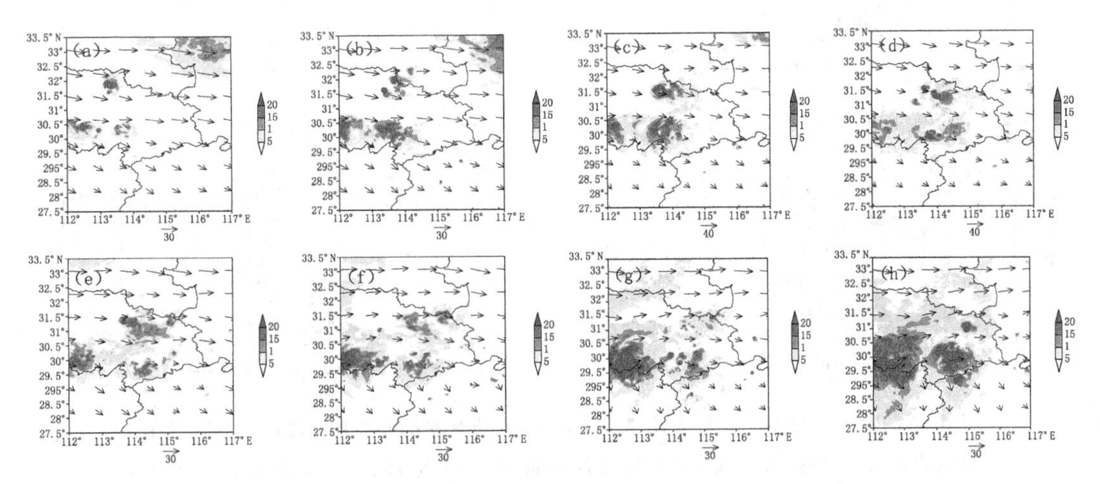

图 5　6 月 1 日 19 时—6 月 2 日 02 时逐时 200 hPa 扰动有效位能的分布(a～h)
(色阶分别表示扰动有效位能，单位：J/kg；箭头表示风场，单位：m/s)

过程中呈现先增大后减小的趋势。这主要是由于降水产生潜热释放，而潜热与扰动位温有密切关系，同时根据方程(6)可知，扰动位温是扰动有效位能的主要影响因子，降水强度随低涡发展呈现先增强后减弱再增强的变化趋势。因此，对流层高层扰动有效位能对应呈现上述变化。

基于上述扰动动能和扰动有效位能在6月1日19时至6月2日02时呈现的变化特征，沿着30°N作了纬向-垂直剖面，对二者的垂直分布特征做进一步的分析，垂直剖面见图6。

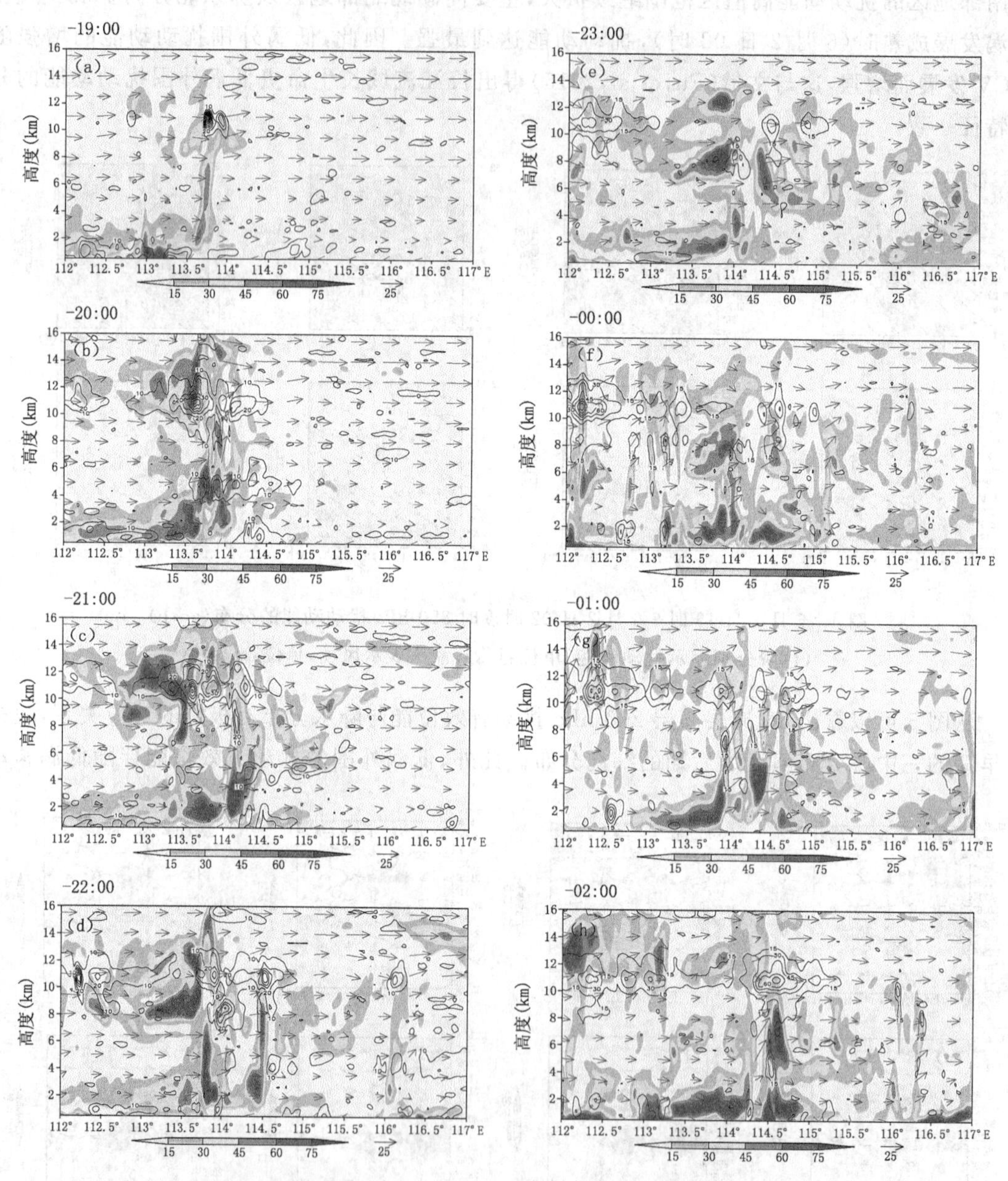

图6 6月1日19时—6月2日02时(a—h)扰动有效位能和扰动动能的垂直分布
(填色表示扰动动能，等值线表示扰动有效位能，单位：J/kg；纵坐标表示高度，单位：km)

由图6可以看出，低涡出现前(6月1日19时)，对流层高层仅有一较弱的扰动有效位能高值中心，且对流层中低层也维持较弱的扰动动能。20时低涡刚形成，一方面，由于对流层中层冷空气侵入,致使 114°E 附近对流层中层(4 km)出现扰动有效位能的高值区。另一方面,由于低涡内部垂直上升气流的持续增强,通过垂直气流作用使扰动有效位能向上输送,致使 113.5°E 附近对流层高层(11 km)出现扰动有效位能的高值区,且此时中低层扰动动能较 19 时显著增大。21 时对流层高层继续维持较强的扰动有效位能,而对流层中层的扰动有效位能高值区逐渐东移。22 时对流层中层扰动有效位能高值区减弱消失。23 时低涡发展东移,扰动动能稍微减弱,与此同时,高层积聚的扰动有效位能也开始调整。6 月 2 日 01 时受垂直上升气流的影响,114.5°E 附近对流层高层重新积聚新的扰动有效位能,直至 02 时对流层高层的扰动有效位能达到最强,且对流层低层的扰动动能也达到最强。因此,低涡内部垂直气流的作用对于高层扰动有效位能的变化有重要影响。

6 MCV 增强阶段能量收支的变化

为了进一步弄清低涡增强阶段扰动动能和扰动有效位能呈现上述变化特征的原因,根据诊断方程(3)、(4),分别计算了低涡增强阶段扰动动能和扰动有效位能的各个收支项变化,将 6 月 1 日 23 时作为低涡增强阶段的代表时刻,其垂直分布特征如图 7 所示。

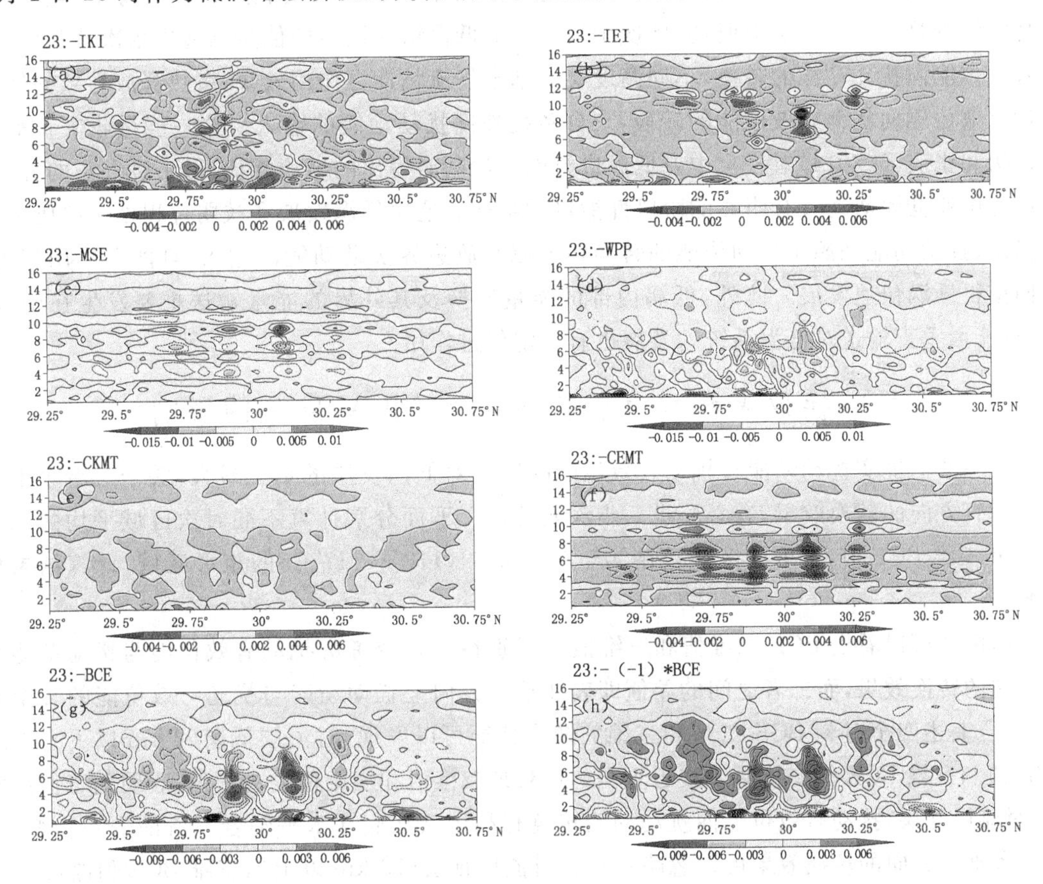

图 7 低涡增强阶段 23 时沿着 113.5°E 大气扰动动能和大气扰动有效位能中各项收支项的垂直分布(图 a、c、e、g 分别表示扰动动能收支项 TKT、MSE、CKMT、BCE,图 b、d、f、h 分别表示扰动有效位能收支项 TET、WPP、CEMT、BCE,单位:J/kg)

对于扰动动能而言，TKT 项的分布结果可以看出低涡外围南侧 28°N 附近地区对流层低层存在明显的扰动动能输入，表明低涡南侧对流层低层扰动动能的输入对此次低涡发展有重要贡献。而从 MSE 项的分布可以看出，在低涡外围南北侧对流层中高层零星分布着高值和低值中心，且该值具有明显的垂直分层分布特征，这是由于低涡不同高度层基本气流的风向和风速不同，对应其黏性力作用效果具有显著的分层差异。CKMT 项的分布亦表明纬向平均动能与扰动动能的转换对低涡发展的贡献作用可以忽略不计。对于扰动有效位能而言，从 TET 项的分布可以看出低涡的南侧和北侧对流层中高层零星分布着扰动有效位能的高值和低值中心，表明扰动有效位能在对流层上下层之间存在着能量的传递。WPP 项分布表明低涡中心附近扰动气压减弱对低涡的发展增强有利。CEMT 项在低涡增强阶段分层分布特征明显，这是由于低涡不同高度层温度平流具有分层差异，因而低涡产生的扰动有效位能不同，导致不同高度层的扰动有效位能与平均有效位能的转换效果出现分层差异。而对于衡量扰动动能与扰动有效位能转换效果的 BCE 项而言，从其分布可以看出高值区连续分布在低涡的周围，其强度和范围较其他收支项有显著差异(强度大、范围广)，表明扰动动能与扰动有效位能的转换是影响低涡发展的主要因子，这与孙力(1998)围绕一次典型东北冷涡发展过程诊断得出的能量演变特征结论是一致的。综上所述，此次中尺度对流低涡增强期内的能量制造项依次分别为：扰动有效位能向扰动动能的转换，不同高度层的基本气流粘性力作用效果，潜热释放导致的纬向平均有效位能向扰动有效位能的转换，来自系统外部扰动动能的输入。这一能量收支特征与杨莲梅和张庆云(2014)对一次中亚低涡进行能量诊断时得出的结论相比，做了进一步的补充，她认为中亚低涡活动具有明显的阶段性能量学特征。这次低涡发展和减弱过程处于斜压不稳定状态，扰动动能来源于扰动位能的转换和区域开放边界扰动动能的输入，且两者作用相当，它们使得低涡快速发展。此外，低涡内部的能量转换及其外界的能量输送主要发生在中、高层，且能量垂直输送对低涡系统的发展也有一定促进作用。

7　能量水平转换效果和垂直转换效果对 MCV 发展的影响

上一节已证实扰动动能与扰动有效位能的转换对低涡发展的贡献最大，关于二者水平方向和垂直方向的转换效果，有必要进一步深入分析。下面分别计算不同时次区域平均的二维 BCE 和三维 BCE 值，选取的区域范围为(29°－33°N，112°－117°E)的矩形区域，计算结果如图 8。

由图 8 可以看出 BCE 二维值和三维值的区别在于是否考虑扰动有效位能与扰动动能垂直方向的转换效果，而二者之间的差值即表征垂直方向上扰动动能与扰动有效位能的转换效果，综合上述四个时刻 BCE 二维和三维的转换特征可以发现，对流层低层(2 km 以下)，二维 BCE 值和三维 BCE 值变化曲线接近重合，且 BCE 二维值和三维值均为正值，表明随着低涡发展，对流层低层，扰动有效位能向扰动动能转换有利于低涡底部水平辐合气流的进一步增强，且二者垂直方向的转换效果可以忽略不计。对流层顶层(12 km 以上)，三维 BCE 值略高于二维 BCE 值，且 BCE 二维值和三维值也均为正值，表明随着低涡发展，扰动有效位能向扰动动能转换有利于低涡顶部水平辐散气流的增强。对流层中高层(4～12 km)三维 BCE 值远小于二维 BCE 值，且二维 BCE 值为正，三维 BCE 值为负，表明随着低涡发展，由于低涡内部垂直上升气流的作用，有利于扰动动能向扰动有效位能转换。而如果不考虑垂直上升气流的作用，

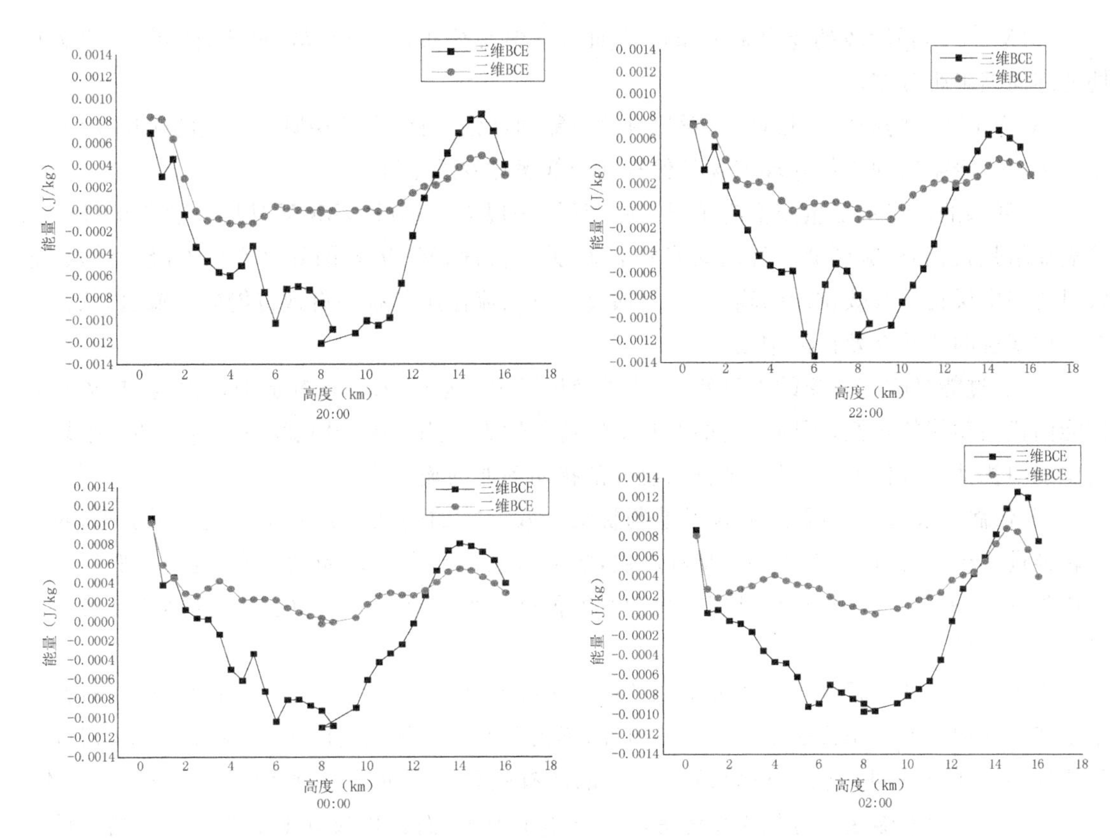

图 8　低涡增强阶段不同时刻区域平均的二维 BCE 值和三维 BCE 值的垂直分布

（x 轴代表垂直高度，单位：km；y 轴代表能量值，单位：J/kg）

扰动有效位能向扰动动能转换有利于低涡继续维持。综上所述，此次中尺度对流低涡增强阶段，对流层低层（2 km 以下）和对流层顶层（12 km 以上），扰动有效位能向扰动动能转换有利于辐合、辐散气流的进一步增强，而对流层中高层（4～12 km）由于低涡内部上升气流的作用，有利于扰动动能向扰动有效位能转换。其储备的有效位能待低涡发展成熟，上升气流减弱后，重新转化为动能，以满足低涡继续维持所需的能量。这一转换机制与汪钟兴（1996）研究梅雨涡旋与环境场动能的相互作用得出的结论一致，他指出梅雨涡旋增强阶段动能收支表现为在对流层高、低层制造动能，且为主要能源，中层则有动能破坏，并有水平动能输入来补偿。他将这种垂直分布特征归结为：对流凝结所释放的潜热一般位于中层，由此将引起高层等压面抬升，低层等压面下降，从而促使高、低层制造动能。

8　结论与讨论

围绕 2015 年 6 月 1 日华中地区的一次中尺度对流低涡（MCV）天气过程，通过 WRF 模拟和能量诊断的方法，重点分析了低涡增强阶段的能量分布特征及其对低涡发展的影响机制，主要研究结论如下：

（1）此次 MCV 初生于湖北中部地区，低涡生成后向湖北东北部大山区移动且不断发展增强，低涡发展过程中出现强烈的上升气流以及强降水中心，表明该次低涡天气过程具有显著的中尺度对流系统特征。

(2)MCV 增强阶段的降水带分布由早期的三中心分布(位于宜昌、荆州、随州)演变为后期的纬向型雨带分布。

(3)降水产生的凝结潜热释放,对流有效位能的增强,对流层低层暖湿气流的输送,以及对流层中层干冷空气的入侵等环境场条件有利于低涡的发展增强。

(4)低涡的发展对能量演变有重要影响,具体表现为:一方面,MCV 外围辐合气流随低涡发展而增强,引起对流层低层扰动动能的增加,另一方面,MCV 外围降水产生的凝结潜热,导致对流层中层扰动有效位能的增加,之后通过垂直气流作用使扰动有效位能向上输送,从而使对流层高层的扰动有效位能增强。

(5)通过能量收支诊断的方法得知,此次 MCV 增强阶段的能量制造项依次为:扰动有效位能向扰动动能的转换,不同高度层的基本气流黏性力作用效果,潜热释放导致的纬向平均有效位能向扰动有效位能的转换,来自系统外部扰动动能的输入。

(6)低涡发展移动过程中,扰动动能与扰动有效位能的转换是其主要的能量制造项,对二者转换进一步分析可知,对流层低层和高层,扰动有效位能向扰动动能转换,有利于低涡的发展增强,而对流层中高层,扰动动能向扰动有效位能转换,为低涡发展成熟后的继续维持储备了必要的能量。

作为中尺度低涡系统已有研究工作的进一步延伸,围绕初生于大别山地区的低涡,对其能量演变特征和影响机制开展了一系列的研究,不仅证实了在低涡发展初期,除冷空气入侵导致斜压性的增强以及对流性潜热释放是某一地区有效位能增加的主要作用因子外(杨信杰,1988),垂直气流的输送也应是需要考虑的主要作用因子,而且也较好地解释了在低涡发展初期,暴雨区内低层的能量转换特征为有效位能向辐散风动能转换,高层则相反(孙淑清等,1993)。但是不可否认,本研究仍然有许多不足,例如文中的能量诊断主要围绕动能和有效位能展开,对于低涡增强阶段热能的变化及其与其他能量的转化却没有涉及。此外,低涡增强阶段具有显著的对流特征,因此,会诱发一些小尺度天气系统,这些小尺度系统与中尺度低涡之间也存在能量的传递,文中对二者之间的传递特征也没有深入分析。因此,等将来观测资料进一步丰富,WRF 模式进一步优化,以及对于不同尺度系统间相互影响和反馈机制的认识进一步深入后,再来对文中的相关研究内容进行完善和订正。

参考文献

董元昌,李国平,2015. 大气能量学揭示的高原低涡个例结构及降水特征[J]. 大气科学,**29**(6):1136-1148.

傅慎明,2009. 引发强降水的西南低涡结构特征及其发生发展机理研究[D]. 北京:中国科学院大气物理研究所.

谷文龙,2008. 长江下游梅雨锋中尺度涡旋统计分析与模拟研究[D]. 南京:南京信息工程大学.

胡伯威,潘鄂芬,1996. 梅雨期长江流域两类气旋性扰动和暴雨[J]. 应用气象学报,**7**(2):138-144.

雷雨顺,1986. 能量天气学[M]. 北京:气象出版社:34.

李耀东,刘建文,高守亭,2004. 动力和能量参数在强对流天气预报中的应用[J]. 气象学报,**62**(4):401-409.

毛贤敏,曲晓波,1997. 东北冷涡过程的能量学分析[J]. 气象学报,**55**(2):231-238.

苗春生,吴旻,王坚红,等,2014. 一次浅薄低涡暴雨过程数值模拟及发展机制分析[J]. 气象,**40**(1):28-37.

盛裴轩,毛节泰,李建国,等,2003. 大气物理学[M]. 北京:北京大学出版社:132.

孙建华,李娟,沈新勇,等,2015. 2013 年 7 月四川盆地一次特大暴雨的中尺度系统演变特征[J]. 气象,**41**(5):

533-543.

孙力,1998. 一次东北冷涡发展过程中的能量学研究[J]. 气象学报,**56**(3):349-361.

孙淑清,田生春,杜长萱,1993. 中尺度低涡发展时高层流场特征及能量学研究[J]. 大气科学,**17**(2):137-147.

汪钟兴,1996. 梅雨涡旋与环境场动能的相互作用[J]. 热带气象学报,**12**(1):91-96.

谢义炳,1978. 能量天气分析、预报方法的现状和将来的可能发展[J]. 气象科技(2):5-9.

杨莲梅,张庆云,2014. 一次中亚低涡中期过程的能量学特征[J]. 气象学报,**72**(1):182-190.

杨信杰,1988. 江淮气旋的能量变化[J]. 气象学报,**46**(4):486-491.

张敬萍,傅慎明,孙建华,等,2015. 夏季长江流域两类中尺度涡旋的统计与合成研究[J]. 气候与环境研究,**20**(3):319-336.

Fred Kucharski, Alan J,2000a. Upper-level barotropic growth as a precursor to cyclogenesis during FASTEX [J]. Quart J R Meteor Soc, **126**:3219-3232.

Fred Kucharski, Alan J. Thorpe,2000b. Local Energetics of an Idealized Baroclinic wave using extended Exergy[J]. J A S,**57**:3272-3284.

Fu S M, Sun J H, Zhao S X, et al,2011. The energy budget of a southwest vortices with heavy rainfall over South China[J]. Adv Atmos Sci,**28**(3):709-724.

FU S, Li W, Ling J, 2015. On the evolution of a long-lived mesoscale vortex over the Yangtze River Basin [J]. J G R,**120**(23):11889-11917.

Lorenz E N,1955. Available potential energy and the maintenance of the general circulation[J]. Tellus,**7**(2): 157-167.

Van Mieghem J, 1973. Atmospheric Energetic[M]. New York(USA):Oxford University Press:1-306.

2016年湖南春季典型风雹过程分析

唐明晖　王青霞　石燕青

（湖南省气象台，长沙 410000）

摘　要

利用常规观测资料、地面加密自动气象站观测资料、地面 WP(危险天气报)资料对 2016 年湖南春季(3—4 月)的风雹天气进行统计，发现 2016 年的风雹天气和正常年相比，在发生频次和时间上均表现出一定的特殊性：(1)频次比往年多。(2)往年风雹天气主要集中在午后到傍晚，到了后半夜，其发生的概率相对来说较低；而今年均在夜间开始发展，且在 22 时—次日 05 时有一个集中发展时段。(3)2016 年风雹影响区域比往年明显偏南。在此基础上选取 3 次典型的风雹过程进行对比分析，并重点分析了 4 月 15—17 日强飑线过程的断裂—再生过程中的多普勒雷达回波特征。研究结果表明：(1)这 3 次风雹过程发生时高空均有低槽东移，湖南处于高空槽前；中层有干舌、下层有湿区，上干下湿；低空有急流、切变线、暖脊发展；且对流产生前中低层已经存在干线，风雹出现在大气层结不稳定区($T_{850-500} \geqslant 25$ ℃，$T_{700-500} \geqslant 15$ ℃、上干下湿)、干线、地面辐合线重叠区域。(2)3 次风雹过程的差异表明，预报风雹过程不仅要关注低空急流的发展，也要关注 500 hPa 中空急流和 925 hPa 超低空急流的发展情况；中空急流的出现是区域性雷暴大风能否产生的一个非常关键的预报依据；而超低空急流的发展可能对区域性冰雹的发展有一定的削减作用。(3)中低层干冷空气侵入使得 4 月 15—17 日强飑线过程在断裂后再次弥合并发展；径向速度特征表现出的“中低层明显的辐合”预示着飑线的长时间维持。(4)风廓线资料显示的“底层风顺转、低层到中层风向逆转”反映了垂直方向上冷暖平流的叠加导致平江 10 min 内出现了 3 次雷暴大风。(5)在发布雷暴大风预警时需重点关注移动速度较快的风暴单体；对移入静锥区的强回波进行预警时要考虑到很有可能并不是回波本身衰减造成的，而是受到静锥区的影响导致强回波减弱，故更应关注是否有中层径向辐合等其他显著特征的出现。

关键词：春季　风雹　雷暴大风　飑线　断裂　弥合

引言

风雹是湖南省重要灾害性天气之一，虽然影响范围小、时间短，但来势迅猛、强度大，并常伴有雷暴大风、短时强降水等灾害性天气。近年来诸多学者围绕风雹天气时空分布、气候特征、天气分析及数值模拟等方面开展了研究工作，取得了明显进展(官莉等，2012；吴芳芳等，2013；杨程等，2014)。由于风雹天气各种特征空间尺度更小，持续时间短，给预警和短时临近预报工作带来挑战。目前具有高时空解析能力的多普勒天气雷达、风廓线仪、闪电定位仪等探测设备的密集布设，以及高时间分辨率的卫星观测数据大幅度增强了监测预警此类强天气的能力。应用天气雷达探测数据开展的强冰雹雷达回波特征分析工作开展最为广泛(廖玉芳等，2007；吴剑坤等，2009；吴芳芳等，2013；胡胜等，2015)，天气雷达在强对流天气的监测与预警方面具有无可比拟的优势，并已发挥了明显作用。

2016 年是超强厄尔尼诺事件的次年，2016 年春季受其影响，印度洋暖海温持续增强，且西太平洋到印度洋一带基本为异常反气旋环流控制，中国南方地区主要受其外围异常西南风水汽输送的影响，从而为这些地区降水偏多提供了有利条件（袁媛等，2014；邵勰等，2016）。而 2016 年春季(3—4 月)相比往年，湖南强对流天气更是频发。对此期间的风雹天气过程进行统计，统计的标准为(08—08 时)：国家站出现雷暴大风或冰雹中的任一种灾害性天气；共统计出 6 次风雹天气。从影响系统来看，6 次过程均有高空槽或高空波动、低层切变线配合，相对而言，低空急流位置及强度则各有不同；其中 5 次过程地面前期有倒槽发展，后期有冷空气侵入，使得对流触发或增强(表 1)。和平常年 3—4 月的风雹天气过程相比，表现出以下特征：①频次比往年多；②往年风雹天气主要集中在午后到傍晚，到了后半夜，其发生的概率相对较低；而 2016 年均在夜间开始发展，主要集中时段为 21 时—次日 05 时。③风雹天气只有一次影响了湘中以北，相对而言风雹天气的影响区域比往年偏南。而 2016 年的风雹天气和以往的正常年相比的这种差异，应该和强厄尔尼事件有一定的关系。为了全面了解 2016 年春季湖南风雹天气的特点，对 3 月 19—20 日、4 月 2—3 日、4 月 15—17 日三次较典型的风雹过程的天气形势进行对比分析，并利用多普勒雷达探测资料对 4 月 15—17 日的过程进行重点分析，以探讨 2016 年春季湖南典型风雹天气的预报着眼点。

表 1　2016 年 3—4 月湖南风雹过程及影响系统

序号	过程	开始发展时间	天气类型			影响系统	底层的触发机制	影响范围
			强降水	雷暴大风	冰雹			
1	3 月 19—20 日	19 日 22 时	√	局地	区域	低层切变、高空槽、低空急流偏南、地面倒槽、地面有冷空气侵入	辐合线、干线	湘西、湘南
2	4 月 2—3 日	2 日 21 时	√	局地	局地		辐合线、干线	湘西
3	4 月 9—10 日	9 日 02 时	√	局地	局地	低层切变、高空槽、低空急流、地面倒槽、地面有冷空气侵入	辐合线、干线	湘中、湘南
4	4 月 13 日	13 日 01 时	√	局地	局地	低层切变、高空槽、低空急流偏南、地面弱冷空气侵入	辐合线	湘南
5	4 月 15—17 日(强)	15 日 23 时	√	区域	局地	低层切变、高空槽、低空急流、地面倒槽、地面有冷空气侵入	辐合线、干线	湘西、湘中、湘东南
6	4 月 19—20 日	19 日 00 时	√	√	√		辐合线	湘中偏北

1　3 次风雹天气过程实况及天气形势对比分析

1.1　3 次风雹过程实况

3 月 19—20 日、4 月 2—3 日、4 月 15—17 日湖南均出现了风雹天气，但这三次过程雷暴大风、冰雹的实况各有不同(图 1～3，表 2)：4 月 15—17 日过程，雷暴大风实况都表现出区域性;3 月 19—20 日这次则与其相反,冰雹实况表现出区域性,而雷暴大风以局地为主;4 月 2—3 日这次无论是冰雹还是雷暴大风都表现出局地性。

第一次过程:3 月 19 日晚短时强降水和雷电在湘南开始发展,19 日 23 时给湘南郴州、永州带来了明显的冰雹天气;20 日上午扩展到湘中偏北地区,午后在湘中、湘南再次发展,给湘南地区带来区域性冰雹天气(国家站 6 站・次)。第二次过程:4 月 2 日晚强降水和雷电从湘西开始发展,强对流主要集中在湘中以南位置,出现了较分散的雷暴大风(国家站 4 站・次)和局地的冰雹(麻阳)。第三次过程:其本质是两次飑线过程,4 月 15 日晚—4 月 16 日上午,强对流从湘西北开始发展,东移扫过湘中一带,并快速南压到湘东南;4 月 16 日晚—4 月 17 日上午,对流再次从湘西南开始发展,东移南压影响湘中、湘南地区。本次过程出现了 13 站・次雷暴大风和 1 站・次的冰雹天气。综合来看,4 月 15—17 日风雹强度最强,3 月 19—20 日次之,4 月 2—3 日强度最弱。

表 2　3 次风雹天气过程实况及影响区域对比

	3 月 19—20 日	4 月 2—3 日	4 月 15—17 日
国家站	冰雹 6 站・次;雷暴大风 1 站・次	雷暴大风 4 站・次;冰雹 1 站・次	雷暴大风 13 站・次、冰雹 1 站・次
风雹影响强度	中	弱	强
风雹影响范围	湘中以南	湘西、湘南	除湘北外,飑线自西向东,自北向南影响

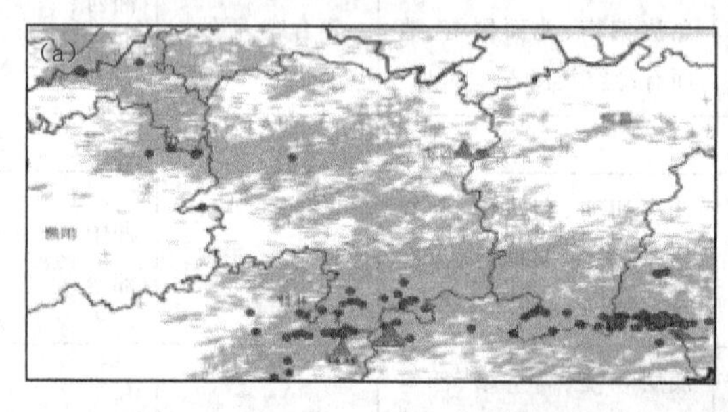
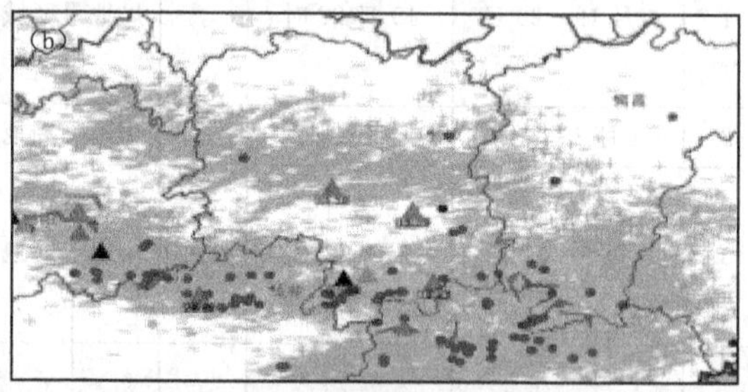

图 1　3 月 19 日 08 时—20 日 08 时(a)、20 日 08 时—21 日 08 时(b)湖南强对流(雷暴大风、冰雹、短时强降水≥20 mm/h)分布

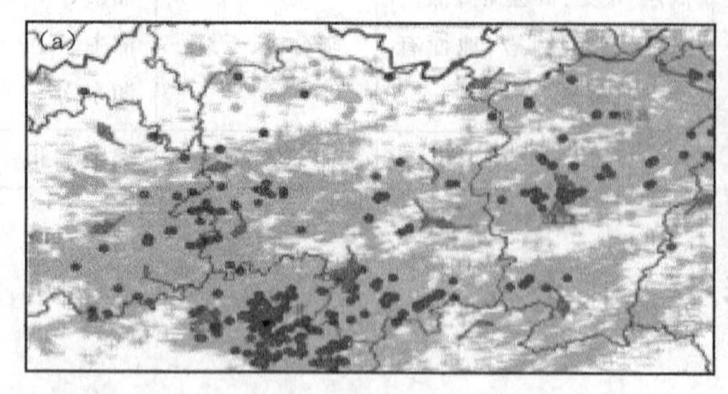
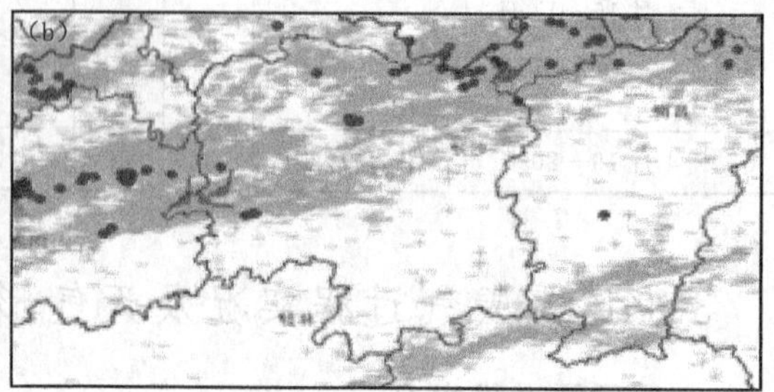

图 2　4 月 2 日 08 时—3 日 08 时(a)、3 日 08 时—4 日 08 时(b)湖南强对流实况监测

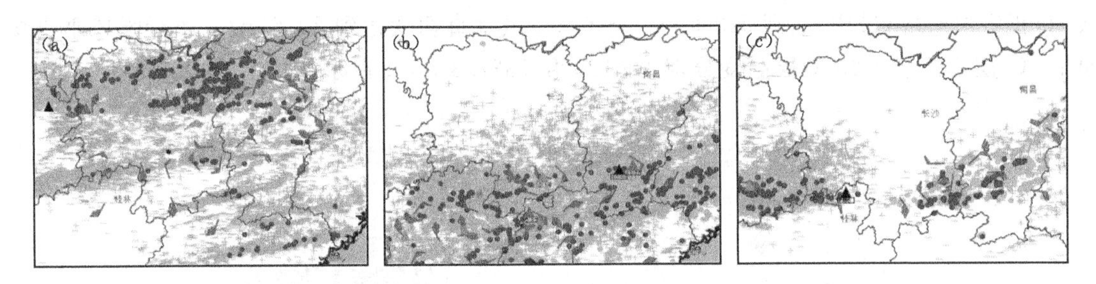

图 3　4 月 15 日 08 时—16 日 08 时(a)、16 日 08 时—17 日 08 时(b)、
17 日 08 时—18 日 08 时(c)湖南强对流实况监测

1.2　3 次风雹过程天气形势分析

(1)3 月 19—20 日过程

3 月 19 日晚对流开始从湘南发展，20 日上午扩展到湘中偏北地区，从 3 月 20 日 08 时中分析可以看出(图 4)，500 hPa 贵州西部地区有南支槽东移，湖南处于槽前，850 hPa 湘南地区有暖切变线，且整个湖南 850 hPa 温度露点差小于 5 ℃，湘中以南低层大气处在一个高温、高湿的环境中；同时该地区 850 与 500 hPa 温差大于 25 ℃，700 与 500 hPa 温度差大于 15 ℃，700 hPa 温度露点差大于 15 ℃，垂直结构上呈明显的上干下湿态势，K 指数大于 35 ℃，层结不稳定；从空间上来看，700 和 850 hPa 急流出口区、850 和 925 hPa 切变线、地面辐合线均在湘南交汇，为强对流的发生、发展提供了有利的动力条件。20 日 13—16 时道县、宜章、邵阳、衡南发生冰雹。

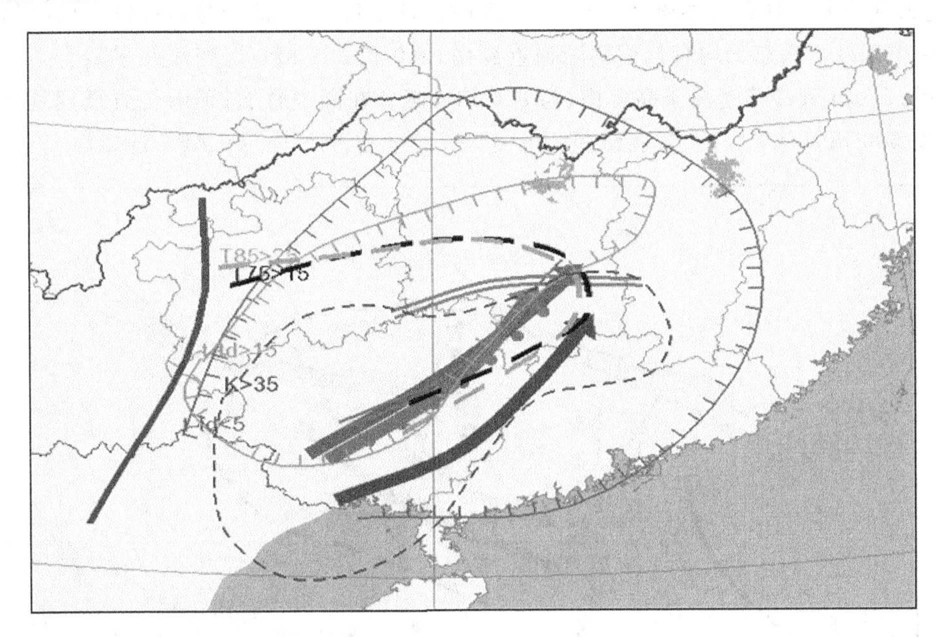

图 4　3 月 20 日 08 时主要影响系统分析

从 20 日 08 时湖南各站探空来看，$CAPE$ 值基本为 0，郴州站的 CIN 更是达到 402.8 J/kg，对流受到强烈抑制，但湘南地区地面辐合线明显，切变线及急流出口均在此处重叠，动力抬升条件较好。将温度订正为离强对流发生前的整点时间对应的地面温度，高度订正到逆温层顶的高

度，订正后郴州站 *CAPE* 达到 523 J/kg，0～6 km 风垂直切变达到 29.6 m/s，属于强风垂直切变；0 ℃ 层高度和－20 ℃层高度分别为 4125 和 7327.3 m，适宜冰雹发生、发展(图 5)。

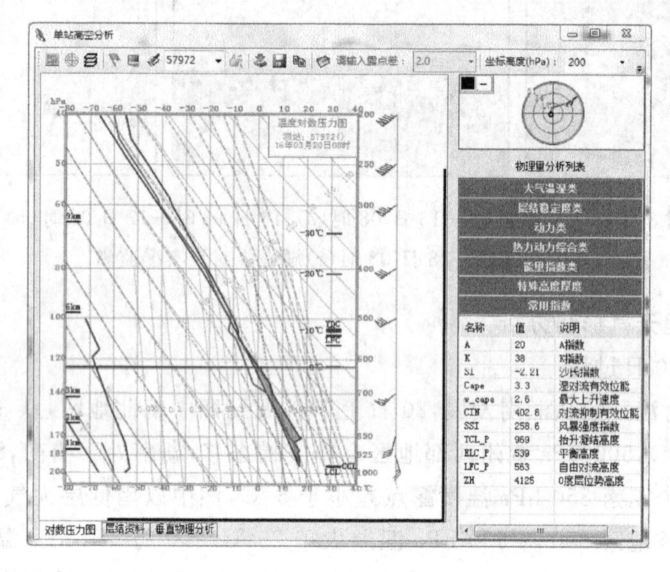

图 5　3 月 20 日 08 时郴州站探空

(2)4 月 2—3 日过程

4 月 2—3 日湘中以南出现较分散的雷暴大风、局地冰雹，4 月 2 日晚对流从湘西开始发展，风雹天气主要出现在后半夜及 3 日 13—15 时。从 3 日 08 时的中分析可以看出(图 6)，500 hPa 重庆中部及云南东部均有低槽逐渐逼近湖南，850 和 925 hPa 切变线几乎重合，位于湘中偏北一带；500 hPa 冷槽超前于高度槽、与 850 hPa 暖脊在湘中叠加；湖南全省低层均为湿区，湘中以南 500 hPa 有干区，大气层结呈上干下湿；而全省 850 与 500 hPa 温差均大于 25 ℃、

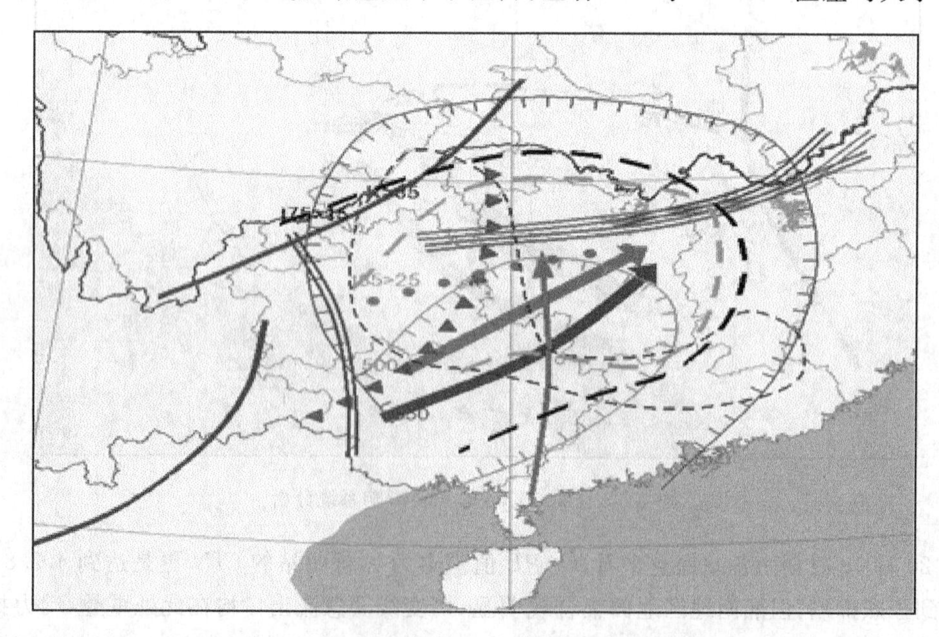

图 6　4 月 3 日 08 时主要影响系统分析

700 与 500 hPa 温差均大于 15 ℃，结合 K 指数大于 35 ℃的区域来看，湘南层结不稳定；值得注意的是，该次过程 925 hPa 有超低空急流，且 925 hPa 干线及地面辐合线为湘南风雹的发生提供了动力条件；但此次过程 700 hPa 急流、850 hPa 急流位置略偏北，所以出现的强对流天气比较分散，风雹出现在以上有利条件叠加的区域。

再从 3 日 08 时怀化站和郴州站探空来看(图 7)，两站均有上干下湿的层结结构，不同的是怀化站(湘西)925 hPa 有浅薄逆温层存在，使得 *CAPE* 仅为 8.5 J/kg，*CIN* 则达到 410.8 J/kg，对流抑制能大；而郴州站则在 500 hPa 以下均为湿层，湿层深厚，同时有 240.3 J/kg 的对流有效位能。因为怀化站逆温层浅薄，且地面有辐合线，随着地面温度的升高，逆温将被打破，因此，将怀化站温度订正为离强对流发生前的整点时间对应的地面温度，高度订正到逆温层顶的高度，订正后怀化站 *CAPE* 为 1307 J/kg，*DCAPE* 为 244 J/kg，0～6 km 风垂直切变达到 17.8 m/s，属于中等风垂直切变。

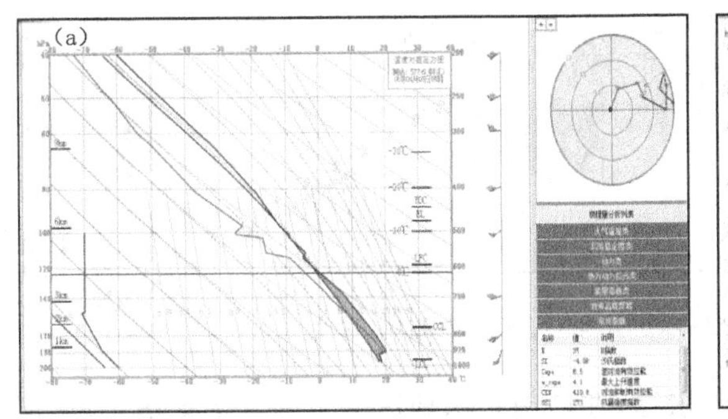
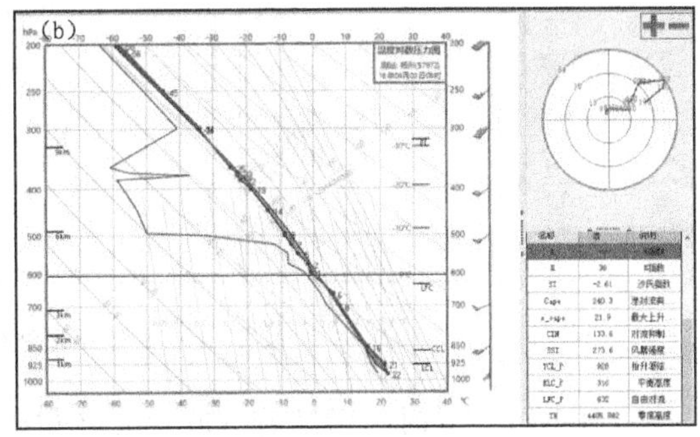

图 7　4 月 3 日 08 时怀化站(a)和郴州站(b)探空

(3)4 月 15—17 日过程

4 月 15—17 日共出现两次飑线过程，4 月 15 日晚—4 月 16 日上午，从湘西开始发展，东移扫过湘中偏北部，南压到湘东南；4 月 16 日晚—4 月 17 日上午，从湘西南开始发展，东移南压。从 4 月 15 日 20 时中分析(图 8a)可以看出，500 hPa 高空槽位于山西—陕西—甘肃一带，700 hPa 切变线位于山西—陕西一带，850 hPa 切变线位于重庆—湖北一带，属前倾槽结构，位置相对湖南而言均偏西偏北，700、850、925 hPa 急流在湘东叠加；另除湘西北外，湖南都处于上干下湿环境中，但 850 和 700 hPa 切变线离湖南位置远，且中低层急流出口区位于湘东，所

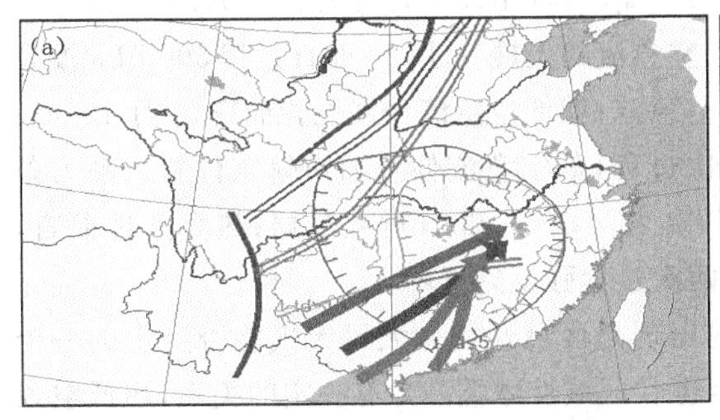
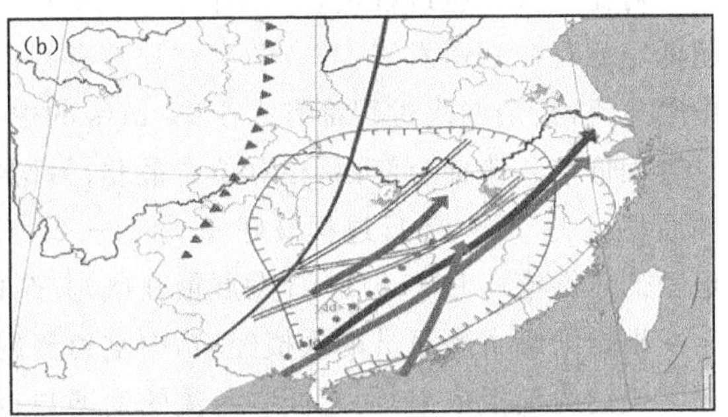

图 8　4 月 15 日 20 时(a)、4 月 16 日 08 时(b)主要影响系统分析

以强回波在湘西并没有组织化起来，而是随着低槽和切边线东移至湘中以东，在上干下湿区域发展成强飑线。到16日08时(图8b)，500 hPa高空槽东移南压至湘西北一带，高空槽后有中等强度冷空气南下，低层切变线北侧北风加大，切变线快速南压至湘南，飑线也随着快速南压，16日风雹主要发生在850 hPa暖脊、上干下湿的不稳定层结区。

从15日20时湖南三站探空来看(图9)，均呈现出上干下湿的层结结构，与前两次不同的是订正前郴州站(图9b)和长沙站(图9c)均有对流有效位能，分别为1029.8和329.3 J/kg，订正后*CAPE*值变化不大，虽然怀化站(图9a)订正前*CAPE*值较小，但经过抬升至逆温层顶高度的订正后，该站*CAPE*值明显增大至1017 J/kg；同时三站0～6 km风垂直切变均较强(怀化29.9 m/s、郴州25.1 m/s、长沙30.2 m/s)；而K指数则与前两次明显不同，郴州和长沙站仅为31和28 ℃，没有达到湖南典型对流天气的K指数阈值，通过讨论发现，K指数偏小是由于700 hPa有干空气侵入，该层温度露点差较大导致的。

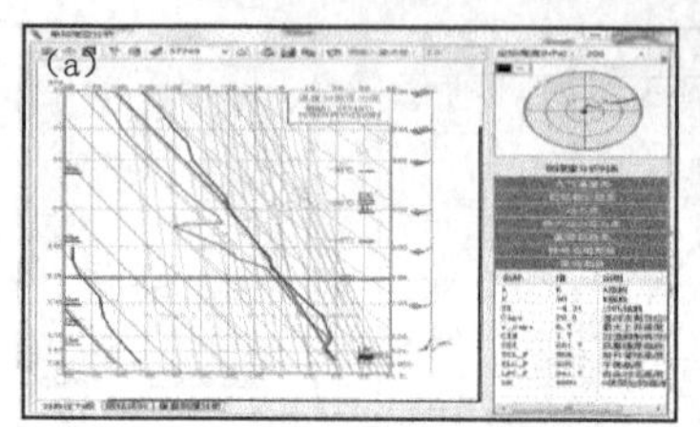

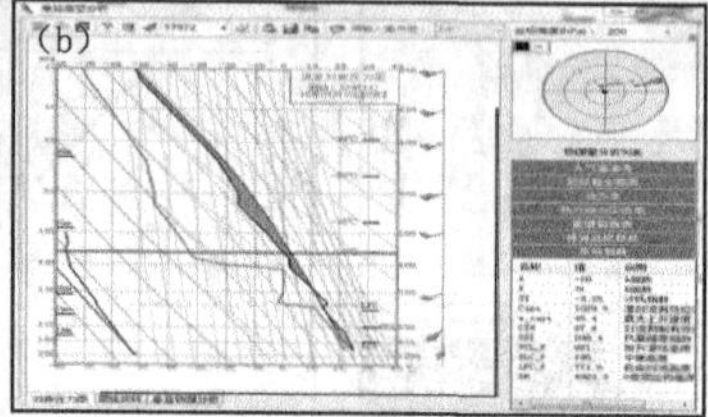

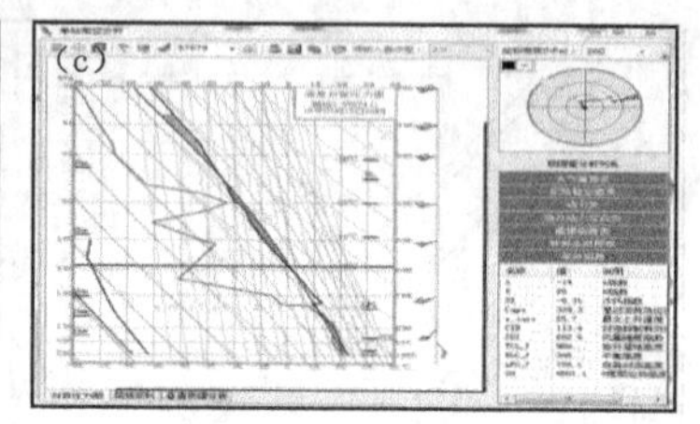

图9　4月15日08时怀化站(a)、郴州站(b)和长沙站(c)探空

4月16日20时之后随着500 hPa高空槽东移，在西南东部地区又有一个南支槽生成，同时低层在该区域有低涡生成，该低涡位置较前一次偏南，且移动方向以东移为主，到了17日上午，低涡移到湘南一带，850 hPa低涡切边附近南北风势力相当(12 m/s)，低涡北移分量较小；地面上青海地区有高压环流形成，随着冷高压的南压，在西南东南部、华南北部、江淮南部有冷锋锋生，冷锋前部有组织的对流开始形成，最后演变成一条新的飑线逐步影响西南东部、江南南部及华南大部分地区，给上述地区带来风雹天气。

对比三次风雹过程发现其相同点：高空均有低槽东移，湖南处于高空槽前；中层有干舌、下层有湿区，上干下湿；低空有急流、切变线；低层暖脊发展；且对流产生前中低层已经存在干线，风雹天气均出现在大气层结不稳定区($T_{850-500}\geqslant25$ ℃，$T_{700-500}\geqslant15$ ℃、上干下湿)、干线、地面辐合线重叠的区域。

对比三次风雹过程发现其不同点：3月19—20日过程(出现了区域性冰雹)没有925 hPa超低空急流在湘南发展，其余两次过程都有超低空急流的发展；4月2—3日过程500 hPa没有中空急流；其余两次过程都有大于25 m/s的中空急流；就低空急流伸展位置而言，4月15—17日过程低空急流伸至江西，相对位置最北；另两次过程，低空急流伸至湘南偏东位置。动力条件而言，4月15—17日过程最好，3月19—20日次之，4月2—3日过程最弱；热力条件而言，地面低压倒槽4月15—17日发展最旺盛，其余两次过程强度差异不大。

根据湖南省预报员的预报经验，中空急流的出现是区域性雷暴大风天气能否产生的一个非常关键的预报依据；而超低空急流的发展与否也和区域性冰雹产生有一定的关系，超低空急流的发展，可能对区域性冰雹的发展有一定的削减作用，而这3次风雹过程，中空急流和超低空急流对风雹过程的影响和老预报员的预报经验还是比较吻合的。

2　4月15—17日飑线过程雷达回波分析

4月15—17日过程前后共受2次飑线过程的影响，第一次飑线过程：15日23时从湘西北开始发展，扫过湘中，16日11时南压到湘东南，飑线发生前期和飑线衰减阶段也导致了局地的短时强降水、冰雹天气，局地冰雹发生在强飑线的初生前多单体强风暴阶段，飑线阶段主要以雷暴大风、短时强降水为主。而16日14时到17日02时是对流性天气间歇期，特别是16日上午湘东南受飑线的影响，能量得到了释放，但是飑线过境后，下午又开始受地面倒槽东移影响，温度在午后迅速回升，为晚上本次过程的第二次飑线的产生提供了一定的能量条件。第二次飑线过程：17日凌晨从湘西南开始发展，东移南压至湘东南。第一次飑线过程导致了8个国家站·次的雷暴大风；第二次飑线过程导致了6个国家站·次的雷暴大风。相比而言，第一次飑线影响的时间长、范围广，自西向东、自北向南扫过湖南，第二次飑线影响了湘中及湘南。

2.1　湘北飑线不同阶段的演变分析

(1)飑线发展前期分析

15日22时29分，已有积层混合性降水在湘西生成，≥50 dBZ强回波镶嵌在混合性降水回波中，对应的高度为均在8 km以上(图10a)，因暖平流比较强，此后，在回波南侧不断有新对流单体补充合并，最强回波超过60 dBZ，不仅如此，强度超过50 dBZ的强回波逐渐演变成倒“V”形(图10b)，再逐渐演变成多个小弓形回波，这些弓状回波镶嵌在宽广的积层混合性降水回波中(图10c)，受小弓形回波单体的影响，15日23时—16日00时，麻阳、吉首、泸溪、凤凰出现局地冰雹天气。

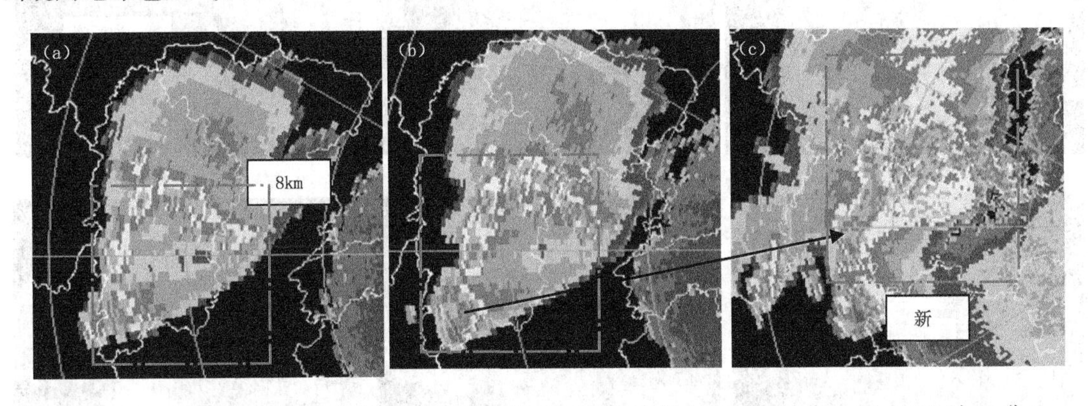

图10　0.5°仰角的反射率因子演变(a.15日22时27分，b.15日22时47分，c.16日00时24分)

(2)飑线初生及维持阶段分析

16日01时(图11a)，左下侧的小弓形回波在东移的过程逐渐拉长(南端因为有新的回波单体合并而拉长，北端则是因为与北侧的老单体合并而拉长)，01时33分(图11b)，强回波带成明显的S状，北段前侧有线状回波存在，01时26分(图11c)，线状回波和S状回波相接，发展成“人”字形回波，此后“人”字形回波东移，而“人”字形回波的西南侧一直有新的回波生成东移。01时44分(图11d)，原“人”字形强回波北侧边界逐渐变得模糊，西侧新的回波与其近乎平行。此后，西侧的回波因为移动速度加快，被并入到北侧边界已经模糊且强度有所减弱的“人”字形回波带中，02时55分(图11e)，已经演变成长飑线，飑线前沿有明显的反射率因子梯度大值区，后侧有成片的层云降水回波。46 min 后，03 时 31 分(图 11f)，飑线断裂，导致平江出现了 3 个时·次的雷暴大风天气。但断裂后 2 个体扫飑线又弥合，此后飑线继续东移南压。05 时，飑线长度达到了 230 km，飑线内部有多个弓形回波发展。距离飑线 25 km 的西侧，在湘中有西南一东北向的回波生成并东移南压，因为它东移的速度较快，因此，05 时 35 分合并到其东部的飑线中，但 05 时 35 分，飑线北侧已经开始走向衰减，南侧因为有新的回波带的移入，持续扫过湘南的衡阳、株洲、郴州等地区。

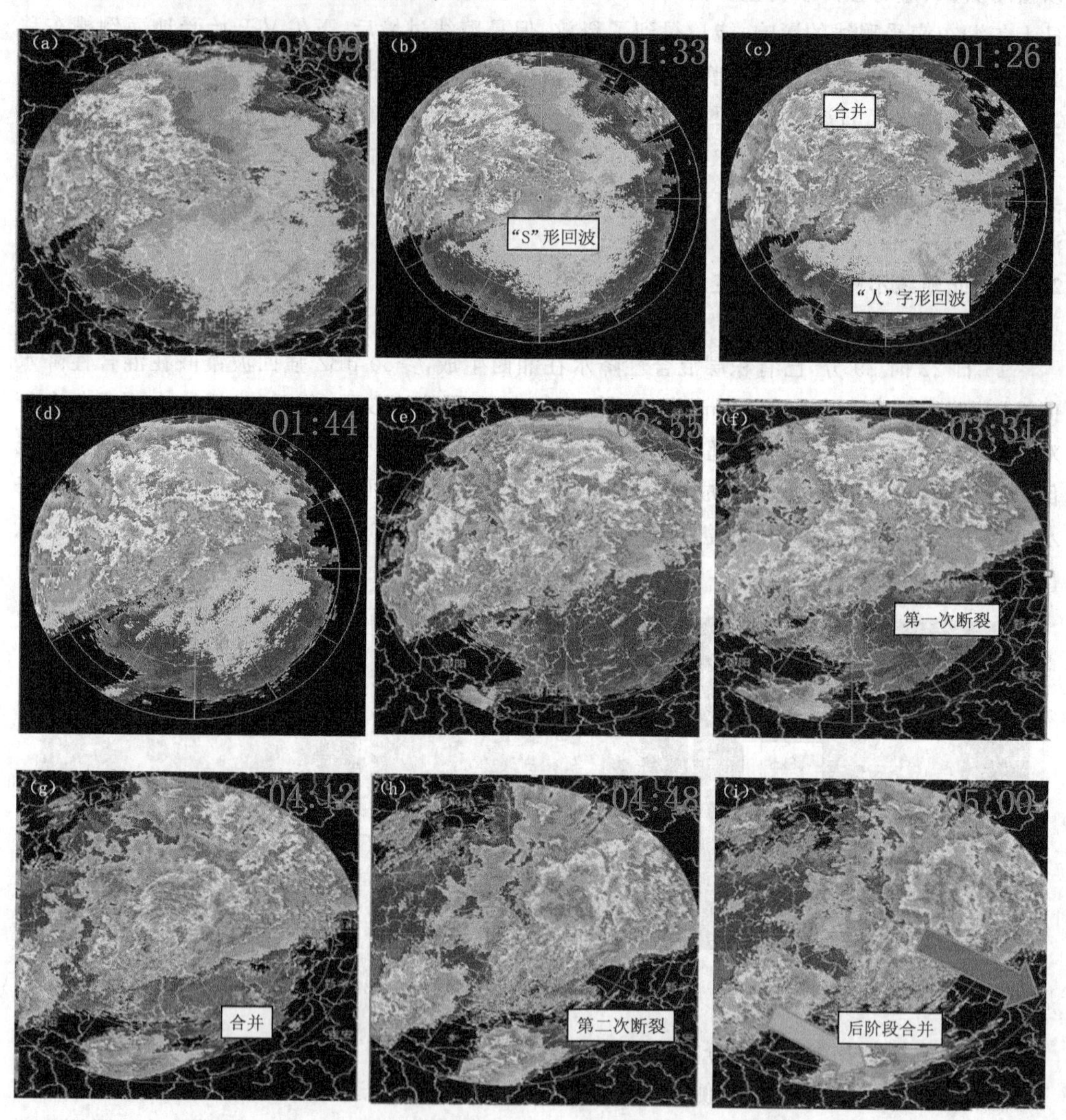

图 11　长沙雷达组合反射率因子演变(a～i. 16 日 01 时 09 分—05 时)

2.2　飑线断裂再弥合原因分析

第一次飑线过程从初生到最后走向衰亡，共维持 6 h 左右，期间经历了 2 次断裂和弥合阶段，其中第 1 次断裂后维持超过半小时，又出现了弥合，为什么会导致这种情况出现？是什么样的局地的环境场对它产生影响？下文将从长沙雷达反演的间隔 6 min 风廓线资料进行详细分析。16 日 01 时 38 分以前，“ND”层出现在 3.0～4.5 km(图 12a)以及 6.7 km 以上，01 时 38 分以后，此前的“ND”层陆续转为西南风(图 12a)，02 时 44 分以前，西南风伸展的厚度高，水汽条件非常好(图 12b)，这种风场特征维持了 1 h。02 时 44 分开始，此前 0.6～3.0 km 的西南风开始转为“ND”层，表示中低层干冷空气侵入，但是“ND”层扩展到 1.5～3.0 km 高度，干冷空气层的增厚，破坏了位势不稳定层结以及中低层的水汽供应，导致飑线短暂断裂(图 12c)；03 时 37 分开始，1.8 km 由西北风转为西风或西南偏西风后，干冷空气变得浅薄，而这种相对浅薄的冷空气侵入有利于触发对流，导致飑线出现了弥合(图 12d)。飑线影响岳阳平江出现了短暂的断裂，导致了 10 min 3 次雷暴大风天气，但在有利的环境条件下，飑线 2 个体扫后就弥合发展，并持续。

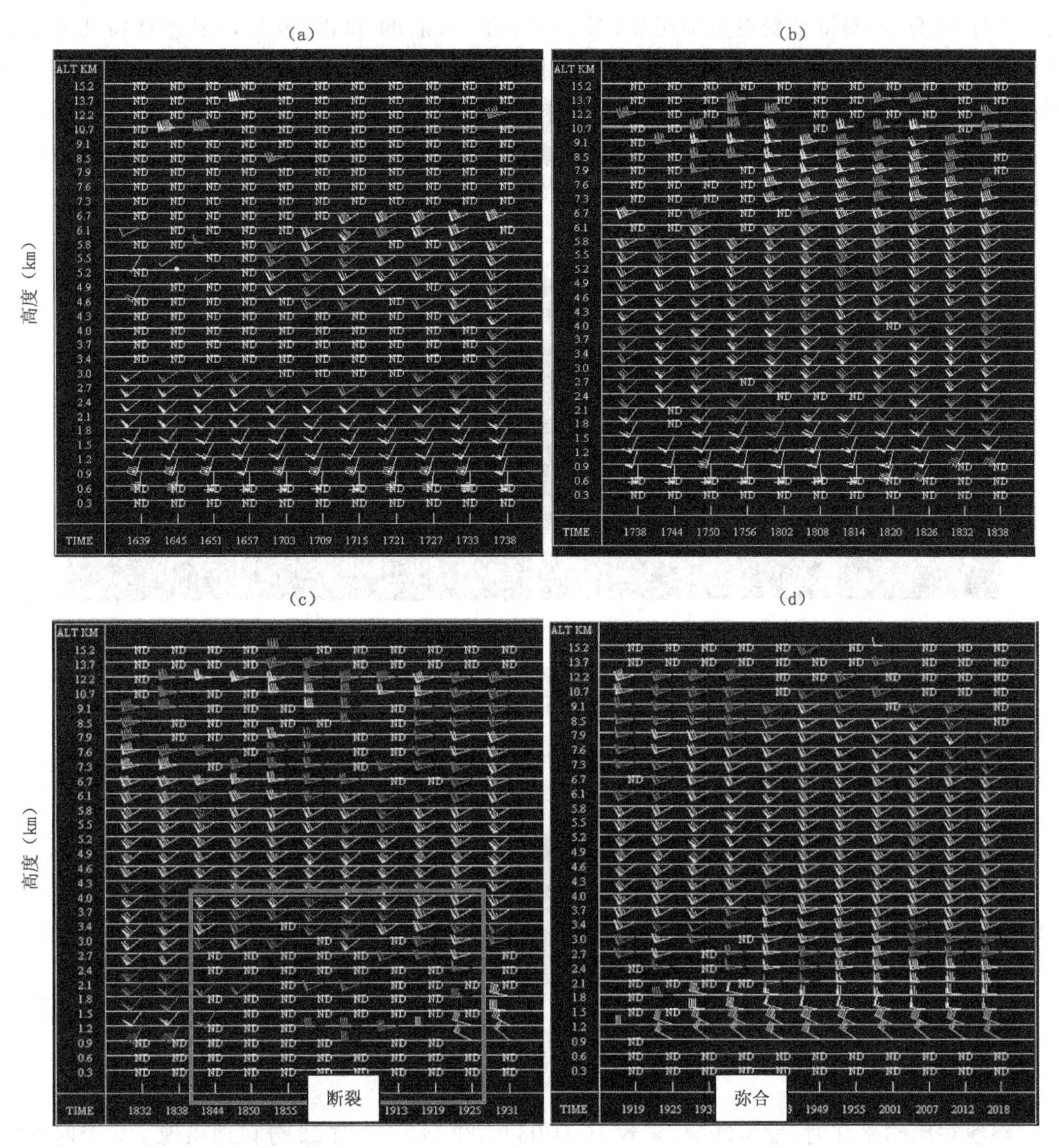

图 12　长沙雷达风廓线分析 16 日 00 时 39 分—01 时 38 分(a)、01 时 38 分—02 时 38 分(b)、02 时 32 分—03 时 37 分(c)、03 时 19 分—04 时 18 分(d)

从以上分析可知，虽然本次飑线在发展东移的过程中出现断裂，但在有利的环境条件下均得到弥合并发展，那是什么样的环境条件使得飑线得以长时间维持呢？以下从大尺度的环境风场来对其进行分析。

对本次飑线的径向速度图进行追踪，发现从16日01时开始到05时，速度图中低层均维持明显的辐合，表现出负速度面积大于正速度面积的特征。下文选取间隔1 h的径向速度(图13)对其进行更细致的分析，3 km(第一个距离圈对应的高度)以下负速度面积均大于正速度面积，表现出明显辐合特征。但是，这4个时次的演变图还是各有特点：01时20分(图13a)，零速度线呈现S型弯曲，表明中低层以暖平流为主，负速度绝对值的大值区(≥20 m/s)大于正速度(≥20 m/s)大值区，暖平流叠加辐合特征，预示着飑线维持。此后1 h，西南气流持续维持；02时20分，S型特征变得更加明显(图13b)；而1 h后的03时20分，0速度线特征表现为先顺转再逆转特征(图13c)，即底层暖平流、中层冷平流特征；04时20分，0速度线呈现反S形(图13d)。结合05时的EC细网格预报资料进行分析(图13a)，500 hPa高空低槽从湖南北部过境，槽线带动冷空气下传，此后湘北转为槽后的偏北气流控制，径向速度图上的监测到的冷暖平流(0速度线呈S形、反S形)变化反映了槽的过境。

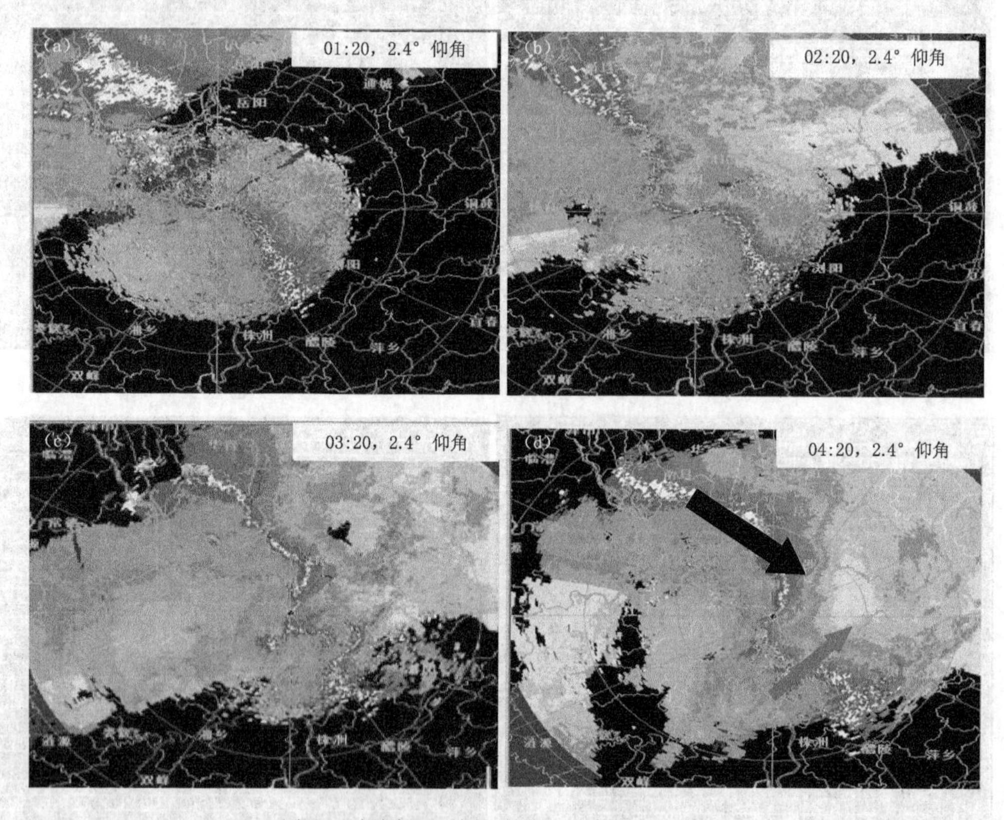

图13 间隔1 h的长沙雷达风廓线径向速度

2.3 平江雷暴大风分析

飑线在影响平江时，发生断裂，导致16日03时29分—03时33分该地出现了3个时次的雷暴大风天气并伴有短时强降水，选取岳阳雷达站的风廓线资料(图14b)进行分析，发现此时间段内，低层东南风顺转为西南风，中层(图14)有干空气的侵入，中层风向逆转，冷暖平流的叠加导致了平江不到 10 min 出现了 3 次雷暴大风。对扫过平江(≥45 dBZ)反射率因子回波进行统计,发现有超过 10 个体扫的中等强度的回波扫过且为低质心降水回波,因此降水效率相对来说高,因此这次雷暴大风过后又产生短时强降水。对照风暴属性表中的各个风暴单体移动速度(MVT)来看,各风暴单体移动速度都较快,约为 20 m/s。从影响平江大风的风暴单体 U3 来看,02:44U3 开始编号,初始风暴移动速度为 11 m/s,2 个体扫后快速增加至 20 m/s,之后一直维持在 18 m/s 左右,特别是大风发生时段,速度达到 21 m/s,较大的风暴移动速度对雷暴大风预警有重要的指示意义(图 15)。此外,飑线上有多个中气旋发展,和平江大风关系最密切的是中气旋 U3(持续 7 个体扫),影响平江时其底部降到了 1.3 km 高度。

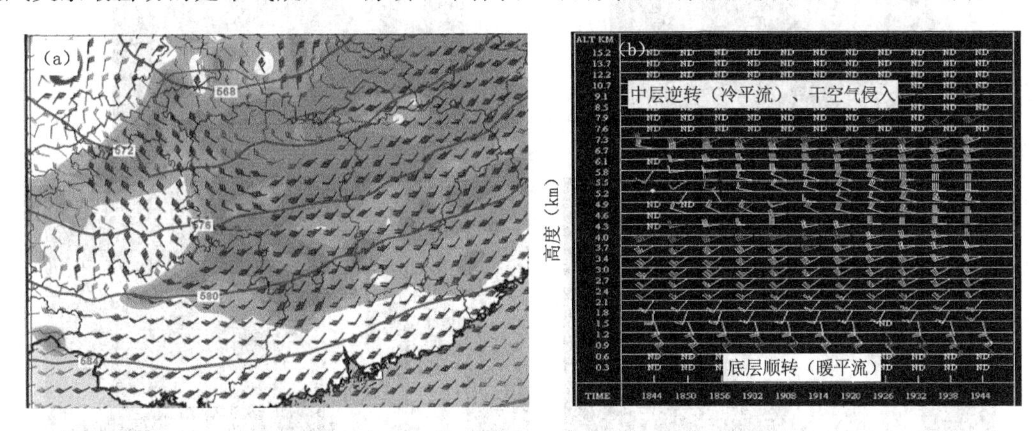

图 14 EC 细网格预报(850 hPa 风场叠加 500 hPa 高度场)资料(a)、长沙雷达风廓线资料(b)

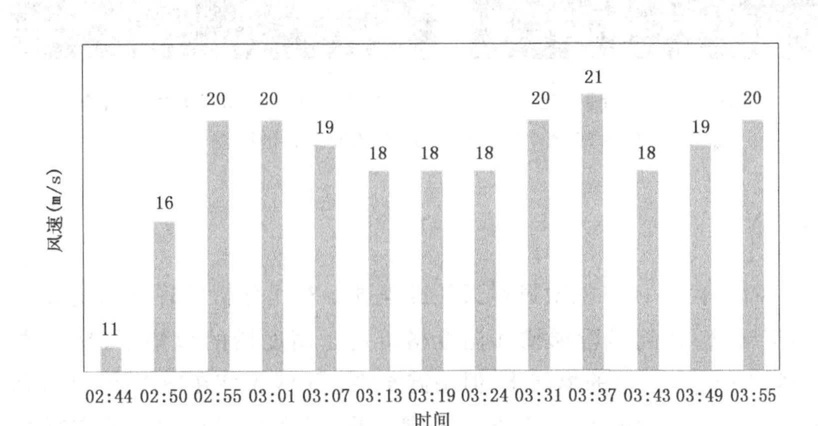

图 15 影响平江的风暴单体(U3)16 日 02 时 44 分—03 时 55 分移动速度

2.4 郴州雷暴大风分析

16 日 04 时开始强回波单体成带状,在湘中形成并发展东移南压,10 时开始影响郴州本站,郴州雷达监测到飑线内有强弓形回波发展,值得注意的是,因为飑线移入郴州雷达站,第一个距离圈内因为静锥区的影响,探测回波略有所减弱。但是飑线回波前沿反射率因子梯度大特征非常明显,后侧的弱回波通道明显,且低仰角(图 16b)有明显的速度大值区(低于 1 km 高度)。沿着图 16 a 黑色线所在位置做垂直剖面,可以看到≥65 dBZ 强回波扩展到了 −20 ℃等温线以上,且有明显弱回波结构(图 16c),3~6 km 有明显的中层径向辐合,以上特征预示雷暴大风天气即将产生。

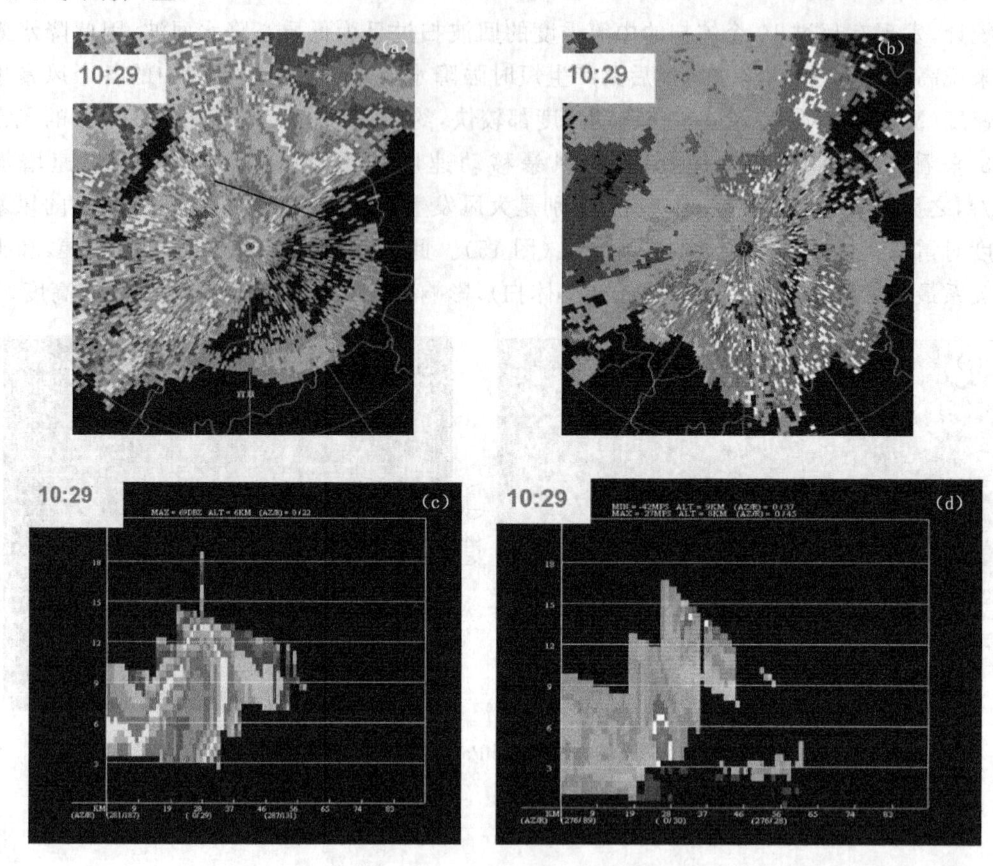

图 16　17 日 10 时 29 分回波分析(a. 组合反射率因子图，b. 0.5°仰角径向速度图，c. 反射率垂直剖面图，d. 径向速度垂直剖面图)

3　结论与讨论

通过对湖南 2016 年 3—4 月三次风雹天气过程进行对比分析发现：(1)前倾槽、后倾槽都有可能出现强对流天气；特别是阶梯槽和温度槽落后于高度槽的形势下，易导致风雹天气。(2)干线对预报风雹天气有一定的提前量，但是需要注意干线应该在地面或 925 hPa 近地面进行分析。(3)各层急流对强对流发生、发展的贡献不同，除了要对低空急流进行特别关注外，500 hPa 中空急流和 925 hPa 超低空急流是否发展也是大范围风雹天气是否发生需要考虑的问题。(4)在对流物理量指标使用时，K 指数主要判断强对流潜势时定性使用，但是对于分类的风雹天气种类还是显得“无能为力”；700 hPa($T-T_d$)很大导致 K 偏小，$CAPE$ 对温度、湿度极为敏感，由于逆温层的存在，因此，订正非常重要，建议对午后的温度进行必要的订正，$DCAPE$、中层的干层是判断大风的最有效信息。

在风雹天气发生的潜势已具备的条件下，进行临近预警时，若是考虑发布雷暴大风预警，则更多关注低仰角速度大值区、中层径向辐合，其他条件辅助参考。若是考虑冰雹预警，则更多关注大于 60 dBZ 强回波、大于 50 dBZ 强回波垂直高度超过－20 ℃高度、三体散射、VIL 高值区的持续维持，其他条件辅助参考。若是考虑发布暴雨预警，则关注低质心的中等偏强的降水回波维持的体扫数。若是以上条件在分类预警时发现不同类型强对流天气交叉具备，则应该考虑混合性强对流天气的发生，比较典型的是飑线后的混合性降水回波范围比较宽，则飑线过境后很有可能有持续性降水会导致暴雨的出现。

应用各项指标进行强对流天气判断时，还要考虑雷达回波受静锥区以及周围地形作用的影响。如在 2016 年 4 月 17 日道县冰雹预警过程中发现 *VIL* 小于 55 kg/m^2，这相对湖南产生冰雹的 *VIL* 指标偏低，分析发现这主要是受地形影响，道县受山脉的影响，低层被遮挡，故而 *VIL* 被低估，因此预警发布人员一定要对当地雷达探测范围内地形比较熟悉。又如 2016 年 4 月 15—17 日飑线过程，飑线影响郴州雷达本地时，由于受静锥区影响，回波强度、*VIL* 都被低估。

参考文献

官莉，王雪芹，黄勇，2012. 2009 年江苏一次强对流天气过程的遥感监测[J]. 大气科学学报，**35**(1)：73-79.

胡胜，罗聪，张羽，等，2015. 广东大冰雹风暴单体的多普勒天气雷达特征[J]. 应用气象学报，**26**(1)：57-65.

廖玉芳，俞小鼎，吴林林，等，2007. 强雹暴的雷达三体散射统计和个例分析[J]. 高原气象，**26**(4)：812-820.

邵鳃，柳艳菊，孙丞虎，等，2016. 2016 年春季我国主要气候特征及其成因分析[J]. 气象，**42**(10)：1278-1282.

吴芳芳，俞小鼎，张志刚，等，2012. 对流风暴内中气旋特征与强烈天气[J]. 气象，**38**(11)：1330-1338.

吴芳芳，俞小鼎，张志刚，等，2013. 苏北地区超级单体风暴环境条件与雷达回波特征[J]. 气象学报，**71**(2)：209-227.

吴剑坤，俞小鼎，2009. 强冰雹天气的多普勒天气雷达探测与预警技术综述[J]. 干旱气象，**27**(3)：197-206.

杨程，宋金杰，王元，等，2014. 热带气旋影响下江苏强对流天气指数分析[J]. 热带气象学报，**30**(3)：559-566.

袁媛，柳艳菊，王艳姣，等，2014. 2014 年春季我国主要气候特征及成因简析[J]. 气象，**40**(10)：1279-1285.

C 波段雷达探测资料在高原雷电天气监测预警中的应用研究

王振海[1]　黄志凤[2]　马学莲[1]　李　静[1]　王　军[2]　刘晓燕[2]

(1. 青海省气象台,西宁 810001;2. 青海省雷电灾害防御中心,西宁 810001)

摘　要

采用 C 波段雷达探测资料和闪电定位仪资料,分析了 2011—1013 年发生在青海省西宁地区的 8 次雷电过程。结果表明,影响西宁地区的近 7 成对流单体主要出现于西宁雷达西-西北-北方向大约 60 km 的地区,平均持续时间约 20 min,平均移动速度 8 m/s 左右,减弱或消失方位为东南。雷达各 PUB 产品(最大垂直液态含水量、最大组合反射率、最大云顶高度及单体个数)和同期闪电频数相关较好,但对于雷电预警来说,实际意义不足。质心高度和雷电频数的同期相关为负,但和滞后 36～54 min 的闪电频数相关为正,且提前量更大,这种最大质心高度接近最大云顶高度后突然下降的特征更容易在雷达产品中判别,可作为雷电天气发生前的特征阈值来使用。最后统计凝炼了雷电天气发生、发展时的相关雷达产品预警阈值。

关键词:雷电天气　个例分析　雷达资料　预报预警

引言

雷电作为一种局地强对流天气,常常造成人畜雷击伤亡,毁坏建筑物、电力和通信设施,酿成森林火灾等。夏季青藏高原(以下简称高原)和周围大气相比,相当于一个热源(叶笃正等,1988),高、低空温差较大,在下垫面复杂的山地地形影响下,易引发局地热对流。若配合天气尺度系统如副热带高压、西风槽等,常发生较为剧烈的雷电天气。青海西宁地区地处高原东北部湟水河谷地,是青海省政治、经济、文化中心。据近统计资料显示,雷电灾害在青海东部地区平均每年都造成财产损失,且每年均有人员伤亡。对这一青海省人口主要聚居地区的雷电预报、预警工作亟待加强。

对于高原雷电天气的研究,大多集中在对雷电天气的统计分析、闪电特征及电场等方面的研究。如尤伟等(2012)从天气学角度对高原雷电发生时一些天气学特征量进行了统计分析,并用修正的 K 指数进行回代检验,效果较好。张翠华等(2005)通过对高原雷电发生时的天气层结分析发现高原雷电具有和平原雷电完全不同的层结特征,一般为整层弱不稳定,整层不稳定能量不大,强雷电 $CAPE$(对流有效位能)分布较均匀,不出现能量特别大的不稳定层次,近地层相对湿度有“逆湿”现象,无论是强雷电天气还是弱雷电天气都具有上述相似层结。另外,张雄等(2011)、黄志凤等(2013)、曹释安等(2008)、胡玲等(2009)也从气候或天气角度对不同时段的青海省雷电天气进行了相关分析和有益的研究。就气候变化而言,青海高原的雷电天气日数有逐渐减少的趋势(黄志凤等,2013;曹释安等,2008)。对雷电天气研究较多的另一个方面是对闪电特征等的研究,如张荣等(2013)、张义军等(1998)、郄秀书等(2001,2003)对高原东北部闪电特征等做了相关研究,佘会莲等(2003)对高原云闪起始阶段的闪电特征进行了分析。总体而言，相比于以上方面的研究，对于雷电天气过程中雷达探测资料和闪电定位仪资料的对比分析方面的研究相对较少。

鉴于以上原因，本文拟通过采用雷达 PUB 产品资料及闪电定位仪资料对 2011—2013 年发生在西宁地区的雷电过程进行统计，分析雷达探测资料在雷电天气发生、发展过程中的不同表现，总结相关雷达产品阈值指标，为进一步高效、准确、及时地进行西宁地区雷电天气预报、预警工作提供科学依据，也为进一步研究青海东部地区雷电天气做有益的探索。

1 站点和资料

站点选取西宁本站(36.43°N，101.45°E)及其辖区三县大通(36.57°N，101.41°E)、湟中(36.31°N，101.34°E)、湟源(36.41°N，101.14°E)。西宁多普勒天气雷达站位于青海省西宁市南侧凤凰山顶(36°35′24″N，101°45′36″E)，海拔 2446.7 m。

闪电定位仪资料选取西宁本站和辖区三县资料；雷达资料选取雷电天气同期西宁多普勒天气雷达体扫数据及其生成的各种产品。

雷电天气过程根据闪电定位仪监测资料，选取雷电活动较为活跃的 8 次过程(闪电频数大于 50 次，闪电时间维持 30 min 以上)，具体过程如表 1 所示。

表 1　2011—2013 西宁地区典型雷电天气过程

日期	持续时间(min)	发生地点	闪电最大强度(kA)	降水量级
2011 年 8 月 14 日	207	市区、大通	−122.9	中雨
2011 年 8 月 30 日	117	市区、大通	−71.2	阵雨
2012 年 7 月 1 日	59	市区、大通	−62.5	阵雨
2012 年 7 月 27 日	143	湟中、大通	−57.2	中雨
2012 年 7 月 29 日	34	全市	−65.5	阵雨
2013 年 8 月 7 日	161	全市	−24.1	阵雨
2013 年 8 月 21 日	414	大通、市区	−116.5	大暴雨
2013 年 8 月 27 日	95	市区、大通	−67.4	阵雨

2 雷达资料的统计分析

利用西宁 C 波段多普勒天气雷达探测资料，对各个例发生期间的逐个雷达体扫文件进行统计分析，共统计出 785 个对流单体(能被雷达探测并被其编号的单体)发生、发展演变的相关信息。主要统计内容包括对流单体出现方位、距离、组合反射率(*CR*)、垂直液态含水量(*VIL*)、质心高度(*HT*)、云顶高度(*TOP*)、移动方位及速度等雷达 RPG 处理输出的 PUB 产品。

统计分析所有雷达探测到的对流单体的出现源地，移动方向和速度(图 1)。由图可见，在这 8 次雷电个例中，在西宁天气雷达可探测范围内发现的对流单体主要出现在西宁雷达西北方向，出现比例逐渐向两侧方位递减。在西-西北-北这个区域的对流单体占所有对流单体的 66%，其中最多的是北方位，达到了 27%，其次是西北方位 23%，西方位出现比例也达到了 16%之多。在东南-南方位出现单体最少，两方位各出现 6%和 4%。所有对流单体基本都出现在距离西宁雷达 100 km 的范围内，出现单体频数最多的西-西北-北方位平均距离为 60 km。在东-东南方位出现单体的平均距离约 80 km，在 8 个方位中相对较远。而南与东北方位出现单体的距离相对较近，约 40 km。从移动方向来看，西宁雷达周边的对流单体基本表现为一致的向东南方向移动，具体移动方位略有差异，但差异幅度小于 10°。从移动速度看，西-西南-南方位的单体移动速度快于其他方位，其中西南方位出现的单体移动速度最快，达 11 m/s，而东方位单体移动速度最慢，只有 6 m/s。对西宁市影响最大的西-西北-北方位单体的移动速度平均在 8 m/s 左右，按其出现平均距离计算，这个方位出现的对流单体若能持续发展并按平均移动路径移动，将在 2 h 后影响西宁市区。

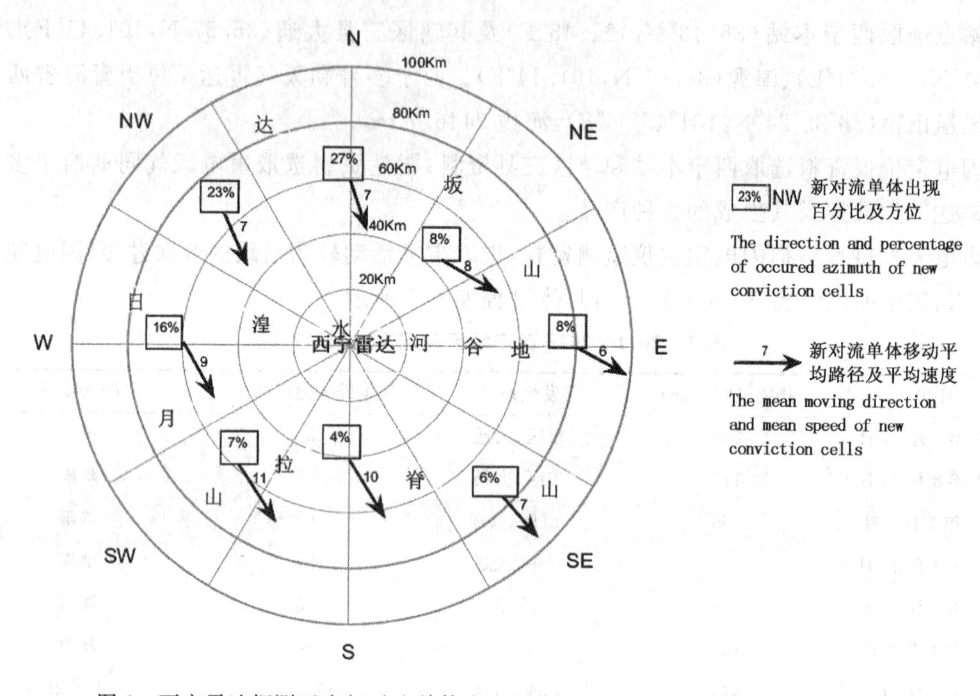

图 1　西宁雷达探测区内新对流单体出现方位百分比及移动方向和速度玫瑰图

对流单体出现时的平均距离分布、移动方向等和西宁雷达周边的地形有很大关系。西宁雷达站北侧 60 km 左右为高耸的达坂山，其走向基本为西北-东南；南侧为平均海拔 3500 m 左右、基本呈东西走向的拉脊山，但相对距离较近，在 40～50 km；西南方向 60 km 左右为西北-东南走向的日月山；雷达站东侧为湟水河谷地，基本没地物阻挡。雷达站周边这种西北-东南走向的谷地地形是造成新对流单体平均距离分布和移动方向的原因之一。

平均而言，西宁雷达站西-西北-北方向 60 km 左右的区域（达坂山南侧）是影响西宁市区的雷电天气的上游区域，也是雷电天气临近（0～2 h）监测的关键区域。

3　雷达探测资料和闪电定位仪资料的对比分析

为了分析雷电天气期间的闪电活动和雷达探测资料的相应变化，对雷电活动持续时间较长的 2011 年 8 月 13—14 日过程（以下简称 8.14 过程）、2013 年 8 月 21 日过程（以下简称“8·21”过程）进行相关资料的统计分析。统计雷电天气期间雷达逐体扫的各产品变化特征，主要是单体个数、最大垂直液态水含量（*VIL*）、最大组合反射率（*CR*）、最大质心高度（*HT*）及最大云顶高度(*TOP*),而闪电资料主要是统计对应雷达体扫时段内的所发生的闪电频数。

3.1 雷达产品和闪电频数演变分析

将"8·14"过程的雷达产品和对应闪电频数演变做逐体扫间隔时序图分析(图2)。由图可见,闪电活动主要集中在14日23时23分(北京时间,下同)至15日01时20分,共出现364次闪电,出现了两个相对峰值,一个在23时58分—00时06分,该体扫时段内出现闪电44次,另外一个峰值出现15日00时49分—01时01分,三个体扫时段内闪电频数都在30次以上。和同期雷达产品演变做对比,单体个数和最大*VIL*的变化也表现出和闪电频数基本一致的趋势,双峰值也较清楚,但最大*VIL*的峰值出现却较闪电频数峰值晚一个体扫时间左右,在雷电活跃期平均*VIL*也达到了27 kg/m^2,两个峰值分别为43和41 kg/m^2。整个过程期间,最大组合反射率(*CR*)的变化基本是雷电发生前一直振荡增大,在雷电开始后仍持续增大,并在闪电增多的时段内,最大*CR*也表现出进一步增大的趋势,在闪电活跃期其值平均在60 dBZ左右,最大达到了66 dBZ,而在闪电趋弱的时段也表现为减弱的趋势。表征强回波中心高度的质心高度(*HT*)相对较大的值基本都出现在雷电开始活跃的前1 h时段内,在22时29分至23时23分平均质心高度在6.8 km左右,最大在22时29分体扫探测到了9 km的*HT*值,值得注意的是,这时*TOP*也是9 km,此后*HT*有所下降,而*TOP*进一步上升,但二者均较为接近。在23时29分前后,最大*HT*出现一个明显的下降,此后约20 min后雷电活动趋于活跃。表征对流发展高度的最大云顶高度(*TOP*)在整个过程期间表现出了和最大组合反射率类似的变化特征,即在雷电活动开始前一直缓慢增高,在雷电活跃时段最大云顶高度达到过程最高

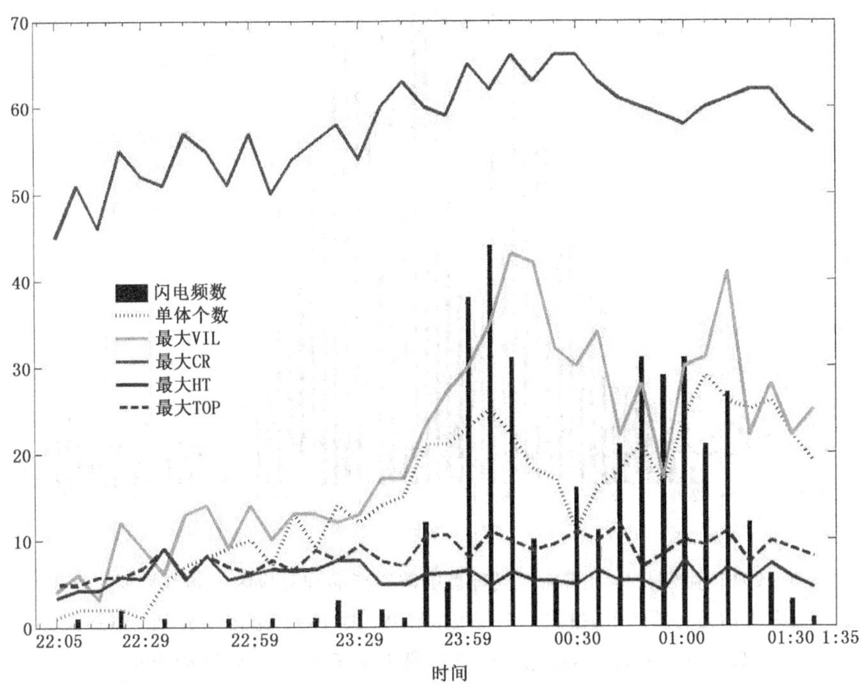

图2　2011年8月14日雷电天气过程中雷达产品和对应闪电频数演变时序图
(纵坐标为各项数值,单位分别为闪电频数:次/体扫;单体个数:个/体扫;
最大*VIL*:kg/m^2;最大*CR*:dBZ;最大*HT*:km;最大*TOP*:km)

值，有 5 个体扫时段内都超过了 10 km，出现若干峰值，但都出现在闪电活跃时段内。整体而言，此次过程中雷达反演的各种产品除质心高度外均表现出了和闪电频数较好的对应性。

"8·21"雷电天气过程中雷电活动持续时间长，雷电活动剧烈且密集。主要雷电活动时段在 18 时 34 分—21 时 32 分的近 3 h 内，共发生闪电 1354 次，平均每个体扫时段内发生 39.8 次闪电，最多的一个体扫时段是 19 时 28—33 分，发生了 74 次闪电。其次是 20 时 17—21 分和 20 时 49—53 分，分别发生了 67 和 62 次闪电。对比过程中这种闪电演变特征，雷达反演的每个体扫内的最大垂直液态水含量也基本表现为三个相对较大的峰值，但和闪电频数的峰值对应不是很明显。在雷电活动零星出现时，最大 *VIL* 急剧增大，在雷电活跃期间最大 *VIL* 也表现较大的值，平均 27 kg/m^2，最大 38 kg/m^2，在雷电活动趋缓的时段，最大 *VIL* 也缓慢下降。最大 *CR* 在此次雷电过程中也是随着雷电活动加强而增强，减弱而减小，雷电活跃期间平均最大 *CR* 为 59 dBZ，最大也仅为 62 dBZ，回波表现平稳。值得注意的是，在密集雷电开始(18 时 34 分)之前的一个小时(17 时 32 分)最大 *CR* 有一个明显的激增。从 48 dBZ 激增到 57 dBZ。单体个数的变化和闪电频数变化的关系在此次过程中不是很清楚，在雷电活跃期单体个数基本维持在 8 个左右，但此次过程中一个单体最长维持了 51 个体扫，且位置少动(基本维持在西宁市大通县桥头镇附近)，所以该单体可能是造成该地大暴雨的主要对流系统(图 3)。

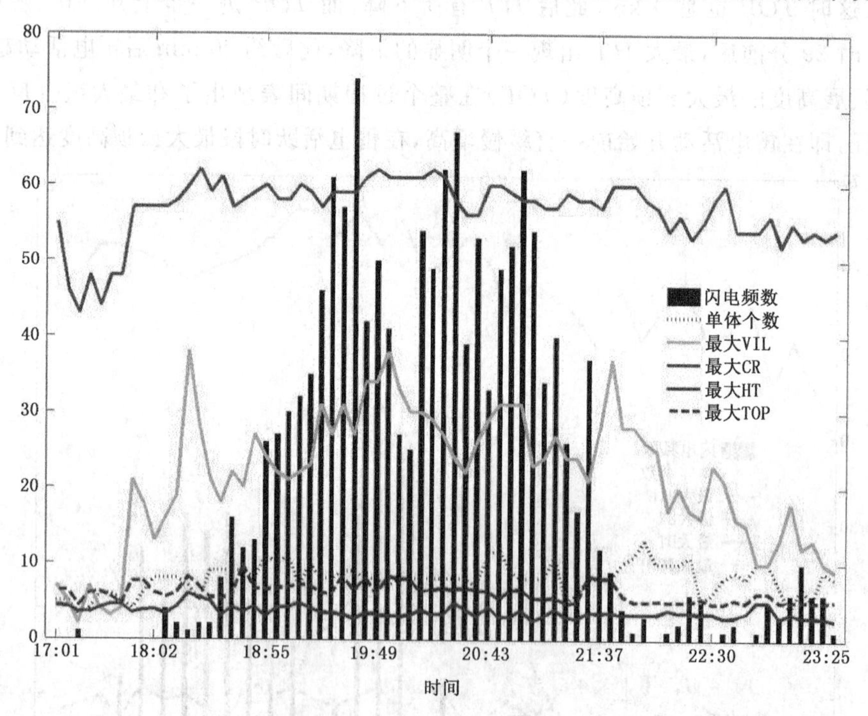

图 3　2013 年 8 月 21 日雷电天气过程中雷达产品和对应闪电频数演变时序图
(纵坐标为各项数值，单位分别为闪电频数：次/体扫，单体个数：个/体扫，
最大 *VIL*：kg/m^2，最大 *CR*：dBZ，最大 *HT*：km，最大 *TOP*：km)

最大 *TOP* 的变化特征和"8·14"过程类似，雷电密集期间其值相对较高，平均为 6.7 km，最大达到 9.8 km，期间和 *HT* 的差值平均为 3.2 km。最大质心高度在此次过程也表现和 8.14 过程类似的特征，即在闪电活跃期前有一个明显的下降。18 时 13—29 分强回波高度从

6.0 km下降到3.1 km，之后在整个雷电活跃期均未有明显的上升发展趋势。在雷电活跃期结束后的22时47—52分质心高度又有一个上升下降过程，之后雷电活动有所加强，综合两次过程看，质心高度的这种雷电开始前期下降的特征可能对雷电天气的临近预报、预警有一定的指示意义，而这种下降时间一般发生在 *HT* 和 *TOP* 非常接近的时候。两次雷电天气过程中闪电特征和雷达探测资料的发展演变过程和相关文献的研究结论基本一致（戴建华等，2013）。

3.2 雷达产品和闪电频数相关性分析

从理论上讲，所有雷电活动都是基于对流发展的结果，而对流的发展过程是可以被雷达捕捉到一些蛛丝马迹的，故雷达产品应该在雷电活动发生之前有一定表现，虽然这种表现因每次对流过程的发展强度和维持时间等有很大不同。由上述两个个例的定性分析也可以看出，在雷电活动期间，闪电频数和相应雷达产品是具有一定相关关系的。因此，进一步统计2012年7月27日过程（以下简称"7·27"）、"8·14"和"8·21"过程中闪电频数和各雷达产品的相关系数（表2），对雷达产品和对应时段的闪电频数资料以及滑动滞后的各闪电频数资料做滑动样本相关性分析，来定量分析闪电资料和雷达探测资料的相关关系，以此来试图分析和挖掘雷达产品对闪电活动的指示意义。

从各雷达产品和同期闪电频数的相关系数看，三次过程平均而言，和最大 *VIL*、最大 *CR*、单体个数、最大 *TOP* 的相关系数都为正值，表明这四个产品和闪电频数是正相关。相关系数较大的是 *VIL*，3次过程平均为0.5885，其中"8·14"过程中达到了0.6793，相关较显著；其次是最大 *CR* 和单体个数，分别是0.5206和0.4551，最小的是和最大 *TOP* 的相关系数，为0.4215。闪电频数和质心高度是五种产品里唯一呈负相关的，平均为−0.1234。分过程来看，除最大 *HT* 之外的4个雷达产品在整个过程中相关最好的是"8·14"过程，平均相关系数为0.5981，"8·21"过程相关性最小，为0.3949。

表2 闪电频数和各雷达产品相关性分析

过程日期	单体个数	最大 *VIL*	最大 *CR*	最大 *HT*	最大 *TOP*
2011年8月14日	0.6574	0.6793	0.5539	−0.0724	0.5017
	0.6574(0)	0.6793(0)	0.6516(4)	0.2607(7)	0.5366(3)
2012年7月27日	0.6793	0.5039	0.3466	−0.1014	0.4556
	0.7897(2)	0.6135(3)	0.6530(6)	0.2427(6)	0.6259(7)
2013年8月21日	0.2251	0.5823	0.4647	−0.1965	0.3073
	0.2840(3)	0.5863(1)	0.5244(7)	0.1176(9)	0.4905(8)

注：过程第一行是闪电频数和对应时段的雷达产品相关系数，第二行为雷达产品和滑动滞后1—10个体扫内的闪电频数之间的最大相关系数，括号内为最大相关系数出现时所滞后的体扫数。

各雷达产品和依次滑动滞后1～10个体扫（约1 h）内的闪电频数做相关分析，并将其中最大相关系数和其滞后体扫数放在表2各过程第二行。总体平均而言，五种雷达产品都和其后的闪电频数相关更好，但这种最大相关对于各个产品的滞后时间不尽相同。平均而言，单体个数、最大 *VIL* 和0～3个体扫（0～18 min左右）后的闪电频数相关更好，最大 *CR* 和其后4～7个体扫（24～42 min）的闪电频数相关最佳，最大 *TOP* 和3～8个体扫（18～48 min）后的闪电频数相关达到最大，而和同期闪电频数相关为负值的最大HT却和滞后6～9个体扫（36～54 min）的闪电频数相关性转为正值，尽管这种正相关较弱（0.2070）。

从这种相关分析角度出发，寻找有利于雷电天气预警的相关雷达产品特征阈值。最大 *VIL* 和单体个数和闪电频数相关性较好，但其基本和闪电实时相关较好，雷达产品的提前指示意义略有不足。最大 *CR* 和最大 *TOP* 与滞后的闪电频数相关更好，且雷达产品提前量也较大(18～48 min)，对于雷电天气的临近预警还是有一定指示意义的，但对于发布雷电预警来说，时间仍略显急促。值得关注的是，最大 *HT* 和雷电频数的相关，虽然同期二者数据相关为负，但和滞后 36～54 min 的闪电频数相关为正，且提前量更大，由前述分析可知，这种最大 *HT* 接近最大 *TOP* 后突然下降的特征更容易在雷达产品中判别，可作为雷电天气发生前的特征阈值来确定。

4　雷电天气过程中雷达 PUB 产品统计分析

统计 785 个对流单体发生、发展过程中的各个雷达产品数据，如表 3 所示。

表 3　各个例雷电发生期间雷达相关数据统计

日期	单体个数	主要源方位	主要源距离	平均速度	平均移向	平均持续时间(体扫)	最长持续时间(体扫)	平均 *CR*	最大 *CR*	平均 *VIL*	最大 *VIL*	平均 *HT*	最高 *HT*	平均 *TOP*	最大 *TOP*
2011 年 8 月 14 日	158	N	57	12	SE	3.4	21	50	66	8.7	43	2.9	9	4.8	11.7
2011 年 8 月 30 日	95	NW-N	37	8	S	3.4	22	47	63	4.0	24	2	5.8	3.0	8.3
2012 年 7 月 1 日	89	N-NE	52	8	SE	2.8	19	44	60	3.9	36	2.4	5.4	3.6	8.0
2012 年 7 月 27 日	116	N-NE-E	76	6	SE	4.3	31	49	67	9.7	41	2.7	8.5	5.0	11.2
2012 年 7 月 29 日	9	W	57	12	SE	2.9	7	42	51	3.0	8.0	3.2	6.0	7.2	8.4
2013 年 8 月 7 日	31	NW	51	10	SW	4.5	20	46	59	5.1	26	2.1	5.5	3.9	6.7
2013 年 8 月 21 日	133	NW-N	63	4	S	3.3	51	48	62	7.8	38	2.5	6.0	4.1	9.8
2013 年 8 月 27 日	154	W-NW	65	10	S	2.6	17	46	63	5.3	23	3.0	9.6	4.9	11.0
平均	98	NW	57	9	SE	3.4	24	46	61	6.0	30	2.6	7.0	4.6	8.9

平均而言，西宁天气雷达所探测的对流单体主要发生在西北方位 57 km 左右的区域，以平均移动为 9 m/s 的速度向东南方向移动。单体平均持续时间为 3.4 个体扫，大约为 20 min，每个过程最长持续的单体的平均时间为 24 个体扫，大约 2 h 24 min。最长体扫出现在“8・21”过程，最长持续的单体维持了 3 个小时多。平均组合反射率为 46 dBZ，最大平均 61 dBz；平均垂直液态水含量为 6 kg/m^2，最大平均 30 kg/m^2；平均质心高度 2.6 km，平均最高 7.0 km；平均云顶高度 4.6 km，平均最高 8.9 km。结合前面分析，这些指标可以初步作为雷电天气预警的临近指标。

5　总　结

(1)西宁天气雷达所探测的对流单体主要发生在其西-西北-北方位 60 km 左右的区域，并以平均为 9 m/s 的移动速度向东南方向移动。

(2)雷电活动趋于活跃时，各雷达产品均有较好的反映。对流单体个数、最大组合反射率、最大垂直液态水含量及云顶高度等均有明显增大趋势，但表征强回波中心的最大质心高度有明显下降。

(3)最大垂直液态水含量、单体个数和闪电频数实时相关性较好，但提前预警指示意义略嫌不足。最大组合反射率和最大云顶高度与其滞后的闪电频数相关较好，对于雷电天气的临近预警有一定指示意义。强回波中心开始下降之后的36～54 min内闪电活动趋于活跃，而这个下降时间往往是在和最大云顶高度接近一致后开始的。

(4)统计分析得出的定量实况物理量及雷达相关产品阈值和实际业务工作中的经验性指标基本一致，可以作为雷电天气短时潜势预报及临近监测预警的阈值。

参考文献

曹释安，乜国研，2008. 青海高原地区雷电天气气候特征及预报预警[J]. 青海气象(1):7-10.

戴建华，2013. 长三角地区雷电发展、演变特征分析与机理研究[D]. 南京:南京大学.

胡玲，郭卫东，王振宇，等，2009. 青海高原雷电气候特征及其变化分析[J]. 气象(11):64-70.

黄志凤，王军，黎锋，等，2013. 青海省雷电日数分布及其气候变化趋势[M]. 青海气象(3):51-55.

佘会莲，董万胜，2004. 青藏高原云闪起始阶段放电特征分析[J]. 高原气象，**47**(3):405-410.

孙继松，戴建华，何立富，等，2014. 强对流天气预报的基本原理和技术方法[M]. 北京:气象出版社:83-139.

郄秀书，余晔，王怀斌，等，2001. 中国内陆高原地闪特征的统计分析[J]. 高原气象，**20**(4):395-401.

郄秀书，张广庶，孔祥贞，等，2003. 青藏高原东北部地区夏季雷电特征的观测研究[J]. 高原气象，**22**(3):209-216.

叶笃正，高由禧，等，1988. 青藏高原气象学[M]. 北京:气象出版社:60-598.

尤伟，臧增亮，潘晓滨，等，2012. 夏季青藏高原雷电天气及其天气学特征的统计分析[J]. 高原气象，**31**(6):1523-1529.

张翠华，言穆弘，董万胜，等，2005. 青藏高原雷电天气层结特征分析[J]. 高原气象(7):741-747.

张荣，张广庶，王彦辉，等，2013. 青海高原东北部地区闪电特征初步分析[J]. 高原气象，**32**(3):673-681.

张雄，徐亮，苏永玲，等，2011. 青海省近七年雷电天气特征分析[J]. 青海科技(3):54-58.

张义军，葛正谟，陈成品，等，1998. 青藏高原东部地区夏季雷电特征[J]. 高原气象，**17**(2):135-141.

“6·23”阜宁强龙卷天气过程分析

刘青松[1]　宋树刚[1]　李　俊[2]　郝明坤[1]　张　欣[1]

（1.空军气象中心，北京 100843；2.31010部队，北京 100081）

摘　要

利用空军中期落区预报业务系统、多普勒天气雷达探测资料对2016年6月23日发生在阜宁的强龙卷天气过程进行了详细分析。西风带系统携带干冷空气东移南下，与副高外围西南暖湿气流交汇于黄淮东部，造成该区域大气处于不稳定状态。对流层中低层高温高湿，地面风场气旋性辐合以及强的对流层中低层垂直风切变为此次强龙卷提供了有利的环境条件。与非龙卷类强天气相比，此次强龙卷的发生对热力、能量条件要求较低，但大气环境的抬升凝结高度很低，对流层中低层垂直风切变非常强。此次强龙卷的多普勒雷达观测特征表现为一个龙卷超级单体的移动演变过程，在反射率因子方面，龙卷出现之前，强回波顶高度、回波质心高度、最大反射率因子所在高度都在激升，而它们的快速下降和龙卷几乎同时发生，在龙卷超级单体的成熟阶段，其强回波核高度相对较低，属于低质心结构，回波形态上有清晰的钩状回波、入流槽口、回波悬垂等特征。在径向速度场上，此次龙卷超级单体由低层至高层均为气旋式辐合结构，中气旋的发展要落后于龙卷超级单体强度的发展约10 min，龙卷发生时，中气旋的顶高、最大旋转速度出现激增，其旋转半径以及最大旋转速度高度骤减，中气旋的最大旋转速度、最大切变均位于风暴的低层或底部。径向速度场在龙卷发生前约30 min监测到TVS，可以对下游地区的预警提供有用信息。

关键词：龙卷　超级单体　钩状回波　中气旋　龙卷涡旋特征

2016年6月23日14时30分前后，江苏省盐城市阜宁县遭遇强龙卷袭击，共造成99人死亡，846人受伤。当日气象观测显示，阜宁县新沟镇出现了34.6 m/s（12级）大风，射阳县海河镇出现了27.9 m/s（10级）大风。结合当日天气实况、多普勒雷达回波特征，初步认定此次极端强天气大约发生在23日14时20分前后，强龙卷持续时间约40 min，最强时强度达到EF4级，龙卷移动路径如图1所示。

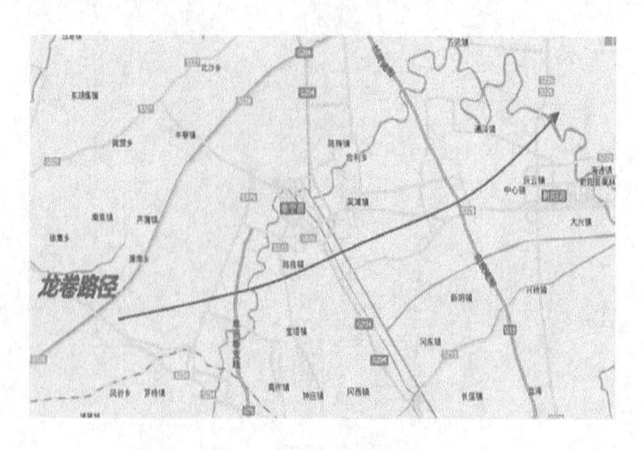

图1　龙卷移动路径

1 环流背景分析

1.1 天气形势分析

此次龙卷天气产生于副热带高压(副高)稳定控制长江中下游以南地区，西风带系统携带干冷平流东移南下，与副高外围西南暖湿气流交汇于黄淮东部，造成该区域大气处于不稳定状态。6 月 22 日 08 时至 23 日 08 时(北京时，下同)，徐州、射阳上空 300～200 hPa 维持偏西或西北风风速辐散(表 1)，阜宁处于徐州与射阳之间，受高层辐散气流影响。此外，22 日 20 时至 23 日 08 时，徐州、射阳上空 200 hPa 高度西北风风速激增(由 26、29 m/s 增大至 44、39 m/s)，这表明对流层高层的辐散条件得到显著加强。

表 1 300～200 hPa 徐州、射阳风向(°)/风速(单位:m/s)

时间	300 hPa		250 hPa		200 hPa	
	徐州	射阳	徐州	射阳	徐州	射阳
22 日 08 时	270°/21	260°/21	270°/23	255°/24	270°/23	260°/19
22 日 20 时	300°/37	290°/29	305°/30	285°/27	280°/26	270°/29
23 日 08 时	290°/25	285°/25	300°/35	295°/29	295°/44	310°/39

从 23 日 08 时综合分析(图 2)可以看出，23 日 08 时地面锋面位于"徐州—阜阳—南阳"一线，江苏北部处于 850 hPa 大范围湿区和 $T_{850}-T_{500}$ 大值区内，对流层中低层温度高、湿度大，500 hPa 黄淮东部为一干舌，黄河以南地区 850～500 hPa 维持显著的西南暖湿气流，与对流层中高层的干冷气流交汇于江苏北部；盐城上空处在 200 hPa 急流出口区与 850～500 hPa 显著流场相汇合的区域，存在很强的风垂直切变。

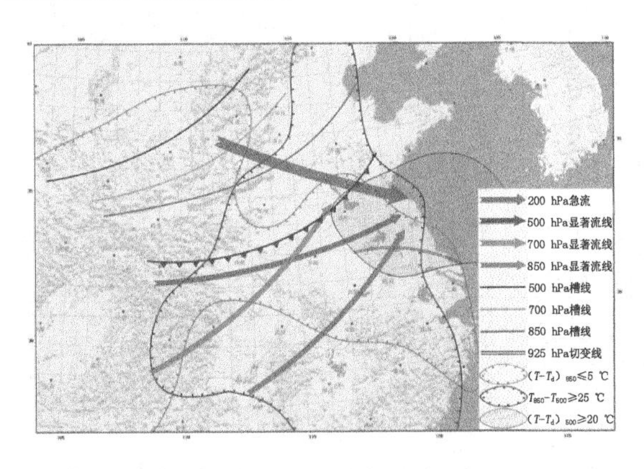

图 2 23 日 08 时综合分析

1.2 地面中尺度分析

从地面中尺度综合分析(图 3)可见，23 日 14 时黄淮东部存在两条明显的风辐合线，其中东面一段位于阜宁附近，风场呈气旋性辐合。3 h 变压分析显示，在该辐合区域西北面，存在负变压相对低值区，这一区域风场呈反气旋辐散特征，这说明该区域有冷空气从北面渗透至阜宁附近；盐城地区处于地面 3 h 显著负变压区，极值为－3.6 hPa。该显著负变压区域与风场气旋性辐合区叠置，形成低层强烈的辐合上升运动，这与 14 时雷达回波显示的强天气位置

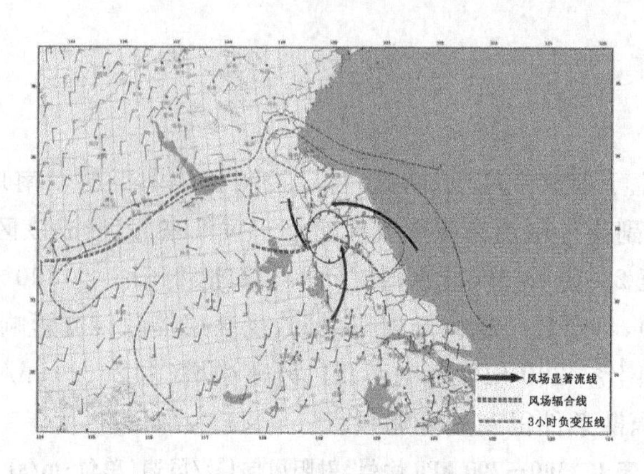

图 3　23 日 14 时地面中尺度分析

吻合。

1.3　探空及对流参数分析

此次强龙卷发生地距离射阳 40 km 左右，因此，在分析龙卷发生前的环境热、动力条件时使用了射阳站探空数据。图 4 给出了射阳站 23 日 08、14 时的探空曲线。可以看到，08 时空中风随高度顺转，温度露点曲线呈向上的喇叭口，925 hPa 以下低层湿度很大，抬升凝结高度为 976 hPa（表 2），空中 850～400 hPa 层次有明显干区存在，温度露点差最大达到 23 ℃（500 hPa）。14 时探空显示，400 hPa 以下的西南或偏南气流有了显著增强，最强层次位于 500 hPa，风速达 24 m/s，同时 850～400 hPa 温度露点差明显减小，这应当与空中西南气流加强带来的暖湿输送有很大关系。

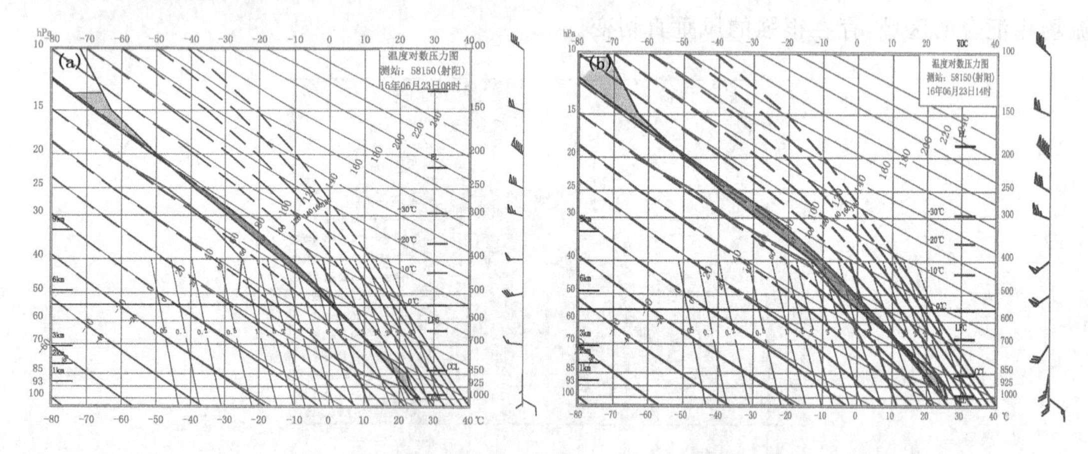

图 4　23 日射阳站 08 时(a)、14 时(b)探空分析图

表 2 给出了利用探空数据计算的比较典型的 9 种对流参数（刘健文等，2005），通过对比 08、14 时对流参数的变化可以发现，14 时射阳上空大气不稳定状态进一步增强。*CAPE* 由 542.1 J/kg 增至 1220.4 J/kg，*SI* 指数由 4.79 ℃降至 0.45 ℃，*K* 指数由 19 ℃增至 29 ℃，*LCL*（抬升凝结高度，下同）进一步降低，由 976.1 hPa(264 m)降至 986.5 hPa(144 m)；对龙卷发生至关重要的对流层中低层风垂直切变也有显著增大，*Shr*(0～1)、*Shr*(0～6)分别从 3.85 和 22.84 m/s 增至 9.76 和 26.34 m/s，反映环境风场旋转潜势的风暴相对螺旋度（*SRH*）（Davis，1993）更是从 15 m^2/s^2 骤增至 297 m^2/s^2。

分析还发现，此次龙卷与冰雹、雷雨大风等非龙卷类强天气发生时的对流参数有所不同。第一，此次龙卷的发生对 SI、$CAPE$ 等热力、能量条件要求较低；其级别虽达到 EF4 级，但 14 时 $CAPE$ 仅有 1220.4 J/kg，SI 虽然降至 0.45 ℃，但仍大于 0，而江淮地区非龙卷类强天气 $CAPE$ 平均值在 1400 J/kg 以上（姚叶青等，2012），SI 一般也小于 0，可见，龙卷产生并不需要很大的不稳定能量。第二，LCL 较低，H_0 和 H_{-20} 高度较高；一般而言较低的 LCL 容易触发对流产生，较低的 H_0 和 H_{-20} 高度容易促进冰雹的形成（徐芬等，2016），14 时 LCL、H_0 和 H_{-20} 分别为 986.5 hPa（144 m）、5089 m 和 8507 m，2015 年 4 月 28 日江苏沿江地区发生强冰雹时，LCL、H_0 和 H_{-20} 分别为 833 hPa、3700 m 和 6500 m（刘青松等，2015），可以看到两者差距十分明显，这也容易解释此次天气过程为什么产生龙卷而不是以强冰雹为主。第三，对流层中低层（0～1 km、0～6 km）风垂直切变非常强；据统计，江淮地区 2003—2008 年发生的 7 次龙卷平均 Shr（0～6 km）为 15.35 m/s（刘娟等，2010），14 时射阳上空 Shr（0～6 km）达到 26.34 m/s，超过平均值 70%。

以上分析充分说明龙卷的发生不需要大的不稳定能量，而需要风暴内有强烈的旋转气流，并且该旋转气流发展得越低越有利于地面龙卷的产生，而环境中低的 LCL 使得龙卷风暴的底部较低，有利于地面龙卷的产生。强的中低层风垂直切变可以产生水平涡度，该水平涡度在上升气流的作用下被扭转为垂直涡度（姚叶青等，2012），并在拉伸作用下加强为中层气旋，这是龙卷发展加强的重要因素。

表 2　射阳探空站探空数据计算的对流参数

	SI (℃)	K (℃)	$CAPE$ (J/kg)	Shr(0～1) m/s	Shr(0～6) m/s	LCL hPa	H_0 m	H_{-20} m	SRH m^2/s^2
08 时	4.79	19	542.1	3.85	22.84	976.1 (264 m)	5375	8488	15.3
14 时	0.45	29	1220.4	9.76	26.34	986.5 (144 m)	5089	8507	297

2　多普勒天气雷达探测资料分析

2.1　龙卷风暴演变过程分析

此次龙卷风暴演变过程被盐城多普勒天气雷达全程探测到。6 月 23 日上午，在徐州与淮阴之间存在大片稳定性和对流性混合降水云系自西南向东偏北方向移动，并逐渐发展，12 时左右，降水云系移至淮阴附近，其中位于淮阴以西 25 km 处的对流单体此后迅速发展，12 时 49 分雷达观测显示 0.5°仰角径向速度图上开始出现中气旋特征（图略）。13 时 45 分上述风暴单体移至阜宁以西 30 km 附近，回波形状由块状演变为“东北—西南”向的近似长条状（图 5a），最强回波达到 65 dBZ，反射率 RHI 显示大于 50 dBZ 顶高超过 10 km，出现了回波悬垂（图 5c）；径向速度 RHI 显示中气旋高度伸展至 6 km 左右，略向东倾斜（图 5d），0.5°仰角旋转速度为 22.5 m/s，旋转半径为 6.7 km，至中层 3.4°仰角旋转速度为 19 m/s，达到强中气旋标准（俞小鼎等，2005）。综合分析此时该风暴单体已具备超级单体的典型特征。另外，在单体底部的前沿，存在明显的风场辐合特征，表明该风暴内的涡旋仍会继续发展，正是这个中气旋在随后的 20 多分钟内迅速加强，最终在阜宁境内产生强龙卷。

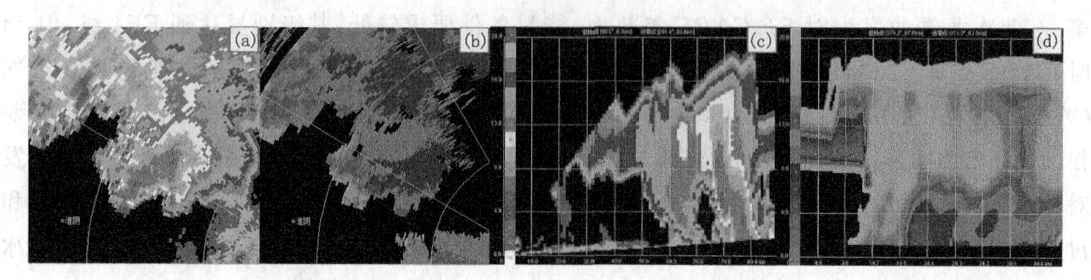

图 5　13 时 45 分 1.5°仰角反射率(a)、径向速度(b)、反射率沿 291°方位垂直剖面(c)及径向速度沿中气旋正负速度对中心垂直剖面(d)

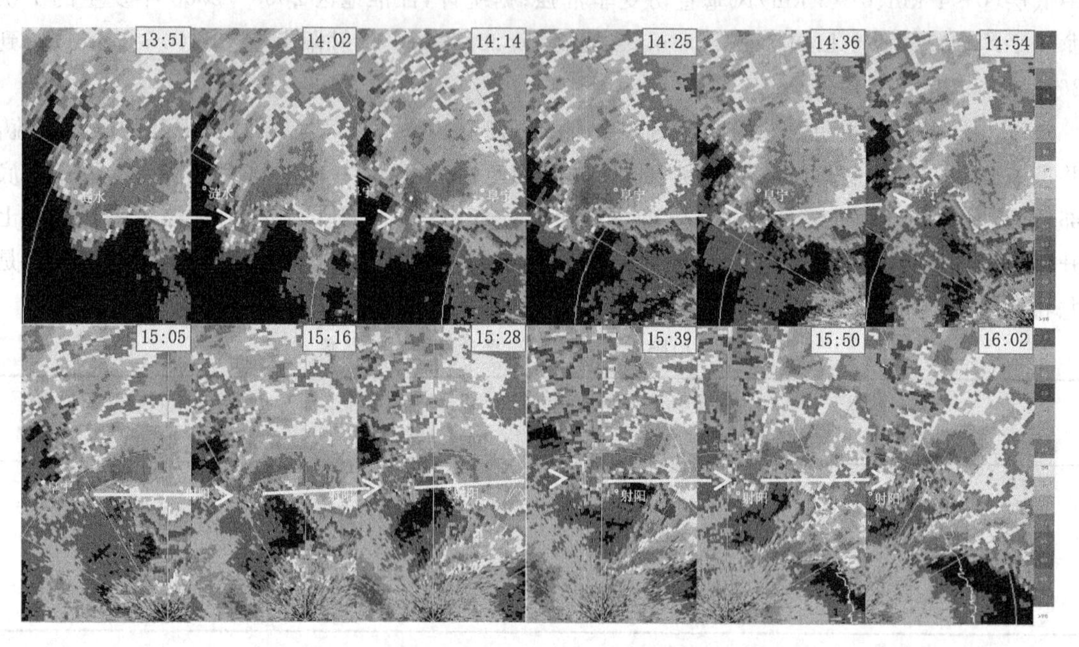

图 6　13 时 51 分—16 时 02 分 1.5°仰角反射率因子演变及龙卷移动路径(白色虚线箭头为龙卷移动路径)

图 6 给出了 13 时 51 分—16 时 02 分发生龙卷的超级单体反射率因子演变情况和移动路径，从中可以看到龙卷超级单体一直向偏东方向移动。13 时 51 分在 1.5°仰角反射率 PPI 上风暴低层的右后侧开始出现钩状回波，对应涡旋的最大旋转速度增至 29 m/s，在 1.5°仰角径向速度 PPI 上首次出现了龙卷涡旋特征(TVS)(图 7)。14 时 08 分，0.5°仰角反射率 PPI 上大于 50 dBZ 的强回波区呈向外弯曲的弓状(图 8a)，2.5°、3.4°仰角反射率 PPI 上强回波区呈显著的“S”形分布(图 8b)，这是内部强烈气旋式旋转的外在表现(姚叶青等，2007)，低层的入流缺口往上对应有回波空洞(图 8c)，中层反射率因子大值区向低层入流一侧倾斜，最强回波超过了 75 dBZ，在反射率 RHI 上强回波核位于单体的中上部，大于 50 dBZ 回波顶高达到 17 km(图 8d)，此时涡旋的最大旋转速度增大到 37.5 m/s。在随后的两个体扫期间，超级单体强度略有下降，但其内部涡旋仍继续发展，14 时 19 分之后发生龙卷的钩状回波已呈显著的涡旋状，此时对应的涡旋最大旋转速度增大到 47 m/s，龙卷涡旋特征 TVS 持续存在，这标志着该龙卷风暴已经发展成熟，具有非常强大的能量(俞小鼎等，2006)。此后约 30 min 该中气旋继

续以很大的速度旋转，并向偏东方向（阜宁）移动，给所经过地区带来了巨大的人员伤亡和财产损失。

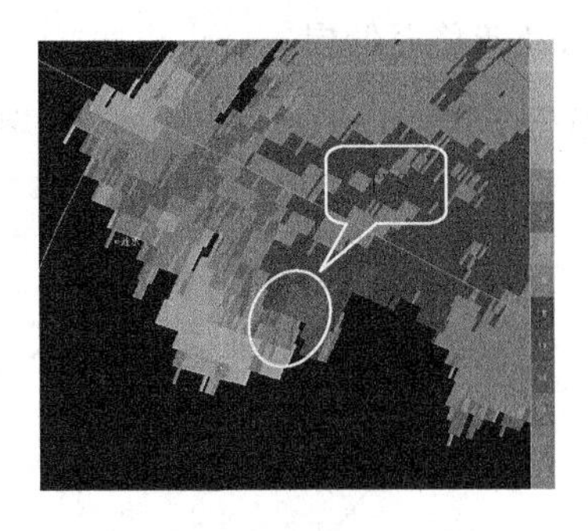

图 7　13 时 51 分 1.5°仰角径向速度

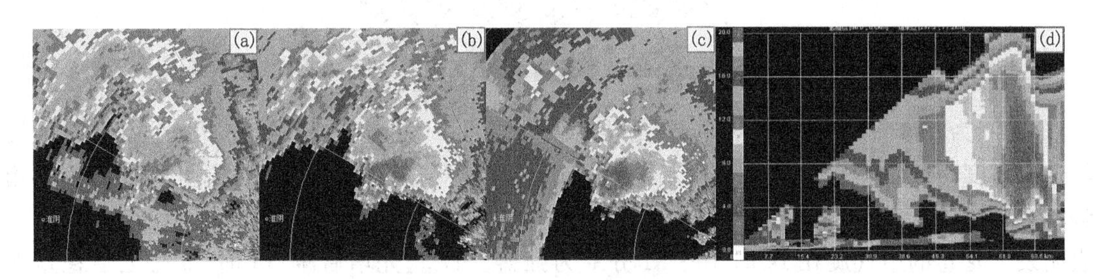

图 8　14 时 08 分 0.5°(a)、2.5°(b)、4.4°(c)仰角反射率及反射率沿 297°方位垂直剖面(d)

2.2　多普勒雷达风暴参数演变分析

从前面的分析可以知道，此次龙卷是在 14 时 08—36 分迅速发展成熟的。为了更好地分析此次龙卷发生过程中龙卷超级单体各种参数的演变情况，文中对该龙卷超级单体的几种典型风暴参数进行了统计分析。图 9 给出了 13 时 51 分—14 时 54 分龙卷超级单体大于 50 dBZ 回波顶高（H_{50}）、最大反射率因子高度（H_{zmax}）、最大反射率因子（Z_{max}）随时间变化情况。从中可以看到，龙卷超级单体的 Z_{max} 和 H_{50} 在 14 时 08—14 分达到最大，极值分别为 75 dBZ 和 16.1 km，此后二者均有递减，这与图 11 中最大垂直累积液态水含量（*VIL*）的变化基本一致，*VIL* 最大值为 75 kg/m²，这表明龙卷超级单体的强度在 14 时 08 分前后就已经达到最强。

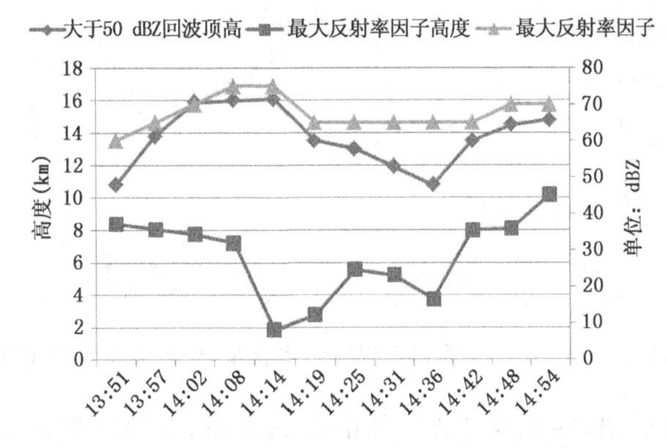

图 9　13 时 51 分—14 时 54 分大于 50 dBZ 回波顶高、最强回波顶高、最强反射率随时间的变化

H_{zmax}在14时08分之前一直在7～8 km变化，随后出现骤降，其值由7.23 km迅速降至1.85 km，这反映出在龙卷超级单体强度发展到最强的过程中，H_{zmax}变化并不大，但随后发生骤降说明风暴内运动最剧烈的部分已经转移至低层。

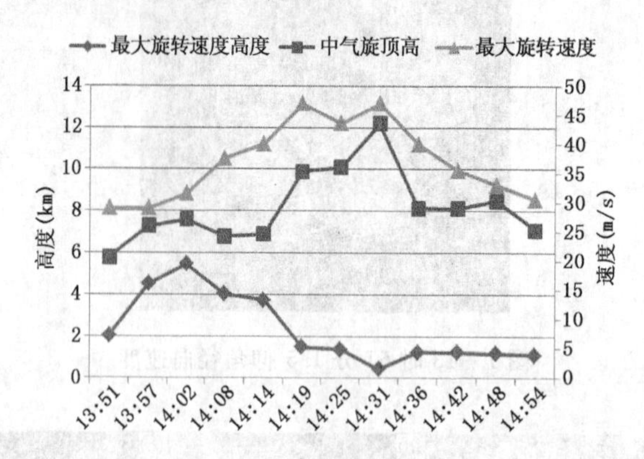

图10　13时51分—14时54分最大旋转速度高度、中气旋顶高、最大旋转速度随时间的变化

图10为13时51分—14时54分龙卷超级单体的中气旋参数随时间变化，分别有最大旋转速度高度（H_{vmax}）、中气旋顶高（M_{TOP}）、最大旋转速度（V_{max}）。可以看出V_{max}与M_{TOP}变化趋势相近，都在14时19—31分达到最大，其极值分别为47 m/s和12.2 km，此后逐渐减小，这表明发生龙卷的中气旋在14时19—31分最为强盛。H_{vmax}先增后减，14时19分之后稳定在2 km以下，这说明此次龙卷过程随着中气旋的发展，中气旋旋转最强烈的地方逐渐由超级单体的中部转移至底部，从而引发地面龙卷，同时，中气旋也在不断向上伸展，14时31分在中气旋发展到最强的时候，其向上伸展也达最高。垂直涡度（M_{SHR}）反映了中尺度系统内部气流的旋转强弱，对于强对流天气的预警有重要意义（胡明宝，2007），此次龙卷超级单体的中气旋M_{SHR}在14时14分以前增长缓慢（图11），但在随后的一个体扫中出现显著跃升，其值由$3.2\times10^{-2}\cdot s^{-1}$剧增至$14.4\times10^{-2}\cdot s^{-1}$，这表明龙卷风暴中气流的旋转在14时14分以前变化并不大，真正的加强发生在14时14—19分。

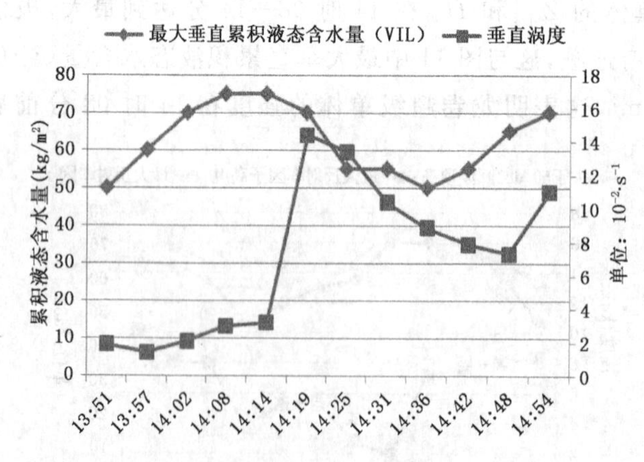

图11　13时51分—14时54分垂直累积液态水含量、中气旋垂直涡度随时间的变化

通过以上分析不难看出，在龙卷超级单体的成熟阶段，其强回波核高度相对较低，属于低质心结构，龙卷超级单体强度的发展变化与引发龙卷的中气旋的发展变化并不同步。龙卷超

级单体的强度在14时08分前后最为强盛，而其内部中气旋强度在14时19分前后达到最强，落后前者约11 min；H_{zmax}在14时08—14分发生骤降，而中气旋H_{vmax}虽然在14时02分就开始降低，但直至14时19分之后才稳定在2 km以下，落后前者约10 min。由此来看，此次强龙卷的发展过程中，中气旋的发展要落后于龙卷超级单体强度的发展约10 min，另外，根据经验，龙卷的发生时间应当在中气旋旋转半径出现明显减小以及H_{vmax}明显降低的时刻(周后福等，2014)，因此综合判断，此次强龙卷的发生时间应当在14时20分前后。

2.3 龙卷风暴结构和涡旋特征分析

如上所述，此次龙卷是在6月23日14时20分前后发生，为了弄清龙卷的内在结构和涡旋特征，文中对此时的龙卷超级单体结构进行了分析。图12给出了14时19分多普勒雷达0.5°、1.5°、2.5°、3.4°、4.3°和6°仰角的反射率因子和径向速度。0.5°仰角反射率图显示(相应高度约为650 m)，超级单体水平尺度约为20 km×25 km，入流缺口位于超级单体的中部，往上对应1.5°(相应高度约为1.64 km)仰角的强回波中心，继续往上与3.4°仰角的回波后部相对应，可见回波有明显的前倾特征。2.5°仰角(相应高度约为2.7 km)以下，在超级单体的右后侧均有明显的钩状回波，最大反射率因子位于入流槽口的前部，极值为65 dBZ。在3.4°仰角(相应高度约为3.6 km)反射率图上，超级单体的钩状回波特征演变为中心相对较弱的弱回波区，再往上该特征逐渐消失，入流槽口也逐渐填塞，这表明系统内对流最强的地方位于超级单体的中下层，在上层并不显著，属于低质心对流系统。分析该时刻径向速度图可以发现，10°以下仰角径向速度图上均有中气旋出现，而且负速度区均有速度模糊，表3给出了14时19分各仰角中气旋的旋转半径和旋转速度。从中可以看到，2.5°仰角(约2.7 km高度)以下中气旋的旋转最强，其中1.5°仰角上的中气旋的旋转速度最大(47 m/s)，对应的旋转半径最小(1.8 km)，已远超过强中气旋的标准，这表明龙卷超级单体中虽然中气旋向上伸展的高度很高，但旋转最强的地方是在中低层(3 km以下)。受负速度区速度模糊的影响，中气旋的正、负速度中心不好分辨，但仔细观察，不难看出1.5°仰角径向速度图上，在中气旋环流之中，还有一个尺度更小的两个紧挨着的像素之间的很强的气旋式切变，称为龙卷涡旋特征(TVS)(Brown, et al., 1978)，该TVS对应的垂直涡度大小约为$10.4\times10^{-2}\cdot s^{-1}$。

表3　14时19分0.5°～10°仰角径向速度图上中气旋的旋转半径与旋转速度

	0.5°	1.5°	2.5°	3.4°	4.3°	6°	10°
转动半径(km)	2.5	1.8	2.3	3.2	3.2	2	2
旋转速度(m/s)	43.5	47	43.5	35.5	35.5	35.5	33

图13给出了14时19分超级单体的反射率因子和径向速度的垂直剖面。图13a为沿钩状回波中心的反射率因子垂直剖面，可以看到大于50 dBZ回波顶高在15 km左右，回波主体向入流方向倾斜，回波穹窿向下已经伸展至地面，与后部的回波主体之间形成了弱回波区，其水平尺度约为1 km，向上延伸至约4 km高度。强回波区(大于60 dBZ)位于回波空洞上方至8 km左右高度。图13b为图13a对应的径向速度垂直剖面，可以看到水平方向59 km处对应的8 km以下为强烈辐合的中气旋，以上为负速度区，中气旋位置与图13a中接地的回波穹隆位置吻合，中气旋水平尺度下窄上宽，平均直径在2 km左右，略向入流方向倾斜，而在图13a中弱回波区后部所对应的位置有弱的反气旋辐散特征存在，垂直尺度约为3 km。图13c为沿

着正、负速度中心的径向速度垂直剖面，同样可以看到，在水平 14 km 处中气旋向上伸展到约 8 km 高度，向下接近地面，中气旋略向右倾斜。

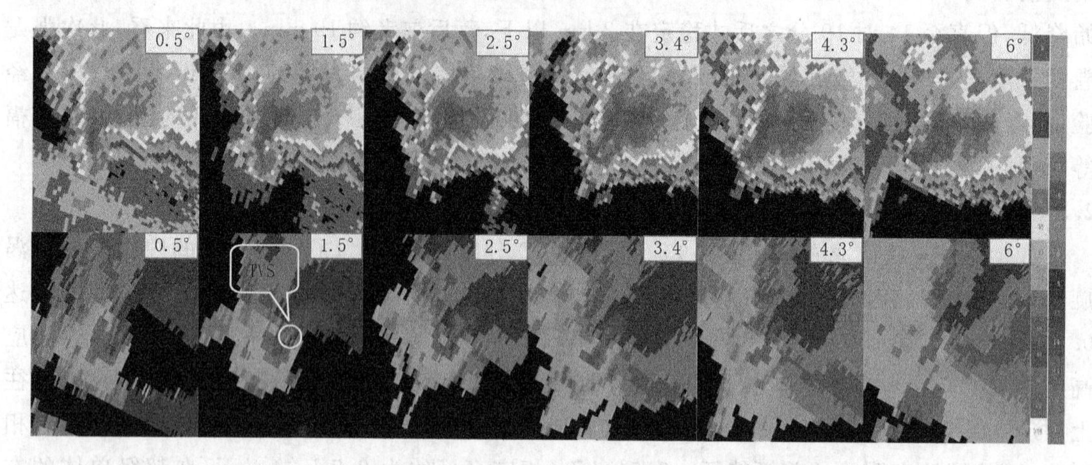

图 12　14 时 19 分 0.5°、1.5°、2.5°、3.4°、4.3°、6°反射率和径向速度

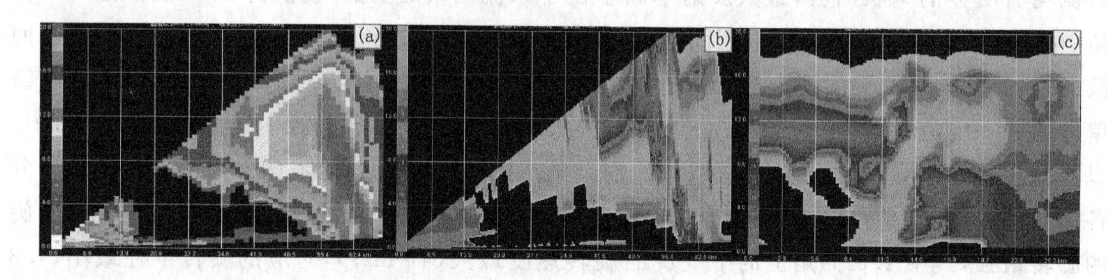

图 13　14 时 19 分反射率(a)、径向速度(b)沿 300°方位垂直剖面及径向速度沿中气旋正、负速度对中心垂直剖面(c)

3　结　论

通过上述分析，得到以下主要结论：

(1)西风带系统携带干冷平流东移南下，与副高外围西南暖湿气流交汇于黄淮东部，造成该区域大气处于不稳定状态，对流层中低层高温高湿，高层干冷，地面风场气旋性辐合以及强的对流层中低层垂直风切变为此次强龙卷提供了有利的环境条件。

(2)对当日探空资料分析表明：与非龙卷类强对流天气相比，此次龙卷的发生对 SI、K、$CAPE$ 等热力、能量条件要求较低，但大气环境的抬升凝结高度非常低(144 m)，H_0(5089 m)和 H_{-20}(8507 m)高度较高；此外，对流层中低层(0～1 km、0～6 km)风垂直切变非常强，14 时射阳上空 Shr(0～6)达到 26.34 m/s，超过平均值 70%。

(3)利用位于盐城的 S 波段多普勒天气雷达探测资料对 2016 年 6 月 23 日发生在阜宁的这次强龙卷超级单体演变过程进行了详细的分析。龙卷发生在出现钩状回波后的阶段，在反射率因子方面，龙卷出现之前，强风暴回波顶高度、风暴质心高度、最大反射率因子所在高度都在激增，而它们的快速下降和龙卷几乎同时发生，因此，当它们激增时就要引起预报员的高度注意，如果等到它们下降就无法给预警留出提前时间；在龙卷超级单体的成熟阶段，其强回波核高度相对较低，属于低质心结构，回波形态上有清晰的钩状回波、入流槽口、回波悬垂等特征。

(4)在径向速度场上，此次龙卷超级单体由低层至高层均为气旋式辐合结构，存在明显的正、负速度对与之配合，中气旋底高达到雷达探测的最低高度(400 m 以下)，顶高在 8 km 以上。此外，分析显示，引发龙卷的中气旋的发展变化与龙卷超级单体强度的发展变化并不同步，中气旋的发展要落后于龙卷超级单体强度的发展约 10 min。龙卷发生时，中气旋的顶高、最大旋转速度出现激增，其旋转半径以及最大旋转速度高度骤减，中气旋的最大旋转速度、最大垂直涡度均位于风暴的低层或底部。

(5)中气旋和龙卷涡旋特征(TVS)的监测对龙卷的预警有重要作用。此次在地面龙卷出现之前约 55 min，雷达径向速度场出现中气旋，约 30 min 出现 TVS，中气旋和 TVS 嵌套出现并且持续多个体扫，可见中气旋和 TVS 对龙卷的监测是最直接有效的，并可以对下游地区的预警提供有用信息。

参考文献

胡明宝，2007. 多普勒天气雷达探测与应用[M]. 北京：气象出版社：183-217.

刘建文，郭虎，李耀东等，2005. 天气分析预报物理量计算基础[M]. 北京：气象出版社：174-181，215-216.

刘娟，朱君鉴，姚叶青，等，2010. 6 例龙卷天气的环境条件和涡旋特征研究[C]//全国重大天气过程总结和预报经验交流会.

刘青松，李俊，陶世欣，等，2015. 一次超级单体风暴造成的强冰雹天气分析[C]//第 32 届气象年会优秀论文集.

徐芬，郑媛媛，肖卉，等，2016. 江苏沿江地区一次强冰雹天气的中尺度特征分析[J]. 气象，**42**(5)：567-577.

姚叶青，郝莹，张义军，等，2012. 安徽龙卷发生的环境条件和临近预警[J]. 高原气象，**31**(6)：1721-1730.

姚叶青，俞小鼎，郝莹，等，2007. 两次强龙卷过程的环境背景场合多普勒雷达资料的对比分析[J]. 热带气象学报，**23**(5)：483-490.

俞小鼎，姚秀萍，熊廷南，等，2005. 多普勒天气雷达原理与业务应用[M]. 北京：气象出版社：90-169.

俞小鼎，郑媛媛，张爱民，等，2006. 安徽一次强烈龙卷的多普勒天气雷达分析[J]. 高原气象，**25**(5)：914-924.

周后福，刁秀广，夏文梅，等，2014. 江淮地区龙卷超级单体风暴及其环境参数分析[J]. 气象学报，**72**(2)：306-317.

Brown R A，Lemon L R，Burgess D W，1978. Tornado detection by pulsed Doppler radar[J]. Mon Wea Rev，**106**：29-38.

Davies-Jones J M，1993. Hourly helicity，instability，and EHI in forecasting supercell tornadoes[C]// Preprints，17th Conf on Severe Local Storms，St. Louis，MO：Amer Meteor Soc：107-111.

不同类型大尺度环流背景下首都国际机场的雷暴特征分析

卓 鸿 霍 苗 任 佳 纪鹏飞

(民航华北空管局气象中心,北京 100621)

摘 要

利用 2001—2014 年共 14 a 的北京首都国际机场(以下简称机场)观测资料和 MICAPS 高空及地面观测资料,将发生在机场的雷暴日分为八类(即强雷暴、弱雷暴、湿对流、干对流、弱冰雹、强冰雹、冰雹大风和混合对流),对每种类型雷暴的气候特征进行了统计研究,得出如下结论:

(1)机场雷暴以弱雷暴为主,其次为干对流。弱雷暴和干对流在 6 月出现最多,强雷暴和湿对流在 7 月最多,弱冰雹出现在春末夏初及秋季,而冰雹大风出现在 6—7 月,混合对流仅在 7 月出现一次。

(2)从 500 hPa 形势来看,西风槽造成的雷暴过程最多,其他为西北气流型。500 hPa 为西风槽和低涡、西北气流时,地面辐合线触发的雷暴最多,其次为冷锋。500 hPa 为横槽时,冷锋触发的雷暴比例增大,未观测到由地形辐合线触发的雷暴。而副高边缘和压倒槽类型的雷雨过程,触发系统主要为辐合线。

(3)从月分布来看,低涡和西北气流型造成的雷雨 6 月最多,但横槽和西风槽造成的雷雨出现最多分别为 7 和 8 月。西风槽、低涡和西北气流型造成的弱雷雨均最多,其次为干对流。而雷暴的地面触发系统以辐合线最多,主要出现在 6 月,冷锋触发的雷雨主要集中在 5—6 月,地形辐合线主要集中在 7、8 月。

(4)横槽、西北气流型雷暴的日循环分布只有一个峰值,分别出现在 05—12UTC 和 08—14UTC,但低涡和西风槽却有两个峰值,一个明显的峰值分别出现在 12—13UTC 和 08—17UTC,另一个次峰值分别在 07—08UTC 和 00—01UTC。

关键词:首都国际机场 雷暴 气候特征 形势分型

引言

雷暴是一种发展旺盛的强对流天气,通常伴有闪电、雷鸣、阵雨、大风、冰雹和龙卷风等,是航行中的飞机所遇到的最恶劣、最危险的天气,停放在地面的飞机也会遭到大风和冰雹的袭击(周建华,2011),因此,雷暴的预报是航空预报的重点和难点。基于长期经验积累同时又有一定理论基础的流型总结能够帮助预报员快速识别出雷暴可能发生的区域(郑媛媛等,2011)。中国对造成雷暴的环流形势研究已有许多,例如丁一汇等(1982)提出了中国四种飑线发生的天气背景和触发条件,即槽后型、槽前型、高压后部型、台风倒槽型或东风波型。郑媛媛等(2011)将安徽省强对流天气系统形势分为冷涡槽后型和槽前型。陈立祥和刘运策(1989)根据对流层中低层水平风的垂直切变将广州地区强对流天气分为强切变类和弱切变类。许爱华等(2013)分析了中国南方春季冷锋北侧冰雹天气的环境场特征,指出 700 hPa 强西南气流在强锋区上强迫抬升和 700～400 hPa 上的对流不稳定和对称不稳定是这类高架对流的主要机制。

许爱华等(2014)综合考虑了强对流天气发生的三个条件，提出了中国强对流天气5种基本类别：冷平流强迫类、暖平流强迫类、斜压锋生类、准正压类和高架对流类。Meng 等(2013)对中国东部的飑线进行了研究，将天气系统分为短波槽前型、长波槽前型、冷涡型、副热带高压型、热带气旋型和槽后型。

对北京地区的强对流的研究也有许多，包括气候学特征(苏永玲等，2011)、个例分析等(李志楠和李廷福，2000；薛秋芳等，1999；雷蕾等，2011；陈良栋等，1993，1994；孙明生等，1996；王笑芳和丁一汇，1994；王令等，2004)，这些研究从不同侧面反映了强对流发生的背景场及物理条件，但由于分型的标准不同(有的按照500 hPa形势，有的按照雷暴发生的条件)，对预报员而言，容易引起混乱。各省(市)气象业务部门天气分型以500 hPa形势为主的居多，也有的省将高空和地面形势混合分型。章国材(2011)认为天气分型不宜过多过杂，天气形势只是提供一个强对流天气发生的背景，他以500 hPa形势为主，将500 hPa形势分为高空低槽、冷涡、西北气流、副高边缘、高压(脊)内和热带低值系统等六种。文中也采用章国材的分型方法，将500 hPa形势分为低涡、西风槽、横槽、西北气流型、副高边缘和低压倒槽型等六类。

此外，地面中尺度系统常常是强对流天气的触发系统，Wilson 等(1992，1997)的研究发现，大多数风暴都起源于边界层辐合线附近，刁秀广等(2009)利用济南多普勒天气雷达探测到的边界层辐合信息，分析了对流边界触发新雷暴的条件。王彦等(2011)利用天津SA雷达探测资料研究了2008—2009年6—9月发生在天津地区的边界层辐合线，发现在不同的天气形势下，边界层辐合线的演变和碰撞与强对流天气的发生、发展密切相关。由于地面触发系统的重要性，文中也对地面触发系统的气候态分布进行了研究，但由于目前对触发系统的种类尚有争议，例如，Wilson 等(1986)认为边界层辐合线可以是天气尺度的冷锋或露点锋，也可以是中尺度的海陆风辐合带，包括雷暴的出流边界和由地表特征如土壤湿度的空间分布不均匀造成的辐合带，但章国材(2011)认为露点锋和土壤湿度的空间分布不均匀确实有利于强对流天气发生，但它们并非抬升触发系统，地面触发系统包括中尺度辐合线、中尺度风速辐合区、风场上明显的气旋性弯曲处、冷锋等。因此，本文中不考虑露点锋和土壤湿度的空间分布不均匀造成的辐合带，将地面形势分为冷锋、辐合线(包括雷暴外流边界)和地面辐合线等三类进行研究。

目前对雷暴的研究大多集中强雷暴，包括强降水、冰雹和大风，而对普通雷暴的研究较少，对机场而言，不仅是强雷暴，普通雷暴也是影响飞行的重要原因，但对普通雷暴的研究偏少，作为世界航班量第二、中国航班量最大的首都国际机场，拥有自己的观测站和每半小时一次的人工观测资料。本文将使用这些观测资料，对首都机场雷暴及触发雷暴的边界层辐合线的气候特征进行研究。

1 资料和方法

使用的资料包括中国气象局 MICAPS 系统中一天两次的常规高空探测资料和3 h一次的地面观测资料及机场观测室每半小时一次的雷雨观测资料。首都国际机场座落在北京市东北方向的顺义区(图1中用ZBAA表示)，而北京市南郊观象台(图1中用54511表示)位于北京市的西南部。

将有雷暴出现的天气定义为一个雷暴日，时间从前一日16:00UTC至当日16:00UTC(在此24 h如内有多次雷暴出现仍定义为一个雷暴日)。雷暴过程定义为当某日出现雷暴且雷暴

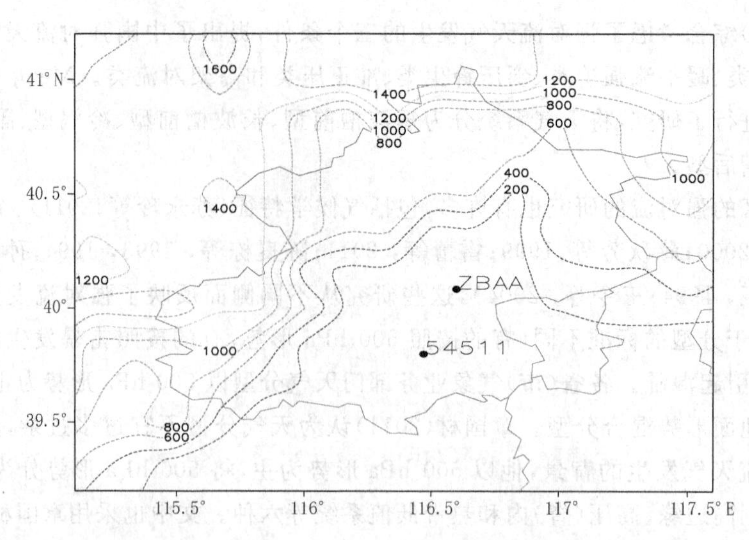

图 1　首都机场观测站(以 ZBAA 表示)与北京市气象局南郊观象台(以 54511 表示)的地理位置(图中实线为北京市行政区域,虚线为地形高度)。

中断时间不超过 60 min,若雷暴中断时间超过 60 min,则记为一次新的雷暴过程,若雷暴在 16:00UTC 仍持续,则记为上一次雷暴过程(肇户锋和王天奎,2005)。

因为产生降水、冰雹、对流性大风的环境条件是不同的,难以找到对每类天气都适用的环境条件。因此,将雷暴日按雨量大小、有无大风和有无冰雹,分为八类:

第一类,强雷暴日。1 h 平均降水量≥20 mm,同时机场观测站地面记录强降水符号(+RA)≥0.5 h 或者雷暴日总降水量≥50 mm,但无冰雹和大风(10 min 平均风力≥10 m/s 或者瞬时风速≥15 m/s);

第二类,湿对流日。即伴随大风,但无冰雹的强雷雨过程;

第三类,强冰雹日。即伴随冰雹,但无大风的强雷雨过程;

第四类,混合对流日。伴随大风和冰雹的强雷雨过程;

第五类,弱雷暴日。除强雷雨过程之外的其他雷雨过程,包括 0.0 mm 降水,但无大风和冰雹;

第六类,干对流日。即伴随大风,但无冰雹的弱雷雨过程;

第七类,弱冰雹日。即伴随冰雹,但无大风的弱雷雨过程;

第八类,冰雹大风日。伴随大风和冰雹的弱雷雨过程。

在流型识别中,按照各省气象局的普遍做法,以强对流发生前 500 hPa 形势进行分型。首先将 500 hPa 形势分为低涡、西风槽、横槽、西北气流型、副高边缘和低压倒槽型。低涡定义为在 500 hPa 上涡旋环流中心位于 50°N 以南、116°W 以西,至少一根闭合等压线且维持时间 24 h 以上。低压倒槽定义为 500 hPa 上涡旋环流中心位于 40°N 以南,北京受其中心伸展出来的东南气流与东北气流间的倒槽影响。其他系统定义同章国材(2011)。

将地面中尺度触发系统分为冷锋、辐合线和地形辐合线 3 类,雷暴的外流边界归入辐合线类。冷锋定义为锋后冷空气范围不少于 10 个纬距(经距)、3 h 变压不少于 2 hPa;辐合线指地面的风向不连续线,但冷空气不明显,3 h 变压在 2 hPa 以下或为正变压;地形辐合线指地面无明显辐合线,偏东气流或东南气流受北京西部地形的抬升,造成地面降水,或者在后半夜,北京西部的山区温度下降后形成偏北风，与东部平原之间南部的南风形成的辐合线。

2 结果分析

2.1 雷暴日分类

2001—2014 年的 14 a 中共得到雷暴日 459 d(包括降水量为 0.0 mm 的天数)，其中，弱雷暴日为 363 d，占整个雷暴日的 79%(表 1)；干对流日为 69 d，占整个雷暴日的 15.1%；强雷暴日为 11 d，占整个雷暴日的 2.5%；湿对流日为 7 d，占整个雷暴日的 1.5%；弱冰雹日为 5 d，占整个雷暴日的 1.1%；冰雹大风日为 3 d，占整个雷暴日的 0.6%；混合对流日为 1 d，占整个雷暴日的 0.2%；无强冰雹日。

从表 1 来看，弱雷暴日天数最多，远超过其他类型的雷暴日，其次为干对流日，其他几种雷暴日按天数多少依次为强雷暴日、湿对流日、弱冰雹日、冰雹大风日、混合对流日和强冰雹日。

表 1　不同雷暴日所占比例及逐月分布

	弱雷暴	强雷暴	干对流	湿对流	强冰雹	弱冰雹	混合对流	冰雹大风	合计
日数(d)	363	12	69	7	0	5	1	3	459
比例	79%	2.5%	15.1%	1.5%	0	1.1%	0.2%	0.6%	100%

雷暴期长达 9 个月，最早从 3 月开始，最晚 11 月中止。雷暴日主要集中在夏季(6—8 月)，分布呈单峰式分布，峰值在 6 月，为 123 d，7 月为 116 d，8 月为 93 d。春季雷雨以 5 月最多，为 53 d，其次是 4 月，为 14 d，3 月仅 1 d。秋季雷雨以 9 月最多，为 42 d，其次为 10 月，为 15 d，最少为 11 月，仅 5 d(图 2a)。

强雷暴日和弱雷暴日最多天数也出现在夏季(图 2b)，但强雷暴日以 7 月最多，共 5 d，而弱雷暴日以 6 月最多，共 95 d。次强雷暴日出现在 8 月，为 3 d，而次弱雷暴日出现在 7 月，为 86 d。第三强雷雨日是 6 月，为 2 d，而第三弱雷雨日是 6 月，为 78 d。强雷雨日 5 月仅有 1 d，而弱雷雨日 5 与 9 月相差不大，分别为 39 和 38 d；4 与 10 月相近，分别为 11 和 13 d；3 与 11 月最少，分别为 3 d 和 2 d。

干对流日(图 2c)主要集中在 6 和 7 月，分别为 21 和 19 d。与弱雷暴日相同，干对流日也以 6 月为最多；其次是 7 月，但 5 月的干对流日(10 d)多于 8 月的 9 d，4 与 9 月相近，分别为 3 d和 4 d，10 与 11 月相同，均为 2 d。湿对流日(图 2c)以 7 和 8 月最多，均为 3 d，6 月为 1 d，其他月无湿对流。

弱冰雹日出现在 5、6 和 11 月，分别为 2 d、2 d 和 1 d，冰雹大风日出现在 6—7 月，风别为 1 和 2 d(图 3d)。强冰雹日无(图略)，混合对流日只有 1 d，出现在 7 月(图略)。

强雷暴日、湿对流日和混合对流日主要出现在 7 月，可能与 7 月西太平洋副热带高压(简称副高)的北跳有关，副高边缘的西南气流输送大量的水汽，使降水量增加。

2.2 雷雨过程的 500 hPa 的形势和地面触发系统分类

2001—2014 年共出现雷暴过程 532 次(表 2)。按照 500 hPa 的形势分型，造成机场雷暴的主要有低涡型、西风槽型、横槽型、西北气流型、副高边缘型和低压倒槽型。西风槽造成的雷暴过程最多(263 次)，占整个雷雨过程的 49.4%；其次为西北气流造成的雷暴(119 次)，占整个雷雨过程的 22.4%；低涡造成的雷暴过程排名第三(86 次)，占整个雷雨过程的 16.2%；受

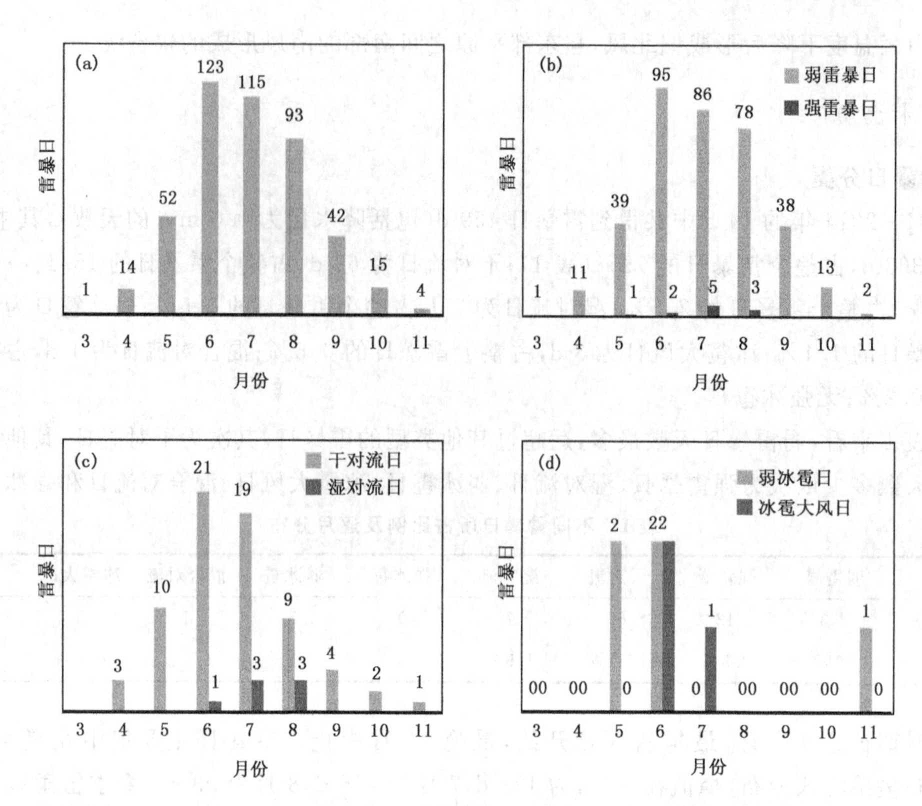

图 2　2001—2014 年雷暴日分布(a)总雷暴日,(b)弱雷暴日和强雷暴日,(c)干对流日和湿对流日,(d)弱冰雹日和冰雹大风日

横槽影响产生的雷暴为 47 次,占整个雷雨过程的 8.8%;副高边缘型和低压倒槽型较少,分别为 10 和 7 次,占整个雷雨过程的 1.9%和 1.3%。

表 2　不同雷暴过程的 500 hPa 形势和地面触发系统分布及所占比例

地面	500 hPa						
	低涡	西风槽	横槽	西北气流	副高边缘	低压倒槽	雷雨过程
冷锋	13	32	11	21	0	0	77
比例	15.1%	12.1%	23.4%	17.6%	0%	0%	
辐合线	70	219	36	93	9	7	434
比例	81.4%	83.3%	76.6%	78.2%	90%	100%	
地形辐合线	3	12	0	5	1	0	21
比例	3.5%	4.6%	0%	4.2%	1%	0%	
合计	86	263	47	119	10	7	532
	16.2%	49.4%	8.8%	22.4%	1.9%	1.3%	

从地面触发系统来看,500 hPa 为西风槽,地面为冷锋、辐合线和地面辐合线的雷雨过程分别为 32、219 和 12 次,分别占西风槽型雷雨的 12.1%、83.3%和 4.6%。当 500 hPa 为西北气流时,地面为冷锋、辐合线和地形辐合线的雷雨过程分别为 21、93 和 5 次,分别占西北气流型雷雨的 17.6%、78.2%和 4.2%。在 500 hPa 为西北气流型雷雨中,地面为冷锋的比例比西

风槽类多,但辐合线相对减少,地形辐合线相近。当 500 hPa 为低涡时,地面为冷锋、辐合线和地面辐合线的雷雨过程分别为 13、70 和 3 次,分别占低涡型雷雨的 15.1%、81.4%和 3.5%,地形辐合线所占的比例低于西风槽类和西北气流型,冷锋所占的比例高于西风槽但低于西北气流型,辐合线所占的比例低于西风槽但高于西北气流型。

当 500 hPa 为横槽时,地面为冷锋和辐合线的雷雨过程分别为 11 和 36 次,分别占横槽型雷雨的 23.4%和 76.6%,冷锋触发的雷暴所占的比例为各类雷暴之最,没有由地形辐合线触发的雷暴。而副高边缘型的雷雨过程,地面为辐合线的为 9 次,占 90%,只有 10%的雷暴由地形辐合线引起。低压倒槽类雷雨则全部是由辐合线造成。

同时,由表 2 也可以看出,当地面是冷锋时,500 hPa 为横槽的雷暴所占的比例最大,其他依次为西北气流型、低涡和西风槽,没有副高边缘型和低压倒槽型的雷暴产生;当地面为辐合线时,500 hPa 形势为低压倒槽的雷暴最多,其余依次为副高边缘、西风槽、低涡、西北气流和横槽;当地面为地形辐合线时, 500 hPa 形势为西风槽的雷暴最多,其次为西北气流和低涡,没有触发低压倒槽型和横槽型的雷暴。也就是说,当 500 hPa 冷空气较明显或动力性较强时,地面触发系统为冷锋的雷雨过程比例较高,当 500 hPa 冷空气较弱或动力性较差时,地面触发系统为辐合线的比例较高。

2.3 雷雨过程的 500 hPa 形势和地面触发系统的逐月变化

从雷暴发生的逐月变化来看(图 3a),低涡系统在 6 月造成的雷雨最多,为 45 次,其次是 7 月,为 17 次,5 月产生 10 次,4、8 和 9 月均为 4 次,10 月仅 2 次。横槽造成的雷雨在 7 月最多,为 21 次;其次为 6 月,为 10 次;8 月为 8 次,5 月为 4 次,4 月 2 次, 9 与 10 月均为 1 次。西风槽造成的雷雨以 8 月最多,为 69 次,其次为 7 月,为 60 次,6 月为 57 次,9 月(29 次)比 5 月(26 次)稍多,10 月(10 次)比 4 月(7 次)稍多,而 11 月仅 5 次。

西北气流型造成的雷雨以 6 月为最多,48 次,其次为 7 月(28 次)和 8 月(18 次),5 月(11 次)与 9 月(10 次)相差不多,3 月(1 次)、4 月(2 次)和 10 月(1 次)次数较少。副高边缘型造成的雷雨主要集中在 7—8 月,分别为 2 和 6 次,9 和 10 月各 1 次。低压倒槽造成的雷雨主要集中在 7 和 8 月,分别为 4 和 3 次。

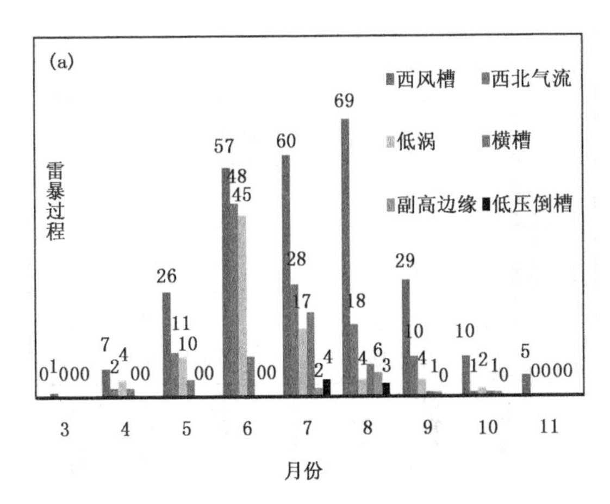

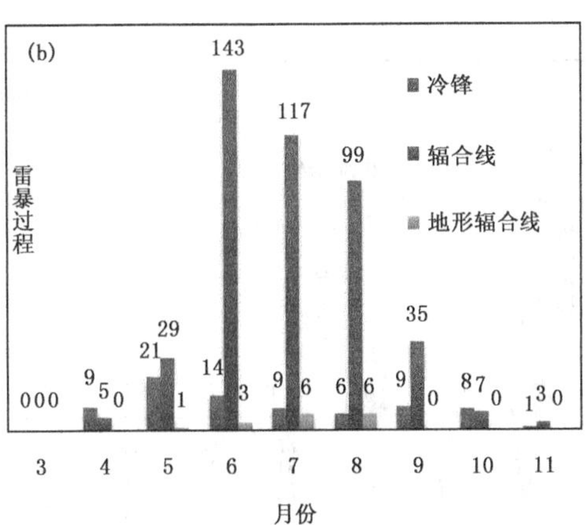

图 3 逐月分布(a)500 hPa 不同形势,(b)地面触发系统

地面辐合线逐月分布6—9月呈递减趋势：6月最多(143次)，其次为7月(117次)和8月(99次)，9月为35次。5月(29次)少于9月(35次)，10和4月相差不大，分别为7和5次，11月仅3次(图3b)。地形辐合线数量较少，主要集中在盛夏的7、8月，均为6次，6月为3次，5月仅有1次。冷锋触发的雷暴主要集中在5和6月，分别为21和14次，7和8月次数明显减少，分别为9和6次，4、9和10月的数量比盛夏的8月多，分别为9、9和8次，10月的冷锋次数比辐合线多，为8次，11月仅1次。

从冷锋触发的雷暴次数来看，春、秋季的热力条件虽然比夏季弱，但强的动力条件同样可以造成雷暴天气，冷锋比辐合线的辐合强，是强的动力系统，是春秋季热力条件较差情况下主要的雷雨触发机制，而在盛夏季节，只要有辐合线，甚至是地形辐合线，不需要很强的动力系统即可以产生雷暴，这与许爱华等(2014)的观点相同，即强对流天气可以发生在强的动力条件下和强的热力条件下，也可以发生在强的动力条件和弱的热力条件下以及弱的动力条件和强的热力条件下。

2.4 不同天气形势造成的雷暴种类分布

按照本文第一部分的雷暴分类标准将雷暴分为八类，按500 hPa不同天气形势对造成的不同天气现象进行分型。

低涡共造成86次雷雨过程，在造成的天气中，以弱雷暴为最多(61次)，其次是干对流雷暴(16次)，强雷暴、弱冰雹、冰雹大风和混合对流天气分别为4次、2次、2次和1次，没有造成湿对流和强冰雹天气(图4a)。

西风槽造成的雷暴中，仍以弱雷暴最多(214次)，其次是干对流雷暴(25次)，产生的强雷暴和湿对流分别为14次和6次，弱冰雹2次，冰雹大风1次，没有造成混合对流和强冰雹天气(图4a)。

西北气流型造成也以弱雷暴最多，其次是干对流，分别为94次和22次，其次产生了湿对流、冰雹大风和混合对流天气各1次(图4a)。

横槽只产生弱雷暴和干对流天气，分别为42次和5次。低压倒槽产生5次弱雷暴过程，1次干对流过程和1次湿对流过程。副高边缘型产生6次弱雷暴和3次强雷暴和1次干对流过程。(图4b)。

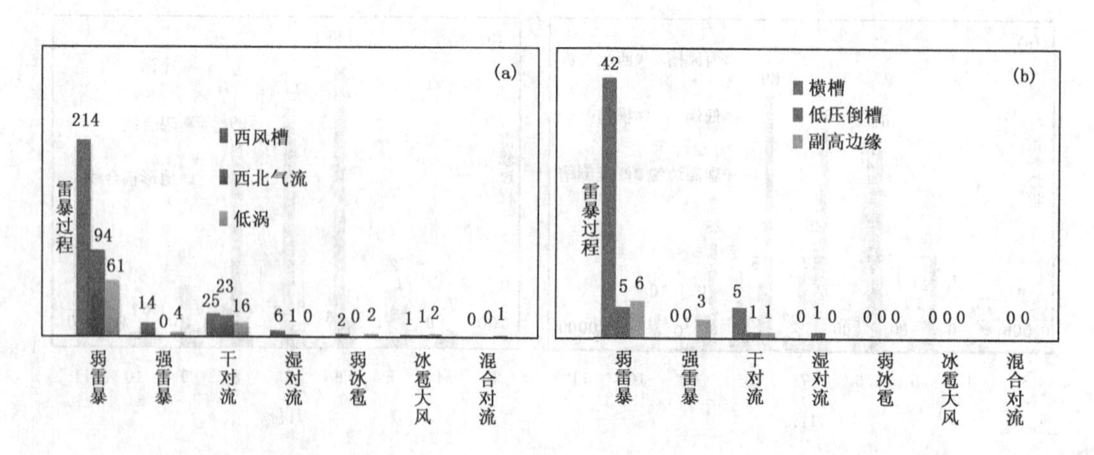

图4 不同天气形势造成的雷暴种类分布(a)低涡、西风槽与西北气流型，(b)横槽、低压倒槽和西北气流型

从上面的分析可以看出，无论是哪种天气形势，造成的雷暴均以弱雷雨为主，其次是干对流，但强雷暴和湿对流的产生与水汽条件有关，低涡和西风槽带来的水汽明显多于横槽和西北气流，因此造成的强雷暴和湿对流明显多于横槽和西北气流，横槽只造成弱对流和干对流天气。副高边缘型共有 10 次，其中强雷雨为 3 次，占 30%，这与副高边缘西南气流带来的水汽充沛有很大关系。

2.5 不同天气类型雷暴开始时间的日循环分布

西风槽型雷暴在一天 24 h 中均有可能发生，但横槽在 22—03 及 14—15UTC 无雷暴产生，低涡型雷暴在 22—23 和 03—04UTC 两个时段无雷暴产生，西北气流型在 22—23、00—01 和 02—03UTC 三个时段无雷暴产生。

西风槽产生的雷暴主要集中在 08—17UTC，此外在 00—01UTC 有一个次峰值；低涡型雷暴除了 22—23 和 03—04UTC 外，其他时段有一个明显峰值出现在 12—13UTC，次峰值出现在 07—08UTC；横槽型雷暴主要集中在 05—12UTC，此外，20—21UTC 也有少量雷暴产生。西北气流型与横槽型相似，主要集中在傍晚，但比横槽型偏晚 2～3 h，主要集中在 08—14UTC，此外，18—19UTC 也出现了一个小的峰值。

副高边缘型和低压倒槽型数量较少，无一定的规律可循（图略）。

从主峰值出现的时间来看，横槽类出现的时间最早（05UTC），其次分别为西北气流（08UTC）、西风槽（09UTC）和低涡（12UTC）。

从以上这些日循环特点可以给预报员一个不同影响系统雷暴出现的大概轮廓，对预报员的临近预报可以起到一定的指导作用。

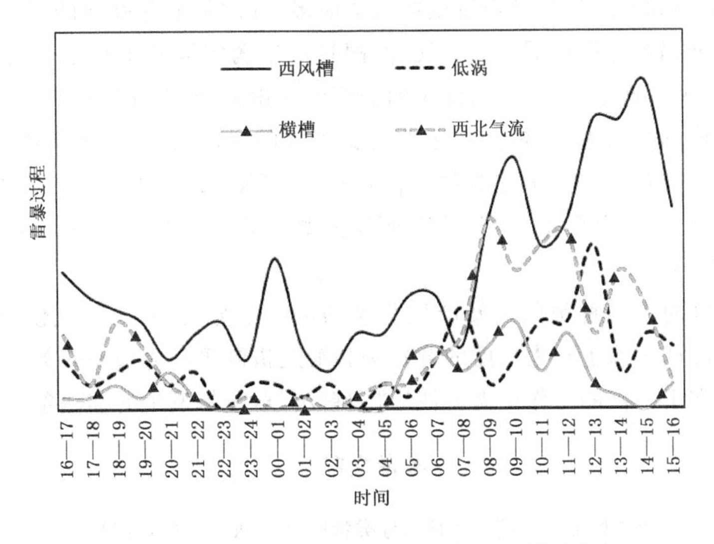

图 5 不同天气类型雷暴发生时间的日循环分布

3 结论与讨论

利用 2001—2014 年首都机场雷雨观测资料及每日 2 次的 MICAPS 高空观测资料和每 3 h 一次的地面观测资料，对造成不同雷暴类型的天气形势按照 500 hPa 形势进行了分型，并对触发雷暴的地面系统进行了分类研究，得出如下结论：

(1)首都机场的雷暴以弱雷暴为主,其次为干对流,没有强冰雹出现。雷暴期从3月开始,11月终止。雷暴日峰值在6月。弱雷暴和干对流以6月最多,而强雷暴以7月最多,湿对流只出现在6—8月,6月最少;弱冰雹出现在春末夏初及秋季,而冰雹大风出现在6—7月,混合对流仅在7月出现1次。

(2)按照500 hPa形势分型,造成机场雷暴的主要有低涡型、西风槽型、横槽型、西北气流型、副高边缘型和低压倒槽型。西风槽造成的雷暴过程最多,其次为西北气流、低涡、横槽、副高边缘型和低压倒槽。500 hPa为西风槽和低涡、西北气流时,地面辐合线触发雷暴最多,其次为冷锋,地形辐合线最少。当500 hPa为横槽时,冷锋触发的雷暴比例增大,没有由地形辐合线触发的雷暴。而副高边缘和压倒槽类型的雷雨过程,触发系统主要为辐合线。

当地面同为冷锋时,500 hPa为横槽的雷暴所占的比例最大,其他依次为西北气流型、低涡和西风槽,没有副高边缘型和低压倒槽型的雷暴产生;当地面同为辐合线时,500 hPa形势为低压倒槽的雷暴最多,其余依次为副高边缘、西风槽、低涡、西北气流和横槽;当地面同为地形辐合线时,500 hPa形势为西风槽的雷暴最高,其次为西北气流和低涡,没有触发低压倒槽型和横槽型的雷暴。

(3)从逐月的分布来看,低涡和西北气流型造成的雷雨均在6月最多,其次是7月;而横槽造成的雷雨在7月最多,其次为6月;西风槽造成的雷雨却以8月最多,其次为7月;副高边缘和低压倒槽造成的雷雨较少,主要集中在7—8月。

冷锋触发的雷雨主要集中在5和6月,4、9和10月的数量均超过8月;辐合线触发的雷暴以6月为最多,其次为7和8月;地形辐合线数量较少,主要集中在盛夏的7、8月。

(4)西风槽、低涡和西北气流型均造成弱雷暴最多,其次是干对流,西风槽没有造成强冰雹和混合对流天气,低涡没有造成湿对流天气,横槽只产生弱雷暴和干对流天气,副高边缘型产生弱雷暴和强雷暴及一次干对流过程,低压倒槽产生弱雷暴、干对流过程和一次湿对流过程。

(5)从雷暴生成的时间来看,横槽产生的雷暴出现的时间较早,主要集中在05—12UTC,而西北气流型比横槽型晚2～3 h,主要集中在08—14UTC;低涡型雷暴有一个明显峰值出现在12—13UTC,次峰值出现在07—08UTC;西风槽型雷暴在一天24 h中均有可能发生,但主要集中在08—17UTC。

(6)文中只是针对不同种类的雷暴产生背景场进行了分类,并对其气候态分布进行了研究,但实际上雷暴的产生除了和大尺度的背景场和触发机制等动力条件有关外,还和热力条件及水汽条件有关,在下一步的工作中需要使用“配料法”对雷暴发生的其他条件进一步做研究。

参考文献

陈立祥,刘运策,1989. 广州地区强对流统计特征和分类特征[J]. 气象,**5**(2):170-178.

陈良栋,陈良栋,余远东,等,1993. 北京地区强对流活动规律初探[J]. 气象科学,**13**(3):236-242.

陈良栋,陈淑萍,1994. 北京地区强对流活动规律再探[J]. 气象科学,**14**(3):216-224.

刁秀广,车军辉,李静,等,2009. 边界层辐合线在局地强风暴临近预警中的应用[J]. 气象,**35**(2):29-33.

丁一汇,李鸿洲,章名立,等,1982. 我国飑线发生条件研究[J]. 大气科学,**6**(1):18-27.

雷蕾,孙继松,魏东,2011. 利用探空资料判别北京地区夏季强对流的天气类别[J]. 气象,**37**(2):136-141.

李志楠,李廷福,2000. 北京地区一次强对流大暴雨的环境条件及动力触发机制分析[J]. 气象,**11**(3):304-311.

苏永玲，何立富，巩远发，等，2011. 京津冀地区强对流时空分布与天气学特征分析[J]. 气象，**37**(2)：177-184.
孙明生，王细明，罗阳，等，1996. 北京地区强对流天气展望预报方法研究[J]. 应用气象学报，**7**(3)：336-343.
王令，康玉霞，焦热光，等，2004. 北京地区强对流天气雷达回波特征[J]. 气象，**30**(7)：31-35.
王笑芳，丁一汇，1994. 北京地区强对流天气短时预报方法研究[J]. 大气科学，**18**(2)：173-183.
王彦，于莉莉，李燕伟，等，2011. 边界层辐合线对强对流系统形成和发展的作用[J]. 应用气象学报，**22**(6)：724-731.
许爱华，陈云辉，陈涛，2013. 锋面北侧冷空气团中连续降雹环境场及成因[J]. 应用气象学报，**24**(2)：197-205.
许爱华，孙继松，许东蓓，等，2014. 中国中东部强对流天气的天气形势分类和基本要素配置特征[J]. 气象，**40**(4)：400-411.
薛秋芳，孟青，葛润生，1999. 北京地区闪电活动及其与强对流天气的关系[J]. 气象，**25**(11)：15-20.
章国材，2011. 强对流天气分析与预报[M]. 北京：气象出版社：11-15.
肇启锋，王天奎，2005. 1996—2002 年桃仙机场夏季雷暴回波参数对比分析[J]. 辽宁气象，**4**：16-17.
郑媛媛，姚晨，郝莹，等，2011. 不同类型大尺度环流背景下强对流天气的短时临近预报预警研究[J]. 气象，**37**(7)：95-801.
周建华，2011. 航空气象业务[M]. 北京：气象出版社：20-21.
Meng Zhiyong, Yan Dachun, Zhang Yunji, 2013. General features of squall lines in east China[J]. Mon Wea Rev, **141**: 1629-1647.
Wilson J W, Foote G B, Fankhauser J C, et al, 1992. The role of boundary layer convergence zones and horizontal rolls in the initiation of thunderstorms: a case study[J]. Mon Wea Rev, **120**: 1758-1815.
Wilson J W, Megenhardt D L, 1997. Thunderstorm initiation, organization and lifetime associated with Florida boundary layer convergence lines[J]. Mon Wea Rev, **125**: 1507-1525.
Wilson J W, Mueller C K, 1993. Nowcast of thunderstorm initiation and evolution[J]. Wea Forecasting, **8**: 113-131.
Wilson J W, Schreiber W E, 1986. Initiation of convective storms at radar-observed boundary-layer convergence lines[J]. Mon Wea Rev, **114**(12): 2516-253.

GRAPES_MESO V3.3 模式强天气预报性能的初步检验*

毛冬艳[1]　朱文剑[1]　樊利强[1]　蔡雪薇[1]　张　涛[1]　陈　静[2]　黄丽萍[2]　王　雨[2]

（1. 国家气象中心，北京 100081；2. 中国气象局数值预报中心，北京 100081）

摘　要

针对2013年6月升级后的GRAPES_MESO V3.3模式预报产品进行了天气学检验。检验结果表明：模式能够较好地反映强对流过程发生发展的水汽、稳定度和风垂直切变等物理条件，8—10月，预报准确率随着季节的转换而有所不同，对于达到一定阈值条件的部分物理参数预报效果较好，对业务具有较好的参考价值。模式对于强降水以及华北雷暴大风和冰雹等强天气过程具有一定的预报能力，特别是高时、空分辨率的产品能够在一定程度上较好地描述过程的发生、发展，但对于极端强降水、受地形影响的强降水等预报能力有限。

关键词：GRAPES_Meso V3.3　模式　预报　天气学检验

引言

中尺度模式GRAPES_MESO 2004年5月9日开始业务试运行，2006年7月GRAPES模式通过业务化验收并投入业务运行（陈德辉等，2008），2006年8月7日正式替代HLAFS模式发布区域模式预报产品。2007年模式进一步改进（李勇等，2008），定版为GRAPES_MESO V2.5，并于2008年4月7日正式业务化。2009年模式升级为3.0版本（彭新东等，2010），2010年3月23日正式业务化。2013年6月4日，GRAPES_MESO进一步升级为3.3版本。

数值预报作为现代天气预报的基础，其检验工作一直以来都受到广大气象工作者的高度重视。对于数值模式的检验，主要集中在两个方面，一是针对模式产品的定量化统计检验，另一个是以预报员思路为基础的主观天气学检验。对于前者，目前已经开展了大量的针对模式基本要素以及降水预报等的检验（王雨，2006；尤凤春等，2009；许美玲等，2002；姜永强等，2002；陈敏等，2003；王雨等，2010）。王雨等（2007，2013）还从加密降水观测以及检验结果平均方案等多个角度对降水检验方案进行了深入的探讨和分析，为降水检验的科学性和严谨性提供了参考。衡志炜等（2011）利用热带测雨卫星（TRMM）搭载的微波成像仪（TMI）探测资料，对一次台风过程中AREM和WRF的水凝物模拟能力进行了检验。近些年来，随着精细化预报的不断发展，尺度分解技术（孔荣等，2010）、基于目标的检验技术（刘凑华等，2013）等新的检验技术和方法逐步发展起来。同时，针对区域集合预报系统的检验（邓国等，2010；王晨稀等，2007）也为其应用提供了有用的参考信息。对于模式的天气学检验，主要是根据不同天气发生、发展的物理机制，按照预报员业务中的预报思路，从天气过程发生、发展的环流形势，主要影响系统以及物理条件等方面，主观分析和评估数值模式对不同类型天气过程的预报性能。针对GRAPES_MESO，一些学者（叶成志等，2006；徐双柱等，2007）分析了其对2005年长江流域重大灾害性降水天气过程的预报性能，为更好地在业务中应用这些模式产品提供了参考。

彭新东等(2010)针对冷锋暴雨和台风暴雨两种不同类型的南方暴雨过程，进行了热力和动力检验，特别对模式预报降水和降水系统的结构进行了深入分析，初步验证了模式对于这两次过程强对流降水系统的刻画能力。陈静等(2010)应用 T639 和 GRAPES_RUC 等模式诊断变量和概率预报产品，对 2009 年“6·3”河南飑线天气过程进行了检验，结果表明高分辨率模式对强对流天气的预报能力有了较大的提高。

中尺度数值模式由于高时、空分辨率等特点，其检验一直以来都在不断的研究和探讨之中(Christopher, et al, 2000)。针对数值模式的天气学检验，国外的模式研发人员和业务预报人员也开展了大量的工作。美国风暴预报中心 1996 年首次有组织地开展科研和业务人员共同参加的“冬季天气试验”，试验内容之一就是研究针对冬季天气的更加系统科学的评估中尺度条件的方法，1998 年开始重点从冬季天气转移到对流天气。2000 年春季试验主要工作就是对于业务和试验的中尺度模式进行评估。从 2003 年春季试验针对数值模式的主观检验来看，针对强对流天气预报的水汽、不稳定、风切变和动力抬升条件，预报员一方面需要提供模式对这些物理条件的预报评价以及信心，另一方面需对过去一天的预报给出评价及检验结果。这种完全依靠预报员主观分析的检验，虽然难免会存在一定的主观性，但还是能够提供基于统计的定量化检验所不能提供的信息，对于了解预报员的模式应用能力、进一步改进模式评估方法具有很好的参考意义(Kain, et al, 2003)。近些年来，随着数值模式的发展，针对风暴尺度模式以及中尺度集合预报模式也开展了主观天气学检验(Aaron, et al, 2013)。

本文主要针对 GRAPES_MESO V3.3 模式，从天气学检验的角度，对强对流天气发生、发展的物理条件以及不同强天气过程进行检验，分析模式对于强天气过程的刻画能力，提高预报员对于 GRAPES_Meso 中尺度模式的综合分析和应用能力。

1 资料与方法

用于检验的模式资料包括 2013 年 6 月以来正式业务化运行的 GRAPES-MESO V3.3 产品，其中，考虑模式产品的完整性，物理条件的定量化检验时段为 8—10 月。同时，也引用了国家气象中心业务上使用的其他模式产品，包括欧洲中心、日本以及 T639 的产品等。

为了能够对模式的中尺度特征进行检验评估，除了常规观测资料外，还使用了逐时自动气象站加密雨量和雷达等高时、空分辨率资料。

为了消除地形对分析结果的影响，在定量检验过程中对各个物理量都进行了相应的剔除处理，将地形较高而不能用于检验的格点进行了剔除。需要说明的是，目前定量检验的真值使用的是模式零场，这种检验能够体现出模式的稳定性，但不能够真实反映模式预报与实况的误差，在今后的检验中将增加对模式零场与实况观测的检验。

2 强对流物理条件检验

对于强对流天气的短期潜势预报，预报员一般是在天气形势分析的基础上，结合物理参数进行预报区域上空大气温、湿结构的综合分析，从而判断是否有强对流以及可能有哪一类强对流天气发生。结合以往的研究成果(雷蕾等，2011；樊李苗等，2013；张一平等，2014)，文中选取了三类物理条件共 6 个参数进行检验，其中，水汽条件包括 850 和 500 hPa 露点温度(以下简称为 T_{d850} 和 T_{d500})，稳定度条件包括 K 指数和地面抬升指数(以下简称为 LI)，风切变条件包括 0～3 km 和 0～6 km 风垂直切变(以下简称为 0～3 km shear 和 0～6 km shear)。检验时段为 2013 年 8 月 1 日至 10 月 31 日。

为了能够提供更为全面的检验结果，在检验时从以下几个方面进行了考虑：(1)区域划分。除了对全国范围进行检验以外，还根据不同区域的天气、气候特点，将全国划分为 9 个区域进行检验，分别为东北、华北、江淮黄淮、江南、华南、西南、西北地区东部、西北地区西部和青藏高原(图 1)。(2)月份划分。除了对 8—10 月进行综合检验外，考虑这 3 个月正处于季节转换期，因此，针对每个月分别进行了检验。(3)不同起报时间。针对 08 和 20 时起报的模式产品分别进行检验。(4)不同预报时效。针对模式 12～72 h 时效逐 12 h 的预报产品分别进行检验。(5)不同阈值。根据强对流天气发生、发展的物理条件阈值特征，在对不同物理参数进行综合检验的基础上，针对预报员特别关注的阈值区间也进行了检验，具体为：$T_{d850} \geqslant 12$ ℃、$T_{d500} \leqslant -40$ ℃、$K \geqslant 35$ ℃、$LI \leqslant 0$ ℃、0～3 km shear≥13.5 m/s 和 0～6 km shear≥27 m/s。

使用的检验统计量包括平均误差(ME)、平均绝对误差(MAE)和均方根误差($RMSE$)(尤凤春等，2009；刘还珠等，1992)，对每个格点的时间序列样本进行计算。

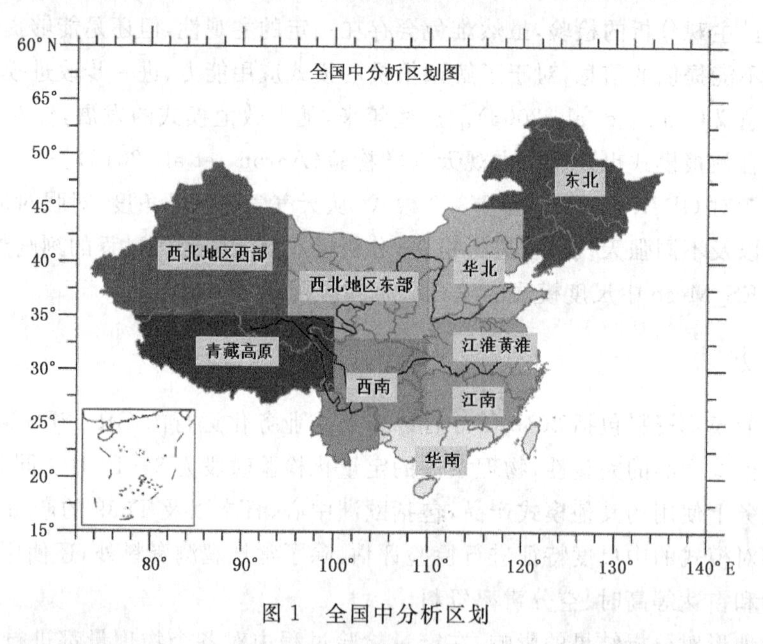

图 1　全国中分析区划

2.1　水汽条件检验结果分析

对于 T_{d850} 12 h 时效预报的检验，总体而言，8—10 月，东北地区南部、华北大部分地区、江淮黄淮和江南北部等地平均绝对误差相对较大，为 2～3 ℃(图 2a)；从不同月份的检验(图略)来看，随着月份的演变，全国大部分地区的误差呈增大的趋势，其中黄淮江淮地区的误差增长最为显著，10 月达 3～4 ℃，局地超过 4 ℃；对 $T_{d850} \geqslant 12$ ℃的检验结果(图 2b)表明，中东部大部分地区，模式对该阈值区间的 850 hPa 露点温度预报好于不分阈值的预报，大部分地区的误差小于 2 ℃，表明该模式对于达到强对流天气预报所关注的低层水汽条件的预报具有较高的参考价值。对于不同区域、不同预报时效(图 2c)的检验结果表明，随着预报时效的延长，各地区的误差都呈增大趋势，其中华南和西南地区的误差较小，到 72 h 时效误差基本在 2.5 ℃以下，江淮黄淮地区误差相对较大，该区域 12 h 时效的误差与华南地区 72 h 的误差基本相当。

从不同起报时间来看(图略),对于西北地区东部,08 时起报的误差要明显大于 20 时起报的误差,全国其他地区的差异则不明显。

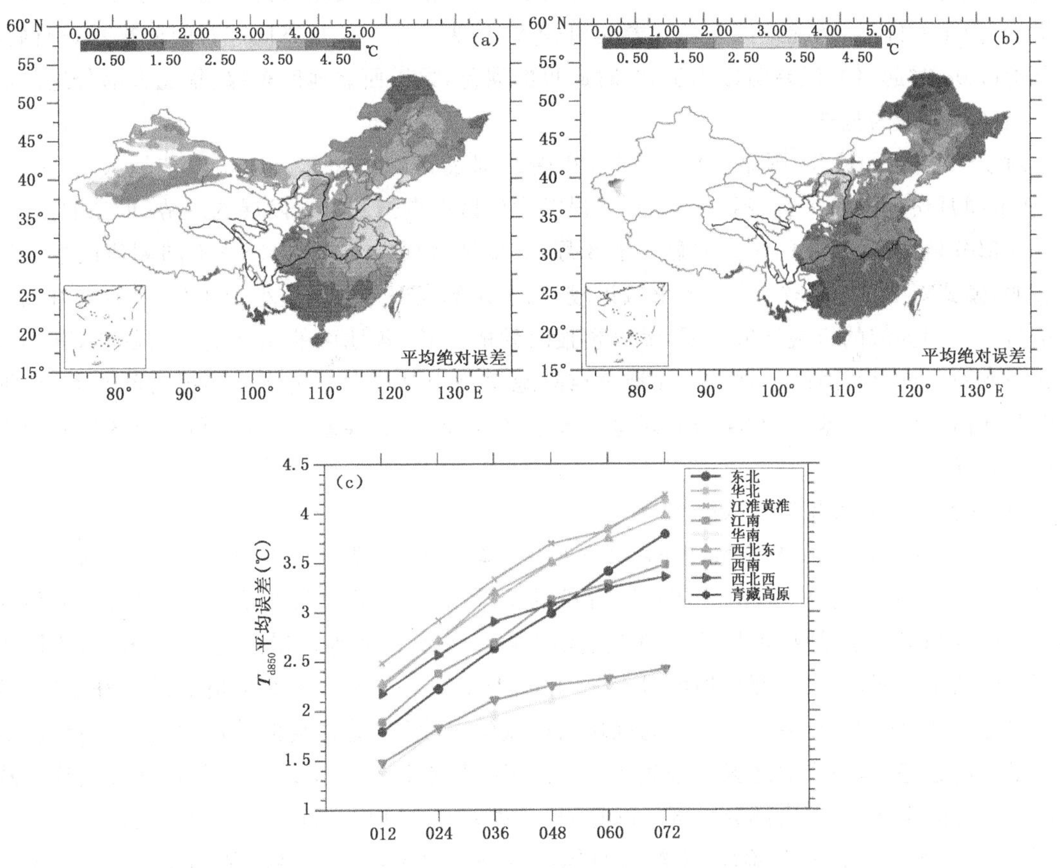

图 2 T_{d850} MAE 分布(a. 8—10 月 12 h 预报时效 MAE 分布,b. ≥12 ℃的 MAE 分布,c. 不同区域、不同预报时效 MAE 演变)

对于 T_{d500} 的检验(图略),总体而言,误差大于 T_{d850},8—10 月,误差分布呈现明显的区域特征,即北方地区的误差明显高于南方地区,35°N 以北的误差一般大于 3.5 ℃,局地达到 4.0 ℃,35°N 以南误差相对较小,两广南部和云南南部最小为 2.0~2.5 ℃;从不同月份的检验来看,随着月份的演变,北方地区的误差呈现递减趋势,10 月误差最小,这与 T_{d850} 的误差变化趋势正好相反,南方地区变化不大;对 T_{d500}≤−40 ℃的检验结果,与综合检验一致,误差大值区主要位于北方地区,部分地区超过 5 ℃,业务中使用该参数判断北方地区对流层中层干时应注意。不同区域的检验结果表明,随着预报时效的延长,各地区的误差都呈增大趋势,误差较小的区域为西南地区,较大的区域为华北和东北地区,误差随预报时效延长增加的幅度略大于 T_{d850}。从不同起报时间来看,北方部分地区 08 时起报的误差要略大于 20 时起报的误差,全国其他地区的差异则不明显。

2.2 稳定度条件检验结果分析

对于 *LI* 的检验(图略),8—10 月,西北地区东部、华北大部分地区和黄淮西部等地误差相对较大,一般不小于 6 ℃;从不同月份的检验来看,随着月份的演变,全国各地区的误差都呈增大趋势，其中，山西、陕西和河南三省交界处误差为 8～9 ℃；对 $LI \leqslant 0$ ℃的检验结果表明，该阈值区间的误差小于综合检验，特别是上述误差大值区，误差平均为 4 ℃左右。不同区域的检验同上述水汽条件的检验结果不同，各地区的误差随预报时效变化较为平缓，东北地区误差相对最小，为 4 ℃左右，西北地区东部误差相对较大，约为 7.5 ℃。从不同起报时间来看，全国大部分地区 08 时起报的误差明显小于 20 时起报的误差，尤以西北地区东部、华北大部分地区和黄淮西部等地最为显著。

对于 K 指数的检验(图略)，8—10 月，江南北部及其以北大部分地区误差较大，为 4～6 ℃；从不同月份的检验来看，不小于 4 ℃的误差大值区有向南北方向发展的趋势，即东北地区、江南大部分地区 9、10 月的误差明显大于 8 月，其他地区误差变化不明显；不同阈值的检验结果表明，模式对 K 指数 $\geqslant 35$ ℃的预报效果较好，中东部大部地区误差小于 3 ℃，具有较好的参考价值。不同区域的检验结果表明，随着预报时效的延长，各地区的误差呈递增趋势，其中西南和华南地区误差相对较小，华北、江淮黄淮等地误差相对较大。从不同起报时间来看，江淮黄淮和江南东北部等地 08 时起报的误差略大于 20 时起报的误差，全国大部分地区误差分布的形态差异较小。

2.3 风垂直切变条件检验结果分析

对于 0～3 km shear 的检验(图略)，8—10 月，除四川、广西等局部地区以外，全国大部分地区误差相当，一般为 2～3 m/s；从不同月份的检验来看，随着月份的演变，全国大部分地区误差呈递减趋势，8 月误差最大，其中四川、江南西部、华南西部等地误差达 3～4 m/s；不同阈值的检验结果表明，北方大部分地区对 0～3 km 风切变 $\geqslant 13.5$ m/s 的预报效果较好，具有较高的参考价值，南方则误差较大。不同区域的检验结果表明，随着预报时效的延长，各地区的误差呈递增趋势，其中西北地区东部误差相对较小，不足 1 m/s，东北地区误差增长最快。从不同起报时间来看，全国大部分地区 08 时起报的误差和 20 时起报的误差差异不大。

对于 0～6 km shear 的检验(图略)，总体而言，8—10 月与 0～3 km 风切变具有明显不同的分布特征，不小于超过 3 m/s 的误差主要分布在南方和西部地区，其他地区误差多小于 3 m/s；从不同月份的检验来看，随着月份的演变，全国大部分地区(尤其是黄淮江淮地区)误差呈递减趋势，西南地区误差变化不大；不同阈值的检验结果表明，模式对东北、华北等地的误差局地性比较强，华北以南大部分地区满足阈值条件的样本数非常少，因此，检验结果不具有代表性。不同区域的检验结果表明，随着预报时效的延长，各地区的误差呈增大趋势，其中东北地区起始误差较小，但增长较快，青藏高原误差相对最小，增长最慢，但是其代表性值得商榷。从不同起报时间来看，西南地区和华南地区的误差受起报时间的影响不大，而全国其他地区，尤其是江淮黄淮等地 08 时起报的误差略小于 20 时起报的误差。

表 1 给出了对于水汽、稳定度以及风切变条件共 6 个参数的平均误差和均方根误差检验结果，可见，对于对流层中低层的露点温度、K 指数以及风垂直切变，平均误差都比较小，且没有表现出较为一致的正或负偏差，也就是说系统性误差不明显。相对而言，均方根误差则比较大，说明这几个参数主要以非系统性的随机误差为主。LI 与其他参数表现不尽相同，其平均误差均为明显的负值，即预报值明显小于模式分析值，且平均误差与均方根误差基本相当，表明抬升指数以系统性误差为主。

表 1 GRAPES_MESO V3.3 物理参数检验结果

区域	T_{d850}(℃)		T_{d500}(℃)		LI(℃)		K 指数(℃)		0～3 km shear (m/s)		0～6 km shear (m/s)	
	ME	RMSE	ME	RMSE	ME	RMSE	ME	RMSE	ME	RMSE	ME	RMSE
东北	0.21	2.42	0.58	4.87	−3.38	4.76	0.19	5.15	−0.33	2.85	−0.28	3.31
华北	−0.11	2.96	0.28	5.25	−6.2	7.57	0.5	5.74	0.01	3.03	0.2	3.29
江淮黄淮	0.2	3.46	−0.44	4.41	−4.98	6.8	−0.04	6.17	0.04	2.81	0.43	3.2
江南	−0.08	2.69	0.02	4.18	−4.02	5.78	−0.03	5.32	−0.33	3.24	0.58	3.54
华南	−0.27	1.93	0.27	3.83	−3.62	5.26	−0.68	4.3	−0.52	3.27	0.31	3.58
西北东部	−0.44	2.92	0.13	4.95	−7.36	8.87	0.52	5.45	0.1	2.72	0.75	3.56
西南	−0.25	2.04	0.27	4.14	−5.47	7.43	−0.27	4.58	0.22	3.06	0.86	3.82
西北西部	—	—	0.22	4.97	−4.67	6.67	−1.12	5.49	0.23	3.14	0.4	3.83
青藏高原	—	—	—	—	—	—	—	—		0.4	2.91	

3 主要天气过程检验

为进一步检验模式对于强天气过程的预报能力，选取了 2013 年四川盆地强降水(过程时间分别为 6 月 18—22 日、6 月 29 日—7 月 2 日和 7 月 7—12 日)、东北地区强降水(过程时间分别为 7 月 8—9 日、8 月 4—5 日和 8 月 15—17 日)、台风强降水(三个影响台风分别为 1311 号台风“尤特”、1323 台风“菲特”和 1330 号台风“海燕”)以及华北雷暴大风和冰雹(过程时间分别为 7 月 31 日、8 月 4 日和 8 月 11 日午后至傍晚)共 12 次天气过程，对降水预报、主要影响系统、物理条件等进行检验，对部分过程的小时降水量和雷达回波等也进行了检验，从而揭示模式对于发生在一定区域的某种强天气过程的预报能力。结果表明，(1)模式对强降水具有一定的预报能力，但预报性能不稳定，对于水汽、能量等物理条件一般较实况略偏强，对于青藏高原东移的系统在强度和位置上存在一定偏差；(2)对于台风降水强度预报较好，但落区具有一定偏差，对于盛夏伴随西南季风的台风强降水预报偏差较大，这也是其他模式预报的不足之处；(3)模式能较好地反映华北风雹天气的环境场，对于雷达回波预报明显偏弱，不能较好地反映中尺度系统的发生、发展及其演变过程。

下面以 1330 号台风“海燕”造成的强降雨以及华北一次雷暴大风和冰雹过程为例进行天气学检验分析。

3.1 1330 号台风“海燕”强降雨检验

1330 号台风“海燕”具有影响时间晚、强度强、风雨大等特点，是 1951 年以来 11 月后影响广西的热带气旋中风雨影响最大的热带气旋。

此次强降水主要是台风本体降水造成的，因此，对流层中低层水汽的分布、输送及其辐合上升是做好降水预报的关键。从 11 日 08 时 925 hPa 比湿分布来看(图略)，实况显示广西南部和西部、广东中南部比湿均在 14 g/kg 以上，预报场与实况总体分布相当，仅在广西西部和广东中部预报略偏弱。从水汽通量散度来看(图略)，925 hPa 水汽辐合区主要位于广西大部分地区和广东西南部，辐合中心位于广西南部，模式预报场与实况基本一致。850 hPa 的水汽分布及其辐合上升与 925 hPa 基本一致,模式都表现出较好的预报性能。

在降水总量预报较为准确的前提下,选取强降水中心的 59238 站进一步分析了逐时降水演变和雷达回波的分布。从逐时降水演变(图 3a)可见,降水主要集中在 11 日 09—18 时,小时雨量以 20～30 mm 为主,从预报场可见,强降水主要时段较实况偏晚,小时雨量与实况基本相当。从 11 日 08 时雷达回波分布(图 3b、c)来看,降水回波主要分布在广西境内,强度以 30～40 dBZ 为主,局地超过 40 dBZ,这与小时降水量一般小于 30 mm 是一致的。对应的雷达回波预报场的形态与实况基本一致,但强度偏弱 5～10 dBZ。在实际预报业务中,可以参考雷达回波分析预报降水的分布特征及其性质。

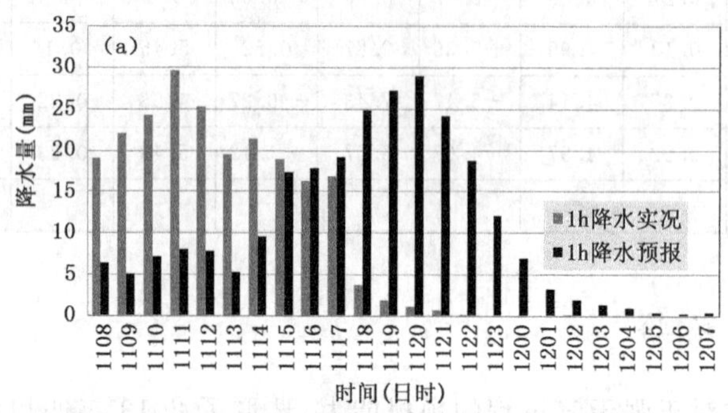

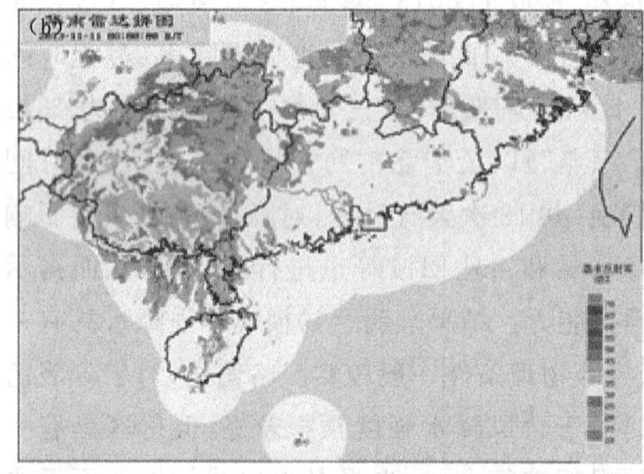

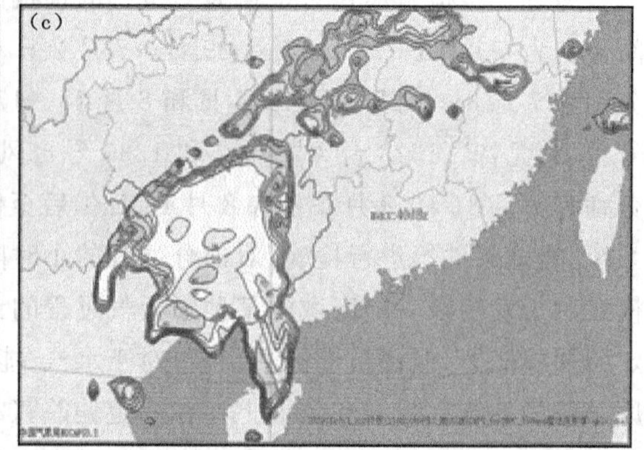

图 3　2013 年 11 月 11 日 08 时—12 日 08 时逐时预报与实况对比(a),11 日 08 时雷达回波实况(b)和 10 日 20 时 12 h 预报雷达反射率(c)

3.2　华北雷暴大风和冰雹过程检验

受高空冷涡影响,2013 年 7 月 31 日午后到傍晚,华北大部分地区出现了雷暴大风和冰雹天气过程,山西中北部、河北西北部等地出现 8～10 级雷暴大风,局地风力 11 级以上,局部地区伴有冰雹,最大冰雹直径约 40 mm。

从模式雷达回波预报场与实况的对比(图略)可见,逐时雷达回波预报能较好地反映此次强对流过程的发生、发展,但回波强度明显偏弱,且回波位置偏北。

从主要影响系统的对比分析(图略)可见,模式较为准确地预报了高空冷涡及低层切变线的位置及其演变。从对流发展强盛阶段的高、低空影响系统配置来看,31 日 17 时,蒙古国到河套地区为一高空冷温度槽,配合低层 850 hPa 为从河套地区向东北方向伸展的温度脊,这种对流层中低层的温度配置加大了大气的不稳定层结,有利于不稳定能量的积累,为强对流天气的发生、发展提供了有利条件。同时，500 hPa 上河北西北部为一明显的相对湿度小值区，上干、下湿的对流性不稳定层结有利于形成雷暴大风(朱乾根等，2007)。与 20 时实况的对比分析表明，冷槽、暖脊位置略偏北，这与雷达回波预报位置偏北是一致的。可见，模式能够较好地反映盛夏华北雷暴大风和冰雹天气发生、发展的环境条件，并且由于其高时、空分辨率的特点，能为实际业务提供有益的参考。

4 小结与讨论

通过上述 GRAPES-MESO V3.3 模式产品对强天气过程的天气学检验分析，初步得到以下结论：

(1)2013 年 8—10 月，水汽、稳定度以及风垂直切变三类物理条件中，除了抬升指数外，其他物理参数平均误差都比较小，模式对于强对流天气预报关注的、达到一定阈值条件的物理参数的预报效果较好，对业务具有较高的参考价值；

(2)8—10 月，预报准确率随着季节的转化呈现出明显不同的特征；

(3)模式对于东北和四川盆地强降水、台风强降水以及华北雷暴大风和冰雹等强天气过程具有一定的预报能力，但在模式的稳定性、复杂地形条件下的强降水、高原系统的东移演变以及物理条件的准确性等方面还有待进一步提高；

(4)模式提供的小时降水量、雷达回波等高时、空分辨率的产品能够在一定程度上较好地描述过程的发生、发展，在过程预报较为准确的前提下，能够为业务提供更为精细的参考。

本文仅针对升级后的 GRAPES-MESO V3.3 进行了初步检验，还有很多不完善之处，如受资料限制，仅针对 8—10 月的模式产品进行了检验，其代表性有待商榷；对于定量化检验，考虑模式分辨率的特征，使用模式零场进行检验，而没有对零场本身可能存在的误差进行全面的分析；在强天气过程检验方面，对天气系统及其三维结构的分析方面还比较粗浅等。今后还有待于进行更为全面细致的检验，从而为实际业务提供模式应用方面的参考。

致谢：得到中国气象局数值预报中心陈德辉研究员的悉心指导，在此深表感谢！

参考文献

陈德辉，薛纪善，杨学胜，等，2008. GRAPES 新一代全球/区域多尺度统一数值预报模式总体设计研究[J]. 科学通报，**53**(20)：2396-2407.

陈静，佟华，徐枝芳，等，2010. NMC 强天模式诊断变量和概率预报产品及初步应用检验[J]. 气象，**36**(12)：41-49.

陈敏，王迎春，仲跻芹，等，2003. 北京地区中尺度数值业务预报的客观检验[J]. 应用气象学报，**14**(5)：522-532.

邓国，龚建东，邓莲堂，等，2010. 国家级区域集合预报系统研发和性能检验[J]. 应用气象学报，**21**(5)：513-523.

樊李苗，俞小鼎，2013. 中国短时强对流天气的若干环境参数特征分析[J]. 高原气象，**3**(1)：156-165.

衡志炜，宇如聪，傅云飞，等，2011. 基于 TMI 产品资料对数值模式水凝物模拟能力的检验分析[J]. 大气科学，**35**(3)：506-518.

姜永强，张维桓，周祖刚，等，2002. 中尺度暴雨模式 MRM1 简介及预报效果检验[J]. 解放军理工大学学报，**3**(1)：1-7.

孔荣,王建捷,梁丰,等,2010. 尺度分解技术在定量降水临近预报检验中的应用[J]. 应用气象学报,**21**(5):535-544.

雷蕾,孙继松,魏东,2011. 利用探空资料甄别夏季强对流的天气类别[J]. 气象,**37**(2):136-141.

李勇,王雨,2008. 2007 年夏季 GRAPESMESO15 及 30 km 模式对比检验[J]. 气象,**34**(10):81-89.

刘凑华,牛若芸,2013. 基于目标的降水检验方法及应用[J]. 气象,**39**(6):681-690.

刘还珠,张绍晴,1992. 第四讲 中期数值预报的统计检验分析[J]. 气象,**18**(9):50-54.

刘健文,郭虎,李耀东,等,2005. 天气分析预报物理量计算基础[M]. 北京:气象出版社:82.

彭新东,常燕,王式功,2010. GRAPES 模式对 2008 年两次强降水过程的数值预报检验[J]. 高原气象,**29**(2):321-330.

彭新东,李兴良,2010. 多尺度大气数值预报的技术进展[J]. 应用气象学报,**21**(2):129-138.

王晨稀,姚建群,梁旭东. 2007. 上海区域降水集合预报系统的建立与运行结果的检验[J]. 应用气象学报,**18**(2):173-180.

王雨,2006. 2004 年主汛期各数值预报模式定量降水预报评估[J]. 应用气象学报,**17**(3):316-324.

王雨,公颖,陈法敬,等,2013. 区域业务模式 6 h 降水预报检验方案比较[J]. 应用气象学报,**24**(2):171-178.

王雨,李莉,2010. GRAPES-MESO V3.0 模式预报效果检验[J]. 应用气象学报,**21**(5):524-534.

王雨,闫之辉,2007. 降水检验方案变化对降水检验评估效果的影响分析[J]. 气象,**33**(12):53-61.

徐双柱,张兵,谌伟,2007. GRAPES 模式对长江流域天气预报的检验分析[J]. 气象,**33**(11):66-71.

许美玲,孙绩华,2002. MM5 中尺度非静力模式对云南省降水预报检验[J]. 气象,**28**(12):24-26.

叶成志,欧阳里程,李象玉,等,2006. GRAPES 中尺度模式对 2005 年长江流域重大灾害性降水天气过程预报性能的检验分析[J]. 热带气象学报,**22**(4):393-399.

尤凤春,魏东,王雨,2009. 北京奥运期间多模式降水检验及集成试验[J]. 气象,**35**(11):3-8.

张一平,俞小鼎,孙景兰,等,2014. 2012 年早春河南一次高架雷暴天气成因分析[J]. 气象,**40**(1):48-58.

朱乾根,林锦瑞,寿绍文,等,2007. 天气学原理和方法[M]. 北京:气象出版社:449.

Aaron Johnson, Xuguang Wang, 2013. Objective-Based Evaluation of a Storm-Scale Ensemble during the 2009 NOAA Hazardous Weather Testbed Spring Experiment[J]. Mon Wea Rev, **141**: 1079-1098.

Christopher Davis, Frederick Carr, 2000. Summary of the 1998 Workshop on Mesoscale Model Verification [J]. Bulletion of the American Meteorological Society, **81**: 809-819.

Hong, S.-Y., and H.-L. Pan, 1996. Nonlocal boundary layer vertical diffusion in a medium-range forecast model[J]. Mon Wea Rev, **124**: 2322-2339.

Kain J S, Janish P R, Weiss S J, et al, 2003. Collaboration between Forecasters and Research Scientists at the NSSL and SPC: The Spring Program. [J]. Bulletin of the American Meteorological Society, **84**(12): 1797-1806.

Kain, J. S., M. E. Baldwin, P. R. Janish, et al, 2003. Subjective Verification of Numerical Models as a Component of a Broader Interaction between Research and Operations[J]. Wea Foresting, **18**: 847-860.

第五部分
灾害性天气及预报技术法分会报告

2015 年和 2016 年初冬大连地区两次低温过程的特征及可预报性分析

梁　军[1]　黄　艇[1]　张胜军[2]　李雪松[1]

(1. 大连市气象台，大连 116001；2. 中国气象科学研究院灾害天气国家重点实验室，北京 100081)

摘　要

文中利用 GTS1 型数字式探空仪探测资料、常规气象观测资料及 NCEP/NCAR 再分析资料，对大连地区 2015 和 2016 年初冬的两次低温过程(2015 年 11 月 24 日和 2016 年 11 月 22 日)进行了对比分析，研究了低温发生的环流背景及温度场、锋区结构、冷空气路径等特征。结果表明，降温期间大连均位于高空槽前。2015 年 11 月 24 日的低温发生在乌拉尔东侧高压脊发展、维持阶段，低层冷空气从吉林东南部地区自上而下楔形快速向西南侵，大连地区锋生作用加强，逆温层增厚，逆温梯度增大，加剧了其地面温度的下降。大连市区的最低气温突破历史同期极值。2016 年 11 月 22 日的低温则发生在乌拉尔东侧高压脊减弱、崩溃阶段，对流层整层冷空气从华北西北部向东南偏南方向爆发，大连地区锋生作用偏弱，逆温层变薄，逆温梯度减小，其地面温度的下降幅度明显偏小。东北地区回流冷空气的直接影响容易导致大连地区的极端低温，ECMWF 预报的 925 hPa 温度，对大连地区此类极端低温有一定的指示意义。

关键词：低温　阻塞脊　逆温层　对比分析　可预报性

引言

大连(38.9°N，121.6°E)地处东北地区最南端，其冬季气温的变化与北半球中高纬度的大陆地区一样(琚建华等，2004；王遵娅等，2006；李海花等，2013)，自 1976 年以来呈升高趋势，但冬季低温的极端性和极端低温的发生概率却有所增大(黄琰等，2011；白美兰等，2014；王素艳等，2014)。2011 年冬季(2011 年 12 月至 2012 年 2 月)，中国大部分地区气温异常偏低，为 1986 年以来最低值(孙丞虎等，2012)。大连地区也出现了四次低温过程，其中有两次局部地区气温突破同期历史极值。2012 年冬季大连地区平均气温为 −5.3 ℃，与常年值相比低 1.3 ℃，是 1986 年以来最冷的冬季。不仅如此，在秋末到初冬(10 月末到 11 月)的过渡时期，由于冷、暖空气交替频繁，也易导致极端低温。如 2015 年 11 月下旬大连地区平均气温为 −3.8 ℃，比常年旬平均值低 5.8 ℃，创 1971 年以来历史同期最低记录。对这几次最低气温的预报，中外各家数值预报的误差都较大，且预报结果差异显著。怎样预报此类最低气温是预报员最感困难的问题之一。

影响东北地区降温的冷空气路径、大陆冷高压结构及环流背景等研究成果已形成经典的东亚寒潮理论(丁一汇等，1994；张培忠，1994；Boyle，1986a，1986b)。东北地区强冷空气爆发通常经历 3 个阶段，即乌拉尔山东侧阻高的建立、阻塞脊下游的横槽转竖及东亚大槽的重建(马晓晴，2008)。但影响东北地区冬季温度的因子无论是年际变化的主要影响因子——西伯利亚高压和年代际变化的主要影响因子——北极涛动受海温强迫的信号都比较弱，所以冬季温度特别是极端温度的预报仍较困难(李勇等，2007)。而大连的西、南、东三面分别与渤海、渤海海峡和黄海北部相邻，受海洋气候的影响，其气温与同纬度内陆地区有所不同。且由于海上测站缺乏，各种数值预报模式很难真实反映温度的变化情况，这进一步加大了预报难度(彭月等，2015；刘抗等，2015)。因此，与社会生活密切相关的阶段性低温冷(冻)害仍然是天气研究和预报的重点与难点。

2016 年 11 月下旬，入冬以来最强冷空气影响大连地区，降温前大连上空对流层中下层温度明显低于 2015 年 11 月下旬极端低温前的温度，但其最低温度却明显高于 2015 年 11 月。两次冷空气影响的物理过程差异尚不太清楚。利用 NCEP/NCAR 再分析资料、常规观测资料、GTS1 型数字式探空仪探测资料和大连地区逐时自动气象站观测资料，对大连地区这两次低温天气过程进行对比分析，以期为大连冬季低温的预报提供参考。

1 低温事件的天气特征

2015 年 11 月 22 日 20 时至 24 日 20 时(北京时，下同)大连地区气温持续偏低，冷空气影响的最低气温出现在 24 日 08 时，为－10.5 ℃，创历史同期极值。2016 年 11 月 21 日 20 时至 23 日 08 时大连地区又出现阶段性低温过程，此次最低气温出现在 22 日 07 时，为－7.1 ℃。两次低温期间大连均无降水，相对湿度均在 50%～60%，都伴有 8 m/s 左右的偏北风。2015 年 11 月 23 日 20 时至 24 日 08 时低温期间，500 hPa 温度为－23～－22 ℃(表 1)，925 hPa 以下温度为－12～－8 ℃，大连站最低气温(T_{min})为－10.5～－7.7 ℃，边界层有明显逆温，逆温层逐渐增厚，850～925 hPa 逆温梯度显著，达 6 ℃；2016 年 11 月 21 日 20 时至 22 日 08 时低温期间，500 hPa 温度为－24～－20 ℃，925 hPa 以下温度为－13～－6 ℃，大连站最低气温为－7.1～－4.9 ℃，边界层逆温厚度较薄，逆温梯度减小。

表 1 2015 年 11 月 23 日 08 时至 24 日 20 时和 2016 年 11 月 21 日 08 时至 22 日 20 时大连温度变化

时间	温度(℃)					时间	温度(℃)				
	500 hPa	850 hPa	925 hPa	1000 hPa	T_{mi}		500 hPa	850 hPa	925 hPa	1000 hPa	T_{mi}
23 日 08 时	－21	－3	－2	－6	－4.7	21 日 08 时	－23	－5	－3	0	0.2
23 日 20 时	－22	－5	－11	－9	－7.7	21 日 20 时	－20	－5	－10	－6	－4.9
24 日 08 时	－23	－4	－8	－12	－10.5	22 日 08 时	－24	－12	－13	－8	－6.9
24 日 20 时	－24	－10	－4	－5	－8.2	22 日 20 时	－23	－10	－12	－7	－5.4

2 大尺度环流特征对比

2015 年 11 月 23 日 20 时(图 1a)，500 hPa 自里海西南侧(30°－40°N，20°－40°E)持续向东北伸展的高压脊与乌拉尔附近高压脊合并，脊前的偏北气流引导极地冷空气向西伯利亚地区输送。此时，西伯利亚东北部地区为阻塞脊，鄂霍茨克海经中国东北地区至贝加尔湖地区为纬向低压带，在贝加尔湖西部和东北地区分别对应着－40 和－36 ℃的冷中心。与此同时，乌拉尔东侧温度脊继续向东北部伸展加强，西伯利亚东北部阻塞脊发展，有利于东北冷涡逆转，横槽转竖，移至黑龙江中部至渤海北部上空。随着乌拉尔高压脊的继续加强，西伯利亚的冷空气沿脊前下滑至内蒙古西部地区，促使其下游华北地区的高压脊减弱，引导东北地区逆转至渤海的冷空气东移影响辽东半岛(图 1b)。

2016 年 11 月 21 日 20 时(图 1c)，低涡中心位于中国东北地区北部，对应着－52 ℃的冷中心，90°E 以西的环流形势与 2015 年 11 月下旬低温过程相似，所不同的是乌拉尔附近高压脊北侧为自新地岛南下的冷空气，冷空气东南移进入西伯利亚地区，促使其高压脊减弱；相应地，东北地区冷空气沿脊前西北气流随冷涡中心的横槽逆转，冷空气中心在黑龙江北部，而随着冷涡西南部位于内蒙古中部地区的横槽转竖，其西北侧的冷空气东移至辽东半岛南部(图 1d)，大连地区气温降至最低。

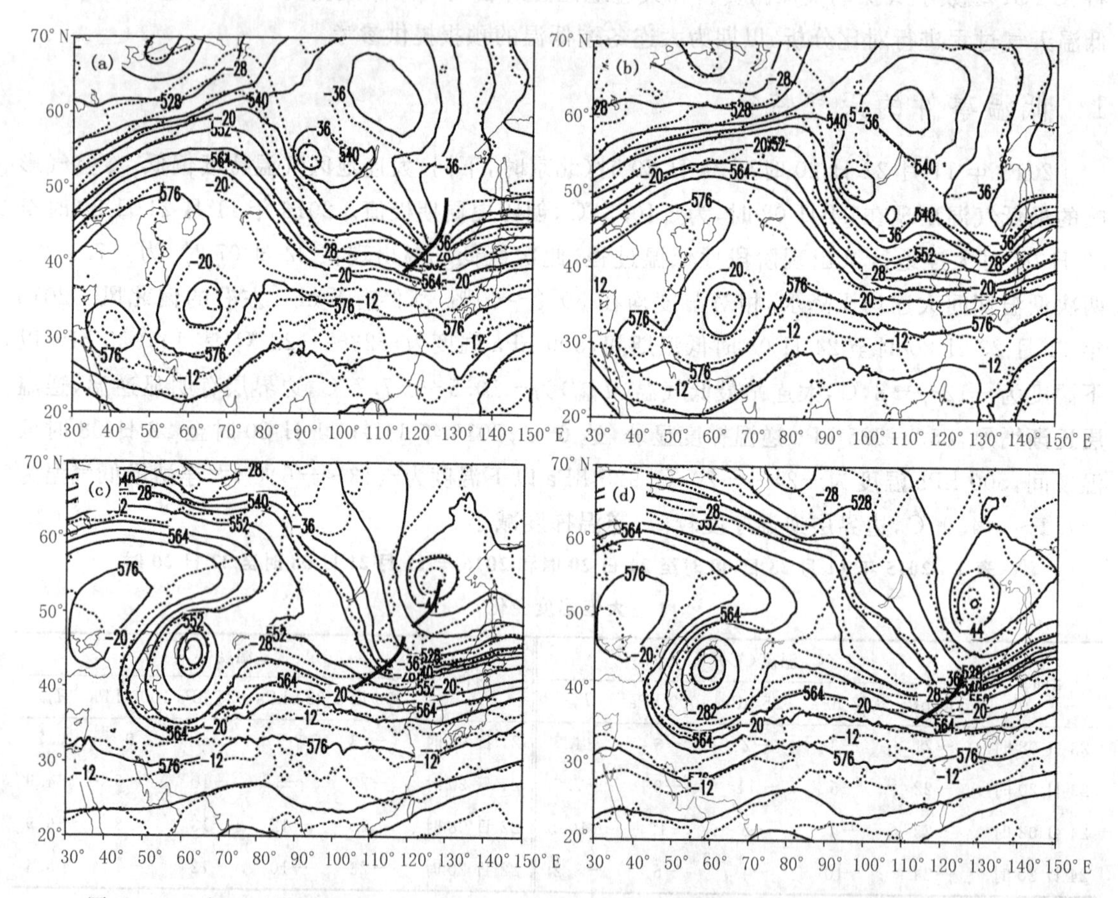

图 1　2015 年 11 月 23 日 20 时(a)、24 日 08 时(b)和 2016 年 11 月 22 日 20 时(c)、22 日 08 时(d)500 hPa 高度场(实线，单位：dagpm)和温度场(虚线，单位：℃)(粗实线为槽线)

分析低温期间海平面气压及伴随冷空气向南爆发的大陆冷高压的中心气压发现(图略)，2015 年 11 月低温期间的大陆冷高压和本站气压均强于 2016 年 11 月过程的。2015 年 11 月 24 日低温时，大陆冷高压中心稳定在内蒙古中部，冷空气分别向南和东扩散，其中向东扩散至东北地区的冷空气，随对流层低层的东北风向东南扩散至大连地区，在边界层形成强逆温区，有利于气温的迅速下降(曾明剑等，2008；李登文等，2009)。2016 年 11 月 22 日低温时，大陆冷高压中心位置较前一次偏西，冷空气向东南偏南方向经渤海海峡移至大连地区，冷空气流经渤海暖水面，大连地区边界层逆温厚度变薄，逆温梯度和降温幅度减小。通常，11 月下旬从渤海到渤海海峡的海面温度由 9 ℃左右纬向升至 12 ℃左右，大连近海的暖水面向低层大气输送热通量和水汽通量，既不利于低层大气逆温结构的维持，又减弱了冷空气的强度。2015 年 11 月低温期间，吉林东南部低层冷空气堆的温度维持在－16 ℃左右，地面最低气温在－23～－17 ℃，边界层冷空气自上而下楔形快速向南侵入大连时，既有利于低层大气逆温结构的维持和加强，又加强了边界层以下冷空气的强度。由此可见，冬季降温期间，影响的冷空气路径不同，其流经的下垫面不同，对温度变化的作用也不尽相同。

上述分析表明，乌拉尔东侧高压脊发展，可促使西伯利亚东北部地区阻塞脊发展，引导东北地区冷空气逆转南下影响辽东半岛；乌拉尔东侧高压脊减弱或崩溃，有利于极地冷空气经西伯利亚地区向东南爆发影响辽东半岛。

3　低温成因对比分析

3.1　温度场特征

分析低温期间的环境温度场发现，2015 年 11 月 23 日 20 时，乌拉尔东侧高压脊向东北部加强，500 hPa 东北地区的冷中心随脊前横槽由内蒙古中部逆转至吉林中部地区，925 hPa 的冷中心由辽宁西部东南移至辽东半岛西部。大连上空 700 hPa 以上的气温基本稳定，而 850 hPa 以下则迅速下降。分析大连 GTS1 型数字式探空仪探测资料发现，低温前 24 h(23 日 08 时)，大连上空 400～1200 m(950～875 hPa)已存在显著的锋面逆温，逆温厚度 800 m，逆温梯度近 7 ℃，大连站 T_{min}为－4.7 ℃(图 2a)；随着冷空气的下沉，逆温层内的湿度明显降低，逆温层之上的气温直减率趋近于干绝热直减率，下沉逆温特征明显(图 2b)。降温期间，逆温层底部高度维持，顶部升至 1600 m(830 hPa)，逆温梯度增至近 10 ℃，逆温层厚度也由 800 m 增至 1200 m，大连站 T_{min}降至－10.5 ℃。

2016 年 11 月 21 日 20 时，随着乌拉尔东侧高压脊的减弱，500 hPa 冷空气经西伯利亚向南爆发，－40 ℃的冷中心已移至华北西北部，925 hPa 的冷中心移至华北北部地区后稳定少动。大连上空 850 hPa 以上的气温升降不明显，而 925 hPa 以下的温度降幅较大。此次低温前 24 h(21 日 08 时)，大连上空逆温出现在 1200～2000 m(870～780 hPa)高度，逆温层厚度与 2015 年 11 月低温前相同，但逆温层底部明显偏高。逆温梯度近 5 ℃，大连站 T_{min}为 0.2 ℃(图 2c)。降温期间，逆温层底部和顶部高度分别降至 1000 m(900 hPa)和 1500 m(850 hPa)，逆温层厚度减至降温前的一半，逆温梯度降至近 3 ℃，大连站 T_{min}为－7.1 ℃(图 2d)。2016 年 11 月低温前 24 h 和低温期间逆温层内湿度随高度的变化与 2015 年 11 月相同，由锋面逆温转为下沉逆温。

由大连低温期间的温度场和湿度场垂直结构可以看出，两次降温前均存在显著的锋面逆温，降温期间为下沉逆温。降温期间，2015 年 11 月逆温层底部高度不变，逆温层厚度和逆温梯度明显增大；2016 年 11 月降温过程逆温层顶部高度显著下降，逆温层厚度和逆温梯度明显降低。

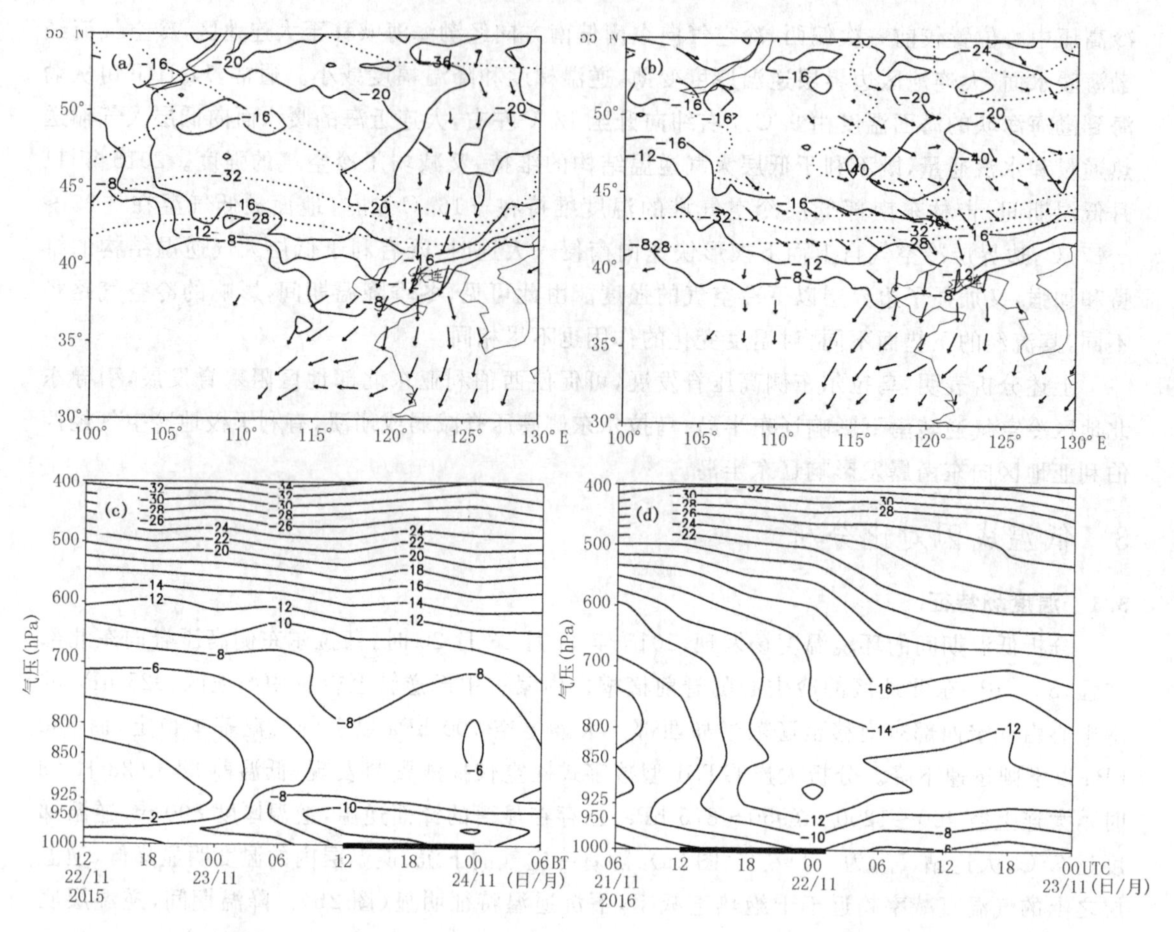

图 2　2015 年 11 月 23 日 20 时(a)、2016 年 11 月 21 日 20 时(b) 500 hPa 温度场(虚线，≤−28 ℃)和 925 hPa 风场(≥6 m/s)及温度场(实线，≤−8 ℃)，大连站(38.9°N，121.6°E)温度的高度—时间剖面((c. 2015 年 11 月 22 日 20 时—24 日 14 时，d. 2016 年 11 月 21 日 14 时—23 日 08 时)横坐标上的粗线段为低温期)

3.2　锋区特征

上述分析表明，两次低温均是冷气团影响的结果。冷气团推进的过程中常伴有冷锋活动。

分析两次低温前 24 h 的 850 hPa 锋生强度可以看出，低层锋区均已到达渤海上空(图略)。降温期间，2015 年 11 月的锋生强度为 9×10^{-10} K/(m·s)，比 2016 年 11 月的 3×10^{-10} K/(m·s)明显强，锋生区域范围更大(图 3)。2015 年 11 月低温期间锋区东南移至山东半岛东北部的黄海北部海域(图 3a)，锋生作用明显加强。2016 年 11 月低温前 24 h(21 日 08 时)，低层锋区在华北地区西部(图略)，低温期间锋区向东南偏南方向移动，假相当位温等值线密集区移至山东半岛东南部的黄海中部海域(图 3b)，大连低层的假相当位温等值线稀疏，锋生作用明显减弱。

在垂直剖面上，锋区内假相当位温等值线的密集程度和倾斜方向也存在较大差异(图略)。2015 年 11 月低温期间对流层低层的假相当位温等值线明显比 2016 年 11 月的密集。2015 年 11 月低温期间，锋区内的等温线表现为倾斜的特征，说明水平温度梯度较大，锋区内斜压性较强；925 hPa 以下的等温线随高度向南倾斜，其上至 850 hPa 附近明显向北倾斜，说明降温时大

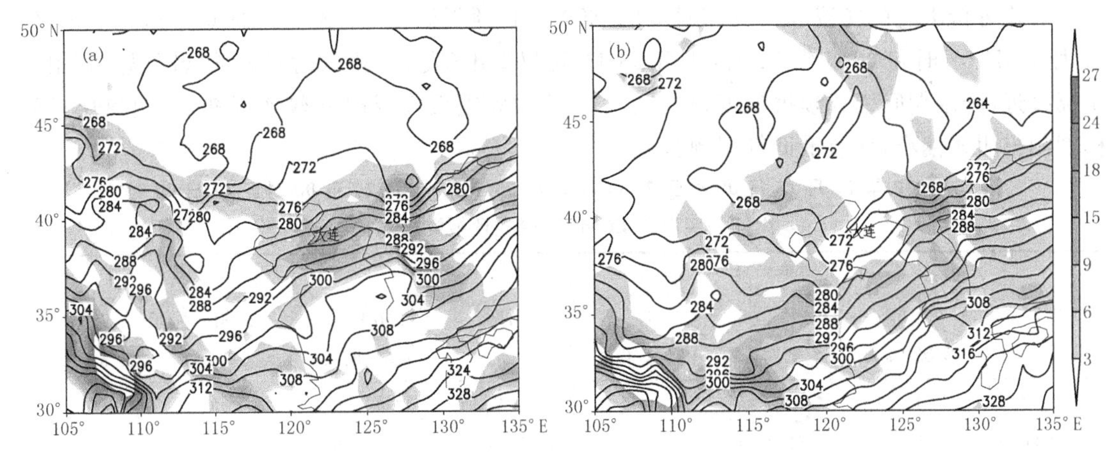

图 3　2015 年 11 月 24 日 02 时(a)和 2016 年 11 月 22 日 02 时(b)850 hPa 假相当位温(等值线,单位:K)和锋生函数场(阴影,单位:10^{-10} K/(m・s))

连位于高空槽前,第一型冷锋特征明显;降温发生在逆温层增厚和逆温梯度增大的过程中;大连上空中高层锋区的向南移动较之低层相对缓慢,表明对流层中高层的冷空气主要是自对流层顶向下的伸展,而低层的冷空气主要是由北向南的快速扩散(刘会荣等,2010)。2016 年 11 月低温期间,高、低空锋区内等温线的垂直分布与 2015 年 11 月降温期间相似,但降温时冷空气自对流层顶向下伸展,900 hPa 以下假相当位温等值线近乎垂直,锋区内的斜压性明显减弱,逆温层厚度浅薄,逆温梯度减小。

3.3　冷空气路径

分析两次降温期间的冷平流、纬向风速和水平风的垂直剖面可以看出(图略),2015 年 11 月降温期间,冷平流主要分布在大连东北部的对流层中低层,与自内蒙古中部东移至吉林中部地区的冷槽相对应;大连地区 500 hPa 以下为下沉气流,不断将中层的冷空气携带至低层;与此同时,吉林东南部 925 hPa 有低于−16 ℃的冷空气堆,而大连边界层附近为东北风,不断将东北地区低层冷空气向西南输送至大连地区,冷空气自上而下楔形快速向南侵入,逆温层厚度增大,逆温梯度加大,加剧了大连地面温度的下降。

2016 年 11 月降温期间,随着冷空气向南爆发,冷平流贯穿大连及其以南地区的整个对流层。降温初期强冷平流已由高层向下输送至 850～700 hPa。随着大连西侧低层偏北风的加大,将冷空气向东南偏南输送至大连以南地区,其上 925 hPa 的冷平流强度维持,大连低层的逆温层厚度迅速变薄,逆温梯度减小,最低气温(−7.1 ℃)高于 2015 年 11 月降温期间(−10.5 ℃)。

上述分析表明,两次低温期间均伴有冷空气自对流层中层向下伸展至低层的过程,但 2015 年 11 月降温期间低温时低层的冷平流从吉林东南部向西南侵入大连地区,2016 年 11 月降温期间则是从华北地区经渤海东移至大连地区,冷空气流经的下垫面不同,其产生的温度变化也有差异。

3.4　可预报性分析

沿海地区温度的影响因子相对复杂,最低温度预报偏差的主要原因包括两方面:模式对边界层逆温预报能力欠佳、预报员对数值预报产品的释用能力有待提高。

对比分析大连的实况和与其相对应的 ECMWF 预报温度(模式初始时间分别为 2015 年 11 月 23 日 08 时和 2016 年 11 月 21 日 08 时)可以看出(表 2),模式对降温前低层温度预报与实况接近,降温期间模式预报温度偏差较大,925 hPa 预报降温时间较实况滞后,边界层逆温梯度预报明显偏小,导致最低气温预报偏高。

表 2　2015 年 11 月 23 日 08 时至 24 日 20 时和 2016 年 11 月 21 日 08 时至 22 日 20 时大连站实况和 ECMWF 模式预报温度对比

时间	温度(℃)			时间	温度(℃)		
	850 hPa	925 hPa	T_{min}		850 hPa	925 hPa	T_{min}
	实况/模式	实况/模式	实况/模式		实况/模式	实况/模式	实况/模式
23 日 08 时	−3/−4	−2/−2		21 日 08 时	−5/−4	−3/−2	
23 日 20 时	−5/−7	−11/−4		21 日 20 时	−5/−8	−10/−6	
24 日 08 时	−4/−8	−8/−8	−10.5/−7	22 日 08 时	−12/−10	−13/−12	−7.1/−4
24 日 20 时	−10/−8	−4/−8		22 日 20 时	−10/−12	−12/−10	

大连地区受海洋作用,雾、海风和陆风直接影响温度,预报员对此类天气影响期间数值预报温度的订正能力不足。分析 2015 和 2016 年冬季,东北地区快速向西南扩散的冷空气造成大连地区极端低温的温度特征发现,此类冷空气极易造成边界层强逆温,出现极端低温,而数值模式预报的逆温层浅薄,逆温梯度小。但模式预报的边界层温度下限(根据预报评分要求,如:−8 ℃的下限−10 ℃)与最低气温接近,925～850 hPa(约 600 m)的气温直减率对 1000～925 hPa(约 600 m)有较好的指示作用。

4　小　结

本文对比分析了 2015 和 2016 年初冬大连地区两次低温过程的环流背景,结果表明,尽管两次低温期间大连均位于高空槽前,但其低层的结构特征有明显的差异。

(1)2015 年 11 月低温发生在乌拉尔东侧高压脊发展、维持阶段,低层冷空气从吉林东南部地区向自上而下楔形快速向西南侵入,锋生作用加强,逆温层增厚,逆温梯度增大,加剧了大连地面温度的下降。

(2)2016 年 11 月低温发生在乌拉尔东侧高压脊减弱、崩溃阶段,对流层整层冷空气从华北西北部向东南偏南方向爆发,锋生作用偏弱,逆温层变薄,逆温梯度减小,大连地面温度的下降幅度明显偏小。

两次低温的对比研究表明,环流背景不同,温度场、锋区结构、冷空气路径等存在明显差异。值得关注的是,东北地区回流冷空气的影响容易导致大连地区的极端低温。如 2011 年 12 月 30 日和 2012 年 1 月 23 日大连东北部的庄河地区最低气温突破历史同期极值,而数值预报对此类最低气温的预报均偏高。因此,降温发生的环境、冷空气流经的下垫面、温度结构及 ECMWF 模式预报的 925 hPa 温度,对大连地区此类极端低温有一定的指示意义,这可为实际预报提供参考。

参考文献

白美兰,郝润全,李喜仓,等,2014. 1961—2010 年内蒙古地区极端气候事件变化特征[J]. 干旱气象,**32**(2):

189-193.

丁一汇，蒙晓，1994. 一次东亚寒潮爆发后冷涌发展的研究[J]. 气象学报，**52**(4)：442-451.

黄琰，封国林，董文杰，2011. 近50年中国气温、降水极值分区的时空变化特征[J]. 气象学报，**69**(1)：125-136.

琚建华，任菊章，吕俊梅，2004. 北极涛动年代际变化对东亚北部冬季气温增暖的影响[J]. 高原气象，**23**(4)：429-434.

李登文，乔琪，魏涛，2009. 2008年初我国南方冻雨雪天气环流及垂直结构分析[J]. 高原气象，**28**(5)：1140-1148.

李海花，刘大锋，2013. 新疆阿勒泰地区冬季低温日数气候特征[J]. 干旱气象，**31**(3)：505-510.

李勇，陆日宇，何金海，2007. 影响我国冬季温度的若干气候因子[J]. 大气科学，**31**(3)：505-514.

刘会荣，李崇银，2010. 干侵入对济南"7.18"暴雨的作用[J]. 大气科学，**34**(2)：374-386.

刘抗，李照荣，杨瑞鸿，等，2015. 甘肃省乡镇精细化客观要素预报方法研究[J]. 干旱气象，**33**(5)：882-887.

马晓晴，丁一汇，徐海明，等，2008. 2004/2005年冬季强寒潮事件与大气低频波动关系的研究[J]. 大气科学，**32**(2)：380-394.

彭月，周盛，樊志超，等，2015. 精细化预报产品在长沙的应用和温度检验[J]. 干旱气象，**33**(5)：867-873.

孙丞虎，任福民，周兵，等，2012. 2011/2012年冬季我国异常低温特征及可能成因分析[J]. 气象，**38**(7)：884-889.

王素艳，李欣，郑广芬，等，2014. 21世纪以来宁夏冬季气温异常及500 hPa环流特征[J]. 干旱气象，**32**(4)：569-575.

王遵娅，丁一汇，2006. 近53年中国寒潮的变化特征及其可能原因[J]. 大气科学，**30**(6)：1068-1076.

曾明剑，陆维松，梁信忠，等，2008. 2008年初中国南方持续性冰冻雨雪灾害形成的温度场结构分析[J]. 气象学报，**66**(6)：1043-1052.

张培忠，丁一汇，郭春生，等，1994. 东亚寒潮高压的位涡诊断研究[J]. 应用气象学报，**5**(1)：50-56.

Boyle J S, 1986a. Comparison of the synoptic condition in midlatitudes accompanying cold surges over East Asia for the months of December 1974 and 1978. Part Ⅰ: Monthly mean fields and individual events[J]. Mon Wea Rev, **114**(5): 903-918.

Boyle J S, 1986b. Comparison of the synoptic condition in midlatitudes accompanying cold surges over East Asia for the months of December 1974 and 1978. Part Ⅱ: Relation of surge events to features of the longer term mean circulation[J]. Mon Wea Rev, **114**(5): 919-930.

Ding Yihui, 1990. Build-up, air mass transformation and propagation of Siberian high and its relation to cold surge in East Asia[J]. Atmos Phys, **44**: 281-292.

东北地区夏季降水特征及其与大气环流的关系

王晓雪　王深义

（黑龙江省气象台，哈尔滨 150030）

摘　要

采用中国东北地区 1951—2012 年降水资料，NCEP/NCAR 再分析资料，分析中国东北地区夏季(5—8 月)降水特征及其与大气环流的关系，并对可能影响途径进行了探讨。结果表明：总体来说，1951 年以来，东北地区夏季降水年际变化具有显著性的季节尺度特征，同时利用相关分析得出初夏时节东北地区降水与整个地区成显著性正相关，它的相关中心出现在东北地区中西部；盛夏时节东北地区东南部出现显著的正相关。初夏东北地区的降水异常与东北冷涡活动有关；而东亚夏季风影响盛夏。东北地区 5、6 月西北部出现气旋性环流随高度向西倾斜；7、8 月降水异常是因为西太平洋副热带高压西伸北进。随着西太副高西北侧的南风异常加强，向北输送的水汽明显增多，东北地区盛夏时节降水明显增多。经过对中国东北地区夏季降水特征的分析及其与大气环流关系的研究，能够为以后防灾、减灾工作提供一定的理论依据。

关键词：夏季降水　年际变化　相关分析

引言

中国东北地区，狭义上是指东北三省(黑龙江、吉林、辽宁)，广义上是指山海关以北的黑龙江、吉林、辽宁、曾经为东三省管辖的内蒙古自治区东五盟市(呼伦贝尔市、兴安盟、通辽市、赤峰市、锡林郭勒盟)。地理位置为 38°40′N 至 53°30′N，115°05′E 至 135°02′E。中国东北地区四季分明，它拥有中国最大的平原——东北平原，以汉族居民为主，经济实力雄厚、文化繁荣、资源丰富。中国东北地区从南至北跨越暖温带、中温带与寒温带，属于温带季风性气候，冬季寒冷干燥，夏季温热多雨。自东至西，降水量从 1000 mm 降至 300 mm 以下，从湿润区、半湿润区过渡到半干旱区。

中国东北地区受季风气候特征控制，季风的年际变化特点，决定了干旱、洪涝的高发。季风气候特征的热力性质，使得东北地区成为全球变暖响应的敏感区域，从而成为研究区域性气候变化特点的重要地区。中国东北地区表现出冷湿的特征，形成与发展都与它所处的地理位置有密切联系。

与此同时，降水对自然生态系统、农业发展和人类社会都有重大影响，所以降水是最重要的气候要素之一。影响降水的因素繁多，相对也很复杂，它并不是单个因子作用的结果，而是多种因子综合配置产生的结果。因此，降水是气候变化的重要研究对象。区域或全球的天气、气候类型及其变化通常都是由大气环流形势所决定，大气环流控制了区域气候变率。所以，对区域气候的研究往往离不开大气环流的变化。把区域气候和大尺度大气环流联系在一起，有助于更好地理解控制区域气候的物理机制。尽管所观测到的降水变化不能完全由大气环流的变化来解释，但是对于大气环流与各种气候要素关系的研究也能够帮助我们更好地理解气候变率。

1 数据来源和方法

为了研究中国东北地区(35°—55°N，110°—140°E)降水特征，所采用的资料包括：来自中国气象局国家气候中心收集整理的中国160站台站观测月平均降水资料。从中选取中国东北地区，包含黑龙江省、吉林省、辽宁省和内蒙古自治区东部四盟的46个测站(图1)。其中包括哈尔滨、鸡西、佳木斯、牡丹江、乌兰浩特、赤峰、通辽、长春、通化、沈阳、朝阳、营口、丹东、大连、齐齐哈尔、林东、富锦等46站作为东北地区的代表站。选择站点的过程中考虑了包括站点迁移、某些观测资料缺失对整体资料连续性的影响。使用数据的时间长度为62 a(从1951年1月1日到2012年12月31日)。ECMWF大气环流场资料提供的月平均再分析数据，水平分辨率2.5°×2.5°，包括高度场资料(17层标准等压层)、二维风场资料等，时段取1951—2012年。

主要采用的方法为线性趋势估计法、相关分析和合成分析。分析降水异常的年代际特征时，使用了线性倾向估计法和二项式系数滑动平均法。气象上经常采用滑动平均的低通滤波方法对序列作平滑处理，滑动平均方法的最大的缺点就是缩短了序列，使得无法与相应项一一对应，造成分析上的一定困难。所以，文中采用另一种平滑处理方法——二项式系数加权平均法。

2 东北夏季降水特征分析

根据1951—2012年中国东北地区相对分布均匀的46个测站的月降水资料，研究探讨了中国东北地区降水量的时、空分布特征。1951—2012年资料显示，降水主要集中在了夏季，其次是春季、秋季，冬季降水最少。东北地区夏季降水表现为7月最多，8月其次。5—8月降水占全年降水量的四分之三，对东北地区春、夏两季农作物的生长起重要作用。所以，本文着重分析东北地区5—8月降水量的特征及其与大气环流的关系。

图1是中国东北地区多年(1951—2012年)平均年降水量的空间分布。图1a、b显示多年来5、6月降水量的平均值中国东北部西北区域降水量较少，东南降水较多。图1c、d显示多年来7、8月降水量相对于5、6月有所增多，仍然能够看出有由东南向西北逐渐减少的趋势势。所以62年来，东北地区年平均降水量呈现带状分布。中国东北地区月总降水量气候态空间分布整体表现出由东南向西北逐渐减少的趋势，东南部分降水约等于西北部的2倍。在不考虑气候变化的情况下，造成东北地区这种降水分布特征的主要原因是地形。由于东北地区东侧长白山脉的影响，南面气流受到地形的影响作用而抬升，水汽凝结导致东南面的迎风坡有降水生成，所以东北地区东南部有强的降水中心出现。此外，6和7月东北地区西北部的大兴安岭山脉影响着从欧亚大陆上游过来的西风气流，降水主要在西部迎风坡出现，而降水极小值出现在东部。除此之外，由图可知，东北地区盛夏(7、8月)比起初夏(5、6月)降水有明显加强。

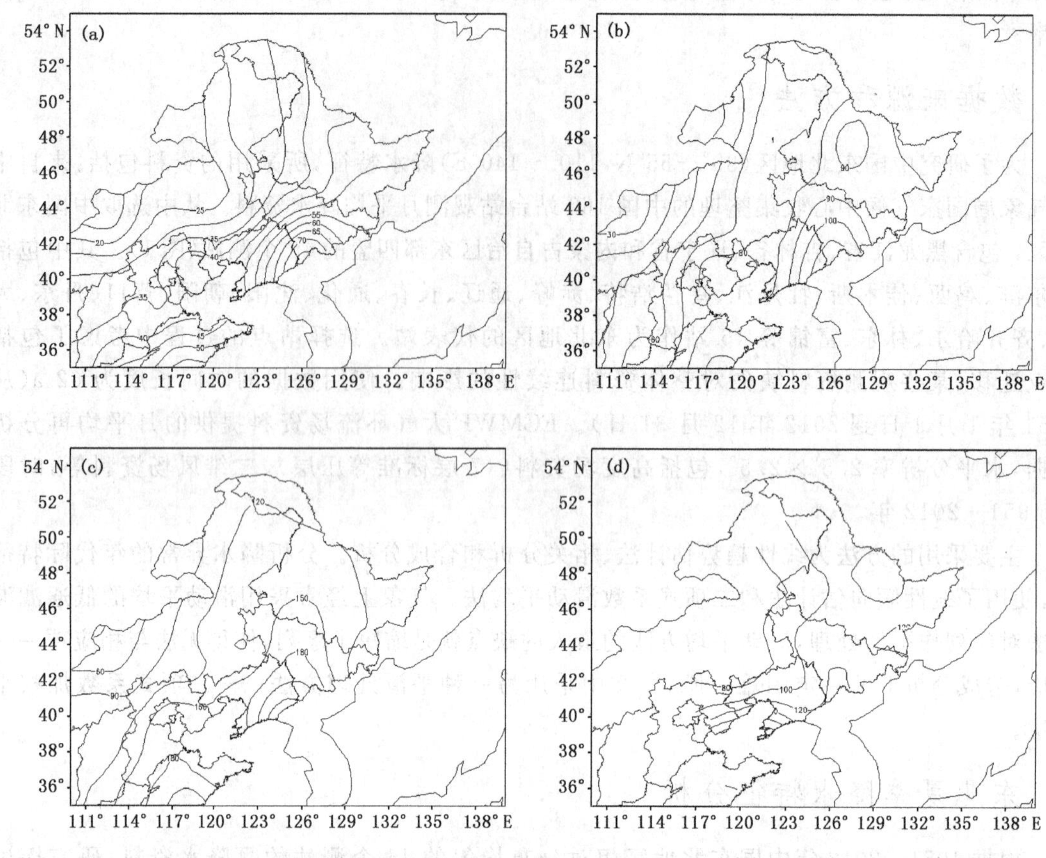

图 1　中国东北地区月总降水量气候态空间分布(单位:mm)(a. 5 月,b. 6 月,c. 7 月,d. 8 月)

3　东北夏季降水年际变化

在 1951—2012 年的 62 a 中,中国东北地区最大降水量出现在 1964 年,平均月总降水量为 144.37 mm,而最小降水量出现在 1968 年,平均月总降水量只有 84.13 mm。东北地区夏季降水存在很强的年代际变化(图略),20 世纪 50、60 和 70 年代明显低于多年平均值,而 80 和 90 年代高于多年平均值。除此之外,还存在明显的年际变化。

图 2 是东北地区夏季(5—8 月)月平均降水量与东北地区 46 个测站降水同期的相关分布。从整体上看,夏季(5—8 月)区域平均降水指数与整个东北地区 46 站降水表现为正相关。那么东北地区区域的平均降水能够比较好地表现整个东北地区年际变化一致性特征。

整个中国东北地区存在一致性正相关,除此之外,相关系数的空间分布特征在 5、6 月和 7、8 月也存在一定差异。初夏时节表现出了全区一致的显著性正相关,而且东北地区的中西部出现相关系数的极大值(大于 0.6)。除此之外,5 月黑龙江、吉林和辽宁的东南部都同时出现了另外两个极大值中心。与 5、6 月相比,7、8 月的显著正相关区域主要出现在东北地区的东南部,相关系数的极大值大于 0.7。同时,7、8 月相关系数的极大值中心逐渐从辽宁向北部延伸到黑龙江和吉林,这与 7、8 月东亚夏季风逐步北移也有密切关系。

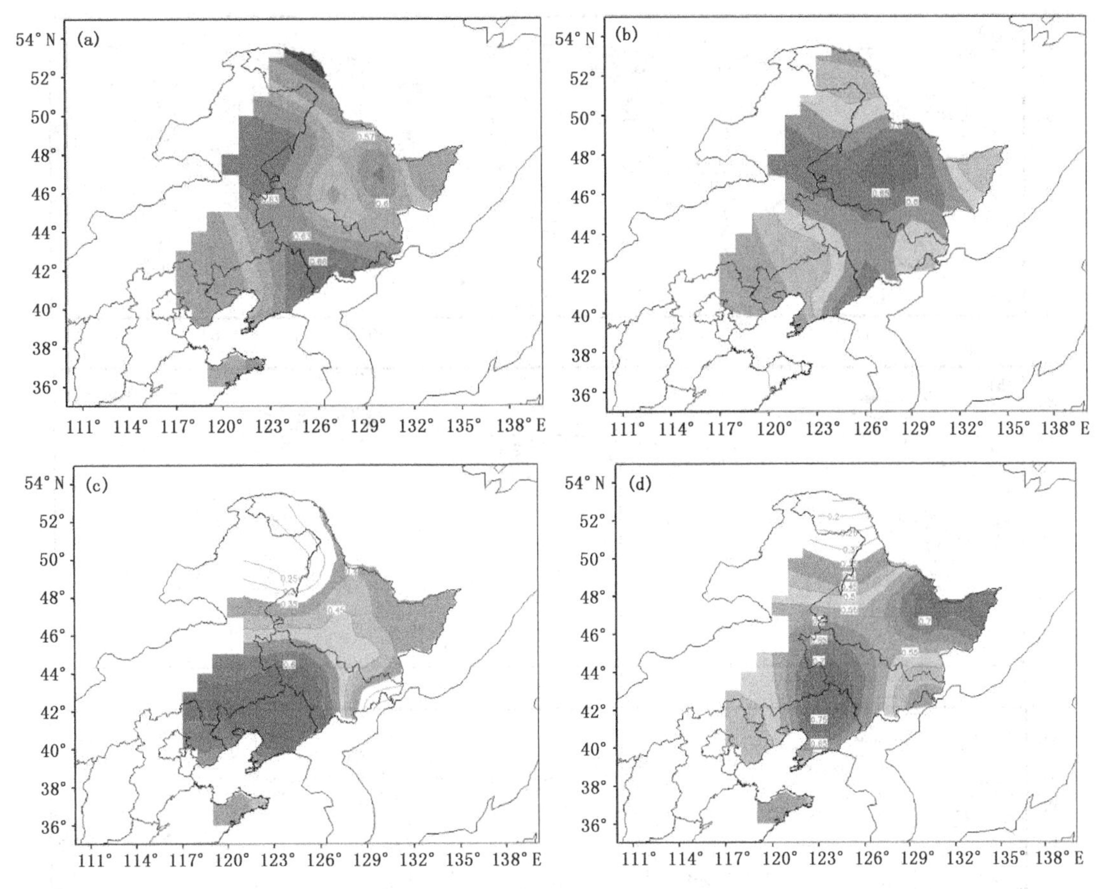

图 2　中国东北地区 46 站平均月总降水量与该月各个站点总降水量相关系数分布

(a. 5 月，b. 6 月，c. 7 月，d. 8 月)

4　影响东北地区夏季降水的大气环流特征

4.1　500 hPa 位势高度场的相关分析

图 3 为北半球 5—8 月降水量和 500 hPa 高度场相关系数分布，在 500 hPa 等压面上东北地区初夏的降水偏多与局部地区低气压异常显著相关(图 3)。受到这个低气压异常影响，东北地区的低层主要受西南部分的异常气流控制。来自黄海、渤海和日本海的水汽环绕东北，促使了整层的水汽输送，并且在东北地区进行辐合，所以东北地区降水增多。然而在副热带地区，西太平洋副高主体位于海洋的上空，影响中国南方地区，还未能影响到东北地区。到了 7、8 月，东北地区夏季降水增多主要和日本上空的异常高压有关。与 5、6 月相比，盛夏西太平洋副高中心逐渐北移，8 月脊线北抬，日本上空的异常高压恰巧出现在西太副高的西北部，西太平洋副高西伸北进。

受西太平洋副热带高压影响，异常的水汽沿西太平洋副高西侧的南风异常向北输送到东北地区。7 月西太平洋副高西侧的南风异常向北输送水汽刚好到达东北地区的东南部，出现水汽辐合中心。8 月，南风异常逐渐向北推进到吉林和黑龙江，水汽输送和辐合中心也逐渐向

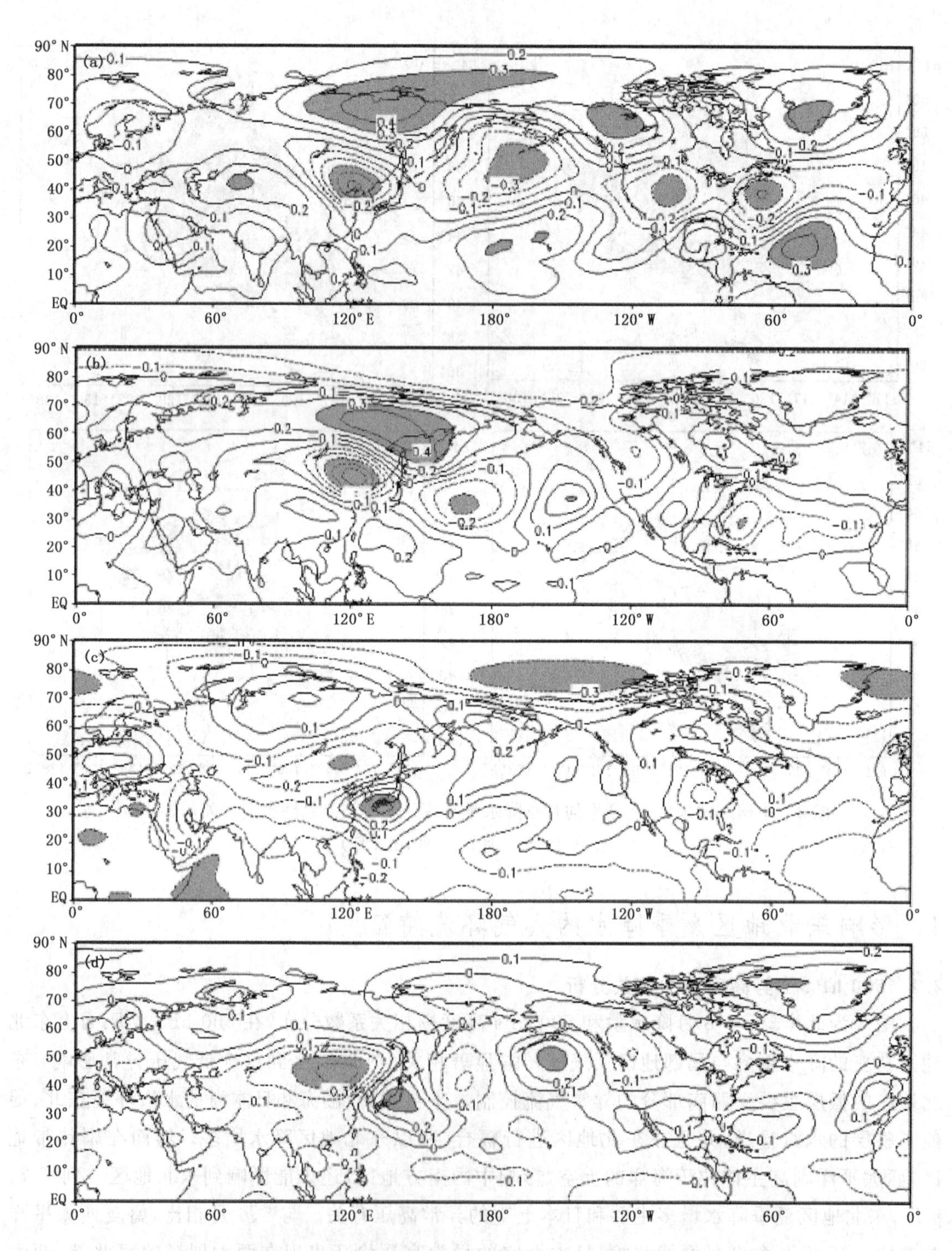

图 3 北半球 5—8 月平均降水量和同期 500 hPa 高度场相关系数分布

(阴影通过显著性检验;a. 5 月,b. 6 月,c. 7 月,d. 8 月)

北推进。这和相关分析的结果一致,东北地区月平均降水异常中心北移(图 2),可能与东亚夏季风逐渐北移有关联。与此同时,东北地区也出现了不同寻常的低压中心(尤其是 8 月),一定程度上这和对流层高层上游沿着亚洲西风急流所传播的活动有很大关联。同时,和7月不大相同,8月的东北降水可能还受贝加尔湖以北的高压异常影响。

东北地区地处中纬度,影响降水年际变化的环流异常可能也存有非线性变化。但是经过相关分析后,得出结论与前文一致,东北地区初夏时节显著的异常主要为局地的异常低气压,而盛夏时节主要表现为西太平洋副高西北侧的正异常。

4.2 850 hPa 位势高度场的相关分析

北半球5—8月平均降水量和同期850 hPa高度场相关分布(图略)与上文研究结果一致,在850 hPa等压面上东北地区5、6月的降水偏多与局部地区低气压异常显著相关。东北地区中西部出现了负相关中心,气压越低,对应降水量越大。这个低气压异常使得东北地区的低层受到了西南部分的异常气流控制,所以东北地区降水增多。然而在副热带地区,西太平洋副高主体位于海洋上空,影响中国南方地区,还未能影响到东北地区。到了7、8月,日本上空出现了正相关中心,说明此时气压越高,降水越多。也就是盛夏时节东北地区夏季降水增多主要和日本上空的异常高压有关。与5、6月相比,盛夏西太平洋副高中心逐渐北移,在8月脊线北抬。日本上空的异常高压恰巧出现在西太副高的西北部,西太平洋副高西伸北进。与上文研究结果一致。

5 结 论

综上所述,采用滑动平均与相关分析方法,对1951—2012年共62年东北地区夏季降水年代际变化的特征及其与前期冬季环流的关系进行了分析与讨论。得出结论:

(1)通过中国东北地区46个台站观测到的月平均资料与ECMWF再分析资料,得出东北地区降水年际变化的主要特征,显示其年际变化具有季节尺度特征。东北地区夏季降水的空间分布既具有整体一致的特征,也存在着南北部及东西部相反变化的差异。

(2)东北地区夏季降水近62年具有显著的年际和年代际变化。文中着重分析其年代际变化特征,结果发现以1969年为转折年份,1969年以前东北地区夏季降水量普遍高于气候平均态;1970年之后至2012年间,东北地区夏季降水量低于平均水平。同时,在这62年间,东北地区的夏季降水整体上呈现出一个弱的下降趋势。而东北地区5、6月降水与整个区域呈现显著的正相关,相关中心在东北地区的中西部;东北地区7、8月相关中心出现在东南部。

(3)经过进一步讨论研究,得出东北地区5、6月降水异常主要和冷涡活动有关,东北冷涡活动越频繁,对应的东北地区西北侧出现气旋性环流异常,导致降水偏多。7、8月,东北地区降水主要受高空中西风急流北移和西太平洋副高西伸北进影响。西太平洋副高西伸北进,增强的西南风气流有利于更多水汽向东北地区输送,导致降水增多。

(4)当中高纬度地区环流的经向分量减弱或西太平洋副热带高压减弱东移时,东北地区降水偏少;反之,若中高纬度地区环流的经向分量加强或西太平副热带高压西进加强时,东北地区降水则偏多。

(5)气压正距平的区域,气压高,降水少;气压负距平的区域,气压低,降水多。

参考文献

贾建英,郭建平,2011. 东北地区近46年气候变化特征分析[J]. 干旱区资源与环境,**25**(10):109-115.

贾丽伟,李维京,陈德亮,2006. 东北地区降水与大气环流关系[J]. 应用气象学报,**17**(5):557-566.

李邦东,2013. 近50年东北地区降水时空变化及降雪影响因子分析[D]. 兰州:兰州大学.

唐蕴,王浩,严登华,等,2005. 近50年来东北地区降水的时空分异研究[J]. 地理科学,**25**(2):172-176.

王晓芳,何金海,廉毅,2013. 前期西太平洋暖池热含量异常对中国东北地区夏季降水的影响[J]. 气象学报,**71**(2):305-317.

ECMWF 模式对南方春雨期降水预报的检验和分析

辛　辰　漆梁波

（上海中心气象台，上海 200030）

摘　要

2016 年 3 月 8 日起，欧洲中期天气预报中心全球模式（以下简称 ECMWF 模式）进行了全面升级。本文利用常规气象资料和 ECMWF 模式预报资料，对 ECMWF 模式改进前后（2015 和 2016 年）春雨期（3—5 月）的降水预报进行检验和对比分析，同时总结不同天气背景下，ECMWF 模式降水预报的误差分布特征及原因。结果表明：升级后的模式在 2016 年春雨期整体的预报效果优于 2015 年同期，其中模式大尺度降水的调整对提升总降水的准确率有明显作用，而对流性降水的预报偏差成为预报误差的主要来源。当环流背景表现为北方无明显冷空气南下，江南和华南地区受南支槽前西南暖湿气流控制时，模式容易在西南地区预报过多的对流性降水，而其下游地区则往往存在少报或漏报。

关键词：ECMWF 模式　预报误差　大尺度降水　对流性降水

引言

最近 20 年，欧洲中期天气预报中心全球模式（以下简称 ECMWF 模式）的预报性能一直保持世界领先，其模式产品也是中国业务天气预报中的重要参考资料。国家气象中心定期检验 ECMWF 模式、T639 模式和日本数值模式的中期预报性能，结果表明，ECMWF 模式对亚洲中高纬度地区大尺度环流和 850 hPa 温度的演变和调整均具有较高的预报能力，整体性能优于其他模式（赖芬芬，2015；赵晓琳，2015；刘为一，2014）。对 ECMWF 模式的预报性能进行检验，也已经成为欧洲中期天气预报中心的常规工作，一般模式改进后的整体预报性能较之前会有明显提高（Richardson et al，2015；Holm et al，2016）。这些检验通常是从环流形势或平均的降水 TS 评分等角度来着手，其结果对模式整体性能的评估非常必要和合理，但对业务预报而言，预报员更关注在不同天气背景下，各数值模式的性能有何区别。此外，环流形势的检验虽然有时候能帮助预报员发现 ECMWF 模式的系统偏差，进而对与环流形势密切相关的降水落区和强度做出相应的订正，但数值模式的降水落区和强度预报不仅取决于环流形势，还和模式本身对降水物理过程的描述有很大关系。ECWMF 模式的总降水（Total Precipitation，以下简称 TP）由对流性降水（Convective Precipitation，以下简称 CP）和大尺度降水（Large-Scale Precipitation，以下简称 LSP）组成。由于 LSP 导致的降水主要与稳定层结下大尺度的上升运动有关，因此其与环流形势的关系更为密切。CP 导致的降水则主要与局地的层结不稳定有关，同样的环流形势，不同的高低层干湿或冷暖配置，导致的 CP 量级和分布将会完全不同，进而影响模式预报的 TP 落区和强度。2016 年 3 月 8 日起，ECMWF 模式进行了全面升级，模式分辨率和相关物理过程都进行了相应的提高或改进，其中在积云对流参数化方案（包括深对流，浅对流和中层对流)方面，改进了深对流气块扰动方法。初步的检验结果表明：高层环流预报(高度、温度、相对湿度和风场等)和天气要素预报(地面气温、湿度和10 m风预报等)均有所提高(Richardson et al，2015；Holm et al，2016)。文中将从ECMWF模式降水预报的基本构成(TP=CP+LSP)着手，重点针对模式改进前后，其LSP和CP预报特征的变化，进而分析这些特征对模式TP预报的影响，试图了解不同天气背景下，ECMWF模式降水预报偏差发生的内在原因，为业务预报中对其降水预报进行订正提供有针对性的参考。

1　2015和2016年春雨期(3—5月)ECMWF模式降水预报的检验分析

ECWMF模式总降水(TP)预报对中国中东部地区1869站的降水要素预报评估结果表明，与2015年相比，2016年模式的预报能力有一定程度的提高。其中，中雨及以上和大雨及以上量级的TS评分分别为0.474和0.288，均高于2015年(0.418和0.238)，暴雨及以上量级更是从0.081上升至0.118；同时对应各个降水量级的空报率和漏报率也低于2015年。此外，对6—8月的检验也反映了类似的结果(2015年6—8月大雨及以上和暴雨及以上的TS评分分别为0.281和0.172，而2016年6—8月为0.286和0.198)。因此，说明模式升级后，大量级降水预报的TS评分是提高的。

降水频率分布可以大致反映出不同量级降水出现的概率大小，两年的实况观测结果相比(图略)，各量级降水频率分布基本一致，说明前后两年较大降水的量级分布特征变化不大。模式改进后的TS评分提高，很大程度上反映模式降水预报性能的提高。对比分析两年模式预报的TP分布和实况分布发现，2016年的TP预报频率分布更接近实况降水分布，尤其是较大量级的降水(图略)。2016年的TP预报中，30～40 mm，40～50 mm以及50～100 mm区间的频率较2015年有增加(与实况频率分布更接近)，而相应的，20～30 mm区间的频率略有下降，这样的调整，更接近实际观测的频率分布，这也是2016年EC模式降水预报准确率得到改善的重要原因之一。

LSP和CP作为TP的组成部分，其频率分布和TP的频率分布关系密切。所有降水(24 h雨量≥0.1 mm)的频率分布(图1a和c)显示，2016年LSP在10～30 mm区间的频率有所增大(图1a和c)，这一变化在较大降水(24 h雨量≥20 mm)的频率分布图中则表现得更明显(图1d)，同时，LSP在40～50和50～100 mm区间的出现频率有所降低，这更符合大尺度降水的一般特性和业务观测实践，即中雨或大雨可由大尺度降水形成(稳定性降水)，但出现暴雨或以上量级降水时，降水的对流性通常更强，大尺度降水量的占比在总降水量中相对更低一些。另外，对比两年的统计(见图1a和c)，CP在所有降水(24 h雨量≥0.1 mm)的频率分布变化并不显著，说明CP在较小量级降水的频率变动不大；而在较大降水(24 h雨量≥20 mm)的频率分布图上则明显看出，2016年的CP预报在40～50和50～100 mm区间的频率得到增大(2016年分别为8.54%和4.65%，高于2015年的6.93%和3.54%，见图1b和d)，说明模式升级后，提高了对流性降水的在大量级上的频率，这有利于模式在大量级降水预报上的表现更接近实况。

由于ECWMF模式的总降水(TP)由对流性降水(CP)和大尺度降水(LSP)组成，TP落区预报误差的来源，实际上来自于模式对CP和LSP的预报。不同地区或不同月份出现的TP

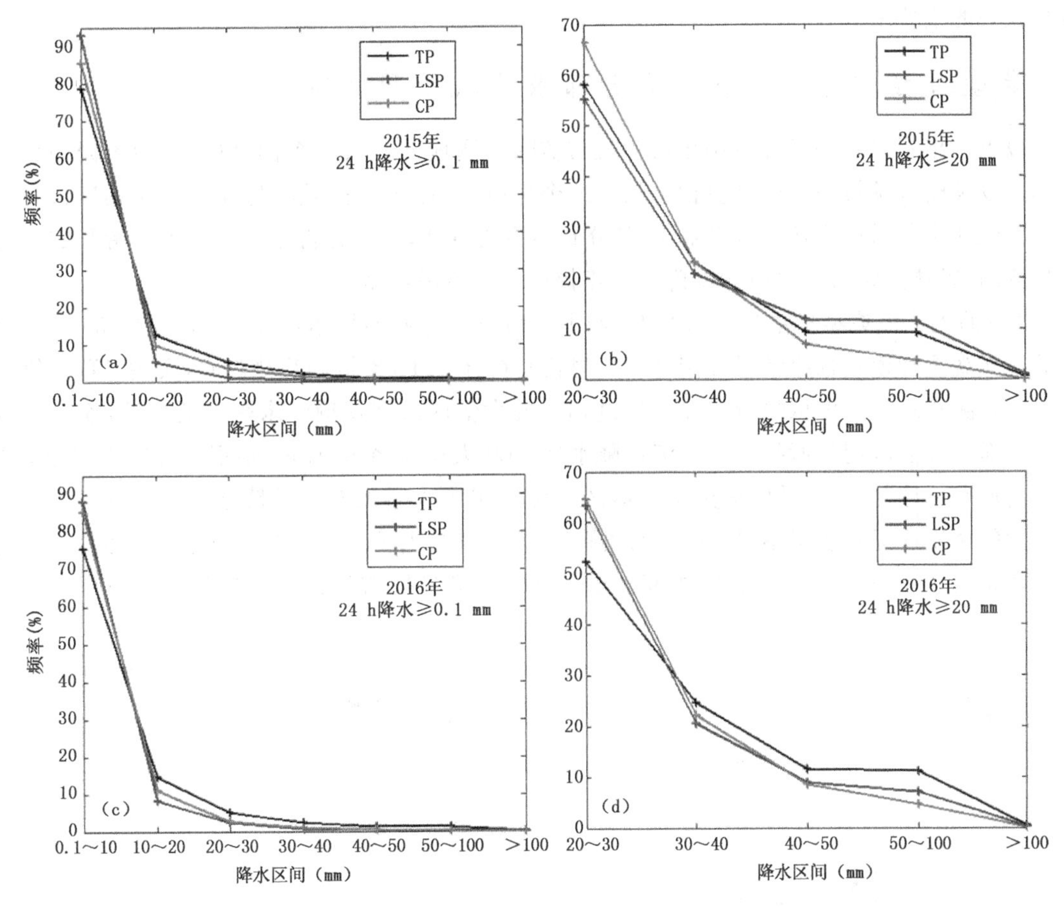

图 1　2015 年(a、b)和 2016 年(c、d)的总降水(TP)、大尺度降水(LSP)和对流性降水(CP)的频率分布曲线，(a、c)为 24 h 雨量≥0.1 mm 的降水，(b、d)为 24 h 雨量≥20 mm 的降水

落区误差，可能由模式不恰当的 CP 预报或 LSP 预报所致，预报员如果能大致了解模式的这些特性，有助于他们有针对性地修正模式降水预报(在不同地区或形势下，分别考虑 CP 和 LSP 的误差)，而不是笼统地修正 TP 本身。

为了验证上述直观的认识，文中接下来比较了两年来实际观测分别与 LSP 和 CP 分布的相关系数。发现 2016 年实际观测分布与当年 LSP 分布的相关系数为 0.917，较 2015 年的 0.791 有大幅度提升，这一定程度上说明模式调整后的 LSP 分布更接近实际观测。而两年实际观测与 CP 的相关系数分别为 0.842(2015 年)和 0.835(2016 年)，相关性变化不大。这说明 2016 年模式 TP 预报的准确率提高，很大程度是模式 LSP 预报的改善所致。

2015 年的偏差场与 LSP 和 CP 的相关系数分别为 0.498 和 0.524，说明二者与偏差场的相关性相当(或者说贡献度相似)；2016 年这些数值则分别变为 0.302 和 0.579，显示模式调整后，LSP 与模式预报偏差的相关下降，也从另一方面说明模式 LSP 的改善是积极的；而偏差场与 CP 的相关系数由 0.524 上升至 0.579，也说明模式偏差更多地依赖于 CP 的预报，如果要改进或订正模式 TP 预报，对 CP 预报的合理分析显得更为重要。

综上所述，ECMWF 模式经过升级调整后，2016 年春雨期整体的预报效果优于 2015 年，其中大尺度降水(LSP)的调整对提升总降水(TP)的准确率有明显作用，而对流性降水(CP)是预报误差的主要来源。

2 典型过程的降水预报误差分布及天气形势特征

以下挑出了每月预报样本中模式预报与实际观测偏差较大的个例(以下称为大误差典型样本),以及模式预报与实际观测偏差较小的个例(以下称为小误差典型样本),对其进行对比分析。先找出各对比个例中,CP和LSP分布的不同特征,然后分析导致这些不同特征的天气背景原因,以便为预报员进行模式降水订正提供一些参考依据。

3月的大误差典型样本(3月19日,见图2)和小误差典型样本(3月8日,见图3)24 h降水的实际观测和模式预报情况如图所示。对比总降水(TP)预报和观测降水,发现TP大值区位置与观测降水的大值区位置有显著偏差,TP的大值区落在观测降水落区的上游,而对下游的观测降水大值区明显漏报。从对流性降水(CP)和大尺度降水(LSP)预报的分布可看出,CP落区的形态总体与TP类似,其在观测落区上游空报了大量的对流性降水(CP),而在观测落区下游的对流性降水预报不足;而大尺度降水(LSP)落区与实况落区的形态差异较大,看不出明显的相关。在小误差典型样本中,模式预报的TP和实际观测的大雨带位置较为一致。此

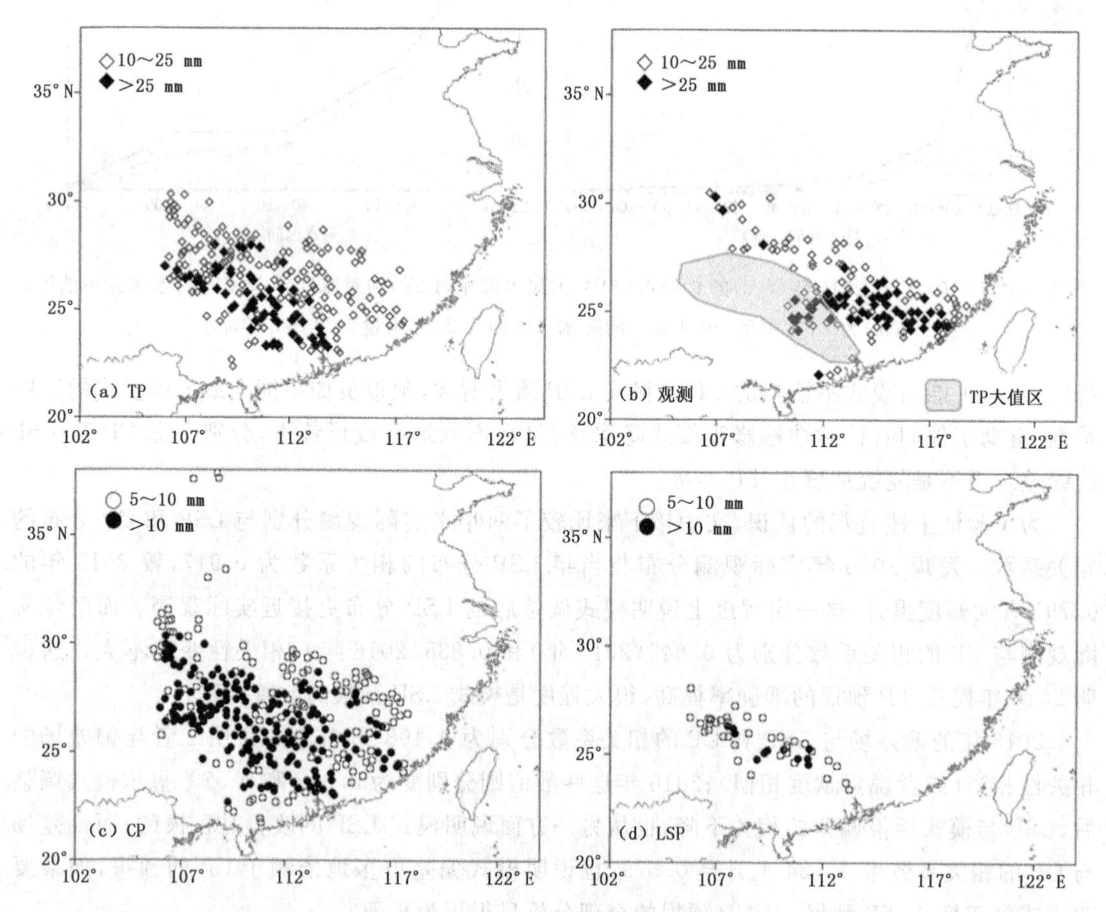

图2 2016年3月19日08时—20日08时的降水分布(单位:mm)(a.为总降水TP,b.为实际观测,c.为对流性降水CP,d.为大尺度降水(LSP))

时，对比 CP 和 LSP 预报可发现：模式预报的 LSP 与模式总降水（TP）形态更为接近，也能较好地反映实际观测降水落区的分布；尽管对流性降水（CP）仍倾向于在实际观测的上游地区预报较大的降水，在下游地区预报的降水偏弱，但在此个例中，CP 占 TP 的比例相对较小（此例中，LSP 的预报范围和预报值均较图 2 个例更大），对整体预报影响不明显。

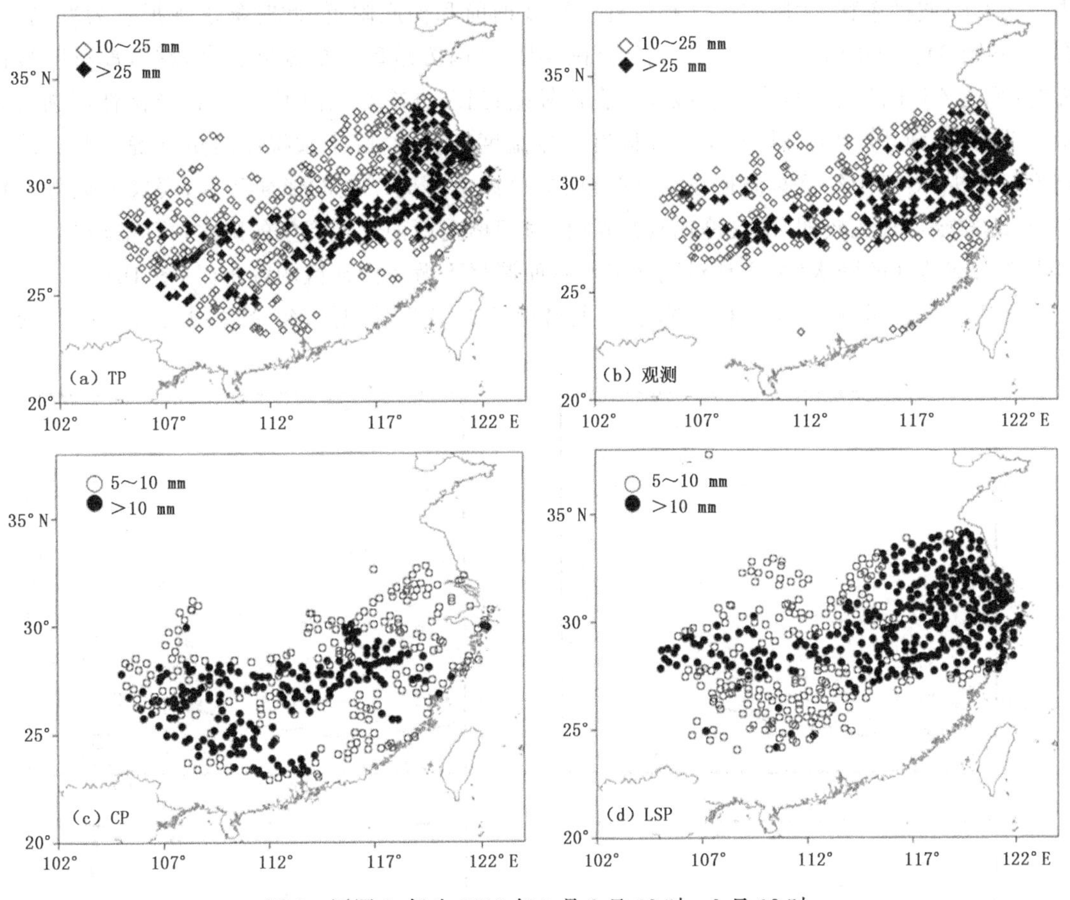

图 3　同图 2，但为 2016 年 3 月 8 日 08 时—9 日 08 时

从 3 月大误差典型样本和小误差典型样本对比中不难发现，模式的 CP 预报和 LSP 预报对最终的总降水预报偏差影响不一，其分布特征也有较大差异：大误差典型样本中，CP 预报占主导地位，且容易在实际观测上游地区导致明显的降水空报（正降水预报偏差），而在下游导致降水漏报（负降水偏差）；小误差典型样本中，LSP 预报占主导地位，CP 预报虽然仍有“上游空报，下游漏报”的特征，但对总降水的预报偏差影响不明显。4 和 5 月的大误差和小误差典型样本也有类似的结果（图略）。以下来分析导致这些不同分布特征的天气背景有何差别。图 4 为 3 月大误差典型样本和小误差典型样本当天 20 时起报的 ECWMF 模式 500 hPa 高度分析场（叠加当天 08 时至第 2 天 08 时的实际观测降水量，用阴影标出 24 H 降水量≥25 mm 的区域，表示大降水落区），与二者 850 hPa 温度分析场的对比，以及大误差典型样本的偏差的分布。

从 3 月的大误差典型样本（图 4a）的 500 hPa 高度场看出，当南支槽经向度增加时（槽线在 105°E 附近），中国南方地区正好处于南支槽前西南气流中，大降水落区在槽前脊后的位置。

其中槽前脊后正涡度平流较强的区域(105°－115°E),降水预报明显大于实际观测(主要由虚假的对流性降水所致,见图 2c),实际并未出现大雨以上的降水;而在其下游的负偏差区域(图 4b)与实际大降水落区基本重合(图 2a),说明这次过程中实际大降水落区存在漏报或少报。3 月小误差典型样本的 500 hPa 高度场(图 4c)显示,当南支槽相对平缓,中纬度环流平直,长江中下游有短波槽东移,大降水落区正好处于短波槽前和槽底附近,此时降水预报较为准确(见图 4c 和图 3)。850 hPa 温度场对比表明(图 4d),当南方地区低层温度梯度较缓,没有明显锋面时(见图 4d 中的实线),降水预报效果会比较差;当北方冷空气南下(温度冷槽南伸至湖南和贵州北部,见图 4d 中的虚线),南方地区有明显温度梯度时,降水预报相对更准确一些。结合高度场分析,对于中纬度短波槽波动,配合低层冷锋南下时产生的锋面降水,模式把握得比较好;当北方冷空气比较弱,南支槽比较活跃时,对于槽前西南气流产生的降水,模式预报容易空报上游西南地区的降水(主要是对流性降水),而漏报下游东南地区的降水(见图 4b)。

上述分析表明,ECMWF 模式降水预报出现较大偏差时,对应每个月的天气环流背景虽

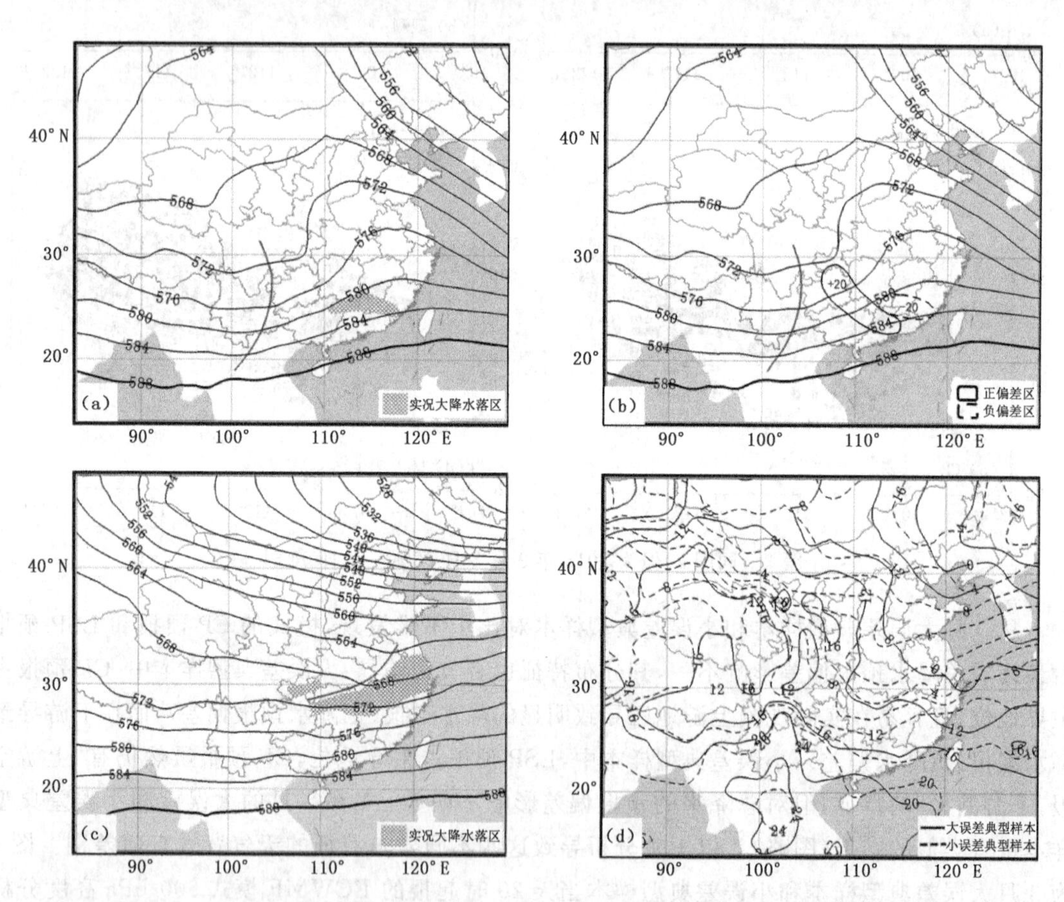

图 4　2016 年 3 月大误差典型样本(a、b)和小误差典型样本(c)的 500 hPa 高度场(单位:dagpm),(d)为两者 850 hPa 温度场对比(实线为大误差典型样本,虚线为小误差典型样本,单位:℃),其中(a、c)分别叠加了当天 08 时至第二天 08 时的实际观测降水量(单位:mm,阴影区为 24 h 降水量≥25 mm 的区域),(b)叠加了偏差场(闭合实线为日平均正偏差大于 20 mm 的区域,闭合虚线为日平均负偏差低于－20 mm 的区域)

各有特点，但也存在以下共同特征：(1)当北支槽后西北气流较弱，无明显冷空气南下，100—110°E附近有一势力较强的南支槽，南方地区处于槽前西南暖湿气流中，受暖气团控制(或温度梯度较小，无明显锋面)时，降水预报正、负偏差通常会成对出现，正偏差容易产生在西南气流前段或上游(模式空报或多报)，而其下游通常为负偏差，负偏差往往会出现在较大降水落区中(模式漏报或少报)；(2)当北支槽后西北气流较强，冷空气扩散南下，显示有冷锋过境、南支槽偏西、强度较弱或者中纬度为冷、暖气流交汇以及短波槽携带冷空气东移时，模式降水预报对降水的把握会相对更好些。这也说明对于无明显锋面的南方暖区降水，模式容易在南支槽前西南气流的前段(或上游)以对流性降水的形式释放大量水汽和能量，而导致下游地区降水的范围和量级预报不足；而对于有强冷空气南下或冷、暖气流交汇的锋面降水，模式对降水落区和量级的预报会更精确一些。

参考文献

赖芬芬，2015. 2015年3—5月T639、ECMWF及日本模式中期预报性能检验[J]. 气象，**41**(8)：1036-1041.

刘为一，2014. 2014年3—5月T639、ECMWF及日本模式中期预报性能检验[J]. 气象，**40**(8)：1019-1025.

赵晓琳，2015. 2014年9—11月T639、ECMWF及日本模式中期预报性能检验[J]. 气象，**41**(2)：247-253.

Holm E, Forbes F, Lang S, et al, 2016. New model cycle brings higher resolution[R]. ECMWF Newsletter, **147**: 12-19.

Richardson D, Bauer P, 2015. New model cycle launched in May[R]. ECMWF Newsletter, **144**: 4-5.

江苏冬季两次不同类型固态降水探空数据对比

沈 阳 韩桂荣 李 超 曹 璐

（江苏省气象台，南京 210008）

摘 要

以江苏冬季两次不同类型（雪和冰粒）固态降水天气过程为例，运用 MICAPS 地面观测数据、探空数据和 NCEP 再分析资料，重点分析了两次过程中大气层结的不同，并从垂直运动和温度平流出发，探讨了形成冰粒天气的特殊大气层结的原因。得出了以下结论：纯雪天气过程中，温度垂直廓线自地面附近至高空均在 0℃以下，接近但不穿越 0℃等温线，而在冰粒天气过程中，温度垂直廓线数次穿越 0℃等温线，地面附近温度高于 0℃；温度垂直廓线表明融化层和冻结层上下配置有利于固态降水物融化后重新冻结，融化层和冻结层的形成分别与暖平流和冷平流有关；冰粒天气发生时 850 hPa 以下有干层存在，相对湿度较低，干层的形成与高空干冷空气的下沉运动以及干平流侵入有关，并且干层和冻结层位置对应较好，当液态降水物经过干层时通过蒸发吸热导致冻结层温度进一步下降，是冰粒形成的关键因素。

关键词：雪 冰粒 探空数据 冷暖平流 干层

引言

冬季降水因为温度垂直分布的不同，存在着雨、雪、雨夹雪、冰粒、冻雨等多种形态。漆梁波等（2012）在统计了中国东部地区冬季不同降水类型的探空曲线后指出，降水类型为纯雪时，一般温度垂直廓线自地面至高空均在 0℃以下，而降水类型为冰粒时，通常温度廓线自地面至高空需数次穿越 0℃等温线。夏倩云等（2015）在分析了 2007 年冬季至 2012 年冬季全国 120 个探空站温度垂直分布后得出了冬季降水相态可依据两个指标判断的结论，一是降水物通过大气某一层结时的环境温度，二是降水物通过该层结的时间。

2015 年 11 月 24 日凌晨至夜间，江苏沿淮淮北地区及江淮之间西部地区出现了降雪天气（图 1），其中淮北北部地区 24 日 08 时至 25 日 08 时 24 h 累计雪量达大雪，部分地区暴雪。而在 2016 年 3 月 8 日，江淮之间出现了冰粒天气，盐城站约在 8 日 13 时 30 分观测到冰粒降至地面。本文即以上述两次过程为例，利用 MICAPS 观测数据和 NCEP 再分析资料，重点分析两次不同类型的固态降水发生时，大气层结的特征及变化，希望能为预报提供更多的依据。

1 天气尺度背景分析

2015 年 11 月 24 日 08 时，500 hPa 上江苏省上空环流较为平直，700 hPa 槽线位于河套地区至云南北部，槽前西南暖湿气流控制江苏省，在江苏省上空有风速辐合现象（图略）；而在 850 hPa 上（图 2a），一支来自西伯利亚地区的西北气流南下过程中在山东和江苏北部地区逐渐转为东北气流，与来自南方地区，由西南逐渐转为东南的气流在江苏中部交汇，淮河以南地

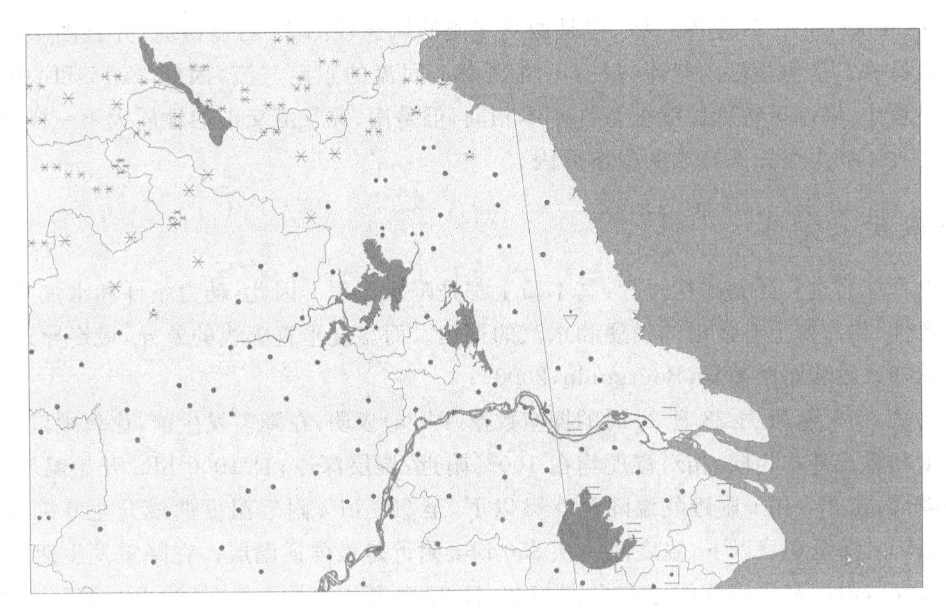

图 1　2015 年 11 月 24 日 08 时 MICAPS 地面观测数据记录的天气现象

区 850 hPa 上比湿为 3～5 g/kg，达到了江苏冬季暴雪的低层湿度指标(孙燕等，2014)。散度场分布表明，200 hPa 上江苏省均为辐散区，而在 700 hPa 上，江苏省淮河以南地区为辐合区(图略)，与风场的分布相符。综上，降雪发生前，低层东北气流与西南气流在江苏上空汇合，有利于水汽在该地区集中和上升运动发展，成为江苏省北部地区降雪的有利条件。

而在 2016 年 3 月 8 日 08 时，500 hPa 上江苏省上游地区短波活跃，不断有小槽东移影响江苏省，700 hPa 上江苏省淮北地区有冷切变存在，切变线南部盛行西南气流，向淮河以南地区输送水汽(图略)；850 hPa 上南、北气流主要在山东南部地区交汇(图 2b)，江苏北部地区比

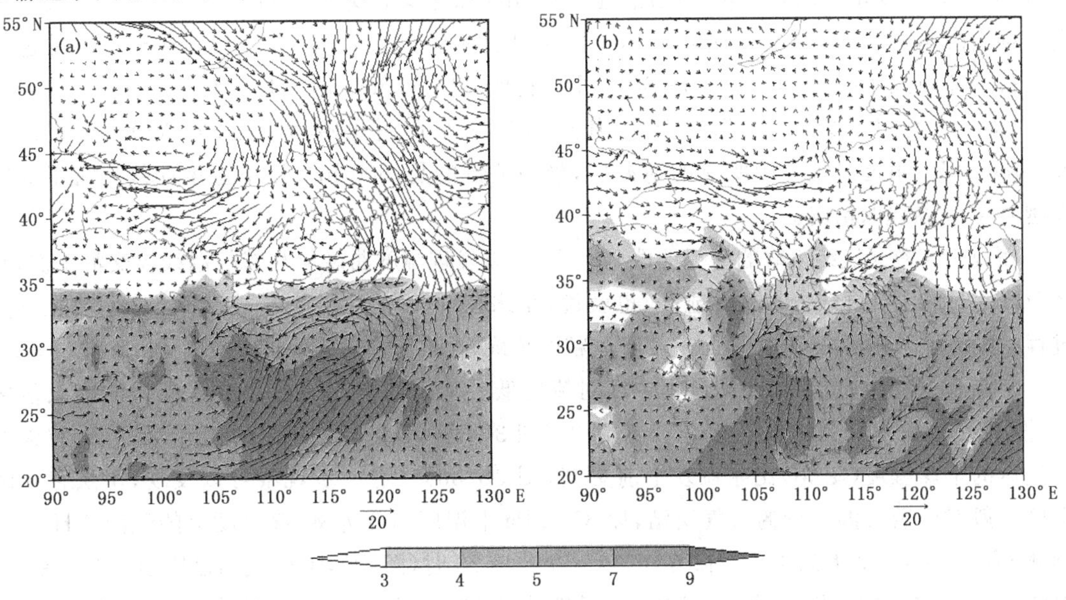

图 2　850 hPa 环流形势(阴影区为比湿(单位：g/kg)，风矢量单位：m/s；
a. 2015 年 11 月 24 日 08 时，b. 2016 年 3 月 8 日 08 时)

湿为 3～5 g/kg，与图 2a 基本一致，但是两支气流的风速较图 2a 明显偏弱，并且图 2b 中江苏省上空没有来自南方地区的气流，仅有一支从海上回流的东南气流，因此，2015 和 2016 年两次降水过程中，降水区的低层湿度条件基本相同，但是南、北气流交汇的性质大不一样，这可能是产生两种不同类型固态降水的根本原因。

2 温度垂直分布

无论是纯雪过程还是冰粒过程，其本质上都是降水过程。因此，动力条件和水汽条件有着高度一致性，均需要上升运动的发展和水汽的聚集。而温度垂直廓线的差异，最终导致了降落至地面的降水物相态的差异(Bourgouin，2000)。

徐州站 2015 年 11 月 23 日 20 时的探空数据(图 3a)表明，在降雪发生前，徐州地区 500 hPa 以下温度和露点基本相同，相对湿度均在 100％附近，湿层深厚；自 1000 hPa 开始温度随高度升高而降低，在 975 hPa 附近气温降至 0 ℃以下，至 900 hPa 附近温度曲线升至 0 ℃以上，后在 750 hPa 又降至 0 ℃以下，温度曲线在 850 hPa 附近是最强逆温层。在降雪发生期间(24 日 08 时，图 3c)，温度和露点廓线分布形态与 23 日 20 时基本相同，只是 500 hPa 以下气温均在 0 ℃以下；在降雪结束阶段(24 日 20 时，图 3e)，相对湿度≥75％的湿层降至 700 hPa 以下，较降雪时段明显变薄，温度曲线较前期无明显变化。

综上，探空数据表明，当降水物为纯雪时，降雪前温度曲线会数次穿越 0 ℃等温线，在 850 hPa 附近存在逆温层，而当降雪进行时，500 hPa 以下气温均低于 0 ℃，逆温层仍然维持在 850 hPa 附近，当降雪结束时，湿层较前期开始变得浅薄，特征与夏倩云等(2015)的研究结论一致。

而当降水物为冰粒时，探空曲线将出现明显的不同。射阳站 2016 年 3 月 7 日 20 时的探空曲线表明(图 3b)，在冰粒发生前期，1000 hPa 附近为浅薄的湿层，1000 和 850 hPa 之间是干层，而 850 和 600 hPa 之间又转为湿层，至 600 hPa 以上又转为干层；1000 hPa 附近气温明显高于纯雪降水(图 3a)，温度曲线直至 700 hPa 附近才降至 0 ℃以下，没有表现出明显的逆温层。接近冰粒发生时(8 日 08 时，图 3d)，可以发现，自 850 hPa 向上均为湿层，湿层厚度明显增大，而在 850 hPa 以下干层仍然维持，甚至 1000 hPa 附近也转为干层，近地面气温仍高于 0 ℃，800 hPa 附近出现了较明显的逆温层，最为关键的是，500 hPa 以下温度曲线出现了 3 次穿越 0 ℃等温线的情况。

而观察冰粒天气结束时的探空曲线(图 3f)，可以发现温度曲线与 0 ℃等温线仅交汇 1 次，与冰粒降落时的温度廓线分布差异显著，也就说，在冰粒天气产生时，冰晶层的固态降水物在下降过程中经历了融化再冻结的过程，有利于冰粒的形成，这也与夏倩云等(2015)的研究结论一致。

与降雪过程相比，冰粒天气过程中在对流层低层均可以发现一段温度露点差的极大值区域(图 3b、3d、3f)，最大时差值可达 22 ℃左右(图 3f)表明该区域内空气极度干燥，且冰粒天气发生后的干燥程度(图 3f)比冰粒发生前更甚(图 3b、3d)。进一步观察可以发现，干层存在的高度一般对应着气温较低的大气层结，以 850 hPa 上温度演变为例，该高度上的气温 8 日 02—08 时(图 3b、d)逐渐大致由 7 ℃降至－2 ℃，在 8 日 20 时(图 3f)，该层气温已降至－4 ℃左右，因此，可以推断冰粒发生时 850 hPa 附近即为冻结层，且相对湿度较小，而在 850 hPa 至 700 hPa温度高于 0 ℃，可以视为融化层，融化层和冻结层上下配置，有利于冰粒的形成。

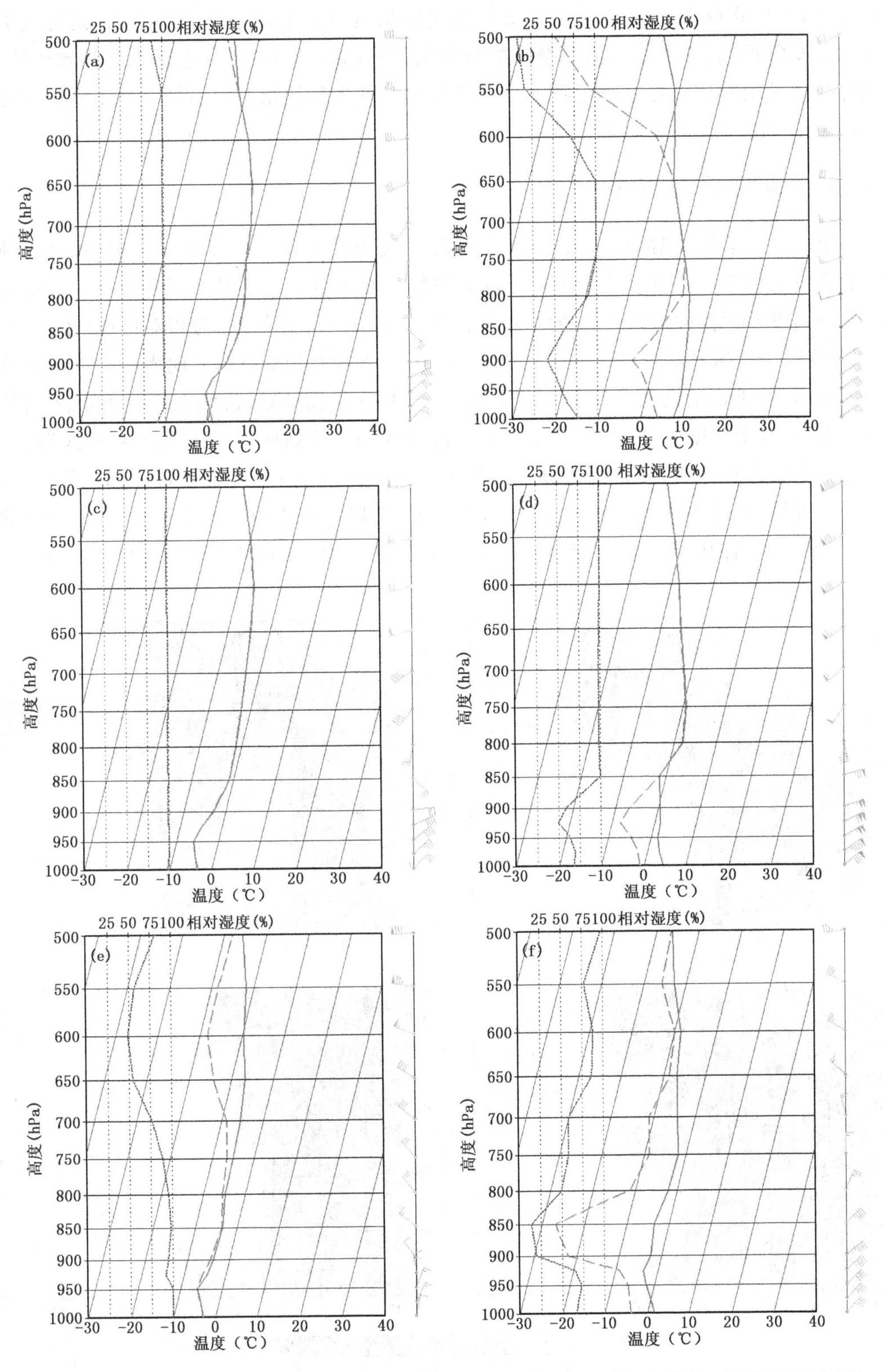

图 3　MICAPS 显示的徐州站 2015 年 11 月 23 日 20 时(a)、24 日 08 时(c)、24 日 20 时(e)和射阳站 2016 年 3 月 7 日 20 时(b)、3 月 8 日 08 时(d)和 3 月 8 日 20 时(f)探空

综上，当出现冰粒天气时，对流层低层的大气层结具有以下两个显著特征，一是温度曲线数次穿越 0 ℃等温线，逆温层扮演了融化层的角色，并且和冻结层上下配置；二是出现干层，干层的位置与冻结层对应较好。以上特征与降雪天气时的大气层结明显不同。关于干层和融化层的形成原因及相互关系将在下一节中讨论。

3 干层和融化层的形成原因

前一节的分析表明，当冰粒天气发生时，低层大气中会出现干层和浅薄的暖层，这与纯雪天气时的大气层结明显不同。干层的形成原因可能与显著的下沉运动和干平流有关。图 4 为沿 120°E 的高度-纬度剖面，黑色线条为垂直速度(单位：Pa/s)，阴影区为相对湿度(单位：%)，33.5°N 大约对应盐城站的位置。3 月 8 日 02 时(图 4a)，700 hPa 有由北向南斜向下抵达盐城上空的下沉运动，下沉运动区与干区对应较好；8 日 08 时(图 4b)，盐城上空的下沉运动位于 925～850 hPa，有干区配合；8 日 14 时(图 4c)，自 600 hPa 达到底层的下沉运动再次形成，盐城上空存在下沉运动中心，但是因为降水的原因干区不再存在；而到了 8 日 20 时(图 4d)，下沉运动仍然可见，在冷空气的推动下，湿区向南撤退，盐城上空出现了相对湿度低于 60% 的区域，与其附近射阳站同时刻的探空曲线(图 3f)相互印证。综上，下沉运动应当与 700 hPa 上西

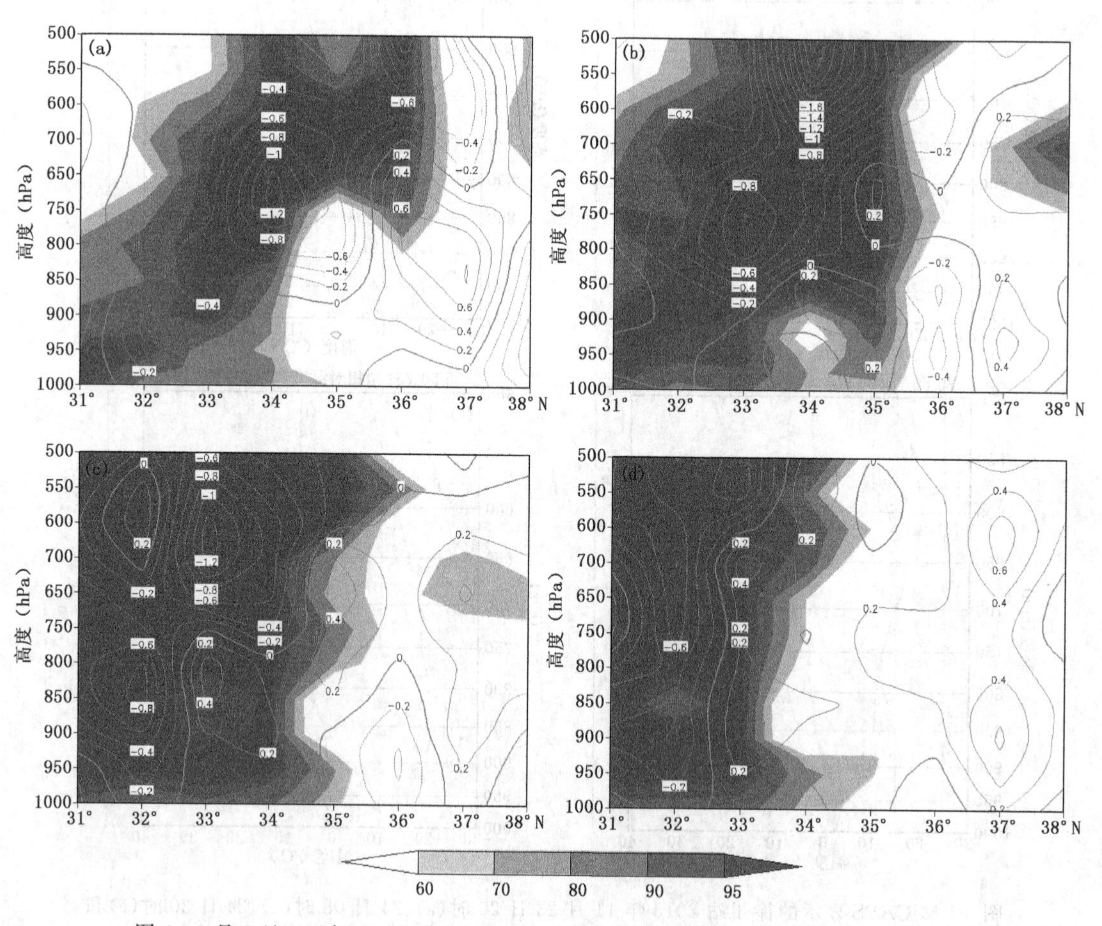

图 4　3 月 8 日 02 时(a)、08 时(b)、14 时(c)和 20 时(d)沿 120°E 的高度-纬度剖面

北风场引导干燥的冷空气南下有关。

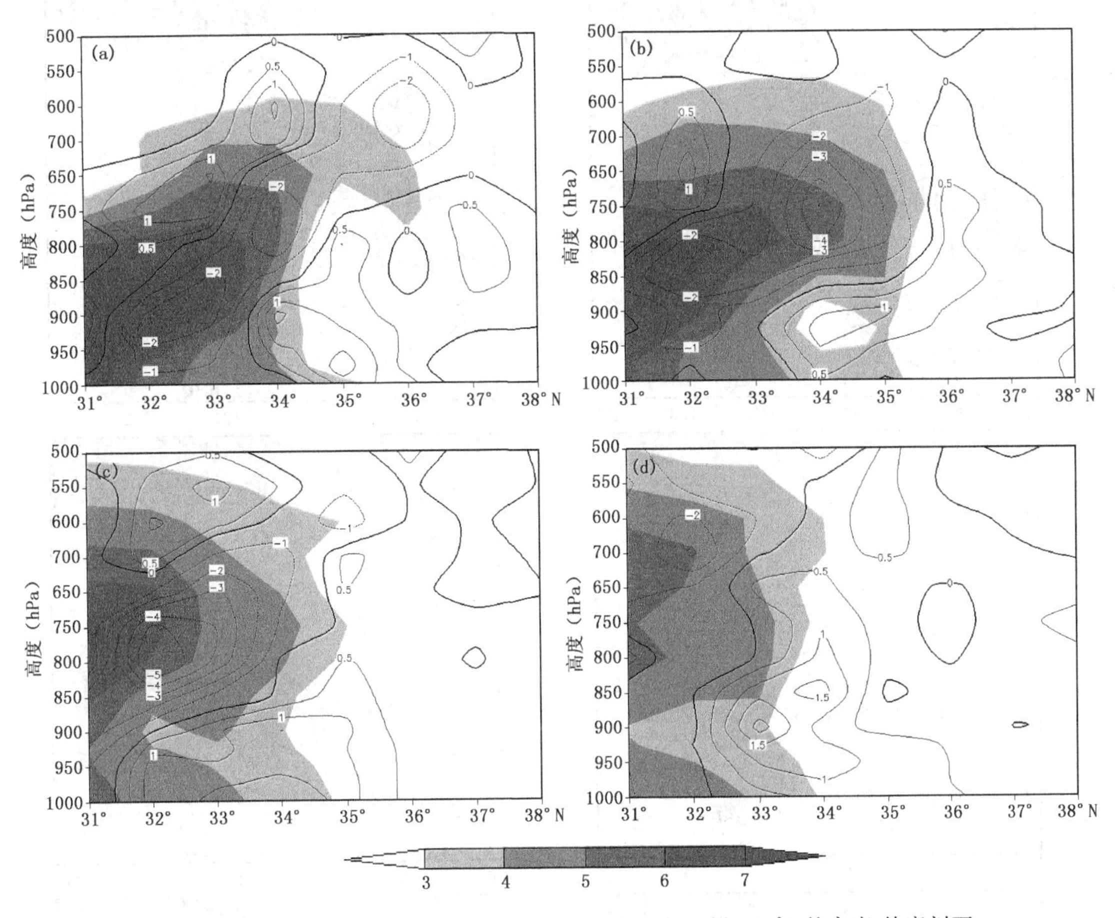

图 5　3 月 8 日 02 时(a)、08 时(b)、14 时(c)和 20 时(d)沿 120°E 的高度-纬度剖面

图 5 中水汽通量散度的垂直剖面也表明，33°—34°N，自 1000 hPa 至 500 hPa 存在着由北向南倾斜向下分布的水汽通量散度正值区，表明这一区域内水汽呈净流出状态；相应地，33°—34°N，850 hPa 以下的比湿是小值区，甚至在 8 日 08 时(图 5b)冰粒产生前期 950～900 hPa 出现了一个比湿的中空地带。这说明，干平流也对干层的形成具有一定的贡献。

前文对射阳站探空温度曲线(图 3b、3d、3f)的分析表明，冰粒产生期间，850 hPa 附近为冻结层，800 至 700 hPa 为融化层，以上温度层结的形成与温度平流密切相关。8 日 02 和 08 时 800 hPa 上(图 6a、6c)盐城地区均为暖平流，强度约 2～4 ℃/(6 h)，直至 8 日 14 时(图 6e)才转为冷平流，结合冰粒发生时间推断，在冰粒形成时，800 hPa 附近因为暖平流的作用形成了融化层，从风场分布判断，暖平流分布区均对应了偏南风，可以认为偏南风是暖平流形成的关键因素，随着北风逐渐增强，可以看到暖平流区逐渐向南撤退(图 6a、6c、6e)。而在 850 hPa 上则是相反的情况，8 日 02—14 时(图 6b、6d、6f)盐城地区始终被冷平流控制，有利于 850 hPa 附近的气温降至 0℃以下，形成冻结层；结合风向分析，850 hPa 上盐城地区受来自北方逐渐由北转东的气流控制，因此，上下层风场的差异导致了温度平流的差异，最终形成了不同的温度层结。

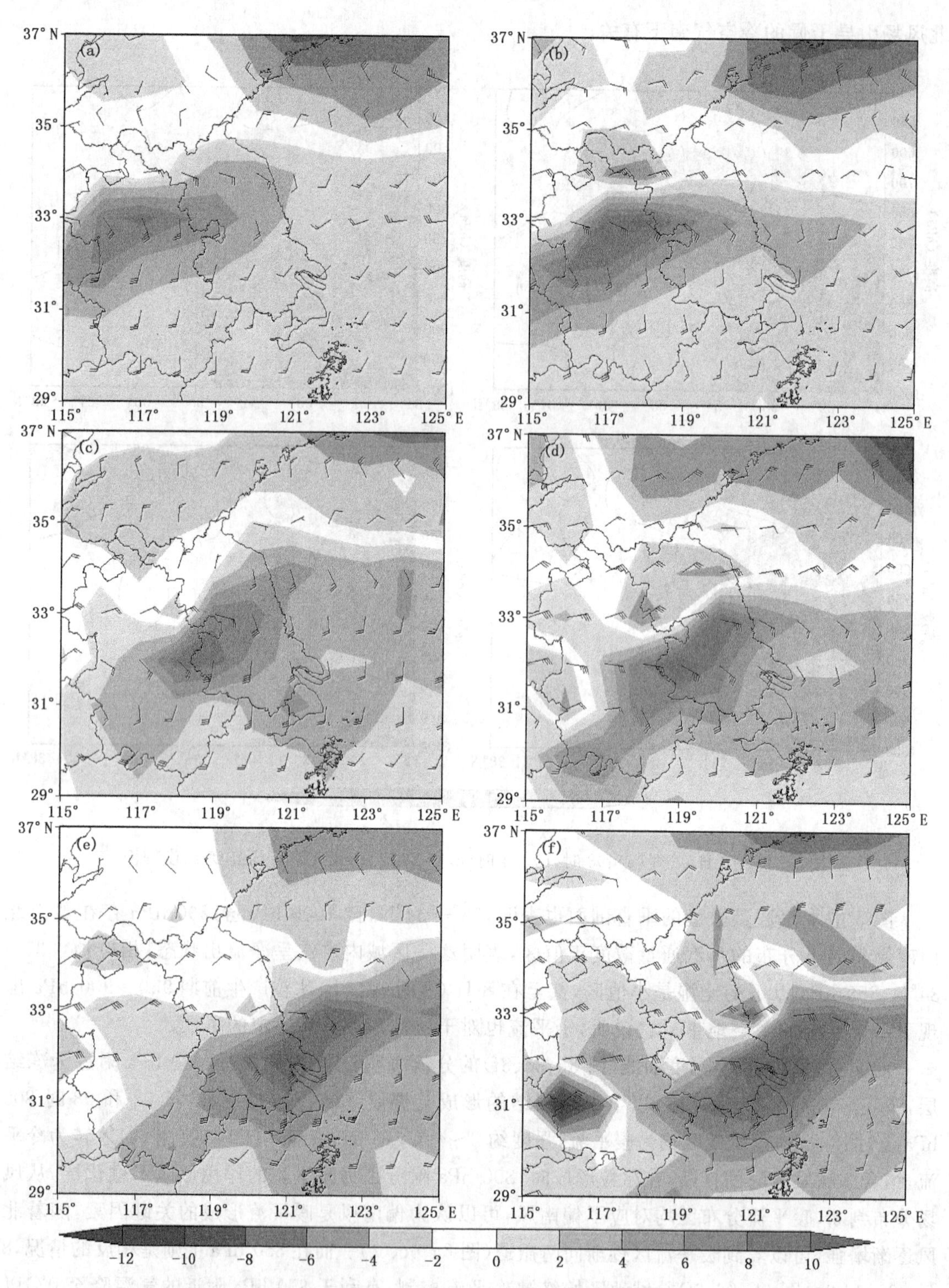

图 6　基于 NCEP 再分析资料的 800 hPa(a、c、e)和 850 hPa(b、d、f)温度平流 6 h 累积效果（阴影区，单位：℃/(6 h)；a、b 为 2015 年 3 月 8 日 02 时，c、d 为 8 日 08 时，e、f 为 8 日 14 时，风矢量单位：m/s)

前文提到，干层和冻结层的位置对应较好，这可能与降水物的蒸发有关。当固态降水物穿过融化层部分融化后又进入下方的干层，在这里由于环境较为干燥，液态降水物将向空气中蒸发，蒸发吸热，导致环境温度即冻结层温度降低，这又有利于降水物的重新冻结。这种正反馈机制客观上造成了与冻结层位置对应较好。

综上，干冷空气下沉和干平流共同作用形成了干层，而上、下层温度平流的差异形成了融化层和冻结层，干层与冻结层之间存在正反馈机制，以上就是冰粒形成的关键因素。

进一步分析图 3 可以发现，两次不同固态降水天气过程中，850 hPa 以下风场高度一致，均为东北风向，但是温度廓线和湿度廓线却存在显著的差异，这一差异的根本原因在于 850 hPa风场的差异，对图 2 的分析已经表明，2015 年降雪过程中江苏北部地区 850 hPa 上虽由东北风控制，但是其南侧是来自华南地区的西南暖湿气流逐渐转向形成的东南气流。因此，水汽条件较好；而 2016 年冰粒过程中，虽然整个江苏北部地区受东南风控制，但是该东南风其实是由东北风经海上回流形成，水汽条件较差，两股东南风的源地不同，最终导致了水汽条件的差异。因此，温、湿度廓线的分布与风场的分布密切相关，就数值预报而言，风场的预报准确率比湿度等要素的预报准确率要高，因此，对天气过程中风场差异多加关注，有利于识别出不同的天气过程，提高预报的准确率。

4 结 论

以江苏冬季两次不同类型(雪和冰粒)固态降水天气过程为例，分析了两次过程中大气层结的不同之处，并从垂直运动和温度平流出发，探讨了形成冰粒天气的特殊大气层结的原因，得出以下结论：

(1)纯雪天气过程中，温度垂直廓线自地面附近至高空均在 0 ℃以下，接近但不穿越 0 ℃等温线；而在冰粒天气过程中，温度垂直廓线数次穿越 0 ℃等温线，地面附近温度高于 0 ℃，预报冰粒天气可重点关注探空数据中温度曲线与 0 ℃等温线的交汇情况；

(2)冰粒天气过程中 850 hPa 以下有干层存在，相对湿度较小，干层的形成与高空干冷空气的下沉运动以及干平流侵入有关；

(3)冰粒的形成需要融化层和冻结层上下配置，有利于固态降水物融化后重新冻结，上下层风场的差异是特殊温度层结形成的根本原因；

(4)干层和冻结层位置对应较好，液态降水物经过干层时，因为蒸发吸热导致冻结层温度进一步下降，两者之间存在正反馈机制；

(5)风场的差异是不同温、湿度廓线形成的根本原因，业务工作中可根据风场配置区看似近似实则不同的天气过程。

参考文献

漆梁波，张瑛，2012. 中国东部地区冬季降水相态的识别判据研究[J]. 气象，**38**(1)：96-102.

孙燕，尹东屏，顾沛澍，等，2014. 华东地区冬季不同降水相态的时空变化特征[J]. 地理科学，**34**(3)：370-376.

夏倩云，钱贞成，唐千红，等，2015. 冬季降水相态探空廓线分型研究[C]//第 32 届中国气象学会年会 S14 第五届气象服务发展论坛.

Bourgouin P，2000. A method to determine precipitation types[J]. Wea Forecasting，**15**(5)：583-592.

2016年1月寒潮过程浙江沿海降水相态分析和预报技术探讨

薛国强[1] 钱燕珍[1] 任素玲[2] 岑炬辉[1] 蒋璐璐[1] 孙仕强[1]

(1.宁波市气象台,宁波 315012;2.国家卫星气象中心,北京 100081)

摘 要

2016年1月下旬强寒潮造成浙江省大范围降雪,浙江中西部积雪5 cm以上,而沿海宁波台州平原以降雨为主,转雪时间比浙西迟约48 h且基本无积雪。利用常规站、自动站、风廓线雷达、高塔观测以及卫星反演海温资料分析该过程,结果表明:(1)冷空气作用下东海表层海水和海面气温有明显降温滞后,海面气温比沿海陆地高出约4 ℃,配合东到东北风阻止沿海降温,使沿海低边界层和地面气温维持3 ℃以上,导致以降雨为主。(2)风廓线雷达探测到850～700 hPa暖平流消失转冷平流,同时850 hPa以下转西北风,可作为沿海降温开始之信号。高塔探测300 m以下低边界层气温和相对湿度同时大幅度下滑可作为降雪即将结束的标志。(3)不同路径冷空气影响下浙江沿海地区降雪指标有区别:①东北路转西北路冷空气过程,以及北路冷空气过程,转雪时 $H_0 \leqslant$ 1000 hPa,$T_{2m}<1$ ℃;②直接的西北路冷空气过程转雪时 $H_0<925$ hPa,$T_{2m} \approx 2$ ℃,$H_{850-1000} \leqslant$ 1280 gpm;③雪转雨要在东南风或东到东北风的暖湿气流作用下发生,即使气温层结仍满足 $H_0<$ 925 hPa,$T_{2m}<1$ ℃,但只要 H_0-Z_c(0 ℃层高与云底高度的差值)增大到400 m左右,即可发生雪转雨;④雨转雪要求舟山浮标站为负变温且降至6 ℃以下,雪转雨时舟山浮标为正变温且升至8 ℃左右。

关键词:寒潮 降水相态 温度层结 风廓线 海温

引言

寒潮天气过程是一种大规模的强冷空气活动过程,常造成剧烈降温和大风,并伴有雨、雪、冰冻等恶劣天气,给工农业等生产生活带来严重负面影响(朱乾根等,2007;钱维红等,2007;魏凤英,2008)。冬季基础气温较低,发生寒潮过程时常伴随大规模降雪天气,其中降水相态的预报,尤其降水相态转换过程预报,一直是寒潮过程预报的难点,众多学者针对各地区降水相态的不同特点进行了研究总结:许爱华等(2006)对2005年3月一次寒潮过程大气层结进行分析,认为925 hPa层以下的气温是南方降水相态转换的关键,925 hPa气温≤－2 ℃可作为固态降水预报依据。李江波等(2009)分析2007年3月河北寒潮过程降水相态发现,地面气旋和蒙古高压移动导致的高低空风向变化是影响降水相态变化的关键因素,多普勒雷达0 ℃层亮带的迅速下降可作为液态降水向固态降水转变的判据。沈玉伟等(2013)分析2010年浙江两次强降雪过程的天气形势,认为冷空气强度和锋区南压速度决定了降雪持续时间,降雪区上空有明显水汽通量辐合,且水汽通量大值区演变与降雪过程有较好的对应关系。陈丽芳(2007)认为东北回流冷空气堆积是造成南方连续型降雪的原因,而北到西北风冷平流影响下由于降水降温不同步，无法形成南方大雪，降雪开始前 850 hPa 有明显干层，而降雨过程的中低层均为湿层。厚度指标先在欧美得以应用，后在中国也有多次总结提炼。廖晓农等(2013)对北京降水相态转换过程分析认为，雨转雨夹雪再转雪过程对应 0 ℃层由云内下降云底附件再降到云底以下。漆梁波等(2012)总结了华东地区降水相态预报的温度和厚度指标，彭霞云等(2015)在此基础上针对浙江分析，认为厚度指标中 $H_{850-1000}$(850 hPa 和 1000 hPa 的位势厚度差)最适合浙江，浙江降雪时 $H_{850-1000} \leqslant 1280$ gpm。Pruppacher 等(1997)研究认为，云中温度高于－4 ℃时，云滴主要为过冷水状态；温度低于－4 ℃开始有明显冻结；当温度低于－10 ℃时，冰相粒子含量可超过 70%。

上述研究多着眼于大尺度环流形势，而对中尺度范围的降水相态差异分析较少，指标总结多使用数学统计方法，可能平滑掉一些特殊情况，尤其中纬度沿海地区因受海洋和大陆同时影响，给降水相态预报增加了难度，已有的预报指标是否需要针对沿海地区修正，值得进一步探讨。而且随着风廓线雷达，高塔观测等新资料积累后，可以尝试加入新型非常规观测资料分析沿海地区降水相态预报。

2016 年 1 月下旬强寒潮造成浙江大范围降雪，浙江中西部地区降雪较早，积雪较厚，从 20 日晚上开始降雪，过程积雪 5 cm 以上，局部山区积雪超过 40 cm；而沿海的宁波、台州平原地区以降雨为主，直至 23 日早晨转为降雪，且以小雪为主，基本无积雪，转雪时间比浙西晚了 48 h 以上。浙西 23 日上午降雪已基本结束，而此时沿海平原的降雪才刚开始，并持续到 23 日 14 时之后降雪渐止(图 1)。沿海地区和内陆的降水相态形成鲜明对比，这种同纬度中尺度范围内复杂的降水相态分布给预报工作带来极大难度，预报员在日常降雪预报中关注点往往局限

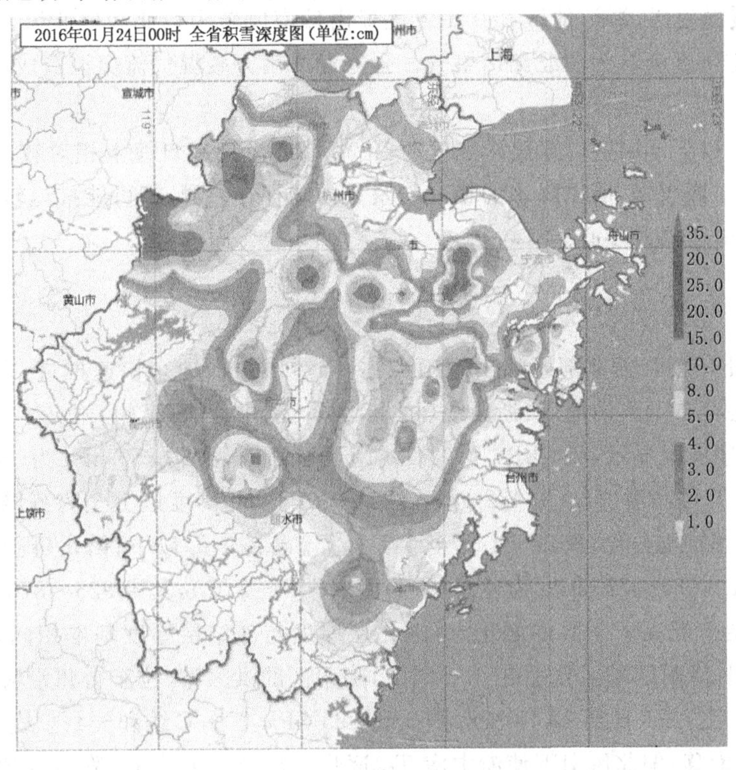

图 1　2016 年 1 月 24 日 00 时浙江省积雪深度分布

于环流形势和气温场，而对海温场背景具体影响机制重视不够，已有的文献缺乏对中纬度沿海地区降水相态的探讨。文中利用常规气象站观测，风廓线雷达、高塔边界层观测，卫星反演海温和 NCEP 再分析 1°×1°资料，分析了本次过程浙江沿海平原和同纬度内陆降水相态差异的原因，并给出了沿海降雪的预报要点和转雪指标，以期对类似过程的预报有所帮助。

1 过程概况和形势分析

寒潮发展前期欧亚大陆中高纬度为两槽两脊形势，浙江受深厚东亚大槽后部西北冷平流控制，基础气温缓速下滑。发展至 20 日 20 时，中高纬度形势变为一槽一脊，乌拉尔山以西为深厚高压脊，深厚横槽横跨贝加尔湖以东—蒙古高原—阿尔泰山。同时南支系统发展旺盛，500 hPa 上南、北槽前汇合强劲西风带覆盖从华南到华北大范围地区，风速均在 28 m/s 以上。700 hPa 上横槽呈东北一西南向，横槽底部西北风与南支系统在江淮一带形成切变线，长江以南为宽广的西南急流，急流风速超过 20 m/s 以上，浙江紧贴西南急流轴。850 hPa 横槽后部冷高压前部偏北风控制江汉江淮，在长江一线与偏南风汇合成两支切变线，东部一支暖切线位于鄱阳湖至浙江中部，华南南风急流 16～20 m/s，出口止于南岭，到达浙江地区风速仅剩 8 m/s左右。925 hPa 上浙江受高压底部东路冷空气控制，东到东北风风速达 10 m/s，地面冷锋线已经南下至中国南海，槽后地面高压中心可监测到 1082 hPa，浙江地面处于高压前部东北风冷空气扩散区中。

整体结构来看，高空南、北两支大槽前部西风汇合，导致 700 hPa 西南急流，850 hPa 偏南风，925 hPa 东北风在浙江地区交汇。从 20 日 20 时到 23 日早晨，700 hPa 切变稳定维持，850 hPa 切变缓慢南压，浙江地区 850 hPa 逐渐由偏南风转为东北和偏北风，925 hPa 以下底层则由东路冷空气逐渐转为西北路冷空气。强寒潮与南方暖湿气流交汇造成此次大范围雨雪天气。

在 925 hPa 以下低层盛行东路冷空气时，沿海地区受到来自海上相对较暖冷空气的海上气团影响，气温下降缓慢，所以降水的相态与紧邻内陆存在差异，即可能推迟转雪的时间，或者只是下雨，预报时需格外小心。

2 温、湿层结对降水相态的影响

1 月 20 日下午浙江西北部开始出现雨夹雪，降雪区由西向东快速推进，在 20 日 20 时出现三种降水相态分布于不同地区：浙西北（杭州）纯雪，浙中地区（衢州）雨夹雪，浙东沿海（宁波台州）降雨。探空实况显示，850 hPa 上 0 ℃线南下至浙南，浙北 850 hPa 为−4 ℃线控制区。杭州（降雪区）0 ℃层高度（H_0）为 482 gpm（约 950 hPa），此高度以上全为冻结层，且在 850～820 hPa 层有明显逆温层结（跨度−4 ℃至 0 ℃），T_{2m}已在 1 ℃以下；衢州（雨夹雪）H_0 为 462 gpm（约 950 hPa），925～770 hPa 为逆温层（跨度−3 ℃～3 ℃），其中 925～870 hPa 为冻结层，870～770 hPa 为气温高于 0 ℃的融化层，融化层厚度与冻结层厚度基本相同，T_{2m}在 2 ℃ 左右。宁波和台州（降雨区）T_{2m}普遍在 3 ℃以上，降雨区的洪家站（位于台州沿海）探空 700 hPa 以下均在 0 ℃以上。21 日至 22 日白天，850 和 925 hPa 上 0 ℃线和−4 ℃线均稳定少动，但 850 hPa 切变线南移，偏北风南下使浙中南 T_{2m}逐步下滑至 1 ℃左右，降雪区逐渐向南覆盖至丽水。

由于 21—23 日温度露点差逐时变化缓慢，可以用 $Z_c \approx 123(T_{2m}-T_d)$ 近似计算云底高度（盛裴轩，2003）。从宁波、台州地区降水相态和探空实况的演变看，洪家站探空 22 日 08 时（降雨时）H_0 为 840 gpm（约 925 hPa），云底高度（Z_c）仅有 160 m，H_0 远高于 Z_c，说明 H_0 以下仍有一定厚度的暖云层，地面露点温度 T_d 为 3 ℃，说明地面到抬升凝结高度之间气层热容量较高，不易降温，且易使下落的冰雪粒子融化成液态。23 日 02 时，宁波转为雨夹雪，此时鄞州 T_{2m}为 2.1 ℃。Z_c 为（185 m）与 H_0（209 gpm）较为接近，$H_{850-1000}$ = 1278 gpm，层结条件均满足彭霞云等（2015）总结的雨夹雪指标。直至 23 日 08 时，洪家站探空 H_0 = 270 gpm（1000 hPa），H_0 以上高度全为冻结层，此时宁波 T_{2m}降至 1 ℃左右，T_d 跌至－3 ℃，说明近地面干冷空气已经侵入，相应的 Z_c = 554 m，H_0 远低于 Z_c，转为降雪天气。雨转雪过程中，T_{2m}从 3 ℃降至 1 ℃，H_0 从 925 hPa 降至 1000 hPa，从云内降至云底以下，融化层厚度明显变薄。

结合图 2，杭州站从 20 日 20 时起，气温均在 1 ℃以下，对应杭州地区持续降雪天气，过程积雪量较大。而宁波、台州等沿海平原地区低空和地面降温很缓慢，鄞州站气温维持 3 ℃以上直至 22 日白天，长时间维持液态降水，直至 23 日 02 时，T_{2m}降至 2.1 ℃，转为雨夹雪；23 日 08 时，H_0 降至 1000 hPa，T_{2m}降至 1 ℃以下，才转为降雪，降雪起始时间比浙西晚了 48 h，并且 23 日冷空气主体到达，大气湿度迅速下降，降雪时间较短，没有形成积雪。这种沿海和内陆的不同降水相态形成鲜明对比。

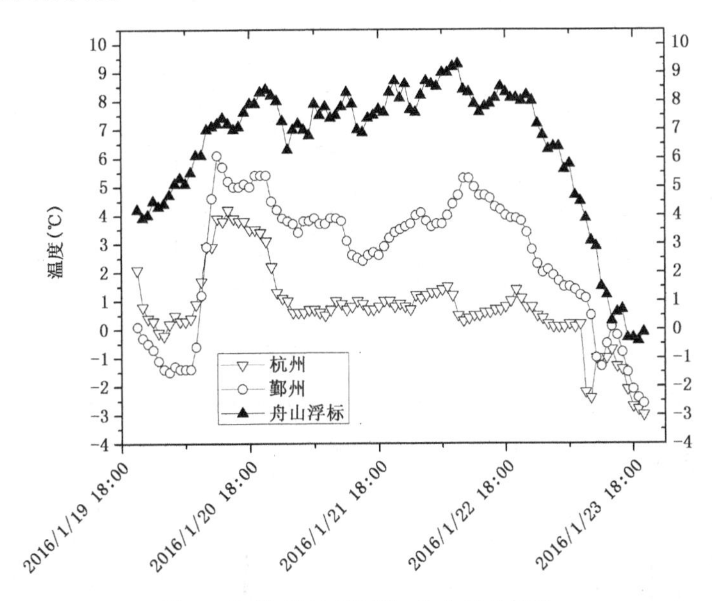

图 2 杭州、宁波（鄞州）、舟山浮标气温

由上述分析可知，当强冷空气作用下 H_0 以上基本全为冻结层时（此时不论有无逆温），关注重点在融化层（H_0 到地面）的层结状况，该情形中浙江沿海地区降雪时 T_{2m}需在 1 ℃以下，H_0 明显低于云底高度且降至 950 hPa 以下。

3 边界层观测资料在降雪过程中的指示作用

常规探空风场显示，浙江地区 925 hPa 上 22 日 20 时之前均为东北风控制，23 日 08 时均为北到西北风。从地面风场看，杭州地区 21 日起全部转为北到西北风，受西北路冷空气影响，降温降雪较早，宁波地区22日之前地面均为偏东风或东北风，受海洋和杭州湾水面影响，降温受阻，22日夜起，宁波地区风向逐渐转为西北，气温下滑并在23日白天降至1 ℃以下。22日之前沿海和浙西的降水相态差异主要在925 hPa以下超低空的风向影响了降温。

3.1 风廓线雷达资料在降雪中的指示作用

风廓线雷达能提供测站上空水平风向风速、垂直风向风速和折射率结构常数等资料（李丽等，2015），其中水平风向、风速在业务中最为常用，其在时间上具有连续性，可以弥补常规探空时间分辨率较低的缺陷。

宁波LAP-3000型风廓线雷达位于宁波慈溪（30.20°N，121.29°E），探测高度3 km。图3为1月21日前期，和22—23日水平风序列。22日之前，在1500 m高度（约850 hPa）风向大幅度顺转，指示该高度有明显暖平流，暖平流层厚度与洪家探空逆温融化层厚度基本吻合。暖平流以下为东到东北风控制，风速在10 m/s左右，宁波处于海上低空偏东暖湿气流控制下，温度露点差在1 ℃左右浮动。暖平流层所处高度从21日到22日不断抬升并逐渐减弱，同时低层东北气流的偏北分量逐渐增大，22日14时暖平流消失并被冷平流代替，该时刻对应着鄞州地面和舟山浮标站的降温起始时间，鄞州露点也从此刻开始进入下滑阶段，而温度露点差开始增大，说明干冷空气主体开始入侵。22日20时起850 hPa以下均转为偏北风，风速约12 m/s，850 hPa以上为西北风控制，即降雪开始前3 km以下已经全部为西北风控制。从22日

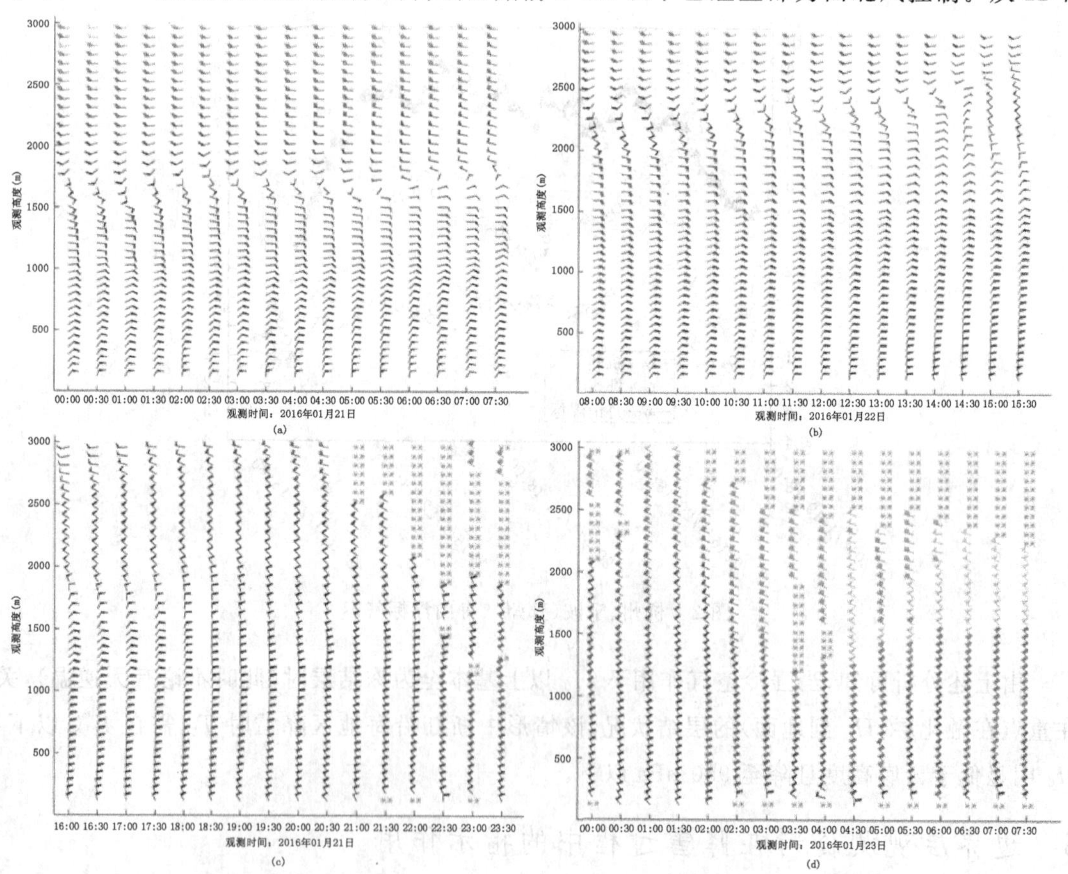

图3 2016年1月21日(a)，22—23日(b～d)宁波风廓线雷达测风序列

14 时暖平流转冷平流到 23 日早晨开始降雪，时间间隔近 16 h 之久，此段时间鄞州站 T_{2m}从 4 ℃逐渐下降至 1 ℃，T_d 由 3.4 ℃下降至－3 ℃，温度露点差由 1 ℃增大到超过 5 ℃。

由上述分析可知，风廓线资料清晰地显示本次冷、暖平流的具体时、空演变，和边界层风向变化。宁波等沿海地区在 22 日之前低层受偏东风或东北风控制，是不利于降温的因素；当风廓线雷达探测到 850～700 hPa 暖平流转冷平流，同时 850 hPa 以下转西北风，可作为浙江沿海降温之信号。本次过程降雪前地面基础气温较高(4 ℃)，中低层转西北风冷平流后，持续降温近 16 h 才由降雨转为降雪，暖转冷的开始时间与转雪时间间隔较长。

3.2 高塔边界层观测资料

凉帽山高塔位于宁波沿海与舟山交界处(29°54′40″N，122°1′44″E)，塔高 370 m，观测高度分为 8 个梯次，观测海拔从 52～320 m 的边界层。图 4 为 1 月 19—24 日 8 个不同海拔高度气温和相对湿度(RH)的时间演变。在大尺度冷高压扩散过程中，350 m 以下低边界层内温度层结和 RH 层结没有明显的高度变化，各探测高度气温和 RH 随时间的走势也基本一致，结合洪家探空判断 850 hPa 以下为稳定层结，可以认为在此次过程中近地面层很薄，高塔探测范围属于稳定边界层。从高塔气温和鄞州 T_{2m}差值来看，20 日高塔气温高于鄞州地面，尤其是 159 m 以下测温比鄞州地面高出 1～2 ℃，原因是高塔位置位于海岸线附近，受海温影响更显著，22 日降温开始后，高塔气温与鄞州 T_{2m}差值没有明显起伏，低边界层降温速率和降温幅度与地面基本一致。RH 下降速率和过程降幅也与鄞州地面基本一致，说明高塔温、湿度资料是可靠性的。

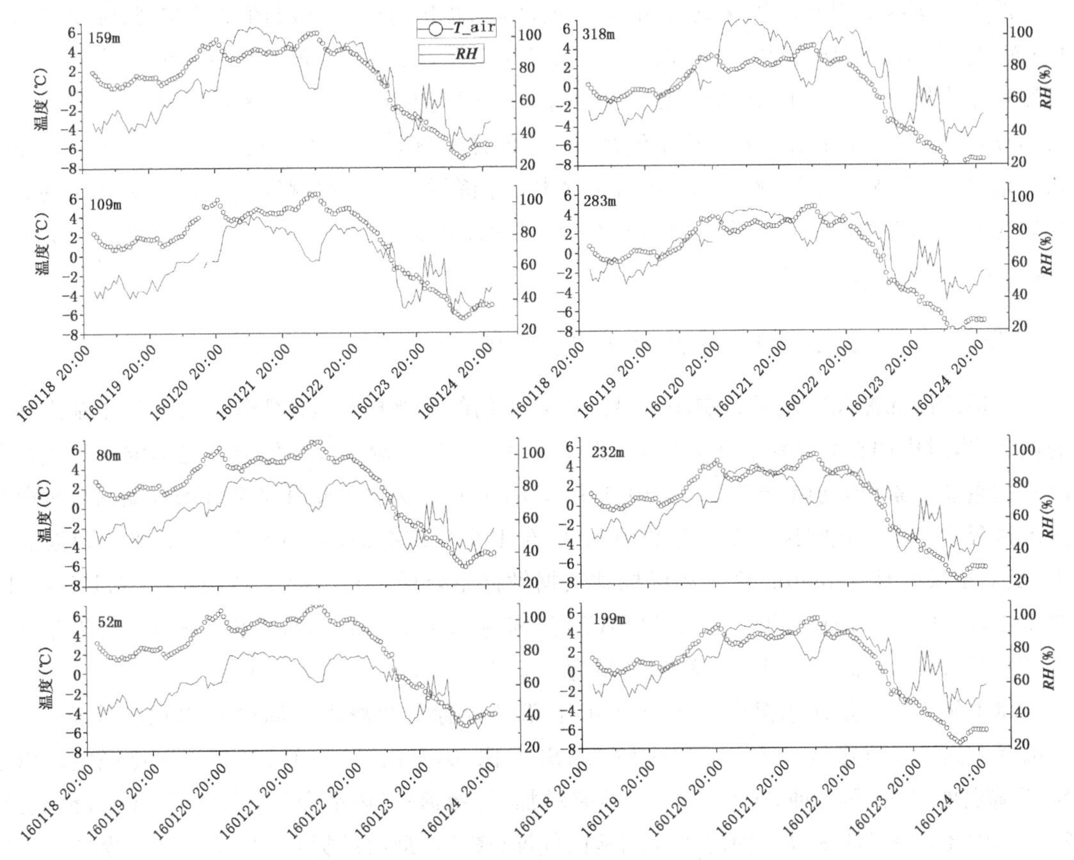

图 4　2016 年 1 月 19—24 日凉帽山高塔温度、相对湿度

低边界层气温在20日之前由于锋前回暖小幅回升至4 ℃左右，从20日到22日白天在东北风控制下低边界层气温维持4 ℃左右，对应着宁波沿海地区的液态降水。22日下午起850 hPa以下均转为偏北风，850 hPa以上为西北风控制，各高度气温逐渐下降，高塔探测到的降温开始时间与风廓线雷达暖平流转冷平流的时间一致。23日早晨降雪时高塔各层气温已降至0～3 ℃，随高度呈递减分布。

相对湿度(*RH*)在雨转雪过程中没有明显变化，一直维持在70%以上，23日08时杭州湾南、北两岸均有降雪回波。23日11时*RH*开始断崖式下跌，迅速降至50%以下，计算得700 hPa上*RH*也已跌至70%以下，中低层*RH*已经不满足降水条件，但仍出现小雪天气。此时整层的风向均为西北，小雪覆盖尺度在杭州湾南岸100 km范围内，多普勒雷达基本反射率显示杭州湾北岸已经没有回波，杭州湾南岸回波呈点块状分布，根据环流形势和回波特征判断为冷流降雪，成因是宁波北侧杭州湾水面由于海-气温差蒸发后的水汽在锋区中迅速凝结成降雪粒子(李丽等，2015；杨成芳等，2008)。*RH*的变化说明宁波转雪后经历了两种不同的降雪阶段，第一阶段是系统性降雪，第二阶段是23日11时之后的冷流降雪。降雪现象在14时之后停止，冷流降雪持续了约3 h，即高塔*RH*降至50%意味着3 h之后降雪将停止。

由上述可知，高塔资料一个作用是配合风廓线雷达观测降温起始时间，另一个作用是观察降雪结束时间，低边界层RH迅速下降至50%以下并配合气温大幅度下滑，可预示着3 h后降雪结束。

综合风廓线资料和高塔探测可知，浙西地区从20日起就受低层西北风控制，降温降雪较早；而宁波等沿海地区在22日之前低层受东路冷空气(偏东风或东北风)控制，低边界层和地面温度基本维持在3 ℃以上，导致以降雨为主。风廓线雷达可探测到850～700 hPa有暖平流层活动，当该暖平流逐渐消失转冷平流后，同时低层风场也逐渐转为北到西北风，此为降温开始之信号，而宁波直至H_0跌至1000 hPa时才开始降雪。高塔观测资料气温下降开始的时间与风廓线雷达探测到平流转换的时间吻合，高塔RH迅速下降至50%以下并配合气温大幅度下滑，可预示着3 h后降雪结束。

4 海温资料在沿海降雪分析中的作用

中国近海和黑潮区域是影响华东沿海气温变化的重要成员，黑潮作为北太平洋副高环流的西边界，对中国近海环流有重要影响，黑潮流域表层海水温度(*SST*)异常是影响中国气候和降水的重要因素(孙楠楠，2009)。文中利用NOAA卫星反演和近海浮标自动气象站数据分析此次过程中海温变化情况。图5为美国NOAA卫星反演海面温度(*SST*)的日平均以及日距平，反演结果已结合metop船舶和浮标站数据做订正处理。舟山浮标站(29°45′N，122°45′E)测得1月19－23日日平均海表气温(*SAT*)分别为3.5、6.5、7.5、8.3和2.8 ℃，温州浮标站(27°32′N，121°23′E)同期日平均海表气温为7.5、7.2、7.7、7.4和4.8 ℃。

将卫星反演表层海水温度(*SST*)与舟山、温州浮标所测海表气温(*SAT*)比较检验，22日之前受东路冷空气影响，*SST*为11～13 ℃，*SST*比*SAT*高4～5 ℃，二者均保持稳定。由于*SST*降温的滞后(秦正坤，2004)，海-气温差增加，导致海-气热量交换(常蕊等，2008；孙楠楠，2009)，因此，*SAT*明显高于同时段大陆地区气温(图5)，舟山浮标在22日之前维持在7 ℃以上，与鄞州T_{2m}差值维持在4 ℃左右。较高的*SAT*，配合东路冷空气使宁波地区降温受阻，使

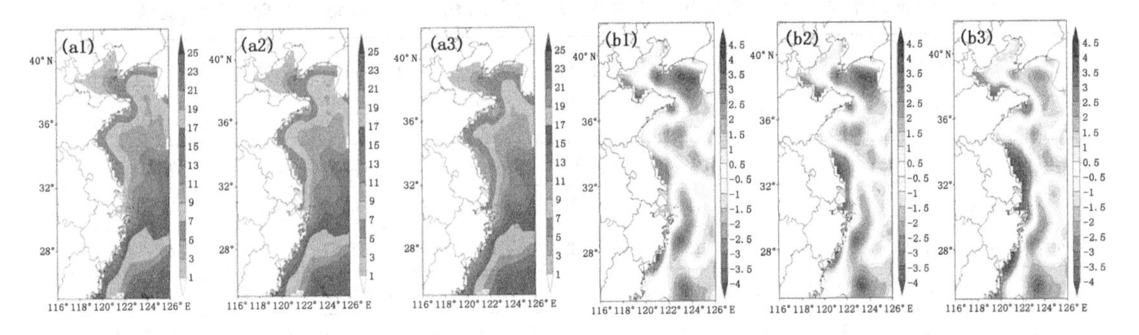

图 5　海表温度日平均(a1～a3)和海温日距平(b1～b3)
(a1、b1. 1 月 21 日，a2、b2. 1 月 22 日，a3、b3. 1 月 23 日)

得鄞州 T_{2m} 维持 3 ℃左右，以降雨为主。当 23 日西北路冷空气影响时，*SAT* 急剧下降，而 *SST* 日平均只有 2 ℃左右的降幅，*SST* 与 850 hPa 的温差加大到 15 ℃左右，较大的海-气温差造成 23 日白天杭州湾南岸的降雪持续。

反演的 *SST* 日距平也较好地体现了强冷空气对中国近海 *SST* 的降温作用，江苏到浙江一带距岸 100 km 以内的近海是明显的 *SST* 负距平区和降温区，22 日之前 *SST* 呈现约 1 ℃的弱负距平，23 日负距平加大到 3 ℃以上，显示出近海 *SST* 短期显著负异常。22 日 14 时之后，即风廓线雷达探测到暖转冷之后，舟山浮标海表气温从 23 日早晨开始下降，23 日下午海表气温跌至 0 ℃以下，12 h 降幅达 9 ℃，鄞州站与舟山浮标的气温下降时间完全同步，二者气温差值也不断缩小，到 23 日早晨转雪时二者温差缩小到 3 ℃以下。转西北风后，海表气温，低边界层气温，T_{2m} 同步下降，且内陆影响超过了海洋影响，以致宁波地区也转为降雪。

以上分析可知，*SST* 可以影响 *SAT*，*SAT* 再配合东北风影响陆面气温，*SST* 间接影响了陆面气温，*SAT* 直接影响陆面气温，降雪预报中可多关注卫星反演 *SST* 和浮标所测 *SAT*。冷空气前期，由于 *SST* 降温的滞后引起海气热交换作用，浮标气温维持 7 ℃以上，与宁波 T_{2m} 温差维持 4 ℃作用，配合东北风阻碍了陆面降温，使得沿海地区以降雨为主，可见近海高海温是阻碍沿海平原降温的关键因素；冷空气主体到达后，浮标气温，陆面气温同步下降，且转西北风后内陆影响超过了海洋影响，有利于转雪。

5　宁波近年降雪过程的雨雪转换判别

表 1 为近年宁波地区主要降雪个例，降雪时有以下共性：H_0 均下降至 925 hPa 以下，H_0 以上全为冻结层，850 hPa 以下风向均为西北风或偏北风，舟山浮标站有明显负变温且气温降至 6 ℃或以下，其降幅与鄞州站 T_{2m} 降幅相近。温度层结是影响降水相态的直接要素，风向是间接要素，可以影响到温度层结，根据前文所述不同风向风场对浙江沿海的降温作用差异明显，此处将造成浙江沿海雨转雪的冷空气按照来向分为三类讨论：东北路转西北路冷空气，北路冷空气和直接的西北路冷空气。东北路冷空气从东海经舟山吹向宁波台州地区，北路冷空气从上海嘉兴经过杭州湾水面到达宁波台州，西北路冷空气由杭州嘉湖地区经绍兴抵达宁波台州。

表 1　宁波近年雨雪转换过程 0 ℃层高度、云底高度，$H_{850-1000}$，和低层风向、气温、变温

时间（年.月.日.时）	降水性质	H_0 (gpm)	云底高度 (m)	$H_{850-1000}$ (gpm)	850 hPa °(℃)	925 hPa °(℃)	1000 hPa °(℃)	鄞州(T_{2m}) °(℃)	舟山浮标 °(℃)	浮标 ΔT_{12} (℃)
2016.1.22.20	雨	441	123	1288	61(−6.7)	25(−2.8)	3(1.7)	340(3.9)	20(8.1)	−1.7
2016.1.23.02	雨夹雪	209	185	1278	353(−8.2)	359(−5.2)	346(−0.7)	332(2.1)	352(6.3)	−1.5
2016.1.23.08	雪	47	554	1264	316(−12.4)	327(−7.8)	344(−2.8)	334(1.2)	326(4.5)	−3.6
2013.1.3.02	雨	100	873	1272	357(−6.7)	12(−7.4)	358(−1.9)	2(1.2)	335(4.6)	−5.2
2013.1.3.14	雪	35	295	1267	21(−9.0)	357(−7.5)	332(−2.8)	326(−1.2)	317(3.7)	−0.9
2011.1.18.14	雨	309	701	1285	225(−4.8)	89(−3.8)	42(0.7)	9(3.5)	33(6.3)	1.0
2011.1.18.20	雪	263	197	1286	198(−4.2)	79(−3.9)	42(0.2)	319(0.9)	11(4.7)	−2.2
2013.2.7.14	雨	491	283	1294	47(−3.2)	28(−2.4)	22(2.6)	27(5.0)	8(7.3)	−0.4
2013.2.7.20	雨夹雪	77	197	1273	26(−7.3)	35(−6.3)	20(−1.7)	360(1.1)	351(4.7)	−4.3
2013.2.7.21	雪		221					0.5	5	−4.1
2010.12.15.08	雨	528	431	1292	52(−5.3)	27(−2.4)	14(2.7)	317(5.2)	29(10.2)	−1.9
2010.12.15.14	雪	118	221	1278	20(−8)	343(−5.2)	328(−0.3)	333(1.1)	350(6.3)	−3.9
2008.1.29.02	雨	70	111	1285	270(−4.0)	344(−3.8)	309(−0.5)	321(1.5)	359(5.6)	−3.1
2008.1.29.08	雪	43	74	1279	282(−5.8)	322(−5.0)	318(−1.7)	331(0.5)	334(6.2)	−0.6
2014.2.9.08	雨	254	381	1283	227(−6.9)	195(−4.0)	178(0.6)	322(2.6)	338(6.6)	1.3
2014.2.9.12	雨夹雪		123					340(1.7)	2.7	−2.2
2014.2.9.14	雪	239	174	1279	12(−8.2)	3(−4.8)	353(0.5)	327(1.0)	347(5.6)	−0.3
2012.12.29.14	雨	627	332	1303	283(−0.8)	320(−1.2)	315(4.0)	80(7.1)	302(12.4)	−1.2
2012.12.29.18	雪	171	258	1279	325(−6.0)	327(−5.3)	314(−0.5)	0(2.3)	322(7.4)	−6.6
2012.1.24.08	无	9.8	271	1272	172(−6.7)	107(−6.7)	64(−2.3)	232(0)	353(5.6)	1.5
2012.1.24.14	雪	304	677	1278	250(−7.7)	11(−5.2)	358(1.1)	12(2.3)	340(3.5)	−0.7
2008.1.26.08	雨	244	111	1288	206(−3.7)	232(−3.0)	185(0.1)	328(2.1)	8(7.2)	0.2
2008.1.26.14	雪	189	123	1283	240(−5.8)	17(−3.9)	168(−0.3)	339(2.2)	5(6.9)	−0.3
2010.2.14.02	雪	317	172	1287	158(−4.7)	108(−3.5)	268(0.9)	255(0.3)	46(6.7)	1.5
2010.2.14.08	雨	694	160	1302	191(−0.4)	123(−0.4)	97(2.2)	277(0.6)	76(8.2)	2.3
2012.1.6.02	雪	487	234	1293	202(−3.4)	320(−2.3)	322(2.0)	0(0.1)	23(−14.8)	−19.1
2012.1.6.08	雨	494	111	1293	36(−3.3)	55(−2.4)	15(2.4)	0(0.7)	24(8.6)	1.4

注：(1)宁波探空资料来自 FNL1°×1°一日四次再分析资料(http://rda.ucar.edu/)；

(2)括号外是风向，括号内是气温，单站的风向数值上可能与环境风场走向略有差异。

东北路转西北路冷空气转雪过程：2013 年 1 月初是与 2016 年 1 月下旬寒潮类似的冷空气雨转雪过程，1 月 2 日 20 时开始降雨，此时鄞州和舟山浮标气温分别为 2.9、7.6 ℃，850 hPa 以下为东路冷空气影响。到 3 日 02 时已经转为偏北风，鄞州 T_{2m} 已降至 1.2 ℃，$T_{1000}=-1.9$ ℃，且 H_0 远低于云底高度(Z_c)，温湿层结已经满足降雪条件，但仍为小雨天气，直到 1 月 3 日 14 时，整层都转为西北风近 6 h 后，才开始降雪，与之相似的 2016 年 1 月个例也是在转西北风近 6 h 之后才转雪。2011 年 1 月个例 850 hPa 一直维持西南风，925 至 1000 hPa 维持东路冷空气，只有地面由东北风转为西北风，T_{2m}降至1 ℃后出现雨转雪，降雨时 $H_0<Z_c$，说明是冷云降水，降雪时 H_0-Z_c 约为70 m，说明浅薄的暖云层并不能使固态降水粒子融化。可见在东路冷空气转为西北路冷空气造成沿海雨转雪的情况下，对温度层结和风向的要求比较严格，要求 $H_0\leqslant1000$ hPa，$T_{2m}<1$ ℃，或者 850 hPa 以下完全转为西北风后 6 h，才能减弱近海和杭州湾海温影响。雨转雪时舟山浮标均为负变温。2013 年过程 $H_{850-1000}$ 均小于 1280 gpm，2011 年 1 月过程 $H_{850-1000}$ 均大于 1280 gpm，说明该类过程并不符合 1280 gpm 的雨雪转换阈值，同时该类过程也不符合 H_0-Z_c 关系，原因可能是沿海及杭州湾水面海-气温差导致的蒸发冷凝使得云层结构和云底高度复杂多变。

北路冷空气转雪过程：2013 年 2 月为偏北风冷空气影响，7 日 14 时降雨时 $T_{2m}>5$ ℃，到 20 时转为雨夹雪，H_0 跌至 1000 hPa 以下，T_{2m}速降至 1 ℃左右，T_{2m}6 h 降幅达 4 ℃，舟山浮标与鄞州地面降温比较同步，直至 21 时 T_{2m}跌至 0.5 ℃，才转为纯雪。2010 年 12 月为偏北风转西北路冷空气影响，转雪过程及条件与 2013 年 2 月的个例基本相同。2008 年 1 月 29 日个例为北到西北风控制，02 时 $H_0<1000$ hPa，$T_{2m}=1.5$ ℃，但仍为降雨天气，直至 08 时 T_{2m}跌至 0.5 ℃才转为降雪天气。这三次雨转雪过程 $H_{850-1000}$均有从 1280 gpm 以上降至以下的特点。但不完全符合 $H_0>Z_c$ 转为 $H_0<Z_c$ 的特征。

西北路冷空气转雪过程：2012 年 1 月个例为冷锋后降水过程，锋前南风控制时鄞州 T_{2m}有回升态势，转锋后西北路冷空气到达形成锋后降水系统，直接形成降雪，降雪时 H_0 约在 950 hPa，T_{2m}在 2 ℃以上。2008 年 1 月 26 日个例直接受西北路冷空气影响，从 08 时到 14 时由雨转雪，期间 T_{2m}稳定维持在 2 ℃左右，H_0 跌至 1000 hPa。2012 年 12 月的个例由东南风直接转为西北路冷空气，在 14 时至 18 时形成气温速降效应，到 18 时转雪时 H_0 已经跌至 1000 hPa 以下，但 T_{2m}仍高于 2 ℃。2014 年个例也是由东南风直接转为西北路冷空气，查得 12 时转雨夹雪时 $T_{2m}=1.7$ ℃，14 时转雪时 H_0 在 950 hPa 左右。2014 年 2 月个例和 2008 年 1 月 26 日个例降雪时 $H_0>Z_c$，但差值均在 170 m 以下，同时算得－4 ℃层的高度与 H_0 非常接近，说明云层中过冷水层很薄，冰相云层中粒子降落后直接进入浅薄的暖云层，浅薄的暖云层热容量已不能使冰相粒子完全融化。因此，西北路冷空气控制下，雨转雪时并不需要严格遵守 $H_0<Z_c$ 的条件。综合分析得出西北路冷空气雨转雪时 H_0 跌至 950 hPa，T_{2m}在 2 ℃左右即可，且满足降雨时 $H_{850-1000}>1280$ gpm，降雪时 $H_{850-1000}\leqslant1280$ gpm 的条件。

雪转雨过程：2010 年 2 月中旬的个例是东南风雪转雨过程，02 时降雪时地面到 1000 hPa 为西北风，但 925 hPa 以上高度均为东南风影响并逐渐渗透到 1000 hPa，在东南风影响下鄞州站各高度层气温缓慢回升。到 08 时虽然气温层结仍满足 $H_0<925$ hPa，$T_{2m}<1$ ℃，但已经由降雪转为降雨。2012 年 1 月 6 日雪转雨时气温层结也满足 $H_0<925$ hPa，$T_{2m}<1$ ℃，查询区域自动站风场资料发现浙江沿海为东南风主导，到宁波地区时为东到东北风影响。这两次雪转雨过程均处于 $H_0>Z_c$ 状态，由 H_0-Z_c 值估算得暖云层厚度从 140 m 增加到 500 m 以上和 380 m 以上，转雨时舟山浮标站为正变温，气温升至 8 ℃左右，可以认为来自海面的暖空气是造成暖云层增厚，转为液态降水的主要原因。

综合来看，H_0 和 Z_c 关系在雨转雪过程中复杂多变不太适用，但在雪转雨过程中可以起到指示作用，在东南风或东到东北风的海上气流作用下，H_0-Z_c 增大到 400 m 可以造成雪转雨。以及 $H_{850-1000}$指标北路冷空气和西北路冷空气中比较适用，基本满足降雨时 $H_{850-1000}>$

1280 gpm，降雪时 $H_{850-1000}$<1280 gpm 的条件。但在东北路转西北路冷空气，以及东南风或东到东北风作用下就不符合上述条件，可能的原因是沿海及杭州湾水面海-气温差导致的蒸发冷凝，以及海面的暖湿水汽输送使得云层结构复杂多变。

综上所述，可以总结出浙江沿海雨转雪和雪转雨的规律如下：①东北路转西北路冷空气过程，以及北路冷空气过程，转雪时要求 H_0≤1000 hPa，T_{2m}<1 ℃；②直接的西北路冷空气作用下对转雪条件稍微宽松，满足 H_0<925 hPa，T_{2m}≈2 ℃，$H_{850-1000}$≤1280 gpm 即可转雪。③雪转雨要在东南风或东到东北风这样的暖湿气流作用下发生，即使气温层结仍满足 H_0<925 hPa，T_{2m}<1 ℃，但只要 H_0-Z_c 增大到 400 m 左右，即可发生雪转雨。④雨转雪时要求舟山浮标站为负变温且要降至 6 ℃以下。雪转雨时舟山浮标站为正变温且要升至 8 ℃左右。

6 小结与讨论

利用风廓线雷达探测资料，高塔探测和海温等资料，从边界层风温变化和海温角度解释了 2016 年 1 月强寒潮过程浙江沿海平原和内陆降水相态差异的原因，并结合历史个例归纳了浙江沿海雨转雪的气象学特征。

(1)强寒潮和南方暖湿气流交汇造成此次降水过程，925 hPa 以下超低空风向影响了降温时间和降水相态，浙西地面较早转西北风，降温降雪时间较长，沿海平原前期受东路冷空气影响，T_{2m}维持 3 ℃以上，以降雨为主，转雪时间比浙西晚 48 h。

(2)风廓线雷达探测到 850～700 hPa 暖平流层消失转冷平流，同时 850 hPa 以下由东北风转西北风，可作为宁波降温开始之信号；高塔探测 300 m 高度内低边界层相对湿度快速降至 50%以下并配合气温大幅度下滑，可预示着 3 h 后降雪结束。

(3)强冷空气作用下东海表层海水温度和海面气温都有明显的降温滞后。海面气温比沿海陆地高出 4 ℃左右，配合东路冷空气阻止沿海低边界层和地面的降温。转西北路冷空气后，陆地和海面将同步降温，两者温差逐渐缩小到 1 ℃范围内，海温影响趋于减弱。

(4)浙江沿海地区不同路径冷空气作用下雨雪转换指标有区别：①东北路转西北路冷空气过程，以及北路冷空气过程，转雪时要求 H_0≤1000 hPa，T_{2m}<1 ℃；②直接的西北路冷空气过程对雨转雪条件稍微宽松，满足 H_0<925 hPa，T_{2m}≈2 ℃，$H_{850-1000}$≤1280 gpm 即可转雪。③东南风或东到东北风这样的暖湿气流作用下容易发生雪转雨，即使气温层结仍满足 H_0<925 hPa，T_{2m}<1 ℃，但只要 H_0-Z_c 增大到 400 m 左右，即可发生雪转雨。④雨转雪时要求舟山浮标站为负变温且要降至 6 ℃以下。雪转雨时舟山浮标站为正变温且要升至 8 ℃左右。

参考文献

常蕊，张庆云，彭京备，2008. 中国南方多雪年环流特征及对关键区海温的响应[J]. 气候与环境研究，**13**(4)：468-477.

陈丽芳，2007. 南方两次相似降雪(雨)过程的对比研究[J]. 气象，**33**(8)：68-75.

李江波，李根娥，裴雨杰，等，2009. 一次春节强寒潮的降水相态变化分析[J]. 气象，**35**(7)：87-95.

李丽，张丰启，施晓辉，2015. 山东半岛冷流强降雪和非冷流强降雪的对比分析[J]. 气象，**41**(5)：613-621.

廖晓农，张琳娜，何娜，等，2013. 2012 年 3 月 17 日北京降水相态转变的机制讨论[J]. 气象，**39**(1)：28-38.

彭霞云，孔照林，张子涵，等，2015. 浙江省冬季降水相态判别指标研究[J]. 浙江气象，**36**(3)：8-13.

漆梁波，张瑛，2012. 中国东部地区冬季降水相态的识别判据研究[J]. 气象，**38**(1)：96-102.

钱维红，张玮玮，2007. 我国近46年来的寒潮时空变化与冬季增暖[J]. 大气科学，**31**(6)：1266-1278.
秦正坤，2004. 东亚冬季风对西北太平洋海温影响的区域性特征[D]. 南京：南京信息工程大学.
沈玉伟，孙琦旻，2013. 2010年冬季浙江两次强降雪过程的对比分析[J]. 气象，**39**(2)：218-225.
盛裴轩，2003. 大气物理学[M]. 北京：北京大学出版社：135-136.
孙楠楠，2009. 东海黑潮海表温度变化及其与厄尔尼诺和全球变暖的关系[D]. 青岛：中国海洋大学.
魏凤英，2008. 气候变暖背景下我国寒潮灾害的变化特征[J]. 自然科学进展，**18**(3)：289-295.
许爱华，乔林，詹丰兴，等，2006. 2005年3月一次寒潮天气过程的诊断分析[J]. 气象，**32**(3)：49-55.
杨成芳，李泽椿，李静，等，2008. 山东半岛一次持续性强冷流降雪过程的成因分析[J]. 高原气象，**27**(2)：442-451.
周之栩，2012. 风廓线雷达资料在暴雪天气过程中的应用[J]. 气象与环境科学，**35**(4)：69-72.
朱乾根，等，2007. 天气学原理[M]. 北京：气象出版社：266-277.
Pruppacher H R, Kleu J D, 1997. Microphysics of clouels and precipitation[M]. Amsterdam: Kluwer Academic.

地形对中国南方冻雨天气的影响

江 杨[1] 何志新[1] 郭品文[2] 朱红芳[1] 柳 春[1]

(1. 安徽省气象台,合肥 230031; 2. 南京信息工程大学,南京 210044)

摘 要

通过对冻雨出现次数的分布、冷空气南下的路径与中国南方地形的对比分析。发现中国南方地区的“喇叭口”地形可能是引起2008年初大面积持续冻雨过程出现的重要因素。并进一步利用WRF模式,采用NCEP再分析资料,针对地形对冻雨温度结构特征的影响进行敏感性试验。发现地形对冻雨的温度结构特征的影响为:山脉和高原的阻挡作用可能与逆温梯度的加强有关。仅靠南岭山脉的阻挡作用可能产生冻雨天气,但是冷空气将无法爬升至高原形成冻雨。山脉对冷、暖空气的限制堆积作用可能与云贵高原冻雨温度结构的出现有密切的关系,是引起云贵高原冻雨大面积出现的一个重要因素。

关键词:冻雨 WRF模式 模拟 地形

引言

中国南方冻雨天气多发于贵州、江西、湖北等山地较多的省份,安徽、浙江等省的冻雨个例中,山地冻雨的比重也在70%以上。可见,在中国南方冻雨的发生与山地地形有着极其密切的关系。

国际上,有学者较早注意到了山地在冻雨天气中的作用,指出在美国东部,冻雨过渡区(即逆温区,下同)的产生往往与阿巴拉契亚山脉背风坡浅薄的冷空气和空中的暖空气结构有关。相反的热力结构也有可能产生过渡区(Marwitz, 1983a,1983b;Lumb F ,1983a,1983b;Stewart, 1991)。徐辉等(2010)发现,随着南岭山脉地形高度的降低会导致南岭北部上空的大气垂直温度层结发生变化,而这种变化并不利于湖南南部冻雨的发生。但Lumb(1983a)指出,绝热冷却的上升空气即使遇到较低的屏障都有可能加强或产生利于冻雨产生的温度结构,同时Marwitz(1983b)发现内华达山脉上的风暴也具有这样的特征。所以,山地地形对冻雨产生的温度结构的作用是极其复杂的,单以海拔高度来进行讨论是远远不够的。

综合上述原因,文中以2008年初中国南方的大范围冻雨天气为例,对在强寒潮爆发初期“喇叭口”形状的山地对冻雨的影响进行研究,并在大尺度背景不变的情况下,利用NCEP再分析资料,采用WRF中小尺度模式,主要针对下垫面条件中地形形状对2008年初中国南方冻雨的影响进行敏感性实验,以进一步完善山地这一重要影响因子在冻雨天气中的作用。

1 资料来源

冻雨观测资料、形势场分析资料和探空分析资料分别来源于全国气象观测站的特殊天气报告、加密气象观测资料和日常气象观测资料,资料时段为2008年1月10日08时至2月3

日08时(北京时,下同),即中国南方出现冻雨过程前至冻雨过程减弱结束时。选择海拔高度高于500 m的冻雨样本为山地冻雨。模拟初始场资料为全球1°×1°,共26层(间隔6 h)的NCEP再分析资料。

文中采用WRFV3.0中尺度数值模式,考虑冻雨天气的温、湿度条件在层结分布上的特殊性,及冻雨天气发生的局地性,采用9和3 km双重单向嵌套网格,设置外层水平分辨率为9 km×9 km,中心位置为(32.4°N,117.3°E),水平方向为193×193个格点;设置内层水平分辨率为3 km×3 km,中心位置为(32.4°N,117.3°E),水平方向为289×289个格点。为了解决层结分析时地形海拔高度差异的问题,垂直内外层均采用35层仿地形的σ垂直坐标;并选用WSM6类冰雹物理方案、TKE湍流动能边界层方案和Noah陆面方案。模拟结果的检验和分析均使用内层区域模拟数据。

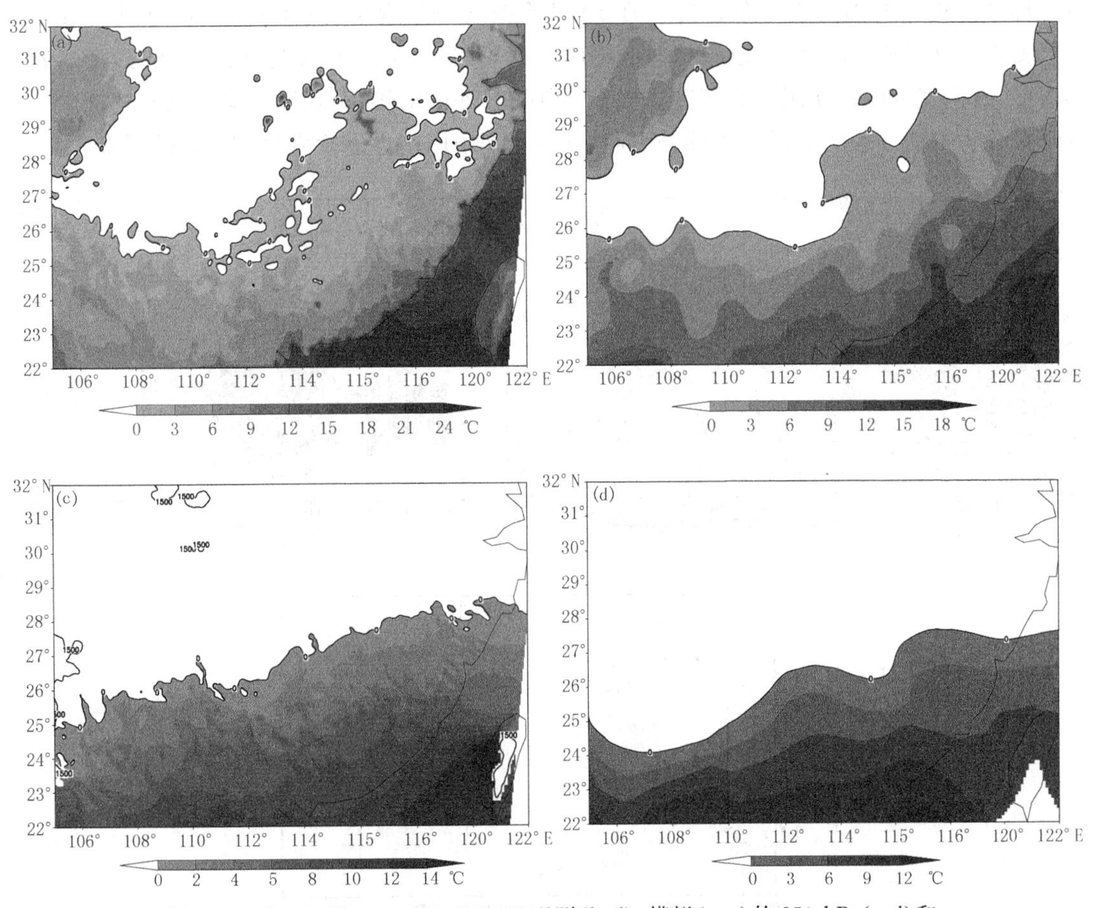

图1　2008年1月14日00:00UTC观测(b、d)、模拟(a、c)的850 hPa(c、d)和地面(a、b)的温度场(黑色实线为0 ℃线)

本研究主要对温度场进行了验证。图1给出了观测和模拟的2008年1月14日00:00UTC的850 hPa和地面的温度场。从图上来看,模拟资料基本上能反映出的0 ℃线所在的位置,温度场的分布与实况基本一致。高于0 ℃的温度场模拟较好,而低于0 ℃的温度场模拟值较观测高。对地面场的模拟较高空场要好。由于冻雨发生的敏感温度带大都在0 ℃左右,且本研究主要对近地面层结进行分析,因此,模拟资料基本符合本研究的要求。

2 地形与冻雨时空分布的关系分析

图 2a 为中国南方的地形分布，不难看出中国南方地区的地形为三面围堵，东北面开口的大喇叭口状。对比图 2b 中 2008 年 1 月 10 日—2 月 2 日冻雨出现次数的分布，可以发现冻雨区位于喇叭口地形内南侧，且发生冻雨较多的地区主要集中在“喇叭口”的底部，而西侧的山脉和高原地带没有冻雨出现，说明山地的形状与冻雨的发生也有密切的联系。

中外学者对冻雨层结特征的研究发现，冻雨天气的发生与其特殊的温、湿度结构密不可分（叶茵等，2007；何玉龙等，2007；杨向东，1999；吕胜辉等，2004；许炳南，2001；吉廷艳等，2007；贵州省气象科技服务中心，2007；汪秀清等，2006）。其中地面附近的冷垫是温度结构的主要特征之一（吕胜辉等，2004；杨向东，1999；何玉龙等，2007）。图 2c 为 2008 年 1 月 10—15 日地面 2 m 的 0 ℃温度线分布。自 1 月 10 日冷空气开始南下，到 1 月 13 日地面 2 m 温度 0 ℃线到达中国南方，并呈与地形相似的喇叭口状，并在之后一直维持在这个状态，意味着地形对冷、暖空气的限制作用造成了冷空气在“喇叭口”底部的堆积，使冻雨温度结构特征中冷垫的形成成为可能。说明地形有可能是引起 2008 年初中国南方冻雨发生和维持的因素。

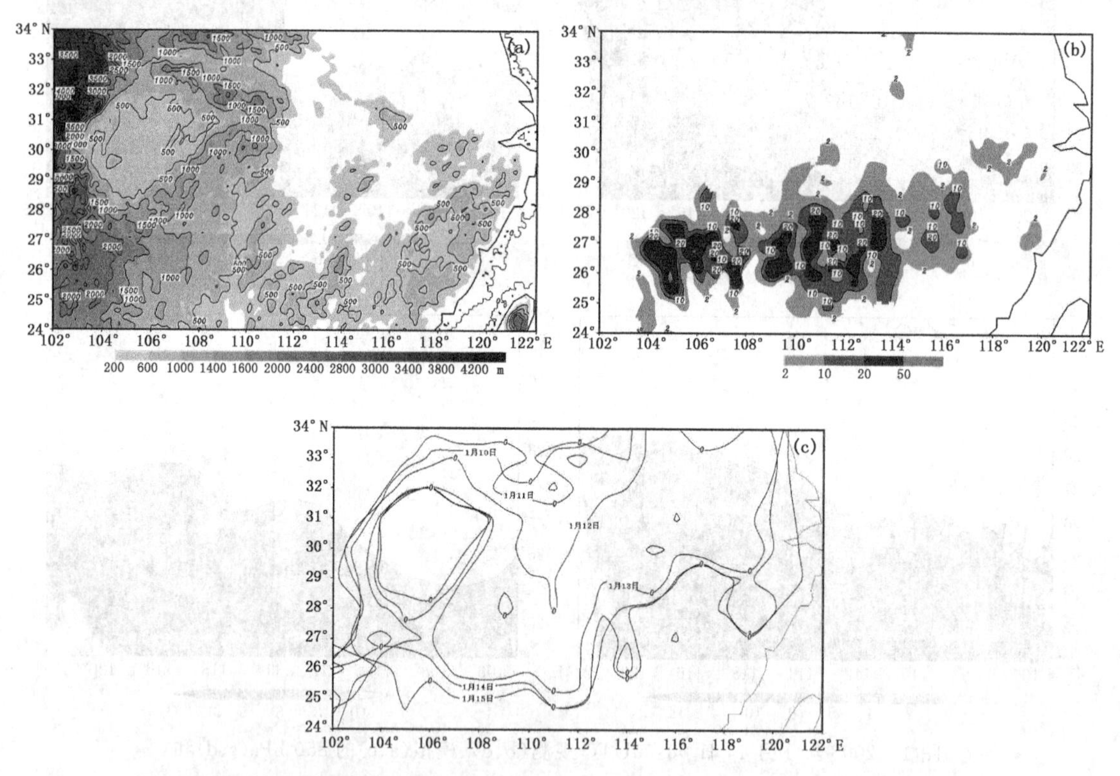

图 2 中国南方(a)地形分布，(b)2008 年 1 月 10 日—2 月 2 日冻雨出现次数的分布，(c)2008 年 1 月 10—15 日地面 2 m 0 ℃线分布

3 地形试验数值模拟方案的设定

为了进一步弄清地形对冻雨天气出现和维持的具体作用，本研究利用 WRF 模式，采用 NCEP 再分析资料，针对地形对冻雨温度结构特征的影响进行敏感性试验。由上述分析，2008

年初中国南方的大面积持续的冻雨天气可能与其“喇叭口”地形有密切关系。因此，分别对这一地形做如下改变(图 3)。

试验一，去掉(115°－122°E，22°－30°N)范围内的武夷山脉，使“喇叭口”东侧地形消失，让其不再具有对南下冷空气的限制堆积作用，但保留了位于“喇叭口”底部的南岭山脉和云贵高原部分，目的在于弄清限制作用消失后，仅凭山脉与高原的阻挡是否还能够产生冻雨的温度结构特征。

试验二，将(109°－113°E，23.5°－26.5°N)区域内的南岭山脉，即将“喇叭口”打通，使其形成对冷空气有限制作用的“狭管”地形，验证阻挡作用对冻雨天气温度结构的影响。

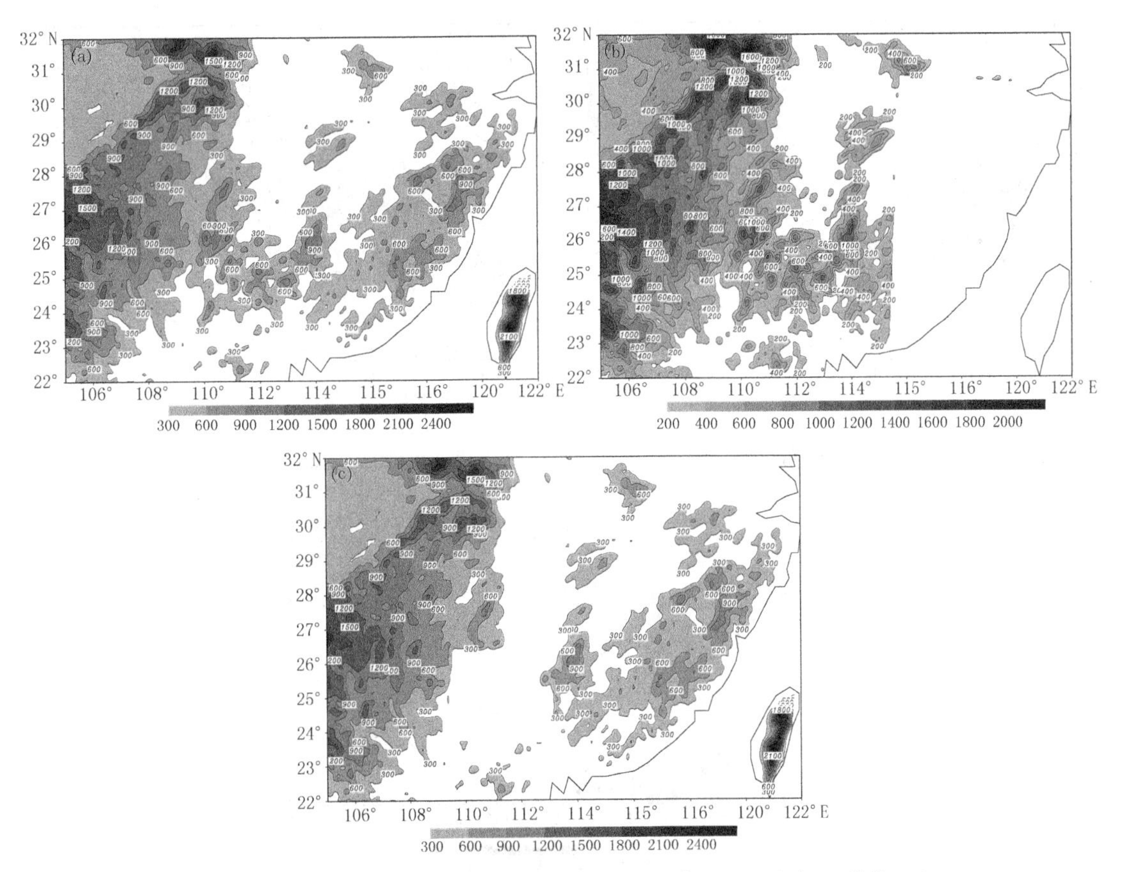

图 3　敏感性试验地形分布(a)对照试验，(b)试验一，(c)试验二(单位：m)

4　模式模拟结果分析

冻雨发生时，其温度结构从上到下通常为冰晶层、暖层、地面冷层(即冷垫)的“三明治”结构(贵州省气象科技服务中心，2007；何玉龙等，2007；杨向东，1999；吕胜辉等，2004；许炳南，2001；吉廷艳等，2007；汪秀清，2006)，其中暖层与地面冷层之间的逆温层在其层结结构特征中十分重要(赵思雄等，2008；孙建华等，2008)。模拟资料采用仿地形 35 层 σ 坐标进行处理，由于冻雨发生时冷层厚度通常在 1000～1500 m(朱乾根等，2000)，因此，除去下部 3 层，定义每个格点垂直高度上的温度最大值为暖层温度 T_{max}，其所在坐标层定义为暖层温度所在层坐标 L_{max}。定义每个格点垂直高度上(1～9 层)的温度最小值为冷层温度 T_{min}，其所在坐标层定义为冷层温度所在层坐标 L_{min}。这样，只要通过 T_{max} 和 T_{min} 两个值的 0 ℃线就可以确定能使冻雨生成的逆温层的位置和面积。图 4 为 2008 年 1 月 13 日 18:00UTC 敏感性试验的逆温梯度分布，图中实线为暖层的 0 ℃线，虚线为地面冷层的 0 ℃线，这两条线之间的区域就是具有冻雨温度结构特征的逆温层区域——逆温区（图 4a）。

且逆温层主要存在于中低空 850 hPa 到地面的范围内，增温在 5 ℃左右（吕胜辉，2004；杨向东，1999）。为体现这一逆温层的增温特性，通过逆温梯度这个量来表示，其表达式如下：

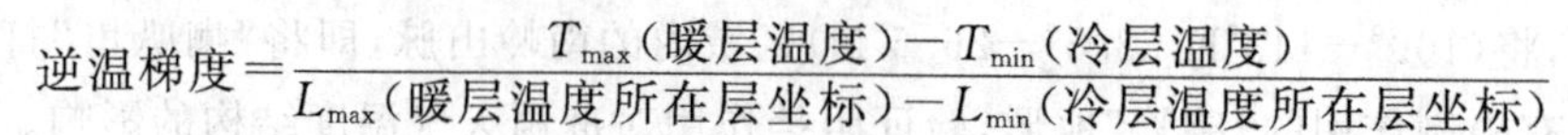

$$逆温梯度=\frac{T_{max}(暖层温度)-T_{min}(冷层温度)}{L_{max}(暖层温度所在层坐标)-L_{min}(冷层温度所在层坐标)}$$

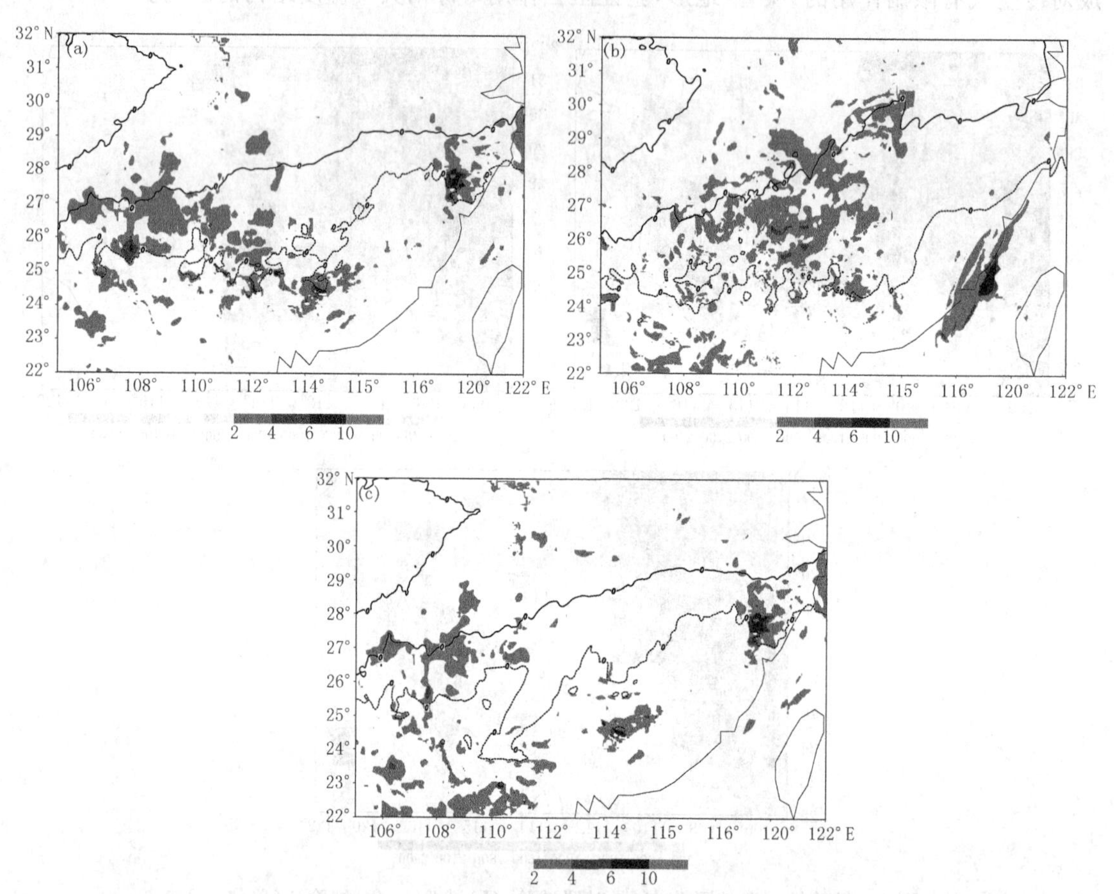

图 4　2008 年 1 月 13 日 18:00UTC 敏感性试验的逆温梯度分布（实线为暖层的 0 ℃线，虚线为冷层的 0 ℃线，阴影为逆温梯度大于 2 ℃/km；单位：℃/σ）（a. 对照试验，b. 试验一，c. 试验二）

根据赵思维等（2008）的研究结论，冻雨天气发生时除具有特殊的逆温层层结特征外，还应满足地面温度低于 0 ℃这一条件。图 5 为 2008 年 1 月 13 日 12:00UTC－14 日 00:00UTC 平均地面温度场。结合图 4、图 5 对敏感性试验结果分析如下。

图 4b 为试验一的逆温梯度分布。与图 4a 相比，图中冷、暖层的 0 ℃线均明显向南偏移，且西侧冷、暖层的 0 ℃线南压较为明显，而武夷山脉处的冷层的 0 ℃线也较对照试验明显偏南，导致图中冷暖层之间的逆温区面积增大且南移；原本出现在云贵高原上空，以及安徽与浙江处的强逆温区也消失了，而是大面积出现在了南岭山脉的迎风坡。图 5b 为试验一 2008 年

1 月 13 日 12:00UTC—14 日 00:00UTC 平均地面温度场，它的持续低温区面积较图 5a 要大。特别是南岭山脉北坡出现了较大面积的持续低温区，结合图 4 和 3b 中符合冻雨温度结构的区域仅存在于南岭山脉的迎风坡。这就意味着山脉的阻挡作用可能产生冻雨天气。而武夷山脉对冷、暖空气的限制堆积作用可能与云贵高原冻雨温度结构的出现有着密切的关系。说明山脉的限制堆积作用可能是 2008 年初的冻雨过程中引起云贵高原冻雨出现的一个重要因素。

图 4c 为试验二的逆温梯度分布。对比图 4a，图中暖层的 0 ℃线无太大变化，地面冷层的 0 ℃线位于“狭管”中间的部分明显向南推移，其他部分则出现了北撤，逆温区有一定程度的减小。原来在图 4a 中位于“喇叭口”底部的逆温梯度大的阴影区在图 4c 没有出现。图 5c 试验二的 2008 年 1 月 13 日 12:00UTC—14 日 00:00UTC 平均地面温度场中，持续低温区面积较图 5a 要小。图 5a 中存在的南岭位置上的地面持续的低温区在图 5c 中没有出现。说明山脉和高原的阻挡作用与逆温梯度的加强和地面持续低温区的出现有关。

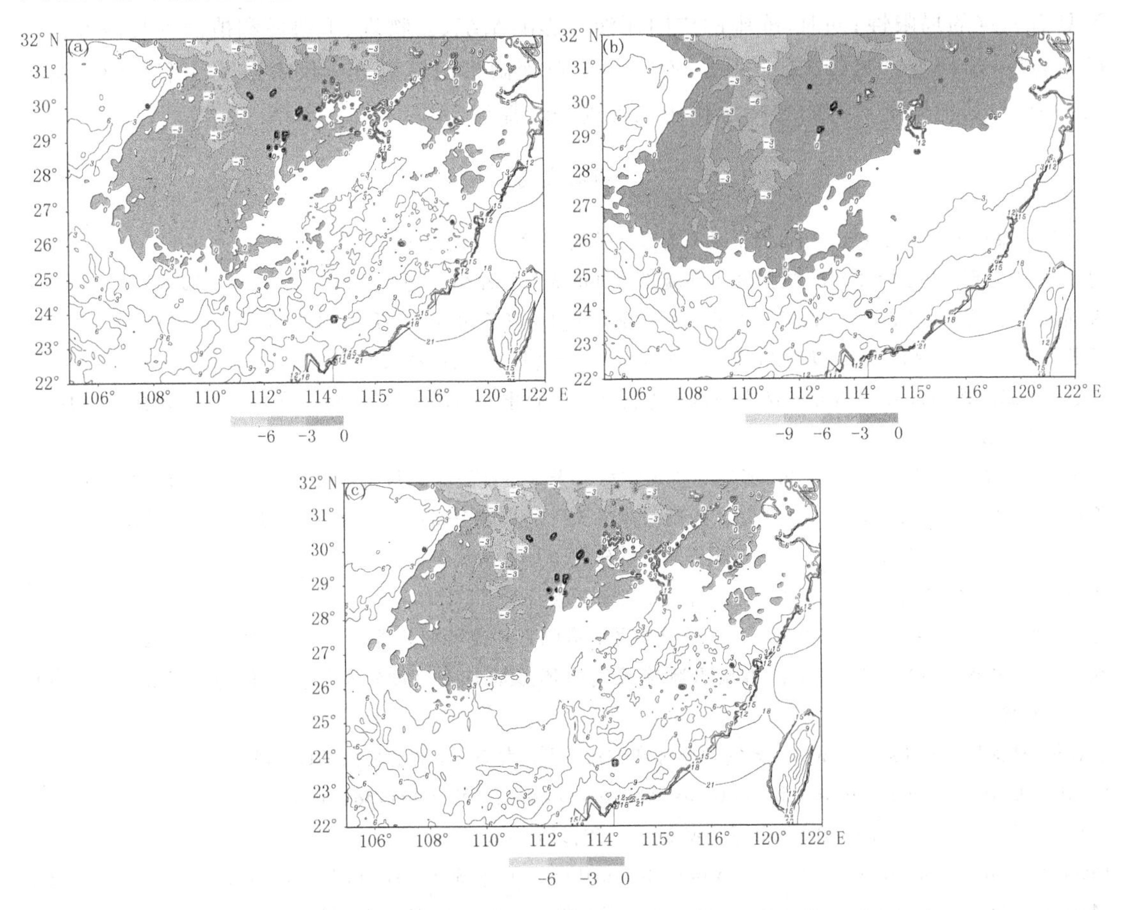

图 5　2008 年 1 月 13 日 12:00UTC—14 日 00:00UTC 平均地面温度场（阴影区为 0 ℃以下区域；单位：℃）（a. 对照试验，b. 试验一，c. 试验二）

因此，地形对冻雨的温度结构特征的影响为：山脉和高原的阻挡作用与逆温梯度的加强有关。仅靠南岭山脉的阻挡作用可在其迎风坡产生冻雨天气，但是冷空气将无法爬升至高原形成冻雨。山脉对冷、暖空气的限制作用可能与云贵高原冻雨温度结构的出现有着密切的关系，是引起云贵高原冻雨大面积出现的一个重要因素。

5 结论与讨论

通过对冻雨个例中冻雨出现次数的分布、冷空气南下的路径与中国南方地形的对比分析，发现中国南方地区的“喇叭口”地形可能是引起2008年初大面积持续的冻雨过程出现的重要因素，并进一步利用WRF模式，采用NCEP再分析资料，针对地形对冻雨温度结构特征的影响进行敏感性试验。发现地形对冻雨的温度结构特征的影响为：山脉和高原的阻挡作用可能与逆温梯度的加强有关。仅靠南岭山脉的阻挡作用可能产生冻雨天气，但是冷空气将无法爬升至高原形成冻雨。山脉对冷暖空气的限制作用可能与云贵高原冻雨温度结构的出现有着密切的关系，是引起云贵高原冻雨大面积出现的一个重要因素。

文中“喇叭口”地形对冻雨天气的影响仅为个例研究，获得了一些有意义的结果，考虑到山地地形对冻雨的影响极其复杂，山脉的高度、走向以及不同天气过程影响要素不同，本研究结论具有一定的局限性；同时，冻雨的成因还涉及影响系统、云物理、下垫面和植被等其他方面问题，需进一步研究。另外，文中采用WRF模式对冻雨带的模拟分析仅考虑了几个影响冻雨形成的因子，其他因子对冻雨的指示作用也需进一步探讨。

参考文献

贵州省气象科技服务中心，2007. 贵州凝冻灾害预警研究[M]. 北京：气象出版社：1-5.

何玉龙，黄建菲，吉廷艳，2007. 贵阳降雪和凝冻天气的大气层结特征[J]. 贵州气象，**31**(4)：12-13.

吉廷艳，何玉龙，杜正静，等，2007. 凝冻灾害预警系统[J]. 气象研究与应用，**28**(增刊Ⅱ)：140-143.

吕胜辉，王积国，邱菊，2004. 天津机场地区冻雨天气分析[J]. 气象科技，**32** (6)：456-460.

孙建华，赵思雄，2008. 2008年初南方雨雪冰冻灾害天气静止锋与层结结构分析[J]. 气候与环境研究，**13**(4)：368-384.

汪秀清，杨雪艳，陈长胜，等，2006. 长春市强冰雪冻害天气系统及物理量特征[J]. 地理科学，**26**(3)：264-268.

徐辉，金荣花，2010. 地形对2008年初湖南雨雪冰冻天气的影响分析[J]. 高原气象，**29**(4)：957-967.

许炳南，2001. 贵州冬季凝冻预测信号和预测模型研究[J]. 贵州气象，**25**(4)：3-6.

杨向东，1999. 桃仙机场一次冻雨天气分析[J]. 辽宁气象，(2)：11-12.

叶茵，杜小玲，严小冬，2007. 贵州冻雨时空分布及对应临近环流特征分析[J]. 贵州气象，**31**(6)：11-13.

赵思雄，孙建华，2008. 2008年初南方雨雪冰冻天气的环流场与多尺度特征[J]. 气候与环境研究，**13**(4)：351-367.

朱乾根，林锦瑞，寿绍文，等，2000. 天气学原理和方法[M]. 北京：气象出版社：313-318.

Lumb F E，1983a. Sharp snow/rain contrasts-An explanation[J]. Weather，**38**：71-73.

Lumb F E，1983b. Snow on the hills[J]. Weather，**38**：114-115.

Marwitz J D，1983a. The kinematics of orographic airflow during Sierra storms[J]. Atmos Sci，**40**：1218-1227.

Marwitz J D，1983b. Deep orographic storms over the Sierra Nevada. Part Ⅰ：Thermodyn-amics and kinematic structure[J]. Atmos Sci，**44**：159-173.

Stewart R E，1991. On the temperatures near and motions of low pressure centres in winter storms[J]. Atmos Res，**26**：33-54.

预报-观测概率匹配订正法在降水预报业务中的应用

郭达烽[1,2]　陈翔翔[1]　段明铿[2]

（1.江西省气象台，南昌 330096；2.南京信息工程大学，南京 210044）

摘　要

为提高和改进模式产品对汛期降水预报准确率，利用近两年3—7月江西省92个地面气象观测站逐日降水资料和欧洲中心高分辨率数值模式预报24～72 h相应降水预报资料，采用Γ函数作为累积降水概率分布拟合函数，将模式预报降水累积概率分布与观测降水累积概率分布进行概率匹配，获得不同量级降水的预报订正值，并检验了订正前后预报评分变化，结果显示：模式预报对江西降水预报存在大雨以上量级多漏报、小雨多空报的现象；经预报-观测概率匹配订正法订正后可有效地修正模式预报系统性误差，对各等级降水有良好订正效果，尤其对暴雨的订正效果明显；时效越短订正效果越好。该订正法在业务中具有良好的应用效果。

关键词：降水预报　概率匹配　概率分布　模式订正　解释应用

引言

近年来，随着数值天气预报技术的快速发展，数值预报产品日益丰富，这为制作降水精细化的农业气象服务产品奠定了扎实的基础。通过不断对模式产品进行效果检验评估，优选数值模式产品，并根据前期实况资料及其演变所蕴涵的天气学、动力学特征对数值预报产品进行修正、解释应用，从而形成符合精细化预报需求的要素客观预报产品，是全国各级气象台站一线预报员通常的做法，也是建立“以数值预报为基础，智慧型现代气象预报象业务”的重要途径。中外很多气象工作者在数值模式的检验评估和解释应用方面做了大量工作：许多检验分析给出了相关不同数值模式的性能评价（张宏芳等，2014；陈海山等，2005；潘留杰等，2013；刘建国等，2013；张强等，2009；李勇等，2007）；不少气象工作者从多方面开展了数值模式的解释应用研究，有的利用统计方法（刘还珠等，2004；陆如华等，1994：赵声蓉等，2000）；有的利用动力诊断方法对数值预报产品进行释用（姚明明，2000）；陈朝平等（2010）利用贝叶斯概率决策理论对四川盆地暴雨集合概率预报进行订正，刘琳等（2013）利用集合预报降水资料累积概率分布建立极端强降水预报指数（EPFI）。上述这些在预报方法和预报技术上的探索研究和解释应用，使其形成的客观降水预报质量在某些方面得到了提高，但这些降水预报仍存在许多不足。李俊等（2014）通过“频率匹配”降水预报订正法，对大范围降水过程取得了较好效果，尤其是对有无降水预报和50 mm以下量级降水预报的改善较明显。由于“频率匹配”方法可较好地利用已有观测资料，因而越来越受到相关科研和业务单位的重视。

但是，前人使用的“频率匹配”降水预报订正法在处理预报和观测降水频率时，是通过确定某一关键区域，将区域内包含的格点或站点作为同一资料序列进行统计分析，确定降水预报订正值，换句话说，在订正区域内，所有格点或站点降水预报订正模型是相同的。显然由于区域内气候背景的差异，使得较为干旱地区订正后的预报偏湿，增加了空报，而较为湿润的地区订正后预报偏干，使漏报增加。针对“频率匹配”降水预报订正方法不分区(或分区不够精细)的不足，如何获得更有效的订正降水预报？探索和建立适合不同区域站点、不同降水等级的订正方法，是工作的重点和关键。为此，本研究结合业务应用，引入累积概率分布函数，充分考虑站点的区域特征差异，在开展模式检验效果对比的基础上，采用业务上普遍认可和优选的 ECMWF 降水产品和历史观测资料，研究不同量级的降水(等级)预报-观测概率匹配订正法，对区域站点逐一建立分级降水订正模型，尤其对是否发生暴雨这样的小概率事件加以判别，并在江西范围内进行订正预报试验和检验评估，最后对该方法的预报效果进行分析和讨论。以期通过该订正法的应用更有效地提高降水预报业务水平和数值预报产品解释应用能力。

1 资料与方法

1.1 资料的选取

降水观测资料采用江西省气象信息中心整编的 2015—2016 年 3—7 月全省 92 个地面气象观测站逐日 24 h 累计降水，采用逐日 12:00UTC 起报的欧洲中心高分辨率数值预报(以下简称 ECMWF，其网格距是 0.125°×0.125°)降水产品格点预报资料，预报时效 1～3 d，预报资料时段与观测资料时段对应。这里将离观测站点最近的 ECMWF 格点降水值定义为站点预测降水值。

1.2 降水等级预报-观测概率匹配订正法简介

图 1 为各等级降水的集合预报-观测概率匹配订正法原理示意图，其中两条曲线分别代表预报降水累积概率分布曲线(点虚线)和观测降水累积概率分布曲线(粗实线)。设定 $Po1$—$Po4$ 是根据实线上日降水量实况为 50/25/10/1 mm 对应的累积概率，则图中 $Rf1$—$Rf4$ 是暴雨、大雨、中雨和 1 mm 以上的小雨订正值，即由 $Po1$—$Po4$ 找到点虚线上相对应的横坐标的值。设定日降水量(R)为一系列离散降水值，如 0、0.3、3.2、14.5、56.9 mm 等，对应的实况观测降水累积概率值为 $Po(R)$。与 $Po(R)$ 概率值所对应的模式降水预报值记为 Rf，所对应的预报降水累积概率值记为 $Pf(Rf)$。对各等级雨量不同降水阈值，假定其预报概率和实况观测概率相同，即纵坐标值保持不变 (图 1)，即令：$Pf(Rf1)=Po(50)$，$Pf(Rf2)=Po(25)$，Pf

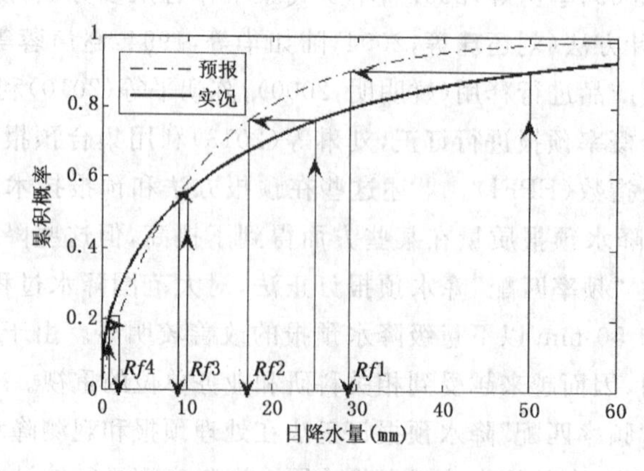

图 1　各等级降水的集合预报-观测概率匹配订正法原理示意图

$(Rf3)=Po(10)$，$Pf(Rf4)=Po(1)$。$Rf1-Rf4$ 分别为实况观测雨量为 50/25/10/1 mm 的模式预报观测概率匹配订正值，即暴雨/大雨/中雨/1 mm 以上的小雨（以下简称小雨）的订正值。由此可对比模式预报和实况降水累积概率分布，估计模式各等级雨量预报误差。

当模式降水预报值大于各降水等级订正值（$Rf1/Rf2/Rf3/Rf4$）时，则预报该格点有对应等级降水（暴雨/大雨/中雨/小雨）。此方法即为（各降水等级）预报-观测概率匹配订正法。王亚男（2012）分析欧洲、日本、美国和英国这四个全球国际主流集合预报系统对中国区域暴雨的预报效果发现，模式对小雨量级预报偏多、大雨以上的强降水预报偏弱。刘琳等（2013）分析了 T213 模式对中国区域内降水预报累积概率的分布特征也存在小雨预报偏多、强降水预报偏弱的问题，且随预报时效延长，强降水预报偏弱特征更加明显。

预报-观测概率匹配订正法的订正效果受资料样本及序列时间长度影响，资料样本种类越全、时间越长相应的效果会越好（但计算难度会较大）；由于降水累积概率分布是非正态的，中外很多研究表明（Hamill，et al，1998；Husak，et al，2007；Woolhiser，1992；吴洪宝等，2004；王斌等，2011），Γ 分布较适合用于拟合降水累积概率分布曲线。梁莉等（2010）、赵琳娜等（2011）也使用了 Γ 分布。因此，拟合观测与预报的降水累积概率分布选取 Γ 分布。

Γ 分布函数具体表达式为：

$$f(x)=\frac{x^{\alpha-1}}{\beta^{\alpha}\Gamma(\alpha)}\exp(-\frac{x}{\beta}) \qquad x>0 \tag{1}$$

$$\Gamma(\alpha)=\int_{0}^{\infty}\mathrm{e}^{-t}t^{\alpha-1}\mathrm{d}t \tag{2}$$

式中，$\alpha>0$，$\beta>0$，α 是形状参数，β 是尺度参数，x 为日降水量。α 用来衡量倾斜程度，α 越小，Γ 分布越倾斜，α 越大，Γ 分布曲线越对称。当 $\alpha<1$ 时，曲线为反“J”字型。β 用来衡量陡峭程度，当 α 相差不大而 β 相差很大时，β 值越小，则 Γ 分布越为偏正（周迪等，2015）。α、β 由极大似然估计法得到，$\bar{x}$ 为样本平均值、s^2 为方差，它们与参数 α、β 的关系为：

$$\beta=\frac{\bar{x}}{\alpha} \tag{3}$$

$$\alpha\beta^2\approx s^2 \tag{4}$$

Γ 累积概率分布函数形式为：

$$f(x)=\frac{1}{\beta^{\alpha}\Gamma(\alpha)}\int_{0}^{x}t^{\alpha-1}\exp(-\frac{t}{\beta})\mathrm{d}t \tag{5}$$

2　降水等级欧洲细网格模式预报-观测概率匹配订正试验

2.1　具体计算方法

以江西两大城市南昌、赣州为代表，说明 ECMWF 模式降水等级预报-观测概率匹配订正值的计算过程：采用 2015—2016 年 3—7 月南昌、赣州站点上的日降水量观测资料和 ECMWF 对应时间 24、48 和 72 h 共 3 个预报时效的预报降水资料，利用 Γ 函数拟合该站点的预报降水累积概率分布函数和观测降水累积概率分布函数（图 2），对应的 Γ 函数拟合参数如表 1。

由表 1 可知，观测降水的 Γ 拟合分布的参数 α 均大于预报降水，观测降水的 Γ 拟合分布的参数 β 均小于预报降水。

根据观测降水的 Γ 函数曲线可计算出当日降水量为 50、25、10 和 1 mm 时，所对应累计概

率 $Po(50)$、$Po(25)$、$Po(10)$、$Po(1)$，令每个预报时效的累积概率函数值 $Pf(50)$、$Pf(25)$、$Pf(10)$、$Pf(1)$ 为 $Po(50)$、$Po(25)$、$Po(10)$、$Po(1)$，用各预报时效降水曲线的 Γ 反函数分别求出对应累积概率值，即 ECMWF 预报各预报时效的 50、25、10 和 1 mm 降水（各量级）预报订正值。其中，南昌的 ECMWF 降水预报 24、48 和 72 h 时效暴雨订正值分别为 32.36、37.07 和 41.91 mm；大雨订正值为 19.38、22.63 和 24.89 mm；中雨订正值为 10.37、12.46 和 13.15 mm；1 mm 以上的小雨（以下简称小雨）订正值为 2.59、3.37 和 3.16 mm。赣州的 ECMWF 降水预报 24、48 和 72 h 时效暴雨订正值分别为 44.30、43.41 和 42.87 mm；大雨订正值为 24.80、24.53 和 24.91 mm；中雨订正值为 12.01、12.06 和 12.80 mm；1 mm 以上的小雨订正值为 2.26、2.38 和 2.89 mm（表 1）。可见，南昌和赣州的暴雨、大雨订正值均分别低于 50 和 25 mm，说明南昌和赣州的 ECMWF 大雨及以上降水等级预报偏小；中雨、小雨订正值均分别大于 10 mm 和 1 mm，说明南昌和赣州的中雨及以下量级的降水等级预报普遍偏大。

依次对江西省内 92 个国家级气象站按上述过程计算，可获得各站点 24～72 h 暴雨预报订正值。

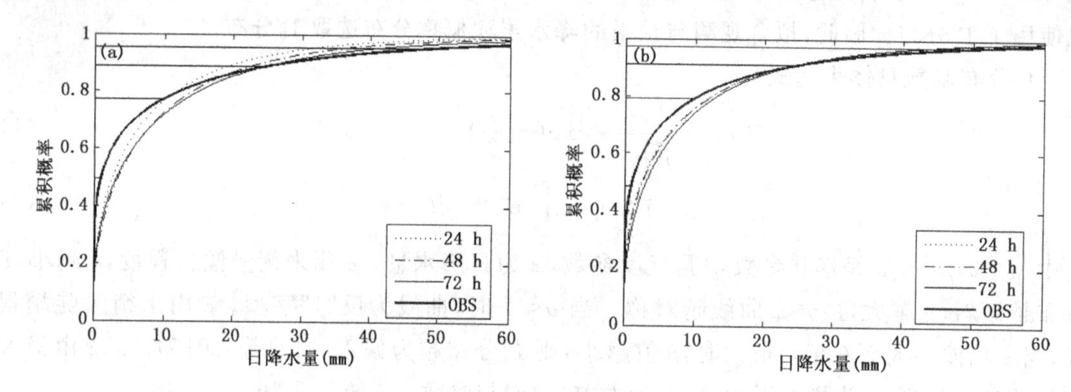

图 2　南昌(a)、赣州(b)站观测降水(OBS)与 ECMWF 预报 24～72 h 预报降水累积概率分布

表 1　南昌、赣州站的观测和 ECMWF 24～72 h 预报降水 Γ 累积概率分布函数拟合参数和暴雨、大雨、中雨、小雨订正值(单位:mm)

参数	南昌				赣州			
	观测	24 h	48 h	72 h	观测	24 h	48 h	72 h
α	0.209	0.401	0.437	0.386	0.233	0.353	0.368	0.415
β	43.389	18.313	19.848	24.281	32.102	22.391	21.457	19.788
暴雨订正值	50	32.36	37.07	41.91	50	44.30	43.41	42.87
大雨订正值	25	19.38	22.63	24.89	25	24.80	24.53	24.91
中雨订正值	10	10.37	12.46	13.15	10	12.01	12.06	12.80
小雨订正值	1	2.59	3.37	3.16	1	2.26	2.38	2.89

2.2　江西省各站点降水等级预报订正值分布特征

图 3 是江西省 92 个站点 24～72 h 预报时效各雨量等级预报订正值分布。可见，24～72 h 预报时效内，江西省中雨和小雨的订正值普遍大于 10 和 1 mm，说明 ECMWF 对江西 2015—2016 年汛期的中雨和小雨量级的降水预报普遍偏大。24 h 预报时效的暴雨和大雨订正值

普遍小于 50 mm 和 25 mm，说明 24 h 预报时效的暴雨和大雨量级的降水预报普遍偏小，然而，随着预报时效的延长，抚州、宜春两市和上饶市南部等地的暴雨量级预报逐渐转偏大（暴雨订正值>50 mm），说明该地区暴雨预报逐渐转强，其他地区暴雨预报保持偏弱的状态（暴雨订正值<50 mm）；除赣州市北部、吉安市南部和南昌市外，江西省大部分地区的大雨量级预报随着预报时效的延长由偏小转为偏大（大雨订正值>25 mm），说明江西省大部分地区大雨量级降水预报偏强。

ECMWF 对江西的降水预报主要表现为：24 h 时效的大雨及以上量级预报普遍偏小；中雨及以下量级预报普遍偏大。南部大雨及以下量级降水预报稳定性好（24～72 h 订正值相近）。

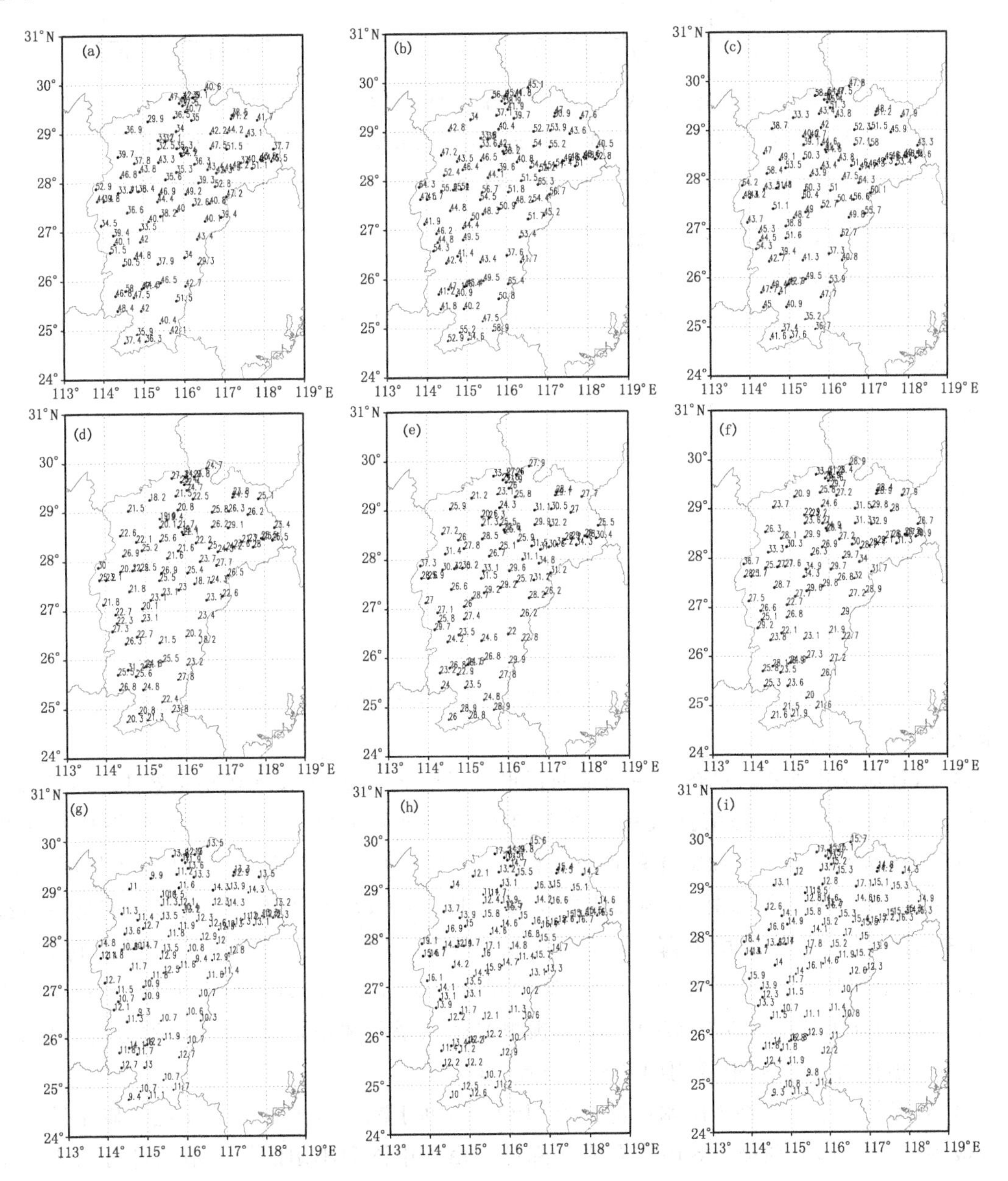

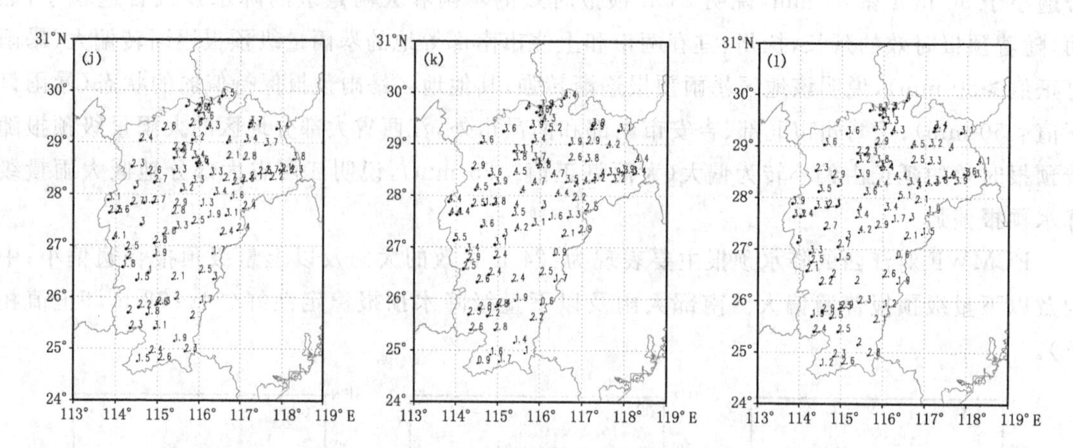

图 3　江西省 ECMWF 24～72 h 预报-观测概率匹配订正值(mm)
(a、b、c. 暴雨 24、48、72 h 预报时效订正；d、e、f. 大雨 24、48、72 h 预报时效订正；
g、h、i. 中雨 24、48、72 预报时效订正；j、k、l. 小雨 24、48、72 h 预报时效订正)

2.3　预报订正效果检验及个例分析

2.3.1　统计范围内预报订正检验

常用预报检验指标有：*TS* 评分(*TS*)、漏报率(*PO*)、空报率(*FAR*)和命中率(*POD*)等。计算公式如下：

$$\text{TS 评分}: TS = \frac{N_A}{N_A + N_B + N_C} \times 100\% \tag{6}$$

$$\text{漏报率}: PO = \frac{N_C}{N_A + N_C} \times 100\% \tag{7}$$

$$\text{空报率}: FAR = \frac{N_B}{N_A + N_B} \times 100\% \tag{8}$$

$$\text{命中率}: POD = \frac{N_A}{N_A + N_C} \times 100\% \tag{9}$$

式中，N_A 为预报正确次数(不含各等级实况雨量不发生且预报结果为不发生的次数)，N_B 为空报次数，N_C 为漏报次数。

另外，针对文中所提及的各等级雨量的预报订正情况，可结合公平成功指数 ETs (Equatable Threat Score) 评估暴雨预报概率匹配订正法预报效果(Black，1994)。公平成功指数(ETs)和 *TS* 评分是检验预报效果的重要指标，其中 *TS* 评分常被用于预报业务考核项目中。由图 4 可知，24 h 时效的暴雨、大雨和小雨量级的 ETs 和 *TS* 评分修正后较修正前均有所提升，仅中雨的 ETs(*TS*)有所下降：全江西省暴雨 ETs(*TS*)由 0.103(0.103)增大到 0.154(0.152)，大雨 ETs(*TS*)评分由 0.332(0.321)增大到 0.346(0.334)，小雨 ETs(*TS*)评分由 0.821(0.652)增大到 0.826(0.670)。48 h 预报时效的暴雨和小雨 ETs(*TS*)评分有所增大；至于 72 h 预报时效，则仅有暴雨的 *TS* 评分有所增大。

汛期，降低对于致灾性强降水的漏报率(*PO*)，有助于减少地区灾情的发生。修正后的暴雨漏报率在 24～72 h 预报时效内均有明显降低。由于中雨和小雨的修正值大部分大于原始等级，这一定程度增大它们的漏报率。修正前后暴雨、大雨的空报率(*FAR*)变化不大，但中雨、小雨的空报率在 24～72 h 预报时效内均呈明显下降趋势。另外，24～72 h 修正后暴雨的命中率(POD)较修正前均明显提升。

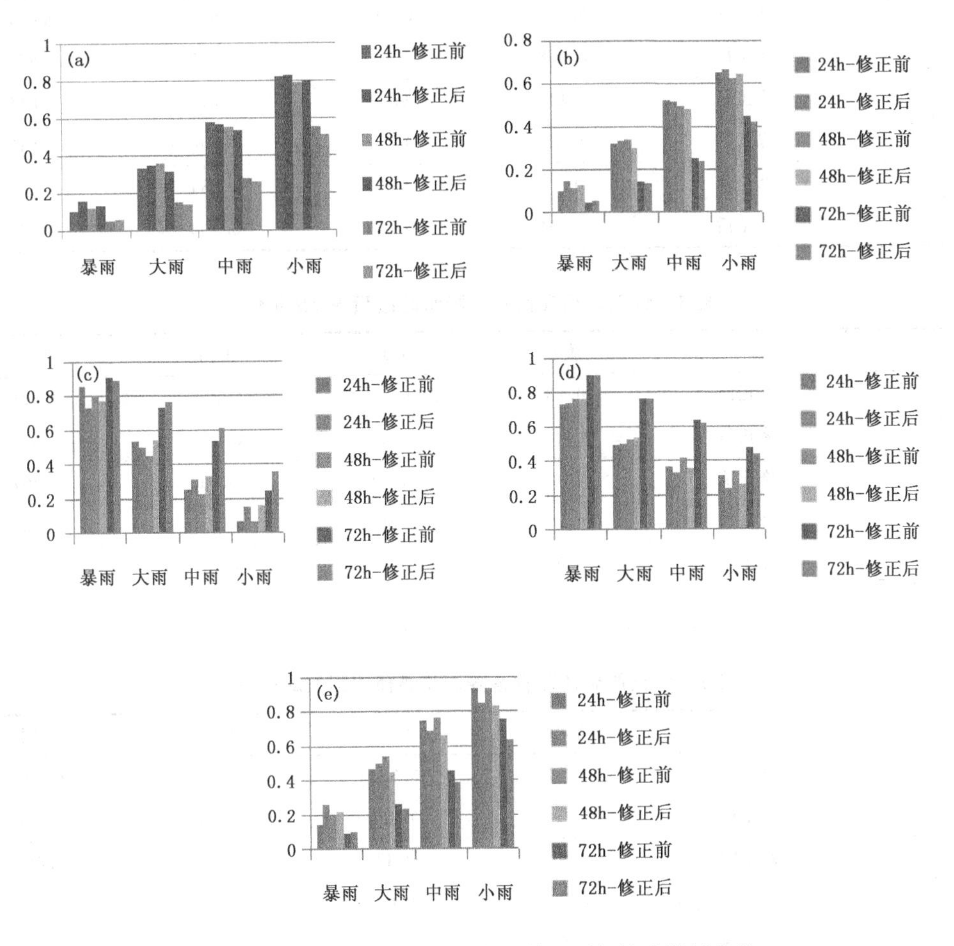

图 4 订正前、后江西省各降水等级预报检验指标变化

(a. ETs 评分，b. TS 评分，c. 漏报率，d. 空报率，e. 命中率)

2.3.2 对江西省 2014 年汛期一次降水集中期预报订正检验

2014 年 6 月 17—23 日，江西省出现一次降水集中期，2014 年 6 月 16 日 20 时—23 日 20 时，有 67 个县市区(占总数 76.1%)降水超 100 mm，其中，12 个县(市)区(占总数 13.6%)降水超 250 mm。现用 2014 年 6 月 17—23 日对应的 ECMWF 24～72 h 暴雨、大雨、中雨、小雨订正值代入当时的 ECMWF 降水预报，可发现(表 2～6)：江西省暴雨预报订正检验效果好，暴雨各预报时效的 ETs、TS 评分均明显提升，漏报率和空报率呈一致降低趋势，命中率也有明显提升；大雨 24 h 预报时效的订正检验效果好，ETs、TS 评分提升且漏报率下降、命中率升高，但 48 h 预报时效之后效果不理想；中雨订正效果不理想；24～48 h 预报时效的 1 mm 以上小雨的预报订正效果良好，72 h 预报时效订正效果不理想。

表 2　订正前后江西省各降水等级预报 ETs 值

		暴雨	大雨	中雨	小雨
24 h	修正前	0.23	0.519	0.644	0.834
	修正后	0.358	0.526	0.628	0.871
48 h	修正前	0.144	0.39	0.614	0.814
	修正后	0.19	0.363	0.56	0.846
72 h	修正前	0.08	0.371	0.634	0.834
	修正后	0.094	0.357	0.596	0.83

表 3　订正前后江西省各降水等级预报 *TS* 评分

		暴雨	大雨	中雨	小雨
24 h	修正前	0.23	0.518	0.641	0.827
	修正后	0.357	0.524	0.625	0.863
48 h	修正前	0.144	0.388	0.61	0.807
	修正后	0.19	0.362	0.557	0.839
72 h	修正前	0.08	0.37	0.63	0.826
	修正后	0.094	0.356	0.592	0.822

表 4　订正前后江西省各降水等级预报漏报率(*PO*)

		暴雨	大雨	中雨	小雨
24 h	修正前	0.72	0.338	0.168	0.004
	修正后	0.5	0.311	0.217	0.018
48 h	修正前	0.81	0.42	0.126	0.004
	修正后	0.74	0.475	0.236	0.016
72 h	修正前	0.88	0.374	0.115	0.014
	修正后	0.85	0.438	0.206	0.041

表 5　订正前后江西省各降水等级预报空报率(*FAR*)

		暴雨	大雨	中雨	小雨
24 h	修正前	0.44	0.296	0.265	0.171
	修正后	0.44	0.314	0.244	0.123
48 h	修正前	0.628	0.46	0.331	0.191
	修正后	0.587	0.463	0.327	0.15
72 h	修正前	0.807	0.524	0.313	0.164
	修正后	0.8	0.508	0.3	0.147

表 6　订正前后江西省各降水等级预报命中率(*POD*)

		暴雨	大雨	中雨	小雨
24 h	修正前	0.28	0.662	0.832	0.996
	修正后	0.5	0.69	0.783	0.982
48 h	修正前	0.19	0.58	0.874	0.996
	修正后	0.26	0.525	0.764	0.984
72 h	修正前	0.12	0.626	0.885	0.986
	修正后	0.15	0.562	0.794	0.959

综上,ECMWF 降水预报-观测概率匹配订正法对暴雨、大雨、小雨的订正有良好效果,中雨的订正不够理想。其中,以暴雨的预报订正效果为最佳,订正后预报评分有明显提高。从不同时效的订正效果看,24 h 时效订正效果最好,随着时效的延长订正效果逐渐降低。由于预报-观测概率匹配订正法融入了统计学方面的技术规律,能从总体上改善 ECMWF 面上雨量预报偏大或偏小的问题,但是对降水中心位置的偏差无法订正,即若降水落区(中心)报错时,预报评分提高甚微甚至降低,这也是在江西省 2014 年汛期一次降水集中期(2014 年 6 月 17—23 日)预报订正检验中发现个别预报评分提升不理想的原因。

3　结论与讨论

由于数值模式预报系统(以 ECMWF 为例)对大量级(强)降水预报普遍存在系统性偏小、对小量级的降水预报普遍存在系统性偏大的问题,研究降水预报(尤其暴雨以上)订正方法,最大可能消除模式预报系统大(小)量级降水预报的系统性偏差,对提高降水预报水平具有重要的科学意义和应用价值。通过采用 2015—2016 年 3—7 月 ECMWF 降水预报资料和历史观测资料,研究降水等级预报-观测概率匹配订正法,对站点逐一建立降水等级集合预报-观测概率匹配订正模型,在江西进行订正预报试验,获得如下几点结论:

(1)利用 Γ 函数拟合江西省站点的预报降水累积概率分布函数和观测降水累积概率分布函数,通过概率匹配订正法能够对 ECMWF 预报系统性偏小(大)误差进行订正,建立降水预报-观测概率匹配订正模型,获得站点 1～3 d 降水等级预报订正值,取得了提高降水预报质量的良好效果。

(2)降水预报订正值因站点位置的不同而不同,24 h 暴雨预报订正值区域分布显示在赣西北与赣南南部有相对的预报订正值小值中心;小雨预报订正值区域分布显示在鄱阳湖附近有相对的预报订正值大值中心。随着时效的延长分布规律会有变化。

(3)降水预报-观测概率匹配订正模型拟合预报统计分析和独立样本预报试验的检验分析表明:预报-观测概率订正法有效地提高了 ECMWF 1～3 d 降水预报质量,特别是 24～72 h 暴雨预报 ETs 有明显提高,漏报率、空报率降低。

(4)预报-观测概率匹配订正法对暴雨落区偏差订正效果未显示明显优势,当降水落区预报准确时,订正后预报评分有较大提高,当降水落区报错时,预报评分提高甚微以至于降低。

需要说明的是,由于 ECMWF 存档的降水预报资料有限,采用站点有限的实况降水量级频率替代该站点降水量级概率也有失全面,选择的累积概率分布函数是否合理等,都对预报-

观测概率匹配订正模型成功与否影响明显。通常来说，预报与观测匹配序列越长，其效果则越好。另外，需要说明的是，由于降水预报误差的产生来自很多方面，预报-观测概率匹配方法主要用于减少模式系统误差，如果系统性误差不显著时，对预报改进较为有限，因此提高模式预报系统的预报能力显得非常重要。总体而言，预报-观测概率匹配订正法在降水预报业务中成功应用有效改进了数值预报中各等级的降水预报，对江西省乃至长江中下游地区防灾、减灾具有重要意义。

参考文献

陈朝平，冯汉中，陈静，2010. 基于贝叶斯方法的四川暴雨集合概率预报产品释用[J]. 气象，**36**(5)：32-39.

陈飞，施平，2010. 基于 Cressman 客观分析的南海北部海区数据同化试验[J]. 热带海洋学报，**29**(4)：1-7.

陈海山，孙照渤，2005. 陆面模式 CLSM 的设计及性能检验 II. 模式检验[J]. 大气科学，**29**(2)：272-282.

陈静，薛纪善，颜宏，2005. 一种新型的中尺度暴雨集合预报初值扰动方法研究[J]. 大气科学，**29**(5)：717-726.

陈力强，韩秀君，张立祥，2005. 基于 MM5 模式的站点降水预报释用方法研究[J]. 气象科技，**31**(5)：268-272.

李俊，杜钧，陈超君，2014. 降水偏差订正的频率(或面积)匹配方法介绍和分析[J]. 气象，**40**(5)：580-588.

李勇，2007. 2007 年 6—8 月 EC 与 ECMWF 及日本模式中期预报性能检验[J]. 气象，**33**(11)：93-100.

梁莉，赵琳娜，巩远发，等，2010. 夏季淮河流域雨日降水概率的空间分布分析[C]//中国水利学会. 北京：2010 学术年会论文集(上册).

刘还珠，赵声蓉，赵翠光，等，2004. 国家气象中心气象要素的客观预报：MOS 系统[J]. 应用气象学报，**15**(2)：181-191.

刘建国，谢正辉，赵琳娜，等，2013. 基于多模式集合的小时气温概率预报[J]. 大气科学，**37**(1)：43-53.

刘琳，陈静，程龙，等，2013. 基于集合预报的中国极端强降水预报方法研究[J]. 气象学报，**71**(5)：854-866.

陆如华，何于班，1994. 卡尔曼滤波方法在天气预报中的应用[J]. 气象，**20**(9)：41-46.

潘留杰，张宏芳，王建鹏，2014. 数值天气预报检验方法研究进展[J]. 地球科学进展，**29**(3)：327-335.

潘留杰，张宏芳，朱伟军，等，2013. ECMWF 模式对东北半球气象要素场预报能力的检验[J]. 气候与环境研究，**18**(1)：112-123.

王斌，付强，王敏，2011. 几种模拟逐日降水的分布函数比较分析[J]. 数学的实践与认识，**41**(9)：128-133.

王亚男，2012. 多模式降水集合预报资料的统计降尺度及误差订正研究[D]. 南京：南京信息工程大学：48-54.

吴洪宝，王盘兴，林开平，2004. 广西 6、7 月份若干日内最大日降水量的概率分布[J]. 热带气象学报，**20**(5)：586-592.

姚明明，刘还珠，王淑静，2000. 大降水预报动力诊断方法[M]. 北京：气象出版社：103-107.

张宏芳，潘留杰，2014. ECMWF、日本高分辨率模式降水预报能力的对比分析[J]. 气象，**40**(4)：424-432.

张强，熊安元，张金艳，等，2009. 晴雨(雪)和气温预报评分方法的初步研究[J]. 应用气象学报，**20**(12)：692-698.

赵琳娜，梁莉，王成鑫，等，2011 基于贝叶斯模型平均的集合降水预报偏差订正[C]//第 28 届中国气象学会年会. 厦门：天气预报灾害天气研究与预报.

赵声蓉，曹晓钟，2000. 神经元网络的降水预报中暴雨落区预报实用方法[M]. 北京：气象出版社：137-139.

周迪，陈静，陈朝平，等，2015. 暴雨集合预报-观测概率匹配订正法在四川盆地的应用研究[J]. 暴雨灾害，**34**(2)：97-104.

Black T L，1994. The new NMC mesoscale eta model：Description and fore-cast examples[J]. Wea Forecasting，**9**：265-278.

Hamill T M，Colucci S J，1998. Evaluation of Eta-RSM ensemble probabilis-tic precipitation forecasts[J]. Mon

Wea Rev, **126**: 711-724.

Husak G J, Michaelsen J, Funk C, 2007. Use of the gamma distribution to rep-resent monthly rainfall in Africa for drought monitoring applications[J]. International J. Climatology, **27**: 935-944.

Woolhiser D A, 1992. Modeling daily precipitation-process and problems[M]. Statistics in the Environmental & Earth Sciences, London: Walden A T, Guttorp P Halsted Press: 71-89.

“频率匹配法”在集合降水预报中的应用研究

李　俊[1]　杜　钧[2]　陈超君[1]

（1.中国气象局武汉暴雨研究所 暴雨监测预警湖北省重点实验室，武汉 430074；
2.美国国家海洋大气局国家环境预报中心，华盛顿）

摘　要

基于“频率匹配法”的思路，采用两种方法进行了集合降水预报的订正研究，一种方法是利用集合成员降水频率订正简单集合平均平滑效应的“概率匹配平均”法，另一种方法是利用实况降水频率订正集合成员降水预报系统偏差的“预报偏差订正”法，通过个例和批量试验，结果表明：(1)概率匹配平均法可以矫正简单集合平均的平滑作用所造成的小量级降水分布范围增大而强降水被削弱的负作用，这种改进对强降水区更显著，并且集合系统离散度越大这种改进也越大；但该方法对预报区域内总降水量的预报没有改进作用，不能改善预报的系统性偏差。(2)虽然预报偏差订正法对降水落区预报的改进有限，但可以订正模式降水预报的系统性误差，改进雨量预报以及集合预报系统的离散度特征和概率预报技巧；直接对集合平均预报进行偏差订正的效果优于单个成员偏差订正后的简单算术平均。(3)在对每个集合成员的降水预报进行偏差订正后，概率匹配平均仍可改善其简单平均的效果，因此在实际业务中，应该综合采用上述两种方法，以获得在消除系统性偏差的同时各量级降水分布又合理的集合平均降水预报。

关键词：降水预报　集合预报　频率或概率匹配　集合平均　偏差订正

引言

基于“频率匹配法”的思路，根据参考频率的不同，分两种方法进行了集合降水预报的订正研究，一种方法是利用集合成员降水频率订正简单集合平均的平滑效应（以下简称“概率匹配平均”法），另一种方法是利用实况降水频率订正集合成员降水预报的系统偏差（以下简称“预报偏差订正”法）。上述两种方法的具体介绍和试验数据见第1节，在第2节利用北京2012年7月21日特大暴雨个例（李俊等，2014a），分析了概率匹配平均法的效果及其在不同集合离散度情形下的差异（仅限集合平均预报）。在第3节利用武汉暴雨所的区域集合预报业务系统（李俊等，2010a），除通过批量试验进一步系统地检验概率匹配平均的效果外，还重点试验了上述两种订正方法相结合的综合效果，此外，还讨论了预报偏差订正对集合预报系统散离度和概率预报技巧的改进效果。最后在第4节给出结论与讨论。

1　试验数据和方法

在文中第2节用到北京2012年7月21日（“7·21”）特大暴雨个例的两组集合预报试验数据（李俊等，2014a）；在文中第3节使用基于AREM短期集合预报系统2010年4月11日—7月31日逐日的集合降水预报资料。

“频率匹配法”的基本思路是通过统计在不同等级阈值条件下降水出现的参考频率和预报频率，把有偏差的预报频率调整到较准确的参考频率，从而达到订正降水偏差的方法。降水频率的计算方法如下

$$F_J = \frac{B_J}{A} \tag{1}$$

式中，J 表示自定义的不同等级降水阈值，F_J 为降水阈值 J 的频率，A 为总降水站次，B_J 为降水阈值 J 出现的站次。

基于上述“频率匹配法”的思路，根据参考频率的不同，文中采用了以下两种降水订正方法：

(1)概率匹配平均

利用集合成员在某个阈值上的降水频率作为参考频率来订正简单算术平均集合降水预报。

(2)降水预报的偏差订正

利用观测降水频率作为参考频率来订正预报。

2 个例分析

2.1 概率匹配平均

李俊等(2014a)基于 WRF 模式对 2012 年 7 月 21 日北京特大暴雨过程进行了集合降水预报试验，研究发现其中多物理方案组合的集合预报系统(multi)从总体来说效果最佳，较对照预报的改进最大，但是在大暴雨量级的集合平均预报(multi_sm)比对照预报(ctl)更差(图 1a)，原因是集合平均的光滑作用使强降水区域大幅度缩小了，而小雨区(如小于 10 mm)大幅度扩展了。采用概率匹配平均。改进了原来 150 mm 以上降水大部分漏报的情况，因而 TS 评分得到明显改进。频率匹配使得订正后的集合平均的小量级降水预报面积减小，而大量级降水面积增大。

虽然概率匹配平均可以通过缩减弱降水区和扩展强降水区来提高不同量级降水预报范围和量的准确性，但这种调节是基于集合成员的降水频率，即把简单集合平均在各量级上的降水调回到原集合成员的水平，因此，概率匹配平均应该仍具有集合成员原有的系统性偏差。概率匹配平均可以改进强降水负面影响的订正(这一点对暴雨集合预报更加重要)，但却没有能力改进降水量的系统性偏差。

2.2 离散度对概率匹配平均的影响

概率匹配平均基于集合成员的降水频率，因而其作用应该同集合预报系统的离散度有关。当集合离散度越大，集合平均的光滑作用就愈明显，相应参考频率和预报频率的差异也越大，则订正效果应该越明显；反之，作用愈小，当离散度为 0 时，就没有订正作用。通常一个好的集合预报系统有较大的离散度，因而更有必要使用概率匹配方法来修正其集合平均预报。

3 业务系统批量试验

在个例试验的基础上，以下用业务预报系统进行批量试验，一方面用批量试验进一步验证概率匹配平均的效果，另一方面分析预报偏差订正对集合预报系统散离度和概率预报技巧的

改进效果以及两种方案结合的综合效果。批量试验基于武汉暴雨研究所的 AREM 短期集合预报系统(AREM_EPS)(李俊等,2010a)。

3.1 概率匹配平均

对逐日的简单集合平均降水进行概率匹配订正,总体而言,概率匹配平均批量试验结果与第 2 节个例分析结果一致。但虽然利用集合成员可以有效地订正由于集合平均光滑作用所造成的雨区面积伸缩或降水量重新分配的问题,但却无法订正由于模式系统误差所造成的雨量的系统误差,以下结合第 1 节提到的方案二(预报偏差订正),用过去的观测降水来订正预报的系统偏差。

3.2 预报偏差订正

用观测降水对 11 个集合成员分别进行了降水偏差订正,订正后 24～48 h 降水预报(ens48_bc)的 Talagrand 分布明显得到改善,系统性湿偏差得到修订,集合离散度质量(方向)得到改善。离散度质量的改进(这里主要是方向的改进)必然会使基于该集合的概率预报包含更多的信息量或可预报性增大,采用 Brier 技巧评分(BSS)方法,对订正前后降水预报的概率技巧进行了检验,降水预报的概率技巧均有明显提高。

11 个集合成员偏差订正后的简单算术平均和对原始集合成员的简单平均直接用实况订正,二种偏差订正方案订正后的集合平均降水量的平均误差均大幅度减小、系统性的湿偏差得到修正,其中直接对平均预报进行订正的效果略好,但 TS 评分改进都不大或略差。采用实况频率对降水预报进行订正,可以较大地改进降水量的预报效果但对落区预报改进不大。

3.3 偏差订正对概率匹配平均的影响

以降水偏差订正后的 11 个集合成员的降水频率作为参考频率,对基于订正后成员的简单平均降水进行概率匹配订正,当每个集合成员降水预报先进行了偏差订正后,概率匹配平均仍可明显地改善简单集合平均。

在最终的集合平均计算中,可以综合采用第 1 节这两种订正方法(以实况为参考频率和以集合成员预报为参考频率),采取两步订正(订正预报系统偏差和订正集合平均光滑负作用),获得既能消除降水量的系统性偏差同时各量级降水分布又合理的集合平均预报。

4 结论和讨论

基于“频率匹配法”的基本思路,采用基于集合成员频率的“概率匹配平均”和基于实况降水频率的“预报偏差订正”两种订正方法,通过个例和批量试验,进行了集合降水预报的误差订正研究,结果表明:

(1)采用集合成员频率订正后的集合平均降水预报,可以改进简单平均中平滑造成的小量级降水增多而强降水被削弱的现象,概率匹配平均对简单平均的改进主要表现在对不同量级降水范围的调整上,尤其是强降水的范围,而对整个区域的总降水量预报没有改进;当集合预报系统离散度愈大时这种订正效果也愈好。

(2)概率匹配集合平均不能订正由于模式系统缺陷所导致的系统性误差,这种系统性的预报偏差可以利用过去的实况来加以订正。研究结果表明,采用预报偏差订正方法,可以明显订正降水量和雨区范围的系统性误差,但对落区预报的改进有限;对集合成员进行偏差订正也能明显地改进集合预报系统的离散度特征和概率预报技巧;对于集合平均预报需要单独进行偏差订正，这样做的效果要优于单个成员偏差订正后的简单算术平均。

(3)综合采用以上两种订正方法,可以获得既能消除系统性偏差同时各量级降水分布又合理的集合平均降水预报。结果表明,即使在预报系统性偏差被订正后，概率匹配平均较简单平均在暴雨和大暴雨量级仍有明显的改进,其原因是偏差订正可以大幅度地消除降水量预报的误差,而概率匹配平均可以在一定程度上校正降水落区(通过平均过程)和不同量级范围(通过频率匹配)的误差,所以这两种方法互为补充,它们的结合既改进降水量的预报也可以改进降水落区和范围的预报,达到较佳的预报结果,因此,在实际业务中可以综合使用上述两种方法处理集合平均降水预报。

本文涉及两个模式,在个例分析中使用的是 WRF 模式个例试验的结果,在批量试验中使用的是暴雨所 AREM 短期集合预报系统,是互相独立的资料,尽管其系统的偏差特性不同,但也进一步说明了“频率匹配”原理的普适性，该方法对具有不同系统偏差的系统同样适用，通过订正可以减小原来的偏差(无论是干偏差或湿偏差)。

参考文献

李俊,杜钧，刘羽,2014a. 北京“7.21”特大暴雨不同集合预报方案的对比试验[J]. 气象学报,**73**(1):50-71.

李俊,杜钧,陈超君,2014b. 降水偏差订正的频率(或面积)匹配方法介绍和分析[J]. 气象，**40**(5):580-588.

李俊,杜钧，王明欢，2009. 中尺度暴雨集合预报系统研发中的初值扰动试验[J]. 高原气象，**28**(6):1365-1375.

李俊,杜钧,王明欢,等,2010b. AREM 模式两种初值扰动方案的集合降水预报试验及检验[J]. 热带气象学报,**26**(6):217-228.

李俊,王明欢,公颖,等,2010a. AREM 短期集合预报系统及其降水预报检验[J]. 暴雨灾害,**29**(1):30-37.

西太平洋副热带高压对贵州夏季降水的影响

王　芬

（贵州省黔西南州气象局，兴义 562400；贵州省山地气候与资源重点实验室，贵阳 550002）

摘　要

利用贵州县级台站 1979—2015 年 6—8 月逐月降水资料、2011—2015 逐日降水资料、国家气候中心提供的副热带高压（副高）指数及 NCEP 第二套再分析资料对西太平洋副高与贵州夏季降水的关系进行了分析，并对副高位置发生变化时贵州暴雨带的变化进行了对比。结果表明：(1)贵州大部分区域的夏季降水与副高面积指数、强度指数为正相关，与副高脊线、西伸脊点为负相关；当面积增大或强度增强时，对应贵州降水偏多；降水偏多时副高脊点在 25.1°N，较之降水偏少年的 26.4°N 位置偏南，降水偏多年时平均西伸脊点 126°E，偏少年时东退至 128.6°E；降水偏多年，6 月副高位置与常年相比明显偏西，7 月东退北推，与常年平均位置接近，8 月明显东退至 135°E 附近，位置与常年平均位置接近；降水偏少年，6 月副高位置比常年相比无明显变化，但是和降水偏多年相比，位置明显偏东，7 月明显东退北推，与常年平均位置相比略偏东，8 月明显东退至 145°E 附近。(2)副高面积指数、强度指数与降水在 2～4 a 较为显著的凝聚共振关系，二者基本为同位相变化；副高脊线、西伸脊点与降水具有 2 a 的凝聚共振关系，且脊线（西伸脊点）与降水呈反位相变化，脊线（西伸脊点）的变化明显超前于降水的变化。(3) 6—8 月贵州出现暴雨天气时，副高脊线的平均位置具有逐步北推的趋势，6、7、8 月副高脊线的平均位置分别位于 21.9°、27.6°、28.6°N，其西伸脊点的平均位置具有逐步西进的趋势，6、7、8 月分别位于 115°、109.6°、107.1°E。；当副高脊线位于 21°－25°N 时，贵州有两个暴雨中心；随着副高北推至 25°－29°N，暴雨带明显北移至贵州中北部一带，且暴雨日数明显增多；当副高再次北移至 29°－33°N 时，暴雨日明显减少，暴雨中心主要位于安顺市至黔南州西北部一带。当副高西伸脊点位于 90°－100°E 时，贵州暴雨中心位于贵阳市至安顺市北部及铜仁市一带，随着副高东退至 100°－110°E，暴雨日明显减少，中心位置北移至黔东北、黔西北一带；当副高再次东退至 110°－120°E，暴雨日继续减少，副高继续东退至 120°E 以东时，暴雨中心在贵州中西部的安顺市一带。

关键词：西太平洋副热带高压　贵州　夏季降水　暴雨

引言

西太平洋副热带高压是环绕北半球副热带地区的三大高压单体之一（俞亚勋等，2013），它是制约大气环流变化的重要因素之一，与中国天气、气候变化有非常密切的关系，是控制热带、副热带地区的、持久的大型天气之一。诸多研究表明，近年来西太平洋副热带高压（以下简称副高）的强度及其位置也发生了较为明显的变化（程肖侠等，2010）。中国许多气象工作者针对副高与降水开展了很多工作：赵振国（2001）的研究表明，在诸多影响长江流域夏季降雨的主要因子中，副高与降雨的关系最好，作用最显著；姚愚等（2004）发现副高加强西伸对中国大部分地区降雨有利，而面积指数和强度指数主要与局部地区降雨的丰歉有关，和中国大部分地区主汛期旱涝有密切关系；高由禧(1962)指出由春入夏，东亚夏季风雨带随副高北进而北推的事实。

贵州省位于中国低纬高原地区东南侧，各地旱涝灾害严重，降水的异常对经济建设及工农业生产有非常大的影响，因此深入系统地研究影响贵州降水异常的气象因子，进一步提高旱涝气候、天气预报预测水平，是一个非常有意义的研究课题(伍红雨等，2003)。近年来贵州的气象工作者也对贵州夏季降水或副高作了一些研究工作，徐亚敏(1999)认为冬、夏季风同位相增强阶段夏季西太平洋副高位置容易偏北，贵州降水偏少，同位相减弱阶段夏季西太副高易偏南，贵州降水偏多；王芬等(2014)认为影响贵州夏季降水的海温关键区，从上年夏季至同期春季逐步由北太平洋的加利福尼亚冷流区过渡到黑潮区，北太平洋海温异常升高可引起向中纬度西太平洋传播的波列，通过加强西风，造成西太平洋副高西伸、偏强，有利于贵州降水异常偏多；许炳南(2001)对贵州夏季旱涝短期气候预测进行了初步探索，分析研究了贵州夏季严重旱涝的异常环流特征，指出严重旱涝的形成受 500 hPa 环流系统制约，另外还利用东亚大槽和北美东岸大槽异常配置建立了夏季旱涝预测信号等 5 个预测因子，并依据这些预测建立了贵州旱涝短期气候预测模型。前人对贵州夏季降水从天气及气候上均做了一些研究，但是针对副高与降水系统性的研究尚不够深入，特别是副高在哪个月份对哪些区域的影响更大，副高与贵州夏季降水有无凝聚共振关系，副高位置变动时，贵州暴雨带如何发生变化，这些问题的研究尚未开展。本研究尝试利用副高南北进退和东西伸缩的月平均位置、日平均位置、面积指数、强度指数及贵州县级台站逐月、逐日降雨量数据，揭示副高与贵州夏季降水的关系，并就副高位置变化时对应贵州暴雨带发生了哪些变化进行了分析，并就其原因从天气学上进行了简单的探讨。

1 资料与方法

1.1 资料来源

(1)NCEP/NCAR 提供的 1979—2015 年第二套月平均 500 hPa 高度场再分析资料，空间分辨率 2.5°×2.5°。

(2)国家气候中心提供的 1951—2015 年 6—8 月副高指数资料。

(3)国家气候中心提供的 2011—2015 年 6—8 月逐日副高指数资料。

(4)贵州省县级台站 1979—2015 年 6—8 月月平均降水资料：85 个站中的汇川、白云两站缺测值太多，无法进行相关插补，故舍弃，选取其中的 83 站资料进行分析，图 1 用小圆圈标示出了 83 个台站的站点位置。

(5)贵州省 85 个县级台站 2011—2015 年 6—8 月逐日降水资料。

其中资料(3)逐日副高指数资料只能获取到 2011 年至今的，故其对应的研究对像就只能是 2011 年以来的逐日降水资料。根据相关业务标准，某站出现一次 24 h 降水量≥50 mm 时定义该站为一个暴雨日，这里的 24 h 指的是前日 20 时至当日 20 时，如 2015 年 7 月 14 日 20 时至 7 月 15 日 20 时出现的暴雨定义为 2015 年 7 月 15 日暴雨。国家气候中心提供的副高资料包括：副高面积指数、副高强度指数、脊线、西伸脊点，分别定义如下：

面积指数：10°N 以北 110°－180°E 范围内，平均位势高度大于 588 dagpm 网格点数。

强度指数：对平均位势高度大于 588 dagpm 网格点的位势高度值与 587 dagpm 之差进行

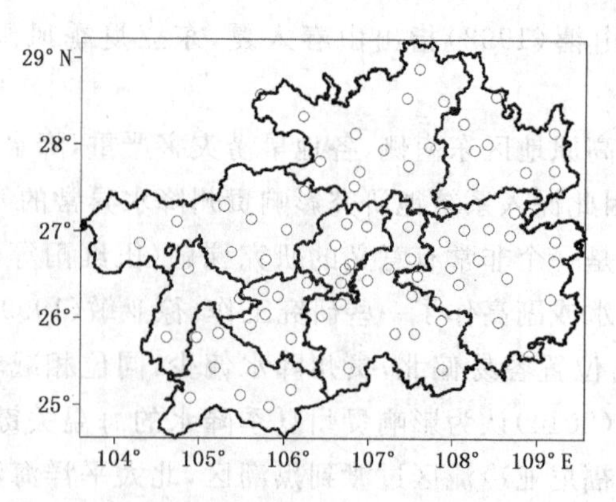

图1　贵州83个台站位置分布

累计(即588为1,589为2)此累计值为副高的强度指数。

脊线位置:取110°－150°E范围内副高体脊线与9条经线交点的纬度的平均值为副高的脊线位置。

西脊点:取90°－180°E范围内588 dagpm等值线最西位置所在的经度定义为副高的西脊点。

另外,文中就全贵州省大范围的暴雨与副高的关系做了分析,因为一站或几站的小范围暴雨并不一定与副高有紧密的关系,而副高的位置、强度与大范围的全省暴雨之间的关系则更有研究的实际意义。根据相关业务规定,定义当日暴雨站数不少于10个县站为一次全省性暴雨天气过程。

1.2　方 法

文中对副高夏季四个指数与贵州夏季降水求相关,并进行了t检验,找出二者相关系数的空间分布;对夏季降水异常年份对应的副高指数进行合成分析,使用t检验方法对距平变量场进行显著性检验,找出了降水异常年份副高有无异常变化及其平均位置;利用凝聚小波分析找出副高指数与降水有无凝聚共振关系;给出近5年来贵州夏季暴雨发生时对应副高的位置,并就副高位置发生变化时贵州暴雨带的变动给出了详尽分析。

2　副高指数与贵州夏季降水的关系

2.1　副高指数与降水的相关系数

图2给出了1979－2015年夏季副高四个指数与降水的相关系数空间分布,其中深、浅阴影区分别为通过0.05、0.1显著性检验的区域。分析图2a可知,贵州大部分区域夏季降水与副高面积指数的相关系数为正,但是相关不紧密,仅有东北部的部分区域通过了显著性检验,在贵州西南至中部有部分区域为负相关。副高强度指数与降水的相关系数空间分布和面积与降水的分布较为一致(图2b),仅在贵州东北部有部分区域通过了显著性检验,其余地区关系不紧密,在贵州西南至中部一线的部分区域为负相关。分析图2c可知,在贵州大部分区域,副高脊线与降水为负相关,通过显著性检验的区域主要集中在遵义市东北部、毕节市及黔南州至黔东南州交界。副高西伸脊点与降水基本为负相关(图2d),只在遵义市中南部为正相关,与图2c相比,通过显著性检验的区域明显变小。

分析了6、7、8月副高面积指数、强度指数和降水量的空间相关系数(图略),可知,6月贵

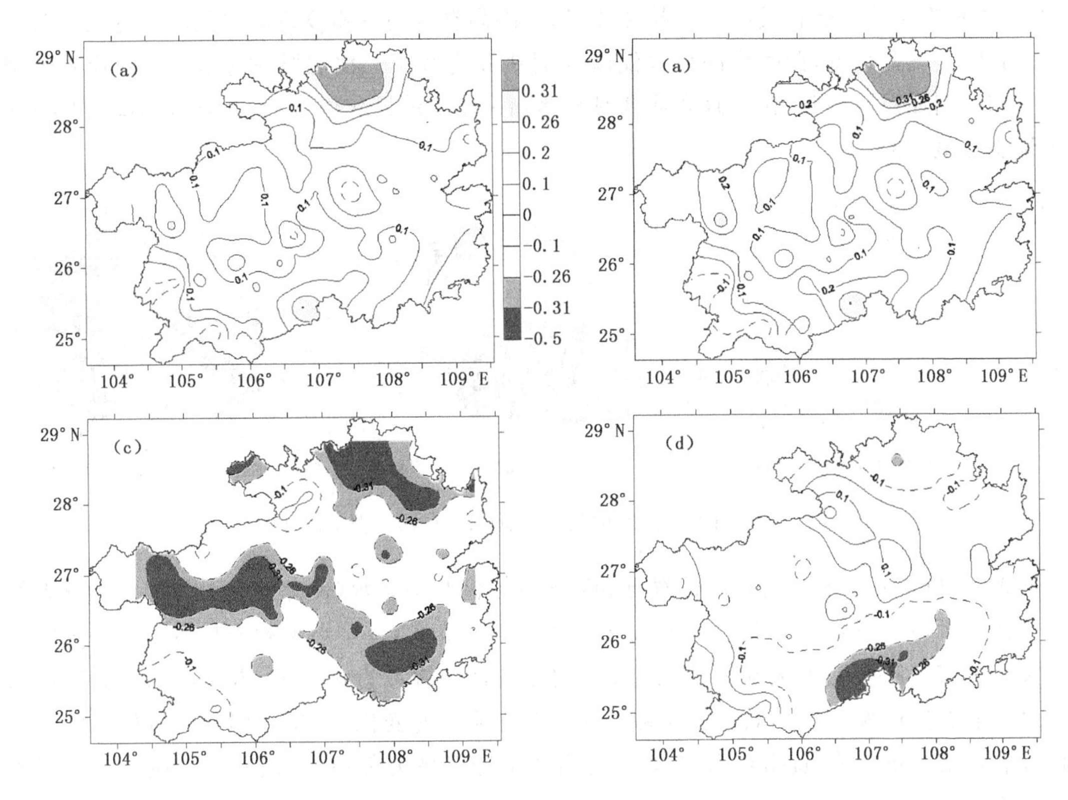

图 2　副高四个指数与贵州夏季降水的相关分析(a,面积指数,b,强度指数,c,脊线,d,西伸脊点)

州大部分区域的降水与副高面积成正相关,贵州的西部有部分区域为负相关,在贵州中东部有部分区域二者关系紧密,通过了显著性检验。到了7月,整个贵州的夏季降水与面积指数均为正相关,在贵州西南部及东北部分区域相关性通过了显著性检验。8月二者的相关发生了明显的变化,贵州中南部为负相关,而北部为正相关,且通过相关性检验的面积也有所减少,仅在西南部及黔南州的东北部有小部分区域通过了显著性检验。6月贵州中东部的降水与副高强度指数成正相关,西部为负相关,在贵州中东部有部分区域二者的关系紧密。到了7月,整个贵州的夏季降水与强度基本为正相关,在贵州的西南及东北小部分区域相关通过了显著性检验。8月,二者的相关发生了明显的变化,贵州中南部为负相关,而北部为正相关,在西南部及黔南州的东北部有小部分区域通过了显著性检验。

图3分别给出了6、7、8月副高脊线和降水量的相关系数空间分布。分析图3a可知,6月,贵州中东部的降水与副高面积成正相关,其余为负相关,其中在贵州南部有小部分区域二者的关系紧密,通过了显著性检验。到了7月(图3b),整个贵州的夏季降水与脊线均为负相关,且贵州西部及东北大部分区域相关性均通过了显著性检验。8月(图3c),整个贵州的夏季降水与脊线仍为负相关,且贵州大部分区域都通过了显著性检验,仅在贵州西南边缘、北部边缘有小部分区域未能通过显著性检验。大量研究表明,在副热带高压带控制下盛行下沉气流,下沉气流增温,水汽不易凝结,因而形成干燥少雨的天气,而在副热带高压脊的北侧与西风带副热带锋区相邻,多气旋和锋面活动,且副高脊线西北侧的西南气流是向暴雨区输送水汽的重要通道,伴随着上升运动,多为阴雨天气(朱乾根等,2007)。随着夏季的来临,副高不断西伸北

推，其对贵州降水的影响日益明显。从图 4 可知，副高脊线与贵州夏季降水的相关性从 6 月至 8 月逐步升高，6 月最低，此时副高位置偏南，7 月中旬脊线第二次北跳越过 25°N，对应贵州降水与其相关明显提高，副高在 7 月底或 8 月初达到一年中的最北位置，而 8 月贵州降水与脊线相关性也是最高的。

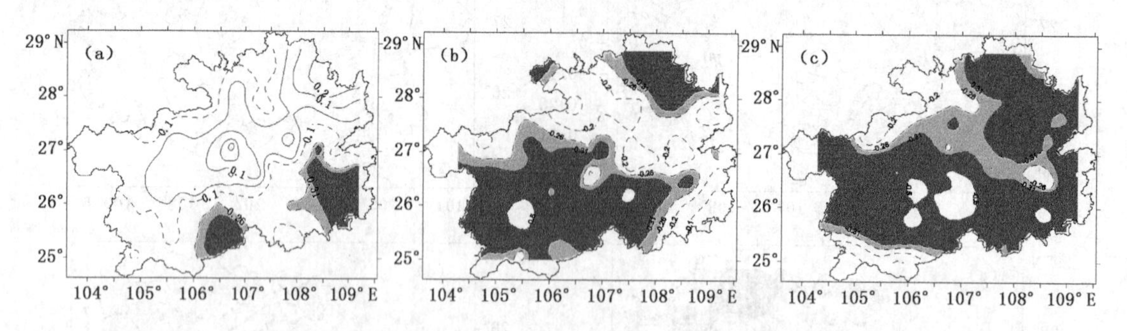

图 3　副高脊线与降水的相关分析(a. 6 月，b. 7 月，c. 8 月)

同理，分析了 6、7、8 月副高西伸脊点和降水的空间相关系数(图略)，可知，6 月，贵州大部分区域的降水与西伸脊点成负相关，仅在西部边缘为正相关，其中在贵州南部有小部分区域二者的关系紧密。7 月，贵州大部分区域的夏季降水与西伸脊点为负相关，贵州西部部分区域相关通过了显著性检验。8 月，其相关系数发生了较为明显的变化，贵州大部分区域的夏季降水与西伸脊点变为正相关，贵州东南部、西北部有小部分区域为负相关，且所有区域二者的相关系数均未通过显著性检验。

2.2　降水异常发生时副高指数的变化

把贵州夏季 1979－2015 年降水量数据标准化处理，定义大于 1 倍标准差的年份为降水异常偏多年，小于 1 倍标准差的年份为降水异常偏少年，分别得到降水偏多年 7a、偏少年 6a (表 1)。

表 1　贵州夏季降水异常年份

降水偏多年份	1979	1991	1993	1996	1999	2007	2014
降水偏少年份	1981	1989	1990	2006	2011	2013	

对图 4 降水异常年份的 500 hPa 高度场进行合成分析，在降水偏多年的 6 月(图 4a)，副高位置位于 117°E、14°－30°N 附近，与常年相比，位置明显偏西，整个贵州位势高度为正距平，表明 500 hPa 等压面上升，空气柱厚度增加，低层存在暖湿气流。到了 7 月(图 4b)，副高东退北推，位于 120°E、18°－30°N 附近，且与常年的平均位置接近，贵州的大部分区域为负距平，仅在南部为正距平。8 月(图 4c)，副高明显东退至 135°E 附近，其位置与常年平均位置接近，整个贵州 500 hPa 位势高度为负距平，表明 500 hPa 等压面下降，空气柱厚度降低，低层存在干冷气流。

分析图 5 可知，在降水偏少年的 6 月(图 5a)，副高位于 122°E、14°－30°N 附近，与常年相比，位置无明显变化，但是和降水偏多年相比，位置明显偏东；贵州大部分区域位势高度为负距平，表明 500 hPa 等压面下降，空气柱厚度降低，低层存在干冷空气，不利于降水的发生。到了 7 月(图 5b)，副高明显东退北推，位置位于 124°E、20°－35°N 附近，且与常年平均位置相比略

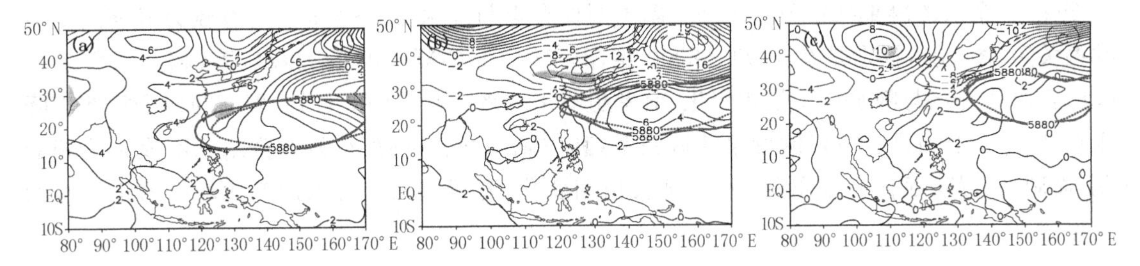

图 4 贵州夏季降水异常偏多年 500 hPa 高度场距平合成(a.6 月,b.7 月,c.8 月;单位:dagpm)

偏东,贵州北部为正负距平,南部为负距平。8 月(图 5c),副高明显东退至 145°E 附近,贵州大部分地区 500 hPa 位势高度为负距平,表明 500 hPa 等压面下降,空气柱厚度降低,低层存在干冷气流,仅在东北部边缘为正距平。

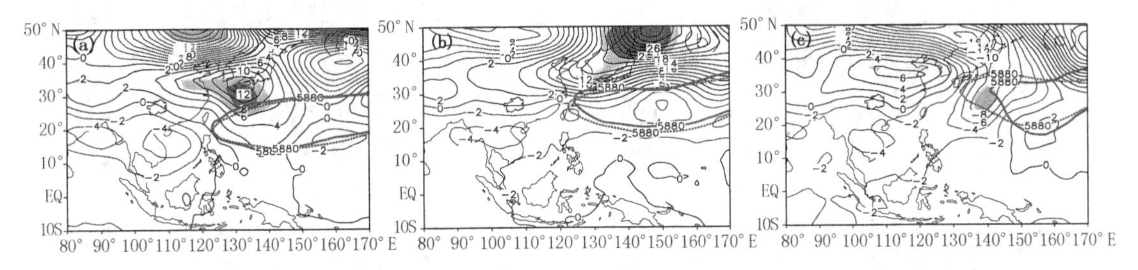

图 5 贵州夏季降水异常偏少年 500 hPa 高度场距平合成(a.6 月,b.7 月,c.8 月;单位:dagpm)

计算了降水在正、负异常年时对应的副高指数(表 2),可知,降水异常偏多时,副高面积指数为 69,强度指数为 142.4,较之偏少年的 57.1、115 明显偏大,说明副高面积和强度指数均与降水成正相关,当面积增大或强度增强时,对应整个贵州的降水是偏多的;降水偏多时副高脊点位于 25.1°N,较之降水偏少年的 26.4°N 位置明显偏南;降水偏多年时平均西伸脊点位于 126°E,偏少年时副高东退至 128.6°E。

表 2 贵州夏季降水异常时的副高指数

	面积指数	强度指数	脊线(°N)	西伸脊点(°E)
降水异常偏多年	69.0	142.4	25.1	126
降水异常偏少年	57.1	115.0	26.4	128.6

2.3 副高指数与降水的凝聚小波分析

图 6 给出了夏季副高指数与夏季降水总量的凝聚小波分析,实线为通过 0.05 的白噪声检验的临界值,细实线为小波变换的数据边缘效应影响较大区域,箭头由左指向右表示二者同位相变化,箭头竖直向上表示前一个变量变化超前于后一个 90°。分析图 6a 可知,副高面积指数与降水在 1979—1989 和 1992—1998 年这两个时段具有 2～4 a 较为显著的凝聚共振关系,其中在 1979—1989 年二者有 3～4 a 的凝聚共振关系,且二者基本为同位相变化;在 1992—1998 年间二者有 2 a 的凝聚共振关系,其余时段二者的凝聚共振关系不好,没有通过显著性检验。副高强度与降水在 1979—1989 年具有 2～4 a 的凝聚共振关系(图 6b),且二者基本为同位相变化,其余时段的凝聚共振关系不好。副高脊线与降水在 1990—1998 年具有 2 a 的凝聚共振关系(图 6c),其相关系数超过 0.8,且脊线与降水成反位相变化,脊线的变化明显超前于降水

的变化，其余时段凝聚共振关系不好。副高西伸脊点与降水在2～4 a上具有较为显著的凝聚共振关系(图6d)，特别是在1990－2000年，其2～3 a的凝聚共振关系显著，相关系数超过0.8，且西伸脊点与降水成反位相变化，前者超前于后者。总结图6可知，副高的四个指数与降水在2～4 a上均具有较好的凝聚共振关系，其中副高面积、强度分别与降水基本成正位相变化，而副高脊线、西伸脊点分别与降水成反位相变化，脊线和西伸脊点的变化均超前于降水的变化。

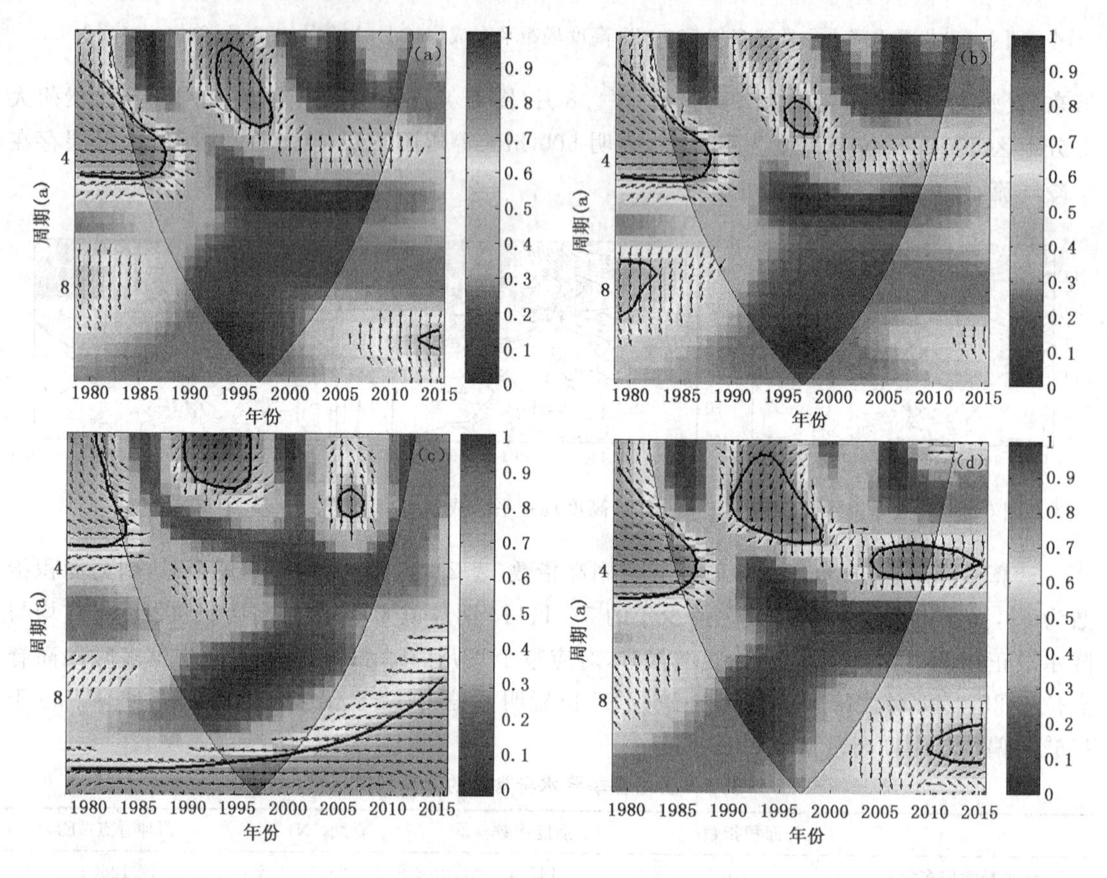

图6 副高指数与贵州夏季降水量的凝聚小波分析(a.面积指数，b.强度指数，c.脊线，d.西伸脊点)

3 副高变化与贵州夏季暴雨的关系

3.1 贵州暴雨发生时副高的位置

利用2011－2015年逐日降水资料及逐日副高指数资料，对二者的关系进行了分析。图7给出了暴雨站数与对应当日脊线位置的散点图，分析图7a可知，近5年6月贵州共出现过63次暴雨，暴雨发生时，脊线位于15°－20°N的有12次，20.1°－25°N的44次，25.1°－30°N的7次，脊线位置15°－27°N，平均位置21.9°N。分析图7b可知，近5年7月贵州共出现50次暴雨过程，脊线位于22°－29°N的有32次，29.1°－35°N的18次，脊线位置在22°－35°N，平均位置27.6°N。分析图7c可知，近5年贵州8月共出现40次暴雨过程，脊线位于20°N以南的有1次，22°－26°N的12次，26.1°－30°N的10次，30°N以北的17次，脊线在20°－36°N，平均位置28.6°N。

若定义当日暴雨站大于10站为一次全省性暴雨过程，可知6月出现13次全省性暴雨过程中，脊线平均位置22.2°N，其中在16°—21°N的有2次，21.1°—25°N的有10次，27°N以北的有1次。7月共出现10次全省性暴雨过程，脊线的平均位置27.4°N，其中22°—25°N的2次，25.1°—27°N的4次，27.1°—30°N的2次，30°N以北的有2次。8月共出现6次全省性暴雨过程，脊线的平均位置为26.3°N，其中26°—29°N的有3次，20°—22°N的有2次，30°N以北的有1次。

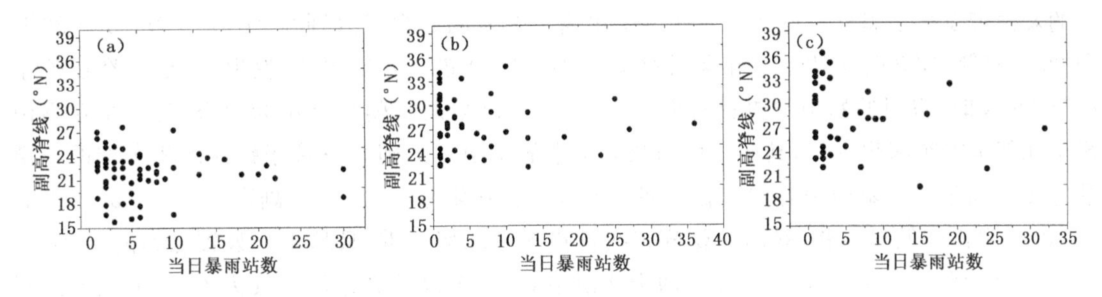

图7　副高脊线位置与当日暴雨站数的散点图(a.6月，b.7月，c.8月)

比较图7a、7b、7c可知，6月出现暴雨天气时脊线主要集中在21°—24°N，平均位置21.9°N，而到了7、8月，脊线明显北移，7月主要集中在22°—35°N，平均位置27.6°N，8月继续北移，平均位置28.6°N。

图8给出了暴雨站数与对应当日副高西伸脊点的散点图，分析图8a可知，近5年贵州6月出现的63次暴雨过程中，西伸脊点在90°—110°E的有19次，在110.1°—125°E的有32次，125.1°E以东的有12次，西伸脊点在90°—142°E，平均西伸脊点115°E。分析图8b可知，近5年贵州7月出现的50次暴雨过程中，西伸脊点在90°—110°E的有24次，在110.1°—125°E的有22次，125.1°E以东的有4次，西伸脊点位置在90°—142.4°E，平均西伸脊点109.6°E，其中最西脊点位置90°E(近5年共出现过10场暴雨，其中全省性暴雨有1次)。分析图8c可知，近5年8月出现的这40次暴雨过程中，西伸脊点在90°—110°E的有22次，110.1°—125°E的有10次，125.1°E以东的有8次，西伸脊点位置在90°—141.8°E，主要集中位置有两个，一个在90°E，另一个在118°—130°E，平均西伸脊点107.1°E。

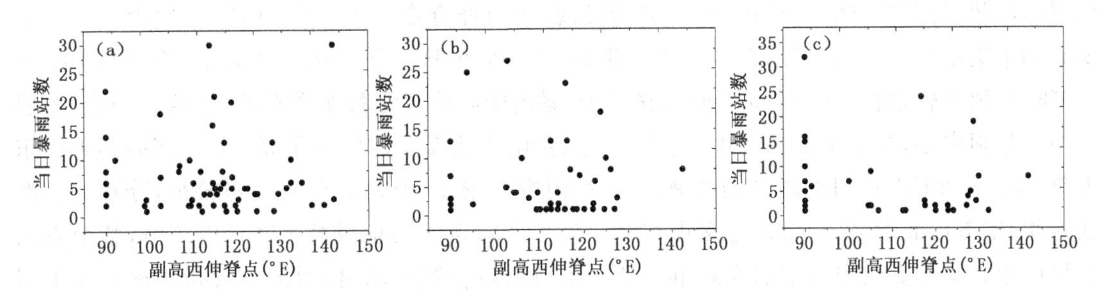

图8　副高西伸脊点与当日暴雨站数的散点图(a.6月，b.7月，c.8月)

6月的全省性暴雨过程中，脊线平均位置为112.7°E，其中在90°—100°E的有3次，100.1°—110°E的有2次，110.1°—120°E的有5次，120°E以东的有3次。7月的全省性暴雨过程中，脊线平均位置为109.6°E，其中在90°—100°E的有2次，100.1°—110°E的有3次，110.1°—120°E的有3次，120°E以东的有2次。8月的6次全省性暴雨过程中，脊线平均位置为

100.9°E,其中在90°E有4次,另外两次分别为116.8°和128.8°E。

比较图8a、b、c可知,6月出现暴雨天气时副高西伸脊点主要集中在108°—125°E,平均西伸脊点115°E,而到了7月,西伸脊点明显西移,主要集中在110°—128°E,平均西伸脊点109.6°E,8月继续西伸,位置集中在90°E及118°—130°E,平均西伸脊点107.1°E。

3.2 副高位置变化时贵州暴雨带的变化

以上分析表明,7、8月副高脊线与贵州降水关系较为密切,但是脊线发生变化时,对应贵州的暴雨带发生了怎样的变化呢?图9给出当7、8月副高脊线分别在21°—25°N、25°—29°N和29°—33°N摆动时该站近5年累计暴雨日的空间分布。分析图9a发现,当副高脊线位于21°—25°N时,贵州的暴雨主要有两个集中带,一个以黔西南州兴义市为中心,另一个在黔南州东北部至黔东南州一带,其中黔西南州兴义市的暴雨日达到5 d,位于黔西南州东部的望谟县为4 d,而第二个暴雨中心黔东南州的天柱县、雷山县为4 d。随着副高北移至25°—29°N(图9b),暴雨带明显北移,暴雨主要分布在贵州的中北部一带,且暴雨日数较之副高在21°—25°N时明显增多,在0～7 d,主要有两个暴雨中心,一个以遵义市凤冈县为中心,最大值达到7 d,另一个位于毕节市、贵阳市交界,以毕节市织金县为最大,达7 d。当副高再次北移至29°—33°N时(图9c),整个贵州的暴雨日明显减少,在0～3 d,其暴雨中心主要位于安顺市至黔南州西北部一带,其中黔西南州兴义市、黔南州长顺县、安顺站、安顺市普定县均达到4 d。

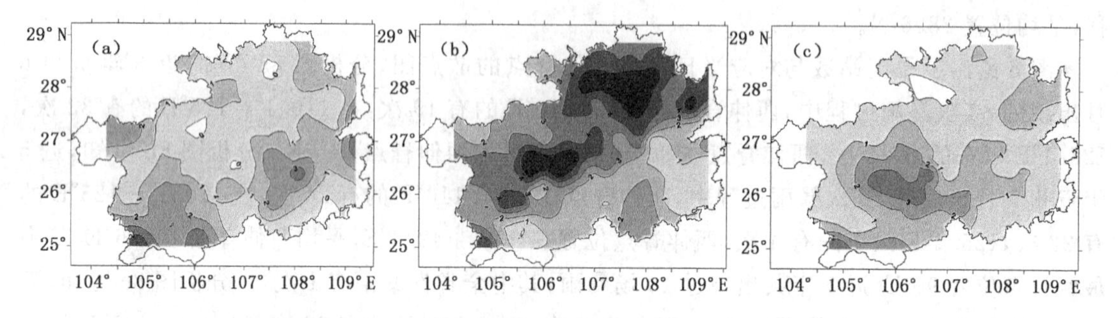

图9 7、8月副高脊线变化时贵州暴雨日的分布(a.21°—25°N,b.25°—29°N,c.29°—33°N)

分析7、8月西伸脊点分别位于90°—100°、100°—110°、110°—120°E和大于120°E这四个位置时贵州暴雨的空间分布(图略)。分析发现,当西伸脊点位于90°—100°E时,贵州暴雨主要有两个集中带,一个是贵阳市至安顺市北部,另一个在铜仁市一带。随着副高东退至100°—110°E,暴雨日较之在90°—100°E时明显减少,暴雨中心位置北移至黔东北、黔西北一带,主要有两个暴雨中心,最主要的暴雨中心在遵义市、贵阳市北部至铜仁市北部一带。当副高再次东退至110°—120°E,贵州暴雨日继续减少,其暴雨中心较多,但是其覆盖面积较小,分别位于黔西南州、毕节市北部、安顺市及遵义市东部一带。当副高继续东退至120°E以东时,整个贵州的暴雨中心位于贵州中西部的安顺市一带。即当副高脊线摆动时,对应的贵州暴雨带发生明显的变化,暴雨带主要位于副高的西北侧,当脊线位于25°—29°N时贵州暴雨最多,当脊线继续北跳越过贵州时,贵州暴雨明显减少。而西伸脊点变化时,对应的贵州暴雨带变化不明显,当西伸脊点位于90°—100°E时,贵州暴雨日最多,随着副高的东退,暴雨减少。

4 结 语

(1)贵州6—8月大部分区域的夏季降水与副高面积指数、强度指数均为正相关，但是相关不紧密，与副高脊线、西伸脊点基本成负相关，其中贵州7、8月的降水与脊线相关显著，大部分区域均通过了显著性检验。

(2)降水异常偏多时副高脊线及西伸脊点分别为25.1°N和126°E，降水偏少年为26.4°N和128.6°E；降水偏多年，6月副高位置与常年相比明显偏西，7月东退北推，与常年平均位置接近，8月明显东退至135°E附近，位置与常年平均位置接近；降水偏少年，6月副高位置与常年相比无明显变化，但是和降水偏多年相比，位置明显偏东，7月副高明显东退北推，与常年平均位置相比略偏东，8月明显东退至145°E附近。

(3)副高面积指数、强度指数与降水在2～4 a较为显著的凝聚共振关系，且二者基本为同位相变化；副高脊线、西伸脊点与降水具有2 a的凝聚共振关系，其相关系数超过了0.8，且脊线(西伸脊点)与降水成反位相变化，脊线(西伸脊点)的变化明显超前于降水的变化。

(4)6—8月贵州出现暴雨天气时，副高脊线的平均位置具有逐步北推的趋势，6、7、8月副高脊线的平均位置分别位于21.9°、27.6°和28.6°N，其西伸脊点的平均位置具有逐步西进的趋势，6、7、8月的平均位置分别位于115°、109.6°和107.1°E。

(5)副高位置发生变化时其对应的7—8月贵州暴雨位置也发生较为明显的变化：当脊线位于21°—25°N时，暴雨集中在黔西南州及黔南州东北部至黔东南州一带；随着副高的北推至25°—29°N，暴雨带明显北移至贵州中北部一带，且暴雨日数明显增多，当副高再次北推至29°—33°N时，整个贵州暴雨日明显减少，暴雨中心移至安顺市至黔南州西北部一带。当西伸脊点位于90°—100°E时，暴雨集中在贵阳市至安顺市北部及铜仁市一带，随着副高东退至100°—110°E，暴雨日明显减少，中心位置北移至黔东北、黔西北一带；当副高再次东退至110°E以东时，暴雨日继续减少；当副高继续东退至120°E以东时，暴雨中心位于贵州中西部的安顺市一带。

文中用上述研究方法虽然得到了西太平洋副热带高压与贵州夏季降水的关系，但是针对二者的关系尚有许多地方需要深入探讨，一次暴雨过程影响因子复杂，不仅受副高的影响，还受西南季风、南支槽、地面系统、水汽条件、地形地貌等因素的影响，且它们之间的动力学机制复杂，因此，还有待今后全面细致的分析研究。

参考文献

程肖侠，石正国，李万莉，2010. 西太平洋副高强度变化与中国东部四季降水的关系[J]. 安徽农业科学，**38**(15)：7976-7979.

高由禧，徐淑英，1962. 东亚季风进退与雨季的起讫[M]. 北京：科学出版社.

黄嘉佑，2004. 气象统计分析与预报方法[M]. 北京：气象出版社.

王芬，曹杰，李腹广，等，2015. 贵州不同等级降水日数气候特征及其与降水量的关系[J]. 高原气象，**34**(1)：145-154.

王芬，曹杰，唐浩鹏，等，2014. 前期北太平洋海温异常对贵州夏季降水的影响[J]. 高原气象，**33**(4)：925-936.

王绍武，2001. 现代气候学研究进展[M]. 北京：气象出版社.

魏凤英，1999. 现代气候统计诊断与预测技术[M]. 北京：气象出版社.

伍红雨，王谦谦，2003. 近49年贵州降水异常的气候特征分析[J]. 高原气象，**22**(1)：65-70.
徐亚敏，1999. 东亚冬、夏季风的年代际振荡及其对夏季西太平洋副高和贵州降水的影响[J]. 贵州水力发电，**15**(1)：46-49.
许炳南，2001. 贵州夏季严重旱涝的环流异常特征[J]. 气象，**27**(8)：45-48.
许炳南，2002. 贵州夏季旱涝短期气候预测模型研究[J]. 高原气象，**21**(6)：628-631.
许丹，王瑾，2000. 贵州夏季降水场与北太平洋海温场的非同步相关研究[J]. 贵州气象，**24**(1)：3-7.
许可，严小冬，2005. 印度洋海温异常对贵州夏季降水的影响[J]. 贵州气象，**29**(增刊)：12-14.
姚愚，严华生，2008. 前期太平洋海温与6－8月西太平洋副高指数的关系[J]. 热带气象学报，**24**(5)：483-489.
姚愚，严华生，程建刚，2004. 主汛期副高各指数与中国160站降雨的关系[J]. 热带气象学报，**20**(6)：651-661.
俞亚勋，王式功，钱正安，等，2013. 夏半年西太副高位置与东亚季风雨带(区)的气候联系[J]. 高原气象，**32**(5)：1510-1525.
赵振国，2001. 中国夏季降水的成因分析[M]. 北京：气象出版社：247-257.
朱乾根，林锦瑞，唐东昇，等，2007. 天气学原理和方法[M]. 北京：气象出版社.

多种预报产品在宁夏城镇天气预报中的应用检验与改进评估

陈豫英[1]　陈　楠[1]　陈　迪[2]　马金仁[1]　聂晶鑫[1]　戴　毅[3]

(1.宁夏气象台,银川 750002；2.宁夏固原市西吉县气象局,西吉 7562004；

3.北京市气象台,北京 100089)

摘　要

根据24～120 h最低、最高气温和晴雨、一般性降水的预报准确率和订正技巧,对2014年宁夏7种城镇预报产品进行检验和分析,发现2014年,除了晴雨,中央气象台发布的产品(简称NMC)对其他要素指导能力不足,除了最高气温,宁夏对NMC指导的其他要素订正能力差,订正技巧全国排名倒数。按季节统计的ECMOS和T639MOS产品是最高和最低气温预报最优产品,NMC是晴雨和一般性降水预报最优产品;2014年降水质量低导致整体预报质量下降,气温预报失误以整体失误为主,其中受降水影响的预报失误多发生在纬向环流分类中的一槽一脊天气型,无降水影响失误发生在经向环流分类中的两槽一脊天气型,降水漏报为主的失误发生在纬向或经向环流的两槽一脊天气型,空报为主的失误多见于经向环流,影响系统为快速东移高原槽或沿脊下滑短波槽。根据预报失误成因,通过MOS、BP和降水消空指标、集成等客观方法改进,检验更新完善后的16种产品在2015－2016年上半年的预报能力,检验结果表明:按月统计的ECMOS和T639MOS产品、NMC神经元、NMC分别是最高气温、最低气温、晴雨和一般性降水预报的最优产品;在最优预报产品支撑下,2015－2016年上半年较2014年同期宁夏城镇预报质量平均提高4.4%,全国排名前进4名,订正技巧提高0.02,前进8名。

关键词:城镇天气预报质量　主客观预报产品　检验评估　订正技巧

引言

随着现代天气业务的发展,精细化预报服务水平的不断提升,检验评估工作的重要性越来越突出。它不仅能客观定量地反映数值模式、客观方法与预报员主观预报的水平和偏差,便于预报员更好地使用客观产品,也有助于研发人员发现客观产品存在的问题,为进一步改进提供可靠依据;同时有益于发现预报中存在的薄弱环节,提升预报员对模式和客观方法的订正能力。然而,这方面工作过去所受到的关注不够,但近年来天气预报检验工作正在逐步展开(许凤雯等,2016;茅懋等,2016;朱玉祥等,2016;符娇兰等,2014;王丹等,2014;吴爱敏,2012;郭虎等,2008;漆梁波等,2007;张建海等,2006)。

2008年开始,中国气象局对全国31个省(区、市)的地市级预报进行检验,2010年检验范围扩展到所有县站,评估项目包括24～120 h的最高、最低气温、12 h分时段晴雨、一般性降水、分级降水的预报准确率,预报偏差和相对中央气象台指导产品的订正技巧,除了分级降水,其他项目同时进行排名,并向全国气象部门通报。从2010－2014年宁夏在全国的预报质量排名看，连续5a排名偏后，尤其是2014年，最低气温预报准确率全国倒数第7，订正技巧倒数第5，晴雨订正技巧倒数第2，一般性降水预报准确率倒数第5，订正技巧倒数第1。之所以出现如此大的预报偏差，一方面跟指导产品种类繁多有关，另一方面也与预报员对客观产品的应用和订正能力相关。宁夏现行天气预报业务中参考的客观产品既有来自数值模式的，也有数值预报解释应用的，随着检验评估工作的加强，不同模式导致预报产品的一致性问题日益凸显，而不同预报员对不同模式和客观产品的应用和订正能力也不同，极易出现预报偏差。

本研究结合宁夏业务现状和中国气象局城镇预报质量考核，在检验2014年7种城镇天气预报产品、分析预报失误成因的基础上，通过MOS、BP、降水指标消空、集成等方法改进客观产品，并检验更新完善后的16种产品在2015－2016年上半年的预报能力，寻找最优客观产品，为增强客观产品的应用能力和上级指导产品的订正能力、提高宁夏城镇天气预报质量和全国排名提供技术支撑。

1 检验产品和方法

1.1 检验产品

2014年检验的预报产品有7种：YBY、NMC、ECMOS季、T639MOS季、EC、T639、WRF；2015－2016年上半年检验产品有16种：已有的7种产品、ECMOS月、T639MOS月、NMC神经元、EC神经元、T639神经元、WRF神经元、集成1、集成2、集成3。其中YBY为宁夏预报员制作并上传中国气象局的城镇预报产品，为主观预报产品；NMC为中央气象台下发的宁夏城镇指导预报产品，其中气温预报采取MOS法，降水预报是主客观相结合的“客观产品”，即中央气象台预报员在参考各种数值模式和客观产品基础上，结合预报员经验订正后制作并下发的城镇天气预报；ECMOS月和ECMOS季为基于EC模式产品，使用资料按月和季划分的MOS法制作的宁夏城镇指导预报产品；T639MOS月和T639MOS季为基于T639模式产品，使用资料按月和季划分的MOS法制作的宁夏城镇指导预报产品；EC、T639、WRF是将分辨率分别为0.25°×0.25°、1°×1°、9 km×9 km的3种数值产品的2 m气温和降水，使用Cressman插值方法（黄嘉佑，1990）直接插值到宁夏城镇的模式输出产品；NMC神经元、EC神经元、T639神经元、WRF神经元是使用BP和降水消空指标相结合订正NMC、EC、T639、WRF等4种产品的城镇客观产品；集成1、集成2、集成3为采取3种集成方法制作的宁夏城镇预报产品。关于MOS、BP和降水订正、集成等方法的具体介绍参见1.3节客观方法。

NMC对各省的指导预报、各省对NMC的订正技巧及其排名来源于全国天气预报质量检验平台，本地研发产品检验来自宁夏气象台精细化预报检验数据库。其中YBY、NMC、NMC神经元为当日20时起报24～120 h预报，其他产品均为前一日20时起报48～144 h预报，为了便于比较，前一日起报的预报时效都往前提24 h，最后所有检验产品都统一为24～120 h；全国天气预报质量检验平台上NMC对各省的指导预报及其排名只有最高、最低气温、晴雨3个项目的检验结果。宁夏参加全国预报检验的有20个测站。

1.2 检验方法

检验内容包括24～120 h最高气温、最低气温、晴雨、一般性降水（降水24 h预报都是12 h间隔的合成）等4个项目的预报准确率和相对NMC的预报订正技巧、降水空报率、漏报率、综合预报质量。检验方法依据中国气象局下发的《全国城镇天气预报质量国家级检验方案》

《关于下发中短期天气预报质量检验办法(试行)的通知》(气发〔2005〕109 号)、《2013 年 1—12 月全国城镇天气预报产品质量评估报告》。其中晴雨订正技巧评分为：

$$SPC = \frac{PC_F - PC_N}{1 - PC_N} \times 100\% \tag{1}$$

式中，PC_N 为 NMC 预报准确率，PC_F 为其他检验产品准确率。当 $PC_N=1$ 时，$SPC=1.01$。

一般性降水订正技巧评分为：

$$SS = TS - TS' \tag{2}$$

式中，TS' 为 NMC 预报准确率，TS 为其他检验产品预报准确率。最高和最低气温订正技巧评分为：

$$SST = \frac{T_{MAEN} - T_{MAEF}}{T_{MAEN}} \times 100\% \tag{3}$$

式中，T_{MAEF} 为 NMC 气温预报平均绝对误差，T_{MAEN} 为其他检验产品气温平均绝对误差。当 $T_{MAEN}=0$ 时，$SST=1.01$。

综合预报质量评分为：

$$TPC = PC_{24} \times \frac{10}{27} + PC_{48} \times \frac{8}{27} + PC_{72} \times \frac{6}{27} + PC_{96} \times \frac{2}{27} + PC_{120} \times \frac{1}{27} \tag{4}$$

式中，PC 为所有检验产品 24～120 h 的最高、最低气温、晴雨、一般性降水的准确率或订正技巧。

1.3 客观方法

1.3.1 MOS 方法

ECMOS 季、ECMOS 月、T639MOS 季、T639MOS 月分别是将资料按春(3—5 月)、夏(6—8 月)、秋(9—11 月)、冬(12 月至次年 2 月)季、月且前后顺延 15 d 划分，利用 T639(0.5625°×0.5625°)和 EC(2.5°×2.5°)两种数值模式产品，使用 MOS 法建立的预报方程。其中 2014 年 MOS 季使用 2009—2013 年资料建方程，2015—2016 年上半年 MOS 季和 MOS 月使用 2009—2014 年资料建方程。

1.3.2 BP 和降水订正方法

采取人工智能神经元网络 BP(Back Propagation)法订正 NMC、EC(0.125°×0.125°)、T639(0.28°×0.28°)、WRF(9 km×9 km)等上级指导产品和数值模式产品。BP 需要有一定量的历史数据，对于一些复杂问题，BP 算法需要的训练时间可能非常长。因此，选取 2012—2014 年为历史资料处理(所有资料能获取的最长时效)。

考虑到降水是更为复杂的天气，尤其是西北干旱区，仅凭单纯的数学统计方法不足以订正降水预报效果。根据以往预报经验(冯建民，2012；赵翠光等，2013；陈豫英等，2006)，水汽条件对宁夏的降水更为关键，其中冬半年(11 月至次年 4 月)较夏半年(5—10 月)水汽条件更关键。因此，在 BP 订正基础上，增加了 2 个消空指标：一是相对湿度，对于 EC、T639、WRF9 km 等 3 个模式产品，冬半年，12 h 内至少有连续 2 个或以上时次、在 850～500 hPa 上至少有 2 个层次相对湿度≥80%，夏半年 12 h 内至少有连续 2 个或以上时次、在 850～500 hPa 上至少有 1 个层次相对湿度≥70%；二是统计 2012—2014 年每月、每站实际发生降水时 NMC、EC、T639、WRF9 km 等 4 个预报产品的最小阈值。

1.3.3 集成方法

采取最优组合(集成 1)、择优平均(集成 2)、择优权重(集成 3)3 种方法对宁夏现行所有城镇客观产品进行集成。其中,温度集成的对象是平均绝对误差,降水为晴雨预报准确率。具体方法是每日将所有客观产品近 10 天的气温平均绝对误差最小或晴雨预报准确率最大为标准进行排序,通过动态权重集成方法,得出集成预报。其中:

集成 1:选取动态检验效果最好的 1 种客观产品作为集成预报;

集成 2:选取动态检验效果最好的 2 种客观预报平均后作为集成预报;

集成 3:选取动态检验效果最好的 3 种客观预报,计算权重平均值后,作为集成预报。

本研究关注客观产品的实际业务应用效果,因此,对客观方法不做详细介绍。MOS 和 BP 方法介绍详见文献(陈豫英等,2005,2006a,2006b,2011;曾晓青等,2008,2013;刘还珠等,2004)。

表 1 2014 年 NMC 对宁夏预报水平、宁夏对 NMC 的订正技巧及在全国排名

要素		24 h		48 h		72 h		96 h		120 h		综合质量	
		分数	排名	分数	排名	分数	排名	分数	排名	分数	排名	分数	排名
最低气温	NMC	1.53	23	1.59	22	1.76	25	1.94	25	2.03	26	1.64	23
	YBY	0.03	26	−0.01	25	0.01	21	−0.07	25	−0.06	25	0	26
最高气温	NMC	1.90	27	2.13	25	2.35	24	2.42	19	2.59	21	2.13	25
	YBY	0.28	5	0.26	4	0.21	10	0.13	13	0.09	17	0.24	4
晴雨	NMC	90.31	8	89.22	7	88.44	6	83.78	12	82.29	12	88.79	7
	YBY	0.1	29	0.11	28	0.17	27	−0.03	31	−0.01	31	0.1	30
一般性降水	YBY	0.011	29	−0.001	31	0.016	29	−0.024	30	−0.007	21	0.005	31

注:NMC 对应中央气象台对宁夏的指导预报,气温为平均绝对误差(℃),晴雨为预报准确率(%);YBY 对应宁夏对 NMC 的订正技巧。

2 2014 年预报检验

2.1 NMC 对宁夏的预报能力和宁夏对 NMC 的订正能力及其在全国的排名

从表 1 可以看到,NMC 对宁夏晴雨预报水平相对较高,准确率都在 82%以上,排名靠前,除了 96 和 120 h 在 12 名,其他时次都在前 8,综合排名第 7,但对气温预报效果差,尤其是最高气温更差,最低气温平均绝对误差超过 1.5 ℃,最高气温超过 1.9 ℃,均低于全国平均水平,排名基本都在全国后 10 名;宁夏对 NMC 的最高气温订正能力相对较强,120 h 内都为正技巧,其中 72 h 内订正技巧都在 0.2 以上,排名前 10,综合排名第 4,但对其他项目订正能力差,多个时次出现负技巧,尤其是晴雨和一般性降水,综合排名全国倒数第 1 和第 2,最低气温倒数第 5。

上述检验结果表明,除了晴雨,NMC 对其他项目指导能力不足;除了最高气温,宁夏对 NMC 指导的其他要素订正能力差,订正技巧低于全国平均水平,甚至全国倒数第 1、2。所以,迫切需要对宁夏现行业务使用的客观产品的预报能力有一个全面、详细、深入的了解,总结预报失误原因,在此基础上,进一步更新完善,优选出预报效果好于 NMC 的客观产品,并作为基础产品,以此提升宁夏的预报和订正能力。

2.2 主客观预报产品的应用检验

2.2.1 气温

从图1看出，2014年宁夏现行业务的6种客观指导产品中，最低气温预报效果最好的T639MOS季，最高气温是ECMOS季，这2种产品相对NMC的订正偏差都为正技巧，且除了24 h最高气温，其他时次及120 h内最低气温的预报水平都高于YBY，另外，T639MOS季的最高气温预报水平虽然不如YBY和ECMOS季，但优于NMC，且相对NMC也为正技巧，其中，T639MOS季最低气温综合质量较NMC高3.66%，较YBY高3.83%，订正技巧较YBY高0.065，ECMOS季最高气温综合质量较NMC高12.47%，较YBY高2.59%，订正技巧较YBY高0.046；YBY最低气温预报除了24 h较NMC略高1.16%，其他时次都低于NMC，订正技巧除了24和72 h为弱正订正，其他时次都为负订正，最高气温在120 h内都高于NMC，为明显正订正。可见，YBY对最高气温的预报和订正能力明显优于最低气温，但都不如最好的客观产品。

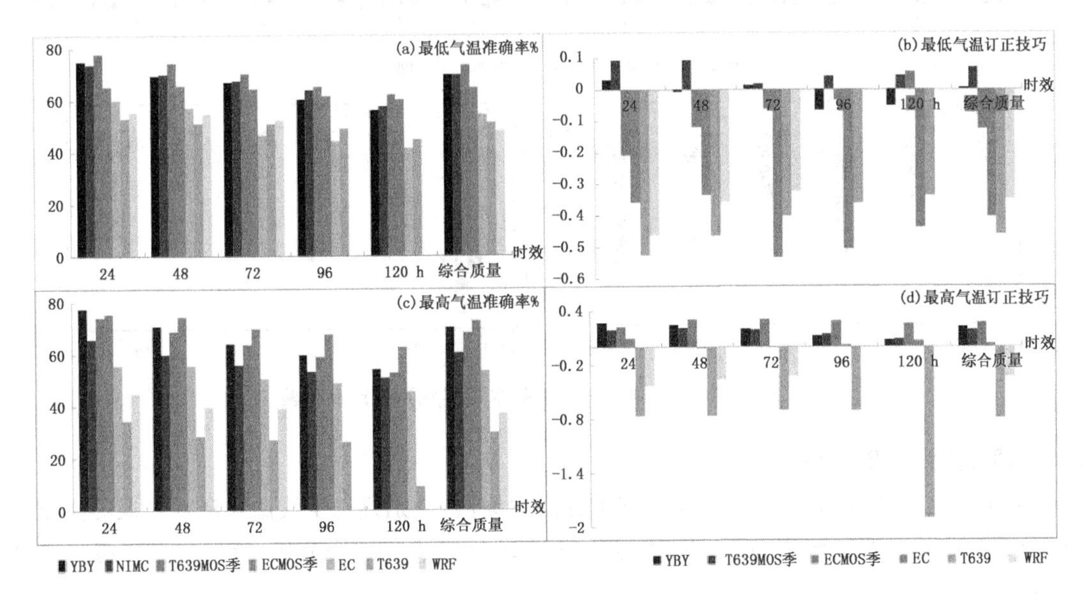

图1 2014年气温主客观预报产品检验

2.2.2 降水

由于T639MOS季和ECMOS季在2014年没有12 h间隔降水预报，因此只对其他5种主客观产品进行检验。从图2可见，最好的晴雨和一般性降水指导产品都是NMC，而NMC的降水预报是结合客观方法和预报员经验订正后的一个正式下发指导产品，从理论上来说，它应该是一个最好的“客观”产品，有很高的参考和指导价值；YBY在前72 h对晴雨预报水平都略高于NMC，为弱正订正，但最后2天略低于NMC，为弱负订正，综合质量较NMC略高1.13%，综合订正技巧为0.08；YBY在24和72 h较NMC一般性降水预报水平略高0.03%和0.06%，为0订正，其他时段都低于NMC，为负订正，综合质量较NMC略低0.25%，综合订正技巧为−0.004。分析预报偏差(图2b～2d)，NMC和YBY的空报率平均较漏报率高13%和18%，空报率过高是导致预报准确率低的主要原因。因此，降水预报的重点是消空。

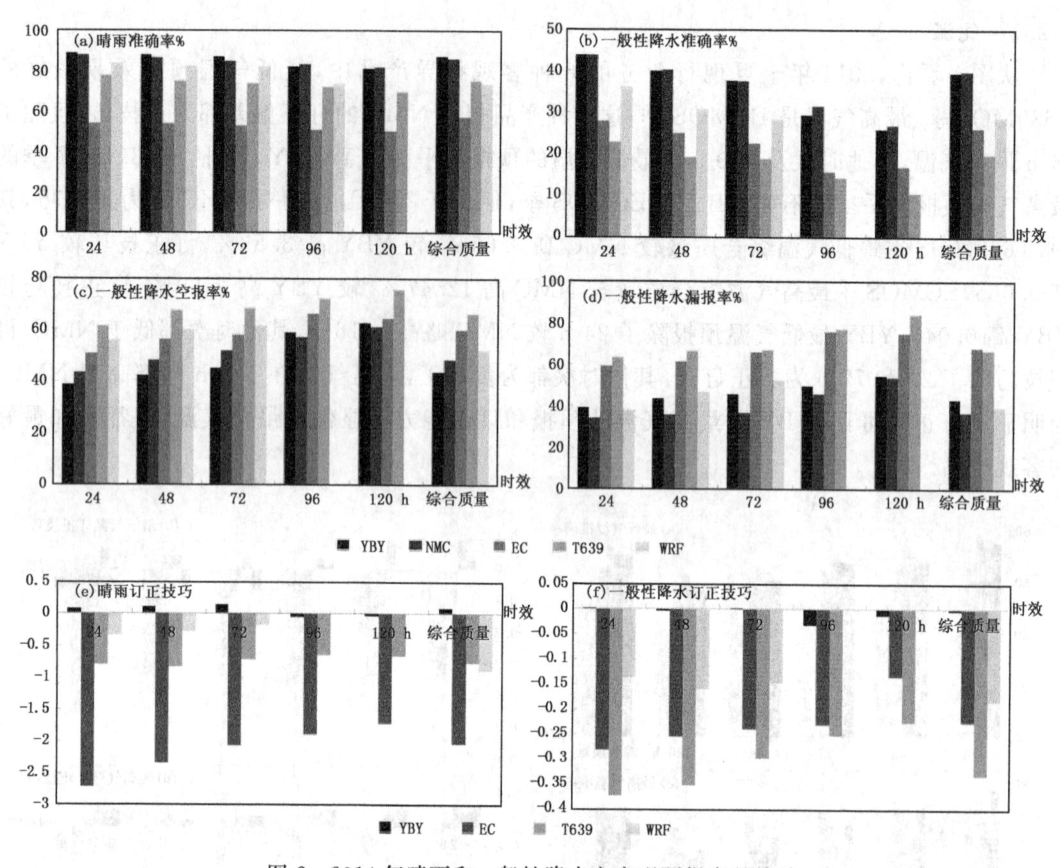

图2　2014年晴雨和一般性降水主客观预报产品检验

2.3　预报失误成因分析

为了更进一步分析2014年预报失误的深层次原因，分别挑选了气温和降水失误的典型个例，及其对应的主要环流型和影响系统，并结合检验结果进行综合分析，给出订正指标或参考产品。

2.3.1　预报失误个例选取

选取标准：预报准确率≤50%或预报技巧≤－0.5、空漏报超过5站(相邻)为一次降水失误过程、预报失误站点超过总站数的2/3为一次预报整体失误；另外，考虑气温预报易受降水预报影响，因此增加“降水预报正确、空报、漏报不少于5站，即为一次对气温的有效降水影响”。

按照上述标准，挑选出气温预报失误110例，其中，准确率低于50%有80例(占72.7%)，技巧小于－0.5有16例，两个标准同时满足的有14例；预报整体偏低53次，整体偏高41次，混合型(预报偏差有正有负，且分布无规律)16次，预报整体失误占总数85%；失误频次最多在1月，有15次，其次是5月，有14次，6—8月最少都为5次，冬季最多35次，春季次之33次，冬半年失误占总数62%；将气温预报失误分为受降水影响和无降水影响两类，受降水影响有64例(占58%)，其中最低气温受降水影响预报失误达52%，最高气温占66%，64例中降水完全空漏报32例。可见，准确率低较技巧差更为显著，全区性预报整体失误是气温预报失误的主要原因;冷空气活动频繁的季节,气温预报失误频次高;降水预报失误对温度预报失误影响明显,对最高气温影响更显著。

按照上述标准,挑选出降水预报失误71例,其中,准确率低于50%有70例,仅有1例两个标准同时满足;漏报为主的过程有38例,空报为主33例,5站以上漏报30例,12站以上4例,空报为主的过程有33例,5站以上空报30例,12站以上5例;漏报为主的过程以负技巧为主,空报为主过程以正技巧为主;失误频次最多在8月,其次是9月,12月为0次,夏秋季最多都为19次,夏半年占总数的53.5%。可见,降水多的季节更容易预报失误;降水失误与区域性空漏报次数多尤其是全区性空漏报次数多密切相关,而降水预报失误也同时影响晴雨和气温预报及订正能力。因此,提高宁夏预报质量应从降水着手,减少空漏报。

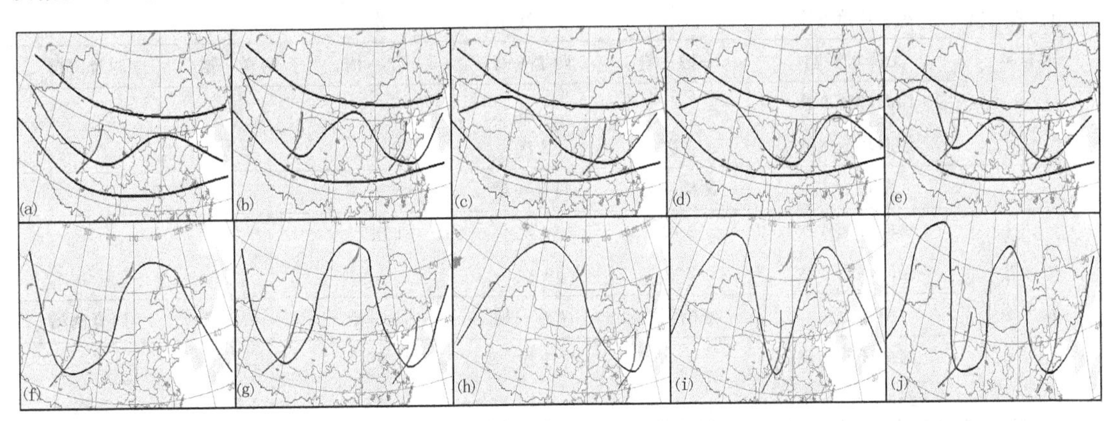

图3 预报失误的500 hPa环流分型示意图(其中,第一行为纬向环流,第二行为经向环流;第1—5列分别为:一槽一脊型、两槽一脊型、一脊一槽型、两脊一槽型、两脊两槽型)

2.3.2 预报失误环流分型和影响系统

在(30°—65°N,70°—135°E)范围,以500 hPa高度场简单划分为纬向环流和经向环流两大类,并根据槽、脊位置和个数,又分别划分了5个小类别(如图3所示);由于降水失误个例太多,环流形势复杂多样,很难归纳类别,因此,在71例中又选取10站以上空漏报的14次过程作为典型个例进行分类。如表2所示,气温预报整体偏高或偏低,受降水影响多在纬向环流中,以一槽一脊型为主,无降水影响多在经向环流中,以两槽一脊型为主,气温预报失误无规律,集中在经向环流,以一槽一脊或两槽一脊为主,影响系统多为快速东移短波槽或高原槽;降水漏报为主的过程在纬向环流或经向环流里都易出现,并以两槽一脊型为主,空报为主的过程以经向环流为主,各种环流分型都有,比较分散,影响系统为快速东移或沿脊下滑短波槽。

表2 2014年预报失误过程天气环流分型

气温预报	受降水影响	一槽一脊	两槽一脊	一脊一槽	两脊一槽	两脊两槽
整体偏低	纬向环流17次	2次	6次	9次		
	经向环流11次	2次	3次	1次	3次	2次
气温预报	无降水影响	一槽一脊	两槽一脊	一脊一槽	两脊一槽	两脊两槽
整体偏低	纬向环流5次			5次		
	经向环流20次	2次	7次	8次	1次	2次

续表

气温预报	受降水影响	一槽一脊	两槽一脊	一脊一槽	两脊一槽	两脊两槽
整体偏高	纬向环流 17 次		2 次	15 次		
	经向环流 11 次	1 次	7 次	1 次	1 次	1 次
	无降水影响	一槽一脊	两槽一脊	一脊一槽	两脊一槽	两脊两槽
	纬向环流 4 次			4 次		
	经向环流 9 次	1 次	6 次	2 次		
气温预报失误混合型	受降水影响	一槽一脊	两槽一脊	一脊一槽	两脊一槽	两脊两槽
	纬向环流 3 次	1 次		2 次		
	经向环流 5 次		4 次	1 次		
	无降水影响	一槽一脊	两槽一脊	一脊一槽	两脊一槽	两脊两槽
	纬向环流 0 次					
	经向环流 8 次	4 次	3 次	1 次		
降水预报失误	漏报为主	两槽一脊	两脊一槽	一脊一槽		
	纬向环流 4 次	2 次	1 次	1 次		
	经向环流 3 次	2 次	1 次			
	空报为主	两槽两脊	两脊一槽	一脊一槽	一槽一脊	两脊两槽
	纬向环流 2 次		1 次	1 次		
	经向环流 5 次	1 次	1 次	1 次	1 次	1 次

进一步分析表明：气温预报失误过程多出现在冷空气活频繁的冬半年，以下列 3 种情况最常见：①夜间大风破坏近地层逆温而导致的低温预报偏低。②冷空气影响前气温猛升造成的当天最高气温异常偏高而致使第二天最高气温出现在当天 21 时或夜间，随着冷空气加强，锋面过境，气温骤降，最低气温出现在第二天午后或 20 时前后，这种"气温倒挂"往往导致高温预报偏低、低温预报偏高。③雨雪转换，尤其在 3、4 月出现在白天的雨转雪，最低气温容易预报偏高，与气温倒挂情况类似，天气转雪后气温明显下降，最低气温不是出现在清晨，而是出现在下午或傍晚前后。降水预报失误的过程，通常天气系统较弱，湿度条件配合不是很好，数值预报结果互有出入或 NMC 空漏报，春秋季回流天气或夏季副热带高压控制下南风气流的对流性降水空报多，夏季冷空气沿脊下滑的对流性降水和春秋季冷锋过境造成的锋区降水漏报多，这和对流性或锋区降水落区分散的特点有关，也和宁夏的降水气候概率吻合，降水多、对流性降水多的月份和季节预报失误多。

2.3.3　预报失误的客观产品检验

以相对于 NMC 的预报技巧为正且正值最大的产品作为预报失误的最优客观产品选取标准。按照宁夏城镇预报业务流程，预报员制作城镇天气预报以 NMC 为基础产品进行订正，所以，当 YBY 出现较大预报偏差时，意味着 NMC 也出现较大偏差。因此，结合检验结果和 YBY 预报偏差的 4 种常见情况，得到如下结论：当 NMC 与其他大多数预报产品有较大分歧时，若主观判断 NMC 气温预报整体偏低，最低气温着重参考 T639MOS，最高气温参考 EC-MOS；NMC 气温预报整体偏高时，最低气温着重参考 T639MOS，最高气温参考 ECTHIN；天气出现明显转折，如气温倒挂，NMC 气温预报参考价值不大，最低气温着重参考 EC，最高气温参考 ECMOS；在目前所有晴雨和一般性降水的客观预报产品中，NMC 预报水平最高，其次是 T639。

3　2015—2016 年上半年预报检验

在上述 2014 年预报质量检验基础上，结合预报失误成因分析和参考产品建议，本地研发的 MOS 产品对气温预报效果优于 NMC，但降水预报主要依赖 NMC 和数值预报产品。因此，对气温预报效果差的要素、测站和时次，使用 MOS 方法进一步更新完善。在原有资料按季划分的基础上，汲取该方法在延伸期预报中的成功经验(陈豫英等，2011)，增加了资料按月划分的 MOS 方程，并使用 BP、相对湿度和最小阈值相结合的方法订正 NMC、EC、T639、WRF 等上级指导预报和 3 种数值预报产品，根据实时检验，使用 3 种动态权重集成方法对目前所能获取的所有客观预报进行集成。具体方法见 1.3 节。对上述客观方法生成的 11 种产品、原有的 NMC 及 3 种数值产品、YBY 等 16 种主客观产品在 2015—2016 年上半年城镇预报进行检验评估，并与 2014 年同期进行对比，检验上述这些订正方法对预报质量是否有改进。

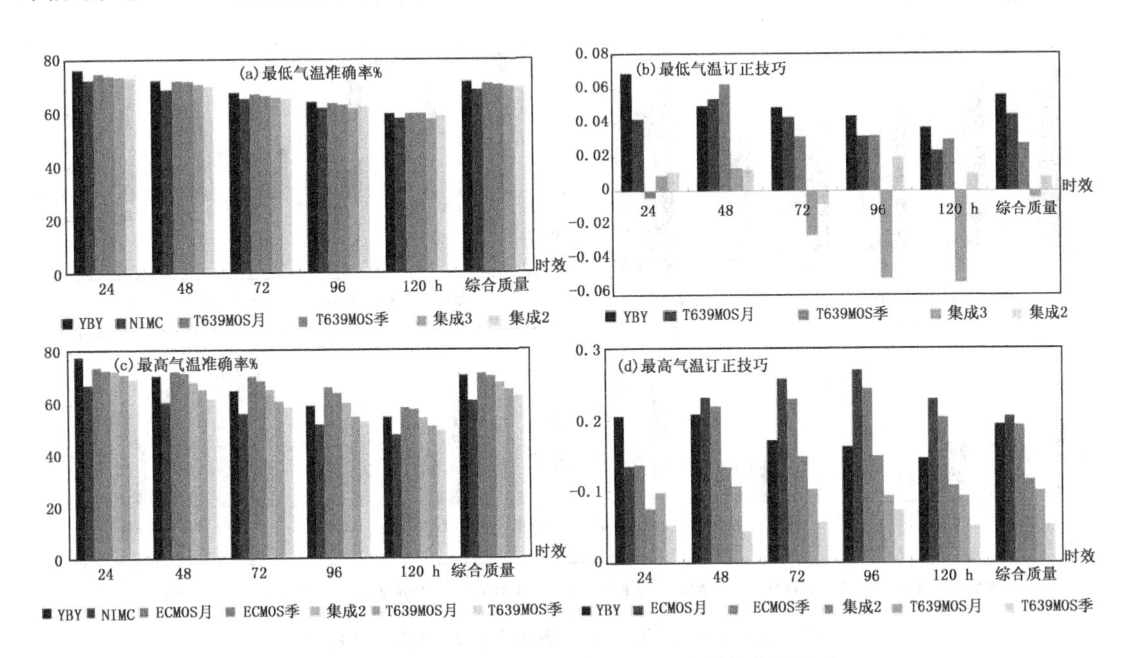

图 4　2015—2016 年上半年气温主客观预报产品检验

由于预报产品众多，为了图表显示清晰，选取综合预报准确率高于 NMC 或正订正技巧的产品制作图表，如果没有预报质量高过 NMC 的产品，则选取预报质量接近 NMC 的产品。

3.1　气温

从图 4 看到，有 4 种客观产品最低气温预报准确率超过 NMC，按综合质量从高到低依次为 T639MOS 月、T639MOS 季、集成 3 和集成 2，分别较 NMC 准确率高 3%、2%、2%、1%，但只有 T639MOS 月每个时次都为正技巧，综合技巧为 0.04；有 8 种客观产品最高气温预报准确率超过 NMC，按综合质量从高到低依次为 ECMOS 月、ECMOS 季、集成 3、集成 2、T639MOS 月、集成 1、T639MOS 季、EC 神经元，分别较 NMC 预报准确率高 11%、9%、7%、7%、4%、4%、3%、2%，但只有 5 个产品每个时次和综合都为正技巧，依次为 ECMOS 月、ECMOS 季、集成 2、T639MOS 月、T639MOS 季，技巧分别为 0.2、0.19、0.12、0.1、0.05；在客观产品支撑下，YBY 气温预报质量接近或高于最优客观产品，虽然最低气温综合质量较 T639MOS 月仅高 1%，但订正技巧高 0.01，且 24 h 准确率和技巧较 T639MOS 月高 1.5%和 0.02，最高气温综合质量和技巧较 ECMOS 月低 1%和 0.01，但 24 h 高于 ECMOS 月 4.2%和 0.07。可见，随着客观产品预报水平提高，宁夏气温预报和订正能力也明显提高，24 h 预报质量提高的更为明显。

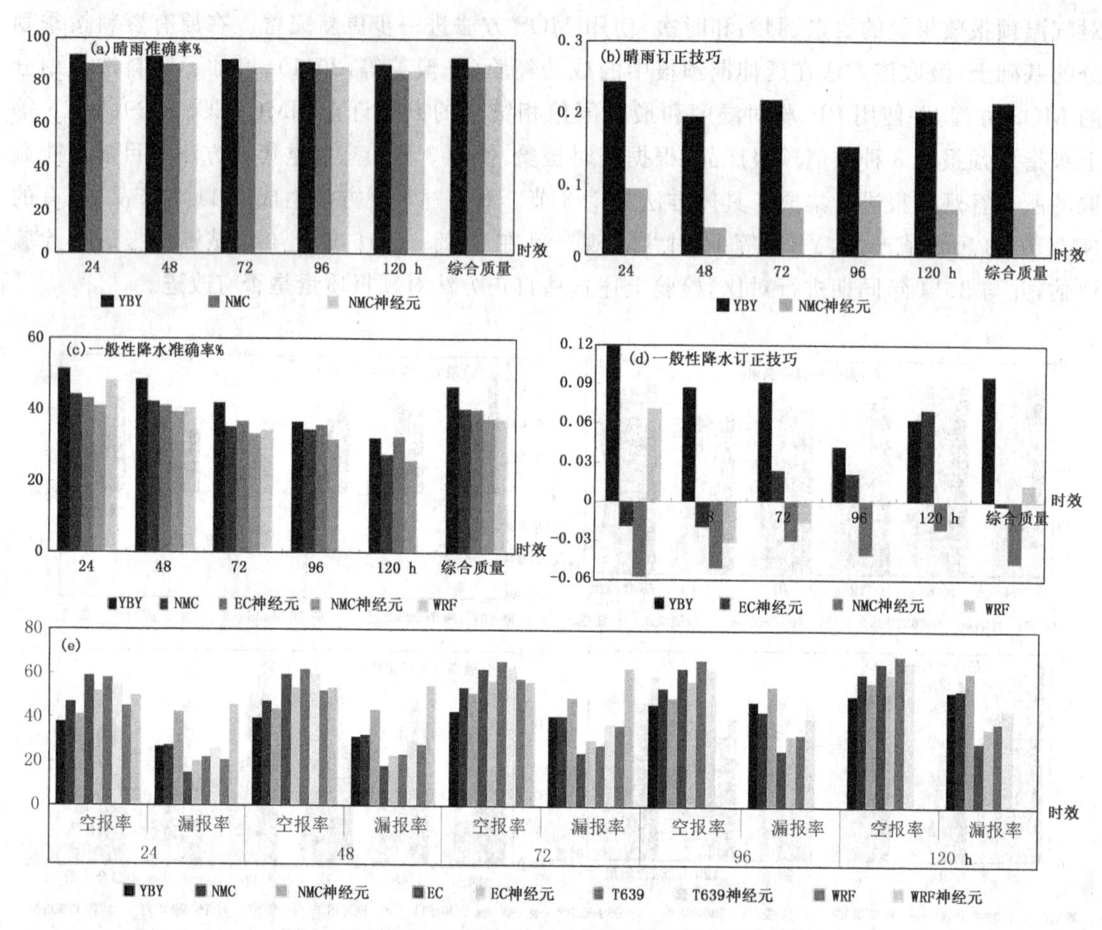

图 5　2015—2016 年上半年降水主客观产品预报检验

3.2　降水

晴雨预报检验从图 5a、b 可知，14 种客观产品中，只有 NMC 神经元预报质量略优于 NMC，综合质量较 NMC 略高 0.7%，订正技巧为 0.07；YBY 预报质量超过最好的客观产品，综合质量较 NMC 神经元高 3.2%，较 NMC 高 4%，订正技巧为 0.2，较 NMC 神经元订正技巧高 0.14。

检验 BP 和降水消空指标相结合的订正方法对宁夏一般性降水预报的影响，从图 5c－e 看出：经过订正，相较原产品 NMC、EC、T639、WRF，NMC 神经元、EC 神经元、T639 神经元的空报率平均下降了 3%～6%，但漏报率增加了 5%～11%，EC 神经元和 T639 神经元的准确率提高了 3%和 0.5%，但 NMC 神经元下降 2%，WRF 空漏报率则同时增大，准确率降低了 10%。EC 神经元与 NMC 综合预报质量相当，分别为 40.2%和 40.3%，其他客观产品都低于

NMC，但 24 h 质量最高的产品是 WRF，为 48.2%，较 NMC 高 4%，72～120 h 的 EC 神经元预报水平较 NMC 高 1%～6%。综合订正技巧除了 WRF 为正技巧 0.01，其他产品都为负技巧，负技巧绝对值最大的是 EC 神经元，为－0.003，24 h 的 WRF 和 72～120 h 的 EC 神经元订正技巧都为正，但数值相对较小，都在 0.1 以下。YBY 在 72 h 内都是空报率高于漏报率，92～120 h 漏报率高于空报率，但与客观产品相比，空漏报率都相对较低，因此，在每个预报时效和综合质量都超过最好的客观产品，综合准确率为 46.6%，较 NMC 高 5.7%，订正技巧为 0.09。

检验结果表明，虽然 BP 和降水消空订正指标相结合的方法降低了 NMC 神经元、EC 神经元、T639 神经元的空报率，但增加了漏报率，最终只有 EC 神经元和 T639 神经元准确率有小幅提高，对 WRF 神经元则严重降低了预报水平。订正后预报质量提高的客观产品在晴雨和一般性降水预报中发挥了指导作用，宁夏的晴雨和一般性降水预报和订正能力有了明显提高。下一步的工作则是在继续消空的同时，控制漏报率，提高准确率。

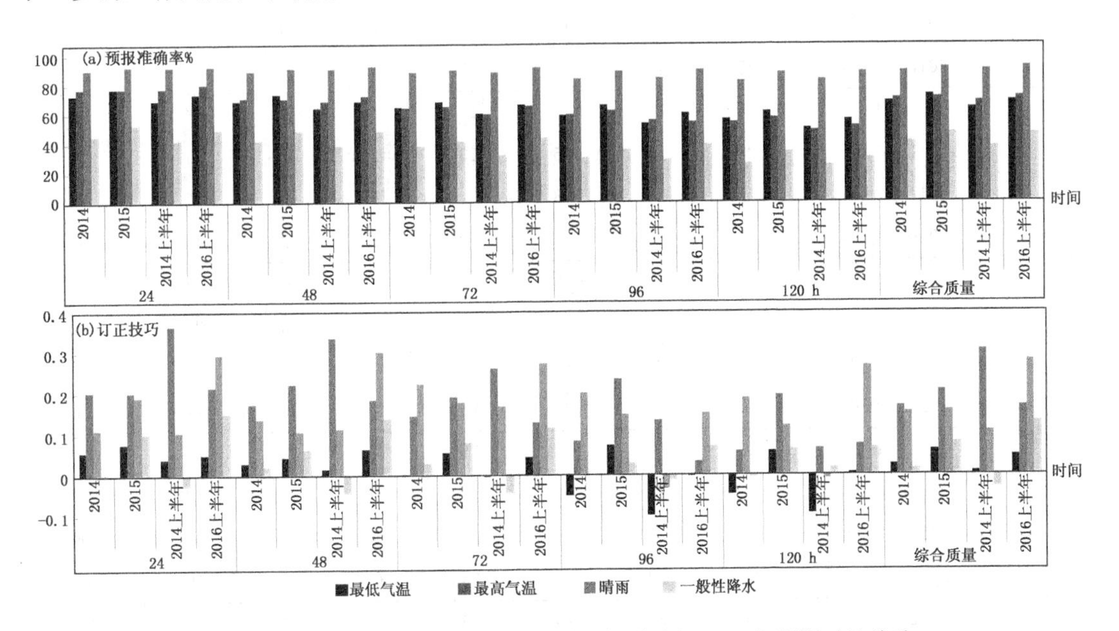

图 6　2015—2016 年上半年宁夏城镇预报质量与 2014 年同期对比检验

3.3　对比 2014 年同期预报质量和全国排名

在经过更新、完善、订正、集成后的客观产品指导下，如图 6 和表 3 所示，除了 2016 年上半年的最高气温较 2014 年同期有所降低外，其他要素都有不同程度的提高。总体上，2015—2016 年上半年宁夏城镇预报质量较 2014 年同期平均提高 4.4%，全国排名前进 4 名，技巧提高 0.02，前进 8 名，其中，晴雨和一般性降水的预报和订正能力提升尤为明显，在全国排名也明显提升。2015 年较 2014 年预报质量平均提高 6%，前进 5 名，技巧提高 0.05，前进 5 名，其中，最低气温预报质量平均提高 5%，前进 1 名，技巧提高 0.036，前进 9 名，最高气温提高 0.4%，前进 2 名，技巧提高 0.04，前进 5 名，晴雨提高 2.31%，前进 6 名，技巧提高 0.004，前进 2 名，一般性降水提高 6%，前进 10 名，技巧提高 0.064，前进 20 名。2016 年上半年较 2014 年上半年预报质量平均提高 5%，前进 6 名，技巧提高 0.039，前进 3 名，其中，最低气温预报质量提高 5%，前进 6 名，技巧提高 0.039，前进 3 名，最高气温提高 3%，但后退 3 名，技巧降低 0.14，后退 13 名，晴雨提高 2%，前进 2 名，技巧提高 0.17，前进 18 名，一般性降水提高 9%，前进 11 名，技巧提高 0.16，前进 27 名。

表 3　2015—2016 年上半年与 2014 年同期宁夏城镇预报质量全国排名

时效	年份	最低气温		最高气温		晴雨		一般性降水	
		TS	*SS*	*TS*	*SS*	*TS*	*SS*	*TS*	*SS*
24 h	2014	26	26	13	15	8	29	23	31
	2015	23	16	15	15	1	25	11	10
	2014 上半年	27	27	7	4	7	29	28	31
	2016 上半年	23	22	8	15	7	21	18	8
48 h	2014	24	22	12	10	7	27	23	28
	2015	21	19	13	6	1	29	10	11
	2014 上半年	29	25	10	4	7	28	28	31
	2016 上半年	25	20	9	15	6	5	15	2
72 h	2014	25	25	20	15	6	23	24	27
	2015	23	18	15	13	1	21	21	5
	2014 上半年	27	26	18	9	8	27	30	31
	2016 上半年	21	21	8	19	5	9	15	6
96 h	2014	25	27	15	20	12	30	24	30
	2015	22	8	11	2	1	23	21	18
	2014 上半年	29	28	14	18	14	31	25	27
	2016 上半年	26	22	23	26	5	24	17	11
120 h	2014	25	26	16	22	12	30	24	27
	2015	25	12	13	4	1	26	18	6
	2014 上半年	31	29	19	25	14	31	23	16
	2016 上半年	26	22	21	24	6	9	19	11
综合质量	2014	24	25	15	15	7	27	23	30
	2015	23	16	13	10	1	25	13	10
	2014 上半年	29	26	12	4	8	29	28	31
	2016 上半年	23	23	9	17	6	11	17	4

注：*TS* 为预报准确率，*SS* 为订正技巧。

4　结论和讨论

在检验 2014 年 7 种城镇天气预报产品的基础上，对预报失误个例的成因进行分析，通过 MOS、BP、降水指标消空、集成等方法进一步改进客观产品预报质量，并检验更新完善后的 16 种主客观产品在 2015—2016 年上半年的预报能力，检验结果如下。

2014 年，除了晴雨，NMC 对其他要素指导能力不足，除了最高气温，宁夏对 NMC 指导的其他要素订正能力差，最低气温、晴雨和一般性降水订正技巧全国排名倒数第 5、2、1；本地

MOS 方法对气温的预报水平明显高于 NMC，晴雨和一般性降水都不如 NMC，但 YBY 对本地 MOS 的气温预报和 NMC 的晴雨和一般性降水预报的本地化应用能力欠缺，导致预报和订正能力全国排名靠后。

2014 年挑选出的气温预报失误 110 例主要分布在冷空气活动频繁的冬半年，表现为预报整体偏低、偏高、无规律 3 种，并以预报整体失误为主。其中，预报整体失误受降水影响多在纬向环流，以一槽一脊型为主，无降水影响多在经向环流，以两槽一脊型为主，无规律集中在经向环流，以一槽一脊或两槽一脊为主，影响系统多为快速东移短波槽或高原槽。降水预报失误 71 例主要分布在降水集中的夏半年，漏报为主的过程以负技巧为主，在纬向或经向环流都易出现，并以两槽一脊为主，空报为主过程以正技巧为主，主要出现在经向环流，各种环流分型都有，比较分散，影响系统为快速东移或沿脊下滑短波槽，春、秋季回流降水空报多、锋区降水漏报多，夏季对流性降水空、漏报都多。对应失误个例的客观产品检验表明，最高、最低气温最好的参考产品是 ECMOS 季和 T639MOS 季，晴雨和一般性降水最好的参考产品是 NMC。

2015—2016 年上半年，更新和订正后的 15 种客观产品中，ECMOS 月、T639MOS 月、NMC 神经元对最低、最高气温和晴雨预报效果最好，WRF 在 24 h 对一般性降水预报效果最好、72～120 h 都是 EC 神经元最好，但综合质量都不及 NMC。宁夏预报员在吸取了 2014 年预报水平落后的失败经验后，加强客观产品的本地化应用和检验力度，结合总结预报失误的订正指标，在更新和订正后的最优客观产品支撑下，2015－2016 年上半年预报质量较 2014 年同期平均提高 4.4%，全国排名提前 4 名，技巧提高 0.02，前进 8 名。

检验结果表明，预报员主观经验对气温和晴雨预报不占优势，而对降水预报优势明显。由于降水是关系整体预报质量的关键要素，也是宁夏预报的重点和难点，因此，气温预报可以将最优客观产品 MOS 月作为基础产品，一般情况下可不做订正，在有转折性天气情况下，可以根据总结出的经验和指标稍作订正。利用 BP 和降水消空指标订正后的最优客观产品对晴雨预报质量有所提高，但一般性降水的最优客观产品总体还是低于 NMC。所以，下一步重点工作是继续消空同时控制漏报，以此来提高降水预报。这还需要从干旱区降水的物理机制入手，结合水汽和动力条件寻找更有效的订正指标，提高降水客观产品的基础上，结合预报员主观经验进行订正，从而提高降水预报，并将成功经验引入分级降水、村镇和格点化预报，为提高本区域的整体预报和订正能力提供技术支撑。

参考文献

陈豫英，陈楠，王素艳，等，2011. MOS 方法在动力延伸期候平均气温预报中的应用[J]. 应用气象学报，**22**(1)：86-95.

陈豫英，陈晓光，马金仁，等，2005. 基于 MM5 模式的精细化 MOS 温度预报[J]. 干旱气象，**23**(4)：52-56.

陈豫英，陈晓光，马金仁，等，2006a. 风的精细化 MOS 预报方法研究[J]. 气象科学，**26**(2)：210-216.

陈豫英，陈晓光，马筛艳，等，2006b. 精细化 MOS 相对湿度预报方法研究[J]. 气象科技，**34**(2)：143-146.

陈豫英，刘还珠，陈楠，等，2008. 基于聚类天气分型的 KNN 方法在风预报中的应用[J]. 应用气象学报，**19**(5)：564-572.

冯建民，2012. 宁夏天气预报手册[M]. 北京：气象出版社：263-268.

符娇兰，宗志平，代刊，等，2014. 一种定量降水预报误差检验技术及其应用[J]. 气象，**40**(7)：796-805.

郭虎，王建捷，杨波，等，2008. 北京奥运演练精细化预报方法及其检验评估[J]. 气象，**30**(6)：17-25.

黄嘉佑,1990. 气象统计分析与预报方法[M]. 北京:气象出版社:42-45.
刘还珠,赵声蓉,陆志善,等,2004. 国家气象中心气象要素的客观预报 MOS 系统[J]. 应用气象学报,**15**(2):181-191.
茅懋,戴建华,李佰平,等,2016. 不同类型强对流预报产品的目标对象检验与分析评价[J]. 气象,**42**(4):389-397.
漆梁波,曹晓岗,夏立,等,2007. 上海区域要素客观预报方法效果检验[J]. 气象,**33**(9):9-18.
王丹,高红燕,马磊,等,2014. SCMOC 温度精细化指导预报在陕西区域的质量检验[J]. 气象科技,**42**(5):839-846.
吴爱敏,2012. 极端气温集成预报方法对比[J]. 气象科技,**40**(5):772-777.
许凤雯,王志,狄靖月,等,2016. 面向流域的定量降水估测产品检验订正[J]. 气象,**42**(10):1230-1236.
曾晓青,邵明轩,王式功,等. 2008. 基于交叉验证技术的 KNN 方法在降水预报中的试验[J]. 应用气象学报,**19**(4):471-478.
曾晓青,2013. BP 神经网络在建模中的参数优化问题研究[J]. 气象,**39**(3):333-339.
张建海,诸晓明,2006. 数值预报产品和客观预报方法预报能力检验[J]. 气象,**32**(2):58-63.
赵翠光,李泽椿,2013. 中国西北地区夏季降水分区客观预报[J]. 中国沙漠,**33**(5):1544-1551.
朱玉祥,黄嘉佑,丁一汇,2016. 统计方法在数值模式中应用的若干新进展[J]. 气象,**42**(4):456-465.

乌鲁木齐东南大风气压场中尺度特征分型及其演变分析

万　瑜

（新疆维吾尔自治区气象台，乌鲁木齐 830002）

摘　要

利用 ECMWF 细网格新资料和区域自动气象站等资料，分析 2011—2014 年乌鲁木齐 9 次典型东南大风天气过程。结果表明：东南大风高空环流形势存在两种特殊的形态，锋前减压加回流型和脊中配合低槽型。为了研究空间尺度较为精细的地面中尺度气压场，利用 ECMWF 细网格资料将海平面气压场分为 4 型：两高两低型、一高一低型、两高一低型和高低压带状型，其中前两者较常见。高低压带状型东南大风具有持续时间长，间歇性的特点。当存在南高北低、东高西低的海平面气压差时，东南大风开始出现，随风速增大，在乌鲁木齐附近存在东北或西南方向气压梯度，阈值不小于 8 hPa，最大在 15 hPa 左右；当气压梯度维持均衡且大于 10 hPa 时，将出现持续时间长或断续出现风力强劲的东南大风。通过气压场的中尺度特征，分析了乌鲁木齐东南大风的环流特征和预报指标，为东南大风的起止时间、风速量级及落区的预报提供了参考依据。

关键词：大风天气　细网格　气压场分型　乌鲁木齐

1　资料选取

中国气象局 2011 年 9 月开始向各省试运行下发的 ECMWF 细网格数值预报产品，其空间分辨率为 0.25°×0.25°，时间分辨率 3 h，较常规预报产品 1°×1°精度提高了 16 倍。从 2011—2014 年选取由乌鲁木齐城市南部郊区（简称“南郊”）刮进城市中心（简述“进城”），瞬间极大风速>19.9 m/s，风向 90°～180°，持续时间 12 h 以上的灾害性东南大风。对选出的 9 次典型东南大风过程进行中尺度精细化的分型及演变特征研究（表 1）。

表 1　2011—2014 年典型东南大风天气概况及区域分型

大风过程/年-月-日-时	持续时间/h	城区极大风速/(m/s)	过程极大风速/(m/s)	测站个数	强度排序	大风类型
2011-11-06-08	32	29.0	41.3	12	1	锋前降压
2012-03-30	22	30.3	41.2	10	2	锋前降压+回流Ⅱ
2012-09-02-03	39	19.9	28.2	8	8	回流型
2012-09-11-12	35	21.1	31.1	7	7	回流型
2012-11-06-07	12	24.3	35.8	7	4	锋前降压
2013-06-09-10	17	24.9	32.2	10	6	锋前降压+回流Ⅰ
2014-03-12-14	25	20.6	39.9	10	3	脊中槽型
2014-04-03-04	32	23.9	26.7	11	9	回流型
2014-04-28	12	25.7	32.8	14	5	锋前降压

2 东南大风中尺度海平面气压场分型

在地面图上，东南大风大尺度环流一般表现为：贝加尔湖西侧到蒙古为强盛稳定的冷高压，平均气压在 1035 hPa 以上，新疆偏北地区处在地面冷高压后部，为负变压区；随着冷空气侵入蒙古高压，其强度部分东扩南压，北疆大部分地区持续降压，地面形势场上东西间形成的气压梯度与乌鲁木齐南郊的地形狭管方向一致，东南大风天气易发生。通过对细网格海平面气压资料的分析，将乌鲁木齐附近中尺度高压和低压的配置特征，归纳为 4 种类型(图 1)。

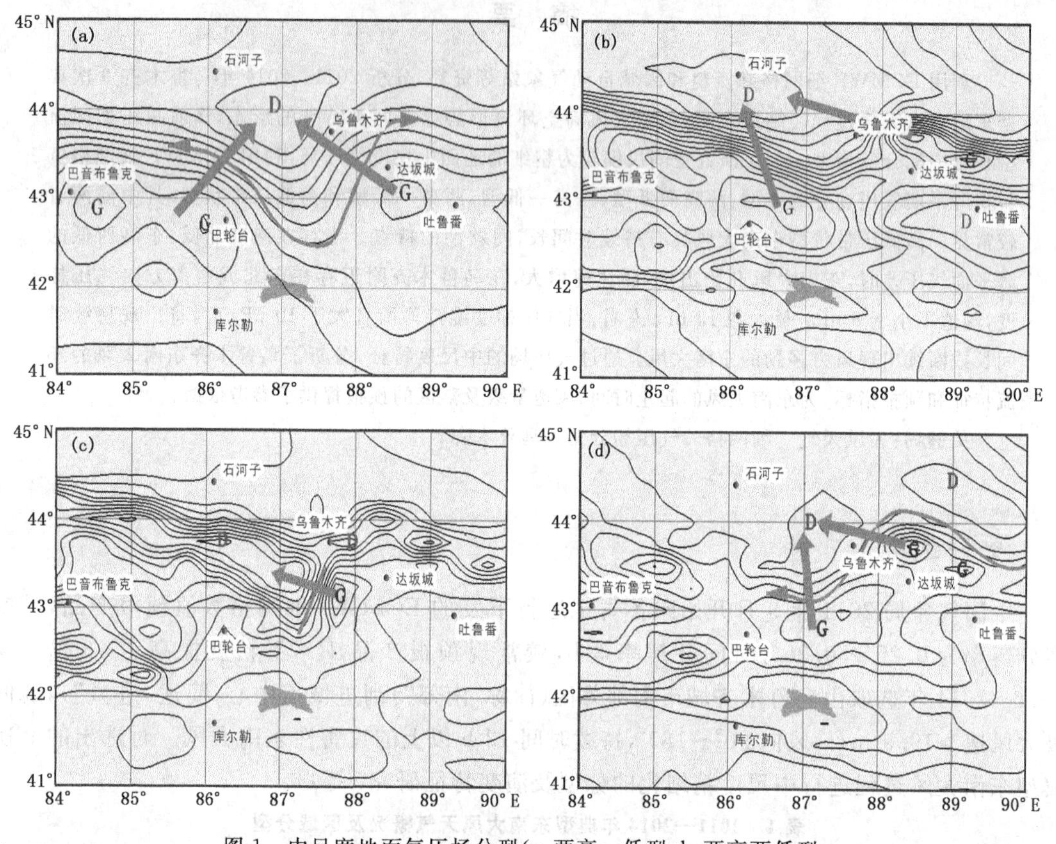

图 1 中尺度地面气压场分型(a. 两高一低型，b. 两高两低型，c. 一高一低型，d. 高低压带状型)

2.1 两高一低型

乌鲁木齐南部存在两个高压中心，一个位于巴音郭楞蒙古自治州南部，一个位于吐鲁番西部，乌苏至昌吉东部山区一线为庞大的低压区，低压中心位于乌鲁木齐附近，低压不断加强向南发展，形成一个向南凸起的舌区，两侧的高压不断北伸，在气压场上呈现为一个倒“Ω”型，由于低压舌将两个高压割裂，乌鲁木齐西南和东南方向南高北低的气压梯度形成，气压差大于 10 hPa，此型出现的频次较少，东南风持续时间短，影响范围小，但风力较强。

2.2 两高两低型

以乌鲁木齐为中心，在其西北－东南和东北－西南方向分别存在低压中心对和高压中心对，气压场呈对称分布，且高低压交错成对出现，等压线较为密集，导致乌鲁木齐附近存在南高北低，东高西低的两股气压差，南北气压差维持在 13 hPa 左右，东西气压差在 11～13 hPa，此型较为常见，出现频次较多，四季都能发生，起风持续的时间较短，但分布范围较广，强度和两高一低型类似。

2.3 一高一低型

以乌鲁木齐为中心，其东北一西南轴线南段存在一高低压中心对，随着低压前沿向东南方向发展，高压中心西退，在乌鲁木齐附近有一个闭合小低压配合，强度较弱，为此型的显著特点。在南段轴线方向南高北低的气压梯度产生，随着等压线密度加大，东南大风强度持续增强，其气压差维持在 8～15 hPa，此型也较为常见，多发生在春季，且东南大风先出现在南郊，随风力加强，逐步向城区蔓延，南郊的瞬时极大风速强于城区，东南大风影响的范围较广。

2.4 高低压带状型

以乌鲁木齐为中心，其东西轴线的北侧为低压带，南侧为高压带，其上分布着多个小高压中心，随着距离乌鲁木齐南端较近的高压中心北抬发展，形成向北凸起的鼻状结构。在低压带上分裂出两个闭合中心，两低压迅速加强南伸，与北抬的高压形成一个“Ω”型气压场，乌鲁木齐附近产生 5～10 hPa 的气压差，此型频次较少，突发性强，影响范围广。具有持续时间长、间歇性、时强时弱的特点。常伴有南疆东灌大风和北疆区域性偏东风，在春季，易导致沙尘天气的发生。

3 进城东南大风细网格资料海平面气压场演变特征

3.1 春季海平面气压场演变特征

2012 年 3 月 30 日为两高一低型，3 月 30 日 04－19 时(北京时，下同)，城区出现持续 15 h 的东南大风，其瞬间极大风速达 30.3 m/s，为 9 级。29 日 23 时起风前，小渠子西部的低压中心与巴仑台东部的高压中心南北气压差仅为 3 hPa(图 2a)，30 日 02－05 时低压中心下降至 1022 hPa，南部高压呈带状分布，延伸至达坂城一线，对应实况红雁池东南大风开始发生，之后 6 h 高压急剧增强，城南低压中心变化较小，为 1022 hPa，南部的高压带分裂为巴仑台、达坂城两高压中心，分别为 1034 和 1038 hPa，并维持至 11:00(图 2b)；同时气压差增大到过程极大值，分别为 12 和 16 hPa，11 时 48 分城区实况大风峰值为 9 级，之后 3 h 内风速和气压差从峰值逐步减弱。

2014 年 3 月 12—14 日为一高一低型，13 日 21 时东南风进城，14 日 01 时加强至最大 20.6 m/s，随后减弱，至 10 时再次增大至 20.5 m/s。13 日 20 时起风前，达坂城与小渠子西侧的低压中心压差为 9 hPa，其中间的等压线仅为 7 条(图 2c)。随后 3 h 高压中心迅速加强至 1025 hPa，且形成闭合中心，高低压之间等压线密集，气压差为 12 hPa(图 2d)。随后低压中心变化较小，高压中心减弱，闭合中心消失，达坂城和小渠子的气压差维持在 8～10 hPa，11 时高压中心再次短暂出现，等压线再度变密，实况对应天山区测站东南大风再一次发生。

2014 年 4 月 3—4 日为高低压带状型，3 日 11 时开始，乌拉泊至红雁池一带先后出现东南大风，随后其影响区域逐渐扩大。14 时前后城区出现东南大风并伴有扬沙天气，瞬间极大风速为 23.9 m/s，最大风力 7 级。4 日 19 时东南大风结束。3 日 08 时无明显的南高北低的气压场形势，11 时南北气压带建立(图 2e)，大西沟－达坂城－鄯善一线为 1023 hPa 的高压带，1017 hPa 的低压带位于米东区以北。14 时北部低压带分裂为昌吉和奇台 2 个中心，分别为

1014 和 1015 hPa，南部高压带稳定维持至 20 时(图 2f)，实况过程极大风速出现在 15 时 22 分，同时东南大风维持时间长达 10 h。在 23 时北部低压带略有合并且降低 2 hPa，南北气压差保持在 5～10 hPa，实况为新一轮的东南大风再次出现。城北在 03 时 59 分(开发区自动气象站)出现 21.2 m/s 东南大风；气压场强度变化维持至 4 日 14 时减弱至消失。

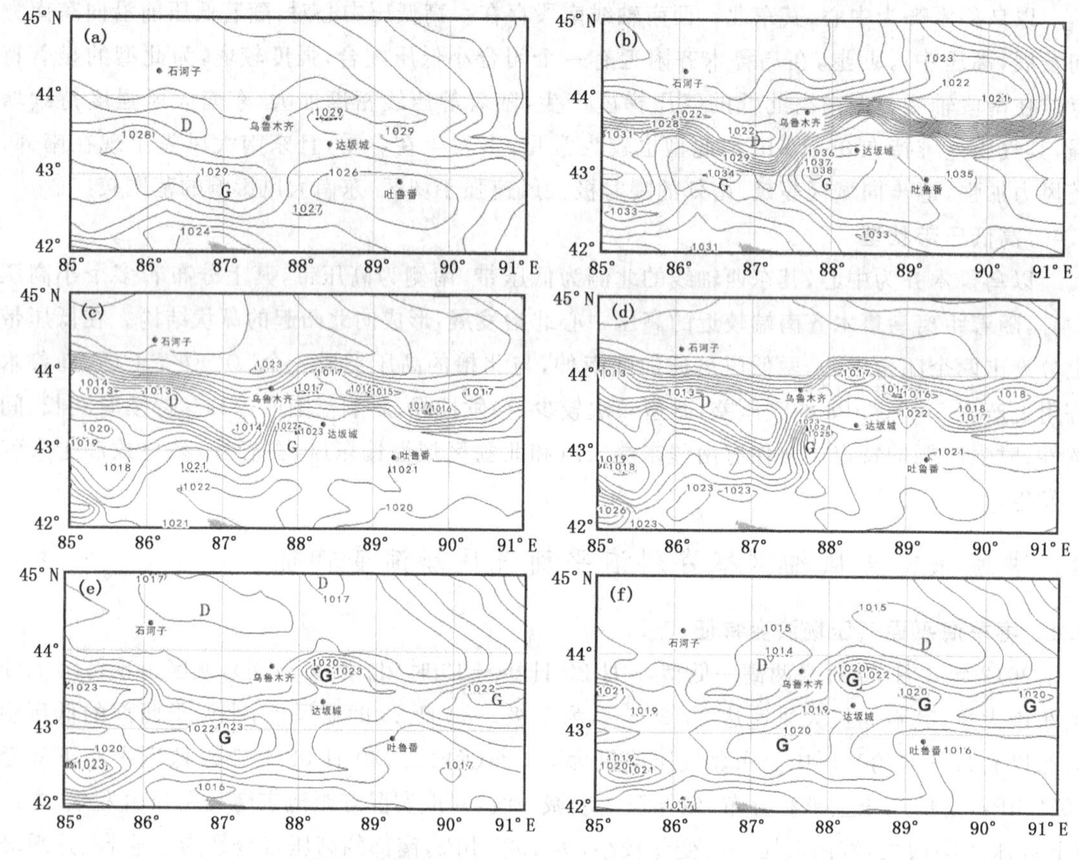

图 2　春季海平面气压场演变特征(单位：hPa)

(a. 2012 年 3 月 29 日 23 时，b. 2012 年 3 月 30 日 11 时，c. 2014 年 3 月 13 日 20 时，d. 2014 年 3 月 13 日 23 时，e. 2014 年 4 月 3 日 11 时，f. 2014 年 4 月 3 日 14 时)

2014 年 4 月 28 日为两高两低型，28 日 00—12 时城区自南向北先后出现东南大风，城区极大风速出现在 06 时 50 分，为 25.7 m/s，持续时间仅 4 h。27 日 20 时起风前，巴仑台与乌鲁木齐南北气压差仅有 5 hPa，至 28 日 23 时南北气压差较为稳定，仅呈现出中尺度气压场两高两低型的分布端倪，对应实况 28 日 00 时红雁池东南大风开始发生。05 时乌鲁木齐附近出现两股气压差(图 3)，气压差达到过程的极值，南北气压差 13 hPa、东西气压差 12 hPa，与实况极大风速出现 06 时 50 分相比，细网格资料可提前 2 h 做出预报。由此可见，春季为乌鲁木齐东南大风多发季节，细网格资料的时间分辨率为 3 h，可在有效时限内判断乌鲁木齐附近中尺度高压和低压的配置特征。

3.2　夏季海平面气压场演变特征

2013 年 6 月 9—10 日为两高两低型，9 日 03 时开始，红雁池一带出现东南大风，05 时进城，10 日 20 时天气过程结束。其气压场的压差建立和演变形势与 2014 年 4 月 28 日过程类

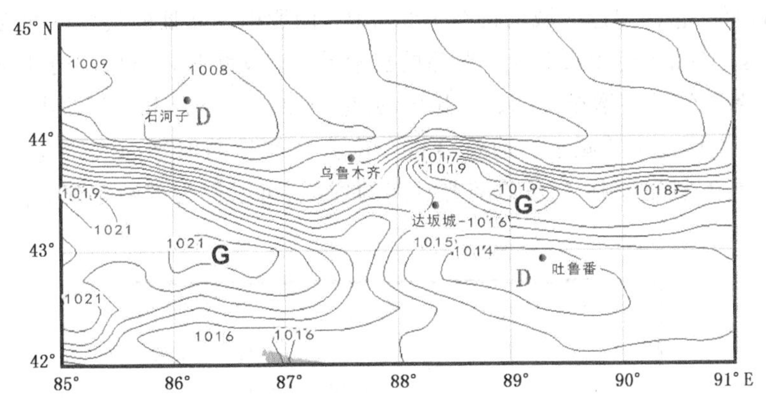

图 3　春季海平面气压场演变特征

（单位:hPa;2014 年 4 月 28 日 05 时）

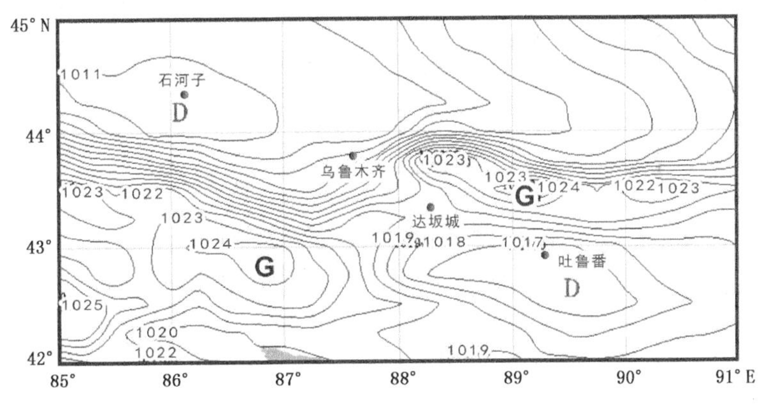

图 4　夏季海平面气压场演变特征

（单位:hPa;2013 年 6 月 9 日 08 时）

似，在 28 日 05 时出现此过程极大气压差，南北气压差 13 hPa、东西气压差 13 hPa（图 4）；这种较强且南北、东西气压差分布均匀的气压场的特点不利于夏季东南大风产生，却是出现大风的重要因素。实况对应（天山区测站）08 时 53 分出现 24.9 m/s 过程极大风速，至 9 日 11 时气压场的高低压虽有变化，但气压场分布和气压差维持在 13 hPa 左右，预示着东南大风将长时间持续，风力突然减弱的可能性较小。

3.3　秋季海平面气压场演变特征

2011 年 11 月 6—8 日为一高一低型，7 日 08 时东南大风进入城区，13 时加强为 25.5 m/s，8 日 02 时极大风速 29 m/s。与 2014 年 3 月 12—14 日过程不同的是，达坂城与小渠子西侧低压中心之间的气压差起风前为 8 hPa，之后维持在 13 hPa，至 7 日 23 时增至 2 hPa，8 日 05 时出现峰值 15 hPa（图 5），预示着此段时间内将有大风出现，实况对应 8 日 02 时瞬间风力达 9 级。此种气压差值较大且强度稳定维持的特征，是东南大风持续时间较长，过程出现两个风速极大值的原因之一。

2012 年 11 月 6—7 日为两高一低型，城区 6 日 22 时起风，7 日 07 时结束。与 2012 年 3 月 30 日过程类似（图略），气压差变幅较小。6 日 23 时两高一低形势建立，3 h 后，城南低压中心为 1017 hPa，而巴仑台和达坂城维持在 1028 hPa，两股南高北低的气压差均为 11 hPa，至 05 时低压中心降压达到最强(1012 hPa)，南部的巴仑台、达坂城两高压中心分别减弱为 1024 和 1026 hPa，进而两股气压差增至 12 和 14 hPa，实况 05 时 41 分天山区测站出现过程极大风速 24.3 m/s，08 时气压差迅速减小。通过分析东南大风强度与海平面气压场的演变特征和规律，认为在相同气压场分布中，气压差随着时间的增减，可以作为判断东南大风过程起止和强度的特征值。

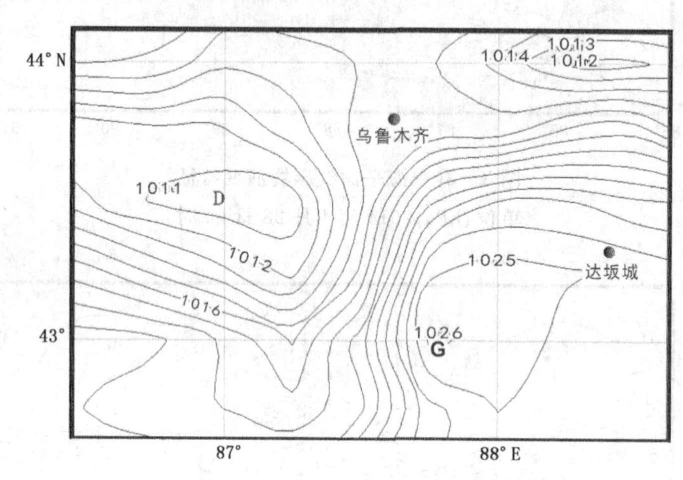

图 5　秋季海平面气压场演变特征
(单位：hPa；2011 年 11 月 8 日 05 时)

4　结　论

(1)锋前减压加回流两高两低型与两高一低型：其脊伸展高度至 200 hPa，为狭长形，脊顶伸展至 70°N 以北；脊中槽型，东南大风出现前，中低层在南疆地区偏西一线为一曲率较小的宽广低槽区，北疆为浅脊控制，升温降压，南高北低的气压场形势建立，东南大风形成，脊中槽型是一种比较特殊少见的东南大风环流形势。

(2)利用 ECMWF 细网格海平面气压场资料，可将乌鲁木齐地区中尺度高低压的分布特征分为 4 种类型：两高两低型、一高一低型、两高一低型和高低压带状型。其中，前两型较为常见，春、夏、秋季均有发生，高低压带状型东南大风持续时间长，具有间歇性特点，且 4 种类型均可形成 7 级以上的东南大风。

(3)东南大风夏季出现频次较少，当南北东西气压差分布均匀且维持在 13 hPa 左右时，可产生大风；当气压差值强度稳定且持续增强时，预示着东南大风持续时间较长。

(4)中尺度气压场特征表明，当存在南高北低，东高西低的海平面气压差时，东南大风开始发生，随着风力增大，在乌鲁木齐附近出现东北或西南方向的气压梯度，阈值不低于 8 hPa，最大为 15 hPa 左右；气压梯度大于 10 hPa 并维持时，将出现持续时间长或断续出现强劲的东南大风，预报时效可提前超过 2 h。

业务 GRAPES-GFS 模式 2016 年度暴雨过程天气学检验特征

宫　宇　代　刊　杨舒楠　唐　健　张　芳　胡　宁　张夕迪　沈晓琳　徐珺

（国家气象中心，北京 100081）

摘　要

为客观把握预报偏差特征，向预报员订正应用提供更准确丰富依据，完善 GRAPFES-GFS 模式业务应用流程，在 2016 年 GRPAES-GFS 模式正式业务化之际，国家气象中心天气预报室对该模式的业务天气学检验流程也相应完成部署，正式建立了针对业务 GRAPES-GFS 模式的预报性能常态化检验反馈机制。经过 2016 年度的逐过程检验，已经积累了部分关于该模式预报性能的特征，本研究将基于该业务模式天气学检验产品，通过对 2016 年度主要暴雨天气过程的检验，结合对比 EC 模式和 T639 模式预报，梳理总结业务 GRAPES-GFS 模式在该年度预报性能优势和系统性偏差特征，以期充分利用数值模式附加值并反馈推进其发展。

被检验的天气过程包括 28 次暴雨天气，其中有南方暴雨过程 15 次，北方暴雨过程 4 次及热带扰动或台风降水过程 9 次。检验工作从模式对降水预报效果这一现象出发，发掘模式预报性能优势的同时，透过现象检验主要影响系统及示踪物理量，总结归纳出如下几点预报偏差特征：短期时效内降水预报性能较稳定，性能优于 T639 模式；对于登陆台风降水预报较 T639 模式有所提升；对部分对流性降水预报较实况偏北或对主雨带南侧暖区降水预报有所不足；对弱的天气尺度系统强迫背景下的天气过程预报降水偏弱；对降水系统南侧偏南气流控制区域预报湿度偏大；对副热带地区的低涡系统预报偏强。

关键词：GRAPES-GFS 模式　模式天气学检验　暴雨天气

引言

当前天气预报业务中，数值模式涵盖了从短临、短期、中期和延伸期的各个范围，空间尺度越来越精细，预报能力也在稳步提高，数值模式预报的作用在预报业务中也日益重要。然而，由于观测、物理过程、网格分辨率等因素，如今数值预报仍存在误差，那么“如何在数值模式预报的基础上附加预报员价值”成了目前天气预报领域研发的热点。2015 年召开的国际数值天气预报会议上，预报员数据同化（DA）的理念被提出，而预报员数据同化要起到引领和关键作用，需要经过更多的探讨、定性和量化评估后进行精确阐述（宫宇等，2016）。模式天气学检验则成为沟通两者的关键环节，通过以预报员思路为基础对关键天气系统的强度、范围、发展趋势等关键属性进行定量和定性的检验并总结归纳数值模式性能特征，帮助模式开发和研究人员发现模式存在的问题，从而决定最需要集中力量改进的地方，同时对预报员订正和改进的预报提供建议，使两者“合力”达到“1＋1＞2”的效果。如今许多国家的气象部门和研究机构已经意识到数值模式检验的重要性，都逐渐建立起自己的数值模式检验业务系统和平台，中国气象局国家气象中心天气预报室于2008年开始运行数值模式检验业务，并随着2016年初中国自主研发的GRAPES-GFS模式的正式业务化，基于多年业务检验技术研究基础上相应部署了GRAPES-GFS模式检验业务，正式建立了针对业务应用的日常预报性能常态化检验反馈机制。

全球区域一体化同化预报系统GRAPES(Global/Regional Assimilation and Prediction System)是在科技部和中国气象局支持下中国自主发展的新一代数值预报系统。2009年3月以来先后完成以改进优化模式物理过程、三维变分同化、同化和模式协同为代表的三个重要阶段(何光鑫等，2011；王德立等，2013；王金成等，2014；郝民等，2014；庄照荣等，2014；姜晓飞等，2015；石荣光等，2015)，建立了水平0.25°×0.25°分辨率，垂直方向60层的预报系统版本GRAPES-GFS 2.0(具体参数设定如表1)，于2015年底通过了预报能力综合评估，2016年初正式投入业务化运行。

表1 GRAPES-GFS系统主要运行参数设置

	GRAPES_GFS_025L60
同化方案	3DVAR
水平分辨率(dx和dy)	0.25°
垂直层次(nz)	60层
格点数(东西nx*南北ny)	1440×720
区域范围	全球
模式积分步长	300 s
模式积分时长	6 h(同化)/240 h(预报)
微物理过程	CMA双参数方案
陆面过程	CoLM
边界层	MRF方案
云方案	宏观云预报方案
积云参数化方案	简化Arakawa-Schubert(SAS)方案
辐射方案	RRTMG LW(*V*4.71)/SW(*V*3.61)方案
重力拖曳波方案	Kim & Arakawa 1995; Lott & Miller 1997; Alpert, 2004
同化观测资料	常规地面观测资料、常规探空观测资料、云导风资料、NOAA15/18/19卫星AMSUA资料、MetOp-A&B卫星的AMSUA资料、AIRS高光谱资料、MetOp-A卫星IASI高光谱资料、FY-3C卫星MWHS-2资料、FY-3C卫星GNOS掩星资料、NPP-ATMS资料、GPS掩星资料和ScatWind洋面风资料。
其他	使用数字滤波方案

自GRAPES-GFS模式业务化检验以来，已经积累获得了一定数量的结果和结论。本研究将结合对比EC模式和T639模式预报，梳理总结业务GRAPES-GFS模式在2016年度不同季节、区域及尺度的暴雨过程各自的预报性能优势和系统性偏差特征，以期促进充分利用数值模式附加值并反馈推进其发展。

1　资料和方法说明

降水实况资料使用了业务预报评分中使用的地面 2513 站 08 时 24 h 累积降水观测资料。大气要素场实况则采用了逐 6 h NCEP 等压面分析场数据，分辨率为 0.5°×0.5°，垂直有 27 层。

针对高空槽、低空急流、切变线、低涡、大气能量等天气要素的检验，设计开发了降水检验、高空风场、高度场、散度场、水汽场、相当位温场等要素的等压面检验产品。另外，为检验关键影响系统内部结构偏差，还制作了垂直剖面检验产品，检验要素包括相当位温、比湿、垂直涡度、相对湿度。

经过以上模式检验产品一年来的业务运行和值班人员逐过程的主观检验，针对 GRAPES-GFS 模式 2016 年度预报性能特点已经有了一定的积累。本文将汇总 2016 年 28 次主要的暴雨降水（北方暴雨 4 次，南方暴雨 15 次，热带扰动或者台风降水 9 次），梳理总结这些过程中 GRAPES-GFS 模式预报性能优势和偏差特征。

2　GRAPES-GFS 模式预报检验特征

2.1　短期时效内降水预报性能较稳定，整体优于 T639 模式

84 h 时效内，GRAPES-GFS 模式对雨带位置、形态、降水强度等方面整体较 T639 模式有一定优势。并且随时效临近雨区调整方向的一致性也优于 T639 模式，为预报员订正预报提供了更多信息。

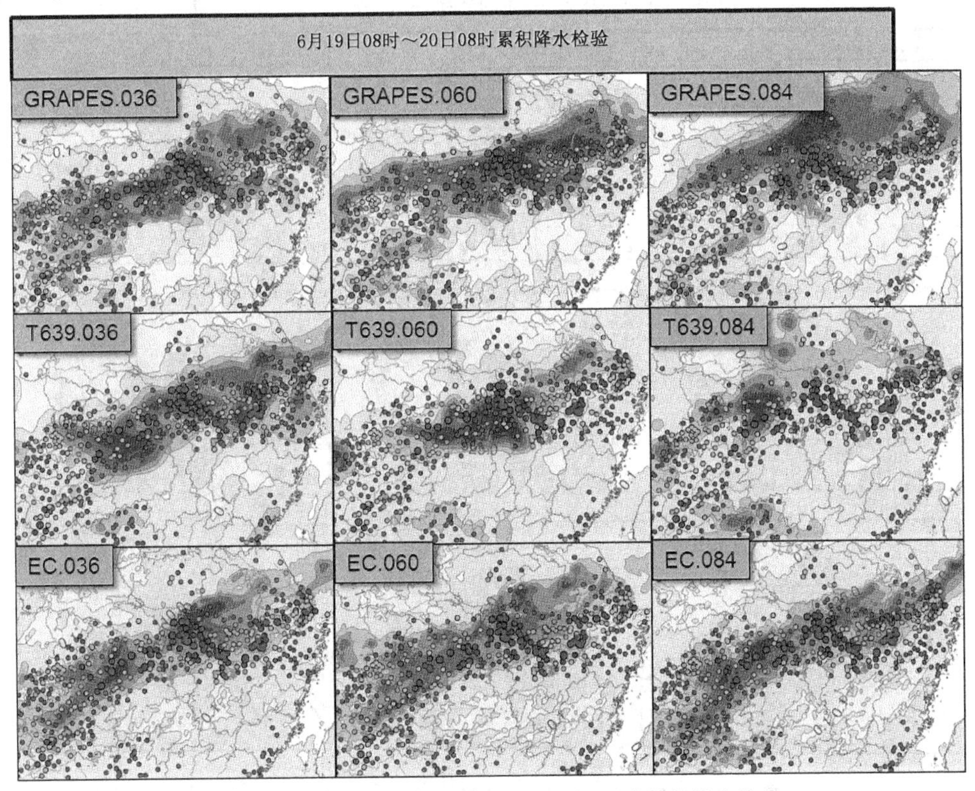

图 1　2016 年 6 月 19 日 08 时—20 日 08 时累积降水检验

对于 2016 年 6 月 19—20 日长江流域降水过程(图 1),36 h 时效内,GRAPES-GFS 模式与 T639 模式预报相近,对于江汉暴雨到大暴雨降水预报较准确,但对于长江下游沿岸大雨以上量级降水预报略偏北。60 h 时效,T639 模式在长江中下游预报出现了较多漏报,GRAPES-GFS 模式对于雨带的形态位置预报较为稳定,整体与 36 h 预报接近,位置略偏北。截至 84 h 时效,T639 模式出现了大面积漏报,对于长江沿岸的强降水几乎没有体现,GRAPES-GFS 模式则预报雨带位置偏北,强度和形态则与实况接近,从全部预报时效来看,GRAPES-GFS 模式预报随着时效延长,雨带位置一致向北调整,整体雨强则与实况接近,并未出现明显的南北扰动,预报员可以结合模式对流性降水强的天气过程雨带位置预报偏北的偏差特征相应予以订正。因此,GRAPES-GFS 模式预报更具有指示性意义。类似结论在 6 月 30 日和 7 月 1 日长江流域暴雨及 5 月 19 日过程的华南江南暴雨过程中均有所体现。

2.2 短期时效内对于登陆台风降水预报优于 T639 模式

短期时效内,GRAPES-GFS 模式对登陆中国大陆台风产生降水的预报较 T639 有一定优势,主要表现在对台风降水强度、范围、形态等方面,但受限于较长时效的台风预报能力,GRAPES-GFS 模式降水预报稳定性仍较 EC 模式有一定不足。

对于台风"鲶鱼"登陆前外围云系的降水,福建中东部 36 h 时效 GRAPES-GFS 模式和 T639 模式预报降水落区略偏北,EC 模式则与实况接近。60 和 84 h 时效,T639 模式预报出现了明显不稳定,降水预报偏弱明显,漏报较多,GRAPES-GFS 和 EC 模式则预报较为稳定,对福建中东部和浙江南部的暴雨到大暴雨降水预报较准确,明显优于 T639 模式。

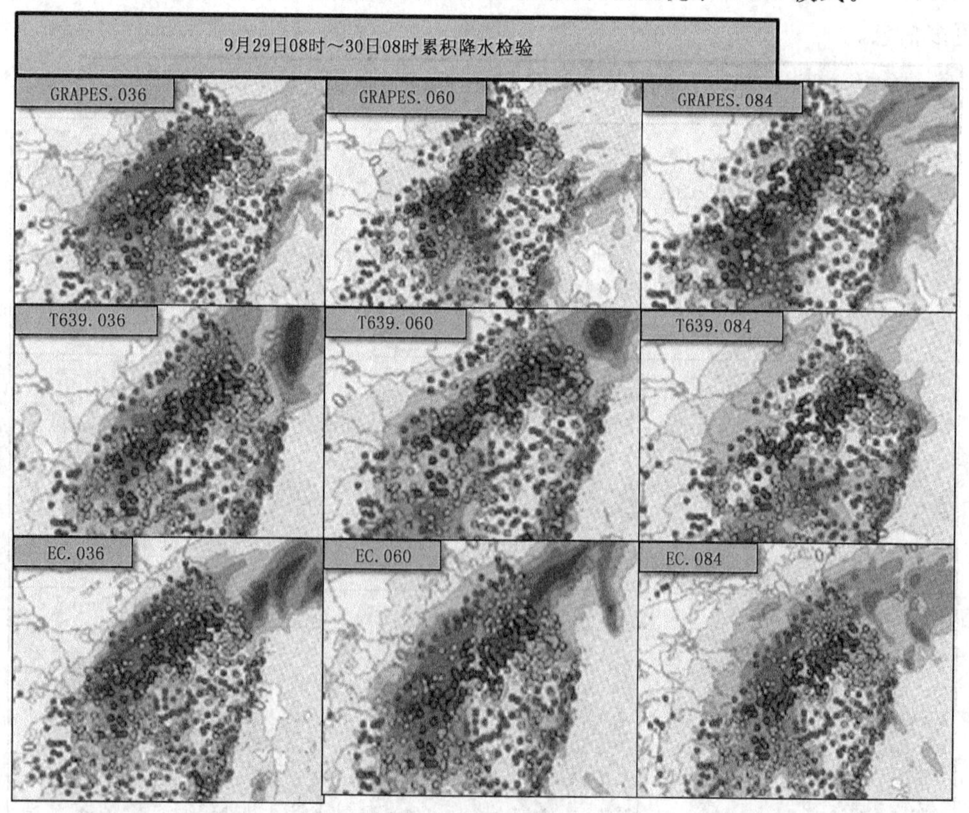

图 2 2016 年 9 月 29 日 08 时至 30 日 08 时累积降水检验

对于台风"鲶鱼"登陆首日的降水预报，随着时效延长，T639 模式和 GRAPES-GFS 预报降水落区整体向南偏移，至 84 h 时效，T639 模式预报落区位于华南东部，整体偏移出了实况落区，GRAPES-GFS 模式则优于 T639 模式，预报落区位于江南中东部。

台风"鲶鱼"登陆第 2 天(图 2)，GRAPES-GFS 模式表现出了优秀性能，84 h 时效内，对于江淮地区东北—西南向的雨带的形态、位置、强度均与实况较为一致，至 84 h 时效雨带位置仍与实况较为接近。EC 模式则随着时效的延长雨带位置逐渐偏北，降水强度预报趋于偏弱，T639 模式预报则不稳定，在 60 和 84 h 时效预报较实况偏弱较多，84 h 则整体与实况雨带形态差异较大，未能报出东北—西南向雨带，出现了较多漏报。类似的结论在"海马"和"莫兰蒂"台风登陆降水过程中也有所体现，可见，短期时效内，GRAPES-GFS 模式对登陆中国大陆台风产生降水的预报较 T639 有一定优势，主要表现在对台风降水强度、范围、雨区形态等方面，但受限于较长时效的台风路径预报能力，GRAPES-GFS 模式降水预报稳定性仍较 EC 模式有一定不足(徐道生等，2014)。

2.3 对部分对流性降水预报较实况偏北

对于部分对流性较强、斜压性相对较弱的暴雨天气过程，GRAPES-GFS 模式短期时效内预报雨带位置趋于偏北，或者对主雨带南侧暖区的强降水预报不足。此类降水对于模式物理方案需求较高，对于使用积云参数化方案的全球模式而言均面临着类似的问题(王德立等，2013)。

如 3 月 21 日湖南中北部暴雨过程，GRAPES-GFS 模式虽然对雨带的形态和强度预报与实况接近，但雨带位置预报位于江南地区中南部，较实况偏北 100～200 km。类似情况在 5 月 19 日江南南部暴雨过程也有出现。

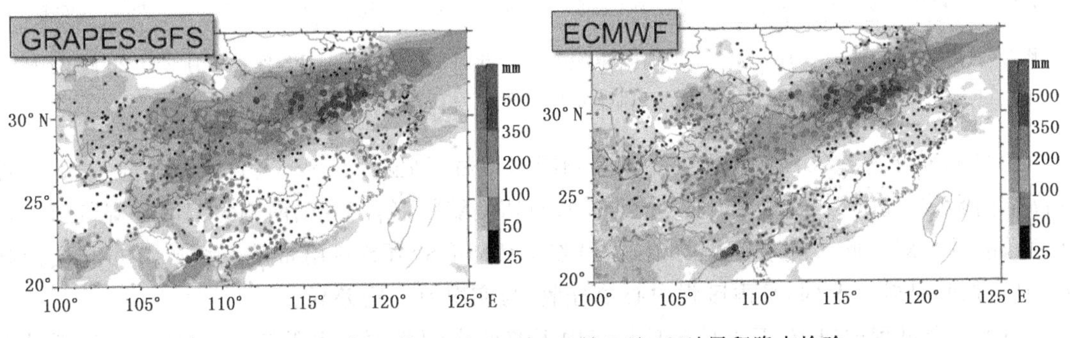

图 3 2016 年 6 月 30 日 08 时—7 月 5 日 08 时累积降水检验

2016 年 6 月 30 日至 7 月 5 日，长江中下游地区出现了连续性强降水，持续时间较长，雨强也较大，系统对流性较强。对于此次天气过程的 36 h 时效累积降水预报的检验可见(图 3)，虽然对实况雨带的准东西向分布和雨强预报较为准确，但是 GRAPES-GFS 模式对于强降水带的预报趋于偏北，实况雨带出现在长江沿岸，而模式预报则出现在了江淮中部。并且，通常预报性能相对优秀的 EC 模式预报同样出现了类似的偏差特征，对主雨带位置的预报较实况偏北。对于全球预报模式，由于网格距未及云分辨尺度，云物理过程采用积云参数化方案替代，对于强降水天气过程中产生的反馈过程相对较少，从而一定程度上产生了全球模式对于此类天气预报的偏差特征(王德立等，2013；姜晓飞等，2015)。

2.4 弱的高空系统强迫条件下对降水预报弱

对于中高层天气尺度系统不明显而受低层天气系统主导的天气过程，GRAPES-GFS 模式预报降水趋于偏弱。此类天气过程往往大尺度强迫作用相对较弱，对于低层更小尺度的物理过程预报能力依赖性更高，对模式与网格分辨率相关的过程的预报有重要关系，如边界层方案、云物理方案、地面辐射方案等（王德立等，2013；刘羽等，2013；姜晓飞等，2015）。

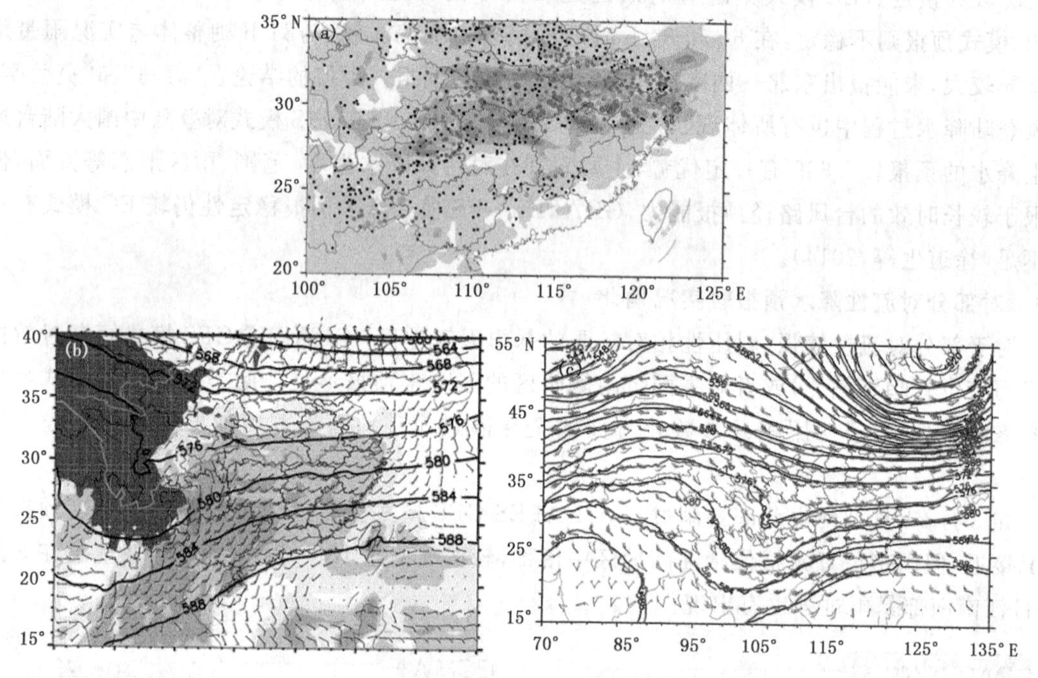

图 4 (a)2016 年 4 月 3 日 08 时 36 h 时效累积降水检验，(b)GRAPES-GFS 模式 4 月 2 日 20 时 24 h 时效 850 hPa 高度场、风场及比湿预报及(c)500 hPa 高度场检验

如图 4，对于一次长江中下游的大到暴雨降水过程，高空 500 hPa 等高线较平直，没有明显的高空槽影响，而低层 850 hPa 则受一准东西向切变线控制，切变线南侧为偏南暖湿气流向雨区输送能量。对于此次降水过程的预报，虽然 GRAPES-GFS 对雨带准东西向分布与实况接近，但雨强明显较实况弱，且雨区强中心较分散，与实况有一定差异。

与上一个过程类似，对于 4 月 5 日长江中下游的大到暴雨降水天气，GRAPES-GFS 模式预报依然偏弱，强降水中心较分散。此次过程中高空槽系统依旧不明显，而低层 850 hPa 则主要受一暖式切变线影响，切变线附近有水汽分布梯度大值带，切变线南侧则为偏南低空急流输送能量，而低层受切变线影响控制，整体上高空天气尺度系统偏弱或者不明显，低层扰动系统活跃。

相似的过程还有 5 月 5 日长江以南地区分散暴雨降水、10 月 27 日江淮流域暴雨。在以上几次天气过程预报中，GRAPES-GFS 模式在对高空天气尺度系统影响较弱的情况下预报的雨强较实况区域偏弱，究其原因可能是由于受限于模式网格距大小，全球预报模式是以准地转理论为基础框架的预报系统，对于此类对更小尺度物理过程描述需求更大的天气过程预报能力偏弱，预报员对于此类天气过程可酌情进行订正（王德立等，2013；刘羽等，2013；姜晓飞等，2015）。

2.5 对系统南侧偏南气流控制区域湿度预报较实况偏大

对于大型雨带南侧的暖湿空气输送带中的水汽预报，GRAPES-GFS 模式预报湿度趋于偏大，相当位温也较实况偏高，整体表现为能量输送偏大，低层高能高湿层偏厚。

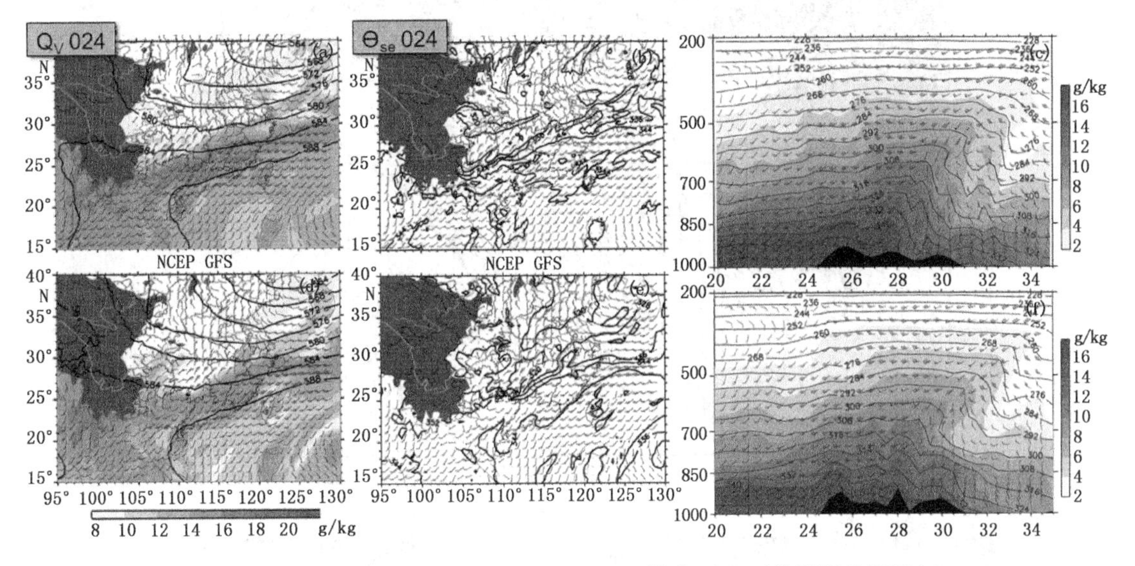

图5 2016年6月14日20时 GRAPES-GFS 模式 24 h 时效预报比湿场(a)，相当位温场(b)，沿 118E 垂直剖面(c)检验，(e～f)为相应 NCEP 全球预报分析场

如图5为一次江南地区暴雨过程，从图中低层比湿场来看，冷式切变线南侧的偏南气流中，GRAPES-GFS 模式预报比湿普遍大于 18 g/kg，较实况大约 2 g/kg，从对应层次的相当位温对比来看可见，GRAPES-GFS 模式所预报切变线南侧高能空气相当位温达到了 352 K，较实况中的 344 K 偏高明显，如图中沿 118°E 的垂直剖面也可见，GRAPES-GFS 模式预报的大气低层比湿 16 g/kg 以上的厚度明显比实况厚，对应的低层相当位温也较实况高。整体表现为 GRAPES-GFS 模式对切变线南侧大气能量预报偏强的特征。此类现象还在3月19日、4月2日、5月5日、5月8日、5月18日、6月18日、6月13日、7月12日暴雨过程中不同程度出现。总结以上个例来看，对于大型雨带南侧的高能输送带中的水汽预报，GRAPES-GFS 模式预报趋于偏湿，相当位温也较实况高，整体表现为能量输送偏大，低层高能高湿层偏厚。

2.6 副热带地区的低涡系统预报较实况偏强

对副热带地区低涡系统预报趋于偏强，具体表现为对低涡中心的等高线预报偏低或者槽偏深，低涡附近辐合偏强，急流风速偏大。

如图6天气过程，对于西南涡旋系统的预报较实况偏强明显，850 hPa 在四川盆地上空出现了 140 dagpm 闭合线，而实况中并未出现该闭合线，500 hPa 高度场同样偏强，出现了 580 dagpm 闭合曲线，实况则仅为一高空槽形态；涡旋环流外围低空急流也较实况偏强，最大超过了 21 m/s，而实况中仅超过 15 m/s，并且涡旋东南象限的低层散度场较实况偏强明显，超过了 $-14\times10^{-5}\ s^{-1}$，整体上 GRAPES-GFS 模式对于此次天气过程涡旋系统较实况更加深厚、强盛。

7月1日的长江流域暴雨过程，对于位于湖北上空的低涡系统，850 hPa 高度场出现了 140 dagpm 的闭合等高线，实况则并未出现，500 hPa 高度场来看，实况为弱的高空槽影响，

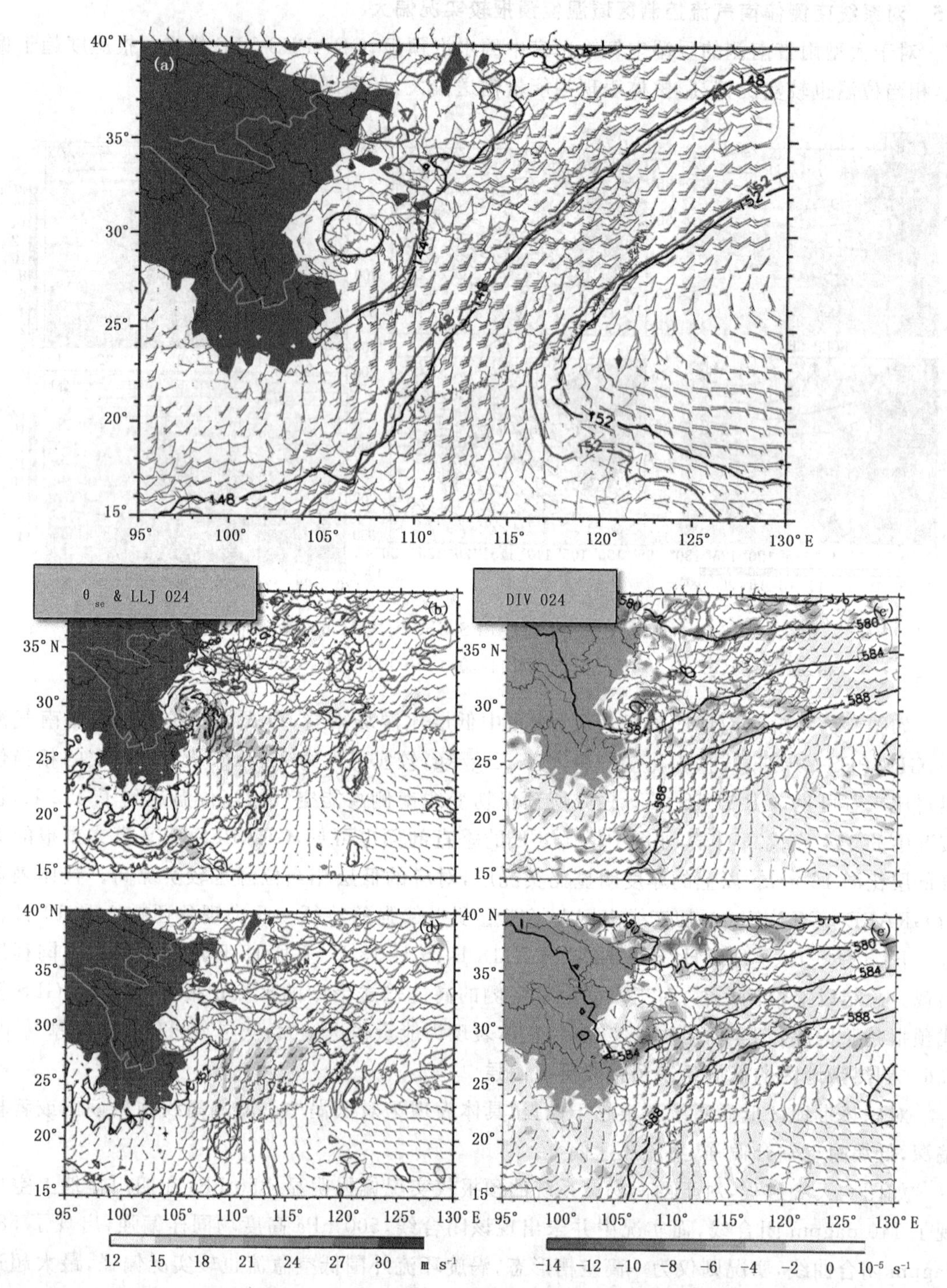

图 6　2016 年 6 月 30 日 20 时 GRAPES-GFS 模式 24 h 时效 850 hPa 高度场和风场检验(a)，低空急流和相当位温检验(b)，散度和 500 hPa 高度长检验(c)，(d)、(e)为 NCEP 分析场

GRAPES-GFS 预报则更加深厚。对于低层系统南侧的西南气流预报，模式预报偏强，最大风速达到了 21 m/s，范围覆盖了整个江南中西部，而实况低空急流范围仅控制了江南部分地区。

而对于低涡暖式切变线和冷式切变线附近的辐合预报，模式预报的范围和强度均较实况偏大、偏强，强辐合区覆盖了江淮流域及江汉和江南西部贵州南部区域，而实况则仅在安徽南部和江南西北部有一定强辐合区。

类似的还有6月2日、6月13日和7月2日暴雨过程，因此，从以上的个例分析来看，GRAPES-GFS模式对副热带地区低涡系统预报趋于偏强，具体表现为对低涡中心的等高线预报偏低或者槽偏深，低涡附近辐合偏强，急流风速偏大，低涡系统较实况偏深厚。

3 结论和讨论

以上对2016年全年主要暴雨过程的天气学检验进行了梳理总结，业务GRAPES-GFS模式预报在该年度的预报性能和偏差特征主要有以下几点：

(1)84 h时效内，GRAPES-GFS模式对雨带位置、形态、降水强度等方面均较T639模式有一定优势。并且随时效临近雨区调整方向的一致性优于T639模式，为预报员订正预报提供了更多信息。

(2)短期时效内，GRAPES-GFS模式对登陆中国大陆台风产生降水的预报较T639有一定优势，主要表现在对台风降水强度、范围、雨区形态等方面，但受限于较长时效的台风预报能力，GRAPES-GFS模式降水预报稳定性仍较EC模式有一定不足。

(3)对于部分对流性较强、斜压性相对较弱的暴雨天气过程，GRAPES-GFS模式短期时效内预报雨带位置趋于偏北，或者对主雨带南侧的强降水预报不足。此类降水对于模式物理方案需求较高，对于使用积云参数化方案的全球模式而言均面临着类似的问题，预报员据此对此类天气应将雨带向南调整。

(4)对于中高层天气尺度系统不明显而受低层天气系统主导的天气过程，GRAPES-GFS模式预报降水趋于偏弱，预报员可根据此特征相应提升降水量级。此类天气过程往往大尺度的对流强迫相对较弱，此类天气的预报对于低层更小尺度的物理过程预报能力依赖性更高，对模式性能考验更大。

(5)对于大型雨带南侧的暖湿空气输送带中的水汽预报，GRAPES-GFS模式预报湿度趋于偏大，相当位温也较实况高，整体表现为能量输送偏大，低层高能高湿层偏厚。

(6)对副热带地区低涡系统预报趋于偏强，具体表现为对低涡中心的等高线预报偏低或者槽偏深，低涡附近辐合偏强，急流风速偏大。

以上是针对GRAPES-GFS模式的2016年暴雨天气过程检验结果，而为更全面体现该模式的预报性能，可针对该模式进行更多方面的检验工作，如大风降温、高温、台风降水、中期天气要素等，这些工作也一定程度上可以帮助探究模式多方面误差，为预报员使用进行建议的同时反馈给模式研发人员，对于未来推进中国自主研发模式的快速发展有重要的意义。

参考文献

宫宇，徐珺，代刊，等，2016. 人工订正位涡改进模式初始场技术研究[J]. 气象，**42**(12)：1498-1505.

郝民，田伟红，龚建东，2014. L波段秒级探空资料在GRAPES同化系统中的应用研究[J]. 气象，**40**(2)：158-165.

何光鑫，李刚，张华，2011. GRAPES-3DVar高阶递归滤波方案及其初步试验[J]. 气象学报，**69**(6)：

1001-1008.

姜晓飞，刘奇俊，马占山，2015. GRAPES全球模式浅对流过程和边界层云对低云预报的影响研究[J]. 气象，**41**(8):921-931.

刘羽，杨学胜，孙健，2013. 在GRAPES模式中引入夹卷过程的影响试验[C]//创新驱动发展 提高气象灾害防御能力——S10大气物理学与大气环境，中国气象学会:215-220.

石荣光，刘奇俊，马占山，2015. 利用GRAPES模式研究气溶胶对云和降水过程的影响[J]. 气象，**41**(3):272-285.

王德立，徐国强，贾丽红，2013. GRAPES的积云对流参数化方案性能评估及其改进试验[J]. 气象，**39**(2):166-179.

王金成，庄照荣，韩威，等，2014. GRAPES全球变分同化背景误差协方差的改进及对分析预报的影响:背景误差协方差三维结构的估计[J]. 气象学报，**73**(1):62-78.

徐道生，陈子通，戴光丰，等，2014. 对流参数化方案的改进对GRAPES模式台风预报的影响研究[J]. 热带气象学报，**30**(2):210-218.

庄照荣，薛纪善，陆慧娟，等，2014. 全球GRAPES等压面三维变分分析预报循环系统及试验[J]. 高原气象，**33**(3):666-674.

北京城区热动力条件对雷暴下山后强度的影响

孙　靖[1]　程光光[1,2]

(1. 国家气象中心,北京 100081; 2. 中国气象局数值预报中心,北京 100081)

摘　要

2014 年 6 月 15－17 日,在弱天气尺度环流系统影响下,多个 γ 中尺度雷暴单体经过门头沟、延庆和怀柔进入北京城区,其中一部分雷暴单体下山后强度维持不变或增强,并造成了两次短时强降水天气,另一部分却减弱消亡。雷暴下山后强度变化的不同为预报带来了一定的困难。本文利用北京地面自动站、探空、风廓线和雷达探测数据,着重对城区上空热动力条件进行了分析。结果表明,对于多个先后下山的雷暴,最先下山的雷暴会消耗城区的热动力能量,并产生中尺度的冷池和下沉气流,进而对之后经过城区的下山雷暴的强度变化产生间接影响;雷暴自身强弱是其下山后强度可否增强的另外一个主要因素,特别是有些雷暴在下山前或下山过程中强度有所增强,也有利于雷暴的顺利下山和之后的强度维持或增强。

关键词:下山雷暴　阵风锋　低层辐合　雷暴分裂　冷池

引言

对 2003—2005 年北京地区雷暴源地进行统计后发现,从北京市区以外,特别是从房山和门头沟一带山区移入的雷暴占北京城区总雷暴的 79%(Wilson et al,2007)。由于北京的北部为燕山山脉,西部为太行山脉,北京城区位于平原地带。因此,无论雷暴是从西向东,还是从北向南进入北京城区,都会经历下山的过程。Wilson 等(2010)指出,这种雷暴在下山之后的强度是减弱、维持还是增强,对于当地预报员而言是一个十分棘手的问题;为此,Wilson (2007)以 2006－2007 年北京地区若干次下山雷暴个例的观测数据及之前相关研究的结果为基础总结出,当移入雷暴是一个缺乏组织性且强度不强的个体时,或当平原地区无明显的对流不稳定层结和对流有效位能(*CAPE*)的前提下,又没有明显的阵风锋与雷暴配合时,雷暴下山后强度很可能会减弱;反之,雷暴下山后强度增强的可能性会很大。黄荣和王迎春(2012)对 2008－2011 年发生在北京的 18 次下山后显著增强的雷暴进行统计分析,结果表明,大部分情况下,雷暴下山增强的过程都发生在有利的高低空天气系统背景下(但高空系统对雷暴下山后的增强并没有直接影响);平原地区具备 1000～2000 J/kg 的不稳定能量,但是不稳定能量在 1000 J/kg 以下雷暴增强的个例也不在少数(达到 7 例);虽然并不是所有的下山雷暴都有明显的地面冷池和水平出流,但平原地区均有地面辐合线的存在。陈明轩等(2010)曾就 2006－2008 年京津冀地区近 30 个对流风暴典型个例进行了统计分析,证实了辐合线和地形对这一地区雷暴的生消及发展的重要影响,并在此基础上总结了五条预报规则(以下简称“五条预报规则)。

尽管如此,上述的研究大都针对某一个雷暴下山后强度的变化及当时城区现有条件进行研究,而北京地区有相当一部分降水过程是由多个下山雷暴共同造成的,而且一次过程中不同雷暴下山后强度的变化有时会存在很大的差别。

2014 年 6 月 15 日 14 时至 17 日 08 时(北京时,下同),北京城区经历了两次短时强降水过程,两个下山雷暴分别是这两次降水过程主要的影响系统之一,虽然在两次降水过程之间还有其他移入性雷暴进入北京,但它们在下山及靠近城区的过程中强度减弱,并没有在城区造成明显的降水。短时间内,多个雷暴下山后强度变化的差异如此之大,使预报员感到非常棘手。文中利用两次降水过程前后北京南郊观象台(39.78°N,116.47°E)S 波段多普勒雷达探测资料、南郊观象台和河北张家口测站(40.77°N,114.92°E)的 3 次/日(08、14 和 20 时)的探空观测数据、海淀(39.98°N,116.28°E)、南郊观象台及上甸子(40.65°N,117.10°E)的风廓线数据和地面逐时加密自动气象站观测数据,对这一时段内城区上空、热动力条件的变化进行分析,试图找到造成短时期内多个下山雷暴强度变化不一的原因,为将来类似天气过程的预报提供一些有益的线索。

1 降水特点

2014 年 6 月 15 日 08 时至 17 日 08 时,北京城区先后经历了两次短时强降水过程(图 1),两次过程的累计雨量中心位于北京城区的东部(图略),其中最大的降水观测记录来自朝阳区三间房测站(131.1 mm)。第一次降水过程的主要降水时间集中在 15 日 18—20 时,雨带位于北京房山—城区东部和通州一线,整体呈东—西向分布,并分为房山和城区东部两个降水中心。第二次降水过程的主要降水时间集中在 17 日 00—06 时,主要雨区同样有两个,分别位于怀柔、密云和平谷一带的山区及城区中东部,雨带呈西南—东北向分布;这次过程的平均雨量和小时最大雨强均比第一次更大,其中小时最大雨强位于平谷的中心村测站(40.24°N,117.32°E),达到 69.8 mm/h,累计降水最大值位于城区东部的王四营测站(39.88°N,116.55°E),为 92 mm。从多个站点的逐时降水随时间演变可以看出(图略),这两次降水过程的主要特点是持续时间短、雨强大,且有显著的中尺度对流系统活动特征。

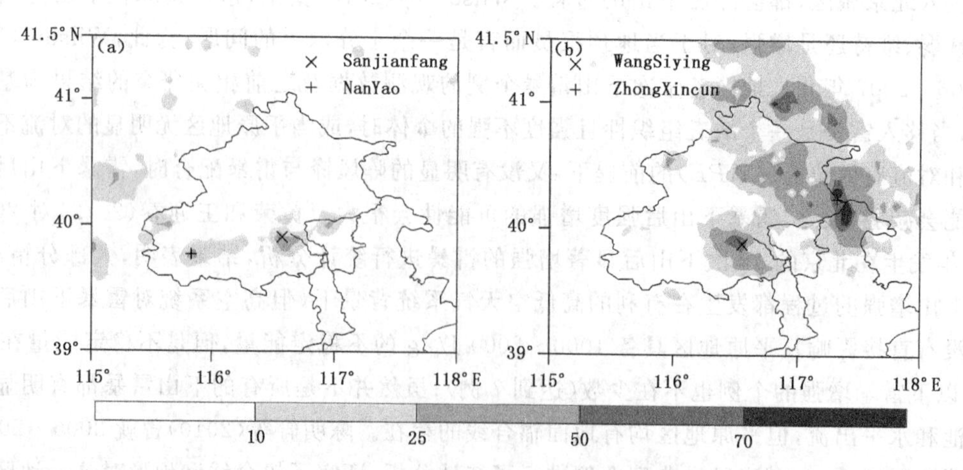

图 1 北京城区 2014 年 6 月 15 日 08 时至 16 日 08 时(a)和 16 日 08 时至 17 日 08 时(b)24 h 累计降水分布(单位:mm)

2 环流背景和城区热、动力条件分析

2.1 大尺度环流演变

从图 2 可以看出，15 日 08 时，500 hPa 高度上，华北地区处于一个弱的高压脊控制，贝加尔湖和中国东北地区各有一个强大的冷涡存在，由于东北冷涡稳定少动，弱高压脊的强度在 14 时略有加强，位置在 20 时之前基本没变，之后弱高压脊的强度逐渐减弱东移，贝加尔湖冷涡也随之逐渐向东南方向移动，华北转而处在冷涡和副热带高压之间的过渡带，等高线相对平直。

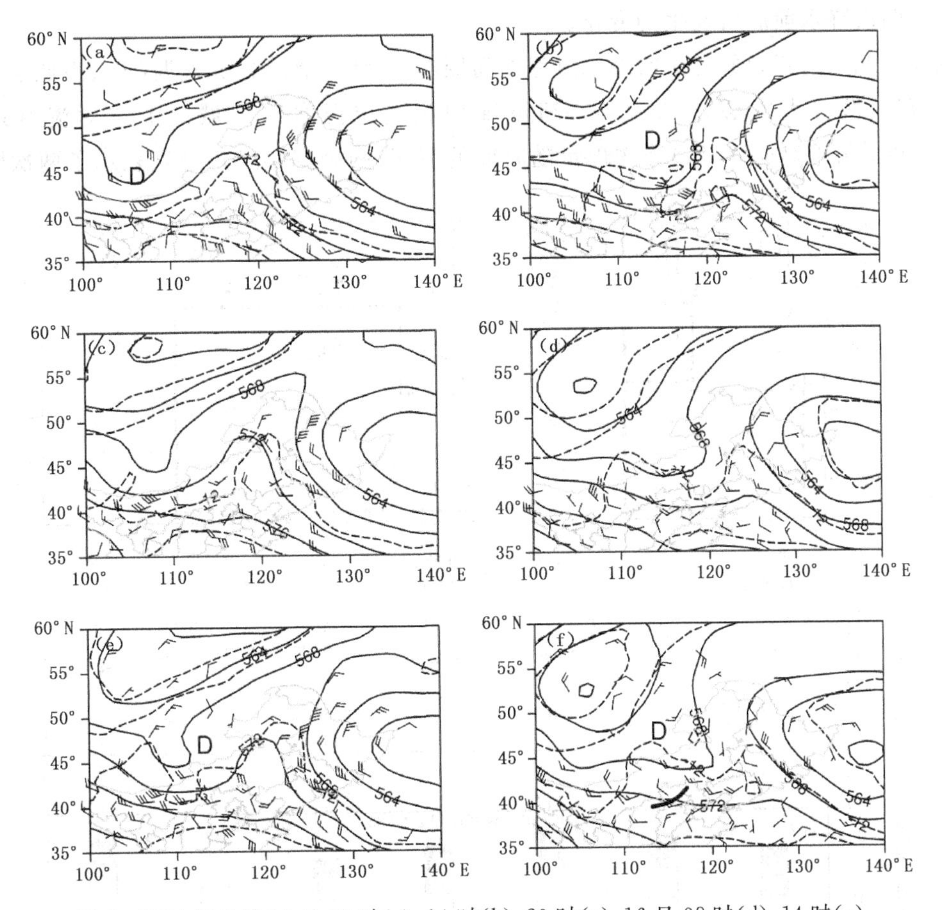

图 2　2014 年 6 月 15 日 08 时(a)、14 时(b)、20 时(c)、16 日 08 时(d)、14 时(e)、20 时(f)的 500 hPa 高度场(实线，单位：dagpm)、温度场(虚线，单位：℃)和 700 hPa 风场(风羽，单位：m/s)(短实线为 700 hPa 切变线，D 代表 700 hPa 低涡中心)

伴随 500 hPa 冷涡的南下，700 hPa 高度上，中心位于蒙古的低涡也向华北地区靠近。15 日 20 时之前，张家口和北京探空站均为偏西南风；之后，随着低涡西侧携带的冷空气逐渐南下，在 16 日 14—20 时，张家口站由偏西风已转为西北风，北京站转为偏西风，因此，两站之间出现一个小的切变线。结合雷达回波图(图略)可以看出，16 日 12 时之前，进入北京的雷暴主要以自西向东的移动路径为主，之后逐渐转为由北向南。雷暴移动路径转变的时间与张家口站和北京站 700 hPa 风向转变的时间基本一致，由此看出 700 hPa 引导气流的改变对雷暴移

入北京路径的改变起重要作用。

另外，15 日 08 时至 17 日 08 时，北京地区（39°－41°N，115°－118°E）上空基本处于低空弱辐合、高空弱辐散的散度配置下（图略），α 中尺度的动力条件倾向于有利对流的发生、发展，至少不会起到阻碍作用。

2.2 北京城区垂直热力条件变化

虽然大尺度环流系统较弱，北京地区仍接连发生了两次短时强降水过程，部分印证了 Doswell（1987）的观点，即天气尺度的上升运动不是直接引起对流发生、发展的主要原因。为了找到造成这类 γ 中尺度对流系统下山后发展或消亡的原因，必须更加细致地分析北京城区环境条件在两次降水前后所发生的变化。

图 3 是北京南郊观象台两次降水过程期间探空风廓线、地面 2 m 气温（T）、中低层各层比湿（$SPFH$）、低层大气层结（850 与 925 hPa 假相当位温之差）、城区上空对流有效位能（$CAPE$）和对流抑制能（CIN）等物理量随时间的演变，两个空心三角分别表示了两次降水开

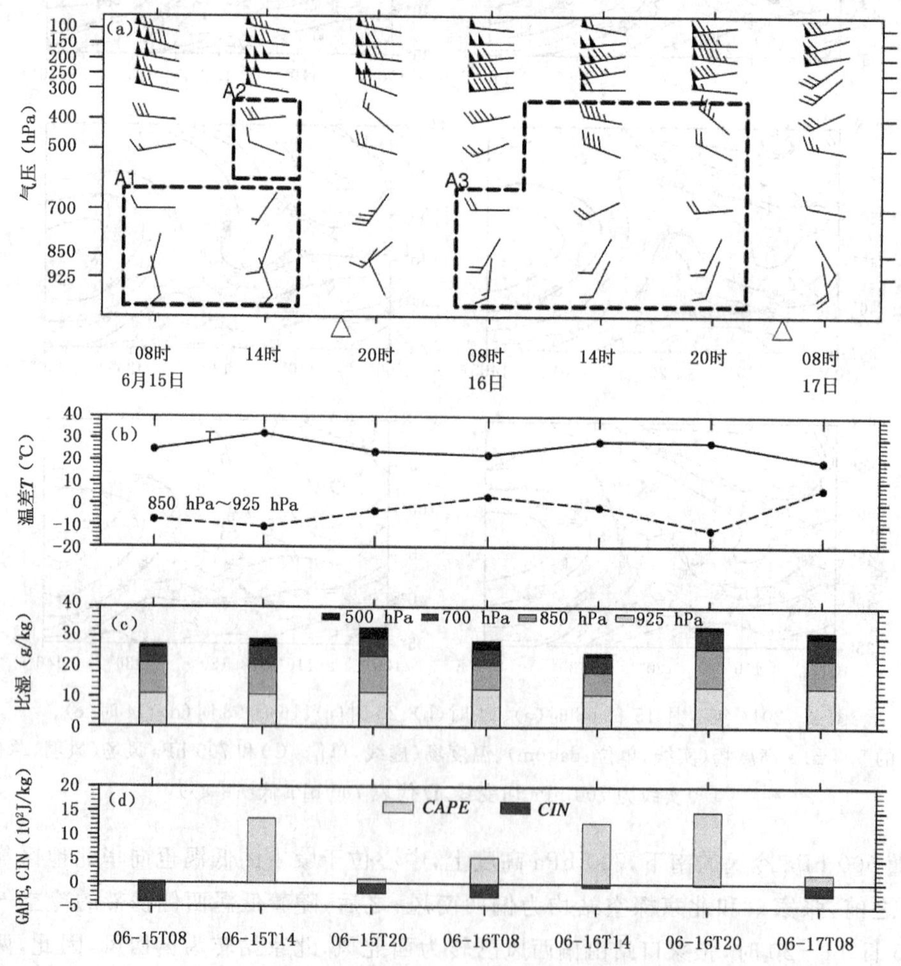

图 3　2014 年 6 月 15－17 日北京南京观象台探空风廓线（a，单位：m/s）、地面 2 m 气温和 825 hPa 与 925 hPa 温度之差（b，单位：℃）、500 hPa 以下比湿（d，单位：g/kg）、$CAPE$ 和 CIN（f，单位：10^2 J/kg）的时间演变

始的时间。从图 3 中可以看到,15 日白天,城区 700 hPa 以下风的方向随高度顺时针转变(方框 A1),显示低层有一股暖平流,14 时前后,500 hPa 与 400 hPa 之间的风场方向随高度逆时针转变(方框 A2),虽然转变的幅度不大,但仍显示在这一层内出现了一股弱冷平流,上冷下暖的配置进一步加大了大气不稳定层结(500 hPa 与 925 hPa 假相当位温之差进一步加大,图略)。与此同时,地面 2 m 气温不断上升,*CAPE* 也由 08 时的 17.87 J/kg 增大到 1337.79 J/kg 左右,*CIN* 则由 410.84 J/kg 降到 1.07 J/kg。从 500 hPa 以下各层比湿的演变可以看出,15 日的偏南风对中低层水汽含量的改变并不是十分显著,各层的比湿随时间没有太大的变化。尽管如此,可以看到,在第一次降水开始前,城区上空的热力条件仍是向着有利于对流发展的方向不断变化的。

15 日 20 时,即城区第一次降水过程结束后,其上空 925 hPa 风向由偏南风转为偏北风,低层转为冷平流,*CAPE* 也基本消耗殆尽,大气层结接近中性;由于日落及降水导致地面温度的降低,850 hPa 以下逐渐形成了逆温层,*CIN* 也不断增大,达到 226.66 J/kg。16 日 08 时,虽然城区低层风向再次转为偏南风,冷平流也转为暖平流,但逆温层依然存在,*CAPE* 增加不多,只有 530.23 J/kg,*CIN* 却进一步增大到 293.75 J/kg。随着日照对地面的加热,逆温层和 *CIN* 直到午后才完全消失。由此可见,15 日 20 时之后,城区上空的层结条件和 *CAPE* 均向不利于对流发展的方向发展,而且这些不利条件很可能在 16 日 08 时之后仍维持了一段时间,这是雷暴 C 和 D 下山后强度无法增强的主要原因之一。

16 日 14 时,城区上空暖平流的厚度有所增加,可达到 400 hPa 高度(方框 A3),中低层大气再次转为不稳定层结。从中低层比湿的分布可以看出,16 日 20 时之前,500 hPa 以下总的水汽量增加明显,其中 850 hPa 以下增加得最多,同时 500 hPa 的水汽含量却在不断降低,这种低层湿、中层干的垂直分布有利于大气从条件不稳定转为不稳定(王秀明等,2014)。除此以外,第二次降水发生前的 *CAPE* 亦达到 1493.15 J/kg,也有利于对流的发生、发展。

2.3 北京城区低层动力条件变化

大量的研究已经表明,低层辐合对对流的发生、发展起重要的作用(王建捷等,2002)。虽然在两次降水过程前后,北京地区一直在整体上处于低层弱辐合,高层弱辐散的垂直动力配置下,但就城区而言,低层的散度却随时间有明显的变化(表 1)。15 日 14 时,即雷暴 A 下山之前和雷暴 B 生成之前,城区低层均为辐合,辐合最强的层次位于 700 hPa,有利于对流的发生、发展。第一次降水结束后到 16 日 08 时,城区低层逐渐由辐合转为辐散,925 hPa 的辐散甚至可以维持到 16 日 20 时以后,由此看来,从第一次降水结束后到 16 日 14 时之前,城区低层的散度均不利于对流的发生和发展。虽然 14 时之后 850 和 700 hPa 的散度逐渐转为辐合,但因为 925 hPa 一直处在辐散的状态,所以总体上第二次降水前城区的低层辐合条件比第一次降水前的略差。另外,15—17 日城区低层风垂直切变均在 5 m/s 以下(图略),可见低层风垂直切变并不是这一段时间内雷暴下山增强或减弱的主要原因。

表 1　北京城区降水前后低层辐合辐散变化

高度	15 日 14 时	16 日 08 时	16 日 14 时	16 日 20 时
700 hPa	−45.07	16.78	−43.21	−33.88
850 hPa	−15.35	28.82	−59.06	−43.38
925 hPa	−28.89	11.61	8.66	9.99

注:表中辐合、辐散的单位为 $10^{-5}s^{-1}$。

2.4 北京城区近地面动力条件变化

结合雷达回波图(图略)和两次降水过程前后地面风场的变化可见,15 日 14 时北京地区以偏南风为主,此时强雷暴(35 dBZ 代表)主要位于北京的房山—门头沟—延庆山区(图略);16 时,延庆附近的雷暴在近地面形成了大面积的冷池(图中阴影为地面 2 m 气温订正到海平面的温度,下同),与平原地区的暖区形成了明显的温度对比;在北京平原地区偏南风风速逐渐减弱并南撤的同时,从延庆山区地面冷池中流出向南的阵风锋也开始下山;18 时,阵风锋前沿移动到北京城区,此时在城区东部(短实线处)可以清楚地看到一个对流单体正在生成,即雷暴B,这符合陈明轩等(2010)总结的"五条预报规则"之一,即西北部山区的辐合线抵达山边,可能触发新的风暴;与此同时,房山一带的雷暴 A 正由西向东向城区靠近;18 时 30 分,在雷暴 A 移动路径的前方出现向东的阵风锋,35 dBZ 回波的范围有所增大,这又符合了"五条预报规则"中的另一条,即辐合线伴随风暴移动,风暴将维持较长时间,此时雷暴 B 的位置没有太大变化,但强度进一步增强,并开始在底部生成冷池,环境场的偏南风前沿也再次推进到大兴和城区的南部;19 时前后,雷暴 A 进入城区西部,其向东的阵风锋与雷暴 B 向西的阵风锋和环境场的偏南风在城区中部交汇,这三股气流在雷暴 A 和雷暴 B 之间激发出新的对流单体,新对流单体并入雷暴 B,并加强了后者的强度(图略),这与"五条预报规则"中辐合线之间或风暴与辐合线相互碰撞会导致风暴强度增强或产生新风暴的描述基本一致。

第一次降水过程结束后的 8 h 内,北京平原地区上空未出现明显的回波。16 日 04 时和 10 时前后,雷暴 C 和雷暴 D 分别由西和西北接近城区(图略),由于自身强度较弱,因此这两个雷暴均没有在其移动路径的前方形成明显的阵风锋,加上这一时段内城区一带近地面的偏南风较弱,平原地区近地面也没有明显的辐合线。

16 日 14 时前后,北京大部分地区再次被偏南风(图略)控制,虽然 18 时之后山区的偏南风逐渐减弱,但平原地区、特别是城区的偏南风一直维持到 17 日 00 时前后,其前沿可一直到达东北部山边,并在地形作用下形成辐合线。"五条预报规则"曾指出,这种辐合线易形成新的风暴或使东北部山区的风暴下山加强并进入北京城区。17 日 00 时 30 分,雷暴 E(35 dBZ 代表)由怀柔进入了北京城区,此时其前方的阵风锋较弱,但是在之后的下山过程中,雷暴 E 的组织性不断提高,阵风锋强度也逐渐增强,平均达 4～8 m/s,最后阵风锋逐渐分为东北向和西北向两股气流,其中东北向的阵风锋与山脚下的偏南风交汇形成明显的辐合线,由于此阵风锋的强度强于平原地区的环境风,因此,辐合线不断向西偏南方向移动,辐合线上不断有新的对流单体生成(图略);由于西北向的阵风锋缺乏较强的环境地面风与之配合,所以其阵风锋的前沿快速移出了北京。结合雷达回波图(图略)可以看出,两股阵风锋的前沿分别有新的对流不断产生,由此可见,阵风锋的分化及平原地区偏南风的配合,是雷暴 E 在下山过程中逐渐分裂的主要原因之一。

3 结 论

(1)2014 年 6 月 15—17 日,华北地区基本上处于弱天气尺度系统影响下,水汽条件一般,北京平原地区整体上处于高空弱辐散低空弱辐合的垂直动力条件配置下。在此大尺度环流背景下,有若干移入性雷暴从不同方向进入北京城区,并在山区和城区造成短时强降水。特别是张家口和北京一带的 700 hPa 环境风场对雷暴进入北京的路径有着显著的影响。

(2)在弱天气尺度环流背景下，相隔不久的多个雷暴下山后强度变化出现很大的差异，雷暴自身的强弱是判断其下山后强度能否得到维持或加强的重要因素之一。强雷暴下山后要比弱雷暴更容易维持或增强其强度。

(3)城区上空热、动力条件的变化是判断多个雷暴下山后强度能否加强的另一个重要因素，特别是前一个雷暴下山后对城区环境条件的改变，有可能会对后续下山雷暴强度的改变产生影响。

参考文献

陈明轩，高峰，孔荣等，2010. 自动临近预报系统及其在北京奥运期间的应用[J]. 应用气象学报，**21**(4)：395-404.

黄荣，王迎春，2012. 北京地区雷暴下山增强的特征分析及个例研究[D]. 北京：中国气象科学研究院.

王建捷，李泽椿，2002. 1998 年一次梅雨锋暴雨中尺度对流系统的模拟与诊断分析[J]. 气象学报，**60**(2)：146-156.

王秀明，俞小鼎，周小刚，2014. 雷暴潜势预报中几个基本问题的讨论[J]. 气象，**40**(4)：389-399.

Doswell III C A，1987. The distinction between large-scale and mesoscale contribution to severe convection：A case study example[J]. Wea Forecasting，**2**(1)：3-16.

Wilson J W，Chen M X，Wang Y C，2007. Nowcasting thunderstorms for the 2008 summer Olympics[C]// The 33rd International Conference on Radar Meteorology. Cairns：Australia，Amer Meteor Soc：12.

Wilson J W，Feng Y，Chen M，et al，2010. Nowcasting challenges during the Beijing Olympics：Successes，failures，and implications for future nowcasting systems[J]. Wea Forecasting，**25**(6)：1691-1714.

Wilson J W，Megenhardt D L，1997. Thunderstorm initiation，organization and lifetime associated with Florida boundary layer convergence lines [J]. Mon Wea Rev，**125**(7)：1507-1525.

寒潮天气对物流网运输保障性服务的影响分析

王 静 李 菁

（中国气象局公共气象服务中心，北京 100081）

摘 要

突发性灾害天气对于物流运输的直接或间接的影响已经成为制约电商平台产业进一步的发展因素之一。通过灾害性天气的气象监测记录和网购订单签收时长的相关分析，可以看到，当北方经历寒潮天气等灾害性天气时，也就是实况天气现象出现中到大雪及以上强度、雨雪伴雷电、5级以上大风、扬沙、沙尘暴、大雾、大雨等时，认为天气现象对地面公路或铁路交通产生严重影响，存在较大的安全隐患，为3级影响，对订单签收时长的影响略大于其他天气现象，大约会有2%至3%的当天可送达的订单延迟到随后的1天或2天完成签收。

快递物流业是受天气影响比较敏感的行业，网购平台的节假日和促销活动更是让物流运输和天气影响的关系变得更为紧密。特别是冬季，快递物流企业提前获取各地的天气预报、预警等相关信息，对突如其来的天气变化做好紧急处理预案，提前做好物流配送、货物转运等售后服务环节和质量，才能将灾害性天气对物流运输带来的影响降至最低。

关键词：寒潮 雨雪路面 物流 运输

引言

灾害性天气对现代物流的影响主要表现为对公路或铁路交通运输的影响。干旱、洪涝、暴雨、寒潮、冰冻等灾害事件的增加，使得山体滑坡、泥石流、崩塌等自然灾害频繁发生，直接或间接地影响了汽车运输、铁路运输、航海运输、航空运输等。影响汽车行驶的不利气象条件主要有低温、积雪、积冰，以及低能见度等。冬季，当积雪厚度达到20～30 cm时，行车就很困难，超过30 cm一般都要停驶。此外，冬季雪面路滑，特别是白天在阳光下稍稍融化后重又结起的冰更是行车大敌。例如1986年1月北京市下了一场雪，雪后一昼夜内发生交通事故103起，伤47人、死5人。再如1983年1月乌鲁木齐市共发生交通事故123起，其中49%是因为路面冰雪造成汽车侧滑，侧滑伤人数占总伤人数的64%之多。

能见度差是汽车出事故最常见的天气原因。大雨和有雾时汽车速度被迫降低，以至停驶。国外一些国家的高速公路上，大雾中数十辆甚至二三百辆汽车相撞事故时有所闻。例如，英国伯明翰地区1997年3月11日清晨，因大雾，90多辆小汽车和卡车在一条公路干线上发生追尾等相撞事故，共造成30多人受伤、3人死亡。汽车燃油的大量外泄燃烧还常严重阻碍救援工作的进行。

近年来，某网络电商平台某时段促销活动的交易额和与之配套的物流运输都呈现迅猛增长的趋势，因而对以公路和铁路为主的物流交通的畅通与否提出了更高需求。2009年该活动销售额5200万元；2010年总销售额增至9.36亿元；2011年，这一数字飙升至52亿元。2013

年销售 362 亿元，占到当天中国社会消费零售总额的一半以上。2014 年再次刷新了全球最大购物日的平台交易记录，且产生了 2.78 亿个物流包。如此巨大的物流运输不仅对电商后台物流公司的运营能力提出巨大的考验，同时让灾害性天气对物流运输的不利影响也变得更为突出，突发灾害性天气的出现会造成物流订单延迟送达、用户满意度下降、拒收甚至退单等情况的发生。

冬季是入侵中国的冷空气最频繁的季节，全国大部分地区气温变化剧烈；也是内蒙古等北方地区黑灾或白灾多发季节；同时冬季也是东部地区大雾日数较多的时段，大雾伴随雨雪常常严重影响交通安全。本文将从几类灾害性天气对物流运输的影响入手，综合评估交通气象条件对公路和铁路交通运行的影响程度。

1 影响物流运输的灾害性天气种类

综合交通气象条件，按照实况天气现象对公路和铁路交通运行的影响程度而划分。若同一日内有两种或两种以上的高影响天气出现时，以其中影响程度较高的级别或出现频率较高的级别定义综合交通气象条件等级。

综合交通气象条件等级分为三级，1 级：无影响、2 级：有影响、3 级：有严重影响。

当实况天气现象为晴、多云、阴、小雨、阵雨时，认为天气现象对地面交通路况无影响，定为 1 级。

当实况天气现象为雾、霾、中雨、雨夹雪、小雪、冰雹、雷电时，认为天气现象对地面交通有一定程度的影响，定为 2 级。

当实况天气现象为扬沙、沙尘暴、浓雾、大雨、中到大雪及以上强度、雨雪伴雷电、5 级以上大风时，认为天气现象对地面公路或铁路交通产生严重影响，存在较大的安全隐患，定为 3 级。

2016 年 1 月“霸王级”寒潮席卷中国，1 月 21—25 日中东部地区自北向南出现大风和强降温天气。西北地区东部、内蒙古、华北、东北地区南部、黄淮、江淮、江汉、江南、华南及西南地区东部的气温先后下降 6～8 ℃，华北北部、江南东北部及云南东部和南部等地局地降温幅度 10～14 ℃；长江中下游地区的最低气温下降至－10 ℃左右，0 ℃线南压至华南北部一带，中东部大部分地区出现入冬以来气温最低值，安徽南部和浙江中部等地最低气温逼近 1 月历史极值。上述地区还伴有 4～5 级偏北风，江河湖面以及山区迎风坡风力有 6～7 级，东部海区风力有 6～8 级，阵风达 9 级。同时，南方 13 省(区、市)迎来大范围雨雪冰冻天气，湖北、安徽、江苏、浙江、江西、湖南、重庆、贵州等多地市出现大雪到暴雪，积雪深度普遍在 5～12 cm，部分地区出现道路结冰。

如此恶劣的灾害性天气对于北方大部分地区和中东部地区的公路和铁路交通都造成了重大影响，甚至局地交通还一度出现瘫痪。而时值 2016 年 1 月，某电商平台购物狂欢节实现了 191 亿元的平台成交额，刷新了全球网购节单日销量纪录。庞大的物流运输压力在 2016 年 1 月中下旬一直表现突出，因此，此次影响分析重点评估 2016 年 1 月中下旬这段时间该网络电商平台物流订单签收时长的受影响程度，并以华东、华北、东北共 8 个省(市)的用户在该购物平台购买的商品订单签收时长作为时效样本。

常规的网购物流公司的商品订单签收时长定义指标如下：

当天送达：商品订单由物流公司中转站出站到接收方签收的时长在 24 h 内。

第 2 天送达:订单由物流公司中转站出站到接收方签收的时长在 24～48 h 内。

第 3 天送达:订单由物流公司中转站出站到接收方签收的时长在 48～72 h 内。

2 气象等级对物流订单签收的影响

2.1 整体影响程度

选取 2016 年 1 月中下旬华北、华东及东北地区消费者在网络购物平台的购买订单作为研究样本,假设其他外部影响因素(如物流公司人员的专业性及人员配备、用户自身情况影响签收等)恒定的前提下,分析订单所到区域当天的天气情况对该地区订单签收时长的影响程度(图 1),整体情况来看:

当气象等级为 1 或 2 时,对订单签收的整体时长影响不大。

当气象等级为 3 时,对订单签收时长影响略大于前两个级别。大约会有 2%至 3%的当天可送达的订单延迟到随后的 1 天或 2 天完成签收。

通过实况监测数据和商品订单签收时长等物流数据的对比分析得出,灾害性天气的出现,特别是区域性强降温或强雨雪天气等对人们日常出行会带来影响,而局地性强天气还会对该地区物流订单的签收时长产生影响。在实况气象条件满足等级为 3,也就是当实况天气条件对公路或铁路交通有严重影响的情况下,如出现中到大雪及以上强度、或 5 级以上大风等灾害性天气时,约有 2%～3%的物流订单延迟 1～2 天送达。

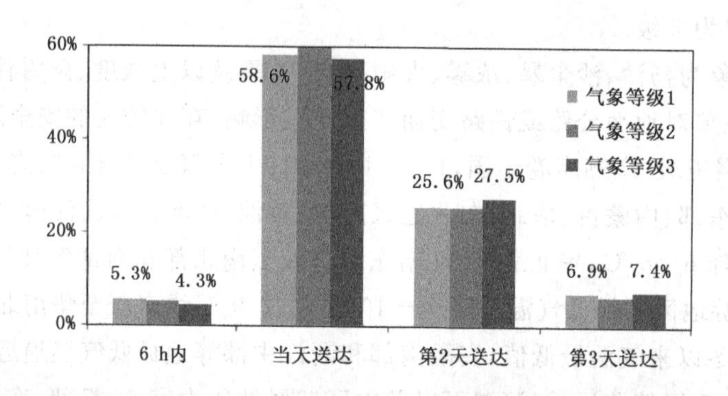

图 1 不同气象等级的物流订单签收时长(注:气象等级划分标准参考前文定义)

2.2 区域影响差异

在相同气象等级指标下,地域性差异使得天气现象影响的表现也不同。例如,冬季相同的降水量,因北方偏冷南方偏暖,且会出现区域性低温和阶段性强降温过程,对道路交通的影响程度会较南方更明显,以江苏和辽宁为例:

气象等级 1 和 2 对江苏省订单签收时长基本没影响;同期对比辽宁省,天气等级为 2 时,约有 5%左右的订单将延后 1 或 2 天送达到用户端(图 2)。

气象等级为 3 时,江苏省大约会影响 10%左右的订单,即这部分订单将延后 1 或 2 天送达用户端。同期辽宁省在该天气等级下,约 15%左右的订单会延迟 1 或 2 天送达(图 3)。

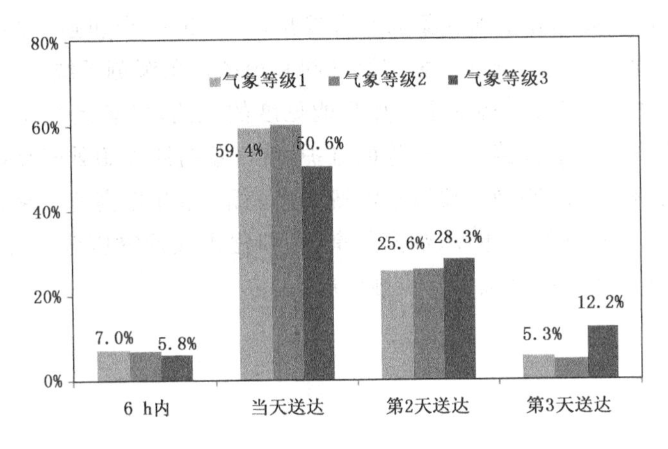

图 2　江苏省不同气象等级下物流订单签收时长

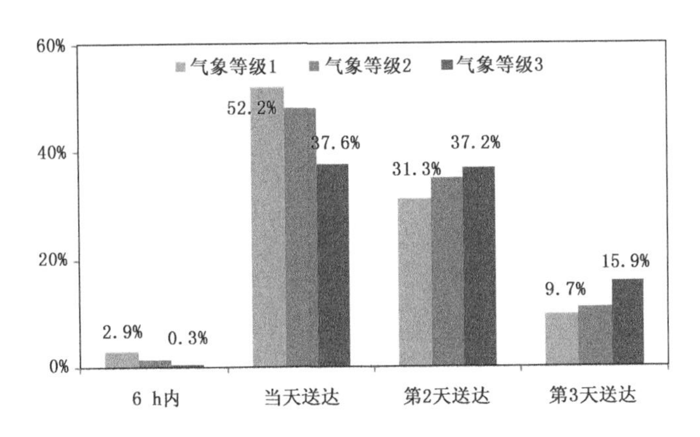

图 3　辽宁省不同气象等级影响下物流订单签收时长

3　寒潮天气对物流网运输的影响分析

对于普通公众而言，网购等全新的生活方式的出现正在改变着很多人的生活方式，与之相匹配的物流运输等相关产业亟待需要高效的管理、规划，而灾害性天气对于公路交通和铁路交通的严重影响很大程度上直接影响物联网运输业的便捷和畅通。寒潮作为雨雪、大风降温等灾害性天气特征都表现得尤为突出的强冷空气的一种，对人民日常生活、道路交通、物流运输、电力通讯等各方面都会造成比较严重的影响。通过为物联网企业、互联网平台等诸多产业提供及时、准确的灾害性天气预警预报服务，可以让这些相关企业在物流配送、产品储备、销售策略等诸多环节做到提前谋划、灾害规避，最大限度地避免物联网对公众生活的影响。

随着高速公路和机场航班的迅速增多，冬季灾害性天气的影响也日趋凸显，部分省(市)气象局考虑将大雾、雪灾、大风等纳入到主要自然灾害体系中，和干旱、暴雨洪涝、绵雨、低温霜冻、冰雹、地质灾害、地震、有害生物和森林(草原)火灾等一起，作为防灾、减灾的重要组成部分。相关部门也制定相应的应急预案和减灾对策以应对各类影响交通出行的灾害性天气，特别是对大雾成灾现象会投入更多的精力和财力；同时气象部门计划筹备建立一个大雾数据资料库，对大雾展开全面的气候分析，加强大雾地面监测、预警和评估，以应对大雾灾害。

2010年9月，交通运输部和中国气象局联合发出《关于进一步加强公路交通气象服务工作的通知》，积极推动建立专门的交通气象观测站网和视频实景观测系统。气象部门要加快对公路沿线附近气象站的升级改造，特别是要加强能见度的观测，以满足交通气象服务的需要；公路交通部门要加强对已建成公路气象设施的维护，使气象监测设施处于良好运行状态，并逐步实现与气象部门观测系统的联网。要以京港澳高速公路、京津塘高速公路、江苏省联网高速公路为试点，在交通气象监测站网建设、数据共享、精细化预报预警服务等方面联合开展研究与示范应用，在总结试点经验的基础上逐步推广应用。